肝炎病毒·分子生物学丛书

现代肿瘤基因分子生物学

（第二版）

成　军　主编

科学出版社

北京

内 容 简 介

本书共49章，系统介绍了癌基因、肿瘤抑制基因及其他肿瘤相关基因的基础研究成果及最新进展，并且根据传统的疾病系统分类，对各系统肿瘤的相关肿瘤基因的分子生物学内容进行了全面总结。同时，书中融入了编者实验室多年相关工作的成果。

本书内容翔实、资料新颖，适合从事医学和生物学研究的科研工作者、研究生等参考。

图书在版编目(CIP)数据

现代肿瘤基因分子生物学 / 成军主编．—2版．—北京：科学出版社，2014.9

(肝炎病毒·分子生物学丛书)

ISBN 978-7-03-041707-7

Ⅰ.现… Ⅱ.成… Ⅲ.致癌基因-分子生物学 Ⅳ.R730.231

中国版本图书馆CIP数据核字(2014)第196656号

责任编辑：沈红芬 贺窑青 / 责任校对：邹慧卿 桂伟利

责任印制：张 倩 / 封面设计：范璧合

科 学 出 版 社 出版

北京东黄城根北街16号

邮政编码：100717

http://www.sciencep.com

北京凌奇印刷有限责任公司 印刷

科学出版社发行 各地新华书店经销

*

2000年1月第 一 版 开本：787×1092 1/16

2014年9月第 二 版 印张：50

2014年9月第二次印刷 字数：1 200 000

POD定价： 198.00元

(如有印装质量问题，我社负责调换)

学术委员会

庄　辉　中国工程院院士，北京大学医学部

田　波　中国科学院院士，中国科学院微生物所

斯崇文　教授，北京大学第一医院

徐道振　教授，首都医科大学附属北京地坛医院

陈菊梅　教授，中国人民解放军第 302 医院

翁心华　教授，复旦大学附属华山医院

《现代肿瘤基因分子生物学》
（第二版）
编写人员

主　编　成　军

编　者　（按姓氏汉语拼音排序）

陈京龙	成　军	董金玲	段雪飞	房高丽
高丽丽	高　萍	高学松	郭　江	郭立民
韩志兴	皇甫竞坤	蒋　力	李　贲	李　丹
李　玥	李　越	李洪杰	李金銮	李勤涛
李文东	李亚茹	李蕴铷	梁　博	刘　敏
刘丽辉	刘顺爱	孟一星	穆　毅	邱国华
权学民	全　敏	任玉莲	宋　蕊	孙挥宇
王　琳	王　琦	王　宇	王晶晶	王清河
王艳斌	吴淑玲	肖　江	邢卉春	杨　松
伊　诺	易　为	曾　辉	曾慧慧	张　斌
张　珂	张　强	张锦前	张梦然	赵　红
赵红心	赵玉千	朱向高		

肝炎病毒·分子生物学丛书

前　　言

由甲型肝炎病毒(HAV)、乙型肝炎病毒(HBV)、丙型肝炎病毒(HCV)、丁型肝炎病毒(HDV)和戊型肝炎病毒(HEV)等五种肝炎病毒感染引起的急性和慢性肝脏疾病在全球流行,严重影响人类健康,给世界各国带来了沉重的医疗和经济负担,影响深远。最终控制由肝炎病毒感染造成的疾病流行,必须通过综合的防治措施。事实上,作为一类流行病和传染病,通过公共卫生体系和临床医疗体系的共同努力,在一定程度上做出了尝试,并取得了一系列卓有成效的业绩。但是,我们还必须清醒地看到,在世界范围内,肝炎病毒感染引起的肝脏疾病的防治仍然是医学界一项长期的重要任务。

研究肝炎病毒感染引起的急、慢性病毒性肝炎,以及肝硬化(LC)、肝衰竭(LF)和肝细胞癌(HCC),可以有很多可能的切入角度。事实上,近三十年来现代生物学和医学理论与技术的不断发展,也的确为肝炎病毒感染相关性肝病的研究提供了全新的思路。特别是20世纪70年代以来,分子生物学的理论和技术迅猛发展,为肝炎病毒及其相关的肝脏疾病研究,提供了前所未有的推动和支持。因此,在肝炎病毒及其相关的肝脏疾病研究领域中,分子生物学理论和技术的应用,显著促进了肝炎病毒及其相关肝脏疾病的研究进展;同时,这些研究的成果,也进一步丰富了分子生物学理论和技术。因此,利用分子生物学理论和技术研究肝炎病毒及其相关肝脏疾病,始终是近三十年来最为活跃的领域之一。经过三十年的不断探索,肝炎病毒及其相关肝脏疾病领域积累了丰富的研究结果,同时为肝炎病毒感染相关肝脏疾病的治疗和预防提供了新的理论和技术手段,促进了肝炎病毒感染相关肝脏疾病的治疗和预防的进步。有鉴于此,为了更好地总结和利用已经取得的成就,促进这一领域的不断进步,我们与科学出版社一起策划了由八个分册组成的"肝炎病毒·分子生物学丛书",将陆续出版。

从肝炎病毒感染以后引起的急、慢性肝病,以及迁延不愈造成的肝硬化、肝衰竭、肝细胞癌的发生、发展整个连续的过程,可以人为地分成几个不同的层次和阶段。从病原学角度来看,用分子生物学研究肝炎病毒取得了很大成就;肝炎病毒直接的致病作用不是主要的致病机制,主要是通过免疫学机制;在细胞水平上,细胞凋亡(apoptosis)、细胞自噬(autophagy)和细胞周期(cell cycle)都参与了肝脏疾病的发病机制;肝脏炎症迁延不愈,产生过量的炎症细胞因子引起肝脏中胶原和非胶原糖蛋白代谢紊乱,逐步形成了肝脏纤维化;在诸多因素长期、相互作用的基础上,最终发展为肝细胞癌。这就是肝炎病毒相关的肝脏疾病发展的一个比较完整的过程。分子生物学理论和技术,同时也为分子生物学水平的治疗提供了前所未有的机遇,这就是基因治疗(gene therapy)。因此,为了从病原学、发病机制、细胞学变化、肝脏纤维化、肝细胞癌和分子生物学水平的治疗等阶段全面反映分子生物学理论和技术在肝炎病毒相关性肝脏疾病中的应用和进展,我们为"肝炎病毒·分子生物学丛书"设计了八个分册,即《现代肝炎病毒分子生物学》、《现代肝炎病毒分子免疫学》、《现代细胞凋亡分子生物学》、《现代细胞自噬分子生物学》、《现代细胞周期分子生物学》、《现代细胞外基质分子生物学》、《现代肿瘤基因分子生物学》、《现代基因治疗分子生物学》。事实上,我们为实现这一计划已努力了18年之久。1993年,我们出版了这一系列的第一部专著《基因治疗》(学苑出版社),之后陆续出版了《现代肝炎病毒分子生物学》(人民军医出版社,1997)、《程序性细胞死亡与疾病》(北京医科大学出版社,1997)、《细胞外基质的分子生物学与临床疾病》(北京医科大学、协和医科大学联合出版社,1999)、《肿瘤相关基因》(北京医科大学、协和医科大学联合出版社,2000)。这些专著的顺利出版,为"肝炎病毒·分子生物学丛书"奠定了坚实基础。2009年,在科学出版社领导的关怀下,我们计划将八个分册陆续出齐,以形成"肝炎病毒·分子生物学丛书"的完整体系。2009年安排了《现代肝炎病毒分子生物学》(第二版)出版,2010年出版《现代细胞周期分子生物学》,2011年出版《现代肝炎病毒分子免疫学》和《现代细胞自噬分子生物学》,2012年出版《现代细胞凋亡分子生物学》(第二版)和《现代细胞外基质分子生物学》(第二版),2014年出版《现代肿瘤基因分子生物学》(第二版)和《现代基因治疗分子生物学》(第二版),从而最终完成"肝炎病毒·分子生物学丛书"八个分册的出版。在时机适当的时候,对每个分册陆续再版更新,以维持这套丛书不断更新的活力状态。

这一丛书的策划和出版,有幸得到了该领域内知名专家的肯定和鼓励。中国工程院院士庄辉教授、田波教授,肝病领域的资深专家斯崇文教授、徐道振教授、陈菊梅教授、翁心华教授欣然担任这套丛书的学术委员会委员,对这一套丛书的出版进行学术指导,从而保证了这一套丛书的学术质量。科学出版社也已将"肝炎病毒·分子生物学丛书"列为出版社的重点出版计划。相信这一计划将会取得圆满成功,丛书的出版也将会促进这一领域的进展。

这套丛书能够顺利出版,首先要感谢我的三位恩师:陈菊梅教授、斯崇文教授、Peter C. Melby教授,他们在我攻读硕士、博士学位以及进行博士后研究阶段给予了我无私帮助和悉心教育,他们的品德和修养、他们的胸怀和学识,永远是我学习的榜样。1997年我从美国得克萨斯大学完成博士后研究回国以来,在肝炎病毒与肝细胞相互作用的分子生物学机制研究方向上,共指导了120名硕士生、博士生及博士后研究人员。十几年的无数个日日夜夜,我们研究肝炎病毒与肝细胞相互作用的分子生物学机制,为之奋斗,为之痴狂,无怨无悔。感谢我的学生们的勤奋探索,使我有机会系统研究肝炎病毒与肝细胞相互作用的分子生物学机制。感谢无数个曾经在我人生的各个阶段给予我重要帮助的领导、师长、朋友和同事。没有他们的帮助,我就不能很好地学习和理解肝炎病毒的分子生物学致病机制,就不能很好地研究我将会为之奋斗一生的肝炎病毒和病毒性肝炎相关的课题。

一套信息量庞大的丛书的出版是一件十分艰难的事情,也是一项遗憾的艺术。面对陆续出版的分册,我们百感交集。一方面为我们取得的一点成绩而沾沾自喜,同时也为各个分册中存在的缺点乃至错误而惶恐不安。我们恳切期望本丛书的热心读者,能够直率地指出我们每一个分册中存在的问题和谬误,以便在再版时不断加以改进,共同促进分子生物学理论和技术在肝炎病毒和病毒性肝炎领域中的应用,为最终控制肝炎病毒感染及其相关的肝脏疾病而不断奋斗。

博士、教授

首都医科大学附属北京地坛医院传染病研究所

2010年6月于北京

第二版前言

肿瘤学(oncology)研究是世界范围内的研究热点和临床重点,但是很多发病机制环节尚未阐明,因此人类还缺乏更有效的肿瘤临床诊断和治疗技术。分子生物学理论和研究技术的导入,直接导致了分子肿瘤学(molecular oncology)学科的诞生。其中,肿瘤相关基因,包括癌基因(oncogene)、肿瘤抑制基因(tumor-suppressor gene)、肿瘤多药耐药(multi-drug resistance,MDR)基因、肿瘤转移相关基因(metastasis-related gene)等的研究,不仅是分子肿瘤学的重要内容,而且是近几年来肿瘤治疗的新的研究突破点。针对肿瘤基因的一系列人源化单克隆抗体的抗肿瘤制剂陆续上市,为肿瘤患者开辟了新的治疗方向。早在2000年,我们就推出了《肿瘤相关基因》这部专著,对这一领域的研究起到了一定的推动作用。近几年来,这一领域又取得了一系列新的研究进展,而且涉及人体各种肿瘤类型。因此,为了配合科学出版社"肝炎病毒·分子生物学丛书"的出版计划,我们在《肿瘤相关基因》第一版的基础上,调整、丰富了相关条目和内容,进行了系统的更新,形成了这部《现代肿瘤基因分子生物学》(第二版)专著。相对第一版来讲,第二版对基础研究的内容进行了更新,融进了近几年的最新进展。另外,根据传统的疾病系统分类,对各系统肿瘤的相关肿瘤基因的分子生物学内容都进行了系统的总结,以满足不同专业读者的需求。

在"肝炎病毒·分子生物学丛书"中之所以突出《现代肿瘤基因分子生物学》(第二版)这一分册,主要是乙型肝炎病毒(HBV)和丙型肝炎病毒(HCV)的感染,与肝细胞癌(hepatocellular carcinoma,HCC)的发生、发展有着十分密切的关系。而目前,HCC在中国肿瘤患者的肿瘤类型中又十分重要,因此,特别希望这一分册,能够帮助肝病、感染病专家在充分了解分子肿瘤学的一般性基础理论的同时,对HBV、HCV感染引起HCC的机制具有较系统的理论认识。实际上,无论是病毒或其产物直接导致HCC的发生机制,还是病毒-炎症-修复-肿瘤的发病机制中,肿瘤相关基因的分子生物学内容都不可或缺。

本课题组在HBV、HCV感染引起HCC机制研究方面也进行了一些初步探索,并取得了一些结果。例如,羧基末端缺失的HBV表面抗原中蛋白(MHBs^{t})在HBV感染相关的HCC发生中具有十分重要的作用,但具体机制尚不十分明确。本课题组曾应用酵母双杂交技术筛选肝细胞中与羧基末端缺失的HBV表面抗原中蛋白结合的蛋白质类型,已取得了新的研究结果,对这一领域提供了新的研究可能性。HCV核心蛋白、非结构蛋白3(NS3)、非结构蛋白5A(NS5A)等在HCV感染相关HCC发生中具有十分重要的作用,但具体机制也尚不明确。本课题组证实了NS5A对肝细胞的细胞凋亡(apoptosis)、细胞自噬(autophagy)、细胞周期(cell cycle)调节具有显著影响。同时,我们使用抑制性消减杂交(SSH)和基因芯片(microarray)技术对HCV核心、NS3、NS5A等蛋白质的反式调节(trans-regulation)靶基因进行了系统筛选,获得了一系列新基因,并在美国核苷酸序列数据库GenBank中登记注册。

近几年本课题组所发现且在美国核苷酸数据库 GenBank 中登记注册的 HBV、HCV 相关新基因有 100 余条，并对其结构和功能、表达和调控、生物学及医学意义，特别是在肝炎病毒相关 HCC 发生、发展中的作用进行了探索，也取得了一些初步结果。例如，NS5ATP9 作为 HCV NS5A 蛋白反式调节的靶基因，在 HCV 感染相关细胞凋亡和细胞自噬的调节中具有十分重要的生物学价值，而且在肝纤维化的形成机制中具有十分重要的作用。HCV 核心蛋白结合蛋白 6(HCBP6)也是本课题组的明星分子之一。我们除了证实 HCV 核心蛋白与 HCBP6 蛋白结合外，还证明其在肝细胞的胆固醇(cholesterol)合成中具有负调节作用，在维持胆固醇代谢的内环境稳定中，HCBP6 蛋白发挥着十分重要的作用。以上结果为进一步研究肝炎病毒相关 HCC 的发病机制、探索新型治疗技术和药物奠定了一定基础。这是肿瘤相关基因在肝炎病毒相关 HCC 中的一些具体应用范例。当然也特别希望《现代肿瘤基因分子生物学》(第二版)这一分册，能够对各个专业肿瘤学专家的基础研究和临床治疗具有一定的参考价值。

成　军

2014 年 7 月 18 日于北京

目　　录

第一章　肿瘤相关基因概论

肿瘤相关基因(tumor associated gene)包括癌基因(oncogene)、肿瘤抑制基因(tumor suppressor gene)及其他肿瘤相关基因(genes related to oncogenesis)等。至2013年,台湾成功大学的肿瘤相关基因数据库已收录了662条肿瘤相关基因,包括246条癌基因、265条肿瘤抑制基因和151条其他肿瘤相关基因。肿瘤相关基因及其表达产物在肿瘤的发生、发展、治疗与预后中发挥着重要作用。肿瘤相关基因的研究进一步明确了肿瘤发生与发展的机制,为肿瘤的早期诊断及抗肿瘤治疗提供了新的靶位。

第一节　概念与分类

一、肿瘤相关基因的概念与分类

肿瘤相关基因主要包括癌基因、肿瘤抑制基因、肿瘤转移相关基因及肿瘤耐药相关基因等。其中癌基因又可以分成两大类:一类是病毒癌基因,是指反转录病毒的基因组里带有可使受病毒感染的宿主细胞发生癌变的基因;另一类是细胞癌基因,又称为原癌基因(proto-oncogene),是指正常细胞基因组中,一旦发生突变或被异常激活后可使细胞发生恶性转化的基因。换而言之,在每一个正常细胞基因组里都带有原癌基因,但它不表现致癌活性,只是在发生突变或被异常激活后才变成具有致癌能力的癌基因。肿瘤抑制基因是一类存在于正常细胞中的、与原癌基因共同调控细胞生长和分化的基因,也称为抗癌基因或隐性癌基因。肿瘤转移相关基因又进一步分为肿瘤转移促进基因和肿瘤转移抑制基因,其中表达产物能够促进肿瘤的转移过程的基因称为肿瘤转移促进基因(metastasis-enhancing gene),而表达产物能够抑制肿瘤的转移过程的基因称为肿瘤转移抑制基因(metastasis-suppressing gene)。肿瘤转移的促进基因和肿瘤转移的抑制基因作用于肿瘤转移的不同环节。肿瘤耐药相关基因主要是指MDR-1基因,是指其表达的P-糖蛋白及其MDR-相关蛋白(MDR-related protein,MRP)的表达产生抗药性,谷胱甘肽-*S*-转移酶(glutathione-*S*-transferase,GST)基因、癌基因(c-Ha-ras、bcl-2、bcl-abl、eRB B-2、fos、jun和MDM-2)、热休克蛋白(heat shock protein,HSP)、细胞因子(IL-6、TGF、IGF-Ⅰ和Lrp)、药物代谢相关酶类及金属硫蛋白(metallothionein-1,MT-1)等基因的表达引起对抗肿瘤化学治疗(简称为化疗)药物的耐药性。

二、癌基因的分类

至2013年,已发现超过200个癌基因。其中细胞癌基因可大致分为生长因子类、酪氨酸激酶类、无激酶活性受体蛋白类、膜G结合蛋白类、胞质蛋白丝氨酸/苏氨酸蛋白激酶类、胞质调节因子类和核转录因子类癌基因。

（一）生长因子类癌基因

部分癌基因编码产物具有生长因子（growth factor）的作用，因而称为生长因子类癌基因。这些具有生长因子作用的癌基因，能够与细胞膜上相关的受体结合，将细胞外的刺激信号传递到细胞内，促进细胞的增殖分裂过程。这种过程的生长因子刺激可导致正常细胞的恶性转化。成纤维细胞生长因子（fibroblast growth factor，FGF）相关性生长因子癌基因 int-2/fgf-3、hst/fgf-4、fgf-5，血小板衍生生长因子（platelet derived growth factor，PDGF）β 链生长因子癌基因及 int-1 等都属于这种类型，这些癌基因是生长因子类癌基因的代表。

（二）酪氨酸激酶类癌基因

具有膜结合功能的酪氨酸激酶类癌基因可以分为两大类。第一类可与细胞的内膜结合，分子结构中具有细胞质膜位点，但却没有细胞外配体结合位点。这种癌基因蛋白的酪氨酸激酶活性，只有当细胞的跨膜信号转导进入到细胞膜之内时才能发生变化，从而进一步影响细胞内的信号转导。这类癌基因包括 Src 酪氨酸激酶家族（Src family of tyrosine kinase，SFK）中的 lyn、fyn、lck、hck、fgr、blk、yrk、yes 和 c-Src 9 个成员与 ABL 酪氨酸激酶家族中的 abl1 与 abl2 等成员。第二类则同时具有细胞外配体结合位点、跨膜位点及细胞质膜位点结构。因此，这类癌基因蛋白既可以接受细胞膜外配体的刺激信号，也可以将刺激信号跨膜转导，并进入到细胞质中。因此这类癌基因属于受体类，即受体蛋白-酪氨酸激酶类癌基因，包括 eRB B-2/neu、c-met、trk、fms、kit、ret、ros 和 sea 等。

（三）无激酶活性受体蛋白类癌基因

1986 年，Young 等应用基因重组与真核细胞基因转移技术克隆了一种细胞癌基因，称为 mas。对 mas 基因及其表达产物进行研究证实，这是一种缺乏激酶活性的受体蛋白类癌基因。癌基因 mas 与一系列的感应受体（sensory receptor）类蛋白，如视蛋白（opsin）、肾上腺素能受体（adrenergic receptor）和 K 物质受体（substance K receptor）等有一定的结构同源性，与 mas 相关基因（mas-related gene，mrg）和大鼠的一种 G 结合蛋白受体的同源性最高。mas 与 mrg 两种基因在功能上还有一定的相似。此外，c-kit 也是一个缺乏激酶活性的受体蛋白类癌基因。

（四）膜 G 结合蛋白类癌基因

结合蛋白是 GTP 结合的一类蛋白质，是由一种分子质量为 100 000Da 的可溶性膜蛋白组成的，位于细胞膜的脂质双层中，这是由一类结构相似的蛋白质组成的一个蛋白质家族。典型 G 蛋白是由 α、β、γ 3 个亚单位共同构成的异源性聚体，其中 Gα 是 G 蛋白的主要功能亚单位。目前分离到的 α 亚单位中的 GsP 与 GiP 都是膜 G 结合蛋白类的癌基因。另一类 G 蛋白为小分子质量 G 蛋白，也称为小 G 蛋白，其分子质量在 20 000Da 左右。小 G 蛋白类癌基因包括 ras 与 rho 等。

（五）胞质蛋白丝氨酸/苏氨酸蛋白激酶类癌基因

胞质蛋白丝氨酸/苏氨酸激酶是细胞内重要的信号转导递质。细胞接受细胞外的刺激信号,再通过受体蛋白等跨膜蛋白的传递,通过与胞质中具有酶学活性的蛋白质相互作用,将信号向下游转导、放大,对细胞的代谢、生长、分化及恶性转化过程进行调节。胞质蛋白丝氨酸/苏氨酸蛋白激酶类癌基因包括 pim-1、c-raf、c-mos 和 c-cot 等。

(六) 胞质调节因子类癌基因

胞质调节因子类癌基因的结构与功能差别很大,包括 crk、dbl 和 eIF-4E 等基因。Crk 蛋白与信号转导,不仅涉及 c-abl 对 Crk 蛋白的调节,以及与下游一些蛋白质的相互作用,而且其蛋白质分子内部不同的位点之间也存在着相互作用。dbl 癌基因具有对正常细胞的恶性转化功能,其转化作用机制主要是通过小分子 G 结合蛋白来实现的。eIF-4E 是细胞中转译起始因子中的一种,与其他起始因子结合成复合物形式,改变 mRNA 二级结构,产生单链 RNA 区,便于核糖体的结合。eIF-4E 活性的调节,主要是一种翻译后的磷酸化修饰。eIF-4E 的磷酸化修饰状态决定其活性状态。eIF-4E 的异常表达与正常细胞的恶性转化有关。

(七) 核转录因子类癌基因

核转录因子类癌基因包括 myc、myb、c-jun、c-fos 等。细胞外刺激信号通过跨膜蛋白传导进入细胞质,再经过细胞质蛋白因子到达细胞核中,对细胞核中转录因子蛋白的水平、磷酸化修饰、构象变化、二聚体的形成等进行调节,从而诱导或抑制一系列基因的表达活性,对细胞一系列的生物学过程产生重大影响。其中细胞核内转录因子接受信号转导,同时调节决定细胞命运的基因表达,因而占有十分重要的地位。

三、抑癌基因

抑癌基因的产物能抑制细胞增殖、促进细胞分化和抑制细胞迁移,因此起负调控作用。早在 20 世纪 60 年代,研究人员就将癌细胞与同种正常成纤维细胞进行了融合,所获杂种细胞的后代只要保留某些正常亲本染色体就可表现为正常表型,但是随着染色体的丢失又可重新出现恶变细胞。这一现象表明,正常染色体内可能存在某些抑制肿瘤发生的基因,它们的丢失、突变或失去功能,可使激活的癌基因发挥作用而致癌。抑癌基因的发现是从细胞杂交实验开始的,当一个肿瘤细胞和一个正常细胞融合为一个杂交细胞后,往往不具有肿瘤的表型,甚至由两种不同肿瘤细胞形成的杂交细胞也非肿瘤型的,只有当这些正常亲代细胞失去了某些基因后,才会形成肿瘤的子代细胞。由此人们推测,在正常细胞中可能存在一种肿瘤抑制基因,阻止杂交细胞发生肿瘤,当这种基因缺失或变异时,抑瘤功能丧失,导致肿瘤生成。而在两种不同肿瘤细胞杂交融合后,由于它们缺失的抑癌基因不同,在形成的杂交体中,各自不齐全的抑癌基因发生交叉互补,所以也不会形成肿瘤。位于染色体 13p14 的 Rb 基因是第一个被发现和鉴定的抑癌基因,它是在研究少见的儿童视网膜母细胞瘤中发现的。目前已发现的抑癌基因超过 200 个,这些抑癌基因的产物主要包括:①转录调节因子,如 RB、p53;②负调控转录因子,如 WT;③周期蛋白依赖性激酶抑制因子(CKI),如 p15、p16、p21;④信号通路的抑制因子,如 ras GTP 酶活化蛋白(NF-1)、磷脂酶(PTEN);⑤DNA 修复因子,如 BRCA1、BRCA2;⑥与发育和干细胞增殖相关的信号途径组分,如 APC、Axin 等。

第二节 作用机制

细胞癌变是一个复杂的过程。仅从癌基因和抑癌基因的大量研究结果来看,这个过程应包括癌基因的激活和抑癌基因的失活。在结肠癌中,可以发现癌基因 K-ras 的点突变、18 号染色体长臂上抑癌基因 DCC 的丢失、17 号染色体短臂上 p53 基因的突变或丢失。在乳癌中也可以检测到 c-eRB B-2 和 c-myc 癌基因的扩增和高表达,同时也可检测到 p53 基因的突变和丢失及 Rb 基因的丢失。在肺癌中可以发现 c-myc、N-myc 的扩增和过量表达,同时也有 p53 基因、Rb 基因的改变。在胶质细胞瘤中也可以观测到 eRB B-1、c-myc、neu/eRB B-2、N-myc、ros、sis 等癌基因的激活,也可以检测到 p53 基因的突变。在胃癌中,同样可以观测到 H-ras 的点突变、c-myc 的扩增和 hst 的重排,同时也存在 p53 基因的点突变。这些研究结果都证明了癌基因激活和抑癌基因失活是肿瘤发生的重要原因。此外,肿瘤转移相关基因及其表达产物在肿瘤的发展与转移过程中发挥着重要作用。

一、癌基因的激活

原癌基因不仅存在于肿瘤细胞中,而且广泛存在于正常细胞中。原癌基因蛋白不仅与正常细胞的恶性转化过程有关,而且还与正常的生长、分化及死亡过程的调节有关。原癌基因的表达及生物学活性如此广泛而重要,为什么大部分的细胞不发生恶性转化,而仅仅只有少数细胞发展为肿瘤呢?换句话说,什么样的情况下原癌基因才能引起肿瘤呢?实际情况是,原癌基因只有在其结构、表达水平或表达位置发生变化时才会导致细胞恶性转化的发生。这就是癌基因的激活过程。原癌基因的激活有多种途径,主要激活方式有点突变、基因重排、基因扩增等类型。

1. 点突变 在基因的编码顺序上某一个核苷酸发生的突变称为点突变,点突变是癌基因激活的重要方式。从膀胱癌细胞株 T24 中克隆出的转化基因为 c-H-ras 癌基因;与正常的 c-H-ras 原癌基因编码顺序的差异,仅是第 35 位核苷酸由 G 变成了 T。因此,c-H-ras 编码的 p21 蛋白第 12 位氨基酸由甘氨酸变成了缬氨酸,细胞因此获得了转化能力。这种改变与多种癌的因果关系已经查出。例如,乳腺癌、肺癌、肝癌、结肠癌、急性髓性白血病、神经母细胞瘤等癌瘤细胞中均发现了 ras 原癌基因的点突变。

2. 基因重排 原癌基因中某一部分从一个位置移到另一位置可改变原癌基因的结构,使原癌基因激活,这种改变称为基因重排。对 trk 癌基因与大肠癌、乳癌、乳头状甲状腺癌的发生关系研究证明其即是基因重排的结果。在大肠癌、甲状腺肿瘤中可以发现 trk 激酶区的结构未变,而 trk 蛋白的膜外部分或是易位改变或是发生了替换。基因重排使 trk 原癌基因变成具有转化活性的癌基因。90% 的人慢性粒细胞白血病中也发现 c-abl 原癌基因的易位。

3. 基因扩增 某些原癌基因复制时可以由一个拷贝转变为多个拷贝。原癌基因拷贝数的增加会导致基因产物的增加,从而引起细胞正常功能的紊乱。在神经母细胞瘤、小细胞肺癌、网织细胞瘤中均可检测到 N-myc 基因的扩增。原癌基因的激活,导致细胞的生长调控异常和癌变。在一个癌瘤细胞中,一般不止存在一种原癌基因的激活。多个原癌基因在肿瘤发生的多个阶段上,相继或同时被激活。目前认为,在癌变过程中至少有两类原癌基因被激活才能完成癌变过程。一类是使细胞产生不死性的癌基因,这类癌基因通常分布于细胞核中,如 myc 癌基因等;另一类是使细胞迅速增殖、细胞表面形态和功能改变的癌基因,这类癌基因通常分布于细胞质中,如 ras 癌基因,在致癌过程中 myc 和 ras 癌基因互补才能使细胞恶变。总之,原癌基因的激活引起癌基因的高表达影响细胞的增殖分化,使正常细胞在增殖速率和功能分化方面发生改变。因此,一个正常细胞就会变成一个转化细胞和癌细胞。

二、抑癌基因与肿瘤的发生

正常细胞中存在抑癌基因,在被激活情况下它们具有抑制细胞增殖的作用,正常情况下它们对细胞的发育、生长和分化的调节起着重要作用,这些基因由于甲基化、突变等各种原因导致基因失活,或当其产物失去活性时,可导致肿瘤的发生和癌变。以凋亡相关蛋白激酶(death-associated protein kinase,DAPK)基因为例,DAPK 具有促细胞凋亡、抑制细胞黏附、抑制细胞迁移等作用,因而在肿瘤的发生、发展及转移中发挥重要作用。DAPK 基因启动子甲基化是肿瘤发生的早期事件。DAPK 基因启动子区 CpG 岛的甲基化,会导致 DAPK 表达的沉默,使一些凋亡信号不能通过 DAPK 诱导细胞凋亡,而使细胞有发展成肿瘤的可能性,这被认为是肿瘤发生的早期事件。研究发现,在非小细胞性肺癌、肝细胞癌的血清中可检测到 DAPK 基因启动子呈甲基化,而在正常对照组和良性疾病的血清中未检测到基因启动子甲基化。

第三节 临床应用

肿瘤相关基因的研究对肿瘤的诊断与治疗具有重要意义。一方面,肿瘤相关基因的研究,为肿瘤的早期诊断提供理论与技术基础。另一方面,肿瘤相关基因的研究,为探索抗肿瘤治疗手段提供了相应的靶点和治疗方案。

一、肿瘤的基因诊断

1. 肿瘤易感基因检测 单独遗传因素造成肿瘤的概率低于5%。肿瘤的发生主要是遗传基因和环境因素共同作用的结果,其中遗传基因是内因,与人体是否具有肿瘤易感基因有关。肿瘤易感基因检测就是针对人体内与肿瘤发生、发展密切相关的易感基因而进行的,它可以检测出人体内是否存在肿瘤易感基因或家族聚集性的致癌因素,根据个人情况给出个性化的指导方案。肿瘤易感基因检测特别适合家族中有癌症病例的人群,可以帮助这类人群提前了解自身是否存在肿瘤易感基因。例如,对与 Wilms 瘤相关的 WT-1 基因进行检测,与遗传性非息肉性结肠癌相关的 hMSH2 和 hMSH1 基因进行检测。

2. 肿瘤相关病毒检测 部分肿瘤的发生与病毒感染有关,因而检测这些相关病毒不仅可探讨肿瘤和病毒的关系,而且可以找出肿瘤的易患人群。而核酸杂交技术与 PCR 技术用于病毒检测具有特异性强、敏感性高等特点。例如,对宫颈肿瘤相关的 HPV 检测以及成人 T 细胞白血病/淋巴瘤相关的 ALT 病毒检测。

3. 肿瘤的特异性基因改变检测 在部分肿瘤患者外周血循环 DNA 中可检测到与原发

肿瘤细胞一致的分子细胞遗传学改变，如 ras 基因突变、p53 基因突变，p14 ARF、p16INK4、APC 基因的异常甲基化、等位基因失衡、微卫星改变，DNA 免疫球蛋白重链重排，等等。某些肿瘤血清/血浆 DNA 已检测到了基因变化。部分肿瘤具有特征性染色体易位及相应融合基因的肿瘤，这些分子表达谱已经被用作重要的诊断和鉴别诊断的依据，如对慢性髓性白血病中 BCR/ABL 重排的检测等。但这些检测多处于研究阶段，尚未推广至临床常规检测。

4. 肿瘤治疗相关基因检测 分子靶向治疗的实施首先需要通过免疫组织化学（IHC）和荧光原位杂交（FISH）等肿瘤发生、发展的不同时期，可能涉及不同基因的不同变化形式，而基因的变化及基因之间的信号传递与肿瘤临床治疗的敏感性密切相关，如果能在分子水平对肿瘤基因变化提供指标，将对肿瘤的个体化和预见性治疗具有指导意义。此外，在肿瘤治疗过程中，肿瘤细胞接触抗肿瘤药物后会产生多药耐药，这与肿瘤细胞表达 MDR-1 基因有关。化疗过程中 MDR mRNA 表达逐渐升高，提示化疗反应敏感性会逐渐下降，因此用 PCR 方法检测 MDR-1 基因及其转录表达产物对疗效判断有一定的辅助价值。

5. 肿瘤的预后判断 肿瘤基因的突变、扩增及过表达等改变常与肿瘤的预后密切相关。例如，Her-2/neu 扩增与乳腺癌、胃癌、卵巢癌发生密切相关；N-myc 扩增与神经母细胞瘤相关；微卫星不稳定性（MSI）与胃癌、大肠癌、肺癌、肾癌、乳腺癌、白血病、子宫内膜癌等多种肿瘤预后均有关。现已有部分研究探讨相关基因检测对疾病预后的判断价值。此外，相关研究人员已开发肿瘤微转移灶检测基因芯片来达到肿瘤转移早期检测的目的。

二、肿瘤的基因治疗

目前，肿瘤基因治疗的主要途径包括：针对癌基因的基因治疗，针对抑癌基因的基因治疗，免疫基因治疗，药物敏感基因（自杀基因）治疗，针对多药耐药基因的基因治疗，肿瘤血管基因治疗等。

1. 针对癌基因的基因治疗 细胞中原癌基因的表达受到严格控制。而原癌基因激活后其功能处于异常活跃状态，不断地激活细胞内正性调控细胞生长和增殖的信号传递通路，促使细胞异常生长。因此针对癌基因的基因治疗思路可以通过负作用于癌基因而发挥抗肿瘤的作用。传统的针对癌基因的技术包括基因敲除、定点突变、反义核酸及核酶技术等。通过 RNA 干扰（RNA interference，RNAi）技术进行的基因治疗是近年来研究的热点，且进展迅速。RNAi 是由双链 RNA 分子介导的序列特异性转录后基因沉默的过程，是双链 RNA 分子在 mRNA 水平上关闭相关基因表达的过程，是将反义序列导入癌细胞来拮抗癌基因的。RNAi 技术具有序列特异性、dsRNA 稳定性、沉默信号可传递性、高效性与 RNAi 效用浓度依赖性的优点。以 bcr/abl 融合基因为例，该基因是定位于人染色体 9q34 上的 c-abl 基因与 22q11 上的 bcr 基因发生 t(9;22) 易位，使相应无关的基因发生融合而形成的，在慢性髓细胞白血病发病中起着重要作用。研究人员采用 RNAi 技术成功地抑制了 K562 白血病细胞中的 bcr/abl 融合基因 mRNA 的表达，增加了对 K562 白血病细胞凋亡的诱导作用。RNAi 技术为肿瘤基因治疗带来了新的希望，但从目前 RNAi 的研究现状来看，在哺乳动物中 RNAi 并不能完全阻断基因的表达，尤其是异常高表达的基因，这促使人们去探索研究新的更高效的 siRNA 表达载体体系。为了促进基于 RNAi 的基因药物进入临床研究和应用，大量的研究已集中到提高 siRNA 分子的工业化生产能力、增加 siRNA 分子的稳定性、开发 siRNA 药物的靶向传递系统等方面。

2. 针对抑癌基因的基因治疗　虽然肿瘤的发生、发展是一个多基因参与、多步骤形成的过程，但在这些过程中某种癌基因的激活或抑癌基因的失活可能起到了关键性的作用。抑癌基因是抗肿瘤基因治疗中一类极为重要的目的基因，将这类基因导入肿瘤细胞或非肿瘤细胞，其表达产物通过复杂的基因调节或活化代谢机制，能抑制肿瘤的恶性生长，甚至可导致癌细胞逆转。基因替代等方法可恢复或增强抑癌基因杂合性的缺失，将某些含有抑癌基因的染色体片段或整条染色体臂导入那些已知或疑有抑癌基因缺失的肿瘤细胞或荷瘤动物体内，以消除肿瘤细胞的恶性表型和在体内的致癌性，从而达到控制肿瘤细胞异常生长的目的。例如，导入 WT、p53 能使结肠癌、骨肉瘤、神经胶质瘤、腺癌增殖降低。这种通过多种载体介导的针对肿瘤抑制基因治疗的方法代表了癌症治疗的策略之一。

3. 免疫基因治疗　抗肿瘤免疫有关的转基因治疗其实是肿瘤基因治疗的最初方案。为增强机体免疫系统对肿瘤的识别，免疫基因治疗主要包括通过 APC 增强对肿瘤抗原的识别与提呈、增加肿瘤细胞表达细胞因子、增强肿瘤细胞表达的共刺激分子等。以抗原提呈细胞（antigen presenting cell，APC）为基础的肿瘤抗原免疫主要通过增强对肿瘤抗原的识别与提呈，将编码目的抗原的基因，以重组表达载体的形式经各种基因转移途径转入机体细胞，借用宿主细胞的表达加工机构合成抗原分子。例如，通过主要组织相容性复合体（major histocompatibility complex，MHC）Ⅰ和/或 MHCⅡ类分子抗原处理和输送途径将抗原信息提呈给 T 淋巴细胞，从而激发体液免疫和细胞免疫。针对细胞因子的免疫基因治疗是指将 IL-1、IL-4、TNF-α、IFN 等细胞因子基因导入肿瘤细胞，使瘤细胞表达出相应的抗原，随后激发 $CD4^+$毒性 T 淋巴细胞反应，而导致分泌肿瘤抗原的靶细胞溶解，以达到治疗肿瘤的目的。将细胞因子基因导入肿瘤浸润的淋巴细胞（tumor infiltrating lymphocyte，TIL）和淋巴因子激活的杀伤性细胞（lymphokine activated killer cell，LAK 细胞）使之活化，活化的 TIL 具有显著抗自身肿瘤作用。回输体内后其趋向于肿瘤局部聚集，并大量表达其携带的能增强抗肿瘤免疫的细胞因子基因产物。利用共刺激分子的作用是将 MHCⅠ、MHCⅡ类抗原基因导入肿瘤细胞，使宿主免疫系统识别肿瘤细胞为"异己"，以诱发抗肿瘤免疫反应。可见基因免疫综合了减毒疫苗和亚单位疫苗的精髓，既像接种了活的病原体可以不断地表达抗原蛋白，又可以方便地精选所需基因片段，以激发理想的免疫反应。但应用这一手段的前提是必须有肿瘤抗原的存在，特别是肿瘤特异性抗原，只有这样才可使诱导的免疫反应只针对肿瘤而不破坏正常组织。

4. 药物敏感基因（自杀基因）治疗　自杀基因治疗思路就是人为地改变肿瘤细胞的状态，将一些"自杀基因"（TK 基因、CD 基因和细胞色素 P450-2B1 基因等）导入肿瘤细胞中，这些基因所表达的产物能将原先对细胞无毒或相对低毒的物质转变为细胞毒性物质，而起到杀伤细胞的作用。几乎所有的自杀基因系统都具有旁杀伤效应，即不仅转导自杀基因的细胞可以被杀死，而且与其相邻的未转导自杀基因的细胞也可被杀死。研究发现，旁杀伤效应一般是 1∶10，即 1 个基因修饰细胞死亡时带动 10 个基因未修饰细胞死亡，由此可见，"旁观者效应"明显扩大了自杀基因的杀伤作用。应用自杀基因进行基因治疗时，首先，要求转染的自杀基因要有一定的表达效率；其次，自杀基因需靶向导入，使杀伤作用局限在肿瘤细胞，而非正常组织细胞。

5. 针对多药耐药基因的基因治疗　肿瘤化疗中最难处理的问题之一就是出现瘤细胞对许多常用化疗药物产生抗药性和交义抗药性，即经过一段时间化疗后，肿瘤细胞表现出对多种结构不同、作用靶位不同、作用方式不同的抗肿瘤药物具有抵抗性。自1970年首次报道肿瘤交叉耐药现象以来,针对肿瘤耐药的基因治疗日益活跃。一方面研究人员通过抑制MDR-1基因,如针对该基因的RNAi使MDR-1基因的表达水平下调,提高细胞内的药物浓度,提高肿瘤细胞对化疗的敏感性。例如,研究人员通过抗-MDR-1-siRNA成功抑制了人胰腺癌细胞株和胃癌细胞株的MDR-1基因及其表达产物,抑制后两种细胞对柔红霉素的耐药性抵抗分别降低了58%和89%。表明此种siRNA也可以试验性地用于肿瘤的治疗,通过提高细胞对抗肿瘤药物的敏感性来达到治疗肿瘤的目的。另一方面,一些应用MDR-1转染保护骨髓造血细胞的基因治疗项目已进入临床试验阶段。例如,将针对化疗药物的MDR-1转染至肿瘤患者的骨髓造血干细胞,使其具有比肿瘤更强的化疗药物耐受力,可以提高临床化疗剂量和延长时间,而减轻化疗药物对骨髓细胞的损害。又如,新的耐药基因包括突变的二氢叶酸还原酶(MDHFR)、甲基鸟嘌呤甲基转移酶(MGMT)、谷胱苷肽-*S*-转移酶(GST)、醛脱氢酶(ALDH)等被用于肿瘤耐药基因的治疗,用于克服化疗的骨髓抑制作用效果显著,临床应用潜力很大。

6. 肿瘤血管基因治疗 肿瘤的生长、转移与新生血管的形成密切相关,由于肿瘤的血管生成受到血管生长因子、血管生长抑制因子及其他因子的共同调控,因此通过阻断促血管生长因子作用或强化血管生长抑制因子的表达均可达到治疗的目的。一方面通过RNAi、反义DNA、中和性抗体、受体酪氨酸激酶的抑制剂及核酶等技术阻断血管生长因子的作用。例如,有研究报道采用抗VEGF的核酶抑制VEGF的表达,使卵巢癌生长及血管生成减少。另一方面可以上调血管生长抑制因子的表达。例如,研究人员报道导入编码内皮抑素的重组腺病毒载体可抑制内皮细胞迁移和VEGF介导的血管生成。此外,针对肿瘤转移还可以采用基因工程技术来抑制细胞外基质和基膜降解,以及抑制内皮细胞特异性黏附分子的作用。例如,研究人员报道用腺病毒载体介导的TIMP-1基因转染肿瘤细胞,瘤细胞产生的TIMP-1抑制了MMP-2、MMP-9的活性,使内皮细胞的迁移受到抑制。

针对肿瘤的基因治疗近年来进展日新月异,临床上在部分肿瘤中使用基因治疗已经显示出较好的抗癌、抑癌作用和较轻微的不良反应,但大部分的基因治疗还处于体外研究及动物研究阶段,如何增加基因导入的载体系统的导入效率、如何增加针对肿瘤细胞的靶向特异性、如何加强外源基因在体内表达的可控性及相关的伦理等问题是影响肿瘤基因治疗的关键环节。

(成 军 杨 松)

参考文献

付前锋,刘连新. 2007. 肿瘤的耐药基因和耐药基因治疗研究发展. 中华实验外科杂志,24(12):1613-1615.
高鹏,周庚寅. 2005. 肿瘤多药耐药及其基因治疗. 中国现代普通外科进展,8(2):72-75.
关心,彭吉润,冷希圣. 2005. 人树突状细胞与肝癌细胞系HLE融合细胞的构建. 中华肿瘤杂志,27(8):465-467.
侯立男,何向辉,章志翔. 2008. 细胞因子基因治疗肿瘤的现状和展望. 临床和实验医学杂志,7(1):145-147.
梁迎春,程龙,叶棋浓. 2012. 肿瘤基因治疗的研究进展. 生物技术通讯,23(3):436-439,460.
王启钊,吕颖慧,费凌娜. 2010. 肿瘤基因治疗的研究进展与思考. 中国肿瘤临床,37(15):893-896.
王青青,曹雪涛. 2002. 肿瘤的免疫基因治疗研究进展. 中国实用外科杂志,22(4):254-256.
薛祥云,尤永平,刘宁. 2005. RNA干扰与肿瘤的基因治疗. 中华神经医学杂志,4(3):317-319.

叶启东,顾龙君. 2005. 基因治疗应用于肿瘤的研究进展. 国外医学·儿科学分册,32(1):53-55.

Beltinger C,Uckert W,Debatin KM. 2001. Suicide gene therapy for pediatric tumors. J Mol Med(Berl),78(11):598-612.

Bexell D,Scheding S,Bengzon J. 2010. Toward brain tumor gene therapy using multipotent mesenchymal stromal cell vectors. Mol Ther,18(6):1067-1075.

Chiocca EA. 1995. Brain tumor gene therapy in mice with a novel "suicide" gene: the cyclophosphamide-activating CYP2B1 gene. Clin Neurosurg,42:370-382.

Cirielli C,Capogrossi MC,Passaniti A. 1997. Anti-tumor gene therapy. J Neurooncol,31(1-2):217-223.

Engelhard HH. 2000. Gene therapy for brain tumors: the fundamentals. Surg Neurol,54(1):3-9.

Fu YJ,Du J,Yang RJ,et al. 2010. Potential adenovirus-mediated gene therapy of glioma cancer. Biotechnol Lett,32(1):11-18.

Min FL,Zhang H,Li WJ. 2005. Current status of tumor radiogenic therapy. World J Gastroenterol,11(20):3014-3019.

Minamoto T,Mai M,Ronai Z. 2000. K-ras mutation: early detection in molecular diagnosis and risk assessment of colorectal,pancreas,and lung cancers—a review. Cancer Detect Prev,24(1):1-12.

Rabkin SD,Mineta T,Miyatake S,et al. 1996. Gene therapy: targeting tumor cells for destruction. Hum Cell,9(4):265-276.

Zhang C,Wang QT,Liu H,et al. 2011. Advancement and prospects of tumor gene therapy. Chin J Cancer,30(3):182-188.

第二章 生长因子类癌基因

原癌基因(proto-oncogene)与癌基因(oncogene)促细胞生长和恶性转化的作用及其机制差别很大。从功能上分类,部分肿瘤相关基因的编码产物具有生长因子(growth factor)的作用,因而称之为生长因子类癌基因。这些具有生长因子作用的癌基因能够与细胞膜上的相关受体结合,将细胞外的刺激信号传递到细胞内,促进细胞的增殖分裂过程。这种生长因子的刺激作用可导致正常细胞的恶性转化。编码成纤维细胞生长因子(fibroblast growth factor,FGF)相关生长因子(Int-2/FGF-3、Hst/FGF-4、FGF-5)、血小板衍生生长因子(platelet derived growth factor,PDCF)β链生长因子的基因及 int-1 等都属于具有生长因子作用的癌基因。

第一节 成纤维细胞生长因子相关生长因子

成纤维细胞生长因子是一个具有促进成纤维细胞生长分化功能的蛋白质家族,至少包括8种在结构上具有高度同源性的蛋白质分子,如酸性成纤维细胞生长因子(acidic FGF,aFGF)、碱性成纤维细胞生长因子(basic FGF,bFGF)、Int-2、Hst/K-FGF、FGF-5、FGF-6 和角质细胞生长因子(keratinocyte growth factor,KGF)等。这些 FGF 家族中的成员对中胚层及外胚层的细胞都具有有丝分裂原的作用。除此之外,还可以起到营养因子(trophic factor)、分化诱导因子(differentiation-inducing factor)和分化抑制因子(differentiation-inibiting factor)的作用。只是各种细胞类型对于不同的 FGF 蛋白家族成员具有不同的应答过程和感应性。

一、FGF-5 蛋白

成纤维细胞生长因子 5(fibroblast growth factor 5,FGF-5)是一种癌基因,其编码产物是一种糖蛋白(glycoprotein)分子,能够促进成纤维细胞(fibroblast)和内皮细胞(endothelial cell)的有丝分裂过程。在哺乳动物的胚胎发育过程中,许多部位都可以见到 FGF-5 基因的表达。成年小鼠的脑组织中也有 FGF-5 的表达,说明这种生长因子具有广泛的生物学功能。在胚胎期其是一种肌肉衍生的运动神经元(motoneuron)的营养因子(trophic factor)。

(一) FGF-5 的基因结构

人 FGF-5 癌基因是 Zhan 等(1988)首先克隆的。他们从人的肿瘤细胞中提取 DNA,构建基因组文库,然后再转染小鼠成纤维细胞 NIH 3T3,观察转导的 NIH 3T3 细胞被恶性转化的结果,以及转导的 NIH 3T3 细胞在裸小鼠体内形成肿瘤病灶的能力,可以筛选、鉴定出一系列的癌基因。应用同样的策略,Zhan 等首先观察到一种人的癌基因在发生基因重排以后被激活,导致正常人细胞发生恶性转化。部分序列测定表明,这是一种与成纤维细胞生长因子具有一定同源性的癌基因。利用这一癌基因片段作为探针,对人脑干细胞的 cDNA 文库进行筛选,获得了这种癌基因的克隆。由于这种癌基因是已发现的 FGF 基因家族的第 5 个成员,被命名为 FGF-5。FGF-5 cDNA 全长由 1～120 个核苷酸组成,因为 cDNA 克隆程序中涉及限制性内切核酸酶的消化步骤,因此其 cDNA 克隆序列中不包括 3′端的多聚腺苷酸尾巴序列。FGF-5 cDNA 结构中含有两个开放读码框架(open reading frame,ORF),即 ORF-1 和 ORF-2,其之间有小部分核苷酸序列的重叠。ORF-1 的终止密码子 TGA 位于 ORF-2 的起始密码子 ATG 下游,相差一个核苷酸。ORF-2 基因编码的多肽分子的氨基末端含有一段富含亮氨酸(leucine)残基的疏水序列,是这一多肽的信号肽(signal peptide)序列,与这一多肽分子在内质网(endoplasmic reticulum)中的移行过程有关。除此之外,在这一多肽序列中未发现其他疏水序列,因此认为这一多肽分子可以进行分泌性表达。在 ORF-2 编码的多肽分子中还发现了 *N*-糖基化(*N*-linked glycosylation)位点的保守序列 Asn-Gly-Ser。经计算机检索,FGF-5 多肽与 aFGF 和 bFGF 蛋白之间具有高度同源性。

FGF-5 蛋白的序列与 FGF 家族其他成员序列的一级结构存在同源性。FGF-5 蛋白分子中 90～180 位氨基酸和 187～207 位氨基酸残基序列与其他成员之间的同源性最高,与 aFGF 的同源性为 40.2%,与 Hst/KS3 的同源性为 50.4%。在这两段相对保守的氨基酸残基序列中,5 种 FGF 蛋白质分子的同源性为 20%,但这 5 种蛋白质的编码核苷酸序列的同源性则很低。FGF-5 与其他 FCF 基因家族成员的核苷酸序列在两段保守区之间或其远端的核苷酸序列,无论在长度还是在核苷酸组成上都有很大的差别。在第二段同源区内有氨基酸残基的插入,如 201 位点和 202 位点上分别有 Cys 和 Ser 氨基酸残基的插入。在 FGF-5、Hst/KS3 和 Int-2 蛋白分子中发现有较多的疏水氨基酸残基,而在 aFGF 和 bFGF 蛋白前体分子中则没有,提示不同的蛋白质分子在细胞内的移动轨迹不同。

(二) FGF-5 的恶性转化作用

FGF-5 基因的克隆过程充分体现了 FGF-5 具有一种能够使正常细胞发生恶性转化的性质。从肿瘤细胞 VMCUB2-1 细胞系中提取 DNA,或提取 mRNA 反转录为 cDNA,再克隆到噬菌体载体 λEMBL4 中,转染小鼠成纤维细胞系 NIH 3T3,具有表达活性癌基因的细胞在软琼脂培养基中形成细胞集落,在移植动物体内(如裸小鼠体内)形成瘤灶。对这种来源于膀胱癌细胞中的 FGF-5 癌基因的序列进行分析,发现 FGF-5 基因与共转染的选择性表达载体 pLTRneo 的序列发生了基因重排(gene rearrangement)。pLTRneo 载体中 Tn5neo 基因是在小鼠白血病病毒(mouse leukemia virus)的长末端重复序列(long terminal repeat,LTR)中的启动子(promoter)和增强子(enhancer)等调节元件的调控下进行表达的。在转化的 NIH 3T3 细胞中发现,FGF-5 基因与 pLTRneo 载体序列重组,将 FGF-5 基因的 5′端整合于 LTR 序列下游,FGF-5 基因的表达受 LTR 序列中启动子的控制,从而发生激活。激活的 FGF-5 基因编码一种分泌性生长因子,从转化的 NIH 3T3 细胞的条件培养液(conditioned media)中可以检测到该生长因子的活性。这种存在于培养液中的生长因子可以刺激处于静止状态的 BALB/c 3T3 成纤维细胞的 DNA 合成,甚至以 1∶8 的比例将这种条件培养液进行稀释后,也能检测到其中生长因子的活性。不仅如此,以融合蛋白质方式在大肠杆菌中表达的 FGF-5 基因产物也能刺激 BALB/c 3T3 细胞的 DNA 合成。

FGF-5 的基因重排是 FGF-5 基因激活的重要方式和途径,同时,FGF-5 基因的表达也受到血清生长因子的诱导。在体外培养的正常人成纤维细胞也表达一定水平的 FGF-5,特别是处于指数生长期的成纤维细胞。正常成纤维细胞中 FGF-5 的表达可因受到血清及几种生长因子的诱导而表达水平增加。能够诱导 FGF-5 表达的生长因子包括血小板衍生生长因子(platelet-derived growth factor,PDGF)、表皮生长因子(epidermal growth factor,EGF)和转化生长因子-α(transforming growth factor -α,TGF-α)。FGF-5 癌基因蛋白作为一种具有生长因子作用的癌基因表达产物,其发挥作用的过程涉及与相应受体结合的过程。Clements 等于 1993 年以大肠杆菌表达了重组的人 FGF-5,在肝素(heparin)存在的条件下,重组的 FGF-5 与天然的 FGF-5 活性相同,表明 FGF-5 蛋白的糖基化(glycosylation)翻译后修饰对 FGF-5 的活性无太大影响。重组的 FGF-5 蛋白与人 FGF 受体 1 和受体 2 结合后,FGF-5 可诱导这两种受体蛋白的自动磷酸化(autophosphorylation)。竞争性结合实验表明,FGF-5 与这两种受体蛋白结合的解离常数 K_D 为 $0.5\times10^{-9}\sim1.5\times10^{-9}$mol/L。

二、Hst-1 蛋白

以从各种细胞中提取的大分子质量 DNA 转染小鼠成纤维细胞 NIH 3T3,鉴定出一种具有恶性转化作用的癌基因 hst-1,hst-1 癌基因蛋白与 FGF 家族各成员间具有高度同源性,因此认为 hst-1 是 FGF 家族的一个新成员,命名为 FGF-4,又称为 K-FGF。在 FGF 家族的 7 个成员中,hst-1 在胚胎和胚胎细胞肿瘤细胞中具有表达活性,FGF-5 和 Hst-2/FGF-6 则仅在分化的细胞中表达,aFGF 和 bFGF 在胚胎肿瘤细胞系和分化的细胞中均具有表达活性。角质细胞生长因子(keratinocyte growth factor,KGF)仅在角质细胞中具有表达活性。hst-1 癌基因表达不仅与正常细胞的恶性转化有关,而且与哺乳动物的胚胎发育有着极为密切的关系。

(一) hst-1 基因表达调控的结构基础

Koda 等(1994)通过畸胎瘤细胞系 F9 中 hst-1 基因的表达调节,对 hst-1 基因在胚胎细胞肿瘤细胞中表达的结构基础进行了研究。在未分化的 F9 细胞中,hst-1 基因具有表达活性,而在分化的 F9 细胞以及其他充分分化的细胞,如 PYS-2、NIH 3T3 和 HeLa 细胞中都无 hst-1 基因的表达。将能够引起 NIH 3T3 细胞发生恶性转化的 hst-1 基因克隆中获得的具有表达调节作用的 5′端非翻译区(5′-UTR),与已报道的基因氯霉素乙酰转移酶(chloraphenicol acetyl-transferase,CAT)进行重组,构建重组表达载体,对 5′端序列在 hst-1 基因表达中的调节作用进行研究。利用这一表达系统对 hst-1 基因 3′端非翻译区(3′-UTR)的调节作用进行研究。结果在 hst-1 基因的 3′端非翻译区序列中发现了一个八聚体因子(octamer element),其对于 hst-1 基因的表达实际上是一种增强子(enhancer),被称为 Oct-3。随着 F9 细胞的不断分化,Oct-3 增强子序列负调节 hst-1 基因的表达,但在已充分分化的细胞中,Oct-3 增强子对 hst-1 的表达调节作用则不十分显著。例如,在 HeLa、NIH 3T3 和 PYS-2 细胞中暂时表达 Oct-3,对这些已分化细胞中的 hst-1 基因启动子活性无显著影响。因此,Oct-3 序列对 hst-1 基因表达调节的作用仅限于未分化的具胚胎性质的细胞。

hst-1 癌基因表达与胚胎发育之间相互关系的进一步研究表明,hst-1 作为一种信号转导分子,在胚胎发育及肢体形成与生长发育晚期等阶段中具有十分重要的作用。hst-1 基因首先在胚囊内层细胞团中具有表达活性,之后便在各种不同的胚胎组织中进行表达,但成年后 hst-1 基因则不再具有转录表达活性。在体外培养系统中发现 hst-1 基因仅在未分化的胚胎干细胞(embryonic stem cell,ESC)和胚胎肿瘤细胞中具有表达活性。在胚胎肿瘤细胞中,八聚体结合蛋白(octamer-binding protein)可与胚胎肿瘤细胞特异性因子 Fx 结合成蛋白质复合物,其协同作用与 hst-1 基因增强子的活性有关,通过促进这一增强子的活性可提高 hst-1 基因启动子的活性,加强 hst-1 基因的转录活动。通过对 F9 细胞中的 cDNA 克隆化及结构特点分析,证明 Fx 是 Sry 相关性的 Sox 因子家族成员之一,称为 Sox^z。Sox^z 可以与广泛表达的 Oct-1 或胚胎特异性的转录因子蛋白 Oct-3 结合,形成一个特殊的三级结构(tertiary structure)的复合物,再与 hst-1 基因中增强子的 DNA 序列结合成一种所谓的三元络合物(tertiary complex),参与增强子活性的调节。然而,只有 Sox^z/Oct-3 复合物才具有促进转录表达的活性,使 hst-1 基因成为第一种已知的 Oct-3 或其他任何一种 Sox 因子作用的靶基因,从而了解了胚胎发育过程中 Sox 与八聚体结合蛋白对胚胎期特异性基因表达调节的作用机制。

(二) hst-1 基因的转录表达调控

由于癌基因 hst-1 只在胚胎细胞或胚胎肿瘤细胞中表达,因此,研究 hst-1 基因转录表达调控的细胞模型多用胚胎细胞或胚胎干细胞(embryonic stem cell,ESC)。除了畸胎瘤细胞系 F9 之外,小鼠胚胎细胞系 PC-13、人胚胎细胞系 NT2/D 及胚干细胞系 ccE 等都是常用的细胞模型。

对小鼠 hst-1 癌基因 5′端非翻译区长达 20kb 的基因组 DNA 序列进行分析,发现了两段 Sp1 序列和两段 AP-2 序列均与 TATA 盒式结构相距不到 200bp,而且在人 hst-1 基因组中的同一位置上也有相同的 AP-2 和 Sp1 保守序列,其中的一个 Spl 保守序列中,还包含一段 Egr-1 保守序列,一个 CAAT 盒式结构与 AP-2 序列之一紧紧相连。除此之外,还在距转录起始位点 1kb 处发现了一段约 90bp 的特殊的嘌呤-嘧啶区结构。在生理条件下,这段 90bp 的核苷酸序列可以形成 Z-DNA 结构,推测其与转录调节有关。

1990 年 Curatola 等报道,人 hst-1 5′端非翻译区加上第 3 外显子的 380bp 核苷酸序列所控制的报道基因(reporter gene)氯霉素乙酰转移酶(chloromycetin acetyltransferase,CAT)表达载体,在导入胚胎细胞后具有表达活性,但当细胞进一步分化时,表达活性则全部消失。小鼠 hst-1 基因的 5′端非翻译区与人 hst-1 基因的 5′端非翻译区的核苷酸序列的同源性很低,为了比较人和鼠 hst-1 5′端非翻译区功能是否有所差别,将人 hst-1 基因的 5′端序列插入到无启动子序列的表达载体 pBLCAT3 的多克隆位点中,并以插入小鼠 hst-1 基因 5′端非翻译区的 pBLCAT3 表达载体作为对照。结果表明,在 hst-1 基因表达过程中,需要有第 3 外显子区 316bp 的核苷酸序列参与,这段序列在重组载体的表达中作为一种增强子的结构序列而发挥作用。许多证据表明,hst-1 基因中第 3 外显子中的增强子样元件(enhancer-like element)是 hst-1 基因在胚胎细胞及胚胎细胞肿瘤中表达的重要结构基础。

(三) hst-1 基因与发育和肿瘤的关系

hst-1 基因的表达与动物胚胎肢体发育之间有着极为密切的关系,顶部外胚嵴(apical ectodermal ridge,AER)通过与间质的相互作用而在肢体发育过程中发挥重要作用。去除胚胎中的 AER 部分,则使肢体外向生长(outgrowth)停止,导致肢体远端的发育缺陷。hst-1 基因编码一种具有高效分泌性的蛋白质,在 AER 区具有高水平的表达。实验证明,hst-1 可以刺激肢体间质部分的增生,同时也诱导下游的 evx-1 基因表达。为了探讨 AER 部分在肢体发育中的作用,为 AER 部分切除的胚胎提供 Hst-1 蛋白,发现 Hst-1 蛋白能够提供胚胎肢体发育过程中所需要的全部信号,从而进一步提示 hst-1 在肢体发育过程中的重要作用。Hst-1 蛋白不仅在胚胎发育过程中具有十分重要的作用,而且对大鼠胚胎甲状腺上皮细胞分化状态具有重要作用。BattaGlia 以 hst-1 的表达载体转染已分化的大鼠 PC cl3 细胞系,未能引起这种细胞发生恶性转变,却引起了肿瘤细胞的去分化。hst-1 基因的表达通过自分泌(autocrine)机制发挥去分化(dedifferentiation)作用。以 Hst-1 的特异性抗体可以阻断 Hst-1 的自分泌作用。向培养基中加入重组的 Hst-1 蛋白也可以诱导这种细胞的去分化。

hst-1 通过与细胞膜上相关的受体分子结合,激活与细胞生长、血管形成(angiogenesis)及肿瘤形成(tumorigenesis)等有关的信号转导路径,从而促进正常细胞发生恶性转化。已知在对放射治疗(radiation therapy)(简称为放疗)不敏感的人的肿瘤细胞中具有高水平的 hst-1 基因表达,因而推测 hst-1 基因的表达与肿瘤的发生有着极为密切的关系。Jung 等以 hst-1 重组表达载体转染肾上腺皮质瘤细胞系,研究了 hst-1 基因表达对这些肿瘤细胞在受到电离辐射(ionizing radiation)后细胞存活状态的影响。结果表明,hst-1 基因表达可以提高肿瘤细胞在受到电离辐射之后的存活率。对表达 hst-1 基因的肿瘤细胞在受到电离辐射后的细胞周期(cell cycle)参数进行分析,发现发生 G_2 期阻滞的细胞所占比率很高,表明 hst-1 的表达对肿瘤细胞的细胞周期具有异常调节作用,提示 Hst-1 这种成纤维细胞生长因子的表达可以提高肿瘤细胞对放疗的抵抗性。血管形成是胚胎发育、组织修复、月经周期、器官移植、糖尿病视网膜病变(diabetic retinopathy)、风湿性关节炎(rheumatoid arthritis)及恶性肿瘤等生理和病理过程的重要步骤。在血管形成过程中涉及一系列生长因子的基因表达与作用。人 Hst-1 蛋白作为一种有丝分裂原可以促进血管内皮细胞的增生。Yoshida 等以大肠杆菌表达的重组 hst-1 具有显著的促进血管形成的作用。以 hst-1 基因转导的小鼠成纤维细胞 NIH 3T3 移植裸鼠体内可以形成肿瘤,而且是一种具有丰富血液供应的肿瘤。说明 hst-1 基因是一种可以使正常细胞发生恶性转化的癌基因,而且可促进血管形成。不仅如此,hst-1 的表达还可促进肿瘤的转移。Taylor 等的研究结果表明,hst-1 基因的过表达还可促进细胞的浸润。

第二节 血小板衍生生长因子 β 链生长因子 c-sis

人血小板衍生生长因子(platelet-derived growth factor,PDGF)作为一种生长因子,可以促进多种类型间质细胞(mesenchymal cell)的生长和分化。PDGF 蛋白分子是由两个不同的亚单位(subunit)组成的同二聚体(homodimer)或异二聚体(heterodimer)。这两种亚单位分别称为 A 链、B 链,两条链之间形成二硫键,以维持 PDGF 蛋白的二级结构。PDGF 蛋白的两条链分别由两个不同但又相互联系的基因序列编码。PDGF 蛋白作为一种配体分子(ligand),也有相应的受体,分别称为 α 受体、β 受体。从猿猴肉瘤病毒(simian sarcoma virus)的基因组中鉴定了具有转化作用的病毒癌基因(viral oncogene),称为 v-sis,序列分析表明,其与 PDGF β 链的编码基因间具有高度的同源性,PDGF β 链编码基因在处于过表达状态时,也会导致正常细胞的恶性转化,因而认为 PDGF 的 β 链编码基因就是病毒癌基因 v-sis 在细胞基因组中的同源基因,因此称这种细胞癌基因为 c-sis。c-sis 癌基因的表达处于严密的调控状态,但如果 c-sis 表达水平升高,则会导致正常细胞发生恶性转化。

一、c-sis 癌基因表达调控

c-sis 癌基因的激活方式是表达水平升高,而不是其癌基因蛋白结构发生改变。因此,c-sis 癌基因结构与功能的关系,特别是基因表达调控结构的基础研究,对了解 c-sis 导致正常细胞恶性转化的机制具有特别重要的意义。

c-sis 癌基因表达的调控是具有结构基础的。人髓白血病细胞系 K562 可以看成是一个巨核细胞的模型,可以以此细胞系研究 c-sis 癌基因的表达及调节。以佛波乙酯(phoRBol ester)处理 K562 细胞系后,Dirks 等发现 c-sis 的 mRNA 转录水平升高了 200 倍,以 DNase Ⅰ 过度敏感位点图谱法(DNase Ⅰ hypersensitive site mapping)将 c-sis 基因转录的增强子(enhancer)结构序列定位于转录起始位点上游 8.6~9.9kb 的一段序列中,c-sis 的增强子序列能够使 c-sis 癌基因在 K562 细胞系中的表达活性提高 40~60 倍。另外,在转录起始位点上游 10.7~11.0kb 处还鉴定出了一段 DNA 序列,其对增强子的序列具有抑制作用,称为静息子(silencer)序列。c-sis 癌基因结构中的增强子序列在人成纤维细胞和肿瘤细胞系 HeLa 及 PC3 中仍然具有调节活性。这些都属于 c-sis 基因结构中的顺式功能调节元件。Franklin 等也从 c-sis 基因组 DNA 序列的第 1 内含子(intron)序列中鉴定了一系列的细胞特异性 DNase Ⅰ 过度敏感位点区。以氯霉素乙酰转移酶(chloramycinacetyltransferase, CAT)作为报道基因(reporter gene),构建了含有 c-sis 基础启动子(basal promoter)与第 1 内含子序列的表达载体,转染 JEG-3 细胞,从第 1 内含子序列中鉴定出一段具有细胞特异性的正性调节作用序列。这一段序列结构中至少含有两个不同的结构元件,其中的一个结构元件是 JEG-3 细胞特异性的,另一个结构元件在 U2-OS 细胞中也具有调节活性。第 1 内含子序列结构中的调节序列具有 JEG-3 细胞类型特异性,但不是经典结构的增强子序列,因为这一结构的活性具有方向依赖性。同时,这种激活作用也具有 c-sis 启动子序列依赖性,因为以 SV40 病毒的启动子或人 β 珠蛋白启动子序列替换 c-sis 基因的启动子序列后,该序列失去其调节功能。第 1 内含子序列中还有一个负性调节元件,其具有 U2-OS 细胞特异性,可使这种细胞中的异常 c-sis 基因高表达水平下降。所以,c-sis 基因表达的调节结构极为复杂。Dirks 等还对 K562 细胞,胎盘滋养细胞系 JEG-3 和 JAR,肿瘤细胞系 PC3、T24、HeLa,以及不表达 c-sis mRNA 的皮肤皮纤维细胞中人 c-sis/PDGF-B 基因表达调节进行了比较研究,发现这些细胞中大部分有 c-sis mRNA 表达,而且表达调节机制均在转录水平上。在这些不同类型的细胞中,c-sis 的 mRNA 转录水平相差很大,不具有广泛的基因重排(gene rearrangement)、基因放大(gene amplification)及 c-sis 基因转录物稳定性差别。在成纤维细胞及胎盘细胞系中,c-sis 基因的启动子不具备可调节性,不是由于在这些细胞中缺乏激活 c-sis 基因启动子的转录因子(transcription factor),因此,这类细胞中的 c-sis 基因转录活性受到了抑制。对这一转录单位(transcription unit)的侧翼序列进行分析,发现了几个细胞类型特异性的 DNase Ⅰ 过度敏感位点。其功能分析表明第 1 内含子序列内存在着阴性调节功能序列,但在基因的下游序列却又发现了具有激活作用的 DNA 序列。在皮肤成纤维细胞中,c-sis 基因启动子下游的一个 DNase Ⅰ 过度敏感位点具有转录激活作用。

c-sis 癌基因的转录表达与巨核细胞的分化有关,而且在巨核细胞的分化阶段,因 c-sis mRNA 序列中的前导序列中某些结构区的转录抑制作用得到解除,c-sis 基因 mRNA 的转录水平得到提升。c-sis mRNA 的前导序列较长,达 1022 个核苷酸,具有翻译抑制作用。在巨核细胞的分化阶段，c-sis 的翻译水平增加。Bernstein 等对 c-sis mRNA 前导序列在 c-sis mRNA 翻译效率中的调节作用及机制进行了研究，结果表明，AUG 起始密码子上游的 179 个核苷酸序列是调节 c-sis mRNA 翻译效率的重要前导序列结构。参与 c-sis 基因表达调节的因素很多，Kalthoff 等对肿瘤坏死因子在腺癌细胞中 c-sis 基因表达调节中的作用进行了研究，发现肿瘤坏死因子（TNF-α）可刺激腺癌细胞中 c-sis 基因的转录表达。Iglesias 等以胶质细胞为例，发现癌基因 r-eRB A 表达产物对 c-sis 基因的表达具有诱导作用。Calderon 等以白细胞介素（IL-6）处理体外培养的人内皮细胞，也可见到 c-sis 基因的表达水平显著升高。说明 c-sis 基因表达受多种因素的诱导和调控，其表达调控机制具有一定的结构基础，也具有显著的细胞特异性。

二、c-sis 的恶性转化作用

PDGF 对间质细胞，如成纤维细胞（fibroblast）和平滑肌细胞（smooth muscle cell）等，都是一种强有力的生长刺激因子。在不同的细胞类型和发育的不同阶段，PDGF 的基因表达都处于严格的调节控制状态，其在创伤愈合及早期发育阶段都具有重要的生物学作用。PDGF 由骨髓中的巨核细胞（megakaryocyte）产生，储存于血小板的 α 颗粒（α-granule）中，并在凝血过程（clotting process）中释放。其他表达 PDGF 的细胞类型包括血管内皮细胞、平滑肌细胞、胎盘滋养体细胞（placenta cytotrophoblast）、巨噬细胞（macrophage）和激活的单核细胞（monocyte）等。细胞中 PDGF 的表达水平又受到一系列不同的细胞外刺激信号的作用与调节，如转化生长因子-β（transforming growth factor-β，TGF-β）、低氧（hypoxia）及应激（stress）等。PDGF 的表达通过自分泌（autocrine）和旁分泌（paracrine），与动脉粥样硬化（atherosclerosis）、纤维化（fibrosis）及某些肿瘤的发生等过程相关。

PDGF 的异常表达与恶性肿瘤发生、发展的关系非常明确，已积累了大量证据。将正常结构和序列的 PDGF β 链编码基因导入正常的小鼠成纤维细胞 NIH 3T3 细胞系之后，可以诱导这种细胞的恶性转化并在软琼脂培养基中形成细胞集落，将其移植到裸小鼠体内也可以形成瘤灶，并且这种恶性转化的效率也非常高。在 c-sis 基因的转录物（transcript）序列中有一段很长的、富含 GC 的前导序列（leader sequence），其对 c-sis 转录物的翻译效率具有显著的抑制作用。因此，正常情况下 c-sis 转录后的翻译效率不是很高。但如果 c-sis 癌基因是在一种很强的启动子（promoter）序列的控制下进行表达的，如 SV40 病毒早期启动子/增强子（enhancer）序列等，则可转录出大量的 c-sis 蛋白编码的 mRNA，c-sis 编码蛋白的产量虽然因前导序列的抑制作用而较正常的 mRNA 翻译效率低，但仍能表达出足够引起正常细胞发生恶性转化的 c-sis 蛋白，从而引起小鼠纤维肉瘤（fibrosarcoma）的发生。将 c-sis 的 cDNA 导入 NIH 3T3 细胞中后，发现细胞发生恶性转化的能力与 c-sis 基因的表达水平具有直接相关性。c-sis 癌基因的表达水平越高，引起正常细胞恶性转化的效率也越高。在人恶性肿瘤细胞中也发现了 c-sis 癌基因的过表达。说明 c-sis 癌基因的过表达还与人的恶性肿瘤的发生、发展有关。但无论是在体外的细胞转化过程中，还是在人肿瘤细胞的 c-sis 基因表达产物中，其结构和功能的本质都未发生变化，只是表达水平明显升高。因此，正常的具有功能的 c-sis 与具有恶性转化作用的 c-sis 的结构相同，只是表达水平发生了质的变化。因此，c-sis 癌基因表达调控的研究对 c-sis 与肿瘤之间关系的阐明具有十分重要的意义。

第三节　原癌基因 int-2

原癌基因 int-2 又称为成纤维细胞生长因子-3(fibroblast growth factor-3,FGF-3),是一种与转录激活、乳腺癌有关的癌基因。int-2 的病毒癌基因是小鼠乳腺肿瘤病毒(mouse mammary tumor virus)前病毒(provirus)基因组中一段可与哺乳动物细胞基因组整合的基因序列。无论是 FGF-3 的基因组核苷酸序列,还是其蛋白质的氨基酸序列,都与 aFGF、bFGF 之间具有高度的同源性。人 FGF-3 的基因组 DNA 在染色体上的定位为 11q13。人和小鼠的 FGF-3 基因组中内含子-外显子结构相似。FGF-3 基因编码的人和小鼠癌基因蛋白也具有高度的同源性。人 FGF-3 基因在染色体上的位点是在各种类型肿瘤中常见的基因放大区。目前,在非肿瘤组织中还未检测到 FGF-3 基因的表达,但在 15% 的肿瘤组织中均发现 FGF-3 基因的表达。说明 FGF-3 基因表达与肿瘤,特别是与乳腺癌发生之间的关系。最近,研究发现 FGF-3 的表达与获得性免疫缺陷综合征(acquired immunodeficiency syndrome, AIDS),即艾滋病的机会性肿瘤——卡波济肉瘤(Kaposis sarcoma)之间有着极为密切的关系。

一、int-2 与肿瘤的关系

为了证实原癌基因 int-2 对正常细胞的恶性转化功能,Goldfa 等构建了含有反转录病毒长末端重复序列(long terminal repeat,LTR)的启动子和 SV40 病毒早期启动子的 int-2 重组表达载体。但无论是以基因组 DNA 还是以 cDNA 的形式,int-2 都不能在这一经典的细胞转化体外实验系统中引起小鼠成纤维细胞 NIH 3T3 的恶性转化。int-2 的这一性质与 FGF 家族中 FGF-5、hst-1 等成员以及激活的 ras 基因在体外能够有效地引起 NIH 3T3 细胞系发生恶性转化的特点显著不同。这一系统具有明显缺陷,即转化的细胞与未转化的细胞生长在一起,因而只有当转化细胞的增殖分裂速率远远超过未转化的正常 NIH 3T3 细胞系后,才能在体外培养的软琼脂中形成细胞集落。为了排除这种可能性,将 int-2 重组表达载体与另外一种表达选择标记基因的重组表达载体,如表达新霉素抗性基因(neo^R)的重组表达载体进行共转染(co-transfection)后,再以含有新霉素类似物 G418(geneticin)的培养基进行筛选,未经转导的细胞因不表达新霉素抗性基因而不能耐受 G418 的细胞毒性而死亡,只有表达新霉素抗性基因的细胞才能在含有 G418 的选择性培养基中存活。因为在转染实验中,int-2 重组表达载体质粒 DNA 的量是 neo^R 表达载体质粒 DNA 量的数倍或更多,因此,虽然不能排除有极少数的细胞克隆仅获得 neo^R 基因而未获得 int-2 基因,但大多数 neo^R 表达的细胞也同时获得了 int-2 基因。因此,共转染后再以选择性细胞培养基进行筛选,即可获得 int-2 基因转导的细胞克隆。对这些细胞进行分析表明,int-2 的转基因表达可以引起 NIH 3T3 细胞发生恶性转化,但发生恶性转化的细胞从形态学上与其他癌基因转化的 NIH 3T3 细胞有着极为明显的区别。在 int-2 癌基因体外转化 NIH 3T3 细胞的实验中,反转录病毒 LTR 中的启动子活性是 SV40 病毒早期启动子活性的 10 倍,即以同样数量的重组表达载体质粒 DNA,前者获得的转化细胞克隆数是后者的 10 倍。但总体来讲,int-2 癌基因转化 NIH 3T3 细胞的效率明显低于 FGF-5 等,约相差 5 倍。虽然已经证实 int-2 诱导 NIH 3T3 细胞系的效率并非很高,而且转化细胞的形态学特征也有别于其他癌基因转化的细胞,但毕竟证实了

int-2 在体外具有恶性转化功能。对 int-2 癌基因体外转化 NIH 3T3 细胞中 int-2 基因表达水平的研究分析表明,int-2 表达水平与 int-2 癌基因的转化效率之间具有直接关系,int-2 癌基因表达水平只有在超过阈值(threshold)后,才会引起 NIH 3T3 细胞的恶性转化。

Kwan 等建立了 wnt-1 和 int-2 两种基因的二重转基因鼠(double transgenic mice),对 wnt-1、int-2 两种原癌基因在乳腺癌形成中的协同作用进行了研究。结果表明,表达两种癌基因的转基因小鼠,特别是雄性小鼠,无论肿瘤大小和肿瘤发生率都显著高于单个癌基因的转基因小鼠,而且肿瘤形成的阶段性也相对提前。几乎所有雄鼠在出生后 8 个月内都发生乳腺肿瘤,但在 wnt-1 单基因转基因小鼠中乳腺癌的发生率仅为 15%,在 int-2 单基因转基因小鼠中无一例发生乳腺癌。在未交配的双基因转基因小鼠中,肿瘤出现时间较 wnt-1 单基因小鼠提前 2 个月,而 int-2 单基因转基因小鼠则很少发生肿瘤。对雌雄两性双基因转基因小鼠癌前病变腺体进行研究,发现主要为上皮细胞增生,与 wnt-1 单基因转基因小鼠的癌前病变类似。在增生性腺体及乳腺肿瘤组织中,都可以检测到 wnt-2、int-2 两种癌基因的转基因表达。对双基因转基因小鼠乳腺组织中 int-2 基因的 mRNA 表达水平进行检测,发现双基因转基因小鼠乳腺组织中 int-2 的 mRNA 转录表达显著高于 int-2 单基因转基因小鼠,表明 wnt-1 的转基因表达导致 int-2 基因的 mRNA 转录水平升高。

int-2 癌基因表达与肿瘤之间的相互关系不仅表现在体外对 NIH 3T3 细胞的转化、转基因动物中与癌基因 wnt-1 之间的协同作用,而且表现在与一系列人的原发性肿瘤之间有着极为密切的关系。Rosen 等对卵巢癌细胞中 int-2/FGF-3 癌基因的表达进行了研究。从 136 例石蜡包埋的卵巢癌标本中提取 DNA,以定量 PCR 技术对 int-2 基因在卵巢癌细胞中的放大现象进行研究,探讨 int-2 基因放大与卵巢癌之间的关系。结果表明,卵巢癌患者手术前肿瘤抗原 CA125 水平与 int-2 基因放大之间呈正相关。int-2 癌基因放大也与卵巢癌的预后指标 FIGO 分期之间具有相关性,但与总存活率之间则无显著相关性。表明 int-2 基因的放大是卵巢癌浸润性的一个重要指标。人结肠癌细胞系 SW613-s 是一个不均一的肿瘤细胞系,其原癌基因 c-myc 的表达水平有显著差别。高水平表达 c-myc 的结肠癌细胞系 SW613-s 在裸小鼠移植后即形成瘤灶,但低水平表达 c-myc 的结肠癌细胞系 SW613-s 则不能在裸小鼠的体内形成瘤灶。Galdemard 等对具有不同 c-myc 表达水平的 SW163-s 细胞中 int-2 癌基因的表达进行了比较研究。致瘤性 SW163-s 细胞克隆中 int-2 基因的表达水平显著升高,但非致瘤性 SW163-s 细胞克隆中则检测不到 int-2 基因的转录表达。核连缀(run-on)分析结果表明,致瘤性和非致瘤性细胞克隆 int-2 的表达调节不同主要发生在转录起始(transcription initiation)水平。对致瘤性 SW163-s 细胞克隆中 int-2 的转录序列结构分析表明,其 int-2 的 mRNA 为一种特异性的剪切加工形式。在这种剪切加工过程中,有三个外显子(exon)序列被剪切,但却与其他 int-2 转录物有着共同的多聚腺苷酸化位点。int-2 转录物长度不同的可能机制是转录起始位点不同。int-2 的启动子序列可使 int-2 基因在约 700bp 的范围内从多个不同的转录起始位点开始转录。以 c-myc 的重组表达载体转染低水平表达 c-myc、裸小鼠体内不形成瘤灶的 SW163-s 细胞系,可使其变为在裸小鼠体内形成瘤灶的肿瘤细胞系,而且 int-2 癌基因的转录表达也同时被激活。但在体外多次传代后,int-2 的表达活性又常常丢失。说明外源性 c-myc 癌基因的表达并不足以激活 int-2 的转录表达,也不是细胞系 SW163-s 体内瘤灶形成所必需的。

Rubin 等对头颈鳞状细胞癌中 int-2 基因的放大进行了研究。他以 DNA 斑点杂交技术对34例石蜡包埋的原发性头颈鳞状细胞癌标本中int-2的基因表达进行了检测,发现62%的肿瘤细胞中有int-2癌基因表达的放大,但都处于较低的水平。而且int-2基因表达的放大与临床表现之间也缺乏显著的相关性。LÖnn等对乳腺癌细胞中的c-eRB B2和int-2癌基因的放大情况进行了研究,并与乳腺癌细胞中的DNA多倍体性(ploidy)、处于S期细胞的比率以及一些常规的临床病理学指标进行了比较。结果表明,c-eRB B2癌基因的放大与乳腺癌患者的存活时间及复发率之间显著相关。但int-2基因放大与乳腺癌患者的存活时间及复发率间缺乏显著的相关性。

二、int-2与卡波济肉瘤的关系

人免疫缺陷病毒(human immunodeficiency virus,HIV)感染引起的获得性免疫缺陷综合征(AIDS),又称为艾滋病,由于免疫系统遭到破坏,容易合并继发性感染(secondary infection)和机会性肿瘤(opportunistic tumor)。卡波济肉瘤是艾滋病患者机会性肿瘤的一个典型代表,在艾滋病患者特别是在男性同性恋艾滋病患者中十分常见,但病因不十分清楚。Huang等在1993年对卡波济肉瘤新鲜标本中int-2基因的表达进行了研究。以反转录聚合酶链反应(RT-PCR)技术对38例标本中int-2基因的表达进行了检测,其中21例阳性,占55.2%,在正常的皮肤组织中无一例有int-2基因的转录表达活性。对卡波济肉瘤细胞中表达的int-2转录物进行序列分析,表明其是int-2基因组转录物的一种剪切加工形式。在9例卡波济肉瘤标本中,有8例累计发生18个核苷酸位点的序列改变。以免疫组织化学技术进行检测,发现纺锤形肿瘤细胞具有Int-2蛋白的表达,其亚细胞分布见于细胞质与细胞核中,但以细胞核分布为主。以Southern blotting杂交进行分析,未见到大幅度的int-2基因放大和基因重排(gene rearrangement)现象。这一结果,结合成纤维细胞生长因子(FGF)可以在体外促进卡波济肉瘤细胞生长的事实,说明int-2在卡波济肉瘤的发生、发展中可能具有十分重要的作用。其机制是促进血管形成(angiogenesis)和促进卡波济肿瘤细胞的增殖。

第四节　生长因子int-1

近年来,发现一些与胚胎发育有关的分子与肿瘤形成有关系,一般来说,与胚胎发育有关的分子具有多种功能,与细胞生长、存活和分化过程都有十分密切的关系。几个分泌表达的超家族(superfamily)中的成员,如FGF、TGF-β和Wnt家族的成员,在胚胎发育过程中均发挥着重要作用,同时发现这些超家族成员基因表达的异常也与一系列分化的肿瘤细胞有关。FGF、TGF-β和Wnt这三个超家族成员虽然是独立进行表达的,但却具有一个共同的特点,即都能与肝素(heparin)进行结合。这三个超家族的成员可能通过类似机制,从其发挥作用部位弥散到其他位点,从而对某些类型细胞的生长过程进行异常调节,引起正常细胞恶性转化及肿瘤形成。Int-1为Wnt超家族的成员之一,又称为Wnt-1。

一、Wnt-1的恶性转化作用

癌基因蛋白Wnt-1与细胞表面或细胞外基质(extracellular matric,ECM)之间存在着相互作用。wnt-1基因的表达只引起分泌Wnt-1蛋白的细胞周围直径5~10个细胞发生恶性

转化,提示 Wnt-1 蛋白的作用方式是一种旁分泌(paracrine)机制。Wnt-1 的表达仅引起表达 Wnt-1 细胞附近的细胞发生恶性转化,从理论上讲至少有三种可能性:第一,Wnt-1 直接与周围细胞接触,通过一定机制刺激邻近细胞的生长;第二,表达的 Wnt-1 蛋白向周围扩散至直径为 5 ~ 10 个细胞,引起细胞的恶性转化;第三,Wnt-1 对邻近的细胞进行激活之后,使其呈游走性生长方式,从而离开产生分泌 Wnt-1 蛋白的细胞。为了进一步阐明 Wnt-1 蛋白分子的恶性转化作用机制,Parkin 等设计了 Wnt-1 蛋白与 CD8、CD4 分子的融合蛋白(fusion protein),利用 CD8、CD4 蛋白分子结构中的跨膜位点(membrane-spanning domain),将 Wnt-1 蛋白分子牢牢地锚在表达该融合蛋白的细胞膜表面。以这种锚定在细胞膜表面的 Wnt-1 蛋白分子,模拟分泌型 Wnt-1 蛋白分子的作用,以探讨 Wnt-1 蛋白在正常细胞恶性转化中的作用,如图 2-1 所示。

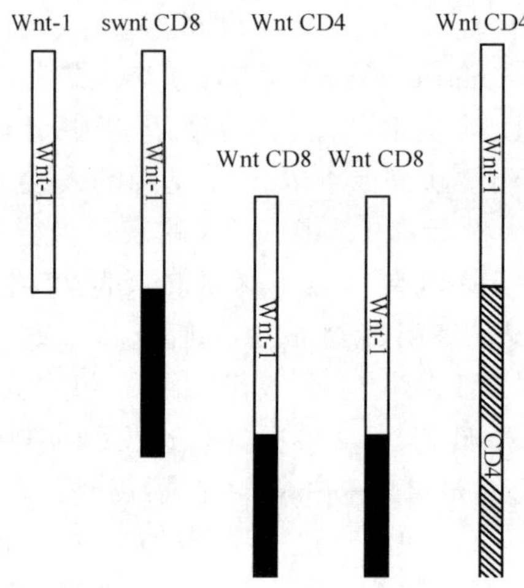

图 2-1 Wnt-1 蛋白以及与 CD4、CD8 的融合蛋白分子

癌蛋白 Wnt-1 是一种带有信号肽(signal peptide)的可分泌表达的蛋白质分子。在 Wnt-1 信号肽与成熟肽连接区的编码基因位点将信号肽的编码基因序列进行缺失突变,再在 wnt-1 编码基因的 3′端融合 CD4、CD8 的编码基因序列,并保持其编码区的正常框架结构,形成的融合蛋白分别称为 Wnt CD4 和 Wnt CD8。还有一种融合蛋白的缺失突变体,即将 CD8 蛋白分子的跨膜结构区进行缺失突变,那么这种融合蛋白则不再锚定在融合蛋白表达的细胞的细胞膜上。CD4、CD8 蛋白本身都是跨膜蛋白,通过与抗原提呈细胞(antigen-presenting cell, APC)膜上的主要组织相容性复合体(major histocompatibility complex, MHC)抗原的作用,参与 T 细胞的激活过程。以反转录病毒载体(retroviral vector)将这些蛋白质的编码基因导入 RatBla 细胞中,并以抗 Wnt-1 的特异性单克隆抗体确定 Wnt-1 蛋白及各种融合蛋白的表达。结果表明,Wnt-1 蛋白的表达都在细胞膜的表面,与细胞外基质(ECM)呈结合状态。然后,将这些融合蛋白的表达载体转染乳腺上皮细胞 C57MG,以观察处于融合蛋白表达方式的 Wnt-1 蛋白分子的表达对乳腺上皮细胞的恶性转化作用。结果表明,Wnt CD4、Wnt CD8 等融合蛋白对 C57MG 细胞系均具有恶性转化作用。转化的细胞在形态学上变大、变长。这些 Wnt-1 融合蛋白可以引起乳腺上皮细胞的恶性转化,其机制是通过自分泌(autocrine)和旁分泌(paracrine)的途径。Wnt-1 蛋白及其融合蛋白分子的表达,可以激活内质网

(ER)上的 Wnt-1 蛋白受体。Wnt-1 的这种自分泌形式的表达,又可以激活细胞膜上的 Wnt-1 受体及邻近细胞膜上的受体,从而对邻近细胞发挥旁分泌作用。事实上,表达 Wnt-1 蛋白及各种融合蛋白的 C57MG 细胞,都可以使其邻近的细胞发生恶性转化,这进一步证明了 Wnt-1 恶性转化的旁分泌作用机制。

二、Wnt-1 转化作用机制

为了进一步阐明 Wnt-1 蛋白的生理学作用及恶性转化的作用机制,必须了解 Wnt-1 这种跨膜蛋白的相关信号转导(signal transduction)途径,但至今尚未鉴定出与 Wnt-1 相互作用的配体(ligand)分子。近年来的研究资料表明,wnt-1 原癌基因蛋白的恶性转化作用机制十分复杂。Wnt-1 蛋白参与多种生长因子(growth factor)对抗原激活蛋白(mitogen-activated protein,MAP)激酶(kinase)过程的调节,Wnt-1 在转基因小鼠乳腺癌的形成过程中与 Fgf-8 有协同作用,而且与 p53 基因的表达状态有密切的关系。

Pan 等通过嗜铬神经细胞瘤细胞系 PC12,研究了 wnt-1 原癌基因蛋白 Wnt-1 在各种生长因子中对有丝分裂原激活蛋白激酶激活过程中的调节作用。从信号转导链的结构来说,MAP 激酶上游的各种原癌基因的编码产物对细胞的生长和分化具有重要调节作用。许多癌基因蛋白对肿瘤形成过程中的信号转导具有调节作用,同时其对发育过程中的信号转导也具有作用。Wnt-1 及 FGF 家族的各成员是两个典型的代表,一方面其与正常细胞的恶性转化作用机制有关,另一方面其又与细胞发育的信号转导有关。因此,wnt-1 原癌基因的编码产物是一种与胚胎发育(embryonic development)、器官形成(organogenesis)及肿瘤形成(oncogenesis)等多种过程有关的蛋白质。例如,wnt-1 与脑的某些部位的发育有关。wnt-1 基因剔除小鼠在出生时,整个小脑部分缺失,部分中脑也发育不全,因此认为 wnt-1 与动物中枢神经系统的发育具有十分密切的关系。将 wnt-1 基因导入 PC12 细胞中进行表达,PC12 细胞在受到各种生长因子,包括神经生长因子(nerve growth factor,NGF)及表皮生长因子(epidemal growth factor,EGF)的刺激时,可以进一步分化。这些生长因子诱导 PC12 细胞生长、分化的应答过程,涉及 EGF、NGF 对 PC12 细胞内 MAP 激酶的激活与调节。当以 wnt-1 基因的表达载体稳定转染 PC12 细胞系时,wnt-1 基因的表达可以引起特异的形态学及生物化学等方面的改变。表达 wnt-1 的 PC12 细胞丧失了以 NGF 处理诱导神经索(neurite)发生的能力,虽然 PC12 细胞膜上仍然有 trk 原癌基因表达的 NGF 受体存在,但却缺乏几种神经元细胞特异性基因表达的能力,表明 PC12 细胞以 wnt-1 基因转导之后已获得了全新的表型。但这种 wnt-1 转导的 PC12 细胞系所获得的新表型也因生长因子类型的不同而有所差别。在以 wnt-1 基因转导之后,PC12 细胞对 FGF 刺激的应答方式没有改变,仍能诱导特征性的形态学改变。对多个 wnt-1 基因转导的 PC12 细胞进行研究,结果表明这并不是因为个别细胞的选择而导致的一种假象。

在细胞的分裂、生长及分化过程中,MAP 激酶均具有十分重要的调节作用。wnt-1 的转基因表达,对 PC12 细胞中 MAP 的活性具有重要的调节作用。第一,wnt-1 的转基因表达阻断了 PC12 细胞对 NGF 刺激的应答,但增强了 PC12 细胞对 FGF 的应答。表现在 PC12 细胞在受到上述生长因子的刺激后,细胞内的细胞外信号调节激酶(extracellular signal-regulated kinase,ERK)活性发生了不同的变化。ERK1 及 ERK2 都属于 MAP 激酶类。FGF 对表达 wnt-1 的 PC12 细胞仍然具有分化诱导作用,但 NGF 却不再对 wnt-1 基因转导的 PC12 细胞具有分化诱导作用。PC12 细胞在受到 NGF 刺激之后 10min，其细胞内的两种 MAP 激酶 ERKl 和 ERK2 的活性分别提高了 15 倍和 24 倍，但以同样的方法以 NGF 对 wnt-1 基因转导的 PC12 细胞进行刺激，ERKl 与 ERK2 的激酶活性仅有轻微升高。但在 wnt-1 基因转导前后，以同样的 FGF 刺激 PC12 细胞时，细胞内 ERKl 和 ERK2 的活性相差不大。第二，以 wnt-1 基因转导的 PC12 细胞在受到表皮生长因子(EGF)刺激后，细胞内 MAP 激酶的活性持续升高。Wnt-1 基因未转导的 PC12 细胞在受到 EGF 刺激之后，可以刺激细胞内 MAP 激酶活性快速而短暂升高，但以 wnt-1 基因转导的 PC12 细胞在受到 EGF 刺激以后，MAP 激酶活性快速而持续升高，甚至在刺激后 30min，MAP 激酶的活性仍然是未刺激之前的 10 倍。第三，wnt-1 在生长因子激发的信号转导过程中，其作用的时间位点位于 EGF 受体的下游。为了进一步证实 EGF 介导的信号转导作用是因 EGF 受体被激活，对 wnt-1 基因转导及末转导 PC12 细胞的 EGF 受体表达水平进行比较研究。发现 EGF 与 EGF 受体结合以后，EGF 受体蛋白分子结构中磷酸化修饰的酪氨酸所占的比例上升，成为 EGF 受体蛋白激活的一个客观指标。当以 EGF 刺激以后，wnt-1 基因转化和未转化的 PC12 细胞膜上的 EGF 受体蛋白分子中磷酸化酪氨酸残基所占的比例均有升高，表明 PC12 细胞在以 wnt-1 基因转导以后，以 EGF 刺激时 MAP 激酶活性升高是位于 EGF 受体下游的一个信号转导环节。第四，Wnt-1 对原癌基因 raf-1 的表达具有影响。PC12 细胞以 wnt-1 基因转导后，以 NGF 刺激时细胞内 MAP 激酶的活性不像受到 EGF 刺激时有显著升高，这并不是因为神经生长因子受体(Trk A)所介导的信号转导途径有所改变或受到损害，而是因为对 NGF、EGF 及 FGF 三种生长因子所介导的信号转导途径的调节作用不同。与成纤维细胞不同，PC12 细胞中具有多种形式的 Raf-1 蛋白的表达。Raf-1 等丝氨酸/苏氨酸激酶能与 MAP 激酶链中的 Ras 蛋白的激活相偶联，并且能够与 MAP 激酶(MAP kinase，MAPK)的激酶进行作用，以调节细胞内的信号转导过程。对 wnt-1 基因转导的 PC12 细胞中的 Raf-1 各种蛋白质表达水平进行测定，证实显著高于 wnt-1 基因未转导的 PC12 细胞中 Raf-1 蛋白的表达水平。第五，Wnt-1 可以翻转 cAMP 对 ERKl 和 ERK2 作用的性质。cAMP 作为一种第二信使(second messenger)分子，在成纤维细胞及平滑肌细胞中可以抑制生长因子对 MAP 激酶的激活，但对 PC12 细胞中的 MAP 激酶的活性却具有激活作用。不仅如此，cAMP 还对 FGF、NGF 诱导 PC12 细胞分化的过程具有促进作用。wnt-1 基因转导的 PC12 细胞中，cAMP 对生长因子激活 ERKl 和 ERK2 两种蛋白激酶的活性却具有抑制作用。因此，在 wnt-1 基因转导和未转导的 PC12 细胞中，cAMP 对 MPK 激酶激活的过程恰好具有相反的作用。

wnt-1 基因的结构与功能决定 wnt-1 基因表达产物在正常细胞恶性转化过程中的作用和机制。Mason 等对小鼠 wnt-1 基因进行定点突变，鉴定出两种温度敏感型突变体，对 wnt-1 转化乳腺上皮细胞系的过程进行了研究。在 wnt-1 原癌基因蛋白分子中存在 4 个潜在的*N*-糖基化(*N*-linked glycosylation)位点，在细胞中存在着几种糖基化修饰的 Wnt-1 蛋白分子。为验证 Wnt-1 蛋白分子中糖基化修饰位点对 wnt-1 基因恶性作用的影响，利用基因定点突变技术，分别对 4 个潜在糖基化位点上的天冬氨酸(asparagine)残基进行突变，形成突变体 N29T、N316Q、N346Q 和 N359Q。除了上述位点的单位点突变体外，还构建了 4 个糖基化位点或羧基末端 3 个糖基化位点同时进行突变的突变体，同时还构建了 N29T/A27V 突变体，而 A27V 恰好位于前导序列的裂解位点上。N29T 和 N29T/A27V 这两种靠近 Wnt-1 蛋白分子氨基末端糖基化位点的突变体仍然保留着自分泌机制，体外可以使 C57MG 细胞系发生恶性转化。N29T 突变型 wnt-1 基因在 NIH 3T3 细胞中不能进行有效的表达，也检测不到转基因后 wnt-1 的自分泌表达，但 N29T/A27V 这种复合突变型 wnt-1 基因却能在 NIH 3T3 细胞中进行表达，而且还可以以自分泌机制引起细胞的恶性转化。N316Q 位点的基因突变型 wnt-1 基因保留着自分泌及旁分泌的机制和功能，但其分子质量却较野生型 Wnt-1 蛋白分子略低。在 C57MG 细胞中，N316Q 突变型 Wnt-1 蛋白分子较野生型 Wnt-1 蛋白分子更容易分泌到细胞外。N346Q 也是一种可以进行自分泌与旁分泌的突变型 Wnt-1 蛋白分子。这种突变形式的 Wnt-1 蛋白与野生型 Wnt-1 蛋白的性质差别不大。因此推测正常情况下这一位点上的 *N*-糖基化的发生频率较低。N359Q 是一种羧基末端糖基化位点发生突变的 Wnt-1 蛋白分子。N359Q 突变体 Wnt-1 蛋白与 N316Q 突变体十分相似，说明正常情况下这一位点经常发生糖基化修饰。wnt-1 基因导入 C57MG 细胞系中之后，发现其他三个未突变的位点都已发生了糖基化修饰，说明 N359Q 突变以后促进了另外三个位点上的糖基化修饰。N316Q、N346Q 和 N359Q 三个位点同时突变后，蛋白质分子可进行自分泌，但不能进行旁分泌。如果在 Wnt-1 蛋白分子的 4 个糖基化位点都进行定点突变，这种突变型的分子既可以自分泌，也可以旁分泌，说明 Wnt-1 分子中 4 个位点的糖基化修饰并不是其功能所必需的。对 Wnt-1 蛋白分子中的半胱氨酸残基位点进行突变，大多数突变体失去了恶性转化作用，但 C151S 突变体保留了 37℃条件下对 C57MG 自分泌机制的恶性转化作用，其在 40℃的培养条件下，仍然能够产生和分泌 Wnt-1 蛋白，但却失去了对 C57MG 的恶性转化作用。因此，C151S 是一种温度敏感型突变体。小鼠 Wnt-1 蛋白分子中含有一个三碱多肽（tribasic peptide）序列和三个二碱多肽（dibasic peptide）序列，是丝氨酸蛋白酶（serine proteinase）识别与裂解的位点。尚无直接证据表明 Wnt-1 蛋白分子在这些位点上发生裂解，但很多类似的蛋白质特别是分泌型蛋白，如转化生长因子-β（transforming growth factor-β，TGF-β）等的激活，需要有信号肽酶（signal peptidase）的裂解作用。

除了 wnt-1 基因与蛋白质分子的结构本身对 wnt-1 基因的恶性转化作用具有决定性的影响之外，宿主细胞中其他基因的结构与表达状态对 wnt-1 癌基因的恶性转化作用也有影响。Donehower 等将 $p53^{-/-}$小鼠与有乳腺癌发生的 wnt-1 转基因小鼠进行杂交，以研究不同的 p53 基因背景对 wnt-1 转基因动物乳腺癌形成的影响。结果表明，$p53^{-/-}$、$p53^{+/-}$基因背景的小鼠，发生染色体不稳定及乳腺癌的比率显著增加。MacArthur 等的研究结果表明，fgf-8 的激活可协同 wnt-1 促进乳腺肿瘤的形成。

第五节　生长因子 LYL1

Cleary 等最早于 1988 年在伴有 t(7;19)染色体易位的人 T-ALL 细胞株 SUP-T7 中发现了一个异常转录因子，次年他们克隆了这个位于染色体 19p13 的基因并命名为 lyl1，其 DNA 有 4 个外显子，在 cDNA 5′端上游的一个 GC 富集区有 4 个 Spl 结合位点，而在第 1 和第 2 外显子分别有一个转录起始密码。染色体易位使 lyl1 形成较短的分子剪切体且置于 7 号染色体上的 T 细胞受体-β（TCR-β）的控制之下，引起 lyl1 异常高表达，这可能是导致 T 细胞恶性转化的初始原因。

早期实验显示，人 lyl1 基因在正常髓系和红系造血祖细胞中有转录活动，在 B 系淋巴细胞的表达随着分化成熟而减弱，但在 T 淋巴细胞中则几乎无表达，而小鼠 lyl1 基因表达仅限于粒系、红系造血祖细胞。近年来有研究者应用更加敏感的 RQ-PCR 技术测得 lyl1 的表达在几乎所有 T 系淋巴细胞白血病(T-ALL)患者的细胞(其中多数并无染色体易位)中都有升高,说明该基因在白血病细胞中的异常激活还存在染色体易位以外的其他机制。LyL1 阳性的 T-ALL 细胞常伴有 CD34、Bcl-2、IL-7R 和 L-selectin 的表达,具有较早期 CD4/CD8 双阴性 T 系祖细胞的表型特征。有研究表明,很多 AML 和 MDS 患者也存在 lyl1 的异常表达。也有研究结果进一步证明 lyl1 在多数除 M3 型以外的其他型急性髓系白血病(AML)及急性淋巴细胞白血病(ALL)患者中的表达都增加,在急性髓系白血病完全缓解期(AMLCR)的患者中表达下降。对部分慢性粒细胞白血病(CML)患者的分析提示,LyL1 在慢性粒细胞白血病急变期(CML-BC)的表达高于慢性粒细胞白血病慢性期(CML-CP)。这提示 lyl1 是一种与多种类型白血病有关的致病基因,其异常转录主要与较早期造血祖细胞的恶性转化有关。

一、lyl1 基因表达调控

lyl1 基因(lymphoblastic leukemia derived sequence 1)编码含有碱性螺旋-环-螺旋结构域(bHLH)的转录因子,而 bHLH 蛋白属于调节细胞识别和组织发生的古老转录因子家族。与所有 bHLH 家族成员相同,bHLH 分为两个功能区域:一个与 DNA 结合的基础区域,一个与其他蛋白质相互作用的 HLH 区域。组织特异性的 bHLH 因子通常由普遍存在的 E 蛋白异二聚化,通过与 E-box 保守序列(CANNTG)结合调节靶基因的转录。目前的研究显示,T 细胞急性淋巴细胞白血病与干细胞白血病基因(SCL)及淋巴细胞性白血病相关系列 1(LYL1)是最主要的调节造血的 bHLH 因子,均是从染色体易位的 T-ALL 患者分离出的细胞中发现的。

LYL1 编码一个重要的 bHLH 结构域,其 82% 的氨基酸与 SCL 同源,其中包括保守的可与 LMO2 相互作用的残留结构。但与 SCL 不同,LYL1 并非造血发育所必需。LYL1LacZ 转基因小鼠表达 LacZ 嵌合蛋白,保留 N 端和 LYL1 的 DNA 结合基础区域。这一转基因策略旨在保留造血发育过程中的 LYL1 表达谱,但增加了保守的 N 端残余功能的可能性。但 LYL1 等位基因最近被证实对造血发育过程并无影响。

由于在 $FLK1^+$成血管细胞生成的关键阶段缺少 LYL1 的表达,因此认为 LYL1 不能在造血发育过程中完全替代 SCL。通过对 LYL1LacZ 转基因小鼠的分析发现,即使在卵黄囊(YS)和早期主动脉-性腺-中期肾(AGM)检测到 β-半乳糖苷酶 mRNA,也无 β-半乳糖苷酶活性。而 SCLLacZ 转基因小鼠的 YS 和 AGM 中 β-半乳糖苷酶的表达和活性是一致的。LYL1 mRNA 与 β-半乳糖苷酶蛋白活性不一致的现象可能与 LYL1LacZ 转基因小鼠仍保持 N 端结构有关。这是因为 N 端包括一个可促进 LYL1 蛋白酶体降解的富含 PEST 的基序。为了解决 LYL1 在相应的造血阶段未被表达的问题,有研究者制备了 SCLLYL1 转基因小鼠,发现在 SCL 调节因子的作用下,LYL1 cDNA 盒得以表达。

LYL1 启动子包括两个 GATA 结合位点和两个 ETS 结合位点,与其间接同源的 SCL 基因的启动子和增强子相似。但与 SCL 启动子不同的是,LYL1 启动子包含一个 464bp 的高度保守区域,足以调控目的报道基因的表达,从而形成胚胎血液及内皮细胞。其中包括 AGM 中的血细胞丛,其分布与 LYL1LacZ 胚胎中观察到的染色图样相似。体外实验中,对血细胞及内皮细胞系进行染色质免疫沉淀、稳定转染及印迹分析,结果显示,LYL1 和 SCL 具有共同的上游转录调节因子,包括 ETS 因子(FLI1、ELF1 和 ERG)和 GATA2。

此外，有研究者对 SCL 敲除胚胎干细胞进行了研究，观察到以下几个现象：①即使强制 LYL1 全长表达仍不能启动造血发育；②SCL 的 bHLH 结构域足以启动造血发育；③LYL1 的 HLH 结构域能够取代 SCL 的该部分结构，这是因为 LYL1 包含与 LMO2 结合必不可少的保守氨基酸序列；④虽然 SCL 和 LYL1 的 DNA 亲和力有细微差别，但与 DNA 结合并非造血发育的充分条件。基于上述几点由 SCL 敲除胚胎干细胞的实验事实，可以推测出：LYL1 的 N 端或 C 端可抑制造血发育，其 N 端可与 cAMP 反应原件结合蛋白 CREB1 结合，而这一蛋白质可以激活胚胎干细胞分化抑制因子的表达。但究竟 LYL1 的哪一个终端发挥抑制作用尚不清楚。

二、LYLl 的恶性转化作用

LYL1 与 SCL 不同，除在红系和巨噬细胞系中表达外，LYL1 在髓系和 B 细胞中的表达也很常见。LYL1 在红系的表达受 LYL1 启动子中保守的 GATA 基序调节。与 GATA1 结合抑制 LYL1 在红细胞成熟过程中的表达，而与 GATA2 结合则可活化 LYL1 的表达。

在 LYL1LacZ 转基因小鼠中存在正常的红系造血祖细胞，但呈红细胞溶血表现，这一现象表明 LYL1 在红细胞成熟过程中的作用。LYL1LacZ 转基因小鼠的相关研究同样揭示 LYL1 在巨核细胞和 B 细胞发育过程中起着一定的作用。

SCL 和 LYL1 在 T 细胞发育早期的表达有限。由于染色体易位、微缺失或调控网络中的其他因子异常表达（如 LMO2）可导致反式激活等机制，在 T-ALL 中时常发现 LYL1 或 SCL 的异常表达。近期，对动物模型的白血病前期表型的研究提示，LYL1 和 SCL 均可诱导胸腺中的定向 T 细胞进行异常的自我更新，从而为出现异常突变提供细胞池，最终导致 T-ALL 的发生。

此外，有学者报道许多髓系白血病患者和细胞株存在 LYLl 的异常表达，另有一些研究者观察到 LMO2 在 AML 细胞中也有异常表达，他们发现 LYLl 与 LMO2 在很多除 APL 亚型之外的 AML 患者中的表达水平高于在正常骨髓 CD34 阳性细胞中的表达水平，且二者的表达呈一定的正相关性，提示 LMO2 和 LYLl 调控紊乱及相互作用可能也是引起髓系造血细胞增殖和分化异常的重要因素。他们应用基因转染技术建立稳定表达 LMO2 或 LYLl 的白血病细胞株，发现两个基因的表达有相互促进的作用。应用 LMO2 和 LYLl 抗体进行免疫共沉淀，结果证实存在 LMO2-LYLl 转录复合物，推测其形成可能是导致两种基因表达相互激活的重要因素，也可能是导致细胞恶性转化过程的重要环节，但仍需更多研究加以证实。

（王　琳）

参 考 文 献

Allerstorfer S, Sonvilla G, Fischer H, et al. 2008. FGF5 as an oncogenic factor in human glioblastoma multiforme: autocrine and paracrine activities. Oncogene, 27(30): 4180-4190.

Anastas JN, Moon RT. 2013. WNT signalling pathways as therapeutic targets in cancer. Nat Rev Cancer, 13(1): 11-26.

Aonuma M, Murakami K, Hirotani K, et al. 1998. In vivo malignant phenotype of hst-1-transfected cells regulated by paracrine endothelial cell growth stimulation by HST-1. Angiogenesis, 2(2): 143-152.

Berschneider B, Königshoff M. 2011. WNT1 inducible signaling pathway protein 1 (WISP1): a novel mediator linking development and disease. Int J Biochem Cell Biol, 43(3): 306-309.

Cao Y, Cao R, Hedlund EM, et al. 2008. R Regulation of tumor angiogenesis and metastasis by FGF and PDGF signaling pathways. J Mol Med(Berl), 86(7): 785-789.

Coombs GS, Covey TM, Virshup DM. 2008. Wnt signaling in development, disease and translational medicine. Curr Drug Targets, 9(7): 513-531.

Curtis DJ, Salmon JM, Pimanda JE, et al. 2012. Concise review: Blood relatives: formation and regulation of hematopoietic stem cells by the basic helix-loop-helix transcription factors stem cell leukemia and lymphoblastic leukemia-derived sequence 1. Stem Cells, 30(6): 1053-1058.

D'Alò F, Greco M, Criscuolo M, et al. 2010. New treatments for myelodysplastic syndromes. Mediterr J Hematol Infect Dis, 2(2): e2010021.

Dalet A, Vigneron N, Stroobant V, et al. 2010. Splicing of distant peptide fragments occurs in the proteasome by transpeptidation and produces the spliced antigenic peptide derived from fibroblast growth factor-5. J Immunol, 184(6): 3016-3024.

Devouassoux-Shisheboran M, Mauduit C. 2003. Growth regulatory factors and signalling proteins in testicular germ cell tumours. APMIS, 111(1): 212-224.

Garcia-Manero G. 2011. Myelodysplastic syndromes: 2011 update on diagnosis, risk-stratification, and management. Am J Hematol, 86(6): 490-498.

Graham S, Leonidou A, Lester M, et al. 2009. Investigating the role of PDGF as a potential drug therapy in bone formation and fracture healing. Expert Opin Investig Drugs, 18(11): 1633-1654.

Guha P, Dey A, Sarkar B, et al. 2009. Improved antiulcer and anticancer properties of a trans-resveratrol analog in mice. J Pharmacol Exp Ther, 328(3): 829-838.

Han X, Bueso-Ramos CE. 2007. Precursor T-cell acute lymphoblastic leukemia/lymphoblastic lymphoma and acute biphenotypic leukemias. Am J Clin Pathol, 127(4): 528-544.

Hee CK, Dines JS, Solchaga LA, et al. 2012. Regenerative tendon and ligament healing: opportunities with recombinant human platelet-derived growth factor BB-homodimer. Tissue Eng Part B Rev, 18(3): 225-234.

Hollinger JO, Hart CE, Hirsch SN, et al. 2008. Recombinant human platelet-derived growth factor: biology and clinical applications. J Bone Joint Surg Am, 90 Suppl 1: 48-54.

Homminga I, Vuerhard MJ, Langerak AW, et al. 2012. Characterizationofa pediatric T-cell acute lymphoblastic leukemia patient with simultaneous LYL1 and LMO2 rearrangements. Haematologica, 97(2): 258-261.

Izrailit J, Reedijk M. 2012. Developmental pathways in breast cancer and breast tumor-initiating cells: therapeutic implications. Cancer Lett, 317(2): 115-126.

Jessen S, Gu B, Dai X, et al. 2008. Pygopus and the Wnt signaling pathway: a diverse set of connections. Bioessays, 30(5): 448-456.

Jiao XL, Chen ZX, Cen JN, et al. 2008. Expression of human telomerase reverse transcriptase and survivin gene in patients with myelodysplastic syndrome. Expemrim Hematol, 16(2): 294-298.

Katoh M, Katoh M. 2007. WNT signaling pathway and stem cell signaling network. Clin Cancer Res, 13(14): 4042-4045.

Korzh V. 2008. Winding roots of Wnts. Zebrafish, 5(3): 159-1568.

Kosaka N, Kodama M, Sasaki H, et al. 2006. FGF-4 regulates neural progenitor cell proliferation and neuronal differentiation. FASEB J, 20(9): 1484-1485.

Liu C, Li H, Qi Q, et al. 2011. Common variants in or near FGF5, CYP17A1 and MTHFR genes are associated with blood pressure and hypertension in Chinese Hans. J Hypertens, 29(1): 70-75.

Lukov GL, Rossi L, Souroullas GP, et al. 2011. The expansion of T-cells and hematopoietic progenitors as a result of overexpression of the lymphoblastic leukemia gene, Lyl1 can support leukemia formation. Leuk Res, 35(3): 405-412.

Maratheftis CI, Bolaraki PE, Voulgarelis M, et al. 2007. GATA-1 transcription factor is up-regulated in bone marrow hematopoietic progenitor $CD34^{(+)}$ and erythroid $CD71^{(+)}$ cells in myelodysplastic syndromes. Am J Hematol, 82(10): 887-892.

Nishio T, Kawaguchi S, Yamamaolo M, et al. 2005. Tenascin-c regulates proliferation andmigration of cultured astrocytes in a scratch wollld assay. Neuroecience, 132(1): 87-102.

O'Connell MP, Weeraratna AT. 2009. Hear the Wnt Ror: how melanoma cells adjust to changes in Wnt. Pigment Cell Melanoma

Res,22(6):724-729.

Oguma K,Oshima H,Oshima M,et al. 2010. Inflammation,tumor necrosis factor and Wnt promotion in gastric cancer development. Future Oncol,6(4):515-526.

Qian J,Yao DM,Lin J,et al. 2010. Methylation of DAPK1 promoter: frequent but not an adverse prognostic factor in myelodysplastic syndrome. Int J Lab Hematol,32(1 Pt 2):74-81.

Roboz GJ. 2008. Arsenic and old lace: novel approaches in elderly patients with acute myeloid leukemia. Semin Hematol,45(3 Suppl 2):S22-24.

San-Marina S,Han Y,Liu J,et al. 2012. Suspected leukemia oncoproteins CREB1 and LYL1 regulate Op18/STMN1 expression. Biochim Biophys Acta,1819(11-12):1164-1172.

Sasaki H,Hirai K,Yamamoto H,et al. 2004. HST-1/FGF-4 plays a critical role in crypt cell survival and facilitates epithelial cell restitution and proliferation. Oncogene,23(20):3681-3688.

Souroullas GP,Salmon JM,Sablitzky F,et al. 2009. Adult hematopoietic stem and progenitor cells require either Lyl1 or Scl for survival. Cell Stem Cell,4(2):180-186.

Swarup S,Verheyen EM. 2012. Wnt/Wingless signaling in Drosophila. Cold Spring HaRB Perspect Biol,4(6)pii: a007930.

Tanaka K,Hiroshima Y,Nakagawa K,et al. 2013. Two-stage hepatectomy with effective perioperative chemotherapy does not induce tumor growth or growth factor expression in liver metastases from colorectal cancer. Surgery,153(2):179-188.

van Breemen RB,Pajkovic N. 2008. Multitargeted therapy of cancer by lycopene. Cancer Lett,269(2):339-351.

Wang YC,Yu SQ,Wang XH,et al. 2011. Differences in phenotype and gene expression of prostate stromal cells from patients of varying ages and their influence on tumour formation by prostate epithelial cells. Asian J Androl,13(5):732-741.

Yamamoto H,Ochiya T,Tamamushi S,et al. 2002. HST-1/FGF-4 gene activation induces spermatogenesis and prevents adriamycin-induced testicular toxicity. Oncogene,21(6):899-908.

Yun J,Kim DH,Kong JH,et al. 2011. External validation of newly proposed cytogenetic risk classification in patients who have myelodysplastic syndrome: a retrospective analysis at a single institution. Clin Lymphoma Myeloma Leuk,11(3):273-279.

Zafiropoulos A,Fthenou E,Chatzinikolaou G,et al. 2008. Glycosaminoglycans and PDGF signaling in mesenchymal cells. Connect Tissue Res,49(3):153-156.

Zohren F,Souroullas GP,Luo M,et al. 2012. Lyl1 regulates lymphoid specification and maintenance of early T lineage progenitors. Nat Immunol,13(8): 761-769.

第三章　受体蛋白-酪氨酸激酶类癌基因

具有膜结合功能的酪氨酸激酶类癌基因可以分为两大类。第一类可与细胞的内膜结合,分子结构中具有细胞膜位点,但却没有细胞外配体结合位点。这种癌基因蛋白的酪氨酸激酶活性,只有当细胞的跨膜信号转导进入细胞膜内时才能发生变化,从而进一步影响细胞内的信号转导。这类癌基因所编码产物包括 Abl、Abl/Bcr、Fes/Fps、Fgr、Luc、Src 和 Yes 等膜相关性蛋白。第二类则同时具有细胞外配体结合位点、跨膜位点及细胞膜位点结构。因此,这类癌基因蛋白既可以接受细胞膜外配体的刺激信号,也可将刺激信号跨膜转导,并进入到细胞质中。因此这类癌基因编码的蛋白质属于受体类,即受体蛋白-酪氨酸激酶类癌基因,包括 eRB B-2/neu、c-met、trk、fms、kit、ret、ros 和 sea 等。本章着重介绍截短的表皮生长因子受体 eRB B 家族、可溶性截短的受体样多肽 c-Met、高亲和性神经生长因子受体 Trk 及突变的集落刺激因子-1 受体 fms 等。

第一节　癌基因 eRB B 家族

eRB B 家族是Ⅰ型受体蛋白-酪氨酸激酶家族,此类受体本身是一种具有跨膜结构的酶蛋白,其胞外域与配体结合而被激活,通过细胞内侧激酶反应将细胞外信号传至细胞内。其成员有 eRB B-1(EGFR、HER-1)、eRB B-2(neu、HER-2)、eRB B-3(HER-3)及 eRB B-4(HER-4)。它们结构相似,均由胞外配体结合区、单链跨膜区及高度保守的胞质蛋白酪氨酸激酶区组成。eRB B 家族成员的胞内酪氨酸激酶区有较高的同源性和保守性,通常具有激酶活性,其中只有 eRB B-3 与其他家族成员不同,激酶活性缺失。已知由 eRB B 家族介导的信号转导的异常与肿瘤的发生、发展关系密切。

一、eRB B-1 与肿瘤

(一) eRB B-1 的结构与功能

eRB B-1(HER-1)是癌基因 eRB B 家族的一员,其表达产物为表皮生长因子受体(epidermal growth factor receptor,EGFR)。人的 eRB B-1 基因定位于 7p12 区,全长 200kb,由 28 个外显子组成,编码的蛋白质为含 1210 个氨基酸残基的 EGFR 前体;其中 24 个氨基酸为信号肽段,在翻译后加工时被酶解,形成含有 1186 个氨基酸残基的成熟 EGFR。EGFR 为一种分子质量为 170kDa 的酪氨酸蛋白激酶型受体,由 3 部分组成:①胞外区,由氨基端的 621 个氨基酸残基构成,是配体结合区;②跨膜区,为 23 个氨基酸残基构成的螺旋状结构的疏水区,其将受体固定于细胞膜上;③胞内区,由 542 个氨基酸残基构成,进一步分 3 个亚区,即近膜亚区、酪氨酸激酶亚区、羧基端亚区。迄今发现 EGFR 共有 6 种配体,表皮生长因子(epidermal growth factor,EGF)、转化生长因子-α(transforming growth factor-α,TGF-α)、双调蛋白(amphiregulin,AR)、β-细胞素(beta-cellulin,BTC)、肝素结合的表皮生长因子(heparin-binding EGF,HBEGF)、表皮素(epiregulin,EPR),其中最重要的是 EGF 和 TGF-α。EGFR 与其配体的结合具有高亲和性、可饱和性和特异性的特性。

EGFR 与其配体结合后,相互之间形成同源二聚体,也可与其他酪氨酸激酶受体形成异源二聚体,导致胞内酪氨酸激酶区的激活,彼此可将对方的酪氨酸残基磷酸化,启动一系列级联反应,将信号传到细胞核内,最终引起一系列相关基因活化,导致肿瘤细胞增殖、凋亡抑制,促使肿瘤细胞转移并导致放疗、化学治疗耐受,在肿瘤发生、发展过程中扮演着重要角色。

(二) eRB B-1 与肿瘤

文献报道,EGFR 在胃癌、胰腺癌、卵巢癌、结直肠癌、非小细胞肺癌(non-small cell lung cancer,NSCLC)、头颈部鳞癌(squamous-cell carcinoma of the head and neck,SCCHN)及恶性胶质瘤等恶性肿瘤中存在过表达。EGFR 的过表达或突变引起的信号转导失控与乳腺、卵巢、膀胱、结肠、食管、宫颈、前列腺、肺及头颈部肿瘤的发生、发展关系密切,与生存期、淋巴结转移、化疗抵抗相关:一方面,细胞持续暴露于高水平的 EGFR 及其配体会造成细胞过度增殖,而增殖的失调最终引起细胞的恶性转变;另一方面,EGFR 可以抑制肿瘤细胞凋亡,在多种培养的高表达 EGFR 的肿瘤细胞系中 EGFR 具有抑制细胞凋亡的作用,阻断 EGFR 的功能可以促进肿瘤细胞的凋亡。此外,EGFR 还可以促进肿瘤细胞的运动、附着和侵袭,从而增加肿瘤向周边及远处侵袭转移的机会。因此,EGFR 可作为肿瘤生物治疗的重要靶点。

肺癌是目前世界上最常见的实体瘤和最主要的癌症死亡原因,80% 肺癌的组织类型是 NSCLC,在 NSCLC 患者中有 80%~90% 表达 EGFR,45%~70% 过表达 EGFR。研究发现,肺癌细胞以自分泌方式分泌 TGF-α 和 EGF,两者与 EGFR 以配体方式结合,并且 EGFR 的表达与肺癌患者预后、不良的肿瘤分化及肺癌细胞远处转移密切相关。

EGFR 对乳腺癌的诊断和预后价值已得到肯定。Jiang 等应用雌激素、他莫西芬、表皮生长因子对乳腺癌 MCF-7 细胞进行体内、体外实验分析,认为 EGFR 的表达和患者的雌激素受体(ER)水平是判断预后的两个重要因素。Tsuitsu 等对 1029 例随机患者(87% 以上经某种辅助治疗)的 ECFR 进行免疫组织化学(IHC)检测,平均随访 46 个月,26% ECFR 阳性。经单变量分析表明,EGFR 与患者的生存率、总生存率显著相关。多变量分析表明,EGFR 为独立的预后因素。众多学者认为 EGFR 的过表达与乳腺癌的恶性度和侵袭性(包括肿瘤对邻近组织的侵犯和远处转移)紧密相关。对乳腺癌细胞系的研究发现,肿瘤细胞的 EGFR 接受由血管内皮细胞产生的 HBEGF 的刺激信号,诱导细胞黏附分子的表达增加和肿瘤细胞对血管壁的黏着力增强,从而增加了肿瘤细胞向血管外区迁移的能力。EGFR 过表达是乳腺癌患者预后差的一个重要因素。

在头颈部鳞癌中,EGFR 高表达发生率很高,且至少都有 3 倍的高表达。有学者提出,头颈部鳞癌中 EGFR 的检出率分别为 52.1% 和 98.3%,说明 EGFR 的高表达与头颈部鳞癌的发生、发展关系密切。在唇癌及口腔鳞癌中检测 EGFR 的阳性表达率为 46.37%,表明唇癌及口腔鳞癌组织中存在大量 EGFR,但不同部位唇癌及口腔鳞癌 EGFR 阳性表达率无显著性差异($P<0.05$)。对 31 例喉癌标本及 10 例正常喉标本采用免疫组织化学 SP 法测定 EGFR,发现 EGFR 在喉癌组织中表达率达 54.8%,阳性信号位于细胞膜和细胞质,正常喉

组织表达阴性。到目前止,有关头颈部鳞癌中 EGFR 的表达率为 51%~100%。

(三) eRB B-1 与肿瘤治疗

eRB B-1 基因表达的 EGFR 是一种受体酪氨酸激酶,能够介导多条信号转导通路,将胞外信号传递到胞内,对正常细胞和肿瘤细胞的增殖、分化和凋亡均发挥重要的调节作用。因此,选择性地抑制 EGFR 介导的信号转导途径以达到治疗肿瘤的目的已成为近年来肿瘤治疗的热点。目前,以 EGFR 为治疗靶点的药物主要有两类:一类是阻断 EGFR 结合位点的单克隆抗体类药物;另一类是以抑制 EGFR 的酪氨酸激酶活性为途径的 EGFR 酪氨酸激酶抑制剂(tyrosine kinase inhibitor,TKI)。

抗 EGFR 的单克隆抗体(McAb)的作用机制主要是通过封闭肿瘤细胞表面的 EGFR,以阻断 EGFR 依赖的细胞内信号转导通路,从而阻断配体与 EGFR 结合后对肿瘤细胞增殖的促进作用,抑制肿瘤细胞的生长。主要代表药物为西妥昔单抗(cetuximab),由德国 Merck 公司研发,为第一个获准上市的靶向 EGFR 的人鼠嵌合性 IgGlMcAb,与 EGFR 有高度的亲和力,半衰期较长。西妥昔单抗,无论单药治疗还是联合放疗、化疗,在 EGFR 阳性的恶性肿瘤中均能发挥出色的抗肿瘤活性,显著增强放疗、化疗的疗效。西妥昔单抗治疗结直肠癌的效果已经得到了广泛的认可,对于伊立替康耐药的结直肠癌患者,西妥昔单抗单药或联合伊立替康应用均能取得较好的疗效。美国食品与药品监督管理局(FDA)于 2004 年 2 月批准西妥昔单抗联合伊立替康用于 EGFR 阳性、伊立替康治疗失败或耐药复发或转移性的结直肠癌的患者,或伊立替康不能耐受化疗的患者。对于Ⅳ期 NSCLC,西妥昔单抗与紫杉醇和卡铂的化疗方案联合治疗的反应率达到 26% 左右,明显优于以往没有联合西妥昔单抗化疗方案的疗效。此外,进展期 SCCHN 也是常见的 EGFR 阳性的恶性肿瘤,西妥昔单抗在对其的治疗中也表现出较佳的抗肿瘤作用。西妥昔单抗耐受性良好,不良反应大多可以耐受,主要有痤疮样皮疹,通常中断治疗后皮疹可以自行消退,无后遗症,并且在一些研究中观察到皮疹的严重程度与肿瘤缓解率有关。

双特异性抗体(BsAb)具有两个 Fab 段,一个 Fab 段结合肿瘤细胞 EGFR 胞外段,阻断配体与受体的结合;同时另一个 Fab 段能够结合免疫效应细胞,引导免疫效应细胞在肿瘤部位的聚集,从而杀灭肿瘤细胞。BsAb 代表药物 MDX-447 为美国 Medarax 公司开发,已经进入Ⅱ期临床试验。MDX-447 能同时结合表达 FcγRI 受体的人免疫效应细胞和表达 EGFR 的肿瘤细胞。

EGFR TKI 为抑制 EGFR 胞内区酪氨酸激酶的小分子化合物,竞争性结合于 EGFR 胞内的酪氨酸激酶催化区域 Mg-ATP 结合位点,通过抑制下游蛋白质的磷酸化来阻断信号转导,使信号不能下传至核内,干扰了 EGFR 促进细胞增殖、分化,抑制细胞凋亡的作用。研究表明,TKI 浓度依赖性抑制肺癌、头颈癌、口腔癌、膀胱癌、前列腺癌、乳腺癌、卵巢癌和结肠癌细胞生长,促进细胞凋亡。主要代表药物为吉非替尼(gefitinib,Ireasa)和厄洛替尼(erlotinib,Taceva),两者都是特异性 EGFR TKI。

吉非替尼由英国 AstraZeneca 公司开发,是一种合成的苯胺喹唑啉化合物,是强有力的人 EGFR TKI,已在日本、美国、韩国、澳大利亚、中国等国批准上市。研究显示,吉非替尼对 NSCLC、乳腺癌、SCCHN 等有效,但目前主要用于 NSCLC 的治疗。两项多中心的随机临床Ⅱ期试验结果表明,对于曾经使用过化疗方案的进展期 NSCLC,吉非替尼 250mg/d 组治疗应答率分别为 18.4% 和 12%，吉非替尼 500mg/d 组治疗应答率分别为 19.0% 和 9%，两组治疗应答率之间的差异并无统计学意义，确立了其作为 NSCLC 二线和三线治疗药物的地位。在应用吉非替尼治疗肿瘤的过程中，对其敏感性的高与低取决于 EGFR 基因激酶区的突变与否。Lynch 等在 NSCLC 的研究中发现，9 例吉非替尼敏感的患者中就有 8 例存在 EGFR 基因酪氨酸激酶区突变，而在 7 例无效者中未检测出突变，推测突变增强了对其竞争性抑制剂吉非替尼的敏感性，因此，有变异的患者表现出对吉非替尼更好的治疗反应。然而 Mimori 等对 5 种胃癌细胞株和 39 例原发性胃癌组织标本 EGFR 基因第 18～21 位外显子编码的 Mg-ATP 结合位点突变情况进行了研究，发现在全部细胞株和组织标本中，酪氨酸激酶区高度保守，不推荐将吉非替尼用于对胃癌的治疗。

厄洛替尼由 Roche 公司、Genentech 公司及 OSI Pharmaceuticals 公司联合开发，为喹唑啉类化合物，2004 年 11 月美国 FDA 批准厄洛替尼作为进展期 NSCLC 的二线或三线治疗药物。Shepherd 等将 731 例 NSCLC 患者按照 2：1 的比例随机接受厄洛替尼 150mg 或安慰剂作为二线或三线治疗，每日持续治疗直至出现疾病进展或不能耐受的毒性。结果显示，厄洛替尼能显著延长晚期 NSCLC 患者的生存期，中位生存期较对照组延长 42.5%（厄洛替尼组为 6.7 个月，而安慰剂组只有 4.7 个月），1 年生存率较对照组提高 45%（分别为 31.2% 和 21.5%）。治疗组中位无进展生存期为 9.7 周，安慰剂组为 8.0 周（$P<0.001$）。可见厄洛替尼可显著改善无进展生存，是目前唯一经试验证实可改善患者生存期的 EGFR 抑制剂。

然而，与西妥昔单抗不同的是，INTACT 1、INTACT 2、TALENT 和 TRIBUTE 的临床试验结果表明，吉非替尼和埃罗替尼均无化疗的协同作用。

二、eRB B-2/Neu 蛋白质

原癌基因（proto-oncogene）eRB B-2，又称为 neu 或 HER-2，是人类肿瘤中发生改变频率最高的癌基因之一。neu 基因首先是在化学诱导的大鼠神经外胚层肿瘤（neuroectodermal tumor）细胞中发现的，核苷酸序列分析研究表明，其与原癌基因 eRB B-1 之间有很高的同源性，因此，neu 原癌基因作为 c-eRB B-1 的一种相关基因，被命名为 c-eRB B-2/HER-2，其编码的产物具有表皮生长因子受体（epidermal growth factor receptor，EGFR）的活性与功能。早期的临床研究结果表明，eRB B-2 的基因表达水平和基因拷贝数目在几种人类肿瘤细胞中都显著升高，特别是在乳腺癌、卵巢癌及胃腺癌等细胞中 eRB B-2/neu 原癌基因表达水平升高的更为显著。因为 eRB B-2 是一种在肿瘤的细胞膜表面进行表达的一种原癌基因，因此将 eRB B-2 蛋白作为抗肿瘤治疗的一种靶分子蛋白，并取得了一定的进展。

人的 eRB B-2/neu 基因组 DNA 定位于 17 号染色体上长臂的 2 区 1 带（17q21），其编码的产物由 1255 个氨基酸残基组成，相对分子质量为 185 000，是一种受体酪氨酸激酶（receptor tyrosine kinase，RTK），因而又称为 p185 蛋白。RTK 是一个超家族（superfamily），包括原癌基因 eRB B-1 编码的表皮生长因子受体（epidermal growth factor receptor，EGFR）、eRB B-2/neu/HER-2、eRB B-3/HER-3 和 eRB B-4/HERt-4 编码的蛋白质等。因为 eRB B-2/neu 原癌基因蛋白具有 EGFR 蛋白的功能，因而属于 EGFR 亚组（subgroup）。所有上述 4 种 RTK 超家族的成员都属于酪氨酸蛋白激酶类，其蛋白质的一级结构都包含单一的跨膜位点（membrane spanning domain）和两段位于细胞外的富含半胱氨酸的位点。与 RTK 家族的其他成员相比较，eRB B-3 蛋白分子中催化位点（catalytic domain）的某些氨基酸残基并不保

守，但在其他成员中这些位点上的氨基酸残基都是高度保守的。这也可以用来解释为何 eRB B-3 蛋白分子的酪氨酸激酶活性较弱。这 4 种受体蛋白质分子在一般情况下是以不同的组合方式共同在细胞膜上进行表达的。除了造血系统以外，大部分组织细胞类型中都有 RTK 家族成员蛋白质的表达。

p185 蛋白属于一种生长因子的受体类型，因此，正常组织和肿瘤组织中 p185 的活性及功能，只能结合与其相应的配体(ligand)分子的结构与功能一起来认识。EGF、转化生长因子 α(tarnsforming growth factor-α，TGF-α)、amphiregulin/Schwannoma 衍生的生长因子(AR)、betacellulin 及肝素结合型 EGF 样生长因子(heparin-binding EGF-like growth factor，Hb-EGF)这 5 种多肽激素(peptide hormone)都能与 EGFR 进行结合并使之激活。对神经调节素(neuregulin)的发现和研究，为认识 p185 的作用和功能又开辟了一个新领域。神经调节素是由至少 12 个不同的多肽分子组成的一个家族。这些多肽都是由单一基因、13 个不同的外显子经剪切加工而形成的 mRNA 所编码的产物。大多数这种类型的多肽分子都含有 IgG 样位点，与细胞的黏附有关。此外其还有一个 EGF 相关位点、一个跨膜位点和不同长度的胞质内位点。神经调节素蛋白的氨基末端带有信号肽(signal peptide)序列，还有一个 kringle 样位点(kringle-like domain)，这种结构在神经系统调节蛋白中是独有的。神经调节素可以激活 p185，催化其分子中酪氨酸残基位点发生磷酸化修饰，同时促进 p185 蛋白与其底物蛋白之间的结合。因此，最初将神经调节素作为 p185 的一种配体分子。但仅仅使 p185 蛋白进行过表达并不能导致其与神经调节素结合力的增强。目前已阐明，神经调节素与 p185 受体蛋白之间的结合及激活，还需要有辅助受体(co-receptor)，如 eRB B-3/eRB B-4 等蛋白质的共同表达。

三、eRB B-2 的激活方式

(一) 配体对 eRB B-2 的激活

如果不把神经调节素多肽作为 eRB B-2 的配体分子，那么是否有真正的 eRB B-2 配体分子存在呢？eRB B-2 的胞外位点与 eRB B-1、eRB B-3 和 eRB B-4 的膜外位点的结构是高度保守的位点结构区，完全具有与多肽激素进行结合的结构基础。从转化的人 T 细胞系 ATL-2 的条件培养基中发现的一种称为 Neu 激活因子(neu activating factor，NAF)的蛋白质是目前研究得最为清楚的 eRB B-2/neu 的配体分子之一。NAF 可以与杆状病毒载体(baculoviral vector)-昆虫细胞系(insect cell line)表达的重组 Ei-hB-2 蛋白进行结合并使之激活。另有一些可能的配体分子包括激活的小鼠巨噬细胞所分泌的蛋白质、大鼠腹水瘤细胞 13762 细胞膜上的主要表面蛋白[腹水瘤细胞去唾液酸糖蛋白-2(ascites sialoglycoprotein-2，ASGP-2)]、牛肾的一种 NEL-GF 因子和血清因子等。

(二) eRB B-2 蛋白的过表达

在人的肿瘤细胞中，eRB B-2 蛋白的表达水平可达正常细胞的 100 倍之多，原因是肿瘤细胞中具有 eRB B-2 的基因放大(gene amplification)及 eRB B-2 基因转录水平的升高。在缺乏激活激素的条件下，这一水平 eRB B-2 基因的过表达也足以引起体外培养的成纤维细胞的细胞集落的形成。从立体化学(stereochemistry)的角度来讲，随着 eRB B-2 表达水平的升高,eRB B-2 酪氨酸残基位点磷酸化的水平也显著提高。因为受体酪氨酸位点的磷酸化可允许含有 SH2 位点的蛋白质与之结合,这种高度磷酸化(hyperphosphorylation)的 eRB B-2 蛋白本身就足以诱发信号转导及细胞的恶性转化。过表达状态的 eRB B-2 之所以会发生过度的磷酸化修饰,是因为 eRB B-2 过表达时易形成二聚体。另外,基础状态下的蛋白酪氨酸磷酸酶(protein-Tyr phosphatase,PTPase)可使磷酸化与去磷酸化的 eRB B-2 处于一种相对的平衡状态,过度的 eRB B-2 表达,使这种 PTPase 的催化活性处于相对不足的状态,从而导致其中的 eRB B-2 处于过度磷酸化状态。

(三) 基因突变

将从化学诱导的大鼠外胚层肿瘤细胞中克隆的 neu 基因序列与野生型的 neu 基因序列相比,发现有单一核苷酸的置换,导致 Neu 蛋白一级结构中 Val664 位点发生氨基酸残基的置换,而这一位点恰好位于 Neu 蛋白的跨膜位点区。基因的定点诱变表明,Val664 位点置换为 Glu 或 Asp 时同样可以导致这种癌基因的激活,但 Val664 位点突变为 Gly、Lys、His 或 Tyr 时则不能引起 neu 基因的激活。在人 neu 基因相应的 659 位点上的氨基酸残基的置换同样会导致人 neu 基因的激活。令人感到遗憾的是,在人的肿瘤细胞中还从未发现过上述位点的 neu 基因的突变。Glu664 位点氨基酸残基的置换导致 Neu 蛋白分子形成二聚体的能力提高,导致 p185 蛋白的持续激活,从而导致 p185 Tyr 位点的磷酸化修饰程度提高、蛋白激酶活性以及与底物蛋白的结合能力提高。有关单一核苷酸位点上的突变如何导致 neu 基因激活的机制,大都集中在 Glu664 位点的改变对 p185 二聚体形成能力的影响,而另外两个位点(Glu664 上游和下游的核苷酸)组成的由 Val-Glu-Gly 形成的三肽结构(tripeptide structure)可能与 p185 的二聚体形成有关。因为 Val663 或 Gly665 位点上的突变都会影响突变的 Neu 蛋白的恶性转化功能。

(四) 其他受体的反式调节

p185 Tyr 位点的磷酸化和信号转导过程的激活可能还需要 eRB B-2 与其他超家族成员之间形成异二聚体(heterodimerization)。以佛波乙酯(phoRBol ester)、血小板衍生生长因子(platelet-derived growth factor,PDGF)和碱性成纤维细胞生长因子(basic fibroblast growth factory,bFGF)处理细胞时,可对 eRB B-2 蛋白其他位点上的磷酸化修饰进行反式调节(trans-regulation)。经过上述刺激因素的处理,细胞中的 eRB B-2 蛋白在 Ser 和 Thr 位点上也发生磷酸化修饰,同时伴有 p185 蛋白激酶活性的降低。eRB B-2 分子中的 Thr686 与 EGFR 分子中的 Thr654 都是促进蛋白激酶 C(protein kinase C,PKC)发生磷酸化的同源性位点结构,而且 eRB B-2 分子中的 Thr701 和 Ser1113 也与 EGFR 分子中的 Thr669 和 Ser1046/1047 位点相当。其中 Thr 位点的磷酸化都是由有丝分裂原激活蛋白激酶(mitogen-activated protein kinase,MAPK)来催化的,但 Ser 位点磷酸化的蛋白激酶还不太清楚。

四、eRB B-2 的转录水平调节

原癌基因在各种不同的组织细胞中都具有广泛的表达活性。eRB B-2 基因的转录水平受几种药理学因子(pharmacological factor)的调控。能够激活 eRB B-2 基因转录的因子包括佛波乙酯、cAMP、视黄酸(retinoic acid,RA)、TGF-β1、三碘甲腺原氨酸(tri-iodothyronine)和

EGF 等。以不同的方式组合,这些激活因子对 eRB B-2 基因的转录表达具有加成激活(additive activation)或协同激活(synergistical activation)的作用。雌乙醇(estradiol)和 RA 对 eRB B-2 基因的转录具有抑制作用,这在 eRB B-2 与乳腺癌、卵巢癌之间的相互关系中具有十分重要的意义。因为 eRB B-2 原癌基因的激活和过表达与这两种肿瘤的发生、发展之间有着极为密切的关系。另外,视网膜母细胞瘤蛋白(retinoblastoma protein,pRB)和腺病毒的 E1A 蛋白对 eRB B-2 基因启动子的转录活性也具有显著的抑制作用。

对人及鼠 eRB B-2 基因的启动子结构区序列进行分析,鉴定出了有关与 eRB B-2 基因表达活动有关的基础表达(basal expression)和调节表达(regulated expression)的结构元件,发现 eRB B-2 基因 5′端非翻译区的核苷酸序列中与转录因子结合的核苷酸序列,与高度保守的转录因子识别和结合的核苷酸序列具有高度的同源性。在人和啮齿类动物 eRB B-2 基因编码序列的上游也发现了一个 CAAT 盒(CAAT box)式结构区,但啮齿类动物的 eRB B-2 基因与人 EGFR 基因的结构类似,一般没有 TATA 盒式结构。人 eRB B-2 基因可从两个相距很近的转录起始位点开始转录:第一个位于-179nt、-178nt 和-177nt 位点;第二个位于 TATA 盒式结构上游 25 个核苷酸的位点上,即-204 ~ -200nt 的位点上。而大鼠 eRB B-2 基因的转录则恰好位于 CAAT 盒式结构的上游。与 eRB B-2 基因基础转录活动有关的调节元件位于人 eRB B-2 基因转录起始位点上游的 390nt 之内。对有关 eRB B-2 调节性表达的元件在大鼠的 eRB B-2 基因进行了较为详细的研究,通过基因的缺失突变、凝胶迁移率及突变分析,发现了多个具有抑制性作用及具有激活作用的位点结构。人 eRB B-2 基因的-526 ~ -516nt 核苷酸序列即为其增强子(enhancer)序列结构。啮齿类动物 eRB B-2 基因中的 GTG 增强子(GGTGGGGGGG)序列,是 pRB 肿瘤抑制蛋白转录抑制作用的一段靶序列,同时也是 neu 基因自身调节(autoregulation)的一个作用位点。啮齿类动物 eRB B-2 基因翻译起始位点上游 285 ~279nt 的核苷酸序列,是腺病毒 ElA 蛋白抑制 eRB B-2 基因转录的一段靶基因序列。

原癌基因 eRB B-2 转录水平的调节与 eRB B-2 引起的正常细胞的恶性转化之间有着极为密切的关系。EGF 刺激细胞可以诱导 eRB B-2 基因转录水平的升高,说明与 EGF 活性类似的多肽分子可以诱导 eRB B-2 基因的转录表达。同时,在某些人类肿瘤中 pRB 蛋白的缺失,失去了对 eRB B-2 基因转录表达的抑制作用,造成 eRB B-2 基因转录水平的升高,从而造成 eRB B-2 基因转录物的累积。但这一现象仅在对大鼠 eRB B-2 基因的研究中发现。在雌激素应答性细胞系中,雌激素可以抑制细胞内 eRB B-2 mRNA 及蛋白质的累积,而且是一种雌激素受体依赖性的。以雌激素刺激雌激素受体阳性的乳腺癌细胞系,即可抑制 eRB B-2 mRNA 和蛋白质的表达。相反,以抗雌激素的药物处理这些细胞,则可导致 eRB B-2 mRNA 和蛋白质的表达水平升高。

乳腺癌细胞系往往表现为 eRB B-2 基因异常高水平表达,远远超出 eRB B-2 基因放大所能造成的转录水平的升高。说明乳腺癌细胞系中 eRB B-2 基因表达水平的显著升高,除了由于这种乳腺癌细胞系中存在 eRB B-2 基因放大之外,必定还存在第二种转录调节机制。从乳腺癌细胞核中提取的核蛋白中,发现核蛋白转录因子 OB2-1 的表达水平显著升高,OB2-1 转录因子可与 eRB B-2 基因序列中的 CTGCAGG 核苷酸序列进行结合。OB2-1 转录因子的活性与升高的 eRB B-2 基因的转录水平之间有着极为密切的关系。另有一种转录因子蛋白与 eRB B-2 基因序列中的 CCTGCGCCGGGAG 核苷酸片段进行特异性结合。这一段核苷酸序列在人 eRB B-2 基因序列中只有部分保守的性质。对人、大鼠和小鼠的 eRB B-2 基因序列进行比较,发现 TCG 增强子序列,GGA 重复序列(能与 eRB B-1 启动子序列互补)以及转录因子 Sp1、OTF-1,AP2 和 E4TF1 结合的特异性序列,都是高度保守的核苷酸序列。在人 eRB B-2 基因序列中发现了 OB2-1 结合位点和 PEA-3 应答性元件,但这些序列在啮齿类动物细胞中的 eRB B-2 基因序列中都已发生改变。GTG 增强子序列也是啮齿类动物 eRB B-2 基因序列特异性的。多个 GCAA 重复序列仅见于啮齿类动物 eRB B-2 的基因中,人 eRB B-2 基因中无此序列。GCG 样保守的结合序列也仅见于大鼠的 eRB B-2 基因中,人 eRB B-2 基因中也无此序列。

五、激活的 eRB B-2 蛋白介导的信号转导

细胞外的多肽激素(peptide hormone)与 RTK 分子结合,首先诱导这些跨膜蛋白分子的二聚体形成(dimerization),这是由 RTK 分子介导的信号转导所必需的一个环节。形成二聚体以后,这类 RTK 分子即发生自动的磷酸化修饰,并形成与下游蛋白质结合所必需的立体结构。RTK 所结合的底物蛋白一般是携带 SH2 位点、识别 RTK 分子中 Tyr 磷酸化位点的蛋白质。RTK 分子,包括 eRB B-2 蛋白的酶学催化活性对其自身的磷酸化修饰以及与底物蛋白的结合都是必需的,而且还通过 Tyr 位点的磷酸化对下游的蛋白质进行调节。RTK 分子中含有多个 Tyr 磷酸化位点,每一个位点与 SH2 位点蛋白质的结合及亲和力不同,从而将跨膜信号经由不同的途径向下游转导。多肽激素与膜上 RTK 分子之间的结合,至少可以激活 5 个不同的信号转导路径,它们分别是磷脂酶 C-γ(phosphol ipase C γ,PLCγ)/磷脂酰肌醇(phosphatidylinositol,PI)的转变、磷脂酰肌醇-3-激酶(phosphatidylinositol 3、kinase,PI3K)/AKT(PI3K/AKT)、STAT91/ISGF-3、Ras/Raf/MAPK 及 Src 蛋白家族等途径。

p185 蛋白通过过表达、突变或 EGF 对 EGFR/eRB B-2 嵌合分子的激活,在信号转导途径中具有共同的底物蛋白,包括 PLC-γ、PI3K、GRB-7、SHC、含有 SH2 的 PTPase 1d 和 Eps 8 等。eRB B-2 蛋白可以激活 ras 和 MAPK,刺激即刻早期基因 c-jun 和 c-fos 的转录以及两种 mRNA 的不断累积。p185 蛋白主要 Tyr 位点的磷酸化修饰,为其与 SH2 位点底物蛋白之间的结合提供了条件。这些主要的 Tyr 磷酸化位点位于羧基末端激酶位点以外的结构区。对发生磷酸化的多肽进行分析,表明 1023 位点、1248 位点,可能还包括 1139 位点和 1222 位点上的 Tyr 残基在体外可以发生磷酸化。如果对 1248 位点、1221 位点、1222 位点、1196 位点和 1139 位点上的 Tyr 残基进行诱变,可以彻底阻断 p185 蛋白发生磷酸化修饰的可能性。随着 p185 蛋白这些结构位点上发生磷酸化修饰能力的丧失,其对正常细胞恶性转化的能力也显著下降或完全丧失。对 p185 基因的缺失突变进行分析,证实 p185 蛋白的羧基末端序列部分含有一个负调节作用位点。p185 与 EGFR 两种 RTK 分子诱导的信号转导途径是有所区别的。在缺乏多肽激素的条件下,p185 蛋白的过表达具有对 NIH 3T3 细胞的恶性转化作用,但 EGFR 的过表达却无此恶性转化作用。

六、eRB B-2 蛋白的生物学功能

除了造血系统的细胞以外,人和啮齿类动物的各种细胞中都有 eRB B-2 原癌基因的表达。通过免疫化学染色,证实胚胎期的大鼠在中枢神经系统、结缔组织、皮肤、肠、肺脏、肾脏

中都有 eRB B-2 基因的表达,但在胚胎期大鼠的脾脏中却没有 eRB B-2 基因的表达。胚胎期各种组织 eRB B-2 的组织化学染色,说明来源于 3 个胚层的组织细胞中都有这种原癌基因的表达,特别是神经系统的组织细胞更是如此,如背根神经节(dorsal root ganglia)等,还有发育过程中的呼吸系统及消化系统的上皮细胞等。在晚期胚胎及新生动物中,小肠绒毛、肺支气管及远端肾小管中 eRB B-2 癌基因的表达水平很高,但中枢神经系统中 eRB B-2 的表达反而降低。至成年以后,eRB B-2 主要在表皮细胞层表达,结缔组织及神经系统几乎检测不到 eRB B-2 蛋白的表达。

因为 eRB B-2 基因的激活与表达与乳腺癌之间有着极为密切的关系,因而关于体外细胞中 eRB B-2 基因的表达多以乳腺上皮细胞作为研究模型。结果表明,与 EGF 类似的多肽类激素及神经调节素是 eRB B-2 基因表达的两种重要的调节因子。在 EGF 的类似多肽分子中,已知 TNF-α 和 AR 在乳腺及乳腺癌细胞系中都有一定水平的表达。神经调节素对细胞的增殖是抑制还是促进,依细胞的类型有很大的不同。在某些情况下生长受到抑制的乳腺癌细胞表现出已分化的乳腺上皮细胞的特征。T47D、MDA-MB-453 和 AU-565 都是人乳腺癌细胞系,分别表达低、中及高水平的 eRB B-2。T47D 细胞系雌激素受体阳性,雌激素可以刺激 T47D 细胞的生长。T47D 细胞系与另外两种雌激素受体阳性的乳腺癌细胞系 MCF-7 和 ZR-75-1 在受到神经调节素及 EGF 的刺激作用时可产生增殖性应答。而神经调节素对 MDA-MB-453 乳腺癌细胞的增殖具有抑制作用,或没有任何影响。神经调节素和 EGF 对 AU-565 乳腺癌细胞系的增殖均有抑制作用,同时促进这种肿瘤细胞的分化。

神经调节素可以刺激乳腺细胞产生细胞内黏附分子-1(intracellular adhesion molecule-1, ICAM-1),这种 ICAM-1 的表达可能与肿瘤的进展(tumor progression)过程有关。细胞对神经调节素的应答,其存活度(viability)与细胞内有丝分裂原激活蛋白激酶(mitogen activated protein kinase, MAPK)的激活之间没有显著的相关性。以神经调节素处理上述 4 种乳腺癌细胞系,对其细胞内的 MAPK 活性均具有激活作用。

七、eRB B-2 与恶性肿瘤

eRB B-2 原癌基因的激活与一系列人恶性肿瘤的发生、发展之间存在着极为密切的关系。人肿瘤细胞中 eRB B-2 基因的放大与过表达,导致 eRB B-2 蛋白表达水平的显著升高,由 eRB B-2 蛋白介导的信号转导加强,从而导致细胞的生长、死亡及分化,最终导致正常细胞的恶性转化及恶性肿瘤的形成。

(一) eRB B-2 基因放大

原癌基因 eRB B-2 的基因放大(gene amplification)是导致 p185 蛋白表达水平显著升高最为常见的一种原因。在乳腺癌、卵巢癌及胃癌的细胞中,eRB B-2 基因的放大最为常见,10%~30% 的肿瘤细胞中有 eRB B-2 基因的放大现象。eRB B-2 原癌基因的放大现象,说明存在着一种 eRB B-2 基因过表达的选择过程。这种 eRB B-2 基因放大与 eRB B-2 的 mRNA 及 p185 蛋白表达水平的升高密切相关。乳腺癌细胞及卵巢癌细胞中表达的 eRB B-2 蛋白的免疫反应活性(immunoreactivity)具有高度的一致性。转移性胃癌与非转移的原发性胃癌相比较,前者 eRB B-2 表达的阳性率显著高于后者,说明 eRB B-2 基因的放大与过表达发生在恶性肿瘤的浸润期(invasive stage)。

没有证据表明人肿瘤细胞中 p185 蛋白的一级结构有突变现象。在大鼠的神经系统肿瘤细胞中曾发现氨基酸残基的替换，但在相应的人肿瘤细胞中则见不到这种现象。例如，Glu664 位点的氨基酸残基的置换突变等。由于人和大鼠 eRB B-2 原癌基因的核苷酸组成不同，发生这种氨基酸残基的置换，在大鼠的 eRB B-2 基因中只需有一个核苷酸的改变，而在人的 eRB B-2 基因中，则需要两个核苷酸同时发生改变。对 eRB B-2 基因其他位点的氨基酸残基置换与突变激活之间的关系进行筛选，但由于 eRB B-2 有基因放大现象，基因拷贝数目多，而且 mRNA 分子质量比较大，所以往往难以排除假阴性的可能性。从转基因小鼠正常 eRB B-2 基因的表达中鉴定出一个激活缺失突变，表明人肿瘤细胞中还有另外的突变激活位点存在。目前的观点认为，正常 p185 蛋白的过表达与肿瘤的形成有关，可能是由于 eRB B-2 基因放大造成的。eRB B-2 基因放大这一结果，一方面可能是 eRB B-2 基因的放大；另一方面也可能是 17q21 染色体位点附近其他基因的放大，从而造成 eRB B-2 基因的放大，而不是 eRB B-2 基因自身放大造成的结果。的确，与 eRB B-2 基因邻近的 eRBA 和拓扑异构酶Ⅱ(topoisomerase Ⅱ)两种基因的放大，也造成某些肿瘤细胞中 eRB B-2 基因的放大。与 RTK 蛋白分子相比，只有 eRB B-2 基因在过表达时，才可诱导 NIH 3T3 细胞的恶性转化。以 eRB B-2 基因转导永生性乳腺上皮细胞系 184B5 和 MCF-IOA，可导致这两种乳腺上皮细胞呈非黏附性生长，并具有较弱的致肿瘤性(tumorigenicity)。eRB B-2 转基因大鼠乳腺中如果有正常结构 p185 蛋白的过表达时，也可以导致转移性乳腺癌的发生。有证据表明，乳腺组织对 eRB B-2 癌基因的过表达较对其他类型的癌基因更为敏感，机制还不太清楚。

（二）eRB B-2 基因的转录激活

某些类型的肿瘤细胞中，eRB B-2 的 mRNA 及蛋白质的表达水平升高，但却检测不到 eRB B-2 基因的放大现象。在肺癌、间质细胞肿瘤、膀胱癌及食管癌细胞中，eRB B-2 基因的过表达比基因放大更为常见，提示肿瘤细胞中可能存在转录或转录后调节机制。转录因子蛋白 OB2-1 可与 eRB B-2 原癌基因的启动子区结合，而且这种结合在具有 eRB B-2 基因过表达的细胞系中更为常见，这可能是某些肿瘤细胞中 eRB B-2 基因转录水平显著升高的一种重要机制。在胃癌细胞中，eRB-2 蛋白的表达水平升高，却检测不到基因放大现象，但可检测到与 eRB B-2 启动子 TATA 盒式结构结合的蛋白质增多。因此，在肿瘤细胞中，除了基因放大以外，还存着基因转录水平的激活。当然，不排除 eRB B-2 转录后加工与 eRB B-2 基因表达水平增高的可能性。

（三）化学诱导的啮齿类动物的肿瘤

neu 基因首先是在化学诱癌剂诱导的大鼠神经系统肿瘤的研究中发现的。烷化剂(alkylating agent)是一种可以透过胎盘屏障的诱癌剂，因而可以诱发胎鼠中枢神经系统的恶性肿瘤，刚刚出生的大鼠如果暴露于这种类型的烷化诱变剂，则可以诱导外周神经的施万细胞(Schwann cell)肿瘤。但在两种类型的肿瘤细胞中，都无一例外地具有 Glu664 性质中的 neu 等位基因。孕中期大脑中肿瘤的易感期恰与 neu 的高表达期一致。出生以后，施万细胞中 neu 的最高水平表达见于生后第 1 ~ 7 天。原发性施万细胞瘤(Schwannoma)中的 neu 基因是 Glu664 位点的纯合子或杂合子的突变型。小鼠暴露于这类烷化诱变剂仅 7 天就可以检测到 eRB B-2 基因 Glu664 位点的突变。这一结果表明，neu 基因中出现的点突变是肿瘤形成的起始步骤，但肿瘤细胞恶性表型的出现则依赖于另外一个野生型等位基因的突变与否。因此在体外，neu 基因的点突变是作为一种显性癌基因(dominant oncogene)的，但是体内突变的 neu 基因则会部分地受到正常受体蛋白的抑制。神经调节素是胶质细胞(glial cell)的一种生长因子，是一种很强的有丝分裂原(mitogen)，因此，eRB B-2 基因表达的持续激活为施万细胞的生长提供了一种持续刺激因素。

(四) 转基因小鼠与移植模型

将 eRB B-2 基因重组在小鼠乳腺肿瘤病毒(mouse mammary tumor virus，MMTV)长末端重复序列(long terminal repeat，LTR)的下游，构建了一种 eRB B-2 的重组表达载体。因为 MMTV-LRT 结构中的启动子/增强子(promoter/enhancer)活性相对来说是乳腺组织特异性的，并在乳腺组织发育的各个阶段都具有表达活性，因此，以这种激活型(Glu 664)neu 基因的重组表达载体建立的转基因动物模型，无论是雄性小鼠还是雌性小鼠，都有快速、同步的肿瘤发生。相反，突变的 ras 基因表达载体建立的转基因动物中，发生的肿瘤类型及肿瘤发生的时间则有很大的差别。提示 eRB B-2 的基因突变对乳腺癌的诱导更为直接，而且 eRB B-2 比 ras 更具有乳腺组织的特异性。将正常的 neu 基因与 MMTV-LTR 进行重组，建立的转基因动物的肿瘤发生时间，比突变型 neu 基因的转基因动物的肿瘤发生时间延迟，但这些肿瘤同样会发生肺转移，而且也有高水平的 neu 基因表达。肿瘤形成的延迟，提示正常 neu 基因在诱导肿瘤形成的过程中还有其他机制参与。事实上，在正常 neu 基因建立的转基因动物发生的肿瘤细胞中，常见到 neu 基因发生小范围但仍能保持编码区框架结构的缺失突变，这种突变往往位于 Neu p185 蛋白的细胞外位点(extracellular domain)。另外，还发现肿瘤组织中 c-Src 蛋白激酶的活性显著升高。体外实验研究结果表明，肿瘤细胞中已发生磷酸化修饰的 eRB B-2 蛋白可与 c-Src 蛋白的 SH2 位点进行结合。这一结果提示，激活的 p185 蛋白对 c-Src 蛋白激酶具有直接的激活作用。从过表达 eRB B-2 的乳腺癌细胞系中分离的 p185 蛋白也是以与 c-Src 蛋白结合的方式存在的，因此，有关 p185 蛋白对 Src 蛋白激酶的激活在乳腺癌的形成机制中可能占有重要地位。

八、eRB B-2 蛋白表达的临床意义

虽然在各种类型的肿瘤组织细胞中都可以检测到 eRB B-2 基因的放大及过表达，但 eRB B-2 基因异常与乳腺癌之间的关系最为密切，并且对此进行了较为广泛而系统的研究。eRB B-2 原癌基因的放大及过表达可以作为乳腺癌进展、预后的一个指标，同时也是判断乳腺癌对各种治疗应答的一个重要指标。因为 eRB B-2 蛋白在肿瘤的细胞膜上有表达，因此也成为治疗乳腺癌的一个靶抗原分子。

(一) eRB B-2 与乳腺癌的临床分期

根据组织病理学特征，乳腺癌可以分为不同的类型。原位导管癌(ductal carcinoma in situ，DCIS)的肿瘤细胞位于乳腺导管内，未浸润到基底膜(basement membrane)，可以发展为浸润性导管癌(infiltrating ductal cancer，IDC)，出现肿瘤的局部浸润。浸润性导管癌是最为常见的一种导管癌，也是乳腺癌最为常见的一种，占乳腺癌总病例数的 70%。浸润性导管癌发展到晚期，具有区域性淋巴结(regional lymph node)或其他部位的转移。在乳腺癌的各

个阶段中都有 eRB B-2 基因的过表达,但在良性乳腺疾病中从未发现这种原癌基因的放大和过表达。说明在乳腺病变发生恶性转化之前,eRB B-2 基因不会有放大现象。在转移性乳腺癌组织细胞中有持续 eRB B-2 基因的表达,说明 eRB B-2 在乳腺癌的转移中继续发挥作用。在 DCIS 标本中,约 60% 的标本发现有 eRB B-2 基因放大和过表达现象。从组织学角度,DCIS 可以分为两个亚组,即大细胞 comedo(large cell comedo)和小细胞 cribiform/micropapillary(small cell cribiform/micropapillary)。大细胞 comedo DCIS 几乎均有 eRB B-2 的过表达,而小细胞 cribiform/micropapillaryDCIS 的 eRB B-2 过表达则极为罕见。相反,eRB B-2 基因的放大和过表达仅见于 10%~30% 的浸润性导管癌组织细胞中。因为缺乏对乳腺癌进展进行前瞻性研究(prospective study)的方法,很难确定 eRB B-2 基因放大和过表达与乳腺癌临床分期之间的关系。间接的证据表明,DCIS 可以发展为 IDC,而且 comedo DCIS 最具有发展为 IDC 的倾向性。在许多活检标本中发现 DCIS 和 IDC 相邻,有理由推测两者之间在序列发生上是有关系的。

(二) eRB B-2 与乳腺癌的预后

区域性淋巴结的转移是乳腺癌预后的一个最可靠的指标。如果发生区域性淋巴结转移,则显示预后不良。伴有区域性淋巴结转移的乳腺癌,其 eRB B-2 基因的表达水平与其不良预后之间有着十分密切的关系。随着乳腺癌筛选项目的实施,较早的乳腺癌的检出率在不断上升。这些乳腺癌大部分是 DCIS 或 IDC,一般没有区域性淋巴结转移。手术后 70% 的患者预后良好,但 30% 的患者仍然具有不良预后。对这类患者来说,治疗方法的选择对其预后是一个关键。eRB B-2 蛋白的表达,对指导治疗方法的选择具有重要意义。eRB B-2 基因高水平的表达往往是不良预后的一个重要标志。

(三) eRB B-2 与乳腺癌的治疗

因为 eRB B-2 是一种具有膜外位点结构的跨膜癌基因蛋白,因此可以考虑将其作为抗乳腺癌治疗的一种靶抗原。eRB B-2 的特异性抗体,首先是在体外转导的肿瘤细胞中证实其具有抗肿瘤治疗作用的。eRB B-2 膜外位点结构的特异性抗体也显示具有体内、体外的抗肿瘤治疗作用。以抗肿瘤化疗药物或放射性核素与抗 eRB B-2 抗体交联,可以设计出抗乳腺癌的导向治疗药物。将假单胞菌外毒素 A(pseudomonas exotoxin A,ETA)与抗 eRB B-2 的抗体交联,可以制成抗乳腺癌的免疫毒素(immunotoxin)。以 eRB B-2 基因序列为依据制备特异性的反义寡聚脱氧核糖核苷酸(oligodeoxynucleotide,ODN),或构建特异性的反义 RNA(antisense RNA)或核酶(ribozyme),抑制 eRB B-2 基因的放大或过表达,也是治疗肿瘤的一个重要途径。

九、eRB B-3 与肿瘤

癌基因 eRB B-3(HER3)是表皮生长因子受体 EGFR 家族的成员,其表达产物作为受体酪氨酸蛋白激酶,参与细胞的生长、增殖、转化及发育,具有重要的生理功能,其介导的信号转导的异常与肿瘤的发生、发展关系密切,并在肿瘤的发生、浸润和瘤细胞生物学活性判定方面逐渐引起了人们的注意。人 eRB B-3 基因定位于 12q13,表达的 mRNA 为 6.2kb,编码的蛋白质分子质量为 180kDa,含 1342 个氨基酸残基。经免疫组织化学、Northern 杂交等技术分析发现,eRB B-3 在除造血系统外的人体多数部位有表达。eRB B-3 蛋白与其他 eRB B 家族成员结构相似,均由胞外配体结合区、单链跨膜区及高度保守的胞质蛋白酪氨酸激酶区组成。这一结构既具有受体的功能,又具有把胞外信号直接转化成胞内效应的能力。eRB B-3 的配体包括神经调节素 1(neuregulin- 1,NRG-1)、神经调节素 2(neuregulin- 2,NRG-2)、β 细胞素(beta cellulin,BTC)、肝素结合型 EGF 样生长因子(heparin-binding EGF-like growth factor,Hb-EGF)和表皮调节素(epiregulin,EPR)。

配体与 eRB B-3 结合,可诱导 eRB B-3 形成同源二聚体或与其他 eRB B 受体成员形成异源二聚体,而异源二聚体在介导细胞增殖、分化、迁移等信号传递中起着更为重要的作用。eRB B-2 和 eRB B-3 单独都不能被配体激活,但当两者同时受到 NRG 配体刺激时,能形成最强有力的 eRB B 信号复合体——eRB B-2 / eRB B-3 异源二聚体。不同的配体能够诱导 eRB B 受体形成不同的异源二聚体。例如,当 EGFR、eRB B-2 和 eRB B-3 共表达时,用 EGF 刺激将诱导形成 EGFR / eRB B-2 异源二聚体,用 NRG-1 刺激将形成 eRB B-2 / eRB B-3 异源二聚体。而不同的异源二聚体活化后,可使胞内信号分子磷酸化,激活下游信号转导途径,此过程既有重叠性,又有各自的特异性。eRB B-3 受体能够激活并调控多条胞内信号转导途径,其中研究最多的一条是 ras-raf-MEK-ERK/MAPK 途径,eRB B-3 可以通过 Shc 蛋白和(或)GRB2 蛋白激活 MAPK 激酶通路,信号通过 c-Jun 和 c-Fos 等转录因子传递到细胞核内,激活 AP-1,该信号转导途径在生命的进化过程中高度保守,在细胞增殖、分化、迁移中起着非常重要的作用。另一条是 PI3K 信号转导途径,由于 eRB B-3 含有多个 p85(PI3K 调节亚单位)结合位点,因此含有 eRB B-3 的异源二聚体激活 PI3K 信号转导途径的效率就比较高。当 PI3K 被激活后,能够进一步磷酸化下游的 PKB,PKB 的激活导致下游的 BAD 蛋白磷酸化,从而阻止 BAD 与凋亡蛋白 Bcl-2、Bcl-XL 组成复合物;同时诱导转录因子 FKHRl 磷酸化,从而抑制原凋亡基因的表达,抑制细胞凋亡。PI3K 的激活还可使下游的 IκBα 磷酸化,从而使 NF-κB 移位至细胞核内,将信号传递入核,该途径与细胞的移动性增强有关。

研究发现,eRB B-3 基因在一些肿瘤中有异常的表达和功能,显示它与肿瘤的发生有密切的关系。例如,eRB B-3 在乳腺癌、结肠癌、头颈癌等多种组织中存在过表达。Travis 等认为,eRB B-1、eRB B-2 及 eRB B-3 的过表达提示乳腺癌患者预后较差;但 Defazio 等研究发现,eRB B-3 的过表达与患者的生存期无相关性。

Knowlden 等用培育的抗三苯氧胺的 MCF-7 乳腺癌细胞进行研究后发现,其 HER1、HER-2 基因以及其表达的蛋白质明显高于野生型 MCF-7 乳腺癌细胞,但 HER-3 的表达两者没有明显的差异。而且在抗三苯氧胺的 MCF-7 乳腺癌细胞中没有检测到 eRB B-2/eRB B-3 复合体,仅仅检测到 EGFR/eRB B-2、EGFR/eRB B-3 复合体。从而推断 HER-3 与乳腺癌细胞耐药性关系不大。

Waiters 等在 eRB B-3 阴性的多发性骨髓瘤细胞中转染 eRB B-3 进行增殖信号转导实验,发现单独的 eRB B-3 表达不能使细胞明显增殖,但可以使细胞对增殖的其他刺激更加敏感,并同时扩大刺激效果。

Kobayashi 等在研究了胃印戒细胞癌后报道,在分化性腺癌细胞中 eRB B-2 和 eRB B-3 的表达相同,而在多种未分化性腺癌细胞中仅发现 eRB B-3 表达;他们同时报道了磷酸化的 eRB B-3 可以扩增 MUC1/DF3 抗原,导致未分化性腺癌细胞增殖。因此他们认为 eRB B-3 对未分化性腺癌细胞增殖而言是非常重要的触发器。

Cho 等研究了亚油酸(CLA)抑制人结肠癌细胞(HT-29)增殖后报道,主要刺激增殖作用的 eRB B-2/eRB B-3 复合体受 eRB B-3 控制,而 eRB B-3 激活需要 eRB B-3 募招 PI3,形成有活性的 eRB B-3/PI3 复合体使 AKT 磷酸化,使 eRB B-2/eRB B-3 复合体活化接收结肠癌细胞增殖信号。Sithanandam 等在研究人肺癌细胞周期时也报道了 eRB B-3/PI3/AKT 途径,并提出 eRB B-3 是 eRB B-3/PI3/AKT 途径的开关。同时发现 eRB B-3 可以增加周期素 D1(Cyclin D1)的稳定性,从而稳定细胞分裂周期。

Normanno 等报道,eRB B-3 和 eRB B-4 的过表达与肿瘤细胞的分化程度相关,而与预后和转移无相。因此,认为 eRB B-3 和 eRB B-4 对肿瘤细胞的恶性潜能有提示作用,但不能作为预后的判断指标。eRB B-3 和 eRB B-4 与肿瘤分期、转移等无相关性,提示 eRB B-3 和 eRB B-4 的作用机制不是通过细胞凋亡或增殖而起作用的。同时提出,eRB B-3 和 eRB B-4 在多种肿瘤细胞中的表达呈正相关,提示 eRB B-3 和 eRB B-4 在癌细胞分化中两者以二聚体的形式存在。

第二节　癌基因 c-met

癌基因 met 是以化学致癌剂(chemical carcinogen)*N*-甲基-*N*′-硝基-*N*-亚硝基胍(*N*-methyl-*N*′-mtro-*N*-nitrosoguanidine,MNNG)处理人成骨肉瘤细胞系时所激活的一种癌基因。在以 MNNG 处理人成骨肉瘤细胞以后,从中提取细胞的 DNA、进行体外转化 NIH 3T3 细胞的实验中发现了激活的 met 癌基因。对 met 癌基因激活的机制进行了研究,发现了基因重排,位于 7q21—q31 染色体位点的基因转位到一种称为转位启动子区(translocated promoter region,tpr)的 1 号染色体的一个片段的下游,形成截短形式的 met 的高表达基因重排,导致带有酪氨酸蛋白激酶催化活性中心的 met 的表达。同时,在研究肝细胞生长因子/分散因子(hepatocyte growth factor/scatter factor,HGF/SF)的受体时发现,HGF/SF 可以刺激一种相对分子质量为 145 000 的蛋白质发生快速的酪氨酸磷酸化。目前已阐明这种相对分子质量为 145 000 的蛋白质即为 c-met 原癌基因蛋白的 β 亚单位(subunit)。HGF/SF 与 c-met 系统所介导的信号转导系统,不仅是 HGF/SF 作为一种有丝分裂原促进肝细胞等上皮类细胞进行有丝分裂所必需的正常信号转导过程,而且还与一系列肿瘤的发生、发展过程有关。

一、c-met 原癌基因结构与蛋白质结构

原癌基因 c-met 的基因结构序列分析表明,c-met 编码一种受体样的蛋白质分子,具有经典的信号肽(signal peptide)序列、细胞外位点结构、跨膜位点结构及酪氨酸激酶位点结构。与胰岛素受体蛋白的裂解加工过程相似,c-Met 蛋白在细胞外位点也可以发生裂解,其氨基末端部分片段为 α 亚单位,羧基末端部分为 β 亚单位。α 亚单位与 β 亚单位之间以二硫键(disulfide bond)相连,相对分子质量分别为 45 000～50 000 和 145 000。β 亚单位包括细胞外片段、跨膜片段及细胞内具有酪氨酸蛋白激酶活性的催化位点。原癌基因蛋白 c-Met 的生物合成研究表明,c-Met 蛋白前体分子的相对分子质量为 160 000～170 000,在 α 亚单位、β 亚单位形成之前,必须先在其末端部位进行糖基化(glycosylation)修饰并形成二硫键。c-Met 蛋白这一翻译后的加工修饰过程,不需要先与 HGF/SF 进行结合。单体形式的 c-Met 蛋白可以发生持续的自发性的磷酸化修饰。c-met 基因表达产物除了这种翻译后修饰加工

之外,其转录产物也存在着剪切加工机制,从而形成细胞外结构位点相差 18 个氨基酸残基的两种 c-Met 蛋白分子形式。含有 18 个氨基酸残基的 C-Met 多肽分子约为另一种 C-Met 的 10% 。这种蛋白质的相对分子质量为 170 000,以单体分子(monomeric molecule)方式存在于细胞膜上,也同样可以发生自发性磷酸化修饰。由 c-met 基因转录物以不同剪切方式形成的 mRNA 和翻译形成的单体 c-Met 蛋白是否为一种新型分子,以及配体分子结合能力和其生物学活性是否具有新的特点尚不得而知。

二、c-Met 蛋白激酶活性的调节

正如其他许多类型的酪氨酸蛋白激酶一样,c-Met 蛋白随着自发的磷酸化修饰,其酶学催化活性也被激活。c-Met 蛋白在体内、体外的主要自发性磷酸化位点都是 Y1235,相当于其他几种酪氨酸蛋白激酶分子常见的自发性磷酸化位点。不仅染色体转位导致的基因重排或不能进行适当的翻译后加工能够造成 c-Met 酪氨酸蛋白激酶的持续激活,而且如果 c-met 处于过表达状态时也能造成 c-Met 酪氨酸蛋白激酶的持续激活。c-met 主要转录物的基因放大和过表达在人胃癌细胞系 GTL-16 中即能观察到,同时伴有高水平的自发性磷酸化修饰的 c-Met 蛋白的表达。但从这一细胞系中未发现 c-met 基因的结构有突变的现象。同时,在这些肿瘤细胞系中也未发现 HGF/SF 过表达的现象。在没有配体分子存在的情况下,这种自发性磷酸化修饰的 c-Met 蛋白本身在高浓度条件下就可以触发其蛋白激酶激活的机制。c-Met 蛋白具有形成二聚体(dimer)或寡聚体(oligomer)的倾向与能力。一般认为,c-Met 蛋白二聚体的形成能力及与配体结合的能力是配体诱导的 c-Met 受体蛋白酪氨酸激酶激活过程所必需的一个步骤,而配体结合非依赖性的受体-受体蛋白之间的相互作用可能是 c-Met 受体蛋白分子激活的又一个机制。在自发性恶性转化的 NIH 3T3 细胞中,c-met 基因的放大频率很高。因为这些细胞同时也产生、分泌 HGF/SF,这些细胞中 c-Met 蛋白的激活似乎是通过配体与受体之间的自分泌环(autocrine loop)机制进行的。如果以 HGF/SF 和 c-met 的表达载体共转染,在两种蛋白质同时具有表达活性时,即可出现 c-Met 蛋白持续的自发性磷酸化与激活,并导致转导细胞发生恶性转化。

与上述 c-Met 酪氨酸蛋白激酶的激活机制相反,佛波乙酯(phoRBol ester)等能够激活细胞内蛋白激酶(protein kinase C,PKC)的肿瘤促进剂(tumor promoter),可以降低 c-Met 蛋白 β 亚单位的酪氨酸磷酸化水平,但 c-Met 蛋白丝氨酸磷酸化的水平则相应提高。这一结果表明,可能存在着某些类型的蛋白激酶对 c-Met 蛋白介导的信号转导(signal transduction)具有负调节作用。进一步的研究表明,细胞膜表面的 c-Met 蛋白分子有相当一部分通过一种 PKC 依赖性机制发生羧基末端截短现象。集落刺激因子-1(colony-stimulating factor-1,CSF-1)的受体 c-Fms 蛋白也具有类似的 PKC 依赖性失活机制。其中,一种截短形式的 c-Met 蛋白可以释放到细胞的培养基中,另外一种截短形式的 c-Met 蛋白仍可锚在细胞膜上,但已失去了酪氨酸蛋白激酶活性。HGF/SF 不仅可以与细胞膜上的 c-Met 蛋白进行结合,还可以与另外结构上与 c-Met 相关,但分子质量较小的蛋白质分子进行共价交联(covalent cross-linking)。总之,由 HGF/SF-c-Met 介导的信号转导途径,可由于 PKC 依赖性机制产生截短的 c-Met 蛋白质分子而导致衰减。因为这种截短的 c-Met 蛋白分子虽然保留了与 HGF/SF 进行结合的能力,但却不能将其信号向下游方向继续转导。另外,PKC 抑制剂可以促进 HGF/SF 对犬肾上皮 MDCK 细胞的分散生物学活性,这从另外一个角度为上述信号转导衰

减机制提供了证据。细胞内钙离子浓度的升高对过表达 c-met 细胞系中 c-Met 自发性磷酸化的修饰也具有抑制效应。钙离子浓度引起的 HGF/SF-c-Met 信号转导系统的衰减效应与 PKC 的活性无关,这可能是另外一种丝氨酸蛋白酶依赖性的机制。

三、c-Met 与信号转导

在 HGF/SF-c-Met 介导的信号转导系统中,有多种蛋白质分子参与下游的信号转导。同样的配体受体之间的相互作用,却在不同的细胞系中可以触发不同的信号转导,说明 HGF/SF 与 c-Met 介导的信号转导机制是很复杂的。在 HGF/SF-c-Met 介导的信号转导系统中,PI3 激酶及 MAP2 激酶(ERK2)发挥着重要作用。当 c-Met 蛋白与配体结合导致其酪氨酸蛋白激酶被持续激活时,C-Met 可与 PI3 激酶的相对分子质量为 85 000 的亚单位进行结合。在 c-Met 蛋白的免疫沉淀物中也发现了这种相对分子质量为 85 000 的蛋白质成分。在增殖细胞中,由 PI3 激酶催化所产生的代谢产物水平显著升高,说明这一环节还参与了与细胞增殖有关的有丝分裂过程,但具体机制尚不十分清楚。以 HGF/SF 刺激人的角质细胞和黑色素细胞,可检测到细胞内 MAP2 激酶被激活。但在 MDCK 细胞中似乎缺乏这种 MAP2 激酶酪氨酸磷酸化的机制。因此,当 MDCK 细胞受到 HGF/SF 的刺激以后,表现出来的是分散效应(scatter effect),而不是增殖效应(proliferation effect)。在体外情况下,激活的 c-Met 蛋白可与一系列的具有 SH2 位点结构的底物蛋白结合,其中包括 Ras 蛋白的 GTP 酶激活蛋白(GTPase activating protein,GAP)。然而在体内情况下,激活的 c-Met 蛋白对 GAP 的磷酸化修饰仅具有中度的促进作用。因此,在体内是否存在 c-Met 与含有 SH2 位点蛋白质之间的相互作用还不确定。在 A549 细胞系中,HGF/SF 可以提高与 GTP 结合的 Ras 蛋白所占的比例,并促进 Ras 蛋白的鸟嘌呤核苷酸交换(guanine nucleotide exchanger)的功能。这表明 Ras 蛋白的激活可能是 HGF/SF 刺激作用的一个结果。

HGF/SF 的刺激还可以提高细胞内第二信使(second messenger)分子的浓度,如肌醇 1,4,5-三磷酸盐(inositol 1,4,5-triphosphate)和二乙酰甘油(diacylglycerol,DAG)的浓度当受到 HGF/SF 刺激时显著升高。DAG 是通过磷酸酯酶 C(phospholipase C,PLC)分解磷酸肌醇(phosphoinositide)和磷酯酰胆碱(phosphatidylcholine)而形成的。细胞内钙离子浓度的升高或 PKC 的激活都是 DAG 介导的结果,通过对 c-Met 激酶的降解与失活,可使 HGF/SF-c-Met 介导的信号转导发生衰减。

HGF/SF 在蛋白酶(proteinase)的调节中也有重要作用。HGF/SF 作用于 MDCK 细胞系,可导致细胞表达尿激酶(urokinase,uPA)和 uPA 受体表达水平升高。之后便可导致血纤维蛋白溶酶(plasmin)的表达水平显著升高,反过来激活一系列的蛋白酶,对细胞-细胞、细胞-基质之间的相互作用进行调节,从而促进细胞的移动,最后产生分散效应。另外,血纤维蛋白溶酶及 uPA 表达水平的升高,也可促进 HGF/SF 蛋白前体单体分子的加工,以便形成具有生物学活性的异二聚体形式。

HGF/SF 还具有促进细胞形态学改变的作用,因而推测 HGF/SF 与细胞骨架(cytoskeleton)之间存在着相互作用。在细胞分散作用的早期阶段,F-肌动蛋白(F-actin)应激纤维(stress fiber)的数目增多与细胞的分散过程有关。随着细胞在新附着点的贴壁生长,细胞内应激纤维的数目显著下降。这可以部分解释 HGF/SF 对 MDCK 等细胞所产生的分散效应机制。

四、c-met 与肿瘤

HGF/SF-c-Met 介导的信号转导系统,不仅是 HGF/SF 作为一种有丝分裂原刺激细胞增殖的重要环节,而且还与一系列肿瘤的形成与发展有着极为密切的关系。Renzo 等对人卵巢癌进行了研究,发现有 c-met 的过表达。以 Southern blot 和 Western blot 杂交技术对卵巢癌细胞 c-met 基因放大和过表达进行检测,在正常卵巢上皮细胞的表面可以检测到 c-Met 蛋白的表达,在各种来源的卵巢良性肿瘤细胞中 c-met 的表达水平并没有显著改变,但在 20%(14/62)的卵巢恶性肿瘤细胞中 c-met 基因的表达水平升高了 3 ~ 10 倍,还有 5 例恶性肿瘤细胞的 c-met 表达水平升高了 50 倍之多。但是,c-met 基因表达水平的升高并不伴有 c-met 基因放大现象。具有 c-met 过表达的卵巢癌属于一种特殊的组织学类型,具有相对较高的分化程度。从临床角度来看,具有 c-met 过表达的卵巢癌细胞在临床各期的肿瘤中都能观察到。但是多见于月经停止前的患者。这一结果表明,一部分卵巢癌细胞具有 c-Met 过表达时,获得了由 HGF/SF-c-Met 信号转导的生长刺激作用,获得了生长优势,形成一类具有较高分化程度的卵巢癌细胞。Ebert 等对人胰腺癌(pancreatic cancer)细胞 c-met 及 HGF/SF 的表达进行了研究,发现 c-met 与 HGF/SF 有共同表达的现象。在 16 例胰腺癌细胞中,有 14 例发现了 c-met 的高水平表达。同时,HGF/SF mRNA 的转录表达水平也升高了 10 倍,提示由 HGF/SF 和 c-Met 形成的自分泌环可以促进胰腺癌的形成和发展。

最近的研究表明,c-met 的表达与人免疫缺陷病毒(human immunodeficiency virus,HIV)感染引起的艾滋病(AIDS)患者的机会性肿瘤,即卡波济肉瘤(Kaposis sarcoma,KS)之间有着十分密切的关系。KS 的形成与其他类型肿瘤的形成一样,也是一个循序渐进的连续过程,也可以人为地将其划分为初始(initiation)阶段、促癌(promotion)阶段和肿瘤的进展(progression)阶段。成年器官的内皮细胞正常情况下的更新率(turnover rate)很低,一般在数月或数年的水平上,这种条件下体细胞中发生突变的可能性,尤其是在静止期细胞中的可能性是非常小的。但是,在 AIDS 患者体内,感染 HIV 的 T 淋巴细胞持续分泌产生 HGF/SF,其作为一种促癌剂(promoter),导致 HIV 感染所引起的上皮细胞肿瘤的发生。HIV 感染造成的基因突变可以直接或间接地造成 SF 的分泌表达,同时伴有 c-met 的过表达。表皮细胞成为产生 HGF/SF 的细胞,同时也成为 HGF/SF 作用的靶细胞。正常情况下受到严密调控的 HGF/SF-c-Met 旁分泌(paracrine)系统会转变为不受控制的自分泌(autocrine)信号转导机制。HGF/SF-c-Met 自分泌系统可以促进致癌过程的发展,导致细胞表型的转变,使内皮细胞发生恶性转化。最终导致 KS 的形成。

第三节 癌基因 trk

哺乳动物神经系统的发育和存活在很大程度上依赖于可溶性神经性营养因子(neurotrophic factor)的存在。其中最为重要的是神经营养素(neurotrophin,NT)的神经生长因子(nerve growth factor,NGF)家族,包括 NGF、脑衍生神经营养性因子(brain-derived neurotrophic factor,BDNF)、神经营养素-3(neurotrophin-3,NF-3)和神经营养素-4(neurotrophin-4,NT-4)。NT-4 又称为 NT-5。最近又发现了一个新的家族成员,称为神经营养素-6(NT-6)。这些类型的神经营养素识别两类不同受体,一类是 Trk 家族的酪氨酸蛋白激酶；另一类是低亲和力受体，p75 是肿瘤坏死因子（tumor necrosis factor，TNF）受体超家族的一个成员。原癌基因 trk 的表达产物是一种具有酪氨酸蛋白激酶活性的神经营养素受体分子。

一、Trk 蛋白家族

到目前为止，trk 基因家族鉴定出了 3 个成员，即 trk A、trk B 和 trk C。这些基因编码两大类型受体蛋白，一类具有酪氨酸蛋白激酶活性，另一类无蛋白激酶活性，两类 Trk 受体蛋白具有相同的细胞外位点及跨膜位点结构，但胞质位点的催化活性中心位点结构则不同。其结构如图 3-1 所示。具有酪氨酸蛋白激酶活性的 Trk 受体蛋白介导 NGF 家族的营养性刺激信号，但无蛋白激酶活性的 Trk 受体蛋白的功能却不十分清楚。

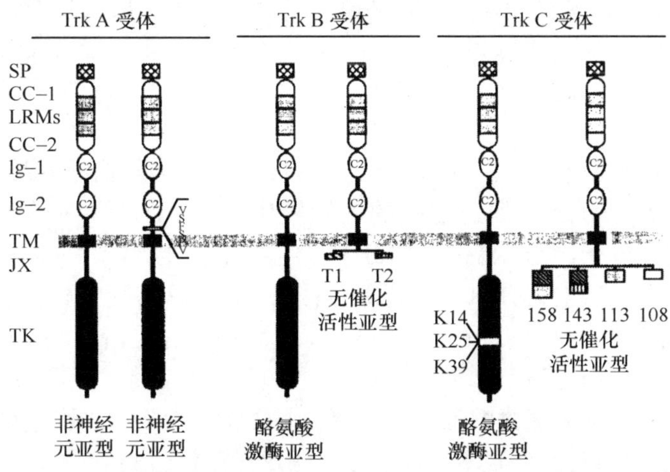

图 3-1　Trk A、Trk B 与 Trk C 受体蛋白的结构示意图

trk A 基因编码由 790 个和 796 个氨基酸残基组成的两种酪氨酸蛋白激酶，称为 Trk A，即已知的 Trk 或 gp140Trk。这两种 Trk A 蛋白在细胞外位点结构区有一段由 6 个氨基酸残基（VSF SPV）组成的片段缺失。两种 Trk A 蛋白与 NGF 的结合能力相同，并具有相似的生物学活性。由 796 个氨基酸残基组成的 Trk A 主要在神经细胞中表达，而由 790 个氨基酸残基组成的 Trk A 主要在非神经细胞中表达。Trk A 蛋白具有酪氨酸蛋白激酶细胞表面受体的所有基本特征。Trk A 蛋白分子结构有一段由 32 个氨基酸残基组成的信号肽（signal peptide）序列，其后是 3 段由 24 个氨基酸残基组成的富含亮氨酸的位点（leucine-rich motif，LRM），两侧是半胱氨酸残基，其中包括 Trk 受体蛋白 12 个保守半胱氨酸残基中的 8 个。Trk A 的细胞外位点结构的羧基末端含有两个免疫球蛋白样的结构位点。Trk B 酪氨酸蛋白激酶受体是一个由 821 个氨基酸残基组成的糖基化蛋白，具有 Trk A 所有的分子结构位点。Trk A 和 Trk B 细胞外位点序列的同源性在核苷酸和氨基酸水平上分别为 57% 和 38%，第二个、第三个 LRM 位点及第二个免疫球蛋白样位点区为高度同源性序列区；两者催化位点区的同源性达 80%。trk C 基因编码多达 4 种类型的 Trk C 酪氨酸蛋白激酶，其中的一种 Trk C 蛋白称为 Trk C K_1 或 gp145Trk C，其与 Trk A、Trk B 的结构相似，与 Trk B、Trk A 的同源性分别为 67% 和 68%；另外 3 种 Trk C 蛋白，在高度保守的 YSTDYYR 序列之后分别

增加了 14(Trk C K14)个、25(Trk C K25)个和 39(Trk C K39)个氨基酸残基,其中包含 Trk C 蛋白的自发性磷酸化位点。除此之外,还有无催化活性的 Trk 蛋白。

二、Trk 蛋白与信号转导

trk 基因的编码产物可以分为具有酪氨酸蛋白激酶活性的 Trk 蛋白及不具有酶学催化活性的 Trk 蛋白两大类。这两类不同的 Trk 蛋白所介导的信号转导途径是不完全一样的。

在酪氨酸激酶受体 Trk 蛋白与信号转导的研究中,作为一种受体分子,具有酪氨酸蛋白激酶活性的 Trk 蛋白家族成员可以作为 NGF 家族成员的受体。NGF 的信号可通过 Trk 激酶,BDNF、NT-4 的信号可通过 Trk B^{Tk+},NT-3 的信号可通过 Trk C^{Tk+}进行转导。Trk B^{Tk-}和 Trk C^{Tk-}两种不具有酶学催化活性的受体蛋白是否在神经营养素介导的信号转导中占有重要地位,目前尚不十分清楚。NGF、BDNF 和 NT-4 等与其相应的受体分子之间的相互作用具有高度特异性,而 NT-3 可同时激活 Trk 与 Trk^{Tk+}两种受体蛋白,至少在某些特殊的细胞类型中如此。在体内,NT-3 是否会通过 Trk C 以外的受体转导营养性信号有待于进一步的研究。

Trk 受体蛋白受到相应配体蛋白分子的激活以后,可以触发信号转导链式反应,导致神经元细胞的分化或有丝分裂原促进细胞的恶性转化。Trk 受体蛋白的激活是一个两步过程。第一步是与配体分子结合以后,受体分子发生寡聚体的形成(oligomerization),在细胞膜表面上的受体分子发生重新分布与重新组合;第二步是在其蛋白质分子结构中的酪氨酸残基位点上发生自发性磷酸化(autophosphorylation)修饰。这是所有酪氨酸蛋白激酶受体类蛋白拥有的共同机制。细胞膜上如果表达的仅是一种不具有酪氨酸蛋白激酶活性的缺陷型 Trk 受体分子,或以具有 Trk 蛋白酪氨酸激酶活性的抑制剂 k252a 处理,使其失去酶学催化活性,在这种情况下神经营养素则不会通过 Trk 触发任何信号转导。

Trk 蛋白胞质位点酪氨酸残基的磷酸化修饰具有重要意义,为信号转导链中下游的因子与 Trk 蛋白结合提供了锚定位点。已知有两类分子可与酪氨酸残基位点发生磷酸化的 Trk 蛋白进行结合,一类是具有催化活性的酶类,另一类是接头分子(adaptor)。这两大类蛋白质分子都是通过其分子中的 SH2 位点与磷酸化的酪氨酸(phosphotyrosine)残基进行识别的。这些具有催化活性的酶类与受体结合以后,在酪氨酸残基的位点上发生磷酸化修饰,这是其激活过程中必须发生的一个重要步骤。但是与 Trk 结合的接头分子却不是总要发生磷酸化修饰的。这些接头分子的作用就是将其他信号转导分子集结在细胞膜的表面,为这些信号转导相关分子,包括 Trk 蛋白分子之间的相互作用提供一个特殊的环境条件。目前为止已鉴定出多种类型的 Trk 酪氨酸蛋白激酶作用的底物蛋白分子,包括 PLCr、PI3K 的 p85 亚单位分子,MAPK 和 Shc 等。另有一种可能的底物分子为 Ras GRPase 激活蛋白(GTPase activating protein,GAP)。所有上述 Trk 作用的底物都参与细胞增殖的信号转导。PLCr 是一种可以水解磷脂酰肌醇二磷酸盐的酶类,通过这一水解过程,产生第二信使分子,如三磷酸肌醇及 DAG 等。磷脂酰肌醇-3′-激酶(PI3K)有一种 p85 调节亚单位,在这种酶的催化活性状态的调节中具有重要作用。MAPK 与 Shc 是含有 SH2 位点结构的接头蛋白。NGF 对 GAP 的活性具有激活作用,但在 NGF 处理的 PC12 细胞中,尽管存在 GAP 与 Trk 蛋白之间的相互作用,但却未见到 Ras 蛋白由此而被激活的现象。最近的定点诱变结果表明,这一特异性的酪氨酸残基位点可以作为 Trk 蛋白作用底物的锚定位点,从而与 NGF 的信号转导有关。

第四节　基因 PTEN

一、PTEN 基因和蛋白质的结构

10 号染色体缺失的磷酸酶和张力蛋白同源基因(phosphatase and tensin homology deleted on chromosome ten,PTEN)于 1997 年先后被 3 个研究小组克隆并命名,其编码的蛋白质属于蛋白酪氨酸磷酸酶(protein tyrosine phosphatase,PTP)家族成员,在胞质中表现出脂质磷酸酶和蛋白磷酸酶双重活性,是迄今为止发现的第一个具有磷酸酶活性的抑癌基因,其在细胞凋亡、细胞周期阻滞、细胞迁移过程中起着关键性作用。

研究发现,多种肿瘤的 10q23 及其附近存在广泛而频繁的缺失,Steck 等 3 个研究小组在该位点发现了一个肿瘤抑制基因并将其命名为 PTEN。PTEN 的 ORF 序列分析表明,其编码的蛋白质与细胞骨架蛋白,即张力蛋白(tensin)和辅助蛋白(auxilin)具有明显的同源性,因此被命名为 PTEN。由于在许多进展期的肿瘤中均有该基因的突变,故也称其为多发性进展期癌症突变基因(mutated in multiple advanced cancer-1,MMAC-1)。此外,还发现转移生长因子 β1(TGF-β1)可使上皮细胞中该基因的表达迅速降低,因此也称其为由 TGF-β1 调节的、上皮细胞富含的磷酸酶基因(TGF-β1-regulated and epithelial cell-enriched phosphatase 1,TEP1)。因此 PTEN、MMAC-1、TEP1 其实为同一个基因,定位于 10q23,被归为抑癌基因。

PTEN 基因定位于 10q23.3,由 9 个外显子和 8 个内含子组成,全长约 200kb,编码的蛋白质含 403 个氨基酸,其分子质量约为 560kDa。PTEN 蛋白主要位于胞质,呈网格状分布,近年来发现其在核膜、细胞核内都有表达;在人体多处组织,特别是心、脑、肺、肝及肾等组织中表达水平较高。PTEN 基因高度保守,人、鼠及果蝇的 PTEN 蛋白有 99.75% 的同源性。PTEN 蛋白包括 3 个结构功能区,即一个氨基端磷酸酶催化结构域(是 PTEN 发挥肿瘤抑制活性的功能区)、一个与脂质结合的 C2 结构域和一个由约 50 个氨基酸组成的羧基端区。磷酸酶区由第 5 外显子中的 122 ~ 133(I/V)-H-C-X-A-G-X-X-R-(S/T)-G 编码,其氨基酸序列含有一个保守的 PTP 基因家族的催化结构域,与蛋白酪氨酸磷酸酶及蛋白丝氨酸/苏氨酸磷酸酶催化区的核心基序同源,表明该区域具有双特异磷酸酶功能,在多种信号途径和细胞周期中发挥重要作用,但该区域易突变。该区域活性中心有 3 个碱性氨基酸,若发生突变则丧失脂质磷酸酶活性,失去大部分肿瘤抑制功能,但不影响其蛋白磷酸酶活性。由此认为,PTEN 的肿瘤抑制作用主要依赖其脂质磷酸酶活性,但其蛋白磷酸酶活性仍可以影响细胞的增殖、黏附和迁移。此外,PTEN N 端区域的 175 个氨基酸序列与细胞骨架中的张力蛋白(tensin)和辅助蛋白(auxilin)具有较高的同源性。C2 结构域介导蛋白质和脂类的结合。通过 C2 区蛋白质与膜磷脂的结合而定位蛋白膜;与其他信号蛋白 C2 区不同,这一结合过程不需要钙离子参与。羧基端区具有两个 PEST 序列(350 ~ 357 位、379 ~ 396 位氨基酸),研究表明,PEST 序列与蛋白质降解有关;一个 PDZ(PSD95/DLg/Zol homology)结构域,与配体的 PDZ 区结合,有助于 PTEN 蛋白的定位及蛋白质之间的相互作用,选择性识别 PTEN 蛋白调节因子,增强 PTEN 的磷酸酶活性,提高 PTEN 信号转导的效率。PDZ 区在肿瘤的发生中也可以突变,导致第 8 或第 9 外显子编码的蛋白质在成熟前被剪切、破坏或去除 PDZ 区,破坏了蛋白质-蛋白质的相互作用,所以羧基端突变也将使 PTEN 失去磷酸酶活性。

二、PTEN 与肿瘤

PTEN 蛋白具有多种生物学功能,通过其磷酸酶活性调节信号转导,进而调控细胞的生长、凋亡、黏附和迁移。目前的研究已经发现,PTEN 基因异常存在于前列腺癌、卵巢癌、乳腺癌、肺癌、膀胱癌、甲状腺癌、恶性黑色素瘤、子宫内膜样癌等多种肿瘤中,其是广泛的、与肿瘤关系密切的抑癌基因,主要通过基因缺失、突变和甲基化而失活。PTEN 蛋白在胞质中表现出双重特异性磷酸酶活性,在细胞凋亡、细胞周期阻滞、细胞迁延过程中起关键作用,在恶性肿瘤的发生、发展中起重要作用。

近年来的研究证实,PTEN 抑癌基因是在子宫内膜癌发生过程中占主导地位的突变基因．总突变率为 33%~55% 。伊铁忠等认为,PTEN 表达缺失与子宫内膜癌的临床分期和病理分级有关,随着癌细胞的去分化,PTEN 表达缺失增加。Mutter 等对 30 例子宫内膜样癌和癌前病变进行 PTEN 突变研究,发现子宫内膜样腺癌的突变率为 83% ,癌前病变的突变率为 55% ,两者的比较差异有统计学意义。免疫组织化学研究结果显示,97% 的蛋白质表达缺失或降低,癌前病变中 75% 为 PTEN 表达缺失或降低。Konopka 等检测子宫内膜癌组织中 PTEN 基因所有外显子的突变时发现,PTEN 基因突变率为 51. 8% ,且随着组织学分级的增高其突变率增高。免疫组织化学检测发现,PTEN 基因编码的蛋白质及其前体在半数以上子宫内膜癌组织中表达缺失。提示测定子宫内膜细胞中基因产物表达缺失情况可作为癌变的早期预测指标。

Ali 等总结了文献报道的 674 例脑恶性胶质瘤,PTEN 的突变率为 24% 。Fan 等研究发现,胶质母细胞瘤(glioblastoma,GBM)的 PTEN 突变率为 27% (6/22)。胶质细胞瘤 PTEN mRNA 表达缺失主要存在于低级别胶质细胞瘤中,这与基因突变相似,但是在胶质母细胞瘤中,PTEN mRNA 表达缺失率(72. 4%)明显高于基因突变。有研究结果显示,在多数胶质瘤中 PTEN 呈杂合性缺失,其中晚期胶质母细胞瘤 PTEN 的缺失率高达 60%~80% 。Idoate 等发现,随着胶质瘤级别的增加,PTEN 基因缺失的频率增高。也有资料表明,在脑胶质瘤组织中 PTEN 蛋白的失活率高达 70%~80% 。脑胶质瘤组织和正常脑组织中 PTEN 的表达水平差异显著,且表达阳性率随肿瘤病理分级升高而降低。

国外的研究指出,PTEN 基因突变与胃癌浸润、转移有密切关系。以免疫组织化学方法检测 106 例胃癌组织中 PTEN 和 Cyclin E 蛋白的表达水平,发现 PTEN 蛋白的表达与胃癌的组织学分化程度呈正相关,与胃癌的浸润深度、pTNM 分期呈负相关,提示 PTEN 在胃癌的发展过程中起着重要作用。Tamura 的研究认为,PTEN mRNA 和蛋白质的表达与胃癌的淋巴结转移呈负相关,他认为启动子异常甲基化是胃癌 PTEN 基因失活的主要原因,并且在高分化胃癌中的检出率高于低分化胃癌中的。此外,Oki 等发现,PTEN 杂合性缺失的发生率在 p53 正常表达的患者中为 11. 1% ,而在 p53 基因突变的患者中为 46. 2% ,表明 PTEN 与 p53 基因在胃癌发生中可能有协同作用。

恶性黑色素瘤(MM)是来源于色素细胞的常见恶性肿瘤。Reifenberger 等采用微卫星技术检测 34 例 MM 中有 15 例存在 PTEN 等位基因缺失,37 例 MM 中 4 例 PTEN 基因突变,PTEN 蛋白在 MM 中的阳性率和阳性表达强度均明显低于良性病变皮内痣组织中的。MM 中 PTEN 蛋白的阴性率为 44% ,与检测的等位基因缺失率一致。表明 PTEN 基因缺失或(和)突变及表达产物的失活在 MM 的发生、发展过程中起着十分重要的作用。

Wang 等报道,PTEN 缺失的小鼠可以导致前列腺癌。对其机制进行研究,目前主要认为 AKT 具有促进细胞增殖和抗凋亡的特性,PTEN 可以拮抗 AKT 的活性,因此能抑制肿瘤的发生。Yoshimoto 等报道,在 68% 的前列腺癌中发现有 PTEN 缺失。在前列腺癌中 PTEN 纯合性缺失频率很高,有研究显示 60 例前列腺癌中有 8 例 PTEN 纯合性缺失。对前列腺癌进行 PTEN 基因丢失分析,可发现随肿瘤分期、分级的增加,PTEN 基因丢失率明显升高,并且在前列腺癌致死的患者中 PTEN 基因改变的发生率很高。

第五节　癌基因 fms

一、fms 基因和蛋白质的结构

人类的原癌基因 fms 位于染色体长臂 5q33. 3 处,全长 3. 99kb,编码区 2. 916kb,其编码产物为巨噬细胞集落刺激因子受体(macrophage colony-stimulating factor receptor,fms)激酶。fms 激酶是巨噬细胞集落刺激因子(macrophage colony-stimulating factor,M-CSF)的受体,属于血小板衍生生长因子受体(platelet-derived growth factor receptor,PDGFR)家族的一员,与 PDGFRα 和 PDGFRβ、肝细胞生长因子受体(Kit)和 fms 样酪氨酸激酶 3(Flt3)具有较高的同源性,与其他受体酪氨酸蛋白激酶同源性低。fms 激酶的异常激活与很多疾病有关,特别是与癌症和类风湿性关节炎的关系密切。

人类的 fms 激酶是由 972 个氨基酸残基组成的单股多肽链,为完整的跨膜糖蛋白,分子质量为 150kDa。fms 激酶的分子结构与其他受体酪氨酸蛋白激酶一样由 3 部分组成:512 个氨基酸组成的胞外配体结合结构域、435 个氨基酸组成的具有内在酪氨酸蛋白激酶活性的胞内催化结构域及 25 个氨基酸组成的跨膜结构域。fms 激酶胞外配体结合结构域包括 5 个免疫球蛋白样的环状结构(Ig-like loop),环状结构上有 11 个糖基化位点,除第 4 个 Ig 样环外,其他 4 个环都是由二硫键连接。第 3 个 Ig 样环是配体的主要结合部位,当其与配体结合后,可使第 4 个 Ig 样环的构象发生改变,从而使 M-CSF 的信号向胞内传递。人类 fms 激酶的跨膜结构域的功能是连接胞外区和胞内区,将受体锚定于细胞膜上,其构象改变可能参与受体的信号转导。fms 激酶的胞内催化结构域,是与细胞内信息转导相关的结构域,也是其他蛋白激酶的作用位点和一些活性蛋白的结合区。胞内催化结构域包括近膜结构域、两个酪氨酸激酶主结构域和激酶插入结构域(kinase insert domain,KID)。近膜结构域是一个自身抑制结构域,可使激酶的激活环处于抑制状态;KID 位于两个激酶主结构域之间,大约由 72 个氨基酸组成,是一个具有亲水性的结构域,其上的某些酪氨酸残基是激酶底物的识别位点。KID 对保持 fms 激酶的生物学功能是必不可少的,敲除此区可导致受体介导的 PI3K 通路阻断。

fms 激酶的激活过程大致为:fms 激酶与配体结合后引起 fms 激酶二聚化,使位于胞内结构域的一些保守的酪氨酸残基自身磷酸化,从而使 fms 激酶活化。自身磷酸化的酪氨酸残基与相应的底物蛋白相互作用,使其自身去磷酸化和内化,并使底物的酪氨酸残基磷酸化,而触发一系列胞内信号级联反应并激活多种转录因子,调控单核/巨噬细胞的增殖和分化。人类的 fms 激活后,使胞内催化结构域上特定的酪氨酸残基进行自身磷酸化,磷酸化的部位立即成为细胞内信号蛋白的结合位点,已证明第 561、699、708、723 和 809 位 5 个酪氨酸残基是重要的酪氨酸磷酸化位点，与细胞的增殖和分化有关。这些磷酸化位点可以与fms的底物、含有SH2结构域的信号分子相互作用，从而将fms介导的信号转导至下游分子，激活细胞内的一系列生化反应，目前已经证实的底物分子有十几种，如STAT1、STAT3、STAT5、Shc、Vav、Src、PI3K、JAK、Ship等。胞内自身磷酸化的酪氨酸与底物效应蛋白结合，随后启动细胞质内多条信号转导通路，主要有PI3K、JAK/STAT及Ras依赖性和非依赖性的信号转导通路等，各条信号转导通路之间相互联系、相互作用，共同调节细胞的增殖和分化。

二、fms 与肿瘤

fms激酶与其配体M-CSF相互作用，对单核/巨噬细胞的增殖、分化及维持其活性具有关键作用，同时在骨代谢、妊娠、脂蛋白清除和动脉粥样硬化的形成等中也起着重要作用。fms发生异常激活时，可发生酪氨酸残基自身磷酸化反应，模拟配体诱导的构象变化，刺激酪氨酸激酶活性持续升高，导致细胞生长信号传递异常，使细胞呈持续性生长、增殖，最终发生癌变。fms的异常激活可上调M-CSF/fms信号通路，而这与人类的很多恶性肿瘤，如乳腺癌、卵巢癌和子宫内膜癌等的生长、恶化和转移有联系。因此，以fms激酶为靶标的小分子抑制剂为癌症和炎症性疾病的治疗开辟了新的途径。

最近的研究发现，很多恶性肿瘤，如急性髓性白血病、乳腺癌、头颈部鳞癌、前列腺癌、淋巴瘤、结肠癌、卵巢癌、子宫内膜癌等中都可发现M-CSF和fms激酶水平的异常升高，而在其相应的交界性或良性肿瘤中M-CSF和fms激酶的表达水平均正常或检测不到。M-CSF在肿瘤中所起的作用包括调节细胞的生长、细胞的黏附与迁移、促进肿瘤新生血管的形成等。

在急性髓性白血病患者的骨髓细胞中，M-CSF和fms激酶的表达水平明显升高，提示急性髓性白血病的发病与fms激酶的异常表达有关。Nechama等在SJL/J小鼠的实验中发现，在该种小鼠由放射线引发的急性髓性白血病发病过程中，M-CSF和fms激酶的表达水平逐渐升高。Nechama等提出，M-CSF在该病的发生过程中起着促进作用，其可能机制是肿瘤细胞产生的M-CSF与其受体fms形成自分泌环路，导致肿瘤细胞信号转导异常。李戈等在研究fms激酶在白血病细胞系中的病理学意义及其调控细胞增殖的机制时发现，在J6-1、J6-2、HL-60和K562 4株人白血病细胞系中fms的表达水平明显增高，同时各细胞系的fms激酶出现异位分布。M-CSF和fms激酶在许多血液病，包括急性髓性白血病、慢性髓性白血病和急性非淋巴性白血病等患者的骨髓细胞中表达升高，提示M-CSF和fms激酶在促进造血细胞的恶性转化和维持白血病细胞的生长增殖等方面起着重要作用。

原发性肝癌组织和肝癌细胞中也存在M-CSF和fms激酶的异常表达，fms激酶的单克隆抗体（简称为单抗）对移植于裸鼠体内的肝癌细胞的生长和增殖具有剂量依赖性的抑制作用。fms激酶影响肝癌发生、发展的机制可能是过量的M-CSF及其他因素引起fms激酶异常活化，刺激酪氨酸激酶持续性活化，导致细胞持续性生长和增殖，最终发生细胞癌变。

利用人fms激酶重组胞外区蛋白阻断fms激酶，对其表达阳性的肿瘤细胞具有显著抑制作用，说明fms激酶可以作为潜在的抑制肿瘤细胞生长的药物作用靶标，同时以fms激酶为靶标的小分子抑制剂为癌症的治疗开辟了新的途径。高选择性的fms激酶抑制剂可用于探测和证实fms激酶在不同细胞中的效应途径以及fms激酶在肿瘤发病中的具体作用机制。

（李　玥）

参考文献

Bei R, Masuelli L, Moriconi E, et al. 1999. Immune responses to all ERBB family receptors detectable in serum of cancer patients. Oncogene, 18(6): 1267-1275.

Bindels EM, van der Kwast TH, Izadifar V, et al. 2002. Functions of epidermal growth factor-like growth factors during human urothelial reepithelialization in vitro and the role of eRBB2. Urol Res, 30(4): 240-247.

Chan JK, Pham H, You XJ, et al. 2005. Suppression of ovarian cancer cell tumorigenicity and evasion of Cisplatin resistance using a truncated epidermal growth factor receptor in a rat model. Cancer Res, 65(8): 3243-3248.

Chitu V, Stanley ER. 2006. Colony-stimulating factor-1 in immunity and inflammation. Curr Opin Immunol, 18(1): 39-48.

Cunningham D, Humblet Y, Siena S, et al. 2004. Cetuximab monotherapy and cetuximab plus irinotecan in irinotecan-refractory metastatic colorectal cancer. N Engl J Med, 351(4): 337-345.

Davies MA, Kim SJ, Parikh NU, et al. 2002. Adenoviral-mediated expression of MMAC/PTEN inhibits proliferation and metastasis of human prostate cancer cells. Clin Cancer Res, 8(6): 1904-1914.

Di LA, Chan S, Paesmans M, et al. 2004. HER-2/neu as a predictive marker in a population of advanced breast cancer patients randomly treated either with single-agent doxorubicin or single-agent docetaxel. Breast Cancer Res Treat, 86(3): 197-206.

Fukuoka M, Yano S, Giaccone G, et al. 2003. Multi-institutional randomized phase II trial of gefitinib for previously treated patients with advanced non-small-cell lung cancer(The IDEAL 1 Trial)[corrected]. J Clin Oncol, 21(12): 2237-2246.

Furger C, Fiddes RJ, Quinn DI, et al. 1998. Granulosa cell tumors express eRBB4 and are sensitive to the cytotoxic action of heregulin-beta2/PE40. Cancer Res, 58(9): 1773-1778.

Fuster LM, Sandier AB. 2004. Select clinical trials of erlotinib(OSI- 774) in non-small-cell lung cancer with emphasis on phase III outcomes. Clin Lung Cancer, 6(Suppl 1): S24-S29.

Hagenbeek TJ, Naspetti M, Malergue F, et al. 2004. The loss of PTEN allows TCR alphabeta lineage thymocytes to bypass IL-7 and Pre-TCR-mediated signaling. J Exp Med, 200(7): 883-894.

Holbro T, Civenni G, Hynes NE. 2003. The ERBB receptors and their role in cancer progression. Exp Cell Res, 284(1): 99-110.

Knowlden JM, Hutcheson IR, Jones HE, et al. 2003. Elevated levels of epidermal growth factor receptor/c-eRBB2 heterodimers mediate an autocrine growth regulatory pathway in tamoxifen-resistant MCF-7 cells. Endocrinology, 144(3): 1032-1044.

Kobayashi M, Iwamatsu A, Shinohara-Kanda A, et al. 2003. Activation of ERBB3-PI3-kinase pathway is correlated with malignant phenotypes of adenocarcinomas. Oncogene, 22(9): 1294-1301.

Kris MG, Natale RB, HeRBst RS, et al. 2003. Efficacy of gefitinib, an inhibitor of the epidermal growth factor receptor tyrosine kinase, in symptomatic patients with non-small cell lung cancer: a randomized trial. JAMA, 290(16): 2149-2158.

Li G, Song YH, Wu KF, et al. 2002. Clone and expression of mutant M-CSF and its receptor from human leukemic cell line J6-1. Leuk Res, 26(4): 377-382.

Liu YL, Castleberry RP, Emanuel PD. 2009. PTEN deficiency is a common defect in juvenile myelomonocytic leukemia. Leuk Res, 33(5): 671-677.

Lynch TJ, Bell DW, Sordella R, et al. 2004. Activating mutations in the epidermal growth factor receptor underlying responsiveness of non-small-cell lung cancer to gefitinib. N Engl J Med, 350(21): 2129-2139.

Mimori K, Nagahara H, Sudo T, et al. 2006. The epidermal growth factor receptor gene sequence is highly conserved in primary gastric cancers. J Surg Oncol, 93(1): 44-46.

Nizzoli R, Guazzi A, Naldi N, et al. 2005. HER-2/neu evaluation by fluorescence in situ hybridization on destained cytologic smears from primary and metastatic breast cancer. Acta Cytol, 49(1): 27-30.

Normanno N, Bianco C, Strizzi L, et al. 2005. The ERBB receptors and their ligands in cancer: an overview. Curr Drug Targets, 6(3): 243-257.

Ono M, Hirata A, Kometani T, et al. 2004. Sensitivity to gefitinib(Iressa, ZD1839) in non-small cell lung cancer cell lines correlates with dependence on the epidermal growth factor (EGF) receptor/extracellular signal-regulated kinase 1/2 and EGF receptor/Akt pathway for proliferation. Mol Cancer Ther, 3(4): 465-472.

Pallud C, Guinebretiere JM, Guepratte S, et al. 2005. Tissue expression and serum levels of the oncoprotein HER-2/neu in 157 primary breast tumours. Anticancer Res, 25(2B): 1433-1440.

Prenzel N, Fischer OM, Streit S, et al. 2001. The epidermal growth factor receptor family as a central element for cellular signal transduction and diversification. Endocr Relat Cancer, 8(1): 11-31.

Reilly JT. 2002. Class III receptor tyrosine kinases: role in leukaemogenesis. Br J Haematol, 116(4): 744-757.

Shepherd FA, Rodrigues PJ, Ciuleanu T, et al. 2005. Erlotinib in previously treated non-small-cell lung cancer. N Engl J Med, 353(2): 123-132.

Sithanandam G, Smith GT, Masuda A, et al. 2003. Cell cycle activation in lung adenocarcinoma cells by the ERBB3/phosphatidylinositol 3-kinase/Akt pathway. Carcinogenesis, 24(10): 1581-1592.

Stiles B, Gilman V, Khanzenzon N, et al. 2002. Essential role of AKT-1/protein kinase B alpha in PTEN-controlled tumorigenesis. Mol Cell Biol, 22(11): 3842-3851.

Tanno S, Ohsaki Y, Nakanishi K, et al. 2004. Small cell lung cancer cells express EGFR and tyrosine phosphorylation of EGFR is inhibited by gefitinib("Iressa", ZD1839). Oncol Rep, 12(5): 1053-1057.

Thienelt CD, Bunn PA Jr, Hanna N, et al. 2005. Multicenter phase Ⅰ/Ⅱ study of cetuximab with paclitaxel and caRBoplatin in untreated patients with stage IV non-small-cell lung cancer. J Clin Oncol, 23(34): 8786-8793.

Tidcombe H, Jackson-Fisher A, Mathers K, et al. 2003. Neural and mammary gland defects in ERBB4 knockout mice genetically rescued from embryonic lethality. Proc Natl Acad Sci USA, 100(14): 8281-8286.

Ugocsai K, Mandoky L, Tiszlavicz L, et al. 2005. Investigation of HER2 overexpression in non-small cell lung cancer. Anticancer Res, 25(4): 3061-3066.

von MG, Jonat W, Fasching P, et al. 2005. A multicentre phase Ⅱ study on gefitinib in taxane- and anthraCycline-pretreated metastatic breast cancer. Breast Cancer Res Treat, 89(2): 165-172.

Walters DK, French JD, Arendt BK, et al. 2003. Atypical expression of ERBB3 in myeloma cells: cross-talk between ERBB3 and the interferon-alpha signaling complex. Oncogene, 22(23): 3598-3607.

Wingens M, Walma T, van Ingen H, et al. 2003. Structural analysis of an epidermal growth factor/transforming growth factor-alpha chimera with unique ERBB binding specificity. J Biol Chem, 278(40): 39114-39123.

Wu X, Deng Y, Wang G, et al. 2007. Combining siRNAs at two different sites in the EGFR to suppress its expression, induce apoptosis, and enhance 5-fluorouracil sensitivity of colon cancer cells. J Surg Res, 138(1): 56-63.

Xu Z, Stokoe D, Kane LP, et al. 2002. The inducible expression of the tumor suppressor gene PTEN promotes apoptosis and decreases cell size by inhibiting the PI3K/Akt pathway in Jurkat T cells. Cell Growth Differ, 13(7): 285-296.

Yamamoto J, Ohshima K, Nabeshima K, et al. 2004. Comparative study of primary mammary small cell carcinoma, carcinoma with endocrine features and invasive ductal carcinoma. Oncol Rep, 11(4): 825-831.

Yang J, Liu J, Zheng J, et al. 2007. A reappraisal by quantitative flow cytometry analysis of PTEN expression in acute leukemia. Leukemia, 21(9): 2072-2074.

Yarden Y. 2001. The EGFR family and its ligands in human cancer. Signalling mechanisms and therapeutic opportunities. Eur J Cancer, 37(Suppl 4): S3-S8.

Zimonjic DB, Alimandi M, Miki T, et al. 1995. Localization of the human HER4/eRBB-4 gene to chromosome 2. Oncogene, 10(6): 1235-1237.

第四章　非受体-酪氨酸激酶类癌基因

非受体-酪氨酸激酶类(non-receptor tyrosine kinase)癌蛋白是指一类具有酪氨酸激酶活性的非受体蛋白,包括SRC酪氨酸激酶家族(SRC family of tyrosine kinases,SFK)中的Lyn、Fyn、Lck、Hck、Fgr、Blk、Yrk、Yes和c-Src 9个成员以及ABL酪氨酸激酶家族中的abl1和abl2等成员。本章重点介绍SFK中c-Src和c-Yes以及ABL家族中的abl1等酪氨酸激酶类癌基因的蛋白质结构和功能,尤其是介绍其在信号转导和正常细胞恶性转化中的作用以及针对该基因的药物研发进展。

第一节　c-src癌基因

SFK是最大的非受体酪氨酸激酶家族之一,也是目前肿瘤治疗研究最重要的靶标之一。Src的发现始于100多年前Peyton Rous首先描述的一种可导致鸟类实体肿瘤的可滤过物质,这种物质后来被证实为劳氏肉瘤病毒(Rous sarcoma virus,RSV)。RSV是一种反转录病毒,感染动物宿主细胞之后可以诱导其发生恶性转化,在动物体内形成肿瘤,是一种很强的致瘤作用病毒。分子生物学研究进一步证实RSV引起正常细胞的恶性转化作用过程主要是通过其基因组中的癌基因v-src的作用来介导的。仅仅是单一拷贝的v-src病毒癌基因在RSV基因组中的长末端重复序列(long terminal repeat,LTR)启动子的作用下进行表达就可以引起正常细胞的恶性转化。进而Bishop与Varmus于1976年在细胞中发现了与病毒癌基因v-src相似的原癌基因(proto-oncogene)c-src。

SRC酪氨酸激酶家族中的9个成员可根据其细胞表达情况进一步分为3组:第一组包括Src、Fyn和Yes,该组的癌基因可广泛表达;第二组包括Blk、Fgr、Hck、Lck、Yrk和Lyn,主要在造血细胞中表达;第三组为Frk相关激酶,主要在上皮衍生组织中表达。在SRC酪氨酸激酶家族中,c-Src是目前研究最充分的成员。

一、c-Src蛋白的结构

癌基因c-src编码的癌基因蛋白是一种相对分子质量为60 000的蛋白质分子,因此称之为p60Src。因为c-Src蛋白同时具有各种不同类型的磷酸化修饰型蛋白质分子,因此也称为pp60Src。从结构上来看,pp60Src蛋白可以分成几个不同的亚位点(subdomain)区。在其蛋白质分子的氨基末端有一个甘氨酸(glycine)残基,这是肉豆蔻酯化(myristylation)的一个结构位点。体内的pp60Src蛋白都是在这个位点上发生肉豆蔻酯化的蛋白质分子。肉豆蔻酯化的甘氨酸位点及其周围的氨基酸残基序列,决定了pp60Src在细胞内膜结构的定位。这个肉豆蔻酯化的作用位点又称为G_2位点,G_2位点下游即为独特位点(unique site)区。pp60Src蛋白分子的独特位点区是SRC蛋白家族成员之间序列差别最大的一段区域,又称

为 S_{17} 位点。在这一位点结构中含有多个潜在的磷酸化修饰位点，pp60Src 蛋白可被多种形式的丝氨酸/苏氨酸蛋白激酶（serine/threonine protein kinase）催化修饰，成为磷酸化修饰程度不同的 Src 蛋白。pp60Src 蛋白的磷酸化（phosphorylation）及去磷酸化（dephosphorylation）修饰是其功能调节的重要机制之一。在 pp60Src 蛋白分子的中间部位含有两个 Src 同源性（Src homology，SH）序列结构，分别称为 SH2 结构（SH2 motif）和 SH3 结构（SH3 motif）。SH2 结构位点和 SH3 结构位点是 SRC 蛋白家族各个成员之间具有高度同源性的蛋白质结构位点，在 Src 非相关性蛋白质分子中也有 SH 结构位点的存在。这些位点结构决定了 pp60Src 蛋白分子与其他蛋白质分子之间的特异性结合，对 pp60Src 蛋白的生物学活性调节具有十分重要的作用。pp60Src 蛋白分子的羧基末端序列是其具有酶学催化作用的位点，与其他类型的酪氨酸激酶（tyrosine kinase）蛋白分子的一级结构之间具有广泛的同源性。pp60Src 蛋白羧基末端的催化作用位点中还有几个高度保守的氨基酸残基，这些高度保守的氨基酸残基与酪氨酸蛋白激酶的活性之间有着极为密切的关系，如图 4-1 所示。

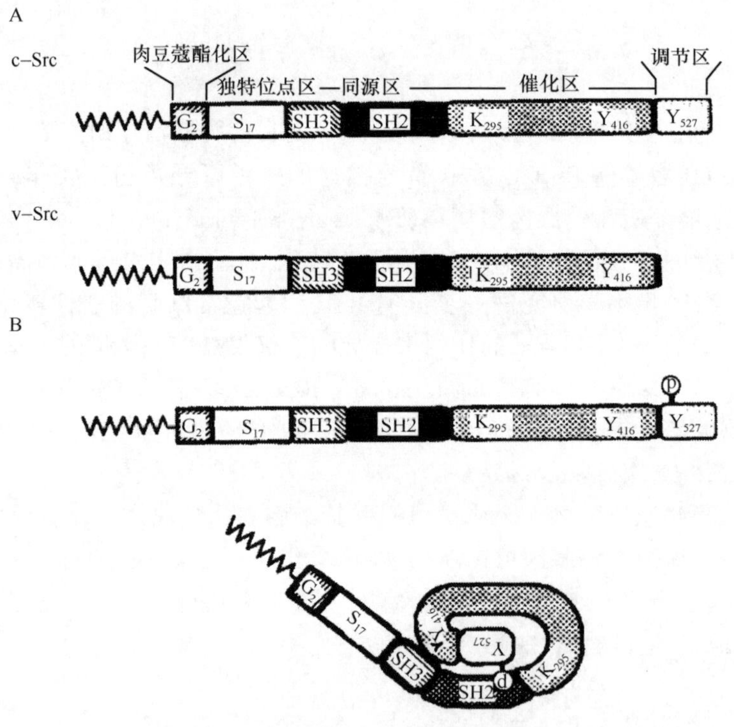

图 4-1　Src 蛋白的结构位点示意图

在 pp60Src 蛋白羧基末端的酪氨酸激酶催化活性位点结构中，第 416 位上的酪氨酸（Tyr416）是 pp60Src 分子在体内发生酪氨酸磷酸化的主要位点，同时也是 pp60Src 蛋白体外自发磷酸化（autophosphorylation）的主要位点。尽管体内 pp60c-Src 蛋白这一位点的磷酸化修饰程度不是很高，但这一位点的磷酸化修饰仍然是调节 pp60Src 蛋白酪氨酸激酶活性的一个重要环节。pp60c-Src 蛋白分子第 416 位上的氨基酸残基发生突变（Tyr416 Phe），可以降低这种 c-src 癌基因对小鼠成纤维细胞的恶性转化能力，而具有高度恶性转化功能的 pp60c-Src 蛋白分子，往往在 Tyr416 位点上已发生了磷酸化修饰。在几乎所有的酪氨酸蛋白激酶的分子中,这一位点上的氨基酸残基都是高度保守的。Tyr527 位点是 pp60c-Src 蛋白分子羧基末端的另外一个酪氨酸磷酸化位点,是 pp60c-Src 蛋白分子中的重要调节功能结构。在体内条件下,Tyr527 位点的磷酸化程度达 90% 以上,但有许多证据表明,Tyr527 位点的磷酸化对 pp60c-Src 蛋白的酪氨酸激酶活性以及对正常细胞的恶性转化作用都具有负调节作用。Tyr527 位点的突变(Tyr527 Phe)导致体外 pp60c-Src 蛋白的酪氨酸激酶活性显著升高,提高细胞内 pp60c-Src 蛋白酪氨酸磷酸化修饰的程度,因而完全具有使正常细胞发生恶性转化的作用性质。但是在 pp60c-Src 蛋白分子中导入第二个突变(Tyr416 Phe),则对 pp60c-Src 蛋白的恶性转化作用具有抑制效应,但对体外的酪氨酸激酶活性影响不大。体外 pp60c-Src 蛋白 Tyr527 位点的去磷酸化修饰,或 pp60c-Src 蛋白与多瘤病毒(polyoma virus)的中 T 抗原(middle T antigen)的体内结合,也可提高其体外的蛋白激酶活性。磷酸化的 Tyr527 对 pp60c-Src 的蛋白激酶活性具有负调控作用,但对此位点进行磷酸化、去磷酸化修饰的酶类还没有得到证实。

二、Src 蛋白激酶活性的调节

原癌基因 c-src 与 src 基因家族的其他 8 个成员的结构是一样的,其氨基末端为豆蔻酯化信号(myristylation signal)位点、SH3 位点和 SH2 位点、激酶位点,羧基末端则是一个非催化性的尾巴结构。Src 蛋白激酶家族都是酪氨酸激酶类,其结构类似,酶学催化活性的调节也具有相似的机制。

(一) 抑制型和激活型 Src 蛋白

细胞裂解物中的 c-src 癌基因蛋白在磷酸酶(phosphatase)的催化下被激活,提示 c-Src 蛋白酪氨酸激酶活性的调节是一种可逆的调节过程。在 c-Src 蛋白的羧基末端,第 527 位上酪氨酸残基的磷酸化对 c-Src 蛋白的酶学催化作用具有抑制效应,而 Tyr527 在 Src 蛋白家族成员中都是一个高度保守的位点,所以这一位点上的磷酸化修饰对 c-Src 蛋白激酶催化活性具有抑制作用,不仅如此,其对其他 Src 蛋白激酶的催化活性同样具有抑制作用,因而具有普遍意义。在多数自然发生的激活突变中,Src 蛋白羧基末端的 Tyr527 或者丢失,或者与野生型 Src 蛋白相比处于较低的磷酸化修饰状态,或者为催化活性位点,特别是在 Tyr416 位点发生过度的磷酸化修饰。在体外实验中发现,c-Src 蛋白磷酸化修饰的程度对其酶学活性具有显著的影响。羧基末端结构位点的磷酸化对其酶学催化活性具有抑制效应,激酶催化位点的磷酸化则具有激活效应。Src 蛋白不同位点的磷酸化修饰型蛋白可看成是抑制型或激活型的 Src 蛋白。

c-Src 蛋白的编码基因,特别是激活型 c-Src 蛋白的编码基因突变见于酶学催化位点、SH2 位点和 SH3 位点及羧基末端序列中。这一结果表明,正常的或抑制型的 c-Src 蛋白构象(conformation)的维持,涉及这种蛋白质分子内部各个位点结构之间的相互作用,而且 Src 蛋白分子中几乎全部保守序列中的结构位点都与之有关。激活型 c-Src 蛋白分子中还没有发现氨基末端多变区(divergent region)的突变。因此,这一多变区可能与激活型突变之间没有直接的关系。因为 c-Src 蛋白的羧基末端不易被蛋白酶(protease)所消化,因而可以折叠成抑制型的 c-Src 蛋白构型。c-Src 蛋白的羧基末端与其分子内部的 SH2 位点进行结合,因为这一位点与磷酸化的酪氨酸多肽(phosphotyrosyl peptide)可以进行结合。因此这一模型可以解释为什么 c-Src 蛋白的羧基末端在发生磷酸化以后，可以与抑制型的 c-Src 蛋白进行结合而不是与激活型的 c-Src 蛋白进行结合。SH3 位点也可以与 c-Src 蛋白的尾部位点结合，或与激酶催化位点结合，以形成抑制型构象。

（二）失活型 c-Src 蛋白的维持

癌基因蛋白失活型结构的维持，需要具有羧基末端的广泛磷酸化修饰。但是，催化 c-Src 蛋白羧基末端发生磷酸化的蛋白激酶还没有完全得到鉴定。Csk 蛋白激酶对 c-Src 蛋白羧基末端位点的磷酸化修饰可能具有十分重要的作用，但 Csk 蛋白激酶缺乏对 Src 蛋白家族其他成员的酶学催化作用。当转入 Csk 基因并处于过表达状态时，可以显著抑制 c-src 癌基因对小鼠成纤维细胞的恶性转化作用。csk 基因敲除（knock out）小鼠的研究也进一步证实 csk 基因编码产物在失活型 c-Src 蛋白构象的维持过程中具有十分重要的作用。

（三）c-Src 蛋白激酶的激活

从 c-Src 蛋白磷酸化程度对其酶学催化活性影响的结果来看，c-Src 蛋白羧基末端的磷酸化与去磷酸化修饰的综合结果对其蛋白激酶催化活性具有决定性的影响，但也同时存在其他的可能机制。如果 c-Src 蛋白在其分子的羧基末端以及催化活性位点、SH2 及 SH3 位点部位进行缺失突变，都可以激活 c-Src 蛋白。这些位点中的一个位点如果发生突变则导致 c-Src 蛋白构象发生改变。其他一些作用因素也可以诱导 c-Src 蛋白发生类似的构象变化。如果 c-Src 蛋白构象变化导致这种蛋白激酶激活，同时又能使 c-Src 蛋白的羧基末端部分重新暴露于细胞内磷酸酶（phosphatase），或使 Tyr416 暴露于蛋白激酶的催化作用之下，那么 c-Src 蛋白磷酸化修饰程度的改变只是 c-Src 蛋白激活时的一个结果，而不是其中的一个原因。c-Src 蛋白中这些位点的磷酸化及去磷酸化修饰程度虽然不是导致 c-Src 蛋白激酶激活的一个原因，但不排除这些位点修饰能够使 c-Src 蛋白激活状态固定化（stabilization）。c-src 癌基因的蛋白激活方式主要是由基因突变引起的，其不同位点的磷酸化修饰又能使这种异常的激活状态发生固定化。

src 癌基因蛋白可被血小板衍生生长因子（platelet-derived growth factor，PDGF）及集落刺激因子-1（colony-stimulating factor-1，CSF-1）受体激活，但具体激活机制还不十分清楚。其中的一个可能机制是 c-Src 蛋白的 SH2 位点与激活的两种受体分子中的磷酸酪氨酸残基结合并发生相互作用。一些磷酸化的多肽与 c-Src 蛋白中 SH2 位点的结合能力大于 c-Src 羧基末端尾部结构与其自身 SH2 位点之间的结合能力，因此，磷酸化多肽分子往往可以取代羧基末端尾部结构与 c-Src 蛋白的 SH2 位点进行结合。激活的 PDGF 和 CSF-1 受体蛋白仅能与激活型 c-Src 蛋白结合，而不能与抑制型 c-Src 蛋白结合。

三、Src 蛋白激酶的信号转导途径

细胞膜表面受体介导的细胞内信号转导涉及一系列细胞内蛋白质的磷酸化，特别是酪氨酸残基位点的磷酸化过程。c-Src 蛋白激酶在细胞信号转导及其调节过程中发挥着重要作用。不仅如此，Src 蛋白家族的各个成员在细胞信号转导过程中都具有十分重要的作用。尽管 Src 蛋白家族不同成员介导的信号转导途径有部分是相互重叠的，但大部分情况下，不同的 Src 蛋白家族成员对应不同的受体蛋白，介导不同的信号转导途径。

血小板中具有高水平的 pp60c-Src 表达，占血小板中总蛋白质的 0.2%～0.4%。同时，血小板中还表达另外 4 种或 4 种以上的 Src 蛋白家族成员，但表达水平不高，凝血酶刺激血小板时，可检测到 pp60c-Src 蛋白激酶活性的暂时升高，之后，这种激活的蛋白激酶在血小板的细胞骨架组分中进行中重新分配。血小板激活时可观察到 pp60c-Src、p60fyn 与磷脂酰肌醇-3-激酶（phosphatidy linositol 3-kinase，PI3 kinase）之间进行快速结合。p21ras GTP 酶-激活蛋白（GTPase-activating protein，GAT）可与 Fyn、Lyn 和 c-Yes 等蛋白质结合成复合体。这些都是 c-Src 蛋白介导信号转导的必要环节。

在生理条件下，有 3 种蛋白质可以作为 c-Src 酪氨酸蛋白激酶催化作用的底物，即磷酸酯酶 C-γ_1（phospholipase C-1，PLC-γ_1）、PI3 激酶和 ras GTP。磷酸酯酶 C（PLC）根据其 cDNA 的一级结构特点，可以分为 4 种，即 PLC-α、PLC-β、PLC-γ 和 PLC-δ，后三者也有文献分别称之为 PLC-Ⅰ、PLC-Ⅱ和 PLC-Ⅲ。在这个磷酸酯酶家族中，只有 PLC-γ_1 和 PLC-γ_2 两种同工酶蛋白质分子结构中具有 SH2 位点结构，因而可以作为酪氨酸蛋白激酶催化活性作用的底物。有证据表明，非酪氨酸蛋白激酶受体可以通过 G 蛋白（G protein）来激活 PLC-β 或 PLC-δ。Gq 蛋白可以激活 PLC-1，但却不能激活 PLC-γ_1 或 PLC-δ。PLC-α 的蛋白质结构一级序列与其他的同工酶蛋白之间无相似的序列。仅从序列角度来看，PLC-α 应属于另一种蛋白质家族。原癌基因 ras 编码的小分子蛋白质 p21Ras 是一种 GTP-结合型蛋白。对野生型与激活型的 p21Ras 蛋白进行比较分析发现，激活的 p21Ras 蛋白其 GTP 酶（GYPase）的活性下降，表明致瘤性或激活的 Ras 蛋白在大部分情况下是以与 GTP 结合的方式存在的。但是，对于正常的或激活形式的 p21Ras 蛋白的 GTP 酶活性进行定量测定，发现 p21Ras 蛋白的 GTP 酶活性与恶性转化潜能之间并不总具有相关关系。在磷酸肌醇的磷酯库（phospho-lipid pool）中，肌醇环（inositol ring）在 D-l 位点发生磷酸化，也可能在 D-4、D-5 位点发生磷酸化，因此可以形成磷脂酰肌醇-1，4-单磷酸盐（phosphatidylinositol-1，4-monophosphate）和磷脂酰肌醇-1，4，5-二磷酸盐（phosphatidylinositol 1，4，5-biphosphate），可以作为 PLC 的催化底物。以生长因子、癌基因蛋白或其他因子激活酪氨酸蛋白激酶之后，可以形成一个小型的磷酸肌醇库，其中的肌醇环在 D-3 位点上发生磷酸化修饰。D-3 位点上发生磷酸化修饰的磷酸肌醇占总磷酸肌醇库中磷酸肌醇的 5%。这种磷酸肌醇不能作为任何一种 PLC 的催化底物。D-3 位点磷酸化修饰型磷酸肌醇的形成，伴有 PI3 激酶活性的升高。PI3 激酶是由 p85 和 p110 两种蛋白质亚单位（subunit）结合成的异二聚体（heterodimer）形成的蛋白质复合体。p85 蛋白编码基因已被克隆，对其结构进行分析后，发现，其中含有 SH 位点，但却没有典型的 ATP 结合位点，也不具有 PI3 蛋白激酶活性。目前认为，p110 亚单位是 PI3 激酶中具有酶学催化作用的亚单位，而 p85 亚单位对 PI3 激酶来说只是一种调节亚单位（regulatory subunit）。

四、c-Src 蛋白与细胞周期调节

在细胞周期调节机制研究中发现，酪氨酸蛋白激酶的作用不像丝氨酸/苏氨酸蛋白激酶那样受到极大地重视。但这并不说明酪氨酸蛋白激酶的活性在细胞周期的调节中就不重要。相反，酪氨酸蛋白激酶在细胞周期的调节中具有十分重要的作用。c-Src 在细胞周期，特别是在细胞的有丝分裂期的调节中具有十分重要的作用。

（一）CDC2 促进 pp60c-Src 蛋白的磷酸化

为了研究细胞有丝分裂期中 pp60c-Src 蛋白的调节作用，以微管（microtubule）破坏药物诺考达唑（nocodazole）处理具有 c-Src 过表达的小鼠成纤维细胞，使这种细胞在细胞有丝分裂期发生细胞周期阻滞。从处于有丝分裂期的 NIH 3T3 细胞中制备转基因表达的 pp60c-Src 蛋白进行体外研究，结果表明，在同步化 NIH 3T3 细胞中，pp60c-Src 蛋白的表达量是非同步 NIH 3T3 细胞的 2 倍。这一结果并不是某种药物诱导的结果。pp60c-Src 蛋白激酶的激活是一个可逆过程，撤除细胞培养基中的 nocodazole 后 30min，pp60c-Src 蛋白激酶的活性又回到细胞分裂间期的水平。在细胞周期的有丝分裂阶段，pp60c-Src 蛋白的表达水平不变，但在体外免疫印迹（immunoblot analysis）和自发磷酸化（autophosphorylation）研究中发现，一部分 pp60c-Src 蛋白具有电泳迁移率迟滞现象。高分辨率电泳分析表明，至少存在 3 条电泳迁移率迟滞带型。对其结构进行分析，发现 pp60c-Src 蛋白中的两个苏氨酸残基位点和一个丝氨酸残基位点上发生了不同程度的磷酸化。所有 3 个磷酸化位点及其周围的结构都符合 CDC2 蛋白激酶催化及识别底物的位点结构特点和要求，而且在体外实验中也证实 p34Cdc2 对 pp60c-Src 蛋白具有磷酸化修饰作用。但注意到，体外诱导的这些位点的有丝分裂特异性磷酸化（mitosis-specific phosphorylation，MSP）对 pp60c-Src 的蛋白激酶活性似乎没有太大的影响。

为了确定 p34Cdc2 介导的 pp60c-Src 蛋白磷酸化对细胞有丝分裂过程是否是必需的，将 3 个 MSP 位点分别或联合进行定点突变。结果表明，在多个位点上进行突变以后，将从突变的 pp60c-src 基因转导的 NIH 3T3 细胞中分离到的 pp60c-src 进行高分辨率的电泳，电泳迁移率迟滞带型消失。单个位点的突变分析结果表明，pp60c-Src 蛋白中 Thr34 位点的突变即可以改变 pp60c-Src 蛋白电泳迁移的特征，提示 Thr34 位点的磷酸化修饰是 pp60c-Src 蛋白出现电泳迁移率迟滞带型的一个原因。值得提出的是，MSP 位点的突变仅能部分抑制有丝分裂诱导的 pp60c-Src 蛋白激酶的激活过程。说明 p34Cdc2 蛋白激酶催化的 pp60c-Src 的磷酸化修饰只是 pp60c-Src 蛋白磷酸化修饰及激活过程的一部分，并不是激活的全部过程，也说明必然包含着其他酶类对 pp60c-Src 蛋白磷酸化修饰的作用。

（二）pp60c-Src 蛋白 Tyr527 位点的去磷酸化

pp60c-Src 蛋白羧基末端调节位点 Tyr527 残基磷酸化修饰以后，pp60c-Src 蛋白的激酶活性受到显著抑制。在有丝分裂期间，pp60c-Src 蛋白酪氨酸磷酸化水平无明显变化，因此，以抗磷酸酪氨酸免疫印迹分析方法，可以检测 Tyr527 磷酸化水平的高低。pp60c-Src（R295）突变体没有蛋白激酶活性，在有丝分裂期 Tyr527 位点的磷酸化修饰水平下降 50%～70%。这一发现表明，pp60c-Src 的蛋白激酶活性在有丝分裂期上升是因为 Tyr527 位点发生磷酸化修饰的缘故。c-Src 蛋白的 Tyr527 位点如果以 Phe 取代，或同时以 Phe 取代 Tyr416，则这种突变型的 c-Src 蛋白在有丝分裂期不能被激活。以蛋白酪氨酸磷酸酶（protein tyrosine phosphatase，PTP）抑制剂进行的体内实验结果也支持有丝分裂期细胞中 pp60c-Src 蛋白激酶的激活是由于 Tyr527 位点发生去磷酸化的一个结果。以钒酸钠（sodium vanadate）处理细胞可通过稳定 pp60c-Src 蛋白 Tyr416 位点的磷酸化状态而激活其酪氨酸蛋白激酶的活性。但是，正如预期的那样，Tyr416 Phe 突变体的 pp60c-Src 蛋白不会受到这种 PTP 抑制剂的影响。在细胞中过表达上述突变体的 pp60c-Src，处于有丝分裂期时以钒酸盐(vanadate)进行处理，可以减缓这种蛋白激酶的激活过程。在 pp60c-Src 蛋白电泳迁移率还没有发生明显变化之前，即 pp60c-Src 蛋白 MSP 位点发生磷酸化修饰时，以钒酸盐处理细胞少于30min，Tyr416 Phe 突变体 pp60c-Src 蛋白的激活就受到阻断。以钒酸盐处理更长一段时间，并不能引起有丝分裂期 pp60c-Src 蛋白电泳迁移率的变化特征丧失，说明 pp60c-Src 蛋白 MSP 位点发生了去磷酸化修饰。pp60c-Src 蛋白的去磷酸化修饰也可能是由于 p34Cdc2 分子中 Tyr15 位点磷酸化修饰从而引起 p34Cdc2 蛋白激酶失活造成的。在 MSP 位点发生磷酶化修饰之前，酪氨酸磷酸酶抑制剂阻断 pp60c-Src 激酶激活的功能已发生了改变，说明 pp60c-Src 蛋白 Tyr527 位点的去磷酸化修饰在 pp60c-Src 蛋白激酶激活过程中占有十分重要的地位。

(三) 调节 pp60c-Src 蛋白 Tyr527 磷酸化的负反馈环

在有丝分裂期，没有激酶活性的 pp60c-Src 突变体之所以比野生型 pp60c-Src 蛋白在 Tyr527 位点上的磷酸化修饰程度出现更为显著的下降，是因为存在着一种调节 pp60c-Src 蛋白 Tyr527 位点磷酸化修饰的负反馈环(negative feedback loop)的结构。pp60c-Src 蛋白一旦在 Tyr527 位点上发生去磷酸化，导致 pp60c-Src 蛋白激活以后，就会很快导致 Tyr527 位点的重新磷酸化(Tyr527)(rephosphorylation)。pp60c-Src 蛋白中的 Tyr416 位点是一个公认的自发磷酸化(autophosphorylation)位点，但在体内相同 ATP 浓度及 Mg^{2+} 浓度的条件下，Tyr416 Phe 的 pp60c-Src 突变体在 Tyr527 位点上也能进行十分有效的磷酸化。发生在 Tyr527 位点上的去磷酸化在 pp60c-Src 受到激活之后又重新发生快速的自发性磷酸化修饰。有丝分裂期具有催化活性的 pp60c-Src 对 Tyr527 位点上的磷酸化具有间接影响。

(四) 除 Tyr527 位点去磷酸化及 c-Src 蛋白激活 p34Cdc2 外的机制

目前为止，pp60c-Src 蛋白 Tyr527 位点的去磷酸化及有丝分裂期 pp60c-Src 蛋白激酶的激活，部分是由于 p34Cdc2 蛋白激酶所催化的 pp60c-Src 蛋白发生磷酸化修饰的缘故。但是，这只是 pp60c-Src 蛋白激酶活性调节机制的一部分，除此之外，在细胞的有丝分裂阶段，pp60c-Src 蛋白的酪氨酸激酶活性还受到 Tyr527 位点磷酸酶及蛋白激酶的激活或抑制。

许多有丝分裂过程都是由丝氨酸/苏氨酸位点的磷酸化修饰来进行调节的，因此选择一些具有特异性的丝氨酸/苏氨酸磷酸酶的抑制剂进行研究具有十分重要的意义。例如，冈田酸(Okadaic acid)是一种Ⅰ型和2A 型丝氨酸/苏氨酸磷酸酶的抑制剂，其的抑制作用具有显著的特异性，因此也是研究细胞内蛋白质磷酸化/去磷酸化修饰的一个重要工具。如果以 Okadaic acid 处理小鼠的成纤维细胞，则会使细胞变圆，在 30min 之内失去表面黏附(surface adhesion)作用。从 Okadaic acid 处理的成纤维细胞中分离到的 pp60c-Src 蛋白，其激酶活性在处理后 20min 开始上升，到 60min 时蛋白激酶的催化活性上升 2 ~ 3 倍。Okadaic acid 对 pp60c-Src 蛋白激酶活性的刺激作用也可以被钒酸钠阻断。以 Okadeaic acid 处理缺乏蛋白激酶活性的 pp60c-Src 的小鼠成纤维细胞，可使这种突变的 pp60c-Src 蛋白 Tyr527 位点发生氨基酸的去磷酸化修饰。因此，以 Okadaic acid 处理后的小鼠成纤维细胞，其的 pp60c-Src 蛋白激酶活性的变化规律与小鼠成纤维细胞在有丝分裂期中的 pp60c-Src 蛋白激酶活性的变化规律大致相同。但是，Okadaic acid 对小鼠成纤维细胞中 pp60c-Src 蛋白激酶活性的刺激作用是在缺乏 MSP 位点磷酸化的情况下发生的,野生型的 c-Src 蛋白或缺乏蛋白激酶活性的突变体 c-Src 蛋白都是如此。野生型 pp60c-Src 蛋白以 Okadaic acid 处理以后有少数 MSP 位点发生了磷酸化修饰,但这只在以 Okadaic acid 处理以后 60min 才可发生,而蛋白激酶的激活过程则远未满足该时间。所以,Okadaic acid 处理小鼠成纤维细胞以后蛋白激酶的激活机制与少数 MSP 位点的磷酸化之间并无显著的相关性。以 Okadaic acid 处理小鼠成纤维细胞之后,之所以有少数 MSP 位点发生磷酸化修饰,可能是因为 Okadaic acid 对 p34Cdc2 蛋白激酶激活作用的一个结果。以 Okadaic acid 处理小鼠成纤维细胞,pp60c-Src 蛋白中第 12 位和第 48 位上的丝氨酸残基磷酸化修饰的水平并没有显著升高,但以佛波乙酯,如 12-*O*-四癸酰佛波 13-乙酸盐(12-*O*-tetradecanoylphobol 13-acetete,TPA)处理,这两个位点上丝氨酸残基的磷酸化水平则有显著升高。但是,蛋白激酶 C(protein kinase C,PKC)所催化的 pp60c-Src 蛋白中第 12 位和第 48 位上的丝氨酸残基磷酸化,对这种蛋白激酶的活性却没有显著影响。

五、c-src 与肿瘤之间的关系

作为一种癌基因,c-src 的激活和过表达与肿瘤之间有着十分密切的关系,这不仅表现在一系列原发肿瘤细胞中 c-Src 蛋白的水平以及其蛋白激酶的活性水平显著升高,而且表现在 c-src 转基因小鼠的肿瘤形成中也观察到了 c-src 的重要作用。c-src 癌基因与乳腺肿瘤、胰腺癌、肺癌、头颈部肿瘤及神经系统肿瘤等的发生之间有着十分密切的关系。

(一) 肿瘤细胞中 c-Src 蛋白激酶活性升高

尽管高水平表达的 c-Src 并不能直接诱导正常细胞发生恶性转化,但认为 pp60c-Src 蛋白激酶的激活在调节细胞的增殖反应中发挥着十分重要的作用。事实上,在几种原发性肿瘤及肿瘤细胞系,包括乳腺癌、结肠癌、黑色素瘤及肉瘤细胞系中,都观察到了 pp60c-Src 蛋白激酶活性的显著升高。而在这些类型的肿瘤细胞中,pp60c-Src 蛋白激酶活性的升高在乳腺癌细胞中具有特别普遍的意义。大约 80% 以上的乳腺癌细胞中具有 pp60c-Src 蛋白激酶活性升高的现象。在一项乳腺癌的研究中,发现几乎所有肿瘤细胞中都有 pp60c-Src 蛋白激酶活性的升高。pp60c-Src 在乳腺上皮细胞系 IM22 中过表达,导致这一细胞系丧失其作为上皮细胞的一些特征,而且也丢失了对催乳激素(lactogenic hormone)诱导终末分化(terminal differentiation)作用的诱导和应答能力。过表达 pp60c-Src 的细胞系 TM2,在受到催乳激素介导的分化信号的转导中也丧失了对转录因子蛋白 API 活性的抑制效应。表明 pp60c-Src 在过表达时促进增殖信号的转导,抑制分化信号的转导。

(二) c-src 转基因小鼠中 src 的表达与乳腺肿瘤形成有关

以转基因小鼠(transgenic mice)模型对 c-src 癌基因与肿瘤之间的关系进行了研究,并提供了可靠的证据资料,主要表现在 c-Src 蛋白在多瘤病毒(polyoma virus,PyV)的中 T 抗原及癌基因 neu(c-eRB B2)诱导乳腺癌的形成过程中具有十分重要的作用。

将病毒癌基因、多瘤病毒中 T 抗原(PymT)的编码基因与小鼠乳腺肿瘤病毒(mouse mammary tumor virus,MMTV)的启动子/增强子序列进行重组,构建重组表达载体 MMTV-PymT,并建立转基因小鼠。这种转基因小鼠可以发展多个病灶的乳腺肿瘤,并有高频率的肺转移(pulmonary metastasis)。在这些乳腺肿瘤细胞中发现 pp60c-Src 及 pp62c-Yes 的蛋白激酶活性显著升高。PymT 可以与 Src 蛋白家族的成员结合并使之激活,除此之外,其还与胞质信号转导分子,如 p85 蛋白的 PI3 激酶亚单位、蛋白磷酸酶 PP2A 及接头分子(adaptor molecule)Shc 进行结合,并将这些酪氨酸激酶与 ras 的信号转导途径连接起来。PymT 与多个信号转导途径之间的密切联系与其诱导的肿瘤形成有关,但详细机制并不十分清楚。将 MMTV-PymT 转基因小鼠与 c-src$^{(-/-)}$的基因型小鼠杂交,后代中表达 PymT 的 c-src$^{(+/-)}$小鼠可以发生乳腺肿瘤合并肺转移,但表达 PymT 的 c-src$^{(-/-)}$小鼠却很少有发生肿瘤的,只是所有的小鼠都有乳腺上皮细胞增生(mammary epithelial hyperplasia)。这种乳腺上皮细胞增生的性质和特点,与 PymT 激活 pp62c-Yes 而诱导的乳腺上皮细胞增生十分类似。实际上,在乳腺上皮增生的组织细胞中也的确证明了 pp62c-Yes 蛋白激酶活性的显著升高。这一结果强烈支持 PymT 激活 pp60c-Src 是 PymT 转基因小鼠乳腺肿瘤发生的一个重要机制。

在 20%~30% 的人乳腺癌中有受体酪氨酸激酶(receptor tyrosine kinase)neu(c-eRB B2)癌基因的放大和过表达。MMTV/neu 转基因小鼠也可以发展为转移性乳腺肿瘤,进一步证实了 c-eRB B2 癌基因在小鼠乳腺肿瘤发展中的重要作用。在高水平表达 c-eRB 的肿瘤细胞中发现 pp60c-Src 蛋白激酶的活性也显著升高。在这些肿瘤细胞中发现了 c-eRB B2 和 pp60c-Src 两种蛋白质结合成的复合物,提示 pp60c-Src 蛋白激酶活性的升高还与 pp60c-Src 和 c-eRB B2 蛋白之间的结合有关。这两种蛋白质结合成复合物的过程依赖于 c-eRB 蛋白酪氨酸残基位点的磷酸化。人乳腺癌细胞中,在 c-eRB B2 基因过表达的同时,c-Src 蛋白激酶的活性也显著升高。这进一步表明 pp60c-Src 在 c-eRB B2 介导的乳腺肿瘤形成过程中具有十分重要的作用。

六、c-src 抑制剂的研究进展

SRC 在促进细胞增殖、侵袭、转移等肿瘤发生关键环节中起作用,有研究表明,抑制 SRC 有助于延缓疾病进展,并有助于控制肿瘤的远处转移,尤其是控制淋巴结、骨骼侵犯。近年来,针对 SFK 的分子抑制剂类抗肿瘤药物(包括 dasatinib、bosutinib 和 saracatinib 等)的研究取得了迅速进展。

(一) dasatinib 的研究进展

dasatinib 是一种口服的小分子 SRC/ABL 抑制剂,体外研究中其对多种血液系统及实体肿瘤细胞系均具有抗肿瘤和抗增殖活性。除了对异常表达的 SRC 和 BCR-ABL 具有抑制活性外,dasatinib 对其他 SFK、c-Kit、PDGFR 及肝配蛋白 A2 也具有不同程度的抑制活性。dasatinib 作用位点为 ATP 结合位点的氢键可以竞争性抑制 SRC 与 ATP 的结合。

在临床前研究中,dasatinib 对多种肿瘤细胞系及动物模型均有抑制活性。dasatinib 在前列腺及结肠肿瘤细胞系的实验结果表明,dasatinib 可抑制肿瘤细胞的黏附、迁移及侵袭。在乳腺肿瘤细胞系中,dasatinib 可抑制 EGFR 依赖细胞系的增殖。另外,dasatinib 可通过改变 Cyclin D 及 p27 水平来促进 G_1/S 细胞周期停止而抑制细胞生长。

dasatinib 还可以减少肿瘤转移及破骨细胞介导的骨吸收。在胰腺癌和前列腺癌的动物模型中,dasatinib 可显著减少肿瘤体积并降低肿瘤转移发生率。此外,有研究表明 dasatinib 可在体外抑制破骨细胞活性,其部分机制为抑制巨噬细胞克隆刺激因子(c-Fms),其可以用

SRC 发挥系统作用而促进破骨细胞活性。c-Fms 信号转导途径对破骨细胞的存活及发挥活性具有重要意义，干扰 c-Fms 信号转导途径可使细胞呈现骨质石化表型，即 $SRC^{-/-}$ 缺陷转基因小鼠所表现出的表型。

（二）bosutinib 的研究进展

bosutinib 是 SRC/ABL 两种激酶的抑制剂，它对 SRC 的 50% 抑制浓度为 1.2nmol/L，对 SRC 依赖的纤维母细胞 50% 抑制浓度为 100nmol/L。bosutinib 对 RTK 无抑制活性，但对其他 SFK 成员有不同程度的抑制活性。

细胞实验中，bosutinib 治疗可呈剂量依赖性抑制乳腺癌细胞的增殖、浸润及转移。在乳腺癌的小鼠模型中，bosutinib 显著抑制肿瘤生长，并显著降低肝脏、脾脏及肺转移癌的发生。此外，bosutinib 可抑制结直肠癌细胞的黏附及运动，这种抑制作用可能是降低 SRC 依赖的 β-连环蛋白活性的结果。近期有研究表明，在非小细胞肺癌中 SFK 的活性升高约 33%，SFK 活性的增强与男性吸烟及肿瘤细胞来源于鳞状细胞等因素有关。而应用 bosutinib 治疗非小细胞肺癌有抗增殖及诱导凋亡的作用。

（三）saracatinib 的研究进展

saracatinib 也是一种 ATP 竞争性 SRC 抑制剂，具有抗其他 SFK、ABL 及 EGFR 突变体的活性。在一项采用 saracatinib 治疗 13 种人类肿瘤细胞系的研究中，saracatinib 对 4 种肿瘤细胞系（分别来源于结肠、前列腺和两种肺癌）有亚微摩尔级生长抑制作用，并可抑制细胞的迁徙和浸润。动物实验中，saracatinib 可抑制人类来源的胰腺肿瘤移植物的生长。另外，saracatinib 在体内实验及体外实验中对治疗无效的前列腺肿瘤有抗肿瘤活性。

基于上述临床前研究的结果，dasatinib、bosutinib 与 saracatinib 均进入了临床试验阶段。初步数据表明，这 3 种药物在所使用的剂量范围内耐受性良好，并达到有效的血药浓度，在相应不同期的单药治疗或联合其他药物抗肿瘤的临床试验均中证实这 3 种药物具有一定疗效。其中 dasatinib 已被批准用于慢性髓性白血病和 Ph^+ 急性淋巴细胞白血病的二线治疗，目前正在进行多种实体肿瘤的临床试验。

总之，SRC 是目前研究最充分的酪氨酸激酶类癌基因，近 1 个世纪的研究使我们对该基因的蛋白质结果、信号转导及功能等有了较为充分的了解。近年来，针对 SRC 的分子靶向治疗药物研究不断取得进展，从 SRC 作用机制来看，这些药物在早期应用才能发挥最佳抗肿瘤疗效，对此类药物的临床效果我们将拭目以待。而对 SRC 相关机制的研究对明确肿瘤发生机制及新药物的研发有着重要意义。

第二节　c-yes 癌基因

c-yes 癌基因是 SRC 家族的另一个重要成员。其命名起源于 Kawai 等从 Y71 和 Esh 鸟肉瘤病毒（avian sarcoma virus）中鉴定出的一种病毒癌基因（viral oncogene），命名为 v-yes。随后在哺乳动物细胞中也发现了 v-yes 的同源性细胞癌基因 c-yes。在人、小鼠、鸡及爪蟾细胞中都发现了 c-yes 基因的存在。c-yes 癌基因编码一种相对分子质量为 62 000 的癌基因蛋白，其作为一种与细胞内信号转导相关的蛋白质分子，与人的结肠癌（colon cancer）、黑色素瘤(melanoma)等具有十分密切的关系。

一、c-yes 基因与蛋白质的结构

小鼠全脑 cDNA 文库中克隆的小鼠 c-yes 的 cDNA 编码区含有 1626 个核苷酸,编码的蛋白质由 542 个氨基酸残基组成,相对分子质量为 62 000。人和小鼠 c-yes 基因的同源性达 92%,其转录产物则具有不同的剪切加工机制。在体外翻译(*in vitro* translation)和免疫印迹(immunoblot)实验中证实 c-yes 可以编码相对分子质量为 62 000 和为 48 000 的 c-Yes 蛋白。相对分子质量为 48 000 的 c-Yes 蛋白可能是由经过剪切的 c-yes 转录物编码的。体外实验证实 c-yes 基因编码产物具有酪氨酸蛋白激酶的催化活性。

对不同种系 c-Yes 蛋白的结构进行比较,人 c-Yes 蛋白与小鼠 c-Yes 蛋白一级结构的同源性达 90%,与鸡 c-Yes 蛋白及 v-Yes 蛋白一级结构的同源性分别为 91% 和 90%。各种不同的 Yes 蛋白质分子结构中,由 8~92 个氨基酸残基组成的一段序列中有一个独特的高度保守的结构位点,其中羧基末端的序列与氨基末端的序列相比,其同源性更高。提示这一独特的同源性位点结构具有十分重要的功能。在所有已知的 Yes 蛋白的一级结构中,Tyr424 和 Tyr535 被推测为自发性磷酸化位点结构都是保守的结构位点。将 c-Yes 与其他酪氨酸蛋白激酶家族成员之间的结构序列进行比较,发现 c-Yes 蛋白分子中几乎保留了 Src 酪氨酸蛋白激酶家族中所有的高度保守的结构位点,如氨基末端的豆蔻酯化位点、SH2 位点和 SH3 位点及激酶活性位点等。在所有的 Src 蛋白家族成员中(包括 c-Yes),其蛋白质分子中的磷酸化位点及其周围的序列都是高度保守的。在小鼠 Src 蛋白家族中,小鼠 c-Yes 蛋白与 c-Src 蛋白一级结构的同源性最高,达 73%。

Chen 等在人 c-Yes 蛋白中鉴定出了一个 WW 位点,可与富含脯氨酸的配体(ligand)分子进行结合,但与 Src 蛋白中的 SH3 结合位点有所不同。WW 位点由 38 个氨基酸残基组成,是一个半保守的序列结构,不仅见于 c-Yes 蛋白中,还见于营养不良素(dystrophin)、Yes 相关蛋白(Yes-associated protein,YAP)及两个转录调节蛋白因子 Rsp-5、FE65 的蛋白质分子结构中。应用一种功能性筛选系统对 cDNA 文库进行筛选,筛选到 YAP WW 位点的两个配体分子,称为 WBP-1 和 WBP-2。多肽的序列分析研究表明,两种多肽之间都具有同源性的富含脯氨酸的位点结构区,其后是一个酪氨酸残基,同源性序列为 PPPPY,称为 PY 结构(PY motif)。定点突变与结合力分析表明,PY 结构与 WW 位点之间具有很高的亲和力,从而认为这一 WW 位点是 c-Yes 蛋白分子中区别于 Src 蛋白家族的 SH3 位点的特殊结构。

二、c-yes 与信号转导

血小板的质膜可以与膜骨架结构部分相连,膜骨架结构由短肌动蛋白纤维、肌动蛋白结合蛋白、血影蛋白、黏着斑蛋白(vinculin)及其他一些未知的蛋白质组成;又可以通过跨膜受体蛋白的胞质位点部分与外界相连。在血小板的去污剂裂解液中,以高速离心可以将胞质中的肌动蛋白沉淀,但如果使膜骨架组分发生沉淀,则需有更大的离心力。血小板中主要类型的整合素(integrin)是糖蛋白(glycoprotein,GP)Ⅱb-Ⅲa。与整合素这种膜骨架组分一起发生沉淀的蛋白质,除了细胞骨架蛋白[如血影蛋白、vinculin 和裸蛋白(talin)]之外,还包括 pp60c-Src、pp62c-Yes 及 p21ras GTP 酶激活蛋白(GTPase-activating protein,GAP)。凝血

酶诱导的血小板凝集过程是纤维蛋白原(fibrinogen)与相邻血小板上的 GPⅡb-Ⅲa 结合以后介导的。发生血小板凝集之后,对血影蛋白、talin、vinculin、pp60c-Src 及 pp62c-Yes 等蛋白质的再分布(redistribution)情况进行了研究,发现这些蛋白质的再分布与血小板凝集的程度之间有密切的关系,但在缺乏 GPⅡb-Ⅲa 的凝集缺陷型血小板中却观察不到这些蛋白质的重新分布现象。另外,在激活的血小板中,许多类型的蛋白质分子在酪氨酸残基位点上都已发生磷酸化修饰。这些结果提示 GPⅡb-Ⅲa、pp60c-Src、pp62c-Yes 和 GAP 与膜骨架组分相关,包括血影蛋白、vinculin 及 talin 等。GPⅡb-Ⅲa 与黏附配体(adhesive ligand)在血小板内结合,引起细胞膜骨架组分与胞质肌动纤维之间的相互关系发生改变。在激活的血小板中多种蛋白质酪氨酸残基的磷酸化是细胞骨架结构的重要组成部分。这些结果说明,细胞膜骨架组分在整合素-细胞骨架相互作用的结合信号分子以及在血小板内的信号转导过程中都有十分重要的作用。GPⅡb-Ⅲa 诱导的细胞膜骨架成分的重新分布以及相关的信号转导分子,代表了整合素介导的血小板运动过程中的重要一步。在整个过程中,特别是在多种蛋白质酪氨酸残基位点的磷酸化修饰过程中,pp62c-Yes 发挥了极为重要的作用。

研究表明,随着细胞内钙浓度的升高,体外培养的角质细胞中的 c-Src 酪氨酸激酶活性升高了 4 ~ 5 倍;与 c-Src 相反,c-Yes 酪氨酸蛋白激酶却迅速失活。c-Yes 酪氨酸激酶活性的失活与 PKC 的作用无关。随着细胞内钙浓度的升高,细胞内 PKC 的活性在一般情况下都有显著升高。细胞内钙浓度升高对 c-Src 及 c-Yes 两种蛋白质的含量没有太大影响。但这两种蛋白质的磷酸化程度都显著下降。体外将 c-Yes 与蛋白酪氨酸磷酸酶共同孵育,使 c-Yes 蛋白发生去磷酸化修饰,可激活 c-Yes 酪氨酸蛋白激酶。体外将 c-Yes 蛋白与含有 Ca^{2+}的细胞提取液进行共同孵育,可使 c-Yes 酪氨酸蛋白激酶失活,如果再向这一反应系统中加入 Ca^{2+} 的螯合剂乙烯烃-二(β-氨乙基乙醚)-*N*,*N*,*N'*,*N'*-四乙酸[ethylene glycol-bis(β-aminoethyl ether)-*N*,*N*,*N'*,*N'*-tetraaceticacid,EGTA],这种抑制作用又可被逆转,重新恢复 c-Yes 酪氨酸蛋白激酶的活性。以钙及离子载体(ionophore)处理的细胞将其裂解物进行梯度沉淀时发现,c-Yes 与两种不同的细胞蛋白质形成蛋白质复合体,但在 c-Src 免疫沉淀物中却未发现类似的沉淀物。这两种不同的细胞蛋白质之一在体外具有抑制 c-Yes 酪氨酸蛋白激酶活性的作用。Ca^{2+}依赖性的 c-Yes 激酶失活现象还见于肾小管细胞、成纤维细胞,表明 Ca^{2+}依赖性的 c-Yes 蛋白活性调节机制不仅仅限于角质细胞类型中,而是一种具有普遍意义的现象。

三、c-yes 基因与肿瘤

原癌基因 c-yes 的编码产物,即 pp62-Yes 具有酪氨酸蛋白激酶活性,属于 Src 蛋白家族中的非受体型酪氨酸蛋白激酶。Loganzo 等对 20 例人黑色素瘤(melanoma)及 10 个人黑色素细胞(melanocyte)细胞系中 c-Yes 蛋白的表达进行了比较研究,结果表明,黑色素瘤细胞表达中的 c-Yes 蛋白激酶的平均活性是黑色素细胞的 5 ~ 10 倍。黑色素瘤细胞中的 c-Yes 蛋白表达水平也较黑色素细胞中的 c-Yes 蛋白表达水平相应升高。肿瘤细胞中的 c-Yes 蛋白激酶活性的升高,可能只是 c-Yes 蛋白表达水平升高造成的,因为对肿瘤细胞中的 c-Yes 蛋白进行单链构象多态性分析,并未发现肿瘤细胞中 c-Yes 编码区基因有任何突变现象。对 c-Yes 蛋白的亚细胞分布进行研究,表明 c-Yes 蛋白位于质膜组分、核周围及胞质等部位,而 c-Src 蛋白的亚细胞则主要分布于质膜组分。在 c-Yes 蛋白表达水平升高的黑色素瘤细胞中,相对分子质量为39 000的蛋白质在其酪氨酸残基位点上具有高水平的磷酸化修饰。这一相对分子质量为39 000的蛋白质仅在黑色素瘤细胞中可见,而不存在于黑色素细胞中。表明在黑色素瘤细胞中信号转导途径异常,造成细胞内蛋白质的酪氨酸磷酸化修饰异常。提示c-yes基因表达水平的异常与人恶性黑色素瘤的形成有一定的关系。

除了黑色素瘤之外,c-yes表达异常还与人结肠癌的发展之间有着极为密切的关系。Park等为了研究Src相关蛋白质在人结肠癌中是否具有一定的作用,对结肠癌肿瘤细胞中的pp60c-Src、p62c-Yes、p56Lck、p59Fyn、p59Hck、p56Lyn和p55c-Fgr蛋白的表达水平进行了研究。在5个结肠癌细胞系中有3个细胞系中的c-Yes活性升高了10～20倍,这与c-Src蛋白表达水平升高的情况相似。在21例原发性结肠癌细胞中,10例结肠癌细胞中c-Yes蛋白的表达水平较正常结肠细胞的上升了5倍。在COLO 205结肠癌细胞系中可以检测到Lck的表达,但在结肠癌细胞系及原发性结肠癌细胞中都没有检测到Lck、Fyn、Hck、Lyn和Fgr等蛋白质的表达。与Src蛋白相似,结肠癌细胞中c-Yes蛋白激酶活性水平的升高,主要是因为肿瘤细胞中c-Yes蛋白表达水平的提高,而不是因为c-Yes蛋白Tyr537位点上磷酸化修饰水平的显著变化。说明c-Yes蛋白表达水平及c-Yes相关性酪氨酸蛋白激酶活性水平的升高与结肠癌之间有着极为密切的关系。Pena等的结果也表明,结肠腺瘤细胞中的c-Yes表达水平是腺瘤周围正常结肠组织中c-Yes表达水平的12～14倍。提示c-Yes蛋白的表达与结肠的癌前病变的形成之间也有一定的关系。

鉴于c-Yes与c-Src的高度同源性,有研究试图明确c-Yes对肿瘤的影响是否独立于c-Src之外。Sancier等在HT29结肠癌细胞系中采用RNA干扰而沉默c-Yes,但不影响c-Src表达的方法进行了研究,结果表明,与β-连环蛋白细胞膜定位相关的细胞群集显著增加,而β-连环蛋白靶基因表达显著减少。沉默c-yes基因表达导致细胞凋亡显著增加,裸鼠植入的肿瘤生长显著被抑制,且肿瘤发生肝转移概率显著降低。而在细胞系中重新表达c-yes基因,上述作用会得到逆转。此研究证实c-yes基因的肿瘤相关作用是独立于c-Src之外的作用。

第三节　abl癌基因

abl基因家族包括两个成员,即abl1和abl2。原癌基因c-abl1是病毒癌基因v-abl的一个同源基因。v-abl病毒癌基因是反转录病毒——Abelson小鼠白血病病毒(Abelson murine leukemia virus,A-MuLV)具有恶性转化作用的一段功能基因。人类abl1癌基因后来在慢性髓系白血病中的融合癌蛋白BCR-ABL1中被鉴定出来。而abl2癌基因曾被称为abl相关基因(abl-related gene,Arg)。哺乳动物细胞中的abl1和abl2蛋白激酶基因在各种不同的组织细胞中都有广泛表达,而且都是通过5′端外显子不同的剪切,形成两种不同的剪切mRNA分子,分别编码氨基末端能够和不能够发生豆蔻酯化的两种蛋白质分子。因为这两种形式蛋白质分子的最后一个外显子的编码区都是核分布信号的多肽编码区,所以这两种形式的Abl蛋白主要分布在细胞核中。

一、c-abl的位点结构

对从人、小鼠、果蝇及线虫等中分离到的c-abl基因进行比较,证明这是一种高度保守的基因类型,特别是具有一些高度保守的位点结构(domain structure)。许多生物化学、生物学及遗传学的分析结果表明,这些位点结构在细胞的生长调节中具有十分重要的作用。c-Abl蛋白中的位点结构包括豆蔻酯化位点(myristylation site)、SH3位点、SH2位点、酪氨酸激酶1(tyrosine kinase 1,SH1)位点、核转位信号(nuclear translocation signal,NTS)位点、DNA结合(DNA binding,DB)位点及肌动蛋白结合(actin binding,AB)位点等。有关c-Abl蛋白这些位点结构在细胞生长分化过程中的作用及机制,目前并不十分清楚。在这些位点结构中,酪氨酸激酶位点是高度保守的一个位点结构区,相比较而言,位于羧基末端的一些位点结构则是多变区域。

二、c-abl在正常分化与发育中的作用

在果蝇发育过程中,发育中的神经细胞具有高水平c-abl癌基因蛋白的表达。c-abl基因突变,造成携带c-abl基因突变动物的视网膜细胞发育不全。对c-abl基因突变后果的进一步研究分析发现,c-abl基因突变可以导致神经轴索发育不全,从而影响神经细胞的正常发育过程。

c-Abl与正常哺乳动物胚胎发育过程之间的关系还不十分清楚。RNA分析结果表明,在整个胚胎及成年发育过程中c-Abl都具有表达活性。在各种不同的组织类型中,如胚胎期胸腺、胚胎期脾脏及睾丸组织中c-abl基因的转录水平最高。对c-abl基因转录的mRNA的5′端外显子区进行剪切则形成多种形式的mRNA剪切产物。在这些类型的c-abl/mRNA剪切产物中,人细胞中以Ⅰ型和Ⅳ型剪切产物的含量最多,在细胞质及细胞核中都发现了c-Abl mRNA的存在。c-abl$^{(-/-)}$基因小鼠可以进行正常的胚胎发育,但在出生时则发现各种类型的器官缺陷,出生以后即死亡,其中的部分原因是淋巴系统形成过程异常。哺乳动物细胞也具有广泛的c-abl基因表达,提示c-abl基因表达对哺乳动物胚胎发育具有很重要的作用。c-abl$^{(-/-)}$基因型小鼠的脾脏及其他重要器官在胚胎发育期之所以能够基本正常,可能是由于其中正常的同源基因,如c-abl的同源基因Arg等具有表达活性从而对c-abl基因的缺陷具有一定的代偿作用的缘故。哺乳动物的c-Abl蛋白在细胞质及细胞核中都有分布,在多种器官、组织中也有广泛的分布,而且在整个胚胎发育时期都具有表达活性。但是,从转基因小鼠的研究结果来看,c-abl基因的缺陷在大部分组织、细胞中由于Arg的表达而得到补偿,但在淋巴类细胞中却不同,即Arg基因的表达并不能代偿c-abl基因的缺陷,因此,c-abl$^{(-/-)}$型小鼠的淋巴系统发育是异常的。

哺乳动物细胞中c-abl基因表达产物的生物化学研究表明,c-Abl蛋白与细胞周期及某些基因的转录调节有关。c-Abl氨基末端部分有豆蔻酯化位点,而在其羧基末端序列部分则有DNA结合位点,能够与乙型肝炎病毒(hepatitis B virus,HBV)基因组的特异性调节序列,如HBV的增强子序列EP进行结合,并参与HBV基因组的表达调控。在细胞周期的有丝分裂期,CDC2蛋白激酶可以催化c-Abl蛋白分子中的丝氨酸/苏氨酸位点发生磷酸化修饰,导致c-Abl蛋白与DNA序列的结合能力下降或全部丧失。因此,在细胞周期的每一轮过程中,c-Abl蛋白可以通过其羧基末端的磷酸化修饰,规律性地调节其与DNA特异性序列之间的结合能力,并通过这种机制,对特定基因的表达活动进行调节。在细胞周期的S期,细胞核内c-Abl的酪氨酸激酶活性被激活。c-Abl酪氨酸蛋白激酶活性的激活过程,与细胞周期

发生 G_1/S 期转变时,c-Abl 与高度磷酸化的 pRB 蛋白的分离过程有关。激活的 c-Abl 蛋白在体外具有促进某些基因转录表达的作用。作为一种酪氨酸蛋白激酶,c-Abl 在体内所能催化的底物蛋白分子包括 RNA 聚合酶Ⅱ的催化亚单位位点。在体外,激活的 c-Abl 酪氨酸蛋白激酶对 RNA 聚合酶Ⅱ催化亚单位的磷酸化过程也具有促进作用。而 RNA 聚合酶Ⅱ则是促进 DNA 转录过程中的转录起始向延长阶段过渡的重要因子。正常情况下,约 50% 细胞核内的 c-Abl 蛋白是以与 pRB 蛋白结合成复合物的形式来存在的。当细胞周期发生 G_1/S 期转变时,CDC2 催化 pRB 蛋白发生磷酸化,导致 c-Abl 与 pRB 分离,这种游离状态的 c-Abl 可被激活,重新获得与特异性 DNA 位点结合的能力,促进特定基因的转录表达。可能的机制包括 c-Abl 作为一种酪氨酸蛋白激酶,对其他转录复合体中的蛋白质分子的调节位点进行磷酸化修饰。但是,细胞质和细胞核中的 c-Abl 只有 20% 的蛋白质与 pRB 结合成蛋白质复合体形式,而且位于细胞质中的 c-Abl 根本不可能与 pRB 结合成蛋白质复合物,因此,在 c-Abl 酪氨酸蛋白激酶的活性调节中,除了 pRB 的调节作用之外,必然还存在着另外的调节机制。在 NIH 3T3 细胞中过表达 c-Abl 可导致细胞发生 G_1 期阻滞,细胞的数目减少。在 NIH 3T3 细胞中过表达显性阴性突变体形式的 c-Abl,对细胞的数目没有显著的影响,但是进入 S 期的速率加快,完成细胞周期的时间延长,使细胞更易发生肿瘤及恶性转化。Daniel 等以反转录病毒载体向 NIH 3T3 细胞中导入抗 c-abl 的反义 RNA(antisense RNA)表达载体,随着 c-abl 表达水平的下降,NIH 3T3 细胞的生长速率也相应下降。

三、c-abl 致肿瘤机制

c-abl 原癌基因的恶性转化作用是一种突变激活机制。在正常情况下,由于 c-Abl 蛋白分子中存在着 SH3 位点及其他位点结构,对 c-Abl 酪氨酸蛋白激酶活性具有内源性抑制作用,因此其对正常细胞的恶性转化作用受到抑制。如果 c-Abl 蛋白中 SH3 位点发生缺失,突变域位置发生改变,突变的 c-Abl 酪氨酸蛋白激酶的活性由于失,去其分子内部的抑制作用而显著升高。此时,突变的 c-Abl 可诱导细胞的恶性转化及白血病的形成。另外,病毒核心 Gag 蛋白的氨基末端与 c-Abl 的 SH3 位点下游发生融合,这种融合蛋白的形成是白血病诱导过程中的一个关键性步骤。

SH3 位点对 c-Abl 酪氨酸蛋白激酶活性的抑制,有顺式机制也有反式机制。关于 SH3 位点对 c-Abl 酪氨酸蛋白激酶活性的反式机制,有两个方面的重要证据。c-Abl 蛋白 SH3 位点发生突变,c-Abl 酪氨酸蛋白激酶的活性较野生型 c-Abl 酪氨酸蛋白激酶的活性显著升高。提示 SH3 依赖性的对 c-Abl 酪氨酸蛋白激酶活性的抑制必然涉及了反式作用机制。当体内的 c-abl 表达水平处于相对过表达状态时,c-Abl 蛋白的酪氨酸残基发生自发性磷酸化修饰。说明底物蛋白的过表达可以中和细胞内抑制蛋白因子的作用,导致 c-Abl 蛋白激酶活性被抑制。对 c-Abl 蛋白 SH3 位点结合蛋白进行研究,发现 3BP-1 和 2BP-2 是能够与 SH3 位点进行特异性结合的两种蛋白质。这两种 SH3 位点结合型蛋白的一级结构中都富含脯氨酸残基的结合位点,而且 3BP-1 蛋白分子中还有与 Bcr、Rho-GAP 等蛋白质具有同源性的结构片段。但是,3BP-1 和 3BP-2 这两种蛋白质是否就是 c-Abl 酪氨酸蛋白激酶活性反式作用抑制蛋白、下游的效应蛋白或 c-Abl 蛋白的功能调节蛋白,还需要进一步的深入研究。

除了 SH3 位点之外,c-Abl 的激活突变位点还见于 SH3 位点之外的情形。其作用机制可能是破坏了 c-Abl 蛋白分子中顺式抑制作用的位点结构。对 c-abl 基因进行随机突变，结合突变体对啮齿类动物成纤维细胞的恶性转化及纤维肉瘤的形成能力，对 SH3 位点之外的激活突变位点进行了筛选，从中鉴定出了一系列新型的激活突变位点。这些缺失突变的位点位于富含脯氨酸残基的结构区，相当于 c-Abl 编码基因最后一个外显子序列的中部，与 DNA 结合位点核心结构区有重叠。因为已有资料表明富含脯氨酸的结构位点区具有与 SH3 位点进行结合的功能。因此认为在生理条件下，这些位点通过与 SH3 位点进行结合，维持 c-Abl 蛋白的适当构象，抑制了 c-Abl 与其底物之间的相互作用。

与 c-abl 癌基因相关性的恶性肿瘤几乎都是血液系的恶性肿瘤。在几乎所有的慢性髓性白血病、25% 的成人急性淋巴母细胞性白血病（acute lymphoblastic leukemia，ALL）及 5% 的小儿 ALL 中都可以见到 c-abl 基因结构与表达的异常。经典的染色体异常形成过程就是费城染色体的形成。在 t(9;22)(q34;q11) 位点的交互转位（reciprocal translocation）中，位于 9 号染色体的 c-abl 基因的第 2 ~ 11 外显子区与 22 号染色体上的断裂位点簇集区（breakpoint cluster region，bcr）发生重组，形成 bcr-abl 融合蛋白的基因。bcr 基因编码一种胞质蛋白，具有各种组织细胞广泛的表达活性，其功能并不十分清楚。Bcr 蛋白分子含有几种显著不同的结构位点，包括氨基末端由最后一个外显子（exon）编码的新型丝氨酸/苏氨酸蛋白激酶位点、中间部位的一个 Rho 鸟嘌呤核苷酸交换因子（Rho guanine-nucleotide exchange factor，Rho-GEF）的同源结构区、一个钙依赖性脂质结合位点（calcium-dependent lipid binding site，Ca LB）、羧基末端的一个 Rac GTP-结合蛋白（Rac GTP-binding protein，Rac-GAP）的功能性 GTP 酶（GTPase）位点。在几乎所有的 CML 及大约 50% 的 ALL 中，abl 基因与 6kb 的主要断裂位点簇集区（major breakpoint cluster region，M-bcr）发生重组和基因重排，形成 abl 第 2 外显子与 M-bcr 第 2、3 外显子的头尾融合型基因，这种融合基因 bcr-abl 编码一种分子质量为 210kDa 的蛋白质，称为 p210。如果 abl 位于第 1 内含子（intron）区与 bcr 基因进行融合，还可能形成编码分子质量为 185kDa 的融合蛋白的 bcr-abl 编码基因，主要见于费城染色体阳性（Ph^+）ALL 患者中。

四、ABL 抑制剂用于白血病治疗

ABL 融合蛋白的转化作用与其酪氨酸激酶活性相关，以此为理论基础研发出了靶向激酶抑制剂。甲磺酸伊马替尼（格列卫）是一种 ATP 竞争性抑制剂，它可以稳定 ABL 激酶结构域的非稳定构象。伊马替尼是治疗慢性髓细胞性白血病的一线治疗药物，它的应用证实了可以通过阻滞信号转导途径来治疗肿瘤，随后其他的 BCR-ABL1 抑制剂逐渐被应用到慢性髓细胞性白血病的治疗中。除伊马替尼外，本章第一节中提到的 dasatinib 是更有效的二代 ABL 活性位点抑制剂。Dasatinib 可以同时抑制 SRC 家族激酶，而 dasatinib 的作用也反过来证实在了在细胞转化过程中 BCR-ABL1 和 SFK 家族激酶起着协同的作用。

另外，异构体 ABL 抑制剂的发明为 BCR-ABL1 阳性白血病治疗提供了新的方向。这一类药物包括 GNF-2 和 GNF-5，其作用靶点在 ABL1 豆蔻酸盐结合位点可以稳定激酶结构域的非活动构象。联合 GNF-5 与其他抑制剂可抑制耐药突变发生。GNF 类药物本身抑制 PCR-ABL1 的作用有限，但与 ATP 竞争性抑制剂联合应用可起到叠加作用。

（杨　松）

参考文献

Aleshin A, Finn RS. 2010. SRC: a century of science brought to the clinic. Neoplasia, 12(8):599-607.

Chen J. 2008. Is Src the key to understanding metastasis and developing new treatments for colon cancer. Nat Clin Pract Gastroenterol Hepatol, 5(6):306-307.

Colicelli J. 2010. ABL tyrosine kinases: evolution of function, regulation, and specificity. Sci Signal, 3(139): re6.

Cortes J, Kim DW, Raffoux E, et al. 2008. Efficacy and safety of dasatinib in imatinib-resistant or -intolerant patients with chronic myeloid leukemia in blast phase. Leukemia, 22(12):2176-2183.

Elsberger B, Stewart B, Tatarov O, et al. 2010. Is Src a viable target for treating solid tumours. Curr Cancer Drug Targets, 10(7): 683-694.

Haass W, Stehle M, Nittka S, et al. 2012. The proteolytic activity of separase in BCR-ABL-positive cells is increased by imatinib. PLOS ONE, 7(8): e42863.

Khorashad JS, Kelley TW, Szankasi P, et al. 2013. BCR-ABL1 compound mutations in tyrosine kinase inhibitor-resistant CML: frequency and clonal relationships. Blood, 121(3):489-498.

Lin TY, Huang CH, Chou WG, et al. 2004. Abi enhances Abl-mediated CDC2 phosphorylation and inactivation. J Biomed Sci, 11(6):902-910.

Miyoshi N, Tateyama S, Ogawa K, et al. 1991. Abnormal structure of the canine oncogene, related to the human c-yes-1 oncogene, in canine mammary tumor tissue. Am J Vet Res, 52(12):2046-2049.

Olgen S, Isgor YG, Coban T. 2008. Synthesis and activity of novel 5-substituted pyrrolo[2,3-d]pyrimidine analogues as pp60(c-Src) tyrosine kinase inhibitors. Arch Pharm(Weinheim), 341(2):113-120.

Peyrade F, Taillan B, Lebrun C, et al. 1998. Tyrosine kinase: implications in tumor pathology and therapeutic perspectives. Rev Med Interne, 19(5):366-372.

Rucci N, Susa M, Teti A. 2008. Inhibition of protein kinase c-Src as a therapeutic approach for cancer and bone metastases. Anticancer Agents Med Chem, 8(3):342-349.

Saad F, Lipton A. 2010. SRC kinase inhibition: targeting bone metastases and tumor growth in prostate and breast cancer. Cancer Treat Rev, 36(2):177-184.

Senga T, Hasegawa H, Tanaka M, et al. 2008. The cysteine-cluster motif of c-Src: its role for the heavy metal-mediated activation of kinase. Cancer Sci, 99(3):571-575.

Shah AN, Gallick GE. 2007. Src, chemoresistance and epithelial to mesenchymal transition: are they related. Anticancer Drugs, 18(4):371-375.

Tauchi T, Nakajima A, Sashida G, et al. 2002. Inhibition of human telomerase enhances the effect of the tyrosine kinase inhibitor, imatinib, in BCR-ABL-positive leukemia cells. Clin Cancer Res, 8(11):3341-3347.

Wheeler DL, Iida M, Dunn EF. 2009. The role of Src in solid tumors. Oncologist, 14(7):667-678.

第五章　无激酶活性受体蛋白类癌基因

Young 等应用基因重组和真核细胞基因转移技术克隆了一种细胞癌基因，称为 mas。对 mas 基因及其表达产物进行研究，证明其是一种缺乏激酶活性的受体蛋白类癌基因。癌基因 mas 与一系列的感应受体（sensory receptor）类蛋白，如视蛋白（opsin）、肾上腺素能受体（adrenergic receptor）和 K 物质受体（substance K receptor）等有一定的结构同源性，与 mas 相关基因（mas-related gene，mrg）和大鼠的一种 G 结合蛋白受体的同源性最高。不仅如此，mas 和 mrg 两种基因在功能上还有一定的相似性。除 mas 和 mrg 外，c-kit 也是一个缺乏激酶活性的受体蛋白类癌基因。下面对 mas、mrg 和 kit 分别进行介绍。

第一节　癌基因 mas

癌基因 mas 是无激酶活性的受体蛋白类癌基因的一个典型代表。从功能上来看，mas 基因的表达产物是一种血管紧张素的受体蛋白，并参与心血管系统及中枢神经系统钙离子代谢的调节。

一、mas 基因的结构

癌基因 mas 是应用基因共转染和致瘤性分析方法进行克隆的。从人的皮肤癌细胞中提取 DNA，与含有新霉素抗性基因的重组表达载体质粒 pkoneo 共转染小鼠成纤维细胞 NIH 3T3。转染的细胞以新霉素的类似物（G418，Geneticin）培养基进行筛选，克隆的细胞再移植到免疫系统不全的裸鼠体内。在一项实验中，6 个接种转染 NIH 3T3 细胞的裸小鼠，只有一个出现瘤灶。这种“原发”（primary）肿瘤是接种转染的 NIH 3T3 细胞 4 周后才形成的。将这种“原发”的肿瘤细胞接种到裸小鼠体内，2 周内又形成“继发”（secondary）肿瘤病灶。重复上述操作，第三次形成肿瘤时，从中制备 DNA，并构建基因组 DNA 文库（library）。使用的载体是黏粒载体（cosmid vector）pHC79。从正常人细胞中制备 DNA，标记后做探针，对黏粒载体文库进行筛选，去除不与正常人细胞中核苷酸序列重叠的克隆。杂交阳性的基因克隆中说明含有人的核苷酸序列。应用限制性酶谱（restriction mapping）和 Southern blotting 杂交技术，发现了一段 22kb 的人的核苷酸序列，两侧则为小鼠的核苷酸序列。将含有这段 22kb 核苷酸序列的黏粒载体与 pkoneo 共转染 NIH 3T3 细胞，体外经 G418 筛选，再将其移植入裸小鼠体内，16 天内可形成瘤灶。这一瘤灶与人 H-ras^{Val12} 癌基因转化的 NIH 3T3 移植形成的瘤灶有所不同。H-ras^{Val12} 是从 T24 膀胱癌细胞系中以类似的策略分离到的癌基因。因此，认为这段 22kb 的核苷酸序列中含有可使正常细胞发生恶性转化的基因，即一种或多种癌基因。

为了从该段 22kb 的核苷酸序列中确定癌基因的范围，将其以各种限制性内切核酸酶进行酶切消化，并进行亚克隆（subcloning），同时应用上述 NIH 3T3 细胞转染及裸鼠体内移植的方法进行研究。结果表明,以 *Eco*R Ⅰ进行酶切以后,此基因的恶性转化能力随即消失,提示恶性转化基因中至少存在着一个 *Eco*R Ⅰ酶切位点。相反,以 *Sma*Ⅰ或 *Xho*Ⅰ酶切以后,并不影响基因的恶性转化功能,提示这一癌基因片段中没有这两种限制性内切核酸酶的酶切位点。*Sma*Ⅰ和 *Xho*Ⅰ酶切消化以后产生一段7.3kb的核苷酸序列,其中含有单一的 *Eco*R Ⅰ酶切位点,将这段7.3kb的基因片段亚克隆到pUG8中,称为pMS422克隆。

从人的正常细胞及恶性转化细胞中提取DNA,以 *Eco*R Ⅰ进行酶切消化,可见两种细胞来源的 *Eco*R Ⅰ DNA片段的大小和数量均不相同,表明这种癌基因在肿瘤细胞中发生了基因重排和基因扩增。重排是多种癌基因激活的一个重要机制。以该癌基因作为探针,从人胎盘的黏粒DNA文库中筛选到相应的基因片段。将癌基因与正常细胞中相应的DNA片段进行比较,发现癌基因的5′非编码区中 *Eco*R Ⅰ与 *Hpa* Ⅰ酶切位点之间的一段核苷酸序列有较大差别。在癌基因的这段核苷酸序列中有一个断裂点(break point)。这一癌基因即称为mas。mas基因中的断裂点虽然并未位于mas基因的编码区,但却位于mas使NIH 3T3发生恶性转化时所必需的基因结构区。将与mas癌基因相对应的人正常细胞中的基因片段,通过上述标准的细胞转染和细胞移植方法,均没有证据表明其具有使正常细胞发生恶性转化的能力,甚至移植后第4周也未见到瘤灶的形成。但利用基因共转染技术及肿瘤形成能力实验,尽管需更长的时间,却能见到瘤灶的形成,说明mas癌基因所对应的正常细胞中的核苷酸序列也具有较弱的恶性转化能力。

癌基因mas与其所对应的正常细胞中的基因序列之间唯一差别就是在5′端非编码区的基因重排。为了证实这一段DNA的基因重排是否是mas癌基因激活的一个重要原因,将癌基因mas的5′端非编码区与相应正常基因的编码区重组,形成一个杂种克隆,称为pGW34。这种杂种克隆与癌基因mas的恶性转化作用是相似的,表明5′端非编码区的基因重排是癌基因激活的重要机制。因为这一基因重排的位点位于编码区之外,因此,mas基因使正常细胞发生恶性转化只是因为这种Mas蛋白的表达量有显著改变的缘故。

以癌基因mas的基因组DNA片段作为探针,从恶性瘤灶的cDNA文库中克隆了mas的cDNA。这一cDNA序列中含有一个完整的开放读码框架(open reading frame,ORF),长度为975bp,编码的Mas蛋白由325个氨基酸残基组成。

二、mas基因的转录物

癌基因mas的转录物长度约为2.5kb。在编码区的起始密码子ATG上游12bp处有一个终止密码子TGA,这与ORF的框架结构一致。应用S1核酸酶保护实验(S1 nuclease protection assay)证实ORF的ATG上游还有一段45个核苷酸的序列。说明该序列要么是mas mRNA的转录起始位点(transcription initiation point),要么是一个剪切位点(splicing point)。对恶性转化细胞及正常细胞中的mas转录物进行比较分析,没有发现特殊的差别,因而表明不同细胞中编码的Mas蛋白实际上是相同的,只是蛋白质的表达水平不同。

三、mas基因的编码产物

mas基因的编码产物由325个氨基酸残基组成,应用Kyte和Doolittle的方法对这一蛋白质的亲水性进行分析,结果表明其氨基末端的7个氨基酸残基是疏水性的。这一蛋白质分子由 7 段跨膜区和 7 段亲水区组成。每一段疏水区都被一段亲水区所分隔,亲水区又折叠成 β 片层二级结构。Mas 蛋白的氨基末端和羧基末端都是疏水性的。这一分析结果支持 Mas 蛋白是一种具有多个跨膜结构域的整合型膜蛋白。但在 Mas 蛋白分子中,其氨基末端并不存在一段信号肽序列结构。在 Mas 蛋白分子中,第 5、第 16、第 22 和第 272 4 个位点上分布着潜在的 *N*-糖基化位点,即 Asn-X-Thr/Ser 三肽序列。前 3 个潜在的糖基化位点集中在氨基末端的一段亲水区内,第 4 个潜在的糖基化位点则位于第 7 个疏水结构区内。Mas 蛋白的一级结构及二级结构的预测如图 5-1 所示,从图中可见 α 螺旋和 β 片层的结构有序排列。

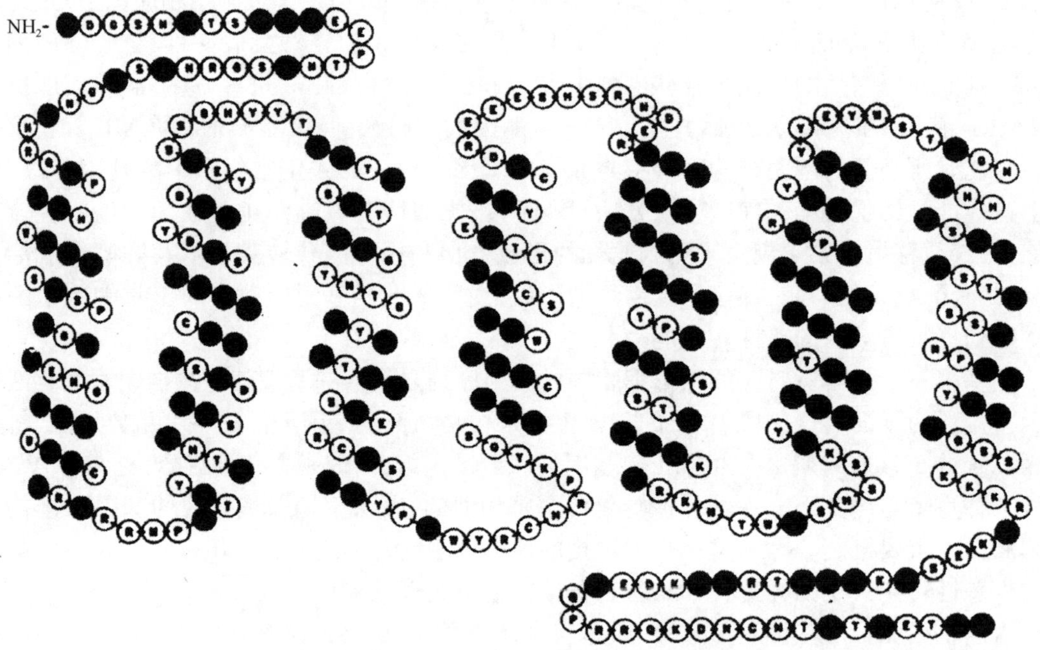

图 5-1 Mas 蛋白的一级结构及二级结构的预测

四、mas 基因组的染色体定位

Rabin 等应用原位杂交技术将人的 mas 基因组定位于 6q24—q27。在人的染色体上,与 mas 基因相邻的基因有 TCP1、TCP10、IGF2R、SOD2 和 PLG 等。在小鼠的基因组中也存在着与上述基因同源的基因,分别为 TCP-1、TCP-10、IGF2R、SOD-2 和 PLG。这些小鼠的基因分布于小鼠 17 号染色体上的 MMU17 位点附近。因此,小鼠的 mas 基因定位于 17 号染色体上的 MMU17 位点上并不奇怪。

五、mas 基因的亲代印迹

在其他类型的脊椎动物中还可以观察到单性生殖的现象,但哺乳动物的发育则依赖于来自双亲的遗传性征。哺乳动物的单性生殖之所以不能进行,是因为某些基因的表达受到表观遗传修饰(epigenetic modification),或称之为亲代印迹(parental imprinting)。这些具有亲代印迹性质和特点的基因，不仅是亲代印迹的决定因素和机制，而且对研究和了解哺乳动物的胚胎形成、人类疾病的发生及有性生殖的进化等具有十分重要的意义。Villar 等以胰岛素生长因子 D 型（IGF2）受体，即 IGF2R 的基因为标准，研究了 mas 癌基因的亲代印迹。IGF2R 基因位于小鼠的 17 号染色体上，与 mas 基因的位点相距不远。已知 IGF2R 的两个等位基因中只有母源的等位基因具有表达功能，但这一位点的附近区域是否还存在着其他的亲代印迹基因尚不十分清楚。以不同种系杂交小鼠中 mas mRNA 的表达情况，研究小鼠 mas 基因是否具有亲代印迹的性质和特点。*Mus musculus* 和 *M. spertusallowed* 两种不同种系小鼠的 mas 基因的限制性片段长度多肽性（restriction fragment length polymorphism，RFLP）完全不同，可以很容易区别，因此，利用特定基因型的雄性与雌性小鼠进行杂交，其后代的 mas 基因表达产物来源于哪一方，很容易鉴定。

研究结果表明，母源 mas 等位基因的表达，仅限于少数几种特定的组织，从而其表达活性处于受抑制的状态。为了确定 mas 等位基因的表达情况，从孕期为 11 天、13.5 天及新生 1 天小鼠的不同组织中制备 mRNA，对母源和父源的 mas 基因的表达进行鉴定。首先以反转录聚合酶链反应（RT-PCR）技术对 mas 基因的表达产物进行特异性扩增，再以不同限制性内切核酸酶进行酶切消化，依据 RFLP 的特性，判断 mas 基因是父源的、母源的还是混合型的。孕期 11 天和 12.5 天的杂交一代胚胎组织中，mas 基因表达产物的 PCR 扩增产物在头、躯干及内脏卵黄囊中都表现为父源印迹，而母源 mas 等位基因的转录处于无活性状态。13.5 天之后的胚胎，这种亲代印迹特征的表达仅限于某些特定的组织中。在这一特定的发育阶段之后，mas 基因 PCR 扩增产物的 RFLP 特点表现为另一种形式，即肝、脑、躯干中 mas 基因的表达来源于双亲的等位基因。但此时心脏、舌头及内脏卵黄囊中 mas 基因却只有单一的父源等位基因的表达。出生 1 天的第一代杂交小鼠各种组织中 mas 基因表达的亲代印迹特征与 13.5 天的胚胎类似，脑、肝脏、肺、肾脏和脾脏中为双源等位基因的表达，但心、骨骼肌及舌头中仅为父源 mas 等位基因的表达。以同样的杂交种系小鼠及同样发育阶段的组织，对 IGF2R 基因进行的研究，也进一步证实了这种亲代印迹现象的存在。

癌基因 mas 表达的亲代印迹现象也在回交（backcross）一代小鼠各种组织中 mas 基因的表达情况中得到了证实。以 F_1 代雌鼠与其雄性亲鼠回交，对各个不同发育阶段及各种组织中 mas mRNA 表达的亲代进行分析，以探讨 mas 父代等位基因表达的现象是否是 F_1 代所特有的一种现象，并探讨父源 mas 基因通过子代雌性生殖细胞传递后是否又受到抑制。首先，对于回交 F_1 代的 IGF2R 母源等位基因的表达情况进行研究，以探讨回交 F_1 代中是否具有 F_1 代雌鼠传递而来的 mas 等位基因。具有来自父源 *M. musculus* 系小鼠 IGF2R 基因的小鼠，推测也具有来自 *M. musculus* 父源的 mas 基因。孕期 13.5 天的胚胎及刚刚出生的小鼠，在多种组织中可以观察到来源于双亲的等位基因的表达，根据 mas 等位基因表达的特点可以鉴定出杂合子小鼠的存在。IGF2R 等位基因特异性表达的平行分析表明，在 16 个回交的子代小鼠中均未见到 IGF2R 基因发生重组的证据。对回交后代小鼠中 mas 基因的等位基因特异性表达分析证明了来自母源（此处是 *M. spretus* 雌鼠）的 mas 基因总体而言是处于抑制状态的。第 11 天和第 12.5 天胚胎的头、躯干及内脏卵黄囊中母源 mas 等位基因的表达都处于抑制状态。但在此后的发育阶段，心脏、骨骼肌和舌中 mas 基因的表达虽然可以保持 mas 基因表达的亲代印迹特征，但其他类型组织中 mas 基因的表达却呈父源、母源两种 mas 等位基因都具有表达活性的特征。

六、mas 基因的表达水平与组织细胞特异性

mas 基因的 mRNA 转录不仅具有明显的组织细胞特异性，而且其 mRNA 表达水平也受到严格的调控。研究证明，发育中的大鼠中枢神经系统中有 mas mRNA 的表达，特别是在海马回中具有较高水平的 mas mRNA 表达，在大脑皮质和丘脑中也有较低水平 mas mRNA 的表达。Villar 等应用定量 RT-PCR 技术，以出生第一天大鼠脑中 mas mRNA 转录表达为基准，对其他几种组织中 mas mRNA 的表达水平进行了研究。孕期为 13.5 天的胚胎中，脑中 mas mRNA 的表达水平如果定位在 100%，头、躯干及内脏卵黄囊中 mas mRNA 的相对转录表达水平分别为 170%、132% 和 111%。出生后第 1 天，肝脏、心脏及骨骼肌中 mas mRNA 的转录表达水平分别为脑中 mas mRNA 转录表达水平的 35%、128% 和 220%。

在胚胎发育第 13.5 天之后，mas 基因的亲代印迹现象在不同组织中具有不同的表现形式。以已知量的 *Mus. musculus* 和 *M. spertusallowed* 小鼠的 mas mRNA 作为参考模板，通过竞争性 RT-PCR 技术对母源 mas 基因的等位基因转录表达水平进行了研究。每一个样品中母源 mas 基因转录物的相对量是指 mas mRNA 占总 mas mRNA 的比例，即母源 mas 基因转录物占总 mas 基因转录物的比例。结果表明，F_1 代中母源 *Mus. musculus mas* 等位基因的表达活性占总 mas 基因表达活性的 20%，在回交 1 代中母源 *M. spertusallowed* 小鼠 mas mRNA 的转录水平也是总 mas mRNA 转录水平的 20%，说明母源 mas 等位基因的表达活性是双亲双等位基因表达活性的 1/4。因此，大鼠中 mas mRNA 转录的来源虽是双亲的等位基因，但两者的表达水平和表达活性还存在差异，提示 mas 基因的转录仍具有亲代印迹的特征。应用 RNase 保护法对孕期 11.0 天和 12.5 天胚胎中 mas 基因 mRNA 的表达水平进行了研究，这两个孕期时间点上 mas 基因的转录水平，分别为成年大鼠脑中 mas mRNA 表达水平的 57% 和 76%。因此，胚胎期 mas 基因的表达水平仅为出生后表达水平的 2/3。

Young 等克隆了大鼠的 mas 基因，并对大鼠 mas 基因在各种不同组织中的表达进行了研究，发现其在大鼠脑中的海马回和大脑皮层中具有高水平的表达。为了提高 mRNA 检测的灵敏度，他们应用了一种敏感的 RNA-RNA 杂交技术，即以体外转录并标记的 RNA 片段作为探针，对细胞中 mRNA 的转录水平进行检测，这种方法可以检测出每个细胞中 1 个拷贝的 mRNA 的转录表达。将 mas 基因片段以反方向重组到带有 SP6 启动子的下游，以 SP6 RNA 多聚酶、体外转录便可制备反义 RNA（antisense RNA）探针，之后与大鼠中的总 RNA 进行杂交检测，未能与反义 RNA 探针进行结合的 mas 及其他类的 RNA 分子仍然呈单链状态，经 RNase 处理便被消化，但与反义 RNA 探针结合的 mas 基因转录物，则不被 RNase 消化，因为 RNase 仅消化处于单链状态的 RNA 链。结果表明，大鼠的脑中具有 mas 基因的转录，但大鼠的胰腺、小肠、心脏、脾脏、肾脏、骨骼肌、皮肤及肝脏中却没有 mas 基因的转录表达。为了进一步区分表达 mas 基因组织的定位，对不同部位脑组织中的 mas mRNA 进行了类似的检测，证明大脑海马回中是 mas 基因表达水平最高的结构部分，大脑皮质中 mas 基因的表达水平是海马回中的 1/3，但在下丘脑、纹状体、延髓、小脑及中脑中则几乎没有 mas 基因的表达。

Bunnemann 等对大鼠脑中癌基因 mas 的表达也进行了研究。应用原位杂交技术，以放射性核素标记的 cDNA 探针，对 mas 基因的 mRNA 进行了亚细胞定位研究。结果表明，前脑神经元细胞群中有选择性的 mas 基因的表达，齿状回区有较高水平的 mas mRNA 的转录表

达,而海马回 CA3 和 CA4 两个区域的转录表达水平最高。Martin 等对大鼠脑中 mas 基因的表达以及各种发育调节现象进行了研究,应用原位杂交、组织化学及 RNase 保护法,证明了发育中的大鼠和成年大鼠的中枢神经系统中某些部位的神经元细胞群有 mas 基因的转录表达。在成年大鼠的中枢神经系统中,海马回锥体细胞和齿状回颗粒细胞 mas 基因转录的 mRNA 含量最高,大脑皮质和丘脑中也有低水平 mas mRNA 的转录表达。从发育过程中的动态变化来看,出生后的第一天,大鼠的中枢神经系统中首次出现 mas 基因的转录表达。即使在这一中枢神经系统发育的早期阶段,mas 基因转录表达的方式和特点也与成年大鼠中枢神经系统中的相同。尽管在出生后的第一天,大脑齿状回区的大多数神经元尚未产生,海马回的 CA 区正在发生迁移及突触形成,但这里的细胞群中已有 mas 基因的转录表达活性。mas 基因这种在大鼠的中枢神经系统中固定的表达方式,表明 mas 基因表达在海马回神经细胞发育及与其他类型细胞形成正常联系的过程中具有十分重要的意义。

从 mas 及其编码产物的结构上来看,Mas 蛋白与Ⅱ型和Ⅱ型血管紧张素进行结合,因而将 mas 癌基因蛋白归属于血管紧张素的受体蛋白类。Bunnemann 在发现了 mas 基因在大鼠中枢神经系统表达的基本特征之后,对大脑中肾素-血管紧张素系统的定位及其意义进行了研究。应用原位杂交、免疫组织化学及受体放射自显影技术对血管紧张素原 mRNA、mas mRNA 及血管紧张素Ⅱ(AngⅡ)和 AngⅡ受体进行了定位研究。结果表明,上述基因的表达分布广泛,不限于与心血管控制有关的大脑结构区,而是见于其他各种功能不同的区域,表明 Mas 多肽的表达及血管紧张素多肽的表达可能还具有其他类型的功能。其分布的特点说明 mas 癌基因蛋白与血管紧张素原、肾素、血管紧张素原转换酶的分布密切相关,但又不完全一致。“空间传递”(volume transmission)模型可用于解释这种不完全重叠的现象。从这一点上来说,血管紧张素多肽片段与 mas 癌基因蛋白之间的相互作用,从功能上是脑中肾素-血管紧张素系统功能的延续或分支,也进一步提示中枢神经系统中肾素-血管紧张素系统的复杂性。

Mtzger 等从小鼠的基因组文库中筛选到小鼠的 mas 基因,并对小鼠 mas 基因的表达及分布特征与大鼠 mas 基因的表达及分布特征进行了比较。结果表明,小鼠的 mas 编码基因序列中未见到有插入序列。在小鼠的 mas 癌基因蛋白中,也证实了 7 段跨膜结构。从其蛋白质的一级结构上来看,小鼠的 mas 癌基因蛋白与人和大鼠的 mas 癌基因蛋白的同源性达 91% 及 97% 。在小鼠和大鼠体内,其睾丸、肾脏、心脏及脑部的海马回、前脑及大脑皮质等结构中都有 mas 基因的表达活性。在发育过程中,大鼠睾丸组织中 mas 基因的表达水平具有显著的增加,出生之后,小脑中 mas 基因的表达水平也很高,但发育后期则全部消失。因此,mas 基因的表达产物可能与脑及睾丸的发育过程有着极为密切的关系。Dieguez 等设计了聚合酶链反应(PCR)的引物,分别对人(5′-GTTGTTGAGCAACCCACGAACATC-3′和 5′-GACGACAGTCTCAACTGTGACCGT-3′)和大鼠(5′-CAGATGTCACCGCCCCAAGCA-3′和 5′-GTGTTGCATTGCCCTCCTGA-3′)的 mas 基因进行扩增。结果表明,这些引物对 mas 基因的扩增具有较高特异性,在人和大鼠组织中扩增的 mas 基因片段分别为 947bp 和 533bp。如果从血小板中制备 PCR 扩增的模板,结果一直为阴性,但应用上述设计的引物和 RCR 操作流程却可以扩增出特异性的 mas 基因片段,并且以序列测定法得到了证实,因而断定血小板中没有 mas 基因的表达。

七、mas 癌基因蛋白的生物学功能

癌基因 mas 的 cDNA 克隆完成以后,对其编码的癌基因蛋白质的一级结构和二级结构进行了分析,并对同源蛋白的结构和功能进行了检索、分析和比较。Mas 蛋白是一种具有 7 段跨膜结构的蛋白质,这些跨膜结构的片段都是 α 螺旋结构。具有类似结构的蛋白质包括各种类型的视蛋白、α_1、α_2、β_1、β_2 肾上腺素受体及毒蕈毒碱受体蛋白等。另外还包括 5-羟色胺受体(5-HT_{1c}-receptor)及 K 物质(substance K)受体等。Jackson 等将人的 mas 基因 Bam HI/Nsi Ⅰ片段亚克隆到 pGEM-7zf(+)中,体外转录成 RNA,以微注射方法注射到爪蟾卵母细胞中,2～3 天后,注射 RNA 的爪蟾卵母细胞表现出一种新的特征。当向卵母细胞的培养基中加入Ⅰ型血管紧张素(angiotensin Ⅰ,AⅠ)、Ⅱ型血管紧张素(angiotensin Ⅱ,AⅡ)和Ⅲ型血管紧张素(angiontensin,AⅢ)时,可以诱导细胞内形成电流,而且这种电流的强度是血管紧张素依赖性的。但向卵母细胞培养系统中加入缓激肽以及其他一系列不同的多肽时,则不能诱导细胞内形成电流。因而推测 mas 基因的表达产物可能与各种血管紧张素的作用有关,可能是作为一种血管紧张素的受体,介导细胞外的信号刺激。同样浓度的血管紧张素对爪蟾卵母细胞的刺激强度不同,即 AⅢ≥AⅡ≥AⅠ。血管紧张素对这种 mas 基因转导的爪蟾卵母细胞的刺激作用,可被 P 物质(substance P)这种广谱的多肽拮抗剂(D-Arg^1、D-Pro^2、D-$Trp^{7,9}$、Leu^{11})所阻断,而且这种抑制作用是可逆的。具有血管紧张素拮抗剂结构(Sar^1、Val^5、Ala^8 或 Sar^1、Val^5)的多肽却没有阻断作用。上述两种血管紧张素拮抗剂结构的多肽可以延迟 mas 基因转导的爪蟾卵母细胞对血管紧张素的应答,对三磷酸肌醇酯介导的钙对内源性氯离子通道的激活过程也具有一定的影响。这一结果说明,注射入爪蟾卵母细胞中的 RNA,可以编码一种血管紧张素敏感性的受体,使内源性肌醇脂与 Ca^{2+} 的流动偶联。5-羟色胺(serotonin)及 K 物质的转基因表达也得到类似的结果。

将人的 mas 基因导入神经细胞系 NG115-401L 中,以有限稀释法对转化的细胞系进行克隆,对 mas 基因编码产物的功能进行了研究。利用转导的神经细胞对血管紧张素的应答,对细胞的转导进行了鉴定。没有转染 mas 基因的 NG115-401L 细胞系检测不到 mas 基因的转录表达,而以基因转导的细胞系,不仅可以检测到 mas 基因的转录活性,而且对其培养基中的血管紧张素也具有剂量依赖性的应答。因此,对初步转染的细胞以含有新霉素类似物 G418(Geneticin)的培养基进行培养,是一种选择过程,也是一种鉴定过程。同时,观察其对培养系统中的血管紧张素反应,同样可以达到筛选和鉴定的目的。通过上述途径,筛选出了一个细胞克隆,定名为 401L-C3,其既有 mas 基因的转录表达和 G418 的抗性,又有对血管紧张素的应答性。以 0.35kb 的 mas 基因探针,证实 401L-C3 细胞中有 2.4kb 大小的 mas 基因转录物的表达。经血管紧张素刺激之后,细胞内的 Ca^{2+} 浓度上升,而且呈剂量依赖性的特征,对不同血管紧张素的应答敏感性与爪蟾卵母细胞一样,即 AⅢ≥AⅡ≥AⅠ,表明这种药理学特征是由受体蛋白,即 mas 基因表达产物决定的。将 401L-C3 细胞对Ⅱ型血管紧张素及缓激肽的应答过程进行比较,发现其最大应答峰值,即细胞内 Ca^{2+} 升高的幅度是相似的,但动力学参数并不同,以Ⅱ型血管紧张素刺激 401L-C3 细胞后细胞内 Ca^{2+} 浓度升高峰值出现的时间较缓激肽刺激 401L-C3 细胞后细胞内 Ca^{2+} 浓度升高峰值出现的时间要延迟 5～15s。以缓激肽预处理 401L-C3 细胞,可以取消其对血管紧张素的应答,但以血管紧张素预处理 401L-C3 细胞,只是减弱了细胞对缓激肽的应答,并不能完全取消应答。mas 基因转导

的细胞系，如401L-C3，对血管紧张素及缓激肽的应答，与爪蟾卵母细胞对血管紧张素及缓激肽的应答一样，可以被多肽受体拮抗剂所阻断。但这种多肽受体拮抗剂却不能阻断细胞对缓激肽的应答。这是401L-C3细胞和爪蟾卵母细胞对血管紧张素及缓激肽应答过程的一个显著区别。401L-C3和爪蟾卵母细胞对血管紧张素及缓激肽应答的不同还表现在对佛波乙酯处理应答的不同。以12-*O*-四癸酰沸波-13-乙酸盐（12-*O*-tetradecanoyl-phoRBol-13-acetate，TPA）处理401L-C3细胞或爪蟾卵母细胞，可以减弱其对Ⅱ型血管紧张素的应答，但却不影响其对缓激肽的应答。这一结果说明，PKC可以直接作用于mas基因的编码产物，或对其信号转导系统的蛋白质，如G蛋白产生影响。血管紧张素受体介导的信号传递要通过G蛋白，但缓激肽受体介导的信号传递不需要有G蛋白的参与。

从上述实验结果可以看出，mas基因蛋白的生物学功能之一便是作为一种特殊类型的血管紧张素的受体，通过G蛋白的信号转导系统，对细胞内Ca^{2+}浓度进行调节，其作用机制与缓激肽的作用机制大致相同，可以被多肽受体拮抗剂所阻断。McGillis等将人的c-mas癌基因导入猴肾COS-7细胞中，研究mas基因的暂时表达对细胞中Ca^{2+}浓度的调节效应。将人的mas cDNA片段亚克隆到pCDM8表达载体中，使mas基因在强启动子巨细胞病毒（cytomegalovirus，CMV）早期即刻启动子的指导下进行表达。以斑点杂交技术证实了将人mas基因转染并且获得表达。以100nmol/L浓度的Ⅱ型血管紧张素处理转染的COS-7细胞，其应答幅度为其对同浓度肾上腺素应答的30%。肾上腺素可以刺激COS-7细胞的内源性受体，因此可以将肾上腺素的刺激作为参照。COS-T细胞对Ⅱ型血管紧张素和肾上腺素的不同应答方式，反映了细胞表面血管紧张素受体数目的不同。未转染的COS-7细胞对肾上腺素刺激的应答与转染的COS-7细胞是一样的，但对Ⅱ型血管紧张素的应答却没有观察到。因为未转染的COS-7细胞膜上没有血管紧张素受体蛋白的存在。

癌基因mas对细胞膜上缺乏血管紧张素受体细胞的特异性，可以改变其对培养体系中血管紧张素的应答，即mas基因的表达产物作为一种类型的血管紧张素受体，使其对血管紧张素的刺激变得敏感，并通过蛋白质的信号转导，对细胞内Ca^{2+}浓度具有调节作用。Ambroz等将人mas基因导入细胞膜上已经存在血管紧张素受体的细胞中，也可以提高其对血管紧张素刺激的应答。

TPA是一种肿瘤促进剂（tumor promoter）。Jackson等对TPA在mas介导的细胞内Ca^{2+}浓度变化的研究中发现，TPA可以抑制mas基因转导的神经细胞系中mas癌基因蛋白诱导的磷酸肌醇的产生以及细胞内Ca^{2+}浓度的上升。401L-C3是mas基因转导的细胞系，具有Mas蛋白的表达能力。将掺入[^{3}H]-肌醇标记的401L-C3细胞，分别以Ⅰ型血管紧张素、Ⅱ型血管紧张素或Ⅲ型血管紧张素进行刺激后，可以导致细胞内磷酸肌醇的累积，使其浓度显著升高。以细胞内Ca^{2+}浓度升高的幅度作为一个指标，Ⅲ型血管紧张素和Ⅱ型血管紧张素的作用强度比Ⅰ型血管紧张素高得多。以Ⅱ型血管紧张素进行刺激，细胞内磷酸肌醇的累积程度表现为血管紧张素依赖性。以200nmol/L浓度的TPA预处理401L-C3细胞5min，对细胞内磷酸肌醇的基础水平没有显著影响，但却使100nmol/L浓度的Ⅲ型血管紧张素对细胞内磷酸肌醇浓度的累积作用完全消失。TPA的这种作用具有mas/血管紧张素受体特异性，因为以200nmol/L浓度的TPA对401L-C3细胞进行预处理，对缓激肽引起的细胞内磷酸肌醇的累积没有任何影响。以细胞内的Ca^{2+}浓度作为观察指标，也得到了类似的结果。以Ⅱ型血管紧张素刺激401L-C3细胞，细胞内Ca^{2+}浓度逐渐上升，其峰值为基础Ca^{2+}浓度的

8 倍以上,大约 60s 之后,细胞内的 Ca^{2+}浓度又恢复到原来的基础水平。以 200nmol/L 浓度的 TPA 对 401L-C3 细胞预处理 5min,对细胞内 Ca^{2+} 浓度的基础水平没有影响,但以 100nmol/L 的Ⅱ型血管紧张素处理以后,所能达到的 Ca^{2+}浓度的峰值幅度却显著下降。以Ⅱ型血管紧张素刺激 401L-C3 细胞,导致细胞内磷酸肌醇的累积和细胞内 Ca^{2+}浓度的升高,这种现象不但在体外转导的细胞系中能够观察到,在原代培养的动脉平滑肌细胞、肾间质细胞等表达内源性血管紧张素受体的细胞中也得到了证实。内源性血管紧张素受体对Ⅱ型血管紧张素的刺激应答过程,也是一种 PKC 激活过程。在肾脏的间质细胞中,血管紧张素受体本身即是 PKC 作用的靶分子之一。而且,mas/血管紧张素受体蛋白分子结构中存在着 PKC 潜在的磷酸化位点,也支持 PKC 在 Mas/血管紧张素受体介导的信号传递及生物学作用的调节过程中具有十分重要的作用的观点。

八、mas 基因的激活与恶性转化作用

癌基因 mas 的克隆,最初是通过 mas 基因使正常的成纤维细胞发生恶性转化的作用而实现的。因而 mas 基因及其编码产物在正常细胞的恶性转化过程中具有一定的作用。对正常细胞及肿瘤细胞中表达的 Mas 蛋白的一级结构进行比较分析,没有发现明显的差别。正常细胞和肿瘤细胞中癌基因 mas 的编码基因区是相同的,所不同的是其编码区的上游部分,即 5′端非编码区。与 mas 基因转录与翻译有关的调节基因序列,如控制 mas mRNA 转录的启动子基因区等,位于此区,因而推测 mas 基因调控区的变化,改变了 Mas 蛋白的表达水平,从而使正常情况下低水平表达或不表达的 mas 基因激活。因此,Mas 蛋白的恶性转化作用是其重要的生物学作用的组成部分,mas 基因表达激活是其致正常细胞恶性转化的重要机制。

mas 基因的产物作为一种血管紧张素的受体蛋白,还具有较强的促有丝分裂活性。结合 mas 基因表达产物在中枢神经系统中的特殊分布,认为至少某些神经多肽具有生长因子样的作用,对中枢神经系统的发育具有十分重要的作用。在某些条件下,肌醇脂(inositollipid)信号转导系统的异常调节,足以诱导肿瘤的形成。从人 mas 基因的定位来看,mas 基因所定位的人 6 号染色体上的这段区域,与神经母细胞瘤及其他肿瘤的发生有关,是一个所谓的“脆性位点”(fragile site)区。有关 mas 癌基因激活的详细过程,至今仍知之甚少。早期的研究证明,Mas 蛋白本身即具有致肿瘤作用。mas 基因 5′端非编码区的基因重排(gene rearrangement)是 mas 基因表达激活的重要机制之一。另外,mas 基因对 NIH 3T3 细胞的恶性转化能力很弱,但以 mas 基因转导的小鼠 NIH 3T3 细胞接种免疫系统缺陷的裸鼠却形成了肿瘤病灶,提示 mas 基因转录的细胞在体内形成肿瘤的能力,不仅与 Mas 这种血管紧张素受体蛋白的表达有关,而且更与整体动物体内血管紧张素的刺激作用有关。

利用肿瘤形成实验,不仅发现了 mas 癌基因的激活现象,而且还发现了基因重排是 mas 基因表达激活的一个重要方式和机制。从单核母细胞系肿瘤细胞中提取 DNA,克隆到表达载体中,与一种选择标志的基因共转染小鼠成纤维细胞系 NIH 3T3,再进行裸鼠移植,筛选与肿瘤形成有关的基因。以 Southern blot 杂交技术,从第 4 代形成的瘤灶中筛选到 2kb 的 mas 基因。将这一段癌基因序列结构与正常人胎盘 mas 基因进行比较,发现有基因重排和基因扩增现象。对肿瘤细胞及正常人胎盘中的 mas 基因的限制性内切核酸酶图谱进行分析比较,证实基因重排这一现象的存在。发生基因重排的位点位于 mas 基因的 5′端非编码区

中 *Hpa*Ⅰ 酶切位点，而且在 mas 编码基因的下游约 4kb 处，mas 基因的 3′端发现有一处断裂点。在这两种基因重排的情况下，mas 基因的编码区尚可保持其完整性。以 Norhern blot 杂交技术从肿瘤细胞中可以检测到大小为 3. 3kb 的 mas mRNA。然而，Young 等检测到的正常细胞中的 mas mRNA 大小为 2. 5kb。在其他类型的人髓细胞白血病细胞系，如 K562、HEL 或 Rc2a 中都没有检测到任何大小 mas mRNA 的转录表达。在正常细胞中也未检测到 mas mRNA。因此，难以断定正常 mas 转录物的过表达可以导致正常细胞的恶性转化，也难以肯定 5′端非翻译区的基因重排，改变了 mas 基因转录产物的剪切方式，从而生成异常大小的 mas 转录物是其致肿瘤蛋白表达的重要机制。

对 NIH 3T3 细胞的转染及肿瘤形成能力的分析，从人的上皮细胞肿瘤、卵巢癌及急性白血病细胞中都分离到了活化的 mas 肿瘤基因。将这 3 种肿瘤细胞中克隆的人 mas 基因与人胎盘中正常的 mas 基因进行比较，都发现在 5′端非翻译区有基因重排的现象，而其蛋白质编码区尚能保持完整。但对人的原代皮肤肿瘤、卵巢癌及急性白血病细胞进行分析，均未发现 mas 基因的重排现象。这种基因重排与恶性肿瘤的发生之间有着明显的相关性，因为导致这种基因重排的生物因素与肿瘤的发生密切相关，而且由于基因重排而造成的染色体结构的不稳定性是肿瘤细胞中一种常见的现象。正常的 mas 基因如果处于过表达状态也足以诱导正常的 NIH 3T3 细胞的恶性转化。如果 mas 基因重排恰好与一种增强子样元件(enhancer-likeelement)相邻，mas 基因也可以被激活。van't Veer 等发现，肿瘤细胞中的 mas 基因与人基因组中 alphoid 重复序列发生重组，因而推测这一重组可能是 mas 基因被激活处于过表达状态的重要机制之一。以基因重组技术将 mas 基因与 alphoid 重复 DNA 序列重组，可以使 NIH 3T3 细胞发生恶性转化及肿瘤形成，而且 mas 基因只有与 alphoid 重复 DNA 序列发生重组之后，mas 基因才可得到扩增。van't Vee 等首先应用卵巢癌(ovarian carcinoma)细胞系 ovca 8416 的 DNA 进行常规小鼠成纤维细胞系 NIH 3T3 的转染及肿瘤形成能力的研究，从 4 株不同转录细胞中发现了激活的 mas 癌基因。因为癌基因蛋白的一级结构是癌基因活化的一个重要机制，因此，首先对激活的癌基因 mas 的编码区进行了分析，结果表明，激活的 mas 基因的编码区并没有改变，其编码的 mas 蛋白的一级结构也没有发生改变。因而排除了 mas 基因编码区突变造成 mas 基因激活的可能性。因此，认为 mas 基因的激活可能与编码区两侧的调控基因序列的改变有关。从卵巢癌细胞中克隆了 mas 基因编码区上游约 600bp 的序列，将其与正常的 mas 基因 5′端非编码区进行比较，也没发现不同之处，因而排除了 mas 基因编码区紧接着的一部分基因序列改变引起 NIH 3T3 细胞恶性转化的可能性。

经过分析发现，mas 基因的编码区以及与之近邻的非编码区无明显的改变，而导致 mas 基因激活并处于过表达状态的可能性还包括 mas 基因的整合重组位点恰巧位于恶性转化增强作用的序列附近。因此，对于 4 个恶性转化细胞克隆中的 DNA 序列进行分析比较，发现 mas 编码基因上游 2 ~ 3kb 的区域正是所谓的重组热点区。在 4 个恶性转化细胞克隆中，mas 基因的序列都相对集中在一段较短的基因序列范围之内。因而怀疑这一重组热点的周围存在着激活 mas 基因的序列。对该重组热点附近的 DNA 进行限制性内切核酸酶图谱分析，发现有 5 段不同的基因序列，提示几种不同的基因序列可能与 mas 基因的激活有关。从而初步断定 mas 基因的激活与其重组热点周围某些序列的作用有着极为密切的关系。

为了进一步研究与 mas 基因激活有关的基因序列的性质和功能，对 mas 基因上游序列的两个 PvuⅡ基因片段进行了研究。以这两段 DNA 为探针，与正常的人细胞及人卵巢癌细胞 t8416 的 DNA 进行杂交，表明这两段 DNA 可以识别含有 *Eco*RⅠ内切核酸酶位点的重复 DNA 序列，长度分别为 680bp 和 340bp。这一 DNA 片段的酶切图谱性质与人 α 卫星重复序列家族的特征一致。这些重复 DNA 序列的分布具有染色体的特异性，而且位于每一条染色体的中部，由 170bp 的单一序列重复而成。每一条染色体以 170bp 长度的 DNA 序列为单位，呈高度有序的排列方式。首先，对处于分裂中期的人淋巴细胞进行原位杂交，以鉴定染色体中与 mas 基因发生重组的重复序列。在高严谨条件下，以第一条和第二条长度分别为 680bp 和 340bp 的 DNA 片段为探针，准确地与 3 号染色体的中间部分进行杂交。其次，应用 Southern blotting 杂交技术分析发现以上探针可以与 2. 9kb、2. 55kb 和 1. 4kb 的 *Pvu*Ⅱ或 *Hin*dⅢ人的 DNA 片段进行杂交，这一高度有序的现象在转导的细胞株 8416D 中也可以观察到。这种 α 重复序列不仅在 8416D、NIH 3T3 细胞中存在，而且也见于其他 3 种细胞中。因此，mas 基因的激活过程，与 mas 基因与 α 卫星重复序列之间的重组之间有着极为密切的关系。

在 4 个互不相关的 mas 基因转导的 NIH 3T3 细胞系中，都证实了 mas 基因与 α 卫星重复序列之间的重组现象，而且这种重组现象与 mas 基因的激活和表达有关。如果 mas 基因与 α 卫星重复序列之间的整合具有特异性，那么不同情况下 mas 基因整合位点周期的 α 卫星重复序列的结构应具有相似的特点。将恶性转化的细胞 mas 基因周围的 α 卫星重复序列与正常细胞中相应的基因序列进行比较，发现恶性转化细胞中 mas 基因 3′端约 760bp 的基因片段，即第三片段（fragmentⅢ）与正常细胞中 mas 基因 3′端的第六片段（fragment Ⅵ）是一致的。但是，5′端的序列，恶性转化细胞与正常细胞之间则有较大的差别。序列分析表明，恶性转化细胞中 mas 基因 5′端获得的一段序列长度为 390bp，正如预期的那样，其性质是 α 卫星重复序列，大约为 2. 3 个单体序列的长度。与断裂位点紧密相邻的第三个单体的序列单位中的 66 个核苷酸与 3 号染色体上所能检测到的相关序列完全一致。这也进一步证实了 Southern blotting 杂交的结果。对断裂位点的结构序列进行分析，发现断裂位点位于两条链具有同源性的长度为 5bp 的一小段序列，即 CAGCA 序列中。因此，认为 CAGCA 这段双链同源的 DNA 片段与 mas 基因和 α 卫星重复序列之间的重组过程有关。因此，mas 基因的激活过程即为 mas 基因与 α 卫星重复序列在特定位点上进行的重组整合，上游来源于 α 卫星重复序列的基因片段，是对 mas 基因的表达进行异常调节的一种结果。

根据对恶性转化细胞中 mas 基因周围序列性质的分析，推断 mas 基因的激活与上游获得的 α 卫星重复序列的调节有关。van't Veer 等的研究利用基因重组和基因共转染技术，为 αDNA 序列可以直接导致 mas 基因的放大提供了直接的实验证据。用人正常细胞中的 mas 基因和正常细胞中 α 高度有序的重复序列，共转染正常小鼠成纤维细胞 NIH 3T3，根据转导细胞的形态学特征及细胞的生长密度，可以鉴定出已发生恶性转化的 NIH 3T3 细胞。随后，这些细胞可以在含有低浓度血清成分的培养基中生长。最后从中鉴定出 13 个恶性转化表型的细胞克隆，但 mas 基因或 α 卫星重复序列单独转染的 NIH 3T3 细胞中没有鉴定出具有恶性特征的细胞克隆。从恶性转化表型特征的细胞克隆中提取细胞 DNA，可以证实 mas 基因与 α 重复序列都得到了放大，也可以观察到 mas 基因与 α 卫星重复序列进行重组的现象。将 α 卫星重复序列重组到 mas 基因的上游，将这种表达质粒 DNA 转染小鼠成纤维细胞 NIH 3T3，再接种到裸鼠体内，可以观察到 NIH 3T3 细胞的恶性转化现象及瘤灶的形成。从而为

α卫星重复序列对mas基因的异常调节是mas激活的重要步骤的观点提供了具有说服力的直接实验依据。

第二节 癌基因mrg

癌基因mas克隆完成以后，就一直被作为无激酶活性的受体蛋白类癌基因的唯一代表。1990年，Ross等克隆了RTA基因。RTA是一种与G蛋白偶联的受体蛋白，与Mas的同源性可达34%，但RTA蛋白不与血管紧张素进行结合，将其mRNA注入COS-7细胞及爪蟾卵母细胞中，也不能改变这些细胞对培养体系中各种血管紧张素多肽的应答特点及电生理参数，因而排除了这种RTA蛋白作为一种血管紧张素受体的可能性。1991年，Monnot等克隆了一种新型的mas相关基因(mas-related gene，mrg)。这种mrg基因，不仅在结构上与mas、RTA具有相当的同源性，而且在功能上与Ⅱ型血管紧张素的功能调节有关。因而mrg是在结构、功能上与mas密切相关的癌基因类型。

一、mrg基因的结构和编码产物

Mas蛋白是一种具有7段跨膜多肽的特殊结构的分子类型，Monnot等以mas基因作为探针，从人的基因组文库中克隆了mrg基因。其全长为1134个核苷酸(nt)，与mas核苷酸序列的同源性为46%。mrg基因中含有一个完整的ORF，编码一种由378个氨基酸残基组成的多肽，计算分子质量为42 400Da。翻译起始密码子周围的序列结构符合Kozak保守序列的特点和规律。起始密码子上游有一个属于同一个ORF结构的终止密码子。在起始密码子上游约1kb的序列中还有20个ATG三联体结构，其中一些与Kozak保守序列相距很近。Mrg蛋白与Mas蛋白一级结构的同源性为35%。两个多肽分子中，从第二段细胞内环状结构开始到细胞内羧基末端片段开始之间的由26个/25个氨基酸残基组成的一段序列的同源性最高，达84%。Mrg蛋白分子具有一个由76个氨基酸残基组成的长氨基末端，此区有两个潜在的*N*-糖基化位点。整个Mrg蛋白分子中含有20个半胱氨酸(cysteine)残基，大部分位于疏水片段或细胞内环状区。与Mas蛋白分子进行比较，Mrg蛋白分子在高度保守的结构区仅有5个半胱氨酸残基，而在Mas蛋白相应的结构区具有9个半胱氨酸残基。在Mrg蛋白分子中一些位点的氨基酸残基是高度保守的，与已知的人受体蛋白超家族(superfamily)中的其他成员相比，Mrg蛋白分子高度保守的位点包括Leu115、Arg119、Arg171、Pro178、Trpl98、Phe272、Pro278、Asn309、Pro310、Ile312和Tyr313。

Mrg蛋白结构的一些特点提示Mrg蛋白是一种G蛋白偶联的受体。第一，利用Kyte等提出的方法，对Mrg蛋白377个氨基酸残基的疏水性进行分析，发现其中含有7段高度疏水区，长度分别为16~27个氨基酸残基；第二，与mrg基因家族的其他成员一样，Mrg蛋白中没有信号肽样结构；第三，在mrg基因组DNA序列中并没有内含子序列，这与一些G蛋白偶联的受体蛋白的基因组结构是一致的；第四，Mrg蛋白分子与一些G蛋白偶联的受体类在很多位点及结构区都有高度保守的氨基酸残基结构。Mrg、Mas和RTA 3种蛋白质一级结构的比较和分析如图5-2所示。为了更好地分析，在其蛋白质分子中引入了一系统的空档，以“-”表示。Mrg蛋白与另外两种蛋白质分子中同源的氨基酸残基则以“:”表示。其跨膜结构域以虚线标出。

```
RTA    MAGNCSWEAHSTNQNKMCPG
Mrg    MVWGKICWFSQRAGWTVFAESQISLSCSLCLHSGDQEAQNPNLVSQLCGVFL
Mas    MDGSNVT

RTA    MSEALELYSRGFLTIEQIATLPPPAVTNYIFLLL-CLCGLVGNGLVLWFFG
Mrg    QNETNETIHMQMSMAVGQQALPLNIIAPKAVLVSLC--GVLLNGTVFWLLC
Mas    SFVVEEPTNISTGRNASVGNAHRQIPIVHWVIMSISPVGFVENGILLWFLC

RTA    FSIKRTPFSIYFLHLASADGIYLFSKAVIAL-LNMG-TFLGSFPDY-VRRVS
Mrg    C-GATNPYMVYILHLVAADVIYLCCSAVGFLQVTLLTYHGVVFFIPDFLAIL
Mas    FRMRRNPFTVYITHLSIADISLLFCIFILSIDYALD-YELSSGHYY-TIVTL

RTA    RIVGLCTFFAGVSLLPAISIERCVSVIFPMWYWRRRPKRLSAGVCALLWLLS
Mrg    SP-FSFQ--VCLCLLVAISTERCVCVLFPIWYRCHRPKYTSNVVCTLIWGLP
Mas    SVTFLFGYNTGLYLLTAISVERCLSVLYPIWYRCHRPKYQSALVCALLWALS

RTA    FLVTSIHNYFCMFLGHEA-SGTACLNMDISLGILLFFLFCP-LMVLPCLALIL
Mrg    FCINIVKSLFLTYTKHVKAC------VIFLKLSGLFHAILSLVMCVSSLTLLI
Mas    CLVTTMEYVMCIDREEESHSRNDCRAVIIFIAILSFLVFTP-LMLVSSTILVV

RTA    HVECRARRRQRSAKLNHVVLAIVSVFLVSSIYLGIDWFLFWVFQIPAPFPEYV
Mrg    RFLCCSQQQKATR-VYAVVQISAPMFLLWALPLSVAPLITDFKMFVTTSY-LI
Mas    KIR-KNTWASHSSKLYIVIMVTIIIFLIFAMPMRLLYLLYYEYWSTFGNLHHI

RTA    TDLCICINSSAKPIVYFLAGRDKSQRLWEPLRVVFQRALRDGAEPGDAASST
Mrg    S-LFLIINSSANPIIYFFVGSLRKKRLKESLRVILQRALADKPEVGRNKKAA
Mas    SLLFSTINSSANPFIYFFVGSSKKKRFKESLKVVLTRAFKDEMQPRRQKDNC

RTA    PNTVTMEMQCPSGNAS
Mrg    GIDPEQPHSTQHVENLLPREHRVDVET
Mas    -NTVTVETVV
```

图 5-2　Mrg、Mas 和 RTA 3 种蛋白质一级结构的比较和分析

二、mrg 的转录表达

以 Northern blot 杂交技术对几种表达Ⅱ型血管紧张素（AⅡ）受体组织中的 mrg 基因转录表达情况进行了研究。对正常成年人的肾上腺、肝脏、血管平滑肌及肾脏等组织进行检测，并未观察到 mrg 特异性 mRNA 的转录表达。之后对大鼠组织，如脑、下丘脑、脑干、子宫、睾丸、心脏、动脉、肺、肾上腺和肝脏等进行了研究，也没有检测到 mrg 特异性 mRNA 的转录表达。

三、mrg 转基因表达及对电生理参数的影响

将 mrg 编码基因与 SV40 启动子重组，构建表达载体，转染中国仓鼠卵母细胞（CHO）及猴肾细胞（COS）。转染的细胞中均可检测到 2.5kb 大小的 mrg 基因转录物。以[^{125}I] Sar1 AⅡ或[^{3}H] AⅡ两种放射性核素标记的Ⅱ型血管紧张素，在两种转染的细胞膜中均可检测到高亲和力的Ⅱ型血管紧张素受体，但未转染的细胞则呈阴性。将 mrg 的 mRNA 注入爪蟾卵母细

胞中,对其电生理应答特点进行了研究,观察到了细胞对Ⅱ型血管紧张素的电生理应答。每一次电生理应答都立即又使细胞进入不应答状态,持续数小时之久,此间再以血管紧张素的多肽类进行刺激,则不能产生电生理效应。mrg mRNA 注射的爪蟾卵母细胞对Ⅱ型血管紧张素的应答呈剂量依赖性的特征,同一浓度的Ⅱ型血管紧张素(10^{-6} mol/L)可以引起 mrg mRNA 注射的爪蟾卵母细胞的电生理应答幅度是 mas mRNA 注射爪蟾卵母细胞电生理应答幅度的2倍多。因此,有足够的证据表明癌基因 mrg 的编码产物与 Mas 蛋白一样是一种Ⅱ型血管紧张素的受体。

第三节 癌基因 c-kit

一、c-kit 基因的结构

c-kit 是一种编码跨膜型酪氨酸激酶受体的原癌基因,定位于人 4q11—q12,DNA 全长为 5085 个核苷酸,其中 2928 个核苷酸编码一个 976 个氨基酸的 ORF。编码成熟 c-Kit 的基因存在于约 70kb 的 DNA 中,该基因包含 21 个外显子和 20 个内含子,其中外显子 9 的 3′端 AG/GTAAC 剪接点在剪切过程中可以产生两种同工型的 c-kit mRNA,即 Kit A 和 Kit,其区别在于 Kit A 在跨膜结构域上游有编码 510 ~ 513 氨基酸残基(Gly-Asn-Asn-Lys)的 12 个碱基,而 Kit 没有,这两种天然 c-kit 的同工型 mRNA 共存于正常组织中,在健康人骨髓中 Kit A mRNA ∶ Kit mRNA 约为 1 ∶ 5。该基因与同属Ⅲ型酪氨酸激酶受体家族的血小板衍生生长因子受体(PDGFR)的编码基因毗邻。研究发现,人和鼠的 c-kit 基因在编码序列上高度同源,表明该区域在进化上具有高度保守性。其产物为Ⅲ型酪氨酸激酶受体,分子质量为 145kDa 的跨膜糖蛋白,与血小板衍生生长因子(PDGF)和集落刺激因子(CSF-1)属于同一受体家族,具有胞外 5 个免疫球蛋白样(Ig 样)类似结构配体结合区、跨膜区、膜内近膜区和酪氨酸蛋白激酶区。该受体包含 75kDa 的细胞外配体结合区和 70kDa 的细胞内酪氨酸激酶的功能区。c-kit 基因的 21 个外显子中,外显子 1 ~ 9 编码胞外配体结合区,外显子 10 编码跨膜区,外显子 11 编码近膜区,外显子 13 ~ 21 编码酪氨酸蛋白激酶区(由一段插入序列分隔为 ATP 结合功能区和磷酸转移酶功能区)。第二个 Ig 样类似结构配体结合区是配体高度结合区,近膜区正常结构对酪氨酸磷酸化至关重要。

二、C-kit 蛋白的结构

C-kit 蛋白受体(后被命名为 CD117)属于Ⅲ型受体酪氨酸激酶(RTK),是 c-kit 原癌基因的产物。C-kitRTK 是一种孤立性的跨膜糖蛋白,分子质量为 145kDa,具有使酪氨酸残基自身磷酸化的能力,在结构上与血小板衍生因子和巨噬细胞集落刺激因子-1RTK 具有同源性。

C-kit 蛋白受体分布于细胞表面,可用 C-kit(CD117)单克隆抗体检测,是Ⅲ型酪氨酸蛋白激酶生长因子受体,C-kit 蛋白受体包括 3 个基本结构区:胞外配体结合区、跨膜区和胞内部分(图 5-3)。胞内部分又可分为与跨膜区连接的近膜区、酪氨酸蛋白激酶区和 C 端尾部。酪氨酸蛋白激酶区被一个序列长度可变的亲水区分为 ATP 结合区和磷酸转移酶区两部分,这与催化磷酸基从 ATP 转移到底物的作用有关。胞外配体结合区含有 518 个氨基酸,分子质量为75kDa,有9个*N*-连接的糖基化潜在位点,至少有一个位点被糖基化。C-kit蛋白信号转导序列位于N端,该序列后紧跟的便是5个Ig样基序(D1~D5)。D1~D3 Ig样基序共同构成配体结合的袋状区域,D2 Ig样基序与配体的亲和力最强。第4个Ig样基序包含二聚化作用位点,如果该基序发生缺失,将导致二聚化作用完全丧失,进而导致后继的信号转导过程终止。二聚化作用位点缺陷可导致配体与受体分离加速,可见受体和配体的亲和力主要依赖于受体的二聚化作用。近年来有研究表明,C-kit蛋白与配体结合后发生构象改变的关键作用位点在于两个C-kit蛋白分子的D4-D4之间的相互结合。D4-D4之间的相互作用对Kit信号转导非常重要,但是在本质上其对促使受体二聚化并不是必需的。对D4-D4之间相互作用的研究集中在一对盐键上,但这对盐键并没有对二聚化起到促进作用,而且可能会导致相反的结果。从关于RTK活化机制的研究中可以得出,二聚化作用机制可以分为两类:配体介导性和受体介导性。细胞外区域具有Ig样结构的RTK(kit有5个)倾向于配体介导性,因为一个二价配体可以同时与两个受体结合,并且能有效地将这两个受体交叉连接形成二聚体。在此情形下,生长因子配体(单独或与附属分子结合)直接形成二聚体的界面。而EGF受体家族,其二聚化作用完全属于受体介导性:对于EGF受体,结合后的生长因子距离二聚体界面较远,并且生长因子的结合可以促进结构域发生显著的重排,从而使该受体的细胞外区域暴露出二聚化作用位点。

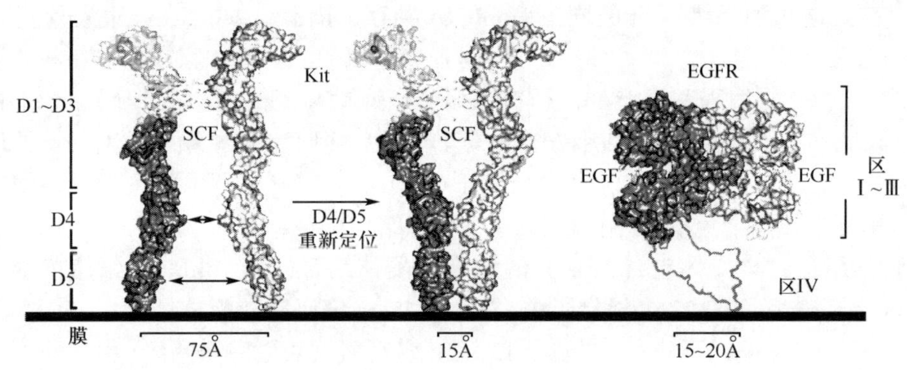

图5-3 C-kit蛋白的结构

左侧显示的是C-kit蛋白的细胞外结构,包含5个Ig样基序(D1~D5);中间部分显示当C-kit蛋白与干细胞因子结合后,D4、D5基序发生定向结合,即二聚化作用,从而使C-kit蛋白的结构发生改变,成为活化状态;右侧显示EGFR的结构

C-kit的细胞外区域结构表明C-kit是属于配体介导性的,二聚体中的每个SCF(SCF)分子都与C-kit前3个Ig样结构域结合(D1、D2、D3)。通过对C-kit单体状态和配体结合状态的对比研究,证实SCF的结合并没有显著性地引起C-kit D1~D3区域的构象性改变。每个单独的区域并未发生改变,且这3个区域之间的关系无论是否结合了配体都不会发生改变,这提示C-kit的D1~D3区域在结合SCF时是保持恒定的。

一个SCF二聚体可以直接桥接两个C-kit分子,并且使这两个C-kit分子的D1~D3区域之间没有任何联系。在这种层次上,kit的二聚化作用显然是属于配体介导性的。但是,在这两个受体分子的近膜端,即D4和D5之间,却有着明显的联系。当5个Ig样区域完全固定时,便可以生成配体介导性的二聚体。与真实的SCF/C-kit二聚体结构形成对比的是,

D4 和 D5 区域能够发生显著的再定向改变，从而使两个区域都靠近二聚体的界面。二聚体中两个 D4 区域直接相互作用，而 D5-D5 之间的相互作用则可能是由水分子来介导的。受体的这种“扭曲样”结构表明，在 C-kit 中存在着配体诱导的受体-受体相互作用，配体介导的受体二聚体。有证据表明，针对 D4 区域的抗体能够阻断 SCF 诱导的 C-kit 的活化，该现象可以支持两个 D4 区域可能在同一个二聚体中具有非常近的相似性这一猜想。Yuzawa 注意到，与 D4-D4 之间直接相互作用有关的残基与其他的Ⅲ型 RTK 的 D4 区域具有高度的保守性，这些残基最可能是分子之间的盐键。有趣的是，这些残基与具有 7 个 Ig 样区域的 V 型（VEGF 受体）RTK 的近膜端 Ig 样区域也具有同样的保守性。Lemmon 等证明，与中央 D4-D4 盐键有关的残基突变使 Kit 信号转导受损，但是并没有影响二聚化作用。的确，早期在溶液中进行的研究显示，D4 和 D5 同时缺失并没有导致 SCF 诱导的 C-kit 二聚化作用。因此，在同源二聚体中，如此脆弱的、发生在近膜端的这种两个 Kit 分子间的相互作用很可能受到 SCF 诱导的、发生于 D1 ~ D3 区域间二聚化作用的驱动，并且在两个受体间发生的相关性受体定位中起重要的作用（并非对二聚化作用本身有所帮助）。这种受体定向功能可能对将 C-kit 的二聚化作用与其激酶区域的激活联系起来发挥了关键性的作用（通过近膜区的变构作用）。C-kit 细胞外区域几乎所有活化的致癌性突变（包括胃肠道间质性肿瘤和其他癌症）都定位于 D5 的二聚体界面。虽然这些突变效应的确切机制尚未完全明了，但是这些突变很有可能促进了该区域的 D5 结构域之间强烈的相互作用。含有这些突变的 C-kit 分子间的二聚化作用可能会变成病理性受体介导的（而不是配体介导的），从而导致结构性活性增高并且促进肿瘤发生。

三、C-kit 的生物学功能

在正常情况下，SCF 结合两个 C-kit 分子形成二聚体，引发了功能区域的特定酪氨酸残基自身磷酸化，从而激活了细胞信号转导通路下游的各种蛋白质靶分子的级联放大反应，这些靶分子包括丝裂原活化蛋白激酶等，其最终的效应是调节细胞的分化、凋亡及增殖，红细胞发育、正常皮肤色素沉着及胃肠道蠕动功能的维持等均与此有关。随着检测技术的发展，已经在人体的多种器官细胞中发现了 C-kit。目前已知 C-kit 在这些细胞，包括肥大细胞、造血干细胞、生殖细胞、黑色素细胞、星形胶质细胞、乳腺和汗腺导管上皮细胞、某些皮肤附属器的基底细胞及神经细胞的一些亚型中表达，而在正常的平滑肌细胞及淋巴组织中则不表达。

c-kit 基因表达量异常（过表达或表达减少甚至缺失）、表达产物异常（主要是 DNA 结构的改变，如基因缺失、突变等引起基因无法转录或产生结构异常的基因产物）等与肿瘤的发生关系密切。c-kit 基因的突变刺激肿瘤细胞的持续增生和抗凋亡信号的失控，有利于肿瘤的恶性增生。c-kit 基因突变具有多种形式，如碱基对丢失、点突变，偶尔可见插入性突变。例如，在小细胞肺癌（SCLC）癌细胞表达的 c-kit 基因外显子 9 中发现了 1 处突变，在外显子 11 中发现了 3 处突变。Dai 等在肛直肠黑色素瘤的研究中发现，c-kit 基因突变很常见，原发肿瘤诊断后出现复发或转移时 c-kit 基因突变的状态还可能发生改变。越来越多的研究表明：c-kit/SCF 下游的信号转录情况非常复杂，它是各种底物激酶的酪氨酸磷酸化和丝氨酸/苏氨酸激酶磷酸化的共同参与及整合，并且存在许多信号转导途径之间的串话作用（cross-talking），从而精确地调控细胞的分化和增生，一旦发生突变可使多种肿瘤抑制基因失活，促使细胞进入分裂周期，抵抗细胞凋亡，诱导细胞恶性转化，在肿瘤发生、发展、迁移、复发中可能发挥重要作用。

（李文东）

参考文献

Ambroz C, Clark AJ, Catt KJ. 1991. The mas oncogene enhances angiotensin-induced [Ca^{2+}]i responses in cells with pre-existing angiotensin Ⅱ receptors. Biochim Biophys Acta, 1133(1): 107-111.

Blechman JM, Lev S, Barg J, et al. 1995. The fourth immunoglobulin domain of the stem cell factor receptor couples ligand binding to signal transduction. Cell, 80(1): 103-113.

Bunnemann B, Fuxe K, Ganten D. 1992. The brain renin-angiotensin system: localization and general significance. J Cardiovasc Pharmacol, 19 Suppl 6: S51-62.

Bunnemann B, Fuxe K, Metzger R, et al. 1990. Autoradiographic localization of mas proto-oncogene mRNA in adult rat brain using in situ hybridization. Neurosci Lett, 114(2): 147-153.

Burgess AW, Cho HS, Eigenbrot C, et al. 2003. An open-and-shut case? Recent insights into the activation of EGF/ERBB receptors. Mol Cell, 12(3): 541-552.

Dai B, Cai X, Kong YY, et al. 2013. Analysis of KIT expression and gene mutation in human acral melanoma: with a comparison between primary tumors and corresponding metastases/recurrences. Hum Pathol, 44(8): 1472-1478.

Dieguez JL, Reyes A. 1992. Amplification of the mas oncogene by polymerase chain reaction. Clin Chem, 38(3): 436-437.

Jackson TR, Blair LA, Marshall J, et al. 1988. The mas oncogene encodes an angiotensin receptor. Nature, 335(6189): 437-40.

Jackson TR, Hanley MR. 1989. Tumor promoter 12-*O*-tetradecanoylphoRBol 13-acetate inhibits mas/angiotensin receptor-stimulated inositol phosphate production and intracellular Ca^{2+} elevation in the 401L-C3 neuronal cell line. FEBS Lett, 251(1-2): 27-30.

Kyte J, Doolittle RF. 1982. A simple method for displaying the hydropathic character of a protein. J Mol Biol, 157(1): 105-132.

Lemmon MA, Ferguson KM. 2007. A new twist in the transmembrane signaling tool-kit. Cell, 130(2): 213-215.

Lemmon MA, Pinchasi D, Zhou M, et al. 1997. Kit receptor dimerization is driven by bivalent binding of stem cell factor. J Biol Chem, 272(10): 6311-6317.

Liu H, Chen X, Focia PJ, et al. 2007. Structural basis for stem cell factor-KIT signaling and activation of class Ⅲ receptor tyrosine kinases. EMBO J, 26(3): 891-901.

Longley BJ, Reguera MJ, Ma Y. 2001. Classes of c-KIT activating mutations: proposed mechanisms of action and implications for disease classification and therapy. Leuk Res, 25(7): 571-576.

Martin KA, Grant SG, Hockfield S. 1992. The mas proto-oncogene is developmentally regulated in the rat central nervous system. Brain Res Dev Brain Res, 68(1): 75-82.

McGillis JP, Sudduth-Klinger J, Harrowe G, et al. 1989. Transient expression of the angiotensin Ⅱ receptor: a rapid and functional analysis of a calcium-mobilizing seven-transmembrane domain receptor in COS-7 cells. Biochem Biophys Res Commun, 165(3): 935-941.

Metzger R, Bader M, Ludwig T, et al. 1995. Expression of the mouse and rat mas proto-oncogene in the brain and peripheral tissues. FEBS Lett, 357(1): 27-32.

Monnot C, Weber V, Stinnakre J, et al. 1991. Cloning and functional characterization of a novel mas-related gene, modulating intracellular angiotensin Ⅱ actions. Mol Endocrinol, 5(10): 1477-1487.

Pawson T. 2002. Regulation and targets of receptor tyrosine kinases. Eur J Cancer, Suppl 5: S3-10.

Potti A, Moazzam N, Ramar K, et al. 2003. CD117 (c-KIT) overexpression in patients with extensive-stage small-cell lung carcinoma. Ann Oncol, 14(6): 894-897.

Rabin M, Birnbaum D, Young D, et al. 1987. Human ros1 and mas1 oncogenes located in regions of chromosome 6 associated with tumor-specific rearrangements. Oncogene Res,1(2): 169-178.

Ross PC, Figler RA, Corjay MH, et al. 1990. RTA, a candidate G protein-coupled receptor: cloning, sequencing, and tissue distribution. Proc Natl Acad Sci USA,87(8): 3052-3056.

Sattler M, Salgia R. 2004. Targeting c-Kit mutations: basic science to novel therapies. Leuk Res,28(Suppl1): S11-20.

Sheinerman FB, Honig B. 2002. On the role of electrostatic interactions in the design of protein-protein interfaces. J Mol Biol, 318(1): 161-177.

van't Veer LJ, van der Feltz MJ, van den Berg-Bakker CA, et al. 1993. Activation of the mas oncogene involves coupling to human alphoid sequences. Oncogene,8(10): 2673-2681.

Villar AJ, Pedersen RA. 1994. Parental imprinting of the Mas protooncogene in mouse. Nat Genet,8(4): 373-379.

Yarden Y, Kuang WJ, Yang-Feng T, et al. 1987. Human proto-oncogene c-kit: a new cell surface receptor tyrosine kinase for an unidentified ligand. EMBO J,6(11): 3341-3351.

Young D, O'Neill K, Jessell T, et al. 1988. Characterization of the rat mas oncogene and its high-level expression in the hippocampus and cerebral cortex of rat brain. Proc Natl Acad Sci USA,85(14): 5339-5342.

Young D, Waitches G, Birchmeier C, et al. 1986. Isolation and characterization of a new cellular oncogene encoding a protein with multiple potential transmembrane domains. Cell,45(5): 711-719.

Zhang Z, Zhang R, Joachimiak A, et al. 2000. Crystal structure of human stem cell factor: implication for stem cell factor receptor dimerization and activation. Proc Natl Acad Sci USA,97(14): 7732-7737.

第六章　膜 G 结合蛋白类癌基因

第一节　G 结合蛋白的结构和功能

G 结合蛋白是 GTP 结合的一类蛋白质，由一种相对分子质量为 100 000 的可溶性膜蛋白组成，位于细胞膜的脂质双层中，这是由一类结构相似的蛋白质组成的一个蛋白质家族，典型 G 结合蛋白是由 α、β、γ 3 个亚单位共同构成的异源性聚体，其中 Gα 是 G 结合蛋白的主要功能亚单位。Gα 主要包括两个结构域：三磷酸鸟苷（guanosine triphosphate，GTP）酶结构域和螺旋结构域。GTP 酶结构域包括核苷酸结合口袋、受体、效应物及 Gβγ 亚单位的结合位点。不同的 G 结合蛋白主要是其分子中的 α 亚单位不同，而 β 和 γ 亚单位在不同的 G 结合蛋白分子中是可以相互代替的。α 亚单位中含有 GDP/GTP 结合位点，而且还具有内在的 GTP 酶（GTPase）活性。G 结合蛋白在静息状态下处于 Gα-GDP/Gβγ 的无活性三聚体状态。当刺激信号被 GPCR 识别后，核苷酸结合口袋发生构象转变，GTP 与 GDP 交换，G 结合蛋白激活，Gα-GTP 与 Gαβγ 分离，调节下游分子的生物活性。Gα 亚单位含有的 GTP 酶水解 GTP，Gα-GDP 与 Gβγ 又重新结合成无活性的三聚体。

目前为止已分离到 20 余种不同的 α 亚单位。包括 4 种 Gsα、3 种 Giα、2 种 Gtα 和 2 种 Goα 等。这些亚单位作用的底物包括磷脂酶 C（phospholipase C，PLC）和磷脂酶 A2（phospholipase A2，PLA2）及离子通道等。其中 Gsα 又可进一步分为 Gsα1、Gsα2、Gsα3 和 Gsα4。GsP 即为 Gsα 蛋白（Gsα-protein，GsP）的简称；GiP 即为 Giα 蛋白（Giα-protein，GiP）的简称，两者都是膜 G 结合蛋白类的癌基因。

另一类 G 蛋白为小分子质量 G 蛋白，也称为小 G 蛋白，其相对分子质量为 20 000 左右。小 G 蛋白不是以 α、β、γ 三聚体的方式存在，而是单体分子，由单条肽链（亚基）构成，可根据序列同源性及生物学特性，将小 G 蛋白分成不同的亚家族。小 G 蛋白能与 GDP 或 GTP 结合，并具有 GTP 酶活性，但 GTP 酶活性比三聚体的 G 蛋白低。小 G 蛋白与其他 G 蛋白相同的是当结合了 GTP 时即呈活化状态，这时可作用于下游分子使之活化，而当 GTP 水解成为 GDP 时则恢复到非活化状态。小 G 蛋白参与了细胞的生长、分化、增殖、黏附、变形运动、细胞骨架调整、蛋白质转运、膜泡运输，以及细胞的胞吞和胞吐等一系列重要的细胞生命活动过程。第一个被发现的小 G 蛋白是 Ras，其他的还有 Rho、SEC4、YPT1 等，微管蛋白 β 亚基也是一种小 G 蛋白。

G 结合蛋白家族中的各个成员都具有共同的性质和功能，如与 GTP 进行结合及水解过程都是相似的。G 蛋白主要的功能是将细胞膜上的激素与激素的受体结合以后产生的信号，传递给细胞内的效应分子。事实上，各种不同类型的激素、神经递质和生长因子与相应的受体结合以后，都需要激活 G 蛋白，随后将所产生的信号传递到细胞内部。目前为止，已经克隆了 30 余种与 G 蛋白偶联的受体蛋白分子，而且这类 G 蛋白相关的受体蛋白分子种类在不断地增加。与 G 蛋白偶联的受体蛋白质分子也属于同一个蛋白质家族，共同的特点就是其蛋白质分子的结构中具有7段疏水的α螺旋结构。

第二节 小G蛋白与肿瘤

一、癌基因ras和抑癌基因rasAL1

(一) ras基因和Ras蛋白

Ras蛋白为一种小G蛋白,在哺乳动物细胞中,癌基因ras家族有3个结构类似的成员,即H-ras(Harveyras或Ha-ras)、K-ras(Kirstein-ras或Ki-ras)及N-ras,这3个基因分别位于人类11号染色体短臂、1号染色体短臂和12号染色体短臂,其基因内部核苷酸序列差别很大,但都有1个5′端非编码外显子和4个编码外显子,这3种癌基因的编码产物一级结构的序列高度一致。

Ras蛋白为膜结合型的GTP/GDP结合蛋白,分子质量为21kDa,因此又称其为p21蛋白。定位于细胞膜内侧,具有三磷酸鸟嘌呤酶活性。3种Ras蛋白一级结构的氨基末端序列高度一致,区别主要在于羧基末端的20个氨基酸残基序列。Ras蛋白由188个或189个氨基酸组成,它的第一个结构域含有85个氨基酸残基的高度保守序列,接下来的含有80个氨基酸的结构域中,不同的Ras蛋白结构略有不同,除了K-ras末端25个氨基酸由于不同的外显子而分为A型和B型外,其余Ras家族成员的最后4个氨基酸均为Cys186-A-A-X-COOH序列。Ras蛋白在合成后需要经过一系列的加工修饰,才能定位于细胞膜内侧。有研究表明,激活Ras能增强血管生长因子的表达,提示Ras在血管生成中发挥作用。同时,激活Ras还能抑制凋亡抑制Ras活性能抑制依赖Ras的肿瘤细胞增殖,也能干扰血管生成。突变Ras使本应正常死亡的细胞的生存期延长,Ras的过表达还能增加抗药物和紫外线诱导的凋亡,可能的机制是ras癌基因增强了细胞分解过氧化氢的能力从而抑制凋亡。

Ras蛋白对细胞信息的传递极其重要,其主要功能包括调节细胞的分化、增殖,被称为细胞信号网络传递的分子“开关”。从功能上来说,Ras蛋白是一种膜相关的G结合类癌蛋白。近年来,关于Ras蛋白与细胞周期及细胞程序化死亡(programmed cell death,PCD)调节因子之间相互作用的发现和研究,对激活的ras癌基因的恶性转化机制有了较为深入而系统的认识。

(二) ras基因突变和肿瘤

如前所述,与肿瘤相关的Ras原癌基因编码的蛋白质通常称为p21。p21蛋白是一类重要的功能蛋白,介导生长因子、细胞因子和多种细胞外信号的信息通路,对细胞的增殖、分化、凋亡等多种生理过程发挥重要调节作用。在正常细胞中,p21蛋白几乎全部与GDP结合,处于非活化状态。当Ras基因突变时,阻断了GAP激活GTP酶的作用,使结合于Ras蛋白的GTP不能被水解,使Ras处于持续激活状态,导致p21蛋白关键位点(第12位、第13位和第16位)的氨基酸改变,从而使p21蛋白一直处于激活状态,增殖信号过度传入、细胞增殖失控,导致肿瘤的发生、发展,其中下游信号分子有RAF/丝裂原活化蛋白激酶(MAPK)、PI3K/AKT、PLC/PKC和GTP酶级联效应等。

研究认为,Ras基因被异常激活的方式主要有以下几种:①基因点突变;②基因扩增;

③染色体异位和基因重排;④基因甲基化改变;⑤基因过量表达。其中后4种方式少见,最常见的方式是编码区内的基因点突变。ras基因常见的激活方式是基因点突变,ras基因突变率在不同种类的人类肿瘤明显不同。有文献报道,约30%的人类恶性肿瘤存在ras基因的点突变。最常见的是K-ras的点突变,这是因为在这3种ras基因中,K-ras由于外显子4的拼接方式不同,更易发生突变。其次是N-ras、H-ras的点突变,常见的突变部位为第12位、第13位、第16位密码子,其中又以第12位密码子突变最常见。在不同类型的肿瘤中存在不同的ras基因突变,胰腺癌、结直肠癌、子宫内膜癌、胆管癌和肺癌中普遍存在K-ras基因突变,黑色素瘤、肝癌和髓系恶性肿瘤中常见的是N-ras基因突变,而膀胱癌和甲状腺癌常见的是H-ras基因突变。其中ras基因突变率最高的是胰腺癌(90%),其次为结肠癌(40%~50%)和肺癌(40%)。一旦ras基因发生突变激活,其表达产物Ras蛋白就会发生构型改变,此时Ras蛋白与GTP结合后不需外界生长信号的刺激便可自身活化,Ras蛋白持续处于激活状态,可与下游的效应蛋白结合产生第二信使,使细胞增殖失去控制,同时细胞凋亡减少,导致细胞恶性转化。此外,正常的ras基因也可因过度表达而诱导细胞恶性转化,即野生型Ras活性增高。

不仅癌细胞存在ras基因的点突变,癌前病变细胞也存在ras基因的点突变,光化性角化病(AK)是一种潜在的皮肤癌的癌前病变,可发生基底细胞癌(SCC),Nindl等对75例AK患者进行研究时发现,1例存在H-ras突变、5例发生p53突变,提示在AK进展为SCC的过程中p53突变是一个早期事件,而H-ras基因不起主要作用。随后Zaravinos等运用RT-qPCR技术分析在16例AK和12例SCC时发现,SCC组相对AK组ras下游因子B-raf突变。Hafner等在研究30例SCC和31例鳞状细胞癌(BCC)时发现,两组肿瘤中均显示AKT蛋白表达,提示存在PI3K/AKT通路的激活。同样,在恶性黑色素瘤的研究中发现,Ras/Ras通路的作用更突出。Reifenberger等在检测37例恶性黑色素瘤中发现6例患者存在N-ras突变,1例患者存在K-ras突变。

(三) RasAL1基因及其与肿瘤的关系

RasAL1(Ras G11Pase-activating1ike protein 1)基因是近年来新发现的一种钙离子依赖性Ras活性调节基因,位于12号染色体(12q24.13),其编码蛋白激活RasGTP酶,继而使与Ras结合的GTP转变为GDP,使Ras失活,从而抑制了细胞的增殖、分化,增加了细胞的凋亡。正常情况下RasAL1基因在内分泌组织中高水平表达,如在肾上腺、唾液腺及垂体中;而在髓样细胞、肌肉、神经和基质组织中RasAL1低水平表达。

那么,RasAL1是如何影响肿瘤发生的呢?有研究表明,RasAL1基因及其编码蛋白具有肿瘤抑制功能,在鼻咽癌、乳腺癌、肺癌、肝癌、食管癌、淋巴瘤6种肿瘤细胞株及鼻咽癌、口腔鳞癌肿瘤组织中的表达均有下调。进一步的研究提示,肿瘤细胞株中RasAL1基因表达下调的机制与RasAL1基因启动子甲基化有关,最重要的甲基化碱基是胞嘧啶,通常发生在CpG双核苷酸区域。研究认为,RasAL1基因甲基化后该基因的功能被静默,从而使RasGTP酶活性减弱,继而Ras活性上调。在不同的癌组织和鼻NK/T细胞淋巴瘤中检测到RasAL1基因甲基化,但在正常组织、NK细胞或正常的PBMC样本中未发现。研究结果表明,在细胞株中CpG甲基化直接导致RasAL1表达下调,去甲基化后能够明显诱导RasAL1表达。DNA甲基化与基因突变或基因缺失不同,后者是基因结构性变异,而DNA甲基化是一种表观遗传学修饰,并未改变DNA的序列,是一种可逆的改变。逆转启动子区域甲基化可以使沉默的基因重新表达。然而结直肠癌细胞中RasAL1表达沉默的调控机制目前还未明确,需要进一步研究。目前认为,具有催化活性的RasAL1表达下调可使Ras失活而抑制肿瘤的生长,RasGAP的表观遗传沉默可视为因Ras异常活化而致癌的一个新机制。

二、Rho蛋白

Rho蛋白家族是Ras超家族中最早被克隆的蛋白质,它们是一组分子质量为20~25kDa的三磷酸鸟苷结合蛋白,具有GTP酶活性,因此,习惯称之为Rho GTP酶。最初研究认为,其在细胞骨架重组调控方面起重要作用。近年来研究发现,Rho GTP酶在多种恶性肿瘤中高表达,并与肿瘤的发生、侵袭和转移密切相关。

(一) Rho GTP酶

目前为止,Rho GTP酶超家族已发现约20个成员,根据结构和功能的不同,大致分为5个亚家族:①Rho亚家族,包括RhoA、RhoB和RhoC,在序列上具有高度同源性,并在多种细胞中高表达,主要参与张力纤维形成和黏着斑复合体(focal adhesion complex,FAC)组装;②Rac亚家族,包括Rac1、Rac2、Rac3和RhoG,促进层状伪足和胞膜皱褶形成;③Cdc42亚家族,包括Cdc42、TC10、TCL、Wrch1和chp/Wrch2,其中Cdc42促进丝状伪足形成;④Rnd亚家族,包括Rnd1、Rnd3/RhoE和Rnd2,在细胞中组成性激活表达并具有不同的组织分布,可拮抗Rho信号通路;⑤Rho BTB亚家族,包括Rho BTB1和Rho BTB2,具体功能尚不清楚。在所有Rho GTP酶超家族成员中,Cdc42、Rac1和RhoA是目前研究最多的Rho GTP酶。Rho家族各成员在氨基酸序列上有50%~55%的同源性,在靠近催化位点处都有一个能与GTP结合的功能区,与催化GTP水解密切相关。Rho GTP酶与Ras超家族的其他成员一样,羧基端通常具有共同结构域,即由半胱氨酸残基、脂族残基和其他氨基酸残基组成的末端,是翻译后修饰的位点。Rho GTP酶的翻译后修饰与其质膜定位有关,只有经翻译后修饰的Rho GTP酶才具有活性并能与细胞膜上适宜的脂质分子结合。在异戊烯基转移酶的作用下,半胱氨酸的巯基与异戊二烯基团之间共价形成硫醚键,并在内切核酸酶的作用下水解末端的其余3个残基,最后异戊二烯基化的半胱氨酸残基在甲基转移酶的作用下发生甲基化,完成翻译后的修饰。Rho蛋白家族与Ras超家族的所有成员一样在活性型/GTP限制型和失活型/ GDP抑制型构象之间循环。调节这个循环过程的3类重要蛋白质是:①鸟苷酸交换因子(guaninenucleotide exchanging factor,GEF),催化GDP的释放和GTP的结合,活化Rho GTP酶。不同的Rho GEF在结构上都具有相同的功能域,包含1个DH结构域(Dbl homology domain)和1个PH结构域(pleckstrin homology domain),前者与Rho GTP酶结合并催化其构象改变,后者通过与细胞膜上特定的脂质作用使GEF在膜上定位。②GTP酶活化蛋白(GTPase activating protein,GAP),作为负向调节因子加速Rho GTP酶的水解,使Rho GTP酶由活性状态变为无活性状态。③GDP解离抑制因子(GDP dissociation inhibitor,GDI),阻止GDP从Rho GTP酶上分离,抑制Rho GTP酶活性。Rho GTP酶是细胞内多条信号转导通路的关键分子,作为分子开关在胞内信号转导中发挥桥梁作用。Rho GTP酶可参与对正常细胞增殖、分化、凋亡的调节,并与肿瘤的发生和转移密切相关。实验研究发现,在多种肿瘤中可见Rho GTP酶表达异常,改变细胞内Rho GTP酶的表达水平可以直接影响肿瘤细胞侵袭和转移的过程。

(二) Rho GTP 酶与肿瘤的侵袭和转移

肿瘤细胞在基质中的运动由 4 个循环往复的步骤组成,即头部伪足的形成和延伸、新黏附位点的建立、胞体的收缩及尾部的退缩,通过不断重复这 4 个步骤向前迁移。对这一过程精确调节的分子机制非常复杂,涉及胞内多条信号转导通路。在多条信号级联反应通路中,Rho GTP 酶,尤其是 RhoA、Rac1 和 Cdc42 是关键的调控因子,主要参与对细胞形态改变、细胞与基质黏附及细胞骨架重组的调控,调节肿瘤细胞的侵袭转移过程。伪足形成和细胞形态改变是侵袭转移的起始步骤。Rac 可诱导质膜突起形成片状样的层状伪足,而 Cdc42 诱导指头样突起的丝状伪足形成。在高侵袭和转移性的肿瘤细胞中,还可见一种侵袭伪足形成,由于其与细胞外基质降解密切相关,可能成为主要的伪足结构。层状伪足与周围基质形成黏附连接,产生细胞向前运动的锚着位点;丝状伪足有助于细胞对周围环境的适应及确定细胞迁移的方向。Wiskott Aldrich 综合征蛋白家族(Wiskott Aldrich syndrome protein,WASP)是调节细胞迁移的关键分子,包括神经组织来源 WASP(neural Wiskott Aldrich syndrome protein, NWASP)、WASP 家族富含脯氨酸同源蛋白 1(WASP family verprolinhomologous protein 1,WAVE1)、WASP 家族富含脯氨酸同源蛋白 2(WASP family verprolinhomologous protein 2,WAVE2)等成员,也是 Rac 和 Cdc42 下游的重要效应子,在肿瘤细胞中高表达,Rac 和 Cdc42 通过活化 WASP 家族成员诱导伪足形成和基质降解。Lorenz 等首次使用荧光共振能量传感器区分活性状态和失活状态的 NWASP 构象,并模拟内源性 NWASP 功能,发现 NWASP 在迁移的肿瘤细胞头部层状伪足形成中起重要作用。细胞迁移头部高度动态性伪足结构的形成依赖肌动蛋白单体聚合和肌动蛋白纤维的延长,WASP 家族不同成员通过不同的结构域与 Rac 和 Cdc42 结合而活化,而肌动蛋白相关 2/3 复合体(actin related 2/3 complex,Arp2/3 complex)和肌动蛋白单体通过分别结合于活化的 WASP 家族羧基端共同的结构域,直接调控肌动蛋白单体聚合。Arp2/3 复合体是肌动蛋白组装的核心,可将肌动蛋白单体从头合成组装为肌动蛋白丝,进而促进丝状伪足和层状伪足的形成。Arp2/3 复合体与 WASP 的结合是调控肌动蛋白聚合的重要因素,两者在多种肿瘤细胞中共表达。有研究对 115 例肺腺癌组织切片免疫组织化学染色发现,78 例(67.8%)共表达 Arp2/3 和 WAVE2,并与患者临床生存时间呈负相关;多变量回归分析揭示,Arp2/3 和 WAVE2 的共表达是肿瘤复发的独立危险因素。NWASP 和 Arp2/3 复合体也是高侵袭和转移性肿瘤细胞侵袭伪足形成的主要调节子,并可能成为肿瘤治疗的重要靶位。

肌动蛋白单体的聚合和伪足的形成还依赖另一种关键调节子 cofilin,cofilin 可使肌动蛋白单体从肌动蛋白丝的顶端解离,诱导肌动蛋白丝从头部折断,产生新的末端。Rac 和 Cdc42 可通过活化共同的底物 p21 激活激酶(p21 activated kinase,PAK),分别激活 LIM(3 种同源异型结构域蛋白 lin11、isl1 和 mec3)(LIM kinase 1,LIMK1)激酶 1 和 LIM 激酶 2(LIM kinase 2,LIMK2),磷酸化 cofilin 使其失活而抑制肌动蛋白的解聚,稳定肌动蛋白细胞骨架。

伪足形成启动细胞迁移的过程是细胞迁移的首要步骤,但细胞持续的迁移需依赖细胞伪足与细胞外基质(extracellular matrix,ECM)的稳定黏附,提供细胞向前迁移的牵引支点。迁移的细胞头部与 ECM 的黏附和尾部与 ECM 的去黏附的不断交替使细胞向前迁移,Rho GTP 酶对这一过程发挥精确的调节作用。细胞表面的整合素受体与 ECM 中特异的配体结合，通过整合素聚集成簇而形成黏着斑（FAC），而整合素受体的胞内区与桩蛋白（paxillin）、纽蛋白（vinculin）和踝蛋白（talin）等多种肌动蛋白结合蛋白相互作用形成分子桥，并与细胞骨架相连，提供细胞迁移的锚着位点。活化的 Rac 可诱导肌动蛋白的聚合和层状伪足的形成，同时也能诱导新 FAC 的形成，而 FAC 的形成又能反过来活化 Rac，这一正反馈的失控可增加肿瘤细胞的侵袭能力。Jung 发现，活化的 Rac1 和 Cdc42，可通过激活 PAKl 磷酸化下游的黏着斑激酶（focal adhesion kinase，FAK），活化的 FAK 作为分子支架招募胞质中的桩蛋白、纽蛋白和踝蛋白等至 FAC，促进 FAC 的形成。p65 激活激酶还可通过 LIMK 间接调节 cofilin 的活性，cofilin 在活性型和失活型间的循环可调节肌动蛋白亚单位从肌动蛋白丝末端的解离和聚合，并对促进肌动蛋白纤维组装时踏车（treadmilling）现象的发生非常必要。肿瘤细胞的侵袭和转移与 ECM 的降解密切相关，Rho GTP 酶可直接或间接调节下游效应分子促进 ECM 的降解。对人乳腺癌细胞株 MDAMB435 的研究发现，Rac1 和 Cdc42 可通过间接活化 LIMKl 上调丝氨酸蛋白酶尿激酶型纤溶酶原激活剂（urokinase type plasminogen activator，uPA）系统，增加 uPA 启动子活性，诱导 uPA 及 uPA 受体 mRNA 和蛋白质的表达及 uPA 的分泌，降解 ECM 胶原等成分，促使细胞的侵袭、转移。

侵袭和转移的肿瘤细胞的持续运动需依靠张力纤维的收缩及肌动蛋白丝的延长提供动力，Rho GTP 酶可通过调节细胞骨架的重组，为细胞迁移提供动力。张力纤维是真核细胞中一种稳定的、平行排列的微丝结构，由肌动蛋白、肌球蛋白、原肌球蛋白等组成，肌动、肌球蛋白相对运动产生的收缩力是细胞迁移动力的主要来源。Rho 及其下游的 Rho 相关卷曲螺旋形成蛋白激酶（Rho associated coiledcoil forming protein kinase，ROCK）可提高肌球蛋白轻链（myosin light chain，MLC）的磷酸化水平，增加肌动、肌球蛋白的收缩力，促使细胞在 ECM 中的迁移。ROCK 是 Rho 下游的重要效应分子，包括 Rho 激酶和 p160ROCK 2 个成员。活化的 ROCK 通过 2 条通路提高 MLC 的磷酸化水平，一方面 ROCK 磷酸化其底物肌球蛋白轻链磷酸酶（myosin light chain phosphatase，MLCP）的肌球蛋白结合亚单位（myosin binding subunit，MBS）而抑制 MLCP 的磷酸酶活性，减少 MLC 磷酸基团的水解；另一方面，ROCK 可直接磷酸化 MLC，增加 MLC 的磷酸化水平，从而增加与肌动蛋白丝交联产生的收缩力。抑制 Rho/ROCK 通路能抑制肿瘤细胞张力纤维的收缩和细胞侵袭，显性激活（dominant active）的 p160ROCK 质粒转染的人卵巢癌细胞具有更强的侵袭和迁移能力，而用 p160ROCK 的反义寡核苷酸处理的癌细胞侵袭和迁移能力可显著减弱。Rho 还可作用于下游的另一个重要效应分子哺乳动物 Diahanous 相关蛋白（mammalian diaphanousrelated protein mDia），活化的 mDia 蛋白可将肌动蛋白单体掺入到肌动蛋白丝的末端，并阻止成帽蛋白的结合，诱导肌动蛋白丝的延长，有助于细胞迁移。

（三）Rho GTP 酶在肿瘤侵袭转移诊断和治疗中的意义

由于 Rho GTP 酶在许多恶性肿瘤中高表达，因此，Rho GTP 酶可能成为肿瘤转移的临床诊断指标。有研究对 53 例胃癌患者和 7 名胃肿瘤细胞株的 Rho 超家族 7 个主要成员 RhoA、RhoB、RhoC、Rac1、Rac2、Rac3 和 Cdc42mRNA 表达水平的检测发现，RhoA、Rac1 和 Cdc42 在胃癌组织切片中的平均表达水平显著高于癌旁组织切片，RhoA 的表达水平与肿瘤分期显著正相关并与组织分化程度负相关，RhoA 和 Rac1 在 7 种胃肿瘤细胞株中的 mRNA 表达水平、总蛋白量及活性都显著高于正常胃黏膜上皮细胞株。RhoC 在许多恶性肿瘤中高表达,特别是在转移性肿瘤中表达异常增高。在原发胃癌细胞中 RhoC 的表达显著高于正常胃上皮细胞,在有淋巴结转移的原发胃癌中 RhoC 的表达显著高于没有淋巴结转移的原发癌,在有多个淋巴结转移的原发胃癌中 RhoC 的表达也显著高于较少淋巴结转移的胃癌细胞,穿过浆膜的胃癌细胞比在胃壁中的胃癌细胞具有更高的 RhoC 表达,表明 RhoC 的过表达与肿瘤细胞的高度侵袭能力相关,提示 RhoC 可作为胃癌患者临床预后的重要指标。

鉴于 Rho GTP 酶与肿瘤转移的相关性,使其可能成为转移性肿瘤临床转移及预后分析的重要指标,同时由于 Rho GTP 酶与肿瘤侵袭转移密切相关,Rho GTP 酶及其下游靶分子可能成为抑制肿瘤转移的重要靶位。特异性的 ROCK 抑制剂 Wf536 可在体内抑制小鼠 Lewis 肺癌转移及肿瘤细胞诱导的新生毛细血管生成,并在体外抑制肿瘤细胞在基质的侵袭和迁移。由于 Rho GTP 酶翻译后羧基端的修饰对其正确的膜定位和活化非常重要,因此多种异戊烯基转移酶抑制剂通过阻断 Rho GTP 酶 C 端翻译后修饰位点的蛋白质甲基化,已被证实在肿瘤治疗中有较好的疗效,而且针对某一种 Rho GTP 酶(如 RhoA、RhoB、Rac1 或 Cdc42)的特异性异戊烯基转移酶抑制剂将具有更好的临床治疗效果。由于针对 Rho GTP 酶进行的肿瘤治疗能够减少传统抗癌药物的不良反应,因此,Rho GTP 酶已成为肿瘤药物开发的新靶位,对肿瘤的临床治疗将具有良好的应用前景。

第三节　癌基因 gsp 和 gip2

最近还发现几种 G 蛋白 α 亚单位(包括 Gs α、Gi α2 和 Gα 12 等)突变激活具有致癌作用,与不同类型的肿瘤相关。例如,gs α 的点突变参与垂体分泌生长激素的肿瘤及伴甲亢的甲状腺瘤的发生,其突变激活的形式为 gsp 癌基因,它能导致腺苷环化酶依赖 cAMP 的蛋白激酶(AC-cAMP-PKA)信号途径的组成性活化,引起异常的细胞增生。gi α2 的突变激活曾在卵巢的性索间质性肿瘤、肾上腺皮质肿瘤及非功能性垂体肿瘤中检测出,其突变活化的形式为 gip 癌基因,Gip 通过其下调 AC-cAMP-PKA 信号途径、上调 MEK-ERK 信号途径促进细胞增生。Gα12 的突变激活是最强的转化性 Gα 亚单位,它是从人滑膜肉瘤和 Ewing 肉瘤的细胞株来源的 cDNA 文库中克隆出来的转化性癌基因,称为 gep 癌基因,Gα12 通过活化 Ras、Rac 及 Rho 调节的信号机制而加速 G_1/S 期和 G_2/M 期细胞周期的进行。此外,Gα12 还介导抑制 p38MAPK 的细胞凋亡途径而促进细胞生长,故 Gα12 联合多种增生和抗凋亡的信号而导致强烈的致癌性转化。

一、癌基因 gsp

(一) 癌基因 gsp 的结构和功能

人 gsp 的基因组 DNA 长度约为 20kb,由 13 个外显子和 12 个内含子序列组成。在 gsα 基因外显子 1 的 250nt 序列范围内,其 G+C 比率高达 85%,此区中含有 7 个“GC”盒式结构。此外,在 gsα 基因启动子区域的-453、-444 和-410 3 个位点上还发现了重复序列 TC-CTCCTCC。在人 EGF 受体的基因启动子区也有 4 段这种 TCCTCCTCC 结构,在人的癌基因 c-eRB B2 基因的启动子区发现有翻转互补的 2 段序列,即 GGAGGAGGA。在 gsα 基因中,发现 GGGCGG 分别在-552 和-363 两个位点上都存在,而且在-497 及-389 位点上也都有

CCGCCC 序列,提示 Sp1 在这一基因转录表达的调节中具有十分重要的作用。

研究表明,Gsp 蛋白具有 45 000 和 52 000 两种相对分子质量大小的蛋白质形式,正常情况下,激动剂激活受体后使 G 蛋白从无活性的 GsαGDP 转化为有活性的 Gsα GTP,激活 AC,产生 cAMP 而发挥生物学效应。由于 G 蛋白 α 亚单位具有内在的 GTP 酶活性,能够水解 GTP,使 Gsα GTP 转化为非活性状态的 Gsα GDP,中止 AC 活性。而部分垂体 GH 腺瘤 Gsα 基因发生点突变,这些突变主要发生在编码 Gsα 基因的第 201 号密码子上,使 CGT 替换成 TGT 或 CAT(精氨酸→半胱氨酸或组氨酸),少部分发生在第 227 号密码子上,使 CAG 替换成 CGG 或 CTG(谷氨酰胺→精氨酸或亮氨酸),所有这些氨基酸的替换,造成了 Gsα 内在的 GTP 酶活性下降、AC 活性增高、cAMP 过度产生,导致细胞增生和生长激素(GH)分泌。

(二) gsp 基因突变与肿瘤发生

gsp 是一种 G 结合蛋白突变激活形式的癌基因,与人类某些肿瘤的发生、发展有着极为密切的关系。将该基因归属于癌基因的范畴,有如下 4 个方面的依据。第一,Gsp 蛋白突变体的作用类似于细胞外生长因子对细胞生长的刺激作用。在人脑垂体瘤细胞中,Gsp 蛋白突变体类似于生长激素释放激素(growth hormone releasing hormone,GHRH),通过刺激腺苷酸环化酶的活性,促进分泌生长激素的垂体细胞生长。第二,gap 基因发生突变之后,可以使其编码蛋白质处于持续的激活状态,转导信号,刺激携带这种突变基因的细胞过度生长。第三,gsα 基因的突变仅存在于肿瘤细胞的 DNA 序列中,但在患者其他类型的细胞中,如外周血淋巴细胞中,gsα 基因存在,但没有发生突变。第四,肿瘤细胞的基因组中含有这种基因的突变形式,但同时也存在着野生型的形式。说明 gsα 基因的野生型与突变型共存时,突变型基因对于野生型基因是一种显性表型。在体外培养系统中,证明了突变型 gsα 基因的表达导致一系列的生物化学效应。将 gsα 的 Q227L 人工突变的基因导入 Swiss-3T3 小鼠成纤维细胞中进行表达,可引起细胞内第二信使(second messenger)的 cAMP 水平升高及 DNA 的合成增加。Q227 和 R201 位点的突变将导致相似的生物化学改变,而且在脑垂体瘤组织中也观察到了突变型的 gsα 基因具有放大效应。

癌基因 gsp 是垂体生长激素(GH)腺瘤发生、发展的重要原因之一,研究报道其在 GH 腺瘤中的阳性率为 40% 左右。Ghrelin 是含有 28 个氨基酸的活性多肽,为目前发现的生长激素释放受体-1a 亚型(GHSR-1a)的唯一天然配体,GHSR-1a 是 G 蛋白偶联受体家族成员,主要分布于下丘脑和垂体,调节 GH 的分泌。随着研究的不断深入,发现 GHSR-1 a 在多种垂体腺瘤组织及其他正常组织和肿瘤组织中广泛分布,其在各种垂体腺瘤中,尤其在 GH 腺瘤中表达最高。Ghrelin 通过旁分泌和(或)自分泌的形式与其受体结合后在 GH 腺瘤发生、发展中起重要作用。

Ghrelin/GHSR-1a 信号通路活化后经三磷酸肌醇、Ca^{2+} 和 PKC 等第二信使,与 GHRH/GHRHR-PKA 信号通路协同刺激 GH 分泌。Kineman 等在正常大鼠体内的研究发现,静脉注射 GHRH 可以迅速提高垂体的 GHSR mRNA 水平,而体外实验中,GHRH 对原代培养垂体细胞的 GHSR mRNA 表达无明显影响,因此认为是 GHRH 引起的中枢或周围系统其他的某些细胞因子的变化在其中起了关键作用。进一步利用大鼠侏儒模型研究证实 GHRH 促进 GHSR 合成与其引起的 GH 分泌升高无关。如上所述,癌基因 gsp 抑制了 GTP 酶活性,AC

持续性激活，其生物学效应与 GHRH 诱导的 AC-cAMP-PKA 信号通路持续性活化相似。有学者推测，gsp 阳性 GH 腺瘤中 GHSR-1a mRNA 明显增高，与 gsp 癌基因调控的下游信号通路异常活化引起的中枢或周围系统中某些细胞因子表达异常有关。另外，gsp 癌基因上调 GHRHR mRNA 可能在其中也起了一定的作用。

Ghrelin 和 GHSR-la 共表达于多种正常或肿瘤组织中。Dixit 等发现，Ghrelin 和 GHSR-1a 在星形胶质细胞瘤组织及细胞株中均有表达，并且 Ghrelin 可以通过促进 GHSR-la 的合成来提高细胞的侵袭性。Machado 等在研究伴异位促肾上腺皮质激素（ACTH）综合征的肺类癌时发现，GHRP-6（人工合成的 GH 释放剂）刺激癌组织中的 GHSR-1a mRNA 高表达。因此，Ghrelin 在垂体 GH 腺瘤患者体内可能上调肿瘤组织或下丘脑中 GHSR-1a mRNA 的表达，从而促进 GH 的分泌及细胞增殖，加速肿瘤的发生、发展。

另外，肢端肥大症（acromegaly）也与 gsα 基因突变有关。患有 McCune-Albright 综合征的患者中经常有肢端肥大症的表现，McCune-Albright 综合征也与 gsα 基因突变有关。

二、癌基因 gip2

（一）癌基因 gip2 的突变和与肿瘤的关系

Lyons 等对肾上腺皮质（adrenal cortex）和卵巢（ovary）肿瘤组织中 Gi2α 链的编码基因进行了研究，发现了 Gi2α 链的基因突变。11 例肾上腺皮质肿瘤中有 3 例如 Arg179 位点上发生了突变，以半胱氨酸（Cys）或组氨酸（His）残基取代，成为 Arg179 Cys 或 Arg179 His 突变。在 10 例卵巢内分泌肿瘤中，有 3 例也发现了 Gi2α 链的基因突变。首先以聚合酶链反应（PCR）对肿瘤组织中 Gi2α 链的基因组 DNA 进行扩增，然后以等位基因特异性的寡核苷酸（allele-specific oligonucleotide）探针，在高度严谨的条件下进行杂交，可以检测出单个核苷酸位点的基因突变。这种等位基因特异性的杂交检测技术，只有当突变的基因得到相当程度的放大时才可以检测出基因的点突变。对肿瘤细胞来说，相对于正常细胞的生长速率，是肿瘤细胞的一种生长特性，因此，这项技术也特别适用于检测与细胞过度生长分裂有关的突变基因类型。Gi2α 链中 Arg179 与 Gln205 两个高突变率的位点相距较近，因此，以同一对 PCR 引物可以扩增包含这两个突变位点的一段 DNA 序列。在 258 例肿瘤组织细胞中，Arg 179 位点的突变率较高，但没有观察到 Gln205 位点上发生突变的情况。这一结果表明，Gi2α 链中 Arg179 位点上的基因突变，使其转变成为一种癌基因，称为 gip2。

取代 Gip2 Arg179 位点上的两种氨基酸残基分别为 Cys 和 His，这与 gsp 癌基因 Arg201 位点基因突变的情况完全一致。也许在 Gip2 及 Gsp 的 Arg79 和 Arg201 位点上可能存在的 6 种错义突变（missense mutation）中，其所编码的突变癌基因蛋白更具有生物活性。对 1 例肾上腺皮质肿瘤 gip2 基因的 PCR 扩增产物进行序列分析，仅仅发现了 Arg179 突变的基因序列，说明 Arg179 位点上发生基因突变的肿瘤细胞可能更容易成为生长优势细胞群，因此不能表达正常的 Gi2α 链的基因，反而使细胞获得选择性生长优势。

Williamson 等对临床上无功能性垂体瘤（non-functioning pituitary tumor，NET）组织中的 Gi2α 链基因以定点杂交（site-directed hybridization）或对 PCR 扩增产物进行直接测序的方法进行了研究。22 例 NFT 中 3 例有 G 蛋白基因突变，占 13%。其中 2 例分别具有 Arg201 和 Gln227 位点的 Gi2α 链基因的突变。另有 3 例中具有 Glu205 Arg 的 Gi2α 链的基因突变。

其中,2 例肿瘤中既有 gsp 基因突变,又有 gip 基因突变,表明垂体肿瘤的发生与多种基因突变的多个步骤有关。另有学者对释放肾上腺皮质激素释放激素(adrenocorticotrophic hormone,ACTH)的垂体腺瘤中 G 蛋白编码基因的突变情况进行了研究。在 32 例肿瘤中,有 3 例肿瘤组织细胞中具有 G 蛋白编码基因的突变,约占 9%。2 例肿瘤的 gsp 基因在 227 位点上发生突变,1 例肿瘤的 gip 基因在 179 位点上发生突变。

Gi 蛋白有 3 种,Gi1、Gi2 和 Gi3,其中一种或多种参与激素对腺苷酸环化酶(adenylylcyclase,AC)抑制作用的介导过程。Gi 蛋白也是由 α、β、γ 3 个亚基组成的一种异三聚体形式,但其中哪一种亚基可参与这种抑制作用的介导并不十分清楚。研究表明,Gi 蛋白 α 亚基的基因序列存在着基因突变,提示 αi2 基因某些位点发生突变可将其转变为一种癌基因,即 gip2。有研究表明,αi2 基因变成为 gip2 后,即处于持续的激活状态。以突变型和野生型的 αi2 重组表达载体转染细胞以后,对细胞内 cAMP 浓度的累积情况进行了研究,结果表明,αi2 基因突变为 gip2 癌基因,处于持续的激活状态并可以显著抑制细胞内 cAMP 的累积。Watkins 等以视黄酸(retinoic acid,RA)对未分化的畸胎瘤(teratocarcinoma)进行诱导后,瘤细胞中突变的 Gi2α 亚基的蛋白质水平显著下降,提示 gi2α 基因的表达与畸胎瘤的分化程度有着极为密切的关系。导入 gi2α 基因特异性的反义(antisense)RNA 表达载体以后,可以有效抑制畸胎瘤细胞中 gi2α 基因的表达水平,从而引起畸胎瘤出现一系列的改变。第一,受体介导的对腺苷酸环化酶的抑制作用消失或显著下降。第二,细胞生长周期缩短。第三,在缺乏 RA 的条件下也促进其进一步分化。第四,表达细胞分化的标志物——组织型凝血酶原激活剂(tissue-type plasminogen activator,tPA)。持续高水平的 gi2α 表达可阻断 RA 对畸胎瘤细胞系诱导分化的作用。这些结果表明,gi2α 基因的表达可以抑制细胞内 cAMP 的累积,控制干细胞的分化过程,提示 G 蛋白在细胞的生长和分化过程中具有十分重要的调节作用。

(二) gip2 基因的恶性转化作用

作为癌基因的一个重要标准,即为其导入正常细胞处于过表达或激活状态时能够引起正常细胞发生恶性转化。Pace 等对突变的 gi2α 基因对大鼠 Rat-1 的恶性转化作用进行了研究。将小鼠野生型的 gi2α 基因和 R179C 突变的 gi2α 基因分别转染 Rat 1 细胞系,并以 val 12 基因突变的 ras 表达载体作为对照。结果表明,突变型 gi2α 基因转染的 Rat-l 细胞系具有恶性转化的特征,表现为单层细胞的生长密度增加,失去贴壁生长能力,接种裸小鼠时可形成瘤灶。但将此突变的 gi2α 基因再转导小鼠成纤维细胞系 NIH 3T3 时,却不能引起 NIH 3T3 发生恶性转化,裸小鼠体内移植也不能形成瘤灶。野生型 gi2α 基因不能引起 Rat-1 细胞发生恶性转化,作为阳性对照的 ras 基因可以使正常细胞发生恶性转化以及裸鼠体内的瘤灶形成。这一结果提示 gi2α 突变基因为一种癌基因。突变的 gi2α 基因不能诱导小鼠成纤维细胞 NIH 3T3 的恶性转化,说明 gi2α 基因的恶性转化作用是一种组织细胞特异性的过程。

Hermouet 等发现,激活突变(activating mutation)和失活突变(inactivating mutation)的 Gi2α 蛋白对 NIH 3T3 细胞的生长具有相反的作用。将大鼠 αi2 的 cDNA 亚克隆到 M13mpl9 载体中进行定点诱变。突变型及野生型的 αi2 cDNA 分别转染小鼠成纤维细胞 NIH 3T3,以免疫印迹法(immunoblotting assay)对 NIH 3T3 细胞中 αi2 蛋白质的表达进行测定,并观察 αi2 转基因表达对 NIH 3T3 细胞生长特性的改变。免疫印迹技术证实,野生型 αi2 基因及 Q205L 突变型 αi2 基因转导的 NIH 3T3 细胞中 αi2 蛋白的表达水平相似,约为对照组未经转染的 NIH3 T3 细胞的 10 倍。G204A 突变型 αi2 的表达水平相对较低,仅为对照细胞的 5 倍左右。αs 蛋白的表达水平在几个细胞克隆中有差别,但在 16 个 α i2cDNA 转导的细胞克隆中仅有 2 个细胞克隆的 αs 蛋白表达水平有所下降,约是对照组细胞 αs 蛋白表达水平的 50% 。αs 蛋白表达水平的变化与细胞内 cAMP 的产生及细胞的生长速率并无直接关系。野生型 αi2 基因转导的 NIH 3T3 细胞中 β 亚单位(βsubunit)的表达水平至少上升了 3 倍,以 Q205L 突变型 αi2 转染 NIH 3T3 细胞,其 β 亚单位上升的幅度较小。当 αi2 与 β、γ 亚单位结合成异三聚体(heterotrimer)时,百日咳杆菌毒素可使 αi2 发生 ADP-核糖基化。从转导的细胞中制备膜系结构物质,在[^{32}P] NAD 存在的条件下以百日咳杆菌毒素进行处理,含有野生型 αi2 的膜系结构物质的放射性核素标记率显著上升,证实野生型的 αi2 与 β、γ 亚单位间存在着相互作用。在以野生型 αi2 基因和 G204A 突变型 αi2 基因转导的 NIH 3T3 细胞系中,ADP-核糖基化的水平相似。然而,Q205L 突变型 αi2 基因转导的 NIH 3T3 细胞系中,尽管其 αi2 蛋白的表达水平略高,但其膜的 ADP-核糖基化水平则有降低的现象。GTP [νS] 是一种不能进行水解的 GTP 类似物(analogue),可以激活 α 亚单位并导致 α 亚单位与 β、γ 亚单位的不可逆分离,因而可以防止百日咳杆菌毒素对 αi2 蛋白蛋白的核糖基化过程。以 GTP [νS] 处理,可使野生型 αi2 基因及 Q205L 型 αi2 基因转导的 NIH 3T3 细胞的标记率下降,但对 G204A 突变型 αi2 基因转导的细胞 ADP-核糖基化的水平并无影响。作为对照组的未转导的 NIH 3T3 细胞在以 GTP[νS] 预处理后,其 ADP-核糖基化水平无显著变化。

G 蛋白介导的细胞内信号转导要通过 cAMP 的介导并对其生长特性产生影响。将空白载体或野生型 αi2 基因转导的 NIH 3T3 细胞,以霍乱毒素进行刺激,其细胞内 cAMP 浓度上升 13 倍。相反,将 Q205L 突变的 αi2 基因转导的 NIH 3T3 细胞,以霍乱毒素刺激之后,细胞内的 cAMP 浓度仅上升 5 倍,霍乱毒素对腺苷酸环化酶活性的抑制率为 45% 。但在 G204A 突变的 αi2 基因转导的 NIH 3T3 细胞中,基础 cAMP 和经霍乱毒素刺激之后的细胞内 cAMP 水平均有升高。另外,以软琼脂克隆形成法(soft-agar colony) 及恶性转化分析法(malignant transformation assay) 对转导的 NIH 3T3 细胞系的生长特性进行了研究。NIH 3T3 细胞系的非贴壁生长特性常常与其恶性转化的特性有关。仅以空白病毒载体(viralvector) 或野生型基因转导的 NIH 3T3 细胞系,不能在 0. 3% 的软琼脂中形成细胞克隆,但以 Q205L 突变型 αi2 基因转导的 NIH 3T3 细胞系却可以形成较小的细胞克隆,无论克隆大小及形成克隆的数目,都较癌基因 r-src 转导的 NIH 3T3 细胞系要小得多。以野生型 αi2 以及 Q205、G204A 突变型 αi2 基因转导的 NIH 3T3 细胞系则不能形成细胞克隆。这就证实了激活突变形式的 αi2 基因具有使正常细胞发生恶性转化的能力,是一种癌基因。Gupta 等应用 Ratla、NIH 3T3 和 Swiss3T3 3 种细胞系对 gip2 缺乏 GTPase 活性的癌基因的恶性转化作用进行了研究。结果证实,缺乏 GTPase 活性的 αi2 基因突变型多肽的转基因表达可使 Ratla 细胞系发生恶性转化,失去贴壁生长特性,对血清的依赖性降低,但在 NIH 3T3 和 Swiss3T3 细胞系中未见到这种现象。αi2 突变基因对 Ratla 细胞的恶性转化作用不能被 Ha-ras 的显性阴性突变体(Asn-17) 所阻断,说明 gip2 癌基因使正常细胞发生恶性转化的信号传递与 c-Ras 的信号传递路径完全不同,且 αi2 是一种基因突变型激活方式的癌基因,这种恶性转化作用具有一定的组织细胞特异性，其信号转导系统与另一类 G 蛋白，即 Ras 蛋白存在差异。

（李蕴铷）

参考文献

Bagheri-Yarmand R, Mazumdar A, Sahin AA, et al. 2006. LIM kinase 1 increases tumor metastasis of human breast cancer cells via regulation of the urokinasetype plasminogen activator system. Int J Cancer, 118(11):2703-2710.

Boukamp P. 2005. Non-melanoma skin cancer: what drives tumor development and progression. Carcinogenesis, 26(10): 1657-166.

Burridge K, WenneRBerg K. 2004. Rho and rac take center stage. Cell, 116(2):167-197.

Der C J, Van Dyke T. 2007. Stopping ras in its tracks. Cell, 129(5):855-857.

Dixit VD, Weerarama AT, Yang H, et al. 2006. Ghrelin and the growthhormone secretagogue receptor constitute a Hoveanto-crinepathway in astrocytoma motility. J Bioi Chem, 281:16681-16690.

Fritz G, Kaina B. 2006. Rho GTPases: promising cellular targets for novel anticancer drugs. Curr Cancer Drug Targets, 6(1): 11-14.

Hall A. 2005. Rho GTPases and the control of cell behaviour. Biochem Soc Trans, 33(Pt5):891-895.

Hermouet S, Merendino JJ Jr, Gutkind JS, et al. 1991. Activating and inactivating mutations of the alpha subunit of Gi2 protein have opposite effects on proliferation of NIH 3T3 cells. Proc Natl Acad Sci USA, 88(23):10455-10459.

Jin HC, Wang X, Ying JM, et al. 2007. Epigenetic silencing of a Ca^{2+}-regulated Ras GTPase-activating protein RASAL defines a new mechanism of Ras activation in human cancers. PNAS, 104(30):12353-12358.

Jung ID, Lee J, Lee KB, et al. 2004. Activation of p21activated kinase 1 is required for lysophosphatidicacidinduced focal adhesion kinase phosphorylation and cell motilityin human melanoma A2058 cells. Eur J Biochem, 271(8):1557-1565.

Karnoub AE, Weinberg RA. 2008. Ras oncogenes: split personalities. Nat Rev Mol Cell Biol, 9(7):517-531.

Kim K, Arai K, Sanno N, et al. 2001. Ghrelin and growth hormone(GH) secretagogue receptor(GHSR) mRNA expression inhuman pituitary adenomas. Clin Endocrinol(Oxf), 54:759-768.

Kolfschoten IG, van Leeuwen B, Berns K, et al. 2005. A genetic screen identifies PITX1 as a suppressor of RAS activity and tumorigenicity. Cell, 121(6):849-858.

Kupzig S, Deaconescu D, Bouyoucef D. 2006. GAP1 family members constitute functional Ras and Rap GTPase-activating proteins. J Biol Chem, 281(15):9891-900.

Li S, Guan JL, Chien S. 2005. Biochemistry and biomechanics of cell motility. Cancer Sci, 7:105-150.

Lorenz M, Yamaguchi H, Wang Y, et al. 2004. Imaging sites of Nwasp activity in lamellipodia and invadopodia of carcinoma cells. Curr Biol, 14(8):697-703.

Machado MC, Sa SV, Goldhanm TS, et al. 2007. *In vivo* response togrowth hormone-releasing peptide-6 in adrenocorticotmpin- dependent Cushing' B syndrome by lung carcinoid tumor isassociated with growth hormone secretagogue receptor type lamRNA expression. J Endocrinol Invest, 30:334-340.

Malumbres M, BaRBacid M, et al. 2003. RAS oncogenes: the first 30 years. Nat Rev Cancer, 3(6):459-465.

Nakajima M, Hayashi K, Katayama K, et al. 2003. Wf536 prevents tumor metastasis by inhibiting both tumor motility and angiogenic actions. Eur J Pharmacol, 459(2-3):113-120.

Nindl I, Gottschling M, Krawtchenko N, et al. 2007. Low prevalence of P53, p16 and Ha-ras tumour-specific mutations in low-graded actinic keratosis. Br J Dermatol, 156(suppl):S34-39.

Ohta M, Seto M, Ljichi H, et al. 2009. Decreased expression of the RAS-GTPase activating protein RASAL1 is associated with colorectal tumor progression. Gastroenterology, 136(1):206-216.

Pan Y, Bi F, Liu N, et al. 2004. Expression of seven main Rho family members in gastric carcinoma. Biochem Biophys Res Commun, 315(3):686-691.

Raftopoulou M, Hall A. 2004. Cell migration: Rho GTPases lead the way. Dev Biol, 265(1):23-32.

Reifenberger J, knobbe CB, SterzingerAA, et al. 2004. Frequent alterations of Ras signaling pathway genes in sporadic malignant melanomas. Int J Cancer, 109(3):377-384.

Ringash J, Perkins G, Brierly J. 2005. IMRT for adjuvant radiation in gastric cancer: a preferred plan. Int J Radiat Oncol Biol Phys, 63(03):338-345.

Sakai N, Kim K, Sanno N, et al. 2008. Elevation of growth hormonereleasing hormone receptor messenger ribonucleic acid expressionin growth hormone—secreting pituitary adenoma with Gsalphaprotein mutation. Neurel Med Chir(Tokyo), 48:481-487; discussion 487-488.

Semba S, Iwaya K, Matsubayashi J, et al. 2006. Coexpression of actinrelated protein 2 and WiskottAldrich syndrome family verprolinehomologous protein 2 in adenocarcinoma of the lung. Clin Cancer Res, 12(8):2449-2454.

Vakiani E, Solit DB. 2011. KRAS and BRAF: drug targets and predictive biomarkers. J pathol, 223(2):219-229.

Walker K, Olson MF. 2005. Targeting Ras and Rho GTPases as opportunities for cancer therapeutics. Curr Opin Genet Dev, 15(1):62-68.

Wang ZN, Xu XM, Jiang L, et al. 2005. Positive association of RhoC gene overexpression with turnout invasion and lymphatic metastasis in gastric carcinoma. ChinMed J(Engl), 118(6):502-504.

Westbrook TF, Martin ES, Sehlabach MR. 2005. A Genetic Screen for Candidate Tumor Suppressors Identifies REST. Cell, 121(6):837-848.

Wheeler AP, Ridley AJ. 2004. Why three Rho Proteins? RhoA, RhoB, RhoC, and cell motility. Exp Cell Res, 30(1):43-49.

Williamson EA, Daniels M, Foster S, et al. 1994. Gs alpha and Gi2 alpha mutations in clinically non-functioning pituitary tumours. Clin Endocrinol(Oxf), 41(6):815-820.

Yamaguchi H, Lorenz M, Kempiak S, et al. 2005. Molecular mechanisms of invadopodium formation: the role of the NWASPArp2/3 complex pathway and cofilin. J Cell Biol, 168(3):441-452.

Yamazaki D, Kurisu S, Takenawa T. 2005. Regulation of cancer cell motility through actin reorganization. Cancer Sci, 96(7):379-386.

Yamguchi H, Lorenz M, Kempiak S, et al. 2005. Molecular mechanisms of invadopodium formation: the role of the NWASPArp2/3 complex patheway and cofilin. J Cell Biol, 168(3):441-452.

Yu SH, Wang TH, Au LC, et al. 2009. Specific repression of mutant K-RAS by 10-23 DNAzyme: Sensitizing cancer cell to anticancer therapies. Biochem Biophys Res Commun, 378(2):230-234.

Zaravinos A, Kanellou P, Spandidos DA, et al. 2010. Viral DNA detection and RAS mutations in actinic keratosis and nonmelanoma skin cancers. Br J Dermatol, 8(9):325-333.

第七章 胞质蛋白丝氨酸/苏氨酸激酶类癌基因

细胞接受细胞外的刺激信号,再通过受体蛋白等跨膜蛋白的传递,将这些信号转导进入胞质中。有些受体蛋白本身具有酶学催化活性,也有一些信号转导功能的跨膜蛋白本身没有蛋白激酶活性,而要通过与胞质中具有酶学活性的蛋白质相互作用,将信号向下游转导、放大,对细胞的代谢、生长、分化及恶性转化过程进行调节。这些具有酶学作用的蛋白质是细胞内信号转导的重要递体物质,其中胞质蛋白丝氨酸/苏氨酸激酶类癌基因所编码的产物是其中重要的一类具有催化活性的蛋白质,包括 Pim-1、Raf、Mos 及 Cot 等。有关这些丝氨酸/苏氨酸蛋白激酶活性及结构和功能之间关系的研究,是研究肿瘤细胞形成和发展的重要内容。

第一节 癌基因 pim-1

在 Moloney 小鼠白血病病毒(Moloney mouse leukemia virus, MoMuLV)诱导的 T 细胞淋巴瘤细胞的基因组中,发现 MoMuLV 前病毒基因组一个经常的整合位点,这一整合位点区的一个基因即称为 pim-1 基因,pim-1 是丝氨酸/苏氨酸蛋白激酶 Pim 家族的第一位成员。不仅在 T 细胞淋巴瘤细胞中发现了 pim-1 基因的表达,在 B 细胞淋巴瘤细胞及红细胞白血病细胞中也发现了 pim-1 基因的表达。另外,在人的某些血液系统恶性肿瘤细胞中也发现了 pim-1 基因的表达活性,说明 pim-1 基因表达的异常可能与血液系恶性肿瘤的发生、发展之间有着密切的联系。

一、pim-1 基因与 Pim-1 蛋白的结构

小鼠的 pim-1 基因由于 MoMuLV 前病毒基因组 DNA 在其周围的插入而被激活,因为在小鼠 T 细胞、B 细胞及红细胞白血病细胞中经常观察到 MoMuLV 前病毒基因组的整合及 pim-1 基因表达的激活,因此推测 MoMuLV 前基因组的整合与 pim-1 基因的激活之间、pim-1 基因的激活与血液系统恶性肿瘤之间可能存在着相关性和因果关系。在建立的 pim-1 转基因小鼠(transgenic mice)中观察到其可以诱发 T 细胞淋巴瘤,这为 pim-1 基因作为一种癌基因提供了直接证据。人的 pim-1 基因位于 6p21. 1—p21. 31 位点上,大鼠的 pim-1 基因位于 17 号染色体上。在急性髓性肿瘤(acute myeloid tumor)、未分化的白血病、T 细胞淋巴瘤及恶性黑色素瘤(malignant melanoma)等的细胞中,可以发现 pim-1 基因在其染色体转位(chromosomal translocation)时被激活。

人与小鼠的 pim-1 基因都已得到了克隆,Reeves 等于 1990 年报道了人 pim-1 基因组 DNA 的序列以及 pim-1 5′端非翻译区含有启动子结构的序列。克隆的人 pim-1 基因组 DNA 全长为 6113bp,由 6 个外显子和 5 个内含子序列组成,与小鼠 pim-1 基因的核苷酸(nucleotide, nt)序列之间同源性达 53% 。人 pim-1 基因组 DNA 的外显子序列与人 pim-1

基因 cDNA 的序列完全一致。人 pim-1 基因中含有单一的开放读码框架（open reading frame，ORF），由 939 个核苷酸组成，编码的人 Pim-1 蛋白由 313 个氨基酸残基组成，计算分子质量为 35 690Da，其等电点为 5.7。人 Pim-1 蛋白与小鼠 Pim-1 蛋白的一级结构几乎完全相同，同源性高达 94%，而编码区核苷酸的同源性仅为 88%。这是因为大部分核苷酸的变异位于三联体密码子的最后一个核苷酸位置上，不影响编码的氨基酸残基的种类和性质。

人 pim-1 基因的 5′端非翻译区长 780bp，与小鼠 pim-1 基因相应的结构区之间的同源性达 80%。人 pim-l 基因启动子区的核苷酸组成，GC 比例达 69%，而其 −1 ~ 300nt 结构区的 GC 比例则高达 75%。在人 pim-1 基因启动子结构区并不包含典型的 TATA 或 CAAT 盒式结构。pim-1 基因启动子区富含 GC 而不包含 TATA 或 CAAT 盒，这与管家基因（housekeeping gene）启动子的特征吻合。在人 pim-1 基因的 5′端非翻译区中还发现了一系列转录因子蛋白结合的保守核苷酸序列结构，如 Sp1、Ap-1、NF/Oct-2 及 NF-κB 等结合位点。人 pim-1 基因 3′端非翻译区长为 1337nt，其中包含 2 个潜在的多聚腺苷酸（polyadenylation，polyA）位点，即 AATAAA 序列，分别位于 5956nt 和 6000nt 位置上，似乎只有后者才是具有功能性的信号序列，因为目前为止所克隆的所有人 pim-1 cDNA 克隆中都包含这两个加尾信号序列。在 3′端 5584nt 位点区还发现了 5 个 TATT 串联的高度保守结构，推测这可能与 pim-1 mRNA 的稳定性有关。

在小鼠 Pim-1 蛋白一级结构序列中，所有的蛋白激酶（protein kinase，PK）位点的同源序列，在人 pim-l 基因中都是高度保守的。人 Pim-l 蛋白分子中的催化位点（catalytic domain）的结构区更是高度保守的结构部分。在所有 PK 高度保守的氨基酸残基位点上，人 pim-1 基因的编码产物也高度保守。Tyrl62 和 Ser/Thr172 位点之间的氨基酸残基序列是相对多变的结构区，人 Pim-l 蛋白分子中的这一结构区与丝氨酸/苏氨酸蛋白激酶相应结构区之间的同源性，似乎比 Tyr 蛋白在此区与丝氨酸/苏氨酸蛋白激酶相应结构区之间的同源性还要高。但体外实验已证实，人 Pim-l 蛋白具有丝氨酸/苏氨酸蛋白激酶的活性。Pim-1 激酶具有一个被称为 ATP 锚的活化位点，它的催化结构域覆盖了从 38 ~ 290 位的氨基酸区域。这个区域中 45 ~ 50 位氨基酸为一个保守的甘氨酸环状基序，44 ~ 52 位和 67 位氨基酸为磷酸盐结合位点，167 位氨基酸为一个质子受体位点。Friedmann 等将人 Pim-1 蛋白与谷胱甘肽 *S*-转移酶（glutathione *S*-transferase，GST）形成融合蛋白（fusion protein）在大肠杆菌中进行表达，并构建了 Lys67 Met 的定点突变以获得缺乏内源性蛋白激酶的突变体 Pim-1 蛋白。体外研究表明，突变体人 Pim-1 蛋白无蛋白激酶活性。野生型人 Pim-1 蛋白具有丝氨酸/苏氨酸蛋白激酶活性，而且酶学活性的最适 pH 为 7 ~ 7.5，最适的二价金属离子浓度为 10nmol/L $MgCl_2$ 或 5mmol/L $MnCl_2$。离子浓度如果升高，对 Pim-1 丝氨酸/苏氨酸激酶的活性就具有抑制作用。作为底物蛋白分子，组蛋白 H1 和 Kemptide 多肽可被重组的人 Pim-1 丝氨酸/苏氨酸蛋白激酶所磷酸化。利用合成肽片段，对 Pim-1 所催化的底物蛋白的序列结构特点进行了研究，结果表明，Pim-1 蛋白激酶对 Lys-Arg-Arg-Ala-Ser-Leu-Gly 序列多肽作为底物具有显著的特异性。上述序列的多肽作为底物其酶学催化反应的常数 K_{cat}/K_m 值较以 Kemptide（Leu-Arg-Arg-Ala-Ser-Leu-Gly）作为底物时的 K_{cat}/K_m 值要高 6 倍。位于靶位点丝氨酸/苏氨酸氨基末端的碱性氨基酸残基对于其作为 Pim-l 的底物具有十分重要的意义，是 Pim-l 蛋白激酶识别底物的特异性序列。体外以重组的 pim-1 处理牛胸腺提取的蛋白质混合物，对发生磷酸化修饰的胸腺组蛋白 H1 的一级结构序列进行分析，证实其中包含了人 Pim-l 蛋白激酶识别与催化的特异性底物序列结构。所以，在体外最适的反应条件下，Pim-1 可以识别、结合的底物蛋白的结构方式为(Arg/Lys)$_3$-X-Ser/Thr-X′，其中的 X′是一个具有一段侧链的氨基酸残基，一般情况下不能是碱性氨基酸残基，也不能是强烈亲水性的氨基酸残基。

二、pim-l 基因表达调节

Pim-1 激酶广泛存在于各种细胞中，是许多细胞因子信号通路的下游效应分子，大量的细胞因子可以诱导它表达。Pim-1 激酶在细胞生长调控中起着重要作用，它的表达在多个水平受到严格调控，包括转录、转录后、翻译和翻译后。

髓细胞生长因子(myeloid growth factor)在血液细胞的生长、分化调节中具有十分重要的意义，而人 pim-1 癌基因又是一种与血液细胞肿瘤之间有着密切关系的癌基因，因而推测髓细胞生长因子与 pim-1 基因的表达之间可能有关。Lilly 等对生长因子依赖性的髓白血病细胞系 M107E，以白细胞介素-3(interleukin-3，IL-3)或粒细胞-巨噬细胞集落刺激因子(granulocyte-macrophage colony-stimulating factor，GM-CSF)诱导刺激，4h 以后 Pim-1 蛋白的表达水平达到最高水平。在生长因子的持续刺激作用下，Pim-1 蛋白持续表达。如果撤除生长因子的刺激，M107E 细胞中 Pim-1 蛋白的表达也随之快速下降。GM-CSF 诱导的 Pim-1 蛋白的表达呈剂量依赖性，Pim-1 蛋白表达水平与生长因子刺激细胞增殖的活性成正比。为了证实 GM-CSF 诱导 Pim-1 蛋白表达的特异性，对 GM-CSF 应答性质不同的髓细胞系中的 Pim-1 蛋白表达诱导规律进行了比较，并对 GM-CSF 诱导不同细胞系的增殖活性应答特点进行了研究。结果表明，GM-CSF 能够诱导表达 Pim-1 蛋白的细胞系，且大多为 GM-CSF 生长因子能够诱导其增殖应答的细胞系。但是，中性粒细胞和单个核细胞在受到生长因子的刺激以后，不能诱导 Pim-1 蛋白的表达。小鼠细胞系 Mac-11 在受到 IL-3 和 GM-CSF 刺激时，可以检测到 pim-1 基因的表达，但对 GM-CSF 的刺激却观察不到类似的应答。因此，认为 Pim-1 激酶可能是细胞在 IL-3、GM-CSF 和其他类型的生长因子的刺激时，跨膜信号转导的一种重要的中间递体。IL-3、GM-CSF 等生长因子受体的结构和功能是类似的。髓白血病细胞系中这些髓细胞生长因子的持续表达，说明白血病细胞中髓细胞生长因子的信号转导通路被激活。

Buckley 等发现，催乳激素和 IL-2 能够快速诱导大鼠 Nb2 淋巴瘤细胞中 pim-1 基因的表达。Nb2 淋巴瘤细胞系是一种催乳激素依赖性的细胞系。造血细胞在受到有丝分裂原的刺激以后，可以快速诱导 Pim-1 这种细胞质高度保守的丝氨酸/苏氨酸蛋白激酶癌基因蛋白的表达，Pim-1 蛋白的表达对淋巴细胞的激活具有重要的作用。在处于生长阻滞状态的 Nb2 细胞中检测不到 pim-1 基因的转录表达，但当受到催乳激素的刺激以后，出现 pim-1 基因可诱导性双相方式的表达。在受到催乳激素的作用下，2～4h pim-1 基因表达水平达到第一个高峰，较对照细胞的 pim-1 的表达水平高 40 倍。至催乳激素作用 12h 时，pim-1 基因的表达达到第二个高峰。催乳激素与 IL-2 诱导 pim-1 基因的表达，到 2h 时呈剂量依赖性的特点，而且环磷酰胺(cycloheximide，CHX)也不具有阻断 pim-1 基因表达的作用。在催乳激素非依赖性的 Nb2-SFJCD1 细胞系中，可以检测到 pim-1 基因 mRNA 的转录表达，而当受到催乳激素的刺激以后，pim-1 的 mRNA 转录表达水平会进一步升高。当 Nb2-11 细胞系受到催乳激素的刺激以后 2h 和 12h，pim-1 基因转录的 mRNA 半衰期分别为 79min 与 81min。但是，

Nb2-SFJCD1 细胞系在受到催乳激素的刺激以后 2h，pim-1 基因的转录产物半衰期为 219min，是催乳素刺激 12h 或未经催乳激素刺激的 Nb2-SFJCD1 细胞中 pim-1 基因转录产物半衰期的 3 倍。在另一项研究中，将放射性核素[^{35}S]标记的甲硫氨酸掺入 Nb2-11 细胞中，之后以催乳激素刺激，再以 Pim-1 蛋白的特异性抗体对刺激细胞中 Pim-1 蛋白的表达水平以免疫沉淀、结合 SDS-聚丙烯酰胺凝胶电泳（polyacrylamide gel electrophoresis，PAGE）进行测定，表明以催乳激素刺激 Nb2-11 细胞系 8h，其中的 pim-1 基因转录的 mRNA 水平与翻译的 Pim-1 蛋白水平之间是平行的。Pim-1 蛋白的表达在催乳激素刺激作用后 1h 就可以检测到，2 ~ 4h 达到高峰，说明 pim-1 基因表达是 Nb2-11 细胞受到催乳激素刺激以后的一种即刻早期（immediate early）基因的表达形式。Nb2-11 细胞受到催乳激素的刺激以后，pim-1 基因转录表达的高峰期正是细胞周期的 G_1 期早期，第二个高峰则是 G_1/S 期的转变，表明催乳激素诱导的 Nb2-11 细胞中 pim-1 基因的表达是一个早期事件，可能与细胞周期的进展调节有关。

人 pim-l 基因的表达受干扰素-γ（interferon-γ，IFN-γ）的调节。IFN-γ 及钢性因子（steel factor，SLF）在刺激人和小鼠的造血干细胞生长过程中具有协同作用。Yip-Schneider 等的研究发现，单独以 IFN-γ 刺激人生长因子依赖性髓细胞系 MO7e 时，可以刺激 pim-1 基因、mRNA 及蛋白质的表达，但以 SLF 单独刺激 MO7e 细胞时，对其 pim-1 基因的表达没有显著的影响。然而，以 IFN-γ 和 SLF 联合刺激 MO7e 细胞，其 pim-1 特异性的 mRNA 及蛋白质表达水平较单独以 IFN-γ 刺激时升高 2 ~ 3 倍。而且细胞中 pim-1 表达水平的升高与细胞增殖活性的变化是完全一致的。无论是以 IFN-γ 单独或 IFN-γ 和 SLF 协同对 MO7e 细胞系进行刺激，pim-1 mRNA 转录水平的升高都不依赖于新蛋白质的合成。与 IFN-γ 单独刺激的结果相比，以 IFN-γ 和 SLF 协同刺激时 pim-1 基因的转录活性并没有进一步升高，只是协同刺激比单独刺激 pim-1 mRNA 的稳定性显著升高，从而导致协同刺激时 pim-1 的 mRNA 及蛋白质表达水平比单独刺激时有较显著升高。对 IFN-γ 诱导 pim-1 基因转录表达的结构基础进行研究，在 pim-1 基因的 5′端非编码区鉴定出了 IFN-γ 应答性核苷酸序列保守结构，这一特异性序列称为 PMGAS。PMGAS 与转录信号转导物质及激活剂（signal transducer and activator of transcription，STAT）1α 结合成特异性的复合体，表明 IFN-γ 诱导的 pim-1 基因的表达可能是由 STAT 1α 来介导的。

中介分子 STAT 在 Pim 激酶的表达调控中起着重要作用，活化的 STAT3/STAT5 能够直接与 pim-1 基因启动子上的 ISFR/GAS 序列结合而使 pim-1 基因表达上调，在白血病发病过程中起重要作用的受体酪氨酸激酶也可作用于 STAT5 而上调 pim-1 基因的表达。同时，STAT 也受到 Pim-1 激酶的负反馈调节，通过增加抑制分子 SOCS1/SOCS3 的稳定性间接抑制 STAT 的活性。

pim-1 基因启动子具有管家基因的启动子结构，但 pim-1 转录活性却又在各种类型的组织细胞中差别很大。在 pim-1 基因的启动子结构区没有发现有关基因转录表达特异性的结构元件，因而推测与 pim-1 基因表达组织细胞特异性的结构元件或许存在于 pim-1 基因内部序列中。以萤虫素酶的编码基因作为报道基因（reporter gene），构建了 pim-1 启动子的重组表达载体，转染慢性髓性白血病（chronic myelogenous leukemia）细胞系 K562，而 K562 细胞本身就有较高的 pim-1 mRNA 的转录表达。结果表明，pim-1 基因 1.7bp 的启动子序列和萤虫素酶的重组体在 K562 细胞中的转录表达水平，比 pim-1 基因 1.7bp 的启动子序列和

pim-1 基因组 DNA 序列的重组体在 K562 细胞中的转录表达水平高 3 倍。因此,认为 pim-1 基因在各种组织细胞中均具有转录表达活性,而 pim-1 基因结构中存在着使 pim-1 转录表达水平衰减的基因结构序列,这是导致不同组织细胞中具有不同 mRNA 转录表达水平的机制之一。

癌基因 pim-1 除了受到一些血液细胞生长因子的表达调节作用之外,其基因结构本身也存在着一些结构位点,对 pim-1 基因的转录表达具有调节作用。通过 pim-1 基因组 DNA 及 cDNA 的克隆,对 pim-1 基因的结构基因区及调节基因区都有了较为清楚的认识,因此,可以根据 pim-1 基因结构序列的特点,设计并合成不同的反义寡聚脱氧核苷酸(oligodeoxynucleotide,ODN),对 pim-1 基因的表达进行人工调节。Svinarchuk 等根据小鼠 pim-1 基因的结构序列特点,选择富含嘌呤或富含嘧啶的核苷酸序列作为反义 ODN 分子结合作用的靶位,合成了链长为 13nt 的反义 ODN,以使这种反义 ODN 分子与靶 DNA 链结合形成 DNA 三聚体(triplex),阻断 pim-1 基因的转录表达。反义 ODN 分子与 DNA 双链以反平行方向形成的三螺旋(triple helix)结构非常稳定,24h 还观察不到这种三螺旋结构分离。表明自然状态下这种三聚体结构对真核细胞基因的表达调控具有十分重要的作用和意义。Gottikh 等人工合成了 pim-1 基因特异性的嵌合型具有 α 和 β 分支片段(anomeric fragment)的反义 ODN 分子,在体外证实对 pim-1 原癌基因的表达具有抑制作用。因此,可以根据 pim-1 基因核苷酸序列的特点,设计合成自然结构或修饰结构的反义 ODN 分子,对 pim-1 基因的表达进行人工调节。

三、pim-1 基因与肿瘤

肿瘤的形成是一个复杂的过程,而且每一种癌基因、原癌基因在促进正常细胞恶性转化中的作用及机制都是不同的。pim-1 基因与正常细胞恶性转化以及恶性肿瘤发生、发展之间相互关系的机制是其作为一种具有丝氨酸/苏氨酸蛋白激酶的信号转导相关蛋白,可以促进细胞的增殖过程(促进细胞增殖的细胞周期的进展),同时抑制细胞死亡的生理机制[即抑制细胞程序化死亡(programmed cell death,PCD)]的过程。pim-1 通过促进细胞增殖、抑制细胞死亡,促进血液系细胞的恶性转化及血液细胞恶性肿瘤的形成。

Möröy 等将 pim-1 基因导入 lpr/lpr 小鼠中建立 pim-1 的转基因小鼠,在 7~9 个月内进展为 T 淋巴细胞瘤。将免疫球蛋白重链基因启动子 Eμ与 pim-l 基因重组,构建表达载体,建立转基因动物,然后再与 lpr/lpr 小鼠杂交,发现表达 pim-1 基因的 lpr/lpr 小鼠淋巴细胞的增生及淋巴结的肿大随 pim-1 基因的表达而显著加强。从这种转基因小鼠中分离的淋巴结淋巴细胞体外发生细胞程序化死亡的机制被阻断。从这种 lpr/lpr 基因缺陷型小鼠中分离到的 $CD4^+$/$CD8^+$双阳性胸腺细胞,体外以地塞米松可以诱导细胞程序化死亡的发生,但是表达 pim-1 基因的转基因小鼠,其 $CD4^+$/$CD8^+$双阳性胸腺细胞在体外受到地塞米松的诱导时却不能发生细胞程序化死亡。这一结果表明,pim-1 基因可以显著抑制其细胞程序化死亡的发生机制,提高细胞的增殖能力,从而为 pim-1 基因表达与肿瘤形成之间的作用机制提供了直接证据。

促红细胞生成素(erythropoietin,EPO)的受体是细胞因子受体家族的一员,缺乏酪氨酸蛋白激酶的活性,但可与另一种具有酪氨酸激酶活性的 Jak2 蛋白相互作用,将受体来源的生长信号,通过这一酪氨酸蛋白激酶对细胞内蛋白底物酪氨酸残基位点磷酸化,实现生长信号的细胞内转导。Miuro 等的研究结果表明,表达野生型 EPO 受体或表达保留生长信号功能的 EPO 受体突变体分子的细胞,在受到 EPO 的刺激时,vav 原癌基因蛋白的酪氨酸残基磷酸化程度显著提高。同时发现,这些细胞在受到 EPO 刺激时,也可以诱导 pim-1 丝氨酸/苏氨酸蛋白激酶的表达。但是,表达缺乏信号转导功能的 Trp282 Arg 突变型 EPO 受体分子的细胞在受到 EPO 的诱导刺激时,对 vav 或 pim-1 的表达均没有影响。另外,表达持续激活的 Arg129 Cys EPO 受体突变体分子的细胞,vav 癌基因蛋白在酪氨酸残基位点发生磷酸化修饰,pim-1 基因也处于持续表达的状态。在这种表达 Arg129 Cys 突变 EPO 受体的细胞中,Jak2 蛋白也发生持续的酪氨酸磷酸化,这进一步证实了 Jak2 在由 EPO 受体介导的生长信号的转导过程中的关键性作用。因此,认为 Vav 蛋白酪氨酸位点的磷酸化及 pim-1 基因的表达在 EPO 受体介导的信号转导中是具有重要作用的环节。

在淋巴瘤形成(lymphomagenesis)过程中,pim-1 与 bcl-2 具有协同作用。将 pim-1 和 bcl-2 的转基因小鼠进行杂交,产生了同时表达 pim-1 和 bcl-2 两种转基因的小鼠品系。pim-1 单独情况下建立的转基因小鼠以低频率的方式发生 T 细胞淋巴瘤,而 bcl-2 转基因小鼠则具有发生 B 细胞淋巴瘤的倾向。pim-1 和 bcl-2 双转基因小鼠中淋巴瘤的发生率显著升高,而且发生淋巴瘤的年龄也显著提前,从而证实了 pim-1 与 bcl-2 之间在转基因小鼠淋巴瘤的形成过程中具有协同作用。

除了与血液系统恶性肿瘤密切相关外,pim-1 也与多种实体恶性肿瘤密切相关。在前列腺癌中,pim-1 存在明显的高表达,表达水平与前列腺癌的恶性程度和分级呈正相关,可能成为前列腺癌诊断和预后判断的新的肿瘤标记物。pim-1 与肺癌的发生也有一定的关系。Kim 等发现 pim-1 基因的 T-C-T-C 单倍体可影响韩国人口中发生吸烟相关性肺癌的风险。Nasser 等指出,pim-1 在大多数肺癌细胞系中表达增强。Jin 等发现 pim-1 的表达与非小细胞肺癌的不良预后相关,但 Warnecke-Eberz 等的研究结果并非如此,他们发现在非小细胞肺癌中 pim-1 mRNA 表达显著下调,pim-1 表达下调发生在早期阶段,并与淋巴结转移相关,可能发生在淋巴结侵袭的过程中,也可能仅是非小细胞肺癌淋巴进展的一个标志。在其他肿瘤,如膀胱癌中,pim-1 可能与膀胱癌细胞的生存和耐药性有关,可能成为针对膀胱癌治疗的靶点;pim-1 与头颈鳞癌、胃癌、食道癌的诊断、治疗和预后也有一定的相关性。pim-1 基因高表达在肿瘤的发生、发展过程中起着重要作用,因此,Pim-1 的特异性抗体和 Pim-1 的小干扰 RNA(siRNA)成为恶性肿瘤治疗研究的一个新的方向。

第二节 癌基因 c-raf

raf 癌基因家族包括胞质蛋白 a-Raf、b-Raf 和 c-Raf-1,还有病毒癌基因 v-raf,都是具有丝氨酸/苏氨酸激酶活性的信号转导蛋白。当细胞受到细胞外刺激信号,如胰岛素、NGF、PDGF 等生长因子的刺激,或细胞内具有癌基因 v-src、v-ras 的表达时,Raf 的丝氨酸/苏氨酸蛋白激酶活性被激活。有丝分裂原活化蛋白激酶激酶(mitogen-activated protein kinase kinase,MAPKK)是 Raf 激酶生理条件下的第一个作用底物,这是有丝分裂原活化蛋白(mitogen-activated protein,MAP)激酶的一种激活剂,又称为 MEK。因此,细胞膜酪氨酸蛋白激酶 Raf、Raf-l、MEK 和 MAP 激酶等信号转导蛋白,通过形成的蛋白质网络复合体,而不是以单一的信号转导途径,对细胞的生长、分化及恶性转化等过程进行调节。

一、Raf-l 蛋白的基本结构

Raf-1 蛋白由 648 个氨基酸残基组成,分子质量为 70 ~ 74kDa,具有内源性的丝氨酸/苏氨酸蛋白激酶活性。通过小鼠成纤维细胞 NIH 3T3 的转染实验,从一系列不同的肿瘤细胞 DNA 中发现了截短的 raf 基因的核苷酸序列。对 raf 基因序列结构进行系列缺失突变分析,发现 Raf 蛋白分子羧基末端的激酶活性位点是具有恶性转化作用的位点结构。这一转化位点结构的活性由于受到 Raf 蛋白氨基末端调节位点(regulatory domain)的作用而受到抑制。将 Raf 蛋白氨基末端 2 ~ 305 位的氨基酸残基进行缺失突变,或将富含丝氨酸-苏氨酸残基的 225 ~ 280 位的氨基酸残基进行缺失突变,形成的两种截短形式的 Raf 蛋白即成为激活的具有恶性转化功能的蛋白质。Raf-1 蛋白激酶的结构分为 3 段保守区,即 CR1、CR2 和 CR3 3 个位点结构区,分别相当于 Raf-1 蛋白分子中的 139 ~ 186、251 ~ 301 和 320 ~ 635 氨基酸残基之间的序列。CR1 位于其氨基端,有一个高度保守的半胱氨酸(cysteine)结构位点,含有锌指样结构,与 PKC 的配体结合区结构相似,是活化的 Ras 与 Raf-1 蛋白激酶结合的主要部位。在 CR1 位点结构区内有一段 $C\text{-}X_2\text{-}C\text{-}X_{7\sim13}\text{-}C\text{-}X_2\text{-}C\text{-}X_7\text{-}C\text{-}X_7\text{-}C$ 的序列结构。CR2 结构位点是一个富含丝氨酸/苏氨酸残基的结构,其功能尚不完全清楚。CR3 是 Raf-1 蛋白质分子中保守的激酶位点,其结构序列与其他丝氨酸/苏氨酸蛋白激酶的催化位点结构序列之间有着广泛的同源性。Raf-1 蛋白分子如果由 CR1 和 CR2 组成的氨基末端调节序列部分进行替换,则导致 Raf-1 蛋白分子羧基末端激酶活性位点(CR3 结构位点)处于持续激活状态,并对小鼠成纤维细胞 NIH 3T3 具有很强的恶性转化作用。但如果只是将 Raf-1 蛋白氨基末端调节序列中的 CR1 序列进行缺失突变,仅能导致 Raf-1 恶性转化功能的轻度上升,却足以引起正常小鼠成纤维细胞的恶性转化。在肿瘤细胞中也观察到病毒基因在 Raf-1 CR1 位点插入打断的突变形式。说明 Raf-1 蛋白氨基末端的调节作用序列中,CR1 和 CR2 两部分的序列对羧基末端酶学催化位点的丝氨酸/苏氨酸蛋白激酶活性及其对正常细胞的恶性转化作用都具有不可或缺的负调节效应,从而保证在完整的 Raf-1 生理条件下不会导致正常细胞的恶性转化。

Raf-1 作为一种蛋白激酶,其酶学催化活性在体内的激活需要在其结构位点上进行磷酸化修饰。Raf-1 蛋白分子中与其酶学活性激活有关的磷酸化修饰多发生在 Ser43、Ser259 及 Ser421 等氨基酸残基位点上。当细胞受到生长因子的刺激时,Raf-1 蛋白分子在这些位点上出现磷酸化修饰,同时 Raf-1 的酶学催化活性明显升高。

二、Raf-1 蛋白的活性调节

Raf-1 蛋白的调节分子机制非常复杂,14-3-3 蛋白对 Raf-1 蛋白的功能具有重要的调节作用。Fantl 等应用酵母双杂交(yeast two-hybrid)筛选系统,克隆了能够与 Raf-1 蛋白氨基末端序列发生相互作用的两种蛋白质的 cDNA,一个是 14-3-3δ,即磷酸酯酶 A2(PLA2);另一个是 14-3-3β,即 HS1。这两种蛋白质都是 14-3-3 蛋白家族的成员。如果在爪蟾卵母细胞中表达这两种 14-3-3 蛋白,可以提高 Raf-1 的丝氨酸/苏氨酸激酶的活性,而且也促进 Raf-1 依赖性的卵母细胞成熟过程。但是,一种显性阴性突变体的表达可以阻断 14-3-3 蛋白的作用。Freed 等应用类似的策略也证实 14-3-3β 或 14-3-3δ 与 Raf-1 蛋白的氨基末端序列发生相互作用。但是,14-3-3 蛋白与 Raf-1 蛋白之间的结合,并不影响鸟嘌呤核苷酸结合蛋白(guanine nucleotide-binding protein)Ras 与 Raf-1 之间的结合。在表达 raf 和 MEK 的酵母细胞中,哺乳动物的 14-3-3 蛋白的表达可以激活 Raf,与 Raf 蛋白的表达对 Raf-1 蛋白的激活程度是相似的。因此,认为 14-3-3 蛋白参与 Raf-1 蛋白激酶活性的调节,或者说 14-3-3 蛋白是 Raf-1 蛋白功能调节的一种蛋白质。这些发现表明,14-3-3 蛋白在 Raf-1 蛋白介导的信号转导过程中具有十分重要的作用。Fu 等的研究结果表明,14-3-3 蛋白与 Raf-1 蛋白之间相互作用的核苷酸结构位点位于 Raf-1 蛋白的氨基末端序列中,而且 14-3-3 蛋白与 Raf-1 蛋白之间的相互作用,与 Raf-1 蛋白的激活状态无关。激活状态或失活状态下的 Raf-1 蛋白都能与 14-3-3 蛋白发生相互作用。Li 等通过酵母二体杂交系统也证实了 14-3-3β 蛋白是 Raf-1 蛋白激酶活性的重要调节蛋白质。从中脑纯化的 14-3-3 蛋白可对 Raf-1 蛋白或 Raf-1 蛋白的激酶位点都能发挥重要的特异性作用。14-3-3 蛋白对 c-Raf-1 和 Raf-1 激酶激活 AP-1、NF-κB 依赖性启动子的表达活性具有显著的促进作用。14-3-3 蛋白也可以促进 PC12 细胞 Raf-1 蛋白依赖性的分化过程。

无论是受体分子,还是癌基因蛋白酪氨酸激酶介导的信号转导下游环节,都涉及 Raf-1、MEK(MAPKK)和 ERK(MAPK)等组成的蛋白激酶链(protein kinase cascade)的 Ras 蛋白依赖性的激活过程。尽管 Raf-1 与 Ras 常结合在一起,但 Ras 并不直接激活 Raf-1。Raf-1 的激活分为两步:第一步是 Ras 与 Raf-1 结合并将 Raf-1 固定在细胞膜内侧;第二步是 Raf-1 的活化,其活化可能由酪氨酸激酶来完成。在 Ras/Raf/MAPK(ERK)增殖信号转导途径中,酪氨酸蛋白激酶的活化对 Raf-1 激活具有重要作用。当生长因子(如 PDGF)结合于受体后,使受体二聚化,激活特异性的受体酪氨酸激酶,从而使受体上相应的酪氨酸残基磷酸化。磷酸化的酪氨酸结合含有 SH2 的 GRB-2-Sos 蛋白复合体,其后,Sos 可使与 Ras 结合的 GDP 转变为 GTP 而使 Ras 活化,活化的 Ras 催化胞质中的 Raf-1 使之固定于细胞膜内侧,酪氨酸激酶进一步激活 Raf-1。Raf-1 被激活后继续激活其下游的 MEK/MAPK,最终通过调控多种转录因子的活性而将细胞增殖等信号传递殖细胞核内,这些转录因子调整着基因的表达,即生长因子→生长因子受体(具有酪氨酸激酶活性)→含有 SH2 结构域的接头蛋白(如 GRB-2)→鸟苷酸交换因子 Sos→Ras→GTP→Raf-1→MAPKK(MEK)→MAPK(ERK)→转录因子→调节基因表达。

Schulte 等发现热激蛋白 90(heat shock protein 90,HSP90)在调节细胞内 Raf-1 蛋白含量、半衰期及亚细胞分布等方面具有十分重要的作用。Raf-1 蛋白在细胞内可与 HSP90 结合成一种大分子质量的蛋白质复合体。已知化疗药物 benzoquinone ansamycin 及 geldanamycin 等与 HSP90 具有特殊的亲和力,可以置换蛋白质复合物中与 HSP90 结合的其他蛋白质。加入这种与 HSP90 具有高度亲和力的药物之后,可以迅速破坏 Raf-1-HSP90、Raf-1-Ras 等多分子复合体,Raf-1 蛋白的半衰期随之显著下降。细胞经这类药物的处理以后,尽管 Raf-1 蛋白的合成速率急剧上升,但细胞中 Raf-1 蛋白的表达水平仍然有明显的下降。阻断 Raf-1-HSP90 蛋白复合物的形成,影响了新合成的 Raf-1 蛋白从胞质到胞膜的转位过程,从而影响膜结合型 Src 对 Raf-1 蛋白的激活过程。目前的研究还发现,一些细胞内蛋白,如 HSP50、Bag-1、KSR 等能与 Raf-1 结合,可能对维持 Raf-1 的稳定性及其细胞内定位十分重要,但它们不能直接活化 Raf-1。

Raf-1 蛋白激酶活性还受到肿瘤坏死因子-α(tumnor necrosis factor-α,TNF-α)-p55TNF

受体系统的激活。Belka 等的研究结果表明,TNF-α 可以通过与 p55 TNF 的结合,激活细胞内 c-Raf-1 蛋白激酶,而且这种激活过程也是一种剂量和时间依赖性的过程。将 p55 TNF 的受体特异性单克隆抗体,与触发 p55 TNF 受体介导的信号转导系统结合,同样能够激活细胞内 c-Raf-1 蛋白激酶。将人 p55 TNF 受体的编码基因导入小鼠前-B 70Z/3 细胞系中进行异位表达,再以人 TNF-α 进行刺激,也能激活 Raf-1 蛋白激酶。进一步的研究表明,中性髓鞘磷脂酶(sphingomyelinase,SMase)在 TNF-α-p55 TNF-α 受体系统中对 Raf-1 的激活过程具有重要作用,而酸性 SMase 与之无关。从而证实 TNF-α-p55 TNF-α 受体系统通过对 SMase 的激活及其所产生的第二信使系统(如神经酚胺等),参与 Raf-1 蛋白激酶活性的调节。

三、Raf-1 蛋白的作用机制

Raf-1 蛋白激酶激活的生物学作用是多方面的。Raf-1 参与细胞外信号的调节、转录因子(如 AP-1、NF-κB、c-Myc 等)的调节、细胞分化的调节及抑制凋亡。

Wang 等的研究结果表明,Raf-1 通过与原癌基因 bcl-2 的相互作用,对细胞程序化死亡进行调节。哺乳动物造血细胞系 32D. 3 中表达的 Bcl-2 和 Raf-1 蛋白以及昆虫细胞系 Sf9 中表达的 Bcl-2 和 Raf-1 蛋白可以发生免疫共沉淀,说明 Bcl-2 与 Raf-1 蛋白之间可能存在着相互作用。对 Raf-1 蛋白进行突变,证实 Raf-1 蛋白羧基末端具有酶学催化活性的位点足以与 Bcl-2 蛋白发生免疫共沉淀。但在 32D. 3 和 Sf9 细胞中,Raf-1 对 Bcl-2 蛋白的磷酸化修饰没有太大的影响。一种缺乏蛋白激酶活性的 Raf-1 蛋白仍然具有与 Bcl-2 在 Sf9 细胞内形成免疫共沉淀的能力,说明 Raf-1 与 Bcl-2 之间的相互作用并不是一种单纯的激酶与底物之间的关系。转基因表达研究表明,Raf-1 和 Bcl-2 在 32D. 3 细胞中的表达,对生长因子撤除诱导的细胞程序化死亡过程具有协同的抑制作用。从而证明了 Raf-1 与 Bcl-2 之间存在着相互作用,以及对细胞程序化死亡的协同抑制作用。Cleveland 等的研究结果也证实,v-raf 对 IL-3 依赖性髓细胞的细胞程序化死亡过程具有抑制作用,而且还具有对这种髓细胞生长的促进作用。对髓前体细胞来说,IL-3 对其增殖、存活及分化过程都是必需的。32D. 3 细胞在缺乏 IL-3 的条件下处于细胞周期 G_1 期的细胞数目显著增加,之后便发生细胞程序化死亡。v-raf 在 32D. 3 细胞中的过表达,对撤除培养基中的 IL-3 诱导的 32D. 3 细胞的细胞程序化死亡过程具有显著的抑制作用。但是 32D. 3 细胞中 bcl-2 的表达水平保持稳定,并不会因为 IL-3 的撤除以及 v-raf 的转基因表达而受到影响。v-raf 的转基因表达可以缩短 32D. 3 细胞在细胞周期中 G_1 期的持续时间,降低对 IL-3 的需求,从而对 32D. 3 细胞的生长具有促进作用。v-raf 促进正常细胞的恶性转化作用机制就是,一方面阻断细胞的程序化死亡,另一方面又能促进细胞周期的运转。

Raf 蛋白对细胞的分化过程还具有促进作用。髓细胞白血病细胞系 HL-60 在视黄酸的诱导下可进一步分化,raf 的转基因表达可以促进这一分化过程。同时还注意到 raf-1 基因表达对 1,25-二羟基维生素 D_3 诱导的单核细胞分化过程也具有促进作用。在 raf 基因转染的细胞中,pRB 蛋白表达水平快速下降。pRB 蛋白是 Raf 蛋白作用下游环节中的一种重要蛋白质。

Raf-1 蛋白激酶还可能参与多种细胞生物学过程的信号转导及其调控,成为多种信号转导途径交联点之一,如 G 蛋白相关信号途径。在与 G 蛋白偶联相关的信号转导途径中,Raf-1 可与 G 蛋白的 β、γ 亚单位,PKC 或 PKA 发生相互作用,但也有人认为其是通过 PH 接头与

Ras 蛋白相互作用的。

Raf-1 还有一些独立于 MEK/ERK 的作用。有研究发现，Raf-1 在线粒体膜上发挥着重要作用。BCR-ABL 与线粒体膜上的 Raf-1 相互作用调节线粒体膜上的 Bad 蛋白的磷酸化状态，Raf-1 能磷酸化 Bad，导致 Bad 与线粒体分离后进入胞质中而调节造血细胞的凋亡。Raf-1 还能与凋亡相关激酶 ASK1 相互作用而抑制凋亡。

MEK1 和 MEK2 是生理条件下仅有的 c-Raf-1 蛋白的作用底物。MEK1 蛋白分子中第 218 位点和第 222 位点上的丝氨酸残基位点都可以发生磷酸化修饰，而这两个位点的其中之一发生磷酸化就可以激活 MEK1 蛋白激酶，这两个丝氨酸残基位点位于 MEK1 蛋白激酶亚位点Ⅶ与Ⅷ之间。在其他具有生长调节作用的蛋白激酶类，如 Src 家族的蛋白酪氨酸激酶（protein tyrosine kinase，PTK）、p34Cdc2、MAPK 和蛋白激酶 A（protein kinase A，PKA）分子中的相应位点区也常发生磷酸化修饰。a-Raf 和 b-Raf 蛋白的作用底物与 c-Raf-1 蛋白的作用底物类型有重叠。a-Raf 和 b-Raf 蛋白在人肿瘤细胞系中表达时，都可以激活 MEK1 的蛋白激酶。能够激活 MEK 的其他蛋白激酶类包括 MOS 和 MEK 激酶激酶（MEKKinase，MEKK）。Raf 催化的 MEK 及 MEK 催化的 MAPK 磷酸化修饰过程都是极端特异性的反应过程。这两种蛋白激酶只能识别和结合自然结构的底物蛋白，不能识别具同源性序列的类似蛋白底物。

Raf-1 作为一种胞质蛋白丝氨酸/苏氨酸激酶，激活以后对一系列的下游蛋白质产生一系列的影响。正是这些蛋白质之间的相互作用，决定了 Raf-1 蛋白激酶对细胞的细胞程序化死亡、细胞周期、细胞分化，甚至细胞恶性转化过程的调节作用。因此，了解 Raf-1 蛋白的作用机制，对 Raf-1 蛋白在肿瘤发生、发展过程中的作用机制及在肿瘤治疗的研究中具有十分重要的意义。一些 Raf 阻断剂正在临床试验中，它们与 Raf 激酶的结合域结合而阻断其活性。如果知道某些肿瘤的发生是由于特定的 Raf 基因突变和过表达，这些肿瘤很可能会对靶定 Raf 蛋白的阻断剂敏感。另外，直接靶定并抑制 Raf 的替代疗法就是通过靶定参与 Raf 的活化的激酶（如 PKC、PKA 或 AKT）和磷酸酶（如 PP2A）而抑制 Raf 的活性。另外，由于 14-3-3、HSP90 蛋白可以调节 Raf 的活性，二聚作用也可以调节 Raf 的活性，geldanamycin 可以阻断 Raf 与 HSP90、14-3-3 蛋白的相互作用而抑制 Raf 的活性，coumermycin 可以阻断 Raf 发生二聚作用而抑制 Raf 的活性。RNA 干扰技术也为寻找既能更有效降低 Raf 活性又对机体产生更小毒副作用的新方法提供了新的途径。

第三节　癌基因 c-mos 和 c-cot

原癌基因 c-mos 和 c-cot 编码产物也属于胞质蛋白丝氨酸/苏氨酸激酶类。c-mos 是病毒癌基因 v-mos 的细胞内同源基因，而 v-mos 病毒癌基因则是首先从 MoMuSV 基因组中鉴定的具有恶性转化作用的基因部分。v-mos 基因全长为 4. 1kb，其编码产物为 41kDa 的胞质蛋白，其本身固有丝氨酸/苏氨酸蛋白激酶的活性。c-mos 是较早得到鉴定的具有恶性转化作用的癌基因类型之一，但对 c-Mos 蛋白的功能研究一直进展不大。因为 c-Mos 蛋白在细胞内的表达水平很低，只有在生殖细胞中才具有较高水平的表达。cot-1 基因又称为 est 基因，前者是人细胞中的一种原癌基因，而后者则是小鼠细胞中的一种原癌基因。两种基因具有高度的同源性，也属于丝氨酸/苏氨酸蛋白激酶类。

一、c-Mos 蛋白的结构和表达

c-mos 癌基因蛋白具有丝氨酸/苏氨酸蛋白激酶活性，在体细胞中的表达水平较低，但在生殖细胞中则具有很高的表达水平。c-mos 在脊椎动物的卵母细胞中具有较高的表达水平，而且与卵母细胞的成熟过程之间有着十分密切的关系，因此，有关 c-mos 的结构、表达及其功能的研究，多以爪蟾卵母细胞作为细胞模型。对爪蟾卵母细胞及小鼠细胞研究的结果表明，Mos 的主要生理学功能就是能够使爪蟾卵母细胞在第二次减数分裂的 M 期发生细胞周期阻滞。Mos 蛋白实际上是一种细胞抑制因子(cytostatic factor，CSF)的一种活性成分，这种 CSF 与脊椎动物细胞卵母细胞的 M 期阻滞有关。在爪蟾卵母细胞第一次减数分裂过程中，mos 的表达是必需的，同时 mos 的表达也足以满足爪蟾卵母细胞第一次减数分裂的需要。因此，Mos 蛋白的生物学功能至少包括两个方面：诱导第一次减数分裂和诱导第二次减数分裂 M 期的细胞周期抑制。Mos 的这两种生物学功能，都是由微管相关蛋白激酶(microtubule-associated protein kinase，MAPKK)来介导的。已有证据表明，Mos 可以激活 MAPK 所介导的信号转导路径，其机制是 Mos 作为一种丝氨酸/苏氨酸蛋白激酶可以催化 MAPK 的磷酸化修饰，从而激活 MAPK。最近有证据表明，MEK 的激活过程足以使小鼠成纤维细胞 NIH 3T3 发生恶性转化，从而作为 Mos 的第三种功能，这为引起体细胞的恶性转化作用提供了直接的证据。Mos 的这三种生物学功能都是 Mos 蛋白激酶活性依赖性的。

从 HT1 和 MSV124 等 Mo MSV 病毒株基因组中分离鉴定的 v-mos 基因与小鼠的 c-mos 基因序列相比较，在其蛋白质分子的氨基末端有另外的由 31 个氨基酸残基组成的一段序列，这一段序列来源于 Mo MSV 病毒的包膜蛋白编码基因，即 env 基因和 c-mos 基因的 5′端非翻译区的序列。氨基末端的前 5 个氨基酸残基为 Mo MSV env 的序列，另外的 26 个氨基酸残基则由 c-mos 基因 5′端非翻译区来编码。由于 Mo MSV 基因组的插入，使小鼠细胞中的 c-mos 基因恰好位于 env 基因的下游位置，env 基因序列，从翻译起始密码子 ATG 开始，有 15 个核苷酸序列与 c-mos 基因融合。与 env 基因融合的 c-mos 基因不仅仅是 c-mos 基因的编码区，而且还包括了 c-mos 基因 5′端非翻译区 78 个核苷酸序列。env 与 c-mos 基因的编码框架结构是一致的，只是在 env 基因编码区与 c-mos 基因编码区之间还包括了来源于 c-mos 基因非编码区的 78 个核苷酸序列。因此，由 env 启动子指导的基因转录以及随后的翻译产物，即由 env 基因编码的 5 个氨基酸残基序列、由 c-mos 基因 5′端非翻译区 78 个核苷酸组成的序列编码的 26 个氨基酸残基序列和 c-mos 基因编码序列，这三段氨基酸残基序列从氨基末端到羧基末端排列而成的融合蛋白即为 v-Mos 的蛋白质一级结构序列。除了 v-Mos 蛋白在氨基末端额外的 31 个氨基酸残基之外，其余部分的序列，c-mos 与 HT1 v-mos 的序列是一样的。因为 124v-mos 基因存在着点突变，从而造成 124v-mos 与 HT1 v-mos 的序列，有 12 个氨基酸残基不同。

虽然 c-mos 在诱导卵母细胞的细胞周期阻滞方面以及引起体细胞的恶性转化方面的效率比 v-mos 的效率要低一些，但其作用强度大体相当。脊椎动物的细胞中可能存在着能够激活由细菌表达的、处于无活性状态的 c-Mos 蛋白的调节蛋白质分子。因此，仅根据 c-Mos 和 124v-Mos 蛋白在爪蟾卵母细胞及小鼠卵母细胞和体细胞中的活性，还难以鉴定出 124v-mos 基因突变中哪些就是激活突变位点。Puls 等以杆状病毒载体-昆虫细胞表达系统首先分别表达了小鼠的 c-mos、HT1 v-mos 和 124v-mos 等癌基因蛋白，并对这些蛋白质体外催化 MEK

和 MAPK 磷酸化修饰的活性进行比较。发现昆虫细胞中表达的 c-mos 和 HT1v-mos 在体外缺乏蛋白激酶的活性,体外不能激活 MEK 和 MAPK。但是,由昆虫细胞表达的 124v-mos 在体外却具有激活 MEK 等蛋白激酶的作用。通过单个氨基酸残基的定点诱变,证实与 c-Mos 的蛋白质一级结构相比较,v-Mos 蛋白氨基末端来源于 env 和 c-mos 5′端非编码基因区的 31 个氨基酸序列对 v-mos 生物化学活性没有太大的影响。v-Mos 和 c-Mos 两种蛋白质活性之间的差别,并不是 v-Mos 蛋白与 c-Mos 蛋白相比在氨基末端多了 31 个氨基酸残基。c-Mos、HT1v-Mos 之所以与 124v-Mos 蛋白催化活性具有显著的差别,可能是由于酶学催化活性中心单个氨基酸残基的替换造成的。这一位点突变就是 124v-Mos 分子中的如 Arg145 Gly 突变。从 Mos 蛋白的三级结构特点来看,Arg145 Gly 突变位点恰好位于激酶位点 α 螺旋 C 的位置上,与 ATP 结合位点相距不远,而且是所有 Mos 蛋白分子高度保守的结构位点。将 c-Mos 和 HT1v-Mos 两种蛋白质的这一位点进行定点诱变,可导致这两种蛋白质发生自发性磷酸化,而且可以获得体外对 MAPKK 激活的功能。从而证实这一关键性位点的突变对 Mos 蛋白激酶催化活性有决定性的影响。

Chen 等也对 Mos 蛋白的结构和功能之间的关系进行了研究,发现 c-Mos 蛋白分子中 Ser3 位点是一个主要的自发磷酸化位点。对 c-Mos 蛋白进行 Ser3 Ala 定点诱变,可以降低 c-mos 与 MAP 激酶激酶 MKK(map kinase kinase)之间的相互作用,对 c-mos 外激活 MKK 蛋白激酶的作用也有显著的抑制作用。如果 c-mos 的定点诱变为 Ser3 Glu,对 c-mos 的自发磷酸化及对 MKK 的激活作用则影响不大。说明这一位点上的氨基酸残基必须是一种酸性氨基酸。不仅如此,Ser3 Glu 突变体形式的 c-mos 对缺乏蛋白激酶活性的 mos 突变体与 MKK 之间的相互作用也具有促进作用。因此,Ser3 位点的磷酸化修饰是 Mos 蛋白激酶激活过程中的重要一步。并且还可促进 Mos 蛋白与 MKK 之间的相互作用。

c-mos 在体细胞与生殖细胞中的表达水平差别很大,提示 c-mos 基因表达存在着严格的调控机制。Li 等对人神经母细胞瘤细胞系 SK-N-BE2(BE2)中 c-Mos 蛋白的表达进行了测定,发现有 p35、p37 和 p40 共 3 种大小的蛋白质,其中以 p37 为主。所有研究的细胞系中都能检测到 c-mos mRNA 的存在,说明 c-Mos 蛋白在大多数类型的体细胞中都具有表达活性,只是表达水平都比较低。位于 TATA 盒式结构下游的基因序列即为远端的转录起始位点,是肌肉细胞中 c-mos 的启动子序列。这一启动子序列的活性,在 L6α1 成肌细胞中高于在 L6αl 肌管细胞中,而在 C^3H10 T1/2 细胞中没有活性。从成肌细胞与肌管细胞中分别提取核蛋白,发现其与这一启动子区核苷酸序列的探针进行结合的特点是不同的。分别与-979 ~ -938 和-998 ~ -928 的核苷酸序列具有结合能力。说明这一启动子序列是 c-mos 原癌基因肌细胞表达特异性的结构基础。另外,Zinkel 等发现,在 c-mos 基因翻译起始位点 ATG 上游 400 ~ 500 核苷酸的位置处存在着一段抑制性的顺式功能序列,当这一段序列进行缺失突变之后,可以提高 c-mos 在 NIH 3T3 细胞中的表达水平。这一段抑制性顺式作用序列不仅对 c-mos 基因的转录表达活性具有抑制作用,而且对一系列异源性的启动子序列的转录表达活性也有抑制作用;不仅在 NIH 3T3 细胞系中对基因的转录表达有抑制作用,而且在 BALB/3T3、PC12、A549 等细胞系中都具有抑制作用。因而这一段具有负调节作用的核苷酸序列是基因启动子和细胞类型非特异性的结构元件。这一结构元件的存在是 c-mos 在体细胞中表达水平普遍较低的原因之一。Xu 等还鉴定了与这一负调节元件进行特异性结合的一种 c-mos 抑制因子。这种抑制蛋白因子在几种体细胞中都有表达活性,但在生殖细胞中却没有表达活性，从而阐明了 c-mos 在体细胞及生殖细胞中具有不同的表达水平的分子生物学机制。

二、c-Mos 蛋白的作用和机制

原癌基因 c-mos 在体细胞中的作用就是对细胞周期和细胞程序化死亡的调节作用，c-mos 的表达与肿瘤之间的关系也是通过对细胞周期和细胞程序化死亡的异常调节而实现。含有 v-mos 基因的 Mo MSV 感染 Swiss 3T3 细胞后，90% 的细胞变圆，呈非贴壁性生长。感染 Mo MSV 后 30 ~ 70h，悬浮生长的细胞中有高水平的 v-Mos 蛋白表达，占细胞总蛋白质的 0.1% 。70% 的细胞发生细胞周期阻滞，20% 的细胞发生细胞程序化死亡。大部分发生细胞程序化死亡的细胞处于细胞分裂周期的 S 期。说明处于细胞周期不同阶段的细胞对 v-Mos 蛋白表达的敏感性不同，处于 S 期的细胞最易发生细胞程序化死亡。

爪蟾卵母细胞中原癌基因 c-mos 的编码产物 Mos^{xe} 蛋白具有 CSF 功能，可引起爪蟾卵母细胞在第二次减数分裂时出现细胞周期阻滞，对小鼠 NIH 3T3 细胞也具有较弱的转化作用。带有氨基末端倒数第二个与 Mos 蛋白质稳定有关的氨基酸残基的突变型 Mos^{xe} 则具有很强的恶性转化作用，在 Mos^{xe} 转化的细胞中，可以使细胞周期 G_2/M 期的转变发生延迟，这一作用也是 CSF 活性的表现。另外，细胞周期素-Mos^{xe} 融合蛋白在有丝分裂的末期不能进行正常的降解，一致保持到 G_1 期之后，但是，其对细胞周期调节的影响以及对细胞恶性转化的作用远不如发生突变的细胞周期-Mos^{xe} 融合蛋白，而后者在 M/G_1 期转变过程中也很稳定。以非稳定性的细胞周期素-Mos^{xe} 融合基因转化的细胞，进入 S 期的时间延长，但以稳定性融合蛋白基因转化的细胞进入 S 期的速率则要快得多。

c-Mos 蛋白参与细胞程序化死亡及细胞周期的调节具有复杂的分子生物学机制。O'Keefe 等于 1991 年的研究结果表明，c-mos 基因表达产物是小鼠卵细胞减数分裂过程中细胞周期素 B（Cyclin B）不断累积过程中所必需的一种蛋白质分子。除此之外，在大鼠的骨骼肌细胞中发现 p34Cdc2 与 c-Mos 蛋白形成蛋白复合物，v-Mos 蛋白也能与 p34Cdc2 的同源蛋白 p35CDK 形成蛋白质复合物，说明 c-Mos 蛋白对 CDK 分子的作用也具有调节作用。MAP、MAPK、MAPKK 等对细胞周期的调节具有重要作用。Mos 蛋白在体内、体外均能激活 MAPK，MAPK 激活是 Mos 引起 NIH 3T3 细胞发生恶性转化所必需的作用环节，但是 Mos 的合成并不需要活化的 MAPK 存在。

三、c-cot 癌基因

cot 癌基因首先是从 SHOK（Syrian hamster Osaka-Kanazawa）细胞中分离鉴定的一种具有恶性转化作用的重排基因。以这种重排基因表达产物的特异性抗体，又克隆了处于未激活状态的 c-cot 基因。c-Cot 蛋白及其编码基因具有 4 个显著的特点。第一，c-Cot 蛋白是一种具有蛋白激酶活性的胞质蛋白；第二，c-cot 基因的转录产物具有剪切加工机制，并形成两种转录产物，分别表达 58kDa 和 52kDa c-Cot 蛋白，具有不同的恶性转化功能；第三，c-Cot 蛋白羧基末端序列的基因重排可以提高其恶性转化作用；第四，在小鼠中，从各种胚胎组织到成熟组织中都有 c-cot 基因的表达活性，但表达水平却差别很大。

Chan 等从 Ewing 肉瘤细胞系中分离鉴定出了一种可以使 NIH 3T3 细胞系发生恶性转

化的基因,称为 est。对 est 的序列分析表明,其与 c-cot 是同源基因,是 c-Cot 羧基末端截短的突变形式,并导致基因重排。因此,c-cot 作为一种原癌基因,其的激活有过表达及基因重排两种方式。以 est 基因转化的 NIH 3T3 细胞系在软琼脂培养基中可以形成细胞集落,同时可在裸小鼠体内形成肿瘤。Suzuki 对获得病毒癌基因以及激活的细胞癌基因的 SHOK 细胞对 γ 射线、紫外线、热休克的刺激效应进行了研究,发现 SHOK 细胞获得 c-cot 癌基因之后对 γ 射线具有抵抗性。以 c-cot 转染的细胞对紫外线和热休克的抵抗能力也显著增加。这从另一个方面说明了 c-cot 对细胞的恶性转化作用。

(吴淑玲)

参考文献

Bachmann M, Moroy T. 2005. The serine/threonine kinase pim-1. Int Biochem Cell Biol, 37: 726-730.

Beier UH, Weise JB, Laudien M, et al. 2007. Overexpression of Pim-1 in head and neck squamous cell carcinoma. Int J Oncol, 30: 1381-1387.

Belka C, Wiegmann K, Adam D, et al. 1995. Tumor necrosis factor(TNF)-alpha activates c-raf-1 kinase via the p55 TNF receptor engaging neutral sphingomyelinase. EMBO J, 14: 1156-1165.

Blagosklonny MV. 2002. Hsp-90-associated oncoproteins: multiple targets of geldanamycin and its analogs. Leukemia, 16: 455-462.

Buckley AR, Buckley DJ, Leff MA, et al. 1995. Rapid induction of pim-1 expression by prolactin and interleukin-2 in rat Nb2 lymphoma cells. Endocrinology, 136: 5252-5259.

Cen B, Mahajan S, Wang W, et al. 2013. Elevation of receptor tyrosine kinases by small molecule AKT inhibitors in postate canncer is mediated by pim-1. Cancer Res, 73(11): 3402-3411.

Chan AM, Chedid M, McGovern ES, et al. 1993. Expression cDNA cloning of a serine kinase transforming gene. Oncogene, 8: 1329-1333.

Chang F, Steelman LS, Lee JT, et al. 2003a. Signal transduction mediated by the Ras/Raf/MEK/ERK pathway from cytokine receptors to transcription factors: potential targeting for therapeutic intervention. Leukemia, 17: 1263-1293.

Chen M, Cooper JA. 1995. Ser-3 is important for regulating Mos interaction with and stimulation of mitogen-activated protein kinase kinase. Mol Cell Biol, 15: 4727-4734.

Cleveland JL, Troppmair J, Packham G, et al. 1994. v-raf suppresses apoptosis and promotes growth of interleukin-3-dependent myeloid cells. Oncogene, 9: 2217-2226.

Culmsee C, Gasser E, Hansen S, et al. 2006. Effects of Raf-1 siRNA on human cerebral microvascular endothelial cells: a potential therapeutic strategy for inhibition of tumor angiogenesis. Brain Res, 1125: 147-154.

Cuypers HT, Selten G, Quint W, et al. 1984. Murine leukemia virus-induced T-cell lymphomagenesis: intergration of proviruses in a distinct chromosomal region. Cell, 37: 141-150.

Du J, Cai SH, Shi Z, et al. 2004. Binding activity of H-Ras is necessary for in vivo inhibition of ASK1 activity. Cell Res, 14: 148-154.

Fantl WJ, Muslin AJ, Kikuchi A, et al. 1994. Activation of Raf-1 by 14-3-3 proteins. Nature, 371: 612-614.

Fidias P, Pennell NA, Boral AL, et al. 2009. Phase I study of the c-raf-1 antisense oligonucleotide ISIS 5132 in combination with caRBoplatin and paclitaxel in patients with previously untreated, advanced non-small cell lung cancer. J Thorac Oncol, 4: 1156-1162.

Freed E, Symons M, Macdonald SG, et al. 1994. Binding of 14-3-3 proteins to the protein kinase Raf and effects on its activation. Science, 265: 1713-1716.

Friedmann M, Nissen MS, Hoover DS, et al. 1992. Characterization of the proto-oncogene pim-1: kinase activity and substrate recognition sequence. Arch Biochem Biophys, 298: 594-601.

Fu H, Xia K, Pallas DC, et al. 1994. Interaction of the protein kinase Raf-1 with 14-3-3 proteins. Science, 266: 126-129.

Gottikh M, Baud-Demattei MV, Lescot E, et al. 1994. *In vitro* inhibition of the pim-1 protooncogene by chimeric oligodeoxyribonucleotides composed of alpha- and beta-anomeric fragments. Gene, 149: 5-12.

Guo S, Mao X, Chen J, et al. 2010. Overexpression of Pim-1 in bladder cancer. J Exp Clin Cancer Res, 29: 161.

He HC, Bi XC, Dai QS, et al. 2007. Detection of Pim-1 mRNA in prostate cancer diagnosis. Clin Med J(Engl), 120: 1591-1493.

Hickey FB, England K, Cotter TG. 2005. Bcr-Abl regulates osteopontin transcription via Ras, PI-3K, aPKC, Raf-1, and MEK. J Leukoc Biol, 78: 289-300.

Hu XF, Li J, Vandervalk S, et al. 2009. Pim-1-specific mAb suppresses human and mouse tumor growth by decreasing Pim-1 levels, reducing Akt phosphorylation, and activating apoptosis. J Clin Invest, 119: 362-375.

Jaocha I, Gabry MS, Bal J. 2010. The crucial role of the proto-oncogene c-mos in regulation of oocyte maturation. Postepy Hig Med Dosw(Online), 64: 636-641.

Jin Y, Tong DY, Tang LY, et al. 2012. Expressions of osteopontin(OPN), αvβ3 and Pim-1 associated with poor prognosis in non-small cell lung cancer(NSCLC). Chin J Cancer Res, 24: 103-108.

Kim DS, Sung JS, Shin ES, et al. 2008. Association of single nucleotide polymorphisms in Pim-1 gene with the risk of Korean lung cancer. Cancer Res Treat, 40: 190-196.

Kim HS, Won KY, Kim GY, et al. 2012. Reduced expression of Raf-1 kinase inhibitory protein predicts regional lymph node metastasis and shorter survival in esophageal squamous cell carcinoma. Pathol Res Pract, 208: 292-299.

Kim KT, Baird K, Ahn JY, et al. 2005. pim-1 is up-regulated by constitutively activated flt3 and plays a role in flt3-mediated cell survival. Blood, 105: 1759-1767.

Lazar S, Galiani D, Dekel N. 2002. cAMP-Dependent PKA negatively regulates polyadenylation of c-mos mRNA in rat oocytes. Mol Endocrinol, 16: 331-341.

Leontovich AA, Zhang S, Quatraro C, et al. 2012. Raf-1 oncogenic signaling is linked to activation of mesenchymal to epithelial transition pathway in metastatic breast cancer cells. Int J Oncol, 40: 1858-1864.

Li CC, Chen E, O'Connell CD, et al. 1993. Detection of c-mos proto-oncogene expression in human cells. Oncogene, 8: 1685-1691.

Li JT, MeCubrey JA. 2003. BAY 43-9006 Bayer. Curr Opin Invest Drugs, 4: 757-763.

Li S, Janosch P, Tanji M, et al. 1995. Regulation of Raf-1 kinase activity by the 14-3-3 family of proteins. EMBO J, 14: 685-696.

Lilly M, Le T, Holland P, et al. 1992. Sustained expression of the pim-1 kinase is specifically induced in myeloid cells by cytokines whose receptors are structurally related. Oncogene, 7: 727-732.

Liu HT, Wang N, Wang X, et al. 2010. Overexpression of Pim-1 is associated with poor prognosis in patients with esophageal squamous cell carcinoma. J Surg Oncol, 102: 683-688.

Luo Z, Tzivion G, Belshaw PJ, et al. 1996. Oligomerization activates c-raf-1 through a Ras-dependent mechanism. Nature, 383: 181-185.

Miura O, Miura Y, Nakamura N. 1994. Induction of tyrosine phosphorylation of Vav and expression of Pim-1 correlates with Jak2-mediated growth signaling from the erythropoietin receptor. Blood, 84: 4135-4141.

Moon A, Park JY, Sung JY, et al. 2012. Reduced expression of Raf-1 kinase inhibitory protein in renal cell carcinoma: a significant prognostic marker. Pathology, 44: 534-539.

Möröy T, Grzeschiczek A, Petzold S, et al. 1993. Expression of a Pim-1 transgene accelerates lymphoproliferation and inhibits apoptosis in lpr/lpr mice. Proc Natl Acad Sci USA, 90: 10734-10738.

Nasser MW, Datta J, Nuovo G, et al. 2008. Down-regulating of micro-RNA-1(miR-1) in lung cancer: supression of tumorigenic property of lung cancer cells and their sensitization to doxorubicin-induced apoptosis by miR-1. J Biol Chem, 283: 33394-33405.

Nebreda AR, Hill C, Gomez N, et al. 1993. The protein kinase mos activates MAP kinase kinase *in vitro* and stimulates the MAP kinase pathway in mammalian somatic cells *in vivo*. FEBS Lett, 333: 183-187.

Okazaki K, Sagata N. 1995. MAP kinase activation is essential for oncogenic transformation of NIH3T3 cells by Mos. Oncogene, 10: 1149-1157.

O'Keefe SJ, Kiessling AA, Cooper GM. 1991. The c-mos gene product is required for Cyclin B accumulation during meiosis of mouse eggs. Proc Natl Acad Sci USA, 88: 7869-7872.

Peltola KJ, Paukku K, Aho TL, et al. 2004. pim-1 kinase inhibits stat5-dependent transcription via intergactions with SOCS1 and SOCS3. Blood, 103: 3744-3750.

Puls A, Proikas-Cezanne T, Marquardt B, et al. 1995. Kinase activities of c-Mos and v-Mos proteins: a single amino acid exchange is responsible for constitutive activation of the 124 v-Mos kinase. Oncogene, 10: 623-630.

Pumiglia KM, LeVine H, Haske T, et al. 1995. A direct interaction between G-protein beta gamma subunits and the Raf-1 protein kinase. J Biol Chem, 270: 14251-14254.

Qiu ZX, Wang L, Han J, et al. 2012. Prognostic impact of Raf-1 and p-Raf-1 expressions for poor survival rate in non-small cell lung cancer. Cancer Sci, 103: 1774-1779.

Reeves R, Spies GA, Kiefer M, et al. 1990. Primary structure of the putative human oncogene, pim-1. Gene, 90: 303-307.

Schulte TW, Blagosklonny MV, Ingui C, et al. 1995. Disruption of the Raf-1-Hsp90 molecular complex results in destabilization of Raf-1 and loss of Raf-1-Ras association. J Biol Chem, 270: 24585-24588.

Song JH, Kraft AS. 2012. Pim kinase inhibitors sensitize prostate cancer cells to apoptosis triggered by Bcl-2 family inhibitor ABT-737. Cancer Res, 72: 294-303.

Stevenson JP, Yao KS, Gallagher M, et al. 1999. Phase I clinical/pharmacokinetic and pharmacodynamic trial of the c-raf-1 antisense oligonucleotide ISIS 5132(CGP 69846A). J Clin Oncol, 17: 2227-2236.

Suzuki K, Watanabe M, Miyoshi J. 1992. Differences in effects of oncogenes on resistance of gamma rays, ultraviolet light, and heat shock. Radiat Res, 129: 157-162.

Svinarchuk F, Bertrand JR, Malvy C. 1994. A short purine oligonucleotide forms a highly stabletriple helix with the promoter of the murine c-pim-1 proto-oncogene. Nucleic Acids Res, 22: 3742-3747.

Wang HG, Miyashita T, Takayama S, et al. 1994. Apoptosis regulation by interaction of Bcl-2 protein and Raf-1 kinase. Oncogene, 9: 2751-2756.

Warnecke-Eberz U, Bollschweiler E, Drebber U, et al. 2008. Frequent down-regulation of Pim-1 mRNA expression in non-small cell lung cancer is associated with lymph node metastases. Oncol Rep, 20: 619-624.

Warnecke-Eberz U, Bollschweiler E, Drebber U, et al. 2009. Prognostic impact of protein overexpression of the proto-oncogene Pim-1 in gastric cancer. Anticancer Res, 29: 4451-4455.

Workman P. 2004. Altered states: selectively drugging the Hsp90 cancer chaperone. Trends Mol Med, 10: 47-51.

Xu W, Cooper GM. 1995. Identification of a candidate c-mos repressor that restricts transcription of germ cell-specific genes. Mol Cell Biol, 15: 5369-5375.

Xu Y, Zhang T, Tang H, et al. 2005. Overexpression of Pim-1 is a potentialbiomarker in prostate carcinoma. J Surg Oncol, 92: 326-330.

Yeung K, Seitz T, Li S, et al. 1999. Supression of Raf-1 kinase activity and MAP kinase signaling by RKIP. Nature, 401: 173-177.

Yip-Schneider MT, Horie M, Broxmeyer HE. 1995. Transcriptional induction of pim-1 protein kinase gene expression by interferon gamma and posttranscriptional effects on costimulation with steel factor. Blood, 85: 3494-3502.

Zhang T, Zhang X, Ding K, et al. 2010. Pim-1 gene RNA interference induces growth inhibition and apoptosis of prostate cancer cells and suppresses tumor progression in vivo. J Surg Oncol, 102: 513-519.

Zinkel SS, Pal SK, Szeberényi J, et al. 1992. Identification of a negative regulatory element that inhibits c-mos transcription in somatic cells. Mol Cell Biol, 12: 2029-2036.

第八章　胞质调节因子类癌基因

细胞的生长、分化过程中存在着一系列的细胞内信号转导，主要由胞质调节因子类癌基因的编码产物来介导。胞质调节因子类癌基因包括 crk、dbl 和 eIF-4E 等。Crk 蛋白和信号的转导，不仅涉及 c-abl 对 Crk 蛋白的调节，以及与下游一些蛋白质的相互作用，而且其蛋白质分子内部不同的位点之间也存在着相互作用。dbl 癌基因具有对正常细胞的恶性转化功能，其转化作用主要是通过小分子 G 结合蛋白来实现的。eIF-4E 是细胞中转译起始因子中的一种，与其他起始因子结合成复合物形式，改变 mRNA 二级结构，产生单链 RNA 区，便于核糖体的结合。eIF-4E 活性的调节，主要是一种翻译后的磷酸化修饰。eIF-4E 的磷酸化修饰状态决定其活性状态。eIF-4E 的异常表达与正常细胞的恶性转化有关。因此，胞质调节因子类癌基因的结构和功能差别很大。

第一节　胞质调节因子 Crk

原癌基因 v-crk、c-crk Ⅰ 和 c-crk Ⅱ 的编码产物组成了一个新的蛋白质家族，其蛋白质分子结构中具有 Src 同源序列（Srchomology，SH）SH2、SH3 位点，但却没有酶学催化作用位点。Crk 作为一种胞质调节因子，在其上游受到原癌基因 c-abl 编码产物的调节，又与下游的一系列细胞质中的蛋白质因子发生相互作用，发挥着信号转导作用和一系列细胞调节功能，特别是与神经细胞的分化有密切的关系。

一、crk 基因和 Crk 蛋白的结构

病毒癌基因（viraloncogene）v-crk 是从鸡反转录病毒 CT10 和 ASV-1 中分离鉴定的。v-crk 癌基因中具有高度保守的 SH2 和 SH3 蛋白质位点的编码区，具有 SH2、SH3 位点的蛋白质还包括与细胞内信号转导有关的一些蛋白质分子，如非受体型酪氨酸激酶、ras GTPase-激活蛋白、磷酸酯酶 C-γ（phospholipase C-γ，PLC-γ）和 Ⅰ 型磷脂酰肌醇激酶（phosphatidylinositol kinase type Ⅰ）的 85 000 的亚单位等。c-Crk 和 v-Crk 都含有 SH2 及 SH3 位点，但两种蛋白质分子中都没有具有酶学催化作用的位点。除了能够使正常细胞发生恶性转化之外，v-crk 还具有两个独特的性质和特点。第一，v-crk 转化的细胞，尽管 v-Crk 蛋白分子本身不含有酪氨酸激酶的活性，但细胞中磷酸化的酪氨酸水平显著升高；第二，v-Crk 蛋白与多种含有磷酸化酪氨酸的蛋白质的作用有关。v-Crk 蛋白的这些特点与其分子结构中的 SH3、SH2 位点的结构和功能有关。

对 c-crk 基因结构和功能的分析，有助于阐明 v-crk 使正常细胞发生恶性转化的作用机制。Hanafusa 等克隆了鸡 c-crk 的 cDNA，表明基因的编码产物中共有两个 SH3 结构位点，但仍然没有发现酶学催化活性中心。Kriz 等克隆了人的 c-crk cDNA，其结构更类似于鸡的 c-crk 基因，与 v-crk 差别更大，特别是在 c-crk 羧基末端的编码区更是如此。人的 c-Crk 蛋

白分子中也同样含有 1 个 SH2 位点和 2 个 SH3 位点。Matsuda 等克隆了两种人的 crk cDNA,分别相当于鸡的 r-crk 和 c-crk,这两种 crk 基因的编码产物具有不同的转化(transformation)功能。

以聚合酶链反应(polymerase chain reaction,PCR)扩增得到的第一种人 c-crk cDNA 称为 Crk-Ⅰ。以 Crk-Ⅰ作为探针,从人胎盘 cDNA 文库中筛选到另一种 crk cDNA 克隆,称为 Crk-Ⅱ。对 Crk-Ⅰ和 Crk-Ⅱ两个基因克隆的核苷酸序列进行分析比较,Crk-Ⅱ除了氨基末端编码区与 Crk-Ⅰ完全相同以外,其羧基末端编码区还有另外一部分核苷酸序列,表明 Crk-Ⅰ和 Crk-Ⅱ两个 cDNA 克隆来源于同一个基因转录物的不同剪切加工。

Crk-Ⅰ和 Crk-Ⅱ两种 cDNA 克隆分别编码由 204 个和 304 个氨基酸残基组成的多肽,都含有 l 个 SH2 位点(domain)结构,Crk-Ⅰ只有 1 个 SH3 位点结构,而 Crk-Ⅱ则有 2 个 SH3 位点结构。靠近氨基末端的 SH3 位点称为 SH3N 位点,靠近羧基末端的 SH3 位点称为 SH3C 位点。在这两种 Crk 蛋白质分子中,SH2 位点和 SH3 位点结构占据了 60% 的氨基酸残基序列。此 Crk-Ⅰ与先前报道的另外一种 CRH cDNA 序列只有 4 个核苷酸的不同,因而认为它们都是同一个基因来源的。从蛋白质一级结构水平上,人 Crk-Ⅱ与鸡 c-Crk 蛋白之间的同源性为 95% 。

以 Northern blotting 杂交技术对组织细胞中 crk 基因的转录表达进行了研究,仅见到 4. 2kb 的单一 crk mRNA。为了证实细胞中至少有两种大小。crk mRNA 分子的存在,又以 RNase 保护法(RNase protection)进行分析。预期的结果应该是 603bp Crk-Ⅱ mRNA 和 Crk-Ⅰ的 299bp 和 134bp mRNA 3 种片段。从人骨肉瘤细胞系 143B、人神经母细胞瘤细胞系 GOTO 和人胚肺细胞中都证实了这 3 种 mRNA 片段。crk mRNA 片段的存在,只是在人胚肺细胞中 603bp 的 Crk-Ⅱ mRNA 的含量较低,仅见到较弱的带状显影。以 Crk 蛋白特异性单克隆抗体对不同细胞及细胞系中 Crk-Ⅱ蛋白的表达进行了研究。结果表明,在所实验的所有 9 种细胞系中都检测到了 Crk 蛋白的表达。所有细胞系表达的 Crk 蛋白都是相对分子质量为 40 000 和 42 000 的 Crk-Ⅱ蛋白,未检测到相对分子质量为 28 000 的 Crk-Ⅰ蛋白的表达。

以 Crk-Ⅰ和 Crk-Ⅱ的表达载体转染 COS-7 细胞,转染细胞中相对分子质量为 40 000 和 42 000 的 Crk-Ⅱ蛋白表达水平显著升高,同时出现了相对分子质量为 28 000 的 Crk-Ⅰ蛋白。因为鸡 v-crk 具有对正常细胞的恶性转化功能,因此分别建立了 Crk-Ⅰ和 Crk-Ⅱ的稳定转染细胞株,并对 Crk 蛋白处于过表达状态时对细胞的影响进行了研究。表达 Crk-Ⅰ的 YM1 细胞系,相对分子质量为 125 000 的蛋白质其酪氨酸磷酸化水平显著升高,形态学发生改变,能够在软琼脂培养基中增殖,移植到裸小鼠的体内可以形成瘤灶。所有这些作用结果都表明,Crk-Ⅰ是一种可使正常细胞发生恶性转化的癌基因。但以 Crk-Ⅱ cDNA 转导的 YM1 细胞系,虽然也有 Crk 蛋白的表达,却仅能引起转导细胞发生轻度的形态学变化,不能在软琼脂培养基中生长,移植裸小鼠体内也不能形成瘤灶。说明 Crk-Ⅰ和 Crk-Ⅱ是两种具有不同转化功能的基因。

二、与 Crk 结合及相互作用的蛋白质

Crk 蛋白分子处于细胞质信号转导(signal transduction)的中心环节,Crk 蛋白的功能和作用,既受到信号转导上游的一些蛋白质的调节和影响,同时又与系列信号转导下游的蛋白质相互作用,对细胞内的信号转导进行调节。到目前为止,已发现了种类很多的与 crk 有关

的细胞质蛋白,不仅如此,Crk 蛋白分子内各不同的位点结构区之间也存在着相互作用。

(一) 调节 Crk 蛋白活性的因子

原癌基因 c-abl 的表达产物对 c-Crk 的蛋白质结合活性具有调节作用。abl 是首先从 A-belson 小鼠白血病病毒的基因组中分离鉴定出来的一种癌基因。在人慢性髓细胞性白血病细胞的断裂位点簇集区(breakpoint cluster region,bcr)中也发现了 c-abl,其是费城染色体(Philadelphia chromosome)中的一个癌基因。c-Abl 蛋白的氨基末端一半序列结构与 Src 蛋白激酶家族中 SH3、SH2 结构之间具有高度的同源性。在这些蛋白质家族中,SH2 位点和 SH3 位点是具有调节功能的结构区。SH2 位点大约由 100 个氨基酸残基组成,能够与含有磷酸化酪氨酸残基的短肽片段结合。SH2 位点的结合是连结激活的生长因子受体与其下游信号转导蛋白的桥梁因子。SH3 位点由 50 ~ 60 个氨基酸残基组成,能够与含有脯氨酸(proline)位点的蛋白质进行结合,调节信号转导蛋白与蛋白质之间的相互作用。c-Ab1 蛋白大部分位于细胞核中,有一部分则与细胞膜或细胞的肌动蛋白纤维结合。与其他的大多数酪氨酸激酶不同,其羧基末端有一段由单一外显子编码的序列。在这段由 600 个以上氨基酸残基序列的结构组成中含有一个 DNA 结合位点、一个肌动蛋白结合位点和一个细胞核定位信号(nuclear localization signal)。c-Abl 蛋白分子结构的这种复杂性,提示其具有多种功能和作用。Ren 等应用酵母细胞二体杂交(yeast two-hybrid)系统,对能与 c-Abl 结合的蛋白质进行了筛选,其中发现的蛋白质中就有 Crk-Ⅰ蛋白。Crk-Ⅰ蛋白中的 SH3 位点与 c-Abl 蛋白激酶位点的羧基末端的由 10 个氨基酸残基组成的一个位点相结合。在这个位点的附近还有一个结合位点与另外一种接头蛋白(adapter protein)Nck 结合。c-Abl 蛋白中的这两个结合位点又能与 GRB-2 结合。Crk-Ⅰ蛋白与 c-Abl 蛋白结合之后,可使 Crk-Ⅰ蛋白的酪氨酸残基发生磷酸化修饰。因此,Abl 蛋白分子上能够与 Crk-Ⅰ SH3 结合的位点,是 Abl 这种非特异性蛋白激酶对底物进行识别的一个位点。Crk 与 Abl 能够结合并对 Crk-Ⅰ蛋白的酪氨酸残基位点进行修饰,说明 Crk-Ⅰ或 V-Crk 这两种蛋白质的恶性转化作用也会受到 Abl 蛋白的调节。Feller 等对 c-Abl 使 c-Crk 蛋白酪氨酸残基发生磷酸化修饰的机制进行了研究,证实 c-Abl 蛋白可以催化位于第 221 位上的酪氨酸(Y221)发生磷酸化修饰,即 SH3N 位点中 Y221 的磷酸化修饰。与其他普通酪氨酸激酶的作用底物相比较,c-Ab1 对 c Crk 的 Y221 位点的磷酸化修饰则具有更强的选择性和作用。c-CrkY221 位点发生磷酸化修饰以后,又产生了一个可以与 CrkSH2 位点结合的一个新位点。大肠杆菌表达的重组 c-Crk 蛋白 Y221 位点未发生磷酸化修饰之前,可与几种蛋白质进行特异性结合,但从哺乳动物细胞中纯化到的 c-Crk 蛋白,Y221 位点上已发生了磷酸化修饰,仍保持游离状态。因此,c-Crk 蛋白的蛋白质结合能力调节机制与 Src 家族成员是类似的。

CT10 病毒基因组中的 v-crk 也含有 SH2 和 SH3 两个位点,但缺乏蛋白激酶的活性。csk,即 C 端 Src 激酶(C-terminal Src kinase)与 c-Src 的 Tyr527 位点的磷酸化有关,对 pp60c-Src(c-Src)这种酪氨酸蛋白激酶具有负调节作用。当 v-crk 与 c-Src 共转染进行过表达时,可以提高 c-Src 蛋白激酶的活性,可以导致细胞蛋白质的酪氨酸磷酸化程度提高、细胞形态学上发生恶性转变,但检测不到 v-crk-c-Src 蛋白复合物。这种细胞当过表达 csk 时,则可以导致 c-Src 核苷酸激酶活性下降,并可使这种细胞恶性转化的特征得到逆转,但对 v-Src 或 c-Src527F 转化的细胞却无逆转作用,因此,只能认为 Csk 对 v-crk 的活性具有抑制作用。

（二）Crk 蛋白分子内不同位点之间的相互作用

许多细胞内的信号转导都是由 SH2 位点与含有酪氨酸磷酸化位点的蛋白质进行结合并发生磷酸化而介导的。尽管这种 SH2 位点与酪氨酸位点之间的相互作用发生在含有 SH2 位点的蛋白质与含有酪氨酸磷酸化位点的蛋白质分子之间，但有些情况下也发生在既具有 SH2 位点又具有酪氨酸残基位点的同一个蛋白质分子的不同位点之间。Src 蛋白激酶家族成员其酶学催化作用和底物识别机制，以及 Crk 蛋白家族成员的蛋白质结合与转化活性，都是由同一个蛋白质分子的 SH2 位点与酪氨酸磷酸化位点之间的相互作用来进行调节的。另外，Stat 转录因子蛋白的 DNA 结合活性也是通过 SH2 位点介导的同二聚体的形成（homodimerization）来进行调节的。Crk-Ⅱ蛋白分子中含有一个 SH2 位点和两个 SH3 位点，并以 SH2-SH3-SH3 的序列分布。在两个 SH3 位点之间的 221 位点有一个酪氨酸残基（Y211），其是一个 c-Abl 蛋白激酶磷酸化的一个位点。为了证实 Y221 位点与 SH2 位点之间是否存在着相互作用，1995 年 Rosen 等表达并纯化了全长的小鼠 Crk 蛋白，即 mCrk 蛋白；同时，表达并制备了在第一个 SH3 位点即截短的 mCrk，即 mCrk 分子中由 1 ~ 197 位点的氨基酸残基组成的多肽（mCrk23）。以核磁共振（nuclear magneticresonance，NMR）物理技术证实，磷酸化形式的 mCrk 分子中的 SH2 位点与 Y221 位点是结合在一起的，从而为 Crk 蛋白分子中 SH2 位点与 Y221 位点的作用提供了直接证据。

（三）Crk 结合与调节的蛋白质分子

能够与 Crk 蛋白结合、调节的信号转导下游的蛋白质分子种类很多，新的 Crk 结合、调节的蛋白质分子正在不断地被发现。Knudsen 等对 Crk 结合的细胞质蛋白质基因克隆进行了研究，发现 Crk SH3N 与鸟嘌呤核苷酸交换因子 C3G 的 4 个富含脯氨酸的序列可以进行结合。这 4 个富含脯氨酸的序列分别都能与 c-Crk 或 v-Crk 的 SH3N 位点相结合。将 C3G 蛋白分子中富含脯氨酸的序列与其他种类能与 Crk 结合的蛋白质富含脯氨酸的序列进行比较，发现脯氨酸残基之后的带正电荷的氨基酸残基对其与 CrkSH3N 位点的结合非常重要。高水平表达的 Crk 蛋白可与内源性表达的 C3G 蛋白结合成蛋白质复合物。说明 Crk 与 C3G 之间不仅能够结合，而且还能以高亲合力的方式结合。

Schumacher 等发现一种表皮生长因子受体（epidermal growth factor receptor，EGFR）作用的底物 Eps15，以及羧基末端的氨基酸序列与 Eps15 蛋白具有高度同源性的另一种蛋白质 Eps15R，都能与 Crk 的 SH3 位点进行结合。以 Eps15R 特异性抗体获得的免疫沉淀物中即含有 Crk 蛋白。Eps15、Eps15R 这两种蛋白质与 Crk 蛋白结合的位点都是 CrkSH3N。对 Eps15、Eps15R 两种蛋白质的一级结构进行分析，也证实其结构中富含脯氨酸的序列是与 CrkSH3N 位点进行结合的部位。结合位点区具有 p-X-L-P-X-K 序列，这一序列是所有与 CrkSH3 位点结合的蛋白质中高度保守的序列。因此，Eps15、Eps15R 这两种蛋白质也是 Crk 介导的信号转导的下游的蛋白质分子之一。Knudsen 等对 Crk 蛋白分子中第一个富含脯氨酸的由 10 个氨基酸残基组成的一段序列，即 $p^3p^4p^5A^6L^7p^9K^{10}K^{11}K^{12}$ 序列进行定点突变，证明 $p^5p^8L^7$ 和 k^{10} 这 4 个位点上的氨基酸残基对 CrkSH3 的高亲和力结合功能最为重要。K10R 位点的突变导致 CrkSH3N 位点的结合力显著下降。Feller 等对 CrkSH3N 位点结合的蛋白质进行了研究，发现 p185、p170、pl45、p155 等蛋白质都能与 CrkSH3N 位点进行结合，其中 p145 和 p155 蛋白即为最近发现的 C3G 蛋白。

除了与 CrkSH3N 结合的蛋白质外，Ogawa 等对可与 CrkSH3C 位点结合的蛋白质也进行了研究。发现一种由 304 个氨基酸残基组成的、相对分子质量为 130 000 的蛋白质能够与 Crk 羧基末端的 SH3 位点进行结合。但 CrkSH3C 位点与 p130 蛋白结合后，对 p130 的酪氨酸磷酸化修饰具有负调节作用。如果 CrkSH3C 位点发生缺失突变，则可导致 p130 蛋白酪氨酸磷酸化位点的修饰程度升高，使 Crk 蛋白的转化作用得到加强。因此，Crk 蛋白分子中的 SH3N、SH3C 两个位点对其结合蛋白的酪氨酸位点的磷酸化修饰具有相反作用，这与 Crk 蛋白对正常细胞的恶性转化有关。

Crk 的 SH2 位点也是一个与蛋白质进行结合的重要位点。谷胱甘肽-*S*-转移酶(glutathione -*S*-transferase，GST)与 Crk 的 SH2 位点形成的融合蛋白能够与 EGFR 等受体蛋白进行结合，而且呈磷酸化酪氨酸依赖性的方式，表明 v-Crk 能够直接与受体酪氨酸激酶系统进行偶联。Matsuda 等的研究证实，Crk 蛋白中 SH2 位点与含有磷酸化酪氨酸的蛋白质的结合有关。Crk 的 SH2 位点通过与酪氨酸位点发生磷酸化修饰的蛋白质进行结合而介导信号转导。v-Crk 蛋白的过表达可以导致鸡胚成纤维细胞发生恶性转化，v-Crk 的恶性转化功能与细胞内某些蛋白质的酪氨酸的磷酸化修饰水平升高有关。v-Crk 蛋白与磷酸化的酪氨酸残基进行结合的位点即为 SH2 位点。

三、Crk 蛋白与神经细胞的分化

大鼠的嗜铬细胞瘤(pheochromocytoma)细胞系 PC12 广泛用于神经细胞的分化及各种生长因子介导的信号转导机制的研究。同时，其也是研究 Crk 作用及其机制的一个体外模型。Crk 的 SH2 位点可以特异性地与含有磷酸化酪氨酸的多肽结合，而其 SH3N 及 SH3C 两个位点可与富含脯氨酸序列的多肽结合。以微注射(microinjection)法将 Crk 蛋白注入 PC12 细胞中，可以诱导这种嗜铬细胞瘤细胞的进一步分化，诱导 PC12 细胞轴突的形成(neurite formation)。如果将 v-Crk 蛋白分子的 SH2 和 SH3 位点进行定点突变，分别使其蛋白质结合功能缺失，则导致其诱导 PC12 细胞分化的功能完全丧失。含有 Crk SH3 位点多肽的过表达也可以阻断 Crk 蛋白对神经细胞分化的诱导功能。这说明 Crk 蛋白对神经细胞具有分化诱导作用，而且该作用具有 SH2 和 SH3 结构位点依赖性。

生长因子激活 ras 癌基因蛋白是通过 GRB2 这个含有 SH2 位点的接头蛋白与 Ras 鸟嘌呤核苷酸释放蛋白(guanine nucleotide-releasing protein，GNRP)mSos 结合成复合物而进行的。野生型 Crk-Ⅰ或 Crk-Ⅱ蛋白进行过表达时，可以增强神经生长因子(nerve growth factor，NGF)诱导的 PC12 细胞中 Ras 的激活效应，但对 GTP 结合型且激活的 Ras 基础水平则无显著影响。但如果 Crk-Ⅰ蛋白分子的 SH2 和 SH3 位点中任何单个氨基酸残基发生替换，则均失去对 NGF 诱导的 Ras 激活的增强作用。在 PC12 细胞系中发现了能够与 Crk 蛋白发生免疫共沉淀的两种 Ras 的 GNRP，即 mSos 和 C3G。定点突变研究结果表明，C3G 与 CRK 蛋白结合时，Crk 分子中必须具有完整的 SH3 位点结构的序列。Crk 蛋白的 SH2 位点可以与 NGF 诱导的酪氨酸位点发生磷酸化的 SH3C 的蛋白质结合。结果表明，除 GRB2 外，Crk 蛋白也参与 NGF 的受体介导的信号转导，两种 GNRP(GRB2 和 mSos)可将信号由这些接头蛋白传递给 Ras 蛋白。

NGF 和 EGF 对 PC12 细胞系的分化具有不同作用。NGF 可诱导神经细胞的分化，EGF

则诱导神经细胞的分裂增殖。但将 v-crk 基因导入 PC12 细胞中以后,EGF 则能诱导其分化。v-crk 转导 PC12 细胞系,导致细胞中 Ras 和有丝分裂原激活蛋白(mitogen-activatedprotein,MAP)激酶在受到 EGF 或 NGF 刺激后持续激活。这表明 Crk 蛋白可以使不同酪氨酸激活信号转导途径与 Ras 相互交联。SH2 位点突变的 c-Crk 与酪氨酸位点发生磷酸化的 EGF 受体结合能力丧失,不仅如此,其还能作为一种竞争性抑制剂,阻断 NGF 诱导的 PC12 细胞系的轴突生长。这表明 v-Crk 参与 Ras 和 MAP 激酶活性的调节,并与神经细胞生长、分化的调控有关。

第二节　胞质调节因子 Dbl

将弥散性 B 细胞淋巴瘤细胞的 DNA 导入小鼠成纤维细胞 NIH 3T3 中,根据转导后的细胞在软琼脂培养基中形成细胞集落以及移植裸小鼠体内肿瘤形成的能力筛选出了一种癌基因,即 dbl。dbl 癌基因编码一种 66 000 的细胞质蛋白。dbl 癌基因的激活方式是 dbl 基因编码的一种前 dbl 产物,其氨基末端序列发生截短,因而其分子质量从前 Dbl 的 115 000 减少至 66 000。对 abl 癌基因蛋白的一级结构序列进行分析,发现其中 498 ~ 738(前 dbl 分子)的一段序列与酵母细胞中细胞分裂周期蛋白 CDC24 的一级结构序列间具有高度同源性。这一段氨基酸残基序列仍然保留在截短形式的 dbl 癌基因蛋白中。在酵母细胞中,CDC24 与 Ras 样 GTP 结合蛋白 CDC42(CDC42sc)共同对酵母出芽增殖过程中的出芽部位进行调节。Dbl 分子中的 498 ~ 738 位氨基酸残基序列被称为 Dbl 位点(Dbl domain)。一系列的细胞生长调节蛋白,如 Bcr、Ect2、Vav 及 Ras 的鸟嘌呤核苷酸释放因子(guanine nucleotide-releasing factor,GRF)中都含有与 Dbl 位点同源的序列。

一、dbl 的恶性转化作用

dbl 的发现与鉴定过程证明了其作为一种癌基因的恶性转化作用。dbl 转导的小鼠成纤维细胞系 NIH 3T3,不仅在软琼脂培养基中能够形成细胞集落,而且当将其移植到裸小鼠体内,还可形成瘤灶,这是 NIH 3T3 发生恶性转化的重要判断依据,从而证实了 dbl 作为一种癌基因对正常细胞的恶性转化作用。但除此之外,尚无其他体内、体外实验证据表明 dbl 的恶性转化作用。dbl 癌基因的激活机制是 dbl 癌基因表达的 115 000 的前 Dbl 蛋白氨基末端序列发生截短,变成 66 000 的 Dbl 癌基因蛋白。前 dbl 基因的转录物仅可在神经外胚层来源的组织或肿瘤细胞中才能检测到,在其他类型的正常组织细胞及肿瘤组织中检测不到。因此,dbl 基因表达引起正常细胞发生恶性转化缺少有力的细胞与动物模型系统。Colucci-D'Amato 等以神经元特异性的烯醇化酶(enolase)基因的启动子序列,构建了 dbl 的重组表达载体,建立了 $p53^{(+/-)}$ 背景的转基因小鼠,从而对 dbl 癌基因表达对肿瘤形成的诱导作用及机制进行了研究。以 Southern blot 杂交技术和聚合酶链反应(PCR)技术证实获得了成功的转基因小鼠。以 Northern blot 杂交技术和反转录聚合酶链反应(RT-PCR)对转基因小鼠各种组织细胞中的 dbl 癌基因的表达进行了检测,仅在转基因小鼠的脑组织中检测到了 dbl 基因的转录表达,其他组织中未检测到 dbl 基因的转录活性。这是转基因小鼠中控制 dbl 基因表达的启动子作为一种神经元特异性启动子的缘故。但转基因小鼠脑组织中 dbl 的转录表达水平仍然很低,仅通过 RT-PCR 技术才能检测到。对神经组织中有 dbl 表达的转基因小鼠观察50周,18只小鼠无1例发生肿瘤,但其神经系统已发生异常改变。例如,倒提转基因小鼠时,其躯体可作快速旋转运动,行走时躯体发生歪斜。当p53$^{(+/-)}$基因型的dbl转基因小鼠与p53$^{(-/-)}$小鼠进行杂交后,获得p53$^{(-/-)}$基因型的dbl转基因小鼠。这种小鼠在10月龄时均发生肿瘤,主要为淋巴瘤(lymphoma),p53$^{(+/-)}$型dbl转基因小鼠在18月龄时有50%发生肿瘤,以肉瘤(sarcoma)和淋巴瘤为主。这一实验为dbl癌基因的恶性转化提供了直接证据,dbl的表达与组织细胞中p53基因状态有关。

Khosiavi-Far等构建了dbl的重组反转录病毒表达载体,转染小鼠成纤维细胞NIH 3T3以后可使其发生恶性转化。因为鸟嘌呤核苷酸交换因子(guanine-nucleotide exchange factor,GEF)可以通过对内源性的Ras蛋白的功能激活引起细胞的恶性转化,因此,由GEF和由ras癌基因诱导的NIH 3T3细胞的恶性转化从形态学上应差别不大。而RhoA引起的NIH 3T3细胞系的恶性转化则与之不同。因此,可以根据由dbl癌基因转化的NIH 3T3细胞系的形态学改变判定dbl癌基因诱导恶性转化的机制。对GEF、dbl诱导的NIH 3T3细胞恶性转化的形态学特征进行比较,GEF、ras转导的细胞其形态学类似,但dbl癌基因诱导的恶性转化的NIH 3T3细胞,其形态学特征更类似于RhoA转化的细胞,与ras转化的细胞有明显的形态学差别。进一步证实了dbl转基因表达的恶性转化作用。

二、dbl转化作用的机制

许多受体酪氨酸激酶介导的信号传递,都涉及了无活性的GDP结合形式的p21Ras蛋白转变为GTP结合形式的具有活性的p21Ras蛋白的过程。与GTP结合后,p21Ras蛋白与Raf蛋白结合,而这种具有蛋白激酶活性的Raf又能激活一系列蛋白激酶,包括有丝分裂原激活蛋白(mitogen-activated protein,MAP)的蛋白激酶等。这些蛋白激酶还可以催化一系列细胞蛋白的磷酸化修饰,对其功能进行调节。Dbl蛋白对哺乳动物细胞的CDC42蛋白具有GTP活性。CDC42属于Rho家族(由Rho、Rac和CDC42等组成),为一类小分子G蛋白。Rho蛋白家族对细胞的一些肌动球蛋白依赖性的功能具有调节作用,包括细胞形态、平滑肌收缩、血小板凝集、细胞移动性、胞质分裂、淋巴细胞聚集及细胞膜变皱等。Rho家族中有两个代表性的GEP分子,即具有刺激作用的SmgGDS和具有抑制作用的RhoGDI。SmgGDS不仅对Rho蛋白家族有活性,而且对Ki-ras和Rap1B也有活性。尽管研究已证明Dbl是CDC42分子的GEP,但对小分子G蛋白的作用尚不明确。Yaku等对Dbl蛋白作为Rho家族GDP/GTP交换蛋白,特别是对SmgGDS的作用进行了研究。Dbl蛋白与SmgGDS的性质并不完全相同。SmgGDS不仅对Rho家族成员有活性,对Ki-ras和Rap1也具有活性。

dbl与ras转导的NIH 3T3细胞系的形态学特征有很多不同,在以dbl基因转导的NIH 3T3细胞系中,ras-GTP的水平也未显著升高。但ras(17N)显性抑制性突变体对dbl的转化作用却具有抑制效应。ras(17N)显性抑制性突变体通过与RasGEF分子形成无活性的复合物,对内源性Ras蛋白的活性起抑制和阻断作用。如果RasGEF分子,如GRF或SOS1等处于过表达状态,也可克服ras(17N)突变体的抑制效应。为了检验dbl的过表达是否能够克服ras(17N)突变体造成的RasGEF功能的降低,Khosravi-Far等对ras(17N)抑制性突变体是否可以抑制dbl的恶性转化功能进行了研究。结果证实ras(17N)显性抑制性突变体可以显著抑制dbl对小鼠成纤维细胞NIH 3T3的恶性转化作用。因此,认为dbl的恶性转化功能并不能弥补ras(17N)所致RasGEF功能及内源性Ras功能的丧失。同时也说明,dbl对正常细胞的恶性转化作用与内源性 Ras 蛋白的活性及作用有关。

如果 dbl 的恶性转化作用与 Ras 蛋白的激活有关,则在 dbl 癌基因转化的细胞中必然有 Ras 介导的信号转导系统下游蛋白质的激活现象。p42MAPK/ERK2 和 p44MAPK/ERK1 是 Ras 信号转导途径下游的蛋白质,ras 的转化作用导致这两种蛋白质持续激活并促进 RRE 的转录活性。Khosravi-Far 等对转化和未转化的 NIH 3T3 细胞系中的 ERK1 及 ERK2 进行了研究,结果发现,在未转化的 NIH 3T3 细胞中,这两种下游蛋白质只是处于非磷酸化的非活性状态,但 GRF 转化的 NIH 3T3 细胞中这两种下游蛋白质却处于磷酸化的活性状态。在 dbl 癌基因转化的 NIH 3T3 细胞中,也同样见到这两种下游蛋白质激活的现象。因此,认为 dbl 的恶性转化作用与这两种下游蛋白质的作用密切相关。另外,缺乏蛋白激酶活性的 MAPK 表达可以阻断 Ras 介导的转录激活作用以及对正常细胞的恶性转化作用,同样也观察到缺乏蛋白激酶活性的 MAPK 突变体的表达,也可阻断 dbl 癌基因对正常细胞的恶性转化作用,这进一步证实了 MAPK 蛋白分子的结构与功能在 dbl 恶性转化作用中的重要地位。

前 dbl 癌基因蛋白中 498 ~ 738 位的氨基酸残基序列称为 Dbl 位点(domain)。其同源性蛋白 CDC42 分子结构中也有这一段 Dbl 位点结构,且在 bcr、ect2 和 vav 等癌基因蛋白质一级结构及 Ras 的一系列 GRF 分子中都有这段高度保守的序列,成为 Dbl 同源性蛋白分子结构中最为保守的序列。dbl 的恶性转化作用与 Dbl 序列有关,呈 Dbl 位点依赖性,Dbl 位点小范围的缺失突变则导致 dbl 基因的恶性转化作用完全丧失,同时对 GDP 分离的促进作用也受到严重影响。这证实 Dbl 蛋白中的 Dbl 位点结构是细胞恶性转化作用及鸟嘌呤核苷酸交换活性的共同位点。

Velasco 等的研究证实,在 Ewing 肉瘤(Ewing's sarcoma)及 dbl 转化的小鼠成纤维细胞 NIH 3T3 细胞系中,dbl 与多聚(ADP-核糖)多聚酶[poly(ADP-ribose)polymerase,PADPRP]基因表达的调节为共同调节方式。PADPRP 在绝大多数的正常细胞及肿瘤细胞中具有低水平的广泛表达活性。将 PADPRP 的重组表达载体导入不同类型的细胞中,都将导致细胞死亡。但 Ewing 肉瘤(Ewing's sarcoma,ES)细胞系例外,ES 细胞中有持续高水平的 PADPRP mRNA 表达及蛋白质水平和其多聚酶活性。ES 为一种恶性程度很高的儿童骨肿瘤,对放射治疗的应答往往能够取得良好的治疗效果。其中 PADPRP 转录和翻译水平的高表达是决定其放疗敏感性的重要因素。ES 细胞表达相对较高水平的 PADPRP,说明 ES 细胞中还有一系列的调控机制,可保证 ES 细胞能够在 PADPRP 表达水平较高的条件下存活及增殖。对 ES 细胞中的一系列可能促进 ES 细胞存活及增殖的癌基因和肿瘤抑制基因的表达水平进行检测,发现 PADPRP 基因的表达与癌基因 dbl 的表达之间呈显著正相关。在 dbl 癌基因转化的小鼠成纤维细胞中,也发现了 PADPRP 表达水平显著升高的现象。在这两种情况下,dbl 基因的表达均引起了 PADPRP mRNA 及酶蛋白的表达水平显著升高,且癌基因形式的 dbl 较原癌基因形式的 dbl 对 PADPRP 基因表达的正调节作用更强。其他癌基因的表达对 PADPRP 的表达缺失的正向调节作用,说明 dbl 对 PADPRP 的表达调节作用具有特异性。以 PADPRP 的重组表达载体转导 $dbl^{(+)}$ 和 $dbl^{(-)}$ NIH 3T3 细胞系,$dbl^{(+)}$ 细胞系中 PADPRP 的表达水平显著高于 $dbl^{(-)}$ 细胞系。这些结果均表明 dbl 在 PADPRP 的表达调控中具有十分重要的作用。

第三节　胞质调节因子 eIF-4E

基因翻译效率的调节对细胞增殖过程具有显著影响。在细胞分裂周期中,蛋白质合成的需求显著增加。以生长因子、细胞因子、激素和有丝分裂原刺激细胞,可引起细胞中的蛋白质合成水平上升。蛋白质合成速率的调控主要在于转译的起始(translationinitiation)过程,这是蛋白质合成的限速步骤(rate-limiting step)。在这一限速步骤中,一些关键的起始因子(initiation fator),如 eIF-2、eIF-4E 和 eIF-4B 等发生可逆性的磷酸化修饰。细胞外一系列的刺激信号及一些酪氨酸激酶类都与这些起始因子磷酸化修饰的调节有关。eIF-4B、eIF-4E 等的磷酸化及核糖体蛋白 S6(ribosomal protein S6)的磷酸化,可导致翻译速率细胞增殖速率加快。但 eIF-2 等的磷酸化则对蛋白质合成及细胞增殖具有抑制作用。eIF-4E 和 eIF-2 为 mRNA 5′-帽状结构结合蛋白(5′-cap-binding protein),在蛋白质翻译过程中具有重要作用,其在 NIH 3T3 细胞中过表达 eIF-4E 可导致这种细胞恶性转化,表明 eIF-4E 是一种重要的信号转导子。另外,在 NIH 3T3 细胞中表达显性抑制性的 PKR 突变体,也可引起转导的 NIH 3T3 细胞发生恶性转化。PKR 野生型分子可以使 eIF-2 发生磷酸化修饰而失活。所以,转录因子的异常表达也可引起正常细胞的恶性转化。从这一角度来看,这些转译起始因子也具有癌基因特性。

一、eIF-4E 与翻译复合物的形成

在蛋白质的翻译过程中,翻译起始因子与 mRNA 结合的机制如图 8-1 所示。mRNA-核糖体的结合是一种能量依赖性的过程。能量来源于 RNA 与 ATP 结合后的水解过程。eIF-4A、eIF-4B 和 eIF-4F3 种起始因子对 mRNA-核糖体的结合而言都是必需的。eIF-4A 在哺乳动物细胞中以两种非常相近的蛋白质形式存在,属于 RNA 依赖性的 ATPase,与 eIF-4B 结合则表现出 RNA 螺旋酶(helicase)活性。eIF-4F 为一种由 eIF-4A、eIF-4E 和 p220 3 个亚单位(subunit)组成的蛋白质复合体。其中 eIF-4E 为相对分子质量为 24 000 的多肽,能够与 mRNA 的帽状结构(cap structure)区进行特异结合。p220 亚单位的功能尚不十分清楚。eIF-4F 作为一种螺旋酶,比游离的 eIF-4A 催化亚单位的活性提高了 20 倍。eIF-4F 也具有非序列特异性的 RNA 结合功能。认为 eIF-4F 与 eIF-4B 可共同改变 mRNA 5′端的二级结构,以便于其与核糖体进行有效的结合。

eIF-4E 首先与 mRNA 的帽状结构进行结合,但以 eIF-4F 复合体形式与 mRNA 5′端进行的结合更为有效。但与 mRNA 进行识别和结合的因子主要是复合物中的 eIF-4E,p220 亚单位可能对 eIF-4E-mRNA 间的结合具有促进作用。eIF-4F 与 mRNA 结合后,即与 eIF-4B 结合,从而改变了 mRNA 5′端的二级结构,使之产生一段单链 RNA 区,便于核糖体与之结合。因此,eIF-4E 是翻译复合体形成过程中的一个重要的亚单位。

真核细胞中 mRNA 5′端具有 m^7(5′)Gopp(5′)N 结构,N 可以为任何一种核苷酸,称为帽状结构,这是一种转录后加工形成的特殊 mRNA 结构。eIF-4E 与 mRNA 帽状结构的改变有关,以便 mRNA 与 40S 的核糖体进行结合。Koromilas 等构建了 eIF-4E 的真核表达载体,当这一翻译起始因子处于过表达状态时,可使具有复杂二级结构的 5′非编码区 mRNA 进行有效翻译,但 eIF-4E 的表达水平处于正常状态时,这种具有更为复杂的二级结构的 mRNA

的翻译水平则很低。从这一结果可以解释 eIF-4E 过表达时可以引起正常细胞发生恶性转化的机制。因为 eIF-4E 过表达可以使在正常 eIF-4E 表达水平条件下不能表达的基因出现表达活性,而这部分基因的表达可能与正常细胞的恶性转化有关。

蛋白质翻译的起始有两种机制,一种是 mRNA 5′端帽状结构形成机制;另一种是帽状结构形成非依赖性的机制,又称为扫描机制(scanning mechanism),或称为内部核糖体进入位点(internal ribosomal site,IRES)机制,即 mRNA 有一段与核糖体结合的特异性结构序列,以介导翻译复合体的形成。为证实 eIF-4E 在这两种蛋白质翻译起始机制中是否均为必需,Scheper 等构建了能够表达两个转录物的双顺反子(bicistron)重组表达载体,表达的两个 mRNA,一个为帽状结构依赖型,一个为帽状结构非依赖型。eIF-4A、eIF-4B 和 eIF-4F 对帽状结构形成依赖性的 mRNA 翻译起始是必需的,但另外一种帽状结构形成非依赖性的 mRNA 翻译起始也需要 eIF-4E 的参与。提示 eIF-4E 对两种机制的蛋白质翻译都是必需的。

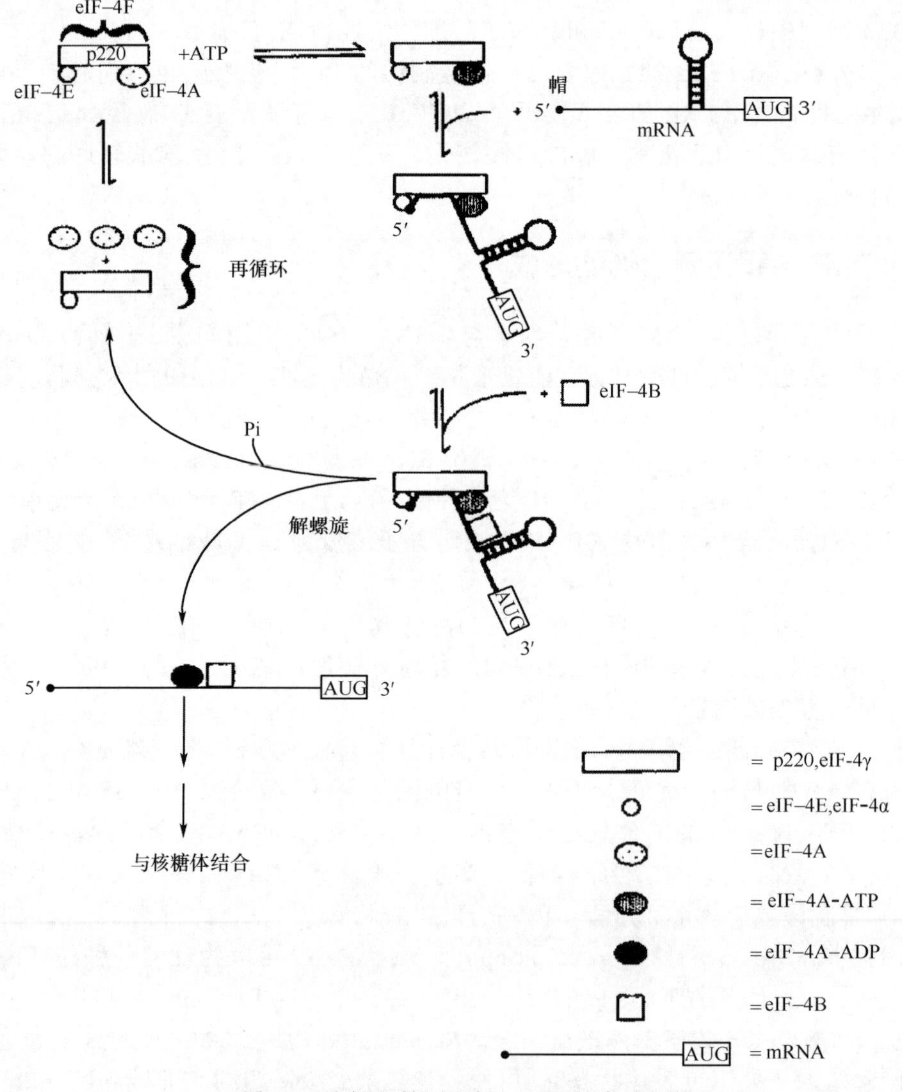

图 8-1　翻译起始因子与 mRNA 结合的机制

二、eIF-4E 的磷酸化修饰调节

在与 48S mRNA 核糖体结合而成的复合物中,只发现了磷酸化修饰型的 eIF-4E 蛋白,所以说只有磷酸化型的 eIF-4E 才能结合成翻译复合体,发挥翻译起始因子的作用。因此,eIF-4E 的磷酸化修饰是 eIF-4E 蛋白生物活性调节的重要机制。

(一) 影响 eIF-4E 蛋白发生磷酸化修饰的因素

影响 eIF-4E 蛋白发生磷酸化修饰的因素可分为促进因素和抑制因素。促进 eIF-4E 蛋白磷酸化修饰的因素如表 8-1 所示。src 和 ras 等癌基因蛋白可以促进转录起始因子 eIF-4E 的磷酸化修饰,提高其作为转录起始因子的作用,可以促进细胞中的蛋白质合成,这也是癌基因表达促进正常细胞发生恶性转化的重要机制之一。另外,还有一些调节因子可以诱导 eIF-4E 的去磷酸化修饰。Zhang 等的研究结果表明,腺病毒基因表达的一种晚期蛋白质因子可以诱导转译起始因子 eIF-4E 的去磷酸化修饰并抑制细胞中的蛋白质合成。在腺病毒复制的晚期,腺病毒可以阻断宿主细胞的蛋白质合成过程,这在很大程度上归因于 eIF-4E 的磷酸化程度受抑制且引起 eIF-4E 去磷酸化修饰。晚期的腺病毒 mRNA 之所以能在 eIF-4E 低磷酸化状态下进行有效翻译,是因为腺病毒晚期 mRNA 翻译过程对磷酸化修饰的 eIF-4E 依赖性不高。腺病毒感染晚期,抑制 eIF-4E 磷酸化,促进 eIF-4E 去磷酸化,使 eIF-4E 处于低磷酸化状态,从而使宿主细胞的蛋白质合成水平显著降低,而腺病毒晚期的蛋白质合成则不受影响。细胞中的 eIF-4E 磷酸化状态也受到流感病毒(influenza virus)感染的影响。流感病毒感染细胞后,使细胞的蛋白质合成机制关闭,只允许病毒 mRNA 翻译。流感病毒感染后,可引起细胞内的转译起始因子 eIF-4E 的去磷酸化修饰,但在低磷酸化 eIF-4E 的条件下,流感病毒 mRNA 仍能进行有效翻译。

表 8-1 促进 eIF-4E 磷酸化的因子

因子种类	效应细胞
血清	NIH 3T3
胰岛素	3T3-L1、HIR3.5
血管紧张素Ⅱ(Ang Ⅱ)	血管平滑肌细胞
表皮生长因子(EGF)	人乳腺上皮细胞(184A1N4)
神经生长因子(NGF)	大鼠嗜铬细胞瘤(PC12)
血小板衍生生长因子(PDGF)	NIH 3T3、人肺成纤维细胞 WI-38
肿瘤坏死因子(TNF)	HeLa、牛动脉内皮细胞、ME-180、U937
T 细胞激活	人 T 细胞、Jurkat
刀豆蛋白 A(Con A)	猪外周旭单个核细胞(PPBMC)
脂多糖(LPS)	B 淋巴细胞
冈田酸(Okadaic acid)	HeLa、人乳腺上皮细胞
佛波乙酯	视网膜细胞、3T3-L1、NIH 3T3、PC12、PPBMC
钒酸酯(Vanadate)	NIH 3T3
src 和 ras 癌基因蛋白	小鼠和大鼠成纤维细胞

（二）eIF-4E 磷酸化修饰位点的结构

哺乳动物细胞蛋白质翻译过程中，eIF-4E 起始因子，特别是磷酸化的 eIF-4E 是一种限速因子。因此，eIF-4E 蛋白水平及磷酸化修饰程度都将严重影响细胞中的蛋白质翻译过程。Neurmar 等对脑缺血时 eIF-4E 蛋白的降解进行了研究。实验性缺血大鼠脑组织中的 eIF-4E 在缺血发生 5min 时无明显变化，但 10min 和 20min 后 eIF-4E 蛋白的表达水平分别下降了 32% 和 57%。所以认为大脑在发生缺血后，其蛋白质合成速率显著下降是因为 eIF-4E 合成的限速因子发生降解的缘故。除了 eIF-4E 蛋白水平调节外，eIF-4E 的磷酸化修饰也是一种重要的调节机制。eIF-4E 发生磷酸化的位点主要在 Ser53 和 Ser209，还有分子 eIF-4E 中的苏氨酸残基位点。

为了探索 eIF-4E 蛋白分子中 Ser53 位点的磷酸化修饰是否对 eIF-4E 的起始因子活性有影响，Zhang 等对 eIF-4E 的编码基因进行了定点突变（Ser53 Asp 或 Ser53 Ala）研究。以 eIF-4E 的野生型或突变型基因转染人 293/T-Ag 细胞后，观察 eIF-4E 的作用活性。因为人 293/T-Ag 的内源性 eIF-4E 的编码基因已被打断，处于不表达状态，因此可以利用这一细胞模型研究导入的 eIF-4E 基因是否编码具有生物活性的翻译起始因子。结果发现，野生型和 Ser53 突变型的 eIF-4E 可以同样有效地发生磷酸化修饰，而且转导的细胞中蛋白质翻译的效率也相同。这一结果提示，Ser53 位点可能并不是决定 eIF-4E 蛋白生物活性的磷酸化位点。因此，之前认为 Ser53 为 eIF-4E 磷酸化调节主要位点的观点有误。Flynn 等的研究也证实，Ser209 位点而不是 Ser53 位点，决定了 eIF-4E 的磷酸化修饰程度与其生物活性间的关系。

以往的研究都集中在 Ser53 和 Ser209 等丝氨酸位点的磷酸化与翻译起始因子 eIF-4E 生物活性间的关系，最终确定了 Ser209 位点的磷酸化修饰是决定 eIF-4E 作为翻译起始因子的重要环节。但 Bu 等的研究却发现 eIF-4E 分子中苏氨酸残基位点的磷酸化也是决定 eIF-4E 生物活性的重要修饰位点，从而将 eIF-4E 磷酸化修饰与生物活性调节的修饰扩展到丝氨酸以外的氨基酸残基上。以 Okadaic acid 处理肝母细胞瘤细胞系 HepG2 可使 eIF-4E 的磷酸化修饰程度提高 20%，而且均为苏氨酸残基位点的磷酸化修饰。

三、eIF-4E 表达与细胞的恶性转化

作为一种蛋白质翻译的限速因子，如果 eIF-4E 表达处于异常，则可能造成正常细胞的恶性转化（malignant transformation）或异常生长（aberrant growth）。Lazaris-Karatzas 等将 eIF-4E 的重组表达载体转染小鼠的 NIH 3T3 和大鼠的 Rat-1 细胞系中进行过表达，均可引起细胞的恶性转化，提示 eIF-4E 具有癌基因的性质。

Kerekatte 等对乳腺癌细胞中 eIF-4E 的表达水平进行了检测。以 Western blot 对 38 例乳腺中 eIF-4E 的表达水平进行了分析，并与 3 例正常的乳腺组织和 3 例纤维腺痛（fibroasenoma）进行比较。发现所有乳腺癌细胞中的 eIF-4E 表达水平都显著升高，是正常乳腺组织的 3 ~ 7 倍，但 3 例纤维腺癌细胞中都未见到 eIF-4E 表达水平升高。以原位免疫组织化学技术也进一步证实了乳腺癌组织中具有高水平的 eIF-4E 表达。这一结果提示，eIF-4E 蛋白表达水平的提高是乳腺癌重要的发病机制之一。Miyagi 等对一系列肿瘤细胞及发生恶性转化的细胞系中 eIF-4E 基因的转录物表达水平进行了检测，以正常大鼠成纤维细胞 3Y1 中

eIF-4E mRNA 的表达水平定为 1，其他细胞系中 eIF-4E mRNA 的表达水平见表 8-2。

表 8-2 大鼠肿瘤细胞中 eIF-4E mRNA 的转录水平

细胞系	特点	eIF-4E mRNA 转录相对水平(倍数)
AH130	DAB 诱导的肝癌(腹水型)	12
AH7974	DAB 诱导的肝癌(腹水型)	13
AH66tc	DAB 诱导的肝癌细胞	13
AH70Btc	DAB 诱导的肝癌细胞	13
dRLh84	DAB 诱导的肝癌细胞	9
dRLa74	DAB 诱导的肝癌细胞	12
3-mRLN-31	以 3′-Me-DAB 处理的肝细胞系	4
H4 Ⅱ E	N_2 Fluorenyldiacetamide 诱导的肝癌(Rueber)	8
Kagura1	黄曲霉毒素诱导的肝癌	17
Kagura2	黄曲霉毒素诱导的肝癌	16
B-35	ENU 诱导的神经母细胞瘤	8
B-50	ENU 诱导的神经母细胞瘤	9
B-65	ENU 诱导的神经母细胞瘤	14
B-103	ENU 诱导的神经母细胞瘤	12
B-104	ENU 诱导的神经母细胞瘤	7
GH3	垂体瘤细胞	7
PC12	肾上腺嗜铬细胞瘤细胞	11
RT4-AC	周围神经肿瘤细胞	12
RT4-D	周围神经肿瘤细胞	11
RT4-E	周围神经肿瘤细胞	8
C6	胶质母细胞瘤细胞	10
9L	胶质母细胞瘤细胞	16
RG12	胶质瘤细胞	14
3Y1	正常大鼠成纤维细胞 3Y1	1
SV-3Y1	SV40 感染转化的 3Y1 细胞	3
Py-3Y1	多瘤病毒感染转化的 3Y1 细胞	3
Adl2-3Y1	腺病毒感染转化的 3Y1 细胞	2
E1A-3Y1	E1A 转化的 3Y1 细胞	2

转录起始因子 eIF-4E 与细胞恶性转化间的关系尚未完全明确，但至少认为其与一些癌基因、原癌基因的异常调节有关，如与 Ras、c-Myc、v-Myc、E1A、细胞周期素 D1(Cyclin D1)等的表达调节有关，特别是与蛋白质翻译水平的调节有关。

T24ras 癌基因的表达可以使克隆的大鼠胚胎成纤维细胞 CRET T24 发生恶性转化，并具有浸润、转移等恶性肿瘤细胞的特征。在 CREF T24 细胞系中，eIF-4E 的磷酸化水平显著升高，导致蛋白质合成速率加快。如果使 CREF T24 细胞系中的 eIF-4E 表达水平下降，则可以显著抑制这种细胞在软琼脂培养基中的克隆形成能力，细胞生长速率也显著降低。eIF-4E 的表达水平下降也导致这一肿瘤细胞的浸润和转移能力下降。此外，还发现随着 CREF T24 肿瘤细胞系中 eIF-4E 蛋白表达水平的下降，与肿瘤转移相关的相对分子质量为 92 000 的Ⅳ型胶原酶(collagenase)以及细胞黏附分子 CD44 外显子6 具有突变的 CD446V 的表达水平也显著降低。但肿瘤转移抑制蛋白 nm23 的表达水平与 eIF-4E 呈负相关。说明在 p21ras 诱导的恶性转化过程中，eIF-4E 的表达与生物活性具有十分重要的作用。Rinker-Schaeffer 等设计并构建了 eIF-4E 序列-9 ~ +11 核苷酸特异性的反义 RNA(antisense RNA)重组表达载体，转染 CREF T24 细胞系，反义 RNA 的表达可以十分有效地抑制 eIF-4E mRNA 模板的水平，使这种细胞中 eIF-4E 的表达水平下降到原来水平的 30% ~ 50%，此时，CREF T24 细胞中 eIF-4E 的表达水平显著下降，蛋白质合成速率也显著降低。在软琼脂培养基中的细胞集落形成能力显著下降，ras 转导细胞的恶性表型部分得到逆转。表明 ras 癌基因转导的细胞，eIF-4E 升高是其致恶性转化机制的重要方面。

eIF-4E 与 ras 之间的相互作用及其在正常细胞恶性转化中的作用极为复杂。不仅在 ras 转导的细胞中可见到 eIF-4E 的表达水平显著升高，而且在过表达 eIF-4E 的细胞中也可通过激活 ras 使正常细胞发生恶性转化。Lazaris-Karatzas 等构建了 eIF-4E 的重组表达载体并将其导入细胞中使其 eIF-4E 处于过表达状态，对其内源性 ras 癌基因的激活状态进行研究。计算过表达 eIF-4E 细胞系中 GTP 结合型 Ras 蛋白与核苷酸结合型 Ras 蛋白总数之比，以判断 Ras 激活的程度。作为一种 G 结合蛋白，GTP-Ras 是 Ras 的一种活性形式。结果证实，在 eIF-4E 过表达的 NIH 3T3 细胞中，Ras 激活蛋白的水平提高了 3 倍。但总 Ras 蛋白的量未发生改变。因此认为 eIF-4E 的过表达可激活 Ras 蛋白，而后者又是一种公认的具有恶性转化作用的蛋白质。当 Ha-c-Ras 的 Ser17 突变为 Asn17 后，Rasser17Asn 则变为 Ras 的竞争性抑制剂，称为显性抑制性突变体。当导入这种突变体形式的 ras 基因时，尽管仍存在 eIF-4E 的过表达，但可阻断内源性 Ras 蛋白的表达，同时可部分逆转这一肿瘤细胞的恶性表型。这一结果又一次证实了 eIF-4E 过表达的恶性转化作用与内源性 Ras 蛋白的激活作用有关。Frederickson 等发现，以神经生长因子诱导嗜铬细胞瘤分化时，eIF-4E 蛋白的磷酸化修饰程度显著提高，且 eIF-4E 磷酸化修饰呈内源性 Ras 蛋白依赖性，为 Ras 蛋白与翻译起始因子 eIF-4E 之间的复杂关系提供了证据。

细胞周期素 D1(Cyclin D1)对细胞周期调节具有十分重要的作用，其过表达也可以导致正常细胞发生恶性转化。Rosenwald 等研究了 eIF-4E 在细胞周期素 D1 表达调节中的作用与机制。NIH 3T3 细胞中的 eIF-4E 过表达时，细胞周期素 D1 蛋白的表达水平显著升高。但细胞周期素 D1mRNA 的水平却无明显变化，提示这可能是一种转录后调节机制。在 eIF-4E 过表达的 NIH 3T3 细胞中，虽然细胞周期素 D1 在多核糖体(polysome)中的分布特点未显著改变，但分布于多核糖体中的细胞周期素 D1 mRNA 总量却显著增加。在撤除培养基中的血清成分后，eIF-4E 过表达细胞中的细胞周期素 D1 蛋白与 mRNA 量均显著高于无 eIF-4E 过表达的对照细胞。eIF-4E 过表达时，撤除培养基中的血清成分也不会导致细胞周期素 D1 mRNA 的快速降解。这说明 eIF-4E 在细胞中的过表达对细胞周期素 D1 的转录和转录后水平都具有调节作用。

myc 原癌基因编码一种核转录因子蛋白，在细胞的生长、分化调控中具有重要作用。Lazaris-Karatzas 等的研究表明，eIF-4E 在啮齿类动物原代成纤维细胞的恶性转化过程中，与

v-myc 或腺病毒 E1A 间具有协同作用。eIF-4E 过表达即可引起正常细胞的恶性转化，转化细胞的形态学特征及信号转导途径都与 p21ras 转导的细胞十分相似。E1A 基因转导可以建立未发生转化的细胞系，但若以 v-myc 转染却不能建立。v-myc 或 E1A 分别与 Ras 共转染可使正常细胞发生恶性转化；当 v-myc 或 E1A 分别与 eIF-4E 共转染啮齿类成纤维细胞 REF 时，都可导致 REF 的恶性转化。v-myc 与 eIF-4E 共转染所致的 REF 转化与 v-myc 和 Ha-c-ras 共转染引起的转化不同，前者肿瘤细胞移植至裸鼠时呈非限制性生长，而后者在瘤灶长到一定程度即自动停止。因此认为 eIF-4E 引起的正常细胞的恶性转化，除与内源性 Ras 激活有关，还可能与更多的途径有关。

第四节　胞质调节因子 GRP78

葡萄糖调节蛋白 78（glucose regulated protein 78kDa，GRP78），又名免疫球蛋白重链结合蛋白（the immunoglobulin heavy chain binding protein，Bip），与热休克蛋白 70（heat shock protein70，HSP70）家族具有高度同源性，被认为是 HSP70 家族的成员之一。GRP78 的功能很多，其作为一种分子伴侣参与蛋白质的折叠和转运，也是内质网上的一种应激蛋白，在低糖、低氧、低 Ca^{2+}等应激状态下大量表达以维持内质网的稳定，保护细胞。近年来研究表明，GRP78 在某些肿瘤细胞中高表达，对肿瘤细胞的抗化疗药物的性质及抗原表达有重要意义。另外，最近研究认为，GRP78 在暴露于重金属环境的星形胶质细胞的内质网上有大量表达，对敏感神经元具有保护作用。

一、GRP78 的基因和蛋白质结构

1977 年，Shiu 等发现在无葡萄糖介质中培养鸡胚成纤维细胞的过程中可诱导产生两种分子质量分别为 78kDa 和 94kDa 的蛋白质，命名为 GRP78 和 GRP94。从酵母到人体内均发现有 GRP78，并定位在真核生物细胞的内质网膜上。GRP78 是热休克蛋白 70（HSP70）家族的成员之一，HSP70 的结构可分为：①44kDa 部分（N 端）。由 4 个 α 螺旋形成 1 个裂缝，裂缝底部带有 ATP 结合位点，是结合 ATP 的结构域，有 ATPase 活性。②18kDa 部分。由 4 个反相平行的 β 折叠和 1 个 α 螺旋构成，是多肽的结合部位。③10kDa 部分（C 端）。仅由一螺旋构成，是活性调节区域，具有高度保守的 EEVD 氨基酸序列。

编码 GRP78 蛋白的 GRP78 基因序列在各生物物种间高度保守，从传统模式生物（线虫、果蝇、酵母、非洲爪蟾）到哺乳动物（小鼠、大鼠、狗、猩猩）乃至人类，都存在与 GRP78 同源的一些基因。人类 GRP78 基因定位在 9 号染色体 q33—q34.1 上，GRP78 蛋白属于 HSP70 家族的一员。HSP 家族分子具有保守的结构域，即 N 端 ATP 酶功能域、蛋白酶敏感域、C 端多肽结合域及可变区，但人 GRP78 分子在其 N 端还含有内质网定位信号肽，因此 GRP78 分子主要分布于细胞内质网中，且与多种蛋白质分子或钙离子等发牛物理性结合。

二、GRP78 的生物学作用

（一）分子伴侣功能

GRP78 作为分子伴侣，是促进正常生长状态下细胞蛋白质成熟、维系细胞功能和生命

的关键性调节物质。生理情况下,GRP78 在真核生物内质网膜上通过与新生多肽以非共价键形式短暂地结合,随后松开,从而促进蛋白质的正确折叠和装配,并协助蛋白质跨内质网膜转运,将其转运到特定位置。

(二) 细胞内保护性

GRP78 是一种钙结合蛋白,在应激反应调节时其基因的转录活性可提高 10~25 倍,表达量显著增高,从而维持了内质网钙稳态及内环境的稳定。另外,GRP78 能转移内质网腔内的错误折叠蛋白质,保持细胞在应激状态下蛋白质的继续合成。饥饿时,GRP78 通过 ADP-核糖基化作用而保存细胞内的有限营养。GRP78 还能降低细胞对杀伤性 T 细胞的敏感性,阻止细胞发生凋亡。因此,近年来认为细胞受刺激时 GRP78 呈高表达水平并合成 Bip/GRP78 的反应,可能是细胞的一种重要的防御机制,该机制对细胞有保护作用,从而延长在各种不利因素刺激下的细胞生存期。同样,肿瘤细胞也存在 GRP78 保护作用:GRP78 可降低细胞毒性 T 细胞对肿瘤细胞的杀伤力,促进肿瘤的形成和抗药性的产生,防止肿瘤细胞发生凋亡。GRP78 还参与分泌性蛋白的合成和运输。另外,其通过介导蛋白质的构型变化以参与生物信号传递旁路系统的构建。

(三) 阻止内质网内新生肽聚集

内质网腔内有大量可溶性分子伴侣和折叠酶,而 GRP78 是内质网中第一个被发现的分子伴侣。GRP78 通过其多肽结合域与 ATP 酶功能域之间协同作用,辅助内质网中新生肽形成正确构象,因此 GRP78 在内质网腔内蛋白质合成质控(quality control)过程中发挥着重要作用。内质网中新合成的未折叠肽首先进入 GRP78-ERdj3(ER-associated DnaJ protein 3)循环。在循环过程中新生链须始终保持可溶构象,以避免由于其内部疏水基团相互作用而发生不可逆凝集,从而为下一步折叠和修饰做准备。GRP78-ERdj3 循环过程包括:①ERdj3 蛋白与待折叠新生肽结合,形成 ERdj3-多肽复合物;②ERdj3-多肽复合物与含 ATP 的 GRP78 蛋白结合,形成 ATP-GRP78-ERdj3-多肽复合物;③ERdj3 进而激活 GRP78 分子内的 ATP 酶活性,将其 ATP 水解成 ADP,形成稳定的 ADP-GRP78-ERdj3-多肽复合物,增加 GRP78 对未折叠新生肽的亲和力,使未折叠肽保持可溶构象,防止其在内质网腔内聚集;④随后 Bip(GRP78)相关蛋白(Bip-associated protein,BAP)被招募至 ADP-GRP78-ERdj3-多肽复合物上,导致 ERdj3 从复合物上脱落;⑤同时,BAP 促使 GRP78 上结合的 ADP 被 ATP 置换,由于 ATP-GRP78 对多肽的亲和力降低,多肽随后与 GRP78 解离并释放出来,游离的 ATP-GRP78 与脱落的 ERdj3 共同参与下一轮循环过程;⑥一些新生多肽链从 GRP78-ERdj3 循环中释放,即转至 calnexin/calreticulin 循环,在 calnexin/calreticulin 循环中不断被糖基化修饰,以获得正确的构象。经过恰当折叠和糖基化修饰的蛋白质分子由内质网出芽,再运输至高尔基体,在高尔基体内被进一步糖基化或磷酸化修饰,最终经由高尔基体小泡运输至目的地。但部分经过多次折叠循环仍然是错误折叠或未折叠的蛋白质则经由内质网相关降解(ER-associated degradation,ERAD)途径逆转运至胞质,在泛素-蛋白酶系统(ubiquitin-proteasome system)作用下被彻底降解。

（四）参与未折叠蛋白质反应调控

许多生理或病理条件，如分泌性蛋白因基因发生突变或内质网因化学物质刺激等，均可引起内质网腔内未折叠或错误折叠蛋白质堆积或钙离子耗竭等，这些内质网的稳态失衡即为内质网应激(endoplasmic reticulum stress，ER stress)。为消除这种应激，内质网迅即启动未折叠蛋白质反应(unfolded protein response，UPR)，即包括蛋白质合成暂停、内质网分子伴侣和折叠酶表达上调、内质网相关性降解等在内的一种综合性反应。未折叠蛋白质反应在一定程度上可减轻或消除内质网内蛋白质折叠功能的负荷，因此未折叠蛋白质反应是细胞的一种适应性保护机制。但当这些适应性反应仍不能缓解应激状况时，受损细胞最终会因发生内质网相关性细胞凋亡而被清除。

存在于内质网膜上的 IRE1(inositol-requiring enzyme 1)、PERK(PKR-like ER kinase)、ATF6(activating transcription factor 6)蛋白分子是感受内质网内应激信号的一类跨膜感受蛋白(图 8-2)。正常情况下，这 3 种信号感受蛋白分别与内质网腔内 GRP78 结合形成复合物，

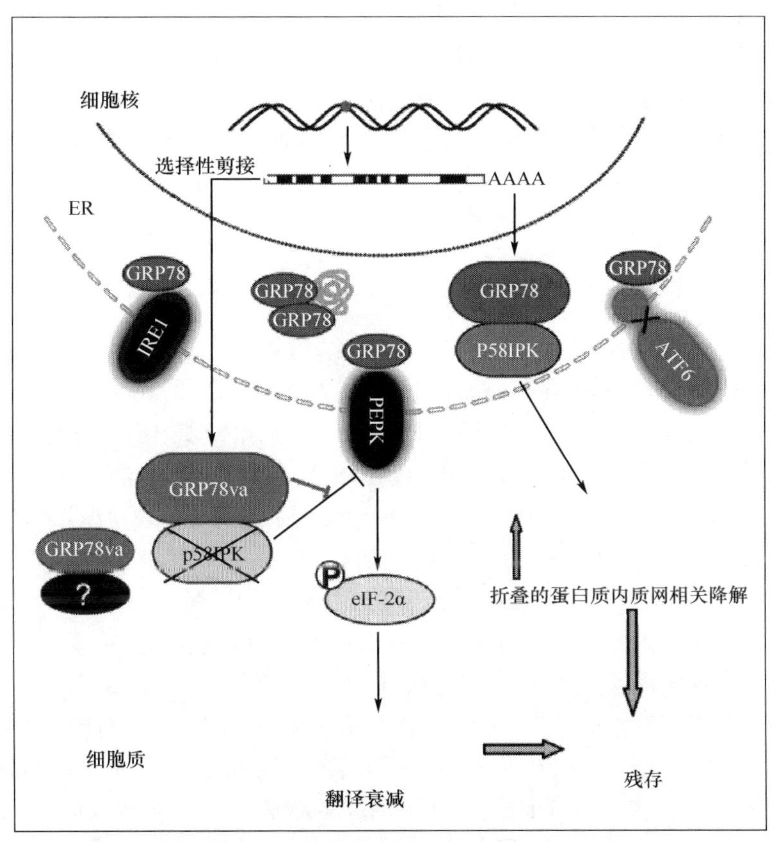

图 8-2 感受内质网内应激信号的跨膜感受蛋白

且处于无活性状态。当内质网中未折叠蛋白质蓄积增加时，GRP78 分子转而结合内质网中不断增多的新生未折叠蛋白质，从而导致这 3 种感受蛋白从其 GRP78 复合物中解离出来。游离的 IRE1 迅速发生二聚化，随后发生自身磷酸化而被激活，活化的 IRE1 蛋白其胞质侧 C 端具有内切核酸酶活性，可剪切胞质中 XBP-1(xbox binding protein 1)mRNA 前体分子

[XBP-1(u)mRNA],剪切后的 XBP-1 mRNA[XBP-1(s)mRNA]能编码有转录调节活性的 XBP-1 蛋白,作为转录因子的 XBP-1 入核后随即促进依赖 XBP-1 转录因子的内质网甘露糖苷酶-α 样蛋白(ER degradation enhancer mannosidase alpha-like protein,EDEM)、GRP78 和 ERdj3 等基因的转录,EDEM 等蛋白质在内质网中蛋白质折叠与内质网相关性降解过程中发挥重要作用。游离后的 PERK 通过其寡聚化作用激活自身胞质侧 PERK 磷酸激酶区,活化的 PERK 特异性催化使 eIF-2α(eukaryotic initiation factor-2α)51 位上的丝氨酸残基发生磷酸化,进而使 eIF-2α 功能改变,磷酸化的 eIF-2α 可暂时性抑制细胞内多数蛋白质的合成,导致胞质内蛋白质翻译无法启动,从而缓解内质网蛋白质合成增加对蛋白质折叠的负荷需求。然而个别特殊蛋白质,如活化转录因子-4(activating transcription factor 4,ATF4)在这种特殊情况下仍可通过其自身 mRNA 5′非翻译区存在的两个 uORF(upstream open reading frame)结构,绕过磷酸化 eIF-2α 的翻译抑制而优先翻译,新合成的 ATF4 分子此时又可作为转录因子进一步促进 GRP78、C/EBP 同源蛋白(C/EBP homologous protein,CHOP)等内质网相关基因的转录表达。内质网应激的另一个感受蛋白 ATF6 在内质网应激发生时从内质网膜上 GRP78 复合体中游离出来并转位至高尔基体,随后在高尔基体内经蛋白酶 S1P(site 1 protease)和 S2P(site 2 protease)连续作用剪切成分子质量为 50kDa、含 bZIP 结构域的活性转录因子 ATF6(N),转录因子 ATF6(N)入核后作用于含内质网应激反应元件(ER stress response element,ERSE)的内质网应激蛋白基因,使内质网应激蛋白转录表达增加,如同型半胱氨酸诱导 ER 蛋白(homocysteine-induced endoplasmicreticulum protein,Herp)、GRP78 和 XBP-1 等基因受 ATF6(N)的转录调节作用。

(五) 启动内质网应激相关性细胞凋亡

半胱天冬蛋白酶 Caspase 是一类存在于胞质、结构相关的半胱氨酸天冬氨酸蛋白酶,包括 Caspase-3、Caspase-7、Caspase-8、Caspase-9、Caspase-12 等成员,在细胞凋亡过程中执行裂解蛋白的功能。Caspase-12 广泛存在于小鼠肌肉、肝脏和肾脏中,位于内质网膜胞质侧。Rao 等发现,正常状态下的 Caspase-12 与 GRP78 形成复合体而滞留于内质网表面,使 Caspase-12 处于无活性状态。当内质网应激持续 24h 后,Caspase-12 与 GRP78 发生解离,游离的 Caspase-12 直接激活 Caspase-9,后者通过活化 Caspase-3 等引起一系列下游级联反应,最终导致细胞凋亡,因此游离的 Caspase-12 可绕过线粒体细胞色素 c(cytochrome c)和 Apaf-1(apoptotic proteabe activating factor-1)途径直接导致细胞凋亡(图 8-3)。

随后,Lin 等发现内质网应激时 PERK 从 GRP78 复合物中释放,经 PERK-eIF-2α 信号通路而促进 ATF4 翻译表达增加,ATF4 能与 CHOP 基因启动子区结合而导致 CHOP 基因转录表达上调。CHOP 蛋白属于 C/EBP 转录因子家族,可下调 bcl-2(B cell lymphoma/lewkmia-2)基因的转录表达。Bcl-2 蛋白能抑制线粒体膜间隙的细胞色素 c 释放入胞质,即内质网应激导致的 CHOP 表达升高,进而促进凋亡因子细胞色素 c 的释放,随后释放的细胞色素 c 与 Apaf-1 结合并启动 Caspase 级联反应,最后导致与线粒体有关的细胞凋亡。由此可见,持续的内质网应激作为直接或间接的刺激源,可通过非线粒体和线粒体途径两种方式最终诱导细胞凋亡。

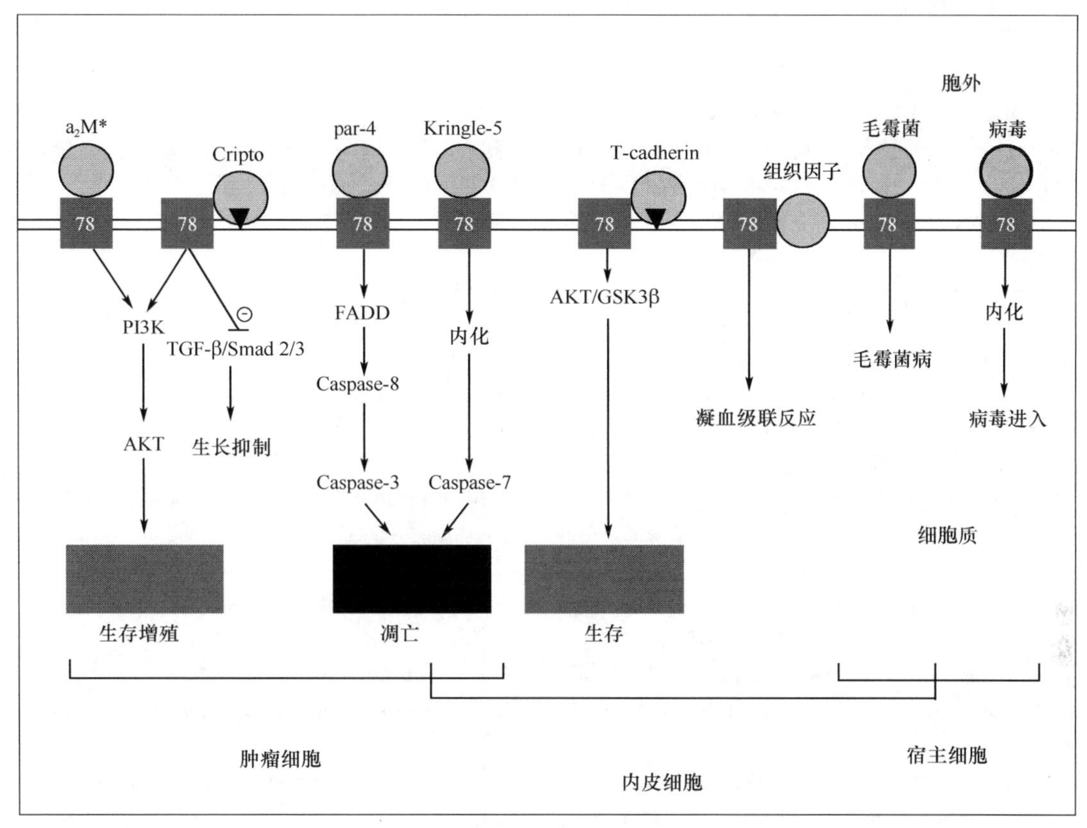

图 8-3　内质网应激相关性细胞凋亡

(六) 参与内质网钙稳态的调节

Ca^{2+}是细胞内重要的第二信使分子,其很多生理功能都取决于其在胞质中的浓度,内质网是细胞内 Ca^{2+}储存的重要子库。内质网膜上 IP3 通道、Ryanodine 受体(RyR)通道、内质网腔 Ca^{2+}结合蛋白及 Ca^{2+}-ATPase 肌质网钙 ATP 酶(sarcoendoplasmic reticulum Ca^{2+} ATPase, SERCA)等共同调节细胞内 Ca^{2+}的水平,维持 Ca^{2+}浓度的稳定。内质网中总 Ca^{2+}浓度为 0.3 ~ 1.5mmol/L,远高于胞质中的 Ca^{2+}水平。内质网中多数 Ca^{2+}以蛋白质结合形式存在,其中 GRP78、钙网蛋白(calreticulin,CRT)和钙联蛋白(calnexin,CNX)都是内质网中最重要的 Ca^{2+}结合蛋白,而且由钙网蛋白和钙联蛋白组成的 calreticulin/calnexin 循环是内质网内蛋白质质量控制的重要组成部分。Lievremont 等发现,平均每分子 GRP78 可储存 1 个或 2 个 Ca^{2+},静息状态下 GRP78 储存量约占细胞内质网内总储存 Ca^{2+}量的 25%。任何影响内质网内 Ca^{2+}浓度或 Ca^{2+}总量的因素都是导致细胞内质网应激发生的重要原因。Lamb 等发现,Ca^{2+}流失衡时内质网应激可引起 GRP78 转录表达,而用反义寡核苷酸抑制细胞内 GRP78 的表达,结果发现,Ca^{2+}流失衡时内质网应激相关性细胞凋亡显著增加。此外,内质网腔内 Ca^{2+}还可抑制 GRP78 分子与 ATP/ADP 之间的解离平衡,增加 GRP78 对 ATP/ADP 的亲和力,尤其对 ADP 的解离抑制作用更为明显,所以 GRP78 分子的 Ca^{2+}结合状态在维持 GRP78-ERdj3 的正常循环中具有十分重要的意义。

(王晶晶)

参考文献

卓德祥,唐朝枢,李载权.2006. 内质网应激反应基因表达调控的多样性. 医学分子生物学杂志,3:32-35.

Cai B, Tomida A, Mikami K, et al. 1998. Down-regulation of epidermal growth factor receptor signaling pathway by binging of GRP78/Bip to the receptor underglucose starved stress condition. Cell Physiol, 177(2):282-288.

Daugaard M, Rohde M, Jaattela M. 2007. 7rhe heat shock protein 70 family: Highly homologous proteins with overlapping and distinct functions. FEBS Leu, 581:3702-3710.

Jin Y, Awed W, Petrova K, et al. 2008. Regulated release of ERdj3 from unfolded proteins by BiP. Embo J, 27:2873-2882.

Lamb HK, Mee C, Xu W, et al. 2006. The affinity of a major Ca^{2+} bindingsite on GRP78 is differentially enhancedby ADP and ATP. J Biol Chem, 281:8796-8805.

Lee AS. 2001. The glucose-regulated proteins: stress induction and clini-calapplications. Trends Biochem Sci, 26(8):504-510.

Liberman E, Fong YL, Selby MJ, et al. 1999. Activation of the grp78 and grp 94 promoters by hepatitis c virus E2 evelope protein. Virol, 73(5):3718-3722.

Lin Jn, Li H, Yasumura D, et al. 2007. IREl signalingaffectscell fate duringthe unfolded protein response. Science, 318:944-949.

Ni M, Zhang Y, Lee AS. 2011. Beyond the endoplasmic reticulum: atypical GRP78 in cell viability, signalling and therapeutic targeting. Biochem J, 434(2): 181-188.

Nouhi Z, Chevillard G, Deljuga A, et al. 2007. Endoplasmic reticulum association and N-linked glycosylationof the human Nri3 transcription factor. FEBS Lett, 581:5401-5406.

Ortiz C, Cardemil L. 2001. Heat-shock responses in two leguminous plants: a comparative study. ExpBot, 52(361):1711-1719.

Qian Y, Tiffany-Castiglioni E. 2003. Lead-induced endoplasmic reticulum(ER) stress responses in the nervous system. Neurochem Res, 28(1):153-162.

Yang GH, Li S, Pestka JJ. 2000. Down-regulation of the endoplasmic reticulum chaperone GRP78/Bip by vomitoxin (Deoxynivalen01). Toxicol Appl Pharmaeol, 162(3):207-217.

Yang Y, Turner RS, Gaut JR. 1998. The chaperone Bip/GRP78 bins to amyloid precursor protein and decreases Abeta40 and Abeta42 secretion. Biol Chem, 273(40):25552-25555.

第九章　核转录因子类癌基因

细胞的生长、分化、死亡及其恶性转化过程都受到细胞外各种刺激信号的调节。细胞外刺激信号通过跨膜蛋白转导进入细胞质，再经过胞质蛋白质因子，特别是经过具有酪氨酸、丝氨酸/苏氨酸蛋白激酶活性蛋白的整合与放大，最后到达细胞核中，对细胞核中转录因子蛋白的水平、磷酸化修饰、构象变化、二聚体的形成等进行调节，从而诱导或抑制一系列基因的表达活性，对细胞一系列的生物学过程产生重大影响。因此，细胞核内的转录因子接受信号转导，同时调节决定细胞命运的基因表达，因而占有十分重要的地位。核转录因子类癌基因种类很多，本章以 Myc、Myb 及 AP-1 等蛋白质的结构和功能为例阐述核转录因子类癌基因蛋白在正常细胞及恶性转化细胞中的作用。

第一节　核转录因子 Myc

1977 年，从鸟反转录病毒(avian retrovirus)的基因组中分离鉴定出一种具有恶性转化作用的癌基因，称为 v-myc 癌基因。携带 v-myc 癌基因的这些反转录病毒与各种各样的肿瘤有关，包括白血病、癌症及肉瘤等。1982 年又首次从鸡中克隆了与 v-myc 同源的细胞癌基因，称为 c-myc，之后又从各种生物细胞中克隆了人、黑猩猩、小鼠、大鼠、狗、猫、蛙及海星等的 c-myc 基因序列，证实 c-myc 是一种高度保守的细胞癌基因。不仅如此，还从不同的细胞类型中克隆了与 c-myc 基因高度同源的基因序列，构成了一个 myc 基因家族。例如，从儿童交感神经组织恶性肿瘤，即人神经母细胞瘤细胞中克隆了 n-myc 癌基因。具有高水平 n-myc 基因表达的小儿神经母细胞瘤往往预后不好。从小细胞肺癌细胞中克隆的人 l-myc，在小细胞肺癌细胞中具有高水平的表达。从大鼠的脑组织中还克隆了主要在脑组织中表达的 b-myc 癌基因。b-myc 癌基因的表达产物与其他癌基因的表达产物相比，只是一种截短形式的 Myc 蛋白。最近又克隆了一种对肿瘤恶性转化具有抑制作用的 myc 基因，称为 s-myc，其功能有待于进一步鉴定。

一、myc 基因与 Myc 蛋白结构

人 c-myc、n-myc、l-myc、s-myc 和 v-myc 癌基因蛋白的一级结构序列如图 9-1 所示。5 种 Myc 蛋白一级结构序列完全相同的部分见图 9-1 中的方框部分。对不同的 myc 基因的序列进行比较分析，发现 myc 基因是高度保守的序列与多变基因序列交替排列的一种相嵌基因结构。myc 癌基因高度保守的序列可以分为两组，第一组位于 Myc 蛋白的羧基末端，由羧基末端的 100 个氨基酸残基组成。从整体上来说这是所有 Myc 蛋白中都有的保守结构序列部分。但有一个例外，在 b-Myc 蛋白的一级结构中完全缺乏这一段高度保守的氨基酸残基序列部分。第二组位于 Myc 蛋白的氨基末端部分，其中有两个元件结构在所有 Myc 蛋白的一级结构中都是高度保守的序列部分。这两个元件结构称为 myc 盒(myc box)式结构，分别

称之为 myc 盒式结构Ⅰ和 myc 盒式结构Ⅱ,分别由 70～88 位和 153～163 位的氨基酸残基序列组成。如果 myc 基因 3′端的高度保守区发生突变,或 5′端基因的其中一个盒式结构区发生突变,将严重影响 Myc 蛋白的恶性转化作用,甚至导致这种 myc 癌基因恶性转化作用的完全丧失。提示 Myc 蛋白分子中的保守序列部分对 Myc 蛋白的恶性转化作用具有决定性的意义。

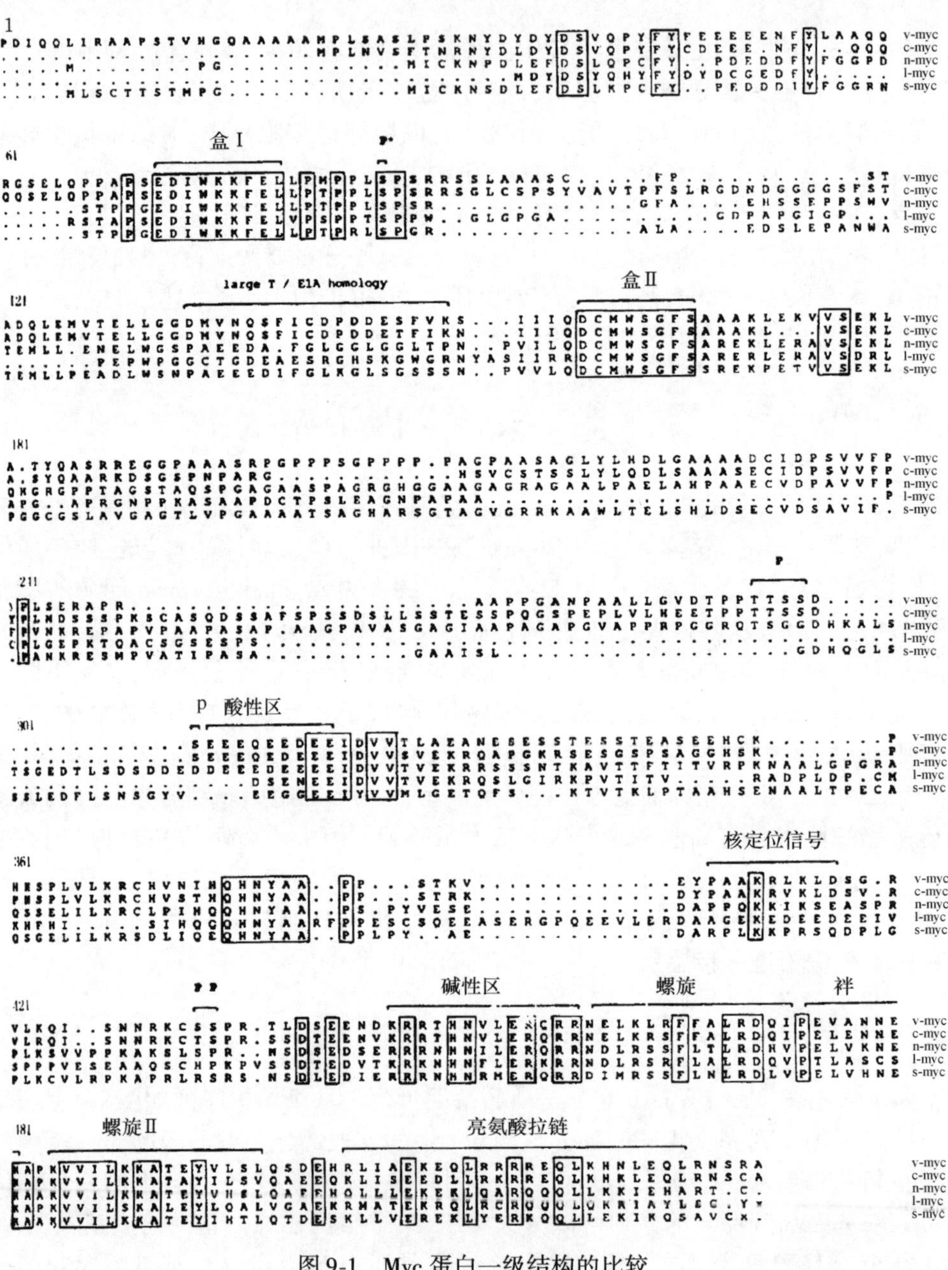

图 9-1　Myc 蛋白一级结构的比较

将 c-myc 与 v-myc 基因序列进行比较发现两种基因在其他一系列的结构区位点上也有高度的同源性,但与 myc 基因家族的其他成员相比则有很大的差别。例如,v-Myc 蛋白

119～150 位的氨基酸残基序列就是一个典型的代表。这些结构位点正是不同的 Myc 蛋白具有不同的生物学功能的结构基础。这些结构位点的功能性质还没有完全搞清楚，但这些位点的突变可造成对已建立的永生细胞系及原代细胞的恶性转化能力显著不同。

将 Myc 蛋白的一级结构序列与其他同源蛋白的一级结构序列进行比较分析，发现 SV40 病毒 T 抗原/腺病毒 E1A 抗原的同源结构序列、酸性结构序列区、核分布信号、碱性结构区（BR）、螺旋-环-螺旋（helix-loop-helix，HLH）结构域、亮氨酸拉链（leucine zipper，LZ）结构域等。其中亮氨酸拉链区、螺旋-环-螺旋结构域及 Myc 与 Max 蛋白形成的异二聚体结构的能力，与 Myc 蛋白的生物学功能和调节之间有着十分密切的关系。Myc 蛋白与 c/EBP 蛋白的结构序列进行比较发现的一段同源性序列，与 CCAAT 核苷酸序列可以进行特异性结合，即称为亮氨酸拉链结构（leucine zipper motif），因为在这一段序列中，每 7 个氨基酸残基片段中的同一位置上都有一个亮氨酸（leucine，L）残基。亮氨酸拉链结构位于 Myc 蛋白的羧基末端序列部分。在核转录因子 Jun、Fos 中同样也存在着这种亮氨酸拉链结构。这一结构位点的存在提示这种蛋白质具有形成二聚体的能力。除了这种亮氨酸拉链结构外，Myc 蛋白分子中另一个重要结构区就是 HLH。在 E12 和 E47 这两种免疫球蛋白基因启动子结合型蛋白的分子结构中都发现了 HLH 位点结构，与这些蛋白质二聚体的形成有关。在 c-Myc 蛋白分子中也发现了这种类似的 HLH 结构元件。c-Myc 蛋白分子中 HLH 位点结构区的突变对 Myc 蛋白的功能具有显著的影响。在一系列的随机插入突变中，其中两种类型的插入失活突变体的插入位点都发生在 HLH 区。另外，HLH 位点区的基因突变会严重阻碍 c-Myc 蛋白与相关 DNA 序列之间进行特异性的结合过程。Max 蛋白（又称为 Myn 蛋白）的发现，对认识 c-Myc 蛋白结构与功能的关系是一个很大的突破。Max 蛋白又与 c-Myc、n-Myc 蛋白分别形成特异性的异二聚体蛋白复合物。Max 蛋白一级结构最重要的一个特点就是其一级结构与 Myc 蛋白之间有着广泛的同源性，两种蛋白质分子中都有类似的碱性结构域、HLH 和亮氨酸拉链结构域。Max 蛋白的亚细胞分布也同样是以细胞核为主，在酪蛋白激酶Ⅱ（casin kinaseⅡ）存在的情况下发生磷酸化修饰。细胞周期中的各个阶段都有 Myc 和 Max 这两种蛋白质的存在。但是，两者之间也存在着一系列的差别，两种基因的转录表达调节机制有显著的差别。Max 蛋白在体内非常稳定，但 Max 蛋白在 Myc 蛋白生物学作用调节中的意义是毋庸置疑的。

二、Myc 蛋白的生物学活性

myc 癌基因是较早发现的癌基因之一，同时也是生物学活性最为复杂的癌基因之一。Myc 蛋白作为一种核蛋白转录因子，与特异性 DNA 序列结合，并对一系列基因启动子序列的活性具有调节作用。此外，这种核蛋白在细胞周期、细胞分化、细胞凋亡及细胞的恶性转化过程中都有十分重要的调节作用。

（一）Myc 蛋白的转录调节作用

Myc 蛋白分子中 HLH 结构的发现与鉴定，对认识 Myc 蛋白的转录调节作用具有十分重要的意义。到目前为止，所有含 HLH 结构的蛋白质与 CANNTG 序列间都具有特异性的结合能力。这段保守的核苷酸序列称为 E 盒（E box）结构，免疫球蛋白基因增强子（enhancer）序列中也含有这段保守的核苷酸序列。转录因子转录激活作用的位点往往分为结合位点

(binding domain,BD)与激活位点(activating domain,AD),Myc 蛋白也不例外。Myc 蛋白转录激活作用的位点位于氨基末端的 143 个氨基酸残基区,可以分为 3 个不同的结构位点区。由第 1 ~43 位氨基酸残基组成的第一区本身仅具有中等活性;由第 43 ~ 103 位的氨基酸残基组成的第二区对第一区的活性具有显著的增强作用,而其本身则几乎没有活性;第 103 ~ 143 位的氨基酸残基构成第三区,仅具有较弱的激活功能,但与第二区结合则其激活功能可显著加强。Myc 蛋白分子中与 DNA 结合的序列为 BR/HLH/LZ 位点结构区。Myc 蛋白作为一种转录激活因子,对热休克蛋白 70(HSP70)、胶原(collagen)及腺病毒肿瘤基因的启动子活性具有调节作用。血纤维蛋白溶酶原激活因子抑制剂(plasminogen activator inhibitor)对 Myc 具有转录后水平的调节。Myc 蛋白还具复杂的自身调节(autoregulation)机制。在神经母细胞瘤细胞中,n-myc 癌基因的放大和表达也参与主要组织相容性复合体(MHC)基因表达的调节。另外,Myc 对 α-前胸腺素(α-prothymosin)基因的表达也具有调节作用。

(二) Myc 蛋白与细胞周期调节

Myc 蛋白家族属于即刻早期应答(immediate response)基因的编码产物,因为 myc 基因的表达在细胞受到外界刺激信号作用后即可发生,并不需要有新蛋白质的合成(de novo protein synthesis)。当处于静止期(G_0)的细胞向细胞分裂周期 G_1 期过渡时就已有该类 Myc 蛋白的表达。细胞在受到生长刺激信号作用后,G_1 期前 2h 就有很高水平的 myc 基因表达,而绝不仅限于 G_1 期。因为在持续分裂增殖的细胞中,Myc 蛋白表达水平变化不大。32Dc13 细胞系是一种白细胞介素-3(interleukin-3,IL-3)依赖性的细胞系,持续 c-myc 基因表达可防止当 IL-3 撤除以后出现的 G_1 期阻滞,同时又能促进 32Dc13 细胞系发生细胞凋亡,而非提高 32Dc13 细胞的存活率(viability)。c-myc 转化的小鼠成纤维细胞的增殖率显著提高,与正常细胞的细胞周期特点相比,其 G_1 期持续时间缩短,而 G_2 期和 S 期的持续时间大致正常。说明 c-myc 癌基因表达可以促进细胞通过细胞周期早期阶段的一些限速环节。

Myc 对细胞增生具有独特的和决定性的作用。Myc 可经 Cyclin Dl、Cyclin D2、Cyclin E1、Cyclin A2、CDK4、细胞分裂周期 25A(CDC25A)、E2F1 和 E2F2 的激活,启动细胞周期的循环。细胞周期的 G_0/G_1 期向 S 期转变需 Myc 的参与,Myc 激活后可使 G_1 期缩短。Myc 可消除细胞周期检查点基因,如 GADD45 和 GADDl53 的转录。CDK2 为 Myc 下游的重要效应器。Myc 有效的转化作用需要 CDK2 的参与。另外,Cycline-CDK2 可通过 p27KIP1 使 Myc 的 Ser62 发生磷酸化而影响 Myc 的稳定性。这些分子在一个阳性反馈环内相互作用,可有效地防止细胞静止于细胞周期的某一节点。Myc 可通过直接抑制基因转录或间接通过泛素蛋白体介导的降解,而抑制周期素依赖性激酶(CDK)抑制因子 p27 等。Myc 过表达使 p27 异常下降是许多肿瘤的特征。Myc 促进 p27 降解的可能机制是以 p27 为靶点的 p27KIP1E3 连接酶的两个亚单位 Skp2 和 Cks1 被 Myc 激活并转录。由此可见,p27 对 Cyclin E-CDK2 和 Myc 功能的发挥具有重要作用。Myc 是细胞分化和命运的调控物质。

(三) Myc 蛋白与细胞凋亡的调节

c-myc 癌基因的表达可以诱导细胞发生凋亡。32D. 3 是一种绝对依赖 IL-3 的细胞系,撤除培养基中的 IL-3,细胞中的 c-myc 基因表达水平下降,发生 G_0/G_1 期阻滞,随后便发生细胞凋亡。含 IL-3 的培养基中处于对数生长期的 32D. 3 细胞,在有高水平的 c-myc 基因表达时正常生长，但如果撤除培养基中的IL-3，则显著促进细胞进入S期，而且还具有促进细胞凋亡发生的作用。以myc与雌激素受体ER嵌合型基因转染大鼠Rat1成纤维细胞，以雌激素诱导这种嵌合型基因的表达，或将c-myc编码基因与HSP启动子序列重组，转染细胞以后再进行热休克诱导，在myc表达水平升高的同时，诱导细胞出现典型的细胞凋亡过程，从而进一步证实了myc表达对细胞凋亡的诱导作用。

A1.1T杂交瘤细胞受到CD3/TCR刺激后发生细胞凋亡，这是胸腺细胞阴性选择(negative selection)的细胞模型。c-myc特异性的反义寡聚脱氧核苷酸(ODN)可阻断这一细胞凋亡过程，但对地塞米松(dexamethasone)诱导的A1.1细胞系则无显著影响。所以，并非所有的细胞凋亡过程都与c-myc基因表达有关。

c-myc基因缺失突变体的构建及其在诱导细胞凋亡的作用的研究中发现，诱导细胞凋亡的位点结构同时也是反式激活作用及恶性转化作用的位点结构。HLH结构区、亮氨酸拉链或BR区的突变也可导致c-Myc诱导细胞凋亡及反式激活作用的丧失。Max这种Myc抑制性蛋白的过表达也可阻断Myc诱导细胞凋亡的作用。最近的研究结果表明，myc调节的靶基因异常表达对细胞凋亡也具有一定的调节作用。例如，细胞周期素A(Cyclin A)基因的过表达，也可以像c-myc癌基因的过表达一样诱导细胞凋亡的发生。p34Cdc2也是c-myc调节作用的靶基因之一，在细胞毒T淋巴细胞(cytotoxmic T lymphocyte，CTL)诱导的细胞凋亡过程中，其表达是必需环节。

(四) Myc蛋白与细胞的分化

myc基因表达异常可以阻断体外培养的造血细胞、脂肪细胞及胚胎肿瘤细胞的分化过程。对c-myc基因进行系统缺失突变分析，证实阻断细胞分化的功能位点与c-Myc蛋白恶性转化的作用位点几乎是一样的。Myc蛋白与细胞分化之间的关系从两个方面可以得到证明。第一，细胞在体外进行分化时，myc基因表达水平下降。第二，在胚胎发育阶段，除了c-myc外，其他类型的myc基因都为不稳定表达的基因，与细胞的增殖状态无必然联系。

哺乳动物细胞(如肌肉细胞等)是研究细胞分化的重要细胞模型。细胞分化时，从分裂状态变为静止状态，同时myc基因表达水平显著下降。myc基因的表达则可以干扰肌细胞的分化过程。c-Myc蛋白对肌细胞分化影响的机制可能很复杂，有直接作用机制和间接作用机制两种形式。目前为止，已发现有4种蛋白质与肌细胞的分化过程有关，如Myo D、myogenin、Myf-5和herculin等。此外，大鼠的MRF4和人的myf-6也参与肌细胞表达与分化的调节。有趣的是，在Myo D蛋白分子中也发现了与Myc蛋白类似的B-R/HLH结构区，提示Myc与Myo D可形成异二聚体结构。除在肌细胞分化过程中具有拮抗作用外，Myo D对细胞增殖还有抑制作用。

(五) Myc蛋白与正常细胞的恶性转化

myc基因的异常表达可以引起正常细胞的恶性转化及肿瘤的形成。在正常细胞的恶性转化过程中，v-myc的作用强度比c-myc的强得多。目前为止尚未发现b-Myc和s-Myc对正常细胞有恶性转化作用。相反，s-Myc还具有肿瘤抑制基因的功能。c-myc对不同细胞具有不同的恶性转化作用，这是由于myc基因在不同组织细胞中具有不同的表达活性。myc癌基因表达引起正常细胞的恶性转化具有复杂的分子生物学调节机制，包括c-myc癌基因与其他癌基因之间的相互作用。c-Myc 在人类多种癌症形成过程中都作为重要的致癌因子。有研究表明，c-Myc 调节失控与胃癌的形成有关。Nakata 等的研究表明，胃癌中 c-Myc DNA 扩增率为 12.9%，而 c-Myc 蛋白的阳性表达率为 41.2%。Fumihi 等的研究结果显示，c-Myc DNA 在胃癌的扩增率为 5%，而 c-Myc 蛋白的表达率为 16%。尽管基因扩增和异位可以解释 c-Myc 的过表达，但 c-Myc 蛋白的过表达似乎较基因扩增更常见，提示 c-Myc 蛋白的表达还受到后转录水平的调控。

myc 基因表达的异常调节并不能引起大鼠胚胎成纤维细胞发生恶性转化，但在 c-myc 转基因小鼠中则可见到肿瘤。肿瘤形成过程涉及 c-myc 癌基因与其他类型癌基因之间的相互作用和相互影响，如 myc 与激活的 ras 基因之间具有协同作用。以 myc 和 ras 的表达载体分别转染细胞，均只能引起癌前病变，但以两种表达载体共转染细胞则可以诱导恶性转化的发生，从而证实了 myc 和 ras 这两种癌基因在正常细胞恶性转化过程中的协同作用。

第二节　核转录因子 Myb

myb 癌基因家族有 3 个主要成员，包括 c-myb、a-myb 和 b-myb。v-myb 首先是从鸡反转录病毒 AMV 及 E26 基因组中分离鉴定的一种能够在体内、体外使髓单个核造血细胞发生恶性转化的病毒癌基因。在各种未成熟的造血细胞系中均有 c-myb 原癌基因的表达，在这些细胞进行终末分化过程中，c-myb 癌基因表达水平显著下降。一系列证据表明，c-myb 癌基因的表达与造血细胞增殖、分化过程有着极为密切的关系。除造血祖细胞外，c-myb 的表达还与 T 淋巴细胞等有丝分裂诱导的增殖活动有关。

一、c-Myb 蛋白的转录激活作用

c-myb 基因是由 AMV 和 E26 所携带的 v-myb 的细胞原型，位于 6q24，属于蛋白质类原癌基因。c-myb 癌基因的编码产物是一种可以与 DNA 序列 AACNGNCA/T/C 进行特异性结合的转录激活因子。c-Myb 蛋白质分子结构中有两个结构位点对 c-myb 的转录激活作用具有决定性意义。一个是位于 c-Myb 蛋白氨基末端序列具有 DNA 结合功能的位点，另一个是富含酸性氨基酸残基且具有转录激活作用的位点。此外，在 c-Myb 蛋白分子中还存在着第三个结构位点，称为负性调节位点，其对 c-Myb 蛋白的反式激活及恶性转化功能具有抑制性调节作用。c-Myb 蛋白的抑制性蛋白，通过其亮氨酸拉链结构(leucine zipper motif)与 c-Myb 蛋白的负调节作用位点结合，从而对 c-myb 的生物活性产生抑制。与 c-myb 的表达仅限于未成熟造血细胞不同，表达 b-Myb 的细胞类型更为广泛。与 c-myb 的表达一样，b-myb 的表达与细胞增殖活性有关。b-Myb mRNA 在静止细胞中无表达，但在细胞进入分裂周期时即可开始诱导性表达，从而维持最高表达水平，直至 DNA 合成的 S 期。当 HL-60 或 U937 受到诱导进行分化时，b-myb mRNA 的转录表达水平开始降低。b-myb 的反义 RNA 表达载体在导入细胞后，其通过对 b-myb 基因转录产物的抑制作用而降低造血细胞及成纤维细胞的增殖活性。但如果有持续的 b-myb mRNA 表达，则可诱导转化表型的出现。这表明 b-myb 和 c-myc 同为具有促进增殖作用的癌基因。b-myb 和 c-myc 的 3 个高度保守结构区域，即 DNA 结合区、羧基末端的负调节位点区及羧基末端较短的序列有着高度的同源性。人 b-Myb 蛋白是一种转录激活因子，对人工合成的含多个 Myb 结合位点-Ⅰ(Myb-binding site-Ⅰ，MBS-Ⅰ)及

人 c-myc 启动子序列具有激活作用。在 b-Myb 蛋白分子中 DNA 结合位点的下游,有一段富含酸性氨基酸的区域,此为转录激活位点。Tashiro 等对 b-Myb 蛋白在不同细胞系中的反式激活作用进行了比较,结果发现 b-myb 在 CV-1 和 HeLa 细胞中具有反式激活作用,但在 NIH 3T3 细胞系中却无此转录激活作用。表明 b-Myb 蛋白的反式激活作用具有细胞类型特异性。在 c-Myb、a-Myb 和 b-Myb 蛋白分子之间高度保守的一级结构序列,恰恰是 b-myb 癌基因蛋白转录激活作用的必需结构区。含这段高度保守序列的蛋白质分子如果处于过表达状态,则可以产生对 b-Myb 反式激活作用的抑制效应,这可能是一种竞争性结合抑制机制。从 CV-1、HeLa 及 NIH 3T3 细胞中提取核蛋白,分析其与 b-Myb 分子中高度保守结构区的结合能力,发现 3 种细胞中能与 b-Myb 蛋白高度保守区结合的核蛋白类型完全不同。这一结果提示,与 b-Myb 蛋白高度保守结构区能够进行特异性结合的细胞核蛋白质因子的种类和性质,决定了 b-Myb 蛋白反式激活性作用的细胞特异性。

尽管体内、体外实验已证明,c-Myb 蛋白可以抑制含有 myb 结合位点的人工合成的启动子结构的转录活性,但关于 c-Myb 抑制基因启动子转录活性作用的靶启动子序列尚未被发现。随后应用报告基因(reporter gene)技术,发现 c-Myb 或 B-Myb 对原癌基因 c-eRB B-2 启动子的转录表达活性具有抑制作用。Mizuguchi 等的研究结果表明,myb 蛋白可通过与 c-eRB B-2 启动子的正性作用调节因子竞争性地与 c-eRB B-2 的启动子区结合,从而发挥对 c-eRB B-2 启动子的抑制作用。在体外转录系统的实验中,仅含有 DNA 结合位点的 Myb 蛋白就可以抑制 c-eRB B-2 基因启动子的转录活性。c-eRB B-2 启动子结构中至少有两个 Myb 蛋白的结合位点,它们均为 c-Myb 抑制 c-eRB B-2 启动子的转录活性的关键性位点。c-eRB B-2 启动子区的 Myb 蛋白结合位点之一与 TATA 盒式结构区重叠,DNase Ⅰ足迹分析(footprint analysis)结果表明,c-Myb 与 TFⅡD 因子间存在与 c-eRB B-2 启动子竞争性结合的功能。提示 Myb 对 c-eRB B-2 启动子转录活性的抑制,部分是因为 Myb 和 FⅡD 竞争性与 c-eRB B-2 启动子结合。

pax-6 基因及其编码产物在眼的发育过程中具有十分重要的作用。为探讨 pax-6 基因表达与调控的机制,Plaza 等对 pax-6(Pax-QNR)基因的启动子区结构进行了分析。除发现 TATA 和 CAAT 两个盒式结构外,还发现几个顺式调节元件(*cis*-regulatiry element),其中包括 3 个 myb 应答性元件(myb-response element,MRE)。将 Pax QNR/pax 6 启动子的报告基因表达载体与相对分子质量为 75 000 的 c-Myb 蛋白表达载体进行共转染,发现 Pax-QNR 启动子的活性显著升高。以足迹分析法证实,这一启动子结构区也有多个 Myb 蛋白结合区。含 Myb 蛋白 DNA 结合位点的结构序列与 VP16 形成的融合蛋白具有对 Pax-QNR 基因启动子的反式激活作用,说明 Myb 可以通过与 DNA 的直接结合而发挥其转录激活作用。同时也观察到,缺乏 DNA 结合位点的 Myb 蛋白对 Pax-QNR 启动子也具有转录激活作用,说明 Myb 蛋白对相关启动子的转录激活作用具有直接激活和间接激活两种方式。

Myb 蛋白的生物学作用活性,除了与其他调节性蛋白质因子通过 DNA 序列相互作用之外,还与其自身磷酸化修饰、与亮氨酸拉链(leucine zipper,LZ)的相互作用及不同位点裂解的敏感性有关。Ramsay 等在大肠杆菌中表达了野生型及 LZ 位点突变型的 c-Myb 蛋白,对其 DNA 结合位点间的作用进行了比较,发现突变型 c-Myb 较野生型 c-Myc 蛋白与 DNA 结合的能力显著升高。但如果将野生型和突变型 c-myc 基因共同在兔网织红细胞裂解物(rabbit retino locyte lysate,RRL)或在昆虫细胞(insect cell)中进行表达,野生型 c-Myc 蛋白的 DNA 结合能力得到了提升,逐步达到野生型 c-Myc 和突变型 c-Myc 蛋白与 DNA 结合能力大致相同的状态。这可能是因为 c-Myb 蛋白的磷酸化克服了 L2 结构的抑制作用。大肠杆菌表达的野生型 c-Myb 蛋白不能在酪蛋白激酶Ⅱ(casein kinase Ⅱ,CKⅡ)和 cAMP-依赖性蛋白激酶(PKA)的作用下发生磷酸化,但突变型 c-Myb 蛋白在 CKⅡ和 PKA 的催化作用下可以发生磷酸化。CKⅡ催化的磷酸化位点为第 8 位和第 12 位上的丝氨酸残基,而 PKA 的作用位点是第 8 位和第 116 位上的丝氨酸残基。昆虫细胞中表达的野生型和突变型 c-Myb 第 11 位和第 12 位上的丝氨酸残基结合 DNA 的功能显著下降,以定点突变法对 c-Myb 进行 Ser11 Glu、Ser12 Ala 突变,进一步证实了这些氨基末端残基序列决定了亮氨酸拉链对 c-Myb 的结合抑制效应。说明 c-Myb 蛋白分子中第 11 位和第 12 位上的丝氨酸残基位点对 c-Myb 的结合功能具有显著影响。

二、c-Myb 蛋白与细胞凋亡调节

转化生长因子-β1(transforming growth factor-β1,TGF-β1)是血液细胞及血液系统恶性肿瘤细胞的程序化细胞死亡(programmed cell death,PCD)或细胞凋亡(apoptosis)的重要调节性细胞因子。Bies 等对 b-myb 表达在 TGF-β1 处理的小鼠髓细胞白血病细胞系 M1 诱导的细胞凋亡中的作用进行了研究。他们将小鼠 b-myb 基因导入 M1 细胞系中,并使之处于持续过表达状态。b-myb 过表达对 TGF-β1 诱导的 M1 细胞凋亡具有显著的促进作用。b-myb 的转基因表达加速了 M1 细胞经 TGF-β1 处理后的细胞凋亡,对 b-myb 转导的 M1 细胞的 TGF-β1 受体Ⅰ型、c-myc、c-myb、bcl-2 和 bax 等基因的表达水平进行了检测和比较,结果并未发现在 b-myb 基因转导 M1 细胞前后有显著差异,因此其机制有待进一步研究。Selvakumaran 等同样对 TGF-β1 诱导的 M1 细胞系发生的细胞凋亡系统进行了研究,发现 c-Myb 对细胞凋亡有重要的调节作用。c-myb 与 M1 细胞系分化作用调节基因 MyD118 之间的相互作用,可能是 c-myb 对 M1 细胞凋亡具有调节作用的机制之一。

三、c-Myb 蛋白与细胞的恶性转化

c-Myb 在不成熟造血细胞分化和增殖中的作用目前已经明确,已有报道其在肺癌、结肠癌、乳腺癌、成神经细胞瘤、黑色素瘤和骨肉瘤等肿瘤中均有表达。c-Myb 来源于禽类骨髓母细胞增多症病和禽类造血细胞组织病毒株 E26,1984 年由 Pelicci 等首次在急性髓性白血病中发现。20 世纪 80 年代,Clarke 等提出 c-Myb 在细胞增殖、分化中起着十分重要的作用。近年来的研究发现,处于静止状态的细胞,其 c-Myb 蛋白表达很弱或无表达;但当细胞进入增殖周期后,c-Myb 蛋白的表达则会逐渐增强,说明 c-myb 在细胞增殖周期中能促进细胞质中的酶、蛋白质、中心粒细胞器等的合成,从而缩短细胞增殖周期。而 Bein 等在研究 c-myb 对细胞增殖动力学作用时发现,当 c-Myb 无表达或表达很弱时细胞处于 G_0 期,此刻细胞内的 Ca^{2+}浓度处于最低点;当 c-myb 表达逐渐增强,细胞即进入增殖期,于 S 期 c-Myb 表达最强,此过程中,细胞内 Ca^{2+}的浓度也逐渐增高,于 S 期达最高峰,提示 c-Myb 对细胞增殖周期的调节可能是通过调节细胞内 Ca^{2+}浓度而实现的,而细胞周期的持续有效运行是通过相关基因的严格调控而得到保证的,细胞的无限增殖即为癌症的特征。进一步的研究发现,c-Myb 蛋白 N 端的 DNA 结合区能识别规整的 C/TAACG/TG myb 结位点并以一种特殊方式

与DNA结合,然后影响或调控与细胞生长或分化有关的基因,抑制分化而促使细胞进入分裂周期,而不能进入终末分化。c-myb主要通过调控其靶基因的转录来实现其调控细胞周期和凋亡的功能,还能通过位于羧基末端的含亮氨酸拉链结构的负调控区和转录后自身磷酸化来调控其转录功能。最近的研究发现,在乳腺癌中雌激素受体ER_{α}会解除其对c-myb基因表达的抑制。这与c-myb的持续表达可抑制分化,均证实c-myb在癌细胞(特别是结直肠癌和乳腺癌)中被激活并发挥作用的新模式。在结直肠癌细胞中,c-myb的第一个内含子突变似乎避免了其在转录过程中被阻断,而正常情况下这种阻断在细胞正常分化时发生;另外,c-myb在乳腺癌细胞中的转录衰减因雌激素激活的雌激素受体ER_{α}而得到逆转。最近有研究应用更加灵敏的手段重新检测了c-myb位点,结果显示,Tc-myb的基因组重排与其他人造血系统恶性肿瘤的癌基因类似。

v-myb基因可以使单个核母细胞(monoblast)发生恶性转化,发生这种转化的细胞在受到佛波乙酯(phorbol ester)诱导时,可进一步分化为巨噬细胞(macrophage)。这种细胞的分化行为可发生在细胞周期的G_1期,也可以发生在G_2期,并同时伴有细胞周期的阻滞。向这种细胞导入c-Myb蛋白由3个DNA结合位点串联而成的蛋白质分子时,这种细胞如果受到佛波乙酯的诱导,则不再出现细胞分化与细胞周期阻滞现象,而均可通过细胞周期的G_1/S期和G_2/M期转变(transition)。但对由3个Myb结合位点串联而成的蛋白质分子研究的结果并未发现其转录激活作用。这表明c-Myb蛋白分子中的DNA结合位点可以对细胞周期进行调节,而不是通过其直接的转录激活因子的作用。

无论来源于E26白血病病毒和鸟髓母细胞化病毒基因组的具有恶性转化作用的病毒癌基因,还是肿瘤细胞中激活的c-myb癌基因,均存在氨基末端或羧基末端缺失突变的激活形式。因此,推测缺失突变的位点可能含有Myb蛋白恶性转化作用的负调节作用位点。研究发现,分子质量为42 000Da的有丝分裂原激活蛋白激酶(mitogen-activateed protein kinase,MAPK)对鸡和小鼠c-Myb蛋白多个负性调节位点的磷酸化都具有促进作用,因而推测这些位点的磷酸化修饰可能是c-Myb功能的重要调节机制。从小鼠红细胞白血病细胞中可以发现至少两种在Ser528位点发生磷酸化修饰的c-Myb蛋白分子。对c-Myb蛋白分子进行Ser528 Ala定点突变,可将c-Myb蛋白的反式激活作用提高2~7倍。这表明c-Myb蛋白分子该位点的磷酸化对c-Myb蛋白的转录激活功能具有激活和调节作用。而v-Myb蛋白这一潜在的磷酸化修饰位点的突变与缺失,则导致其对某些启动子序列的反式激活作用增强,成为v-Myb恶性转化机制的重要组成部分。Press等以myb基因两个末端的突变体的过表达成功诱导出B细胞淋巴瘤,从而为myb基因氨基末端或羧基末端突变为癌基因激活的重要观点提供了直接证据。以鸟反转录病毒(avian retroviral vector)载体将各种截短形式的myb基因导入髓细胞系及间质细胞系中,这种类型的myb缺失突变型蛋白在体外可引起这些细胞发生恶性转化。以表达该截短形式的myb反转录病毒的假病毒颗粒进行体内感染,也可导致转移性B细胞淋巴瘤。对所发生的淋巴瘤细胞的研究发现,myb诱导的肿瘤形成有两种截然不同的机制。在多数淋巴瘤细胞中,反转录病毒的前病毒DNA插入内源性c-myb的基因区,以促进5′端发生缺失突变的c-Myb蛋白的表达。另外一些被病毒感染的细胞则编码一种羧基末端发生缺失突变的Myb蛋白而导致非插入型的B细胞淋巴瘤,而由前病毒直接表达出这种截短形式的Myb蛋白。这种羧基末端缺失突变的Myb蛋白的一级结构分析表明,其羧基末端214个氨基酸残基序列发生了缺失突变,包括myb转录抑制位点的全部结构序列。说明 c-Myb 蛋白无论是氨基末端序列还是羧基末端序列发生缺失突变,其均具有致瘤作用,都可导致 B 细胞淋巴瘤。

在氨基末端或羧基末端发生缺失突变的 Myb 蛋白具有致 B 细胞瘤的功能,推测为其负调节作用位点的缺失导致其反式激活作用活性升高,从而引起细胞的恶性转化及肿瘤形成。Ferrao 等的研究结果表明,全长 c-Myb 蛋白的过表达也可引起小鼠造血细胞恶性肿瘤的发生,而构建的野生型全长 c-myb 的基因表达载体对小鼠造血细胞也具有恶性转化作用,其表型与形态学特征与羧基末端截短的 c-myb 基因转化的血液细胞类似,仍然对外源性生长因子与具有依赖性。但表达全长 c-Myb 蛋白的转化细胞与表达羧基末端缺失突变的转化细胞相比,前者发生自发性分化的比率要高一些,但形成的细胞集落数却较少。这两种形式的 myb 基因对造血与细胞的转化效率在一定的范围内与细胞的密度有关,细胞密度越高,转化效率也越高。而且加入表达 c-myb 细胞的条件培养基也可提高其恶性转化的效率,提示自分泌形式的生长因子与细胞的恶性转化效率有直接关系。

全长或末端截短的 c-myb 基因表达水平升高或过表达,与某些类型正常细胞的恶性转化及肿瘤有关。从这一角度来看,阻断 c-myb 基因的表达也就成为抗肿瘤治疗的途径之一,也就是说 c-myc 可以看成是抗肿瘤治疗的靶基因。Waki 等构建了 c-myb 反义 RNA(antisense RNA)的表达载体,转染 U937 细胞并通过 c-myb 基因序列特异性的反义 RNA 抑制或阻断 U937 细胞中内源性 c-myb 基因的表达。结果表明,转染后的第 3 天,p75c-myb 表达水平显著下降,细胞增殖速率也随之显著下降。HiJita 等人工合成了天然结构序列的 c-myb 基因序列特异性的反义脱氧核糖核苷酸(oligodeoxynucleotide,ODN)片段,证实该反义 ODN 分子对 c-myb 内源性基因表达的抑制作用呈剂量依赖性。随着内源性 c-myb 基因表达的下降,黑色素瘤细胞的生长率也显著下降,从而为探索抗肿瘤治疗方法提供了方向。

第三节　核转录因子类癌基因

AP-1 为一个转录因子蛋白质家族,其可诱导性蛋白识别与结合 AP-1 特异性的 DNA 序列,对一系列含有这段特异性 DNA 序列的启动子转录活性具有激活作用。当然,同时也存在能与 AP-1 特异性 DNA 序列结合的其他因子。AP-1 转录因子是一种 fos 相关抗原(fos-related antigen,FRA)与 Jun 蛋白结合成的蛋白质复合体。而 FRA 蛋白必须与 Jun 蛋白结合成二聚体,即 AP-1 转录因子,才能识别和结合基因启动子区的特异性 DNA 序列。Jun 蛋白本身可与 Jun 蛋白家族的其他成员结合成同二聚体(homodimer)或异二聚体(heterodimer),也可与其他 cAMP 应答元件(cAMP responsive element,CRE)结合转录因子家族的蛋白质形成异二聚体。

一、c-Jun 蛋白的恶性转化作用

原癌基因(proto-oncogene)c-jun 所编码的蛋白质是转录激活因子 AP-1 的主要组成部分,是早期应答基因家族的一员。细胞受到刺激因子的刺激后,可快速诱导这类基因的表达,并对细胞的增殖与分化具有十分重要的协同调节作用。c-Jun 蛋白可通过其蛋白质分子中的亮氨酸拉链(leucine zipper)结构形成二聚体。不仅如此,c-Jun 蛋白还能与其他含有亮氨酸拉链结构的蛋白质形成异二聚体,c-Fos 即为其中最为重要的一种。c-Fos 和 c-Jun 借助

其蛋白质分子结构中的亮氨酸拉链结构形成的二聚体即为 AP-1 转录因子蛋白，是 c-Jun 蛋白作为一种重要转录因子的功能形式。

（一）c-jun 基因的结构

人类 c-jun 基因是禽肉瘤反转录病毒基因 ASVl7 的同源基因，由 Bohnmann 等于 1987 年发现，定位于染色体 1p322—p31，仅含一个外显子，因而其基因组 DNA 序列与 cDNA 序列一致。c-jun 基因的 mRNA 全长为 3254nt，蛋白质产物由 331 个氨基酸残基组成，含有 delta 结构域、反式激活结构域和 DNA 结合与二聚化结构域，还有两个磷酸化区域。其中，一磷酸化区域为位于 C 端的 DNA 结合和二聚化结合域以及 N 端的两个 Try 和两个 Ser 磷酸化位点，常被 GSK23 和 CK2 Ⅱ激酶磷酸化，当接受外界生长刺激信号时，这些位点去磷酸化，解除维持细胞静息状态因子的抑制作用而促进细胞生长，c-Jun 蛋白在大多数静息态细胞中表达，这就提供了快速诱导 c-jun 功能的机制。另外一个磷酸化区域为反式激活结构域 Ser63、Ser73，常由 SAPKPJNKS 激酶磷酸化，其磷酸化是 c-Jun 发挥反式激活功能所必需的。SAPKPJNKS 激酶和 c-Jun 蛋白的 delta 结构域有很高的亲和力，结合后即可迅速磷酸化 Ser63 和 Ser73 位点。而病毒 v-Jun 中则因无 delta 结构域而不能被磷酸化，但 v-Jun 具有转录活性，无活性的 SAPKPJNKS 结合到 c-Jun 的 delta 结构域后可特异性抑制 c-Jun 的活性。一旦 SAPKPJNKS 被激活，SAPKPJNKS 将磷酸化 c-Jun 的 Ser63 和 Ser73 位点，随后激酶与 c-Jun 分离而 c-Jun 发挥转录激活功能。

（二）细胞癌基因 c-jun 与细胞凋亡

细胞凋亡在发育、组织更新和重建及肿瘤进展等过程中具有普遍意义。细胞凋亡具有复杂的分子生物学调节机制。近年来的研究表明，几种细胞核内的调节性蛋白质因子在细胞凋亡的调节中发挥了十分重要的作用，如 Myc 蛋白和 p53 蛋白为十分重要的细胞凋亡调节因子蛋白。在发生细胞凋亡的淋巴细胞中发现了 c-fos 和 c-jun 基因的可诱导性表达，而大鼠腹侧前列腺上皮细胞在发生细胞凋亡时，也发现了 c-fos 的可诱导性表达。研究表明，c-jun 的转录活性对神经元凋亡是必需的。c-jun 基因突变小鼠的神经元对凋亡刺激反应出现障碍，显微注射特异性 c-Jun 抗体干扰其功能，或采用去除转录激活区保留 DNA 结合区的负显性 c-Jun 突变体以阻断 c-jun 的转录活性，均可有效干预神经元凋亡的发生。这此研究显示，在神经元凋亡时，转录激活的 c-Jun 触发了某些基因的表达，而这对神经元凋亡的发生起了关键作用。

Marti 等对小鼠乳腺上皮细胞在发生细胞凋亡时蛋白激酶 A（protein kinase A，PKA）和 AP-1（c-Fos/Jun D）的表达情况进行了研究。结果发现，哺乳期小鼠的乳腺上皮细胞在断乳后发生凋亡，这是乳腺组织重建的重要步骤。断乳第一天，细胞核中的 PKA 活性水平显著升高，并与 c-fos、junB、junD 表达上升一致，但 c-jun mRNA 表达水平上升的幅度要小一些。在断乳头 4 天内，虽然 Oct-1 的 mRNA 水平保持不变，但 Oct-1 DNA 结合活性及 Oct-1 蛋白水平逐渐下降并最终完全丧失。Fos/Jun 表达水平升高及 Oct-1 失活可能是 PKA 活性升高所致。在大鼠腹侧前列腺由于阉割去势而诱导的细胞凋亡过程中也检测到了 AP-1（c-Fos/Jun D）的可诱导性表达，提示 AP-1 在细胞凋亡中具有一定的调节作用。Pandey 等发现，小鼠成纤维细胞在生长过程中发生接触抑制而进入静止期，此时撤除培养基中的血清成分，则可诱导快速的细胞凋亡。对已发生凋亡细胞中的 c-Myc、c-Jun、c-Fos 和 Cdc2 等蛋白质的表达水平进行研究,发现其表达水平在细胞发生凋亡时普遍升高,且 pRB 蛋白的磷酸化水平也显著升高。这些蛋白质表达水平的上升与增殖细胞核抗原(proliferation cell nuclear antigen,PCNA)的出现一致。Goldstone 等对发生细胞凋亡的人白血病细胞系中 c-Jun 蛋白的表达及 AP-1 的活性进行了研究。结果发现,人白血病 T 细胞系 CEM C7 经地塞米松或 γ 射线照射可诱导细胞凋亡的发生,而对 c-jun 基因表达的研究证实 c-jun 基因转录表达的时间延长。但 c-jun mRNA 转录水平的升高并不同时伴有 c-Jun 蛋白表达水平的升高,也未检测到 AP-1 转录因子蛋白活性增加,且还发现 AP-1 的 DNA 结合活性降低。这种 AP-1 转录因子蛋白活性的降低,可能与 AP-1 抑制性因子的活性升高有关。这提示 c-jun 基因表达的调节参与细胞凋亡的发生。

(三) 细胞癌基因 c-jun 与肿瘤的关系

Carter 等对人体正常细胞及肿瘤细胞中 c-jun 基因的表达水平进行了比较研究。正常的人二倍体细胞 WI-38 中 c-jun 基因的表达有两个高峰,第一个是即刻早期的诱导,第二个是处于 G_1/S 期交界时的表达高峰。这种 WI-38 细胞 G_1/S 期 c-jun 表达水平的升高是因为 c-jun 基因表达水平的升高,而不是细胞周期 G_1 期的 c-jun mRNA 稳定性发生了改变。当以羟基脲(hydroxyurea)抑制细胞 DNA 合成以后,c-jun mRNA 的第二个高峰仍如期出现,因而其为 DNA 合成过程非依赖性过程。但在转化的细胞中,c-jun 表达与细胞周期调节无关,而是一种持续表达。说明正常细胞与恶性转化细胞中 c-jun mRNA 转录表达的调控不同。

原癌基因 c-jun 的表达是病毒癌基因 v-fos 诱导大鼠 Rat-1 细胞发生恶性转化的必要条件。恶性肿瘤细胞中 c-fos 与 c-jun 的过表达可以降低其致瘤性及转移潜能,对肿瘤细胞膜上的主要组织相容性复合体(MHC)Ⅰ型抗原基因的表达也有影响。在高度转移性 Lewis 肺癌细胞系、B16 黑色素瘤细胞系及 K1735 黑色素瘤细胞系中,c-fos 和 c-jun 癌基因的表达水平降低与小鼠的 $H\text{-}^2K$ Ⅰ型抗原表达水平下降有关。以 c-fos 和 c-jun 表达载体转染高度转移性的黑色素瘤细胞系 D122(3LL)和 F10.9(B16 黑色素瘤),则导致这一细胞中 H-2 Ⅰ型抗原基因表达的激活。表达 c-fos 和 c-jun 的 D122 细胞系及表达 c-fos 的 F10.9 细胞系其体内的肿瘤形成能力显著下降,而且其转移潜能也显著下降。相反,以 jun B 基因表达载体转染低转移潜能及高表达 $H^2\text{-}K^6$、D^6 的 A9(3LL)克隆,则可降低 MHC Ⅰ型抗原的表达,也同时使其变为高转移潜能的肿瘤细胞系。这些结果表明,Fos 和 Jun 蛋白家族的成员参与 MHC Ⅰ型抗原基因表达的调控,从而对肿瘤细胞的免疫原性、肿瘤形成能力及转移潜能等产生影响。

原癌基因 c-fos 与 c-jun 可受到促瘤剂(tumor promoter)佛波乙酯(TPA)的诱导,而且在肿瘤发展的不同阶段具有不完全相同的作用。Wu 等应用化学诱导的胚胎小鼠成纤维细胞恶性转化的二期(发癌期与促癌期)模型系统,对促癌阶段的分子生物学调节机制进行了研究。以 TPA 持续作用 12 天后,c-fos 和 c-jun 癌基因的表达水平提高了 2 ~ 3 倍,而且 c-fos mRNA 的表达水平随 TPA 持续刺激时间的延长而逐渐增高,这表明 TPA 的促癌作用机制与 c-fos 和 c-jun 原癌基因的异常表达有关。不仅如此,Jun 和 Fos 蛋白还与肿瘤细胞耐药基因人谷胱甘肽-*S*-转移酶 Pi(glutathione-*S*-transferase Pi,GST-Pi)的转录激活作用有关。在 GST-Pi 基因的启动子区(-69 ~ -63 位核苷酸)序列中具有 AP-1 应答性元件结构。如果定点破坏这一结构则可导致 GST-Pi 基因转录活性显著下降。说明 c-fos 和 c-jun 基因的表达与 GST-Pi 基因表达及肿瘤细胞抗药性调节之间有着极为密切的关系。

二、c-Fos 蛋白的恶性转化作用

病毒基因组中常常包含着可使正常细胞发生恶性转化的基因序列,即病毒癌基因。在小鼠 FBJ-MSV 和 FBR-MSV 这两种急性致瘤性反转录病毒基因组中,也发现了能够诱导正常细胞发生恶性转化的基因,称为 v-fos 基因。随后在细胞基因组中发现了 v-fos 的同源基因,被称为 c-fos。

(一) c-fos 的基因结构

人类 c-fos 基因是鼠 FBJ2 骨肉瘤反转录基因 VⅡfos 的细胞内同源基因,1983 年由 Van Straaten 成功克隆,定位于染色体 14q23.4,基因组长约 3565bp,含有 4 个外显子,编码 2.2kb 的成熟 mRNA,其产物 c-Fos 由 380 个氨基酸残基组成,分子质量为 55kDa。c-fos 含有 LZ 结构,为 α 螺旋结构,由 4.5 个亮氨酸残基组成,其间由 6 个氨基酸残基间隔。亮氨酸拉链存在于不同的转录因子中,为 fos 和 jun 形成异二聚体所必需。

c-fos 原癌基因高度保守,其在小鼠与大鼠和人的同源性分别为 97% 和 94%,与鸡的同源性为 79%。而且在这些种系中的 fos 均存在一个由 88 个完全相同的氨基酸残基组成的区域,该区域包括一个能与 DNA 结合的基本区(basic region)和亮氨酸拉链结构。c-fos 原癌基因属多基因家族成员之一,与其同族的还有 fos-B 和 fra。

c-fos 蛋白的一级结构中含有较多的脯氨酸残基,比例可达 10%,且具有复杂的翻译后加工机制。c-fos 基因的表达及生物学作用的研究,还必须考虑其多基因家族其他成员的存在和表达,如 fos-B、△fos-B(又称为 fos B2 或 fos B/SF)、fos 相关抗原-1(fos-related antigen-1, FRA-1)、FRA-2 和 R-fos 等。对 fos-B 基因剔除小鼠的研究发现,仅少数类型的组织和细胞因为缺乏 c-fos 基因的表达而受到影响,正因为 c-fos 基因表达活性缺乏时,其他 c-fos 基因家族成员进行补偿性的表达,能够满足组织、细胞对 c-fos 基因表达的需要。c-fos 基因的转录表达具有复杂的调节和控制机制。在 c-fos 基因的 5′端非翻译区中发现了数段顺式作用元件(*cis*-acting element)。血清对 c-fos 基因的转录和表达具有诱导作用,在 c-fos 基因的 5′端非翻译区中也发现了血清应答元件(serum responsive element, SRE)。环单磷酸腺苷(cAMP)对 PC12 细胞系中 c-fos 基因的表达具有很强的诱导作用,在 c-fos 基因中也发现了保守的 cAMP 应答元件(cAMP responsive element, CRE),即 TGACGTCA 结构。

(二) c-fos 表达的生物学意义

无论是在体内还是在体外,大多数类型细胞中 c-fos 基因的表达水平均很低,或处于检测不到的水平。胚胎期 c-fos 基因的表达仅限于骨生长区的细胞及中枢神经系统细胞。出生后,皮肤细胞,包括粒细胞、生殖细胞、巨噬细胞、肥大细胞和巨核细胞在内的某些造血细胞以及中枢神经细胞中均有持续的 c-fos 基因表达。以细菌 β-半乳糖苷酶(β-galactosidase)和 c-fos 形成的融合基因所建立的转基因小鼠模型的研究表明,c-fos 基因的持续表达事实上都集中在正进行变性和重建或终末分化的组织细胞中。大部分组织细胞中具有较低水平的 c-fos 基因表达,然而这些细胞中 c-fos 基因的表达都可以进行诱导。这种诱导过程在大部分

情况下都较快(很少超过 1h)且短暂(很少持续几个小时以上)。诱导 c-fos 基因表达的因素有多种,包括生长因子和分化因子等具有生物活性的多肽,或物理性应激(如外伤、受热或电击等)。研究表明,c-fos 基因表达对少数几种类型细胞的存活及分化过程是必需的。c-fos 基因表达与细胞增殖过程也有密切关系。处于静止期的成纤维细胞受到生长因子刺激时,c-fos 基因表达出现短暂而快速的诱导。c-fos 基因表达升高的同时,另外一系列的即刻早期基因(immediate early gene,IEG)的表达也受到生长因子的诱导。除此之外,c-fos 基因的表达还与细胞凋亡的调节有关。c-fos 过表达可以诱发细胞凋亡,在人类结直肠癌细胞系中也有类似的效应。但 c-fos 诱导的细胞凋亡需要功能 p53 蛋白的表达。在未成熟的 B 淋巴细胞和髓白细胞中,c-fos 异位表达也能激发细胞凋亡。在神经系统中,c-fos 作为响应外界胁迫刺激的早期应答基因被诱导表达而导致神经元凋亡,这表明 c-fos 在发育胁迫刺激过程中可介导细胞的促凋亡信号。c-fos 也可发挥抗细胞凋亡作用而保护细胞。c-fos 缺陷的成纤维细胞对紫外线辐射引起的细胞毒害作用更加敏感,表现为细胞凋亡数目增加。紫外线辐射诱导的细胞周期停滞的恢复期延长。这与缺乏 c-fos 的 $CD4^+PCD8^+$淋巴细胞对地塞米松和毛喉素等凋亡刺激高度敏感的现象一致。

(三) c-fos 基因与细胞的恶性转化

Fos 和 Jun 蛋白组成的 AP-1 因子可以通过调节许多与肿瘤及肿瘤转移侵袭性生长所需要降解细胞外基质、血管生成及细胞迁徙等生物学行为的基因表达,从而调节肿瘤细胞的侵袭性生长、肿瘤血管生成及肿瘤转移。侵袭性生长和转移肿瘤细胞的显著形态学改变是细胞由上皮性向间质细胞特型的过渡(epithelial- mesenchymal transition,EMT)。c-fos 和 c-jun 都可以诱导 EMT。c-fos 在哺乳动物上皮细胞中的异常表达还可以引起上皮细胞极性丧失、上皮细胞和类成纤维细胞互相转化及细胞向胶原侵入、c-fos 缺陷小鼠化学诱导的乳头状瘤向侵袭性生长的演进过程被破坏。这些现象均表明,c-fos 对肿瘤发生的晚期阶段的调节作用比 c-jun 更加重要。c-fos 可以通过调节靶基因血管内皮生长因子 D,从而调节肿瘤血管的发生。

在辐射引起的骨肿瘤(bone tumor)中可以分离到复制缺陷型转化作用病毒和能够进行复制的非转化作用的辅助病毒(helper virus)。当将这两种病毒的混合物注射小鼠体内时,无一例外地发生了骨肉瘤(osteosarcoma)——一种罕见的肿瘤类型。从而证实了 v-fos 对正常细胞的恶性转化作用。FBJ-MSV 基因组中的 v-fos 基因区累计有 6 个位点的基因突变。另外,羧基末端编码区有 104bp 碱基缺失突变,导致其后的序列发生移框突变(frame-shift mutation),使 Fos 蛋白羧基末端的最后 49 个氨基酸残基变成由 48 个全新氨基酸残基组成的一段序列。但从未发现 c-fos 基因与自然发生的肿瘤有关。在自然发生的肿瘤中,尚未发现 c-fos 基因的突变激活现象。解释之一为,控制基因表达,特别是对基因表达的抑制是由多种机制参与的复杂过程,单一基因突变几乎不可能导致该调节机制的显著改变。而小鼠的反转录病毒基因组则不同,位于小鼠 MSV 反转录病毒的长末端重复序列(long terminal repeat,LTR)的启动子及其他基因转录表达元件,对一系列的启动子均可发挥异常调节作用。FBR-MSV 基因组中外显子 1 区的 FIRE 元件存在缺失突变,其转录产物中所有内含子序列均已被切除,提示 mRNA 前体剪切加 I 的位点可能已发生突变,失去了内含子对 mRNA 前体剪切加工的调节作用,位于 3′端富含 AU 且与 mRNA 快速降解有关的结构区已发生缺失突变,结构改变使病毒蛋白的稳定性显著提高,亚细胞分布与转位过程已不受细胞外刺激信号的调控,与 DNA 结合有关的翻译后修饰机制也发生改变。因此,正是由于反转录病毒基因组所编码的 v-Fos 蛋白及 c-Fos 蛋白在结构和功能性质上的诸多差异,导致了 v-fos 与 c-fos 基因的恶性转化机制的显著差异。

三、AP-1 转录因子蛋白的恶性转化作用

AP-1 转录因子包括一组可与启动子基因区的特异性 DNA 序列识别、结合的可诱导性蛋白质。除 AP-1 蛋白外,还有其他一些 AP-1 转录因子蛋白也可识别、结合 AP-1 特异性的核苷酸序列。AP-1 是由 FRA 与 Jun 结合起来的二聚体形式。FRA 必须与 Jun 结合成二聚体形式,才能与 AP-1 特异性核苷酸序列进行识别和结合。除与 FRA 蛋白结合成异二聚体之外,Jun 还可以形成同二聚体,或与其他 Jun 蛋白及 CRE 结合的转录因子蛋白形成异二聚体。AP-1 转录因子蛋白可以识别的核苷酸序列即为“TGACTCA”,但在 AP-1 作用的靶基因启动子序列中,这一核苷酸序列常发生变异,被称为 AP-1 样序列。在酪氨酸羟化酶(tyrosine hydroxylase)、强啡肽原(prodynorphin)和胶质原纤维酸性蛋白等基因的启动子序列中都发现了 AP-1 样核苷酸序列,提示这些基因的转录表达受 AP-1 蛋白转录因子的调节。CRE 的保守序列为“TGAGCTCA”,虽然仅有一个核苷酸位点与 AP-1 样核苷酸序列有差异,但两者的激活机制却完全不同。AP-1 位点可由佛波乙酯(phoRBol ester)的信号转导途径激活,而 CRE 位点则无一例外地由 cAMP 信号转导途径激活。proenkephalin 基因启动子区中转录因子应答元件的调节是通过“TGAGCTCA”序列与转录因子结合而进行的,是一种 CRE 和 AP-1 位点的复合体形式,从而可被上述两种信号转导途径所激活。因此,其是多种信号转导的一个汇合点。

AP-1 的 DNA 结合活性一般随着 AP-1 转录因子数量的增加而升高。例如,随着大鼠的癫痫发作(seizure),大脑海马回(hippocampus)的 AP-1 转录因子水平升高,AP-1 DNA 的结合活性也随之升高。以抗惊厥药物(anticonvulsant)阻断癫痫的发作,同时也能阻断 AP-1 转录因子水平及 DNA 结合活性的升高。

细胞受到外部信号刺激以后,触发特异性的信号转导,导致转录因子及其调节发生改变,从而对下游一些基因的表达进行刺激诱导或阻断抑制。AP-1 蛋白因子的翻译后修饰,如二聚体的形成、与 DNA 的结合都是重要的调节机制。细胞在受到外部信号刺激后,已经存在的 AP-1 蛋白被激活,同时诱导新的 AP-1 蛋白的合成。体外培养的细胞在去除培养基中的血清成分时,其中的 AP-1 处于无活性状态,当受到血清中生长因子的刺激时,其中的 AP-1 转录因子蛋白可被激活。不仅如此,AP-1 转录因子的活性也可受到腺病毒(adenovirus)E1A 病毒癌基因蛋白的调节。E1A 蛋白对腺病毒基因组的表达具有重要的调节作用,同时对腺病毒感染细胞中的基因表达也有调节作用。细胞中 AP-1 和 ATF/CREB 转录因子的调节活性也受到 E1A 蛋白的诱导和调节。E1A 对 c-jun 基因表达及 c-Jun 蛋白活性的调节具有双向性。E1A 可以提高 c-Jun 蛋白的磷酸化修饰程度,还可以促进 c-Jun/ATF2 异二聚体调节的基因转录表达活性,同时 E1A 也可以干扰 c-Jun/c-Jun 和 c-Jun/c-Fos 二聚体的 DNA 结合活性而抑制金属蛋白酶(metalloprotease)等的表达。E1A 对 c-jun 依赖性转录因子的调节,是 E1A 引起正常细胞发生恶性转化的重要机制之一。因此,认为 E1A 诱导的细胞恶性转化的作用机制是通过对 c-jun 等基因表达的异常调节而进行的。

AP-1 转录因子蛋白的活性与肿瘤的发生、发展密切相关。Linardopoulos 等对人肺癌、

膀胱癌细胞中的 AP-1 转录因子活性进行了研究,并将其与癌旁正常组织中 AP-1 转录因子的活性进行了比较。他们合成了 AP-1 转录因子识别与结合的特异性核苷酸片段,并从肿瘤细胞及正常细胞中提取核蛋白,进行体外蛋白-DNA 结合实验,结果证实肿瘤细胞中的 AP-1 蛋白数量较正常细胞中的显著升高。在 pRB 基因启动子区也发现了与 AP-1 特异性结合的核苷酸序列高度同源的结构。因此,推测肿瘤细胞中 AP-1 变化可能影响 pRB 基因的转录表达。

四、Rel 蛋白的恶性转化作用

Rel 蛋白是一族重要的转录因子,参与 NF-κB 信号通路的调节。Rel 蛋白调控免疫细胞活化、胚胎发育、应激反应、细胞增殖和凋亡等多种细胞生理活动。研究表明,NF-κB 过度活化与炎症、肿瘤、病毒感染等免疫及病理过程密切相关。

根据结构、功能和合成方式的不同,Rel 蛋白分为两类。一类为 p50(NF-κB1)和 p52(NF-κB2),分别由含有 C 端锚蛋白重复序列(ankyrin repeat motif)的前体蛋白 p105 和 p100 通过 ATP 依赖蛋白水解过程裂解而形成。该类蛋白质含有 RHD,但缺乏转录活性区,无独立激活基因转录的功能。另一类为 p65(RelA)、Rel(c-Rel)、Rel B 及果蝇的 dorsal、Dif 和 Relish,均无前体,除 N 端的 RHD 外,其 C 端有一个或多个转录活性区,具有直接作用于转录元件而激活基因转录的功能。

Rel 蛋白成员之间可形成多种形式的同源或异源二聚体,如 p50/RelA、p50/p50、RelA/Rel 等,但并不都能构成二聚体,如 RelB 只能与 p50 或 p52 二聚体化,而不能构成同源二聚体。Rel 间的二聚体化作用是其与 DNA 结合特性所决定的,因为 κB 位点为二元对称结构,二聚体中的每个成员只与半个识别序列发生作用。而且不同的 NF-κB/Rel 蛋白二聚体具有不同的结合序列(κB 位点),因而具有各自的特性。例如,NF-κB 的 κB 序列为十聚体的 5′-GGGRNNYYCC-3′,而 p65/c-Rel 二聚体的 κB 序列为十聚体的 5′-HGGARNYYCC-3′(H 代表 A、C 或 T,R 代表嘌呤,Y 代表嘧啶)。这样就保证了 NF-κB/Rel 家族对基因调控的特异性。此外,其特异性还与细胞类型、亚细胞结构定位、相互作用的 IκB 类型及激活方式等有关。

NF-κB 的活化在肿瘤中发挥重要作用,有研究表明在头颈部的鳞状细胞癌中,NF-κB 是许多控制细胞凋亡、细胞周期、细胞分化和细胞转移等癌基因的启动基因。此外,恶性肿瘤中还存在 Rel A 表达的活化。Lehmann 等发现,在胰腺癌中存在 Rel A 基因的活化,并同时存在组蛋白去乙酰化酶(HDAc)的高表达。体外实验表明,应用 HDAc 抑制剂可明显降低 ReI A 的活性,从而抑制体外培养的 PANC-1 胰腺癌细胞的生长。Arun 等在头颈鳞癌 $UMSCC_6$ 和 $UMSCC_{11}A$ 细胞系中发现,蛋白激酶 A 可通过诱导 Rel A 基因的第 276 位丝氨酸磷酸化而使 NF-κB 活化,从而促使肿瘤的发生。

五、Ski 蛋白的恶性转化作用

Ski 是 Stavanezer 等于 1986 年首先在感染了禽类白血病转化 Bratislava77 的鸡胚细胞中发现的。其在不同类型的细胞和组织中分布广泛,尤其在多种肿瘤细胞中均存在着过量的异常表达。ski 作为细胞内的原癌基因,具有多种生物活性,参与体内多种生理和病理过程,是 TGF-β 通路的主要负性调控因子,其通过抑制 Smad 家族复合物来拮抗 TGF-β 对细胞生长的抑制作用,与肿瘤的发生、发展密切相关。

研究表明,Ski 蛋白具有促进细胞恶性转化的作用。由于其无内在的催化活性,必须通过与其他细胞成分(如 Smad 蛋白)的相互作用来实现这一功能,而 TGF-β-Smads 转导通路蛋白是已知与 Ski 致瘤作用关系最为密切的家族之一。大量临床资料显示,Ski 在肿瘤发生、发展中的作用十分复杂:一方面,在人类许多肿瘤,如恶性黑色素瘤、乳腺癌、食道癌、肺癌、胃癌、表皮样瘤及前列腺癌中均已发现 Ski 的过量异常表达,并被证实是食道癌、乳腺癌、大肠癌预后不良的重要因素之一;另一方面,Ski 在少数情况下有一定的肿瘤抑制作用,如鼠 ski 的非等位基因缺失能提高其对化学致癌物的敏感性。

六、Bcl-1 蛋白的恶性转化作用

Bcl-1(PRADl/CCNDl/Cyclin D1)基因是一种原癌基因,染色体定位于 11q13,其功能基因为细胞周期 D1(Cyclin D1)基因,编码由 295 个氨基酸残基组成的细胞周期 D1 蛋白。bcl-1 基因的重排与具有 t(11;14)(q13;q32)的 B 淋巴细胞恶性增殖性疾病有关,其易位使 14q32 上的 IgH 基因与位于 11q13 的 bcl-1 基因并列,形成头尾结构。这种 bcl-1/IgH 融合基因导致细胞周期 D1 受 IgH 基因的启动子和增强子控制,易引起细胞周期 D1 表达失控,是人类 B 细胞恶性肿瘤发生的重要分子生物学基础。t(11;14)易位断裂点主要分布于细胞周期 D1 的着丝粒端 120kb 范围内,集中在 11q13 的 3 个热点部位:①位于细胞周期 D1 基因 5′端 120kb 处的主要易位簇集区(the major translocation cluster,MTC);②位于细胞周期 D1 基因 5′端 100kb 处的次要易位簇集区 1(the minor translocation cluster 1,mTC1);③位于细胞周期 D1 基因 5′端紧邻处的次要易位簇集区 2(the minor translocation cluster 2,mTC2)。极少数 B 淋巴细胞恶性增殖性疾病具有 t(2;11)和 t(11;22),易位使 bcl-1 基因和位于染色体 2p13、22q12 的免疫球蛋白轻链基因并列,因此该断裂区称为变异断裂区。

bcl-1 基因重排主要见于套细胞淋巴瘤(mantle cell lymphoma,MCL),90% MCL 过度表达细胞周期 D1;少数其他 B 淋巴细胞恶性增殖性疾病也存在 bcl-1 基因重排和/或细胞周期 D1 表达,如慢性淋巴细胞白血病(CLL)、浆细胞病、毛细胞白血病(HCL)、幼稚淋巴细胞白血病(PLL)、脾型淋巴瘤(splenic marginal zone lymphoma,SMZL)等;而 T 淋巴细胞恶性增殖性疾病与髓细胞白血病尚无关于 bcl-1 基因重排的报道。此外,在正常淋巴细胞及淋巴组织反应增生中的细胞周期 D1 表达太少以至无法检测出。

七、ets 蛋白的恶性转化作用

ets 是最初被发现存在于禽类白血病病毒 E26 基因组中的序列,在感染 E26 病毒的鸡体内,E26 基因组的 ets、gap、myb 序列编码转化蛋白 p135 而诱导成红细胞增症和成髓细胞性白血病。人类 ets(e26 transformation-specific)家族基因在进化上高度保守,Ets-1(e26 transformation-pecific-1)的氨基酸残基有 95% 以上与鸡的 Ets-1 氨基酸残基相同;人和鼠的 ets-2 基因产物 91% 以上相同。Ets-1 蛋白存在于从果蝇到人类的物种,其共同点是均含有一个大约由 85 个氨基酸残基组成的 DNA 结合域,即位于 C 端的 Ets 区。该区富含精氨酸和赖氨酸残基,为螺旋-转角-螺旋基序,可识别并结合富含嘌呤的 DNA 核心序列 A/CGGAA/T,这一序列存在于许多基因的 5′端侧翼调节区,有反式激活功能。目前 Ets 转录因子家族包

括30多个成员,根据Ets结构域构象和位置的不同,Ets家族可分为多个亚家族(表9-1)。ets基因在胸腺、脾脏等淋巴组织中优势表达,也在侵袭性肿瘤的间质纤维母细胞及内皮细胞等中表达。

表9-1 Ets家族成员

亚族	组成
Ets	Ets-1、Ets-2
EGR	Erg2、Fli-1
FevELG	GABPa
ETS4	TEL(ETV6)
PEA3	E1AF、ERM、ETV1、ERB1
TCFs	E1k-1、Sapla、NET/ERP/Sap
Elf	Elf-1、NERF1b、MEF
Spi	PU.1 Spi
BERF	ERF PE-1
ESX	ESX/ESE-1

癌基因ets家族在肿瘤的发生、发展中发挥着重要作用,尤其是其作为转录因子在肿瘤转移中的调控作用。ets基因在物种进化过程中是一个保守基因,其正常功能发生改变时,可导致分化和发育异常及肿瘤发生。在某些类型的肿瘤中,有许多与肿瘤相关的ets突变发生,一个易位染色体将ets基因片段与一个不相关的基因融合,导致了嵌合癌蛋白的表达,该类蛋白质分为两类,第一类Ets嵌合癌蛋白可使其癌基因效应作为转录因子而下调ets调控的基因表达,这对细胞周期的调控十分重要。第二类Ets嵌合肿瘤蛋白可通过永久激活某些信号转导途径或抑制关键转录因子的活性而促进癌基因的激活。

Ets-1可单独或与其他蛋白质协同与DNA序列结合而进行转录调控,作为转录因子在细胞增殖、分化,淋巴细胞发生,转化,血管生成,细胞凋亡中发挥重要作用,并与细胞迁移、肿瘤侵袭有关。Ets-1能调节一系列与细胞外基质相关酶的活性,如尿激酶型纤溶酶原激活物(urokinase type plasminogen activator, uPA)、基质金属蛋白酶(matrix metalloproteinases, MMP)等,后者可通过降解基质使肿瘤细胞黏附性降低并易于游走,有利于肿瘤的浸润生长和转移。另外,Ets-1与肝细胞性肝癌的发生和进展有关,在正常肝组织中弱表达或不表达,在HCC癌旁组织中则表达显著增加,癌组织中表达多见,但Ets-1高表达病例预后(无瘤生存期)较Ets-1低表达的更好。Ets-1在正常胃腺上皮或腺瘤中不表达,在胃腺癌细胞中其蛋白质呈63%阳性表达,而在侵袭性类型中表达更强,其表达与淋巴结转移显著相关;Ets-1阳性表达的肿瘤患者生存率显著低于Ets-1阴性者,故Ets-1表达可作为预测胃癌患者预后的有价值的指标。此外,Ets-1与人胰腺癌、甲状腺癌的发生及乳腺肿瘤恶性进展有关,其在口腔鳞癌中的表达可能参与淋巴结转移。ets基因最早发现于美国Frederick的国家癌症研究所分子肿瘤学实验室。通过研究禽类反转录病毒E26,研究者发现了一系列具有与E26高度保守的同源序列的基因,根据E26(E-twenty six)的缩写而将该基因命名为ets。该基因的共同特点是含有高度保守的DNA结合域,能够与特定序列结合调控靶基因的表达和功能。通过调节细胞的增生、分化、凋亡及上皮-间充质间的相互作用,Ets参与许多生理和病理过程。大量研究发现,Ets在哺乳动物的发育和肿瘤的侵袭转移中发挥重要的调控作用。

此外,癌基因ets可调控血管生成。ets-1在肿瘤性血管生成初始即在内皮细胞和侵袭性肿瘤边缘的间质纤维母细胞中表达。ets家族成员TEL基因在体外血管内皮管状形成早期发挥作用,但仅作用于较大的成熟血管,而VEGF可影响TEL蛋白磷酸化。

(董金玲)

参考文献

曾亮,曹砭. 2002. 癌基因 Ets-1 在肿瘤转移中的转录调控研究进展. 肿瘤,1(28):68-69.

张荣贵,汤正好,冯洁,等. 2008. c-myb 在肝细胞癌组织中的表达及临床意义. 临床肝胆病杂志,24(2):106-108.

Arun P, Brown MS, Ehsanian R, et al. 2009. Nuclear NF-kappa B p65 phosphorylation at serine 276 by protein kinase A contributes to the malignant phenotype of head and neck cancer. Clin Cancer Res, 15(19):5974-5984.

Behrens A, Sibilia M, Wagner EF. 1999. Amino-terminal phosphorylation of c-Jun regulates stress-induced apoptosis and cellular proliferation. NatGenet, 21(3):326-329.

Bein K, Husain M, Ware A, et al. 1997. c-myb function in fibroblasts. J Cell Physiol, 173:319-326.

Bies J, Wolff L. 1995. Acceleration of apoptosis in transforming growth factor beta 1-treated M1 cells ectopically expressing B-myb. Cancer Res, 55(3):501-504.

Bohmann D, Bos TJ, Admon A, et al. 1987. Human protooncogene cjon encodes a DNA binding protein with structural and functional properties of transcription factor AP-1. Science, 238:1386-1392.

Carter R, Yumet G, Peña A, et al. 1994. Transcriptional regulation of c-Jun expression during late G_1/S in normal human cells is lost in human tumor cells. Oncogene, 9(9):2675-2682.

Chang AA, Van WC. 2005. Nuclear factor-kappa B as a common target and activator of oncogenes in head and neck squamous cell carcinorna. Adv Otorhinolaryngol, 62:92-102.

Clarke MF, Kowska KU, LatalloJF, et al. 1998. Constitutive expression of a c-myb cDNA blocks friend murine erythroleukemia cell differentiation. Mol Cell Biol, 8(3):884.

Davidson B, Goldberg I, Gotlieb WH, et al. 2003. Coordinated expression of integrin subunits, matrix metalloproteinases(MMP), angiogenic genes and Ets transcription factors in advanced-stage ovarian carcinoma: a possible activation pathway. Cancer Metastasis Rev, 22(1):103-115.

Estus S, Zaks WJ, Freeman RS, et al. 1994. Altered gene expression inneurons during programmed cell death: identification of c-jun as necessary for neuronal apoptosis. J Cell Biol, 127(6):1717-1727.

Ferrao P, Macmillan EM, Ashman LK, et al. 1995. Enforced expression of full length c-myb leads to density-dependent transformation of murine haemopoietic cells. Oncogene, 11(8):1631-1638.

Fukuchi M, Nakajima M, Sohda M, et al. 2004. Increased express ion of c-Ski as a corepressor intransforming growth factor-beta signaling correlates with progression of esophageal squamous cell carcinoma. Int J Cancer, 108:818-824.

Goldstone SD, Lavin MF. 1994. Prolonged expression of c-jun and associated activity of the transcription factor AP-1, during apoptosis in a human leukaemic cell line. Oncogene, 9(8):2305-2311.

Graf T. 1992. Myb: a transcriptional activator linking proliferation and differentiation in hematopoietic cells. Currot in Genet Dev, 2(2): 249-255.

Gretchen V. 1999. A New Blocker for the TGF-β pathway. Science, 286:665.

Guerin M, Sheng ZM, Andrieu N, et al. 1990. Strong association between c-myb and oestrogen-receptor expression in human breast cancer. Oncogene, 5: 131-135.

Ham J, Babij C, Whitfield J, et al. 1995. A c-Jun dominant negative mutant protects sympathetic neurons against programmed cell death. Neuron, 14(5)927-939.

Ito Y, Miyoshi E, Takeda T, et al. 2000. Expression and possible role of ets-1 in hepatocellular carcinoma. Am J Clin Pathol, 114(5):719-725.

Ivanov VN, Nikoliczugic J. 1997. Transciption actor activation during signal induced apoptosis of immature $CD4^+$、$CD8^+$ thymocytes. A protetive role of cfos. J Biol Chem, 272(13):8558-8566.

Jiang L, See V. 1997. Regulation of vascular smooth muscle cell proliferation by plasma membrane Catatpase. Am J Physiol, 272(41):1792.

Khatun S, Fujimoto J, Toyoki H, et al. 2003. Clinical implications of expression of ETS-1 in relation to anglogenesis inovarian cancers. Cancer Sci, 94(9):769-773.

Koskela K, Lassila O. 2003. Single-cell analysis of Ets-1 transcription factor expression during lymIphocyte activation and apoptosis. Scand J Immunol, 57(1):56-61.

Lehrnann A, Denkert C, Budczies J, et al. 2009. High class l HDAC activity and expression are associated with RelA/p65 activation in pancreatic cancer *in vitro* and *in vivo*. BMC Cancer, 9:395.

Liebermann DA, Gregory B, Hoffman B. 1998. AP21 (FosPJun) transciption factors in hematopoietic differentiation and apoptosls. Int J Oncol, 12(3):685-700.

Linardopoulos S, Papadakis E, Delakas D, et al. 1993. Human lung and bladder carcinoma tumors as compared to their adjacent normal tissue have elevated AP-1 activity associated with the retinoblastoma gene promoter. Anticancer Res, 13(1):257-262.

Luscher B, Larsson LG. 2007. The world according to MYC, Conference on MYC and the transcriptiona control of proliferation and oneogene. EMBO Rep, 8(12):1110-1114.

Marconcini L, Marchio S, MoRBidelli L, et al. 1999. cfos induced growth factor Pvasular endothelial growth factor Dinduces angiogenesis *in vivo* and *in vitro*. Proc Natl Acad Sci USA, 96(17):9671-9676.

Marti A, Jehn B, Costello E, et al. 1994. Protein kinase A and AP-1(c-Fos/JunD) are induced during apoptosis of mouse mammary epithelial cells. Oncogene, 9(4):1213-1223.

Mitsui F, Dobashi Y, Imoto I, et al. 2007. Non-incidental coamplification of Myc and ERBB2, and Myc and EGFR, in gastric adenocarcinomas. Mod Pathol, 20(6):622-631.

Mizuguchi G, Kanei-Ishii C, Takahashi T, et al. 1995. c-myb repression of c-eRB B-2 transcription by direct binding to the c-eRBB-2 promoter. J Biol Chem, 270(16):9384-9389.

Motokura T, Bloom T, Kim HG, et al. 1991. A novel Cyclin encoded by a bcl-llinked candidate oncogene. Natute, 350(631 8): 512-515.

Nakata B, Onoda N, Chung YS, et al. 1995. Correlation between malignancy of gastric cancer and c-myc DNA amplification or overexpression of c-myc protein. Gan To Kagaku Ryoho, 22:176-179.

Oster SK, Ho CS, Soncie EL, et al. 2002. The myc oncogene: marvelously complex. Adv Cancer Res, 84:81-154.

Pandey S, Wang E. 1995. Cells en route to apoptosis are characterized by the upregulation of c-fos, c-myc, c-jun, cdc2, and RB phosphorylation, resembling events of early cell-cycle traverse. J Cell Biochem, 58(2):135-150.

Pelieei PG, Lanfrancone L, Brathwaite MD, et al. 1984. Amplification of the c-myb oncogene in a case of human acute myelogenous leukemia. Science, 224:1171-1121.

Pennypacker K. 1998. AP21 transcription factors: short and long term modulators of gene expression in the brain. Int Rev Neurobiol, 42:169-197.

Plaza S, Turque N, Dozier C, et al. 1995. C-myb acts as transcriptional activator of the quail PAX6(PAX-QNR) promoter through two different mechanisms. Oncogene, 10(2):329-340.

Press RD, Wisner TW, Ewert DL. 1995. Induction of B cell lymphomas by overexpression of a Myb oncogene truncated at either terminus. Oncogene, 11(3):525-535.

Ramsay RG, Morrice N, Van Eeden P, et al. 1995. Regulation of c-myb through protein phosphorylation and leucine zipper interactions. Oncogene, 11(10):2113-2120.

Ransone LJ, Verme IM. 1990. Nuclear proto-oncogenes fos and jun. Annu Keu Cell Biol, 6:539-557.

Selvakumaran M, Lin HK, Sjin RT, et al. 1994. The novel primary response gene MyD118 and the proto-oncogenes myb, myc, and bcl-2 modulate transforming growth factor beta 1-induced apoptosis of myeloid leukemia cells. Mol Cell Biol, 14(4): 2352-2360.

Shinagawa T, Nomura T, Colmenares C, et al. 2001. Increased susceptibility to tumorigenesis of ski-deficient heterozygous mice. Oncogene, 20:810.

Tashiro S, Takemoto Y, Handa H, et al. 1995. Cell type-specific trans-activation by the B-myb gene product: requirement of the putative cofactor binding to the C-terminal conserved domain. Oncogene, 10(9):1699-1707.

TsujimoIo Y, Yunis J, Onorato-Showe L, et al. 1984. Molecular cloning of tile chromosonlal breakpoint of B-cell lympholnas and leukemias with the t(11;14) chromosonle translocation. Science, 224(4656):1403-1406.

van Staaten F, Muller R, Curran T, et al. 1983. Complete sequence of a human colic gene deduced amino acid sequence of the human cfos protein. Proc Nat Acad Sci USA, 80:3183-3187.

Waki M, Kitanaka A, Kamano H, et al. 1994. Antisense src expression inhibits U937 human leukemia cell proliferation in conjunction with reduction of c-myb expression. Biochem Biophys Res Commun, 201(2): 1001-1007.

Whitfield J, Neame SJ, Paquet L, et al. 2001. Dominant-negative c-Jun promotes neuronal survival by reducing BIM expression and inhibiting mitochondrial cytochrome C release. Neuron, 29(3): 629-643.

Wu WS, Lin JK, Wu FY. 1992. Differential induction of c-fos and c-jun proto-oncogenes and AP-1 activity by tumor promoter 12-O-tetradecanoyl phoRBol 13-acetate in cells at different stages of tumor promotion *in vitro*. Oncogene, 7(11): 2287-2294.

第十章 病毒癌基因

第一节 SV40 病毒的 T 抗原基因

猿猴病毒 40(simian virus 40,SV40)是一种致瘤性 DNA 病毒(oncogenic DNA virus),属于乳多空病毒属(papovavirus group),与多瘤(polyoma)病毒、乳头瘤(papiloma)病毒具有相似特点,通称为 Papova 病毒。1960 年,Sweet 等将研究制备小儿麻痹疫苗所用的罗猴肾细胞中有关猴子病毒的污染按发现的猴子病毒顺序标以序号 SV1、SV2 等,其中大多数病毒可罗猴肾细胞出现病理改变,而 SV40 未引起罗猴肾细胞有明显变化,只有用非洲绿猴肾细胞培养时,才第一次观察到细胞空泡化。随后又发现将 SV40 注入仓鼠可引起肿瘤,并可引起培养的人细胞发生转化,将这一转化的细胞注入人体皮下,可形成结节并可在裸鼠体内成瘤。随后更多的实验证明 SV40 是致癌病毒。SV40 感染可用作肿瘤研究的微缩模型,对其基因表达调控的研究是了解致癌病毒作用机制的一个重要途径。此外,SV40 的增强子与启动子已广泛用于构建真核基因表达载体。

一、SV40 的生物学特性

(一) SV40 克隆载体的基本生物学特性

SV40 是迄今为止研究得最为详尽的空泡病毒之一,SV40 基因组是一种环形双链 DNA,其大小仅有 5234bp,很适用于基因操作。同时其也是第一个完成基因组 DNA 全序列分析的动物病毒,而且对其复制及转录方面的特性也有了相当多的了解。

1. SV40 病毒的生命周期 根据 SV40 病毒感染作用的不同效应,可将其寄主细胞分成 3 种类型。SV40 病毒在感染 CV-1 和 AGMK 猿猴细胞之后,便产生感染性的病毒颗粒,并使寄主细胞裂解,这种效应称为裂解感染,而该猿猴细胞称为受纳细胞。如果感染的是啮齿动物的细胞,就不会产生感染性的病毒颗粒,此时的病毒基因组整合到寄主细胞的染色体上,于是细胞便被转化,此时啮齿动物的细胞称为 SV40 病毒的非受纳细胞(nonpermissive cell)。而人体细胞是 SV40 病毒的半受纳细胞。

2. SV40 病毒的分子生物学特性 SV40 病毒外壳是一种小型的 20 面体的蛋白质颗粒,由 3 种病毒外壳蛋白 VPl、VP2 和 VP3 构成,中间包裹着一条环形病毒基因组 DNA。感染之后的 SV40 基因组被输送到细胞核内进行转录和复制。SV40 病毒基因组按表达时间顺序分为早期表达区和晚期表达区:早期表达产物是 T 抗原和 t 抗原,T 抗原的功能与 SV40 基因的复制相关;晚期表达产物是 VPl、VP2 和 VP3 3 种病毒蛋白,作用是装配病毒颗粒。

SV40 病毒基因组表达的另一个特点是,其 RNA 剪切模式非常复杂。SV40 病毒基因组存在一个增强子序列,其主要功能是促进病毒 DNA 发生有效的早期转录。因此,SV40 增强子在哺乳动物的基因操作中是相当有利的,此外其还可以有效地激发基因的转录活性。

(二) SV40 载体的类型

1. 取代型载体　野生型 SV40 的取代型载体有晚期区和早期区取代类型。外源 DNA 取代 SV40 的晚期区 DNA,重组子在宿主细胞内复制,但不能形成病毒颗粒。这类载体只有在辅助病毒与它共同感染的情况下,才能包装成病毒颗粒。其辅助病毒为早期区缺乏、只有晚期区表达的 SV40 突变种。早期区取代型载体使外源 DNA 取代 SV40 的早期区,该重组子可以复制,但也要辅助病毒同时感染才能形成重组的病毒颗粒。其辅助病毒为晚期区缺乏、能表达早期区的 T 抗原,或早期区取代型 SV40 重组子感染 COS 细胞。COS 细胞依靠整合于染色体的 SV40 DNA,可以表达 T 抗原。

2. 穿梭质粒载体　利用 SV40 元件构建穿梭质粒可以克服容量小的缺陷。同时,也可以在哺乳动物细胞中表达外源基因。所谓穿梭载体(shuttle vector)是指含有不止一个 ori、能携带插入序列在不同宿主细胞中繁殖的载体。例如,SV40 元件的 pEUK-C1,它由 pBR322 的复制起始点、筛选标记 Amp、SV40 的复制起始信号、晚期启动子、SV40 VP1 的内含子、SV40 晚期区 mRNA polyA 加尾信号和多克隆位点构成,适于在哺乳动物细胞中瞬时表达克隆的外源基因。又如,pSVK3 质粒由噬菌体、质粒和 SV40 元件构成的穿梭质粒,适于在哺乳动物细胞中瞬时表达克隆的外源基因。再如,PSVK3 质粒由噬菌体、质粒和 SV40 元件构成的穿梭质粒。

(三) SV40 载体的基本特性

(1) 可以在各种哺乳动物转染细胞中获得从低水平到中等水平的表达,但转染 COS 细胞则可获得较高水平的表达。

(2) 既可用于表达基因组 DNA,也可用于表达 cDNA。

(3) 一般作为瞬时性表达系统。

(4) 一般都含有 SV40 复制起点、启动子、加 polyA 信号等调控序列元件。

(5) 多数还带有剪接供体和受体信号。目前应用的 3 种瞬时表达载体是 pMSG、pSVT7 和 pMT2。

二、SV40 病毒 DNA 复制的调控

SV40 的致瘤功能主要由 SV40 病毒两种早期基因产物 T 抗原(TAg)和 t 抗原(tAg)来介导。T 抗原编码基因完全可以自行引起培养细胞发生恶性转化,而且高浓度的 T 抗原也可以诱导啮齿动物发生肿瘤。但 t 抗原的编码基因在单独条件下并不能引起培养细胞发生恶性转化,也不能以大剂量的 t 抗原蛋白诱导啮齿动物的肿瘤,只能以直接或间接的方式在一定程度上增强 SV40 T 抗原的恶性转化功能。T 抗原的转化作用位点区(transforming domain region)定位于其氨基末端序列的 105 ~ 114 位氨基酸残基处。T 抗原的这段序列与另外两种 DNA 肿瘤病毒转化作用蛋白质,即腺病毒的 E1A 和人乳头瘤病毒的 E7 蛋白之间具有广泛的同源性。T 抗原编码基因是 SV40 病毒基因组中主要的病毒癌基因。SV40 病毒癌基因(T 抗原的编码基因)引起正常细胞恶性转化的机制到目前为止尚未完全明确,但目前的研究资料表明,SV40 T 抗原与肿瘤抑制基因 p53 和 pRB 之间的相互作用,以及 SV40 T 抗原对细胞周期的异常调节作用,可能是 SV40 基因组中病毒癌基因蛋白 T 抗原使正常细胞

发生恶性转化的重要机制。

（一）SV40 T 抗原与细胞周期的调节

SV40 病毒基因组由 5243bp 组成，在被感染的细胞中与组蛋白形成小染色体，其结构与染色质类似，是研究动物细胞 DNA 复制调控的理想模型。SV40 DNA 复制的调控主要是通过复制起点和病毒编码的 T 抗原间的相互作用而实现的。

T 抗原是一个多功能蛋白质，具有 ATPase 活性和与 DNA 结合的能力，能专一性地与 SV40 DNA 复制起点结合。嘌呤核苷酸可以调节 T 抗原与复制起点的相互作用，其与 T 抗原结合后使其由活化型构象转变为失活型，失去与 DNA 复制起点结合的能力。

SV40 复制起点上结合的 T 抗原四聚体最初并未被磷酸化，而复制一旦起始，T 抗原就被磷酸化而离开复制起点，保证了在 SV40DNA 每一次复制时，复制起点只被使用一次。

（二）SV40 早期基因转录

早期区约占 SV40 基因组 5243bp 环长的 1/2，感染后此区段即转录成单一前体 mRNA，该转录文本差别剪接产生两个长度几乎相同的 mRNA，分别编码两个相关但不相同的蛋白质，即 T 抗原与小 t 抗原。

T 抗原 TAg 对病毒 DNA 复制及调控早期区和晚期区转录都是必需的，但 t 抗原 tAg 在病毒生活周期中的功能尚不清楚。TAg 与子代病毒 DNA 分子的数量同时增加，激活晚期区的转录。晚期区初期转录文本的差别剪接产生两组晚期 mRNA，编码 3 个结构蛋白（VP1、VP2、VP3）构成病毒的衣壳。

因此，SV40 基因组含有方向相反而且时序调控的两个转录单元，各占 DNA 序列的 1/2。这两个转录起始位点之间被约 300bp 的区段隔开，控制早、晚期转录及 DNA 复制的顺式作用信号都分散位于这一区段内。曾用各种方法（缺失、插入、碱基取代、重组等）修饰该 300bp 区段并结合体内、体外转录和复制过程对这些信号进行过研究。

（三）SV40 调节与复制

SV40 调节复制和转录的顺式作用信号，复制起始于 27bp 回文序列内，以 ori 表示。回文序列缺失、插入或碱基改变均可阻断复制的起始。邻近 AT 盒的完整性对 ori 起始有效复制也十分关键。21/22bp 重复序列（在 AT 序列的晚期区一侧）虽非必需，但也影响 ori 功能。这个富含 GC 的 21/22bp 重复序列与邻近的 AT 序列都是早期区转录信号的重要元件。其对启动复制的作用可能来源于其转录功能。

为了 DNA 复制的起始，SV40 编码的蛋白质 TAg 必须结合到 ori 区段。研究表明 TAg 也与 ori 邻近序列结合。感染后早期存在的 TAg 数量很少时，结合主要发生在编码早期前体 mRNA 5′端的序列上（T1 位点）。随着 TAg 含量的增加，结合发生在 ori 内（T2 位点）。T1 位点突变对复制过程产生影响。相反，改变回文序列而阻止 TAg 与 ori 结合则能阻断 DNA 复制。无论 T1 位点或 T2 位点突变，均可抑制早期转录的活性。

一旦与 T2 位点结合，TAg 即可发挥依赖 ATP 的解旋酶（ATP-dependent helicase）功能——解旋酶与细胞 DNA 激发酶及 DNA 聚合酶结合，也可结合其他蛋白质，促进新 DNA 链合成。AT 与 GC 富集基序可以影响复制并增强该区段转录起始作用从而促进复制的起始。

任何 TAg 结合位点都至少含有两个5′-GAGGC-3′序列，此序列内的 G 是关键，因为其与 TAg 结合时不再被硫酸二甲酯所甲基化。突变分析 T1 位点内最关键核苷酸时发现，TAg 结合信号由 17 个碱基组成，含有两个五核苷酸序列且被 6 个或 7 个 AT 碱基对隔开。这样的排列有利于 TAg 二聚体与两个排列适当的五核苷酸基序相互作用。

SV40 早期启动区还包括 3 个正向重复的 21/22bp GC 富集序列，可增强 ori 功能。每个 21/22bp 重复序列包含 2 个拷贝的 6bp 序列 5′-GGGCGG-3′。缺失整个 65bp 的 SV40 DNA 区段即能阻止其转录（无论是体内试验还是体外试验），即使周围序列都保存完好。然而仅 1 个拷贝的 21/22bp 重复元件就能支持部分早期转录，如果 2 个拷贝则足以达到最大转录速率。21bp 重复节段碱基突变研究表明，六聚体序列是功能上很重要的基序。此外，在其他病毒或细胞调控区也发现存在 SV40 类型的富含 GC 的重复序列。该基序发挥着特异性转录因子（如许多细胞类型内含量很高的 Spl）结合位点的功能。

21/22bp 元件虽为必需，但其本身并不足以启动转录，还需要 2 个拷贝的 72bp 序列（位于-110 ~ -300bp）及其邻近序列。大部分亚元件基序对促进转录只发挥微弱作用，但不同组合的联合作用则能启动高效转录。

虽然 21/22bpGC 富集元件及其上游约 90bp 节段对早期转录均为必需，但其相互间的作用及其对转录起始点的方向（orientation）并非至关重要。因此，整个 21/22bp 重复节段可以倒置而不削弱转录活性。与此相似，72bp 上游序列可增强转录起始作用，而无论其方向如何。然而，与 21/22bp 重复元件不同（只能在其常规位置发挥作用），72bp 元件的位置并不重要。即使 72bp 元件移到早期区的内含子或移到转录单元 5′→3′端以外的数百、数千核苷酸对处（并且无论其方向如何），早期转录仍保持正常水平。但仅 72bp 元件并不能促进转录，且 72bp 元件与 21/22bp 元件如果位于不同 DNA 分子上，也不能增强转录。

如果一个短 DNA 节段，其长度相当于 DNA 螺旋-转角（10bp）的倍数，被插入 72bp 与 21/22bp 重复节段之间时，其转录活性仅受到边缘影响（marginally affect）。相反，如果序列插入长度相当于螺旋半转（5bp 或 15bp）的奇倍数（odd multiple）时，转录活性被削弱。

三、SV40T 抗原与 p53 蛋白之间的作用

（一）p53 蛋白

p53 蛋白是目前分子肿瘤学（molecular oncology）研究领域中最受重视的一种肿瘤抑制基因（tumor-suppressor gene）的编码产物，事实上，p53 蛋白的发现也与 SV40 T 抗原的研究有关。作为一种分子质量为 53kDa 的蛋白质，p53 在以 SV40 转化的细胞中能与 T 抗原结合成一种蛋白质复合物，因为当初对这种蛋白质的生物学功能尚不清楚，因此就根据其蛋白质的分子质量大小而称为 p53 蛋白。

1. p53 基因　p53 基因定位于 17p13.1，长 20kb，含有 11 个外显子，编码由 393 个氨基酸残基组成的分子质量为 53kDa 的蛋白质。p53 基因突变常发生在结肠癌、乳腺癌、肝癌、肺癌等多种肿瘤中。50% 左右的人类恶性肿瘤中存在 p53 基因变异。最初人们认为 p53 基因为癌基因，但后来发现某些肿瘤中的 p53 蛋白与正常 p53 基因编码的蛋白质不同。经过一系列研究最终证实 p53 基因为一种肿瘤抑制基因。

p53蛋白也是第一个发现的与SV40 T抗原相互作用的细胞蛋白质。随着对p53基因及蛋白质研究的不断深入,发现p53基因在不同人类肿瘤中经常发生突变。因而有人认为,在正常细胞的恶性转化过程中存在着一种针对野生型(wild type)p53基因的高压筛选。在未转化的细胞中,p53蛋白是一种细胞核的磷酸化蛋白(phosphoprotein),且不十分稳定。

2. p53蛋白功能区及基因失活的机制 p53蛋白含有4个主要功能区。①N端酸性转录激活区:可激活转录,介导蛋白质之间的相互作用。这一区域还可以与mdm2蛋白(p53的负调控因子)结合。②序列特异性结合区(核心区):这一区域具有特异性结合DNA的功能,而且是肿瘤细胞中最常检测出突变的区域,含有6个突变位点,占已知p53错义突变的40%。③寡聚区:介导p53蛋白自身聚合形成四聚体。④羧基端:可与DNA非特异性结合,参与核心区与DNA结合的错构调节。

从细胞培养及肿瘤模型的研究资料来看,p53的正常功能是一种细胞生长的负性调节因子(negative regulator),p53蛋白的生物学功能的识别丧失是恶性肿瘤发展过程中的一个必要环节。相反,正常细胞的生长似乎并不需要p53蛋白的参与。p53两个等位基因均失活小鼠的胚胎期发育过程都是正常的,可以为这一观点提供很有说服力的证据。但从另一方面来看,p53基因敲除(gene knockout)的小鼠在出生后的不同时间可发展一系列的肿瘤,也提示p53基因失活与正常细胞的恶性转化间的依存关系。应激状态下的细胞,p53是控制其生长的重要调节因子。

p53基因功能的失活机制有以下几种:①p53基因自身突变,导致p53蛋白丧失与DNA结合的能力,这是p53基因失活的最重要机制。②MDM2癌基因的负调节。MDM2是p53蛋白的靶基因,p53蛋白刺激MDM2基因的表达,而MDM2蛋白可与p53蛋白(野生型或突变型)结合,抑制p53蛋白介导的反式激活、增殖抑制和诱导凋亡(apoptosis)的功能,同时MDM2蛋白可以催化p53蛋白的降解,从而形成反馈调节环,负调节p53蛋白的活性。③p53蛋白与癌蛋白之间的相互作用可能是其失活的另一个重要原因。DNA肿瘤病毒蛋白,如SV40 T抗原、腺病毒EIB转化蛋白、人乳头瘤病毒E6蛋白等,均可以与p53蛋白结合而抑制其功能活性并促进其降解。

(二) SV40T抗原与p53蛋白的亚细胞分布

T抗原与p53蛋白都属于磷酸化蛋白,其在核中的分布受到细胞周期的严格调控,而且其亚细胞分布方式对SV40 T抗原及p53蛋白的生物学活性也至关重要。与在正常细胞中的状态一致,p53蛋白在SV40病毒转化细胞中,其分子中特异性的丝氨酸残基位点发生磷酸化修饰。SV40病毒转化的小鼠细胞中,T抗原及p53蛋白的磷酸化修饰程度都显著升高,而其磷酸化修饰程度又与这两种蛋白质结合成复合物的能力有关。对SV40病毒转化的小鼠和大鼠细胞中T抗原与p53蛋白复合物的形成和在亚细胞中分布机制的研究表明,这两种蛋白质在细胞核中形成复合物的能力很强,速率也很快。T抗原与p53蛋白的翻译均在细胞质中完成,且翻译完成后即转运到细胞核中,未形成复合物的p53蛋白向核内转运的速率显著快于T抗原向核内的转运速率。

p53和T抗原形成的复合物半寿期($T_{1/2}$)为5~15min,而两者形成复合物的过程则需5~30min,且由T抗原与p53蛋白含量比率而决定。基因突变研究表明,小鼠p53蛋白分子中165~199位的氨基酸残基序列及232~285位的氨基酸残基序列是p53与T抗原进行结合的有效位点结构。为确定 T 抗原蛋白分子中与 p53 蛋白进行结合的位点结构，以 p53 蛋白与标记的 T 抗原蛋白水解片段进行体外结合实验，包括 131 ~ 517 位氨基酸残基所组成的 46kDa 多肽片段序列中即含有与 p53 蛋白结合的位点。对这一区域的多肽片段进行进一步的缺失突变分析，将 T 抗原蛋白分子中的 p53 结合位点限定在 272 ~ 517 个氨基酸残基。同时发现 T 抗原中的 272 ~ 517 个氨基酸残基序列也是 SV40 T 抗原基因使非受纳细胞发生恶性转化及诱导细胞 rRNA 合成的功能结构区。另外，该段结构中也含有 DNA 多聚酶 α 和 ATP 等的结合位点，提示 T 抗原与 p53 蛋白复合物在 T 抗原相关功能中的重要性。在猴细胞裂解感染中，对游离的 T 抗原以及与 p53 蛋白结合成复合物的两种 T 抗原的存在方式在 ATPase、DNA 结合和螺旋酶(helicase)活性等方面的作用进行了研究，结果表明，T 抗原的上述功能在与 p53 蛋白结合成复合物形式后均得到了加强。这一发现具有重要意义，表明 SV40 T 抗原与细胞内的 p53 蛋白结合成复合物且对 T 抗原功能进行了调节，这对 SV40 有效感染细胞具有重要意义。

（三）SV40 T 抗原与 p53 蛋白

SV40 T 抗原蛋白结构与功能的进一步研究表明，T 抗原分子结构中疏水区 Pro548 Leu 突变，导致 T 抗原与 p53 蛋白结合功能完全丧失。同时，T 抗原的 ATPase 活性、寡聚体形成(oligomerization)、稳定性、体内磷酸化修饰等功能发生显著改变，而且这种改变与 SV40 病毒的缺陷性复制(defective replication)和限制性的转化功能(restricted transformation function)有关。T 抗原蛋白分子中单个氨基酸残基的置换(substitution)造成 T 抗原许多生物活性的改变，说明这一结构位点在 T 抗原的高级结构及其功能中具有重要的作用和地位。小鼠野生型 p53 蛋白可抑制 DNA 多聚酶 α 与野生型 T 抗原之间的结合能力，纯化的 p53 蛋白可以显著抑制含有 SV40 病毒复制起始点(viral orgin)质粒(plasmid)DNA 的复制过程。但高浓度的 p53 突变体蛋白对具有 SV40 病毒复制起始点的质粒 DNA 复制过程则无阻断作用。因此，小鼠 p53 似乎与 T 抗原分子作用，而 T 抗原又是 DNA 复制的必需因子。因此，p53 对 SV40 病毒感染宿主范围的限制性具有决定性作用。从机制上来说，SV40 病毒对细胞宿主种类的限制性为野生型 p53 蛋白可阻断 T 抗原样宿主细胞起始蛋白(initiator protein)与 DNA 多聚酶 α 的结合，以调控宿主细胞 DNA 的复制。无野生型 p53 蛋白的表达或仅有突变型 p53 蛋白的表达，尚不能形成非 T 抗原/非宿主蛋白结合的复合物，因而细胞中也不存在这一限制性调控机制。

有研究认为，SV40 病毒转化细胞中 p53 蛋白的稳定性显著增加，这是由于 T 抗原可以与之形成蛋白质复合物，并可提高这种宿主蛋白质稳定性的缘故。对温度敏感型 T 抗原突变体的研究证实，p53 与 T 抗原形成复合物或在细胞中表达 T 抗原时，均不足以使 p53 蛋白代谢的稳定性提高。表明 SV40 病毒转化细胞中 p53 蛋白代谢的稳定性增加是由一种细胞蛋白质作用的结果，也是 T 抗原诱导的转化表型之一。p53 蛋白的磷酸化可引起 p53 蛋白的构象发生改变，并导致 p53 抗增生构象及代谢速率的变化而使其处于抗增生的状态。p53 的稳定性也与其自身寡聚体的形成有关。

四、SV40 T 抗原与 pRB 蛋白之间的作用

（一）pRB 蛋白的生物学特性

如果视网膜母细胞瘤易感性基因 pRB 缺失或失活则可导致恶性视网膜瘤的发生。在几乎所有小细胞肺癌细胞中均可发现 pRB 基因缺失突变或失活的现象。部分乳腺癌、膀胱癌和骨肉瘤细胞系中也常检测到 pRB 基因的突变或失活。pRB 蛋白是一种细胞核磷酸化蛋白，分子质量为 105kDa，为口袋蛋白(pocket protein)。pRB 蛋白有两种相关蛋白质，p130 和 p107，其有很多共同的生物学特征。pRB 蛋白有三个功能区：N 端区域、中心口袋、C 端区域。N 端区域是寡聚化所必需的；口袋区域则含有许多转录因子 E2F 的结合位点，还有各种癌蛋白 TAg、E1A、E7 及大量其他细胞蛋白质的结合位点；C 端含有非特异性 DNA 结合区。已经发现 pRB 蛋白有很多丝氨酸/苏氨酸磷酸化位点，不同位点的磷酸化可能与 pRB 蛋白不同功能的调节有关。

将 pRB 野生型基因导入 $pRB^{(-/-)}$ 基因型的肿瘤细胞中，在一定程度上可以抑制肿瘤细胞的生长，也可抑制该肿瘤细胞在裸小鼠体内的肿瘤形成能力。所以，pRB 基因的功能是预防眼部视网膜母细胞瘤发生的重要基因，对其他多种肿瘤细胞的生长则具有抑制作用。在几乎所有的哺乳动物细胞中可以检测到野生型 pRB 蛋白的表达。此外，pRB 作为一种核蛋白，其磷酸化修饰决定其生物学活性。

pRB 蛋白具有肿瘤抑制蛋白的特征，失去细胞分裂调节功能则会导致肿瘤形成。pRB 调控细胞周期的主要功能如下：①从有丝分裂结束至限制点(R)，pRB 均以非磷酸化形式存在。在非磷酸化形式中，pRB 可抑制细胞增殖，阻断部分转录因子的活化，控制 S 期的基因表达。②在限制点期间和通过限制点之后，pRB 蛋白以高度磷酸化的形式存在并保持至有丝分裂结束，高度磷酸化形式的 pRB 蛋白具有启动生长的功能。

一般认为，有丝分裂信号通过周期蛋白——CDK 复合物诱导 pRB 蛋白的磷酸化，控制通过限制点和进入 S 期的进程。控制 pRB 蛋白的关键环节是其磷酸化状态，在 G_1 期开始时，pRB 蛋白以未磷酸化形式存在，此时其功能是阻断细胞周期进程，直到 pRB 蛋白被细胞周期的核心成分磷酸化。pRB 蛋白磷酸化涉及的复合物有周期蛋白 D(CDK4/6)、周期蛋白 E(CDK2)和周期蛋白 A(CDK2)。

（二）pRB 蛋白与 SV40 T 抗原的相互作用

腺病毒基因组表达的一种早期蛋白 E1A 可以与 pRB 结合成蛋白质复合物，SV40 T 抗原与 E1A 蛋白的某些序列间具有高度的同源性，因而提示 SV40 T 抗原与 pRB 之间也可以形成蛋白质复合物。随后在表达 T 抗原的细胞中发现了 T 抗原与 pRB 蛋白的免疫共沉淀物。对 T 抗原蛋白分子中转化位点区的氨基酸残基进行替换或进行缺失突变，可导致 T 抗原失去与 pRB 结合成蛋白质复合物的能力。T 抗原转化作用位点区一段由 14 个氨基酸残基组成的序列可以十分有效地与完整的 T 抗原分子竞争性地与 pRB 进行结合。但该段多肽序列中 Lys107 Glu 突变后，其与 pRB 的结合能力也显著下降。这一结果表明，在 SV40 感染细胞中，T 抗原与 pRB 蛋白结合成复合物后，对 T 抗原及 pRB 蛋白的生物学功能都产生了显著影响。pRB 蛋白分子中与 T 抗原进行结合的位点结构区位于 379 ~ 792 氨基酸残基。

尽管在人体细胞中存在着一系列 pRB 蛋白家族成员,但也只有 pRB 蛋白可以与 T 抗原形成蛋白质复合物。放射性标记实验表明,与 T 抗原结合成复合物形式的 pRB 有磷酸化修饰和未磷酸化修饰两种类型。而 T 抗原主要与未磷酸化修饰的 pRB 蛋白进行结合。向 G_1 期早期细胞中以微注射方法导入野生型具有 T 抗原结合位点的 pRB 蛋白,则可以诱导细胞发生 G_1 期阻滞,防止细胞向 S 期转化,但将与 T 抗原结合成复合物的未磷酸化修饰的 pRB 蛋白注入 G_1 期早期细胞中,或将野生型 pRB 蛋白微注射到表达 SV40 T 抗原的细胞中,未发现 G_1 期阻滞现象,说明 SV40 T 抗原与未磷酸化的 pRB 蛋白可以结合成复合物,其的形成导致野生型 pRB 蛋白诱导 G_1 期阻断的生物学功能完全丧失。

在 SV40 T 抗原与 pRB 这一肿瘤抑制蛋白之间的相互作用中,转录因子 E2F 可能是一种中介蛋白质因子。p107 蛋白与 pRB 蛋白同属一个蛋白质家族,都能与 SV40 T 抗原进行结合。与 pRB 蛋白类似,p107 蛋白分子结构中也含有一个特殊结构的片段,称为口袋结构。这一 p107 蛋白的口袋结构与 SV40 T 抗原等可以进行特异性结合。

SV40 的复制起点为 64bp 的序列,前期区长 10bp,存在不完全回文结构,与其相邻的是 T 抗原结合位点Ⅰ。中心区长 27bp,是 T 抗原结合位点Ⅱ。后期区存在长 17bp 的 AT 富含区,与其相邻的是 21bp 和 72bp 区,21bp 区富含 GC,为转录因子 Sp1 的结合位点。72bp 区是转录和复制的增强子。该 3 段序列共同调控复制起始,缺失任何一段,都会使复制水平下降,但不会完全抑制 DNA 复制。研究发现,单独缺失 T 抗原结合位点Ⅰ或 21bp 区,复制水平下降 30%~50%,若二者同时缺失,则复制水平下降 95%。SV40 的 T 抗原除能与 p53 和 pRB 蛋白结合,使其失去功能和作用外,SV40 T 抗原还能够促进正常细胞发生恶性转化的另一种机制即为其对细胞周期的异常调节。

人表皮成纤维细胞中 SV40 T 抗原的过表达可以导致细胞分裂增殖速率加快,并导致其细胞形态学和寿命发生显著改变。Price 等将 SV40 T 抗原的编码基因与金属硫蛋白基因的启动子(promoter)序列进行重组,构建了一个可诱导性的 T 抗原表达载体,导入人表皮成纤维细胞中后,对不同 T 抗原的表达水平对细胞周期调节的影响进行了研究。结果表明,T 抗原表达水平最高的细胞克隆,同时也是细胞增殖速率最快的细胞克隆,其生长特性失去接触抑制(contact inhibition),形态学上也出现 SV40 转化细胞的特征。SV40 T 抗原对细胞周期的异常调节主要是通过对细胞周期素 A(Cyclin A)及其相关的细胞周期素依赖性激酶(Cyclin-dependent kinase,CDK)及细胞周期素 D1 及细胞周期抑制性蛋白 p21sdil/cip1/waf1 等几个环节的调节。

五、SV40 T 抗原与细胞周期的调节

(一) T 抗原对细胞周期素 A 的调节

Adamczewski 等通过 SV40 转化的新生儿表皮角质细胞系 SVK,对 SV40 T 抗原与细胞周期素 A 和 CDK2 之间的关系进行了研究。发现细胞周期素 A 与 SV40 T 抗原之间有着极为密切的相关性。第一,抗 T 抗原蛋白的抗体能够使 SV40 T 抗原、细胞周期素 A 发生免疫共沉淀(coimmlunoprecipitation)。以针对 SV40 T 抗原蛋白 3 个抗原位点的 3 种单克隆抗体,对 SVK 细胞提取物中的蛋白质进行了免疫共沉淀研究,结果发现在 3 种免疫共沉淀产物中均发现了细胞周期素 A 蛋白。在以 SV40 转化的猴 CV1 细胞中,用同样 3 种 T 抗原特

异性抗体也得到了3种免疫沉淀物，而且每种免疫沉淀物中均有细胞周期素A蛋白成分，提示细胞周期素A与SV40的T抗原也可发生免疫共沉淀。第二，细胞周期素A是细胞内T抗原相关性蛋白的主要成分。以[^{35}S]-甲硫氨酸和[^{35}S]-半胱氨酸进行标记，SVK细胞抽提的蛋白质分别以T抗原及细胞周期素A的特异性抗体进行免疫共沉淀，可以发现与T抗原发生免疫共沉淀的多条蛋白质条带，其中一条带可被细胞周期素A的抗体所识别。含有细胞周期素A的蛋白质带是其中信号最强的条带之一，提示细胞周期素A是SVK细胞中与T抗原结合的主要蛋白质之一。第三，T抗原与细胞周期素A依赖性的H1激酶活性有关。最初T抗原蛋白复合体中有关蛋白激酶活性的发现令人振奋，但当时并不太清楚与T抗原相关性的丝氨酸/苏氨酸蛋白激酶究竟为何种蛋白质。但随后的研究证实，该蛋白激酶活性即为与T抗原结合的细胞周期素A/CDK2复合物的H1蛋白激酶活性。但T抗原仅与CDK2有关，与CDC2则无密切关系。而且T抗原与CDK2的H1激酶活性也与p53无直接关系。但Oshima等及Ohkubo等的研究结果表明，T抗原相关性的CDK分子也包括CDC2分子。如非实验系统误差，也可能与不同细胞系中T抗原相关CDK分子的类型差别有关。

（二）T抗原对细胞周期素D1的调节

细胞周期素D1是细胞周期调节中一种重要的G_1期细胞周期素，其对细胞周期具有双重调节作用。首先，细胞周期素D1可以促进细胞通过G_1期，其主要相关的催化活性蛋白质有CDK4、CDK6等，其激活后促进包括pRB蛋白的底物蛋白发生磷酸化修饰。E2F转录因子也可被细胞周期素D1-CDK4复合物蛋白激酶激活。其次，细胞周期素D1对G_1晚期的DNA合成具有抑制作用，提示细胞周期素D1参与G_1期检验点（checkpoint）的调节，防止DNA合成在条件未成熟时发生过早复制。细胞周期素D1的过表达还可使正常细胞发生恶性转化，而且在人甲状旁腺癌细胞中也发现了细胞周期素D1的过表达现象，因此也将细胞周期素D1视为癌基因。

Spitkovsky等对SV40 T抗原在细胞周期素D1中的调节作用进行了研究。结果证实SV40 T抗原可以抑制细胞周期素D1的表达水平，但具体机制尚不十分清楚。

（三）T抗原对p21的调节

p21蛋白是一种细胞周期进展负调节的蛋白质因子。Tahara等对SV40转导的细胞中p21蛋白的表达进行了研究。与未经转染的正常细胞相比较，SV40转染细胞中p21蛋白的表达水平显著下降。当以温度敏感型的SV40 T抗原（tsT）作为一种竞争性的T抗原抑制剂，即向SV40转染的细胞中导入tsT重组表达载体以后，可使细胞中p21蛋白的表达水平又恢复到正常细胞中的水平。这一结果提示，SV40 T抗原通过细胞内源性细胞周期抑制蛋白p21的表达而促进细胞周期的进展。这是SV40感染细胞后，对发生感染细胞的细胞周期异常调节的重要机制之一，同时也是SV40使正常细胞发生恶性转化的重要机制之一。

第二节　人乳头瘤病毒 E6/E7 抗原基因

一、人乳头瘤病毒的基因结构

（一）乳头瘤病毒的命名及分类

乳头瘤病毒(papilloma virus,PV)是一组无包膜的小 DNA 病毒,能够感染人体和多种高级脊椎动物(如兔、牛及狗等)的皮肤黏膜,诱导产生皮肤黏膜上皮组织的疣状增生乃至良恶性肿瘤。目前已从人、牛、兔、狗、马、羊、麋、鹿、鼠、狼、猪、猩猩等多种脊椎动物病变组织中检测出乳头瘤病毒,但至今尚未见物种间交叉感染的报道,有文献报道,在鸟类病变组织中也发现乳头瘤病毒的存在。目前已鉴定的动物及人乳头瘤病毒的型别有 100 多种。

不同种属的乳头瘤病毒的命名原则是在乳头瘤病毒前直接加上宿主的种属名,如人乳头瘤病毒(human papillomavirus,HPV)、牛乳头瘤病毒(bovine papillomavirus,BPV)、犬口腔乳头瘤病毒(canine oral papillomavirus,COPV)和棉尾兔乳头瘤病毒(cottontail rabbit papillomavirus,CRPV)等。由于乳头瘤病毒的繁殖具有严格的种属特异性和组织特异性,难以体外大量培养获得病毒颗粒,而且乳头瘤病毒又缺乏明显的血清标记物,因此目前乳头瘤病毒的分型主要是根据病毒基因组特征进行的,如果病毒的主要外壳蛋白 L1 基因的同源性与其他型别相比小于 90%,则称为一个新“型”(type);如果与其他型别 L1 基因相比,同源性在 90%~98%,则称为“亚型”(subtype);如果同源性在 98% 以上,则称为型内“变异株”(variant)。

（二）乳头瘤病毒的致癌性

HPV 感染具有严格的种属特异性,仅感染人的皮肤和黏膜上皮,引起上皮细胞的增殖。此外,HPV 感染具有明显的组织特异性,不同型别 HPV 对身体不同部位的皮肤和黏膜的嗜向性不同,根据所感染上皮不同可将 HPV 分为皮肤型和黏膜型。皮肤型,如 HPV1 仅感染足底引起跖疣;HPV2、HPV4 和 HPV7 可感染手部皮肤上皮,引起上皮高度增生性软疣。黏膜型 HPV 感染肛生殖器黏膜上皮。按照与生殖器肿瘤的关系,将之分为低危型和高危型。低危型 HPV(HPV6、HPV11)引起生殖器乳头状瘤或尖锐湿疣;高危型 HPV(HPV16、HPV18、HPV31、HPV45、HPV58 等)与子宫颈上皮内瘤的发生和恶性转变以及其他上皮性肿瘤的发生相关。

乳头瘤病毒和 SV40 等多瘤病毒都为无包膜的双链环状 DNA 病毒,具有许多相似之处,因此人们将乳头瘤病毒和 SV40 归类为乳多空病毒科(Papovaviridae),随后的研究发现,乳头瘤病毒与 SV40 的基因存在差异,分别为 8kb 和 5kb,而且编码基因的结构也不同,SV40 的早期蛋白编码基因和晚期蛋白编码基因相对排列,乳头瘤病毒所有编码基因均为同一方向排列。另外,除早期基因 E1 和 T 抗原基因具有部分同源性外,两者的其他基因缺乏同源性。在 20 世纪 80 年代中期人们经已经认识到将乳头瘤病毒归属于乳多空病毒科不合适,但直到 2004 年国际病毒命名委员会(International Committee on Taxonomy of Virus,ICTV)才正式将乳头瘤病毒单列为一个独立的科——乳头瘤病毒科(Papillomaviridae)。

二、E6蛋白的恶性转化作用

尽管HPV16 E6蛋白的恶性转化作用较E7蛋白弱得多,但仍然表现出一定的恶性转化作用。HPV16 E6蛋白不仅能够促进、加强E7蛋白的恶性转化,而且仅E6蛋白处于高水平表达也可诱导正常细胞的恶性转化。HPV16的E6蛋白在NIH 3T3细胞中进行高水平表达时,不仅可诱导NIH 3T3细胞的非贴壁性生长,而且进行裸小鼠体内移植时也可发展成肿瘤并形成瘤灶。

(一) E6蛋白的特点

HPV的E6蛋白是一种由151个氨基酸残基组成的碱性蛋白质,分子质量约为18kDa,主要分布于核基质(nuclear matrix)及非核膜组分。E6蛋白主要的结构特点是有两个锌指(zinc finger)结构位点。每一个锌指结构位点都包含两段Gys-X-X-Cys结构,而且在各种HPV基因组结构中都高度保守。体外研究结果表明,E6蛋白可与Zn^{2+}结合,但目前尚不清楚体内锌指结构究竟具有哪些功能。从高危HPV基因组来源的E6基因,与其他类型病毒癌基因,如腺病毒的E1B和SV40的T抗原基因具有相似的功能。这3种类型的病毒癌基因蛋白都能与p53蛋白结合成复合物,但其蛋白质的一级结构序列间却无显著的同源性。在高危HPV感染的细胞中,可以检测到几种HPV基因组转录的多顺反子(polycistron)转录产物,有的含有全长的E6,有的则经过内部剪切(internal splicing)变得较短,但与下游E7开放读码框架(open reading frame,ORF)形成融合的E6基因转录产物。因此,E6与E7的融合基因及E7基因可作为一种mRNA方式进行转录。目前为止,尚无在任何肿瘤细胞系中发现E6与E7融合的基因表达产物。但全长的E6基因转录表达在上述几种细胞系中均能检测到。E6与E7形成的融合基因并未保留E6蛋白的任何功能,而且对E6功能也无任何影响。E6剪切位点(splice site)的研究表明,E6基因序列的剪切缺失可使E7基因的转录及翻译效率降低。因此,对于HPV来说,E6与E7形成融合基因是E7基因进行有效表达的重要条件,而非产生一种新型E6蛋白。

(二) E6蛋白的结构与功能

E6蛋白可分为5个功能区:①C端,1~29位氨基酸残基;②第一锌指区,36~66位氨基酸残基;③中央区(连接区),67~102位氨基酸残基;④锌指Ⅱ区103~139位氨基酸残基;⑤N端,140~151位氨基酸残基。其主要结构是含两个锌指结构,每个锌指的结构基础是Cys-X-X-Cys,为所有HPV型别的E6蛋白所共有,这种结构能结合Zn^{2+},锌指结构在转录、转化、永生化和与细胞蛋白结合等过程中有重要作用。体外研究表明,E6蛋白能结合双链DNA,其第一锌指区是细胞转化的关键区域,而C端对其结合p53十分重要,N端则是直接降解p53的功能部位。

E6蛋白是HPV感染过程中最早表达的基因之一,其可通过多种途径改变细胞微环境、影响病毒生活周期和宿主细胞的永生化过程。HPV E6蛋白的转化活性弱于E7蛋白,虽其单独存在不能永生化人原代包皮角化细胞(primary human foreskin keratinocytes,HFK),但可诱导NIH 3T3细胞无限制生长并在裸鼠体内致瘤;能有效地转化人乳腺上皮细胞,减少细胞对生长因子的需求。E6蛋白结合并降解p53是使细胞发生转化的关键。众所周知,野生型

p53 能抑制多个癌基因的活性,p53 能使细胞停留在 G_1 期,使损伤的 DNA 得以修复。还可激活 p21(WAFl)基因使之表达 p21 蛋白并抑制 CDK 家族的激酶活性,使细胞周期停滞而启动凋亡。功能区突变法研究显示,E6 蛋白 N 端和第一锌指区是细胞转化和降解 p53 的关键区域。

E6 蛋白是一种多功能蛋白质,在体外可与 E7 蛋白协同作用而使人角质细胞永生化。全长 E6 蛋白可使 NIH 3T3 细胞的附壁依赖性丧失,可反式激活腺病毒 E2 启动子。它还能激活端粒酶,使正常细胞永生化。但令人不解的是,尽管 E6 蛋白可刺激成纤维细胞端粒酶活性,但并不延长其端粒长度,相反使端粒维持在短而有效的长度以使细胞存活。研究发现,E6 蛋白的第一锌指区和中央区为端粒酶激活所必需,并与降解 p53 的关键区相互独立。

(三) E6 蛋白与 p53 蛋白之间的相互作用

在 HPVl6 和 HPVl8 E6 蛋白介导的 p53 降解过程中,E6 与 p53 的结合是关键,E6 与 p53 的亲和力和催化 p53 降解效率呈正相关。HPVl6 E6 结合、降解 p53 的效率是 HPVl8 E6 的 2 ~3 倍。由于低危型 HPV(HPV6/11)E6 蛋白不能与 p53 结合或结合力很弱,因而不能降解 p53。E6 蛋白对 p53 的靶向是利用泛素依赖性细胞蛋白溶解途径,通过泛素活化酶 E1、泛素结合酶 E2 和泛素连接酶 E3 的序贯作用完成的。连接酶 E3 是底物识别的关键酶,在 HPV 诱导的 p53 降解模式中,E3 连接酶的功能是通过细胞内泛素连接酶 E6 相关蛋白(E6AP)和病毒 E6 蛋白实现的。高危型 HPV E6 蛋白可同时结合 p53 和 E6AP,因而 E6 蛋白是 p53 与连接酶 E3 之间的桥梁。E6AP 属于泛素连接酶大家族,具有不依赖 E6 蛋白的 E3 连接酶活性,正常情况下并不涉及 p53 降解。无 E6 蛋白存在时 p53 与 E6AP 间并无关联。利用反义核酸技术封闭 E6AP,可使表达高危 HPVE6 蛋白细胞中的 p53 表达水平升高,证实 E6AP 在 E6 蛋白介导的 p53 降解中具有重要作用。E6 蛋白除直接促进 p53 降解外,还可使 p53 蛋白滞留于细胞质,阻止其转位进入细胞核,从而抑制 p53 的正常功能。

HPV16 E6 蛋白与肿瘤抑制基因 p53 的表达产物相互结合。野生型 p53 基因的表达可以抑制多种癌基因的转化作用,p53 基因过表达可以在 DNA 合成前即阻断细胞周期的进展。在生理条件下,当以 DNA 损伤因素(如 X 射线等)处理细胞后,可由于 p53 蛋白翻译后的稳定性增加,p53 蛋白水平显著升高,从而诱导细胞周期的 G_1 期阻滞。p53 蛋白诱导的 G_1 期阻滞,可为受到损伤的细胞争取到足够的时间,使其能够在下一轮 DNA 复制前将损伤的 DNA 加以修复。目前已很明确,p53 蛋白可以通过激活或抑制某些细胞的基因而调节细胞周期进展及细胞增殖过程。野生型 p53 蛋白可与 p21 蛋白结合,而 p21 蛋白作为一种细胞周期抑制蛋白,可以与细胞周期素依赖性激酶(CDK)结合并抑制其活性,从而抑制细胞周期进展。E6 蛋白与 p53 结合并促进 p53 的降解,因此表达 HPV16 E6 蛋白的细胞中 p53 蛋白的表达水平很低。体外将 E6 蛋白与 p53 蛋白共同孵育,可导致 p53 蛋白降解速率加快。但低危型 HPV 基因组表达的 E6 蛋白不能与 p53 蛋白进行有效结合,因而对 p53 蛋白表达水平的影响不大。E6 蛋白与 p53 蛋白结合后,p53 蛋白的降解是泛素(ubiquitin)依赖性过程,同时也是消耗 ATP 的能量依赖性过程。

除全长 E6 mRNA 外,高危型黏膜 HPV 还表达一系列缺失 C 端的拼接异构转录体,称为 E6 蛋白(E6 ORF 中有一个潜在的内含子)。尽管在人宫颈癌细胞系中未检测到 E6 蛋白,但有研究者在移植至裸鼠的宫颈癌细胞中检测到了该蛋白质。最近对 E6 蛋白家族功能的研究已初现端倪,体外试验发现,HPVl8 E6 能够与完整的 E6 蛋白和 E6AP 蛋白相互作用以阻断 p53 与 E6 结合,其结果虽阻碍了 E6 介导的 p53 降解,但导致 p53 反应性促进子上调和含 p53、E6 的细胞增殖能力下降,而 E6 或 p53 缺失的细胞则无此效应。

三、E7 蛋白的恶性转化作用

高危型 HPV 基因组表达的 E7 蛋白即使单独存在也具有很强的恶性转化作用。E7 基因是 HPV 基因组结构中最为重要的病毒癌基因。HPV16 E7 基因的表达产物可以使原代的啮齿动物细胞转变为永生细胞系,但要使这些细胞完全转变为恶性肿瘤细胞,尚需有第二种癌基因的存在与激活,如 ras、fos 等。E7 蛋白的恶性转化作用与其对 pRB 蛋白功能的影响及对细胞周期的异常调节有关。

(一) E7 蛋白的性质和特点

HPV 的 E7 蛋白是一种具有转化作用的癌基因蛋白质,是由 98 个氨基酸残基所组成的一种小分子酸性蛋白质,位于细胞核中,并与核基质结合在一起。E7 蛋白从结构和功能上与腺病毒的 E1A 蛋白有关。通过与腺病毒 E1A 蛋白一级结构序列的比较,HPV16 E7 蛋白可以分为 3 个结构位点区,即保守区 1(conserved region,CR1)和 CR2,位于 E7 蛋白的氨基末端;CR3 位于 E7 蛋白的羧基末端。体外研究发现,E7 蛋白的 CR1 和 CR2 两个结构位点对 E7 蛋白的恶性转化作用至关重要。这些结构区突变可以导致 E7 蛋白恶性转化作用的消失。CR2 位点中的 LXCXE 结构是其与 pRB 肿瘤抑制蛋白进行结合的位点。尽管 HPV16 E7 蛋白的 CR3 结构位点区与腺病毒 E1A 蛋白的 CR3 结构位点区间的同源性很低,但两个位点都含有 CXXC 结构,即锌指结构位点。已有研究结果表明,E7 蛋白分子中的两个锌指结构位点与这种蛋白质二聚体的形成有关。E7 蛋白分子中的两个 CXXC 结构如果有一个发生突变,则将造成恶性转化作用的消失,但不妨碍其与 pRB 结合的功能。因此,E7 蛋白形成二聚体的功能对 E7 蛋白的恶性转化作用来说是一个重要的环节。CR2 结构位点区的羧基末端结构含有一个酪蛋白激酶Ⅱ(casein kinase Ⅱ,CKⅡ)位点,由 31 位和 32 位上的丝氨酸残基组成,HPV16 的 E7 蛋白位点处于磷酸化修饰状态,与 E7 蛋白的恶性转化作用有关,但具体机制尚不十分明确。

(二) E7 蛋白的结构与功能

E7 蛋白是由 98 个氨基酸残基组成的核蛋白,为 HPV 的主要转化蛋白质,分子质量为 18kDa,这与经氨基酸推算的 10kDa 分子质量不符,推测可能是表达过程中的修饰作用所致。E7 蛋白定位于核内基质中。根据其与腺病毒 E1A 的同源性分为不同的结构域。CR1 区:1 ~ 20 位氨基酸残基;CR2 区:21 ~ 39 位氨基酸残基;CR3 区:40 ~ 98 位氨基酸残基。HPVl6 E7 蛋白 CR2 区有两个重要功能域位点:22 ~ 26 位氨基酸残基(LXCXE),它是与 RB 结合的关键位点;Ser31、Ser32 氨基酸残基含有酪蛋白激酶Ⅱ(casein kinaseⅡ)磷酸化位点,与转化作用密切相关。CR3 结构域含有两个锌指结构 Cys-X-X-Cys,与 E7 形成二聚体有关,且只有二聚体才能既结合 RB 又具有转化活性。

E7 蛋白与细胞蛋白的相互作用主要涉及细胞生长调节因子,特别是细胞周期 G_1 期向 S 期的过渡。研究证实,E7 蛋白可与视网膜细胞瘤肿瘤抑制蛋白家族(RB、p107、p130)、组氨酸酰化酶(HDAC)、AP-1转录因子、细胞周期素、细胞周期素依赖激酶(CDK)和细胞周期素依赖激酶抑制物相互作用,参与诱导细胞增殖、永生化和转化等过程。高危型HPV(HPV16、HPV18、HPV31)能有效诱导HFK细胞永生化,而低危型HPV(HPV6、HPV11)则不能;HPV16 E7能诱导NIH 3T3细胞锚定不依赖性生长,协同活化的Ras诱导兔胚胎成纤维细胞、乳兔肾细胞、不同的啮齿动物成纤维细胞系转化。突变分析证实,CR1和CR2结构域是E7蛋白永生化活性的关键,CR3锌指结构突变可降低E7转化潜能,提示E7蛋白的不同结构域均参与对啮齿类动物细胞转化和HFK永生化的过程。

E7蛋白的生物学特性:①能使啮齿类动物成纤维细胞(NIH 3T3)转化。②类似于腺病毒E1A的转录调节和转化功能;激活腺病毒E2启动子,与ras共转染,使原代啮齿类细胞转化。③与E6共转染,使原代人鳞状上皮细胞永生化。④取消转化生长因子-β(TGF-β)对c-myc的抑制和对G_1期生长阻滞。⑤HPV16 E7癌蛋白位于细胞核,体外研究了HPV16 E7癌蛋白在不同温度下的降解时间:4℃约20h,22℃ 2h,37℃则低于30min。

(三) E7蛋白与pRB蛋白之间的相互作用

E7蛋白可通过多种途径影响细胞的转录,与RB肿瘤抑制蛋白家族成员之间相互作用。E7蛋白、腺病毒E1A和SV40 T抗原均具有与RB家族蛋白结合的特性,反映了肿瘤相关病毒的进化保守性,更说明与RB结合在病毒自然感染中的重要性。RB家族成员在调节真核细胞周期中起着核心作用,RB低磷酸化状态时能够结合转录因子(如E2F家族成员),而抑制特定基因的转录。随着细胞从G_0期经G_1期进入S期,由G_1细胞周期素依赖性激酶介导RB家族成员发生超磷酸化,释放转录因子E2F,依次活化DNA合成和细胞周期进展相关基因。

pRB蛋白对细胞周期的调节主要通过其与转录因子E2F的作用,而对其活性进行抑制,最终使细胞周期阻滞于G_1期。部分E2F蛋白与pRB蛋白进行结合,另一些E2F蛋白则与pRB相关蛋白(如p107蛋白等)结合。pRB蛋白的磷酸化修饰随细胞周期进展而呈规律性变化,其在G_1期处于低磷酸化状态。处于低磷酸化状态的pRB蛋白在G_1期可与E2F1和DP1结合,从而抑制E2F的转录活性。细胞周期素D1、细胞周期素D2和细胞周期素D3等蛋白分子中具有pRB结合位点LXCXE结构,在HPV16 E7蛋白分了中也有LXCXE结构位点。HPV16 E7蛋白与pRB的口袋结构位点结合。与细胞周期进展有关的B-myb和细胞周期素A等的表达可受到HPV16 E7蛋白的反式激活。两种基因的启动子结构区中都含有E2F的顺式调节元件,因此E7蛋白对这两种基因表达的反式激活作用也是通过E2F而实现的。

E7蛋白与低磷酸化RB蛋白的结合破坏了RB-E2F复合物,诱导细胞进入S期。E7与RB的相互作用主要是通过其保守氨基端或CR2区氨基酸序列而介导的,E7的CR2区基序LXCXE可与RB及其家族成员p107、p130结合,特异性结合于649～772位氨基酸残基的RB口袋区;LXCXE氨基酸残基也见于其他病毒致瘤蛋白,如E1A、SV40 T抗原及许多细胞性RB结合蛋白,包括细胞周期素D1、细胞周期素D2、细胞周期素D3、BRG1、组氨酸酰化酶1(HDAC-1)和HDAC-2。病毒和细胞蛋白基序的高度保守提示病毒致瘤蛋白(如E7)可与细胞性蛋白竞争结合RB蛋白。

HPV16 E7基因突变研究表明,E7、pRB之间的结合是E7蛋白体外转化过程中的必需步骤。E7 蛋白分子结构中 pRB 结合位点 Cys24 或 Glu26 的突变,可以彻底阻断啮齿类动物成纤维细胞在软琼脂培养基中细胞集落的形成能力,也完全抑制了 E7 蛋白与 ras 基因协同使原代啮齿类动物细胞发生恶性转化的能力。将发生 Cys24 Gly 或 Glu 26 Gly 基因突变的 E7 片段重组到完整的 HPV 基因组中,其具有基因缺陷的 HPV 基因组仍然缺乏体外的恶性转化能力。说明 Cys24 和 Glu26 位点结构的正确性对 HPV16 E7 蛋白的恶性转化作用至关重要。

低危型 HPV6 E7 蛋白和高危型 HPV16 E7 蛋白永生化和转化特性的差异,主要表现为其与 RB 蛋白亲和力不同,HPV16 E7 蛋白与 RB 的亲和力显著高于 HPV6 E7 蛋白。对 LX-CXE 基序邻近的单个氨基酸残基的分析发现,HPV6 E7 蛋白的第 20 位是甘氨酸残基,而 HPV16 E7 相同位置为天冬氨酸残基,这或许能够解释这种功能差异。虽然 E7 的 CR2 结构域与 RB 的亲和力很高,但仅此区域并不能从 RB 上置换 E2F。最近发现,E7 羧基端区域(CR3)能够与 RB803 和 RB841 之间的氨基酸残基结合,而体外研究发现仅 CR3 即可从 RB 上置换 E2F 并启动转录过程。这些结果提示,CR2 和 CR3 结构域对结合 RB 的高亲和性并破坏 E2F-RB 复合体都是必需的。

多项研究表明,高危型 HPV E6/E7 是协同致癌的。①高危型 HPV E6/E7 基因在体外可使人皮肤和宫颈角质细胞永生化或使乳腺上皮细胞永生化;这些永生化的细胞可表现出宫颈上皮内瘤(cervical intraepithelial neoplasia,CIN)的特点。②90% 宫颈癌组织中可检测出高危型 HPV DNA,大多数为 HPV16。③绝大多数 HPV 阳性的宫颈癌组织和来源于宫颈癌的含 HPV 的细胞株中,均存在 E6/E7 的特异性转录。④应用 HFV16 E6/E7 的反义核酸可使含 HPV16 的宫颈癌细胞丧失致癌性或恶性表型逆转。⑤ Southern blotting 证实 HPV DNA 可整合到细胞染色体原癌基因如(c-myc)附近,使其 mRNA 的表达水平增高并激活原癌基因,从而促进肿瘤的发生。

(四) E7 蛋白与细胞周期素 A/CDK2 复合物的作用

E7 蛋白不仅能够通过与 E2F 的结合和调节对细胞周期早期阶段进行调节,在 DNA 复制完成后,还可参与细胞周期其他检验点的调节。HPV16 E7 蛋白与细胞周期素 A/CDK2 复合物之间的结合即为细胞周期阶段依赖性,其相关的蛋白激酶活性在 S 期和 G_2 期最高。E7 蛋白可通过与 p107 的结合而调节蛋白质复合物激酶的活性。E7 蛋白可与 p107、细胞周期素 A 结合,一旦形成这 3 种蛋白质的复合物,则细胞周期素 A 再也不能从该复合物中释放。部分体外研究结果也证实 E7 蛋白与细胞周期素 A 之间可以发生直接结合。野生型细胞周期素 A 能够与 E7 蛋白进行结合,当对细胞周期素 A 基因进行一系列缺失突变,使突变体失去与 p34Cdc2 和 p33CDK2 结合及激活的能力,则其同时也失去了与 E7 蛋白的结合能力。这表明细胞周期素 A 与 E7 蛋白之间的结合,需要具有与 CDK 结合时相似的结构。

第三节 腺病毒 E1A/E1B 基因

腺病毒(adenovirus,AdV)属于小 DNA 病毒,其基因组约为 35kb,线性基因组 N 端蛋白编码区为腺病毒早期基因区域 1A(E1A)和 1B(E1B),其中 E1A 约长 1700bp。腺病毒属于 DNA 肿瘤病毒,但并非所有腺病毒都能引起肿瘤。根据各种腺病毒基因组核苷酸序列的同源性将腺病毒分为5组。只有A组腺病毒Ad12、Ad18和Ad31具有高度的致正常细胞恶性转化的功能,而B组腺病毒(如Ad3和Ad7)具有很弱的致瘤性,即使能够引起肿瘤发生,效率也很低,肿瘤生长很慢。Ad1、Ad2和Ad5等C组腺病毒则无致瘤性。D组和E组腺病毒也无致瘤功能。

腺病毒基因组结构与其转化功能的关系研究表明,位于腺病毒基因组最左侧的一段早期基因区与正常细胞的恶性转化作用有关。这一早期基因区包括两个基因,即E1A、E1B,其长度约占腺病毒基因组总长度的14%。具有高度致瘤性的A组腺病毒Ad12、Ad18和Ad31,E1A和E1B基因的表达是其恶性转化作用的结构基础。因此,E1A和E1B基因是致癌腺病毒基因组中的病毒癌基因。

一、腺病毒E1A基因

E1A的结构类似于许多真核细胞RNA聚合酶Ⅱ转录单位。位于5′端上游约31核苷酸处为AT富含区,紧邻第一个AUG为60个核苷酸长的非翻译序列。约84%不同型腺病毒具有保守性,主要保守区为CRl和CR2。E1A编码的两种主要蛋白质,一种由243个氨基酸残基(12S、243R)组成,另一种由289个氨基酸残基(13S、289R)组成,这是因外显子发生了不同剪接而致。E1A的1/2N端参与编码所有的重要功能,至少与ras癌基因的转化有关。由外显子1产生的转化活性与其调节细胞转录因子E2F和相关因子DRTF1有关,并通过pRh和p107相互作用。CR1也可通过干扰转录因子AP1的转录活性来抑制胶原酶的启动子,但具体机制尚不明确,有趣的是E1A并不抑制AP1的DNA结合活性。CR1参与了E1A介导的胰岛素基因增强子的抑制作用。CR2可能对转录抑制程度起调节作用。CR1和CR2均对转录因子E2F依赖的反式激活途径有调节作用,从而激活一些病毒的启动子,如243R可以反式激活c-jun和PCNA,这两种基因均参与了细胞周期的进程。Moran等发现,E1A的13S产物是病毒增殖感染所必需的,而且还可刺激并活化其他腺病毒早期基因的表达。只产生12S的病毒不能刺激其他病毒基因的表达。此外12S病毒可使BRK细胞永生化,但发生13S病毒感染则主要导致细胞死亡,这些现象的机制还有待于进一步研究。

(一) E1A基因对原癌基因的抑制

HER-2/neu原癌基因编码p185蛋白,该蛋白质为表皮生长因子受体(epidermal growth factor receptor,EGFR)家族的一员,具有酪氨酸激酶活性,在卵巢癌、乳腺癌等肿瘤细胞中转录和表达增高,并与血管生成、肿瘤大小、淋巴结状况及肿瘤转移有关。突变的neu基因也与肿瘤预后及肿瘤细胞的耐药性有关。研究发现,将E1A基因导入由neu基因转化的NIH 3T3细胞可减少外周转移瘤的形成,并可抑制诸如黏附、侵袭、胶原酶的分泌等与肿瘤转移相关的特性,也能抑制neu基因诱导的包括细胞多形性等在内的癌变特性。这些功能都是E1A通过对neu基因启动子上顺式作用元件的调控而实现的。Frish等发现E1A表达可以显著降低某些细胞系的恶性程度,而这些细胞系均未过高表达neu基因,E1A也未影响其表达,但参与了癌细胞的表型改变,这也提示E1A针对某些细胞系可能通过HER-2/neu以外的途径而抑制肿瘤生长。

(二) E1A 蛋白与 p53 蛋白的作用

p53 基因作为一种典型的抑癌基因,其产物 p53 蛋白的活性受磷酸化调控。p53 基因具有细胞周期依赖性,当细胞 DNA 受到损害时,其可诱导细胞进入 G 期,抑制细胞增殖直到 DNA 损伤得到修复,如果 DNA 损伤不能被修复,p53 就活化并诱导凋亡基因而使细胞发生凋亡。当 p53 发生突变或表达降低时,其不能阻止细胞增殖,反而可使表达损伤或错误 DNA 的细胞大量增多,从而导致肿瘤的发生。研究显示,在人宫颈癌 HeLa 细胞中,E1A 蛋白可与 p300 形成复合物而使 p53 水平升高;在其他人体细胞系中,E1A 蛋白可与 p300 或 pRB 共同形成复合体,从而快速激发 p53 的累积,p53 水平可提高 5 ~ 10 倍。E1A 与 p300 的结合抑制了 p53 与 p300 的结合,从而通过 p300 依赖途径拮抗了 p300 的作用,导致 p53 稳定存在并促进凋亡的发生。此外,E1A 还可通过非 p53 依赖途径而诱导细胞凋亡,而这可能与 ElA 阻断细胞增殖过程有关。

肿瘤抑制蛋白 p53 具有激活和抑制基因转录表达的双重作用。无论是转录激活还是转录抑制作用,都涉及 p53 蛋白与基础转录机制之间的直接相互作用。体外研究结果表明,p53 蛋白与 TATA-结合型蛋白之间的相互作用,需要 p53 蛋白分子中 20 ~ 57 位和 220 ~ 271 位氨基酸残基两段序列的参与。Horikoshi 等的研究发现,p53 蛋白羧基末端的一段由 75 个氨基酸残基组成的序列也与 TATA-结合型蛋白之间的相互作用有关,而相对应的 TATA-结合型蛋白中的位点则位于 217 ~ 268 位氨基酸残基。因此,与 p53 蛋白氨基端和羧基端结合的 TATA-结合型蛋白中的相关结构是重叠的。当 p53 蛋白羧基末端序列与 GAL4 以融合蛋白形式进行表达时,其能够与 DNA 序列结合且可以表现出转录抑制作用。p53 蛋白在 TATA-结合型蛋白分子结构中的结构位点,恰好也是能够与腺病毒 13S E1A 癌基因蛋白结合的位点。13S E1A 癌基因蛋白还可以解散 p53 羧基末端与 TATA-结合型蛋白形成的复合物,释放出游离型 p53 蛋白,从而解除了 p53 蛋白介导的转录活性抑制。这一结果表明,在 Ad12 病毒感染的细胞中,13S E1A 蛋白促进某些基因转录表达的机制之一是其和 p53 竞争性的与 TATA-结合型蛋白进行结合,进而解除 p53 蛋白的转录抑制作用。

(三) E1A 蛋白与 pRB 蛋白的作用

人乳头瘤病毒 E7 蛋白及 SV40 T 抗原与 pRB 蛋白之间的结合要通过 Leu-X-Cys-X-Glu (LXCXE)的一段结构序列,腺病毒 E1A 分子中也有 LXCXE 样结构,也是其与 pRB 蛋白结合的结构基础。E1A 蛋白分子中的 LXCXE 结构,除能与 pRB 蛋白结合外,还可与 pRB 蛋白家族的其他成员(如 p107 和 p130 蛋白等)结合。E1A 蛋白与 pRB 蛋白结合后,主要参与对转录因子 E2F 的调节。因为 E1A 蛋白分子中的功能性结构位点范围较小而明确,可以通过单个氨基酸残基来改变 E1A 蛋白的功能,E1A 蛋白的这些特点可使其作为一种探针(probe),对 E1A 结合的细胞内靶蛋白质分子的结构和功能进行研究。E1A 促进转录因子 E2F 活性的结构位点定位于 E1A 的第二结构区。对 E1A 的第二结构区结合的蛋白质种类进行分析,发现 pRB 及其同源蛋白质也属此列,意味着 pRB 蛋白及其家族的各个成员对 E2F 的活性具有重要的调节作用。当 pRB 蛋白处于低磷酸化修饰状态时,pRB 与 E2F 结合成蛋白质复合物,与 pRB 蛋白结合的 E2F 无转录因子活性。但 E1A 蛋白存在时,E1A 蛋白则取代 E2F 与 pRB 蛋白等结合,释放出游离的转录因子 E2F 并促进一系列基因的转录表达。

(四) E1A 蛋白与细胞周期调节

E1A 蛋白对细胞周期的调节主要是对细胞周期素 A 及其相关 CDK 活性的调节。Buchou 等发现,在 Ad5 E1A 转染的啮齿类动物细胞内,细胞周期素 A 水平升高,而细胞周期素 D 水平反而降低。E1A 蛋白也与细胞内组蛋白 H1 激酶的活性有关,对 E1A 相关性组蛋白 H1 激酶的成分进行研究,主要包括细胞周期素 E-p33 CDK2 和细胞周期素 A-p33 CDK2 两种复合物。这两种蛋白复合物在细胞进入 S 期、完整合成 DNA 的过程中具有十分重要的调节作用。

(五) E1A 蛋白与细胞程序化死亡调节

E1A 蛋白对细胞程序化死亡的异常调节,不仅抑制了正常细胞的正常死亡机制,而且抑制了基因已发生突变细胞的死亡,这也是 E1A 重要的致瘤机制。在原代啮齿类动物细胞的转化过程中,需要有 E1A 和 E1B 蛋白的共同表达。仅 E1A 即可刺激细胞的增殖反应,也足以诱导转化细胞形成肿瘤病灶,但这种增殖过程不能持久,而且形成的瘤灶也往往发生退化。如果以 19kDa 或 55kDa 的 E1B 蛋白与 E1A 共同表达,则可以克服这种细胞毒性应答,促进高效率的细胞恶性转化。在缺乏 E1B 19kDa 蛋白表达时,转化的细胞容易受到诱导而发生细胞程序化死亡。

(六) E1A 基因对肿瘤细胞的增敏作用与旁杀伤效应

肿瘤治疗方法包括放疗和化疗,一方面可诱导肿瘤细胞发生凋亡,另一方面又对肿瘤细胞凋亡具有负调节作用。例如,柔红霉素可激活核转录因子 NF-κB,对 TNF-α 具有负调节作用,对 TNF-α 的抗肿瘤作用发生拮抗效应。而 E1A 可阻断 NF-κB 在放疗中对细胞凋亡的拮抗作用,提高肿瘤细胞的放射敏感性,也保护了 TNF 的杀伤效应,还提高了对化疗药物的敏感性。实验显示,通过表达 E1A 蛋白抑制 p185 蛋白可提高卵巢癌细胞 SK-OV3. ipl 对细胞毒素类药物的敏感性,在 E1A 表达的肿瘤细胞组,顺铂的半数致死量(median lethal dose,LD_{50})减少至对照组的 1/6,而紫杉醇和多柔比星的 LD_{50} 则减少到 1/10。在种植有 HER-2/neu 过表达肿瘤的裸鼠模型中,E1A 基因加紫杉醇治疗组的生存时间明显长于单独使用 E1A 基因治疗组或紫杉醇治疗组。

据报道,经 TK 基因修饰过的肿瘤细胞可使未经修饰的肿瘤细胞对更昔洛韦作出反应而被杀伤,此效应称为旁杀伤效应,这是由细胞间交流机制引起的。许多研究表明,E1A 可介导旁杀伤效应而抑制肿瘤血管生成,并可抑制细胞有丝分裂与诱导肿瘤细胞凋亡。

二、腺病毒 E1B 基因

对腺病毒 E1B 蛋白生物学功能的认识,远不如对 E1A 认识得清楚而深入。E1B 编码两种蛋白质——496R 和 176R。其中 496R 是病毒有效复制和培养细胞转化所必需的;而 176R 则参与病毒 DNA 合成,保护新生 DNA 并参与细胞转化。这两种蛋白质可以各自独立地与 EIA 发生协同作用,从而参与对啮齿动物细胞的转化。当 496R、176R 基因与 E1A 基因共同表达时,转化频率更高。176R 蛋白还与转化细胞在不贴壁情况下的生长有关。

ElB 的转化作用主要通过与 p53、pRB 蛋白之间的作用，对细胞程序化死亡的机制进行调节。

（一）E1B 蛋白与 p53 之间的作用

496R 蛋白参与关闭宿主细胞蛋白的合成，促进病毒晚期 mRNA 从细胞核向细胞质的转运。496R 蛋白可以与细胞蛋白 p53 相互作用，作用位置在 496R 蛋白 262～326 位氨基酸残基和 p53 蛋白 11～123 位的疏水氨基酸残基。应用 496R 蛋白突变体研究发现，其结合 p53 能力的变化与 CREF 细胞的转化效率之间无明显的相关性，这说明 496R 蛋白的结合可能并未使 p53 失活。p53 蛋白 134～309 位氨基酸残基对其抑癌功能是必需的，但未发现 496R 蛋白与该区域的结合，该结合可能阻碍了 p53 的其他功能。p53 存在一个强的反式激活结构域，而且可以特异性结合 DNA，因此其可能是一种基因选择性表达的调节因子。已发现的与 p53 结合的 DNA 区主要是细胞 DNA 复制起始点，尚未发现 p53 结合腺病毒 DNA。

E1A、E1B 两种蛋白质似乎都参与了对 p53 功能的调节，但其却无同源性结构，因此认为其对 p53 蛋白功能的调节是通过两种不同机制进行的。p53 蛋白具有转录激活和转录抑制双重作用。E1B 蛋白不仅对 p53 的转录激活作用进行调节，而且还对 p53 转录抑制作用进行调节。研究表明，E1B 蛋白可以解除 p53 蛋白的转录抑制作用并抑制细胞程序化死亡过程的发生。

（二）E1B 蛋白与细胞程序化死亡的调节

如前文所述，腺病毒基因组中的 E1A 和 E1B 两种基因的编码产物在细胞程序化死亡中具有相反的作用。其对凋亡的调控对病毒在人体细胞内的复制和癌基因转化啮齿类动物细胞都极为重要。E1A 刺激细胞进入 S 期和细胞复制，此过程需要病毒 DNA 的复制和转化。E1A 引起的细胞周期下调激活细胞防御体制而进行细胞凋亡，但凋亡必须被抑制以防止病毒感染过程中宿主早熟细胞的死亡，从而完成转化。E1B 基因编码两种蛋白质，即 19K 和 55K，两者抑制 E1A 诱导细胞凋亡的功能相互独立。E1B 55K 蛋白结合并抑制 p53 癌阻遏蛋白，阻止 E1A 介导的 p53 依赖的细胞凋亡。E1B 19K 蛋白在序列上和功能上都与 Bcl-2 家族相似，阻止 E1A、p53、TNF-α、Fas 和其他刺激诱导的细胞凋亡。

（三）E1B 176R 蛋白在感染细胞中的功能

E1B 176R 蛋白在感染细胞中的功能：①保持 DNA 的整合状态；②对被感染细胞进行形态学修饰；③负调控病毒基因的表达和复制。176R 行使这些表面上独立功能的机制尚不明确，但可能与 176R- E1A 产物相互作用有关。总的来说，减少 E1A 表达带来的细胞毒作用是 E1B 176R 蛋白的重要功能。以 E1B 176R 突变病毒感染 BRK 细胞并进行转化分析，结果发现因严重的细胞毒作用和 DNA 降解而无法形成细胞群落。E1A 表达量较野生型低 100 倍的腺病毒突变株的转化能力却提高了 8 倍。176R 蛋白可允许 E1A 在较高水平上表达而不使细胞死亡，从而促进了其转化。E1A 的表达可以提高细胞对 TNF-α 的敏感性，而 176R 蛋白则可以保护细胞免受 TNF-α 介导的细胞裂解作用。此外，E1A 表达可以引起细胞内拓扑异构酶Ⅱ的大量降解，降解是通过泛素蛋白途径进行的，该过程与细胞凋亡有关，而 E1B 176R 蛋白则可抑制这种作用。总的说来，减弱细胞毒作用是 E1B 176R 蛋白在腺病毒导致的细胞转化中的普遍功能。

（宋 蕊）

第四节 乙型肝炎病毒与肝细胞癌

肝细胞癌(hepatocellular carcinoma,HCC)的发生是一个多阶段的病理学过程,涉及一系列不同的遗传学改变并最终导致肝细胞的恶性转化,是中国最常见的恶性肿瘤之一。中国为乙型肝炎高发区,肝癌患者95 %以上存在过乙型肝炎病毒(hepatitis B virus,HBV)感染,HBV是HCC的致病因子已得到公认。

一、HBxAg与HCC

HBxAg(hepatitis B virus X protein)是HBx基因编码的一个由154个氨基酸组成的带有N端负调节区域和C端转录激活区域的多功能蛋白质,HBx基因组全长约3200bp,为部分单链的双股环状DNA。相关研究表明,由HBV DNA X基因区编码的X蛋白在HBV相关性HCC形成中起非常关键的作用。HCC的发生是一个长期而缓慢的过程,HBx在肝细胞肝癌形成的多个环节中发挥作用。

(一) HBx蛋白打破癌基因与抑癌基因平衡导致HCC

癌基因与抑癌基因的平衡被打破是恶性肿瘤的发病机制之一。大量研究证实,HBx基因表达可反式激活细胞内c-myc、c-fos、n-ras、raf、c-eRB B-2、ets-2和src等众多癌基因,并抑制RB、p53等抑癌基因,从而导致肿瘤的形成。c-myc是调节细胞周期、细胞增殖和分化的一个重要基因,实验证明,HBx可促进c-myc基因的转录,c-myc可以与X基因协同,打乱细胞增殖和凋亡平衡,使细胞生长失控,引起细胞癌变。而采用RNA干扰技术减少了PLC/PRF/5肝癌细胞的HBx mRNA和蛋白质表达水平50%~95%,并发现c-myc的表达水平明显下降。同时还发现转染HBx可以使c-myc的稳定性提高,并且HBx可通过与Skp2的F-box区域结合,使Skp2复合物稳定性丧失,影响有丝分裂,导致细胞周期异常及细胞转化。HBx对抑癌基因的作用及对p53基因的作用的研究较多。HBx能使抑癌基因p53失活和突变,其反式激活功能区内有与p53结合的位点,p53内有2个HBx的结合位点。HBx与p53的C端结合使p53功能丧失,可导致p53依赖型的细胞凋亡被阻断,而导致炎症及肿瘤的发生。

(二) HBx蛋白作用于肝细胞内生存信号级联通路导致HCC

HBx可对肝细胞内多种信号级联通路产生多个环节的刺激性影响,如磷脂酰肌醇-3-激酶、JAK/STAT、SAPK/JNK、核因子κB和MAPK等信号通路。HBx通过刺激受体酪氨酸激酶而激活Ras/Raf/MAPK级联通路,Ras/Raf/MAPK级联通路参与细胞的生长、分化、凋亡等过程的调控。HBx还可以促进JAK的酪氨酸磷酸化而激活JAK/STAT信号通路,JAK/STAT通路各组分的升高与肝细胞的增殖密切相关。这些信号通路被HBx激活后又相互影响,形成一个极其复杂的信号分子网络,使HBx促细胞生长、转化效应可以逐级放大,从而使细胞免于凋亡,最终导致 HCC 的形成。

(三) HBx 在肝细胞凋亡中的作用

研究表明,HBx 对细胞凋亡有双重调节作用,既可抑制细胞凋亡又可促进细胞凋亡。HBx 的促凋亡作用表现在它可通过增强细胞对促凋亡刺激物的敏感度而介导细胞凋亡,例如,可增加细胞对肿瘤坏死因子 α 和抗 Fas 抗体诱导细胞凋亡的细胞敏感性,提高细胞内胱冬肽酶 8 和细胞凋亡蛋白酶 3 的水平。同时 HBx 可通过诱导线粒体聚集,扰乱线粒体功能来诱导细胞凋亡。HBx 的细胞凋亡抑制作用表现在,在肝细胞感染的早期阶段,HBx 可上调 NF-κB 的表达,活化的 NF-κB 可抑制 Fas 的杀伤作用及肿瘤坏死因子 α 诱导的肝细胞凋亡,从而使肝细胞存活下来,有利于 HCC 的形成。

(四) HBx 干扰 NDA 损伤修复机制而致 HCC

单纯的 HBx 在肝细胞内的表达并不足以引起 HCC,众多因素与 HBx 的协同作用是 HCC 形成的主要机制。在感染了 HBV 的肝细胞内,HBx 并不会明显增加 DNA 的变异率,但它可使环境中的致癌因素,如黄曲霉毒素 B_1、紫外线和二乙基亚硝基胺引起的损伤产生积累,即 HBx 抑制了损伤 DNA 的修复,导致受损细胞修复失败,从而发生癌变。例如,抑癌基因 p53 的产物 p53 蛋白,它的功能之一便是与 HBX 特异性结合,阻止损伤 DNA 的复制,以保证细胞有足够的时间修复损伤的 DNA;一旦修复失败,p53 蛋白又可以诱导细胞凋亡,从而保证了机体细胞基因组的完整性,避免了异常基因的产生。HBx 对 p53 蛋白的影响是多方面的,首先,HBx 可与其结合形成复合体,从而阻止其进入细胞核,影响 p53 蛋白在细胞内的分布;p53 蛋白在细胞质内的累积抑制了 p53 的抗增殖活性,细胞核内 p53 蛋白浓度的降低还抑制了其所引导的细胞凋亡。其次,HBx 干扰了 p53 蛋白的 DNA 修复功能,p53 蛋白的 C 端结构域是其与损伤的 DNA 结合的区域,HBx 可以与此区域结合从而阻止 p53 蛋白与损伤的 DNA 结合,影响其 DNA 修复功能。

(五) HBx 蛋白激活肝癌细胞端粒酶,导致细胞异常增殖

端粒酶的激活能持续合成端粒并加到染色体末端,阻止其缩短。端粒酶活性的表达对细胞增殖、细胞衰老和细胞永生化及癌变具有重要意义,在肝癌发生、发展中起着关键作用。端粒酶反转录酶基因的启动子序列上含有一个激活蛋白 2 和激活蛋白 5 个启动子特异转录因子 1(specific transcription factor,Sp1)结合位点。由于激活蛋白 2、Sp1 均是 HBx 的反式激活因子,HBx 可通过对激活蛋白 2 和 Sp1 的激活来实现对肝癌细胞端粒酶反转录酶基因转录的调节及端粒酶的激活。Nozawa 等报道,Sp1 位点与端粒酶反转录酶基因启动子活性密切相关。研究发现,HBx 能通过反式调控因子作用于胰岛素样生长因子Ⅱ(insulin-like growth factorⅡ,IGF-Ⅱ)基因的 Sp1 位点,诱导 IGF-Ⅱ激活,使内源性的 IGF-Ⅱ表达增加,IGF-Ⅱ通过自分泌促进肝细胞的持续增殖,引发肝癌。

二、MHBst 与 HCC

MHBst 是指羧基末端截短型的乙型肝炎病毒表面抗原中蛋白(C-terminally truncated middle size surface proteins,MHBst,通常在第 76 ~ 194 位氨基酸截短)。20 世纪 80 年代初

Galibert 等通过对 HBV 基因组进行开放阅读框(open reading frame,ORF)界定分析,确定了前 C/C、P、S、X,之后在 S 基因上游确定了前 S1 区、前 S2 区。S 区分别编码 HBsAg,包括小蛋白(SHB)、中蛋白(MHB)和大蛋白(LHB),它们各自具有糖基化和非糖基化两种形式。MHB 含前 S2 和 S 区,研究表明截短中蛋白和大蛋白有反式激活功能。

(一) MHBst 的功能

HBV 基因组编码的蛋白质作为反式激活因子对肝细胞某些基因表达调控的影响可能是 HBV 致癌的主要因素。早期研究多集中在整合的病毒 DNA 编码的 HBxAg 蛋白的功能上,证实 HBxAg 蛋白是一种具有广泛活性的反式激活因子,与乙型肝炎的慢性化和促进肝细胞的恶性转化有密切关系;研究还发现,从肝癌细胞系或肝癌组织中克隆出的羧基末端截短型的前 S2/S 基因表达产物(MHBst)也具有反式激活功能。编码的 MHBst 167 即是其中一种反式激活因子,而全长的乙型肝炎病毒表面抗原中蛋白(MHB)无此功能。

目前研究表明,MHBst 的反式激活效应可能与蛋白激酶 C(PKC)依赖的信号转导途径有关,前 S2 区域与 PKCa/b 结合发生磷酸化反应,触发 PKC 依赖的 c-Raf-1/MAP2-激酶信号转导链式反应,结果激活了如 NF-κB、Ap1、Ap2、SRE、SP1 等转录因子,参与病毒感染后的炎症反应和 HCC 的发生。成军等的研究表明,MHBst 可以反式激活细胞原癌基因 c-myc 的表达。c-myc 是人正常细胞基因组中一种高度保守的细胞癌基因,具有能够使正常细胞发生恶性转化的潜能,在大部分情况下处于不表达状态或表达水平不足以引起细胞恶性转化。MHBst 激活 c-myc,参与肝细胞的再生和 HCC 的发生过程。

Schluter 等的研究结果表明,羧基末端缺失 167 个氨基酸残基的表面抗原中蛋白(MHBst 167)不能分泌到细胞外,而是滞留在分泌途径中,具有显著的反式激活作用,同时对完整分子的 MHB 分泌过程也具有显著抑制作用。这是因为 MHBst 蛋白结构的改变,缺失了位于 C 端的膜定位信号肽序列,使 MHBst 未能进入分泌途径而在内质网(endoplasmic reticulum,ER)中滞留,其前 S2 区指向胞质区与胞质蛋白相互作用,产生转录激活功能;而全长的 MHB 蛋白的前 S2 区指向 ER 腔,进入高尔基复合体而分泌,所以 MHBst 的反式激活功能依赖于其 N 端前 S2 区的胞质定位功能。而缺失突变的范围是决定该截短型分子是否具有反式激活作用的重要影响因素,MHBst 至少完全缺失蛋白质 C 端 S 区的疏水区Ⅲ,才具有反式激活功能;S 区的 N 端疏水区Ⅰ是反式激活所必需的,因为蛋白质与膜的结合是转录激活功能所必需的,这段序列被称为“反式激活域”(trans-activity-on region,TAO)。

最近有临床研究发现,在用核苷(酸)类抗病毒治疗中,若出现 rtA181T 变异,由于 HBV 表面抗原与反转录酶的 ORF 有重叠,可造成表面抗原的 sW172* 变异,使表面抗原的合成提前终止,形成截短的前 S/S 蛋白,使病毒滞留细胞中,并与 HCC 的高发生率明显相关。

(二) MHBst 反式激活的机制

约有 1/3 的 HCC 组织中有 HBV DNA 的整合并产生 3′端截短型反式激活蛋白。MHBst 并不是分泌型 MHB 在分泌过程中滞留在 ER 中的,因此考虑在细胞内的朝向是否决定其反式激活作用。通过融合蛋白表达的策略将 MHB 编码全长基因与 ER 定位信号肽序列 KDEL 融合的结果表明,仅将完整的 MHB 滞留在 ER 中并不能产生反式激活作用。应用蛋白酶对微粒体中的蛋白质成分进行降解表明 MHBst 的氨基末端部分直接朝向细胞质一侧,而 MHB

蛋白分子中的氨基末端朝向 ER 腔。这一结构特点在一定程度上解释了 MHBst 蛋白具备反式激活作用,而 MHB 不具备反式激活作用的原因。通过缺失突变分析证明,MHBst 的非膜相关部分也与其反式激活作用有关表明非膜相关的 MHBst 蛋白代表了第二种类型的 MHBst 反式激活蛋白。这些具有反式激活作用的 MHBst 在细胞内均匀分布,在功能上与膜相关性 MHBst 蛋白并没有差别。近年来的研究发现,从肝癌细胞系或肝癌组织中亚克隆出的截短型前 S2/S 基因表达产物羧基末端的截短型分子 MHBst 也具有反式激活功能。只有整合在肝细胞基因组中的 HBV 才编码截短型的 MHBst,其在 HBV 相关性的 HCC 中具有重要作用。

第五节　丙型肝炎病毒与 HCC

乙型肝炎病毒感染已被证实与 HCC 的发生和发展有关,而丙型肝炎病毒(hepatitis C virus,HCV)被认为是 HCC 的“新”的危险因素。与 HBV 不同,HCV 是一种 RNA 病毒,其基因组不能整合至宿主染色体中引起基因突变。HCV 致癌可能是通过其表达的蛋白质引起细胞转化。另外,HCV 在体内不断变异的意义可能在于逃避宿主免疫清除,从而在体内长期储存和复制,造成长期持续的慢性感染。肝细胞变性坏死与再生反复发生,致使再生的肝细胞不断积累基因突变或启动也与 HCC 密切相关。

一、核心蛋白与 HCC

C 基因位于 HCV 342 ~914nt,长 573nt,编码分子质量 21kDa(191 位氨基酸,第 1 ~ 191 位氨基酸)的 C 蛋白,具有包裹病毒核酸、维持病毒外形、调节宿主细胞的基因转录及表达等作用。早期 Ray 等用 C 基因与 HRAS 及 c-myc 基因共转染裸鼠成纤维细胞,可获得稳定表达 C 蛋白的细胞克隆,将这些快速生长的细胞注射裸鼠后,可使成纤维细胞在 2 周内转化为肿瘤细胞。Moriya 等进一步的研究表明,转入 HCV C 基因的两种独立品系小鼠早期出现肝脏脂肪变,进而出现腺瘤,16 个月时,两种独立品系小鼠均出现肝脏肿瘤,先为腺瘤,进而出现肝癌。

HCV 感染后导致肝癌的发生是一个长期的过程,可能是通过 HCV 病毒基因复制及表达产物本身导致的肝细胞病变和宿主对 HCV 感染所产生的免疫应答导致的细胞损伤共同作用而诱发的。细胞周期进程的失调、突变积累和抗凋亡反应是在细胞癌变过程中发生的重要事件。核心蛋白在细胞癌变过程中表现出的效应包括以下几个方面:

(1) 影响细胞周期。肿瘤细胞通常具有生长失调的特点,这与其细胞周期进程的失调有关。HCV core 蛋白能够抑制细胞周期抑制基因 p21wAn/Gm 的转录活性,core 蛋白在 NIH 3T3、HepG2 和 HeLa 细胞中抑制了 p21wAn/Gm 基因的启动子活性,从而导致细胞增殖失调。HCV core 蛋白能通过影响细胞周期相关基因及其产物的功能而改变宿主细胞的细胞周期进程,这可能是其参与 HCV 致癌作用的机制之一。

(2) 影响细胞凋亡。HCV core 的表达能影响 Fas 介导的细胞凋亡,Maruswa 等报道在 HepG2 细胞中 core 蛋白的表达抑制了 Fas 介导的细胞凋亡,它通过启动 NF-κB 从而引发抗凋亡效应。HCV core 蛋白抑制细胞凋亡对维持持续性 HCV 感染、逃避宿主免疫攻击、增加宿主细胞遗传不稳定性有重要意义,而其促进凋亡的功能又促进了病毒的扩散和传播。

(3) 影响 p53 基因功能。野生型 p53 基因是重要的肿瘤抑制基因，与细胞周期调控、DNA 修复、细胞分化、细胞凋亡等重要生物学功能有关，当 p53 基因突变或与某些病毒蛋白结合后可引起 p53 蛋白抑癌功能丧失。因此，core 蛋白通过物理的相互作用、改变 p53 基因调节活性及翻译后修饰而影响 p53 基因的功能，促进 HCV 相关的致病性，增加细胞癌变的概率。

(4) 影响染色体损伤及基因突变。由于 HCV 基因组在细胞质中复制，并没有明显的致癌基因，也不会整合到宿主基因组中，因而其致癌机制不是很清晰，可能也采用突变积累(hit and run)的机制。另外，在稳定表达 core 蛋白的 HepG2 细胞中 DNA 损伤修复的能力大大下降，使细胞对获得性突变更加敏感，这增加了 HCV 感染细胞癌性转变的可能。

(5) 影响信号转导途径。细胞内蛋白磷酸化与细胞生长、分化及肿瘤形成密切相关。一些病毒蛋白通过与细胞内的蛋白质相互作用，干扰蛋白质磷酸化，影响细胞信号级联而致病。STAT 蛋白是细胞内重要的第二信使分子，广泛参与了细胞因子的信号转导，对细胞增殖、分化和存活进行调节，其异常活化与恶性肿瘤发生的关系密切。

(6) 影响转录因子。NF-κB 是一个序列特异性的转录因子，它调控了许多细胞和病毒基因的表达，并在炎症反应、天然免疫反应、肿瘤发生和细胞存活等方面起着重要作用。在静息细胞中 NF-κB 与其抑制亚单位 IκBα 形成复合物以休眠形式存在于细胞质中心。

HCV core 蛋白可能增加了感染细胞增殖过程中遗传改变的概率，从而增加了肿瘤的易感性。尽管许多报道试图揭示 core 蛋白具有使细胞功能失调的作用，然而其在影响细胞向肿瘤转变中的作用还存在争议。HCV core 蛋白在对细胞周期进程、细胞凋亡、信号转导及转录调控等方面的影响究竟在肿瘤发生这个复杂的调控网络系统中起到多大的作用仍需进一步研究，特别是其调节细胞基因转录的作用。

二、NS3 蛋白与 HCC

HCV NS3 蛋白由 631 个氨基酸(1026～1656 位氨基酸)组成(分子质量为 70kDa)，其编码丝氨酸蛋白酶、三磷酸核苷酶(NTPase)和解旋酶(helicase)，在病毒体的成熟和复制过程中起着重要作用。NS3 中 1487～1500 位富含精氨酸的序列(Arg1487-Arg-Gly-Arg-Thr-Gly-Arg-Gly-Arg-Arg-Gly-Ile-Tyr-Arg1500)与 cAMP 依赖的蛋白激酶(protein kinase A，PKA)的热稳定抑制剂抑制位点和 PKA Ⅱ型调节亚基，以及此酶蛋白底物的序列类似。Borowski 等的研究发现，PKA 催化亚基可以结合细菌表达的 HCV 多聚蛋白第 1189～1525 位氨基酸(NS3 区)，将这一片段导入细胞，可以抑制 PKA 催化亚基的核位移，抑制结果导致组氨酸磷酸化的显著减少。随后，Borowski 等的研究发现，HCV NS3 不但可以影响 PKA 介导的信号转导，同时将富含精氨酸的序列嵌入 NS3 重组片段内，该片段可与蛋白激酶 C(protein kinase C，PKC)的催化位点相互作用，并抑制 PKC 介导的磷酸化反应。HCV NS3 片段若与 PKC 直接结合则会抑制该激酶在细胞质与颗粒性部分(细胞匀浆)之间的自由穿梭。因此，HCV NS3 的存在能影响信号分子 PKA 和 PKC 的功能，干扰这两种激酶参与的信号转导途径，导致 HCV 的慢性感染，引发宿主细胞的损伤和病变。

NS3 区位于 3360～5312 位核苷酸，长 1953nt，编码的蛋白质长 651 氨基酸(1007～1657 位氨基酸)，表达多功能蛋白 p72(72kDa)。蛋白质的前 1/3 编码丝氨酸蛋白激酶，后 2/3 为 NTPase/解旋酶编码序列。NS3 的丝氨酸蛋白酶参与 NS3NS4A NS4ANS4B NS4BNS5A

NS5ANS5B 之间的裂解过程。HCV 的这种丝氨酸蛋白激酶的生物学活性是 HCV 复制过程中的重要调节机制之一。Sakamuro 等利用转染 5′端的 cDNA 编码 NS3 的 HCV 基因片段的表达载体 NIH 3T3 细胞，能够导致细胞转化，接种裸鼠引起肿瘤。Zemel 等通过 HCC 患者的血清，对肿瘤和非肿瘤组织 HCV NS3 基因编码的丝氨酸蛋白激酶进行了分析，发现癌组织的丝氨酸酶催化位点周围电荷发生改变从而影响了丝氨酸蛋白酶的活性和催化作用。进一步的研究证实，NS3 丝氨酸蛋白酶的 cDNA 表达载体转染无致癌潜能的大鼠成纤维细胞后也能导致细胞转化并使接种的裸鼠致瘤，而丝氨酸表达载体突变和应用丝氨酸抑制剂的转染细胞均无致癌潜能，这提示丝氨酸蛋白酶与癌有一定的相关性。HCV NTPase/RNA 解旋酶功能区参与细胞转化。机制可能有两种：①解旋酶作为细胞重组系统中的一个重要酶，导致宿主细胞基因突变；②参与病毒复制。Yang 等体外的转化试验证实，NS3 内部裂解产物 NS3a-1 较完整的 NS3 更有致癌潜能。由此推测，NS3 内部的裂解可能与 HCV 的复制和致癌有关。Feng 等的研究证实，HCV NS3 蛋白可通过内源性机制激活细胞端粒酶导致宿主细胞恶性转化，且 HCV NS3 蛋白 N 端多肽对宿主细胞端粒酶的激活作用强于 C 端多肽。He 等最近的研究证实，HCV NS3 N 端多肽蛋白具有转化和致癌潜能，能使裸鼠致瘤。另外，Pang 等发现，NS3 在体外对 RNA 单独解旋能力较弱，但对 DNA 解旋能力强，推测其可能对宿主 DNA 有影响。

三、NS5A 蛋白与 HCC

HCV NS5A 蛋白由 447 个氨基酸残基(第 1973 ~ 2419 位氨基酸)组成，其中 C 端第 2209 ~ 2248 位被称为干扰素敏感决定区(interferon sensitivity determining region，ISDR)。Gale 等的研究发现，NS5A 可与 IFN 诱导的双链 RNA(dsRNA)依赖性蛋白激酶(double stranded RNA dependent protein kinase，PKR)结合，抑制 PKR 的激活。这种结合作用位点定位于 HCV NS5A 第 2209 ~ 2297 位氨基酸和 PKR 的第 244 ~ 296 位氨基酸上。HCV NS5A 蛋白与 PKR 的结合能干扰 PKR 二聚体的形成，从而影响了 PKR 的生物学功能，导致 HCV 感染细胞异常的信号转导途径。

HCV NS5A 的基因产物可能通过直接与干扰素介导的抗病毒反应的一个或多个细胞蛋白质作用而引起干扰素抵抗，以往的研究表明，1aHCV 和 1bHCV 比其他亚型病毒对干扰素治疗的反应性要低 1/3 左右，最近有研究证实 HCV 基因型 1a 和 1b 的致癌作用明显增强。这可能与干扰素治疗可降低 HCV 相关性肝硬化转化为 HCC 的危险性有一定的相关性。另外，PKR 可能作为肿瘤抑制子和凋亡诱因子的功能表明干扰素调节蛋白激酶在细胞增殖和转换中起着重要作用。NS5A 通过直接与蛋白激酶接触反应的区域作用而对 PKR 起抑制作用。Gale 等证实干扰素抵抗毒株的 NS5A 能够抑制 PKR 功能，破坏 PKR 依赖的翻译调控和细胞凋亡程序可能导致 HCV 具有致癌潜能。Ghosh 等的研究表明：NS5A 在裸鼠中促进鼠纤维原细胞不贴壁生长和肿瘤形成。因而，NS5A 在细胞生长调控中起一定的作用。近期有研究发现，NS5A 缩短 S 期，延长 G_2/M 期，且 NS5A 与周期依赖性蛋白激酶 1 相互作用，在 NS5A 表达的肝细胞中可能干扰宿主细胞激酶的正常功能。NS5B 是 HCV 复制所必需的依赖 RNA 的 RNA 聚合酶，这种酶具有引物依赖 RNA 的 RNA 聚合酶的活性，在缺乏病毒或细胞因子的条件下能够复制在体外转录 HCV 基因组的完整序列。Luo 等在体外的实验证实：HCV NS5B 具有重新启动 RNA 合成的功能，由此推测 HCV NS5B 在病毒复制中起着重要作用。

（李　贲　邢卉春）

第六节　EB 病毒和淋巴瘤

肿瘤病毒为宿主细胞提供选择性优势，这与传统的寄生虫-宿主相互作用的关系相似，肿瘤病毒可看成是宿主细胞内的寄生虫，在细胞内繁殖。传统的细胞-病毒相互作用有利于病毒：病毒在细胞内产生子代病毒，感染细胞发生溶解、凋亡或被免疫清除。但肿瘤病毒-宿主细胞的相互作用有利于宿主细胞：宿主细胞感染肿瘤病毒后发生免疫逃避，长期潜伏感染导致细胞恶性转化，肿瘤细胞依赖肿瘤病毒基因维持其恶性转化的特征，但病毒不能产生子代病毒。对 EB 病毒相关的恶性肿瘤的研究显示，EB 病毒能够促进细胞增殖、抑制细胞死亡。

一、EB 病毒促进 B 淋巴细胞恶性化增殖

EB 病毒促进 B 淋巴细胞增殖，导致恶性化改变。EB 病毒导致 B 淋巴细胞恶性转变的病毒基因是潜伏膜蛋白 1 基因（latent membrane protein 1，LMP1）。研究显示，敲除 LMP1 显著减少了 EB 病毒诱导的细胞恶性转变，使细胞的增殖停止。LMP1 通过模拟激活的 CD40 分子促进细胞增殖，与激活的 CD40 分子一样，LMP1 能影响不同的细胞信号转导通径，包括 NF-κB、JAK-STAT 和 Ap1。LMP1 激活上述信号转导通径是通过配体独立的方式完成的。另外，LMP1 的敲除不能完全排除宿主细胞的恶性化。这提示除 LMP1 外，还有其他病毒因素参与了细胞恶性化。LMP1 敲除的病毒仍能感染细胞，导致细胞的恶性化，但这些细胞在 SCID 小鼠体内不能生长。在 EB 病毒阳性的伯基特淋巴瘤（Burkitt's lymphoma）细胞中不能检测到 LMP1 蛋白，但肿瘤细胞仍可增殖。与这些伯基特淋巴瘤细胞相似，感染了 LMP1 敲除的 EB 病毒细胞在某些特定条件下仍可增殖。在伯基特淋巴瘤中，细胞内部不能检测到 LMP1 的表达，也检测不到 LMP1 下游信号分子，因 LMP1 可激活下游的 NF-κB 信号转导通路，但研究显示，与其他成熟的、侵袭性 B 细胞淋巴瘤比较，伯基特淋巴瘤细胞内基因转录谱的 NF-κB 的靶基因表达明显下降。另外，在表达 LMP1 蛋白分子的霍洁金淋巴瘤细胞中，JAK-STAT 和 Ap1 信号转导通路处于活化状态，但细胞内部内不能检测到 LMP1 的表达，在来源于伯基特淋巴瘤的 EB 病毒阳性的肿瘤细胞中也没有发现 JAK-STAT 和 Ap1 信号转导通路的活化。伯基特淋巴瘤细胞缺乏 LMP1 蛋白的解释是表达 LMP1 的细胞被免疫系统清除，不表达 LMP1 的细胞得以生存。但这种解释仍不完全令人满意，因为其他的 RB 病毒蛋白在伯基特淋巴瘤细胞中表达，如 EBNA3A、3B、3C、LP 和 LMP2A，这些蛋白质的功能与 LMP1 的功能相似，也可诱发机体的细胞毒 T 细胞反应。另外，如果 EB 病毒的 LMP1 是宿主细胞转化为伯基特淋巴瘤细胞所必需的，那么 LMP1 表达的丧失将导致宿主细胞通过改变其他的增殖刺激信号予以弥补；在霍洁金淋巴瘤细胞系中，这种弥补机制通过激活 JAK-STAT 和 Ap1 信号转导通路来实现，但在伯基特淋巴瘤中，这两种细胞信号转导通路均处于失活状态。因此，合理的解释是，LMP1 在伯基特淋巴瘤细胞中不具有免疫原性，而且不能提供最佳的肿瘤细胞增殖刺激作用。

综上所述,EB 病毒的 LMP1 蛋白不参与伯基特淋巴瘤的增殖,研究显示感染细胞内的 c-myc 癌基因参与了这一过程。在某些淋巴细胞系中,当 EB 病毒的 EBNA2 基因被敲除后,c-myc 癌基因发生"补偿性"的高表达,导致细胞增殖,这提示 c-Myc 蛋白驱动伯基特淋巴瘤细胞的增殖。研究显示,在许多小鼠模型中,c-Myc 蛋白可诱导肿瘤的发生,但它不会在肿瘤细胞中持续表达,这提示 c-Myc 蛋白独立于 LMP1 启动肿瘤细胞的增殖,但不是维持细胞增殖所必需的。因此,EB 病毒可能与细胞内的其他癌基因协同提供增殖刺激作用导致伯基特淋巴瘤的发生,也可能病毒基因和细胞癌基因共同导致肿瘤细胞增殖。

二、EB 病毒抑制 B 细胞凋亡

EB 病毒不但促使 B 细胞增殖,还抑制 B 细胞凋亡。在 B 细胞发育过程中,缺陷的 B 细胞通过凋亡被清除,保持正常 B 细胞的生理平衡;B 细胞通过影响凋亡的多种调节因子控制细胞的发育。

伯基特淋巴瘤细胞容易发生凋亡,其常见的临床证据为肿瘤组织活检病理提示明显的凋亡肿瘤细胞。伯基特淋巴瘤特征性的病理特征在显微镜下呈"星空"状(starry sky),表现为浸润的肿瘤细胞视野下可见吞噬凋亡细胞的巨噬细胞。在伯基特淋巴瘤产生过程中刺激肿瘤细胞凋亡的信号分为内源性和外源性因素,细胞内异常调节的 c-Myc 蛋白导致细胞凋亡;随着肿瘤细胞的发育,细胞微环境(microenvironment)不利于细胞的发育,导致细胞凋亡;伯基特淋巴瘤细胞生长迅速,使得细胞生长和生存所必需的营养供应受限,导致细胞发生凋亡;化疗药物本身也是伯基特淋巴瘤细胞凋亡的诱导剂。

上述因素可导致伯基特淋巴瘤细胞发生凋亡,同时肿瘤细胞为了自身的生存,通过 EB 病毒抑制上述凋亡发生环节,导致肿瘤细胞的生存。研究显示,绝大多数潜伏在 B 细胞中的病毒基因的表达均具有阻止凋亡的作用;存在于伯基特淋巴瘤细胞中的 EBNA3A 和 EBNA3C 可下调凋亡信号转导通路中的前凋亡因子 Bim,可导致对某些细胞毒性化疗药物发生耐药。伯基特淋巴瘤细胞具有抑制 Bim 表达的作用,在 Bim 敲除的小鼠模型中,Bim 蛋白的缺乏加速 myc 诱导的肿瘤细胞的形成。有报道显示,在 EB 病毒阳性的伯基特淋巴瘤细胞中 EBNA1 蛋白减少了 p53 蛋白诱导的凋亡,但这一结论还有待进一步验证。目前也有研究显示,病毒 RNA 广泛表达于伯基特淋巴瘤细胞中,这些 RNA 具有抗肿瘤细胞凋亡作用。现有研究显示,EB 病毒表达的病毒 miRNA,如 BART5 和前凋亡基因 PUMA 的 mRNA 部分互补结合,抑制 PUMA 蛋白表达,从而抑制细胞凋亡信号转导通路,抑制细胞的凋亡。

第七节　人类疱疹病毒与 Kaposi 肉瘤

一、人类疱疹病毒致癌基因

研究显示,人类疱疹病毒(humanherpes virus,HHV-8)与 Kaposi 肉瘤具有相关性,因此 HHV-8 病毒被认为是一种肿瘤病毒。HHV-8 是一种 DNA 病毒,感染不仅导致细胞形态学改变、生长加速,而且导致血管再生(angiogenesis)异常调节、炎症和免疫系统调节,这些均有利于肿瘤的生长。体外试验研究显示,HHV-8 感染表皮细胞不能导致细胞恶性转变,尽管 HHV-8 编码的肿瘤基因可诱导 Kaposi 肉瘤相关的恶性表型,但 HHV-8 感染诱导 Kaposi

肉瘤的产生通常发生在艾滋病患者或免疫缺陷的患者，这提示在健康个体中，HHV-8 DNA的存在不足以引起临床 Kaposi 肉瘤，辅助因子（如 HIV 感染）或药物诱导的免疫缺陷对Kaposi 肉瘤的发生、发展具有重要作用。HHV-8 在艾滋病患者中作为一种致癌基因，通过下列机制发挥作用：

（一）诱导细胞生长和生存

大量的研究显示，HHV-8 病毒作用于多种不同的细胞信号转导通路，诱导细胞增殖和生存，促进肿瘤细胞发育。有证据表明，遗传不稳定在 Kaposi 肉瘤中很常见，HHV-8 病毒感染可诱导细胞染色体不稳定，其中 5 个 HHV-8 病毒基因，如 LANA-1、RTA、k-ZIP、LANA-2和 vIRF-1 与细胞内的肿瘤抑制蛋白 p53 和 RB 相互作用并抑制这些肿瘤抑制蛋白的功能。p53 和 RB 蛋白参与 DNA 损伤修复和细胞凋亡，HHV-8 病毒抑制这两种蛋白质的功能后抑制了 DNA 的损伤修复和细胞凋亡，这些机制参与了 HHV-8 病毒诱导的细胞恶性转变。另外，HHV-8 病毒还编码 Cyclin 蛋白，加速细胞的增殖和恶性转变。

HHV-8 病毒通过多种不同的细胞生物学机制避免感染的细胞凋亡，促进肿瘤细胞的生存。例如，HHV-8 病毒编码 vFLIP 蛋白，后者含有 DED 结构域，它能阻止死亡受体（death receptor）信号转导通路所导致的凋亡信号，抑制细胞凋亡。几项研究显示，vFLIP 蛋白的抗凋亡能力与 NF-κB 转导通路的活化有关，后者是细胞生存所必需的。在 vFLIP 转基因小鼠中，vFLIP 蛋白激活的 NF-κB 转导通路导致细胞恶性转变，增加了淋巴瘤的发生率。用 NF-κB 转导通路抑制剂处理能够完全抑制肿瘤的发生。另外，HHV-8 病毒可通过编码或诱导各种生长因子，如 vIL-6、IL-6、IL-8 等的分泌促进感染细胞的增殖。由 HHV-8 调节分泌的各种细胞生长因子和细胞因子在 Kaposi 肉瘤的生长发育过程中起着重要作用。HHV-8 病毒编码的抗凋亡蛋白抑制感染细胞发生凋亡，如 HHV-8 病毒编码的 vBcl-2 能保护感染细胞免遭 Bax 蛋白诱导的凋亡。另外一种重要的机制是 HHV-8 病毒编码一个大的核蛋白 LANA，LANA 可破坏细胞周期中 p53 和 RB 蛋白的功能，诱导细胞的恶性转变；LANA 核蛋白还能直接诱导细胞 IAP 分子的表达，导致 HHV-8 病毒感染细胞的不断增殖。

（二）肿瘤血管再生的异常调节

肿瘤是血管最为丰富的组织，病理状态下的血管再生与肿瘤细胞生长和转移相关。病理活检显示，经典的 Kaposi 肉瘤细胞是纺锤形细胞，表达内皮细胞和某些平滑肌细胞表面标志物。最近的研究显示，Kaposi 肉瘤是高度血管化的新生物，充满密集的、无规则的血管；HHV-8 的感染参与肿瘤血管化的发生。尽管目前对 Kaposi 肉瘤血管化发生的机制仍有待进一步澄清，但研究显示 HHV-8 病毒诱导的血管化因子和炎性细胞因子在 Kaposi 肉瘤的产生过程中具有重要作用。例如，在人体皮肤移植的 SCID 小鼠模型中，中和血管化因子VEGF 阻碍了早期 Kaposi 肉瘤细胞生长成 Kaposi 肉瘤。在临床标本中，艾滋病合并 Kaposi肉瘤患者血清 VEGF 因子和促血管新生蛋白因子（angiopoietin）比未合并 Kaposi 肉瘤的患者水平更高，提示艾滋病合并 Kaposi 肉瘤的产生与这些血管再生因子具有显著相关性。另有研究显示 HHV-8 感染诱导的环氧化酶（cyclooxygenase）在 Kaposi 肉瘤的血管化发生过程中具有重要作用。

(三) HHV-8参与感染细胞的免疫逃避

研究显示,HHV-8参与感染细胞的免疫逃避,导致细胞不受限制的增殖和促进肿瘤细胞发生。HHV-8除参与调节免疫反应外,也编码多种病毒蛋白抑制宿主的天然免疫和适应性免疫,这包括干扰了干扰素信号、补体系统、细胞因子分泌及抗原加工和提呈。

1. 干扰素信号的干扰 干扰素反应是人体针对病毒感染的第一道免疫反应,一旦病毒感染,宿主细胞就会诱导分泌干扰素,干扰素反应是在转录水平的细胞干扰素因子(interferon factor,IRF)调节。要干扰这一反应,HHV-8病毒需编码4个IRF的病毒类似物(homolog)(vIRF1 ~4),其中vIRF1通过结合DNA干扰素刺激反应原件(IFN-stimulated response DNA element),抑制细胞内干扰素信号转导通路。vIRF1通过抑制p300/CBP蛋白复合物抑制干扰素介导的基因表达。在裸鼠中,vIRF1诱导的恶性转变提示vIRF1在肿瘤的发生中起着重要作用。HHV-8病毒编码的另外一个IRF因子是vIRF3,也称为LANA-2,最近的研究显示vIRF3是一个B细胞特异性的病毒潜伏蛋白,不具有DNA结合能力,能抑制PKR激酶和p53依赖的凋亡。HHV-8逃避干扰素反应的机制是表达IL-6(vIL-6),后者可直接结合到细胞表面gp130分子,激活STAT1蛋白的磷酸化和MAPK丝氨酸/苏氨酸激酶转导通路。

2. 补体系统异常调节 补体系统是机体防御病毒侵袭的第一道防线,病毒往往通过补体系统的功能达到逃避机体免疫清除的作用。与其他病毒一样,HHV-8病毒编码ORF4,也称为补体控制蛋白(complement control protein,KCP),KCP破坏补体途径;在小鼠模型中,补体途径的破坏可导致急性病毒感染和感染进入潜伏期,提示补体系统的抑制在病毒感染过程中起着重要作用。

3. 病毒诱导细胞因子的分泌 细胞因子是细胞内的信号分子,广泛参与机体免疫反应。在正常生理状态下,细胞因子的半衰期短,这阻止了来自宿主免疫系统过强的免疫反应。HHV-8病毒表达潜伏蛋白Kaposin B,后者可激活p38-MAPK信号转导通路,导致细胞因子表达增加,促进细胞因子的稳定性。HHV-8调节细胞因子信号的另一个机制是直接表达信号配体和受体,研究显示HHV-8病毒K1基因编码的跨膜受体KIS通过胞质免疫受体酪氨酸活化基序(immunoreceptor tyrosine-based activation motif,IATM)激活,在外界信号刺激下,KIS的IATM酪氨酸磷酸化,KIS信号进一步激活PI3K/AKT信号转导通路,进而激活一系列细胞内转录因子,如AP-1、NF-κB,导致许多细胞因子基因表达,如IL-6、IL-10和VEGF。除了Kaposin B蛋白和KIS之外,潜伏蛋白vFLIP通过JNK/AP-1、NF-κB信号转导通路诱导IL-8、IL-6细胞因子的表达。总之,在HHV-8潜伏感染的细胞中,HHV-8诱导产生的细胞因子以自分泌和旁分泌的方式发挥作用,这与HHV-8诱导的感染细胞恶性转变有关。

4. 抗原加工、提呈与病毒破坏 抗原的加工、提呈是启动细胞介导的适应性免疫反应的重要环节,抗原提呈细胞表面MHC Ⅰ分子表达下调是病毒免疫逃逸的重要机制。HHV-8病毒编码两种锌指膜蛋白(zinc finger membrane protein)MIR1和MIR2,它们均为蛋白泛素化E3连接酶,后者在细胞中起降解细胞蛋白的作用,MHC Ⅰ分子被泛素化,在溶酶体内被降解,导致参与抗原提呈的MHC Ⅰ分子减少、病毒抗原提呈减少、适应性免疫应答减少,导致病毒发生免疫逃避。HHV-8病毒逃避适应性免疫的另外一个机制是编码病毒化学因子

(viral chemokine,vCCL),现已知3个vCCL结合到Th1辅助细胞表面的细胞因子受体上,抑制Th1细胞介导的免疫反应。此外,HHV-8也编码化学因子受体,如vGPCR,vGPCR激活诱导一系列前炎性细胞因子和生长因子。

(四) 微环境应激反应

随着肿瘤的生长发育,肿瘤细胞与周围的微环境(microenvironment)逐渐呈现缺氧状态。许多研究显示,不同的恶性肿瘤细胞在不同的微环境中生长发育,抑制了放疗、化疗等抗肿瘤治疗的疗效。这些不良的微环境不仅促进了肿瘤细胞的生长,保护了它们免遭机体免疫系统的清除,同时也影响了宿主对病原的易感性。HHV-8病毒导致的Kaposi肉瘤细胞与宿主微环境之间的关系是肿瘤产生的新机制。

研究显示,HHV-8病毒能模拟缺氧状态,在细胞内建立病毒潜伏感染状态。HHV-8病毒潜伏蛋白LANA可募集泛素化E3连接酶复合物降解HIF1α的阴性调节蛋白p53和VHL;另外一个潜伏抗原vIRF3能稳定HIF1α和产生VEGF,此二者均可促进HHV-8诱导产生的肿瘤的血管生成作用。

机体氧化应激提示氧自由基(reactive oxygen species,ROS)的清除和产生的不平衡,当ROS超过机体的清除能力,氧化应激导致广泛的生物分子的损伤;氧化应激还可能影响宿主和病原之间的相互作用。研究显示,HHV-8病毒可诱导细胞内氧化应激,而抗氧化应激处理可抑制Kaposi肉瘤样肿瘤细胞的生长,这提示氧化应激在HHV-8病毒介导的肿瘤的发生、发展中具有重要作用。

第八节　HTLV-1和白血病

人类T细胞白血病病毒-1(human T-cell leukemia virus type-1,HTLV-1)是导致成人T细胞白血病(adult T cell leukemia,ATL)的反转录病毒。HTLV-1导致感染细胞恶性化与病毒编码的癌蛋白Tax有关,本节阐述HTLV-1导致白血病的机制。

在某些患者中,HTLV-1病毒感染持续存在一段时间后发生成人T细胞白血病,HTLV-1病毒编码Tax癌蛋白,后者赋予感染细胞长期生存和增殖的特性。Tax癌蛋白要发挥作用,需通过磷酸化、泛素化和乙酰化等翻译后修饰过程起作用。对小鼠转基因模型的研究显示,Tax癌蛋白在体内可导致肿瘤形成。Tax癌蛋白可通过下列机制导致细胞癌变。

一、HTLV-1病毒激活细胞生存和增殖的转导通路

病毒感染的细胞在恶性转变之前要逃避凋亡和开始增殖。在HTLV-1病毒存在时,NF-κB和AKT信号转导通路是被Tax癌蛋白激活的细胞生存转导通路。在HTLV-1病毒感染细胞时,NF-κB信号转导通路处于活化状态,Tax癌蛋白通过3种不同的细胞信号转导通路参与NF-κB信号的活化:第一,Tax蛋白与IKKγ蛋白激酶结合,激活IKKαIKKβ/IKKγ蛋白激酶复合物,导致NF-κB转移到细胞核,反式激活NF-κB反应基因的转录。第二,Tax蛋白通过加工NF-κB p100前体蛋白刺激非正规的NF-κB信号转导通路。第三,Tax蛋白使细胞内的Tax1BP1接头蛋白失活,导致细胞内TRAF6-NF-κB信号转导通路去泛素化和失活。

AKT是丝氨酸/苏氨酸激酶,被PI3K激酶调节,Tax癌蛋白结合PI3K激酶,促进AKT

的磷酸化和活化，激活的 AKT 可通过诱导 AP1（activator protein 1，AP1）反应基因增强细胞的生存。这条转导通路是被 Tax 蛋白刺激的初级感染细胞生存和增殖的转导通路。除了 AKT 和 NF-κB 信号转导通路外，Tax 蛋白还促进细胞周期蛋白 Cyclin D2 的表达，加速了 HTLV-1 病毒感染细胞的细胞周期循环，促进体内细胞克隆的扩增。

二、HTLV-1 病毒导致感染细胞周期监测点改变

如果一个正常细胞恶性转变，会导致细胞周期发生停止，细胞发生凋亡。其中关键的细胞周期监测点（cellular checkpoint）是细胞周期的监测蛋白 p53，正常细胞恶性转变激活 p53 蛋白导致细胞凋亡。一个正常细胞要成功的恶性转变，50% 的肿瘤可检测到 p53 蛋白的变异；致癌病毒在细胞恶性转变过程中通过多种机制导致 p53 蛋白失活。研究显示，在成人 T 细胞白血病细胞中，p53 蛋白失活变异并不常见，然而，在 HTLV-1 感染细胞中 Tax 蛋白导致 p53 监测点发生功能失活，但机制仍有待进一步明确。

细胞有丝分裂过程中纺锤体装配监测点（spindle assembly checkpoint，SAC）可监测染色体在复制过程中的保真性。某些病毒，如 SV40、HPV 和 EBV 在感染细胞中降低了 SAC 的功能。SAC 功能的丧失在成人 T 细胞白血病细胞中也得到了证实，其机制为 HTLV-1 病毒蛋白 Tax 连接到监测点蛋白 MAD1，使其监测功能丧失，导致肿瘤的发生。

三、HTLV-1 病毒导致感染细胞 DNA 损伤

目前的研究显示，HTLV-1 病毒的致癌蛋白 Tax 可诱导细胞 DNA 损伤，DNA 损伤通过两种方式产生：第一，癌蛋白抑制了细胞内 DNA 损伤感知监测点（damage sensing checkpoint）；第二，癌蛋白直接诱导 DNA 损伤。细胞内 DNA 聚合酶 β 在 DNA 复制过程中具有纠错功能，当 DNA 合成过程中出现碱基错配可发挥碱基剪切修复功能，在 HLV-1 病毒感染细胞后，癌蛋白 Tax 可抑制 DNA 聚合酶 β 的功能。另外，Tax 可抑制核苷酸内切修复（nucleotide excision repair，NER）和 DNA 错配修复基因（DNA mismatch repair gene）。Tax 蛋白也削弱了 ATR/CHK1 DNA 损伤修复信号转导通路及下游的修复因子。综上所述，Tax 蛋白通过抑制细胞内的 DNA 损伤感知和修复蛋白质，导致 DNA 损伤在细胞内聚集，使细胞发生癌变。

除了直接损伤 DNA 之外，Tax 蛋白还可产生氧自由基直接损伤细胞 DNA，Tax 蛋白诱导的 ROS 和其他癌蛋白诱导的 ROS 功能抑制，即均可导致细胞癌变。

四、HTLV-1 导致具有癌基因功能的 miRNA 改变

不同的肿瘤表达不同的 miRNA，3 份研究报告显示，在成人 T 细胞白血病细胞中 miRNA 表达改变。Yeung 等的研究显示，在 HTLV-1 病毒感染细胞中，肿瘤抑制蛋白基因 TP53INP1 被 miR-93 和 miR-130b 抑制；第二份报告显示，TP53INP1 被 miR-21、miR-24、miR-146a 和 miR-155 抑制；第三份报告显示，在成人 T 细胞白血病细胞中 miR-155 表达增加与肿瘤的发生相关，miR-155 可抑制 TP53INP1 的功能。这些报告提示，TP53INP1 在成人 T 细胞白血病细胞的恶性转变过程中具有重要作用。有研究显示，miRNA 的小分子抑制剂导致 HTLV-1 病毒所致的细胞恶性转变的逆转，这进一步证实了 miRNA 参与了成人 T 细胞白血

病细胞的恶性转变。这些证据提示 miRNA 参与了 HTLV-1 所致肿瘤的发生。

(赵红心 肖 江)

参考文献

李雅静,石红. 2012. HSP70 与突变型 P53 在卵巢癌中的表达及临床意义. 山西职工医学院学报,22(5):4-8.

刘妍,成军,徐东平,等. 2007. 羧基末端截短的 HBV 表面抗原中蛋白反式激活 c-myc 表达. 胃肠病学和肝病学杂志,16(1):28-32.

任继鸿,龙敏,温志远,等. 2010. 双启动子调控的条件复制腺病毒制备及其体外抑瘤作用. 现代肿瘤医学,18(5):848-852.

孙立臣,潘旭波,周先亭,等. 2012. 双靶向溶瘤腺病毒携带内皮抑素基因对肝癌的抑制作用. 中华实验外科杂志,29(8):1529-1531.

魏小雷,邹晓平. 2008. E1B 缺失腺病毒在肿瘤治疗中的进展. 江苏医药,34(12):1274-1276.

徐耀先,周晓峰,刘立德. 2000. 分子病毒学. 武汉:湖北科学技术出版社.

杨海宁,于修平,卞继峰,等. 2003. 人乳头瘤病毒 58 型 E6 蛋白对 p53 的作用研究. 中华微生物学和免疫学杂志,23(4):296-299

杨吉成. 2008. 现代肿瘤基因治疗实验研究方略. 北京:化学工业出版社.

张栋. 2011. 人乳头瘤病毒 3 种早期癌蛋白致癌作用的研究进展. 国际妇产科学杂志,38(2):120-122,135.

周晓波,徐宁志. 2007. 人乳头瘤病毒致癌机制的研究进展. 中国医学科学院学报,29(5):673-677.

Altmann M,Hammerschmidt W. 2005. Epstein-Barr virus provides a new paradigm: a requirement for the immediate inhibition of apoptosis. PLoS Biol,3:e404.

Altmann M,Pich D,Ruiss R,et al. 2006. Transcriptional activation by EBV nuclear antigen 1 is essential for the expression of EBV's transforming genes. Proc Natl Acad Sci USA,103:14188-14193.

Bian C,Zhao K,Tong GX,et al. 2005. Immortalization of human umbilical vein endothelial cells with telomerase reverse transcriptase and simian virus 40 large T antigen. Zhejiang Univ Sci B,6(7): 631-636.

Cadwell K,Coscoy L. 2008. The specificities of Kaposi's sarcoma-associated herpesvirus-encoded E3 ubiquitin ligases are determined by the positions of lysine or cysteine residues within the intracytoplasmic domains of their targets. J Virol,82:4184-4189.

Cai Q,Lan K,Verma SC,et al. 2006. Kaposi's sarcoma-associated herpesvirus latent protein LANA interacts with HIF-1 alpha to upregulate RTA expression during hypoxia: Latency control under low oxygen conditions. J Virol,80:7965-7975.

Cardoso FM,KatoSE,HuangW,et al. 2008. An early function of the adenoviral E1B 55kDa protein is required for the nuclear relocalization of the cellular p53 protein in adenovirus-infected normal human cells. Virology,378(2):339-346.

Carmeliet P. 2005. Angiogenesis in life,disease and medicine. Nature,438:932-936.

Caselmann WH,Renner M,Schlüter V,et al. 1997. The hepatitis B virus MHBst167 protein is a pleiotropic transactivator mediating its effect via ubiquitous cellular transcription factors. J Gen Virol,78:1487-1495.

Cheng JC,Auersperg N,Leung PC,et al. 2011. Inhibition of p53 represses E-cadherin expression by increasing DNA methyltransferase-1 and promoter methylation in serous borderline ovarian tumor cells. Oncogene,30(37):3930-3942.

Choy EY,Siu KL,Kok KH,et al. 2008. An Epstein-Barr virus-encoded microRNA targets PUMA to promote host cell survival. J Exp Med,205:2551-2560.

Dave SS,Fu K,Wright GW,et al. 2006. Lymphoma/leukemia molecular profiling project. Molecular diagnosis of Burkitt's lymphoma. N Engl J Med,354:2431-2442.

Davis GL,Lau JY. 1997. Factors predictive of a beneficial response to therapy of hepatitis C. Hepatology,26(Suppl 1):122-127.

Dirmeier U,Neuhierl B,Kilger E. 2003. Latent membrane protein 1 is critical for efficient growth transformation of human B cells by epstein-barr virus. Cancer Res,63:2982-2989.

Egle A,Harris AW,Bouillet P,et al. 2004. Bim is a suppressor of Myc-induced mouse B cell leukemia. Proc Natl Acad Sci USA,101:6164-6169.

Fenner JE, Starr R, Cornish AL, et al. 2006. Suppressor of cytokine signaling 1 regulates the immune response to infection by a unique inhibition of type I interferon activity. Nat Immunol, 7: 33-39.

Folkman J. 2006. Angiogenesis. Annu Rev Med, 57: 1-6.

Gale M Jr, Blakely CM, Kwieeiszewski B, et al. 1998. Control of PKB protein kinase by hepatitis C virus nonstructund 5A protein molecular mechanisms of kinase regulation. Mol Cell Biol, 18(9): 5208-5218.

HartlB, ZellerT, BlanchetteP, et al. 2008. Adenovirus type 5 early region 1B 55-kDa oncoprotein can promote cell transformation by a mechanism independent from blocking p53-activated transcription. Oncogene, 27(26): 3673-3684.

HauserS, UlrichT, WursterS, et al. 2012. Loss of LIN9, a member of the DREAM complex, cooperates with SV40 large T antigen to induce genomic instability and anchorage-independent growth. Oncogene, 31(14): 1859-1868.

Heinsohn S, Scholz R, Kabisch H, et al. 2011. SV40 and p53 as team players in childhood lymphoproliferative disorders. International Journal of Oncology, 38(5): 1307-1317.

Hildt E, Munz B, Saher G, et al. 2002. The PreS2 activator MHBs(t) of hepatitis B virus activates c-raf-1/Erk2 signaling in transgenic mice. EMBO J, 21(4): 525-535.

Hoffman B, Liebermann DA. 2008. Apoptotic signaling by c-MYC. Oncogene, 27: 6462 – 6472.

Hummel M, Bentink S, Berger H, et al. 2006. Molecular Mechanisms in Malignant Lymphomas Network Project of the Deutsche Krebshilfe. A biologic definition of Burkitt's lymphoma from transcriptional and genomic profiling. N Engl J Med, 354: 2419-2430.

Ikeda K, Kohayashi M, Someya T, et al. 2002. Influence of hepatitis C virus subtype on hepatocellular carcinogenesis: a multivariate analysis of a retrospective cohort of 593 patients with cirrhosis. Interviology, 45(2): 71-78.

Kato N. 2001. Molecular virology of hepatitis C virus. Acta Med Okayama, 55(3): 133-159.

LauerU, WeissL, P H HofschneiderP H, et al. 1992. The hepatitis B virus pre-S/S(t) transactivator is generated by 3′ truncations within a defined region of the S gene. J Virol, 66(9): 5284-5289.

Lee AT, Ren J, Wong ET, et al. 2005. The hepatitis B virus X protein sensitizes HepG2 cells to UV light-induced DNA damage. J Biol Chem, 280(39): 33525-33535.

Lomonosova E, Subramanian T, Chinnadurai G, et al. 2005. Mitochondrial localization of p53 during adenovirus infection and regulation of its activity by E1B-19K. Oncogene, 24(45): 6796-6808.

Mark L, Lee WH, Spiller OB, et al. 2006. The Kaposi's sarcoma-associated herpesvirus complement control protein(KCP) binds to heparin and cell surfaces via positively charged amino acids in CCP1-2. Mol Immunol, 43: 1665-1675.

Mark L, Spiller OB, Villoutreix BO, et al. 2007. Kaposi's sarcoma-associated herpes virus complement control protein: KCP-complement inhibition and more. Mol Immunol, 44: 11-22.

Moriya K, Fujie H, Shintani Y, et al. 1998. The core protein of hepatitis C virus induces hepatocellular carcinoma in transgenic mice. Nature Med, 4(9): 1065-1067.

Ramesh R, Panda SK, Jameel S, et al. 1994. Mapping of the hepatitis B virus genome in hepatocellular carcinoma using PCR and demonstration of a potential trans-activator encoded by the frequently detected fragment. J Gen Virol, 75: 327-334.

RothJ, KonigC, WienzekS, et al. 1998. Inactivation of p53 but not p73 by adenovirus type 5 E1B 55-kilodalton and E4 34-kilodalton oncoproteins. Journal of Virology, 72(11): 8510-8516.

Royds JA, Hibma M, Dix BR, et al. 2006. p53 promotes adenoviral replication and increases late viral gene expression. Oncogene, 25(10): 1509-1520.

Schluter V, Rabe C, Meyer M, et al. 2001. Intracellular accumulation of middle hepatitis B surface protein activates gene transcription. Dig Dis, 19(4): 352.

Shin YC, Joo CH, Gack MU, et al. 2008. Kaposi's sarcoma-associated herpesvirus viral IFN regulatory factor 3 stabilizes hypoxia-inducible factor-1 alpha to induce vascular endothelial growth factor expression. Cancer Res, 68: 1751-1759.

Shoji T, Higuchi M, Kondo R, et al. 2009. Identification of a novel motif responsible for the distinctive transforming activity of human T-cell leukemia virus(HTLV) type 1 Tax1 protein from HTLV-2 Tax2. Retrovirology, 6: 83.

Si H, Robertson ES. 2006. Kaposi's sarcoma-associated herpesvirus-encoded latency-associated nuclear antigen induces chromosomal instability through inhibition of p53 function. J Virol, 80: 697-709.

Smeets SJ, vander Plas M, Schaaij Visser TB, et al. 2011. Immortalization of oral keratinocytes by functional inactivation of the p53 and pRB pathways. International Journal of Cancer, 128(7): 1596-1605.

Smith RW, Nasheuer HP. 2003. Initiation of JC virus DNA replication in vitro by human and mouse DNA polymerase alpha-primase. Eur J Biochem, 270(9): 2030-2037.

SteegengaWT, ShvartsA, RitecoN, et al. 1999. Distinct regulation of p53 and p73 activity by adenovirus E1A, E1B, and E4orf6 proteins. Molecular and Cellular Biology, 19(5): 3885-3894.

Vilchez RA, Butel JS. 2003. Polyomavirus SV40 infection and lymphomas in Spain. Int J Cancer, 107(3): 505-506.

Yeung ML, Yasunaga J, Bennasser Y, et al. 2008. Roles for microRNAs, miR-93 and miR-130b, and tumor protein 53-induced nuclear protein 1 tumor suppressor in cell growth dysregulation by human T-cell lymphotrophic virus 1. Cancer Res, 68: 8976-8985.

Zemel R, Gerechet S, Greif H, et al. 2001. Cell transformation induced by hepatitis c virus NS3 serine protease. J Viral Hepat, 8(2): 96-102.

Zemel R, Kazatsker A, Greif F, et al. 2000. Mutations at vicinity of catalytic sites of hepatitis C virus NS3 serine protease gene isolated from hepatocellular carcinoma tissue. Dig Dis Sci, 45(11): 2199-2202.

Zhang X, Zhang H, Ye L. 2006. Effects of hepatitis B virus X protein on the development of liver cancer. J Lab Clin Med, 147(2): 58-66.

第十一章　p53 基因

肿瘤的形成是一个多因素、多阶段、长期相互作用的正常细胞恶性转化的过程。其中包含了一系列不同的基因异常和突变，这些异常和突变的不断积累，导致细胞发生恶性转化。这些基因方面的变化主要可以概括为原癌基因的激活及肿瘤抑制基因的失活这两个不同的方面。在一系列的肿瘤抑制基因中，p53 基因与肿瘤的关系较早受到人们的重视，而且也是研究最为广泛、最为系统的抗癌基因之一。至 1993 年，p53 的研究已成为肿瘤研究领域中最为活跃的分支。p53 蛋白则被美国权威自然科学杂志 *Science* 评为 1993 年度的"明星分子"，认为 p53 在体内扮演者"分子警察"、"基因组卫士"的角色，监视细胞基因组的完整性。

随着对 p53 基因、蛋白质结构和功能的不断研究，对 p53 蛋白有了更为深入的认识。人们对 p53 基因的认识经历了癌蛋白抗原、癌基因到抑癌基因的 3 个认识转变。尽管 p53 与肿瘤密切相关，但 p53 研究的意义早已超出了肿瘤学的研究范围，而是 DNA 的损伤与修复、细胞生长与分化、细胞周期与细胞程序化死亡等生命科学领域中重要的蛋白质分子。

第一节　p53 的基因结构与突变

早在 1979 年，Lane 等及 Linzer 等在研究 SV40 转化的细胞时，就发现一种与 SV40 抗原紧密结合的一种分子质量约为 53kDa 的细胞蛋白质，在腺病毒感染细胞中也发现了该蛋白质的存在，而且其与分子质量为 58kDa 的 E1B 病毒蛋白结合成复合物。当初并不太清楚其结构功能，因而称之为 p53 蛋白。因为 SV40 的 T 抗原、腺病毒的 E1B 蛋白都与正常细胞的恶性转化有关，因而对 p53 的功能认识，推测其与肿瘤的发生、发展具有密切的关系。但关于 p53 结构与功能的进一步认识还是在 p53 基因克隆完成以后才得以进行的。

1984 年，Benchimol 等克隆了小鼠的 p53 cDNA，以此为探针，从人的基因组文库中克隆了人基因组形式的 p53 基因片段，并以此为探针，从人的 cDNA 文库中克隆了人的 p53 cDNA。

一、p53 的基因结构

1984 年，Matlashewski 等首先克隆了人 p53 的 cDNA。全长为 2074bp，含有单一的开放读码框架（open reading frame，ORF），其 5′端非翻译区为 881 个核苷酸，之后的编码区由 1179 个核苷酸组成，可编码的 p53 蛋白由 393 个氨基酸残基组成。小鼠的 p53 cDNA 可编码一种由 390 个氨基酸残基组成的多肽。小鼠与人 p53 基因编码区核苷酸序列的同源性为 83%，氨基酸残基序列的同源性为 84%。但是，p53 基因的 3′端非编码区，人和小鼠 cDNA 的序列和长度均有显著的差别，人 p53 cDNA3′端的非编码区长达 1.2kb，而小鼠 p53 基因的 3′端非编码区长度仅为 400bp。人 p53 cDNA 的 3′端非翻译区中，1448 ~ 1570bp 核苷酸序列与小鼠 p53cDNA 序列中相应的结构区域具有较高的同源性（74%），是两种 p53 基因中 3′端非翻译区的高度保守的序列部分。人 p53 cDNA 中从 1937 位点上的核苷酸到 2056 位点上的多聚腺苷酸化信号(poly adenylation signal)序列间的核苷酸,与小鼠 p53 基因的相应部分的序列同源性达 67%,人 p53 cDNA 序列中,在上述两段相对保守的核苷酸序列之间,有一段 Alu 重复序列。Alu 重复序列的方式与 p53 基因的转录方向相反,但在小鼠 p53 基因中未发现 Alu 重复序列的存在。

为测定人 p53 mRNA 的长度以及在各种组织细胞中的表达情况,从细胞中分离纯化了带有多聚腺苷酸尾巴的 RNA,以 p53 cDNA 为探针进行 Northern blotting 杂交检测。结果表明,人 p53 mRNA 的长度为 2.8kb,而小鼠 p53 mRNA 的长度为 2.0kb。因此,人 p53 mRNA 长于小鼠 p53 mRNA。其原因是人 p53 cDNA 的 3′端非编码区比小鼠 p53 cDNA 相应结构部分长约 800bp。从人 SV80 细胞系中可以发现两种 p53 mRNA。从 SV80 细胞系中提取蛋白质进行 SDS-聚丙烯酰胺凝胶电泳时,也可鉴定出两种 p53 蛋白分子,在多种细胞类型中都发现了这一现象。SV80、C331 及 Raji 细胞中都含有高水平表达的 p53 蛋白以及 mRNA 的转录表达,但 HeLa 细胞系中则未能检测到 p53 基因的表达。

人类 p53 基因组 DNA 定位于 17p13.1,横跨 16～20kb DNA 序列。p53 基因由 11 个外显子和 10 个内含子组成,外显子 1 无蛋白质编码功能,而且距外显子 2 有 8～10kb 之遥。进化过程中 p53 基因高度保守,对来源于不同种系生物系统的 p53 基因序列进行比较,有 5 段氨基酸残基序列高度保守,同源性高达 90% 以上。这 5 段序列分别是 13～19 位、117～142 位、171～181 位、234～258 位和 270～286 位上的氨基酸残基序列,由外显子 2、4、5、7、8 分别编码。这 5 段在进化上处于高度保守状态的序列是 p53 蛋白功能的重要依赖区。p53 基因编码产物是一种由 393 个氨基酸残基组成的、分子质量为 53kDa 的核磷酸化蛋白。

p53 蛋白可分为以下几个功能区:1～42 位氨基酸残基为 N 端转录活化区(transcription-activation domain,TAD),也称为活化区 1(activation domain 1,AD1),通过与转录因子结合而发挥转录激活功能;N 端含有 2 个转录活化区,其中 1～42 位氨基酸残基为主要转录活化区、55～74 氨基酸残基为次要转录活化区。43～63 位氨基酸残基为活化区 2(activation domain 2,AD2)、64～92 个氨基酸残基为脯氨酸聚集区(proline rich domain),p53 的促凋亡活性与这两个区有关。100～300 个氨基酸残基为中央 DNA 结合区(central DNA-binding core domain,DBD),特异性结合靶基因中的顺式作用元件,调节靶基因的转录活性。300～393 氨基酸残基为 C 端,其中 316～325 个氨基酸残基为核定位信号区(nuclear localization signaling domain)、307～355 个氨基酸残基为同源寡聚结构域(homo-oligomerization domain,OD),四聚体化为 p53 蛋白在体内的活化形式;C 端 356～393 个氨基酸残基还包含 1 个下调中央区 DNA 结合能力的区域,故未经修饰的 C 端被认为是中央 DNA 结合域的负调控因子。

二、p53 基因的多态性

与其他大多数基因一样,p53 基因也具有多态性(polymorphism),其多态性见于有限的几段基因区。

早在 20 世纪 80 年代,人 p53 cDNA 克隆后不久,就发现了 p53 基因第 72 位密码子的序列多态性,由脯氨酸(proline)突变为精氨酸(arginine),但当时的研究者认为 p53 是一种原癌基因而忽视了对 p53 突变体的研究,认为两者(P72 和 R72)在功能上无明显差别。直到 1994 年,Beckman 等才发现不同种族人群的 P72 和 R72 等位基因出现的频率显著不同,如

P72 等位基因在约 60% 非黑种人的美国人中出现，但仅在 30% ~ 35% 白人美国人中出现。更为有趣的是，他们还发现在多数人群中，离赤道越近，P72 等位基因出现的频率越高，呈线性相关性。因此他们推测第 72 位密码子多态性可能与 p53 功能相关，致使离赤道越近暴露紫外线越多的人群选择 P72 等位基因。1995 年，Själander 等对北欧部分人群的 p53 基因的多态性进行了研究，发现了 p53 基因的 3 种多态核苷酸序列，一种是第 72 位密码子 *Bst*UI 切点区的限制性片段长度多态性（restriction fragment length polymorphism，RFLP）、一种是第 3 内含子区的一段 16bp 的核苷酸序列、一种是第 6 内含子区的 Msp[1] 的 RFLP，第 72 密码子位点及第 3 内含子区 16bp 核苷酸序列内的基因多态性具有明显的种族特异性。同年，Hahn 等对 p53 基因第 1 内含子区中五核苷酸序列（AAAAT）的多态性进行了研究。应用 p53 基因特异性的引物 VNTR-1，5′-ACTCCAGCCTGGGCAATAAGAGCT-3′，以及 VNTR-2，5′-ACAAAACACCCCTACCAAACAGC-3′，对 p53 基因的第 1 内含子区序列以聚合酶链反应（polymerase chain reaction，PCR）技术扩增。预计扩增的片段长度为 131bp，这一片段中含有一个可变数目的串联重复（variable mumber tandem repeat，VNTR），与 p53 基因多态性有关。1999 年，Banks 及其同事首次比较了 P72 和 R72 蛋白的生物学活性，发现这两种蛋白质在 DNA 结合或转录活性上无差别，但 R72 对细胞转化抑制作用更强，R72 诱导凋亡的动力学比 P72 快 5 倍。而第一次真正比较内源性 P72 和 R72 的生物学活性是在 2002 年，Franceschi 等研究发现，在细胞毒性药物阿糖胞苷的作用下，R72 较 P72 的致白细胞凋亡使用明显增强。2009 年，中国科学院昆明动物研究所宿兵研究员的实验室（助理研究员）与该所海外团队卢欣教授（英国牛津大学路德维格癌症研究所所长）合作研究发现，东亚人群中，p53 基因第 72 位密码子变异与纬度密切相关，纬度越高，所在纬度人群中 R72 等位基因频率越高。这种相关性是由于不同纬度在冬季的气温差异所致。在细胞水平的功能研究表明，p53 的两种等位基因对其代谢通路中的 LIF 基因活性影响程度不同，从而可能最终导致不同等位基因对胚胎着床成功率的影响，这可能是东亚现代人在史前由南向北迁徙过程中为应对环境变化而发生的适应性改变。

p53 的第二个主要的基因多态性位点在第 47 位密码子，Harris 等于 1996 年首先发现了该多态性位点，第 47 位氨基酸由脯氨酸突变为丝氨酸（serine），即 S47。他们发现这种等位基因的出现频率在黑人美国人中小于 5%，在白人美国人中根本不出现。随后另有研究者发现 S47 的出现频率在黑人美国人中约为 1%。S47 因紧邻 S46 而影响 S46 的磷酸化，不利于诱导细胞凋亡。

p53 基因多态性对家族性肿瘤综合征的家系分析（linkage analysis）、肿瘤细胞中 p53 基因等位基因的缺失等研究具有重要的临床意义。

三、p53 的假基因

人、大鼠及小鼠基因组中 p53 基因组 DNA 及染色体定位已经完成。人 p53 基因组 DNA 定位于 17p13.1，而且人的基因组中仅有一个功能性 p53 基因。但在小鼠染色体中除了位于 11 号染色体上具有功能的 p53 基因外，在 14 号染色体上还具有一个假基因（pseudogene）。1995 年，Lin 等应用 PCR 技术从大鼠基因组克隆到 1.3kb 和 1.2kb 两段 DNA 序列，都能与人 p53 cDNA 探针进行杂交。序列分析表明，这是两段不含内含子的大鼠 p53 假基因，命名为 ΨR53-1 和 ΨR53-2。其序列代表了从翻译起始密码子到翻译终止密码子的经过剪切的全部序列。对大鼠脾脏、肾脏等器官中所提取的 DNA 进行 PCR 分析，证实 ΨR53-1 和 ΨR53-2 两个假基因是从生殖细胞中形成的。ΨR53-1 和 ΨR53-2 与大鼠 p53 cDNA 序列的同源性分别为 85% 和 83%，通过计算，认为 ΨR53-1 假基因形成于 1000 万年前，而 ΨR53-2 假基因则形成于 1200 万年前。另外，ΨR53-1 基因中一段 95bp 的插入序列与大鼠 p53 基因第 10 内含子序列中一段 96bp 的序列同源性达 90%。

同年，Tanooka 等对小鼠 p53 假基因的种系分布进行了研究。结果表明，小鼠基因组中存在 p53 假基因，而且其分布具有种系特点。对 22 份标本进行检测，8 份标本中检测到了 p53 假基因，但另外 14 份标本中未检测到。与大鼠基因组中多种 p53 假基因并存的情况不同，每一种小鼠中仅存在着单一类型的 p53 假基因。对于小鼠 p53 假基因的外显子 4 和外显子 5 序列进行分析，发现假基因有 3 种不同类型。第一种称为 Ψ53.1，第 122 密码子由 ACG 替换成为 ACA，同时第 139 密码子由 CCT 变为 TCT。第二种 p53 的假基因称为 Ψ53.2，第 120～122 的 5 个密码子有缺失突变，即 ATGTGC ACG 突变为 ACTG，同时，143TGG 突变为 143TGA。第三种称为 Ψ53.2.1，不仅具有 Ψ53.2 的基因序列变化特征，同时 137ACG 突变为 137ACA。所有的 p53 假基因都呈已经剪切加工的序列结构形式，即不含有内含子序列，而且其共同的特点是第 122 密码子的序列有变化。

2001 年，Tanooka 等再次利用 PCR 和基因测序技术研究小鼠 p53 假基因，在外显子 4、5 区（共 423bp）发现了 24 个不同的突变，其中 19 个为新发现的突变。C57BL、C3H/He、BALB/c 和 ICR 实验小鼠系 p53 假基因外显子 4、5 区序列相同。

四、p53 基因的表达调控

p53 野生型蛋白在正常条件下是一种不稳定的调节蛋白，其半衰期仅有 15～30min。因此，在正常细胞中几乎检测不到 p53 蛋白的表达，也起不到对细胞生长的抑制作用。在体外，p53 蛋白与 HPV16/18 E6 蛋白及 E6-Ap 蛋白相互作用，通过泛素依赖性的蛋白质裂解系统进行降解，在缺乏泛素表达的细胞中也可观察到 p53 蛋白积集的现象，因此认为体内 p53 蛋白的水平受到泛素依赖性的蛋白质裂解系统的调节。p53 蛋白的氨基末端中含有 PEST 序列，与泛素依赖性蛋白质裂解系统的作用有关。将这一位点以基因工程技术进行缺失突变，细胞中的 p53 蛋白质表达水平提高 40 倍。

当细胞 DNA 受到损伤以后，p53 蛋白出现积聚现象并诱导细胞出现细胞周期 G_1 期阻滞或细胞程序化死亡。此时，p53 蛋白积集的机制并非 p53 基因转录水平升高，似乎与转录无关，同时发现翻译后 p53 蛋白的稳定性增加。细胞中 DNA 受到损伤后出现积集的 p53 蛋白能够保持野生型 p53 蛋白的构象（conformation），不能被突变特异性的单克隆抗体 PAb240 所识别。p53 蛋白稳定性的调节机制具有重要的生物学意义。当基因组受到损伤时，需要 p53 蛋白的稳定性增加，p53 蛋白的积集诱导细胞周期的 G_1 期阻滞或细胞程序化死亡，而细胞处于正常状态时，则 p53 蛋白的表达维持很低的水平，对细胞增殖过程无太大影响。触发 p53 蛋白积集的分子机制还不十分清楚，但推测 p53 蛋白的构象与其稳定性极为相关，特别是 p53 蛋白的磷酸化修饰对其构象的影响。另外，与 p53 蛋白能够结合的细胞蛋白因子对 p53 蛋白的构象也产生一定影响。许多肿瘤细胞中突变型 p53 蛋白的表达水平升高，突变型 p53 蛋白的半衰期之所以延长，是因为 p53 基因错义突变而使 p53 蛋白的构象发生了改变。携带有内源性突变 p53 基因的乳腺癌细胞系，以小鼠温度敏感型 p53 突变基因转染后，该突变型 p53 蛋白的稳定性增加，当转染携带野生型 p53 基因的乳腺癌细胞系后，p53 蛋白的稳定性则不增加。Fraumeni 家族性综合征个体中含有突变的 p53 等位基因，从这种个体建立的成纤维细胞系，带有遗传性的 p53 基因突变。这一突变的等位基因与野生型 p53 基因一样，表达水平很低，但在这种个体的肿瘤细胞中，野生型 p53 等位基因丢失，突变的 p53 等位基因的表达水平也显著升高。这表明 p53 基因突变本身并不对其稳定性产生足够的影响，而肿瘤细胞周围的环境是增加 p53 蛋白稳定性的决定因素。

p53 的磷酸化是一种重要的翻译后修饰机制。能够促使 p53 蛋白发生磷酸化的蛋白激酶有多种，包括酪蛋白激酶（caseinkinase）Ⅰ和Ⅱ、Cdc2、CDK2 及 DNA 激活的蛋白激酶（DNA-activated proteinkinase，DNA-PK）等。p53 蛋白发生磷酸化修饰的意义尚不十分清楚。人 p53 蛋白 Ser392 位点被酪蛋白激酶Ⅱ催化发生磷酸化之后，可以激活 p53 蛋白在体外的特异性 DNA 结合活性。小鼠 p53 蛋白 Ser386 位点也是酪蛋白激酶Ⅱ催化的一个位点，当发生 Ser386 Ala 突变时，则失去野生型 p53 蛋白介导的生长抑制作用，表明 Ser386 这一磷酸化位点在功能上具有十分重要的地位。但人 p53 基因如果发生 Ser392 Ala 或 Ser392 Asp 突变，则对其反式激活及抑制转化生长细胞的作用影响不大。DNA-PK 是一种 DNA 依赖性的丝氨酸/苏氨酸激酶，与一系列核蛋白的磷酸化有关，包括 p53、Sp1、SV40 T 抗原、Oct-1、Oct-2、RNA 多聚酶Ⅱ及 c-Myc 等。人 p53 蛋白中的 Ser15 和 Ser37、小鼠 p53 蛋白质中的 Ser7 和 Ser18 都是 DNA-PK 催化作用的位点。人 p5337Ser 突变为 Ala 时，则不如野生型 p53 对细胞周期进展的抑制有效，而 Ser15 Ala 突变，抑制细胞进入 S 期的作用显著降低。

Raincvater 等将小鼠 p53 蛋白分子中的半胱氨酸残基替换为丝氨酸残基，研究 p53 分子中半胱氨酸残基对 p53 功能的影响。在第 40、179、274、293 或 308 位点上进行定点置换，结果发现其对 p53 蛋白功能几乎没有影响。但是第 173、235 或 239 位点上进行置换则可使 p53 蛋白在体外与 DNA 的结合能力显著下降，转录激活作用全部丧失，不仅对恶性转化无抑制作用，反而具有促进作用。因此，认为 p53 蛋白分子中某些部位的半胱氨酸残基对其功能的保持具有十分重要的意义。

p53 蛋白在 DNA 受到损伤时表达水平升高，在维持基因组完整性方面具有十分重要的作用。以抗肿瘤药物，如丝裂霉素（mitomycin）诱导的基因毒性，p53 mRNA 的转录水平升高，p53 基因启动子被激活。表明 p53 对基因毒性应答的机制部分是由于转录水平上的调控机制。对与这一应答有关的 p53 基因启动子区进行研究，发现−70 ~ −46 核苷酸的序列是一种新型的 p53 启动子元件，被称为 p53 核心启动子元件（core promoter element）。这一核心启动子元件对基础 p53 启动子活性而言必不可少，在基因毒性刺激时的应答中具有十分重要的意义。NF-κB p65 的表达并不能够刺激 p53 启动子活性显著升高，NF-κB 的抑制剂（如 *N*-乙酰半胱氨酸和 IκBα 等），也不能抑制基因毒性应激中 p53 启动子的激活，因此，这一核心启动子元件是与 κB 结构不同的 p53 调节基因序列。

第二节　p53 蛋白的转录调控作用

作为一种转录因子（transcription factor），p53 蛋白对一系列基因的表达具有调控作用，特别是转录调控作用。根据 p53 蛋白在转录调控中的作用性质，分为转录激活（transcriptional activation）和转录抑制（transcriptional repression）。p53 对基因转录的激活与抑制作用，依赖于 p53 蛋白与相应的调控基因 DNA 序列间相互的、特异性的作用，因而 p53 蛋白的调控作用也具有其结构基础。另外，p53 野生型蛋白与突变型蛋白作用不同，调控基因 DNA 结合靶区的改变对 p53 基因调节作用具有重大意义。

一、p53 蛋白转录调控作用的结构基础

野生型 p53 蛋白与 DNA 之间的结合具有序列特异性。应用相关技术鉴定了一系列 p53 特异性识别的 DNA 序列，见表 11-1。

表 11-1　p53 蛋白识别与结合的 DNA 序列

位点	5′-PuPuPuC(A/T)(A/T)GPyPyPyPy-3′
p53 CON	GGA CATG CCC GGG CATG TCC
BC	GGG CATG TCC GGG CATG TCC
syncon	AGCTTAGA CATG CCT AGA CATG CCTA
RGC	GAT TGC CAAG CCT GGA CTTG CCT GGC CTTG CCTTTT
SV40	GCCATGGGGCGCAGAATGGGAACTGGGCGGAGTTAGCTCGA
MCK	TCGAG TGG CAAG CCT A TGA CATG GCC GGG GCTG CCTCTCTCTGC
G1N LTR	CCAGGA CATG CCC GGG CAAG CCC CATG
GADD45	TGGTACAGAA CATG TCT AAG CATG CTG GGGACT
MDM2	GGT CAAG TTG GGA CACG TTC AGC TAAG TCC TGA CATG TCT
WAF1	GAA CATG TCC CAA CATG TTG
p53	G GGA CTTT CCC TCCCACTGT
MgBH6	GACACTGGTC ACA CTTG GCT GCTTAGGAAT
CycG	AGACCTGCCC GGG CAAG CCT

El-Deiry 等应用改良的 DNA 结合免疫学实验，结合 PCR 技术对人基因组中某一特定基因片段的扩增，鉴定出两段分别由 10 个碱基组成的 DNA 序列为 p53 进行特异性识别与结合的序列，即 5′-PuPuPuC(A/T)(A/T)GPyPyPyPy-3′，两段特异性序列之间有一段 13bp 或更短的序列所间隔。将其与之前鉴定的 p53 蛋白结合位点的序列进行比较，结果发现 RGC 结合点与 MCK 结合点间的序列相似，仅存在几个核苷酸差异，但 SV40 序列却不同。

与特异性 DNA 序列结合有关的 p53 蛋白的结构序列约由 200 个氨基酸残基组成，即位于 p53 基因表达产物的中间部分，相当于 100～300 位氨基酸残基。在多达半数的肿瘤细胞中都可观察到 p53 基因突变，而绝大多数 p53 基因突变都发生在这个由 200 个氨基酸残基组成的区域内。从肿瘤细胞中克隆的发生突变的 p53 基因编码的 p53 突变蛋白对特异性 DNA 序列的结合能力显著下降。这证实了 p53 野生型蛋白的抗肿瘤作用与其结合 DNA 序列的能力之间具有十分重要的关系。

正常情况下，野生型 p53 分子以均一的寡聚体(homooligomer)形式存在。这种均一的寡聚体形成过程具有 p53 蛋白野生型结构依赖性。p53 蛋白分子羧基末端序列与 p53 蛋白寡聚体的形成具有密切关系。p53 蛋白分子中 334～356 位的氨基酸残基序列形成螺旋结构，与 p53 蛋白的二聚体(dimerization)形成有关，而位于 363～386 位的碱性氨基酸残基与

p53 蛋白形成更高级的寡聚体,如四聚体(tetramer)有关。Pavietich 等的研究则表明,p53 蛋白分子中 311 ~ 367 位的氨基酸残基与四聚体形成有关,而 Wang 等的研究证实 323 ~ 355 位的氨基酸残基序列为 p53 蛋白四聚体形成的主要决定位点,p53 蛋白分子中部还有一个位点是 p53 蛋白四聚体形成的次要决定位点。p53 蛋白的三维立体结构分析及多维核磁共振(nuclearmagnetic resonance,NMR)研究都证实其羧基末端,尤其是 319 ~ 360 位氨基酸残基的序列与其四聚体的形成能力有关。

p53 蛋白分子具有形成寡聚体的能力以及能与 p53 进行特异性结合的 DNA 序列包含有 4 段核苷酸五聚体(pentamer)的事实,提示 p53 蛋白与保守的 DNA 序列是以四聚体形式进行结合的。以野生型 p53、二聚体形式的 p53 以及缺失突变的单聚体形式的 p53 蛋白在体外与保守 DNA 序列的结合实验表明,四聚体及二聚体形式的 p53 蛋白都可与保守的 DNA 片段结合,但单体形式的 p53 蛋白则不能与相应的 DNA 序列进行结合。但也有报道,Southern blotting Western blotting 分析证实单体形式的 p53 蛋白也能与 DNA 进行结合。体外 p53 与 DNA 结合实验发现,p53 蛋白与 CON 序列之间的结合需要有其他核蛋白因子的共同参与,但 p53 蛋白与 RGC 和 BC 序列的结合过程则不需要另外的核蛋白因子参与。从细胞提取物中获得的 p53 蛋白与 p53 特异性的 CON 序列之间的亲和力最高,因为细胞中往往含有携带 RGC、MCK 或 SV40 基因序列的 DNA 结构,而与 CON 序列进行特异性结合的 p53 寡聚体蛋白形式不受影响。由此看来,p53 蛋白对保守 DNA 序列的识别与结合,还受自细胞蛋白质因子的影响。

p53 野生型蛋白分子具有抑制肿瘤细胞的作用,但其突变型的等位基因却往往具有癌基因的作用,可使体外培养的细胞发生恶性转化。在这类细胞中,突变型的 p53 蛋白作为一种显性的负调节因子,干扰了内源性野生型 p53 蛋白的作用,其机制是突变型 p53 蛋白分子与野生型 p53 蛋白分子结合,形成一种异寡聚体(hetero-oligomer),该复合物即改变了野生型 p53 蛋白分子的构象,失去了与特异性 DNA 序列相结合的能力。而不能形成寡聚体的 p53 蛋白对野生型 p53 蛋白的作用无干扰。不能形成寡聚体的 p53 蛋白编码基因与突变的 ras 基因共同转染大鼠胚胎成纤维细胞也不能使其发生恶性转化。另外,以蛋白质工程技术构建了保留 302 ~ 390 个或 302 ~ 360 个氨基酸残基序列,而其他羧基末端序列发生突变的 p53 蛋白分子。这种类型的突变分子也可与野生型 p53 蛋白分子形成寡聚体,也阻断了野生型 p53 蛋白分子与保守 DNA 序列间的结合,而且这种形式的 p53 突变基因能够使正常的大鼠胚胎成纤维细胞发生恶性转化。这进一步证实了突变型 p53 基因在某些情况下会转变为癌基因,其主要机制是其与野生型 p53 蛋白形成异寡聚体形式,改变其构象而使其失去与 DNA 序列结合的能力,也失去作为肿瘤抑制基因的转录调节能力。

通过野生型 p53 蛋白与特异性靶 DNA 进行结合,制备了与 DNA 结合的 p53 蛋白晶体,并对这种蛋白质晶体结构进行了分析。晶体结构分析表明,与 DNA 结合的 p53 核心位点结构以 αβ 三明治结构为主,其功能是作为环-片层-螺旋(loop-sheet-helix)结构及另外两个环状结构的脚手架,支撑起一个独特的立体结构。环-片层-螺旋结构中的氨酸残基与靶 DNA 序列的主沟(major groove)部分发生作用,另外两个环状结构以其 Arg248 残基与靶 DNA 序列的次沟(minor groove)部分发生作用。两个环状结构区,一个与 DNA 发生直接的作用,另一个则可使这种直接作用更为牢固。四面体形式的锌原子有助于两个环状结构连接在一起。与肿瘤的发生、发展有关的 p53 基因的突变,其位点往往位于 p53 蛋白与 DNA 结合的主要位点区,即环-片层-螺旋结构区及两个环状结构区。

总的来讲,p53 蛋白分子的结构区可以分成 3 段不同的功能部分。第一段是氨基末端序列,由多种酸性氨基酸残基组成,其功能是反式激活(transactivation)位点。第二段是指中间部分,与 p53 蛋白和 DNA 进行序列特异性结合有关。第三段是其羧基末端部分,具有多种生物化学作用,通过不同的二聚体结构使 p53 蛋白形成寡聚体等。p53 蛋白的羧基末端在单独情况下进行表达,则具有很强的致正常细胞发生恶性转化的功能,即使这种细胞中具有正常水平的野生型 p53 蛋白的表达也是如此。这种致恶性转化的作用机制可能很复杂,其中部分机制可能是 p53 羧基末端部分作为一种显性负调节因子,突变的 p53 羧基末端与野生型 p53 蛋白形成非功能性的异寡聚体形式,因而导致野生型 p53 蛋白序列与特异性 DNA 结合的功能丧失。二聚体形成结构的小范围缺失突变,则可导致 p53 蛋白不能形成寡聚体的形式,在溶液中以单体形式存在,与特异性靶 DNA 的序列的结合能力显著下降,几尽丧失。但是,这种处于单体状态的 p53 蛋白仍然保留了序列特异性的反式激活功能,仍能保持其抑制某些癌基因恶性转化的能力。Shaulian 等应用基因工程技术,对于 p53 基因进行了一系列的定点突变和缺失突变,并对突变体的功能进行了研究。第一,p53 蛋白的羧基末端缺失突变仍能保留其对靶基因的反式激活作用,对癌基因介导的恶性转化作用的抑制功能也能保留。小鼠 p53 蛋白分子中 330 ~ 344 位的一段氨基酸残基的缺失突变,仍能保留其以序列特异性的方式与靶启动子(promoter)区进行结合以及保留其反式激活的能力。这种中间部分缺失突变形式的小鼠 p53 蛋白仍然保持其单体形式,表明寡聚体的形成并不是 p53 蛋白对某些启动子区进行反式激活时绝对的先决条件。p53 蛋白对靶基因的反式激活功能是 p53 蛋白发挥抗肿瘤作用的一个重要环节。利用 p53 羧基末端不同范围的缺失突变体,对其突变范围与其抗癌基因恶性转化的作用之间的相互关系进行了系统的比较研究。结果表明,将 p53 缺失突变基因置于 Harvey 肉瘤病毒(Ha-SV)长末端重复序列(long teminal repeat,LTR)或巨细胞病毒(cytomegalovirus,CMV)即刻早期(immediate early,IE)启动子/增强子(promoter/enhancer)序列的下游,重组表达载体与 c-myc 或 Ha-ras 癌基因共转染原代大鼠胚胎成纤维细胞(rat embryo fibroblast,REF)以后,所有的羧基末端形式突变的 p53 都有抑制肿瘤病灶形成的能力。但是,p53 分子结构中,其高度保守的中间区即便发生单个氨基酸残基的替换,即失去对肿瘤形成的抑制作用,实际上还具有促进正常细胞发生恶性转化的能力。这些结果表明,p53 的反式激活作用与其抗增生(antiproliferation)作用之间是密切相关的。第二,保留 p53 蛋白分子 1 ~ 303 个氨基酸残基的突变型 p53 wtdl303 分子具有特异性的转录激活作用,但不如野生型 p53 蛋白分子作用的效率高。p53 wtdl303 既不具有 p53 蛋白形成二聚体的结构,也不含有核分布信号(nuclear localization signal,NLS)区,但仍能通过序列特异性的结合发挥对靶启动子序列的激活作用,推测这种突变型的 p53 对某些基因表达的反式激活作用是通过一种间接的、非特异性的机制。野生型的 p53 蛋白对携带野生型 RGC 位点的启动子序列具有很强的反式激活作用,但对携带突变型 RGC 位点的启动子序列则没有反式激活作用。p53 wtdl303 突变型 p53 蛋白分子对野生型 RGC 位点的启动子序列也有反式激活作用,但较野生型 p53 蛋白的反式激活作用要弱一些。同样的道理,p53 wtdl303 对携带突变型 RGC 位点的启动子序列也没有反式激活作用。第三,p53 蛋白分子的羧基末端可以阻断 p53 蛋白的反式激活作用。将 p53 蛋白羧基末端的编码基因构建重组表达载体,转染细胞得到过表达以后,可以阻断细胞中内源性的野生型 p53 蛋白分子对基因的反式激活作用，而具有癌基因的恶性转化作用。p53 蛋白羧基末端片段含有 p53 蛋白形成二聚体所必需的结构部分，在 REF 的恶性转化过程中与癌基因 ras 具有协同作用，从而使这种原代细胞获得永生性（immoibilization）。p53 蛋白羧基末端这一片段的功能，其机制是作为一种显性的阴性突变体，与野生型的 p53 蛋白进行结合，改变其构象，阻断其特异性的反式激活功能。第四，以酵母细胞二次杂交系统证明，p53 蛋白羧基末端位点与 p53 蛋白之间不存在牢固的结合作用。酵母细胞二次杂交系统常常用于与一种蛋白质发生相互作用的蛋白质分子的筛选，也同时用于已知的两种蛋白质分子是否存在着结合能力的研究。将 p53 蛋白及其相应的羧基末端序列分别克隆到两个表达载体中，共同转染酵母细胞，如果 p53 蛋白的羧基末端部分能与全长的野生型 p53 蛋白分子之间进行结合，那么转染的酵母细胞中作为指示报道的基因则会表达，通过这种报道基因的表达可以判断两种蛋白质分子之间的有效结合。第五，p53 蛋白的羧基末端部分对 p53 蛋白的反式激活作用位点具有抑制作用，并对异源性转录因子的转录激活具有抑制作用。p53 蛋白的羧基末端部分对 p53 wtdl303 的抑制作用，从理论上来讲，或者是通过对序列特异性的 p53 蛋白与靶 DNA 序列之间结合作用的阻断，或者是通过对 p53 wtdl303 分子一般的转录因子作用的阻断。含有野生型 p53 蛋白序列 1 ~4 和 315 ~390 两段氨基酸序列的 N315 多肽不能与另一分子的 N315 蛋白形成复合物，这似乎排除了 p53 羧基末端多肽对 p53 蛋白的作用，而只是 p53 羧基末端多肽分子与野生型 p53 蛋白分子中 DNA 结合位点的结合而造成的可能性。酵母细胞转染实验表明，N315 对 p53 的反式激活作用具有较强的抑制作用。同时还观察到，N315 对 VP16 这种腺病毒蛋白的反式激活作用也具有同种程度的抑制作用。这一结果表明，p53 蛋白羧基末端部分对 p53 蛋白反式激活作用的阻断是一种非特异性的机制。

二、p53 蛋白的转录激活作用

p53 蛋白的转录激活作用是 p53 蛋白抑制肿瘤的重要机制之一。从结构上来说，p53 蛋白的氨基末端部分，即 1 ~24 个氨基酸组成的一段多肽是一种作用很强的转录激活剂（transcriptional activator）。p53 蛋白的中间部分序列决定 p53 蛋白与 DNA 之间进行序列特异性的结合，因此，野生型 p53 蛋白只能与具有某些特殊结构的启动子 DNA 序列结合，使野生型 p53 蛋白带上了特异性的反式激活作用的性质和特点。一般来讲，发生基因突变的 p53 蛋白其转录激活作用降低或完全消失。但也有部分类型的突变 p53 蛋白通过与靶 DNA 某些序列之间的相互作用而保留一定的反式激活功能。在基因共转染实验中发现，Trp248、His175 和 Glu281 位点的 p53 蛋白突变体，能够促进野生型 p53 蛋白分子对 CON 介导的反式激活作用，但对野生型 p53 蛋白分子对 RGC 介导的反式激活作用则具有一定的抑制效应。上述 3 种突变形式的 p53 蛋白，在缺乏野生型 p53 蛋白表达的细胞中，没有 RGC 和 CON 序列特异性的反式激活作用。某些位点的基因突变，如 Val143 和 His273 两种突变型的 p53 蛋白，在体外不能与 RGC 特异性 DNA 序列结合，而只能与 CON 特异性序列结合。同样，在基因共转染研究中，p53 蛋白只对含有 CON 结构的启动子具有反式激活作用，而对含有 RGC 结构的启动子序列则没有反式激活作用。Ile246 和 Leu248 两种突变型的 p53 蛋白与之类似，可以通过与 CON 序列结合而发生反式激活作用，但对含有 RGC 结构的启动子序列则没有反式激活作用。以人基因组 DNA 为作用的靶序列，对突变的 p53 蛋白通过不完整的 p53 蛋白-DNA 结合位点的反式激活作用进行检测时，所有的突变型 p53 蛋白都没有反式激活作用。突变的 p53 蛋白缺乏反式激活作用与突变的 p53 蛋白缺乏抑制肿瘤的作用密切相关。因此,野生型 p53 蛋白与突变型 p53 蛋白之间的区别是,突变的 p53 蛋白不能识别和结合野生型 p53 蛋白结合的靶 DNA 序列,对这些启动子序列缺乏反式激活作用。一部分 p53 的突变体,其分子中与 DNA 进行结合的位点区发生变化,结果不能识别和结合正常情况下野生型 p53 蛋白所能识别和结合的 DNA 序列,但可能识别和结合另外类型的启动子,并具有反式激活作用。因而突变型的 p53 蛋白与野生型的 p53 蛋白可能具有不同的靶基因序列。这就是某些 p53 突变蛋白不仅具有野生型 p53 蛋白的反式激活作用,而且还获得了新的反式激活作用缘故。Dittmer 等的研究结果表明,将突变的 p53 基因导入缺乏 p53 基因的细胞中,则可使这种细胞的恶性程度提高。其中的一种现象是 p53 基因突变型蛋白对多药抗性基因(mutidrug resistancegene,MDR)具有激活作用。缺乏羧基末端寡聚体形成位点的 p53 缺失突变型蛋白以单体形式存在,可以反式激活 p53 应答性启动子,也可以抑制癌基因的恶性转化,但却不具备与特异性 DNA 结合的能力。说明这种 p53 单体形式的蛋白质可与靶 DNA 进行结合,并具有反式激活功能。由此可见,p53 蛋白的二聚体、四聚体结构或许不是 p53 与 DNA 结合以及对启动子激活作用所必需的,只是 p53 蛋白二聚体、四聚体的构象能够增加 p53 与 DNA 结合而成的复合物的稳定性。

Owen-Schaub 等对野生型和温度敏感突变型 p53 蛋白在 Fas/APO-1 基因表达调节中的作用进行了研究。Fas/APO-1 是一种细胞膜蛋白,可以通过与特异性抗体的结合触发细胞凋亡(apoptosis)。因为野生型的 p53 蛋白既可以激活某些基因的转录,又能诱导细胞程序性死亡,因此,p53 与 Fas/APO-1 表达之间的相互关系值得研究。H358 和 H460 都是非小细胞肺腺癌(non-small-celllung adenocarcinoma)细胞,但 H358 与 K562 细胞一样属于 $p53^{-/-}$,而 H460 则属于 $p53^{+/+}$。将表达野生型 p53 蛋白的腺病毒载体转导 H358 和 H460 以后,其细胞膜表面的 Fas/ APO-1 表达水平升高 3 ~4 倍。以 p53 野生型基因转导的 K562 细胞系以及以 Ala143 基因突变温度敏感型 p53 基因进行转导,Fas/APO-1 在细胞膜上的表达水平上升 4 ~6 倍。但是,His175、Trp248、His273 和 Gly281 等位点的 p53 温度敏感型突变基因转导 K562 细胞之后,无论是在 32. 5℃还是在 37. 5℃的培养条件下,Fas/APO-1 抗原的表达水平均无显著改变。突变型 p53 蛋白对 Fas/APO-1 表达的调节并不受环磷酚胺(cycloheximide,CHX)这种蛋白质合成阻断剂的影响,表明 p53 蛋白对 Fas/APO-1 抗原的表达并不受到蛋白质合成阻断剂的影响,不需要有新的调控蛋白的表达,而是 p53 的直接作用。提示 Fas/APO-1 基因是 p53 蛋白转录激活的靶基因之一。

70kDa 的热休克蛋白(heat shock protein70,HSP70)在细胞周期、应激状态下的转录调控、DNA 的损伤和修复等过程中具有十分重要的作用。Matsumoto 等发现,当细胞受到紫外线和 γ 射线的辐射时,细胞中的野生型 p53 与 HSP70 蛋白的结合能力增加。Tsutsumi-Ishii 等对野生型和各种突变型 p53 蛋白对 hsp70 基因启动子的作用进行了研究。对 hsp70 基因的启动子区进行系列突变研究,表明这一部分序列中含两个位点的热休克元件(heatshock-element,HSE)。这两个位点上的 HSE 能够对 p53 突变型蛋白分子的结合产生应答,但 hsp70 启动子中的基本元件,如 TATA 盒、CCAAT 盒及 GC 盒结构等却不能与突变型 p53 蛋白进行结合。以报道基因技术,证明突变型 p53 蛋白识别并结合 HSE 对 hsp70 的转录具有调节作用,推测突变型 p53 蛋白的致正常细胞的恶性转化作用也与对 hsp70 异常的调节有关。

p53 蛋白对 p21WAF1/CIP1 这种细胞周期调节蛋白的表达也具有重要的转录激活作用。p21WAF1/CIP1 基因位于染色体 6q21.2 区带,cDNA 长约 2.1kb,编码 164 个氨基酸残基的蛋白质,分子质量为 21kDa,根据发现的不同途径,曾命名为 CIPI、WAF1、SDI1 和 CAP20。在表达水平上,存在 p53 依赖性和 p53 非依赖性两种途径。Liu 等以紫外线照射皮肤角质细胞,其中 p53 蛋白的转录表达水平升高,p53-DNA 的结合水平及 p21WAF1 蛋白的表达水平升高,说明 p53 蛋白对 p21 蛋白的表达水平具有促进作用。因为在缺失 p53 基因的皮肤角质细胞中,以紫外线照射后并未检测到 p21 蛋白表达水平的升高。另外,还以 Northern blotting 杂交技术证实了皮肤角质细胞在受到紫外线照射以后,p21 mRNA 的转录水平显著升高。提示 p53 蛋白对 p21 基因表达的促进作用是一种转录激活作用。p53 蛋白的抗肿瘤作用机制之一,可能是对 p21 蛋白表达的反式激活作用。但在一些细胞系中也观察到了 p21 蛋白表达调节的 p53 非依赖性机制。在转基因小鼠体外培养细胞中,发现了不伴有 p53 基因高表达的 p21WAF1/CIP1 基因高表达。

bcl-2 原癌基因在细胞程序化死亡的分子调节机制中具有重要作用。从结构上与 bcl-2 基因具有高度同源性的 bcl-2 家族的其他成员也参与细胞程序化死亡的调节。Miyashita 等对 bax 这种细胞程序化死亡调节蛋白编码基因的启动子区进行了研究和分析,发现有 4 段核苷酸序列与 p53 结合的保守 DNA 序列具有高度的同源性。以 bax 的启动子基因片段构建表达报道基因的重组载体,与野生型 p53 基因共转染 $p53^{-/-}$ 细胞系时,有较高水平的报道基因表达,但与突变型 p53 基因共转染 $p53^{-/-}$ 细胞系时,报道基因的表达仅处于单独转染时的基础水平。将 bax 启动子区的核苷酸序列中与 p53 进行结合的高度保守的结构进行定点突变时,野生型 p53 蛋白对 bax 启动子的反式激活作用完全消失。说明 p53 基因对 bax 基因的转录激活作用是通过野生型 p53 蛋白与 bax 启动子区序列特异性的结合方式进行的。以 bax 启动子区的核苷酸片段作为探针,以电泳迁移变化方法(electrophoresis mobility shift assay,EMSA)在体外对野生型、突变型 p53 蛋白与 DNA 的结合方式进行比较,发现只有野生型 p53 蛋白才能与靶基因启动子区核苷酸的序列进行结合。另外,Miyashita 等同时发现 p53 蛋白对 bcl-2 基因的表达具有负调节作用,这也是 p53 蛋白参与细胞程序化死亡的重要调节机制之一。

三、p53 蛋白的转录抑制作用

p53 蛋白作为一种转录调节因子,不仅通过与特异性 DNA 序列的结合进行转录激活,而且还具有转录抑制作用。实验证明 p53 蛋白对 c-fos、c-jun、c-myc、IL-6 及 pRb 基因的启动子序列具有转录抑制作用。但对 MHC Ⅰ 抗原编码基因的启动子区则没有显著的影响。p53 蛋白的转录抑制作用也是与特异性 DNA 序列进行结合而发挥的。p53 蛋白与 TBP,即 TATA-结合蛋白(TATA-bindingprotein,TBP)之间具有直接的相互作用。TBP 参与 TATA 和起始因子(initiator)两种方式的转录调节,p53 与 TBP 之间又具有相互作用,但 p53 只是特异性地抑制 TATA 介导的转录过程。说明 p53 蛋白的转录抑制作用并不是简单地与 TBP 结合,而是使 TBP 与 DNA 序列隔离,而且注意到,野生型 p53 蛋白与突变型 p53 蛋白都能与 TBP 结合,但只有野生型 p53 蛋白具有转录抑制作用。说明 p53 蛋白通过与 TBP 之间的结合而对某些启动子具有转录抑制作用,其机制还是很复杂的。

p53 蛋白除了与 TBP 进行作用之外,还能与 CCAAT 结合因子(CCAATbinding factor,

CBF)结合。CBF 与腺病毒 E1A 蛋白结合成的复合物对 hsp70 基因的启动子具有转录激活作用,但 CBF 与野生型 p53 蛋白形成的复合物对 hsp70 启动子则具抑制作用。提示 CBF 与 p53 蛋白结合以后,CBF 与 hsp70 启动子的作用或性质即发生改变。p53 蛋白对 bcl-2 原癌基因表达的抑制作用机制不同,在 bcl-2 基因的启动子区具有一段核苷酸序列,其功能是负调控元件(negativecontrolelement),p53 蛋白可与这一段负调控元件结合,对 bcl-2 基因的表达产生抑制作用。

正常情况下细胞中仅有低水平的 p53 蛋白表达,当细胞中的 DNA 出现损伤以后,p53 蛋白表达水平升高,并与 TBP 进行有效的结合,以抑制与细胞恶性转化有关的生长促进因子,如 c-Myc 等蛋白质的表达。

第三节 p53 蛋白与肿瘤

p53 蛋白的生理作用是诱导细胞周期 G_1 期阻断、诱导细胞程序化死亡、诱导细胞分化、保护基因组的完整性及抑制肿瘤细胞的生长等。如果 p53 基因发生突变,野生型 p53 蛋白的生理功能可能丧失,而突变型 p53 蛋白对野生型 p53 蛋白的作用进行干扰,可获得野生型 p53 蛋白所没有的新功能。可见,p53 基因突变与肿瘤的发生具有密切的关系。

一、p53 基因突变与肿瘤

p53 作为一种肿瘤抑制因子,其基因结构或功能改变与肿瘤的发生和发展之间具有十分密切的关系。野生型 p53 蛋白的生物化学功能包括:以序列特异性的方式与靶 DNA 进行结合,激活具有 p53 蛋白结合位点的启动子的转录,抑制各种没有 p53 结合位点的启动子的转录,促进单链 DNA 的退火反应,抑制解旋酶(helicase)的活性以及抑制 DNA 的复制过程。野生型 p53 蛋白的生物学活性包括诱导 G_1 期生长阻滞、DNA 发生损伤后诱导细胞发生细胞程序化死亡、抑制肿瘤细胞生长及保持细胞染色体 DNA 的完整性。

近几年来,通过一系列的研究,说明 p53 蛋白结构和功能的改变是正常细胞发生恶性转化过程中的重要机制之一。第一,在体外细胞培养系统中证实,野生型 p53 蛋白对病毒或细胞癌基因介导的正常细胞的恶性转化过程具有抑制作用。第二,在一系列互不相关的肿瘤细胞中可检测到 p53 基因发生高频率的错义突变(missense mutation)及等位基因的丢失(allelicloss)。第三,发现生殖细胞中 p53 基因的突变与 Li-Fiaumeni 家族性肿瘤综合征有关。第四,p53 基因剔除动物模型及突变 p53 基因的转基因动物模型中各种类型自发性肿瘤的发生率显著升高。第五,p53 蛋白与各种病毒蛋白,如 SV40 的 T 抗原、腺病毒的 E1B 蛋白、乳头瘤病毒的 E6 蛋白、EBNA-5、EZLF1 及 HBxAg 等可以结合成不同的蛋白质复合物形式,导致野生型 p53 蛋白功能的丧失,这与病毒介导的肿瘤发生有关。第六,野生型 p53 蛋白与细胞中癌基因 MDM2 产物进行结合,与某些类型的肿瘤的形成过程有关。第七,向 p53 功能或基因缺陷的肿瘤细胞中导入具有功能的野生型 p53 基因,转基因表达的野生型 p53 蛋白的表达,对肿瘤细胞的生长具有抑制作用,而且可以抑制肿瘤细胞的体内瘤灶形成能力。

在肿瘤细胞中,p53 基因的失活主要有两种方式:一种是 p53 基因发生突变,其编码产物失去抑制肿瘤的功能;另一种是 p53 基因及其编码产物尚能保持其野生型的正常结构,但是与其他不同类型的蛋白质分子结合成蛋白质复合物之后，改变了野生型 p53 蛋白的构象，使其从功能上得到改变。p53 基因突变方式有不同的类型。第一，错义突变。这是人类肿瘤细胞中最常见的 p53 基因突变形式，约占 p53 基因突变的 50% 以上。几乎每种类型的肿瘤细胞中都可以检测到 p53 基因的突变，特别是结肠直肠腺癌、肺癌、食管癌、胃癌、肝癌、乳腺癌及膀胱癌细胞中尤为常见。第二，无义突变（nonsensemutation）或剪切位点突变。大约 50% 的肺癌、食管癌及其他类型的肿瘤中可以检测到。第三，基因重排（generearrangement）。p53 基因重排常见于骨肉瘤、软组织肉瘤、淋巴瘤及慢性髓细胞性白血病等细胞中。第四，等位基因丢失。偶见于结肠直肠肿瘤、乳腺癌、食管癌、淋巴瘤及骨肉瘤细胞中。第五，生殖细胞突变（germlinemutation）。见于 Li-Fraumeni 综合征以及肉瘤、继发性恶性肿瘤、儿童白血病和乳腺癌等。p53 基因编码产物的功能失活也有不同方式。第一，与人乳头瘤病毒（human papilla virus，HPV）的 E6 癌基因蛋白进行结合。与 HPV 相关性肿瘤，特别是生殖器官的肿瘤有关。第二，与 EB 病毒（epstein-barr virus，EBV）的 EBNA-5 及 BZLE1 等蛋白质结合。与 EBV 相关性的鼻咽癌及淋巴瘤的发生有关。第三，与 HBxAg 结合。与原发性肝细胞癌（hepatocellular carcinoma，HCC）有关。第四，与细胞癌基因蛋白 MDM2 结合，见于 1/3 的肉瘤细胞中。第五，p53 蛋白与靶 DNA 序列隔离或 p53 蛋白的异位分布。大约 1/3 的乳腺癌细胞中，野生型 p53 蛋白分布于乳腺癌细胞质中，在某些结肠直肠癌细胞中也可见到野生型 p53 蛋白在细胞质中的分布。

二、p53 蛋白与病毒蛋白的结合

一系列可以引起正常细胞发生恶性转化的病毒，都是通过其基因组编码的一种或几种病毒蛋白，可与细胞内某些蛋白质因子进行作用。SV40 的 T 抗原、腺病毒的 E1B55 000 蛋白及人乳头瘤病毒 16/18 型的 E6 病毒蛋白都能与野生型的 p53 蛋白结合成复合物形式。病毒癌基因蛋白与 p53 之间的结合是一种十分常见的现象，说明 p53 蛋白是细胞周期调节的一种关键物质。p53 可诱导正常细胞出现细胞周期的 G_1 期阻滞，病毒蛋白与 p53 蛋白结合以后，使 p53 诱导的细胞周期的 G_1 期阻滞受到减弱，促使病毒感染的细胞进入 S 期，进而完成 DNA 的合成。

当 p53 蛋白与 SV40 的 T 抗原或腺病毒的 E1B 55kDa 蛋白结合成复合物形式之后，可固化 p53 蛋白。而 HPV 16/18 E6 蛋白与 p53 结合成复合物以后，可以导致 p53 蛋白的降解。因此，HPV 16/18 E6 蛋白表达以后，细胞中的 p53 蛋白水平下降，或几乎消失。HPV16/18 E6 蛋白与 p53 结合，需要 E6-AP 蛋白的参与。E6-AP 蛋白诱导泛素依赖性蛋白质降解系统，促进 E6-p53 蛋白复合物的降解。SV40 的 T 抗原作用于 p53 蛋白中间的 DNA 结合位点。因此，SV40 的 T 抗原与 p53 蛋白结合以后，就阻断了 p53 蛋白序列特异性的 DNA 结合功能，抑制了 p53 蛋白对靶基因的反式激活功能。腺病毒的 E1B 55kDa 蛋白与 p53 蛋白的结合位点位于 p53 基因编码产物的氨基末端位点，这一氨基末端位点的功能即为反式激活作用，表明腺病毒的 E1B 55kDa 蛋白并不是直接干扰特异性的 DNA 结合功能，而是一种 p53 作用的普遍抑制蛋白。尽管不同的病毒蛋白对 p53 作用的部位及机制不同，但最终的结局都是抑制了 p53 蛋白对靶基因的反式激活作用。

从 EBV 基因组中鉴定出一种癌基因，称为 EBNA-5 蛋白，也可以与 p53 蛋白进行结合。EBV 与 B 淋巴细胞的恶性转化有关，而 EBNA-5 蛋白不仅可以与 p53 蛋白结合成复合物形式,而且与 pRB 也具有结合能力。在胃癌的研究中发现,EBV 阳性患者和 EBV 阴性患者的 p53 蛋白的检出率没有显著差异,说明胃癌患者中 p53 的异常与 EBV 无关。对于 Burkitt 淋巴瘤,研究者发现不管 EBV 是否阳性,MDM2 的拮抗剂 nutlin-3 能在所有含有野生型 p53 的 Burkitt 淋巴瘤细胞系中激活 p53,但诱导凋亡的能力在 EBV 阴性或潜在Ⅰ型 EBV 阳性细胞中要比潜在Ⅲ型 EBV 阳性细胞中强得多。在鼻咽癌患者中,EBV 编码 miR-BHRF1-1,下调宿主 p53 的表达,促进细胞溶解性病毒复制。

乙型肝炎病毒(hepatitis B virus,HBV)的 X 抗原(HBxAg)以及 EB 病毒的即刻早期蛋白 BZLF1 在体外、体内都能与 p53 蛋白结合成蛋白质复合物形式,对野生型 p53 蛋白的序列特异性 DNA 结合功能以及对某些基因的激活作用构有抑制效应。HBxAg 与 p53 蛋白相互作用可以促进肝癌的发生。在肝癌细胞系中,HBV DNA 也能够与 p53 蛋白结合,影响 p53 的转录活性。

人巨细胞病毒(cytomegalovirus,CMV)的 IE84 蛋白与 p53 蛋白进行结合,与冠状动脉再狭窄的发生有关。人 CMV 感染以后,可以诱导 p53 蛋白的表达水平升高,因此,认为 CMV 的 IE84 蛋白可以激活细胞的 DNA 复制过程。CMV 启动子的活性可被 p53 抑制。

三、p53 蛋白与肿瘤发生机制

p53 蛋白与细胞周期及细胞程序化死亡的调节有关。野生型 p53 蛋白与细胞周期的 G_1 期阻滞有关,而且对细胞程序化死亡具有重要的调节作用。因此,如果 p53 基因发生突变或其功能失活之后,细胞周期的调节失去一种具有抑制作用的调节因子,细胞程序化死亡的调节失去一种具有促进作用的调节因子,因此,细胞获得不断分裂,但不死亡的生长特性,至少是正常细胞发生恶性转化的一种机制。将野生型的 p53 基因导入各种恶性转化的细胞中,可以补偿已经发生突变的 p53 基因以及原来完全缺失的 p53 蛋白的功能,抑制细胞的增殖活动。

将野生型 p53 蛋白的编码基因重组到地塞米松可诱导性的 MMTV 启动子的下游,导入细胞中持续表达,可以诱导这种转导的细胞发生恶性表型的抑制以及细胞周期的 G_1 期阻滞。p53 基因敲除小鼠的建立,为进一步研究 p53 蛋白在发育及肿瘤形成过程中的作用提供了一个有力的工具。p53 基因失活的纯合子小鼠在刚刚出生时似乎是正常的,但却极易罹患肿瘤。到 6 个月龄时,74% 的实验动物发生不同类型的肿瘤,所有的动物在 10 个月之内死亡。与野生型的小鼠相比较,杂合子 p53 基因突变的小鼠的肿瘤发生率也显著升高,但其平均寿命延长,肿瘤出现的时间也延迟。这些实验表明,野生型 p53 蛋白在细胞内具有重要的肿瘤抑制作用。p53 基因纯合子突变小鼠的细胞体外研究资料也表明,p53 蛋白在细胞周期的 G_1 期检验点中具有十分重要的作用。$p53^{-/-}$ 小鼠的胚胎成纤维细胞在正常或较低的密度条件下分裂速率加快,流式细胞技术研究证明处于 G_1 期的细胞较 $p53^{+/+}$ 小鼠胚胎成纤维细胞的比例要低得多。另外,$p53^{-/-}$ 成纤维细胞的生长无衰老退化的特征。因此,p53 的缺乏对细胞分裂具有促进作用。

p53 蛋白与细胞程序化死亡的调节也具有十分密切的关系。野生型 p53 转染的细胞在 32℃ 条件下进行培养以及突变型 p53 基因转染的细胞在 37℃ 条件下进行培养,都可以诱导细胞的自杀过程,即细胞程序化死亡的过程。32℃ 条件下培养的细胞可出现细胞程序化死亡典型的形态学改变,其中的染色体 DNA 也出现片段化。c-myc 的持续表达可以诱导细胞的增殖,而 p53 的持续表达则会诱导细胞程序化死亡。

2004 年,美国过敏与免疫学研究所的 Douglas Green 博士领导的一个研究小组发现,p53 蛋白不仅存在于细胞核内时能抑制肿瘤细胞,而存在于细胞核外的液体中时能诱导癌细胞凋亡。该研究小组采用小鼠胚胎纤维原细胞在体外进行实验时发现,当 p53 存在于肿瘤细胞的细胞质中时,能激活 Bax 一种促进细胞死亡的 Bcl-2 同类蛋白。被 p53 激活的 Bax 能破坏细胞线粒体,引起细胞死亡。科学家早就知道 p53 是在细胞核内通过调控关键细胞过程,如细胞周期调控、细胞死亡和 DNA 修复等发挥抑制肿瘤作用的,但这次是首次发现 p53 在细胞质中也能发挥抑制肿瘤的功能。

p53 对肿瘤的抑制作用是通过多种信号途径实现的,参与的信号分子有 p21、PAI1、OXA、PUMA、DRAM、AMPK、SESTRINS、TIGAR 等,这些信号分子在促进细胞自噬和凋亡、加快细胞老化等多个方面起着抗肿瘤作用。

p53 基因与肿瘤的发生、发展及临床疗效均有密切关系,60% 以上的肿瘤存在 p53 基因的异常(包括点突变、等位基因缺失、重排、插入、基因融合等)。人们不断探索应用 p53 基因对肿瘤进行治疗,目前国外主要应用重组腺病毒-p53(rAd-p53)进行肿瘤临床研究。rAd-p53 制品自 1995 年在美国批准进入临床试验至今,没有任何因重组腺病毒而引发肿瘤及其他遗传性疾病的报道,对正常细胞没有损伤作用,未发生严重不良反应。

p53 基因对肿瘤的治疗作用主要源于 p53 蛋白参与调节细胞周期的调控、DNA 修复、细胞分化、细胞凋亡等抗癌生物学功能。p53 通过上调 p21、mdm2、GADD45 等基因的表达而在 DNA 损伤所致的 G_1/S 期停顿中起着重要作用;p53 的 C 端能探测并牢固结合损伤的 DNA 而形成复合物,一方面可以调节和激活参与基因修复的基因群,另一方面利用自身具有外切酶的活性,直接参与修复基因;p53 通过调节一些与凋亡有关的基因,如 Bax、DR5、IGF 和干扰生长因子的信号转导通路引起细胞凋亡;p53 基因的状况还影响细胞对放疗、化疗的敏感性,野生型 p53 基因导入可以增加放疗、化疗对肿瘤细胞的杀伤力。除直接影响细胞的生物学状态,p53 还可以通过改变肿瘤的生存环境而发挥效应。p53 蛋白能刺激内源性的 TSP1 基因,正调节 TSP1 的表达,抑制肿瘤血管生成;p53 蛋白还可能通过细胞转导和调节免疫系统,发挥"旁观者效应"杀灭肿瘤细胞。在头颈部肿瘤、肺癌、乳腺癌、卵巢癌、前列腺癌、口腔癌、食管癌等多种肿瘤的临床试验中,进一步证实了 rAd-p53 的抗癌作用。

回顾 p53 基因和 p53 蛋白的研究历程,在最初的 10 年里,发现 p53 蛋白并非癌蛋白,而是抑癌蛋白;在第 2 个 10 年里,又发现 p53 蛋白实际上是一种转录因子,它在细胞周期的调控、凋亡、发育、分化、基因扩增、DNA 重组、染色体隔离和细胞水平上的衰老相关;在第 3 个 10 年里,又发现了 p53 蛋白的一些新功能,如调控细胞代谢通路、调控与胚胎植入过程相关的细胞因子表达等;基于 p53 基因是迄今发现与人类肿瘤相关性最高的基因,那么第 4 个 10 年计划的目标是 p53 蛋白相关抗癌药物的研发,即以正常的野生型 p53 基因替代肿瘤细胞中突变的 p53 基因,相信在不久的将来,p53 基因治疗肿瘤会为人类征服癌症带来新的希望和曙光。

(吴淑玲)

参考文献

Agorastos T, Lambropoulos AF, Constantinidis TC, et al. 2000. p53 codon 72 polymorphism and risk of intra-epithelial and invasive cervical neoplasia in Greek women. Cancer Prev,9:113-118.

Anna SK,Claire M,Banwell MJ,et al. 2006. Regulation of the human p21WAF1/CIP1 gene promoter via multiple binding sites for p53 and the vitamin D3 receptor. Nucleic Acids Reserch,34:543-554.

Beckman G,Birgander R,Själander A,et al. 1994. Isp53polymorphismmaintained by natural selection. Hum Hered,44:266-270.

Bocchetta M,Eliasz S, De Marco MA, et al. 2008. The SV40 large T antigen-p53 complexes bind and activate the insulin-like growth factor-I promoter stimulating cell growth. Cancer Res,68:1022-1029.

Bonafè M,Salvioli S, BaRBi C, et al. 2002. p53 codon 72 genotype affects apoptosis by cytosine arabinoside in blood leukocytes. Biochem Biophys Res Commun,299:539-541.

Buller RE,Runnebaum IB,Karlan BY,et al. 2002. A phase Ⅰ/Ⅱ trial of rAd/p53(SCH 58500)gene replacement in recurrent ovarian cancer. Cancer Gene Ther,9:553-566.

Chedid M,Michieli P,Lengel C,et al. 1994. A single nucleotide substitution at codon 31(Ser/Arg) defines a polymorphism in a highly conserved region of the p53-inducible gene WAF1/CIP1. Oncogene,9:3021-3024.

Chipuk JE,Kuwana T,Bouchier-Hayes L,et al. 2004. Direct activation of Bax by p53 mediates mitochondrial membrane permeabilization and apoptosis. Science, 303:1010-1014.

Debbas M,White E. 1993. Wild-type p53 mediates apoptosis by E1A,which is inhibited by E1B. Genes Dev,7:546-554.

Deffie A,Hao M,Montes de Oca Luna R,et al. 1995. Cyclin E restores p53 activity in contact-inhibited cells. Mol Cell Biol,15:3926-3933.

Hahn M,Fislage R,Pingoud A. 1995. Polymorphism of the pentanucleotide repeat d(AAAAT)within intron 1 of the human tumor suppressor gene p53(17p13. 1). Hum Genet,95:471-472.

Harms KL,Chen X. 2005. The C terminus of p53 family proteins is a cell fate determinant. Mol Cell Biol,25:2014-2030.

Hupp TR,Lane DP. 1995. Two distinct signaling pathways activate the latent DNA binding function of p53 in a casein kinase Ⅱ-independent manner. J Biol Chem,270:18165-18174.

Jiang H,Lin J,Su ZZ,et al. 1994. Induction of differentiation in human promyelocytic HL-60 leukemia cells activates p21,WAF1/CIP1,expression in the absence of p53. Oncogene,9:3397-3406.

Knoll S,Fürst K,Thomas S,et al. 2011. Dissection of cell context-dependent interactions between HBx and p53 family members in regulation of apoptosis: a role for HBV-induced HCC. Cell Cycle,10:3554-3565.

Koom WS,Park SY,et al. 2012. Combination of radiotherapy and adenovirus-mediated p53 gene therapy for MDM2-overexpressing hepatocellular carcinoma. J Radiat Res,53:202-210.

Koshland DE Jr. 1993. Molecular of the year. Science,262:1953.

LaneDP,Crawford LV. 1979. T antigen is bound to a host protein in SV40-transformed cells. Nature,278:261-263.

Li L,Zhou S,Chen X,et al. 2008. The activation of p53 mediated by Epstein-Barr virus latent membrane protein 1 in SV40 large T-antigen transformed cells. FEBS Lett,582:755-762.

Li Z,Chen X,Li L,et al. 2012. EBV encoded miR-BHRF1-1 potentiates viral lytic replication by downregulating host p53 in nasopharyngeal carcinoma. Int J Biochem Cell Biol,44:275-279.

Lin Y,Chan SH. 1995. Cloning and characterization of two processed p53 pseudogenes from rat genome. Gene,156:183-189.

LinzerDI,Levine AJ. 1979. Characterization of a 54K dalton cellular SV40 tumor antigen present in SV40-transformed cells and uninfected embryonal carcinoma cells. Cell,17:43-52.

Matlashewski GJ,Lamb P,Pim D,et al. 1984. Isolation and characterization of a human p53 cDNA clone: expression of the human p53 gene. EMBO J,3:3257-3262.

Matlashewski GJ,Tuck S,Pim D,et al. 1987. Primary structure polymorphism at amino acid residue 72 of human p53. Mol Cell Biol,7:961-963.

Matsumoto H,Wang X,Ohnishi T. 1995. Binding between wild-type p53 and hsp72 accumulated after UV and gamma-ray irradiation. Cancer Lett,92:127-133.

Mayr GA,Reed M,Wang P,et al. 1995. Serine phosphorylation in the NH2 terminus of p53facilitates transactivation. Cancer Res,55:2410-2417.

Michieli P,Chedid M,Lin D,et al. 1994. Induction of p21WAF1/CIP1 by a p53-independent pathway. Cancer Ras,331-339.

Owen-Schaub LB, Zhang W, Cusack JC, et al. 1995. Wild-type human p53 and a temperature -sensitive mutant induce Fas/APO-1 expression. Mol Cell Biol, 15: 3032-3040.

Parker SB, Eichele G, Zhang P, et al. 1995. p53-independent expression of p21Cip1 in muscle and other terminally differentiating cells. Science, 267: 1024-1027.

Pavletich NP, Chambers KA, Pabo CO. 1993. The DNA-binding domain of p53 contains the four conserved regions and the major mutation hot spots. Genes Dev, 7: 2556-2564.

Peacock JW, Chung S, Bristow RG, et al. 1995. The p53-mediated G1 checkpoint is retained in tumorigenic rat embryo fibroblast clones transformed by the human papillomavirus type 16 E7 gene and EJ-ras. Mol Cell Biol, 15: 1446-1454.

Qi X, Chang Z, Song J, et al. 2011. Adenovirus-mediated p53 gene therapy reverses resistance of breast cancer cells to adriamycin. Anticancer Drugs, 22: 556-562.

Qu J, Lin J, Zhang S, et al. 2009. HBV DNA can bind to P53 protein and influence p53 transactivation in hepatoma cells. Biochem Biophys Res Commun, 386: 504-509.

Rainwater R, Parks D, Anderson ME, et al. 1995. Role of cysteine residues in regulation of p53 function. Mol Cell Biol, 15: 3892-3903.

Renouf B, Hollville E, Pujals A, et al. 2009. Activation of p53 by MDM2 antagonists has differential apoptotic effects on Epstein-Barr virus (EBV)-positive and EBV-negative Burkitt's lymphoma cells. Leukemia, 23: 1557-1563.

Segawa K, Hokuto I, Minowa A, et al. 1993. Cyclin E enhances P53-mediated transactivation. FEBS Lett, 329: 283-286.

Selvakumaran M, Lin HK, Miyashita T, et al. 1994. Immediate early up-regulation of bax expression by p53 but not TGF- beta 1: a paradigm for distinct apoptotic pathways. Oncogene, 9: 1791-1798.

Shaulian E, Haviv I, Shaul Y, et al. 1995. Transcriptional repression by the C-terminal domain of p53. Oncogene, 10: 671-680.

Shi H, Tan S, Zhong H, et al. 2009. Winter temperature and UV are tightly linked to genetic changes in the p53 tumor suppressor pathway in Eastern Asia. Am J Hum Gen, 84: 534-541.

Shimada H, Matsubara H, Shiratori T, et al. 2006. Phase Ⅰ/Ⅱ adenoviral p53 gene therapy for chemoradiation resistant advanced esophageal squamous cell carcinoma. Cancer Sci, 97: 554-561.

Själander A, Birgander R, Kivelä A, et al. 1995. p53 polymorphisms and haplotypes in different ethnic groups. Hum Hered, 45: 144-149.

Sun X, Shimizu H, Yamamoto K. 1995. Identification of a novel p53 promoter element involved in genotoxic stress-inducible p53 gene expression. Mol Cell Biol, 15: 4489-4496.

Szkaradkiewicz A, Majewski W, Wal M, et al. 2006. Epstein-Barr virus (EBV) infection and p53 protein expression in gastric carcinoma. Virus Res, 118: 115-119.

Tanooka H, Ootusuyama A, Shiroishi T, et al. 1995. Distribution of the p53 pseudogene among mouse species and subspecies. Mamm Genome, 6: 360-362.

Tanooka H, Sasaki H, Shiroishi T, et al. 2001. p53 pseudogene datinfg: identification of the origin of laboratory mice. Gene, 270: 153-159.

ThomasM, Kalita A, Labrecque S, et al. 1999. Two polymorphic variants of wild-typep53differ biochemically and biologically. Mol Cell Biol, 19: 1092-1100.

Thut CJ, Chen JL, Klemm R, et al. 1995. p53 transcriptional activation mediated by coactivators TAFII40 and TAFII60. Science, 267: 100-104.

Tsutsumi-Ishii Y, Tadokoro K, Hanaoka F, et al. 1995. Response of heat shock element within the human HSP70 promoter to mutated p53 genes. Cell Growth Differ, 6: 1-8.

Venot C, Maratrat M, Dureuil C. 1998. The reqiurement for the p53 proline-rich functional domain for mediation of apoptosis is correlated with specific PIG3 gene transactivation and with transcriptional repression. EMBO J, 17: 4668-4679.

Vousden KH, Prives C. 2009. Blinded by the light: the growing complexity of p53. Cell, 137(3): 413-431.

Wang Y, Prives C. 1995. Increased and altered DNA binding of human p53 by S and G2/M but not G1 Cyclin-dependent kinases. Nature, 376: 88-91.

Wolf D, Laver-Rudich Z, Rotter V. 1985. In vitro expression of human p53 cDNA clones and characterization of the cloned hunan p53 gene. Mol Cell Biol,5:1887-1893.

Yoo GH,Moon J,Leblanc M,et al. 2009. A phase 2 trial of surgery with perioperative INGN 201(Ad5CMV-p53) gene therapy followed by chemoradiotherapy for advanced,resectable squamous cell carcinoma of the oral cavity,oropharynx,hypopharynx,and larynx: report of the Southwest Oncology Group. Arch Otolaryngol Head Neck Surg,135:869-874.

Zakut-Houri R,Oren M,Bienz B,et al. 1983. A single gene and a pseudogene for the cellular tumor antigen p53. Nature,306:594-597.

第十二章　pRB基因

视网膜母细胞瘤(retinoblastoma,RB)基因的编码产物称为pRB蛋白,因此称之为pRB基因。pRB基因是最受重视的肿瘤抑制基因(tumor suppressor gene)之一。首先,在家族性及散发的视网膜母细胞瘤细胞中发现了pRB蛋白功能的缺失,认为pRB功能的缺失在这种视网膜母细胞瘤的发生过程中具有重要作用,因而也称之为视网膜母细胞瘤易感性基因。之后,除了视网膜母细胞瘤细胞之外,在许多其他类型的肿瘤细胞中都观察到了pRB基因的突变或pRB蛋白的功能缺失。因而pRB蛋白作为一种肿瘤抑制基因的意义,不是仅仅限于视网膜母细胞瘤这一种特殊的肿瘤细胞中,而是具有更为普遍的意义。在不同类型的肿瘤细胞中都可以检测到不同形式pRB基因的缺失或突变。因此,pRB蛋白与p53蛋白一样,成为受到广泛重视的肿瘤抑制基因之一。随着对pRB基因、蛋白质的结构和功能的不断深入研究,发现pRB蛋白的研究意义远远超出了肿瘤抑制基因的范围,其作为一种肿瘤抑制蛋白,同时与细胞的生长、分化、细胞周期、细胞程序化死亡等的调节也有着极为密切的关系。pRB是一种具有广泛生物学意义的转录调节因子蛋白质分子。

第一节　pRB基因的结构与功能

视网膜母细胞瘤是儿童时期可见的一种视网膜恶性肿瘤,呈散发性特点,也见于家族性发生。细胞遗传学研究发现染色体13q14区带的缺失或突变与这种肿瘤的发生有关。因此,以13q14区带的DNA序列作为探针,从人细胞的基因组DNA文库中克隆了一些基因克隆,对视网膜母细胞瘤及正常细胞中该基因是否存在和表达进行筛选,发现了pRB-1、pRB-2两种基因,而且pRB-1基因的转录表达仅见于正常组织细胞中以及与视网膜母细胞瘤无关的肿瘤细胞中,但在视网膜母细胞瘤细胞中要么无pRB基因的表达,要么有pRB基因的异常表达。因此,认为克隆的pRB基因即为视网膜母细胞瘤易感基因。

一、pRB基因的结构

pRB基因的cDNA克隆全长为4757bp,其中含有单一的开放读码框架(open reading frame,ORF),其5′端非编码区(5′-non-codingreG1on,5′-NCR)为140bp,3′端非编码区为1833bp。ORF长度为2784bp,编码的蛋白质由928个氨基酸残基组成,分子质量为106kDa。在139位核苷酸及475位核苷酸位置上还有两个潜在的翻译起始密码子。

以pRB的cDNA作为探针,对于人细胞的基因组DNA文库进行筛选,对pRB基因组DNA的序列结构及染色体定位进行了研究。结果表明,pRB基因组DNA横跨一段约200bp的序列,序列分析并与pRB cDNA序列进行比较,发现pRB基因组DNA序列中共含有27个外显子和26个内含子序列。pRB基因组DNA序列中的内含子序列的长度差别很大,如第15内含子序列的长度仅为80bp,而第17内含子序列的长度则为70kb。外显子长度也不相同,如外显子 24 的长度为 31 个核苷酸,而外显子 27 的长度达 1889 个核苷酸,其后便是终止密码子及多聚腺苷酸化的信号序列。

因为 pRB 基因 cDNA 长度为 4757bp,mRNA 长度为 4.7kb,因此,认为外显子 1 及其 5′端非翻译区即代表了 mRNA 的 5′端序列。将 pRB 基因的 5′端序列与细菌的氯霉素乙酰化酶(chloramphenicol acetyl transferase,CAT)融合,以这种重组表达载体转染真核细胞可检测到 CAT 的表达,证实这一段基因序列中含有启动子的活性。对 pRB 基因的编码区上游 1600 个核苷酸范围的序列进行缺失突变研究,证明+13 ~ +83 的核苷酸序列对维持其启动子的活性是必需的。这一段启动子序列中含有转录因子 Sp1 和 ATF 的结合序列。另外,p53 对 pRB 表达的负调控作用也与这一段序列有关。

二、pRB 相关蛋白

随着对 pRB 的进一步研究,发现了与 p110RB 关系极为密切的多种相关蛋白质,组成了 pRB 蛋白家族。p130RB、p107RB 与 p110RB 之间的同源性分别为 30%、30% 左右,p107 与 p130 之间的同源性为 53%。3 种蛋白质与 SV40 T 抗原结合的位点区的同源性最高。但 3 种蛋白质的功能却并不完全相同。p110 与 p107 都能抑制 E2F 介导的转录激活作用,都可以诱导细胞周期的 G_1 期阻滞。pRB 可以与 E1A、E2F-1、细胞周期素 A 及细胞周期素 E 相互作用,但 p107 仅能与 E1A 和 E2F-1 发生相互作用。p107 可以诱导宫颈癌细胞的生长抑制,但 pRB 却无此作用。但在人的肿瘤细胞中很少检测到 pRB 基因突变。p130 蛋白与 E2F 以及一些细胞周期素、蛋白激酶之间存在着相互作用,这一点与 pRB 蛋白是一样的。3 种 pRB 蛋白家族成员在不同组织细胞中表达的分布,表明各种组织细胞的肿瘤发生机制不同。

三、pRB 蛋白功能的调节模式

pRB 蛋白在一系列的生物学活动中主要有 4 种调节机制,即磷酸化、与病毒蛋白作用、RB 基因变异、细胞凋亡酶介导的降解(图 12-1)。

(一) 磷酸化作用

pRB 蛋白结合 E2F 转录因子可以调节细胞周期 G_1/S 期(图 12-2)。细胞周期激酶可以使 pRB 磷酸化,使其不能结合 E2F,E2F 可促进一些基因表达,使细胞进入 S 期。在人类许多肿瘤中均存在 pRB 蛋白的非正常水平磷酸化,如果能抑制磷酸化就可以治疗肿瘤。Barrie 等在 2000 年的研究中发现,应用高通量方法在 2000 种化合物中寻找阻断 pRB 蛋白磷酸化的分子,结果仅发现了一种。pRB 包含至少 16 个可磷酸化位点。每个位点的重要性仍不得而知。有 G_1 磷酸化的 CDK-Cyclin 复合物为 CDK4/6-Cyclin D 和 CDK2-Cyclin E。pRB 的 C 端包含 Cyclin D 与 Cyclin E 可磷酸化的氨基酸残基,应用 Cyclin E 转基因研究证实,Cyclin E 位于 Cyclin D 下游。HaRBour 等的研究证实 CDK4/6-Cyclin D 复合物可使 pRB 蛋白 C 端磷酸化,促使磷酸化的 C 端与 LXCXE 的赖氨酸残基结合并相互作用,使 Cyclin E 表达。Cyclin E 可以与 CDK2 形成复合物进一步使 pRB 蛋白第 567 位丝氨酸磷酸化。丝氨酸处于 pRB 蛋白 A 盒和 B 盒交界面上,这个位点的磷酸化可促进 pRB 与 E2F 解离。但是上述的研究均应用很高浓度的细胞周期蛋白才能使 pRB 蛋白磷酸化,这种浓度在正常细胞中是不具有的。所以在实际情况中,CDK 激酶使 pRB 磷酸化的位点可能有所不同。

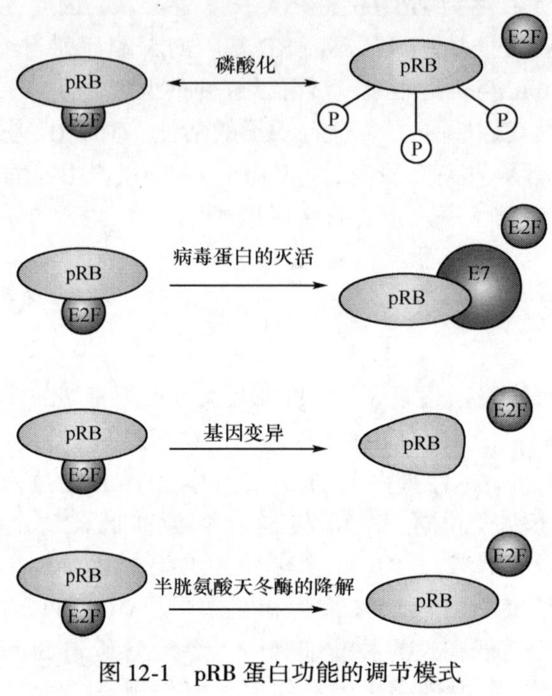

图 12-1　pRB 蛋白功能的调节模式

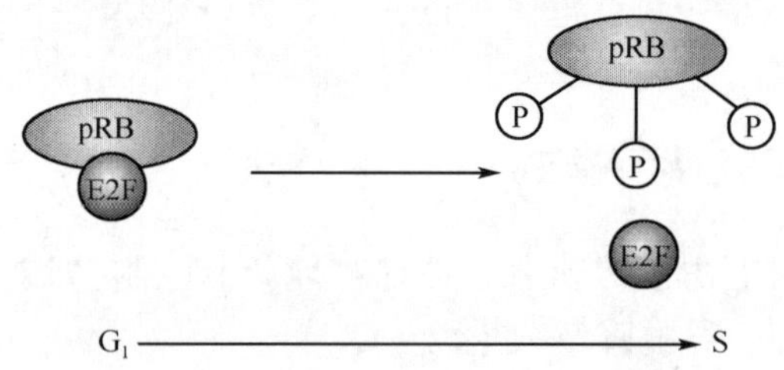

图 12-2　pRB 磷酸化对细胞周期的调节

(二) 病毒蛋白的作用

HPV E7 蛋白可以结合 pRB 蛋白,进而使其功能失活。在 90% 宫颈癌均发现 HPV E7 在宫颈癌发病中有重要作用。其他病毒蛋白腺病毒 E1A 及 SV40 均可以作用于 pRB 的 LxCxE 结构,抑制 pRB 结合 E2F 及 HDAC。EB 病毒的致癌潜伏膜蛋白(oncoprotein latent membrane protein 1,LMP1)最近发现可使 E2F-4 和 E2F-5 的抑制分子功能丧失,进而对 E2F/pRB 通路进行调节。与之前研究的病毒蛋白作用不同,LMP1 并不是直接结合 pRB 蛋白,而是通过促进染色体结构保持分子(chromosomal region maintenance 1,CRM1)对 E2F-4/E2F-5 从细胞核到细胞质的重新分布,增加 E2F 与 CRM1 的结合机会。

（三）RB 基因变异

基于 pRB/E2F 通路在细胞周期调控中的重要作用，RB 基因变异均会影响正常细胞的生长。RB 基因变异会造成 pRB 蛋白功能的完全丧失，或者会造成不能正常结合或释放 E2F。RB 基因包含点突变、错配、基因缺失等。已经在多种肿瘤，包括骨肉瘤、小细胞肺癌、乳腺癌中发现 RB 基因变异。

（四）细胞凋亡介导的降解

半胱氨酸天冬酶与 pRB 蛋白 C 端氨基酸第 886 位 Asp 及第 887 位 Gly 作用降解 pRB 蛋白。肿瘤坏死因子（tumour necrosis factor，TNF）作为一种致炎因子可以引起凋亡。最近发现在上述凋亡过程中 pRB 蛋白的降解非常重要。其中两种半胱氨酸天冬酶起着重要作用，一种为启动酶 Caspase-8，可被 TNFRI（TNF receptor）激活。另一种为执行酶，如 Caspase-3 在被 TNFRI 激活前需要 pRB 蛋白降解。

四、pRB 蛋白的生物学功能

尽管 pRB 蛋白首先是作为一种肿瘤抑制基因得到鉴定的，但是，从目前的研究结果来看，pRB 蛋白的生物学功能具有广泛的意义，参与一系列的生物学过程。

（一）肿瘤抑制作用

在视网膜母细胞瘤细胞中 pRB 基因缺失、突变失活是很常见的，在人类 90% 的其他类型肿瘤细胞，如骨肉瘤、软组织肉瘤、白血病、小细胞肺癌、肺上皮细胞癌、乳腺癌、食管癌、前列腺癌及肾癌细胞中都可以见到 pRB 基因的突变失活。肿瘤的产生与细胞周期有密切关系。pRB 基因可以通过与转录因子 E2F 作用，使 E2F 功能丧失。E2F 控制着细胞增殖所需蛋白质的表达。如果 E2F 功能被 pRB 蛋白抑制，细胞增殖所需的蛋白质合成减少，使细胞缺少进入细胞周期的信号，从而抑制肿瘤的生长。除此之外，pRB 基因也参与了细胞分化，pRB 基因可以对细胞分化所需的基因表达起促进作用。pRB 可以使分化成熟的细胞脱离细胞周期，这种作用是不可逆转的。如果缺失 pRB 基因或 pRB 基因变异，则会使分化的细胞重新进入细胞周期，诱导肿瘤的产生。同样，在成骨细胞分化过程中，pRB 基因也起着不可或缺的作用，如果其功能失调，同样会导致骨肉瘤的发生等。由此可见，pRB 基因与细胞增殖分化密切相关。将野生型的 pRB 基因以病毒载体导入缺乏 pRB 基因的活性肿瘤细胞中，即可以抑制这种肿瘤细胞的生长能力。利用基因工程及转基因动物试验技术，将 pRB 基因失活，建立基因敲除（gene knock-out）小鼠。这种小鼠的多种细胞可以发生肿瘤，但与带有 pRB 基因的小鼠杂交，子代 $pRB^{+/-}$ 小鼠及 $pRB^{+/+}$ 小鼠的肿瘤发生率显著下降。提示 pRB 的广谱抑制肿瘤作用。

（二）pRB 与发育

pRB 与生物系统的发育过程有关，但只与有限类型细胞的特殊发育阶段有关。在小鼠细胞中，pRB mRNA 始见于孕期 9.5 天的小鼠胚胎，之后许多组织中的 pRB 表达水平升高。其中脑、肝中 pRB 的表达水平最高，神经元和造血细胞的发育与 pRB 的表达有着极为密切的关系。缺乏 pRB 的小鼠胚胎,大部分脑组织开始时发育正常,但 11.5 天之后在中枢神经系统中可见到广泛的细胞坏死现象。而且 pRB 基因的表达水平也与发育有关。但小鼠生殖细胞 pRB 基因的过表达则可造成小鼠矮小。

(三) pRB 与凋亡

pRB 蛋白的各种生物学功能的实现,需要与多种相关的蛋白质因子进行相互作用,包括转录因子、细胞内丝裂原和信号转导蛋白、核基质及有丝分裂有关的蛋白质。

(四) pRB 与染色体的稳定性

pRB 蛋白在 DNA 复制及有丝分裂时染色质的分离中起着重要作用。当 DNA 受损时,pRB 蛋白可以在 S 期及 G_2 期到 M 期的转换中进行节点控制。pRB 蛋白可以直接参与或通过对转录因子的抑制来抑制 DNA 的合成。也可以通过下调 Cyclin A 表达,降低 CDK2 的活性,从而阻断转录因子的功能,如增殖细胞核抗原(proliferating cell nuclear antigen,PCNA)及 DNA 聚合酶合成因子等。损伤的 DNA 因影响染色体的稳定性,导致各种疾病(包括肿瘤)的发生。因此,伴随着 DNA 受损,细胞需要活化细胞周期的节点控制元件,减慢细胞周期进展,使 DNA 在复制、染色质有丝分裂分裂前有充分的时间修复。pRB 蛋白缺陷可以导致染色质不对称分裂及端粒酶异常延长,导致肿瘤发生。

(五) pRB 与细胞老化

细胞老化包括细胞不可逆转的生长阻滞,可由各种因素引起,如氧化应激、端粒酶功能失调、DNA 损伤、应用化疗药物等。细胞老化不仅可以引起衰老,而且是保护组织抵御肿瘤发生的重要机制。如果在老化细胞中出现 RB 基因的急性缺失,可以导致细胞重新进入细胞周期。RB 家族的其他成员,p130 在细胞老化过程中起着相同作用。

第二节　pRB 蛋白的转录调节作用

肿瘤抑制基因 pRB 编码产物的转录调节作用,主要是指其转录抑制作用。pRB 蛋白的转录抑制作用与 pRB 蛋白的结构基础和其结构特点密切相关。转录因子 E2F 是 pRB 蛋白转录抑制作用重要的中间环节,pRB 蛋白与其他类型的转录因子蛋白也存在着相互作用。pRB 蛋白的抑制作用主要是通过其对一系列能够导致正常细胞发生恶性转化的癌基因转录表达的抑制来实现的。一系列不同的病毒蛋白质与 pRB 蛋白的结合,改变了 pRB 蛋白的构象及其生物学功能,从而阻断了 pRB 对癌基因转录表达的抑制作用,这也是病毒蛋白引起正常细胞发生恶性转化以及引起肿瘤的重要机制之一。

一、pRB 蛋白转录调节的结构基础

pRB 蛋白可与一系列的病毒蛋白及细胞蛋白发生相互作用。在体外蛋白质相互作用的研究中,一些人工突变和自然突变的 pRB 蛋白,与其他蛋白质分子进行结合的能力受到了严重的影响或完全消失,从而在 pRB 蛋白分子结构中发现了一些蛋白质结合位点。首先是 pRB 蛋白的 A/B 口袋(pocket)结构,由 A 位点(相当于 379 ~ 572 位氨基酸残基)、B 位点

(相当于 646 ~ 772 位氨基酸残基)及插入位点(insertion domain)(相当于 573 ~ 645 位氨基酸残基)3 部分组成。其次是 C 口袋结构(由 768 ~ 928 位的氨基酸残基组成,在功能上与 A/B 口袋结构不同。在 pRB 蛋白的氨基末端(1 ~ 378 位氨基酸残基)至少存在着一种完全不同的蛋白质结合位点。

(一) A/B 口袋结构

由 A 位点、B 位点及插入位点组成的 A/B 口袋结构是发现的第一个与蛋白质结合功能有关的结构形式。这一位点是在研究 pRB 与 SV40 T 抗原、腺病毒 E1A 抗原结合,以及各种缺失突变型 pRB 与这两种病毒抗原结合能力消失时发现的。此后,发现 pRB 蛋白的 A/B 口袋结构是与一系列蛋白质结合的必需结构,如与转录因子蛋白 E2F 的结合也是 A/B 口袋结构依赖性的。基于这种口袋结构是否存在,鉴定出了 p107 和 p103 这两种 pRB 蛋白家族的成员。研究中意外地发现,肿瘤细胞中自然发生的 pRB 突变大多是破坏了 A/B 口袋结构的完整性。从肿瘤细胞中发现几种类型的 pRB 基因突变恰好位于 pRB 基因的剪切位点上,造成了 pRB mRNA 进行剪切加工时整个外显子序列发生缺失突变;另外,错义突变(missense mutation)会影响 A/B 口袋结构的正确折叠。作为一种肿瘤抑制蛋白,A/B 口袋结构的完整性虽然不是其结构基础的全部,但也不可或缺。例如,在 Saos-2 细胞中表达全长的 pRB 蛋白则会导致该细胞的 G_1 期细胞周期阻滞,但是如果仅仅表达 A/B 口袋结构,则对细胞周期的进展不产生影响。实际上,在 Saos-2 细胞的细胞周期阻滞的诱导中,A/B 口袋结构及羧基末端的氨基酸序列都是必需的。

(二) 插入位点

pRB 蛋白分子中,A/B 口袋结构的 A 位点与 B 位点之间的一段 75 个氨基酸残基序列称为插入位点(insertion dot,ID)。插入位点结构较小范围的缺失突变不会影响 pRB 蛋白的生物学功能。但这一段插入序列不能完全缺失,否则会导致 pRB 蛋白功能的丧失。以长度相同、序列随机的一段氨基酸残基序列替代插入序列,则可使 pRB 的蛋白质结合功能得以重建。表明插入位点作为一段“隔离区”,将 A、B 两个位点分开,以形成 A/B 口袋结构的正常构象。pRB 蛋白 A/B 口袋结构中的这段插入序列未发现与其他蛋白质具有直接的作用,但 pRB 蛋白家族中的另一个成员,p107 蛋白 A/B 口袋结构中的插入位点序列可与细胞周期素 A 之间发生相互作用。

(三) C 口袋结构

A/B 口袋结构中 B 位点的羧基末端序列也与 pRB 的蛋白质结合功能有关。例如,细胞周期素 D 与 pRB 蛋白之间的相互作用,不仅与 A/B 口袋结构有关,而且与羧基末端的序列有关。pRB/E2F DNA 复合物的形成,不仅需要 A/B 口袋结构的参与,羧基末端的序列也参加。A/B 口袋结构加上羧基末端的序列统称为“大 A/B 口袋”(large A/B pocket)结构。在这一段羧基末端的氨基酸序列中发现了与 A/B 口袋功能无关的一个蛋白质结合位点结构,称为 C 口袋结构(C pocket motif)。C 口袋结构可与 c-Abl 这种酪氨酸激酶(tyrosine kinase)蛋白结合,位于 768 ~ 928 位氨基酸残基的区域中,也可能区域更小。C 口袋结构与 c-Abl 蛋白的结合与 pRB 蛋白和其他蛋白质进行结合的机制是不一样的,并不受病毒蛋白的影响。

另外,第 706 位上的半胱氨酸突变为苯丙氨酸时,可以导致 A/B 口袋结构的功能丧失,但对 C 口袋结构的功能却没有影响。

C 口袋结构的发现同时也提出了一个问题:C 口袋结构与大 A/B 口袋结构的羧基末端序列是否是重叠的。一些病毒癌基因蛋白并不影响 C 口袋结构的功能,但却能够与大 A/B 口袋结构进行结合,因而一般认为两者的序列不存在相互重叠。因此,推测 pRB 蛋白的两个口袋结构可以同时与两种或两种以上的蛋白质进行结合。实际上已发现 pRB 能够同时与 SV40 T 抗原及 c-Abl 两种蛋白质进行结合。最近还发现,pRB 蛋白与 E2F/DNA 进行结合以后,还能与 c-Abl 蛋白结合,进一步证实了上述观点。

(四) 氨基末端位点

长期以来,pRB 蛋白氨基末端 378 个氨基酸残基序列的蛋白质结合位点及其功能没有得到应有的重视,只是因为在当初 Saos-2 细胞系的研究中,pRB 蛋白的生长抑制作用是不依赖于这一段氨基酸残基序列的。最近才发现,pRB 蛋白氨基末端序列中进行人工缺失突变,可导致其蛋白质结合功能的丧失,自此,这一段序列在其功能中的重要性才引起了人们的关注。pRB 蛋白分子的氨基末端序列中外显子 4 区仅仅有个氨基酸残基的缺失突变则会导致 pRB 蛋白与其他蛋白质分子结合的功能全部丧失。体外突变实验表明,pRB 蛋白分子的氨基末端序列与其形成寡聚体(oligomer)的过程有关,但完整的细胞内是否存在着 pRB 蛋白分子均一寡聚体(homo-oligomer),尚无直接的证据。

以 pRB 蛋白分子的氨基末端序列作为探针,应用酵母细胞二体杂交筛选系统,共鉴定出 9 种可以与 pRB 蛋白相结合的蛋白质分子。其中至少 2 种是受细胞周期调控的、能够催化组蛋白 H1 和 pRB 发生磷酸化修饰的丝氨酸/苏氨酸激酶类。一种激酶在 G_1 期和 S 期与 pRB 结合,而另一种激酶则在 G_2/M 期与 pRB 进行结合。因此,pRB 蛋白分子中的氨基末端序列中也存在着蛋白质结合位点,有人称之为 N 口袋结构,这可能与 pRB 蛋白的磷酸化修饰有关。

二、pRB 的结合蛋白

与 pRB 结合的蛋白质种类很多,包括病毒蛋白、转录因子、蛋白激酶及磷酸酶等。pRB 的生物学功能主要是通过与这类蛋白质的结合以及相互作用而实现的。另外,pRB 的活性及其调节也受到这些蛋白质结合的影响。

(一) 病毒癌基因蛋白

DNA 肿瘤病毒的基因组可以表达一些病毒癌基因蛋白,激活细胞的增殖机制,使细胞从静止期进入 S 期。这其中重要的一步便是病毒癌基因蛋白与 pRB 或带有 A/B 口袋结构的 p107、p130 两种蛋白质的结合和作用。腺病毒的 E1A、人乳头瘤病毒 16 型(HPV16)的 E7 及 SV40 的 T 抗原等都是参与这一过程的病毒癌基因蛋白。这些病毒癌基因蛋白如果发生突变,失去与 A/B 口袋结构蛋白的结合能力,随即也就失去其刺激细胞增殖的作用。与 pRB 等口袋结构蛋白结合的各种病毒癌基因蛋白具有共同的 3 段高度保守序列,即 CR1、CR2 和 CR3。与 pRB 高亲和度结合的结构位点位于 CR2 区,其中含有 Leu-X-Cys-X-Glu (LXCXE)样结构,病毒癌基因蛋白与 pRB 之间的结合及相互作用即是这一结构的主要作用。病毒癌基因蛋白通过 LXCXE 结构与 pRB 进行高亲和度结合以后,可以释放出原来与 pRB 已结合的各种蛋白质,如 E2F 等,这种转录因子再去调控细胞周期。最近又从 EB 病毒基因组中发现 EBNA-5 的基因编码产物可与 pRB 蛋白进行结合。EBNA-5 蛋白与 ElA 蛋白的结构比较,两者的 CR1 位点具有同源性序列。但 EBNA-5 抗原中却没有 LXCXE 样结构,其与 pRB 的亲和力低于带有 LXCXE 结构的 HPV E7 蛋白。EBNA-5 可与野生型的 pRB 蛋白进行结合,C706F 点突变并不影响 EBNA-5 与 pRB 之间的结合能力,表明 EBNA-5 蛋白与 pRB 之间的结合是通过与 A/B 口袋结构的不同机制而实现。但 EBNA-5 与 pRB 结合以后所导致的生物学效应目前尚知之甚少。

(二) E2F 转录因子

可与 pRB 等具有 A/B 口袋结构的蛋白质进行结合的转录因子,当属 E2F 及其各个家族成员蛋白。病毒癌基因蛋白与 pRB 蛋白进行结合,则可以替代其与 E2F 等转录因子蛋白的结合。E2F 作为一种具有反式激活作用的转录因子,可与 5′-TTTCGCGC-3′ DNA 序列进行特异性的结合,这一段 DNA 序列首先发现于腺病毒匝基因的启动子区,此后在细胞中某些基因的启动子区也发现了这种特异性的核苷酸序列。细胞中的转录因子 E2F 可以与具有 A/B 口袋结构的 pRB、p107 及 p130 等蛋白质结合成不同的蛋白质复合物,而且这种结合形式的转录因子 E2F 是一种非活性形式。当这种细胞受到腺病毒的感染时,E1A 则取代 E2F 与 pRB、p107 及 p130 等蛋白质结合,从而释放出非结合型游离的 E2F,这种游离的活性 E2F,与腺病毒的 E2 基因的启动子区结合,促进病毒基因的表达和复制过程。与细胞周期调节有关的细胞基因,如二氢叶酸还原酶(dihydrofolate reductase,DHFR)、Cdc2 及 c-myc 等基因的启动子结构区都有 E2F 结合的位点。E1A 取代并释放 E2F 是病毒癌基因激活细胞周期、促进细胞分裂增殖的重要机制之一。E2F-pRB 复合物的形成及解离,成为细胞周期正常 G_1/S 期转变过程中的重要一步。

以 pRB 的 A/B 口袋结构区作为探针,以酵母细胞二体杂交系统进行筛选,首先克隆了 E2F 的 cDNA 序列。这一 cDNA 的编码产物现在称为 E2F-1。E2F-1 分子中含有一段由 102 个氨基酸残基组成的位点结构,能够与 E2F DNA 序列进行特异性结合。E2F-1 分子羧基末端的 70 个氨基酸残基即为其转录激活位点,当其与 Gal 4 的 DNA 结合位点融合之后,则可以激活 Gal4 结合位点的转录活动。以 E2F-1 cDNA 与以氯霉素乙酰化酶(chloramphenicol acetyltransferase,CAT)作为报道基因并带有启动子区野生型 E2F 结合位点的质粒 DNA 进行共转染,可观察到报道基因转录激活的表达,如果质粒 DNA 中的 E2F 结合位点结构发生突变,则无此转录激活的效果。体外 E2F-1 与 pRB 的结合,其关键结构部位是 E2F-l 分子中转录激活位点羧基末端结构区 409~426 位的 18 个氨基酸残基组成的结构区。

pRB 蛋白对 E2F 活性具有调节作用,这一假说有两方面证据。第一个方面的证据在缺乏 pRB 蛋白表达的细胞中,导入外源性的 pRB 表达载体,当 pRB 有表达活性时,含有 E2F 位点的启动子活性下降 1/5。当导入的 pRB 编码基因是突变型而不是野生型时,则对含有 E2F 位点的启动子的活性没有任何影响。第二个方面的证据来源于 Gal 4-E2F-1 融合蛋白反式激活作用的研究。含有野生型 E2F-1 的融合蛋白的活性,当有 pRB 蛋白共同表达时则会受到抑制,融合蛋白中虽然会有具有转录激活的 E2F-1 突变体,但不能与 pRB 结合,不受共同表达的 pRB 的影响。以凝胶迁移率实验证实,pRB 可以延长 E2F DNA 体外的存在半衰期。当有病毒癌基因蛋白进行竞争性结合或 pRB 蛋白发生磷酸化修饰时,释放出游离的、具有活性的 E2F,激活 G_1/S 期特异性基因的表达。Saos-2 细胞中导入并表达野生型 pRB 蛋白时,E2F 的活性显著降低,使 Saos-2 细胞发生 G_1 期阻滞。同时导入 E2F-1 cDNA 并进行表达时,可以逆转这种 G_1 期阻滞的表型。表明 E2F-1 过表达的情况下,可以克服由于 pRB 表达而引起的细胞周期阻滞。当大鼠胚胎成纤维细胞中具有 E2F-1 基因过表达,或将 E2F-1 的 cDNA 以微注射方法导入这种细胞中进行表达时,可以刺激静止期细胞进入细胞分裂周期,刺激细胞进入分裂的 S 期。

关于 E2F 蛋白种类的认识有一个过程,最初认为核抽提物中具有 E2F 活性的蛋白质只有 E2F-l 一种,但后来以变性聚丙烯酰胺凝胶电泳进行分离,至少得到 5 种生物化学特性截然不同的蛋白质组分。每一组分的 E2F 蛋白都具有相对较弱的 DNA 结合功能,但各种成分按比例进行组合之后,与 DNA 结合的能力则提高 100 ~ 1000 倍。可以将这几种不同的 E2F 蛋白分成两个可以互补的组分,其中两个组分便是与 E2F-l 具有相似性质的蛋白质分子。继 E2F-1 后,又克隆了 E2F-2 和 E2F-3 的编码基因。这 3 种蛋白质的 DNA 结合位点的同源性为 73% ,反式激活及 pRB 结合位点的同源性为 56% 。其他的蛋白质互补作用成分还包括 DP-1,即 DRTF1,这种蛋白质可与 E2F 位点进行特异性的结合。DNA 结合位点区以反式激活作用区,DP-1 与 E2F-1 之间的氨基酸一级结构同源性十分有限。DP-1 与 E2F-1 两者的 DNA 结合位点核苷酸水平上以及氨基酸残基水平上的同源性分别达到了 42% 和 70% ,这也就是为什么两种蛋白质识别相同的 DNA 序列的原因。DP-1 与 E2F-1 之间另有一段具有同源性的结构,即疏水性的 7 氨基酸重复序列,两者的同源性达 41% ,类似于亮氨酸拉链(leucine zipper)结构。这一位点与 DP-1、E2F-1 形成异二聚体(heterodimer),与 DNA 具有高度的亲和力。另外,E2F-1 和 DP-1 形成的复合物与 pRB 的亲和力较单独的 E2F-1 与 pRB 的亲和力还要高。但与 E2F-1 不同,DP-1 没有可以检测到的反式激活活性,也不与 pRB 蛋白发生相互作用。表明 E2F-1-DP-1 异二聚体形式与 pRB 蛋白的结合能力及反式激活能力是 E2F-1 的功能,只是 DP-1 与 pRB 结合以后,对 E2F-1 的 pRB 蛋白结合能力及反式激活能力有所加强而已。

E2F 可与其他不同类型的蛋白质结合成异二聚体,表明 E2F-1 确实是蛋白质复合物中的一种蛋白质,即类似于 AP1 转录因子是由 c-Fos、c-Jun 形成的异二聚体蛋白质一样。E2F 与其他类型的蛋白质形成的二聚体与 A/B 口袋型蛋白质具有特殊的亲和力。E2F-1、E2F-2、E2F-3 不与 p107 蛋白结合,体内、体外都如此,表明 p107 还与 E2F 其他家族成员进行结合。病毒癌基因蛋白,如腺病毒的 E1A,可以与 pRB、p107、p130 结合,导致各种类型的 E2F 蛋白家族成员得以释放,成为具有活性的游离型蛋白质。病毒癌基因蛋白从 E2F-pRB 复合物中释放 E2F,不仅是对 E2F 功能的一种调节,同时对 pRB 蛋白的其他结合型蛋白也是一种调节过程。E1A、E7、T 抗原 3 种蛋白质通过 CR2 位点的 LXCXE 结构与 pRB 的 A/B 口袋结构发生相互作用,但 E2F-1 蛋白分子中并不会有 LXCXE 结构,E2F-1 与 pRB 形成的复合物也可以被含有 LXCXE 结构的多肽所破坏。E2F-1 与 pRB 之间的结合,不仅需要 pRB 蛋白 A/B 口袋结构的参与,而且还依赖于 pRB 蛋白分子羧基末端的氨基酸序列,因而含有 LXCXE 结构形式的多肽虽能破坏 pRB/E2F-1 复合物,但却不能打破 pRB/E2F/DNA 复合物的结构形式。因此,病毒癌基因蛋白解离 pRB/E2F/DNA 复合物的机制可能很复杂。当 E1A 作用于这种复合物时,含有 LXCXE 的 CR2 位点、CR1 位点都参与这种相互作用过程。HPVE7

蛋白对 pRB/E2F/DNA 复合物的破坏作用,需要 CR2 和 CR3 两个位点的参与。E1A 的 CR1 位点以及 HPVE7 的 CR3 位点与 pRB 蛋白之间都有较弱的亲和力,仅为 CR2-pRB 之间亲和力的 1/10。但两者与 pRB 蛋白之间的结合部位不同,腺病毒的 E1A CR1 位点与 A/B 口袋结构结合,而 HPVE7 的 CR3 位点却与 pRB 羧基末端的氨基酸残基序列具有结合能力。

E1A 或 E7 蛋白破坏 pRB/E2F 复合物的过程如下:病毒癌基因蛋白 CR2 位点的 LXCXE 结构通过与 A/R 口袋结构的亲和力与 pRB 蛋白结合,此时,E1A CR1 或 E7 CR3 也发挥较弱的相互作用,取代复合物中 E2F 的位置。有一系列的实验证据证实这一推测。缺乏 CR1 位点的 E1A 突变体形式不能破坏 pRB/E2F 这种复合物,但可与 E2F/DNA/pRB 形成超级复合物形式。大量的 E1A CR1 位点多肽足以使 pRB/E2F/DNA 复合物解体。以 E7 的 CR2 多肽与 pRB/E2F/DNA 复合物进行预处理,则可以防止全长的 E7 蛋白对这种复合体的解离作用。

病毒癌基因蛋白对 pRB/E2F-1 及 pRB/E2F/DNA 两种复合物的解离机制可能并不完全相同。仅仅带有 LXCXE 的多肽即可以使 pRB/E2F-1 复合物发生解离,但要使 pRB/E2F/DNA 复合物发生解离,仅仅 LXCXE 结构形式的多肽的存在是不够的,需要有第二个位点结构的存在和参与。其中一个解释是,E2F-1 是 E2F 蛋白家族中一个特定的成员。然而,pRB/E2F/DNA 复合物中可能除了 E2F-1 这一种特定的 E2F 家族成员之外,还可能存在着 E2F 蛋白家族成员,只有一小部分的复合物中真正含有 E2F-1 蛋白。以 E2F-1 蛋白的特异性抗体对 pRB/E2F/DNA 复合物进行免疫沉淀研究也证实了这一点,因为只能使小部分的复合物发生免疫沉淀反应。

(三) 其他转录因子

转录因子 MyoD 又称为肌质蛋白素(myogenin),是一种肌肉特异性的转录因子,在肌肉的发育过程中是一种必需的功能性因子。将 MyoD 的编码基因导入非肌肉细胞中并得到表达以后,可以激活肌肉特异性的基因,导致异位肌形成(myogenesis)。MyoD 转录因子对于肌肉特异性基因的转录激活过程需要有野生型 pRB 蛋白的参与。Saos-2 细胞是一种缺乏 pRB 表达基因的细胞系,导入 MyoD 的表达载体之后并不能诱导肌肉形成过程。但当 MyoD 与 pRB 基因共转染 Saos-2 细胞系时,则可以激活肌肉特异性基因的表达。以免疫共沉淀(coimmunnoprecipitatipn)技术可以证实 MyoD 与 pRB 可以结合成复合物形式。MyoD 与 pRB 之间的结合是由其分子结构中碱性的螺旋-环-螺旋(helix-loop-h eli,xHLH)位点决定的,而且 MyoD 与 pRB 之间的结合可以受到含有 LXCXE 结构的多肽的竞争性抑制,表明 MyoD 与 pRB 之间的结合与 pRB 分子中的 A/B 口袋结构有关。体外进一步的缺失突变研究表明,MyoD 与 pRB 之间的结合与 A/B 口袋结构的 A 位点无关,只要 B 位点保持完整,就足以保证 MyoD 与 pRB 之间的结合。pRB 蛋白分子中位于 B 位点部分发生 C706F 突变,则失去与 MyoD 的结合。pRB 促进肌肉特异性基因表达的具体机制还不十分清楚,$pRB^{-/-}$ 突变型小鼠胚胎中也末见到肌肉发育受到影响。也许,以 Saos-2 细胞系研究的结果并不适用于正常肌肉发育过程。另一种可能性是,pRB 基因敲除以后,其他带有 A/B 口袋结构的蛋白质,如 p107、p130 等表达水平补偿性升高,仍可维持正常的肌肉形成过程。

Elf-1 是一种淋巴细胞系特异性的转录因子,是 Ets 蛋白家族的一个成员。Elf-1 可以识别富含嘌呤碱基的 Ets DNA 保守核苷酸序列,即 5′-AGGAA-3′,这一序列在诱导 T 细胞激活的基因启动子区十分常见，包括粒细胞、巨噬细胞集落刺激因子（granulocttemacrophage colony stimulating factor，GM-CSF）及白细胞介素-2（interleukin-2，IL-2）基因等。elf-1 基因本身表达调控的机制并不十分清楚，但可能涉及翻译后加工机制，因为处于静止或激活状态的 T 细胞中 Elf-1 蛋白的表达水平都是一样的。Elf-1 蛋白分子中含有 LXCXE 结构，位于酸性的反式激活作用位点区，在静止的 T 淋巴细胞中可与未发生磷酸化的 pRB 蛋白作用。与 E2F 相似，当有 pRB 基因共同表达时，Elf-1 的转录激活作用受到抑制，表明 pRB 对 Elf-1 的活性具有调节作用。当 T 淋巴细胞激活以后，pRB 的磷酸化修饰程度显著提高，检测不到 pRB/Elf-1 蛋白复合物的存在。Elf-1 与 pRB 结合成复合物以后即变为无活性形式，这一点也与 E2F 相似。T 淋巴细胞激活之后，pRB 蛋白发生磷酸化修饰，破坏了 pRB 与 Elf-1 之间的结合，Elf-1 从复合物中释放出来，对一系列 T 淋巴细胞特异性的基因具有激活作用。

PU. 1 是另一种含有 Ets 样 DNA 结合位点的淋巴细胞特异性转录因子。PU. 1 可以识别富含嘌呤碱基的 DNA 序列 5′-GAGGAA-3′，称为 PU 盒（PU box）式结构。PU. 1 蛋白仅在巨噬细胞及 B 淋巴细胞中有表达活性。PIT. 1 仅对含有 PU 盒式结构的基因的表达具有调节作用。如免疫球蛋白（immunoglobulin）基因的增强子（enhancer）序列中即含有 PU 盒式结构。PU. 1 的酸性反式激活位点并不含有 LXCXE 结构形式，但在体外可以与 pRB 蛋白的 A/B 口袋结构进行结合。但在 B 淋巴细胞内尚未证实有 pRB/PU. 1 蛋白复合物的存在。在 $pRB^{-/-}$ 细胞中也可检测到免疫球蛋白基因的表达，因此，pRB/PU. 1 蛋白复合物在 B 淋巴细胞及巨噬细胞中的具体作用机制尚有待于进一步的研究。

ATF 蛋白代表了一个广泛的可以识别 DNA 序列 5′-GCACGTCA-3′的转录因子蛋白质家族。转化生长因子-β2（transforming growth factor-β2，TGF-β2）的基因启动子区即存在 ATF 识别的 DNA 序列，因而 TGF-β2 基因的表达可能受到 ATF 转录因子的调节。将报道基因氯霉素乙酰化酶（CAT）基因置于 TGF-β2 启动子的控制之下，与 pRB 的表达载体共转染，可导致 CAT 表达的激活。这种 pRB 依赖性的启动子结构位点称为 ATF 位点（ATF site）。与 TGF-β2 基因启动子区 ATF 位点具有高度亲和力的 ATF 家族中的一个成员即为 ATF-2。带有 Gal4 结合位点的 Gal4-ATF-2 融合蛋白对报道基因 CAT 的反式激活作用具有增强作用。ATF-2 蛋白分子中有关 pRB 应答的位点结构位于 ATF-2 蛋白分子中反式激活位点的氨基末端。因此，pRB 对 ATF-2 的反式激活作用似乎有增强作用。另外，体外实验表明，ATF-2 的反式激活位点与 pRB 蛋白的 A/B 口袋结构具有特殊的亲和力。在这一点上 ATF-2 与 E2F 截然不同，pRB 对 E2F 的调节是通过与 E2F 反式激活位点的作用从而抑制 E2F 的反式激活作用。但目前还不太清楚 pRB 蛋白是否与 ATF-2/DNA 结合成复合物的形式。

细胞内癌基因蛋白 c-Myc 也属于一个转录因子蛋白质家族，在细胞增殖与分化过程中具有十分重要的调节作用。体外实验证明，c-myc 和 n-myc 两种癌基因蛋白都能与 pRB 蛋白的 A/B 口袋结构发生相互作用，这种相互作用在 HPV E7 蛋白存在时将会遭到破坏。与其他可与 pRB 结合的转录因子蛋白一样，与 pRB 结合的位点也是位于 c-Myc 蛋白的反式激活位点上。但是，Myc 依赖性转录激活能力并不受 pRB 的调节。体外实验表明，Gal4-Myc 融合蛋白对 pRB 的表达与调节作用没有应答。虽然在体内还没有检测到 pRB/c-Myc 形成的蛋白质复合物，但可以证明有 pRB 相关性蛋白 p107 与 c-Myc 结合而成的蛋白质复合物，表明 c-Myc 的功能或许受到 p107 这种蛋白质的调节。c-Myc 与 A/B 口袋结构蛋白之间相互作用的生物学意义尚不完全清楚。

癌基因蛋白 c-Abl 是一种酪氨酸激酶，在哺乳动物的细胞中广泛存在，其亚细胞定位是细胞质与细胞核。在细胞质中，c-Abl 可以结合在肌动蛋白微丝（actin filament）上，细胞核内的 c-Abl 也可以结合 DNA。c-Abl 蛋白在细胞周期的不同阶段受到不同的修饰，在细胞分裂中期（metaphase）处于高度磷酸化的状态。c-Abl 蛋白在有丝分裂期处于高度磷酸化状态的结果之一即是对其与 DNA 的结合能力具有显著的抑制作用。c-Abl 酪氨酸激酶与 DNA 的结合能力随着细胞周期的进展而受到周期性的调节，表明这种位于细胞核内的酪氨酸激酶可能参与细胞周期的调节。持续激活的 Abl 酪氨酸激酶，与 Abelson 小鼠白血病病毒的 gag 及费城染色体（Philadelphia chromosome）阳性的人白血病癌基因 bcr 形成的融合蛋白 Gag-v-Abl 和 Bcr-Abl，都能够刺激细胞增殖反应，或诱导细胞进入 G_1 期阻滞。在细胞核中，c-Abl 可与 pRB 结合形成蛋白质复合物。在人及啮齿类细胞，包括人原代成纤维细胞中，只要有 c-Abl 和 pRB 两种蛋白质的表达，都可以检测到由这两种蛋白质结合成的复合物分布于细胞核中。pRB 借助其 C 口袋结构与 c-Abl 酪氨酸激酶的 ATP 结合位点进行结合。c-Abl 与 pRB 结合之后，导致 c-Abl 的酪氨酸激酶处于失活状态。因此尽管 pRB 能够与 c-Abl 进行直接结合，但却不会受到 c-Abl 酶学活性的催化，pRB 分子中的酪氨酸残基并不会得到磷酸化修饰。如前文所述，pRB 蛋白分子中的 C 口袋结构就是由于 pRB/c-Abl 之间存在的相互作用而得到鉴定的。这一 C 口袋结构位点还不会受到病毒癌基因蛋白作用的影响。在细胞周期中，静止期和 G_1 早期细胞中都可以检测到 pRB/c-Abl 蛋白复合物的存在，但在 G_1/S 期之后，由于 pRB 受到磷酸化修饰，pRB-Abl 复合物结构遭到破坏。这一调节的结果，在细胞周期的静止期及 G_1 早期，c-Abl 由于以与 pRB 结合成复合物的形式而失活，不具备酪氨酸激酶的活性，G_1 期以后，由于与 pRB 结合成的复合物又发生解离，重新成为游离的 c-Abl 又获得了酪氨酸激酶的活性，参与细胞周期的调节。

作为一种酪氨酸蛋白激酶，c-Abl 在细胞核内所催化的可能的底物即为哺乳动物 RNA 聚合物ⅡC 端重复位点（c-terminal repeat domain，CTD）。CTD 位点的酪氨酸残基发生磷酸化修饰，与转录活动的开始及延伸的转变有关。在共转染实验中，c-Abl 可以增强 VP16 的活性。VP16 的活性需要细胞核中 c-Abl 的参与，当与 pRB 基因共转染时其活性又受到阻断。这些结果表明，c-Abl 在细胞周期调节的基因表达中具有十分重要的作用。另外，由于 c-Abl 位于肌动蛋白微丝上，因此，细胞质中 c-Abl 的功能可能是介导细胞外的信号传递到细胞核中。细胞核中 c-Abl 与 pRB 之间的相互作用，可能具有整合细胞骨架信号与细胞周期控制机制意义。

（四）细胞周期调节蛋白

细胞周期素（Cyclin）及细胞周期素依赖性激酶（CDK）处于细胞周期调节的中心。D 型细胞周期素家族至少有 3 个不同的蛋白质：D1、D2 和 D3。这 3 种细胞周期素与细胞周期 G_1 期的进展有着极为密切的关系。在多种类型的细胞中，当细胞进入细胞分裂周期时，至少有一种类型的 D 型细胞周期素基因表达被激活。总的来说，在哺乳动物的细胞中，G_1 期 D 型细胞周期素较 E 型细胞周期素的表达时相要早一些。D 型细胞周期素可与 Cdc2、CDK2、CDK4、CDK5 及 CDK6 结合成功能性复合物。

有证据表明，D 型细胞周期素与细胞周期的调节有关。细胞周期素 D1 在甲状旁腺癌（parathyroid adenoma）及某些 B 细胞白血病细胞中发生基因转位（gene translocation），20%～

30% 的乳腺癌(breastcancer)及食管癌(esophageal cancer)细胞中可见到细胞周期素 D1 的基因放大(gene amplification)现象。这些都表明细胞周期素 D1 具有肿瘤基因的性质。将细胞周期素 D1 的表达载体导入建立的啮齿动物成纤维细胞系中进行异位表达(ectopic expression),导致这种细胞的 G_1 期缩短,而且转导的细胞能够以更高的密度生长。将抗细胞周期素 D1 的抗体以微注射(microinjection)的方式注入细胞中,可以阻断静止期细胞进入 S 期。除此之外,将 3 种 D 型细胞周期素的任何一种进行转基因表达,都可以解除由于 pRB 引起的 Saos-2 细胞的 G_1 期阻滞。每一种 D 型细胞周期素分子中都含有 LXCXE 结构,表明含有这段序列的氨基末端部分能够与带有 A/B 口袋结构的 pRB 蛋白发生直接的相互作用。所有 3 种类型的 D 型细胞周期素都能够与 pRB 和 p107 蛋白进行结合。D 型细胞周期素与 pRB 等结合成的蛋白质复合物,当有病毒癌基因蛋白或含有 LXCXE 结构的多肽分子表达时,将会被破坏。体外结合实验的结果表明,pRB 蛋白分子中除了 A/B 口袋结构之外,羧基末端的部分氨基酸序列也参与与 D 型细胞周期素的结合。也是因为如此,才提出了大 A/B 口袋结构的概念。

D 型细胞周期素与 pRB 之间的结合及相互作用,可能是 D 型细胞周期素复合物在细胞周期的不同阶段对 pRB 进行磷酸化修饰的结构和功能基础。具有活性的 CDK4-Cyclin D 复合物在体外即可以有效地催化 pRB 蛋白的磷酸化修饰。但是,以 3 种 D 型细胞周期素的任何一种与 pRB 基因共转染 Saos-2 细胞时,并不能使 pRB 蛋白的磷酸化程度显著提高,但 pRB 基因与细胞周期素 A 和细胞周期素 E 进行共转染时,则可检测到 pRB 磷酸化修饰程度显著提高。细胞周期素 D1 分子中 LXCXE 结构如果发生突变,则不能与 pRB 蛋白形成稳定的蛋白质复合物,也就不能解除由 pRB 蛋白诱导的 Saos-2 细胞的 G_1 期阻滞。从功能上来讲,pRB 是 D 型细胞周期素的抑制剂。由于与 pRB 蛋白的结合,其他与细胞周期调节有关的蛋白质不再有效地与 D 型细胞周期素结合成功能性复合物,从而对细胞周期的调节产生影响。

Cdc2 和 CDK2 两种蛋白激酶都能够与 pRB 蛋白发生免疫共沉淀。细胞裂解物中含 pRB 的免疫共沉淀物也具有组蛋白 H1 激酶的活性。以抗 pRB 抗体进行 Western blot 杂交分析时也可检测到 CDK2、Cdc2 两种蛋白质的存在。尽管在 pRB 的免疫共沉淀物中发现有 Cdc2 和 CDK2 两种蛋白质的存在,但还没有证据表明这两种蛋白激酶能够与 pRB 蛋白进行直接结合。Cdc2 分子中也包含着 ATP 结合位点,而纯化的蛋白质并不能证明 Cdc2 与 pRB 蛋白 C 口袋结构之间存在着相互作用。Cdc2、CDK2 与 pRB 形成复合物的机制并不十分清楚。

(五) 其他与 pRB 结合的蛋白质

RBA p48 是 HeLa 细胞中与 pRB 结合的主要蛋白质类型。这种在 HeLa 细胞核中广泛存在的 RBA p48 蛋白与酵母细胞中 MSII 蛋白之间的同源性达 46%。在酵母细胞中,MSI1 蛋白是 Ras-cAMP 途径的负调节因子,因为当 MSI1 基因处于过表达状态时,可使 RAS2-Vdl19 和 Val 突变体的热休克敏感性降低。在这些突变型的酵母细胞中表达人 RBA p48,也可以导致这些酵母细胞热休克敏感性的下降。在体外,RBA Ap48 可与 pRB 羧基末端的片段发生相互作用,也可与细胞裂解物中的 pRB 发生免疫共沉淀。pRB 对 RBA p48 的活性是否有影响尚不得而知,这种相互作用的生物学意义也不十分清楚。

分子质量为 73kDa 的热休克同种蛋白 HSC73 属于热休克蛋白 HSP70 家族中的一员，主要分布在细胞核中。以抗 pRB 或抗 HSC73 的抗体，从人细胞的裂解物中可分别使 HSC73 或 pRB 发生免疫共沉淀。这种蛋白质复合物可被 ATP 所解离，但 ADP 和 ATPγS 对其没有影响。HSC73 与 pRB 之间相互作用和结合的位点，以及这种相互作用的生物学意义尚不十分清楚。

大部分与 pRB 相互作用的蛋白质的 cDNA 克隆化都是应用酵母细胞二体杂交系统进行的，其中包含了蛋白磷酸酶 1-α2 型（PP1-α2）。因为这种 PP1-α2 蛋白在酵母细胞中即与 pRB 蛋白进行相互作用，所以认为这种相互作用不需要其他人细胞蛋白质的参与，而是一种直接的过程。PP1-α2 有些类似于 D 型细胞周期素，只能与 pRB 蛋白分子的 A/B 口袋结构进行结合。以免疫共沉淀技术可从处于有丝分裂期及 G_1 早期的细胞中检测到含有 pRB 和 PP1-α2 蛋白的复合物的存在。PP1-α2 与 pRB 结合的生物学意义并不十分清楚，但细胞周期 M 晚期和 G_1 期中 PP1-α2 与 pRB 进行结合，以复合物的方式存在，可能有助于 pRB 蛋白保持在未磷酸化状态。

尽管在细胞核的粗提取物中可以检测到 pRB/E2F/DNA 复合物的存在，但在电泳泳动迁移率实验（electrophoresis mobility shift assay，EMSA）中却不能证实纯化的 pRB 与 E2F 之间发生相互作用。因此，怀疑其他的蛋白质因子也参与 pRB/E2F/DNA 复合物的形成。基于这种推测，对细胞核粗抽提物中 pRB/E2F/DNA 复合物中其他可能的蛋白质类型进行了探索性的研究。从中分离到一种分子质量为 60kDa 的蛋白质，称为 pRB 结合蛋白 60（pRB-binding protein 60，RBP60）。RBP60 在体外可与体外翻译的 pRB 结合，表明 pRB 与 RBP60 两种蛋白质之间存在着相互作用，但这种相互作用的机制和生物学意义尚不十分清楚。

以 pRB 蛋白羧基末端 60 1000bp 的片段作为探针对人 cDNA 文库进行筛选，克隆了两个与 pRB 蛋白羧基末端序列发生相互作用的两种基因，称为 RBP-1 和 RBP-2。这两种蛋白质分子结构中都含有 LXCXE 结构，在体外可与 pRB 结合，而且这种结合被 HPV E2 病毒癌基因蛋白所阻断。但这两种蛋白质在细胞内是否与 pRB 进行结合，以及 RBP-1 和 RBP-2 两种蛋白质的生物学作用的意义等都不十分清楚。

前文中叙述了一系列的可与 pRB 蛋白发生相互作用的蛋白质分子，虽然种类繁多，但远远没有穷尽。人巨细胞病毒（cytomegalovirus，CMV）的早期即刻蛋白 IE2 是该病毒极早期的表达基因产物，在体外可与 pRB 蛋白进行结合。GATA-3 转录因子也可以与 pRB 进行结合，而且这种转录因子的功能还可以因其与 pRB 蛋白的结合而得到加强。研究与 pRB 相互作用的蛋白质，研究重点一直放在与 pRB 蛋白 A/B 口袋结构作用的蛋白质上。但是，pRB 蛋白的羧基末端部分也是一个十分重要的作用位点，除了 c-Abl 蛋白之外，还有其他一些类型的蛋白质与 pRB 的羧基末端序列发生相互作用。很清楚，pRB 可以与一系列的细胞内蛋白质发生相互作用，但细胞中不会同时存在着大量的 pRB 蛋白分子，与可以结合的蛋白质分子都进行结合，所以，pRB 对这些 pRB 结合蛋白来说并不是一种立体化学调节因子（stoichiometric regulator）。而且，pRB 的功能，也并不是简单地将各种细胞蛋白质进行分离，而是通过其各种口袋结构与 pRB 蛋白形成不同的蛋白质复合物形式，以达到对生物系统的调节。

应用免疫荧光染色证实 pRB 蛋白是结合在核结构上的。缺乏与病毒癌基因蛋白结合能力的突变型 pRB 蛋白可以十分有效地从细胞质转位到细胞核，但却不能与细胞核结合，证明 pRB 蛋白在细胞中的分布是 A/B 口袋结构依赖性的。pRB 在细胞核中的分布与结合方式与 pRB 的磷酸化修饰程度有关。从功能上来看,大部分与 pRB 结合的蛋白质是转录因子蛋白质。多数情况下,pRB 的 A/B 口袋结构与转录因子的反式激活位点发生相互作用,如 E2F、Elf-1、PU. 1、ATF-2 和 c-Myc 等。pRB 蛋白 A/B 口袋结构中的 A 位点与 TATA 结合蛋白(TATA-binding protein,TBP)具有广泛的同源性。而且能够与 pRB 结合的大部分转录因子也可以与 TBP 结合,这使哺乳动物细胞中有关基因的转录表达的调控机制变得更为复杂。

第三节　pRB 基因与肿瘤

pRB 与肿瘤之间有着极为密切的关系,pRB 基因即是作为一种肿瘤抑制基因而被发现的。pRB 与肿瘤的发生、发展之间的关系非常复杂。但是,pRB 与各种病毒蛋白之间的相互作用,pRB 与细胞周期、细胞程序化死亡、细胞自噬等过程的调节之间的关系,对肿瘤的发生有一定的意义。

一、pRB 功能丧失与早期肿瘤的发生

pRB 基因最先在儿童视网膜母细胞瘤中发现,尽管肿瘤的发生及发展是一个多因素参与的过程,但 pRB 基因的缺失可以导致这种家族性发病的肿瘤,当然也可见于散发病例,如缺失 pRB 基因可以增加儿童及青少年骨肉瘤的患病率。在成年人中,人类乳头瘤病毒(HPV)可以通过病毒 E7 致癌蛋白的表达,抑制 pRB 基因,诱导宫颈癌及头颈部鳞状细胞癌的发生。肝炎病毒也应用同样类似的机制导致了肝癌的发生。在人类小细胞肺癌的发病者中,90% 的患者 pRB 基因失活,大鼠动物试验也证实了 RB 基因功能正常是抑制小细胞肺癌的重要因子。最终,对 pRB 基因的上游调控贯穿了肿瘤的发生。,如果特定组织的 RB 功能丧失,则会导致缺失 pRB 基因的组织发生肿瘤。这些在人类中观察到的现象同样也在动物试验中得到了证实。

尽管有力的证据均证实,由于 pRB 基因的功能缺失导致了多种肿瘤的发生,但是如何导致肿瘤发生及何种类型的细胞导致了肿瘤的发生仍不清楚。一般来说,成体组织由干细胞、祖细胞及分化成熟的细胞构成。干细胞有很强的增殖潜能及自我更新潜能,但干细胞通常处于静止状态。必要时,干细胞可以生成短暂增殖的祖细胞,具备了进入细胞周期的能力。这些祖细胞最终停止分裂,分化成不具备有丝分裂的分化成熟的细胞。

干细胞与肿瘤细胞具有许多相同的特性,其中包含了强的增殖潜能。但是,尽管干细胞有强的增殖及自我更新的能力,但通常处于静止状态,很少进入细胞周期进行有丝分裂,这一点不同于肿瘤细胞。干细胞处于静止状态对维持组织稳态很必要,但在细胞培养模型中观察到 pRB 对干细胞静止状态的维持起着很重要的作用。p130 可以结合 G_0 期细胞的启动子,如果 RB 缺失会使细胞由 G_0 期进入 G_1 期。在体内,RB 缺失的造血干细胞不会增殖,尽管 RB 变异的造血干细胞不会处于静止状态,被迫进行分化。在皮肤中如果 RB 基因敲除则会导致干细胞染色数量的减少。这些数据提示了两种可能性,第一种为 RB 变异的皮肤干细胞可能死亡或分化。第二种为 pRB 变异的皮肤干细胞进入细胞周期进行分裂,稀释了染色信号的浓度。这种具有高增殖能力的细胞亚型可能伴有自我更新能力,也可能不伴有自

我更新能力。令人惊奇的是,在植物中观察到了 RB 基因与干细胞维持静止状态的关联。在拟南介(*Arabidopsis*)中,RB 类似结构 RBR 的缺失导致干细胞的增多,RBR 缺失不影响干细胞的增殖及自我更新能力,但影响了干细胞的分化能力。

目前为止,在哺乳细胞中并无足够的证据表明 pRB 缺失导致干细胞脱离静止状态进入细胞周期进行分裂,从而导致肿瘤发生。但是 pRB 作为重要的干细胞静止状态的调节因子,即便缺失 pRB 的干细胞有少量增殖,也可能导致肿瘤发生的概率增加。

干细胞及祖细胞与肿瘤细胞一样具备自我更新和增殖的能力。与此相反,分化成熟的细胞是不具备以上能力的。因此,完全分化成熟的细胞重新进入细胞周期进行分裂,变成肿瘤细胞的可能性要远远小于干细胞。但是,在有丝分裂后期,在成体组织及器官中,分化细胞的数量明显高于干细胞的数量,有证据证实 pRB 缺失可以使已经完全分化的细胞重新进入细胞周期进行分裂,可能导致肿瘤的发生。在衰老细胞模型中证实,pRB 参与衰老细胞的异染色质的结构及定位,如果 pRB 功能缺失可能引起分化细胞中染色质的重组,细胞周期基因开始表达,成熟细胞去分化,变成幼稚细胞。以上观点来自于成熟肝细胞模型,缺失 pRB,成熟肝细胞可以变成幼稚细胞,具有分裂增殖的能力。但是在神经原细胞中,如果 pRB 缺失,或 RB 家族功能消失,并不能使神经细胞重新进入细胞周期。同样,在肌肉细胞中,pRB 功能缺失也不会重新启动细胞周期,或者即便进入细胞周期也会停止在 G_2 期。在耳蜗细胞中,pRB 敲除可以使其重新开始细胞周期,但不能完成细胞分裂。

因此,分化完全的细胞,当 pRB 功能缺失后是否会重新进行细胞周期进行分裂,取决于细胞本身在细胞周期所处的状态。但是未完成细胞周期的细胞,如果缺失了 RB 功能,这类细胞具有分化的能力,但同时也有重新进入细胞周期进行分裂的能力。如果接受外界某种刺激,则会发生癌变。

尽管肿瘤可能发生在缺失 pRB 的干细胞及有丝分裂后期分化成熟的细胞,但正在进行有丝分裂的祖细胞和分化细胞更可能发生肿瘤。pRB 缺失使这些细胞分裂加速,阻止细胞从 G_1 期退出进行分化。在 HPV 诱导的宫颈癌模型中,病毒使上皮细胞基底膜细胞分裂启动了肿瘤的发生,阻止细胞正常退出细胞周期进行分化成熟。在脑组织中,如果祖细胞的 pRB 水平上升,则细胞可以停止细胞分裂;如果 RB 缺失,细胞退出细胞周期时间延迟。同样在鼠的视网膜母细胞中,如果 RB 功能缺失导致细胞分化受限,正在分化细胞的增殖及死亡增加。尽管 RB 单一缺失并不能导致鼠的脑瘤及视网膜母细胞瘤,但 pRB、p107 双缺失的动物可患视网膜母细胞瘤。如果细胞分化时因 pRB 变异而不能及时退出细胞周期,这些细胞会变成肿瘤细胞。

在以上动物模型中,pRB 缺失可能降低了细胞分化的能力。在鼠及体外试验中均证实 pRB 具有促进胚胎及成体细胞分化的功能。pRB 可以通过结合及调节组织特异性转录因子以及结合分化的抑制因子 ID2 和 EID1 来促进细胞分化。以前认为 E2F 转录因子仅在细胞周期中与 pRB 结合而起作用,但最近的证据表明 E2F 转录因子可以控制 pRB 变异细胞的分化。在 pRB 变异的家族中所致肿瘤发生率低,原因为虽然 pRB 缺失了 E2F 结合位点,但保持了诱导肿瘤细胞分化的能力。这表明 pRB 保留诱导细胞分化的能力可以避免完全显性肿瘤的发生。在骨肉瘤中可观察到类似的情况。变异的 pRB,缺少了细胞周期抑制功能,但是却保持了诱导分化的能力,提示 pRB 蛋白不同的结构区可以分别调控细胞周期和诱导分化。

二、pRB 功能保留及早期肿瘤进展

尽管有确凿的证据表明,pRB 可抑制视网膜母细胞瘤、骨肉瘤及小细胞肺癌,但在很大一部分肿瘤类型中发现,只有在肿瘤进展期才显示出 pRB 基因的变异,而且即便为家族性视网膜母细胞瘤的患者也不对其他类型的肿瘤有强烈的易感性。这提示可能在一些肿瘤发展过程中,过早失去 RB 基因功能对肿瘤进展不利。pRB 似乎具备某种使肿瘤生存的功能,而这一功能与其作为肿瘤抑制基因的作用背道而驰。

pRB 功能丧失可以导致细胞死亡及 DNA 修复。E2F1 是 p53 依赖的凋亡的主要调节因子。最近的研究表明,这种细胞死亡可以反映在 DNA 损伤应答中 E2F1 的正常功能。DNA 双链断裂激活 ATM 激酶(ataxia telangiectasia mutated)及 CHK2(check point homologue 2),以上两种酶可使 pRB 磷酸化,形成 pRB- E2F1 复合物,抑制 E2F1 特异性促凋亡的靶基因(Araf1 及 Trp73)。同样,DNA 损坏增加了人类 RB873 及 RB874 位点的赖氨酸乙酰化水平,减少了 pRB 磷酸化,使其抑制 E2F1 的功能。有趣的是,在 E2F 家族中,诱导凋亡主要是 E2F1 的作用,主要由 RB 及 E2F1 蛋白结构域完成。这不同于 pRB 与其他成员的作用。但是在体内 E2F3 也可以诱导 pRB 缺陷的细胞死亡。通过以上机制可知,pRB 在肿瘤细胞中的存在避免了 E2F 对 DNA 损坏后导致的细胞凋亡,可能阻止了肿瘤细胞的消失。

pRB 在 ATR 通路上有独特的功能,使单链 DNA 可以形成复制叉,促进 DNA 修复。在 pRB 缺陷的细胞中,紫外线诱导的新生物不能导致细胞周期停止,这一点不同于野生型 pRB 细胞。但是,DNA 修复机制仍可以快速进行。在 pRB 基因敲除小鼠的干细胞内,在紫外线照射后,E2F 可活化损伤特异性 DNA 结合蛋白 2(damage-specific DNA binding protein 2, Ddh2),一种对 DNA 修复至关重要的基因,促进变异的细胞修复。但是紫外线治疗 RB 缺陷的肿瘤细胞导致肿瘤细胞的凋亡,这种现象与在 pRB 基因敲除小鼠中应用化疗药物后导致细胞凋亡类似。

在以上例子中可以看出,似乎 pRB 可以使肿瘤细胞避免凋亡,促进其进展。这些现象可能与在早期肿瘤中,癌基因的活化可以诱导产生 DNA 损伤信号有关。pRB 失去磷酸化功能的转基因小鼠的乳腺癌动物模型中证实:pRB 在某种特定条件下通过增强细胞存活来促进肿瘤生长。

pRB 功能缺失可导致非正常的细胞增殖,并伴随着细胞死亡。pRB 基因通过磷酸化或与病毒癌蛋白作用所导致的细胞死亡并不与 pRB 基因完全缺失所致一致,这可以解释为何在一些肿瘤中上游因子的变异,如 CDKN2A(也称为 p16)编码的 INK4A 的缺失或 E1A 的表达,尚不足以抑制 pRB 对 E2F1 依赖的细胞凋亡。但是如果 INK4A 缺失与 E1A 同时存在,就会作用于 pRB 的口袋区而抑制凋亡。如果肿瘤细胞在缺失 pRB 前则存在保护其逃避凋亡的变异,如使 p53 失活,则肿瘤会在 pRB 功能缺失后获益,肿瘤会进一步生长。

在肿瘤的进展中,实体瘤最终会长到一定程度,使细胞处于缺氧的状态。缺氧可以诱导细胞自噬,可以使缺氧的细胞代谢持续。但是,过多的细胞自噬最终导致细胞死亡。在肿瘤中,细胞自噬的作用不明确,一种假说认为,凋亡及自噬通路的同时缺失会促进异常细胞积累变异,导致形成恶性度更高的肿瘤细胞。近期的研究表明,pRB 可以通过对 E2F 作用来抑制细胞自噬。与凋亡相同,pRB 缺失会增加细胞自噬介导的细胞死亡。所以 pRB 的存在在肿瘤早期阶段是有利于肿瘤生长的。

三、pRB 功能缺失与肿瘤进展

pRB 基因杂合子研究提示，RB 功能丧失伴随着肿瘤的进展。但是，值得注意的是，pRB 基因的缺失是偶然的，不具有必然性。直至目前，仍无动物模型可以说明在肿瘤进展过程中 pRB 功能缺失带来的后果。目前的动物模型均为癌基因同时突变导致，而不是序列突变导致。

pRB 功能缺失减少了突变细胞的分化潜能。在人类肿瘤的早期阶段，新生的异型细胞可以具有一些分化细胞的标记物。肿瘤细胞的分化程度决定了肿瘤细胞的病理分级。分化越高，分级越低，反之亦然。pRB 变异见于高分级的肿瘤细胞，分化程度越低的胃肠道肿瘤细胞。pRB 的存在可以使肿瘤细胞分化，抑制它们的增殖潜能。这可以解释为何在一种高分化肿瘤向低分化肿瘤的进展过程中，伴随着 pRB 的消失。因为一些抗癌治疗迫使肿瘤细胞分化，这时 RB 功能如何恢复成为治疗的关键。

pRB 功能缺失导致染色体稳定性下降。人类肿瘤具有高度的基因不稳定性。pRB 的变异可导致有丝分裂时 DNA 复制及染色体分离出现错误，最终出现癌基因异常表达。野生型 RB 不仅通过阻断 G_1/S 期过渡，而且通过阻断 G_2/M 期可以减慢肿瘤细胞的增殖。小鼠胚胎干细胞中并无 G_1 节点，RB 缺陷可以增加染色体改变，pRB 缺失的小鼠纤维母细胞可以在 S 期产生多倍体。正常肝细胞为四倍体细胞，如果 pRB 基因缺失其会重新进入细胞周期，出现非整倍体细胞。正常细胞发展为视网膜母细胞瘤也伴随有染色体的稳定性下降。这种非整倍体细胞的形成机制仍未完全清楚，可能是 RB-E2F 复合物可以限制 MAD2 表达，后者抑制了纺锤体的形成。在 pRB 缺陷细胞中，MAD2 表达水平增加，与此同时 E2F 表达水平也增加，过度表达的 MAD2 可以诱导转基因鼠的非整倍体形成。pRB 通过调节着丝粒、端粒等染色质结构，进而维持染色体稳定性。许多染色质调节成分通过 LXCXE 结构域连接 pRB，最近的研究表明，LXCXE 变异后仍有结合 E2F 的能力，MAD2 表达不受影响。由于着丝点异染色质形成出现异常，导致染色体的不对称分裂，形成异倍体。pRB 可能通过与一种染色质浓缩蛋白直接作用促进染色质浓缩，保护染色体的稳定性。pRB 缺陷的细胞不能在 DNA 损害时停滞在 G_1 期，异常的 DNA 开始复制，导致突变的积累。

pRB 功能缺失会通过染色质重构酶及 DNA 修饰酶改变基因组的外在特性。可以结合 E2F 及 RB-E2F 复合物的 DNA 甲基化酶 DNMT1，在 pRB 缺失的肿瘤中表达上调。染色质的重构及 DNA 高甲基化与肿瘤形成密切相关。这些基因的外在变化可以使癌基因活化及抑癌基因灭活。

pRB 功能缺失抑制细胞衰老，而细胞衰老在体内可以抑制肿瘤。RB-E2F 可以结合染色质调节复合物 SUV39H1，后者是细胞衰老的重要调节因子。pRB 家族控制了端粒酶的长度，可以诱导因端粒酶缩短导致的细胞衰老。因此，缺失 pRB 功能会使肿瘤细胞逃避癌基因引起的细胞衰老。pRB 可以下调 S 期激酶相关蛋白 2（S-phase kinase-associated protein 2，SKP2）的功能，启动 p27 蛋白，抑制细胞周期激酶活性，细胞开始衰老，不能进行细胞分裂。

pRB 功能缺失促进血管生成。为了克服肿瘤生长过程中的缺氧情况，肿瘤开始变异，这种变异有利于招募内皮细胞形成新生血管。肿瘤细胞开始分泌 VEGF 及其他血管生成因子。在 pRB 变异的垂体瘤小鼠模型中，由于 RB-E2F 通路的抑制，VEGF 的水平增加。

pRB 功能缺失促进肿瘤转移。在低分化、侵袭性肝癌中观察到 pRB 的变异。在多种上皮细胞癌,如结肠癌、乳腺癌等中均有环氧酶(cyclooxygenase 2,COX2)过度表达,使肿瘤具有侵袭性。这方面的具体机制目前研究的非常有限。

(邱国华)

参考文献

Adnane J, Shao Z, Robbins PD. 1995. The retinoblastoma susceptibility gene product represses transcription when directly bound to the promoter. J Biol Chem, 270: 8837-8843.

Ajioka I, Martins RA, Bayazitov IT, et al. 2007. Differentiated horizontal interneurons clonally expand to form metastatic retinoblastoma in mice. Cell, 131:378-390.

Binné UK, Classon MK, Dick FA, et al. 2007. Retinoblastoma protein and anaphase-promoting complex physically interact and functionally cooperate during cell-cycle exit. Nat Cell Biol, 9:225-232.

Borges HL, Bird J, Wasson K, et al. 2005. Tumor promotion by Caspase-resistant retinoblastoma protein. Proc Natl Acad Sci USA, 102:15587-15592.

Calzone L, Gelay A, Zinovyev A, et al. 2008. A comprehensive modular map of molecular interactions in RB/E2F pathway. Mol Syst Biol, 4:173.

Campisi J, d'Addad FF. 2007. Cellular senescence: when bad things happen to good cells. Nat Rev Mol Cell Biol, 8(9): 729-740.

Chau BN, Pan CW, Wang JY. 2006. Separation of anti-proliferation and anti-apoptotic functions of retinoblastoma protein through targeted mutations of its A/B domain. PLoS One, 1:e82.

Chau BN, Wang JY. 2003. Coordinated regulation of life and death by RB. Nat Rev Cancer, 3:130-138.

Chen D, Opavsky R, Pacal M, et al. 2007. RB-mediated neuronal differentiation through cell-cycle-independent regulation of E-2f3a. PLoS Biol, 5: e179.

Cobrinik D. 2005. Pocket proteins and cell cycle control. Oncogene, 24:2796-2809.

Corson TW, Gallie BL. 2007. One hit, two hits, three hits, more? Genomic changes in the development of retinoblastoma. Genes Chromosomes Cancer, 46:617-634.

Dbaibo GS, Pushkareva MY, Jayadev S, et al. 1995. Retinoblastoma gene product as a downstream target for a ceramide-dependent pathway of growth arrest. Proc Natl Acad Sci USA, 92:1347-1351.

Deshpande A, Hinds PW. 2006. The retinoblastoma protein in osteoblast differentiation and osteosarcoma. Curr Mol Med, 6: 809-817.

Dick FA. 2007. Structure-function analysis of the retinoblastoma tumor suppressor protein - is the whole a sum of its parts. Cell Div, 2:26.

Dimaras H, Khetan V, Halliday W, et al. 2008. Loss of RB1 induces non-proliferative retinoma: increasing genomic instability correlates with progression to retinoblastoma. Hum Mol Genet, 17:1363-1372.

DooRBar J. 2006. Molecular biology of human papillomavirus infection and cervical cancer. Clin Sci(Lond), 110:525-541.

Fueyo J, Alemany R, Gomez-Manzano C, et al. 2003. Preclinical characterization of the antiglioma activity of a tropism-enhanced adenovirus targeted to the retinoblastoma pathway. J Natl Cancer Inst, 95:652-660.

Genovese C, Trani D, Caputi M, et al. 2006. Cell cycle control and beyond: emerging roles for the retinoblastoma gene family. Oncogene, 25:5201-5209.

Gong Q, Huang Z, Wicks WD. 1995. Interaction of retinoblastoma gene product with transcription factors ATFa and ATF2. Arch Biochem Biophys, 319:445-450.

Haas-Kogan DA, Kogan SC, Levi D, et al. 1995. Inhibition of apoptosis by the retinoblastoma gene product. EMBO J, 14: 461-472.

Halazonetis TD, Gorgoulis VG, Bartek J. 2008. An oncogene-induced DNA damage model for cancer development. Science, 319: 1352-1355.

Helmbold H, Deppert W, Bohn W. 2006. Regulation of cellular senescence by RB2/p130. Oncogene, 25:5257-5262.

Herzinger T, Wolf DA, Eick D, et al. 1995. The pRB-related protein p130 is a possible effector of transforming growth factor beta 1 induced cell cycle arrest in keratinocytes. Oncogene,10:2079-2084.

Malumbres M,Pevarello P,BaRBacid M,et al. 2008. CDK inhibitors in cancer therapy: what is next. Trends Pharmacol Sci,29: 16-21.

McClellan KA,Ruzhynsky VA,Douda DN,et al. 2007. Unique requirement for RB/E2F3 in neuronal migration: evidence for cell cycle-independent functions. Mol Cell Biol,27:4825-4843.

McNeish IA, Bell SJ, Lemoine NR. 2004. Gene therapy progress and prospects: cancer gene therapy using tumour suppressor genes. Gene Ther,11:497-503.

Meuwissen R,Linn SC,Linnoila RI,et al. 2003. Induction of small cell lung cancer by somatic inactivation of both Trp53 and RB1 in a conditional mouse model. Cancer Cell,4:181-189.

Munakata T, Liang Y, Kim S, et al. 2007. Hepatitis C virus induces E6AP-dependent degradation of the retinoblastoma protein. PLoS Pathog,3:1335-1347.

Osifchin NE,Jiang D,Ohtani-Fujita N,et al. 1994. Identification of a p53 binding site in the human retinoblastoma susceptibility gene promoter. J Biol Chem,269:6383-6389.

Pacal M, Bremner R. 2006. Insights from animal models on the origins and progression of retinoblastoma. Curr Mol Med, 6: 759-781.

Perez-Ordoñez B,Beauchemin M,Jordan RC. 2006. Molecular biology of squamous cell carcinoma of the head and neck. J Clin Pathol,59:445-453.

Prost S,Lu P,Caldwell H,et al. 2007. E2F regulates DDB2: consequences for DNA repair in RB-deficient cells. Oncogene,26: 3572-3581.

Sage J,Miller AL,Pérez-Mancera PA,et al. 2003. Acute mutation of retinoblastoma gene function is sufficient for cell cycle reentry. Nature,424:223-228.

Sherr CJ,McCormick F. 2002. The RB and p53 pathways in cancer. Cancer Cell,2:103-112.

Srinivasan SV,Mayhew CN,Schwemberger S,et al. 2007. RB loss promotes aberrant ploidy by deregulating levels and activity of DNA replication factors. J Biol Chem,282:23867-23877.

Weber T,CoRBett MK,Chow LM,et al. 2008. Rapid cell-cycle reentry and cell death after acute inactivation of the retinoblastoma gene product in postnatal cochlear hair cells. Proc Natl Acad Sci USA,105:781-785.

Weintraub SJ,Chow KN,Luo RX,et al. 1995. Mechanism of active transcriptional repression by the retinoblastoma protein. Nature, 375(6534): 812-815.

Wikenheiser-Brokamp KA. 2006. Retinoblastoma family proteins: insights gained through genetic manipulation of mice. Cell Mol Life Sci,63:767-780.

Wildwater M,Campilho A,Perez-Perez JM,et al. 2005. The Retinoblastoma-Related gene regulates stem cell maintenance in Arabidopsis roots. Cell,123:1337-1349.

Xiao ZX,Chen J,Levine AJ,et al. 1995. Interaction between the retinoblastoma protein and the oncoprotein MDM2. Nature,375: 694-698.

Zhu L,Zhu L,Xie E,et al. 1995. Differential roles of two tandem E2F sites in repression of the human p107 promoter by retinoblastoma and p107 proteins. Mol Cell Biol,15:3552-3562.

第十三章　多肿瘤抑制蛋白基因

第一节　p16 蛋白

p16 蛋白是第一个发现的具有多肿瘤抑制作用的蛋白质分子，由于其在多个肿瘤细胞系中都有缺失突变的现象，因而一开始便得到了分子肿瘤学研究者的高度重视。但是，对原代肿瘤细胞中 p16 基因的缺失或点突变进行研究，并未发现像体外培养的细胞系中 p16 基因的突变率那样高，因此考虑这是因为体外肿瘤细胞建系或多次传代而造成的。但近两年来的研究发现，p16 蛋白及其家族的其他成员都是细胞周期调节中重要的 CDK 抑制蛋白，因而对其作用机制有了进一步的认识。

一、p16 基因结构

Serrano 等应用酵母细胞二体杂交系统筛选细胞周期素依赖性激酶(cyclin-dependent kinase 4，CDK4)作用的蛋白质时，筛选到一个 cDNA 克隆，由于这种 cDNA 编码的产物分子质量为 16kDa，具有对 CDK4 激酶活性，因此命名为 p16INK4，意为 CDK4 的抑制剂(inhibitor of CDK4，INK4)。这种克隆即为 p16 的 cDNA，与 MTS1 是同一种基因克隆。

p16 的 cDNA 克隆长为 960bp，其中含有单一的开放读码框架(open reading frame，ORF)，长度为 444bp，编码的 p16 INK4 蛋白由 148 个氨基酸残基组成，计算分子质量为 15 845Da。蛋白质一级结构中含有 4 个锚蛋白重复序列(ankyrin repeat)。

从 p16 基因克隆的过程中，可以知道 p16 蛋白可与 CDK4 进行结合，并对 CDK4 的蛋白激酶活性具有抑制作用。为了证实 p16 蛋白与 CDK4 蛋白之间作用的特异性，将 $GAL4^{ad}$-p16 INK4 融合基因与一系列不同的含有 $GAL4^{db}$ 位点的 cDNA 共同转染酵母细胞，但只有 $GAL4^{db}$-CDK4 融合基因才能与 GAL^{ad}-p16INK4 进行作用，使其转染的酵母细胞能够在缺乏组氨酸(histidine)的培养基中生长。p16INK4 与 CDK4 两种蛋白质之间的相互作用，从无细胞体外实验系统中也得到了证实。以大肠杆菌表达的谷胱甘肽-*S*-转移酶(glutathione-*S*-transferase，GST)与 p16 的融合蛋白(fusion protein)GST-p16INK4，与 35S-CDK 分子进行作用，以抗 GST 抗体的亲和层析柱纯化分离含有 GST 多肽片段的蛋白质复合物，这一实验证明，p16INK4 与 CDK4 的亲和力，是与其他 CDK 分子亲和力的 30 倍以上。以杆状病毒载体(baculoviral vector)表达 p16INK4 及 CDK4，也证实 p16INK4 与 CDK4 之间存在着特异性的相互作用。以抗 CDK4 抗体可以使 p16INK4 发生免疫共沉淀(immnunocoprecipitation)，而以抗 CDK4 抗体则不能得到类似的结果。反之，以抗 p16INK4 的特异性抗体可以免疫沉淀 CDK4，但对 CDK2 则不能。甘油梯度离心对昆虫细胞表达产物进行分离，p16INK4-CDK4 复合物两种蛋白质的分子数为 1∶1。

以抗 CDK4 的特异性抗体免疫沉淀正常人二倍体成纤维细胞素蛋白，发现除了 CDK4

可与 p16INK4 发生免疫共沉淀之外,细胞周期素 D1(Cyclin D1)、p21 和增殖细胞核抗原(proliferating cell nuclear antigen,PCNA)等也可与 p16INK4 发生免疫共沉淀。这些蛋白质复合物有两种形式,一种含有 4 种蛋白质,即 p16INK4、CDK4、p21 和 PCNA;另一种仅由 p16INK4 和 CDK4 两种蛋白质组成。p16 蛋白可以抑制 CDK4-细胞周期素 D2 复合物对 pRB 的磷酸化,但在 p53 存在时则无此作用。说明 p16INK4 在功能上对 CDK4 蛋白激酶活性具有抑制作用。

二、p16 基因突变与肿瘤

p16 基因的克隆完成以后即发现在体外培养的细胞系中具有高频率的缺失突变或点突变。1994 年 He 等对 32 株神经胶质瘤细胞系中 p16 基因的突变情况进行了研究,并与细胞中 CDK4 的表达水平进行比较,因为以酵母细胞二体杂交系统筛选 CDK4 作用的蛋白质时曾经克隆了 p16 基因,p16 蛋白是 CDK4 及 CDK6 的抑制性蛋白质。首先以 Southern blotting 杂交技术对神经胶质瘤细胞的 DNA 进行检测,69% (22/32)的细胞系检测不到 p16 基因,其中的 14 个神经胶质瘤细胞系中具有 D9S126 位点(locus)和/或 IFN-α 基因簇(cluster)区的纯合子型基因突变。这一结果表明,在体外培养的神经胶质瘤细胞系中,p16 基因的突变率很高。同时也注意到,p16 基因位点区的基因突变率较染色体 9p 的缺失突变率高 25% 。p16 蛋白对细胞的生长具有抑制作用,通过 Northern blotting 杂交技术对含有 p16 基因的神经胶质瘤细胞系中 p16 mRNA 的转录表达水平进行了研究,未发现 p16 基因表达在转录水平上受到抑制的现象。有完整的 p16 基因的细胞系,其中 p16 mRNA 也有相应水平的表达。因为 p16 抑制细胞生长的过程是通过对 CDK4 的结合和抑制作用,因而推测 p16 蛋白表达水平低的细胞系中 CDK4 处于过表达状态,CDK4 的蛋白激酶活性应为 p16 基因缺失或表达水平低下的一个指标。TP-365 和 MO-67 两个神经胶质瘤细胞系中具有高水平 CDK4 mRNA 的转录表达,Southern blotting 杂交结果也表明 CDK4 基因具有加倍的放大效应。对这两株细胞系进行分析,p16 基因却能够保持其完整性,而且具有正常的表达水平。

5′-脱氧-5′-甲硫腺苷磷酸化酶(MTA-Pase)的基因组 DNA 也定位于 9p21 区,因此,Hagione 等在 1995 年对肿瘤细胞系中 MTA-Pase 基因及 p16 基因的缺失突变进行了联合研究。MTA-Pase 基因属于一种持家基因(house-keeping gene),参与嘌呤核苷酸及氨基酸的代谢,在正常组织细胞中都有表达。MTA-Pase 与 p16 基因联合缺失的突变则仅见于恶性肿瘤细胞,因此,MTA-Pase 与 p16 基因突变可造成肿瘤细胞与正常细胞代谢特征的不同。以直接的放射化学法(direct radiochemical assay)及免疫化学技术(immunochemical technique)对乳腺癌、肺癌、卵巢癌、肝癌、恶性黑色素瘤、恶性神经胶质瘤及脂肪肉瘤等细胞系中的 MTA-Pase 进行了检测。其中 1 株肝癌细胞和 1 株黑色素瘤细胞都是原代培养的肿瘤细胞,因而其中 MTA-Pase 基因缺陷的表型可以代表原发性肿瘤的表型。对几种 MTA-Pase 阴性的肿瘤细胞系中 p16 基因缺失和 p16 蛋白缺乏的情况进行研究,发现 MTA-Pase 基因的缺失突变与 p16 基因的缺失突变是完全一致的。对猴肾成纤维细胞系 vero 进行研究,也取得了一致的结果,即 MTA-Pase 阴性,同时缺乏 p16 基因的表达。但另一株猴肾成纤维细胞系 cos 中,却有正常的 MTA-Pase 和 p16 基因的表达。

Liu 等对食管鳞癌及胰腺腺癌细胞系中 p16 基因的缺失突变进行了研究。以聚合酶链反应(PCR)技术对 p16 基因组 DNA 中的外显子区进行扩增,发现大约 67% 的食管鳞癌细胞系具有外显子 1、外显子 2 的缺失突变，而胰腺腺癌细胞系的这种类型的基因突变则占 50% 。另外，根据 DNA 序列分析的结果表明，约 30% 的胰腺肿瘤细胞中具有点突变（point mutation）或小范围的缺失突变，因此，认为 p16 基因突变是食管鳞癌及胰腺癌形成的重要分子机制。Brenner 等对乳腺癌细胞系及不死性乳腺上皮细胞系中 p16 基因的缺失突变进行研究，在 24 例原发性乳腺癌中，58% 的肿瘤中可以见到 9p21—p22 区的基因缺失突变。Neuhausen 等对 154 株肿瘤细胞系进行了研究，特别对没有纯合子 p16 基因缺失突变的细胞系中的 p16 基因是否存在着点突变进行了检测，发现 18% (27/154) 的肿瘤细胞系中携带有 p16 基因的突变，见于黑色素瘤、膀胱癌、前列腺癌及各种来源的肉瘤细胞系。在黑色素瘤细胞中发现了 p16 基因突变，表明紫外线的照射对 p16 基因突变的发生具有十分重要的作用。

肿瘤细胞系通过建系过程及对体外培养的长期适应，其遗传背景也会有相当程度的改变，因而与原发性肿瘤细胞在许多方面是大不相同的。因此，要了解 p16 基因突变与肿瘤发生之间的关系，还必须对原发性肿瘤细胞中 p16 基因的完整性及表达情况进行研究。He 等对 29 例原发性神经胶质瘤恶性程度为Ⅳ级的肿瘤细胞进行了研究，其中 4 例肿瘤细胞 CDK4 基因具有放大现象，其中有 p16 基因突变的存在。Cheng 等对 23 例原发性人恶性间皮瘤（malignant mesothelioma，MM）进行了研究，22% (5/23) 的肿瘤细胞中可以检测到 p16 基因的纯合子基因突变，但这些原发性恶性肿瘤细胞中却检测不到 p16 基因的点突变或基因重排现象。相对于 MM 细胞系来讲，原发性 MM 细胞中 p16 基因的突变率稍低一些。除了 MM 以外，Otterson 等对肺癌细胞中 p16 基因的突变进行了检测。在小细胞肺癌（small cell lung cancer，SCLC）组织中，11% (6/55) 肿瘤细胞中缺乏 p16 蛋白的表达，然而这 6 例肿瘤都属于一个少见的亚组，其中具有野生型 pRB 蛋白质的表达。相反，在另一组 48 例 SCLC 中，缺乏或携带突变型的 pRB 基因，都有 p16 蛋白的表达。然而，在 70% (23/33) 的非小细胞性肺癌（non-small cell lung cancer，NSCLC）中却检测不到 p16 蛋白的表达。26 例 NSCLC 中全部具有野生型 pRB 蛋白的表达，其中的 22 例缺乏 p16 蛋白的表达，而 7 例缺乏或仅带有突变型 pRB 基因的肿瘤中，有 6 例可以检测到 p16 蛋白的表达。因此，p16 蛋白的缺失仅限于特定亚型的肺癌细胞中，且与野生型 pRB 蛋白表达之间有着极为密切的关系。

Zhou 等对人食管癌细胞中的 p16 基因组进行检测并对其外显子 2 的序列进行测定，在 5 例鳞状细胞癌及 1 例腺癌细胞中可见到碱基替换型基因突变。其中 2 例见于生殖细胞，另 4 例仅见于体细胞。所有的 6 例发生碱基替换的肿瘤中，编码产物的氨基酸序列也发生显著的变化。4 例无义突变（nonsense mutation）导致序列中提前出现终止密码子（stop codon），使其基因的编码区提前终止，而产生不成熟的蛋白质。在 Sun 等的研究中，鼻咽癌细胞中 p16 基因的异常不是发生点突变，而是其表达水平降低。在 42 例原发性鼻咽癌中，无 1 例具有 p16 基因的点突变。通过 Northern blot 杂交技术证实，在这些鼻咽癌细胞中 p16 mRNA 的转录水平下降，说明鼻咽癌细胞中 p16 的变化不是发生在基因结构上，而是发生在基因表达水平上。Knapek 等仅在传代的肾肿瘤细胞系中检测到 p16 基因突变，但在人原发性肾肿瘤细胞中则不存在 p16 基因的突变。

p16 基因突变不仅与实体肿瘤的发生、发展有着极为密切的关系，也与血液肿瘤的关系很密切。Rasool 等对 52 例儿童急性淋巴细胞性白血病（acute lymphocytic leukemia，ALL）细胞中 p16 和 p15 基因的突变情况进行了研究，发现 31% (16/52) 患者中的 p15 和/或 p16 基因全部缺失；有5例患者仅有p16基因缺失，p15基因存在；有2例患者仅有p15基因缺失，而p16基因存在。对p15和p16基因的所有外显子序列进行分析，1例p16基因的外显子1可见移码突变(frame shift mutation)，其他细胞中的p15和p16基因则呈野生型。这些结果提示ALL中存在着p16基因缺失突变和基因失活的现象。Okuda等则对ALL细胞中p15和p16基因的突变进行了研究。在43例儿童急性淋巴母细胞性白血病临床标本中，20例染色体9p具有明显异常者中的18例p16、p15基因发生了缺失突变，23例染色体9p无明显异常者了5例p16、p15基因发生了缺失突变。说明p16、p15基因缺失突变与儿童急性淋巴母细胞性白血病的发生、发展之间具有显著的相关性。但Delmer等的研究中，急性髓细胞性白血病(acute myeloid leukemia，AML)、急性淋巴母细胞性白血病(acute lymphocytic leukemia，ALL)及B细胞慢性淋巴增生性疾病(chronic lymphoproliferative disorder，CLPD)中p16基因mRNA表达的缺失率分别为5%(1/20)、8.7%(2/23)和35.3%(6/17)。

三、p16基因的转录物

p16蛋白作为细胞周期的一种抑制因子，主要是通过对CDK4、CDK6两种蛋白激酶活性的抑制，降低或阻断CDK4、CDK6对pRB这种转录因子(transcription factor)的磷酸化修饰，抑制细胞周期的进程。但也有研究资料表明，p16基因的表达水平也受到pRB蛋白的调节，表明pRB通过反馈调节环(feedback loop)限制p16基因的表达水平。pRB对p16基因表达调节的机制较为复杂，有关p16基因组位点的结构及其转录物种类和转录水平调节的研究，对了解这种调节与反馈调节机制具有重要的意义。

Stone等在研究黑色素瘤相关的突变(melanoma-linked mutation，MLM)过程中，从黑色素瘤细胞中克隆了p16的cDNA。以此为探针从黑色素瘤细胞中检测到两种大小的p16 mRNA，α型和β型。其中α型p16mRNA与广泛进行研究的p16基因cDNA克隆是完全一致的，β型p16 mRNA的转录模板外显子1序列与α型p16不同。外显子2和外显子3的α型p16与β型p16 cDNA序列又完全一致。这种不同的外显子分别命名为E1α和E1β。从以往的研究资料中可以看出，E1α长度为129bp，编码43个氨基酸残基。对E1β进行分析，在E1β与外显子2之间的序列中，有一个读码框内的终止密码子，位于剪切连接位点(splice junction site)上游约9个核苷酸处。对p16基因组DNA的序列进行分析，也证实了这一框架内终止密码子的存在。这一终止密码子下游的第一个潜在的起始密子位于p16基因的ORF之内，与外显子1和外显子2的剪切连接位点相距很近，并位于这一位点的下游。但对这一起始位点周围的序列进行分析，证实没有经典的Kozak序列。如果以此起始位点开始翻译，E1β型转录物则可以编码一种由105个氨基酸残基组成的多肽。

对β型p16 cDNA进一步分析，发现了一个比p16编码区更大的一个ORF，但两者的框架结构不一样。这种较大的ORF称为ORF2。完整的ORF2可以编码由180个氨基酸组成的多肽。对ORF2的核苷酸序列进行统计分析，表明这样组成和大小的ORF一般不会得到表达，相比较而言，β型p16 mRNA的碱基组成经分析表明是可以进行表达的。小鼠p16 cDNA与人p16 cDNA的同源性进行分析，表明小鼠也有p16的β型转录物，E1β也存在着一个终止密码子。小鼠β型p16转录物中也含有ORF2结构，与p16的ORF(ORF1)不同。人E1β和小鼠E1β的同源性达61%，但两者具有编码的可能性却差别很大。小鼠E1β的编码产物与其相应的ORF2可能的编码产物之间只有28%的同源性，相反，人与小鼠p16蛋白的一级结构则有 60% 的同源性。这些结果表明，ORF2 可能不具备蛋白质编码功能。对人和小鼠的 β 型 mRNA 的二级结构进行预测，并进行比较，没有发现两者具有相似性。总的来说，人和小鼠的 β 型 p16 mRNA 还是具有蛋白质编码功能的，但 ORF2 是否具有蛋白质编码功能，尚有待于进一步的研究证实。将 cDNA 与基因组 DNA 序列进行比较，p16 基因横跨长达 30kb 的基因组 DNA 区，E1β 是 p16 基因最为上游的一段外显子序列。

目前所能检测到的两种不同形式的 p16 mRNA，其产生的方式可能有两种。一种是由不同的启动子(promoter)序列指导的转录过程，另一种可能是同一个启动子指导的转录物经过不同的剪切加工而成的。有证据表明，α 和 β 两种类型的 p16 mRNA 是由两个不同的启动子指导转录而成的。从肿瘤细胞系中可以见出，即使在 E1β 序列上游的核苷酸序列发生缺失突变，也能有 α 型 p16 mRNA 的转录。肿瘤细胞系 A375 和 SK-mel 93 中的 p16 基因组 DNA，在 E1α 与 E1β 之间有一个断裂点。在两种细胞系中虽然没有将中心粒断裂点(centromeric breakpoint)进行精确定位，但推测在 E1β 上游 85kb 处。以 α 型 mRNA 特异性的引物(primer)进行反转录聚合酶链反应(RT-PCR)，从两种细胞系中都能扩增到 α 型 cDNA。这说明 α 型 mRNA 的转录不依赖于 E1β 5′端的核苷酸序列。另有一种可能的解释是基因缺失突变，恰好将 E1α 基因置于异源性启动子序列的下游。但 A375 和 SK-mel 93 是两种完全不同的细胞系，如果说在这两种完全不同的细胞系中同样发生相似的缺失突变，又能同时重组到另外一种异源性启动子的下游，似乎是不太可能的。因此，α 和 β 两种不同的 p16 mRNA 很可能是由两个不同的启动子转录而来的。对 β 型 p16 mRNA 5′端序列进行分析，尽管 β 型 p16 mRNA 转录有关的启动子序列的位置难以确定，但从 E1β/E2 剪切位点算起，所能检测到的 β 型 mRNA 5′端序列最长者达 289 个核苷酸。

不同组织中 p16 α 型和 β 型两种 mRNA 的转录表达方式，可从一定的程度上反映 p16 基因表达产物的功能。以 α 型和 β 型 mRNA 特异性的引物，对 11 种组织中的 α 型、β 型 mRNA 进行 RT-PCR 扩增，结果表明，所有的 11 种组织，即脑、乳腺、肾、肺、淋巴细胞、卵巢、胰腺、前列腺、脾脏、胃及胸腺都有 α 型和 β 型 mRNA 两种 p16 基因的转录产物。但是，各种组织中 α 型和 β 型 mRNA 的转录物比例是不同的，如在脾脏中，β 型 mRNA 的转录明显多于 α 型 mRNA。在乳腺组织中却相反，以 α 型 mRNA 为主。

最近的研究结果表明，一些有丝分裂原及抗有丝分裂原触发的信号转导可影响细胞周期的进程。其中部分原因是对 CDK 抑制蛋白的调节。例如，静止状态的 T 淋巴细胞受到白细胞介素-2(interleukin-2，IL-2)的刺激之后，p27 蛋白受到负调节。p16 是 CDK4 和 CDK6 两种蛋白激酶的抑制物，因而有丝分裂原对 p16 的表达也可能有一定的调节作用。从正常人的外周血中分离制备 T 淋巴细胞，以植物血凝素(phytohemagglutinin，PHA)和 IL-2 进行刺激，对不同作用时间的 p16 基因的转录及翻译水平，分别以 RT-PCR 和 Western blotting 杂交法进行检测，同时以流式细胞学(flow cytometry)技术对细胞周期进行测定。结果表明，α 型和 β 型两种 p16 mRNA 转录物所占比例在细胞周期不同的阶段有显著的变化。开始时，β 型 mRNA 的转录水平较低，受到刺激后 30～40h，β 型 mRNA 的转录水平开始升高，此时，α 型 mRNA 的转录水平相对保持恒定，或微有升高。与细胞周期资料结合，发现 α 型和 β 型 mRNA 转录水平发生明显变化的时间点，恰好是细胞离开 G_0 期进入 S 期的时间点。以模板稀释的定量 RT-PCR 测定发现，β 型 mRNA 转录水平可升高 10 倍，因此，T 细胞进入 DNA 合成的 S 期时，伴随 p16 转录产物 α 型、β 型所占比例的显著改变。以 p16 羧基端 20 个氨基酸残基序列特异性的抗体对 p16 蛋白的表达进行测定。由于 α 型和 β 型两种 p16 蛋白羧基端序列相同，因此测得的 p16 蛋白量代表了总的 α 型和 β 型两种 p16 蛋白的量。结果表明，细胞离开 G_0 期进入 S 期时，p16 蛋白表达水平并未发现有明显的变化，表明 α 型、β 型两种蛋白质都没有显著的变化。

pRB 蛋白对 p16 蛋白的表达具有一定的调节作用，因而研究肿瘤细胞中 pRB 蛋白的状态与 β 型 p16 mRNA 的转录表达之间的关系，对了解 p16 蛋白在肿瘤细胞中的作用及机制具有十分重要的意义。对 5 例具有野生型 pRB 表达的肿瘤细胞系及 6 例具有非功能性 pRB 表达的肿瘤细胞系中 p16 mRNA 的转录表达进行了对比研究，结果正如预期的那样，α 型 p16 mRNA 只有在 pRB 阴性的肿瘤细胞系中表达。但是，无论肿瘤细胞系中 pRB 的表达处于何种状态，都能检测到 β 型 p16 mRNA 的转录表达。各种肿瘤细胞系中的 β 型 p16 mRNA 转录水平虽然存在着差别，但是却与 pRB 状态之间无明显的关系。因此，与 α 型 mRNA 的转录不同，β 型 mRNA 的转录是 pRB 非依赖性的。

p16 基因，特别是 α 型 mRNA 的突变在肿瘤细胞系及各种原发性肿瘤细胞中是非常常见的。如果 E1β 所编码的蛋白质参与细胞的生长调节，那么在散发和家族性的肿瘤细胞中，E1β 基因的外显子区应该也存在着突变现象。但对 4 种肿瘤的 24 株细胞系中 E1β 基因的序列分析表明，没有发现有突变的发生。说明在肿瘤的演进过程中，p16 E1β 基因突变并不是一种常见的现象。

p16 基因 E1α 和 E1β 的基因结构与序列如图 13-1 所示。A 部分指出了 E1α 和 E1β、ORF1 和 ORF2 以及 3 个外显子（exon）序列在 p16 基因组中的相对位置。其中 ORF1（E1α）即为 p16 的编码基因。但 ORF2 是否具有蛋白质的编码功能，还没有最后的结论，需要进一步的研究资料加以证实。B 部分为 β 型 mRNA 的全部序列，以及据此推导的多肽的一级结构序列。E1β 的 5′端至少在 45 核苷酸的位置上。45 个核苷酸上游的序列，来源于 p16 基因组相应部分的核苷酸序列。剪切位点以“V”符号标出。α 型和 β 型两种 p16 的 mRNA 序列，其 3′端对应于外显子 2 和外显子 3 的部分完全相同。

Mao 等从淋巴细胞中克隆了另外一种 p16 基因转录物的相应 cDNA，由 268bp 组成，称为 exon 1β。这种 cDNA 中也有一个 ORF，但与前文 α 型、β 型 p16 mRNA 序列中外显子 2、外显子 3 序列的框架是不同的。exon 1β 的 5′端序列其位点恰好为 p16 基因外显子 2 的第一个核苷酸。因此，p16 外显子 1 序列在 exon 1β 中是完全不存在的。以 RNase 保护法可以证明细胞中 p16 基因全长转录物的存在。但 exon 1β 序列的 mRNA 在数量上更多。在总 RNA 的引物延伸（primer extension）实验中也证实了 exon 1β mRNA 转录占优势的结果。以 RT-PCR 扩增 p16 和 β 型 p16 cDNA，并进行体外转录和体外翻译研究。β 型 p16 编码产物的相对分子质量为 9000～10 000。以识别 p16 蛋白氨基末端及羧基末端的多克隆抗体对体外翻译的 β 型 p16 进行免疫沉淀研究，体外翻译的 β 型 p16 仅可被后者所识别，说明 exon 1β 编码产物并不包含 p16 蛋白外显子 1 所编码的序列。在肿瘤和正常细胞中还不曾检测到 β 型 p16 这种 exon 1β 的编码产物的存在。

Duro 等在研究 B 细胞型急性淋巴母细胞性白血病细胞中 t（9；14）（p21—p22；q11）染色体转位（chromosomal translocation）时，又发现了一种新型的 p16INK4/MTS1 的转录物。14q11 断裂点位于 TCR-α/δ位点，以 TCR-α/δ基因片段作为 3′端的序列，9 号染色体上一段被称为 0. 18 的序列作为 5′端的序列部分，形成融合基因（fusion gene）。这一 0. 18DNA 片段

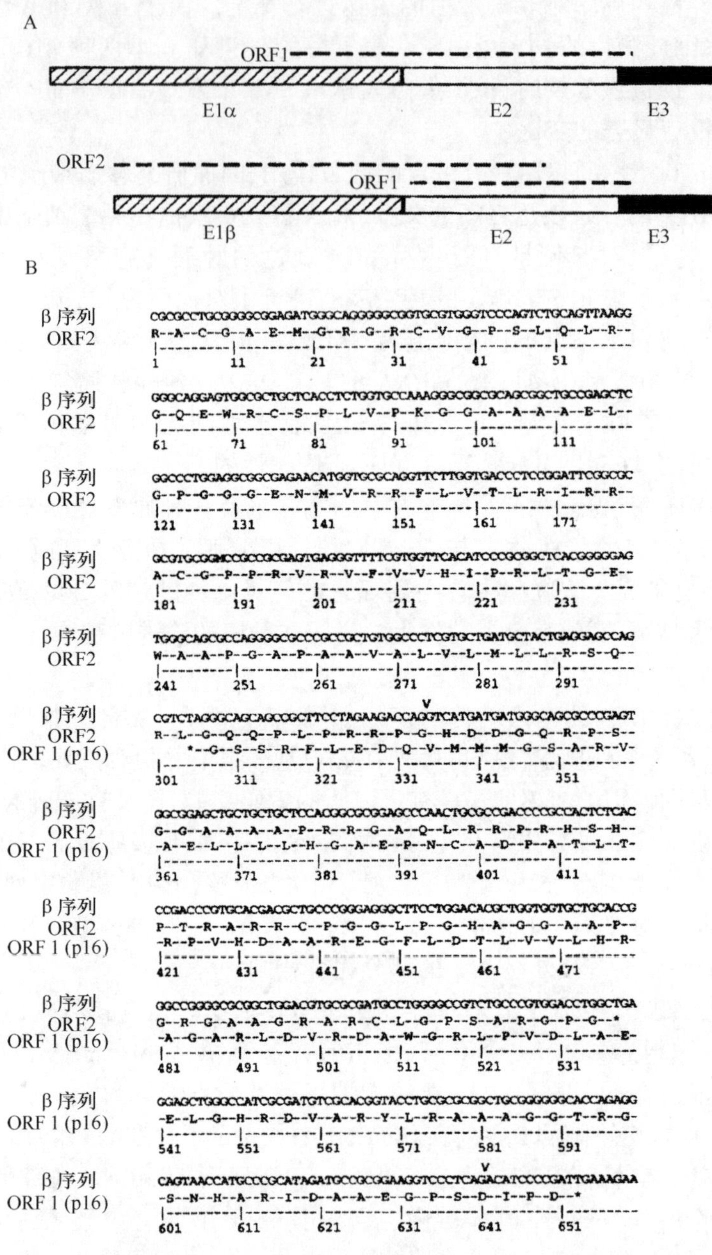

图 13-1 p16 基因 E1α 和 E1β 的结构与序列

在两种 B 细胞肿瘤(RPMI-8226 和 Raji)中也是存在的。在这两种细胞中,0.18 片段位于 9p21—p22 染色体区 p16 INK4/MTS1 基因组 DNA 外显子 2、外显子 3 的上游。在 0.18 片段中有两个潜在的起始密码子,但却与 p16 INK4 基因的外显子 2、外显子 3 序列的框架结构不一致。从 RPMI-8226 肿瘤细胞中克隆了这样的融合基因,体外翻译产物并不被 p16 INK4 羧基末端特异性的抗体所识别,因此,这一段融合基因中虽然包括了 p16 基因的两个外显子序列,可以进行转录,但这种转录物所翻译而成的多肽,从序列上来看与 p16 INK4/MTS1 根本没有关系。

四、p16 蛋白与 pRB 蛋白的关系

初步研究资料表明,p16 与 pRB 两种蛋白质从功能调节上具有十分密切的关系。p16 蛋白可以抑制 CDK4、CDK6 两种蛋白激酶的活性,从而阻断或降低 CDK4、CDK6 对 pRB 蛋白磷酸化修饰的作用。另外,pRB 作为一种转录调节因子,又对 p16 基因的表达具有重要的调节作用。从肿瘤细胞系及肿瘤细胞中 p16 的分布和突变,以及与 pRB 的分布和表达情况之间的相应关系,可以看出这两种蛋白质之间的密切关系。在细胞周期的各个阶段,肿瘤抑制蛋白 pRB 的磷酸化修饰是由 G_1 细胞周期素依赖性 CDK 分子进行的,其中包括 CDK4-细胞周期素 D 复合物对 pRB 的磷酸化作用。作为 CDK4 的抑制剂,p16 蛋白编码基因的突变对其中的 pRB 活性也具有显著的影响。Otterson 等对 88 个肺癌细胞系中的 p16 进行研究,发现 p16 与野生型 pRB 的存在与否呈负相关。在小细胞肺癌(mall cell lung cancer,SCLC)中,约 11%(6/55)的细胞系无 p16 INK4 蛋白的表达,又恰好是这一部分的 SCLC 肿瘤细胞系中不缺乏野生型 pRB 的表达。另外,在 48 个无 pRB 或仅有突变型 pRB 表达的 SCLC 细胞中,却都能检测到 p16 INK4 蛋白的表达。在非小细胞性肺癌(non-SCLC)中的情况相似,85%(22/26)的细胞系有野生型 pRB 表达但无 p16 INK4 表达,86%(6/7)的细胞系无或仅有突变型 pRB 表达,却可以检测到 p16INK4 蛋白的存在。因此,p16 与 pRB 两种蛋白质在细胞中的分布特点及其相关性,在肺癌细胞系中得到了很好的说明。Shappiro 等也对 SCLC 和 NSCLC 细胞系进行了研究,得到了相同的结论。Yeager 等对体外培养的人尿道上皮细胞(human urothelial cell,HUC)及膀胱癌(bladder carcinoma)细胞中 p16 与 pRB 的表达进行了研究,结果相同。

p16INK4 对细胞生长抑制作用的发挥,需要野生型具有功能的 pRB 蛋白的参与。p16 可以在细胞内或体外实验系统中抑制 CDK4 及 CDK6 两种蛋白激酶的活性,而这种 CDK4 或 CDK6 主要是通过对 pRB 等转录调节因子的磷酸化修饰的调节来影响细胞周期的进展,从这一作用功能链上即可以看出 p16 蛋白的功能对野生型 pRB 作用的依赖性。Medema 等将 p16INK4 的重组表达载体导入细胞中,希望通过这种野生型 CDK4/CDK6 抑制蛋白的过表达来诱导细胞周期的 G_1 期阻滞。但是,p16 INK4 对细胞周期阻滞的诱导仅见于表达功能性野生型 pRB 蛋白的细胞类型,而对缺乏 pRB 表达或仅有突变型 pRB 表达的细胞,仅 p16 过表达不能诱导细胞周期 G_1 期阻滞的出现。以小鼠胚胎的成纤维细胞进行研究,也证实了 p16 过表达可引起 $pRB^{+/+}$ 表型的细胞出现细胞周期 G_1 期阻滞,而不能引起 $pRB^{-/-}$ 表型的细胞出现细胞周期 G_1 期阻滞。这些研究结果,不仅表明 pRB 是 p16 作用机制中重要的下游效应分子,而且也表明 pRB 是细胞出现 G_1 期阻滞的关键性调节物质。Lukas 等的研究结果也表明,野生型 p16 基因的转移表达,可以诱导正常的人二倍体细胞发生细胞周期 G_1 期阻滞。但突变型 p16 基因的编码产物都无此功能。另外,从 $pRB^{-/-}$ 小鼠胚胎分离的原代成纤维细胞,即使有野生型的 p16 转基因表达,也不能诱导细胞周期发生 G_1 期阻滞。p16 基因缺失、pRB 基因缺失及细胞周期素 D1 的过表达,都是致肿瘤的重要机制。

在细胞周期中,p16 与 pRB 之间的关系,不仅表现在 p16 需要通过对 pRB 的调节诱导细胞周期的 G_1 期阻滞,同时,pRB 对 p16 基因的表达也具有重要的调节作用。pRB 是一种广谱的转录调节因子。首先,Parry 等观察到 pRB^- 的细胞中,p16 蛋白的表达水平升高,由

于 p16 表达水平的升高以及对 CDK 的抑制作用,使细胞内的细胞周期素 D-CDK 复合物的数量显著下降。Li 等的研究结果表明,在缺乏功能性 pRB 蛋白表达的细胞中,不仅检测到 p16 mRNA 转录水平的逐渐积累,而且从实验中还发现 pRB 对 p16 基因的转录具有抑制作用。从而阐明了 p16 抑制 CDK4/CDK6 的激酶活性,降低 pRB 的磷酸化水平;而 pRB 对 p16 基因的转录又具有重要的调节作用,因此,p16-CDK4、CDK6-pRB-p16 组成了一个具有反馈作用的调节环。

五、p16 蛋白与细胞周期

作为 CDK4/CDK6 的一种抑制性蛋白,p16 蛋白在细胞周期的调节中具有重要的功能。p16 蛋白与细胞周期的关系,第一,在细胞周期的各个阶段,p16 基因表达水平呈周期性变化。在细胞周期的 S 期 p16 蛋白的表达水平达到了高峰。提示细胞周期到 G_1/S 期转变,CDK4 的蛋白激酶活性不再必需时,p16 表达水平升高,对 CDK4 的活性进行抑制。第二,p16 在体内、体外表现出对 CDK4/CDK6 蛋白激酶活性的特异性抑制作用。而 p16 基因突变,如高度保守的锚蛋白重复序列的突变,则导致 p16 蛋白对 CDK 抑制作用的消失。p16 的羧基末端序列与其结合、抑制 CDK4 的功能无关,但第 4 个锚蛋白重复序列的突变与缺失则影响其功能。将腺病毒载体导入细胞中表达,发现 p16 对细胞周期具有抑制作用。第三,p16 不仅可以抑制 CDK4/CDK6 蛋白激酶活性,而且对 CDK4、细胞周期素 D1 的转录也具有抑制作用。p16 基因的纯合子突变导致 CDK4 细胞周期素 D1 的 mRNA 转录水平升高。第四,p16 蛋白对 ras 诱导的细胞生长及恶性转化具有抑制作用。将 p16 基因导入细胞中,对 Ha-ras 转导的细胞进入 S 期具有抑制作用。如果向细胞中再导入一种不具有酶学催化作用的 CDK4 突变基因,可与 p16 竞争性地结合,可使这种抑制作用消除,同时,p16 转基因表达对 Ha-ras/myc 的转化作用具有抑制效应,但对 Ha-ras//E1A 则无此作用。第五,p16 蛋白可以阻断细胞周期素 D1 对转录因子 E2F 的激活作用。

第二节　p15 蛋白

一、p15 基因的结构

转化生长因子-β(transforming growth factor-β,TGF-β)是一种多功能的蛋白质,对细胞周期的进展具有抑制作用。为了研究 TGF-β 对细胞生长抑制作用的机制,将 TGF-β 处理人的角质细胞(keratinocyte)使其发生细胞周期阻滞于 G_1 期,以抗 CDK 抗体制备其免疫沉淀物。这种免疫沉淀的复合物中,除了 CDK4、CDK6 之外,还包括 p16 及另外两种相对分子质量为 15 000、15 500 的小分子质量蛋白质。表明 p15、p15.5、p16 3 种蛋白质具有某种方式的联系。以 p16 基因为探针,从 TGF-β 处理的 HaCaT 细胞系中,Hannon 等成功地克隆了 p15 的 cDNA。根据基因结构的同源性及功能上的相似性,认为 p15 为 p16 的家族成员。

p15 cDNA 全长 837bp,其中含有单一的 ORF,编码的 p15 蛋白由 137 个氨基酸残基组成,计算相对分子质量为 14 700。其氨基末端的 50 个氨基酸残基,p15 与 p16 的同源性为 44%,其下游的 81 个氨基酸残基的同源性高达 97%。p15INK4B 分子中也具有 4 个锚蛋白重复序列(ankyrin repeat),表明这一结构特点在 INK4 家族中是高度保守的序列。体外翻译的 p15 蛋白可与 CDK4、CDK6 发生免疫共沉淀反应。

p15 蛋白羧基末端的序列提示其与 Kamb 等在 1994 年克隆的 MTS2 是同一个基因。MTS2 基因组 DNA 与 p16(MTS1)的基因组 DNA 相连,共同位于 9p21 位点上。

二、p15 蛋白的功能

为了证实 p15 与 p16 蛋白在功能上的相似性,Hanoon 等以融合蛋白(fusion protein)的方式在大肠杆菌(*E. coli*)中表达了 p15 蛋白。这种重组的 p15 蛋白与 CDK4、CDK6 在体外能够进行特异性的结合,但与 CDC2、CDK2 和 CDK2 却不能结合。以杆状病毒载体(baculoviral vector)和昆虫细胞(insect cell)系表达系统证明,p15 蛋白可以特异性地抑制细胞周期素 D-CDK4、细胞周期素 D-CDK6 两种复合物的蛋白激酶活性。但对细胞周期素 A-CDK2 复合物的蛋白激酶活性则没有显著的影响。因此从功能上来说,p15 与 p16 具有相似性,是 p16 蛋白家族的一个成员。

三、p15 蛋白的作用与 TGF-β

TGF-β 这种细胞生长抑制因子对细胞周期的抑制作用是通过对 p15 的诱导、调控进行的。p15 INK4 蛋白首先是从撤除血清或以 TGF-β 处理诱导的 HaCaT 细胞发生 G_1 期阻滞时分离纯化的一种细胞蛋白,而在非同步快速生长的 HaCaT 细胞中,CDK4、CDK6 免疫沉淀复合物中 p15 蛋白的含量则很少。以 TGF-β 处理 HaCaT 细胞系之后 2 ~ 4h,细胞内 p15 蛋白的表达水平开始上升,在 6 ~ 8h 达到高峰。同时,TGF-β 处理之后,HaCaT 细胞系中 CDK6 蛋白激酶活性也显著下降。CDK6 蛋白激酶活性下降的时间和规律与 p15 蛋白表达水平上升的时间和规律是完全吻合的,说明了两者之间可能的相互关系。以 Northern blot 杂交技术对 TGF-β 处理的细胞中 p15 特异性的 mRNA 转录表达规律进行研究,也得到了类似的结果。TGF-β 处理细胞以后 2h,细胞内的 p15 mRNA 的转录水平开始上升。处理后的 6 ~ 8h,p15 mRNA 的转录水平则上升 30 倍以上。此时,对 p16 mRNA 的转录表达水平进行平行检测,未发现有显著的变化。CDK4 及另一种 CDK 抑制蛋白 p27 的 mRNA 转录水平在以 TGF-β 处理的细胞中也没有显著的变化。因此,TGF-β 对 p15 基因的负调节作用是一种特异性的过程,TGF-β 诱导的细胞周期阻滞和生长抑制,主要是通过对 p15 蛋白表达的诱导而实现的。

TGF-β 诱导的细胞周期阻滞,除了 TGF-β 可以诱导 p15 蛋白之外,还有其他类型的基因调节机制。在水貂肺成纤维细胞系 MviLu 细胞中,以 TGF-β 处理可以抑制 CDK4 的合成。如果将 CDK4 导入这种细胞系并使之处于过表达状态时,则可以使其产生抗 TGF-β 的状态。但在 HaCaT 细胞系中,TGF-β 的处理对 CDK4 蛋白的表达则没有影响,同时对 CDK4 mRNA 的转录水平也没有影响。依据 p15 蛋白的作用特点,推测如果使 HaCaT 细胞系过表达 CDK4 以后,可能会中和 p15 这种 CDK4/CDK6 的抑制蛋白,使这种细胞系产生 TGF-β 的抗性。但这只是推测,尚待于进一步的实验证实。在 TGF-β 处理的细胞中,除了 p15 蛋白以外,另外一种可能参与的 CDK 抑制蛋白就是 p27 kip1。这种 p27 kip1 蛋白在以 TGF-β 处理并处于细胞周期阻滞状态的细胞中也可以分离到。然而,以 TGF-β 处理 HaCaT 细胞系,并未检测到对 p27 kip1 mRNA 转录表达水平有影响。在 MviLu 细胞系中 p27 kip1 mRNA 转录水平也不受 TGF-β 的影响。因此,在这两种细胞系中有关 p27 kip1 参与的调节,可能都在转录后的水平上。

综合上述研究结果,TGF-β 的生长抑制作用及对细胞周期阻滞的诱导,主要是通过 p15 蛋白对 CDK4、CDK6 两种蛋白激酶活性抑制的结果。但是,除了 p15 之外,尚不能排除其他介导因素也同时参与这一调节过程,Datto 等以 HaCaT 细胞系证明,TGF-β 通过 p53 非依赖性的途径,诱导另一种 CDK 的抑制物,即 p21 蛋白的表达。说明 TGF-β 诱导的细胞周期阻滞,除了 p15INK4B 参与之外,p21 WAF1/cip1 也是其中的一个非常重要的因素。TGF-β 对 p21 基因表达的诱导,不仅使 p21 mRNA 的转录水平上升,而且使 p21 蛋白水平也上升。

四、p15 基因突变与肿瘤

p15 基因作为 p16 基因家族中的第二个成员,具有多肿瘤抑制作用,因而也称为 MTS2。p15 基因发生突变,与某些肿瘤之间有一定的关系。Takeuchi 等对儿童急性淋巴母细胞性白血病(acute lymphoblastic leukemia,ALL)细胞中 p15 基因的突变进行了研究。Southern blotting 杂交技术对 103 例儿童 ALL 细胞进行分析,41% (9/22)的 T 细胞性 ALL、6% (5/81)的前 B 细胞型 ALL 细胞中有纯合子型的 p15 基因突变,而两组患者 p15 基因半合子突变率分别为 14% (3/22)和 14% (11/81)。79% (81/103)的各种 ALL 患者中既有 p15 基因的缺失突变,又有 p16 基因的缺失突变。但其中 22 例中 p15 基因与 p16 基因的突变情况不同。6 例患者存在 p15 基因半合子突变,同时存在 p16 基因的纯合子突变。9 例患者 p15 基因正常,而 p16 基因却是纯合子型突变。4 例患者 p15 基因正常,p16 基因发生半合子突变。有 3 例患者 p15 基因发生半合子突变,而 p16 基因正常。

p15 基因突变与 ALL 的临床表现特点之间也具有一定的相关性。T 细胞 ALL 患者中 p15 基因的纯合子突变率(45%)远高于前 B 细胞型 ALL(6%)。具有 p15 和 p16 两种基因纯合子型突变的患者,其白细胞计数很高。对 ALL 细胞的免疫学表型、年龄及白细胞计数与 p15 及 p16 基因突变之间的关系进行了分析,只有 T 细胞 ALL 与 p15 和 p16 基因的纯合子突变之间具有相关性。但 p15、p16 基因的纯合子突变与其对化疗(chemotherapy)的治疗应答无必然的联系。在 97 例具有 p15、p16 基因突变的病例中,18% (17/97)的患者对化疗无良好效果。但无论发生 p15 基因突变还是 p16 基因突变,其对 ALL 化疗后的复发率和残留病灶都无影响。

Okamoto 等对原发性和转移性肺癌细胞中 p15 基因的突变进行了研究。12% 的非小细胞性肺癌(non-small cell lung cancer,NSCLC)的细胞中发现 p15INK4B 基因突变。所有具有 p15INK4B 基因突变的肿瘤都为 Ⅰ 期(stage Ⅰ)肿瘤,其 p16 基因均为野生型。在 23% NSCLC 的肿瘤细胞中存在 p15INK4B 的纯合子突变,其中 4 例同时伴有 p16INK4 基因的纯合子缺失突变。其中 1 例患者存在 p15INK4B 基因的纯合子型突变,其中存在野生 p16INK4 基因及 IFN-β 位点。有 2 例肿瘤细胞中存在 p16INK4 基因突变,而 p15INK4B 基因仍保持野生型基因结构。在该部分肿瘤细胞中,未发现 p15INK4B 和 p16INK4 之间在肿瘤形成过程中具有突变失活现象。所有具有 p15 基因突变和 p16 基因突变的肿瘤均为 NSCLC。对 14 例 NSCLC 及 8 例 SCLC 的研究表明、7 例 p16 基因的纯合子缺失突变和 3 例基因内突变,7 例 p15 基因的纯合子缺失突变均存在于 NSCLC 肿瘤中,但在 SCLC 细胞系中却无此突变。其中 7 例 NSCLC 细胞系中同时具有 p16 和 p15 纯合子缺失突变。这表明 p16 和 p15 基因突变在 NSCLC 肿瘤细胞中更为常见。提示 p15 与 p16 基因同为一种抗癌基因。

第三节　p18 蛋白和 p19 蛋白

细胞周期素依赖性蛋白激酶(CDK)处于细胞周期调节的中心,有关 CDK 分子不同位点的磷酸化修饰,决定了 CDK 蛋白激酶活性,并决定了一系列与基因表达有关的蛋白质的磷酸化修饰状态,从而对细胞周期具有调节作用。这些调节机制中,CDK 的抑制蛋白也发挥着重要作用。p15 与 p16 两种 CDK 抑制蛋白即在细胞周期的调节过程中具有重要作用。Guan 等和 Chan 等应用酵母细胞二体杂交(yeast two-hybrid)系统,克隆了 p18 和 p19 这两种不同的 CDK 抑制蛋白。p15、p16、p18、p19 这 4 种蛋白质是属于同一个家族的蛋白质,对 CDK4/CDK6 两种 CDK 的蛋白激酶活性具有特异性的抑制作用。

一、p18 蛋白

p18 基因既是固有的细胞周期调控基因,又是新近发现的候选的肿瘤抑制基因。p18 基因定位于 1p32 位点上。编码的 p18 多肽由 163 个氨基酸残基组成,相对分子质量为 18 116。p18 蛋白包含 5 个锚蛋白重复序列。p18 蛋白的一级结构与 p16、p15 蛋白质的一级结构相比较,同源性分别为 38%、42%。p18 与 CDK6 具有较强的结合能力,而与 CDK4 结合力较弱。第三锚蛋白重复序列和第四锚蛋白重复序列的氨基端部分是实现 p18 蛋白结合和抑制 CDK4/CDK6 的能力的必要部分。

通过酵母细胞二体杂交系统,发现能够与 CDK4、CDK6 发生作用的小分子质量蛋白质有多种不同的类型。其中的一种蛋白质分子的相对分子质量为 18 116 的 p18 可与 CDK6 分子发生特异性的结合。从人的 HeLa 细胞 cDNA 文库中筛选到 p18 的 cDNA 克隆。ORF 全长为 504 个核苷酸,编码的 p18 多肽由 168 个氨基酸残基组成,计算相对分子质量为 18 116。在编码区的启动密码子(ATG)上游的 6 个核苷酸的位置上有一个框架内的终止密码子。ATG 上游的 5′端非翻译区长度为 94 个核苷酸。p18 蛋白的一级结构与 MTS1、MTS2 蛋白的一级结构比较,同源性分别为 38%、42%。其中,p18 与 p15、p16 两种蛋白质一级结构的同源性,其氨基末端部分高于羧基末端部分。对 p18 蛋白羧基末端的 105 个氨基酸残基进一步分析,发现与 Notch 蛋白家族成员中一段由 107 个氨基酸残基组成的序列具有高度的同源性,达 32%。Notch 蛋白家族的成员在决定胚胎发育中细胞的命运方面具有重要的功能。人 p18 蛋白的一级结构与人 Notch 蛋白 TNA1 的同源性达 37%。在这一区域,p16 和 p15 与 Notch 蛋白的同源性分别为 21%、24%。但 p18、p16 和 p15 这 3 种蛋白质,与另外一种含有锚蛋白重复序列结构的 Cdcl0/SWK6 蛋白之间一级结构的同源性则十分有限。人 p18 蛋白与酵母细胞中 PHO80-PHO85 CDK 抑制蛋白 PHO8 分子中 561 ~646 位氨基酸残基的同源性达 47%。提示 p18 蛋白也可能是细胞周期调节中一个重要的有抑制作用的蛋白质。

体内、体外实验都证明 p18 与 CDK4/CDK6 之间能够产生相互作用。首先,以 $GAL4^{ad}$-p18 分别与 $GAL4^{bd}$-CDK4、$GAL4^{bd}$-CDK6、$GAL4^{bd}$CDK2、$GAL4^{bd}$-CDK3 等表达质粒 DNA 共同转染酵母细胞,结果表明,$GAL4^{bd}$-CDK4 与 $GAL4^{bd}$-CDK6 在酵母细胞中具有很强的作用,与 $GAL4^{bd}$-CDK4 的作用较弱,但与 $GAL4^{bd}$CDK2、GAL^{bd}-CDK3 之间无相互作用。蛋白合成系统中以大肠杆菌表达融合蛋白质 GST-p18,与一系列已知的[^{35}S]标记的 CDK 分子进行反应,对这一复合物以含有谷胱甘肽的层析柱分离,然后结合 SDS-PAGE 进行分离,证实 GST-p18 与 CDK6 之间具有较强的结合能力，与 CDK4 结合力较弱，与其他 CDK 分子之间没有结合能力。急性淋巴母细胞白血病细胞系 CEM，其中的 p16 基因已发生纯合子突变，以[^{35}S]-甲硫氨酸进行标记并提取其裂解物中的蛋白质，以 p18 的特异性抗体进行免疫沉淀，从免疫共沉淀物中可以检测到 CDK6、CDK4 这两种蛋白质分子的存在。人 p18 蛋白不仅可以与 CDK6 分子进行结合，而且可以抑制细胞周期素 D2- CDK6 免疫复合物的蛋白激酶活性。对 CDK4 蛋白激酶活性也具有一定的抑制作用。

以 Northern blotting 杂交技术对 p18 mRNA 转录表达活性进行研究，可以出现大小不同的几个条带，至少其中的两种是来源于不同起始位点转录的 mRNA 产物，因为在 p18 cDNA 克隆研究中，克隆了具有不同长度的 5′端的 p18 cDNA。p18 cDNA 的转录在不同的组织细胞中的表达水平和表达方式是有很大的差别的，在人骨骼肌中表达水平最高，在胰和心脏中有中等水平的 p18 mRNA 的表达。以 cDNA 作为探针，将 p18 基因定位于 1p32 位点上。

二、p19 蛋白

Chan 等以酵母细胞二体杂交系统克隆了 p18 的 cDNA 克隆，证明是 CDK4、CDK6 特异性的抑制作用蛋白。人和小鼠的 p19 蛋白的一级结构序列同源性为 81%，人 p19 与 p16 蛋白一级结构的同源性为 48%。人 p19 蛋白质的一级结构与 p15、p18 也有区别，表明 p19 是一种新型的 CDK4、CDK6 抑制蛋白家族的成员。以 Northern blotting 杂交技术，对 9 种细胞系中 p19 mRNA 的转录表达情况进行了检测，证明都有 p19 mRNA 的转录表达。p16 与 p15 两种基因在染色体上的定位都在 9p21，而 p19 基因在染色体上定位于 19p13 位点上。

从 p19 cDNA 的克隆程序及其所应用的技术可以看出，p19 蛋白与 CDK6 分子具有亲和力，可以结合成复合物形式。以大肠杆菌表达重组的 GST-p16 融合蛋白，在体外与[^{35}S]-甲硫氨酸标记的体外翻译的 CDC2、CDK2、CDK4 进行作用，表明 p19 蛋白与 CDK4 可以进行结合，但与 GST、CDC2、CDK2、细胞周期素 A、细胞周期素 B、细胞周期素 D 及细胞周期素 E 等不能进行结合，因此，p19 蛋白似乎只能与 G_1 期特异性的 CDK 分子进行结合，这一点与 p18、p16、p15 相同，但与 p21、p27 却完全不同。进一步的研究表明，p19 可以抑制细胞周期素 D-CDK4 复合物的蛋白激酶活性，但对细胞周期素 E-CDK2 复合物的蛋白激酶活性则没有显著的影响。在细胞内，p19 与 CDK4、CDK6 可以结合。说明 p19 蛋白与 p18、p16、p15 蛋白不仅在结构上具有相似性，而且在功能上也有相似的特点。

Hirai 等也克隆了小鼠 p19 的 cDNA。小鼠 p19 的 cDNA 可以编码的 p19 蛋白由 166 个氨基酸残基组成，计算相对分子质量为 18 005。体外转录、翻译的小鼠 p19 蛋白在 15% 的凝胶电泳时，其电泳迁移率小于 p18。从蛋白质一级结构上，p19 与 p18 两种蛋白质的同源性达到 40%。小鼠 p19 蛋白与 p18、p16、p15 蛋白一样，其分子结构中也具有锚蛋白重复序列，每一段锚蛋白重复序列长度为 32 个氨基酸残基。p19 与 p18 两种蛋白质一级结构的同源性即主要分布于 1 ~3 个锚蛋白重复序列及第 4 个锚蛋白重复序列的前半部分。

p19 以融合蛋白的方式进行表达，可与 CDK4、CDK6 在体外进行结合，而且昆虫细胞中细胞周期素 D2-CDK4、细胞周期素 D2-CDK6 两种复合物中也都有 p19 蛋白的存在。p19 蛋白在体外可以抑制细胞周期素 D2-CDK4 及细胞周期素 D2-CDK6 两种复合物蛋白激酶对 pRB 蛋白底物的磷酸化修饰功能，说明 p19 也是 p18、p16、p15 家族中的一个重要的新成员。

第四节　p21 蛋白

p21 基因是 CIP 家族中的一员，其为位于 p53 基因下游的细胞周期素依赖性激酶抑制因子。p21 可以和 p53 共同构成细胞周期 G_1 期检查站，因 DNA 损伤后不经过修复则无法通过，减少了受损 DNA 的复制和积累，从而发挥抑癌作用。研究表明，p21 与肿瘤的分化、浸润深度、增生和转移有关，具有判断预后的价值。p21 可以通过细胞周期调控作用间接参与细胞凋亡（依赖 p53 途径）和直接导致细胞异化或恶变（非依赖 p53 途径），可以正调节细胞依赖性激酶功能，抑制 PCNA 与多聚酶 8 结合，影响 DNA 复制和抑制应激激活蛋白激酶（stress activated protein kinase，SAPK）活性。p21 可作为判断肿瘤分化程度和预后的参考指标之一，同时，p21 在肿瘤组织中的高表达是机体对肿瘤的一种抵抗措施。因此，肿瘤的演变和预后都与 p21 依赖 p53 的表达通路有着密切的联系。

一、p21 基因与蛋白质结构

p21 基因为定位于 6 号染色体短臂（6p21.2）上的单拷贝基因，其 DNA 长度为 85kDa，有 3 个长度分别为 68bp、450bp、1600bp 的外显子。翻译起始信号位于外显子 2，其 cDNA 长约 2.1kb。在 p21 基因编码区上游 2.4kb 和大约 8kb 处有 2 个 p53 共有的结合区，在上游 1000～2000bp 处有肌源性转录因子（myogenic D，Myo D）结合区，在上游（50～104bp）有 Spl 结合区。p21 蛋白由 164 个氨基酸构成，富含精氨酸，相对分子质量为 21 000。C 端第 124～164 位氨基酸与 PCNA 结合，中间第 49～72 位氨基酸与 CDK2 结合，C 端的第 140～163 位氨基酸为核定位信号，因此其是一种核内蛋白。

二、p21 与肿瘤抑制

关于 p21 与肿瘤抑制的关系，主要是通过其参与细胞周期抑制而得以实现的，现将目前的研究进展作一简单的阐述。

1. p21 在细胞周期调节中的作用　p21 基因的表达产物 p21 蛋白是目前已知的具有最广泛激酶抑制活性的细胞周期抑制蛋白。p21 可与几乎每一个 Cyclin-CDK 复合物结合，广泛抑制各种 Cyclin-CDK 复合物，如 Cyclin D-CDK4/CDK6、Cyclin E-CDK2 和 Cyclin A-CDK2，但对 Cyclin B 相关的复合物抑制活性较弱。已有研究证明，p21 过表达可使细胞周期阻滞于 G_1 期、G_2 期或 S 期。p21 抑制 Cyclin D1-CDK4 和 Cyclin E-CDK2 的活性，使 pRB 蛋白不能发生磷酸化，E2F 转录因子不能释放，从而使细胞周期停滞在 G_1 期，DNA 复制受抑制，从而使受损的细胞有充分的时间修复。

p21 不同区域对应于不同的靶位，其 N 端结合并抑制 Cyclin-CDK，而 C 端则结合 PCNA，从而覆盖 PCNA 的某些功能区，使 PCNA 不能与 DNA 聚合酶 δ 形成复合物，或使 DNA 全酶复合物不能在 DNA 单链上滑动，影响 DNA 复制。PCNA 在 G_1 期开始增加，S 期含量最高，G_2 期开始下降，M 期含量最低。由此可见，DNA 损伤发生的时期不同，p21 蛋白作用的机制也不同；如果 DNA 的损伤发生在 S 期之前，p21 蛋白主要通过与 CDK-Cyclin 结合并抑制其功能使细胞周期停滞于 G_1 期；而发生在 S 期的 DNA 损伤，p21 蛋白主要通过与

PCNA 的结合来抑制 DNA 的合成。

p21 可通过两条途径发挥作用,一是由 p53 介导的途径,p21 基因是 p53 基因最重要的下游基因之一,该基因上游 2.4kb 处含有一个 p53 蛋白的特异性结合位点。当细胞受到来自体内和体外的各种损伤后,野生型 p53 蛋白作用于 p21 基因,使其迅速表达,从而发挥 p21 的生物学功能。近年来,有研究发现了一种不同于经典 p21 基因的转录,它的基础表达高度依赖 p53,这种新的 p21 可存在于鼠的大多数组织,并在脾脏中有高表达。另一条途径是非 p53 依赖途径,在 p53 基因和蛋白质缺失的细胞中,其他因子也可诱导 p21 的表达,从而 p21 蛋白参加细胞的各种功能。目前已知的能激活 p21 转录的因子除 p53 外,还有 Sp1/Sp3、Smads、Ap2、信号转导蛋白及转录激活物、BRCAl、E2F-1/E2F-3、CAAT/增强子连接蛋白 α、β 和干扰素 γ 等。p21 除了在 DNA 损伤时发生作用处,它还参与了最终的分化、复制的老化,还可保护细胞免受 p53 介导和非 p53 依赖途径的凋亡,以及促进细胞的凋亡。

除上述的相关研究外,最近的研究表明 p21 与细胞凋亡关系密切。但目前,p21 对细胞凋亡的影响众说不一。一种观点认为 DNA 损伤时在 p21 的作用下使生长周期停滞,DNA 修复,从而保护细胞免受凋亡:另一种观点认为,p21 在某些条件下具有促进细胞凋亡的作用。以下将分别阐述。

2. p21 阻止细胞凋亡 p21 对抗细胞凋亡的机制目前尚未明确,一个可能机制与 p21 促使细胞周期停滞从而阻止 DNA 损伤或促使其修复有关。例如,腺病毒可选择性的促使缺乏 p53 和 p21 的细胞发生凋亡,而 p53 和 p21 完整表达的细胞则无凋亡发生,但可停滞在细胞周期的 G_2 期,并保护细胞免受凋亡。据 Rodriguez 等的报道,在复制抑制因子介导的 DNA 复制叉损伤的过程中,p21 可与细胞周期检查点激酶 1 共同作用而阻止 DNA 损伤介导的凋亡,且该途径为非 p53 依赖的。另一个可能机制与 p21 结合 Cyclin A-CDK 复合物并使之失活有关。已有研究证明,在 Cyclin A-CDK 活性改变导致的不同种类细胞凋亡中,由 Caspase-3 介导的 p21 裂解是一个重要机制。例如,缺 O_2 诱导的心肌细胞凋亡就与 Caspase-3 介导的 p21 裂解而致 Cyclin A-CDK2 活性上调有关。但是控制细胞凋亡的必要条件是 Cyclin A-CDK2 的活性还是 p21 对 Cyclin A-CDK2 活性的阻止,目前还有待研究。

3. p21 促进细胞凋亡 p21 在某些条件下可促进凋亡的发生。例如,古曲霉素 A 诱导的破骨细胞的凋亡是通过上调 p21 来实现的。在研究阿霉素-紫杉醇联合 5-氟尿嘧啶治疗乳腺癌的过程中,发现 p21 的表达与细胞凋亡数量呈显著正相关。以上均说明 p21 对细胞凋亡的作用途径是非 p53 依赖的。Marshall 等报道,将体外培养的足细胞暴露于转化生长因子 β,检测出其中 p21 表达上调,大量细胞出现凋亡现象,而在相同培养环境下的 $p21^{-/-}$ 足细胞则未发生凋亡。研究发现,转化生长因子 β 在 $p21^{-/-}$ 细胞中能够诱导凋亡抑制基因 bcl-2 表达上调,从而阻止细胞凋亡,而将 p21 表达载体再次转染 $p21^{-/-}$ 足细胞,则 bcl-2 基因表达上调消失,再次成功诱导了细胞凋亡。以上实验中,凋亡抑制基因 bcl-2 过表达不能克服 p21 诱导的凋亡作用,即 p21 对细胞凋亡的作用强于 Bcl-2 对凋亡的抑制作用。综上所述,p21 的过表达能促进凋亡的发生,而使 p21 作用减弱的方法可使凋亡的细胞数下降。p21 促凋亡的机制目前尚不研究清楚,可能与 DNA 修复系统的成员相互作用或对其调节的作用有关。

第五节　p27 蛋白

一、p27 基因与蛋白质

p27 属抑癌基因,编码 CKI,定位于 12p13,表达 27kDa 的蛋白质 p27(Kip1),是 1994 年 Polyak 等在研究细胞间接触抑制和 TGF-β 诱导细胞生长的 G_1 期阻滞时发现的一个热稳定性蛋白。随后,他们又进一步确认了人和鼠的 p27 cDNA 的 ORF 分别为 594bp、591bp。人、鼠、貂 p27 的氨基酸序列高度相似,同源性达 90% 。基因库搜索显示 p27 与 cip1 显著同源,相似处大多在蛋白质 N 端的 60 个氨基酸片段中,该区有 44% 与 cip1 相同。C 端与 cip1 一样有一个双向核定位信号。kip1 与 cip1 不同之处在于其 N 端无锌指调节区,而在 C 端有 23 个氨基酸的延长结构,含有 Cdc2 磷酸化位点。Kip1 与 cip1 同源性低的 104 ~ 152 位氨基酸区几乎无抑制活性。

p27(Kip1)由 N 端至 C 端依次由 1 个刚性的环状结构、1 个两性分子的 α 螺旋、1 个两性分子的发夹、1 个 β 线状结构和 1 个 3_{10} 螺旋构成。p27(Kip1)以伸展的结构覆盖于 Cyclin A - CDK2 的表面(40% 在 Cyclin A、60% 在 CDK2)并与之相互作用。与 Cyclin A-CDK2 结合的 p27(Kip1)的 CDK 抑制区是一个有序结构,由一个 α 螺旋、一个 3_{10} 螺旋和 β 线状结构组成。相比之下,未结合的 p27(Kip1)的 CDK 抑制区是内在无序、自然伸展的,但也并非完全不折叠;该区含有边缘稳定的螺旋结构,将用于结合 Cyclin A-CDK2 的螺旋前体。

1. p27 与 Cyclin A 的结合　Cyclin A 由 2 个 5 螺旋结构构成,第一个螺旋中有保守的 Cyclin box 重复结构,其 α 1、3、4 螺旋构成一个狭窄凹槽。p27(Kip1)的刚性圈状结构有 10 个氨基酸长,含 Leu-Phe-Gly 序列,为“LFG”模序,以部分延伸的结构结合于 Cyclin A 的狭窄凹槽;p27(Kip1)的两性分子的螺旋以疏水面包裹 Cyclin box 重复结构的 4、5 螺旋形成的表面。

2. p27(Kip1)与 CDK2 的结合与作用　CDK2 由 N 端至 C 端结构依次为:1 个富含 β 片层的 N 端圆形突起、催化裂隙和 1 个主要是 α 螺旋的 C 端圆形突起。p27(Kip1)的 β 发夹疏水面包裹 CDK2 N 端 β 片层以三明治方式排列;β 线状结构从 CDK2 转向合并到 CDK2β 片层;3_{10} 螺旋插入 CDK2 催化裂隙;3_{10} 螺旋含 Phe- Tyr 对,在裂隙深部覆盖并模拟 ATP 嘌呤碱作用,以范德华力和氢键与 CDK2 结合。p27(Kip1)与 CDK2 结合后,CDK2 结构发生变化,即使无 3_{10} 螺旋的填充,催化裂隙对 ATP 的亲和力也下降。p27(Kip1)β 发夹的 CDK2 结合位点在 62 ~ 75 氨基酸区,包括 FDF(62 ~ 64)、GXY(72、74)两区。这些区域的突变将抑制它与体外 CDK2 和体内 CDK2-Cyclin E 复合物的结合。p27(Kip1)的 N 端第 28 ~ 87 位氨基酸具有两个 Ser 磷酸化位点,是主要的 CDK 激酶活性抑制区。在 Cyclin、CDK、Cyclin-CDK 复合物共同存在时,p27(Kip1)优先与 Cyclin-CDK 复合物作用抑制其活性。p27(Kip1)与活化前的 Cyclin E-CDK2 结合,阻止 CDK2 的 Thr160 磷酸化,从而阻止 Cyclin E-CDK2 活化。但已活化的 Cyclin E-CDK2 不能与 p27(Kip1)结合。

总之,p27(Kip1)抑制区以伸展的结构与 Cyclin A-CDK2 复合物的 2 个亚单位结合。关键的疏水作用和氢键存在于 p27(Kip1)的 10 氨基酸区(含 LFG 序列)和 Cyclin A 窄凹槽(含 Cyclin box 保守残基,作为起始结合的锚定点,并推动以后的 p27 与 CDK2 作用)。p27

(Kip1)结合并抑制 CDK 活性是由于 p27(Kip1)结合到 CDK2 的 N 端片层,诱导构象变化,使催化裂隙变形,p27(Kip1)插入并填充该裂隙,消除了 ATP 结合的可能。

二、p27 与肿瘤抑制

正常情况下,IL-7 作为 bcl-2 调节下的未成熟胸腺细胞和成熟 T 细胞的抗凋亡因子。在急性前 T 细胞白血病中 IL-7 阻止凋亡也与 bcl-2 的表达上调有关。在 IL-7 存在下 T-ALL 细胞不仅上调 bcl-2 的表达、逃避凋亡,还使 p27 表达下调、CDK4 及 CDK2 活化、RB 磷酸化推进细胞周期。如果在 T-ALL 细胞中强制表达 p27,不仅可阻止细胞周期进展,还可逆转 IL-7 介导的 bcl-2 表达上调。因此,p27 作为抑癌基因不仅作为细胞周期进展的抑制剂,还可能与诱使原发性肿瘤细胞凋亡有关。

p27(Kip1)在正常组织、癌前病变、良恶性肿瘤、肿瘤的早晚期中的表达有逐渐减低的趋势。它的低表达与多数实体瘤(乳腺癌、前列腺癌、呼吸道肿瘤、消化系肿瘤、脑肿瘤等)、淋巴瘤及急性髓细胞性白血病的不良预后有关,甚至用于肿瘤的术前评估。

p27(Kip1)作为细胞周期的负调节因子,特异性结合于相应的 Cyclin-CDK,通过化学构象的变化来抑制后者的激酶活性,从而抑制细胞周期;p27(Kip1)还可能与诱使原发性肿瘤细胞凋亡有关。它主要在蛋白质转录后水平受到调节,包括 p27(Kip1)的泛素化与降解、细胞核浆分布的调节。随着对 p27(Kip1)生化特性的研究,以及 p27(Kip1)在临床肿瘤性疾病中的预后意义,将有助于人们寻找出新的肿瘤诊治途径。

(高　萍)

参考文献

Aissani B, Sinnett D. 1999. Fine physical and transcript mapping of a 1. 8Mb region spanning the locus for childhood acute lymphoblastic leukemia on chromosome 12p12. 3. Gene, 240(2): 297-305.

Barata JT, Cardoso AA, Nadler LM, et al. 2001. Interleukin-7 promotes survival and cell cycle progression of T-cell acute lymphoblastic leukemia cells by down-regulating the Cyclin-dependent kinase inhibitor p27(kip1). Blood, 98(5): 1524-1531.

Bienkiewicz EA, Adkins JN, Lumb KJ. 2002. Functional consequences of preorganized helical structure in the intrinsically disordered cell-cycle inhibitor p27(Kip1). Biochemistry, 41(3): 752-759.

Bostrom J, Meyer-Puttlitz B, Wolter M, et al. 2001. Alterations of the tumor suppressor genes CDKN2A (p16 (INK4a)), p14 (ARF), CDKN2B (p15 (INK4b)), and CDKN2C (p18 (INK4c)) in atypical and anaplastic meningiomas. Am J Pathol, 159(2): 661-669.

Chen TC, Ng KF, Lien JM, et al. 2000. Mutational analysis of the p27(kip1) gene in hepatocellular carcinoma. Cancer Lett, 153(1-2): 169-173.

Chiarle R, Budel LM, Skolnik J, et al. 2000. Increased proteasome degradation of Cyclin-dependent kinase inhibitor p27 is associated with a decreased overall survival in mantle cell lymphoma. Blood, 95(2): 619-626.

Drexler HG. 1998. Review of alterations of the Cyclin-dependent kinase inhibitor INK4 family genes p15, p16, p18 and p19 in human leukemia-lymphoma cells. Leukemia, 12(6): 845-859.

Forget A, Ayrault O, den Besten W, et al. 2008. Differential post-transcriptional regulation of two Ink4 proteins, p18 Ink4c and p19 Ink4d. Cell Cycle, 7(23): 3737-3746.

Hirano M, Hirano K, Nishimura J, et al. 2001. Transcriptional up-regulation of p27(Kip1) during contact-induced growth arrest in vascular endothelial cells. Exp Cell Res, 271(2): 356-367.

Kerr JF, Wyllie AH, Currie AR. 1972. Apoptosis: A basic biological phenomenon vith wide ranger implication in tissue kinetics. Br J Cancer,26(4):239-257.

Kudo Y,Kitajima S,Sato S,et al. 2001. High expression of S-phase kinase-interacting protein 2,human F-box protein,correlates with poor prognosis in oral squamous cell carcinomas. Cancer Res,61(19):7044-7047.

Kwon TK,Nordin AA. 1998. Identification of CDK2 binding sites on the p27Kip1 Cyclin-dependent kinase inhibitor. Oncogene, 16(6):755-762.

Lee MH,Yang HY. 2001. Negative regulators of Cyclin-dependent kinases and their roles in cancers. Cell Mol Life Sci,58(12-13):1907-1922.

Lin PY,Fosmire SP,Park SH,et al. 2007. Attenuation of PTEN increases p21 stability and cytosolic localization in kidney cancer cells: a potential mechanism of apoptosis resistance. Mol Cancer,6:16.

Liu X,Sun Y,Ehrlich M,et al. 2000. Disruption of TGF-beta growth inhibition by oncogenic ras is linked to p27Kip1 mislocalization. Oncogene,19(51):5926-5935.

Miller CW,Aslo A,Campbell MJ,et al. 1996. Alterations of the p15,p16,and p18 genes in osteosarcoma. Cancer Genet Cytogenet, 86(2):136-142.

Minamishima YA,Nakayama K,Nakayama K. 2002. Recovery of liver mass without proliferation of hepatocytes after partial hepatectomy in Skp2-deficient mice. Cancer Res,62(4):995-999.

Nakamaki T,Bartram C,Seriu T,et al. 1997. Molecular analysis of the Cyclin-dependent kinase inhibitor genes,p15,p16,p18 and p19 in the myelodysplastic syndromes. Leuk Res,121(3):235-240.

Orend G,Hunter T,Ruoslahti E. 1998. Cytoplasmic displacement of Cyclin E-CDK2 inhibitors p21Cip1 and p27Kip1 in anchorage-independent cells. Oncogene,16(20):2575-2583.

Polyak K,Lee MH,Erdjument-Bromage H,et al. 1994. Cloning of p27Kip1,a Cyclin-dependent kinase inhibitor and a potential mediator of extracellular antimitogenic signals. Cell,78(1):59-66.

Rodriguez R,Meuth M. 2006. Chk1 and p21 cooperate to prevent apoptosis during DNA replication fork stress. Mol Biol Cell, 17(1):402-412.

Rusin MR,Okamoto A,Chorazy M,et al. 1996. Intragenic mutations of the p16(INK4),p15(INK4B)and p18 genes in primary non-small-cell lung cancers. Int J Cancer,65(6):734-739.

Russo AA,Jeffrey PD,Patten AK,et al. 1996. Crystal structure of the p27Kip1 Cyclin-dependent-kinase inhibitor bound to the Cyclin A-CDK2 complex. Nature,382(6589):325-331.

Sgambato A,Cittadini A,Faraglia B,et al. 2000. Multiple functions of p27(Kip1)and its alterations in tumor cells: a review. J Cell Physiol,183(1):18-27.

Siebert R,Willers CP,Opalka B. 1996. Role of the Cyclin-dependent kinase 4 and 6 inhibitor gene family p15,p16,p18 and p19 in leukemia and lymphoma. Leuk Lymphoma,23(5-6):505-520.

Slingerland J,Pagano M. 2000. Regulation of the CDK inhibitor p27 and its deregulation in cancer. J Cell Physiol,183(1):10-17.

Tomoda K,Kubota Y,Arata Y,et al. 2002. The cytoplasmic shuttling and subsequent degradation of p27Kip1 mediated by Jab1/CSN5 and the COP9 signalosome complex. J Biol Chem,277(3):2302-2310.

Vidal A,Millard SS,Miller JP,et al. 2002. Rho activity can alter the translation of p27 mRNA and is important for RasV12-induced transformation in a manner dependent on p27 status. J Biol Chem,277(19):16433-16440.

Wagner M,Hampel B,Hutter E,et al. 2001. Metabolic stabilization of p27 in senescent fibroblasts correlates with reduced expression of the F-box protein Skp2. Exp Gerontol,37(1):41-55.

Zindy F,den Besten W,Chen B,et al. 2001. Control of spermatogenesis in mice by the Cyclin D-dependent kinase inhibitors p18(Ink4c)and p19(Ink4d). Mol Cell Biol,21(9):3244-3255.

第十四章　WT-1 基因

WT-1 基因(Wilms tumor gene)是最早发现的与 Wilms 肿瘤的发生、发展有关的基因,是从 Wilms 瘤细胞分离出来的肿瘤基因,作为抑癌基因与 Wilms 肿瘤发生、发展密切相关。随着研究的深入,人们发现在卵巢癌、肾细胞癌、间皮瘤、黑色素瘤、促结缔组织增生圆细胞瘤、乳癌、肺癌、直肠癌和胰腺癌等实体瘤中该基因均呈高表达且与许多肿瘤发生相关,其在人类白血病细胞中也有高度表达,对白血病细胞增殖、分化起重要作用,并与白血病的发生、发展及预后有一定关系。因此,虽然 WT-1 可以抑制许多内源性基因的表达,但是其关键的功能可能是其转录激活功能。另外,WT-1 在正常人群中主要在胚胎发生过程中表达,对泌尿生殖系统的发育起重要作用。在成人中则仅肾脏、卵巢、子宫内膜、睾丸、脾脏和正常的造血祖细胞有少量表达。

第一节　WT-1 基因及蛋白质结构

一、WT-1 基因的结构与功能

1990 年 Call 和 Glaser 同时在 11 号染色体短臂 1 区 3 带(11p13)克隆出 WT-1 基因,WT-1 基因长约 50kb,有 10 个外显子,所编码的锌指蛋白具有转录因子的作用。WT-1 的启动子由 652bp 富含 GC 区组成,其中有多个转录起始位点。目前,已发现 WT-1 有两种增强子,一种为在 3′端的位于启动子下游约 50kb 的增强子,具有 GATA-1 结合位点;另一种为位于启动子下游约 11kb 处内含子 3 内的增强子,具有 GATA-1、c-Myb 等结合位点。Stephen 等克隆了 1 个大小 460bp 的沉默子,位于 WT-1 的内含子 3 中,距启动子约 12kb。该沉默子能抑制 WT-1 启动子的转录,发挥作用时需部分或全部 Alu 重复序列。上述增强子或沉默子参与转录时均具有细胞特异性,由此推测它们可能对限定 WT-1 表达于特定组织细胞中的功能起重要作用。WT-1 mRNA 主要在肾脏和造血细胞中表达。此外,脾脏中也有 WT-1 的表达。

WT-1 基因可以通过 RNA 修饰及交替翻译起始位点等方式产生至少 24 种不同的蛋白质亚型。在哺乳动物中,WT-1 基因的 10 个外显子中,有两个可以随机组合剪接外显子,即外显子 5 和外显子 9,由此,WT-1 可以转录为 4 种不同的剪接异构体;在其他脊椎动物中,WT-1 基因不含外显子 5,所以它们只有两种剪接异构体。由于 RNA 的不同拼接方式,WT-1 基因转录出 4 种版本长约 3.5kb 的 mRNA,剪接编码 4 种相对分子质量为 52 ~ 54 的异构体蛋白。第一种剪接在锌指区和谷氨酸/脯氨酸富含区插入或不插入一段由外显子 551bp 编码的 17 个氨基酸的片段,即 WT-1 17aa$^+$/ WT-1 17aa$^-$型;第二种剪接在 3/4 锌指结构间插入或不插入由外显子 9 编码的由赖氨酸 - 苏氨酸 - 丝氨酸(KTS)组成的氨基酸片段,即 WT-1 KTS$^+$/ WT-1 KTS$^-$型。在正常生理环境下,KTS$^+$/KTS$^-$表达的比率大致维持在 2 : 1

(也有报道为3∶2)。

WT-1基因作为抑癌基因,可抑制某些原癌基因和生长因子的表达,如人早期生长反应因子(EGR-1)、胰岛素样生长因子(IGF-2)、表皮生长因子(EGF)、转化生长因子β(TGF-β)等。实验已证实WT-1蛋白与EGR-1的同源性超过60%,锌指结构显示两者都是DNA结合蛋白,而DNA结合序列同样都是5′-GCC-(T/G)GG-GCG-3′。相关研究证实,WT-1基因同时又具有生长因子样的促进作用。例如,在造血原始细胞中的作用呈现阶段特异性,表现为在系列定向祖细胞中诱导细胞分化,而在更为早期的细胞中使细胞休眠作用增强。Patricia等发现,WT-1基因在正常原始造血细胞中表达水平较低,甚至检测不到,而高表达于大多数急性髓系白血病和淋巴细胞白血病患者的原始细胞中。因此,可以认为WT-1基因是一种双重作用的转录调控因子。目前研究较为深入的是WT-1基因外显子9选择性剪接产生的KTS^+和KTS^-两种WT^{-1}蛋白亚型的不同功能。在剪接位点结构的精确调控下,一般而言,KTS^+与KTS^-两者的比率约为2∶1,外显子9剪接位点的突变,可造成泌尿生殖系统发育异常。研究表明,KTS^+异构体对足细胞的分化和功能完善具有重要意义,KTS^-异构体则对胚胎肾及性腺的发育至关重要。Prichard等研究发现,在后肾胚基细胞向上皮细胞的分化发育过程中,有高水平WT-1 mRNA的表达,而成熟的上皮细胞中不再表达WT-1 mRNA,提示WT-1基因是一个分化因子基因,其表达的WT^{-1}蛋白可能是促进后肾胚基细胞向上皮细胞分化的调控因子。在胚胎肾组织分化完成之后,WT-1基因在细胞核的表达即被关闭,WT-1蛋白作为促分化因子的功能停止,但在胎儿后期肾脏的发育中WT-1基因仍然起作用,可能进一步促使肾小管发育成熟、功能完善。在某些器官中,WT-1是一个癌基因。

WT-1在器官发育等过程中也有重要作用。肾发育过程需要WT-1的参与,肾发育过程中的未分化充间质细胞中表达WT-1,在间充质形成过程中表达水平最高。在成熟的肾单位中,WT-1表达仅限于肾小球脏层上皮细胞(祖细胞),对细胞的分化类型起重要作用。WT-1不仅在肾脏发育过程中有重要作用,在心脏、中枢神经系统、血液系统发育过程中及正常男性性别分化等过程中均有重要作用。

二、WT-1蛋白结构

WT-1是一种锌指样转录因子,由于WT-1基因通过RNA修饰及交替翻译起始位点等方式产生至少24种不同的蛋白质亚型。如果从WT-1的第一个启动子AUG开始翻译,由于2个剪接体(外显子5、外显子9)的插入或缺失,其分子质量为52~54kDa,两个剪接体都缺失的蛋白质亚型分子质量为52kDa,两个剪接体都存在的蛋白质亚型分子质量为54kDa;WT-1在主要的AUG翻译起始位点的上游和下游还存在不同的翻译起始位点,导致了高分子质量(60~62kDa)和低分子质量(36~38kDa)WT-1蛋白的产生;RNA修饰也可能会发生,它导致在281位的亮氨酸被脯氨酸所替代。以上的各种转录后加工共产生24种不同的WT-1异构体。最近的研究发现,AWT-1是一个新的WT-1转录产物,通过父系等位基因遗传,从内含子1上的ATG开始转录,保留了外显子2~10,它编码的蛋白质缺失了有转录抑制功能的前147个氨基酸(AWT-1转录本可以发现所有的外显子5和KTS突变)。还有一种蛋白质同工异构体,它从内含子5的尾端开始,目前仅仅在前列腺、乳腺和白血病细胞中发现。这将导致WT-1理论上的亚型上升到36种。

WT-1蛋白包含两个结构域:一个位于蛋白质的N端,是由外显子1~6编码的富含谷氨酸、脯氨酸的转录调控区域，发挥转录调控功能，它参与 RNA 和蛋白质的相互作用，这个结构域对 WT-1 的转录调节非常关键，在缺失性研究试验中，它表现出转录激活和转录抑制两种功能；另一个位于蛋白质的 C 端，是由外显子 7～10 编码的 4 个锌指样结构，锌指结构是 WT-1 蛋白特异的 DNA 结合域，由 2 个半胱氨酸和 2 个组氨酸组成，锌指样结构 2～4 和早期生长因子-1 具有很高的同源性（图 14-1）。WT-1 锌指结构结合的靶序列为 5′-GCGGGGGCG-3′，它存在于许多生长调控基因的启动子内。已知的有胰岛素样生长因子受体-Ⅰ（insulin-like growth factor receptor Ⅰ，IGF-Ⅰ）、胰岛素样生长因子-Ⅱ（insulin-like growth factor Ⅱ，receptor IGF-Ⅱ）、集落刺激因子-Ⅰ（granulocyte colony-stimulating factor，CSF-Ⅰ）、血小板衍生生长因子-A 链（platelet derived growth factor，PDGF-A 链）、转化生长因子-β1（transforming growth factor，TGF-β1）以及多种癌基因 bcl-2、n-myc、HER-2 等。

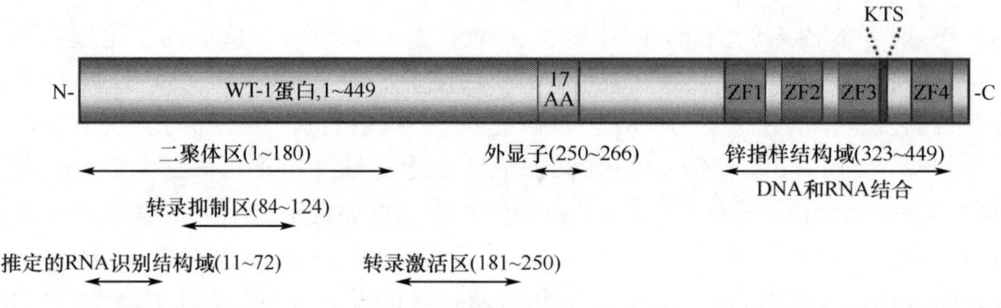

图 14-1 WT-1 蛋白结构示意图（Avril et al.，2008）

WT-1 基因编码的 4 种同源异构体蛋白均能与 DNA 结合并且调控下游靶基因的转录，但是这 4 种 WT-1 蛋白对靶基因的结合和调节能力是不同的。WT-1 KTS^- 有较广泛的 DNA 靶位点，与 DNA 的亲和力高，主要和 DNA 结合，它的靶基因较多。而 WT-1 KTS^+ 的靶位点少，与 DNA 亲和力低，主要参与转录。对某一特定基因转录的激活或抑制取决于其结合位点的数目和位置，如在某一基因转录起始位点上、下游（5′端和 3′端）都有结合位点并且都结合时，表现为抑制转录；只结合上游（5′端）或下游（3′端）的位点时则表现为激活转录。因此，WT-1 具有抑癌基因和原癌基因双重活性，是具有激活和抑制双重功能的调节基因。此外，WT-1 还可以直接与 β-肌动蛋白相互作用，在细胞核和细胞质之间穿梭，在细胞质中与多聚蛋白复合体相互作用。有研究发现，在正常情况下，仅 10%～25% 的蛋白质位于细胞质，但是在肿瘤中，大部分或全部的 WT-1 蛋白定位在细胞质中。

WT-1 蛋白亚型在进化过程中具有保守性，如 WT-1 的 RNA 修饰仅在人和小鼠中存在，同时，外显子 5 的突变及起始密码子的位置在哺乳动物中也是十分保守的，迄今为止，在脊椎动物中，仅有的、保守的突变就是是否含 KTS 序列，这提示 WT-1 蛋白具有十分重要的功能。基于这种保守性，可以说不同的 KTS 亚型包含了其最重要的突变。

第二节 WT-1 基因表达的调节

一、调控 WT-1 基因表达的转录因子

WT-1 基因的表达是受到严密调控的，其表达具有时空特异性。为了理解 WT-1 的表达

是如何受时空限制的，许多研究小组鉴定了 WT-1 的顺式作用元件。WT-1 的启动子富含 GC，而且既不含 CCAAT 框也不含 TATA 框。Hofmann 等绘制的最短的 WT-1 启动子图是一段富含 GC 的大约 650bp 的片段。Fraizer 等的研究又将此启动子缩短成一段富含 GC 的 104bp 的片段，而且他们发现 WT-1 基因有 3 个转录起始位点，这段最短的启动子恰好定位于 WT-1 基因的一个转录起始位点的 3′端。从这段启动子片段进行的转录不是细胞类型特异的，表明其他更远的调控元件可能与启动子共同作用，产生时空特异的表达方式。这些除启动子之外的调控元件对 WT-1 的特异性表达是非常重要的。过去已鉴定了一个 350bp 的增强子，它位于 WT-1 外显子 10 的下游大约 500bp 处。在基因组结构中，此增强子距 WT-1 启动子的距离超过 50kb。此 3′端增强子是细胞类型特异的。1997 年，Zhang 等发现了 WT-1 基因的一种造血细胞特异的增强子，该增强子在 WT-1 基因的内含子 3 中，大约在启动子下游 11kb 处。截短突变分析（deletion analysis）表明，WT-1 内部增强子的最小有效长度为 258bp。有报道表明，在 K562 和 HL60 细胞中 WT-1 内部增强子能提高 WT-1 启动子的转录活性 8 ~ 10 倍。

（一）Spl

Spl 是一种遍在的转录因子，是 WT-1 基因的一个主要调控因子。DNaseI 足迹分析表明，650bp 的 WT-1 启动子片段中有多个 Spl 的结合位点。Fraizer 等的研究表明，在 104bp 的 WT-1 启动子中也包含 Spl 的结合位点。随后，Cohen 等的研究发现了 WT-1 启动子上一个新的 Spl 结合位点，它是一个大约 9bp 的 CTC 重复序列，位于 WT-1 转录起始位点的 5′端侧翼区。这段序列对 WT-1 启动子的转录非常重要。Spl 与这段 CTC 重复序列结合的亲和力不低于 Spl 与共有序列 GC 框（the Consensus GC box）的亲和力。Cohen 等的研究还表明在肾发育过程中，Spl 的表达也受时空的调控。这不仅说明 Spl 是 WT-1 表达的一个先决条件，而且证明 Spl 本身在肾发育过程中也起重要作用。

（二）GATA-1

GATA-1 是研究得最深入的造血系统特异的转录因子之一。它是一种锌指结构的转录因子，在红细胞发育过程中的基因调控方面有重要的作用。Wu 等发现，WT-1 和 GATA-1 的 mRNA 在 K562 细胞和鼠脾细胞中共表达，表明 WT-1 和 GATA-1 之间存在着相互作用。凝胶迁移竞争实验（gel shift competition experiment）和反式激活研究表明，GATA-1 是通过结合到 WT-1 的 3′增强子中 GATA 结合位点处来促进 3′-增强子活性的。序列分析表明，WT-1 基因的 258bp 的内部增强子片段中包含 3 个非共有序列 GATA 位点，分别位于 108bp（GATA-A）、207bp（GATA-B）和 254bp（GATA-C）处。有报道表明，在 K562 细胞中，GATA 基序的突变降低了内部增强子活性的 60%。凝胶迁移实验（EMSA）分析表明，GATA-1 能结合到内部增强子的 GATA-A 位点，但不能结合到 GATA-B 位点。瞬时转染实验表明，GATA-1 能反式激活 WT-1 的内部增强子，增强报告基因活性 10 ~ 15 倍。以上结果表明，GATA-1 在肾发育过程中 WT-1 的表达调控中有重要作用。

（三）Ets-1

Ets-1 也是造血系统特异的转录因子。它主要在淋巴细胞中表达，调控淋巴细胞特异基因的转录。序列分析表明,在 WT-1 的内部增强子中有一个 Ets-1 的结合位点。但是 Ets-1 是否能与内部增强子中相应元件相互作用而促进 WT-1 基因的转录还未见报道。

(四) c-Myb

c-Myb 是一种原癌蛋白,是造血系统特异的转录因子,它在保持造血祖细胞处于增殖状态中起作用。序列分析表明,在 WT-1 的内部增强子中有一个 c-Myb 的结合位点。Zhang 等用瞬时转染实验证明,野生型的 c-Myb 蛋白能反式激活 WT-1 内部增强子,而缺失 DNA 结合区的突变的 c-Myb 蛋白则没有这种效应。这表明转录因子 c-Myb 也参与调控 WT-1 内部增强子活性。

(五) PAX8 和 PAX2

Fraizer 等的实验结果表明,表达 PAX8 的细胞中 WT-1 启动子的活性比不表达 PAX8 的强得多,说明内源的 PAX8 在 WT-1 启动子激活过程中有重要作用。通过结合分析实验(binding assay),发现在 652bp WT-1 启动子潜在的 PAX8 结合位点中,只有一个结合位点有功能,定位于最短启动子 5′端 250bp 处。通过转染实验,他们发现内源的 PAX8 和外源加入的 PAX8 都能激活 WT-1 启动子,而且这种上调作用依赖于完整的 PAX8 结合位点的出现。而以前通过计算机分析发现的 PAX8 结合位点不能结合体外翻译的 PAX8 蛋白及激活的 WT-1 启动子。与 PAX8 同一家族的转录因子 PAX2 也可正调控 WT-1 的表达。PAX2 本身又受 WT-1 的负调控。

(六) WT-1

WT-1 基因编码一种锌指结构的蛋白 WT-1,其是一种转录因子,在靶基因的转录过程中可以起激活或抑制作用。在 652bp 和 104bp 的 WT-1 启动子区中都包含 WT-1 的结合位点,表明 WT-1 启动子可能是自我调控的。Malik 等的研究结果表明,WT-1 的高水平表达能够导致 WT-1 启动子的自我抑制。启动子区的缺失突变分析表明,转录起始位点的 5′端和 3′端序列对 WT-1 的自我抑制起着重要作用,WT-1 这种自我抑制功能的丧失或改变将导致肿瘤的产生。

二、WT-1 的下游基因

WT-1 调节转录的机制是通过与其他蛋白质相互作用调节转录的(图 14-2)。其机制有二:①与其他蛋白质共同调节转录(分为直接的 DNA 结合转录因子、辅转录因子两类);②与其他蛋白质共同参与 RNA 转录后加工。

WT-1 通过以上机制对多种基因的表达产生影响,下面对几种受其调控的基因进行简单地介绍。

(一) c-myc

Han 等的研究发现,不论是内源性 WT-1 还是外源性 WT-1,在人乳腺癌细胞系中都可以和 c-Myc 的启动子结合,使用报告基因载体技术,WT-1(KTS^+/KTS^-)都可以提高报告基因的表达水平。这和 Hewitt 等在 HeLa 细胞中的研究结果相反,他们使用 CAT 报告基因进

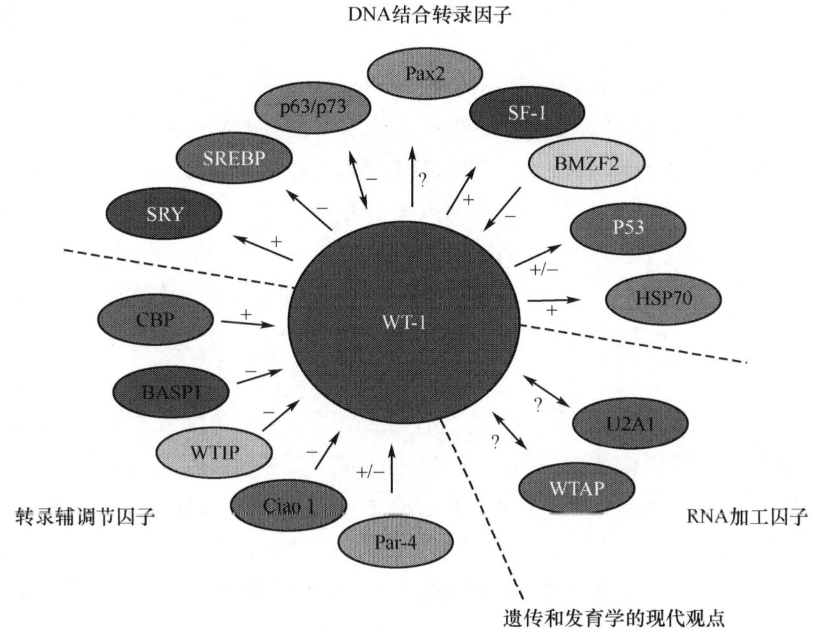

图 14-2　WT-1 相互作用的蛋白质(Ste fan,2005)
共分为 3 类,箭头表示作用的方向;+、-、? 表示正面、负面及不确定的作用

行研究,发现 WT-1 抑制 c-myc 启动子活性。这提示 WT-1 在不同环境中的作用并不一致。

(二) bcl-2

bcl-2 是 WT-1 的一个直接靶基因,但是其调节具有高度的环境特异性。在肿瘤细胞系 G401 中,稳定过表达 WT-1,可以使内源性 bcl-2 表达上升;在 HeLa 细胞、DHL-4 细胞,瞬时共转染 WT-1 和连接报告基因的 bcl-2 启动子,WT-1 可以显著抑制 bcl-2 启动子的活性。造成这种差异的原因尚不清楚,但有研究提示,WT-1 的共转录因子(transcriptional WT1 co-factor),如 BASP1(brain acid-soluble protein 1)、WTIP(WT-1-interacting protein)可能是造成这种现象的原因。

(三) 双调蛋白

Lee 等使用高密度寡核苷酸探针芯片杂交技术(hybridization to high- density oligonucleotide array)寻找 WT-1 的直接靶基因,发现 WT-1 的主要靶基因是双调蛋白(amphiregulin),WT-1 直接和双调蛋白启动子结合,导致转录激活。

(四) 足糖萼蛋白

Palmer 等使用 RSTEM 对 WT-1 和足糖萼蛋白(podocalyxin)编码基因之间的关系进行研究,结果发现,WT-1 和足糖萼蛋白基因启动子的保守序列相结合,导致启动子活性明显升高、足糖萼蛋白特异表达。

（五）p21

WT-1 能够与含有 5′-GCGTGGGAGT-3′序列的靶基因结合，并表现出很强的转录激活活性，依赖细胞周期蛋白的激酶抑制物 p21 即为靶基因之一。已经知道，p21 的蛋白质产物是细胞周期蛋白 E-CDK2 复合物的抑制物。细胞周期蛋白 E-CDK2 复合物的蛋白激酶活性能够使细胞通过 G_1/S 点并抑制 S 期细胞中的 DNA 的复制，这一活性受 p21 的控制。Englert 等发现，WT-1 介导的细胞凋亡发生在 p21 诱导细胞阻滞于 G_1 期后，此时内源性 p21 mRNA 表达增高，且 p21 的被诱导表达并非依赖于另一个抑癌基因 p53，而通常情况下，p53 调控 p21 的表达。$CD43^+$造血祖细胞向髓系分化成熟过程中，p21 的表达在 RNA 和蛋白质水平都逐渐增高。

为了阐明 WT-1 介导的造血细胞分化是否仅通过激活下游基因 p21 诱导细胞阻滞于 G_1 期而间接实现的，Ellisen 等用编码 p21 的双顺反子 MSCV-GFP 反转录病毒载体转染了 U937 细胞，很快就发现 G_1 期细胞受阻，但细胞几乎没有表面分化标志的表达或形态学的改变，在造血祖细胞中也同样观察到单独的 p21 不足以引起细胞分化，不能完全再现 WT-1（KTS）对细胞分化的作用，这说明除了通过 p21 外，WT-1 介导的造血细胞分化可能还涉及对其他靶基因的转录调控。

（六）RBAp46

Guan 等通过对照研究发现在表达 WT-1 的细胞中，RBAp46 的表达水平上调约 15 倍，且 RBAp46 转染的细胞生长活性较对照组约低 1/2，认为 RBAp46 对细胞生长起着负调控作用；他们还发现 RBAp46 能抑制肿瘤细胞转化：在腺病毒转化的 HEK（人胚肾）293 细胞肿瘤形成的体内外实验中，RBAp46 的表达都可以抑制其恶性表型。另外，高水平 RBAp46 的表达导致细胞阻滞于 G_2/M 期，并且在血清饥饿实验中，RBAp46 使 293 细胞对凋亡的敏感性增加。由此推论，通过干预正常的细胞周期或增强其他信号诱导的细胞凋亡，WT-1 上调 RBAp46 的转录使之高水平表达，抑制了肿瘤细胞的转化。

除以上介绍的几种基因之外，还有文献报道 WT-1 对 PAX2、EGR1、Wnt-4、Sprouty1 等许多基因有调控作用。

第三节　WT-1 蛋白的生物学功能

一、WT-1 在器官发育及正常组织中的作用

（一）肾脏

哺乳动物肾脏是在两个细胞腔隙（中胚层间充质和输尿管芽）的相互作用下发育的。胚胎期，后肾间充质分泌胶质细胞系源性神经营养因子，在该因子诱导下，中肾导管尾端向背侧长出输尿管芽。输尿管芽顶端侵入后肾间充质，输尿管芽和后肾间充质相互诱导，按时空顺序依次表达相应基因，释放转录因子、生长因子、细胞因子、细胞外基质和黏附分子，促使后肾发育成熟。在后肾间充质诱导下，输尿管芽以二歧分支的形式形成两个新的输尿管芽分支，其中一支与其诱导形成的肾小体连接，另一支继续以二歧分支的形式分支。如此反

复分支约 15 级,最终形成完整的泌尿集合管系统,包括集合管、肾盏、肾盂和输尿管,输尿管的末端最初与中肾管相连,经重塑、移位,最终与膀胱相连。在输尿管芽诱导下,后肾间充质细胞一部分分化为非上皮化的基质细胞,最终形成平滑肌、基质和肾的微脉管系统;另一部分细胞分化形成肾单位,其过程较复杂,首先是围绕输尿管芽末端的间充质细胞凝聚成团,形成逗点(comma)形小体、S 形小体,其中 S 形小体的上支将分化为远端小管并与集合管融合,中间支即成为未来的近端小管,下支或远端部分形成勺状囊样结构,其外侧细胞将发育为肾小球的壁层上皮细胞,其内侧细胞将发育为肾小球的脏层上皮细胞,即足细胞。随之血管球突入勺状囊样结构,形成毛细血管袢期肾小球,最终形成成熟的肾单位,包括肾小体、近曲小管、髓袢、远曲小管。

在 WT-1 基因敲除小鼠中,间充质细胞死亡、输尿管芽入侵失败。小鼠靶向失活 WT-1 基因,揭示了 WT-1 在肾脏发生过程中的重要作用。纯合子型 $WT\text{-}1^{-/-}$ 对胚胎期第 12 天及妊娠终末期的小鼠是致命的,突变胚胎的主要特征是缺少肾脏和性腺,其次是缺少间皮组织、心脏、肾上腺、脾脏。当后肾间充质向上皮细胞转化时 WT-1 表达升高,有意思的是,$WT\text{-}1^{-/-}$ 胚胎不会发生间充质细胞凋亡及输尿管芽增生,同样的事情也发生在使用 RNA 干扰技术对 WT-1 进行基因敲除的肾组织培养过程中;在相同的实验条件下,在肾脏发生的晚期模拟 Wilms 瘤发生的某一时期,WT-1 表达的抑制可以阻止肾单位的形成及间充质细胞的异常增生。随后的研究表明,在未分化间充质组织中,WT-1 的表达水平很低,但是在 Wnt-4 诱导发生前的凝聚细胞团中 WT-1 的表达水平显著增高[研究表明 WT-1 是 Wnt-4 的直接转录激活因子,WT-1 及 SRY(sex-determining region Y)-box11(Sox11)共同激活 Wnt-4],在肾囊中 WT-1 继续表达,然后局限于逗点(comma)型小体、S 形小体近端、肾小球足细胞(the podocyte cells of the glomerulus),成年人中足细胞继续表达 WT-1。现在已经明确在肾脏初始发育阶段、未分化间充质的维持和存活、间质细胞-上皮细胞转化及随后的肾单位形成、足细胞的形成、成人肾功能的维持均需要 WT-1 的参与。因此,WT-1 在肾脏发生的不同时期可能有着不同的功能。

(二) 间皮组织

WT-1 在间质细胞-上皮细胞转化、上皮细胞-间质细胞转化中有着重要的作用,表达 WT-1 的成人肿瘤通常起源于上皮细胞,这些肿瘤在形成过程中往往会经历上皮细胞-间质细胞转化;相反,在 Wilms 肿瘤,肿瘤细胞源于间质细胞,WT-1 使细胞向上皮细胞转化。其作用机制可能是 WT-1 经由 β-连环蛋白介导的信号通路或 Wnt 信号通路,对上皮细胞-间质细胞的平衡产生调节作用。

(三) 心脏及血管形成

血管生成对正常器官的发生及肿瘤生长具有十分重要的作用。心脏存在特异性的血管形成程序,这是心脏正常形成所必需的。从 $WT\text{-}1^{-/-}$ 小鼠模型可以看出,WT-1 蛋白对心脏正常发育是必需的条件。虽然灭活 WT-1 基因以后,肾脏和性腺的缺失是导致绝大多数小鼠流产的原因,但无 WT-1 基因小鼠在妊娠中期通常死于心力衰竭。WT-1 缺失的心脏通常表现为心室心肌薄弱、心外膜破裂导致的出血,而且,$WT\text{-}1^{-/-}$ 胚胎心脏血管密度明显降低,提示 WT-1 对心脏发育过程中的血管形成具有重要作用。但是 WT-1 仅在胚胎的心外膜中表达，而心肌细胞中不表达 WT-1。

大约在小鼠胚胎期 9.5 天时，心外膜细胞迁移至发育中的心脏周围形成一个细胞层。以前数十年的研究证明，一小群心外膜细胞进行上皮细胞-间质细胞转化，形成间质细胞(epicardium-derived progenitor cell，EPDC，心外膜源性间质细胞)，细胞命运图(cell-fate mapping)显示 EPDC 是血管平滑肌、成纤维细胞、一小部分心肌细胞的前体细胞。虽然早期的研究显示冠状动脉内皮细胞源于 EPDC，但是最近的研究显示内皮细胞源于静脉窦或/和没有 WT-1 表达的前心外膜细胞(pro-epicardium)。心外膜细胞和 EPDC 表达 WT-1，但是由间质细胞分化形成的细胞不表达 WT-1。WT-1 缺失，特别是使用 GATA5-cre 显示心外膜保持完整，但是 EPDC 显著减少，无冠状动脉形成。体内和细胞培养分析进一步表明，WT-1 对维持心外膜细胞的间质特性是必需的，是心外膜细胞的诱导剂，WT-1 通过转录激活 Snai1、抑制 E-钙黏素来发挥功能，而 Snai1、E-钙黏素是两大上皮细胞-间质细胞转化的调节因子。

(四) 神经系统

目前已知 WT-1 在某些时间可以在中枢神经系统的一些区域表达，WT-1 在中枢神经系统发育中的作用是发现无 WT-1 小鼠没有视网膜神经节及嗅上皮形成，研究发现，在嗅上皮形成过程中，需要 WT-1 KTS^+ 的参与；视网膜神经节形成过程中，需要 WT-1 KTS^- 的参与。导致这些现象的分子机制并不明确，但是这说明 WT-1 的两种亚型在器官发育中的作用并不相同。WT-1 在中枢神经系发育过程中的作用值得进一步关注，因为 WT-1 在肾脏发育过程中的靶基因在中枢神经系统发育过程中同样表达。

(五) 性别分化

WT-1 作为转录因子，在性腺的发育中有着重要作用。它在泌尿生殖脊的表达甚至早于 Y 染色体的性别决定区。在克隆出 WT-1 基因以后，就发现两种和 WT-1 基因突变相关的包括生殖器畸形和肾脏疾病的综合征。Denys-Drash 综合征(先天性或早发性肾病综合征、男性假两性畸形和 Wilms 瘤三联征)，WT-1 锌指蛋白编码区的基因突变(错义突变通常位于内含子 8、9，编码第 2、3 锌指蛋白)，锌指蛋白异常导致 DNA 结合位点的变化，引起 XY 染色体个体性腺部分或完全发育不全，从而导致生殖器畸形。Frasier 综合征，内含子 9 剪接位点突变导致 WT-1 KTS^+/KTS^- 同工异构体平衡紊乱，引起性腺发育不全，最终由于肾小球硬化及性腺母细胞瘤导致肾衰竭。

(六) 维持正常组织功能

在成年小鼠中，WT-1 的表达仅见于一小部分组织的一小部分细胞，包括间皮组织、肾脏的足细胞、睾丸及卵巢的 Sertoli 细胞和颗粒细胞，骨髓中也有大约 1% 的细胞表达 WT-1。在成年小鼠 WT-1 缺失型突变体中，缺失 WT-1 基因 10 天以内，突变小鼠表现出严重的肾小球硬化、巨脾、胰腺外分泌腺萎缩、骨及脂肪组织减少及红细胞生成障碍(图 14-3)。

在肾脏，WT-1 维持肾脏正常功能，缺乏 WT-1，可以造成肾小球足细胞足突损害，可以造成肾小球硬化。在骨髓，一些造血干细胞($CD34^+$多能干细胞中的一小群)表达 WT-1，WT-1 表达不足时，促红细胞生成素生成受影响，造成红细胞生成障碍。也有的研究表明，WT-1 在前体血细胞中表现为短暂阶段性高表达现象，在原始干细胞静止阶段高表达促进血细胞的

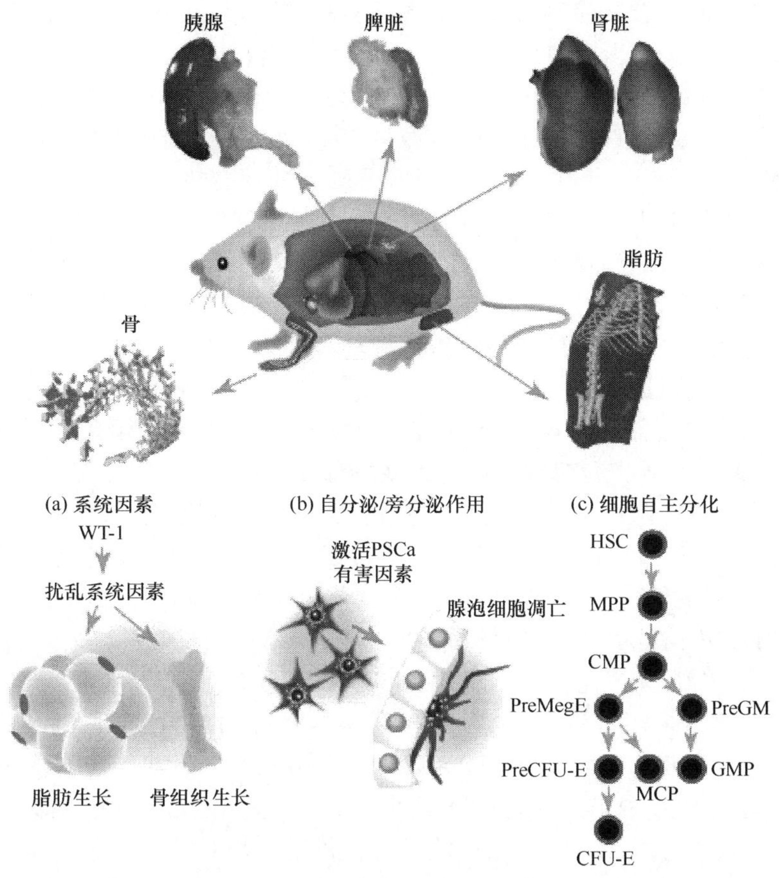

图 14-3 WT-1 维持成人组织正常功能原理图(Chau and Hastie,2012)

自我更新,在分化晚期高表达促进其向更加成熟的定向祖细胞分化。WT-1 缺失造成骨组织减少的原理尚未完全阐明,细胞培养时发现,骨髓 WT-1 缺失会造成成骨细胞合成减少。脂肪组织体积减少是由于脂质空泡(lipid vacuoles)的缩小,而不是细胞数量的减少,脂肪丢失是由于全身性细胞因子变化及脂肪体的内在改变造成的。例如,在突变小鼠中,IGF-1、FGF-21 表达水平显著降低,它们是骨质丢失和脂肪细胞生长的调节因子。还有的研究表明,WT-1 可能在器官(肝脏、心脏)损害中激活,是组织修复或再生的关键因子。

二、WT-1 与常见肿瘤

(一) 肾母细胞瘤

肾母细胞瘤又称为肾胚胎瘤,是小儿最常见的原发于肾脏的恶性肿瘤。国外文献报道,约 10 000 名活产儿中即有 1 例,占小儿恶性肿瘤的 6% ~ 7% ,约 75% 的患儿发病年龄在 5 岁以下,平均发病年龄 3. 5 岁,1% ~ 2% 有家族遗传性。WT-1 基因是与肾母细胞瘤直接相关的肿瘤抑制基因,目前公认 WT-1 基因突变与肾母细胞瘤的发生密切相关。

WT-1 基因是目前公认的与肾母细胞瘤直接相关的肿瘤抑制基因,其突变首先在与肾母细胞瘤相关的 WAGR 综合征和 Denys-Drash 综合征中被报道。Little 等对近 100 篇有关 WT-1 基因突变的报道及相关临床资料进行了回顾性研究分析，结果也证实在散发的肾母细胞瘤患儿中，WT-1 基因突变的发生率在 5% 左右，这些突变涵盖了 WT-1 基因的外显子 2～10，以错义突变为主，造成 WT-1 蛋白的截短改变，其 72% 的突变发生在锌指编码区，但与 Denys-Drash 综合征不同，一是并未有类似外显子 8、9 的突变热点，二是发现在外显子 10 有缺失突变。其他的研究也指出，WT-1 基因突变是肾母细胞瘤的充分但非必要条件，在一些持续存在的、没有向恶性肿瘤组织转化的肾脏胚芽组织（persistent renal blastema，PRB，如肾母细胞瘤病、肾源性剩余等）中，同样检测到 WT-1 基因突变，甚至在 1 例受检者中发现了 WT-1 基因纯合突变。但与肾母细胞瘤相同，不是所有的 pRB 都有 WT-1 基因突变，两者的产生还有其他的发生机制。

尽管肾母细胞瘤患者中 WT-1 基因突变的频率并不高，但是否伴有 WT-1 基因突变对患者的临床经过、病理类型及远期预后都有重要的影响。Royer-Pokora 等对 282 例肾母细胞瘤患儿进行了大样本前瞻性分析，其中 117 例证实有 WT-1 基因突变、165 例患儿不伴 WT-1 基因突变。研究结果表明，WT-1 基因突变及突变类型与患儿发病年龄、肿瘤发生部位及组织学类型等均有密切关系。伴有 WT-1 基因突变的患儿平均发病年龄明显小于没有突变的患儿，前者平均发病年龄为 12.5 个月，后者平均发病年龄为 36 个月。有突变的患儿其发病年龄高峰在 1～2 岁，而未发生突变的患儿发病年龄有两个高峰，分别为 1～2 岁（约占这部分患儿的 18%），和 3～4 岁（约占 22%）。不同 WT-1 基因的突变类型在肿瘤发病年龄上也有差异。缺失突变患儿的平均发病年龄为 22 个月，错义突变患儿的平均发病年龄为 18 个月，截短突变（包括无义、移码、剪接突变）患儿为 12 个月。与无突变患儿发病年龄相比较，错义突变和截短突变的患儿有显著性差异。截短突变患儿 1 岁以内发生肿瘤的最多，错义突变患儿在出生后第一年及第二年的发病概率相同，而缺失突变患儿的肿瘤主要发生在出生后第二年，1 岁以内几乎无肿瘤发生。这种发病年龄的差异可能正是由于不同突变类型造成突变后异常 WT-1 蛋白功能差异的结果。研究还发现，近 60% WT-1 基因突变发生在 CpG 二核苷酸：胞嘧啶甲基化脱氨基后成为胸腺嘧啶，使 CpG 位点发生突变，造成 C-T 的转换。在 WT-1 基因序列中有 87 个 CpG 二核苷酸，其中有 66 个集中在基因 5′端。在基因 5′端发生的突变大多数为缺失突变或插入突变，但这些突变类型尚未有报道发生在 WT-1 基因的 5′端 CpG 二核苷酸。与此相反，3′端的 21 个 CpG 二核苷酸中有 5 个已有突变的报道，提示胞嘧啶在生殖细胞或胚芽组织中，发生甲基化导致突变的位置在基因 3′端，而 5′端未参与甲基化后突变的形成。Royer-Pokora 的研究认为，对伴有或不伴有 WT-1 基因突变的患儿，其发病年龄并无显著性别差异，尽管男性患儿的发病年龄稍低于女性，而 Breslow 等的研究认为，女性发病率明显高于男性，而男性患儿的发病年龄又明显早于女性。造成这种差异的原因可能是在 Royer-Pokora 的研究中有较多的 Denys-Drash 综合征患儿，且绝大多数为男性。

对于患儿肿瘤的发生部位，Royer-Pokora 的研究认为，男性患儿发生双侧肾母细胞瘤的概率远远高于女性。但 Coppes 等认为，双侧肾母细胞瘤不是同时发生时，女性患儿的比例要远多于男性患儿，由于这部分患儿的远期生存率低，加之手术前很难对其作出准确判断，故早期发现并对病程作出合理预测有着重要意义，对 WT-1 基因突变进行检测，可能会提供有价值的参考依据。另外，WT-1 基因的突变类型也与肿瘤发生的部位相关，缺失突变的患儿，双侧肾母细胞瘤的发生率为 24%、错义突变率为 17%、截短突变率则高达 52%，这可能与截短突变后造成野生型等位基因完全失活有关。错义突变者双侧肿瘤发生率低于截短突变者，可能是受突变蛋白质功能差异的影响。错义突变大多数发生在 Denys-Drash 综合征患儿中，在 Denys-Drash 综合征患儿中常出现早期肾衰竭，这显示错义突变对肾脏发育，尤其是足细胞的发育有损害作用，而对肿瘤发生的作用较小。对截短突变患儿作进一步分析，移码突变者双侧肾母细胞瘤的发生率为 50%，无义突变为 54%，而且这些患儿的突变大多发生在核定位信号最后的氨基酸残基（267 ~ 326 位）前，提示编码蛋白缺乏完整的核定位信号区，容易导致双侧肿瘤的发生。在核定位信号前被截短的 WT-1 蛋白大部分集中在细胞质中，而突变造成的野生型等位基因杂合性缺失，使细胞核内的 WT-1 蛋白失活，所以变异的 WT-1 蛋白集中在细胞质，使细胞核内 WT-1 蛋白的数量减少，而在细胞质中又可能存在未知的蛋白质，阻遏了 WT-1 蛋白进入细胞核发挥正常的作用，这也许就是截短突变发生双侧肾母细胞瘤机会较高的原因之一。

在伴有 WT-1 突变的患儿中，62.4% 为单侧肾母细胞瘤患儿，发生剪切突变的患儿则几乎发生单侧肾母细胞瘤。这部分患儿，特别是女性患儿由于未发现泌尿生殖器异常，不易考虑到 WT-1 基因突变的可能。只有当这部分患儿早期合并肾病综合征时，才有可能考虑到 WT-1 基因突变。Sakamoto 等曾报道了一例发生在 WT-1 基因内含子 7 的点突变，突变发生在一例 1 岁单侧肾母细胞瘤男性患儿中，患儿同时合并泌尿生殖系统畸形，但无伴肾病，突变位于内含子 7 的剪接位点，直接测序发现内含子 7 第二位的 T-G 突变导致外显子 7 剪接后缺失，并产生 WT-1 截短蛋白。当内含子 7 剪接功能正常时，外显子 6 ~ 8 将包含 305bp 的片段，而此患儿的外显子 6 ~ 8 的片段仅为 154bp。

目前已知 WT-1 基因的表达在肾母细胞瘤的组织分化中是一个关键因素，其作用是诱导胚芽组织向上皮组织方向分化。Schumacher 等对 86 例肾母细胞瘤患儿进行研究后发现，在肾母细胞瘤的不同病理组织学类型中，WT-1 基因突变的发生率有明显差异。WT-1 基因突变的患儿中，63% 的组织类型为间叶为主型、14% 为混合型（包含间叶、上皮、胚芽 3 种成分）、6% 为胚芽为主型。研究还发现，在间叶为主型肿瘤细胞的细胞核内缺乏野生型 WT-1 蛋白，从而导致 WT-1 蛋白功能缺陷，而在胚芽为主型的肿瘤细胞细胞核中，却存在野生型 WT-1 蛋白，这可能是由于前者野生型 WT-1 等位基因的缺失所致。WT-1 基因突变使胚芽细胞不能向上皮细胞分化而向间叶细胞分化，从而导致间叶为主型肾母细胞瘤的产生。不同的肿瘤组织学类型影响着肿瘤的恶性程度及对化疗药物的敏感性，是决定患儿预后的重要因素。虽然普遍认为间叶为主型患儿的预后大致良好，但这些患儿在确诊时瘤体大多已经十分巨大了，而且如同胎儿横纹肌瘤型肾母细胞瘤患儿，对化疗药物相对不敏感。但有时肿瘤的侵袭性和对化疗药物的敏感性又是有区别的，Beckwith 等发现，上皮为主型肾母细胞瘤的侵袭性相对较低，但到了肿瘤晚期对化疗药物具有耐药性，其病死率反而高于其他侵袭性较高的组织学类型。Nakadate 等的研究认为，以间叶为主型的肾母细胞瘤患儿，不但生殖细胞，而且体细胞也同样容易出现 WT-1 基因的缺失突变。所以对发病年龄早、组织类型为间叶为主型的肾母细胞瘤患儿，应该进行 WT-1 基因突变的筛查。Shibata 等描述了胎儿横纹肌瘤型肾母细胞瘤与 WT-1 基因突变的相关性。胎儿横纹肌瘤型肾母细胞瘤是一种少见的特殊类型，发病年龄较小，平均发病年龄 19.5 个月，30% ~ 40% 为双侧病变，对化疗不敏感，由于显微镜下可以观察到肿瘤组织由胎儿横纹肌形态的骨骼肌细胞构成，而这些骨骼肌细胞目前认为是由间叶组织转化而来,故有学者也把这种组织类型归入间叶型肾母细胞瘤。Shibata 的研究对 7 例手术后病理确诊为胎儿横纹肌瘤型肾母细胞瘤的患儿进行了 WT-1 基因的检测,结果发现 5 例患儿存在 WT-1 基因突变。这 7 例患儿中 4 例合并先天性泌尿生殖器畸形,6 例为双侧肾母细胞瘤。DNA 测序结果显示,4 例患儿在外显子 9 有相同的点突变,1168 位为 C-T,导致 WT-1 蛋白第 390 位精氨酸密码子转变为终止密码,肽链合成提前终止。

(二) 白血病

WT-1 基因在大多数急性白血病中高表达,这种高表达意味着其对急性白血病有潜在的致癌作用,还是细胞转化过程中基因的正常表达? 这仍是当前争论的焦点。WT-1 反义寡核苷酸在体外能显著抑制 K562 细胞、MM6 细胞和急性髓细胞白血病患者白血病细胞的生长,说明 WT-1 基因在白血病形成中起着重要作用。在白血病的发病中多数学者认为 WT-1 基因发挥癌基因的功能,而不是抑癌基因的功能。认为 WT-1 基因为白血病致癌基因的依据是:①野生型 WT-1 基因在正常骨髓和外周血细胞中低表达或不表达,而在白血病细胞株及各种白血病患者的白血病细胞中高表达,且表达水平与白血病的预后和复发正相关。②在造血祖细胞中 WT-1 极高表达,说明其参与造血干细胞的增生和分化;在分化阶段开始高表达,而分化后低表达。③反义寡核苷酸抑制 WT-1 基因表达会导致白血病细胞的特异性凋亡。1996 年,Yamagami 等用 WT-1 反义寡核苷酸抑制 K562 细胞株和新鲜白血病细胞增殖,但不能抑制正常粒系集落单位的形成。反义实验证明,WT-1 基因对某些白血病细胞株的持续增殖及逃避凋亡是必需的。WT-1 持续表达可阻止巨噬-粒细胞集落刺激因子对 32Dc13 的诱导分化作用。新鲜白血病细胞在巨噬-粒细胞集落刺激因子作用下,通常显示增殖而不是分化,表明 WT-1 基因参与由巨噬-粒细胞集落刺激因子调节髓系祖细胞诱导分化信号的竞争,WT-1 基因持续表达可使分化受阻、增殖形成,证实 WT-1 基因对造血祖细胞发挥癌基因的功能。

但是 Pritchard-Jones K 等的研究发现,一名白细胞中发现 WT-1 基因突变的 WAGR 综合征患者随后发展为急性髓性白血病,这似乎又说明 WT-1 在白血病发病过程中发挥抑癌基因的作用。有两项研究结果支持 WT-1 在急性髓性白血病中发挥抑癌基因的功能。①King-Underwood 等的研究发现,10% 或大于 15% 的白血病患者(4/36)中可以检测到 WT-1 基因突变,4 名患者中可以检测到 5 个不同的突变位点,包括在内含子 1 ~7 中的 4 个插入突变,1 个内含子 9 的无义突变,这些突变预测将产生截短或变异的 WT-1 蛋白。但在所发表的文章中,未对含有 WT-1 突变细胞中的 WT-1 RNA 或蛋白质进行定量评估,因此,不能确定这些突变是否对疾病进展发挥作用。②Valk 等的研究发现,部分急性髓性白血病患者 WT-1 RNA 表达水平非常低。他们对 285 名患者进行了基因芯片分析,大部分患者 WT-1 表达水平较高,但也有一些患者 WT-1 表达水平很低甚至无表达。这些患者可能不能耐受 WT-1 的高表达,这支持 WT-1 具有生长抑制功能。例如,给无免疫小鼠注射有 WT-1 KTS^+ 表达的 WT-1 阴性人髓系白血病细胞时,肿瘤形成减少,这与部分急性髓性白血病中 WT-1 具有肿瘤抑制作用一致。

（三）乳腺癌

乳腺癌为常见的实体瘤，其特征是肿瘤细胞容易从雌激素受体阳性转为雌激素受体阴性，而雌激素受体阴性与预后差密切相关，该过程有许多基因参与，包括 WT-1、EGR-1，也许还包括 STIM 及 Orai 家族的某些成员。在雌激素受体阳性的乳腺癌中，肿瘤细胞增殖失控要求 WT-1 表达缺失；在乳腺癌患者中，WT-1 和雌激素受体 α 相互作用，导致胰岛素样生长因子受体表达抑制，发挥抑癌基因的功能。在雌激素受体阴性的乳腺癌，WT-1 的功能转变为促进肿瘤生长，而且 WT-1 表达上调和预后差相关；反之，使用反义寡核苷酸技术干扰 WT-1 表达，导致肿瘤生长抑制。考虑到 EGR1 基因遗传缺失和雌激素受体阴性乳腺癌相关，还可以预测乳腺癌肿瘤细胞 STIM1 表达缺失。而事实恰好相反，无论在体内还是体外研究模型中，雌激素受体阴性肿瘤细胞的迁移和转移需要 STIM1 及 Orai1 的参与，肿瘤细胞逃避 WT-1 介导的 STIM1 表达抑制的机制仍然有待于进一步研究。

（李洪杰）

参 考 文 献

段卫明，陈子兴. 2002. WT-1 介导的转录调控通路与白血病. 中国实验血液学杂志，10:366-370.

蒋也平，沈颖. 2009. WT1 基因突变与肾母细胞瘤的研究进展. 国际儿科学杂志，36:228-231.

Ariyaratana S, Loeb DM. 2007. The role of the Wilms tumour gene (WT1) in normal and malignant haematopoiesis. Expert Rev Mol Med, 9:1-17.

Avril AM, Rebecca LV, Michael RL. 2008. The post-transcriptional roles of WT1, a multifunctional zinc-finger protein. Biochimica et Biophysica Acta, 1785:55-62.

Call KM, Glaser T, Ito CY, et al. 1990. Isolation and characterization of a zinc finger polypeptide gene at the human chromosome 11 Wilms' tumor locus. Cell, 60:509-520.

ChauYY, HastieND. 2012. The role of Wt1 in regulating mesenchyme in cancer, development, and tissue homeostasis. Trends in Genetics, 28: 10515-10524.

Cook DH, Hinkes M, Bernfield M, et al. 1996. Transcriptional activation of the syndecan-1 promoter by the Wilms' tumor protein WT1. Oncogene, 13:1789-1799.

Dallosso AR, Hancock AL, Brown KW, et al. 2004. Genomic imprinting at the WT1 gene involves a novel coding transcript (AWT1) that shows deregulation in Wilms' tumours. Hum Mol Genet, 13:405-415.

Gross I, Morrison DJ, Hyink DP, et al. 2003. The receptor tyrosine kinase regulator Sprouty1 is a target of the tumor suppressor WT1 and important for kidney development. J Biol Chem, 278:41420-41430.

Guo G, Morrison DJ, Licht JD, et al. 2004. WT1 activates a glomerular-specific enhancer identified from the human nephrin gene. J Am Soc Nephrol, 15:2851-2856.

Haber DA, Sohn RL, Buckler AJ, et al. 1991. Alternative splicing and genomic structure of the Wilms tumor gene WT1. Proc Natl Acad Sci USA, 88:9618-9622.

Han Y, San-Marina S, Liu J, et al. 2004. Transcriptional activation of c-myc proto-oncogene by WT1 protein. Oncogene, 23: 6933-6941.

Hastie ND. 2001. Life, sex, and WT1 isoforms-Three amino acids can make all the difference. Cell, 106:391-394.

Heckman C, Mochon E, Arcinas M, et al. 1997. The WT1 protein is a negative regulator of the normal bcl-2 allele in t(14;18) lymphomas. J Biol Chem, 272:19609-19614.

Hewitt SM, Hamada S, McDonnell TJ, et al. 1995. Regulation of the proto-oncogenes bcl-2 and cmyc by the Wilms' tumor suppressor gene WT1. Cancer Res, 55:5386-5389.

Hosono S, Gross I, English M, et al. 2000. E-cadherin is a WT1 target gene. J Biol Chem, 275:10943-10953.

Kim J, Prawitt D, Bardeesy N, et al. 1999. The Wilms' tumor suppressor gene(wt1) product regulates Dax-1 gene expression during gonadal differentiation. Mol Cell Biol, 19:2289-2299.

Lee SB, Huang K, Palmer R, et al. 1999. The Wilms tumor suppressor WT1 encodes a transcriptional activator of amphiregulin. Cell, 98:663-673.

Martinez-Estrada OM, Lettice LA, Essafi A, et al. 2010. Wt1 is required for cardiovascular progenitor cell formation through transcriptional control of Snail and E-cadherin. Nat Genet, 42(1): 89-93.

Mayo MW, Wang CY, Drouin SS, et al. 1999. WT1 modulates apoptosis by transcriptionally upregulating the bcl-2 proto-oncogene. EMBO J, 18:3990-4003.

Michael F, ZhouY D, Soboloff J. 2011. WT1/EGR1-mediated Control of STIM1 Expression and Function in cancer cells. Front Biosci, 17: 2402-2415.

Miller-HodgesE, HohensteinP. 2012. WT1 in disease: shifting the epithelial-mesenchymal balance. J Pathol, 226:229-240.

Moore AW, McInnes L, Kreidberg J, et al. 1999. YAC complementation shows a requirement for Wt1 in the development of epicardium, adrenal gland and throughout nephrogenesis. Development, 126:1845-1857.

Morrison AA, Viney RL, Ladomery MR. 2008. The post-transcriptional roles of WT1, a multifunctional zinc-finger protein. Biochim Biophys Acta. 1785(1): 55-62.

Nachtigal M, Hirokawa Y, Enyeart-VanHouten D, et al. 1998. Wilms' tumor 1 and Dax-1 modulate the orphan nuclear receptor SF-1 in sex-specific gene expression. Cell, 93:445-454.

Palmer RE, Kotsianti A, Cadman B, et al. 2001. WT1 regulates the expression of the major glomerular podocyte membrane protein Podocalyxin. Curr Biol, 11:1805-1809.

Rivera MN, Haber DA. 2005. Wilms' tumour: connecting tumorigenesis and organ development in the kidney. Nat Rev Cancer, 5: 699-712.

RobertsS GE. 2005. Transcriptional regulation by WT1 in development. Current Opinion in Genetics & Development, 15:542-547.

Scholz H, Kirschner KM. 2005. A role for the Wilms tumor protein WT1 in organ development. Physiology, 20:54-59.

Sim EU, Smith A, Szilagi E, et al. 2002. Wnt-4 regulation by the Wilms' tumour suppressor gene, WT1. Oncogene, 21:2948-2960.

Steege A, Fähling M, Paliege A, et al. 2008. Wilms′ tumor protein(- KTS) modulates renin gene transcription. Kidney Int, 74: 458-466.

Stefan GER. 2005. Transcriptional regulation by WT1 in development. Current Opinion in Genetics & Development, 15:542-547.

Udtha M, Lee SJ, Alam R, et al. 2003. Upregulation of c-MYC in WT1-mutant tumors: assessment of WT1 putative transcriptional targets using cDNA microarray expression profiling of genetically defined Wilms' tumors. Oncogene, 22:3821-3826.

Wagner N, Wagner KD, Hammes A, et al. 2005. A splice variant of the Wilms′ tumour suppressor Wt1 is required for normal development of the olfactory system. Development, 132(6): 1327-1336.

Wagner N, Wagner KD, Xing Y, et al. 2004. The major podocyte protein nephrin is transcriptionally activated by the Wilms' tumor suppressor WT1. J Am Soc Nephrol, 15:3044-3051.

Wu M, Smith CL, Hall JA, et al. 2010. Epicardial spindle orientation controls cell entry into the myocardium. Dev Cell, 19(1): 114-125.

Yang L, Han Y, Saurez Saiz F, et al. 2007. A tumor suppressor and oncogene: the WT1 story. Leukemia, 21: 868-876.

第十五章　具有肿瘤抑制作用的基因

第一节　APC 基因

1986 年，Herrera 在对一位 5 号染色体长臂部分缺失合并直肠肿瘤的 Gardner 综合征患者的研究中，发现定位于染色体 5q21 的抑癌基因。翌年，经基因连锁分析该基因被确认为家族性腺瘤样息肉病（familial adenomatous polyposis，FAP）的致病基因。同年 Bodmen 等描绘出了 5q21 的基因遗传图谱，Lepret 等完成了突变位点的定位。1991 年 Groden 等报道该基因克隆成功，并正式命名为腺瘤样结肠息肉易感基因（adenomatous polyposis coli，APC）。随后 White 和 Vogelstin 又完成了 APC 基因 cDNA 的测定。研究表明，APC 基因不仅与 FAP 等结直肠癌有关，而且与其他多种肿瘤的发生也存在关联。随着分子生物学技术的发展，APC 基因及其蛋白质产物的功能、结构及其在肿瘤发生、浸润和转移中的作用日渐被人们认识。

一、APC 基因和蛋白质的结构

APC 基因位于染色体 5q21，其 cDNA 克隆序列分析显示为 8535bp 的 ORF，共有 15 个外显子，全长 125kb。外显子 1～14 的长度均小于 400bp，但外显子 15 的长度有 6571bp，是人类已知最大的外显子之一，占该基因编码区的 75% 以上。APC 基因的 mRNA 长 8.5kb，编码一个 2844 个氨基酸组成的蛋白质，分子质量为 300kDa，定位于胞浆，是一个亲水性蛋白质。蛋白质结构包含有 β-连环蛋白、APC 和 E-钙黏附蛋白的结合位点。APC 蛋白在信号转导、细胞分裂、细胞黏着和家族性结肠息肉（familial polyposis coli）的癌变中起着重要作用。

近来的研究还发现 APC 基因编码的 APC 蛋白是一个多功能抑制肿瘤的蛋白质家族，直接参与 Wnt 的信号转导途径。APC 蛋白家族包括 APC、APc-L/2、H-APC、D-APC、E-APC 等同源物。最早发现且存在较为普遍的蛋白质为 APC。APC 基因编码的蛋白质可分成三个大区。

N 端区由 1～14 个外显子构成，是由 7 个重复疏水残基区组成，此重复的疏水区又称为 armadillo 重复区，具有 α 超螺旋结构。N 端是同质寡聚反应的关键，不同来源的 APC 螺旋形成也各不相同，而 N 端的高同源性说明该区域与 APC 蛋白的特殊功能有关。现已发现它能与两种蛋白质结合：一种是磷酸酶 2A（PP2A）的催化亚基；另一种是 Rho 家族受 APC 激活的鸟苷酸交换因子。

中间区含有两类可与 β-链蛋白（β-catenin）结合的结构域：一类是 20 个氨基酸（20aa）重复序列（在 1262～2033 位氨基酸重复 7 次）；另一类是 15 个氨基酸（15aa）重复序列（在 1020～2033 位氨基酸重复 3 次），两者之间具有很高的同源性并在种间有相似性，每个 20

氨基酸序列都含有 SXXXS 的保守序列并可作为糖原合成酶激酶 3β(GSK-3β)的磷酸化位点。散布在 20 氨基酸和 15 氨基酸序列之间的是由 SAMP4 残基(Ser-Ala-Met-Pro)构成的重复序列区，它是 APC 与 Axin、coductin 的结合位点。APC-L/2 和 E-APC 分子中的 β-catenin 和 axin 的结合位点与 APC 相比要少得多，但是它们并没因此丧失与 β-catenin、Axin 及 GSK-3β 的结合能力，只是在 Wnt 信号转导途径中的调节能力略有差异而已。

C 端区由外显子 15 构成，是含有包括精氨酸、赖氨酸及脯氨酸残基在内大约 200 个氨基酸的碱性区，在 C 端脯氨酸残基分布零散，这是微管结合蛋白(MAP、tau 蛋白等)的共同特征。与 EB1(最初从酵母体内发现的一种微管结合蛋白)结合的区域位于羧基端 170 个氨基酸区域，与 PDZ(人 Dlg 蛋白结构中蛋白质之间互相作用的区域)结合的位点位于羧基末端 15 个氨基酸区域。APC-L/2 和 E-APC 缺少碱性区与 EB1 结合的位点以及调节 PDZ 结合的 C 端指形结构，在功能上已经观察到 APC-L/2、E-APC 也与 APC 有所不同。

二、APC 与肿瘤抑制

APC 基因是家族性腺瘤样息肉病 FAP 及散发性结肠癌的抑癌基因，该基因的突变与结肠癌、肺癌、胰腺癌、胃癌、食道癌的发生有密切关系。APC 基因编码的 APC 蛋白直接参与 Wnt 的信号转导途径。正常的 APC 蛋白与 Axin、GSK-3β 形成复合物共同调节 β-catenin 浓度，保证 Wnt 信号途径对细胞特化、增殖、极性及迁移的正常调节。此外，APC 还参与细胞骨架两种主要成分微丝与微管的调节。APC 与其他相关因子之间的平衡对肠上皮细胞的正常发育是十分重要的，这种平衡一旦被打破可能导致结肠功能的破坏及癌症的发生。

最初发现截断突变的 APC 蛋白能引起 β-catenin 在核内堆积，增强 Wnt 途径并异常激活下游基因，Wnt 信号通路在胚胎体轴发育和正常果蝇节极性建立中起着重要作用。Wnt 可与细胞表面的受体结合、卷曲导致蛋白激酶和 GSK-3β 的失活。GSK-3β 是含 APC、轴抑制素(axis inhibitor，Axin)和 β-链蛋白的大蛋白复合体的一个重要组成部分，在没有 Wnt 信号时它可磷酸化 APC 和 β-catenin，Axin 能促进这一作用。GSK-3β 也可磷酸化 Axin，但同时抑制其降解。因此，在没有 wnt 信号时 Axin 可维持 GSK-3β 磷酸化 β-catenin。另外，Axin 与 APC 结合又能促进 GSK-3β 磷酸化 β-catenin。β-catenin 被磷酸化后便成为蛋白酶体的靶物，从而导致 β-catenin 的降解，蛋白酶体介导的 β-catenin 的降解有赖于 APC 蛋白与 β-catenin 的直接作用。在体外，Wnt 信号可使 GSK-3β 失活导致胞内游离 β-catenin 集聚，β-catenin 可与 T 细胞因子/淋巴样增强因子(T cell factor/lymphoid enhancing factor，Tcf/lef)转录因子结合并形成 β-catenin-Tcf/Lef 转录因子复合物，后者可调节包括原癌基因(c-myc)在内的靶基因转录。这种 β-catenin 与 c-myc 活化的联系为肠上皮细胞 APC 缺失如何导致细胞恶变提供了一种模式，即失活的 APC 不能使 β-catenin 降解，导致游离 β-catenin 浓集，激活 Tcf/Lef 引起如 c-myc 基因异常转录，最终产生癌变。该模式表明，Tcf/Lef 调节基因的表达受到严密监控。但在体内，肠上皮细胞的 APC 基因过度表达并不引起 β-catenin 的减少。正常肠上皮细胞受 APC-Axin 复合物调节的 β-catenin 池中游离 β-catenin 较少，培养的未分化肠上皮细胞缺乏游离 β-catenin，已分化的肠上皮细胞则有大的 β-catenin 池。当野生型 APC 浓度增高时这种 β-catenin 池对 APC 下调敏感，突变型 APC 不具备这一作用，使 β-catenin 池处于失控状态，从而有利于晚期结直肠癌的演进。

APC 蛋白除了能直接参与 Wnt 信号途径调节 β-catenin 浓度之外，最近的研究表明，

APC蛋白还能够与细胞骨架的主要成分微管和微丝直接或间接结合,通过调节微管的解聚和聚合,间接调节染色体的分离,在基因组的稳定中发挥重要作用。微管由微管蛋白聚合形成,是细胞骨架的重要成分。微管在有丝分裂中形成纺锤体,保证染色体平均正常分离到两个子细胞中,而肌动蛋白(actin)在有丝分裂过程中也发生明显的变化,其中APC突变会导致染色体非正常分离,而且还与纺锤体的定位有关。APC蛋白能通过C端富含正电荷的200位氨基酸与微管结合引发微管成束,使微管平行排列于高度极性上皮细胞基质膜区域,APC蛋白也能在体外促进微管聚合。值得一提的是,APC引发微管聚合所需微管蛋白(tubulin)的浓度远远低于紫杉醇引发微管聚合所需的浓度,这说明APC能高效引发微管聚合。另外,APC蛋白簇直接定位于细胞迁移活跃的区域,这可能是APC直接参与调节微管的稳定性,有助于细胞迁移过程中细胞突起的形成。此外,有报道APC与肌动蛋白细胞骨架之间的相互作用要通过一个小GTP酶交换因子——Asef。在上皮细胞中,内源性Asef表达的增加导致细胞迁移的增加,细胞黏合降低。内源性Asef的激活需要APC的参与,特别是肿瘤细胞中失去了C端后的截短型的APC对Asef的激活尤为重要。APC通过Asef影响F-肌动蛋白对细胞迁移发挥作用。在肿瘤细胞中,被截短的APC刺激产生的Asef可能会导致细胞迁移的紊乱,进而可能产生组织结构中传输连接的改变。

总之,APC是多种消化道肿瘤的抑癌基因,其表达产物APC蛋白又处于多种信号通路的交汇处,APC蛋白还可以通过与细胞骨架相互作用调节细胞迁移,作为潜在的细胞骨架调节分子将细胞骨架与重要的细胞信号转导通路紧密联系在一起。目前有关APC在生化水平上的调节机制越来越受到人们的关注,值得进一步研究与探讨。

第二节　DCC基因

结直肠癌缺失基因(deleted in colorectal carcinoma gene,DCC基因)是迄今发现的最大的抑癌基因之一,其功能异常与多种肿瘤的发生有关。1988年,Vogelstein等发现结直肠癌染色体缺失最常发生在17p和18q,发生率通常在70%以上,其中17p等位基因缺失丢掉了p53基因,由此推测18q缺失可能也丢掉了一种抑癌基因。这个关键的区域可能存在于18q21.3和端粒之间。1990年,Fearon等用探针p15~p65作Southern杂交将其准确定位于18q21.3,在这个部位进行cDNA克隆并筛选,对所筛选克隆进行序列分析,发现所有克隆均包含一个转录体的重叠部分,该转录体内有单一ORF,于是把编码这一转录体的基因称为DCC基因。

一、DCC基因和蛋白质的结构

DCC基因定位于人染色体18q21.3,全长300~400kb,至少含有28个外显子,cDNA长约4341bp。Cho等从基因库里分离出含所有已知编码序列的噬菌体,克隆其完整全长1.4Mb,确定了外显子29的存在,并确定了每个外显子的边界序列。DCC基因含有转录起始、信号肽及编码跨膜蛋白的基因位点,在绝大多数正常上皮组织中微量表达,脑组织中表达特别丰富,结直肠黏膜次之。

DCC基因的表达蛋白是I型跨膜糖蛋白,由1447个氨基酸组成,分子质量为190kDa。其氨基酸序列与神经细胞黏附分子N-CAM及其相关细胞表面糖蛋白的序列相似,具有同源性,属于免疫球蛋白超家族的一员。该蛋白质主要包括3个功能区,即胞外区、跨膜区和胞内区。胞外区是结合其配体Netrin-1的区域,由4个免疫球蛋白结构域IG和6个Ⅲ型纤维连接蛋白结构域FN3(fibronectin typeⅢ)组成,簇集的免疫球蛋白和纤维连接蛋白样功能区是神经细胞黏附分子(N-CAM)等免疫球蛋白超家族的特点,已知N-CAM及其他细胞表面糖蛋白相似的机制,参与细胞之间、细胞与基质之间的相互作用,使细胞维持正常的分化和生长。跨膜区富含疏水性氨基酸。胞内区是信号转导区,包括Caspase切割位点,而Caspase是细胞凋亡通路的主要蛋白酶。作为依赖性受体,缺乏配体Netrin-1时,DCC诱导细胞凋亡,在Netrin-1存在时,DCC与其结合对细胞凋亡起抑制作用。

二、DCC与肿瘤抑制

DCC基因作为20世纪90年代发现的肿瘤抑制基因,其结构复杂,在结直肠肿瘤的发生、发展中具有重要意义。近年来,许多学者研究发现在肿瘤组织,包括食管癌、胃癌、子宫内膜癌、卵巢癌、前列腺癌及神经母细胞瘤中DCC基因表达明显减少或缺失。

从DCC基因的功能来看,在发育过程中,DCC蛋白主要存在于所有上皮细胞。在成熟上皮,DCC蛋白表达局限于基底层,DCC蛋白表达正好处于活跃但仍受调节的细胞增殖区域。可以设想,肿瘤抑制性蛋白可以维持细胞处于基底细胞状态,增殖但仍处于调控之下,随时可以响应分化信号但不被分化。这一观点与传统的抑癌基因作用观点不同。传统观点认为,肿瘤抑制性的丧失、增强细胞增殖而获得肿瘤一致性有助于细胞分化。Narayanan构建了DCC特异反义RNA,使DNA表达正常的细胞DCC基因表达减少,结果细胞与基质分离。这一观察结果第一次为DCC基因在细胞黏附中的作用提供了直接证据。Piercеall等的实验表明,DCC蛋白刺激PC-12细胞轴突向外生长的方式与特性比较熟悉的细胞黏附分子(如N-CAM和N-钙黏着蛋白)相似,说明DCC蛋白细胞质功能区在诱导分化中起着关键作用。

目前关于DCC抑癌的确切机制尚不清楚,但研究发现DCC发挥肿瘤抑制作用可能与其能够诱导细胞发生凋亡有关。Mehlen等发现,缺乏配体Netrin-1时,DCC诱导细胞凋亡,反之与Netrin-1结合时则抑制凋亡。因此,DCC具有“依赖性受体”的功能。DCC的ADD(addiction dependence domain)位于Caspase切割位点的上游,通过被Caspase切割后释放羧基末端引起结构变化而暴露。有学者认为,DCC诱导凋亡可能与死亡受体通路或线粒体通路不同。在缺乏Netrin-1时,DCC-Caspase活化复合体,即凋亡体的形成包括APPL(也称为DIPl3a)。在此过程中不需要线粒体释放细胞色素c,也不需要与凋亡蛋白酶激活因子1(apoptotic protease activating factor 1,APAF1)相作用,APPL能直接结合DCC,在介导DCC诱导凋亡方面起正性作用。这表明DCC拥有一个新的凋亡通路。另外,Kim等发现,Netrin-1能够通过泛素-蛋白酶体途径降解细胞表面的DCC,从而调节DCC蛋白的表达。

无论其机制如何,DCC基因作为抑癌基因的依据是充分的,包括:①在结直肠癌中DCC缺失率高达70%以上,在卵巢恶性肿瘤组织中DCC缺失率为55%。②在正常卵巢组织中均检测到DCC基因的表达。③Narayanan等将基因特异反义转入成纤维细胞后,细胞生长速率明显加快,在裸鼠中可诱发癌变。④Tanaka等选择结直肠癌细胞株CoKFU和SW480,此两种细胞株中DCC基因表达均明显减少,且有一个等位基因丢失。将含正常DCC基因的18q导入至上述细胞株中,则这些细胞恢复了DCC基因的表达能力,且在体外能有效抑制肿瘤细胞的生长速率及裸鼠体内的致瘤能力。⑤Keino-Masu 等的研究发现，DCC 蛋白质可能是一种介导神经轴突发育的 Netrin-1 受体及受体的一部分。DCC 蛋白可能通过与 CAM 等黏附分子类似的机制参与细胞间及细胞基质间的相互作用，维持细胞的正常生长和分化。当 DCC 基因发生缺失或突变时，可阻碍 DCC 蛋白的合成，促使细胞生长和分化紊乱，而向恶性方向转化，会降低细胞与细胞之间的相互作用和黏接力，从而增加肿瘤细胞的转移潜能。以上这些均在细胞分子水平上证实了 DCC 基因的肿瘤抑制作用。

第三节　NF1 基因

Ⅰ型神经纤维瘤病（neurofibromatosis type 1，NF1）是一种临床症状表现复杂的单基因遗传病，是由 NF1 基因突变导致该基因的蛋白质产物——神经纤维瘤蛋白的功能改变，从而引起的以多发性神经纤维瘤、皮肤多发牛奶咖啡色斑或雀斑、虹膜错构瘤等为主要表现特征的疾病。该病又称为 Von Recklinghausen 病，属于常染色体显性遗传病，外显率为 100%，患病率为 1/3500 ~ 1/3000，其中 30% ~ 50% 的病例为自发突变所致，是人类突变率最高的疾病之一。1987 年，Barker 等对 128 例遗传性 NF1 患者及其亲属进行连锁分析，将 NF1 基因定位于人类 17 号染色体着丝粒附近。1989 年，Ledbetter 等进一步将 NF1 基因定位在 17q11.2，并于 1990 年成功克隆了该基因。近 20 余年来，对 NF1 的分子生物学研究获得了突破性进展。

一、NF1 基因和蛋白质的结构

连锁研究表明 NF1 基因定位在人染色体 17q11.2 区，跨越约 350 个基因组 DNA，包含 60 个外显子，ORF 为 8457bp，编码一段长 11 ~ 13kb 的 mRNA。NF1 基因外显子 21 ~ 27 区域所编码的基因产物有 360 个氨基酸与哺乳动物三磷酸鸟苷活性蛋白（guanosine-triphosphate activating protein，GAP）催化区基因产物有明显的序列同源性，此区域称为 NF1-GAP 相关区域（NFl-GRD）。

NF1 基因至少包含 60 个内含子，大小为 60 ~ 40 000bp，其中最大的内含子 27 中包含了外翻病毒插入部位基因（ectropic viral insertion site gene，EVI）的 2 个亚型 EVI2A 和 EVI2B、少突神经胶质细胞髓磷脂糖蛋白（oligodendrocyte myelin glycoprotein，OMGP）3 个镶嵌基因，其也可从 NF1 基因的相反方向读出。EVL2A 和 EVL2B 具有鼠的同源染色体，动物实验发现鼠 EVI2A 为一个癌基因，与导致鼠白血病的反转录病毒有关。近年来有关 NF1 患者伴有急性髓性白血病或急性淋巴细胞性白血病的研究认为，其发病机制与 NF1 基因突变及 NF1 表达降低有关。OMGP 是一种神经源性成髓鞘膜糖蛋白，OMGP 基因产物在中枢神经系统的髓鞘质中作为一种黏附分子起作用，并且能下调有丝分裂通路，推测其可能在 NF1 中起作用。而操德智等的研究认为，OMGP 基因与 NF1 发病之间可能无必然联系。

NF1 基因编码由 2818 个氨基酸组成的蛋白质，称为神经纤维瘤蛋白（neurofibromin），分子质量约为 327kDa。此蛋白质表达广泛，在成人的外周和中枢神经系统表达量最高。该蛋白质的一个由 366 个氨基酸残基组成的催化区与哺乳动物 p120RasGAP 蛋白相似，与酵母 Ras-GAP 蛋白 IRA1 和 IRA2 高度同源。神经纤维瘤素的 GTP 酶激活蛋白（GTPase activating protein，GAP）结构域与 ras 原癌基因产物相互作用，激活 GTP 酶，把 GTP 水解为

GDP,抑制 Ras 的活性,从而使 Ras 介导的信号转导途径失活。NF1 基因编码的神经纤维瘤蛋白参与细胞的生长和分化调节,可能的机制为:①对 p21ras 上游的负调节,即通过 Ras 蛋白抑制细胞的有丝分裂;②作为 ras 下游的效应器,即神经纤维瘤蛋白可促进 ras 活性在胚胎发生中促进不成熟细胞的分化;③连接微管蛋白:p21ras 在细胞内微管、细胞的分裂、分化过程中扮演重要角色。有研究认为,神经纤维瘤蛋白与微管蛋白的结合可能与儿童智能障碍及认知障碍的高发有关。Yunoue 等在 2003 年的研究发现,神经纤维瘤蛋白通过 GTP 酶激活的 Ras 蛋白功能调节神经元分化,其调节异常可能导致与 NF1 相关的学习记忆障碍。

二、NF1 与肿瘤抑制

NF1 基因是肿瘤抑制基因,主要是通过神经纤维瘤蛋白的 GAP 活性对 Ras 进行负调节,NF1 基因的突变可能干扰信号通路并对肿瘤发生作用。NF1 基因对肿瘤的发生存在以下几种假说:①等位基因遗传异质性假说;②肿瘤发生的“二次打击”(two hit)假说;③体细胞嵌合体假说;④基因修饰假说;⑤NF1 基因中的 3 个镶嵌基因可能参与肿瘤的发生,如 OMGP 基因产物对 NIH 3T3 细胞有生长抑制效应,并且可以下调有丝分裂通路,EVI2B 也参与细胞分化。

如前所述,神经纤维瘤蛋白的主要功能区(GRD)由外显子 21 ~ 27 编码,与 GTP 酶激活蛋白家族有同源性,能够激活体内的 Ras-GTPase,因此 GRD 是 Ras 信号转导的一种负调节因子。研究显示,除负调节活动外,神经纤维瘤蛋白还可正调节细胞内环磷酸腺苷(cAMP)的水平,已证实 cAMP 能调节脑细胞的生长与分化。Dasgupta 等的研究报道,神经纤维瘤蛋白可以通过激活 Rap1 途径调节星形细胞内的 cAMP 的生成,从而促进星形细胞的生长。TATA 盒结合蛋白相关因子 2(the TATA boxing-binding like protein,TLF2)能结合于 NF1 的启动子区使其转录上调,从而使细胞内的 mRNA 增加。一项在果蝇幼虫中的研究显示,神经纤维瘤蛋白是 Ras1 和 Ras2 的 GAP,NF1 基因缺失可导致幼虫生长受阻,果蝇幼虫神经元中 Ras 介导的信号转导通路的反常变化是引起生长受阻的主要原因;并且提示 Ras 通路和 cAMP 通路不是两条独立转导的通路。

Cui 等的研究显示,神经纤维瘤蛋白调节细胞外信号调节激酶、突触蛋白-1 依赖的 γ-氨基丁酸(γ-aminobutyric acid,GABA)释放,从而顺次调节海马长时程记忆和学习。NF1 突变导致的学习能力缺失可被阈下剂量的 GABA 拮抗剂所挽救。表明只有涉及抑制性神经元的缺失才可造成海马神经细胞的抑制和长时程记忆及学习的异常。

NF1 基因具有经典肿瘤抑制基因的特点,其突变可干扰信号通路并对肿瘤发生作用。最近在神经胶质祖细胞中运用大脑脂质结合蛋白使小鼠 NF1 基因失活后发现小鼠体重和腺垂体前叶均减小,垂体前叶变小反映下丘脑神经纤维蛋白表达的丢失,从而减少生长激素释放激素、垂体后叶素和胰岛素样生长激素 1 的产生。神经纤维瘤蛋白负调节 Ras 活性,并正调节 cAMP 水平,证实信号转导通路是导致这些异常的原因。此外,GAP 支配的神经纤维瘤蛋白的表达也无法改善 IGF1 基因缺陷 NF1 失活的小鼠。

NF1 基因编码的神经纤维瘤蛋白作为肿瘤抑制蛋白,在体内和体外都表现出对 Ras 的 GAP 活性,利用 Ras 抑制剂治疗 NF1 综合征可能成为重要的治疗策略之一。

第四节　RET 基因

1985 年,Takahashi 等在转化 NIH 3T3 细胞时发现 RET 原癌基因有活化能力;1988 年,该研究小组克隆了 RET 基因并定位于 10 号常染色体长臂(10q11.2)。1993 年,Ponder 等发现多发性Ⅱ型内分泌肿瘤(multiple endocrine neoplasia type Ⅱ,MENⅡ)发病是由 RET 基因突变引起的。MENⅡ是一种常染色体显性遗传病,属于单基因遗传性高血压的一种,一般分为两种亚型:Ⅱa 型以甲状腺髓样癌(MTC)、甲状旁腺腺瘤或增生和嗜铬细胞瘤的不同组合为特征;Ⅱb 型以 MTC 伴或不伴嗜铬细胞瘤、黏膜神经瘤、马凡氏体型为特征;有学者将仅有甲状腺髓样癌表现的家族性甲状腺髓样癌(FMTC)也归为 MENⅡ的一种亚型。RET 原癌基因突变是这一疾病的遗传基础,87% 的 MENⅡ家系中都可以检测到 RET 原癌基因突变。

一、RET 基因和蛋白质的结构

RET 原癌基因含有 21 个外显子,大小为 60kb,外显子 1 约占 24kb,外显子 2～21 包含在剩下的 36kb 中。它编码跨膜的酪氨酸激酶受体,是细胞生长分化转导信号的细胞表面分子,主要在神经内分泌细胞和神经细胞中表达,包括甲状腺 C 细胞,肾上腺髓质细胞,交感、副交感及肠道内神经节细胞,泌尿生殖道细胞,甲状旁腺细胞。

该受体是一种蛋白质聚合体,包含 28 个氨基酸长度的 N 端信号肽、胞外区(4 个钙粘连蛋白区、1 个钙结合部位、1 个富含半胱氨酸区)、跨膜区和胞内酪氨酸激酶区域,其中钙粘连蛋白区对细胞间信号传递起着重要作用,而富含半胱氨酸区域主要参与受体的二聚化,胞内区又分成 TK1 和 TK2。RET 基因的 C 端可被选择性剪切,因剪切部位而不同产生 3 种蛋白同工酶,即 RET9(1072 个氨基酸)、RET43(1106 个氨基酸)、RET51(1114 个氨基酸)。在肾脏、消化道神经节、交感神经及感觉神经细胞中起不同生理作用。对小鼠的研究发现,RET9 为肾脏形态及神经管发育所必需,RET51 对成熟交感神经的新陈代谢及发育有重要作用。RET 有 4 个配体:①神经胶质细胞源性的神经营养因子(glial cell-line-derived neurotrophic factor,GDNF),属 TGF 基因超家族,是一种促神经发育因子;②neurturin(NTN);③artemin;④persephin。而细胞膜上含有一种糖磷脂酰肌醇连接蛋白,被称为共受体。共受体 GFR(GDNF-family receptor)也有 4 种:GFR-α1、GFR-α2、GFR-α3 和 GFR-α4。RET 的激活通过这 4 个配体(GDNF、NTN、artemin、persephin)分别与 4 个共受体(GFR-α1、GFR-α2、GFR-α3 和 GFR-α4)对应结合,完成 RET 的二聚化、自体磷酸化和细胞内基底物磷酸化。不同受体及配体在组织中的表达不同,功能也不一样。依赖 GDNF 诱导的 RET 受体二聚化产生信号,导致酪氨酸残基自动磷酸化,GDNF 对中枢神经系统的分化以及肾脏器官的发生和外周神经系统的发育有重要意义。

二、RET 与肿瘤抑制

RET 原癌基因突变与多种疾病的发生密切相关,其不同的突变类型可导致肿瘤侵袭能力的不同。目前发现的与 MTC 有关的 RET 基因突变位点共有 20 余个,这些突变可以分别导致胞外区和胞内区蛋白构象的改变,增强 RET 的转化能力,激发酪氨酸激酶自动磷酸化,诱导细胞过度增生以致癌变。导致 MTC 的 RET 基因突变多为单点突变,但已有研究发现 MTC 中存在 RET 一个外显子双位点突变致病的现象。Pigny 等证实 MEN2 家系外显子 8 存在一个 9 个碱基序列的重复。随着对 RET 基因突变研究的深入,RET 有望成为多种肿瘤选择性治疗的靶点。

RET 基因突变在多方面增强了 RET 酪氨酸激酶信号转导的功能,促使激酶的活化和原癌基因的转化,其机制是由于氨基酸位点的变化:①RET 细胞外半胱氨酸区域外显子 10 和外显子 11 的突变阻止了分子间二硫键的形成,使游离的半胱氨酸残基形成分子间键,形成畸变的同源二聚体,自发启动细胞内酪氨酸残基磷酸化,激活下游信号途径;②位于细胞内的酪氨酸激酶区域外显子 13 ~ 16 的突变,使 RET 激酶催化特性及底物磷酸化发生改变而异常激活,而不适当的底物磷酸化使 RET 不能正常参与信号转导通路而引发疾病。

RET 突变发生位点不同,导致酪氨酸激酶转化活性增强的程度不同:①编码细胞外区的密码子突变,导致细胞外区域半胱氨酸残基的改变,使 RET 受体酪氨酸蛋白不再依赖配体的激活而自我交叉磷酸化,从而达到激活的状态;②编码跨膜区密码子突变导致两个受体蛋白以非共价键靠近,进而达到激活的状态;③编码胞内区密码子突变易化了 ATP 与其位点结合,达到激活的状态;④编码细胞内催化核心的密码子突变导致受体酪氨酸激酶与细胞底物优先结合,达到激活的状态。RET 不同的基因型突变导致受体酪氨酸激酶具有不同的转化活性。Clowes 等认为,细胞外区域 RET 突变位点距细胞膜越近,受体酪氨酸激酶转化的活性就越强。

与许多单一跨膜受体一样,RET 蛋白调节细胞的生长分化。神经营养因子等配体通过糖基化的磷酯酰锚定蛋白与 RET 蛋白结合并形成二聚体。在融合配体基因启动因子的转录控制下,RET 基因发生结构上的改变和异位表达,而胞内的两个单体交叉又使各自的酪氨酸激酶功能区发生自动磷酸化,然后磷酸酪氨酸序列结合 SH2 结构的底物分子,使底物分子磷酸化,从而将信号转导至下游,下游信号可通过不同的途径继续转导,包括:①通过刺激 Ras 激活丝裂原活化蛋白激酶途径;②通过生长因子受体连接蛋白和生长因子受体连接蛋白黏合因子激活磷酯酰肌醇-3-激酶途径;③RET 通过 Y1015 与磷脂酶 C-γ 结合,这是其致癌性的必要条件。

第五节　VHL 基因

希佩尔-林道病(von Hippel-Lindau disease, VHL)是一种常染色体显性遗传病,以发生多器官肿瘤为特征,其常见的肿瘤包括视网膜及中枢神经系统的血管母细胞瘤、肾透明细胞癌、嗜铬细胞瘤和胰腺肿瘤,除此之外还有肾和胰腺囊肿、附睾或阔韧带囊腺瘤。随着基因研究的深入,人们发现该病征与 VHL 基因的丢失或失活有密切关系。早在 1979 年,Cohen 等就注意到人类 3 号染色体短臂的异常与 VHL 存在着一定的关联。1988 年 Seizinger 等通过对 VHL 患者家族的基因连锁分析,发现 VHL 基因邻近于染色体 3p24—p25 区域的 RAF1 基因。为进一步定位 VHL 基因,Lerman 等从 3 号染色体分离出 2000 碱基单拷贝 DNA 片段,Hosoe 等在此基础上研究了 25 个 VHL 患者家族,将 VHL 基因定位于 RAF1 基因与 D3S18 之间的 3p25—p26 区域。随后,Yao 等在 3 例 VHL 患者中发现该区域的重叠缺失,使寻找 VHL 基因范围进一步缩小。直到 1993 年,Latif 等通过对克隆的该区域 cDNA 进行分析,终于发现了真正的 VHL 基因,将其定位于 3p25—p26,并通过位置克隆的方法分离成功。

一、VHL 基因和蛋白质的结构

VHL 基因定位于 3p25—p26,全长 4.5kb,分布在约占 20kb 的 DNA 空间。该基因含 3 个外显子和 2 个内含子,外显子 2 转录可剪接的 mRNA。转录的 mRNA 长度为 4859bp,包括 5′端和 3′端的非翻译区。VHL 启动子不包含 TATA-CCAAT 盒,但包括多个结合位点结合 S1、AP-2、PAX 和核呼吸因子-1 转录因子。

VHL mRNA 编码两种不同的蛋白质,pVHL30 和 pVHL19,分子质量分别为 30kDa 和 19kDa,各由 213 个氨基酸和 180 个氨基酸组成,pVHL19 是在 VHL 基因的第二转录起始位点(第 54 号密码子)上转录形成的,pVHL30 和 pVHL19 的不同之处在于前者有 8 个氨基酸末端重复的存在。pVHL30 和 pVHL19 的功能特征至今未完全明确,它们在细胞中有不同的定位。pVHL19 较 pVHL30 对细胞核有更高的亲和力,pVHL19 主要定位在细胞核,而 pVHL30 则定位于细胞核和细胞质。在细胞质中,pVHL30 可通过微小管连接使可变剪接的 mRNA 在特异性组织中表达。同源性 VHL 也在小鼠、蠕虫和果蝇中被鉴定。

VHL 蛋白的二级结构由位于 N 端的 7 个 β 折叠和 C 端的 4 个 α 螺旋构成。其中 3 个 α 螺旋位于蛋白质的一侧,构成了 α 区;另外 4 个 β 折叠和 1 个 α 螺旋位于一侧,构成了 β 区。这两个区域包含不同的蛋白质结合位点:α 区可以与转录延长因子 B、C(elongin B、C)复合物连接,β 区可以与缺氧诱导因子 1α(HIF-1α)等底物分子连接,这两个区域的完整对 VHL 蛋白的功能有重要意义。

二、VHL 与肿瘤抑制

小鼠中的 VHL 基因敲除研究可显示 pVHL 在肿瘤发生中的作用。纯合型小鼠 $VHL^{-/-}$ 的胚胎死于 E10.5 和 E12.5,主要是因为缺乏胎盘血管的形成。而 VHL 病的体内模型显示,$VHL^{+/-}$ 杂合子小鼠易发生肝血管性瘤,VHL 杂合型小鼠更易出现血管表现型。VHL 肿瘤的发生可能需要 pVHL30 和 pVHL19 相关功能同时失活。pVHL 靶目标主要是低氧诱导因子 HIFα 家族成员(HIF-1α、HIF-2α、HIF-3α)。Zimmer 等研究在裸鼠模型中 RCC 细胞株的肿瘤生长,认为 pVHL 抑癌活性与 HIF 相关。通过 siRNA 抑制 HIF-2α 的表达能抑制 VHL 阴性肿瘤的生长。Kondo 等将抵抗降解的 HIF-2α 突变体转入 RCC,异位表达的 pVHL 丧失了 VHL 在这些细胞株中抑制肿瘤生长的能力。由于缺乏 pVHL 的细胞导致肿瘤细胞的形成在恢复野生型 pVHL 后能被抑制,因此 pVHL 在基因和功能上被认为是肿瘤抑制蛋白。

VHL 基因作为一种重要的抑癌基因,它参与转录调控,通过 VHL 蛋白(pVHL)对 ElonginABC 的抑制作用来发挥对相关细胞生长基因的调控。最初的研究证明,VHL 基因的抑癌作用与 Elongin 有关。Elongin 是由转录活性亚单位 A 与两个调节亚单位 B、C 组成的异三聚体,其作用是激活 RNA 聚合酶Ⅱ的活性,而 RNA 聚合酶Ⅱ是 mRNA 合成的主要催化酶。pVHL 可特异性结合 ElonginC、ElonginB 亚单位形成 pVHL-ElonginC-ElonginB 复合体,阻断了 ElonginABC 复合物的形成,抑制了 RNA 聚合酶Ⅱ的转录延长,从而达到抑制 mRNA 合成的目的。最近的研究表明,pVHL- ElonginC-ElonginB 复合体将再与 Cu12 蛋白组成 VBC(pVHL-ElonginC-ElonginB-Cu12)复合物,其已被证实属于 E3-泛素蛋白酶系统。在该系统中,pVHL 通过 β 区域特异性识别和结合底物分子,再通过 α 区域与 ElonginC、B 结合并提呈底物分子,从而起介导蛋白质降解的作用。pVHL 对 Elongin 延长活性的调节及 VBC 复合物降解多种蛋白质的功能都被认为是 pVHL 的基本功能。

血管内皮生长因子(vascular endothelial growth factor, VEGF)、葡萄糖转运因子-1(glucose transporter, GLUT-1)、转化生长因子-α(transforming growth factor-α, TGF-α)等基因的调节区域中均存在与 HRE 类似的 HIF 结合位点。在 VHL 基因失活的情况下,pVHL 不能正常表达,因而不能形成 E-3 泛素连接酶复合体,导致 HIF 的含量增加,从而使 VEGF、GLUT-1、TGF-α 等细胞因子表达,这些细胞因子广泛参与细胞内的能量代谢、血管生长、细胞周期、细胞凋亡等生理过程,与肿瘤的发生、发展密切相关。

此外,VHL 基因与 Wnt/β-catenin 致癌信号通路有着密切的联系,Wnt 由一系列保守的分泌型糖蛋白家族构成,Wnt/β-catenin 信号转导通路的激活可以促进癌症的发生、发展。在 Wnt 配体存在的情况下,β-catenin 的磷酸化和泛素化会受到抑制,β-catenin 的水平会升高,进而被转移到核内,与 LEF-TCF 家族转录因子结合,激活 β-catenin 靶基因,促进细胞的分化增殖、转移。pVHL 与 Wnt/β-catenin 信号转导通路通过 Jade-1 的作用连接起来,Jade-1 是一种广泛存在于肾细胞中、易降解的转录因子,通过与 pVHL 相互作用而使自身的稳定性得到提高,它可以抑制裸鼠体内肿瘤细胞的生长、促进细胞凋亡并下调癌细胞内的抗凋亡因子(如 Bcl-2)。pVHL 对 Jade-1 的稳定性起促进作用,Jade-1 可以通过泛素化作用降解 β-catenin,从而使 Wnt/β-catenin 致癌信号通路受到抑制。

总之,VHL 基因作为抑癌基因,随着人们对其结构、功能的不断深入研究,以及基因技术的应用,将为 VHL 综合征的诊断和治疗提供一条新的途径和广阔的应用前景。

第六节　LKB1 基因

Peutz- Jeghers Syndrome 综合征(PJS)是一种肿瘤易感综合征,约 93% 的 PJS 患者在 43 岁左右可发生恶性肿瘤。肿瘤的发生部位主要在小肠、胃和胰腺,但也可发生在乳腺、卵巢、睾丸、子宫和肺等脏器。1998 年,芬兰学者 Hemminki 等和德国学者 Jenne 等几乎同时克隆出 PJS 的致病基因,被分别命名为 LKB1 基因和 STK11(serine/threonine protein kinase 11)基因,其编码产物是一种丝氨酸/苏氨酸蛋白激酶。LKB1 基因的胚系突变(germ line mutation)是 PJS 的主要致病因素。在散发胃癌、结直肠癌、胰腺肿瘤、胆道癌、肝癌、睾丸肿瘤、卵巢肿瘤、子宫颈癌、黑色素瘤和肺癌等肿瘤中,均有 LKB1 基因体细胞突变(somatic mutation)。

一、LKB1 基因和蛋白质的结构

LKB1 是一种抑癌基因,位于人类染色体 19p13.3,整个基因跨度 23kb,DNA 全长 2155bp,包括 10 个外显子(9 个具有编码功能的外显子及 1 个不具有编码功能的外显子)和 11 个内含子,编码 60kDa 的 433 个氨基酸组成的丝氨酸/苏氨酸激酶。LKB1 蛋白主要包含 3 个区域:含有核定位信号的 N 端非催化区(第 38 ~43 位氨基酸)、与 ATP 结合具有催化活

性的激酶区（第49～309位氨基酸）及含CAAX盒异戊烯化基序的C端非催化活性的调节区（外显子8、9：第309～433位氨基酸）。

LKB1蛋白主要定位在细胞核，与STE20相关接头蛋白（STE20-related adaptor，STRAD）和鼠蛋白25（mouse-protein 25，MO 25）形成三元复合物后，可由细胞核转位到细胞质，而且其活性和稳定性增加。STRAD属于STE20家族蛋白激酶相关蛋白，含有α和β 2个亚基，其激酶区域缺少催化活性所必需的关键氨基酸残基，因此是一个假激酶。STRAD与LKB1结合后激活LKB1的自磷酸化并增强LKB1对下游底物的磷酸化。LKB1本身无核输出信号序列。最近的研究结果表明，在细胞核中，STRADα将LKB1蛋白连接到核输出蛋白CRM1和核输出蛋白7上，从而将LKB1由细胞核转运至细胞质；在细胞质中，STRADα与核输入蛋白α/β竞争性地结合LKB1，防止LKB1转位到细胞核中。MO25是一个相对分子质量为40 000的支架蛋白，也含有α和β2个亚基。MO25α不直接与LKB1作用，而是与STRADα亚基C端的最后3个氨基酸残基Tyr-Glu-Phe序列直接结合，使STRADα与LKB1的结合更加稳固，使LKB1的催化活性增加10倍。

二、LKB1与肿瘤抑制

人类LKB1基因与非洲蟾蜍细胞质中的XEEK1、秀丽隐杆线虫的Par-4、果蝇的LKB1具有高度同源性，其中与老鼠LKB1的同源性达92.5%，是迄今为止发现的唯一的具有抑癌作用的蛋白激酶。LKB1广泛存在于机体的多个组织器官中，如胰腺、肝脏、骨骼肌、睾丸等，它编码的丝氨酸/苏氨酸激酶，影响着细胞生长增殖、葡萄糖及脂肪酸的代谢、线粒体的功能、细胞极性及转移、血管生成。尤其是细胞处于低能量状态，如饥饿、缺血、缺氧时，在细胞代谢途径中起重要的调节作用。除此之外，还参与了多种信号转导，如细胞生长信号转导、p53介导的凋亡途径、VEGF信号途径、上皮细胞的活化信号、TGF-β信号及Ras诱导的细胞转化信号等。其中，LKB1对细胞生长信号AMPK和mTOR途径有抑制作用，在Peutz-Jeghers综合征中这一途径发生异常。

LKB1基因在抑制细胞增殖中发挥着重要作用。其机制一方面可能通过转录因子Sp1对VEGF产生负调控，抑制细胞的增殖；另一方面，LKB1可能通过细胞周期的调控，使细胞周期停滞G_1期、促进细胞凋亡，抑制细胞增殖。在肺癌95D细胞中，运用RNAi技术沉默LKB1基因，构建LKB1基因沉默的细胞模型。LKB1基因沉默后，肺癌95D细胞异常增殖。LKB1基因沉默后，VEGF启动子-131～+54区域活性显著增强，其间含有多个Sp1转录因子结合位点。推测LKB1基因可能通过调节Sp1的活性或与VEGF启动子区域的结合来间接调控肺癌细胞中VEGF的表达。LKB1基因沉默后一些基因，如Sp1、VEGF表达明显增高，推测LKB1基因很可能通过调控这些基因的表达，在肺癌的发生、发展中发挥重要作用。还有研究表明，在LKB1基因沉默的肺癌95D细胞中，运用流式细胞术分析细胞周期，发现LKB1基因沉默后，G_1晚期和S期细胞比例增加，G_0/G_1期和G_2/M期细胞减少，说明LKB1基因沉默对肺癌95D细胞增殖的促进作用可能是通过使细胞阻滞于G_1晚期和S期而实现的。

LKB1基因不仅与细胞增殖密切相关，而且诱导细胞极性。在神经细胞极性形成中，LKB1通过与STRAD蛋白形成复合物而活化后，KB1S431A过量表达（一种丝氨酸-丙氨酸突变）抑制轴突分化。有报道，LKB1在非小细胞肺癌的极性调节中起着关键作用，可能是通过JNK信号通路，对转录因子AP-1、c-Jun、JunD和ATF2进行调控，提高转录活性，参与细胞极性形成。研究显示，在果蝇和神经系统的视神经中，LKB1 /JNK 信号通路失活，细胞平面极性受影响。

LKB1 基因属于 AMPKK 家族成员，可通过对 AMPK 的变构调节，实现对能量代谢的调控。AMP 由催化亚基 α 和调剂亚基 β、γ 构成。在机体缺氧、饥饿等应激下，细胞内 AMP/ATP 比例升高，AMP 进而与 AMPK 的 γ 亚基结合，AMPK 变构，产生变构效应，促进 LKB1 对 AMPK 的 T-环 Thr172 磷酸化并抑制其去磷酸化，AMPK 活化。活化的 AMPK 迅速使 HMG 辅酶 A 还原酶和乙酰辅酶 A 失活，抑制脂类合成；同时，6-磷酸果糖激酶 2 激活，以此促进糖酵解，产生能量。对前列腺癌、肺癌的报道中，HMG 辅酶 A 还原酶及乙酰辅酶 A 失活后，肿瘤的生长受到抑制，提示调节能量代谢可能参与 LKB1 基因的抑癌作用。此外，AMPK 相关的激酶，如 MARK1、NUAK1、BRSK2 也受 LKB1 的调节，具体机制尚不清楚。

作为一个重要的蛋白激酶，LKB1 参与的信号通路和对生命活动的调节作用被逐渐发现和解析，现有的研究也已经阐述了一些 LKB1 抑制肿瘤发生的机制，然而目前关于 LKB1 抑癌机制也还有许多未解决的问题，需要我们充分利用多种生物信息学和生化遗传学的有力手段，寻找更多 LKB1 的调节靶点。同时，结合 *in vitro* 和 *in vivo* 的研究成果以及临床样本分析，综合探究癌基因和抑癌基因之间拮抗或协同的相互作用关系。相信采用不断更新的研究技术和思路，对 LKB1 抑癌机制的研究一定会不断加深。

第七节　BRCA1 基因

1990 年，Hall 等首次利用 PCMM86 探针，对 23 个家族 146 个乳腺癌病例、329 位相关亲属进行连锁分析研究，发现了家族性乳腺癌与 17 号染色体长臂（17qD17S74 位点）的连锁。1994 年由美国科学家 Miki 等组成的研究小组成功地完成了 BRCA1 克隆，BRCA1 基因位于 17 号染色体长臂（17q21D17S1321 ~ D17S1325），是世界上第一个被发现的家族性乳腺癌抑癌基因。目前，BRCA1 基因与遗传性卵巢癌、乳腺癌的关系已得到证实。

一、BRCA1 基因和蛋白质的结构

BRCA1 定位于人染色体 17q21，基因组 DNA 全长 100kb，由 22 个编码外显子和 2 个非编码外显子构成，转录产物为 7.8kb mRNA，蛋白质由 1863 个氨基酸组成，其分子质量为 220kDa。

BRCA1 蛋白的特性：①该蛋白质的氨基末端富含半胱氨酸和组氨酸，存在锌指结构，是蛋白质-蛋白质或蛋白质-DNA 相互作用的主要作用域，该结构域能与 ATF1、BRCA1 相关环状蛋白（BRCA1-associated ring domain protein，Bard1）、BAP1 和 E2F 基因相互作用，负责 BRCA1 的同源二聚体及 Bard1 异源二聚体的形成，细胞中大于 75% 的 BRCA1 以 BRCA1-Bard1 二聚体形式存在，该复合物具有 E3 泛素连接酶活性。BRCA1 突变蛋白缺乏泛素连接酶活性，对电离辐射敏感，表明 BRCA1 可能通过泛素连接酶在 DNA 损伤修复过程中起直接作用。②该蛋白质的中段带有一个核定位信号序列（nuclear localization signal，NLS），发挥引导 BRCA1 蛋白进入核内的作用，也是与多种基因蛋白，如 c- Myc、p53、pRB 和 RAD50 / RAD51 结合的位点，这是 BRCA1 核转运所必需的。③ Rad51 结合区，与 DNA 损伤修复蛋白 Rad51 结合。Rad51 是大肠杆菌 RecA 蛋白和酵母 cRad51 蛋白的同源蛋白，是 DNA 重组

和双链 DNA 损伤修复所必需的。④粒素区(granin),位于 1214 ~ 1223 氨基酸残基。⑤BRCT 区,C 端含有两个长约 95 个氨基酸残基的 BRCT 基序(brca caRBoxy1 terminus motif),对细胞周期监控、DNA 损伤修复起着重要作用。两个 BRCT 交界处形成了一个疏水沟,能够识别磷酸化的丝氨酸、苏氨酸和苯丙氨酸等。⑥转录活性区,BRCA1 蛋白 C 端富含酸性氨基酸,提示该区具有转录激活作用。

二、BRCA1 与肿瘤抑制

BRCA1 基因的主要功能为抑制细胞生长、对细胞周期调控、基因转录调控、蛋白质泛素化以及 DNA 损伤修复和细胞凋亡、维持基因组稳定等。大量的实验结果表明,BRCA1 基因为抑癌基因,其抑癌作用主要通过下述途径对细胞进行调节与监控。

细胞周期检控点:BRCA1 基因与细胞的各个周期有关,并对细胞周期进行有序调节。BRCA1 基因的缺陷会给 S 期检查点、G_2/M 期检查点、纺锤体检查点和中心体的复制带来影响。尤其是 BRCT,它是 BRCA1 的一个参与细胞周期调控的磷蛋白结合区域,直接与 BRCA1 相关的羧基末端解螺旋酶 BACH1 结合,对细胞周期监控、DNA 损伤修复起着重要作用。因此,BRCA1 基因突变势必会影响细胞周期的进程。

DNA 损伤修复:DNA 复制的保真性是维持物种相对稳定的主要因素。当细胞 DNA 复制过程中出现差错,细胞 DNA 修复相关分子总是及时进行修复。BRCA1 就是通过对 DNA 双链损伤进行有效和准确的修复来保持基因稳定性的。BRCA1 与 DNA 修复蛋白相互作用,形成一个 BRCA1 相关的基因组监督复合物(BRCA1-associated genome surveillance complex, BASC),该复合物含有错配修复蛋白(MSH2、MSH6 和 MLH1)、DNA 双链断裂修复相关蛋白(如 ATM)、DNA 复制相关蛋白及重组蛋白等。在对 DNA 损伤修复时,BRCA1 在博-塞综合征突变蛋白(ataxia- telangiectasia mutated protein, ATM)等激酶的作用下呈高度磷酸化状态,并重置于 DNA 复制复合体、DNA 重组酶 Rad51 等中,协同完成对 DNA 的损伤修复。另外,BRCA1 基因的 DNA 修复功能也可能是通过 DNA 损伤介导的抑制子 ZBRK1 的降解实现的。另有研究发现,在保持基因稳定性方面,当 DNA 损伤后,将发生一系列的传感、辨认 DNA 损伤、转换信号并传至下一效应子,而 BRCA1 基因也参与了 DNA 损伤信号转导过程。

转录调控:哺乳动物的基因转录是一个复杂的过程,涉及一些执行不同功能的高分子质量蛋白质复合物。转录是通过 RNA 聚合酶Ⅱ(RNA polymerase Ⅱ, RNA pol Ⅱ)复合物起始的,其内的转录因子通过正调节或负调节作用实现转录调控,BRCA1 基因参与了 RNA 聚合酶Ⅱ复合物的形成,但它在 RNA 聚合酶Ⅱ中的准确作用尚不清楚。BRCA1 还可与各种相关转录调节蛋白相互作用实现其转录调控功能,这些转录调节蛋白包括普通的转录激活因子(p300 和 CBP)、视网膜细胞瘤易感蛋白 RB1、RB1 结合蛋白(RBAp46、RBAp48)和组蛋白脱乙酰基酶(HDAC1 和 HDAC2)等,这些蛋白质大部分与 BRCA1 的羧基末端相互作用,但具体作用过程尚有待进一步深入研究。

泛素化(ubiquitination):泛素化在细胞生化过程中较为普遍,Dong 等分离了一种全酶复合物,包括 BRCA1、乳腺癌易感基因 2 蛋白产物(breast cancer susceptibility gene 2 protein product, BRCA2)、BRCA1 相关环指区 1 蛋白(BRCA1- associated RING domain 1 protein, BARD1)和 RAD51,被称为 BRCA1-BRCA2 复合物。该复合物是泛素 E3 连接酶,其在 DNA 损伤后可以增强细胞的生存能力。Morris 等也发现 BRCA1 与泛素化有关。在 S 期 DNA 复制

中,或在暴露于离子辐射后 DNA 双链损伤修复时,这种相关性表现得十分明显。用小干扰 RNA 所致的 BRCA1 : BARD1 的下调可使泛素结合体分离,从而产生异源二聚体。相反,全长型 BRCA1 而非 BRCA1 的氨基末端的特异氨基酸可以增加细胞内的泛素结合体。泛素所携带的突变赖氨酸-6 可以抑制泛素结合体的形成,说明泛素聚合物的形成依赖于赖氨酸-6。由此得出结论:BRCA1 参与泛素化发生在细胞的 S 期,并对 DNA 损伤和复制差错进行应答。

第八节　CHD5 基因

1977 年,人们首次在神经母细胞瘤中发现并报道了人类 1 号染色体短臂缺失,进一步的研究发现该染色体短臂缺失的最小重叠区位于 1p36。1p36 缺失见于血液、神经和上皮系统来源的恶性肿瘤,提示该染色体区域中很可能存在着一个或多个肿瘤抑制基因。因此,位于 1p36 的候选肿瘤抑制基因的鉴定是近年来肿瘤研究工作的热点之一。2003 年,Brodeur 实验室发现了染色质解旋酶 DNA 结合蛋白 5(chromodomain helicase DNA-binding protein 5, CHD5)位于染色体 1p36 区。2007 年,Bagchi 等应用染色体工程学进行了研究:人类 1p36 与小鼠 4 号染色体远端高度保守,敲除小鼠细胞 4 号染色体远端后,该细胞的增殖能力增强,细胞生长失去接触抑制,并发生永生化现象;通过基因工程技术将该染色体区整合在小鼠基因组中,发现该染色体区具有促进细胞凋亡的功能;应用 RNA 干扰技术分别敲除该区域内的 p73, Dnajcl 和 Camtal 等曾被认为的候选肿瘤抑制基因后,细胞的繁殖能力未见改变,而敲除 CHD5 基因后,细胞增殖能力增强,提示 CHD5 是该染色体区域的重要肿瘤抑制基因。

一、CHD5 基因和蛋白质的结构

人类 CHD 蛋白家族属于 SWI2/ SNF2 相关的 ATP 酶超家族,CHD 家族有两个标识性序列基序:位于蛋白质 N 端的串联染色质域和位于中间部位的类 SNF-ATP 酶区域(SNF-like ATPase domain)。类 SNF-ATP 酶域用于区分 ATP 依赖性染色质重塑蛋白的种类。该区域包含一段氨基酸基序保守序列,参与染色质组装、转录调节、DNA 修复、DNA 复制、发育和分化。目前,CHD 家族共有 9 个成员,分为 3 个亚家族,CHD5 属于第 3 亚家族。CHD5 基因的表达模式具有一定的组织特异性,其在神经系统高表达,在肾上腺组织中呈中度表达,在其他组织中表达相对较少。

2003 年,Thompson 等通过生物信息学和分子生物学技术确认 CHD5 是 CHD 家族的第 5 个成员。该基因全长 78 218bp,包含 42 个外显子,编码由 1954 个氨基酸组成的蛋白质(约 223kDa)。从 N 端至 C 端,CHD 的结构域依次为两个 PHD 锌指域、两个染色质域、螺旋酶/ATP 酶域和 DNA 结合域。两个 PHD 结构域、两个染色质域和解旋酶域分别由外显子 8 ~ 9 和 9 ~ 10、外显子 10 和 11 ~ 12、外显子 14 ~ 19 和外显子 21 ~ 23 编码,编码 6 个结构域的序列集中于 41 个编码外显子的中央 16 个外显子中。PHD 结构域具有募集转录调节复合物的功能。蛋白质结构的中心部位包括 DEAH-box-type 解旋酶域和潜在 SNF2 结构域。DEAH ATP 解旋酶呈 ATP 依赖性,通常与核苷酸解旋有关。SNF2 与染色质解旋、DNA 修复、重组和转录调节有关。测序分析结果显示,转录起始点上游 630bp 至内含子 1 5′端 680bp 范围内包含一个 CpG 岛。CHD5 mRNA 上游和 5′-UTR 存在 Spl、GCF 和 AP-家族的结合位点。翻译起始点 AUG 位于 mRNA 第 101 个碱基处。

二、CHD5 与肿瘤抑制

已经有越来越多的证据显示 CHD 蛋白在染色体重构、基因表达调控、发育调节、细胞周期控制及抑癌方面等起重要作用。研究表明,CHD5 是抑癌调控系统的一个总开关,当其失去功能的时候,细胞内起抑癌作用的调控系统会被关掉,其功能具有剂量依赖性。

CHD5 可能是染色质域重塑者。由于 CHD5 与染色质域蛋白超家族的成员具有同源性,因此,被认为具有染色质重塑的功能。CHD 家族成员具有独一无二的复合结构——染色质组织调制器、解螺旋酶、DNA 结合域。CHD5 与 CHD3 和 CHD4 具有相同的植物同源异型域基序,CHD3 和 CHD4 是核小体重塑复合体的组成部分,后者能够造成核小体滑脱、染色质重塑,使聚合酶能够发挥作用,激活基因的表达。

CHD5 是肿瘤抑制网络的指挥者,参与调节 p19arf/p53 介导的通路。为了研究 CHD5 在肿瘤发生中的作用机制,Bagchi 等建立了一个包含 CHD5 的染色体区域缺失或增益模型。在增益模型中,他们发现该区域拷贝的增加引起细胞增殖缓慢、衰老加速和凋亡增多等表型变化,且呈 p53 依赖性。上述抑制作用在 p53RNAi 敲除细胞或 p53 种系缺失细胞中完全消失,细胞正常增殖,小鼠继续生存和繁殖,提示该区域的肿瘤抑制基因通过 p53 发挥作用。进一步的研究发现该区域的肿瘤抑制基因在蛋白质水平上可以增加 p53 的表达,而 p53 转录本水平未受影响,表明这些肿瘤抑制基因在转录后水平调节 p53 的表达。在缺失模型中,他们还发现 p19arf 的表达受到抑制。相反,在增益模型中,p19arf 的表达增加。p19arf 由 INK4/Arf 编码,后者同时编码另一个肿瘤抑制因子 p16INK4α。在增益模型中,p16INK4α 也出现表达增加的现象。在缺失模型中,p19arf 缺失可以显著增强细胞的增殖能力,而 p16INK4α 的缺失只能部分增强细胞的增殖能力,且无统计学差异,提示由拷贝数增多引起的表型改变主要依赖于 p19arf,而不是 p16INK4α。p19arf 具有抑制 MDM-2 介导的 p53 降解功能,提示位于该染色体区的肿瘤抑制基因呈 p53 依赖性。

Thompson 构建了 CHD5 单独缺失的细胞,结果表明 CHD5 单独缺失的细胞完全可以复制含 52 个基因区间缺失细胞的特征性表型,并出现 p16INK4α、p19arf 和 p53 的表达下调,进一步明确 CHD5 是位于该染色体区间的重要肿瘤抑制基因。

(段雪飞)

参考文献

操德智,周列民,周珏倩 . 2004. 镶嵌基因 OMGP 与 I 型神经纤维瘤病发病的相关性研究 . 中国神经精神疾病杂志,30(3):221-223.

李佩玲,刘梅梅 . 2003. DCC 基因在卵巢恶性肿瘤组织中的表达 . 中华妇产科杂志,38: 207-209.

孟竹达,林从尧,冯茂辉 . 2007. DCC、PTEN 在大肠癌中的表达及临床意义 . 长治医学院学报,2:95-97.

许奕 . 2005. BRCA1 的研究进展 . 北京医学,27(1): 50-52.

严明,何荣根,陈万涛 . 2006. I 型神经纤维瘤病分子遗传学研究进展 . 口腔颌面外科杂志,16(1):83-86.

臧远胜,周平坤,丁新民,等 . 2007. 转录因子 Sp1 对肺癌细胞 LKB1VEGF 通路调控作用研究 . 军事医学科学院院刊,1:11.

Aarts M, Dannenberg H, deLeeuw RJ, et al. 2006. Microarray-based CGH of sporadic and syndrome-related pheochromocytomas using a 0. 1-0. 2 Mb bacterial artificial chromosome array spanning chromosome arm 1p. Genes Chromosomes Cancer, 45:83-93.

Bagchi A, Papazoglu C, Wu Y, et al. 2007. CHD5 is a tumor suppressor at human 1p36. Cell, 128:459-475.

Banerjee S, Gianino SM, Gao F, et al. 2011. Interpreting mammalian target of rapamycin and cell growth inhibition in a genetically engineered mouse model of Nf1-deficient astrocytes. Mol Cancer Ther, 10(2): 279-291.

Barker D, Wright E, Nguyen K, et al. 1987. Gene for Von Recklinghausen neurofibromatosis is in the pericentromeric region of chromosome 17. Science, 236(4805): 1100-1102.

Berndt JD, Moon RT, Major MB. 2009. β-catenin gets jaded and von Hippel-Lindau is to blame. Trends in Biochemical Sciences, 34: 101-104.

Beroud C, Soussi T. 1996. APC gene: database of germline and somatic mutations in human tumours and cell line. Nucleic Acids Re, 24: 121-124.

Blenkenship C, Nagl JG, Whaley JM, et al. 1999. Alternate choice of initiation coden produces a biologically active product of the von Hippel-Lindau gene with tumor or suppressor activity. Oncogene, 18: 1529-1535.

Bodmer WF, Bailey CJ, Bodmer J, et al. 1987. Localization of the gene for familial adenomatous polyposis on chromosome 5. Nature, 328: 614.

Boudean J, Bass AF, Deak M, et al. 2003. MO25 alpha/beta interact with STRAD alpha/beta enhancing their ability to bind, activate and localize LKB1 in the cytoplasm. EMBO J, 22(19): 5102-5114.

Brodeur GM, Sekhon G, Goldstein MN. 1977. Chromosomal aberrations in human neuroblastomas. Cancer, 40: 2256-2263.

Caretero J, Shimamura T, Rikova K, et al. 2010. Integrative genomic and Proteomic analyses identify targets for Lkb1-deficient metastatic lung tumors. Cancer Cell, 17(6): 547-559.

Chang JA, Moran MM, Teichmann M, et al. 2005. TATA-binding protein (TBP)-like factor (TLF) is a functional regulator of transcription: reciprocal regulation of the neurofibromatosis type 1 and c-los genes by TLFP TRF2 and TBP. Mol Cell Biol, 25: 2632-2643.

Christian A. 2005. Molecular pathogenesis of MEN2-associated tumours. Fam Cancer, 4: 3-7.

Clowes VE, Shaw-Smith C, Simpson H, et al. 2008. MEN2 screening dilemmas in a family with a novel RET mutation in the MEN2 susceptibility region of the gene, a family history of Hirschsprung disease, and no family history of MEN2-related tumors. Clin Endocrinol (Oxf), 68(4): 666-667.

Colombo-Benkmann M, Li Z, Riemann B, et al. 2008. Characterization of the RET proto-oncogene transmembrane domain mutation S649L associated with non aggressive medullary thyroid Carcinoma. Eur J Endocrinol, 158(6): 811-816.

Cowen LC, Avrutskaya AV, Latour AM, et al. 1998. BRCA1 required for transcription coupled repair of oxidative DNA damage. Science, 281(5379): 1009-1012.

Cui Y, Costa RM, Murphy GG. 2008. Neurofibromin regulation of ERK signaling modulates GABA release and learning. Cell, 135(3): 549-560.

Dasgupta B, Dugan LL, Gutmann DH. 2003. The neurofibromatosis 1 gene product neurofibromin regulates pituitary adenylate cyclase activating polypeptide-mediated signaling in astrocytes. J Neurosei, 23: 8949-8954.

Deguchi A, Miyoshi H, Kojima Y, et al. 2010. LKB1 suppresses P21-activated kinase-1 (PAK1) by Phosphorylation of Thr109 in the P21-binding domain. J Biol Chem, 285(24): 18283-18290.

Deng CX. 2006. BRCA1: cell cycle checkpoint, genetic instability, DNA damage response and cancer evolution. Nucleic Acids Res, 34(5): 1416-1426.

Dong Y, Hakimi MA, Chen X, et al. 2003. Regulation of BRCC, a holoenzyme complex containing BRCA1 and BRCA2, by a signalsomelike subunit and its role in DNA repair. Mol Cell, 12(5): 1087-1099.

Dorfman J, Macara IG. 2008. STRAD regulates LKB1 localization by blocking access to importina, and by association with Crm1 and exportin-7. Mol Biol Cell, 19(4): 1614-1626.

EM, Fan S, Ma Y. 2006. BRCA1 regulation of transcription. Cancer Lett, 236(2): 175-185.

Enomoto T, Fujita M, Cheng C, et al. 1995. Loss of expression and loss of heterozygosity in the DCC gene in neoplasms of the human female reproductive tract. Br J Cancer, 71: 462-467.

Fan DH, Ma C, Zhang HT. 2009. The molecular mechanisms that underlie the tumor suppressor function of LKB1. Acta Biochim Biophys Sin, 41(2): 97-107.

Fearon ER, Cho KR, Nigro JM, et al. 1990. Identification of a chromosome 18q gene that is altered in colorectal cancers. Science JT-

Science(New York,N. Y.),247:49-56.

Forcet C,Ye X,Granger L,et al. 2001. The dependence receptor DCC(deleted in colorectal cancer) defines an alternative mechanism for Caspase- activation. Proc Natl Acad Sci USA JT-Proceedings of the National Academy of Sciences of the United States of America,98:3416-3421.

Frank-Raue K, Rondot S, Raue F. 2010. Molecular genetics and phenomics of RET mutations: Impact on prognosis of MTC. Molecular and Cellular Endocrinology,322(1-2):2-7.

Fujita T,Igarashi J,Okawa ER,et al. 2008. CHD5,a tumor suppressor gene deleted from 1p36. 31 in neuroblastomas. J Natl Cancer Inst,100(13):940-949.

Groot JW,Links T,Plukker J,et al. 2006. RET as a diagnostic target in sporadic and hereditary endocrine tumors. Endocr Bey, 27(5):535-560.

Gudmundsdottir K,Ashworth A. 2006. The roles of BRCA1 and BRCA2 and associated proteins in the maintenance of genomic stability. Oncogene,25(43):5864-5874.

Gurumurthy S,Hezel AF,Sahin E,et al. 2008. LKB1 deficiency sensitizes mice to carcinogen-induced tumorigenesis. Cancer Res, 68:55.

Hall JM, Lee MK, Newman B, et al. 1990. Linkage of early onset familial breast cancer to chromosome17q21. Science, 250: 1684-1689.

Harrisingh M,Lloyd A. 2004. Ras/Raf/ERK signalling and NF1. Cell Cycle,3(10): 1255-1258.

Harter PN,Bunz B,Dietz K,et al. 2010. Spatio-temporal deleted in colorectal cancer(DCC) and netrin-1 expression in human foetal brain development. Neuropathol Appl Neurobiol,36(7):623-635.

Hashizume R,Fukuda I,Maeda H,et al. 2001. The RING heterodimer BRCA1-BARD1 is a ubiquitinligase inactivated by a breast cancer-derived mutation. J Biol Chem,276: 14537-14540.

Hatzfeld M. 1999. The armadillo family of structural proteins. Int Rev Cytol,186: 179-224.

Hayashi S,Rubinfeld B,Souza BA. 1997. Drosophila homolog of the tumor suppressor gene adenomatons polyposis coli down-regulates beta-catenin but its zygotic expression is not essential for the regulation of Armadillo. Proc Natl Acad Sci USA, 94: 242-247.

Hegedus B,Yeh TH,Lee da Y. 2008. Neurofibromin regulates somatic growth through the hypothalamic-pituitary axis. Hum Mol Genet,17(19):2956-2966.

Hemminki A,Markie D,Tomlinson I,et al. 1998. A serine/threonine kinase gene defective in Peutz-Jeghers syndrome. Nature,391 (6663):184 -187.

Herrera L,Kakati S,Gibas L,et al. 1986. Gardner syndrome in a man with an interstitial deletion of 5q. Am J med Genel,25: 473-476.

Hinoi T,Yamamoto H,Kishida M,el al. 2000. Complex formation of adenomatous polyplosis coli gene product and axin facilitates glycogen synthase kinase-3 beta-dependent phosphorylation of beta-catenin and down-regulates beta-catenin. Biol Chem, 275(44):34399-34406.

Jenne DE,Reimann H,Nezu J,et al. 1998. Peutz-Jeghers syndrome is caused by mutation in a novel serine threoninekinase. Nat Genet,18(1):38-43.

Jennifer L,Herrmann,Yevgeniya Byekova,et al. 2011. Liver KinaseB1 (LKB1) in the pathogenesis of epithelial cancers. Cancer Letters,306:1

Jimbo T, Kawasaki Y, Koyama R. 2002. Identification of a link between the tumour suppressor APC and the kinesin superfamily. Nat Cell Biol,4(4):323-327.

Keino-Masu K,Masu M,Hinck L,et al. 1996. Delected in colorectal Cancers(DCC) encodes a netrin receptor. Cell,87:175-185.

Kim TH,Lee HK,Seo IA,et al. 2005. Netrin induces down-regulation of its receptor,Deleted in Colorectal Cancer,through the ubiquitin-proteasome pathway in the embryonic cortical neuron. J Neurochem JT-Journal of Neurochemistry,95:1-8.

Kim W,Kaelin WG. 2003. The von Hippel-Lindau tumor suppressor protein: new insights into oxygen sensing and cancer. Curr Opin Genet Dev,13:55-60.

Kleymenova E. 2004. Susceptibility to vascular neoplasms but no increased susceptibility to renal carcinogenesis in VHL knockoutmice. Arcinogenesis, 25: 309-315.

Kodama Y, Asai N, Kawai K, et al. 2005. The RET proto-oncogene: a molecular therapeutic target in thyroid cancer. Cancer Sci, 96(3): 143-148.

Kondo K. 2003. Inhibition of HIF2a is sufficient to suppress pVHL-defective tumor growth. PLoS Biol, 1: E83.

Kouvaraki MA, Shapiro SE, Perrier ND, et al. 2005. RET proto-oncogene: a review and update of genotype-phenotype correlation in hereditary medullary thyroid cancer and associated endocrine tumors. Thyroid, 15(6): 531-544.

Krimpenfort P, Song JY, Proost N, et al. 2012. Deleted in colorectal carcinoma suppresses metastasis in p53-deficient mammary tumours. Nature, 482(7386): 538-541.

Krysiak R, Okopien B. 2012. Multiple endocrine neoplasia type 2. Pol Merkur Lekarski, 32(190): 263-269.

Kuzmin I, Duh FM, Latif F, et al. 1995. Identification of the promoter of the human von Hippel-Lindau disease tumor suppressor gene. Oncogene, 10: 2185-2194.

Lang J, Tobias ES, Mackie R. 2007. Preliminary evidence for involvement of the tumour suppressor gene CHD5 in a family with cutaneous melanoma. Br J Dermatal, 164(5): 1010-1016.

Latif F, Tory K, Gnarra J, et al. 1993. Identification of the von Hippel-Lindaudisease tumor suppressor gene. Science, 260: 1317-1320.

Ledbetter DH, Rich DC, O'Connell P, et al. 1989. Precise localization of NF1 to 17q11. 2 by balanced translocation. Am J Hum Genet, 44(1): 20-24.

Li Z, Dong Y, Mi B, et al. 2005. Structural control of the photoluminescence of silole regioisomers and their utility as sensitive regiodiscriminating hemosensors and efficient electroluminescent materials. J Phys Chem B, 109(20): 10061-10066.

Livingston D M. 2001. Cancer-Chromosome defects in the colon. Nature, 410(6828): 536-5.

Lu BW, Roegiers F, Jan L Y. 2001. Adherens junctions inhibit asymmetric division in the Drosophila epithelium. Nature, 409(6819): 522-525.

Lu D, Nounou R, Beran M, et al. 2003. The prognostic significance of bone marrow levels of neurofibromatosis-1 protein and ras oncogene mutations in patients with acute myeloid leukemia and myelodysplastic syndrome. Cancer, 97(2): 441-449.

Machens A, Lorenz K, Dralle H. 2009. Constitutive RET tyrosine kinase activation in hereditary medullary thyroid cancer: clinical opportunities. J Intern Med, 266(1): 114-125.

Marfella CG, Imbalzano AN. 2007. The Chd family of chromatin remodelers. Mutat Res, 618: 30-40.

Maser RS, Choudhury B, Campbell PJ, et al. 2007. Chromosomally unstable mouse tumours have genomic alterations similar to diverse human cancels. Nature, 447: 966-971.

Mehlen P, Rabizadeh S, Snipas SJ, et al. 1998. The DCC gene product induces apoptosis by a mechanism requiring receptor proteolysis. Nature, 395: 801-804.

Miki Y, Swensen J, Shattuck- Eidens D, et al. 1994. A strong candidate for the breast and ovarian cancer susceptibility gene BRCA1. Science, 266: 66-71.

Mimori-Kiyosue Y, Shiina N, Tsukita S. 2000. Adenomatous polyposis coli (APC) protein moves along microtubules and concentrates at their growing ends in epithelial cells. J Cell Biol, 148(3): 505-518.

Mogensen MM, Tucker JB, Mackie JB, et al. 2002. The adenomatous polyposis coli protein unambiguously localizes to microtubule plus ends and is involved in establishing parallel arrays of microtubule bundles in highly polarized epithelial cells. J Cell Biol, 157(6): 1041-1048.

Moley JF, Brother MB, Fong CT, et al. 1992. Consistent association of 1p loss of heterozygosity with pheochromocytomas from patients with multiple endocrine neoplasia type 2 syndromes. Cancer Res, 52: 770-774.

Morris J, Solomon E. 2004. BRCA1: BARD1 induce the formation of conjugated ubiquitin structures, dependent on K6 of ubiquitin, in cells during DNA replication and repair, Hum Molec Genet, 13(8): 807-817.

Moynahan ME, Cui TY, Jasin M. 2001. Homology-directed dna repair, mitomycin-c resistance, and chromosome stability is restored with correction of a Brca1 mutation. Cancer Res, 61(12): 4842-4850.

Murakami H, Iwashita T, Asai N, et al. 1999. Enhanced phosphatidylinositol 3-kinase activity and high phosphorylation state of its downstream signalling molecules mediated by ret with the MEN 2B mutation. Biochem Biophys Res Commun, 262(1): 68-75.

Nakamura M,Zhou X Z,Lu K P. 2001. Critical role for the EB1and APC interaction in the regulation of microtubule polymerization. Curr Biol,11(13):1062-1067.

Nakaseko Y,Yanagida M. 2001. Cell biology. cytoskeleton in the cell cycle. Nature,412(6844):291-292.

Narayanan R,Lawlor KG,Schaapveld RQJ,et al. 1992. Antisense RNA to the putative tumor suppressor gene DCC transforms Rat-1 fibrosis . Oncogene,7:553-561.

Ning LH,Guo H,Zhao XY. 2009. Adance in tumor suppressor gene LKB1and Peutz-Jeghers syndrome. Chongqing Med,38(6): 738-739.

Okawa ER,Gotoh T,Manne J,et al. 2008. Expression and sequence analysis of candidates for the lp36. 3 tumor suppressor gene deleted in neuroblastomas. Oncogene,27(6):803-810.

Parkin B,Ouillette P,Wang Y,et al. 2010. NF1 inactivation in adult acute myelogenous leukemia. Clin Cancer Res,16(16): 4135-4147.

Patard JJ,Leray E,Rioux-Leclercq N,et al. 2005. Prognostic Value of histologic subtypes in renal cell carcinoma: a multicenter experience. Clin Oncol,23:63-71.

Patel NP,Mhatre AN,Lalwani AK. 2004. Molecular pathogenesis of skull base tumors. Otol Neurotol,25(4):636-643.

Perchiniak EM,Groden J. 2011. Mechanisms Regulating Microtubule Binding,DNA Replication,and Apoptosis are Controlled by the Intestinal Tumor Suppressor APC. Curr Colorectal Cancer Rep,7(2):145-151.

Peters H,Hess D. 1999. A novel mutation L1425P in the GAP region of the NF1 gene detected by TGGE,mutation in brief NO. 230 online. Hum Mutation,13(4):337.

Pierceall WE,Reale MA,Candia AF,et al. 1994. Expression of a homologue of the deleted in colorectal cancer(DCC)gene in the nervous system of developing Xenopus embryos. J Cell Biol,124:1017.

Pigny P,Bauters C,Wermau JL,et al. 1999. A novel 9-base pair duplication in RET exon 8 in familial medullary thyroid carcinoma. J Clin Endocrinol Metab,84(5):1700-1704.

Plaza MI,Koster R,van der Sloot AM,et al. 2005. RET-familial medullary thyroid carcinoma mutants Y791F and S891A activate a Src/JAK/STAT3 pathway independent of glial cell line-derived neurotrophic factor. Cancer Res,65(5):1729-1737.

Raue F,Frank-Raue K. 2009. Genotype-phenotype relationship in multiple endocrine neoplasia type 2. Implications for clinical management. Hormones(Athens),8(1): 23-28.

Reinacher-Schick A,Gumbiner BM. 2001. Apical membrane localization of the adenomatous polyposis coli tumor suppressor protein and subcellular distribution of the beta-catenin destruction complex in polarized epithelial cells. J Cell Biol,152(3):491-502.

Repici M,Mare L,Colombo A,et al. 2009. c-Jun N-terminal kinase-binding domain-dependent phosphorylation of mitogen-activated protein kinase kinase 4 and mitogen-activated protein kinase kinase 7 and balancing cross-talk between c-Jun N-terminal kinase and extracellularsignal-regulated kinase pathways in cortical neurons. Neuroscience,159(1):94.

Roach ES. 1999. Von Hippel-Lindau disease:how does one gene cause multiple tumors. Neurology,53(1):7-8.

Roberts L. 1990. Down to the wire for the NF gene. Science,249(4966):236-238.

Robinson J,Lai C,Martin A,et al. 2009. Oral rapamycin reduces tumour burdenand vascularization in Lkb1$^{+/-}$ mice. J Patho J, 219(1):35-40.

Sansom O. 2009. Tissue-specific tumoursuppression by APC. Adv Exp Med Biol,656: 107-18.

Sergey V,Alla V,Konstantin S,et al. 2008. Two novel VHL targets,TGF-Bl(BIGH3)and its transactivator KLFlO,are up-regulated in renal clear cell carcinoma and other tumor. Biochem Biophys Res Commun,370:536-540.

Shackelford DM,Vasquez DS,CoRBeil J,et al. 2009. mToR and HIF-la mediated tumor metabolism in an LKB1 mouse model of Peutz-Jeghers syndrome. Proc Nan Acad Sci USA,106(27):11137.

Shelly M, Cancedda L, Heilshorn S, et al. 2007. LKB1/STRAD promotes axon initiation during neuronal polarization. Cell, 29(3):565.

Shilyansky C,Lee YS,Silva AJ. 2010. Molecular cellular mechanisms of learning disabilities: a focus on NF1. Annu Rev Neurosci, 33:221-243.

Siegfried E,Perrimon N. 1994. Drosophila wingless:a paradigm for the function and mechanism of Wnt signaling. Bioessays,16: 395-404.

Somasundaram K. 2003. Breast cancer gene 1(BRCA1): role in cell cycle regulation and DNA repair-perhaps through transcription. J Cell Biochem,88(6):1084-1091.

Takahashi M,Buma Y,Iwamoto T,et al. 1988. Cloning and expression of the ret proto-oncogene encoding a tyrosine kinase with two potential transmembrane domains. Oncogene,3(5):571-578.

Takahashi M,Ritz J,Cooper GM. 1985. Activation of a novel human transforming gene,ret,by DNA rearrangement. Cell,42(2):581-588.

Tanaka K,Oshimura M,Kikuchi R,et al. 1991. Suppression of tumorigenicity in human colon carcinoma cells by introduction of normal chromosome 5 or 18. Nature JT-Nature, 349:340-342.

Thliveris A, Albertsen H, Tuohy T, et al. 1996. Long-range physical map and deletion characterization of the 1100-kb Notl restriction fragment haRBoring the APC gene. Genomics,34:268-270.

Thompson PM,Gotoh T,Kok M,et al. 2003. CHD5,a new member of the chromodomain gene family,is preferentially expressed in the nervous system. Oncogene,22:1002-1011.

Tong J, Hanna F, Zhu Y, et al. 2002. Neurofibromin regulates G protein-stimulated adenylyl cyclase activity. Nat Neurosci,5:95-96.

Townsley F M,Bienz M. 2000. Actin-dependent membrane association of a Drosophila epithelial APC protein and its effect on junctional Armadillo. Curr Biol,10(21): 1339-1348.

Vogelstein B,Fearon ER,Hamilton SR,et al. 1988. Genetic alteration during colorectal tumor development. N Engl J Med,319:515-532.

Walker JA,Tchoudakova AV,McKenney PT,et al. 2006. Reduced growth of Drosophila neurofibromatosis 1 mutants reflects a non-cell-autouomous requirement for GTPase-activating protein activity in larval neuronsl. Genes De,20:3311-3323.

White PS,Thompson PM,Gotoh T,et al. 2005. Definition and characterization of a region of 1p36. 3 consistently deleted in neuroblastoma. Oncogene,24(16):2684-2694.

Williams VC,Lucas J,Babcock MA,et al. 2009. Neurofibromatosis type 1 revisited. Pediatrics,123(1):124-33.

Wohllk N,Schweizer H,Erlic Z,et al. 2010. Multiple endocrine neoplasia type 2. Best Practice & Research Clinical Endocrinology & Metabolism,24(3):371-387.

Wäsch R,Robbins JA,Cross FR. 2010. The emerging role of APC/CCdh1 in controlling differentiation,genomic stability and tumorsuppression. Oncogene,29(1):1-10.

Yoo JY,Yoo YH,Choi YJ,et al. 2008. A novel denovomutation in thc scrine threonine kinase STK11 gene in a Korean patient with Peutz-Jeghers syndrome. BMC Med Genet,9:44.

Yoshida K,Miki Y. 2004. Role of BRCA1 and BRCA2 as regulators of DNA repair,transcription,and cell cycle in response to DNA damage. Cancer Sci,95(11):866-871.

Yu X,Chini C,He M,et al. 2003. The BRCT domain is a phospho-protein binding domain . Science,302(5645):639-642.

Yun J,Lee WH. 2003. Degradation of transcription repressor ZBRK1 through the ubiquitin-proteasome pathway relieves repression of Gadd45a upon DNA damage. Mol Cell Biol,23(20):7305-7314.

Yunoue S,Tokuo H,Fukunaga K,et al. 2003. Neurofibromatosis type I tumor suppressor neurofibromin regulates neuronal differentiation via its GTPase-activating protein function toward Ras. J Biol Chem,278(29):26958-26969.

Zhang C,Gao J,Zhang H,et al. 2012. Robo2-slit and Dcc-netrin1 coordinate neuron axonal pathfinding within the embryonic axon tracts. J Neurosci,32(36):12589-12602.

Zhang J,Willers H,Feng Z,et al. 2004. Chk2 phosphorylation of BRCA1 regulates DNA double-strand break repair. Mol Cell Biol,24(2):708-718.

Zhong D,Xiong L,Liu T,et al. The Glycolytic inhibitor 2-deoxyglucose activates multiple prosurvival pathways through IGF1R. J Biol Chem,284(35):23225-23233.

Zimmer M. 2004. Inhibition of hypoxia-inducible factor is sufficient for growth suppression of VHLK/K tumors. MOL. Cancer Res,2:89-95.

Zumbmnn J,Kinoshita K,Hyman A,et al. 2001. A Binding of the adenomatous polyposis coli protein to microtubules increases microtubule stability and is regulated by GSK3 beta phosphorylation. Curr Biol,11(1):44-49.

第十六章　肿瘤耐药基因

在抗肿瘤治疗中，抗肿瘤化疗仍然是一种重要的治疗方法，与外科手术治疗、放疗、介入及生物治疗一样，占有十分重要的地位。影响化疗药物（chemotherapeutic drug）选择及治疗效果的因素很多，包括用药方法、吸收、代谢、血药浓度、组织氧合作用及肿瘤细胞的应答性质等，但肿瘤细胞对化疗药物产生抗药性，是治疗失败的主要原因。肿瘤细胞的抗药性主要分为两大类。一是先天性：肿瘤细胞对化疗药物天然不敏感。二是后天获得性：肿瘤细胞因化疗药物的诱导及其他因素的原因产生耐药性。

根据肿瘤细胞的耐药特点，耐药可分为原药耐药（primary drug resistance，PDR）和多药耐药（multi-drug resistance，MDR）两大类，原药耐药是指对一种抗肿瘤药物产生抗药性后，对非同类型药物仍敏感；多药耐药是指肿瘤细胞对一种化疗药物产生耐药性，对其他结构和功能不同的化疗药物也产生交叉耐药，它是造成肿瘤化疗失败的主要原因。狭义上的多药抗性是指由于MDR-1基因表达的P-糖蛋白及其MDR-相关蛋白（MDR-related protein，MRP）的表达而产生的抗药性；而广义上的多药抗性，则是指由于MDR、MRP基因表达，以及谷胱甘肽-*S*-转移酶（glutathione-*S*-transferase，GST）基因、癌基因（c-Ha-ras、bcl-2、bcl-abl、eRB B-2、fos、jun和Mdm-2）、热休克蛋白（heat shockprotein，HSP），细胞因子（IL-6、TGF-β、IGF-Ⅰ和Lrp）、药物代谢相关酶类及金属硫蛋白（metallothionein-1，MT-1）等基因的表达引起的对抗肿瘤化疗药物的耐药性。对肿瘤耐药基因的研究，不仅可以阐明肿瘤细胞耐药产生的分子生物学机制，而且还为抗药性的克服、提高抗肿瘤化疗药物的治疗效果指明研究和努力的方向。

第一节　多药抗性基因

早在1984年就注意到肿瘤细胞对一种或多种药物的抗药性，至少与一种基因的表达有关。这种基因现在称为多药抗性基因，即MDR基因。肿瘤细胞以一种抗肿瘤药物进行刺激之后，逐渐发展为对这种药物的作用有一定的抗药性，不仅如此，还逐渐发展为与这种药物在结构和功能上有关或无关的药物的抗药性，因此称为多药抗性。具有多药抗性的哺乳动物的肿瘤细胞，过表达一种分子质量为17kDa的糖蛋白（glycoprotein）分子，此为MDR1基因的表达产物。这种MDR1蛋白是一种跨膜蛋白质分子，作为一种泵结构，将细胞内的抗肿瘤药物从细胞内转运到细胞外，使这种细胞对一般的抗肿瘤化疗药物变得不敏感，或者说产生了抗药性。

一、多药抗性基因1的表达与肿瘤的抗药性

Riordan等以中国仓鼠卵母细胞（Chinese hamaster ovary，CHO）的mRNA构建了cDNA文库（library），从中克隆了MDR1的cDNA。应用分子杂交技术，证实了多药抗性的肿瘤细

胞中4.7kb的MDR1 mRNA的转录水平显著升高。应用Southern blot杂交技术证实,非多药抗性细胞中,已有数种MDR基因的存在,基因组DNA中有8条大小不同的条带可与MDR1的cDNA探针进行杂交。现已证实,MDR是一个基因家族,在肿瘤细胞中,特别是在已经产生了多药抗性的肿瘤细胞中,有多个MDR基因拷贝的存在,有时每种基因的拷贝数可以达到60个以上,但只有MDR1基因的编码产物才与肿瘤细胞的抗药性有关。MDR1定位于7q21.1,编码一种糖蛋白(P-glycoprotein,P-gp)。1976年Juliano和Ling在研究对秋水仙碱耐药的CHO时发现细胞膜上存在一种分子质量约170kDa的糖蛋白,其表达水平与CHO耐药程度呈正相关,该蛋白质的发现首次阐述了MDR的分子机制。P-gp介导的对多种药物的交叉抗药性,可被环孢素(cyclosporin)、奎尼丁(quinidine)等所逆转。受到多药抗性影响的药物有拓扑异构酶(topoisomerase)抑制剂和微管蛋白(tubulin)结合的药物等。相对于其亲代细胞来说,多药抗性的细胞对化疗药物的摄取不力,因为MDR1基因编码的产物,是一种ATP依赖性的跨膜转运蛋白,作为一种药物泵结构,可将细胞内的化疗药物,如紫杉烷类、长春新碱等转运到细胞外,使细胞内难以达到抗肿瘤有效的药物浓度,从而产生对这些药物的耐药性。目前的研究发现,可被P-gp输出细胞外的抗肿瘤化疗药物的结构差别很大。能够产生多药抗性的肿瘤细胞种类很多,包括肺、肝、肾、胃等器官或组织来源的恶性肿瘤细胞。

MDR1[ATP-binding cassette,sub-family B(MDR/TAP),member 1,ABCB1]是目前在肿瘤细胞耐药中得到最广泛研究的一个基因。P-gp是肝脏药物分泌、限制胃肠道药物的吸收、血脑屏障、血睾丸、血液胎盘屏障作用中的关键组成部分。转染实验、基因敲除、RNA沉默和小分子抑制剂等多种实验研究证明MDR1是多种抗癌药物,如紫杉烷类化合物、蒽环类耐药的决定性因素。在临床试验中采用多种P-gp抑制剂试图改善耐药,但是只有少数证据表明可以临床获益。在人类子宫肉瘤细胞系MES-SA中使用卢里亚-德尔布吕克(Luria-Delbruck)波动分析,研究人员发现在这些细胞中通过自发变异获得MDR激活MDR1是肿瘤细胞抵抗多柔比星、紫杉醇、长春花碱的一种常见机制,但不包括鬼臼乙叉甙(依托泊苷)。

二、MDR1蛋白的结构特点和分布规律

MDR属于ABC(ATP-binding cassette)转运超家族成员B组。目前发现两种P-gp编码MDR基因,MDR1(ABCB1)和MDR2(ABCB2)。这类膜蛋白包含两个核心跨膜域(membrane-spanning domain,MSD),MSD1和MSD2,每个跨膜域由6个跨膜结构域组成(transmembrane domain,TMD)。人MDR1基因表达于多种正常组织,包括肝脏、肾脏、小肠、结肠、肾上腺和血脑屏障。肝脏和肾脏主要表达MDR2。MDR1基因编码的蛋白质由1280个氨基酸残基组成,可以分成两个片段,氨基端与羧基端的片段其蛋白质一级结构的同源性可达43%,如图16-1所示。每一片段的结构中都含有6个跨膜结构域,各含有一个高度保守的ATP结合盒式结构(cassette motif),图16-1中431/432与1073/1074两个位点及其附近的结构即为ATP结合的位点结构。在MDR1糖蛋白分子中的氨基末端的细胞外部分,含有数个潜在的*N*-糖基化位点。两段片段的连接部分是一段可变的多肽序列。

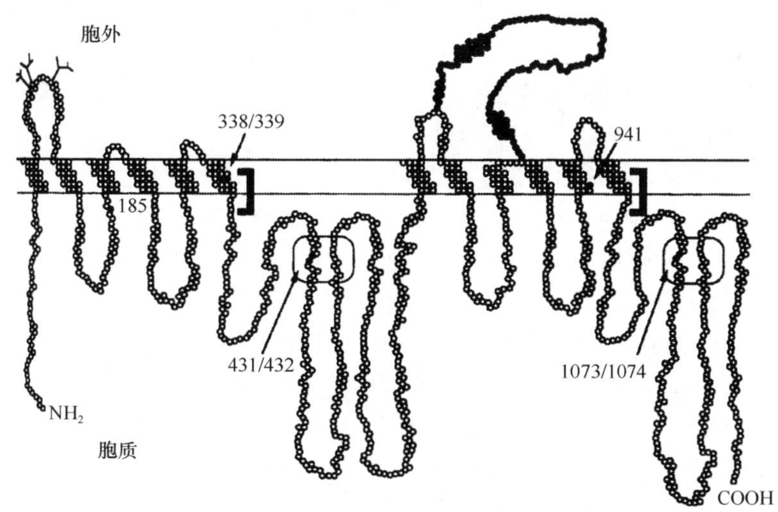

图 16-1　MDR1 糖蛋白的亚细胞分布

只有 MDR1 蛋白具有转运阿霉素、长春新碱、紫杉烷类、依托泊苷、替尼泊苷、放线菌素 D 等抗肿瘤药物的功能。这些底物虽然结构不一样，但都具有疏水性。研究认为这些药物通过药物浓度梯度穿过细胞膜被动扩散进入细胞。可以通过 MDR1 蛋白由位于细胞内的核苷酸结合结构域水解 ATP 作为能量来源逆浓度梯度清除药物。然而，自从完成 MDR 基因分子克隆以来，一种单一的多特异性膜蛋白为什么可以运输结构多样化的抗肿瘤药物频谱的分子机制一直备受关注。因为 MDR1 蛋白作为一种运输管道系统，具有可以运输结构上差别很大的药物的功能，因此，随之而来的一个问题是 MDR1 蛋白对底物是怎样进行识别的。对 MDR1 蛋白运输作用的底物及其阻断剂结构进行比较，发现 MDR1 糖蛋白作用的底物都是中极两性的和疏水性的，但彼此之间缺乏结构上的相似性。为了确定药物结构中可与 MDR1 糖蛋白结合的位点，对 MDR1 糖蛋白的第 6 螺旋和第 12 螺旋结构的 C 端进行光亲和标记，以探讨药物的结合位点。第 6 螺旋和第 12 螺旋结构分别具有结合位点，或两部分集合为单一的结合位点。另外，与药物结合有关的位点则是与 ATP 结合着的盒式结构区。结果表明，第 6 螺旋和第 12 螺旋结构的羧基末端可能是两个功能上相同、位置上毗邻的同等位点。但并不排除在 MDR1 蛋白结构中还存在着其他类型的药物结合位点。

对 MDR1 糖蛋白突变体的功能分析，对了解 MDR1 糖蛋白结构与功能之间的相互关系也大有裨益。MDR1 糖蛋白分子中 Gly185 Val 突变之后，与秋水仙碱(colchicine)的结合能力下降，与长春新碱等的结合能力增加。以秋水仙碱和长春新碱的类似物进行光亲和标记实验的结果表明，长春新碱与 MDR1 的结合增加，而与秋水仙碱等的结合则降低。这一结果表明，MDR1 蛋白分子第 185 位上的氨基酸残基的置换，并不能改变 MDR1 蛋白与抗肿瘤化疗药物开始时的结合能力，但完成运输过程之后，则可使与 MDR1 蛋白结合的长春新碱类更易发生解离。以放线菌素 D(actinomycin D)对仓鼠的细胞系进行选择，从中发现了 MDR1 蛋白分子两个位点的突变(Gly338 Ala 和 Ala339 Pro)。这两个位点的氨基酸残基置换都发生在第 6 跨膜位点区。发生 338/339 位点上的氨基酸残基置换以后，这种突变型的 MDR1 蛋白对放线菌素 D 具有抗性作用。对 MDR1 蛋白分子中第 11 跨膜区进行 Ser941

Phe 定点诱变,对小鼠的 MDR1 结合底物的特异性有所影响,说明 MDR1 蛋白的跨膜位点区的结构对其功能有决定性的影响。对于高度保守的 ABC3 个位点区,即 431 位置或 1073 位置上发生 Gly→Ala 置换,或 432 位置或 1074 位置上发生 Lys→Arg 置换,则可能导致 MDR1 的功能几乎全部丧失。

MDR1 蛋白具有表皮屏障的功能。在肝脏组织中,MDR1 糖蛋白主要分布于肝窦的肝细胞膜上,在肾脏组织中则主要分布于远曲小管上皮细胞的刷状缘上。结肠中的 MDR1 蛋白则主要分布于上皮细胞朝向黏膜一边的细胞膜上。因此,认为 MDR1 蛋白正常情况下对机体的组织、细胞具有一定的保护功能,可以将组织、细胞及血液循环中的毒素分泌到尿、胆汁中,排出体外;另外,还可以防止消化道中含有较高浓度的毒素进入血液循环中。最近的研究结果支持对 MDR1 糖蛋白的认识。例如,在 MDR1 基因剔除($MDR1^{-/-}$)的转基因小鼠中,可以观察到对小剂量毒素产生过度反应的现象。这种转基因小鼠对神经毒素过度敏感,施以神经毒素以后,其脑中这种毒素的浓度是正常对照小鼠脑组织毒素的 87 倍,极易引起麻痹、瘫痪及死亡。这一结果表明,MDR1 基因正常水平的表达在维持血脑屏障(blood-brainbarrier)功能中的重要作用。

三、MDR1 基因表达的调控

多药抗性基因 1 表达的 MDR1 蛋白是肿瘤细胞产生抗药性的主要机制,对 MDR1 基因表达调控进行研究,可以更为清楚地认识肿瘤细胞多药抗性产生的分子生物学机制。Madden 等对人 MDR1 基因表达相关的 5′端及 3′端的基因序列进行了研究。从人基因组 DNA 文库中首先克隆了 MDR1 基因含有启动子结构的 5′端 DNA 序列,以氯霉素乙酰转移酶(chloramphenicol acetyl transferase,CAT)编码基因作为报道基因,构建了重组表达载体。以重组载体中 CAT 表达水平的高低来确定启动子的活性。由 MDR1 启动子控制的 CAT 表达活性与病毒基因启动子控制的 CAT 表达活性相似。将这种重组表达载体导入肿瘤细胞中进行表达,然后以相应的抗肿瘤化疗药物进行诱导,使之产生抗药性,并与未以化疗药物进行诱导的亲本肿瘤细胞进行比较,鉴定产生多药抗性细胞中 MDR1 启动子的活性与亲本细胞中 MDR1 启动子的活性有否差别。结果表明,尽管以 run-on 技术证实 MDR1 基因表达在转录水平上受到不同因素的调节,但报道基因表达水平在抗药细胞中并没有显著增加。因此,这些细胞中 MDR1 基因的转录表达调控元件并不位于-4741 ~ +286 序列。对这一段 5′端的序列进行系统性缺失突变,证实 MDRl 基础性转录活性的启动子序列位于转录起始位点附近,即-134 ~ +286 核苷酸。有趣的是,MDR1 基因转录起始位点下游的核苷酸序列与 MDR1 基因的转录起始过程有关,是体内 MDR1 转录表达的重要结构基础。这一点对 MDR1 基因转录水平的表达具有十分重要的意义。

肿瘤细胞的多药抗性与 MDR1 糖蛋白的表达有关,MDR1 基因表达水平的提高主要是转录水平表达的升高。对蛋白激酶 C(proteinkinase C,PKC)具有激活作用的因子可以诱导 MDR1 基因的表达,Chin 等对 ras 癌基因对 MDR1 基因表达活性的调节作用进行了研究。构建了 MDR1 启动子与 CAT 作为报道基因的重组表达载体,在与原癌基因 c-Ha-ras-1 的表达载体共同转染的小鼠成纤维细胞 NIH 3T3 中进行表达,CAT 报道基因的表达水平升高了 7 ~ 180 倍,并呈剂量依赖性的方式。而且这种细胞即使再以野生型 p53 基因的表达载体进行转染,CAT 的表达水平也不受影响。说明原癌基因 ras 的表达产物对 MDR1 基因的启动子具有显著的激活作用。Stromskaya 等对不同的人、大鼠及犬的细胞系中，N-ras 癌基因表达对 MDR1 启动子活性的调节作用进行了研究。其应用流式细胞分析以及对秋水仙碱的毒性作用的敏感性分析结果表明，大鼠的 Rat 1 成纤维细胞、IAR2 上皮细胞及 McA RH777 肝癌细胞等的原癌基因 ras 的表达可以反式激活 MDR1 糖蛋白基因的表达，但犬肾细胞系 MDCK、人慢性髓细胞性白血病细胞性 K562 及人结肠癌细胞系 LIM1215 中 ras 基因的表达则无此效果，Ras 蛋白对 MDR1 基因的表达没有激活作用，有的甚至有相反的作用，即 Ras 蛋白对 MDR1 基因的表达具有抑制作用。因此，认为 ras 癌基因蛋白对 MDR1 基因表达水平的调节作用性质具有明显的细胞类型的差别，因不同的细胞种类而有所差别。Kramer 等以人结肠癌细胞系 CloneA，研究原癌基因 c-Ha-ras 表达产物对 MDR1 基因表达的调控作用。将 c-Ha-ras 原癌基因的表达载体导入低分化型的 CloneA 细胞系中，可以诱导这一细胞系进一步分化。以免疫沉淀(immunoprecipitation，IP)、Western-blot 和荧光激活细胞分拣(FACS)系统进行分析，表明 CloneA 细胞系的分化程度及其进展与此肿瘤细胞膜上的 MDR1 糖蛋白水平的下降是一致的。对表达 c-Ha-ras 原癌基因转导细胞中 MDR1 mRNA 转录表达水平进行研究，证实随着这种转导细胞不断地进行分化，其 mRNA 的转录水平下降。说明在人的结肠癌细胞中，c-Ha-ras 癌基因蛋白的表达对 MDR1 的启动子活性具有一定的调节作用。

对 MDR1 基因启动子基因区的序列和结构进行分析，发现有一段高度保守的 DNA 序列可与热休克蛋白(HSP)进行结合，称之为热休克元件(heat shock element，HSE)序列结构。提示 MDRl 基因的表达水平可能会受到热休克蛋白的调节。在人肾癌细胞系受到热休克的刺激之后，可以检测到 MDR1 基因的表达水平升到 7～8 倍。但在其他类型的人的细胞中，未见到热休克应激时的 MDR1 mRNA 转录水平的升高。Miyazaki 等研究了热休克刺激对人肿瘤细胞中 MDR1 启动子活性的激活作用及影响。将不同范围缺失突变的 MDR1 启动子序列与报道基因 CAT 进行重组，并将各种重组表达载体转导肿瘤细胞系，得到 MDR1 糖蛋白的表达。在 MDR1 的 5′端非翻译区，152～178bp 核苷酸序列是一种典型的 HSE 结构形式。将转导的细胞在 45℃条件下热休克 90 分钟，其中的报道基因 CAT 的表达水平显著升高。以 Northern blot 杂交方法对 CAT 的 mRNA 表达水平进行测定，发现热休克处理以后的 CAT mRNA 转录水平显著提高，比未经热休克处理细胞中 CAT mRNA 的转录水平提高 4～5 倍。对 MDR1 启动子结构区的 HSE 结构进行缺失突变，部分缺失突变时，细胞经过热休克处理之后，仍可检测到 CAT 表达活性被诱导的现象。但是，如果这种系列缺失突变涉及 −76～−121 位核苷酸序列时，热休克再也不能诱导 CAT 的表达活性，说明−136～−76 位核苷酸中存在着一种新的热休克应答元件(heat shock responsible element)。以体外 DNA-蛋白质结合作用研究的凝胶电泳迁移率移动分析法证明，热休克处理后的肿瘤细胞核蛋白的确能与−152～ −178 位核苷酸序列进行结合，成为 DNA-蛋白质复合物。另外，还发现了能与 MDR1 基因启动子序列−99～−66 位核苷酸序列进行结合的核蛋白。虽然经热休克处理之后，这种核蛋白因子的表达水平并未显著升高，但在温和的变性条件下，经过热休克处理的肿瘤细胞的细胞核蛋白又与−99～−66 位核苷酸序列结合成的复合物更为稳定。从这项研究中可以看出，MDR1 启动子在对热休克的应答过程中，与 MDR1 特异性转录因子以及这种新发现的热休克应答元件都有十分密切的关系。Kioda 等的研究结果表明，在 MDR1 基因启动子序列中，在 60 个核苷酸的范围之内，存在着两段热休克应答元件。因此，MDR1 基因的表达不仅要受到热休克应答刺激的调节，而且还具有精细的分子生物学调节机制。

MDR1 基因启动子的表达活性还受到细胞因子的调节。Walther 等对肿瘤坏死因子 α (tumornecrosis factor-α，TNF-α) 调节 MDR1 基因表达的作用及机制进行了研究。胶质母细胞瘤的治疗目前仍然在很大程度上依靠化疗，但这种肿瘤在化疗过程中出现多药抗性状态也很常见，严重影响了抗肿瘤的化疗效果。对胶质母细胞瘤细胞中 MDR1 蛋白的表达进行检测，发现 MDR1 蛋白的阳性率很高。将人 TNF-α 的重组反转录病毒表达载体导入人胶质母细胞瘤细胞系 U373MG 中，可获得人 TNF-α 的分泌型表达，随着 TNF-α 的表达，MDR1 的糖蛋白表达水平也显著升高，对罗丹明 123 的摄入能力也随之增加。这一结果表明，TNF-α 的转基因表达对该肿瘤细胞中 MDR1 糖蛋白的表达具有促进作用。Kang 等对干扰素 α (interferon α，IFN-α) 在 MDR1 基因表达调节中的作用进行了研究。以 Western blot 技术证明，以 500U/ml 的人 IFNα 处理中国仓鼠卵母细胞 ChR C5，其细胞膜上 MDR1 蛋白的表达水平升高，而且是一种作用时间和剂量依赖性的方式，同时以 Northern blot 技术证实以 IFN-α 处理以后，ChR C5 细胞中 MDR1 mRNA 的表达水平也显著升高。但以 Southern blot 技术证实，ChR C5 细胞在以 IFN-α 处理前后其中的 MDR1 基因的拷贝数不变，说明以 IFN-α 处理以后，ChR C5 细胞 MDR1 基因的表达水平升高。

在 MDR1 基因的启动子结构区中还具有对血清饥饿应答 (serum starvation response) 的有关元件，在撤除血清以后，体外培养的细胞中 MDR1 基因的表达水平也受到调控。将人 MDR1 基因启动子的系列缺失突变体与 T 构建的重组表达载体，转导啮齿动物细胞系，当撤除培养基中的血清成分时，细胞可以发生生长阻滞，此时 MDR1 启动子的活性升高，但 SV40 启动子及病毒胸腺嘧啶核苷激酶 (thymidine kinase，TK) 这两种病毒的基因启动子在撤除培养基中的血清成分以后，未检测到显著的升高。DNA 拓扑异构酶 Ⅱ (topoisomerase Ⅱ) 抑制剂不仅对 MDR1 的启动子具有激活作用，而且对病毒的 TK 和 SV40 的启动子也具有激活作用。因此，MDR1 启动的调节机制与病毒启动子的调节机制还是具有很大差别的。以同样的人 MDR1 启动子-CAT 重组表达载体转导人肾上腺细胞系 SW-13、小鼠成纤维细胞系 NIH 3T3 及小鼠的肾上腺细胞系 Y-1，当撤除培养基中的血清成分时，只能在人 SW-13 细胞系中检测到 MDR1 启动子活性升高、CAT 表达水平升高，而小鼠两种细胞系中的 CAT 表达水平无显著变化。这一结果表明，血清饥饿对 MDR1 启动子的活性调节，是撤除培养基中的血清成分时 MDR1 表达的主要调节机制，而且这种调节方式是 MDR1 启动子序列结构特异性的一种方式。

Fojo 和同事提出 MDR1 基因启动子可以激活毗邻的许多无关基因的表达，因此基因重排是是调节 MDR1 表达的重要机制，在白血病和淋巴瘤等病理组织中也证实了这一观点，说明了其潜在的临床价值。Ras、c-Raf、c-Raf 激酶等一些原癌基因也参与 MDR1 表达的调控，表明原癌基因在调节 MDR1 表达中的作用也许是通过肿瘤分化过程实现的。

在细胞转化和肿瘤进展过程中，最常观察到的改变是 TP53 肿瘤抑制基因的突变。有大量证据表明，p53 基因参与调控 ABCB1。野生型 p53 抑制 MDR1 启动子活性而突变的 p53 可发挥其增强活性。此外，ABCB1 基因启动子上 p53 相互作用的位点已被确定。因此，改变 p53 系统中与 MDR 相关的位点可改变由 p53 介导的信号通路。Nutlin-3 抑制 MDM2，是一种 p53 的一个强有力的抑制剂，其在耐药的神经母细胞瘤和横纹肌肉瘤细胞系中可以抑制 P-gp 和 MRP1 的功能。这些研究表明，p53 的系统涉及 MDR1 的调控，可能是与 MDR1

启动子直接作用。因此,恢复或模仿野生型p53的功能可能是减少或防止MDR和敏感癌细胞对抗癌药物产生耐药的一个策略。

经过药物选择后的白血病细胞株HL-60中MDR1的表达与MDR1启动子的去甲基化相关。人T淋巴细胞白血病甲基化治疗后,急性白血病、成人急性淋巴细胞性白血病、膀胱癌等病理显示,MDR1启动子的去甲基化活化MDR1基因的表达。Jin和Scotto使用组蛋白去乙酰化酶抑制剂曲古抑菌素A瞬时处理人结肠癌细胞系SW620细胞,进一步证实组蛋白乙酰转移酶(HATS)和组蛋白去乙酰化酶(HDACs)能够调节MDR1 mRNA水平。也有研究证实,在多柔比星单步骤选择的MES-SA细胞突变体中,MDR1启动子远端上游(P2)968bp区域内的核小体的乙酰化H3增加了20倍,但MDR1启动子近端(P1)不存在这种现象。相对地,在分步进行处理的MES-SA/Dx5细胞中发现,在MDR1 P1启动子区乙酰化H3增加了35倍,但不是在P2启动子区。这种现象的确切分子生物学机制尚不清楚。然而,这是第一个表观遗传的证据,表明不同的细胞毒性治疗方案可能会导致不同的结果,导致MDR1激活的差异。Baker等进行的另外一些独立研究也表明了H3的乙酰基调控MDR1的重要性,他们证实经过24h抗癌药物诱导后在CEM-Bcl-2和SW620细胞系中MDR1 P1启动子MDR1的表达与H3乙酰化显著增加相关,但不是H4。同样,一种抑制组蛋白标记物,三甲基H3-LYS9与另一个多药转运ABCG2的表达相关。这些研究表明,H3的乙酰化状态在一些ABC转运中起着重要的调节作用。

四、多药抗性相关蛋白

多药抗性基因是一个庞大的家族,在基因的一级结构上具有广泛的同源性,但其功能却不尽相同。例如,在人的细胞中,除了MDR1基因之外,还有MDR2、MDR3和多药抗性相关蛋白(MDR-related protein,Mrp)的编码基因等。目前人MDR3编码产物的功能尚不十分清楚。人Mrp蛋白也是一种跨膜糖蛋白,其功能与MDR1一样,也可运送化疗药物,使细胞产生抗药性。另外,人细胞中囊性纤维化跨膜传导调节因子(cystic fibrosis transmembrane conductance regulator,CFTR)的编码基因也属于MDR基因家族的一个成员,但其构成的通道与氯离子(chlorideion)的转运有关,与细胞的抗药性机制没有关系。CFTR基因突变可导致肺囊性纤维化,这是欧美北高加索白人中一种较为常见的遗传性疾病,也是人体基因治疗(gene therapy)临床试验开展得较早的一种遗传性疾病。在小鼠的细胞中,MDR基因家族的成员包括MDR1、MDR2和MDR3等,除了MDR2与肝脏的磷脂(phospholipid)转运有关之外,MDR1、MDR3都是转运药物的跨膜蛋白通道,与小鼠细胞的抗药性产生机制有关。除此之外,在果蝇、疟原虫、酵母、大肠杆菌、利什曼原虫等细胞中都发现了与MDR同源的基因,并与这些细胞抗药性的产生有着极为密切的关系。

(一) mrp的基因结构

以抗肿瘤化疗药物对人肺癌细胞系H69 AR进行处理和诱导,可以出现针对多种化疗药物的抗药性,对这种出现抗药性的肿瘤细胞中MDR1糖蛋白的表达水平进行检测,正如这种肺癌患者的肿瘤细胞一样,MDR1糖蛋白的表达水平并没有显著升高。Cole等以这种抗药性肺癌细胞的mRNA构建了cDNA文库,从中克隆了mrp的cDNA。全长为8.8kb,可与7.8~8.2kb的单一条带的mRNA进行杂交,抗药性细胞中这种mRNA的表达水平是药物敏感性肿瘤细胞中的 200 倍，说明在肿瘤细胞的抗药性产生过程中，这种基因的表达水平显著升高。对一株以化疗药物筛选的 HeLa 细胞株进行检测，其中 MDR1 糖蛋白的表达水平没有显著升高，但 mrp mRNA 的转录水平则升高了 12 ~ 15 倍。

mrp cDNA 中的开放读码框架（openreading frame，ORF）为长 1522 个氨基酸残基的编码区，即 4566bp。对 mrp cDNA 结构进行分析，并通过计算机联网检索，提示 Mrp 是三磷酸腺苷结合盒式结构（ATP-binding cassette，ABC）超家族中的一个成员。这个超家族的各个成员都是能量依赖型的各种分子进行跨膜转运的载体，在真核细胞和原核细胞中莫不如此。mrp 与 MDR1 及 CFTR 等同属于一个超家族。对 mrp 的染色体基因定位，发现 mrp 与 CFT 都位于 7 号染色体上，分别位于 q21 和 q31 位点上。

（二）mrp 基因的过表达与多药抗性

Doyle 等对一株小细胞肺癌细胞系 UMCC-1 以化疗药物进行诱导处理，出现了多药抗性，建立了抗药细胞株 UMCC-1/VP。UMCC-1/VP 的抗药性是其亲本细胞 UMCC-1 的 20 倍。以反转录聚合酶链反应（reverse transcription-polymerase chain reaction，RT-PCR）对 MDR1 的 mRNA 转录表达进行检测，并没有检测到 MDR1 mRNA 表达水平有升高的现象。在抗药性细胞中 mrp mRNA 表达水平则显著升高。以 Mrp cDNA 为探针，对抗药性细胞中 mrp mRNA 进行 Northern blotting 杂交分析，也证实只有在抗药性细胞株中才有 mrp mRNA 转录水平的显著升高。以抗 Mrp 的抗血清进行 Western blotting 杂交分析，也证明抗药性细胞株 195000 的 Mrp 蛋白表达水平显著升高。以 Northern blotting 杂交分析表明，抗药性细胞中 mrp 基因放大达 10 倍之多。这些结果表明，mrp 表达水平的升高与肿瘤细胞的抗药性机制有关。Zaman 等则以 RNase 保护分析法对非小细胞肺癌和小细胞肺癌两株肿瘤细胞系 SW-1573 和 G1C4 进行分析，这两种细胞系中 MDR1 基因的表达水平都没有明显升高，但 mrp 在 GUC4 抗药性细胞株中的表达水平则升高了 25 倍。因此，在非 P-糖蛋白介导的多药抗性机制中，mrp 的表达是一种重要的分子机制。

Abe 等对人胶质瘤细胞自发性抗药机制进行了研究，发现 mrp 的表达与这种自发性抗药性状态的出现有关。各种不同的胶质母细胞瘤是中枢神经系统（central nervous system，CNS）的一种较为常见的恶性肿瘤，但对各种化疗手段却不是非常敏感。在神经胶质瘤细胞系中，IN500 和 T98G 两株细胞中 mrp mRNA 的转录表达水平显著升高，相对来讲，这两株细胞系对多种抗肿瘤化疗药物也有最大程度的抗药性。在其他 5 株神经胶质细胞瘤细胞系中，其抗药性状态以及 mrp 基因的转录表达之间具有很显著的相关性，提示神经胶质瘤细胞系的自发性抗药机制的形成，也与 mrp 基因的表达有密切的关系。Grant 等将 mrp 的重组表达载体导入 HeLa 细胞系中，转导的细胞株随着 mrp 的表达，对多种化疗药物的抗药性也显著升高。转导细胞株的抗药性与其膜上 Mrp 跨膜蛋白的表达水平之间成正比。

神经胶质母细胞瘤细胞中原癌基因 n-myc 的基因放大频率相当高，n-myc 基因放大与这种细胞的恶性进展过程以及对化疗药物的敏感性有关。Bordow 等对小儿神经母细胞瘤细胞的抗药性、mrp 基因的表达及其与原癌基因 n-myc 表达之间的关系进行了研究。从Ⅰ ~ Ⅳ期的 25 例原发神经母细胞瘤以及 5 株人神经母细胞瘤细胞系中都检测到了 mrp mRNA 的转录表达。具有 n-myc 原癌基因放大的肿瘤细胞中 mrp 的表达水平显著高于无 n-myc 原癌基因放大的肿瘤细胞中 mrp mRNA 的转录水平。mrp 基因的表达与 n-myc 基因的放大之间具有显著的相关性，但 mdr1 与 mrp、n-myc 之间都无显著的相关性。以视黄酸处理神经母细胞瘤细胞系 SH-SY5Y，n-myc 基因的表达水平即显著下降，随之 mrp 基因的表达水平也显著下降。说明 mrp 与 n-myc 两种基因的表达不一定有相关性。

五、Lrp 和 p95

mdr1 和 mrp 两种基因的表达与肿瘤细胞的抗药性之间有着极为密切的关系，除此之外，肺抗性蛋白（lung resistance protein，Lrp），又称为 p110 蛋白和 p95 蛋白的表达与肿瘤细胞的多药抗性之间也具有十分密切的关系。

（一）Lrp 蛋白

Lrp 的分子质量为 110 000Da，因此，又称为 p110。Lrp 是一种从多药抗性肺癌细胞系 SW-1573/2R120 中首先分离到的一种蛋白质。Lrp 蛋白的表达水平下降，LR120 细胞系的抗药性也降低，提示 Lrp 蛋白与肿瘤细胞之间的密切关系。对 26 种不同的肿瘤进行分析，化疗抗性肿瘤细胞中 Lrp 的表达水平显著高于化疗敏感性肿瘤细胞中 Lrp 的表达水平。从临床上来讲，Lrp 的表达可以作为肿瘤细胞抗药性的一个标志。Scheffer 等克隆了人 Lrp 的 cDNA。Izuequierdo 等对 Lrp 作为晚期卵巢癌化疗的敏感性及预后的一种标志的意义进行了研究。对 57 例肿瘤标本进行免疫组织化学检测，Mdr1、Mrp 与 Lrp 的阳性率分别为 16%、68% 和 77%。但这些抗药性指标与肿瘤预后的其他指标之间缺乏相关性。Mdr1 与 Lrp 表达之间，及其与化疗的应答和生存率之间没有显著的相关性。但注意到 Lrp 阳性相对于 Lrp 阴性的肿瘤患者，对化疗的敏感性显著下降，肿瘤进展时间短，存活率低。因此，在晚期卵巢癌患者中，Lrp 蛋白的表达是化疗不敏感、预后不良的一个指标。

（二）p95 蛋白

人乳腺癌细胞系 MCF-7 以抗肿瘤化疗药物进行诱导之后，可诱导其多药抗性状态，并分离到一株抗药细胞株 MCF-7/Adr Vp。这种多药抗性细胞株对多种类型的抗肿瘤化疗药物都具有显著的抗药性，但其中的 mdr1 和 mrp 的表达水平都没有显著改变，只是拓扑异构酶Ⅱ的表达水平升高了 2～3 倍。对这一多药抗性细胞株进一步分析，发现相对分子质量为 95000 的一种膜相关糖蛋白处于过表达状态。MCF-7/Adr Vp 细胞系的抗药性与 p95 糖蛋白过表达有关，如果 MCF-7/Adr Vp 细胞中的 p95 基因丢失，则会变为药物敏感性的肿瘤细胞系。因此，提示 p95 糖蛋白的表达与肿瘤细胞的抗药性有着十分密切的关系。Doyle 等对 p95 蛋白的表达与 MCF-7/Adr Vp 和 NCI-HI688 细胞系抗药性之间的关系进行了研究，证明 p95 蛋白的表达与这些肿瘤细胞的多药抗性有着十分显著的相关性。

六、多药抗性基因的意义

第一，对多药抗性基因及作用机制的研究，可以阐明肿瘤细胞对抗肿瘤化疗药物产生多药抗性的分子生物学机制，以探讨肿瘤抗药性的克服手段，提高抗肿瘤化疗的治疗效果。反义技术在多药抗性的克服中具有重要的应用前景。Mdr1、Mrp、Lrp、p95 等多药抗性相关的糖蛋白编码基因都先后完成了克隆，对这些基因表达调控的分子生物学基础也有了一定的了解，为反义技术克服多药抗性的研究和探索提供了坚实的理论基础。其中，反义脱氧寡聚核苷酸（ODN）、反义 RNA、核酸及多靶位核酶在肿瘤细胞多药抗性克服过程中具有重要地位。

第二，多药抗性基因的表达也并不总是坏事，也可以在抗肿瘤化疗中加以利用。例如，进行髓移植治疗血液恶性肿瘤时，可以预先将多药抗性基因对骨髓中的干细胞进行转导，移植以后，可以提高化疗的用药剂量，移植的正常干细胞由于具有多药抗性基因的表达而免遭破坏。

第二节　肿瘤的抗药性相关基因

肿瘤抗药性的产生是一个极为复杂的分子生物学过程，除了肿瘤的 mdr1、mrp、Lrp、p95 等多药抗性基因之外，其他多种类型的基因，特别是与抗肿瘤化疗药物代谢有关以及与细胞生存和增殖有关的基因表达，在一定程度上与肿瘤的抗药性形成机制有关，如谷胱甘肽-S-转移酶（GST）、原癌基因、细胞因子、热休克蛋白（HSP）、金属硫蛋白等。除了抗药性之外，这些基因的表达与肿瘤的其他特性也有关系，因此称其为肿瘤的抗药性相关基因。

一、谷胱甘肽-*S*-转移酶与肿瘤细胞的抗药性

谷胱甘肽-*S*-转移酶（glutathione *S*-transferase，GST）是由一系列同工酶组成的一个家族，根据其等电点的不同可以分为酸性、中性和碱性 3 种，这些同工酶的分布具有组织特异性。GST 能够催化一系列的疏水亲电子化合物，如胆红素、胆酸、类固醇激素、致癌物质及细胞毒性物质与谷胱甘肽（glutathione，GSH）结合，以促进这些化合物的转化、代谢、解毒和排泄。在 GST 家族中，胎盘型 GST（GST-π、GST-pi、GST-P）是一种与肿瘤细胞的抗药性有关的同工酶。在大鼠化学诱导的肝癌形成过程中，GST-P 是一种重要的癌前病变标志，在多种类型的人的肿瘤细胞中，GST-P 的表达水平也显著升高。

Chao 等对人结肠癌细胞系中 GST-P 过表达与抗药性之间的相互关系进行了研究。对获得多药抗性的人结肠癌细胞系中 GSH 和 GST 的表达水平进行测定、比较，与药物敏感型人结肠癌细胞系相比，其中 GSH 和 GST 的表达水平分别上升了 1.7 倍和 2.0 倍。此时，只检测到 GST 的 mRNA 转录水平提高了 2 倍，但其基因未见放大现象。证实 GST-P 转录表达水平的提高与肿瘤细胞的抗药性有关。Hara 等对抗药性小鼠胶质瘤细胞系中 GST-P 的表达与其抗药性之间的关系进行了研究，以 Northern blot、Western blot 及免疫组织化学方法对抗药性和非抗药性的神经胶质瘤细胞系进行对比检测，发现 GST-P mRNA 的转录水平，抗药性细胞是非抗药性细胞的 1.7 倍，抗药性细胞中 GST-P 的免疫组织化学染色也强于非抗药性肿瘤细胞系，因此，认为 GST-P 的表达与肿瘤细胞的抗药性机制有关。Kodera 等对胃癌细胞中 GST-α 的表达与抗顺铂的抗药性之间的相互关系进行了研究。对 22 例胃癌标本进行了分析，并与对应的正常黏膜组织进行比较，检测 GST-P 的表达以及对顺铂的抗药性。发现 GST-α 与抗顺铂的抗药性有关。Chen 等对人乳腺癌细胞系 MCF-7 中 GST 的表达水平以及与抗环磷酰胺的状态进行了分析和研究，与 MCF-7 亲本细胞相比，抗药性细胞株中的 GSH 升高了 1.4 倍，GST 升高 2.7 倍。提示 GST 的表达与乳腺癌细胞系对 CPA 的抗药性是一致的。

如果说仅仅观察到 GST 表达水平的升高与肿瘤细胞的抗药性是平行一致的,还不足以判定 GST 表达与肿瘤细胞的抗药机制之间具有必然的关系的话,那么 Doroshow 将 GST-P 表达载体导入 NIH 3T3 细胞系中,从而提高了 NIH 3T3 细胞对抗肿瘤药物的抵抗性,为 GST-P 表达与肿瘤细胞抗药性之间的直接关系提供了有力的证据。他们首先构建了 GST-P 的重组反转录病毒表达载体,经包装细胞进行包装以后,以 2×10^6CFU/ml 的假病毒颗粒感染 NIH 3T3 细胞系,GST-P 的表达,使 NIH 3T3 细胞系获得了对种类繁多的抗肿瘤化疗药物的多药抗性,从而进一步证明了 GST-P 表达与肿瘤细胞多药抗性之间的相关性。Hamada 等对化疗之前的 61 例临床肿瘤标本的 GST-P 表达进行了免疫组织化学分析,表明 GST-P 表达水平与此后的抗药性有关,因而 GST-P 的表达成为肿瘤细胞化疗敏感性及预后的一个重要指标。

关于 GST-P 在肿瘤细胞中表达的调节机制目前并不十分清楚,缺乏系统的研究资料。Moffat 等的研究表明,GST-P 基因的表达受到原癌基因 jun 和 fos 表达产物的调节。以 GST-P 基因启动子的系列突变体与报道基因重组,构建一系列的重组表达载体,当导入到人乳腺癌细胞系以及其多药抗性细胞株之后,GST-P 启动子的活性在抗药性细胞株中的水平是非抗药性细胞株中的 18 倍,说明抗药性乳腺癌细胞系中 GST-P 基因的转录活性是非抗药性乳腺癌细胞株的 18 倍。但是,当 GST-P 基因启动子的结构缺失突变涉及位于-69 ~ -63 核苷酸序列时,GST-P 基因启动子无论是在抗药性细胞株中,还是在非抗药性细胞株中,都失去转录表达活性。而-69 ~ -63 核苷酸序列就是转录因子蛋白复合体的 AP-1 的结合位点。这种 AP-1 转录因子蛋白复合体即是由原癌基因 c-jun 和 c-fos 的两种蛋白质产物结合而成的一种复合物结构。因此,可以解释为 c-jun 和 c-fos 原癌基因的表达参与 GST-P 基因启动子活性的调节。

二、原癌基因表达与肿瘤细胞的抗药性

原癌基因的表达可导致细胞生化代谢的多种改变,其中之一就是对抗药性的影响。例如,bcl-2、p53、c-Ha-ras、c-myc、Mdm2 等原癌基因的表达对肿瘤细胞的抗药性具有显著的影响。

原癌基因 bcl-2 是发现的第一个抑制细胞程序化死亡(programmed cell death,PCD)或细胞凋亡(apoptosis)的基因。在未经治疗的神经母细胞瘤细胞中,有相当比例的肿瘤细胞具有 bcl-2 基因的表达。bcl-2 基因的表达与其他神经细胞母细胞瘤(neuroblas toma,NBL)不良预后指标之间具有十分密切的关系,表明 bcl-2 基因的表达与 NBL 肿瘤细胞的恶性表型有关。为了证实这一推测,Dole 等将 bcl-2 的重组表达载体(pSFFVneobcl-2)转入 bcl-2 阴性的 NBL 细胞系 Shep-1 中,以含有新霉素类似物 G418 的选择性培养基筛选,获得一些抗性克隆,以定量免疫沉淀法测定具有不同水平的 Bcl-2 蛋白的表达。具有最高表达 Bcl-2 水平的细胞株,对顺铂等抗肿瘤药物的抗药性也最强,而且呈剂量依赖方式。以流式细胞学对顺铂处理细胞中的 DNA 片段化进行定量检测,证实 bcl-2 阴性的 NBL 细胞中的 DNA 发生片段化的比例很高,但以 bcl-2 基因的表达载体进行转导以后,bcl-2 基因的表达可以显著抑制由抗肿瘤化疗药物顺铂等诱导的 NBL 细胞中 DNA 的降解,这种 bcl-2 对抗肿瘤药物引起的 DNA 降解过程的抑制作用呈剂量依赖性特征,即 bcl-2 基因的表达水平越高,对 DNA 片段化的抑制作用也越强。以脉冲电场凝胶电泳分析,证实 bcl-2 基因转导以后可以保护细胞在

受到顺铂等作用之后,50kb 的基因组 DNA 大片段不被降解。因此,bcl-2 基因的表达可以导致细胞对抗肿瘤化疗药物出现抗药性。其他一些肿瘤抗药性的诱导物质,如雌激素对乳腺癌细胞抗药性的诱导,也是通过对 bcl-2 原癌基因表达水平的影响。因为雌激素可以促进体内雌激素依赖性乳腺癌细胞的存活,而 bcl-2 又是促进细胞存活的重要原癌基因之一,因此,Teixeira 等对雌激素依赖性乳腺癌细胞中 bcl-2 基因表达水平受到雌激素调节,以及与肿瘤细胞抗药性之间的关系进行了研究。MCF-7 是一种雌激素受体阳性的乳腺癌细胞系,当培养基中含有雌激素时则有 8. 2kb 的 bcl-2 mRNA 的转录表达。撤除培养基中的雌激素,则导致此细胞 bcl-2 mRNA 转录表达水平的显著降低,重新加入雌激素之后,乳腺癌细胞中的 bcl-2 mRNA 又开始转录表达。bcl-2 mRNA 的变化与 Bcl-2-2 蛋白的变化是平行的。Bax 蛋白也是 Bcl-2 家族中的一个成员,可与 Bcl-2 结合成异二聚体,对肿瘤细胞的细胞程序化死亡具有促进作用。但 Bax 的表达水平即使在不含有雌激素的培养基中也不受影响。MCF-7 乳腺癌细胞系在其培养基中的雌激素撤除之后,这种肿瘤细胞对亚德里亚霉素的细胞毒性的敏感性提高了 2 倍。乳腺癌细胞系对这种抗肿瘤化疗药物的敏感性,与 Bcl-2 蛋白表达水平之间呈负相关。将 Bcl-2 的编码基因导入 MCF-7 细胞系中,即使在培养基中不加入雌激素,也有显著的 bcl-2 高水平的表达。同时,MCF-7 细胞系对丝裂霉素的抗药性也显著增加。另外,以 bcl-2 基因特异性的反义 RNA(antisense RNA)表达载体转导 MCF-7 细胞系,反义 RNA 的转录表达可以阻断内源性 bcl-2 的转录表达水平,即便在培养基中加入雌激素,bcl-2 的表达也受到明显抑制,对丝裂霉素的细胞毒性提高了 2 倍。从上述实验结果中可以看出,雌激素可以促进具有雌激素受体表达的乳腺癌细胞中 bcl-2 的转录表达水平,进而使这种肿瘤细胞产生对丝裂霉素的抗药性。

与多药抗性基因的抗药机制不同,Bcl-2 不是作为一种药物运输通道蛋白将细胞内的抗肿瘤化疗药物运送到细胞外,而是通过对抗肿瘤化疗药物诱导的细胞程序化死亡(programmed cell death,PCD)或细胞凋亡的抑制,来提高肿瘤细胞对抗肿瘤化疗药物的抗药性。Dole 等对 bcl-2 阻断化疗药物诱导的细胞程序化死亡的作用进行了研究,在未经治疗的神经母细胞瘤细胞中即已有较高的 bcl-2 原癌基因的表达。以 bcl-2 基因的重组表达载体转导 bcl-2 阴性的人 NBL 细胞系 Shep-1,表达 bcl-2 的细胞系对抗肿瘤化疗药物顺铂等的抗药性显著提高,而且与 bcl-2 的表达水平之间是一种剂量依赖性的性质。细胞中 DNA 的片段化由于 bcl-2 的表达受到显著的抑制。而细胞内 DNA 的片段化是细胞程序化死亡的一个重要标志,因此认为 bcl-2 的表达可以抑制抗肿瘤化疗药物所诱导的肿瘤细胞的细胞程序化死亡。

NBL 是神经系统中一种低分化的恶性肿瘤,当以细胞分化的诱导剂视黄酸进行诱导时,可见到 bcl-2 的表达水平提高并对丝裂霉素、顺铂等的抗肿瘤化疗药物有抗药性。同时,对肿瘤细胞以同等水平的抗肿瘤化疗药物进行处理后,以视黄酸诱导的肿瘤细胞发生的细胞程序化死亡到显著抑制。表明神经母细胞瘤在以细胞分化诱导剂视黄酸进行诱导以后,肿瘤细胞的分化、bcl-2 的表达水平提高,对丝裂霉素、顺铂等的抗药性,以及对抗肿瘤化疗药物诱导的细胞程序化死亡的抑制作用等都是一致的。Weller 等将原癌基因 bcl-2 导入人恶性胶质瘤细胞中,对抗 Fas/APO-1 抗体诱导的细胞程序化死亡具有一定的阻断作用,同时,与这种胶质瘤细胞的抗药性有关。因此,有足够的证据表明,bcl-2 基因表达水平的提高,可以增强肿瘤细胞对抗肿瘤化疗药物的抗药性。其机制主要是 bcl-2 的表达对抗肿瘤化疗药物引起的细胞程序化死亡具有抑制作用。

肿瘤抑制基因 p53 及其突变体对 MDR1 基因的表达也具有一定的调节作用,而且还具有细胞种类的特异性。Chin 等对野生型和突变型 p53 基因在 MDR1 基因表达调控中的作用进行了研究。他们首先构建了人 MDR1 基因启动子与 CAT 报道基因的重组表达载体,与人的野生型 p53 的表达载体,或 Arg175 His 突变型 p53 表达载体,共转染小鼠成纤维细胞 NIH 3T3,结果表明,突变型 p53 的表达对 MDR1 基因的启动子活性具有促进作用,但野生型 p53 基因的表达则对 MDR1 基因的启动子活性具有抑制作用。而且野生型 p53 的转基因表达还可以使突变型 p53 蛋白对 MDR1 基因启动子的激活作用得到抑制。野生型 p53 和突变型 p53 对 MDR1 基因启动子的激活作用与 c-Ha-ras 原癌基因对 MDR1 基因启动子的调节作用是相互独立、互不干扰的。但是,Angelis 等对结肠直肠癌的研究表明,野生型 p53 对 MDR1 基因启动子的活性具有抑制作用,而突变型 p53 对 MDR1 基因启动子却没有激活作用。因此,突变型 p53 基因对 MDR1 启动子作用的性质是有差别的。可能与肿瘤细胞的类型有关,也可能与 p53 蛋白分子中发生突变的位置不同有关。

三、金属硫蛋白与肿瘤细胞的抗药性

金属硫蛋白(metallothionein,MT)是一种小分子质量、富含半胱氨酸、与重金属离子锌、镉、铜、汞、铂等具有高度亲和力的一种细胞内金属蛋白家族。MT 的生理学功能是参与体内微量重金属元素储存、代谢,并与有毒的重金属离子的解毒有关。近年来的研究表明,MT 的表达与肿瘤细胞的抗药性有关。Chin 等对睾丸生殖细胞肿瘤细胞中 MT 蛋白的表达与抗药性之间的关系进行了研究。表明 MT 的表达与生殖细胞肿瘤的抗药性有关。乳腺癌细胞系 MCF-7 对肿瘤坏死因子(tumornecrosis factor,TNF)的细胞毒性作用非常敏感。将人 MT-ⅡA 基因重组到 β-肌动蛋白基因的启动子下游,导入人乳腺癌细胞系中进行表达,结果表明,表达 MT-ⅡA 的乳腺癌细胞克隆对镉毒性的抗性显著提高。以空白载体转导的或未转导的乳腺癌细胞系对即使是低浓度 TNF 的细胞毒性也很敏感,TNF 和镉共同处理比镉单独情况下的细胞毒性更为显著,MT 阳性的细胞对 TNF 和镉协同的细胞毒性具有显著的抗药性。这些结果表明,在某些条件下 MT 的表达可以保护肿瘤细胞对 TNF 的细胞毒性具有耐受性。此外,Leyshon-sorland 等的体外实验结果表明,MT 的表达与肿瘤细胞对抗肿瘤坏死因子的抗药性有关。以免疫化学技术,对镉细胞毒性敏感的和不敏感的人上皮细胞系 HE 100、小鼠成纤维细胞系 C11D100 中 MT 的表达水平进行了比较研究。结果表明,对镉细胞毒性具有抗性的细胞中,无论是细胞核中,还是细胞质中,MT 的表达水平显著高于对镉细胞毒性敏感的细胞中的表达水平。以免疫电镜技术同样证实了这一结果。表明 MT 的表达与细胞的抗药性有关。

四、药物代谢酶类与肿瘤细胞的抗药性

肿瘤细胞中的药物代谢酶类的表达与肿瘤细胞的抗药性产生有关。Zhao 等发现,人复发性恶性神经胶质瘤细胞中 O^6-甲基鸟嘌呤-DNA 甲基转移酶(O^6-methylguanine-DNA methyltransferase,MGMT)的表达与神经胶质瘤细胞的抗药性有关。以链脲菌素(streptozotocin,STZ)预处理神经胶质瘤细胞,使此细胞中的 MGMT 活性消失,可使这种神经胶质细胞瘤的

抗药性显著下降,重新对抗肿瘤化疗药物变得敏感。因此,认为 MGMT 的表达与神经胶质细胞瘤的抗药性有关。

Copur 等对 5-氟尿嘧啶(5-fluorouracil,5-FU)抗性的人结肠癌细胞系中胸腺嘧啶合酶的基因放大现象进行了研究。人结肠癌细胞系 H630 持续以 5-FU 进行处理,获得一系列 5-FU 抗性肿瘤细胞株,可以引起抗性细胞株细胞增殖抑制率达到 50% (IC_{50})5-FU 浓度,是其亲本细胞 IC_{50} 值的 11 倍、29 倍和 27 倍。以放射性标记的 5-氟-2′-脱氧尿嘧啶-5′-单磷酸盐(5-fluoro-2′-deoxyuridine-5′-monophosphate,Fd-UMP)的结合实验分析,以及胸腺嘧啶合酶催化活性的测定,表明 5-FU 抗性肿瘤细胞中胸腺嘧啶合酶的活性在 5-FU 抗性结肠癌细胞株中的表达水平显著升高,为其亲本结肠癌细胞的 13 ~ 40 倍。以 Western blotting 和 Northern blotting 分别对胸腺嘧啶合酶的蛋白质及 mRNA 的表达水平进行测定,证实抗药性细胞株是其亲本细胞株的 23 ~ 33 倍和 18 ~ 39 倍。尽管在抗药性结肠癌细胞中没有检测到胸腺嘧啶合酶编码基因的基因重排现象,但却检测到此种基因具有显著的放大作用。这一结果说明,人结肠癌细胞系以不同浓度的 5-FU 进行长期持续作用,则会诱导其抗药性的出现,而这种肿瘤细胞抗药性的出现与肿瘤细胞中胸腺嘧啶核苷合酶基因的放大和过表达有关。

Methta 等对抗羟柔毛霉素的人乳腺癌细胞系中的转谷氨酰胺酶(transglutaminase,TGase)基因的表达水平进行了研究。组织Ⅱ型 TGase 是 TGase 基因家族的成员之一。这种 TGase 催化活性作用是 Ca^{2+} 依赖性的,可以催化几种形式的氨基与能够和谷氨酸残基进行结合的蛋白质分子中的 γ-羧胺基之间的交联反应。抗肿瘤化疗药物的治疗作用效果以及对肿瘤细胞的细胞毒性,与这种抗肿瘤化疗药物能否作为 TGase 作用底物,或通过 TGase 的催化作用与调节蛋白质分子上谷氨酸残基进行共价结合的作用有关。对亚德里亚霉素具有抗药性的人乳腺癌细胞系 MCF-7ADR 中的 TGase 活性是亲本 MCF-7 乳腺癌细胞系中的 40 ~ 60 倍,同样的现象在体内也能观察到。以亚德里亚霉素对乳腺癌患者进行化疗,这些肿瘤细胞在化疗之后,其中的 TGase 催化活性显著升高。在体外培养的人乳腺癌细胞系 MCF-7 的培养基中加入亚德里亚霉素进行持续作用,也可以选择出抗药性的乳腺癌细胞系,这种抗药性的乳腺癌细胞系中 TGase 催化活性也显著升高。这种抗药细胞株中 TGase 活性升高的现象是亚德里亚霉素特异性的。正如 TGase 酶家族中的其他成员一样,MCF-7ADR 细胞中升高的 TGase 催化活性也是 Ca^{2+} 依赖性的。因此,乳腺癌细胞系中的 TGase 基因放大和过表达与亚德里亚霉素的抗药性出现有关。

O^6-烷化鸟嘌呤 DNA 烷基转移酶(O^6-alkylguanine DNA alkyltransferase)与肿瘤细胞的抗药性之间也有着十分密切的关系。烷化剂的抗肿瘤作用机制,主要是通过对细胞中 DNA 的烷基化修饰,引起细胞中 DNA 的致死性损伤。虽然烷化剂是一类抗肿瘤治疗的重要化疗药物,但是,肿瘤细胞中固有的及获得性的抗烷化剂的抗药性,严重阻碍了烷化剂在抗肿瘤治疗中的作用和应用。O^6-烷化鸟嘌呤-DNA 烷基转移酶是一种特殊的 DNA 修复蛋白,在 O^6-位置上的单烷基化以及鸟嘌呤环 N^1 O^6-乙醇基烷化的修复过程中具有重要作用,在 DNA 修复的切除修复机制中也是一种 DNA 修复的重要机制,但在肿瘤细胞抗药性的产生过程中并不是主要的机制。烷基转移酶在肿瘤细胞抗亚硝基脲及其相关化合物的抗药机制的形成过程中具有十分重要的作用。烷基转移酶本身是一种相对分子质量为 21 000 的 DNA 结合蛋白,可以识别 O^6 位置上的烷基化位点,通过将 O^6 位点上的烷基向具有活性位点的蛋白质半胱氨酸上进行共价转移而对 DNA 进行修复。这一烷基转移过程是一种不可逆的过程,而且产生的烷基化的蛋白质非常不稳定，很快便得到降解。多年前就观察到了烷基转移酶与肿瘤细胞系的抗药性之间的相关性。肿瘤细胞中烷基转移酶的表达水平与肿瘤细胞对长氨芥或1,3-二氯乙基乙2-硝基脲（1,3-bis-chloroetyl-2-nitrosourea，BCNU）的抗药性之间有着十分密切的关系。在7种不同的结肠癌细胞系、K562和HL60白血病细胞系及乳腺癌细胞系中烷基转移酶活性与BCNU IC_{50} 值之间有着显著的正相关。对肿瘤细胞中烷基化酶的耗竭可以克服肿瘤细胞的抗药性。抑制肿瘤细胞中的烷基转移酶有两种方法。第一种方法是应用一种甲基化剂，如链脉菌素或氮烯咪胺等，形成 O^6-甲基鸟嘌呤-DNA加成，通过DNA的修复过程使烷基转移酶发生耗竭。第二种方法是应用这种酶的直接抑制剂。以2000mg/m^2 量的链脲菌素处理外周血单个核细胞，可以抑制烷基转移酶的活性。

五、细胞因子的表达与肿瘤细胞的抗药性

细胞因子在生理过程中发挥着重要作用，同样，其表达与肿瘤细胞的抗药性之间也有着极为密切的关系。

干扰素α不能下调P-gp蛋白的表达，可能通过改变细胞膜脂质组成和代谢、在翻译或翻译后水平以及影响蛋白激酶C的信号转导系统，改变P-gp蛋白功能。有研究认为，IFN-α可以下调GSH-α基因表达而逆转白血病细胞对烷化剂的耐药性。

TNF-α可以诱导P-gp阳性表达的肿瘤细胞凋亡，逆转P-gp高表达引起的耐药，增加化疗药物的敏感性。TNF-α可以诱导K562/VCR和K562细胞凋亡，在P-gp阳性的K562/VCR细胞中更加明显。TNF-α作用于表达Mrp和Lrp的耐药HCT15和HCT16细胞后，Lrp mRNA水平下降。Cimoli用rhu-TNF处理人卵巢癌A2780-DX3细胞，能逆转多种TOPO-Ⅱ抑制剂耐药。A2780细胞系中rhu-TNF可以加强阿霉素、米托蒽醌、放线菌素D的细胞毒性，而rhu-TNF本身对耐药细胞无毒性。

人血管内皮生长因子（vascular endothelial growth factor，VEGF）是目前发现的活性最强的血管生长因子，可以促进内皮细胞的增生和分化，对肿瘤新生血管的生成及肿瘤的发展、转移具有重要作用。Volm发现耐阿霉素的非小细胞肺癌中VEGF及其受体表达明显高于阿霉素敏感的细胞。Klement在治疗耐药的乳腺癌时，同时加用抗VEGF受体抗体，发现能明显增强化疗效果，逆转肿瘤的耐药性。VEGF抗体能够抑制白血病细胞Mrp1的表达。以上研究均提示VEGF与肿瘤的耐药有关。国内有学者发现，VEGF能够以剂量依赖的方式上调mrp1 mRNA在肿瘤细胞中的表达，进一步研究发现，VEGF对mrp1基因启动子活性有明显上调作用，考虑此为肿瘤耐药的机制之一。

Geier等对胰岛素样生长因子-1（insulin-like growth factor-1，IGF-1）在乳腺癌细胞系MCF-7中的表达水平与其抗药性之间的关系进行了研究。MCF-7细胞系在受到化疗药物，如嘌呤霉素、放线菌素D、5-氟尿嘧啶（5-flurouracil，5-FU）、顺铂和亚德里亚霉素等的处理以后发生死亡。对IGF-1的表达水平与MCF-7的抗药性之间的关系进行研究，发现IGF-1的表达与MCF-7的抗药性之间有密切的关系。

Borsellino等对人前列腺癌细胞系中白细胞介素-6（interleukin-6，IL-6）与抗顺铂的抗药性之间的关系进行了研究，发现前列腺癌细胞系中内源性IL-6的表达水平与对顺铂的抗药性之间有一定的相关性。以抗IL-6的抗体与顺铂共同处理前列腺癌细胞系，对前列腺细胞癌具有协同细胞毒作用。实际上，IL-6的自分泌环对激素依赖性的前列腺细胞系是一个生

长支持系统，阻断这种自分泌环生长支持系统，会提高前列腺细胞对抗肿瘤药物的敏感性，从而进一步证明自源性 IL-6 的表达也与前列腺细胞的抗药性有关。

六、RRM1 与肿瘤细胞的抗药性

核糖核苷酸还原酶（ribonucleotide reductase，RR）参与核糖核苷酸还原成脱氧核糖核苷酸的过程，是唯一催化核糖核苷酸转化为脱氧核糖核苷酸的酶，在核苷酸代谢过程中发挥中心作用，而脱氧核糖核苷酸是 DNA 合成和修复中所必需的，是 DNA 通路中合成和修复的限速酶。RR 的活性对细胞的分裂、增殖及分化具有重要作用。RR 除参与 DNA 合成外，对恶性肿瘤发生、转移和肿瘤耐药均有影响。RR 由大亚基 M1 和小亚基 M2 组成，两者均为二聚体结构。RRM1（ribonucleotide reductase subuint M1）是核苷酸结合位点，控制底物的特异性和整个酶的活性。RRM1 是肿瘤抑制基因，也是吉西他滨（gemcitabine，GEM）的分子靶点。RRM1 定位于染色体 11p15.5，此区域出现多种恶性肿瘤的杂合子丢失，研究证实该区域存在肿瘤抑制基因，Pitterle 等研究证实该基因为 RRM1，其编码核苷酸还原酶亚单位 M1，人类 RRM1 包含 19 个外显子，在肿瘤形成中，RRM1 的外显子未发生突变，因此，RRM1 最有可能作为肿瘤抑制基因发挥作用。GEM 为一种新型的人工合成胞嘧啶核苷衍生物，属于细胞周期特异性抗代谢类药物，主要作用于肿瘤细胞 S 期和晚 G_1 期。GEM 干扰 RR 的功能，因此推测 RRM1 的表达可能与 GEM 耐药有关。有研究显示，GEM 的作用机制是与 RRM1 活性位点 Cys225 的 C-2′呈不可逆性结合。研究多个肿瘤细胞系中 RRM1 表达水平与细胞对 GEM 敏感性的关系时发现，细胞对 GEM 的敏感性与 RRM1 的表达水平呈负相关。Davidson 等选择 H358-G200 和 H460-G400 NSCLC 细胞株研究 RRM1 表达与 GEM 耐药的直接关系，发现高表达 RRM1 的细胞株对 GEM 耐药，进一步证实耐药细胞株的 RRM1 表达水平明显高于对 GEM 敏感的细胞株。体外实验表明，RRM1 的高表达与 GEM 耐药相关，调节 RRM1 的表达水平可以影响 GEM 治疗的疗效。现在将 RRM1 表达水平作为衡量 GEM 疗效的一个主要因素，高 RRM1 表达预示 GEM 治疗耐药的发生。Zhou 等选择细胞周期检测点激酶 1（cell cycle checkpoint kinase 1，CHK1）作为研究调节 RRM1 依赖的 GEM 通路的关键。他们采用蛋白酶抑制剂干扰 CHK1 的表达后导致 RRM1 的表达水平下降，提示可以采用 CHK1 抑制剂联合 GEM 提高高表达 RRM1 的肿瘤患者 GEM 的疗效。Rosell 等在临床研究中针对接受 GEM/顺铂方案治疗的 NSCLC 患者，比较化疗前后的组织标本，检测 RRM1 mRNA 的表达水平，发现低水平表达 RRM1 的患者与高水平表达的患者相比，中位生存期明显延长。因此，RRM1 表达水平可作为一个重要的预测肿瘤患者预后的标志物。

RRM1 作为 GEM 在细胞内的作用靶点，目前关于 RRM1 表达水平在评估化疗耐药、患者的预后等方面的研究，显示了其在临床应用中的价值，但 RRM1 作为判断 GEM 耐药的作用还有待进一步研究和探讨。选择正确的人群、指征和药物不仅可以提高药物治疗的有效性，而且可以减少和避免不良反应的发生，将有助于指导临床治疗方案的制订、筛选获益人群，从而达到真正意义上的个体化治疗。

七、HSP90 与肿瘤细胞的抗药性

热休克蛋白（HSP）是 1962 年由遗传学家 Ritossa 在实验中发现的。它广泛存在于原核

生物细胞和真核生物细胞中,具有高度保守性,是机体细胞在应激状态下诱导表达的一组蛋白质,又称为应激蛋白(stress protein,SP)。HSP 在体内可与多种蛋白质形成复合体,陪伴蛋白质分子在细胞内转运、跨膜,参与蛋白质的折叠与伸展、多聚复合体的组装,从而调节靶蛋白的作用,但不改变靶蛋白的结构,故热休克蛋白又被称为“分子伴侣”。根据同源程度、分子质量及等电点的不同可将 HSP 分为 HSP110、HSP90、HSP70、中分子质量 HSP 和小分子质量 HSP 家族。近年来的研究认为,HSP90 是很多癌基因通路中的重要组成部分,因此抑制 HSP90 的功能将有助于肿瘤的治疗。

HSP90 家族包括 HSP90、HSP83、gp96 等成员,HSP90 主要存在于胞质。人 HSP90 主要存在于胞质中,由 HSP90α 和 HSP90β 单体以同型二聚体的形式聚合而成,两者分别由 730 个和 724 个氨基酸组成,其同源性为 84% 。HSP90 多以 α-α 和 β-β 同源二聚体形式存在于胞质中,α 与 β 量大致相等,为组成性表达,应激状态诱导其生成增加。

HSP90 作为分子伴侣在肿瘤细胞耐药中发挥一定作用,人类表皮生长因子受体 HER-2 在多种恶性肿瘤中过表达,HER-2 是调节细胞增殖的关键环节,它的过表达会促进细胞增殖,是恶性肿瘤预后不良的标志,与对化疗药物和生物制剂的耐药性形成密切相关,是对格尔德霉素最敏感的 HSP90 蛋白之一,其稳定性依赖于 HSP90。使用特异的 HER-2 单克隆抗体下调其表达可增加肿瘤细胞对紫杉醇和阿霉素等化疗药物的敏感性。Bertram 采用免疫共沉淀方法发现 HSP90β 与 P-gp 在琼脂糖凝胶电泳上为同一条电泳带,联合运用 HSP90β 反义寡核苷酸与 P-gp 反义寡核苷酸能使耐药的人结肠肿瘤细胞对阿霉素敏感性增加 2 倍,并且与单独使用 P-gp 反义寡核苷酸相比,联合运用能缩短 P-gp 半衰期。这种细胞内蛋白质之间的相互作用表明 HSP90β 可能通过稳定 P-gp 构象来调节其功能。Setcklein 等证明 HSP90 抑制剂 17-烯丙基-17-去甲氧基格尔德霉素(17-AAG)能够诱导乳腺癌易感基因 1 (breast cancer susceptibility gene 1,BRCA1)的泛素化和蛋白酶体降解,修复电离放射线和铂诱导的 DNA 损伤。抑制 HSP90 能够减轻 BRCA1 依赖的双链 DNA 断裂修复以及由于受损的有丝分裂 G_2/ M 检查点的激活和由此产生的有丝分裂障碍,BRCA1 基因缺陷的细胞对 17-AAG 非常敏感。因此,研究人员认为在 Fanconi 贫血/ 乳腺癌易感基因双链 DNA 断裂/ DNA 交联修复途径中,存在 HSP90 依赖的上游调节点,由于在损伤修复和/或增强恶性肿瘤的敏感性方面的作用 BRCA1 可以作为临床治疗的靶点。胰腺肿瘤细胞对很多种化疗药物耐药。HSP90 通常在胰腺癌中过表达并且保护一些细胞周期调节因子,如原癌基因 Cdc25A。Giessrigl 使用 HSP90 的抑制剂格尔德霉素可以降低不依赖于 Cdc25A 的 Chk1/2 的稳定性,而标准治疗胰腺癌的药物吉西他滨可以通过激活 Chk2 导致 Cdc25A 降解。共同应用这两种药物能在更大程度上抑制 Cdc25A 的表达和胰腺癌细胞的增殖,使用 17-AAG 和 HSP90β shRNA 这两种新的抑制剂进一步证明了 HSP90 作为 Cdc25A 的稳定剂在胰腺癌细胞中的作用。研究显示,将 HSP90 作为治疗靶点降低了胰腺癌细胞对吉西他滨治疗的耐药。

HSP90 作为分子伴侣,通过与辅伴侣分子相互作用共同调节依附蛋白的生物学活性。HSP90 抑制剂能够抑制多条与肿瘤发生、进展相关的信号转导途径,这类化合物用于肿瘤的治疗已成为目前的研究热点。选择适当的 HSP90 抑制剂,确立合适的给药方案,以及如何与其他的化疗药物、信号调节剂联用已成为肿瘤治疗领域新的研究热点。HSP90 作为分子伴侣在肿瘤细胞耐药中将发挥重要作用,但其详细机制有待进一步研究。

八、miRNA 与肿瘤细胞的抗药性

目前研究发现的人类基因组中的 microRNA(miRNA)基因已超过 1000 个,单个 miRNA 可调控 200 多个靶基因,约 1/3 的蛋白质编码基因受 miRNA 调控。miRNA 不但参与细胞生长、分化、凋亡、新陈代谢和信号转导等过程,而且还与肿瘤的发生、发展、转移及耐药密切相关。miRNA 表达异常会导致蛋白质水平的表达改变,如果影响到药物吸收、代谢、分布通道上的基因表达及靶向参与临床功能将可能导致持续耐药。目前在多种肿瘤耐药细胞中发现 miRNA 表达异常:卵巢癌耐药细胞中发现 miR-214、miR-27a、miR-335、miR-30c 和 miR-130a 表达异常;在乳腺癌耐药细胞中发现 miR-221、miR-222、miR-328 和 miR-451 表达异常。一些 miRNA 可以调节肿瘤干细胞的形成和上皮-间质转化,这与耐药密切相关。而且,有些 miRNA 靶基因与药物敏感性相关,导致肿瘤细胞对抗癌药物的敏感性改变。最新的研究还表明,使用合成反义寡核苷酸或 pre-miRNA 敲除或重新表达特定的 miRNA 可诱导药物敏感性,从而导致癌细胞生长抑制、浸润和转移。

miRNA 在调节药物的敏感性中发挥了重要的作用。在多西紫杉醇耐 SPC-A1 非小细胞肺癌(NSCLC)细胞中,miR-200b、miR-194 和 miR-212 3 种 miRNA 表达显著下调,而 miR-192、miR-424 和 miR-98 的表达明显上调,这表明多西他赛耐药和敏感的肺癌之间 miRNA 表达模式的差异。在骨肉瘤肿瘤异种移植中,miR-140 的表达与对氨甲蝶呤和 5 - 氟尿嘧啶(5-FU)的敏感性有关。体外研究表明,miR-140 转染的肿瘤细胞对氨甲蝶呤和 5-FU 耐药增加,而阻断内源性 miR-140 使耐药结肠癌 CSC 样细胞对 5-FU 处理部分敏感,表明 miR-140 可能是一个治疗肿瘤耐药的潜在靶点。Zhou 研究发现,5-FU 和奥沙利铂(L-OHP)下调结肠癌细胞 HCT-8 和 HCT-116 中 miR-197、miR-191,miR-92a、miR-93、miR-222 和 miR-1826 的表达。最近的一项研究表明,在非小细胞肺癌中 miR-181a 和 miR-630 调节顺铂诱导癌细胞死亡。在一项临床研究中有 57 例卵巢癌患者接受手术治疗和铂类为基础的化疗,对肿瘤样本进行 miRNA 表达谱评估,铂类敏感患者与铂类耐药患者的肿瘤组织中 7 种 miRNA 的表达明显存在差异,在铂类耐药患者中 miR-27a、miR-23a、miR-30c、let-7g、miR-199a-3P、miR-378 和 miR-625 过表达。

乳腺癌中发现 miR-21 的过表达伴随抑癌蛋白 PDCD4 表达明显下调,继而上调了细胞凋亡蛋白抑制蛋白和 MDR1 蛋白的表达,导致抗凋亡和化疗耐药的发生。有趣的是,特异性抗 miR-21 转染 MCF-7 细胞可使细胞凋亡增加。采用特定的反义寡核苷酸抑制 miR-21 后,一种半合成的鬼臼毒素衍生物(VM-26)对 U373 MG 胶质母细胞瘤细胞毒性作用增加,说明胶质母细胞瘤 miR-21 过度表达,导致耐药。此外,将 MCF-7/AdrVp(多柔比星和维拉帕米耐药)细胞和 MCF-7 亲本细胞的 miRNA 表达谱进行比较后发现,MCF-7/AdrVp 细胞 miR-21、let-7i 和 miR-141 的表达水平显著上调,而 miR-34a 和 miR-148a 下调。这些结果表明,miR-21 是耐药的一个关键因素,下调该 miRNA 对克服耐药是有帮助的。

miR-221 和 miR-222 也参与耐药。比较抗雌激素氟维司群的 MCF7-FR 细胞和药物敏感的亲本 MCF7 细胞的 miRNA 及 mRNA 的表达模式,可以发现,MCF7-FR 细胞 miR-221 和 miR-222 表达上调,而 let-7i、miR-181a、miR-638、miR-204、miR-191、miR-346、miR-212、miR-328、miR-211 和 miR-424 等 14 个 miRNA 表达下调,这表明这些 miRNA 具有抗雌激素作用。miRNA-221 和 miR-222 直接结合雌激素受体 α(ERα)的 3′-UTR,负调控 ERα,与他莫昔芬

耐药的乳腺癌相关。此外,miR-221 和/或 miR-222 转染 MCF-7 和 T47D 细胞变得对他莫昔芬耐药,MDA-MB-468 细胞敲除 miR-221 和/或 miR-222 后对他莫昔芬诱导细胞生长停滞和细胞凋亡敏感。另一项研究表明了,在他莫昔芬耐药 MCF-7 细胞中 miR-221、miR-222 和 miR-181 的表达上调,而 miR-21、miR-342 和 miR-489 的表达下调。MCF-7 母细胞中异位表达的 miR-221 和 miR-222 通过抑制其靶点 p27Kip1,减少细胞对他莫昔芬耐药,耐药细胞下降了 50%。除了乳腺癌外,非小细胞肺癌细胞中 miR-221 和 miR-222 增加也与 TRAIL 耐药相关。转染抗 miR-221 或抗 miR-222 使 CALU-1 耐药细胞对 TRAIL 敏感,对 TRAIL 敏感的 H460 细胞采用 miR-221 和 miR-222 的 pre-miRNA 处理后抗 TRAIL。目前已知,KitmRNA 和 p27kip1 mRNA 的 3′-UTR 是 miR-221 及 miR-222 的作用靶点,这些 miRNA 主要作用于 p27kip1 调节 TRAIL 信号通路。此外,也存在一些争议。MLL-AF4 ALL 中 miR-128b 和 miR-221 的表达下调,重新表达 miR-221 和 miR-128b 使 MLL-AF4 ALL 细胞对糖皮质激素敏感,这表明 miR-221 的耐药性需要进一步研究。

总之,miRNA 的表达异常可导致基因表达水平发生改变,肿瘤耐药相关通路基因和癌基因的高表达、肿瘤细胞周期的改变等均可改变肿瘤细胞对药物的敏感性。通过分析药物敏感性及非敏感性细胞的 miRNA 表达谱,不仅有利于深入认识肿瘤的耐药机制,而且有助于寻找新的药物靶标及为个体化用药提供新的依据。

(高学松)

参考文献

Ak Y, Demirel G, Gülbas Z. 2007. MDR1, MRP1 and LRP expression in patients with untreated acute leukaemia: correlation with 99mTc-MIBI bone marrow scintigraphy. Nucl Med Commun, 28(7): 541-546.

Ascione A, Cianfriglia M, Dupuis ML, et al. 2009. The glutathione S-transferase inhibitor 6-(7-nitro-2,1,3-benzoxadiazol-4-ylthio) hexanol overcomes the MDR1-P-glycoprotein and MRP1-mediated multidrug resistance in acute myeloid leukemia cells. Cancer Chemother Pharmacol, 64(2): 419-424.

Bansal T, Jaggi M, Khar RK, et al. 2009. Emerging significance of flavonoids as P-glycoprotein inhibitors in cancer chemotherapy. J Pharm Pharm Sci, 12(1): 46-78.

Barrand MA, Bagrij T, Neo SY. 1997. Multidrug resistance-associated protein: a protein distinct from P-glycoprotein involved in cytotoxic drug expulsion. Gen Pharmacol, 28(5): 639-645.

Chen KG, Sikic BI. 2012. Molecular pathways: regulation and therapeutic implications of multidrug resistance. Clin Cancer Res, 18(7): 1863-1869.

Copur S, Aiba K, Drake JC, et al. 1995. Thymidylate synthase gene amplification in human colon cancer cell lines resistant to 5-fluorouracil. Biochem Pharmacol, 49(10): 1419- 1426.

de Figueiredo-Pontes LL, Pintão MC, Oliveira LC, et al. 2008. Determination of P-glycoprotein, MDR-related protein 1, breast cancer resistance protein, and lung-resistance protein expression in leukemic stem cells of acute myeloid leukemia. Cytometry B Clin Cytom, 74(3): 163-168.

Doyle LA, Gao Y, Yang W, et al. 1995. Characterization of a 95 kilodalton membrane glycoprotein associated with multi-drug resistance. Int J Cancer, 62(5): 593-598.

Fantappiè O, Solazzo M, Lasagna N, et al. 2007. P-glycoprotein mediates celecoxib-induced apoptosis in multiple drug-resistant cell lines. Cancer Res, 67(10): 4915- 4923.

Giessrigl B, Krieger S, Rosner M, et al. 2012. Hsp90 stabilizes Cdc25A and counteracts heat shock-mediated Cdc25A degradation and cell-cycle attenuation in pancreatic carcinoma cells. Hum Mol Genet, 21(21): 4615-4627.

Gill PK, Gescher A, Gant TW. 2001. Regulation of MDR1 promoter activity in human breast carcinoma cells by protein kinase C isozymes alpha and theta. Eur J Biochem, 268(15):4151-4157.

Gollapudi S, Kim C, Gupta S. 2000. P-glycoprotein(encoded by multidrug resistance genes) is not required for interleukin-2 secretion in mice and humans. Genes Immun, 1(6):371-379.

Hatanaka H, Abe Y, Naruke M, et al. 2001. Modulation of multidrug resistance in a cancer cell line by anti-multidrug resistance-associated protein(MRP) ribozyme. Anticancer Res, 21(2A):879-885.

Hu Z, Jin S, Scotto KW. 2000. Transcriptional activation of the MDR1 gene by UV irradiation. Role of NF-Y and Sp1. J Biol Chem, 275(4):2979-2985.

Juliano RL, Ling V. 1976. A surface glycoprotein modulating drug permeability in Chinese hamster ovary cell mutants. Biochim Biophys Acta, 455(1):152-162.

Kellen JA. 1994. Molecular interrelationships in multidrug resistance. Anticancer Res, 14(2A):433-435.

Ling V. 1997. Multidrug resistance: molecular mechanisms and clinical relevance. Cancer Chemother Pharmacol, 40 Suppl: S3-8.

Moraes TF, Reithmeier RA. 2012. Membrane transport metabolons. Biochim Biophys Acta, 1818(11):2687-2706.

Ratnasinghe D, Daschner PJ, Anver MR, et al. 2001. Cyclooxygenase-2, P-glycoprotein-170 and drug resistance; is chemoprevention against multidrug resistance possible. Anticancer Res, 21(3C):2141-2147.

Riordan JR, Deuchars K, Kartner N, et al. 1985. Amplification of P-glycoprotein genes in multidrug-resistant mammalian cell lines. Nature, 316(6031):817-819.

Schaich M, Kestel L, Pfirrmann M, et al. 2009. A MDR1(ABCB1) gene single nucleotide polymorphism predicts outcome of temozolomide treatment in glioblastoma patients. Ann Oncol, 20(1):175-181.

Seo SB, Hur JG, Kim MJ, et al. 2010. TRAIL sensitize MDR cells to MDR-related drugs by down-regulation of P-glycoprotein through inhibition of DNA-PKcs/Akt/GSK-3beta pathway and activation of Caspase-5. Mol Cancer, 9:199.

Shalviri A, Raval G, Prasad P, et al. 2012. pH-Dependent doxorubicin release from terpolymer of starch, polymethacrylic acid and polysoRBate 80 nanoparticles for overcoming multi-drug resistance in human breast cancer cells. Eur J Pharm Biopharm, 82(3): 587-597.

Stecklein SR, Kumaraswamy E, Behbod F, et al. 2012. BRCA1 and HSP90 cooperate in homologous and non-homologous DNA double-strand-break repair and G2/M checkpoint activation. Proc Natl Acad Sci USA, 109(34):13650- 13655.

Tchénio T, Havard M, Martinez LA, et al. 2006. Heat shock-independent induction of multidrug resistance by heat shock factor 1. Mol Cell Biol, 26(2):580-591.

Tiwari AK, Sodani K, Dai CL, et al. 2011. Revisiting the ABCs of multidrug resistance in cancer chemotherapy. Curr Pharm Biotechnol, 12(4):570-594.

Wang Z, Li Y, Ahmad A, et al. 2010. Targeting miRNAs involved in cancer stem cell and EMT regulation: an emerging concept in overcoming drug resistance. Drug Resist Updat, 13(4-5):109-118.

Xu Y, Jiang Z, Yin P, et al. 2012. Role for Class I histone deacetylases in multidrug resistance. Exp Cell Res, 318(3):177-186.

Yu ST, Chen TM, Chern JW, et al. 2009. Downregulation of GSTpi expression by tryptanthrin contributing to sensitization of doxorubicin-resistant MCF-7 cells through c-jun NH2-terminal kinase-mediated apoptosis. Anticancer Drugs, 20(5):382-388.

Zhang KG, Qin CY, Wang HQ, et al. 2012. The effect of TRAIL on the expression of multidrug resistant genes MDR1, LRP and GST-π in drug-resistant gastric cancer cell SGC7901/VCR. Hepatogastroenterology, 59(120):2672-2676.

Zhi F, Dong H, Jia X, et al. 2013. Functionalized graphene oxide mediated adriamycin delivery and miR-21 gene silencing to overcome tumor multidrug resistance in vitro. PLoS One, 8(3):e60034.

Zhou J, Chen Z, Malysa A, et al. 2013. A kinome screen identifies checkpoint kinase 1(CHK1) as a sensitizer for RRM1-dependent gemcitabine efficacy. PLoS One, 8(3):e58091.

第十七章　肿瘤转移相关基因

肿瘤的浸润和转移(metastasis)是决定肿瘤患者预后的一个关键因素。肿瘤转移是一个极为复杂的过程,与肿瘤细胞的能动性(motility)、能动性因子(motility factor)及其受体、转移的信号转导(signal transduction)、肿瘤细胞的遗传性缺陷、肿瘤转移相关基因(tumormetastasis-related gene)及肿瘤抑制基因等都有十分密切的关系。为了研究方便,将肿瘤转移的连续过程分成几个不同的阶段。肿瘤转移的分子生物学机制的研究表明,一部分基因能够促进肿瘤的转移过程,称为肿瘤转移促进基因(metastasis-enhancing gene),还有一部分基因能够抑制肿瘤的转移过程,称为肿瘤转移抑制基因(metastasis-suppressing gene)。肿瘤转移促进基因和肿瘤转移抑制基因作用于肿瘤转移的不同环节。但是,关于肿瘤转移过程各个阶段的各种基因的作用及机制的研究,将有助于对肿瘤转移机制的认识,探索抗肿瘤治疗的新途径。

第一节　肿瘤转移的阶段与机制

长期以来,关于肿瘤发生转移的机制有两个主要的观点。一个是早在1889年提出来的“种子与土壤”(seed and soil)学说,认为肿瘤转移的形成,是以具有旺盛分裂功能的细胞作为种子(seed),当遇到合适的器官、组织的基质(milieu)环境时,就会发生肿瘤的转移。这种学说提出50年之后,又提出了肿瘤转移的“解剖动力学机制”(anatomic-mechanical mechanism)学说,认为肿瘤细胞所遇到的第一个器官,也就是肿瘤转移发生的部位。目前,经过一系列的实验和观察,认为这两种学说在一定的程度上都具有一定的道理,也并不是相互排斥的。一些肿瘤的转移没有组织、器官特异性,肿瘤细胞所遇到的第一个位点就是将要转移的位点,发生就近转移;但也有一部分肿瘤细胞的转移具有明显的组织、器官特异性,可绕过就近的器官,发生远端转移。

一、肿瘤转移的机制

肿瘤转移是指肿瘤细胞从原发肿瘤部位脱离(detachment)、迁徙到与原发肿瘤不同的位点,不断生长,最终发展为肿瘤的整个过程。肿瘤转移并不是一个随机的过程,而是一系列肿瘤-宿主(tumor-host)相互作用的复杂过程的结果。对这一过程的任何一个步骤进行干扰、破坏,都可能防止肿瘤转移的发生。

(一) 浸润

在肿瘤的浸润(invasion)阶段,肿瘤细胞穿透不同的细胞外基质(extracellular matrix, ECM),包括基底膜(basement membrane)、间隙基质(interstitial stroma)、软骨(cartilage)和骨等。肿瘤细胞穿过细胞外基质也是经过肿瘤转移链式反应的多个步骤,3种生物化学反应步骤不断重复进行,即肿瘤细胞的黏附(attachment)、蛋白质裂解(proteolysis)和移动(locomotion)。第一步,肿瘤细胞借助其细胞膜上的受体,与基底膜或细胞外基质贴近、黏附;第二步,肿瘤细胞利用其自身的一些蛋白裂解酶类,对基底膜或细胞外基质进行降解;第三步,肿瘤细胞经过其蛋白质降解而产生的通道发生移动。肿瘤细胞移动的方向也不是随机的,而是受肿瘤细胞自分泌(autocrine)的移动因子(motility factor)及这些因子的相关受体、宿主细胞旁分泌(paracrine)的趋化因子(chemotactic factor)、细胞外基质的主要成分、肿瘤蛋白酶作用后产生的各种降解成分,以及各种生长因子等因素的影响。

(二) 血管形成

肿瘤细胞的浸润同时伴有血管形成(angiogenesis),宿主的血管长入肿瘤组织中,提供充足的营养成分,以满足肿瘤细胞旺盛分裂增和殖过度生长的需要。血管的形成发生在毛细血管后的静脉水平上,通过肿瘤细胞和基质细胞释放的血管形成因子(angiogenesis factor)而促进肿瘤血管的形成。肿瘤血管形成过程中,其血管内皮细胞的增殖速率是正常血管内皮细胞增殖速率的 20 ~ 2000 倍。

(三) 内向侵袭

肿瘤细胞的内向侵袭(intravasation)是指肿瘤细胞进入到血流(blood stream)中。新型的肿瘤血管往往结构不很健全,易导致肿瘤细胞进入到血流中。此外,肿瘤细胞还可浸润宿主组织中已经存在的血管而进入到血流中。

(四) 循环

肿瘤细胞进入血流,可以是单个细胞的形式,也可以是多个肿瘤细胞簇集一团,随着血流而循环(cirulation)。直径为 1cm 的快速生长的肿瘤,每天可以向血液循环中释放几百万的肿瘤细胞。因此,血液循环成为转移肿瘤细胞的一个暂时的栖息场所。在如此多的处于循环状态的肿瘤细胞中,有不到 0. 01% 的循环肿瘤细胞能够形成转移瘤灶。

(五) 附着

处于血液循环的肿瘤细胞可以通过各种不同的途径附着(arrest)在靶器官的血管壁上,包括物理吸附、血小板和纤维蛋白的捕捉(entrapment),通过肿瘤细胞膜上相应的受体与血管内皮细胞黏附。不同的肿瘤细胞具有不同的黏附方式,反映出其对转移位点具有选择性的性质和特点。这可能是肿瘤转移的组织、器官特异性的机制之一。

(六) 外向侵袭

附着以后的肿瘤细胞其命运和过程依其附着的位点而有所不同。血液循环中的肿瘤细胞,90% 以上从毛细血管及小静脉阶段离开血流,这一过程称为外向侵袭(extravasation)。肿瘤细胞与毛细血管或小静脉的血管内皮细胞发生黏附以后,再利用肿瘤细胞的蛋白质水解作用,对基底膜和细胞外基质进行消化分解,以实现肿瘤细胞从血管内向血管外的外向侵袭过程。需要 8 ~ 24h 完成肿瘤细胞的外向侵袭过程。肿瘤细胞破坏的宿主组织,也可以对来源于血流的恶性肿瘤细胞进行改变,对其附着及外向侵袭过程产生影响。通常肿瘤细胞发生转移的位点以发生炎症(inflammation)和受损伤的组织部位多见,如创伤处、外科疤痕、针刺部位及皮下注射部位等。

(七) 生长

外向侵袭成功的肿瘤细胞可呈集落性生长,但当肿瘤病灶的直径在0.5mm以上时,需要形成新的肿瘤供血血管以支持其营养需要。因此,血管形成在肿瘤转移一系列过程的开始、结束时,都是一个必需的环节。多种宿主和肿瘤因子可以改变肿瘤存活和生长所必需的微环境(microenvironment)。作为一种自分泌机制,肿瘤细胞可以合成和释放肿瘤细胞生长所必需的一些生长因子。肿瘤细胞侵袭的宿主器官,也通过旁分泌机制合成和释放一些生长因子和抑制因子,这不仅对肿瘤细胞转移灶的存活和生长有显著的影响,而且为肿瘤转移的器官组织嗜性(tissuetropism)提供了合理的解释。

二、肿瘤转移的途径

肿瘤转移病灶一旦形成,就可以此作为肿瘤细胞播散的基地,向更多的部位发生转移,形成更多的肿瘤转移灶。肿瘤转移的途径(tumormetastatic pathway)很多,包括组织间隙、淋巴管、血管、体腔转移、脑脊髓腔和上皮细胞间隙等。

(一) 组织间隙

肿瘤细胞穿过组织间隙(tissue space)是多数肿瘤细胞转移最为常见和最为基本的途径。机体中多种精细的纤维组织结构可以在相当长的一段时间里阻挡肿瘤细胞的直接浸润和转移。但是,所有这些组织都可能被肿瘤细胞分泌的蛋白裂解酶类及其相关酶类所消化和分解。这些纤维组织结构包括一些脏器的包膜,如肝、肾、脾脏的包膜,骨膜(periosteum),心包膜(pericranium),硬脑膜(duramater)等。软骨组织中含有一种低分子质量物质,可以抑制肿瘤细胞的蛋白裂解酶(proteolytic enzyme),具有抗肿瘤转移的功能,因此称之为抗浸润因子(antiinvasive factor)。

(二) 淋巴通路

一般来讲,肿瘤缺乏淋巴网络(lymphatic network),因此,能够进入淋巴通路的肿瘤细胞都是肿瘤灶边缘部位的细胞,不会位于肿瘤块的中央。另外,肿瘤细胞如果要侵入淋巴通路,则不必穿透基底膜结构,因为淋巴管中根本不存在这种基底膜结构。

多数肿瘤细胞侵入淋巴管之后首先到达区域性淋巴结,呈单个肿瘤细胞或肿瘤细胞团。肿瘤细胞到达淋巴结的淋巴窦后10~60min,相当一部分的肿瘤细胞再离开淋巴结,重新进入到下一级的淋巴管中。最终,一定数量的肿瘤细胞通过淋巴静脉交通(lymphatic ovenous communication)又进入血液循环中。所以,局部淋巴结并不是肿瘤细胞扩散的一个真正屏障(barrier)结构。淋巴路径和血液路径的肿瘤细胞弥散是平行的关系。

(三) 血流通路

肿瘤细胞可以通过对动脉的侵袭也可以通过对静脉的侵袭进行转移播散。总的来说,肿瘤细胞对动脉的侵袭,进而发生远端转移和播散的可能性比较小,但侵入静脉的可能性很大。大血管周围的弹性纤维可以释放抗蛋白质裂解的因子(antiproteolytic factor),对这些蛋白酶的活性具有抑制作用。如果肿瘤细胞侵袭动脉血管成功,则造成远端梗阻。所有的恶性肿瘤都能不同程度地从静脉系统发生转移。在实体肿瘤中,肿瘤细胞可侵入肿瘤中的静脉血管。多数血行播散的肿瘤细胞首先在毛细血管床(capillary bed)上停留,待进入系统性静脉(systemic vein)之后,可阻滞于肺中,而释放到门脉(portal vein)系统中的肿瘤细胞则会停留在肝脏中。侵入肺静脉(pulmonary vein)的肿瘤细胞,随着系统性动脉血流进行全身播散,可以停留于任何的组织之中。但肿瘤发生心脏转移的可能性很小。

(四) 体腔转移途径

与肿瘤转移有关的体腔(coelomiccavity)包括腹腔(peritoneal space)、胸膜腔(pleural space)、心包腔(pericardial space)等。脱落的肿瘤细胞通过体腔转移的途径,以腹腔最为重要,胸腔次之,心包腔最小。在胸腔和心包腔的转移过程中,从淋巴管中外向侵袭的肿瘤细胞是最为重要的来源。

(五) 脑脊髓腔

中枢神经系统(central nervous system,CNS)的肿瘤转移,脑脊髓腔及其中的脑脊髓液是肿瘤细胞发生转移的重要途径。肿瘤细胞可以穿透蛛网膜(leptomeninge)等结构,侵入中枢神经系统中。

三、抑制肿瘤细胞转移的方法

肿瘤转移是恶性肿瘤的一个重要标志,同时也是决定肿瘤患者预后的一个重要因素。抑制肿瘤细胞的转移是抗肿瘤治疗的重要组成部分,包括以下几种可能的方法。

(一) 抑制肿瘤细胞的移动性

近年来,已分离并鉴定了几种肿瘤细胞移动性抑制因子(motility-inhibiting factor)。从肝脏中分离到的浸润抑制因子2(invasion-inhibiting 2)在体内、体外具有抑制肿瘤的浸润功能。这种多肽与白蛋白(albumin)交联以后的生物活性更高。在结构上,这种多肽分子与高度移动性17组(high mobility group 17)多肽的氨基酸序列具有高度的同源性,而后者为调节DNA结构的一种高度保守的蛋白质,在细胞分化过程中表达水平降低。移动性相关蛋白(motility-related protein,MRD)1对几种肿瘤细胞的移动性均具有抑制作用。Mrp-1蛋白的一级结构序列分析表明,其与CD37分子的一级结构之间具有高度的同源性,与黑色素瘤相关性抗原491、抗增殖抗体1、人肿瘤相关抗原CD-029、CD9及nm23抗原之间也有一定的同源性。以mrp-1的DNA转导恶性肿瘤细胞可导致肿瘤细胞的移动性和转移潜能下降。Dunning肿瘤细胞中分离到的细胞移动性抑制蛋白也能显著抑制恶性肿瘤细胞的移动。

(二) 抑制细胞外基质的降解

尿激酶纤维蛋白溶酶原激活剂(urokinase plasminogen activator,UPA),特别是受体结合型UPA的抑制,可以有效地抑制细胞结合型的蛋白质水解活性,而蛋白质水解是肿瘤细胞浸润的必需步骤。因为UPA还具有有丝分裂原的活性,因此对UPA的抑制,还可以抑制某些肿瘤细胞的增殖过程。有几种肿瘤细胞分泌一种相对分子质量为6000的多肽，称为肿瘤相关胰蛋白酶抑制剂(tumor-associate typsin inhibitor)，可以抑制肿瘤相关胰蛋白酶的活性，以及由此介导的细胞外基质的降解过程。因而对肿瘤的转移具有抑制作用。白细胞介素-12(IL-12)具有抗肿瘤作用，同时具有抗肿瘤转移的功能。

(三) 抗黏附技术

由Arg-Gly-Asp三个氨基酸残基组成的三肽(tripeptide)称为RGD，是纤维连接蛋白(fibronectin)的活性结构部分，同时也是与细胞膜上的整合素(integrin)进行结合的细胞黏附分子的重要功能部分。含有RGD结构的多肽对肿瘤细胞的黏附和肿瘤细胞的演进(progression)过程都具有抑制作用。含有细胞纤维连接蛋白的细胞结合位点及肝素结合位点的融合多肽CH-271，与抗肿瘤化疗药物联用，可显著抑制肿瘤的肝和肺的转移。以特异性抗体以及可溶性的竞争抑制剂对肺的Lu-ECAM-1进行抑制，可以显著抑制肿瘤细胞的肺上皮细胞黏附和肺转移。抗整合素β1-亚单位的抗体，也可以抑制肿瘤细胞的脱落、浸润和转移过程。

(四) 抑制肿瘤细胞转移的信号转导

细胞内的信号转导(signal transduction)也是抗肿瘤转移的作用靶子。但是，转移肿瘤细胞中的信号转导途径并不是肿瘤细胞所独有，而是与正常细胞中的信号转导相同，这也是根据细胞内信号转导设计抗肿瘤治疗方法的难点所在。目前发现了一系列能够参与细胞内信号转导的药物，但并未发现其的作用具有特异性。而细胞内第二信使(second messenger)系统及其代谢产物是抑制肿瘤细胞转移信号转导的主要环节。

(五) 抑制血管形成

抑制肿瘤的血管形成(angiogenesis)是抑制肿瘤转移的重要手段。从肿瘤细胞转移的开始到结束，肿瘤的血管形成都对肿瘤转移的进展具有决定性的意义。从真菌细胞的代谢产物中鉴定出一系列的抑制肿瘤血管形成的产物，如TNP-470和AGM-1470等可以抑制内皮细胞的增殖和移行。这些物质对机体的免疫功能，如自然杀伤(natural killer，NK)细胞的功能及T细胞的功能具有抑制作用，但相对于对肿瘤的血管形成的抑制作用来说是微不足道的。人血小板因子(humanplatelet factor，hPF)4具有对肿瘤血管形成的抑制作用。重组的人hPF对血管内皮细胞的增生具有显著的抑制作用，而且呈剂量依赖的性质，因而是一种潜在的抗肿瘤血管形成的重要细胞因子。

第二节　肿瘤转移促进基因

对肿瘤转移的分子生物学机制研究表明，一些基因的表达可以促进肿瘤的转移，称之为肿瘤转移促进基因(metastasis-enhancing gene)。针对这些基因的表达，可以探索一系列抑制或阻断作用的药物，或从分子分物学水平上探索抗肿瘤转移的基因治疗方法。反义技术在抑制或阻断肿瘤转移促进基因方面具有广阔的应用前景。肿瘤转移促进基因虽然在功能上对肿瘤的转移都有促进作用，但由于肿瘤转移的机制十分复杂，可能作用于不同的环节，作用机制也不完全相同。肿瘤转移促进基因主要包括基质金属蛋白酶类(matrix metallo proteinase,MMP),如Ⅳ型胶原酶(type Ⅳ collagenase)、基质金属蛋白酶-2(MMP-2)、黏附分子 CD44、12-脂氧合酶(12-lipoxygenase)、整合素 β1(integrin β1),癌基因 c-eRB B-2/Her-2/neu、c-myc、c-met、v-jun、c-ets1、muc 1、CEA 等,见表 17-1。

表 17-1 肿瘤转移促进基因

基因种类	相关肿瘤类型
1. 基质金属蛋白酶类 Ⅳ型胶原酶(明胶酶或基质金属蛋白酶-2)	肝细胞癌、胃癌、胶质母细胞瘤、人黑色素瘤、结肠癌、神经母细胞瘤
2. CD44	结肠直肠癌、黑色素瘤、乳腺癌
3. 12-脂氧合酶	结肠癌、前列腺癌
4. 整合素 β1	淋巴瘤
5. c-eRB B-2	人肺癌、胰腺癌
6. 胺肽酶 N/CD13	黑色素瘤
7. c-met	口腔鳞癌
8. v-jun	小鼠乳头瘤细胞系
9. 癌胚抗原	结肠直肠癌
10. 表皮生长因子受体	非小细胞肺癌、乳腺癌
11. 转化生长因子 β2	黑色素瘤、乳腺癌、结肠直肠癌
12. 唾液 Tn 抗原	胃癌
13. p145trkB	神经母细胞瘤
14. Vla-4	肾细胞癌
15. 巨噬细胞集落刺激因子	卵巢癌
16. uPA	前列腺癌
17. p145FAK	口腔鳞癌
18. HMB45	黑色素瘤
19. c-myc	结肠直肠癌
20. MUC1	结肠直肠癌
21. c-est 1	肺癌、乳腺癌、结肠癌
22. c-eRB B-2/her-2/neu	卵巢癌

一、MMP 与肿瘤转移

目前为止,共鉴定了 11 种 MMP 家族的成员,第一种就是胶原酶(collagenase)。MMP 蛋白分子中具有两段高度保守的氨基酸残基序列,HEXGHXXGXXHS 是催化活性中心与金属离子结合的一个位点,而 PRCGVPDV 称为前体区(pro-region),是 MMP 蛋白无酶学催化活性的前体结构中的保守序列。MMP 家族的基因表达调节在多个水平上进行,包括生长因子、炎性细胞因子(inflammatory)和癌基因(oncogene)对 MMP 转录水平的调节,mRNA 稳定性的转录后水平的调节,无活性前体到活性蛋白质转变的翻译后调节,以及组织中内源性的

MMP 活性抑制剂,[即金属蛋白酶的组织抑制剂(tissue inhibitor of metalloproteinase, TIMP)]等。

习惯上,将 MMP 家族成员分为 3 个亚组,依据是不同的 MMP 作用的底物是不同的。第一组为基质裂解蛋白类,包括基质裂解蛋白(stromelysin)1、2、3 和基质裂解素(matrilysin);第二组为胶原酶(collagenase)类,包括间质胶原酶(interstitial collagenase)、中性粒细胞胶原酶(neutrophil collagenase)和胶原酶-3(collagenase 3),所有这 3 种胶原酶对Ⅰ型、Ⅱ型和Ⅲ型胶原组成的纤维都有分解活性;第三组为明胶酶(gelatinase),包括明胶酶 A(gelatinase A)和明胶酶 B(gelatinase B)。最近又发现了一种膜结合型 MMP,称为 MT-MMP,暂不属于上述 3 组中的任何一组。

(一) 明胶酶与肿瘤转移的关系

明胶酶又称为Ⅳ型胶原酶(type Ⅳ collagenase),主要作用的底物包括Ⅳ型和Ⅴ型胶原(collagen)。在基底膜的结构中,Ⅳ型胶原是最为重要的组成部分。肿瘤细胞要穿过基底膜进行转移,必须分泌这种酶,以破坏基底膜的结构。因而推测肿瘤细胞的转移与明胶酶的表达水平和活性有关。

Korenaga 等对胃癌患者腹腔中Ⅳ型胶原的浓度与胃癌弥散性转移之间的关系进行了研究。在 39 例胃癌患者中,有 8 例腹水中Ⅳ型胶原的浓度显著升高。所有这 8 例患者都有 pT3 和 pT4 浸润,或 pN2 和 M1 转移扩散。腹腔弥漫性转移的患者,其腹水中Ⅳ型胶原的浓度显著高于没有腹腔转移的胃癌患者。腹水细胞学检查和癌胚抗原检测,在反映胃癌的腹腔转移方面都不如Ⅳ型胶原浓度更为敏感。其中 1 例胃癌患者发生卵巢转移,腹腔中的Ⅳ型胶原浓度显著升高,但腹腔的细胞学检查结果则呈阴性。血液中的癌胚抗原(CEA)浓度与腹腔中的Ⅳ型胶原浓度呈线性关系。Ambiru 等对结肠直肠癌(colorectal cancer)患者血清中Ⅳ型胶原 7-s 位点(domain)的水平进行了测定,探讨肿瘤组织中Ⅳ型胶原酶活性与血清 W 型胶原 7-s 位点多肽表达水平之间的相互关系。对 50 例无肝转移和 26 例有肝转移的结肠直肠癌患者肿瘤组织的Ⅳ型胶原酶的活性及血清中Ⅳ型胶原 7-s 位点多肽水平同时进行测定,结果表明,结肠直肠癌组织中的Ⅳ型胶原酶的活性显著高于正常结肠直肠黏膜组织,但与原发性肿瘤及正常肝组织相比,肝转移肿瘤组织中Ⅳ型胶原酶的活性却显著降低。肿瘤组织中Ⅳ型胶原酶的活性与患者血清中Ⅳ型 7-s 位点多肽水平之间也未见到显著的相关性。伴有肝转移的结肠直肠癌患者血清中Ⅳ型 7-s 位点多肽的水平也显著高于无肝转移的结肠直肠癌患者。肝转移的结肠直肠癌患者血清中的Ⅳ7-s 水平与肝转移肿瘤体积之间呈正相关。提示血清中Ⅳ型胶原 7-s 位点区多肽的水平与肝转移之间有着显著的相关性,并不是由原发的肿瘤而来,也不是由肝转移的肿瘤而来,而是由于发生肝转移之后,Ⅳ型胶原的产生增加。因此,对结肠直肠癌患者血清中Ⅳ型胶原 7-s 位点多肽水平的测定,可以作为结肠直肠癌肝转移的一个标志,在一定程度上还能反映肝转移肿瘤体积的大小。

Ⅳ型胶原的表达与胶质母细胞瘤(glioblastoma)细胞对正常脑组织的浸润有关。以大鼠脑组织培养系统,对人神经胶质母细胞瘤细胞系 U-87MG 的肿瘤形成能力以及对正常脑组织的浸润能力进行了研究。结果表明,胶质母细胞瘤细胞可以深深地侵入到正常的脑组织之中,并可在正常的脑组织中形成肿瘤病灶。以抗Ⅳ型胶原的抗体进行免疫荧光(immunoflorescence)分析,表明肿瘤病灶中具有很强的Ⅳ型胶原的染色,在侵入的细胞以及细胞团中也有较高水平的Ⅳ型胶原表达。认为肿瘤细胞的Ⅳ型胶原与肿瘤细胞对健康大鼠脑组织的浸润和侵袭有关。由于Ⅳ型胶原酶在介导中枢神经系统肿瘤转移中具有十分重要的作用,Fowler 等对非转移性小鼠神经母细胞瘤(neuroblastoma)细胞系 C1300 以及转移性小鼠神经母细胞瘤细胞系 TBJ 中相对分子质量为 72 000 和 92 000 的胶原酶活性进行了比较分析。肿瘤细胞的酶谱分析(zymogram analysis)表明,只有在转移性的神经母细胞瘤细胞系 TBJ 中能够检测到相对分子质量为 72 000 和 92 000 的胶原酶活性。又对 3 株人的神经母细胞瘤细胞系进行分析,在转移性 SK-N-SH 和 IMR-32 细胞系中具有相对分子质量为 72 000 的胶原酶活性,但在 SK-N-MC 这种外周性神经外胚层肿瘤(peripheral neuroectodermal tumor)非神经母细胞瘤细胞系中则没有相对分子质量为 72 000 的胶原酶的表达。因此,相对分子质量为 72 000 和 92 000 的Ⅳ型胶原酶是神经母细胞瘤转移的一种标志,在区分神经母细胞瘤与蓝细胞肿瘤(blue cell tumor)时也有重要应用价值。

(二) 基质金属蛋白酶-9 与肿瘤转移

基质金属蛋白酶(matrix metalloproteinase,MMP)可分为 3 组,MMP-1 与 MMP-8 属于胶原酶类,MMP-2、MMP-7 和 MMP-9 属于明胶酶类,而 MMP-3 和 MMP-10 则属于基质裂解蛋白(stromelysin)类。基质金属蛋白酶-9(matrix metallo proteinase-9,MMP-9)与肿瘤的浸润转移过程之间也有着极为密切的关系。MMP-2 是分子质量为 72kDa 的明胶酶,MMP-9 则是分子质量为 92kDa 的明胶酶。

MMP-2 和 MMP-9 在Ⅳ型胶原的降解过程中都具有十分重要的作用,但是,MMP-9 对Ⅳ型胶原的羧化作用比 MMP-2 的作用要强得多。从两种基质金属蛋白酶对Ⅳ型胶原的降解速率就可以判断出 MMP-9 在肿瘤转移中的重要地位。MMP-2 对Ⅳ型胶原的降解速率为 4μg/(mg · min),而 MMP-9 则为 16μg/(mg · min)。事实上,MMP-2 对Ⅴ型胶原的降解作用比对Ⅳ型胶原的降解作用要强得多。在乳腺癌细胞中,MMP-2 的阳性率为 20% ,MMP-3 的阳性率为 15% ,大体相当,但处于浸润前沿的口腔鳞状细胞癌细胞中具有 MMP-9 表达,而不是 MMP-2。因此,MMP-9 的表达似乎与恶性肿瘤细胞的浸润能力有关。

二、CD44 分子与肿瘤转移

跨膜糖蛋白分子 CD44 在肿瘤的发展、演进及转移过程中具有重要作用。标准的 CD44,或称为血液细胞型 CD44 分子,其核心蛋白的相对分子质量为 37 000,具有复杂的翻译后修饰加工,如糖基化(glycosylation)和硫酸软骨素(chondroitin sulphate)的加成(addition)反应等。上皮细胞也表达大量的 CD44 核心蛋白,即 CD44E,其翻译的模板是一种经过剪切加工的 RNA 分子。CD44 基因转录产物剪切加工机制的发现,是研究 CD44 分子与肿瘤转移之间相互关系的一个突破。在大鼠的转移性胰腺癌细胞系中发现了一种 CD44 分子,也是由经过剪切的 CD44 mRNA 模板编码的一种蛋白质分子,称为 CD44V 或 pMeta-1。这种 CD44V 仅在恶性肿瘤的细胞膜上表达,在良性肿瘤的细胞膜上不表达。经过剪切加工,CD44E 分子比核心 CD44 分子多了一些氨基酸残基,而 CD44V 也是在同一个位置上比核心 CD44 分子多了 162 个氨基酸残基,使其分子质量也大为增加。不同的细胞种类,恶性肿瘤细胞与正常细胞相比较,CD44 mRNA 的剪切加工机制不同,从而导致有不同 CD44 分子的表达。

对不同CD44蛋白分子的一级结构以及其编码的基因序列进行分析，发现所有这些不同结构的CD44分子都是由同一个基因，在10个不同的外显子(exon)区，经过不同的剪切加工而形成的。一些肿瘤细胞的细胞膜上具有特定结构CD44分子的表达，表明细胞中CD44分子的表达类型、水平与肿瘤细胞的转移行为有关。通过反转录聚合酶链反应(reversetranscription polymerasechain reaction，RT-PCR)，以不同剪切产物插入序列附近的核苷酸序列作为设计引物的依据，证实CD44分子中这些位点经过不同的剪切插入序列，与肿瘤的恶性程度及转移潜能之间具有显著的相关性。因此，CD44分子的结构及其表达频率为恶性肿瘤的诊断及预后提供了一个重要手段。但是，CD44分子的外显子-内含子交界区的结构极为复杂，发生剪切加工的位点涉及CD44基因组DNA序列中10个以上的外显子结构，必须首先对每一种肿瘤的CD44 mRNA研究资料进行全面分析，才能确定何种剪切方式与何种肿瘤有关。这是一项有重要意义的工作。

Penneys等对皮肤的原发性、局部复发的或转移的癌细胞中CD44分子的表达与肿瘤转移之间的关系进行了研究。6例具有转移的皮肤癌患者中，有3例在肿瘤的细胞膜上有CD44的表达，而3例仅具有局部转移的皮肤癌细胞中并不表达CD44分子。在所有的原发性皮肤癌细胞中都有检测到了CD44的表达。因此，只有发生远端转移的皮肤癌细胞膜上才有CD44分子的表达。Talada等对胰腺腺癌中CD44分子对这种肿瘤浸润的作用进行了研究。以CD44的特异性抗体对胰腺腺癌细胞的增殖以及细胞浸润功能的影响进行了研究。结果表明，以抗CD44的特异性抗体处理的胰腺腺癌细胞的增殖速率和性质没有显著的影响，但对其浸润特性则具有显著的抑制功能。这一结果表明，CD44分子的表达对胰腺腺癌细胞的浸润潜能具有重要的作用。

经过不同剪切的CD44分子的表达与恶性肿瘤细胞转移之间的关系更为密切。Takeuchi等对CD44基因外显子8～10不同剪切产物的表达与结肠直肠癌转移之间的关系进行了研究。在60例结肠直肠癌细胞标本中，发现CD44外显子8～10发生剪切加工的表达水平显著升高，无一例外，但正常结肠直肠黏膜细胞中则没有这种经过剪切的CD44分子的表达。CD44V的表达与结肠直肠癌的组织细胞类型、肿瘤浸润的深度、淋巴浸润、静脉浸润及淋巴结的转移之间没有显著的相关性，但具有肝脏转移的肿瘤细胞与没有发生肝脏转移的肿瘤细胞相比，CD44V的表达水平却显著升高。另外，转移到肝脏中的肿瘤细胞，比原发性的结肠直肠癌细胞，CD44V的表达水平显著升高。这一结果表明，由CD44基因外显子8～10编码的CD44的结构位点，对人结肠直肠癌细胞的转移特性具有决定性的作用。不仅如此，CD44V的表达与黑色素瘤细胞的肿瘤演进及转移潜能之间也具有密切的关系。Manten-Horst等对CD44V表达与肿瘤演进及转移的关系，以RT-PCR和流式细胞学技术，分别对转移性和非转移性黑色素瘤细胞的CD44V mRNA及膜蛋白质分子进行了检测与分析。CD44V5在转移性黑色素瘤细胞中有很高水平的表达，但在其他黑色素瘤细胞中仅有标准的CD44分子的表达，提示CD44分子在肿瘤转移中具有十分重要的作用。

三、12-脂氧合酶与肿瘤转移

脂氧合酶(lipoxygenase)可将氧原子转移到某些脂类分子中，从而产生各种形式的过氧化物。目前为止，从动物的细胞中共发现3种脂氧合酶，5-脂氧合酶、12-脂氧合酶和15-脂氧合酶。其中，12-脂氧合酶与肿瘤转移之间有着极为密切的关系。12-脂氧合酶对肿瘤转移的促进作用，主要是通过其催化的酶学反应产物 12(s)-HETE[12(s)-hydroxyeicosatetraenoic acid]发挥作用的。

（一）12(s)-HETE 对肿瘤细胞与基质作用的调节

在体外实验系统中，12(s)-HETE 可以刺激小鼠转移性肿瘤细胞对纤维连接蛋白(fibronectin)及内皮细胞以下的基质(subendothelial matrix)的黏附，而且这一黏附过程具有 12(s)-HETE 剂量依赖性和作用时间依赖性。0.1μm 的 12(s)-HETE 作用 15min，可以取得最大的刺激效果。12(s)-HETE 促进肿瘤细胞对细胞外基质黏附的，主要机制是促进肿瘤细胞膜表面整合素(integrin)受体 αⅡbβ3 的表达，这一过程中并没有涉及新基因的表达，只是促进这种受体蛋白从细胞质到细胞膜上的转位，因而只是受体蛋白的亚细胞重新分布。

（二）12(s)-HETE 促进细胞的移动性

12(s)-HETE 对白细胞的趋化(chemotaxis)、移动性(motility)具有调节作用，以小鼠的黑色素瘤细胞系，研究了 12(s)-HETE 对肿瘤细胞移动性的影响。结果表明，12(s)-HETE 对黑色素瘤细胞的移动性具有促进作用，其作用类似于黑色素瘤细胞的自分泌移动性因子。12(s)-HETE 对黑色素瘤细胞移动性的促进作用，主要机制是促进肿瘤细胞膜上 gp78 糖蛋白的表达，这种 gp78 是自分泌移动性因子的一种受体。但是，蛋白激酶 C(proteinkinase C，PKC)的抑制剂对 12(s)-HETE 促进肿瘤细胞移动性的作用具有显著的抑制作用，提示 PKC 这种蛋白激酶在 12(s)-HETE 作用机制中具有重要作用。

（三）12(s)-HETE 促进肿瘤细胞释放组织蛋白酶 B

组织蛋白酶 B(cathepsin B)是一种半胱氨酸蛋白酶，正常情况下储存于溶酶体(lysosome)中。但肿瘤细胞膜上也有这种蛋白酶的表达。以 12(s)-HETE 处理高度恶性肿瘤细胞，可引起组织蛋白酶 B 的释放。以 12(s)-HETE 处理肿瘤细胞之后，首先释放的是成熟型的组织蛋白酶 B，然后才是未成熟型的组织蛋白酶 B，说明从分布上来说前者更接近细胞膜。

（四）12(s)-HETE 重新组织肿瘤细胞的细胞骨架

12(s)-HETE 处理肿瘤细胞之后，可以导致细胞器从核周边到细胞周边的移位，并伴有可逆性的细胞骨架的改变。12(s)-HETE 对细胞骨架的影响是 PKC 依赖性的，因为以 PKC 的抑制剂可以断定 12(s)-HETE 对细胞骨架的影响。

（五）12(s)-HETE 对肿瘤细胞与内皮细胞之间作用的调节

肿瘤细胞从血管中的外向性浸润转移，首先遇到的屏障结构就是血管内皮细胞。研究证实，12(s)-HETE 的合成可以诱导血管内皮细胞的可逆性收缩，从而产生细胞间隙，便于肿瘤细胞的穿透过程。其机制是 12(s)-HETE 对血管内皮细胞整合素表达的影响，而且这一过程是 PKC 依赖性的。

四、整合素 β1 与肿瘤的转移

整合素(integrin)是一类细胞膜表面异二聚体蛋白家族。每一种整合素都有一个共同的 β 链(β chain),以非共价键形式与不同的 α 链组成异二聚体的形式,α 链具有配体(ligand)的特异性。到目前为止,已发现了6种β链和11种α链,分别组合成16种不同的整合素形式。β1 亚组的整合素包括6种整合素,分别为 VLA-1 ~ VLA-6。这些整合素分子都是细胞外基质组分的受体分子。β2 亚组的整合素包括3个成员,即 LFA-1(CD11a/CD18)、Mac-1(CD11b/CD18)和 p150、95(CD11c/CD18)。因为整合素 β2 的表达仅限于白细胞膜上,因而常称为白细胞整合素。随亚组的整合素在肿瘤细胞膜上的异常表达常常与恶性肿瘤细胞的转移性质有关。Zahalka 等的研究表明,整合素 β2 与 T 细胞淋巴瘤的脾转移过程有关。

整合素 β1(如 Vla-2 等)的表达与肿瘤的转移特性有关。横纹肌肉瘤(rhabdomyosarcoma)发生转移时,Vla-2 等掷整合素的表达水平显著升高。Vla-4 主要在淋巴细胞与髓细胞的膜上有表达,与这类细胞的细胞与细胞之间的相互作用,以及这类细胞与细胞外基质的作用有关。在黑色素瘤的细胞膜上也发现了 Vla-4 的表达。此外,Vla-4 可以作为纤维连接蛋白及 VCAM-1 分子的受体。因为正常情况下 Vla-4 在白细胞路径的调节中具有十分重要的作用,所以,认为肿瘤细胞表面表达这种蛋白质受体分子与肿瘤细胞在血液系统的扩散有关。临床上尽管很难证实这一点,但注意到 Vla-4 的表达与人乳腺癌细胞系的转移有关。相反,Vla-5 整合素的表达与病毒转化的小鼠细胞系的移动性和肿瘤形成能力之间呈负相关(inverse correlation)。因此,细胞基质的黏附对肿瘤的形成及肿瘤转移的调节作用是双向的。一种情况下与细胞的定位有关,其他情况下与肿瘤细胞的移动性和生长有关。

整合素 β1 与纤维连接蛋白(fibronectin)结合,如 α3β1、α4β1、α5β1 和 αvβ1。另外,整合素 α3β1、α5β1、αvβ1、αvβ3、αvβ5、αvβ6 和 αⅡbβ3 与可以识别黏附分子蛋白结构中 RGD 位点的识别有关。纤维连接蛋白特异性的整合素为 α5β1,是大多数细胞膜上表达的纤维连接蛋白的受体分子。整合素与纤维连接蛋白的结合,与细胞的黏附、移行、细胞骨架的组装和纤维连结蛋白细胞外基质的组装过程有关。α5β1 整合素与纤维连接蛋白细胞黏附中心区之间的作用,需要 RGD 和协同位点(synergy site)共同参与,才能进行最高程度的结合。

五、Net-1 与肿瘤转移

NET-1 与 NET-2 ~ NET-7 统称为 NET-X,是由 Serru 等于 2000 年在 EST 数据库中发现的7个新的含4个跨膜区域蛋白超家族(transmembrane 4 superfamily,TM4SF)的成员。NET-1 定位于 1p34.1 上,其 mRNA 全长为 1297bp,编码序列为 128 ~ 853bp,有 241 个氨基酸的 ORF(GenBank 登录号为 AF065388)。NET-1 又称为 C4.8、P503s、Tspan-1。TM4SF 是一组含有4个疏水性跨膜结构域的蛋白质,在细胞外形成两个大小不等的环状结构,氨基端和羧基端位于胞质内,长度较短。这些分子之间有很多高度保守的序列,并且大多数同源性序列都位于跨膜区域。NET-1 作为一种膜蛋白和胞质蛋白可能转导细胞分裂的信号和/或引起细胞异向分化或去分化。有研究指出,四聚体分子的活化与肿瘤局部的凝血机制有关。例如,CD63、CD9(血小板黏附分子)活化聚集中,促进与血小板相关的整合素的表达改变,使瘤细胞容易与血小板黏附、整合并形成转移瘤栓。坏死组织周围 NET-1 蛋白表达阳性细胞增多可能与其引起凝血机制障碍、促进肿瘤出血坏死有关。

研究表明,Net-1 基因 mRNA 在宫颈癌、肺癌、鳞状细胞癌、结肠癌和乳腺癌等肿瘤中有表达,在前列腺癌组织中也发现有 Net-1 的高表达。Jiangchuu 等采用 cDNA 文库消减和高精度微排筛选证明 Net-1 基因特异地存在于人类前列腺组织和前列腺癌中。Serru 等用 RT-PCR 技术在多种人类细胞株中检测到 Net-1 和 Net-7 基因,显示 Net-1 基因表达于几种癌细胞株中。陈莉等通过 RT-PCR 技术筛检人类 48 种组织与相应肿瘤,发现除造血系统组织与相应肿瘤、心、脑、胰不表达外,Net-1 几乎在所有的人类组织及相应肿瘤中表达。由此可见,Net-1 在人体中是一个广谱性的基因。对于 NET-1 与宫颈癌的关系,日本学者 Wollscheid 等分别通过 RT-PCR 技术在 mRNA 水平和免疫组织化学检测蛋白质水平研究了 Net-1 基因在宫颈癌发生中的表达,结果发现该基因在 CIN Ⅲ和宫颈鳞癌、腺癌中表达,在所有宫颈未分化癌和腺癌中恒定表达,因此指出,Net-1 基因的表达与细胞增殖有关,结合随访结果指出,Net-1 的表达可能是宫颈癌预后的指标。张璇等观察环氧合酶-2(COX2)和 Net-1 基因蛋白在宫颈癌中的表达,发现 NET-1 在正常宫颈组织中不表达,在 CIN Ⅰ级中几乎不表达,在 CIN Ⅱ级和 CIN Ⅲ级中,NET-1 阳性细胞逐渐增多且扩展到整个上皮层。这与 Wollscheid 等的报道相近,特别是在 CIN Ⅲ级、宫颈癌中的表达阳性率分别为 78.6% 和 76.0%,两者无明显差异,而且 NET-1 在 CIN Ⅲ级中的表达明显高于在 CIN Ⅰ级和 CIN Ⅱ级中的表达,NET-1 的表达水平在宫颈癌浸润前与癌发展各阶段无明显差异,提示 NET-1 的过表达可能是宫颈癌发生的早期分子事件,NET-1 有可能作为宫颈癌早期诊断的组织标记物。此研究还发现,有淋巴结转移的宫颈癌组,其 NET-1 表达明显高于无淋巴结转移组($P<0.01$),证明 NET-1 作为一个肿瘤基因相关蛋白在癌细胞质中积聚赋予了癌细胞更显著的浸润和转移潜能,且提示在宫颈癌中 COX-2 和 NET-1 基因蛋白之间有协同作用。

(一) NET-1 与前列腺癌的关系

Jiangchuu 等采用 cDNA 文库消减和高精度微排筛选证明 Net-1 基因特异的存在于人类前列腺组织和前列腺癌中。由于正常、良性、恶性前列腺肿瘤中均可检测到 Net-1 基因,因而其在前列腺组织中的诊断价值值得探讨。Cardillo 等研究了其与 P504s、P510s 在前列腺疾病患者中外周血中的表达,用 RT-PCR 法检测,三者均不宜作为通过测外周血而作为前列腺癌的标志物,而以前研究证明三者在组织中的表达水平较高。而 P504s 已成为前列腺癌特异性最高的肿瘤标记物。

(二) NET-1 与肝癌的关系

陈莉等在对肝癌及相关组织中 Net-1 基因与蛋白质表达的研究中发现,Net-1 基因在肝癌和癌旁组织 cDNA 中扩增表达。相反在正常肝和胎儿肝组织 cDNA 中未见到 Net-1 mRNA 扩增表达。癌中 NET-1 蛋白阳性表达于胞质中或胞膜上,阳性率高于癌旁,提示 NET-1 作为一种膜蛋白和胞质蛋白可能转导细胞分裂信号和/或引起细胞异向分化或去分化。因此肝癌细胞功能的表现可能与癌细胞群体表面蛋白 NET-1 的积聚有关,这些蛋白质可能协同产生肿瘤细胞生长因子,促进肿瘤增生。提示 Net-1 基因促进癌形成过程,可能是一个新的肝癌组织学标记物。28 例癌旁组织病理上肝细胞均表现为不同程度的增生、异型增生或腺瘤样增生，并伴有肝硬化或肝炎背景。癌旁细胞可能属于正常细胞与癌细胞之间的转化细胞，该细胞中出现了 NET-1 表达，提示 NET-1 表达可能是肝癌发生的早期事件。

（三）NET-1 与其他肿瘤的关系

王平等采用免疫组织化学 SP 法显示 NET-1 蛋白的表达与膀胱癌微血管密度呈显著正相关，NET-1 可能在膀胱癌组织微血管及肿瘤形成中发挥作用。张晓娟等采用免疫组织化学法检测了 88 例结直肠癌中 Net-1 基因蛋白的表达，显示 Net-1 基因蛋白的表达与肠癌组织分化有关，低分化组中 Net-1 基因蛋白的表达水平显著高于高分化组，有淋巴结转移组中的表达水平显著高于无淋巴结转移组，Dukes C 期组中的表达显著高于 Dukes A 期组，同时与肿瘤组织内坏死及癌间质中炎症反应有关。脉管中转移癌栓及神经侵犯的癌细胞 Net-1 基因蛋白多呈强阳性表达，并发现 Net-1 与增生细胞核抗原表达有协同作用，促进癌细胞的分裂增殖。同时，坏死组织周围 NET-1 蛋白表达阳性细胞增多，这可能与其引起凝血机制障碍，促进肿瘤出血坏死有关。NET-1 与子宫内膜癌的关系尚未见报道。

六、MACC1 与肿瘤转移

结肠癌转移相关基因（metastasis-associated in colon cancer-1，MACC1）是最近发现的一个与结肠癌转移密切相关的基因，该发现为进一步认识远处转移的机制提供了一个新思路。2009 年，Stein 等通过对结肠癌的癌灶、转移灶及正常结肠组织进行全基因分析，发现并命名了一个新的基因——MACC1，并发现该基因是一个诊断结肠癌转移及预测结肠癌患者无病生存期的独立指标。MACC1 是 HGF/c-Met 信号转导通路的重要调节因子，可以在转录水平上增强 c-Met 的表达。

自从 Stein 等在人类结肠癌组织中发现 MACC1 后，有研究者又检测了 MACC1 在人类其他正常组织中的表达，其高表达的组织有肠、胃、垂体、肾和气管，而在胰腺、乳腺、骨髓、卵巢和肝脏等组织中的表达相对较低。进一步的研究发现，由中胚层和外胚层发育而来的组织中 MACC1 的表达水平明显低于由内胚层发育而来的组织。例如，分别由中胚层和外胚层发育而来的肾、乳腺中 MACC1 的表达水平，相对低于由内胚层发育而来的肠、胃中 MACC1 的表达水平。由此推断，MACC1 可能在胚胎发育过程中对涉及内胚层衍生器官的形成发挥了重要的作用。由于 c-Met 在回肠、胃和肾等组织中高表达，与 MACC1 在正常组织中的表达一致，c-Met 又是 MACC1 的转录靶点，且在正常的胚胎和组织中都有表达，由此可以推断，MACC1 的表达对胚胎形成和维持正常细胞的功能也很重要。

Arlt 等的研究发现，腺瘤中 MACC1 的表达水平与正常组织中的相比差异无统计学意义，而在恶性肿瘤中 MACC1 的表达水平明显高于良性肿瘤及正常组织，并且在发生远处转移和未发生远处转移的肿瘤组织中 MACC1 的表达水平差异有统计学意义。因此推断，MACC1 表达水平的增高发生在良性到恶性的转化过程中，其表达水平的高低也反映了肿瘤原发灶促使肿瘤发生远处转移能力的强弱。在Ⅱ期、Ⅲ期的结肠癌中，MACC1 表达增高，同时癌组织远处转移能力增强，患者的预后不良，这两者之间的关系提示，MACC1 可能有助于判断结肠癌的复发危险性。

在 MACC1 的亚细胞定位方面，荧光免疫组织化学显示，在肿瘤远处转移患者的细胞核中发现 MACC1 与 Met 共表达，在无转移的肿瘤中，MACC1 几乎专一表达于细胞质中，同时，

Met 的表达处于中等水平,而在正常黏膜组织中,MACC1 和 Met 都呈现低表达。在 MACC1 由细胞质转移到细胞核的发生过程中,SH3 的缺失起到了关键性的作用。由此可推断,导入 MACC1-SH3 质粒可能会阻断 MACC1 由细胞质转移到细胞核,进一步阻断肿瘤转移的发生。由于 MACC1 是一个新发现的基因,关于该基因的研究还不是很全面,其具体的调节因素及调节机制有待进一步研究。

Stein 等首先运用 RT-PCR 技术检测出结肠癌组织中 MACC1 mRNA 的表达水平明显高于正常结肠组织和结肠腺瘤组织,其中有转移者 MACC1 的表达水平明显高于未发生转移者,其表达水平的提高与肿瘤的恶性程度相关。刘清泉等用 RT-PCR 技术探讨了 MACC1 在肝细胞癌中的表达和意义,肝癌组织中 MACC1 mRNA 的阳性表达达到 71.4%,显著高于癌旁组织和正常肝组织,且 MACC1 的表达水平与肿瘤的 TNM 分期、肝内或淋巴结转移、门静脉癌、肿瘤大小、是否侵犯包膜和病理分级等明显相关,该研究结果与 Stein 等在结肠癌中的研究结果相似,提示 MACC1 在肝癌的发病中可能起着重要作用。Shirahata 等应用定量 RT-PCR 的方法先后检测了 MACC1 在结肠癌及胃癌细胞中的表达,发现在结肠癌和胃癌中,MACC1 的高表达与 TNM 的分期及腹膜浸润相关。基于 MACC1 是一个最近发现的基因,目前关于其在其他恶性肿瘤方面的研究还比较少。

为了评估 MACC1 在恶性肿瘤预后方面的重要性,Arlt 等检测了结肠癌组织中 MACC1 的表达水平,发现结肠癌手术后随访 10 年有远处转移者 MACC1 的表达水平远远高于手术后 10 年未转移或复发者。尽管有研究显示,c-Met 在恶性肿瘤,如肝癌、胰腺癌、肺癌等中的表达处于高水平,能够很好地预测患者的预后,但是该指标并没有应用于临床。Stein 等的研究发现,低表达 MACC1 的患者 5 年生存率为 80%,而高表达 MACC1 的患者仅为 15%,由此可以认为,MACC1 是一个很好的推断癌症预后的指标,并且该指标是一个不受年龄、性别、肿瘤浸润、肿瘤形状和淋巴结转移影响,不依赖于其他因子的独立指标,其在临床上的应用价值将会优于 Met。并且有研究发现,联合检测 MACC1 和 Met 两个生物指标与单独检测 MACC1 相比,既不能提高正确预测转移的百分率,也不能提高对无转移患者预后的推测,因此也可以推断,目前 MACC1 是一个优于其他因子的推断癌症预后的很重要的指标。

目前,国内外对 MACC1 基因的研究尚处于起步阶段,相关的研究还比较少,特别是其与妇科肿瘤方面的研究更是少之甚少。但是,作为一个新发现的基因,其促进恶性肿瘤形成和转移的作用已经引起了人们的重视,相关的研究也在逐步进行中。关于 MACC1 转录靶点 Met 的实验研究显示,在已知或推测 MACC1 基因高表达的肿瘤中,Met 均有较高表达,实验中已经证实的 Met 高表达肿瘤与预测的 MACC1 高表达肿瘤的一致性提示,MACC1 不仅在结肠癌,而且在其他的恶性肿瘤中也起着重要作用。已有研究显示,在妇科肿瘤,如宫颈癌、子宫内膜癌和卵巢癌中,Met 均有较高的表达。同时,作为 MACC1 调节的重要信号通路——HGF/c-Met 信号通路,HGF 及其受体 c-Met 的过表达同样存在于女性生殖系统的恶性肿瘤中,并且其过表达与妇科肿瘤的形成及恶性进展关系密切。作为女性死亡率最高的恶性肿瘤,卵巢癌目前仍缺乏早期的诊断因子及判断预后的指标,表达序列标签资料查看器(EST Profile Viewer),虚拟 Northern(Virtual Northern)数据库资料显示,在正常卵巢组织和卵巢癌组织中 MACC1 基因均有较高的转录产物表达,这些资料同时也提示,高表达的 MACC1 也出现在子宫内膜癌和宫颈癌中,因此,MACC1 与妇科肿瘤的关系有较高的研究价值。

MACC1 是近年来发现的新基因,关于其各方面的研究还不是很全面,但是已有的研究表明,MACC1 可以作为临床诊断癌症预后不良的重要指标,同时,也能为癌症的转移治疗提供新的靶位。如果可以在血清、尿液或粪便中检测到 MACC1 的高表达,将会很好地应用于临床以判断患者的预后。然而,要确定 MACC1 在其他癌症中的表达,阐明其发挥作用的机制及其重要的临床价值尚待进一步的研究。

七、SET 与肿瘤转移

1992 年,von Lindern 等在 1 例急性未分化型白血病患者中发现 9 号染色体异位,但是并未能检测到 DEK 基因,之后通过基因组和 cDNA 克隆技术进一步研究发现,在染色体异位断点与 CAN 基因融合的不是 DEK 基因,而是一个未知的基因,由于此未知基因是在名为 SE 的患者中发现,而且是因染色体异位导致该基因与 CAN 基因融合,因此将此新基因取名为 SET(patient SE translocation),Adachi 等根据 SET 基因 ORF 预测出 3 个合成肽结构,使用兔血清制备了 3 种 SET 蛋白抗体,之后在红血病 k562 细胞株中分别使用这 3 种抗体进行免疫沉淀实验,均分离出了一种 39kDa 的蛋白质,蛋白质测序结果发现这种 39kDa 的蛋白质就是 SET 蛋白,他们还通过免疫印迹实验发现在 T 细胞型白血病病毒 I 型细胞株、上皮癌细胞株、成骨肉瘤细胞株、红白血病细胞株等多种人类细胞株中存在 SET 基因。

有研究发现,在急性 T 细胞型淋巴母细胞白血病细胞株 LOUCY 和急性髓型白血病细胞株 MEGAL 中存在 SET-CAN 镶嵌融合基因的表达。研究提示,SET 和 CAN 融合基因转录本的形成需要剪接的设置断点位于 SET 外显子 8 终止密码子的下游,因此 LOUCY 和 MEGAL 细胞株可以作为研究 SET-CAN 融合基因的良好模型,有利于研究 SET-CAN 蛋白的细胞学功能。为进一步研究 SET 基因在人类急性未分化型白血病中的作用,Satio 等培养了表达 SET 蛋白的转基因小鼠,这些转基因小鼠有以下症状:贫血、血小板减少、脾肿大,同时伴随外周血中 $c\text{-}kit^+$骨髓细胞大量增加,这些症状与急性未分化型白血病症状相似。大部分的转基因小鼠在出生 6 个月之后逐渐死亡,他们发现在转基因小鼠的外周血中出现红细胞、巨核细胞、B 细胞的造血分化功能减弱,这些结果表明 SET-CAN 融合蛋白能够阻断造血分化功能——这是急性髓系白血病的一个重要特征。

关于 SET-CAN 融合蛋白在白血病中如何发挥作用,有研究者报道在急性 T 淋巴母细胞型白血病合并同源盒(homeobox A,HOXA)增高病例中发现了 SET-CAN 融合蛋白,这种融合蛋白能够导致 HOXA 族基因表达升高。同源盒基因(homeobox gene,HOX)首先发现于果蝇体内,也广泛存在于线虫、果蝇、老鼠和人类等物种中。HOX 家族包括 39 个成员,分为 A、B、C、D 4 组,依次位于人类 7 号、17 号、12 号及 2 号染色体上,每组包括 9 ~ 11 个基因,其中 HOXA 包含 HOXA1 ~ HOXA11,共 11 个基因。越来越多的证据表明,HOXA 与造血调控密切相关,在白血病形成中起着重要作用,其表达升高可能导致白血病的发生,尤其以 HOXA9 及 HOXA10 的报道居多,HOXA9 在急性髓系白血病(AML)中的表达较为普遍,除 FAB 分型为 M3 型的 AML 外均高度表达,在慢性粒细胞白血病和骨髓增生异常综合征、原始细胞增多型中也有表达。HOXA9 在鼠骨髓细胞中无限制的表达 3 ~ 10 个月后,将不可避免的导致白血病的发生。HOXA10 在人类急性白血病和白血病细胞株中多与 HOXA9 共同表达。转染 HOXA10 的 $CD34^+$造血干细胞,其髓系增殖能力明显提高,最终诱导白血病的发生。HOX 在白血病发病中主要通过融合其他基因发挥作用,如与 MEIS1、PBX1 等基因融合,但具体的作用机制及上、下游的信号分子还不清楚。此外,还有研究报道,在急性未分化型白血病中 SET-CAN 融合蛋白与糖皮质激素相互作用,而糖皮质激素对治疗血液疾病疗效较好,特别是对治疗急性淋巴细胞性白血病等。有研究表明 SET-CAN 融合蛋白能够阻止糖皮质激素受体(glueoeorticoid receptor,GR)诱导的转录。因此在急性未分化性白血病中,SET-CAN 融合蛋白能够引发急性未分化白血病对糖皮质激素的抵抗,在使用糖皮质激素治疗表达 SET-CAN 融合蛋白的白血病时,治疗效果较差。以上 SET-CAN 融合基因与糖皮质激素的关系研究提示 SET-CAN 融合基因可能在白血病的发展中起着重要作用,其与糖皮质激素的相互作用为白血病治疗方案的选择提供了一个线索,并为研发更多的白血病治疗手段提供了一个有力的靶点。

近年来,在卵巢癌中也有关于 SET 基因的报道,但只有关于 SET 基因在卵巢癌组织中的表达研究,尚无细胞水平及作用机制的研究。2006 年,有研究者收集了 235 例不同分期的卵巢癌患者的肿瘤组织并进行了免疫组织化学实验,研究 SET 复合物(SET、APE1、NM23 及 HMGB2)在卵巢癌组织中表达情况,结果发现 SET 蛋白的表达量与肿瘤的分化程度显著相关,特别是 0 期与 1 期、2 期、3 期的比较,分期越高 SET 蛋白的表达量也越高。有研究者利用 cDNA 微阵列技术比对多囊卵巢综合征(polycystic ovay syndrome,PCOS)患者的肿瘤卵巢组织和正常人卵巢组织的基因表达,发现了 SET 基因的差异表达,并且荧光定量 PCR 结果进一步显示 PCOX 患者肿瘤组织的 SET mRNA 表达上调。

八、BMI-1 与肿瘤转移

多梳基因(polycomb group gene,PcG)家族由多种与细胞周期和增殖相关的转录抑制子组成,是一类重要的与发育相关的基因。PcG 蛋白参与对同源异型基因(Hox)的表达抑制,并且与细胞增殖及肿瘤的发生密切相关。Bmi-1 基因是多梳基因家族的核心成员之一。研究表明,Bmi-1 基因的表达水平与肿瘤的发生、发展、侵袭、预后等病理指标相关性很高。

Qupt 等在寻找能与癌基因 c-myc 协同引发转基因小鼠淋巴瘤的物质时发现,在某一基因附近频繁整合反转录病毒插入位点,导致该基因转录水平的过表达,引起小鼠前 B 淋巴瘤发病潜伏期明显缩短,遂将该基因定义为 Bmi-1(B cell-spectic M oloney murine leukemia integration site 1)基因。人类 Bmi-1 基因定位于 10p11. 23,由 10 个外显子组成,cDNA 全长 3251bp,位于 506 ~1486bp 的 ORF 编码一个含 326 个氨基酸、相对分子质量为 45kDa 的核蛋白质。序列对比显示,人和小鼠的 Bmi-1 在 DNA 水平和氨基酸水平上的同源性可达 86% 和 98% 。

干细胞是指在功能上具有无限自我更新能力和多潜能的一类细胞。肿瘤干细胞学说认为肿瘤组织中存在极少量的瘤细胞,在肿瘤中充当干细胞的角色,具有无限增殖的潜能,在启动肿瘤形成和生长中起决定性作用。近年来发现,Bmi-1 基因在多种成体干细胞和已分离鉴定的白血病、神经、乳腺肿瘤干细胞的自我更新中发挥重要作用。

癌基因 Bmi-1 信号转导通路上的 11 个基因既调节正常干细胞的增殖,也在大鼠前列腺肿瘤模型和患者的肿瘤转移灶中呈现出干细胞样表达模式。这 11 个基因的表达模式可预测多种不同类型肿瘤的转移、复发及死亡等预后情况。大量文献报道,Bmi-1 基因在多种恶性肿瘤,如白血病、结肠癌、乳腺癌、肺癌、前列腺癌等中高表达,并且与这些肿瘤的侵袭、转移、预后等一系列病理过程有关。

有研究者发现，Bmi-1 基因可预测骨髓增生异常综合征（MDS）的进展及预后情况，免疫组织化学技术分析表明，Bmi-1 蛋白主要集中在未成熟细胞过多的难治性贫血（RAE B）期和急性白血病过渡期患者骨髓 $CD34^+$ 细胞中，对处于疾病初期的 MDS 患者而言，Bmi-1 蛋白表达水平越高，越易向 RAE B 期发展。有研究者应用实时定量 RT -PCR 技术发现，加速期和急变期慢性白血病患者骨髓 $CD34^+$ 细胞与外周血单个核细胞总 Bmi-1 mRNA 水平都明显高于慢性期患者。临床随访发现，Bmi-1 的表达水平与疾病急变时间负相关，患者总体生存率的提高也依赖于 Bmi-1 表达水平的降低。因此，Bmi-1 基因可作为预测慢性白血病预后情况的一个内源性分子标志物。

研究发现，Bmi-1 蛋白在 38% 的鼻咽癌患者肿瘤细胞中和分散的浸润淋巴组织中高表达，在癌旁非肿瘤上皮细胞中则完全不表达；分析表明，Bmi-1 与患者年龄、性别、临床处理等因素无关；84.2% 的 Bmi-1 阳性组患者能达到 5 年以上生存率，而阴性组只有 47% 。该实验室最近在对胃癌组织中 Bmi-1 基因的分析中也发现，69% 肿瘤组织标本中 Bmi-1 mRNA 的表达明显高于癌旁正常胃组织。Bmi-1 hnRNA 的表达与胃癌体积、淋巴结转移和浸润深度密切相关，而与患者的性别、年龄、肿瘤分化程度等无关，并且 Bmi-1 mRNA 阳性表达者生存率明显低于阴性者，Bmi-1 基因可望作为鼻咽癌和胃癌病情发展及指导临床治疗的标记物之一。

有研究者采用免疫荧光技术发现 Bmi-1 和 Ezh2 双阳性细胞在裸鼠淋巴结转移性人前列腺癌细胞系 PC-3-32 中占 22.4%，而在原代非转移性人前列腺癌细胞系 PC-3 中为 1.5% 。动物实验证明，Bmi-1 和 Ezh2 基因沉默后的人恶性前列腺癌细胞体内致瘤和转移能力均明显下降，基因未敲除的肿瘤细胞移植入小鼠体内后，3 周之内就在其前列腺部位形成侵袭性高、高转移性的肿瘤组织，50 天以后，这些小鼠全部死亡。然而，移植基因敲除的肿瘤细胞的受体小鼠中只有 20% 能形成肉眼可见的肿瘤，它们在移植第 150 天时存活率还高达 83%，说明这些肿瘤恶性程度低。微阵列分析表明，前列腺癌患者 Bmi-1 和 Ezh2 mRNA 的表达水平与手术治疗的成功率呈负相关。

有研究者检测到 Bmi-1 基因及其蛋白质在浸润性导管型乳腺癌肿瘤组织中的阳性表达率分别为 85% 和 62% 。免疫组织化学染色发现，Bmi-1 蛋白阳性信号集中分布于肿瘤浸润部分，很少位于原发肿瘤中心部位。多变量分析显示，Bmi-1 基因与乳腺癌腋窝淋巴结转移及雌激素受体的表达呈正相关，说明 Bmi-1 基因可能参与了浸润性导管型乳腺癌的发展及转移过程。Silea 等首次对 111 名乳腺癌患者和 20 名健康者血浆中的 Bmi-1 基因表达水平做了实时定量 RT-PCR 检测。对两组阳性标本中 Bmi-1 mRNA 的表达量进行比较发现，肿瘤组明显高于健康组，进一步分析发现，Bmi-1 mRNA 表达量还与乳腺癌预后不良指标（如阳性 p53、阴性孕酮受体）呈正相关。因此，血浆 Bmi-1 mRNA 表达量的非侵入性测定将成为预测乳腺癌患者预后的一种新方法。

研究发现，Bmi-1 基因在 64 例原发性恶性黑色素瘤组织、165 例转移性恶性黑色素瘤组织及 53 种恶性黑色素瘤细胞系的阳性表达率分别为 64% 、71% 和 28%，在肿瘤原发灶和淋巴结转移灶中则分别为 57% 和 83%；统计分析表明，Bmi-1 在转移性黑色素瘤细胞系中的表达率要明显高于原发性肿瘤来源的细胞系，Bmi-1 基因表达与肿瘤转移之间有明显的关联性。因此，高表达 Bmi-1 基因可能诱导恶性黑色素瘤发生转移。Bmi-1 基因不仅在多种恶性肿瘤中高表达，而且作为一种潜在的肿瘤干细胞自我更新因子参与肿瘤的发生、发展，结合临床病理分析还发现其与肿瘤的侵袭、转移及预后等有关，因而，Bim-1 基因有望成为一种新的肿瘤分子标志物。

九、AGO2 与肿瘤转移

Argonaute（AGO）蛋白是一个高度保守的家族，该蛋白家族包括许多成员，它们组成了 RNA 诱导的沉默复合体的核心元件，是 RNA 干扰所必需的。近年来的研究证实，AGO 家族成员 AGO2 在短干扰 RNA（short interfering RNA）介导的基因沉默中发挥着重要的作用。

迄今为止已鉴定出包括 Dicer 在内的若干个与 RNAi 有关的蛋白质因子。在果蝇（*Drosophila melanogaster*）RNA 诱导的沉默复合体（RNA induced Silencing complex，RICS）中，已知存在着称为 AGO2 的因子，AGO2 蛋白的表达受到抑制时，RNAi 效应缺失，也就是说 AGO2 是果蝇 RNAi 机制的必需因子。研究表明，AGO 家族蛋白具有 RNA 切割酶活性（slicer activity），RNAi 机制正是由 AGO 家族蛋白的 RNA 切割酶活性主导的。

研究人员发现，相比对应的邻近非肿瘤肝脏，肝癌样本中的 AGO2 常常表达上调。有趣的是，他们证实 AGO2 促进了肝癌细胞的增殖、非锚定形式的克隆形成、迁移、致瘤性和体内肿瘤转移。相反，抑制 AGO2 则可以限制肝癌细胞非锚定形式的克隆形成、迁移和体内肿瘤转移。然而令人惊讶的是，研究人员发现已知与肿瘤转移相关的 miRNA 却似乎并没有随肝癌细胞中 AGO2 的过表达而失控，甚至抑制负责 miRNA 生物合成的 Dicer，也不能消除 AGO2 在肝癌细胞中的作用。研究人员通过进一步的机制研究证实，AGO2 过表达导致了一个众所周知与肿瘤转移相关的分子 FAK 表达上调。染色质免疫沉淀分析显示，AGO2 可结合 FAK 启动子，触发其转录。而利用荧光原文杂交，研究人员证实在染色体 8q24 这一最频繁扩增的 DNA 区域上，AGO2 的 DNA 拷贝数明显增多。这些数据表明，由于基因组 DNA 扩增导致了 AGO2 过表达。通过上调 FAK 转录，AGO2 促进了肝癌的形成和转移，从而提供了关于肝癌进展分子机制和 AGO2 功能的新认识。

中国结直肠癌的发病率近年来呈明显上升趋势，目前认为结直肠癌的发生、发展是多步骤、多基因畸变的结果，在此过程中可能涉及多个途径的分子改变，如微小核糖核酸（miRNA）通路中的重要通道蛋白 AGO 家族。研究者应用通量组织芯片技术结合免疫组织化学法检测结直肠癌及正常组织中 AGO2 的表达，并初步推测 AGO2 的表达与直肠癌的进展和转移呈正相关。

十、DKK1 与肿瘤转移

DKK1（Dickkopf-1）蛋白可作为肿瘤标志物用于肝细胞癌（hepatocellular carcinoma，HCC）的血清诊断，可用于筛检甲胎蛋白（alpha-fetoprotein，AFP）阴性患者，对肝脏良、恶性疾病有较好的区分效用。DKK1 蛋白对肝细胞癌总体诊断的敏感性为 69.1%、特异性为 90.6%，特别是对早期肝细胞癌和小肝癌的诊断敏感性为 70.9% 和 58.5%、特异性为 90.5% 和 84.7%；同时，DKK1 蛋白能够弥补甲胎蛋白对肝细胞癌诊断能力的不足，对甲胎蛋白阴性肝细胞癌的诊断敏感性为 70.4%、特异性为 90%，并可从甲胎蛋白阳性的慢性乙型肝炎及肝硬化等高危患者中鉴别诊断肝细胞癌，鉴别诊断敏感性为69.1%、特异性为84.7%；DKK1蛋白与甲胎蛋白联合应用，可将肝细胞癌总体诊断率提高至88%；手术后患者血中的DKK1浓度迅速下降，血清DKK1蛋白也可作为肝癌疗效监测和预后判断的指标。

十一、Med19与肿瘤转移

Med19在人类编码的基因名为LCMR1（Gen-Bank编号AANI6075），是2002年应用差异显示PCR方法从两种不同高低转移潜能的人肺大细胞癌系中克隆的人类新基因。利用GenBank的Uni-Gene数据库对LCMR1进行电子表达谱分析，结果表明该基因在多种肿瘤及正常组织中都有分布，如类癌、精细胞癌、肺泡巨噬细胞、肺上皮细胞、胰岛细胞癌、乳腺和心脏等。Northen杂交显示，LCMR1基因在具有高转移能力的人肺癌95D细胞系中高表达，在低转移能力的肺癌细胞系95C中低表达。在抑制LCMR1后差异表达的基因中，有多种调节细胞生长、分化和细胞凋亡信号转导途径的基因出现改变。该研究小组的前期实验结果证实该基因表达降低，95D细胞增殖能力下降，凋亡细胞增多。基因芯片结果分析表明，LCMR1并非作用于某种转移的信号通路，而是直接或间接参与和介导了多种信号途径。丁相福等应用shRNA慢病毒载体感染胃癌MGC - 803细胞沉默Med19基因，通过MTT和克隆形成实验观察Med19基因在胃癌细胞增殖中的作用，并用流式细胞术验证抑制Med19基因对细胞周期的影响。结果构建的shRNA慢病毒载体感染MGC-803细胞后细胞增殖能力显著降低、细胞克隆形成能力明显减弱，同时，细胞周期阻滞于G_1期，提示Med19在肿瘤形成过程中具有重要作用。Li等在乳腺癌组织中通过免疫组织化学分析检测，发现乳腺癌组织高表达Med19，并且Med19的表达与肿瘤分级显著相关；利用慢病毒介导的shRNA感染乳腺癌MDA-MB-231和MCF-7细胞沉默Med19基因，进行细胞增殖和集落形成实验，检测细胞周期，结果发现抑制了MDA-MB-231和MCF-7细胞的生长，G_0/G_1期细胞比例增加。证明Med19在人类乳腺癌细胞增殖中起着重要作用。

十二、桩蛋白与肿瘤转移

桩蛋白（paxillin）是分子质量为680kDa的磷酸蛋白，主要定位于黏着斑（focal adhesion），有结合黏着斑蛋白（vinculin）和肌动蛋白（actin）的作用。人类paxillin基因定位于12q24，有11个外显子。paxillin分子中含有多种结构域，能与一系列的信号蛋白和结构蛋白结合，介导细胞信号转导。已发现其在细胞黏附和迁移过程中发挥重要作用，与肿瘤细胞的转移关系密切。

黏着斑的集合和分解调节着细胞的黏附和运动，进而影响着肿瘤细胞的转移能力，而这一作用受paxillin调节。虽然与肿瘤发生和转移有关的整合素、生长因子受体可影响paxillin磷酸化已从理论上说明其在肿瘤中的作用，但paxillin与肿瘤相关的还有更直接的证据，paxillin基因外显子2突变可导致2型多发性神经纤维瘤抑制PP-2A导致Lewis肺癌细胞系细胞变圆，增加细胞的运动性，这一过程中伴随着paxillin磷酸化增加和酪氨酸磷酸化减少。Chen等发现，乳腺肿瘤激酶Brk促进乳腺癌细胞系细胞的迁移和浸润是paxillin磷酸化引起的，paxillin是Brk的结合蛋白和作用底物，EGF激活Brk的催化活性，Brk再磷酸化paxillin的^{31}Y和^{118}Y，通过适配蛋白（CrkⅡ）激活鸟苷三磷酸酶Racl（GTPase Racl），从而引起细胞的迁移和浸润。

另外,paxillin 可与 v-Src、v-Crk、BCR-ABL 等多种致瘤性蛋白结合,扰乱、甚至误导正常勤附和控制细胞增殖所需的生长因子信号级联,从而参与肿瘤的转移。paxillin 的异常表达与肿瘤的发生、侵袭转移有一定的关系。

Petit 等认为,胶原蛋白诱导的耐药膀胱癌细胞的黏附、伸展和活性均与 paxillin 的酪氨酸磷酸化有关,如果把其分子中两个最主要的酪氨酸^{31}Y 和^{118}Y 突变为苯丙氨酸并在细胞中过表达,则可以有效抑制细胞的运动及 paxillin 与 Crk Ⅱ 的结合,而细胞附着和铺展并未受到影响。paxillin 过表达或磷酸化可使无侵袭性的乳腺癌细胞向有侵袭性表型转化,并可通过促分裂原活化蛋白激酶(MAPK)途径促进人鳞状上皮细胞癌细胞系迁移。

免疫组织化学方法研究发现,paxillin 在浸润肠壁全层和 B 期、C 期的大肠癌病例中阳性率均明显高于肿瘤未穿透肌层和 A 期的病例。肝细胞癌患者中 paxillin 的阳性率在低分化组高于高分化组,伴有门静脉癌栓形成组高于无癌栓形成组,伴有肝外转移组高于无肝外转移组。在胃中,低分化腺癌组织中 paxillin 的表达显著高于高分化腺癌,进展期胃癌组织中显著高于早期胃癌,胃癌原发灶中显著高于淋巴结转移灶。在肺癌组织中,paxillin 呈阳性表达的超过 1/2 发生淋巴结转移,而 paxillin 呈阴性的肺癌发生淋巴结转移者不到 1/5。上述结果提示,癌组织中 paxillin 的表达,可能使肿瘤细胞与其周围非肿瘤细胞之间的局部黏附作用加强,肿瘤细胞更容易发生迁移进而形成转移。

然而,也有研究显示了不同的结果,即随着肺癌的临床分期越高和病理分级越差,paxillin 阳性表达率也越低。体外研究表明,siRNA 阻断 FAK 和 paxillin 的信号途径导致 HeLa 细胞运动增强,在动物乳腺肿瘤细胞的研究中发现,paxillin 的低水平表达或缺失与乳癌的侵袭性有关。在前列腺癌中通过显微细胞介导的染色体转染表明 paxillin 有抑癌作用,这些现象目前还没有肯定的解释,可能与实验设计、组织存在差异、应用的细胞迁移基质不同等有关,也可能提示肿瘤细胞的转移有比 paxillin 更强的影响因素在起作用。Forest 等认为,paxillin 的表达和磷酸化水平取决于肿瘤细胞的组织类型。在不同肿瘤中表达和磷酸化不同可能是因为 paxillin 在细胞中的作用具有组织和器官特异性。

第三节　肿瘤转移抑制基因

在基因表达与肿瘤转移之间关系的研究中发现一些基因的表达能够促进肿瘤的转移,同时也发现一些基因的表达可以抑制肿瘤的转移,称为肿瘤转移抑制基因(metastasis -suppressor gene),包括 nm23/NME1、E-钙黏素(E-cadherin)、肿瘤抑制基因 p53、白细胞介素-12(IL-12)、细胞周期素依赖性激酶抑制剂 p16、KAI1、纤维蛋白溶酶原激活剂抑制剂 2(plasminogen activator inhibitor 2,PAI2)、nm6、JE/MCP-1 等,见表 17-2。

表 17-2 肿瘤转移抑制基因

基因种类	相关肿瘤类型
1. nm23/NME1	胃癌、结肠癌、黑色素瘤、乳腺癌、垂体腺癌、卵巢癌
2. E-钙黏素	结肠直肠癌、胰癌、头颈癌、乳腺癌、肾癌、黑色素瘤
3. p53	非小细胞肺癌、口腔鳞癌、头颈癌、黑色素瘤、乳腺癌
4. IL-12	黑色素瘤
5. p16	黑色素瘤
6. PAI 2	黑色素瘤
7. nm6	黑色素瘤
8. JE/MCP-1	小鼠结肠癌
9. KAI1	前列腺癌

一、nm23 与肿瘤转移

人的 nm23 基因是一种肿瘤转移抑制基因,基因编码产物的分子质量大约为 17 000Da,由 153 个氨基酸残基组成。nm23 基因家族中有两个密切相关的家族成员,nm23-H1(NME1)和 nm23-H2(NME2)。nm23-H1 和 nm23-H2 两种基因定位于 17q21.3 上。BRCA1、c-eRB2、RARα 和 MDC 4 种基因与 nm23 基因簇集在 17 号染色体的这一区域中。Nm23 蛋白具有核苷二磷酸激酶(nucleoside diphosphate kinase,NDPK)的活性,因此 nm23 有时也称为 NDPK,或 nm23/NDPK。同时,Nm23 蛋白还具有嘌呤结合功能,因而也称之为嘌呤结合因子(purine-binding factor,PBF)。

nm23 基因是以低转移性和高转移性小鼠黑色素瘤细胞系的甄别杂交(differential hybridization)[或称为减法杂交(substractive hybridization)]克隆筛选成功的,因为是一种非转移克隆第 23 号,因此称为 nm23(non-metastaticclone 23)。nm23 在低转移性肿瘤的表达水平显著高于高转移性肿瘤的表达水平。将 nm23 基因导入肿瘤细胞中进行表达,导致高转移性肿瘤变为低转移性肿瘤,使其转移潜能下降 57%~96%,从而证实了 nm23 是一种肿瘤转移抑制基因。

nm23 基因的表达与细胞因子有关。nm23-1 基因转导的细胞以转化生长因子-β(transforming growth factor-β,TGF-β)处理后,在软琼脂中的克隆形成能力发生改变,未转导前 TGF-β 可以促进肿瘤细胞的克隆形成能力,但以 nm23 转导之后,TGF-β 的这一功能被阻断。Parhar 等在 1995 年以黑色素瘤细胞为例,研究了细胞因子对 nm23 基因表达的调节。以 nm23 基因转导黑色素瘤细胞系 B16F10 以后,可溶性细胞内黏附分子-1(ICAM-1)的表达水平显著降低,对淋巴因子激活的杀伤(lymphokine-activated killer,LAK)细胞介导的细胞毒性更加敏感。以 IL-2 处理黑色素瘤细胞对其 nm23 基因的表达水平无任何影响,但以前列腺素 E_2(prostaglandin E_2,PGE_2)、TNF-α 和 IFN-γ 处理以后,其 nm23 的表达水平则显著下降。与体内以 TNF-α、IFNγ 处理小鼠可以增加肿瘤肺转移的结果是一致的。Chen 等对人 nm23 基因的启动子区进行了克隆及结构和功能分析。在 nm23 基因的启动子区含有典型的转录因子 TFⅡD、AP-1 和 CTF/NF1 等的应答元件。nm23 基因的转录起始点位于翻译起始密码子 ATG 上游的第 136 位核苷酸处。在乳腺癌、结肠直肠癌、前列腺癌的细胞系,原发性结肠直肠癌细胞以及正常的胎盘组织中,都有一个共同的转录起始点,在另外一些肿瘤细胞系及结肠直肠癌细胞中则见到 nm23 基因的多个转录起始点。

nm23 基因的表达与人乳腺癌的转移有关。发生淋巴结转移的乳腺癌细胞无一例外地发现 nm23 mRNA 的转录水平很低,显著低于未发生转移的肿瘤细胞中 nm23 mRNA 的转录水平。对 70 例乳腺癌细胞中的 nm23 mRNA 以 Northern blot 杂交技术检测,发现有淋巴结转移者的 nm23 mRNA 转录水平显著低于未发生转移者。同时,nm23 mRNA 的转录表达水平与患者对抗肿瘤治疗的反应、存活率等预后指标等有着极为密切的关系。Takino 等对垂体腺瘤(pituitary adenoma)细胞中 nm23 基因的表达水平与其浸润能力之间的关系进行了研究。nm23-H2 mRNA 的表达水平在浸润性垂体瘤细胞中显著下降,但 nm23 的基因序列没有发现突变现象。以免疫组织化学技术也证实了 nm23 蛋白在转移性肿瘤组织中的表达水平显著下降。提示 nm23 基因表达水平的下降与垂体瘤的浸润能力有关。Viel 等对卵巢癌细胞 nm23 基因的表达与淋巴结转移之间的关系进行了研究。对 66 例人原发性卵巢癌在 DNA 和 RNA 水平上对 nm23-H1 的功能进行了研究。nm23-H1 的杂合子丢失(loss of heterozygosity,LOH)率高达 76%,但其 nm23-H1 基因的编码区却没有发现突变现象,所以认为 nm-23 作为一种肿瘤抑制基因,与其他类型的肿瘤抑制基因的作用机制是不同的。nm23-H1 mRNA 的表达与卵巢癌的淋巴结转移之间密切相关,在未分化的肿瘤细胞中更是如此。另外,Kapitianovic 等对 73 例良性和 54 例恶性卵巢肿瘤 nm23-H1 基因的表达状况与其转移潜能进行了对比性研究。恶性卵巢肿瘤细胞中 nm23-H1 基因表达的水平显著低于正常卵巢组织及卵巢良性肿瘤,其中以具有淋巴结转移的肿瘤细胞中 nm23-H1 mRNA 的表达水平最低。

消化系肿瘤细胞中 nm23-H1 基因的表达水平与其转移浸润能力也呈正相关。Heide 等对发生肝转移的结肠直肠癌细胞中 nm23-H1 的表达与突变进行了分析。在这项研究中没有发现 nm23-H1 基因发生突变,同时也未发现转移肿瘤细胞中 nm23-H1 mRNA 转录水平发生变化。Royds 等对结肠直肠癌细胞中 nm23-H1 基因的表达进行了研究,表明 nm23-H1 的表达水平在转移性肿瘤中降低。因此,对结肠直肠癌来说,nm23 作为一种转移抑制基因的表达及其意义有待于进一步研究。Kodera 等对人胃癌组织中 nm23-H1 mRNA 的转录水平进行研究,发现肿瘤组织与配对的正常黏膜组织中 nm23-H1 mRNA 的表达水平并无显著差别,提示 nm23 基因对消化系肿瘤研究的意义可能是十分有限的。

二、E-钙黏素与肿瘤转移

钙黏素(cadherin)是一类跨膜蛋白(transmembrane protein),分子质量为 120 ~ 140kDa,其结构与功能依赖于 Ca^{2+},因此称其为钙黏素,是一类细胞黏附分子。钙黏素可分为 E-钙黏素、N-钙黏素和 P-钙黏素等。对其基因结构进行分析,表明各种钙黏素分子之间具有共同的结构部分。钙黏分子一般可分成 3 段:N 端位于细胞外,具有多个重复序列结构,与 Ca^{2+}的结合有关;中间为一小段单一的跨膜区,还有最为保守的细胞质区;胞质区部分与一系列的细胞内蛋白质发生相互作用,对钙黏素的细胞黏附作用十分重要。缺失细胞质片段的 E-钙黏素则无细胞黏附分子的功能。在各种钙黏素分子中,E-钙黏素与肿瘤转移关系最为密切。

Kinsella 等对 E-钙黏素表达与结肠直肠癌细胞之间的关系进行了研究,发现 E-钙黏素表达水平的降低与结肠直肠癌细胞浸润能力的提高具有显著的相关性。7 株结肠直肠癌细胞系中,有 2 株肿瘤细胞系 E-钙黏素的表达水平显著降低,在体外培养系统浸润实验分析中,发现这两株 E-钙黏素表达水平降低的肿瘤细胞能够浸润胶原凝胶(collagen gel)和胶原膜(collagenmembrane)。向非浸润性的肿瘤细胞系中加入特异性的抗 E-钙黏素的抗体,当阻断 E-钙黏素的生物学功能之后,可导致这种肿瘤细胞在分散状态下生长,对胶原凝胶也具有浸润性。提示 E-钙黏素具有抑制肿瘤细胞的浸润作用。Pignatelli 等对胰腺癌细胞膜上的 E-钙黏素与肿瘤转移之间的关系进行了研究。与没有淋巴结转移的肿瘤相比,局部淋巴结和远端转移的胰腺癌细胞系膜上 E-钙黏素表达率显著下降。同时,细胞膜上 E-钙黏素表达水平的下降,与肿瘤的恶性程度和分期呈正相关。Schipper 等对头颈鳞状细胞癌细胞膜上 E-钙黏素的表达与其浸润能力之间的关系进行了研究。结果表明,细胞膜上 E-钙黏素的表达水平下降与淋巴结转移之间的关系十分密切。这一结果表明 E-钙黏素是一种肿瘤转移抑制基因。

雌激素拮抗剂不仅常用于乳腺癌的辅助治疗(adjuvant therapy),而且还可以预防乳腺癌的发生。尽管在临床上已广泛应用,但其机制并不十分清楚。MCF-7/6 乳腺癌细胞系雌激素受体阳性,具有浸润性,其细胞膜上的 E-钙黏素没有活性。Bracke 等以雌激素的拮抗剂及其代谢产物处理 MCF-7/6 乳腺癌细胞系,使其膜上的 E-钙黏素具有功能性表达,可以显著抑制 MCF-7/6 乳腺癌细胞系的浸润能力,以 E-钙黏素的特异性单克隆抗体,可以阻断雌激素拮抗剂对肿瘤细胞浸润性的抑制。提示 E-钙黏素可以抑制乳腺癌细胞的浸润能力,雌激素拮抗剂可以抑制乳腺癌细胞系的浸润能力,其机制也是通过对 E-钙黏素表达的诱导而实现的。相反,由于某些原因造成 E-钙黏素表达的缺失,则可以促进肿瘤细胞的浸润。Yosniura 等在 1995 年的研究结果表明,对 E-钙黏素基因启动子区 CPG 诱导发生甲基化(methylation),使 E-钙黏素基因的表达活性失活,E-钙黏素的表达水平下降,导致肿瘤细胞的转移浸润能力增加。这一结果表明,E-钙黏素基因启动子区某些位点的甲基化,导致 E-钙黏素表达水平的下降,可能是恶性肿瘤细胞发生转移的重要机制。以氮胞苷(azacytidine)处理肿瘤细胞,使发生甲基化而处于不表达状态的 E-钙黏素基因启动子区重新去甲基化(demethylation),使肿瘤细胞的膜上重新有 E-钙黏素的表达,可导致肿瘤细胞的浸润转移能力得到遏制。因此,总的来说,E-钙黏素基因的编码区没有发生突变,因而 E-钙黏素的异常与肿瘤细胞浸润转移的关系,不是编码区的异常,而是其启动子调节区的异常,而启动子区某些核苷酸的甲基化也是其中的重要机制之一。

三、p53 基因与肿瘤转移

p53 基因是一种肿瘤抑制基因,其作用十分广泛。p53 野生型蛋白对肿瘤转移的抑制也是 p53 基因抑制肿瘤作用的重要组成部分。p53 基因突变在肿瘤细胞中十分常见,是肿瘤细胞获得浸润转移功能的重要机制。

Lee 等对 p53 基因外显子 8 突变与非小细胞肺癌细胞发生结节转移的问题进行了研究。对 36 例原发的手术切除的非小细胞肺癌细胞中的 p53 基因进行直接序列分析,并结合其临床、病理资料分析。结果表明,42% (15/36)的非小细胞性肺癌细胞中有错义突变(missense mutation),有腺癌,也有鳞状细胞癌。p53 基因突变发生频率最高的位点在外显子 8

者占 56%，而且发现 p53 基因外显子 8 区点突变的发生与肿瘤的结节性转移有关。Koch 等对头颈鳞状细胞癌细胞中的 p53 基因突变进行了研究。结果表明，在浸润性肺癌细胞中 p53 基因具有不同位点的突变现象。Ahomadegbe 等也对头颈鳞状细胞癌细胞中的 p53 基因突变进行了分析，发现 54% 肿瘤细胞中有 p53 基因突变。基因突变的类型包括错义突变、无义突变（nonsense mutation）、小范围缺失（microdeletion）和小范围插入（microinsertion）等。但却没有发现 p53 基因突变与肿瘤细胞的浸润转移特性之间有关。

Thompson 等对 $ras^{+}myc^{-}$ 小鼠前列腺癌中 p53 功能缺失与肿瘤转移之间的关系进行了研究。在 p53 基因突变体杂合子（heterozygous）体和纯合子（homozygous）体，以及 p53 基因野生型小鼠中，转移性肿瘤的诱导能力是不同的。肿瘤细胞失去野生型 p53 基因的功能，是恶性肿瘤发生转移的必要条件。实验性小鼠前列腺癌的动物模型与人前列腺癌的转移特点是一致的。转移位点可能是肺、淋巴结、骨或肝脏。

Veedu 等应用单链构象多态性（single strand conformation polymorphism，SSCP）方法对 p53 基因的转录物进行了分析。在不同的恶性肿瘤细胞系中，p53 基因编码区的突变是不同的，表明不同的肿瘤细胞系中具有不同的 p53 基因突变。但是，这些肿瘤细胞中 p53 基因的突变都发生在外显子 2 ~ 4 及外显子 6 结构区。在转移性肿瘤细胞中，要么完全缺乏 p53 基因转录物的表达，要么表达外显子 4、5 基因突变的 p53 转录物。因此，认为 p53 基因突变与实验性小鼠肿瘤的转移之间有着极为密切的关系。

Kakeji 等以免疫组织化学技术对原发性胃癌（primarygastric cancer）和相应胃周淋巴结（perigastriclymphnodes）转移患者组织中 p53 蛋白的表达进行了研究。对肿瘤组织附近及远端的胃黏膜进行了 p53 蛋白的免疫组织化学染色，细胞核内有 p53 染色的细胞判为阴性细胞。在阴性细胞中，细胞核的染色方式是弥散型，细胞与细胞之间略有差别。仅有少数几例肿瘤组织中有 p53 细胞质的染色，只是这种免疫染色较弱。几乎所有的阳性细胞簇集在一起，只有 1 例癌组织中具有分散的特征。这种肿瘤没有血管的浸润和淋巴结的转移。p53 的表达与肿瘤细胞的非整倍体和增殖活性之间也有一定的关系。p53 蛋白染色阳性的细胞中，其染色体非整倍体（aneuploid）的出现率为 69%，显著高于 p53 阴性的肿瘤细胞（45%）。p53 阳性肿瘤细胞中的平均 DNA 指数（mean DNA index）为 1.3，显著高于 p53 阴性的肿瘤细胞（1.19）。肿瘤细胞增殖活性（proliferatiative activity）以平均 Ki-67 标记百分比（mean Ki-67 labelling percent）进行研究，p53 阳性肿瘤细胞中的平均 Ki-67 标识百分比为 30.6%，而阴性细胞为 25.1%，两者有显著的差别。结果表明，细胞核中 p53 蛋白的异常表达与肿瘤细胞的染色体 DNA 整倍体性有关，同时也与其增殖活性有关。

四、cav-1 基因与肿瘤转移

caveolin-1（cav-1）基因目前被认为是一种抑癌候选基因。它编码的胞膜标志性蛋白 Caveolin-1（Cav-1）具有调控细胞的分化、增殖、迁移和凋亡等功能，在肿瘤发生和形成过程中起着非常重要的作用。cav-1 基因在多种肿瘤细胞中表达，不仅表达模式存在明显差异，而且具有致癌和抑癌双重作用。

Cav-1 主要分布于终端分化的细胞，如内皮细胞、脂肪细胞、成纤维细胞、上皮细胞和 I 型肺细胞等。从蠕虫到人，Cav-1 蛋白序列高度相似，其跨膜区和 CSD 的保守性平均超过 95%。Cav-1 蛋白在多种肿瘤细胞中也有表达，且其表达模式存在明显差异。例如，在甲状腺滤泡状癌中检测不到 Cav-1 表达；在乳腺癌、卵巢癌、肉瘤、肺癌、肠癌、胃癌等恶性肿瘤中 Cav-1 表达明显下降，能抑制肿瘤发展及转移，发挥抑癌作用；在前列腺癌、肾癌、膀胱癌等恶性肿瘤细胞中，Cav-1 表达上调且能促进癌细胞的浸润，是一个致癌基因。研究发现 Cav-1 表达水平的高低不仅与肿瘤组织类型相关，而且还与肿瘤的发生、发展时期以及细胞类型相关。例如，转移灶来源的小鼠前列腺癌细胞系与原发灶来源的肿瘤细胞相比 Cav-1 表达上调，同样在肺癌中，Cav-1 在小细胞肺癌中的表达水平远远低于在非小细胞肺癌中的表达水平。

Cav-1 在肿瘤发生过程中的作用具有两面性，即既有抑癌效应，又有致癌作用。目前研究人员普遍认为 Cav-1 肿瘤抑制功能是由其 CSD 介导的，而促进肿瘤发生的功能可能通过生长因子诱导 Cav-1 的酪氨酸（Tvr14）和丝氨酸（Ser80）磷酸化以及胆固醇结合到 cav-1 基因启动子上引起 Cav-1 的上调表达来介导的。因此 cav-1 基因编码的不同亚型、基因突变及启动子甲基化与肿瘤发生密切相关。

五、par-3 基因与肿瘤转移

蛋白酶激活受体（protease-activated receptor，Par）家族是一类与 G 蛋白相偶联、有 7 个跨膜单位的受体家族，广泛分布于消化系统脏器及组织中。Par 与消化系肿瘤关系密切，主要表现在 Par 在肿瘤组织中高表达，其表达与肿瘤的恶性程度及侵袭转移能力呈正相关。体外研究表明，利用 Par 的激动剂干预肿瘤细胞，可加强其增殖、侵袭转移能力。

Par-3 又称为细胞极性（polarity）蛋白分子，广泛分布于机体的多种组织和细胞中，对机体细胞功能调节具有重要作用，尤其对上皮细胞连接的形成、维持及重建均起着重要作用。基因敲除 Par-3 分子，可使细胞连接分子表达下降，细胞连接松散导致细胞分化的改变或肿瘤转移的发生。研究者免疫组织化学和免疫印迹的研究结果均显示，正常肠腺上皮细胞中，Par-3 呈阳性点状表达，定位于上皮细胞胞质或近顶部胞膜处，中度分化的腺癌管腔变小，散在分布于组织中，腺上皮中 Par-3 免疫细胞化学反应减弱，低分化的腺癌组织中肠腺结构不完整，腺细胞排列紊乱，数量较少，散在分布结缔组织中，腺上皮中 Par-3 免疫细胞化学反应几乎消失，腺上皮周围结缔组织中 Par-3 免疫反应呈阴性腺上皮与 Par-3 反应呈阳性相比，Par-3 表达下降更明显。Par-3 免疫印迹反应的定量分析结果显示，癌组织中 Par-3 的表达也明显下调。

有关 Par-3 在肿瘤中作用的研究报道较少，但已有研究显示上皮细胞向肿瘤细胞转化早期，即细胞发生间变时，首先表现为细胞连接的破坏。文献报道，Par-3 与 Par-6 和 aPKC 是以一种蛋白复合体的形式存在，与细胞连接的形成和维持有很重要的关系。研究发现，某些原因使 Par-3 表达下调时，会使复合体 Par-6 和 aPKC 分子从细胞膜向细胞质转位，其结果使上皮细胞极性消失，连接松散，细胞出现间变特征。TGF-β 可下调 E-钙黏素表达，但这一作用可被过表达 Par-3 逆转，因此可以认为，Par-3 不仅对细胞侧面连接的蛋白质分子的表达具有重要调控，而且也可能是上游因子作用的靶点。上游因子通过 Par-3 调控下游细胞连接分子的表达，进而对上皮细胞的连接结构进行调控。

六、miRNA 与肿瘤转移

miRNA 是一类进化上高度保守的单链 RNA，通常长度在 22nt 左右。它们由基因组

DNA 编码,在 RNA 聚合酶Ⅱ的作用下转录成为 pri-pre-miRNA,通过一系列酶切之后形成成熟的 miRNA,与 RICS 结合于靶 mRNA 的 3′-UTR 区域,阻遏翻译甚至直接降解 mRNA,抑制基因表达。目前,已经有超过 1000 种人类 miRNA 被发现。miRNA 影响多种病理、生理过程,如细胞发育、分化、干细胞功能等。而且,miRNA 在肿瘤发生和转移过程当中也发挥着重要作用。

在肿瘤转移过程中,上皮-间质转化(epithelial mesenchymal transition,EMT)是指上皮细胞在特定的生理和病理情况下向间质细胞转化的现象。正常上皮细胞富于细胞间黏附从而形成稳定的细胞间接触。EMT 时上皮组织基本结构消失,失去细胞极性和紧密连接,表现为,细胞内骨架成分重排并获得移行能力等间质细胞的特性[病理特征包括 E-钙黏素减少波形蛋白(vimentin)增多等,图 17-1]。EMT 最初是在细胞培养过程中被发现的,随着人们对人体肿瘤和实验动物模型的观察越来越深入,发现 EMT 过程与肿瘤发生过程密切相关。尤其是 EMT 过程与肿瘤浸润(invasion)、转移(metastatic dissemination)及药物耐受等都有关系,而与 EMT 过程相对的 EMT 过程则似乎是在肿瘤细胞播散之后形成转移灶的过程中发挥作用的。EMT-MET 转换理论认为,上皮样的原发灶肿瘤细胞经历 EMT 转换,迁移能力增强,可以穿过基底膜进入循环系统,转移到远端部位。之后再经历一个 MET 转换,让转移瘤细胞回复到上皮细胞状态,这样可以很好地解释转移灶肿瘤细胞形态与原发灶类似的细胞表型。

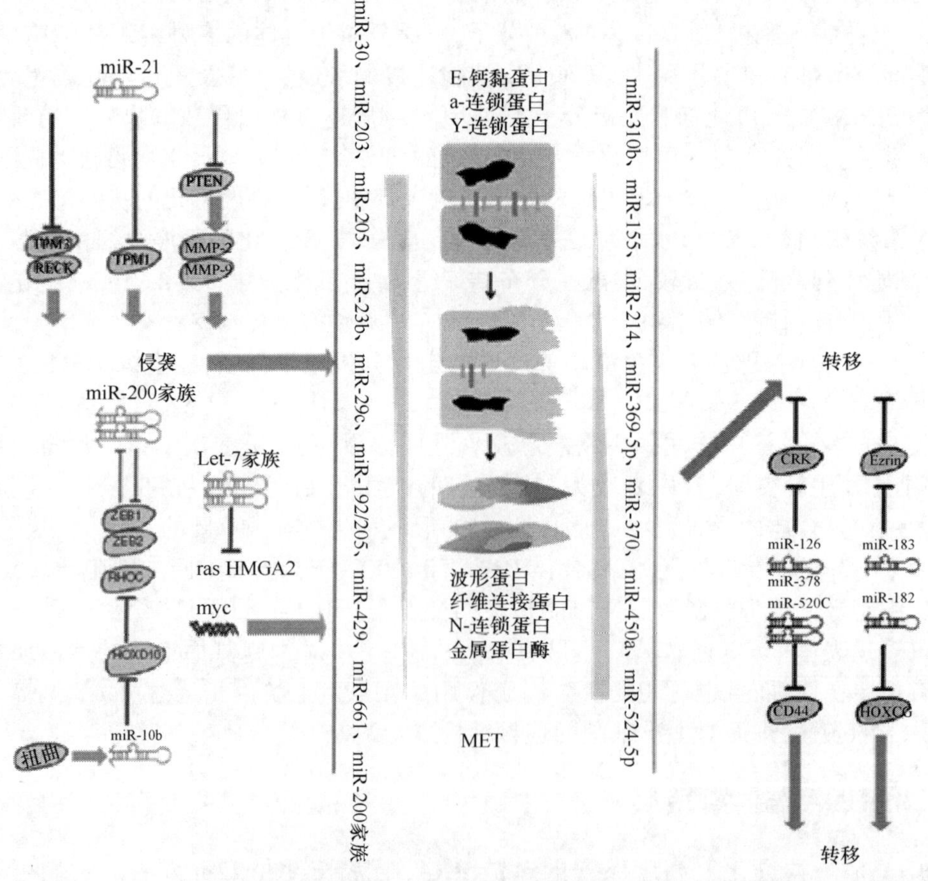

图 17-1　miRNA 与肿瘤转移

在肿瘤转移过程中,miRNA 扮演着重要角色。也有研究将与肿瘤细胞获得转移能力相关的 miRNA 称为 metastamiRs。在肿瘤转移发生的过程中,原发灶的肿瘤细胞首先是逐渐失去彼此黏附的能力,随后穿过基底膜,进入循环系统,然后随着循环系统进入特定器官,穿出基底膜,形成转移灶。在细胞内水平伴随着肿瘤转移过程也有比较明显的时空特异性。在这个过程中,首先是原发灶肿瘤细胞中的一些 miRNA,如 miR-21 抑制 PTEN 等抑癌基因功能,导致下游转移相关蛋白(如 MMP-2、MMP-9)高表达,降解基底膜,促进细胞发生 MET,最终形成转移。随着 EMT 的进展,一些 miRNA 表达先后逐渐减少,依次是 miR-30、miR-203、miR-205、miR-23b、miR-29c、miR-192/215、miR-429、miR-611、miR-200 簇(a、b、c、d),而另一些 miRNA 的表达逐渐增多,如 miR-10b、miR-155、miR-214、miR-369-5p、miR-370、miR-450a、miR-542-5p 等,体现不同 miRNA 在 EMT 过程中调控不同的靶基因(如 TGF-β、North、Wnt、ER、NF-κB 等),促进肿瘤的发生和转移(图 17-1)。其他一些 miRNA,如 miR-27a 和 miR-b,miR-221、miR-222 等,则可以促进肿瘤血管生成,也有利于肿瘤转移的发生。而一些抑制肿瘤 Let-7 家族、miR-373 等,在肿瘤转移的过程中则被抑制,导致一些与增殖和转移相关的蛋白质表达。

目前,EMT-MET 虽然还存在一定争议,但越来越多的证据表明,EMT 和 MET 转换在肿瘤细胞可塑性调控机制中起着非常关键的作用。同时,它们在肿瘤发生、转移复发和治疗耐受中也发挥着重要作用。研究显示,EMT 转换效应在临床上具有非常重要的意义,因此,抑制 EMT 转换过程就成为了一个相当有前景的治疗方案。而在 EMT 过程中,miRNA 发挥着重要作用。同时,应用 miRNA 抑制或补偿治疗也是目前抗肿瘤研究的一个新热点。两者结合,必将为抗肿瘤药物研发、肿瘤治疗带来曙光。

(郭　江)

参考文献

Hajj C, Goodman K, Kelsen D, et al. 2013. A 40-year-old woman with locally advanced rectal cancer and a solitary liver metastasis. Gastrointest Cancer Res, 6: 87-89.

Huang Q, Chen D, Song S, et al. 2013. A genetic variation of the p38β promoter region is correlated with an increased risk of sporadic colorectal cancer. Oncol Lett, 6: 3-8.

Mou TY, Hu YF, Yu J, et al. 2013. Laparoscopic splenic hilum lymph node dissection for advanced proximal gastric cancer: A modified approach for pancreas- and spleen-preserving total gastrectomy. World J Gastroenterol, 19: 4992-4999.

Murawa D, Nowaczyk P, Szymkowiak M, et al. 2013. Brain metastasis as the first symptom of gastric cancercase report and literature review. Pol Przegl Chir, 85: 401-406.

Rao R, Sadashiv SK, Goday S, et al. An extremely rare case of pancreatic cancer presenting with leptomeningeal carcinomatosis and synchronous intraparenchymal brain metastasis. Gastrointest Cancer Res, 6: 90-92.

Shi L, Luo W, Huang W, et al. 2013. Downregulation of L-type amino acid transporter 1 expression inhibits the growth, migration and invasion of gastric cancer cells. Oncol Lett, 6: 106-112.

Wang BY, Huang JY, Cheng CY, et al. 2013. Lung cancer and prognosis in taiwan: a population-based cancer registry. J Thorac Oncol, 8: 1128-1135.

Wang L, Liu X, Wang H, et al. 2013. Correlation of the expression of vascular endothelial growth factor and its receptors with microvessel density in ovarian cancer. Oncol Lett, 6: 175-180.

Ward TJ, Madoff DC, Weintraub JL, et al. 2013. Interventional radiology in the multidisciplinary management of liver lesions: pre- and postoperative roles. Semin Liver Dis, 33: 213-225.

Weaver JB, Rauwerdink KM, Rauwerdink AM, et al. 2013. Magnetic spectroscopy of nanoparticle Brownian motion measurement of microenvironment matrix rigidity. Biomed Tech (Berl), 14:1-4.

Wu C, Zhu W, Qian J, et al. 2013. WT1 Promotes Invasion of NSCLC via Suppression of CDH1. J Thorac Oncol, 8:1163-1169.

Zhao Z, Zhang J, Chen Y, et al. 2013. An 11 kg Phyllodes tumor of the breast in combination with other multiple chronic diseases: case report and review of the literature. Oncol Lett, 6:150-152.

第十八章　肿瘤相关基因与反义技术

人体细胞中基因的表达是受到严格调控的。基因表达的调控，不仅仅指基因的复制（replication）、转录（transcription）及翻译（translation）水平的调控，同时还包括基因表达的组织、细胞特异性，以及在生长、发育过程中基因表达的先后次序，即基因表达的时序性。基因表达的调控在基因的复制、转录、翻译等水平上进行，涉及的因素十分复杂。20 世纪 70 年代，在细菌等原核生物细胞中首先发现了含量很少的一些小分子核苷酸片段，参与某些重要基因复制和表达过程的调控。随后的研究表明，这种对基因的复制和表达具有调控作用的小分子核苷酸片段，不为原核细胞所独有，在真核细胞中同样也存在着有类似作用的小核苷酸分子。不仅在自然界中存在着这些对基因的复制表达具有调控作用的小核苷酸分子，而且人工合成的具有特定序列的小核苷酸分子也具有类似的作用。无论是自然界中存在的，还是人工合成的这种参与基因表达调控的小核苷酸分子，其共同的特点是能够与所调节的 DNA 或转录的 mRNA 以碱基配对方式相结合。这种能够与 DNA 或 mRNA 以碱基配对方式结合，并对其复制或表达具有调控作用的小分子核苷酸，称为反义核苷酸（antisense nucleotide）。反义核苷酸分子简称为反义分子，可以是 DNA 片段，也可以是 RNA 片段。反义 DNA 分子可以是 DNA 的自然结构形式，也可以是各种类型的化学修饰形式。研究反义分子的种类、结构、来源、作用及制备等的技术，称为反义技术（antisense technique）。人工合成的反义寡聚脱氧核糖核苷酸（oligo-deoxy nucleotide，ODN）及其各种化学修饰分子类型是最为常用的反义分子类型。除此之外，反义 RNA（antisense RNA）、核酶（ribozyme）及多靶位核酶（multitarget ribozyme）是反义分子中更为高级的形式，在反义技术中占有非常重要的地位。反义分子及反义技术在基因表达的调控、抗肿瘤及抗病毒治疗中具有广阔的应用前景。

第一节　反义技术的原理

一、反义分子的类型

反义分子，除了人工合成的各种类型的 ODN 分子及其各种形式的化学修饰分子外，还包括反义 RNA、核酶及多靶位核酶分子等。这些各种形式的反义分子在自然界中几乎都可以找到其基本结构的原型。随着核酸化学研究的不断深入，以及核苷酸化学合成自动化程度的逐步提高，使人们有可能高效率地合成这些反义分子，并对其的作用及作用原理进行系统而深入的研究。

（一）反义 ODN

反义 ODN 分子是指一些单链或双链形式的短小 DNA 片段，一般人工合成的反义 ODN 分子的长度不超过 30 个碱基。这种反义 ODN 小分子可以在自然界不同的生物细胞中发现,也可以人工合成。这类反义 ODN 分子可与细胞内某一特定的基因核苷酸序列互补,因而可以在一定条件下与 DNA 模板、mRNA 模板链以碱基配对的方式结合。反义 ODN 分子与 mRNA 分子结合之后形成 DNA-RNA 杂种分子(hybrid molecule);与双链 DNA 结合,则形成三聚体(triplex)形式的螺旋状 DNA 结构。反义 ODN 分子与双链 DNA 或单链 mRNA 分子结合之后,对其复制、转录及翻译等过程产生影响,并激活内源性的核糖核酸酶,如 RNase H 等,将其消化破坏。与自然界中 DNA 的结构和组成类似的反义 ODN 分子,称为自然寡聚脱氧核苷酸(natural oligo deoxynucleotide,N-ODN)分子,或称为未修饰型寡聚脱氧核苷酸分子。这种形式的反义 ODN 分子是最为基本的反义分子形式。随着反义分子的不断发现和研究的不断深入,对反义 ODN 的骨架结构进行了一系列的修饰,因而形成了一系列的修饰型反义 ODN 分子。核酸分子由单个核苷酸组成,而核苷酸则由核糖、碱基和磷酸 3 个基团组成。核糖是一类五碳糖,又可分为脱氧核糖和不脱氧核糖两种类型。前者为 DNA 的组成成分,后者为 RNA 的组成成分。4 种碱基成分为腺嘌呤(A)、鸟嘌呤(G)、胸腺嘧啶(T)和胞嘧啶(C),它们以不同的比例及顺序,组成了不同形式的 DNA 和 RNA 分子,决定了生物系统的遗传信息。所有核苷酸分子中的磷酸基因都是相同的。各种核苷酸分子中,无论是 DNA 还是 RNA,其序列的特异性都是由 4 种碱基的组成及排列顺序来决定的,同时也决定反义分子与 DNA 或 RNA 底物分子结合的特异性及结合效率。因此,反义分子的骨架修饰,一般情况下不对碱基部分进行改造。核苷酸分子中的核糖与磷酸等基团是反义分子化学修饰较常采用的部分。核苷酸中磷酸二酯键结构中的氧原子以硫(sulfur)代替,则可以形成一种磷酸盐硫化物。同样的道理,以甲基、乙基等替换核苷酸分子中的氧,可分别构成甲基化磷酸盐(methylphospate)、乙基化磷酸盐(ethylphosphate)形式。这 3 种形式的化学修饰型反义 ODN 分子,分别简称为 S-ODN、M-ODN、E-ODN 等。经过上述方式的化学修饰,各种修饰型的反义 ODN 分子与 N-ODN 相比,抵抗核酸酶的消化能力大大提高,从而提高了细胞内反义寡聚脱氧核苷酸分子的浓度,延长了反义寡核苷酸的有效作用时间。此外,为了增加反义寡核苷酸透过细胞膜的能力,加速反义分子进入细胞质、细胞核中,对反义寡核苷酸分子还进行了亲脂性修饰。在反义分子的不同基团上,分别连接长链脂肪酸分子,增加了反义分子的脂溶性,从而促进了细胞对各种反义分子的摄入能力和转运速率。

(二) 反义 RNA 分子

DNA 是双链螺旋结构,以碱基配对的方式相结合,相互缠绕而成。DNA 的双链方向相反,其中一条链的 5′端位于上游,接近启动子的序列,是 DNA 转录为 mRNA 的模板(template),称为 DNA 的有义链(sense strand)。从有义链转录而来的 mRNA,其核苷酸序列与 DNA 的有义链是碱基互补的关系。另一条链,正常情况下不具备转录模板的功能,因为其方向与启动子的转录方向相反,这也是由 DNA 多聚酶(polymerase)的活性来决定的。双链 DNA 中不具备转录模板功能的一条链,称为 DNA 的反义链(antisense strend)。DNA 反义链核苷酸的序列,与此 DNA 转录而成的 mRNA 核苷酸序列是一致的。如果将这一段 DNA 双链,以相反的方向置于启动子的下游,那么两条链的方向正好逆转。正常情况下的有义链,则处于反方向,不能作为转录的模板;相反,正常情况下的反义链,其方向恰好可以使其作为转录的模板。但由反义链转录而来的 RNA,其核苷酸序列与 mRNA 不同,实际上恰好与之互补。这种由 DNA 的反义链为模板转录而来的、核苷酸序列与 mRNA 互补的转录产物

RNA,即称为反义 RNA(antisense RNA)。

反义 RNA 广泛存在于自然界中的原核细胞及真核细胞中。有关反义分子的概念及反义技术的建立,也是从发现自然存在的反义 RNA 分子而开始的。人工合成的反义 RNA 分子同样可以与自然的反义 RNA 分子一样发挥对基因表达的调节作用。基因工程(genetice engineering)及基因治疗(gene therapy)技术的不断发展,可以构建反义 RNA 的表达载体,体外、体内表达的反义 RNA,可以应用于基因表达的调控,以及抗肿瘤、抗病毒的治疗之中。

(三) 核酶分子

核酶(ribozyme)分子是指一类具有酶的催化活性的 RNA 分子。核酶 RNA 不仅能够像反义 RNA 分子那样,以碱基互补的方式与底物 RNA 分子相结合,而且能够在特定的核苷酸序列部位将底物 RNA 分子切断,从而破坏了底物 RNA 分子结构的完整性。因此,核酶 RNA 分子,除了像反义分子那样以碱基配对的方式与底物 RNA 分子结合,发挥反义 RNA 的作用以外,还能在特定核苷酸部位破坏底物 RNA 分子的结构,因而成为比反义 RNA 分子更为有效的反义分子。具有酶的催化作用的反义 RNA 分子的发现具有重要的生物学意义,它将酶的概念从蛋白质领域扩展到核酸领域,从而整体改变了对生物界进化的根本看法。因此,核酶的共同发现者 Cech 和 Altman 分享了 1989 年的诺贝尔化学奖。

有关核酶分子的发现及核酶概念的提出,首先是从原虫,如四膜虫(tetrahymena)和植物类病毒(viroid)及其卫星 RNA(satellite RNA)的研究中进行的。在以后的 10 余年中,发现一大类具有不同核苷酸结构的核酶 RNA 分子。这些核酶分子的基本结构大体上分为两大部分。一部分为其活性催化中心(catalytic center);另一部分为可与底物 RNA 分子以碱基配对方式识别和结合的部分,称为核酶的侧翼序列(flanking sequence)。活性催化中心是酶学催化作用的结构基础,而侧翼序列部分位于该酶学催化中心的两侧,决定了核酶与底物 RNA 分子识别和结合的特异性。根据核酶 RNA 分子的不同来源以及其基本结构形式,目前已将核酶分为 6 个主要类型,即锤头状(hammerhead motif)核酶、发夹状(hairpin motif)核酶、斧头状(axehead motif)核酶、第一组内含子核酶(group Ⅰ intron,ribozyme)、第二组内含子核酶(group Ⅱ intron ribozyme)及核糖核酸酶 P(RNase P)等。各种核酶 RNA 活性催化中心的结构以及催化活性的效率不尽相同。其中对锤头状核酶、发夹状核酶的基本结构研究得更为清楚。人工的核酶 RNA 分子设计也大都采用了这两种核酶 RNA 分子的结构类型。RNase P 是一种 RNA 与蛋白质结合成的复合物。因其酶学催化活性中心位于 RNA 组分,不是其蛋白质组分,因而仍然属于核酶的范畴。RNase P 在抗肿瘤、抗病毒的治疗中以及在基因表达的调控研究中也具有重要的应用前景。这是因为 RNase P 广泛存在于各种类型的细胞中,RNase P 识别与结合底物 RNA 分子,主要是通过一种称为外部引导序列(external guide sequence,EGS)的小核苷酸片段来介导的。因此,只要根据 RNA 序列,合成并提供合适的 EGS 小核苷酸片段,就可以利用已经存在于细胞内的 RNase P 达到破坏目的基因 RNA 的效果。其他几种核酶 RNA 分子的应用为保持核酶的活性中心不变,仅根据靶 RNA 性质设计其侧翼序列,就可以构建出针对这一目的 RNA 的特异性核酶分子。

上述涉及的核酶 RNA 分子是指具有单一催化活性的核酶 RNA 分子。一种核酶 RNA 分子仅识别某一种特定 RNA 链的某一特定的核苷酸序列靶位。因此,核酶 RNA 分子仅从一个位点上对靶 RNA 进行切割。为了提高核酶 RNA 对靶 RNA 切割的效率,人工设计了识别与切割靶 RNA 多个位点的多靶位核酶(multi-target ribozyme)RNA 分子,试图从多个位点上对同一个靶 RNA 进行切割,以期更为彻底。同样的道理,还可以设计出识别不同靶 RNA 作用位点的核酶 RNA 分子。如此,可以设计出一种具有多个酶学催化作用位点的核酶 RNA 分子,同时对多个不同的 RNA 分子进行切割。每一个酶学活性催化中心的基本结构是一致的,所不同的是酶学催化活性中心两边的侧翼序列不同。目前为止,已设计出针对人免疫缺陷病毒(human immunodeficiency virus,HIV)RNA 分子的 9 靶位核酶分子,以及针对乙型肝炎病毒(hepatitis B virus,HBV)转录物 RNA 的 3 靶位核酶分子,都取得了较单靶位核酶 RNA 分子更为有效的切割、破坏结果。

二、反义分子的作用原理

反义 DNA/RNA 分子与 DNA 结合可形成三聚体(triplex)形式,与 RNA 结合可形成 DNA-RNA、RNA-RNA 杂种分子,从而具备一系列的基因复制、转录、翻译等水平的调节作用。

(一) 抑制 DNA 的复制过程

反义 DNA 或反义 ODN 分子与靶 DNA 双链可以形成 DNA 三聚体形式。这种 DNA 三聚体形式的存在,严重妨碍了 DNA 双链半保留复制的机制。因此,反义 ODN 分子具有抑制 DNA 复制的作用。DNA 双链以 Watson-Crick 原则结合并盘绕成右手双螺旋结构。这种 DNA 双螺旋结构的形成,同时产生了主要和次要的沟槽结构。这种双链 DNA 沟槽结构的存在,正是反义 ODN 分子与双链 DNA 形成三聚体形式的结构基础。因此,这种与双链 DNA 形成三聚体形式的反义 ODN 片段又称为“抗基因”(anti-gene)寡聚核苷酸片段。反义 ODN 片段中的胸腺嘧啶核苷与腺嘌呤核苷以氢键(hydrogen bond)形式相连,同时后者也与 DNA 双链中另一条链上的胸腺嘧啶核苷以 Watson-Crick 方式结合;同样的道理,反义 ODN 分子中胞嘧啶与 G-C 碱基配对中的鸟嘌呤形成氢键结构。这些反义 ODN 分子与双链 DNA 分子之间形成的氢键结构,称为 Hoogsteen 碱基配对(Hoogsteen base pairing)。超螺旋(supercoiled)状的 DNA 与松弛(relaxed)DNA 都有可能与反义 ODN 以 Hoogsteen 碱基配对方式结合,而成为三聚体 DNA 形式。

(二) 抑制 DNA 的转录过程

基因的转录(transcription)是遗传信息从 DNA 流向 RNA 的一个过程。与 DNA 转录过程密切相关的调节元件是基因的启动子(promoter)序列。启动子序列是 DNA 转录过程中的控制元件。但是,启动子序列是否具有活性,主要取决于激活基因转录的转录因子能否与启动子进行正确的结合。只有激活基因转录的转录因子蛋白与基因的启动子序列能够正确结合以后,才能发生 RNA 的转录。反义 ODN 分子与双链 DNA 中的启动子序列以 Hoogsteen 碱基配对的方式进行结合以后,严重阻碍了转录因子激活蛋白与 DNA 结构中启动子序列的结合,因而启动子不能被正常地激活,也就不会有 RNA 的正常转录。

(三) 抑制 RNA 跨核膜转运过程

基因的转录活动是在细胞核中完成的。RNA 在细胞核中完成转录之后,需要转运到细胞质中与翻译过程有关的蛋白质因子结合成翻译复合体,以进行正常的翻译过程。有关RNA从细胞核到细胞质的跨膜转运机制,目前为止仍知之甚少。但研究资料表明,RNA的跨核膜转运是一种消耗能量的过程,同时也与某些特定的蛋白质功能密切相关。RNA与某些特殊的蛋白质分子结合成一种RNA-蛋白质复合物形式,从细胞核中转运到细胞质中,才能到达能够作为翻译模板的正确地点。反义ODN及反义RNA分子与前体形式的mRNA合成RNA-DNA或RNA-RNA复合物,这类复合物形式难以进行跨核膜转运,仅能滞留在细胞核中。因此,没有足够的mRNA转运到细胞质中,也就没有或没有足够的蛋白质赖以进行翻译的RNA模板,从而干扰甚至阻断了这种基因的表达活动。

(四) 抑制前体mRNA的剪切过程

真核细胞的基因组与原核细胞的基因组是有显著区别的。其中最为显著的一点,就是真核细胞基因组中DNA的编码序列并不是连续的,而是一段或多段非编码的DNA序列将其分隔为大小不等的片段,而原核细胞基因组DNA的编码序列则是连续的。这些不具备编码功能的DNA序列称为内含子,或称为插入序列(intervene sequence,INS)。被内含子序列所分隔的编码基因序列,则称为外显子。因此,从真核细胞DNA转录而来的前体mRNA(pre-mRNA)形式是由5′-非翻译区(5′-non-translating region,5′-NTR)、一个或数个内含子及外显子和3′-NTR序列组成。从DNA转录而来的前体mRNA并不能直接作为蛋白质翻译过程的模板,而需要适当的编辑(editting)加工。将分隔外显子序列的内含子部分去除,外显于序列再正确地连接在一起,形成5′-NTR、编码区及3′-NTR结构形式的模板mRNA。这种前体mRNA分子中内含子序列的去除、外显子序列重新连接的过程,称为RNA的剪切过程(splicing process)。

RNA剪切机制是一个非常重要的分子生物学课题,过去的几十年中虽然对其进行了系统深入的研究,但仍然有许多未明之处。RNA剪切作用的生物学意义也是多方面的。其中,从一个相同的前体mRNA模板经过不同的剪切机制,又可以形成不同的剪切产物。其中一种常见的成熟mRNA形式,包括了全部的外显子序列;如果一个部位或多个部位上的一个或数个外显子序列,在RNA的剪切加工过程中与内含子一样被剔除以后,则形成截短形式(truncated form)的成熟RNA分子。这种截短形式的模板mRNA,与全长形式的模板mRNA一样,具有相同的起始编码序列及终止编码序列,即其相位(phase)是完全一致的,只是编码区少了一段或几段外显子序列。其编码产物与全长mRNA编码产物相比,缺少了某些中间部位的氨基酸残基,因而也是一种截短的形式。这样,从一种编码的DNA序列中经过转录后的剪切加工机制,形成大小不等的蛋白质分子。值得提出的是,这两种或数种大小不同的蛋白质分子往往具有相反的生物学功能。例如,在细胞程序化死亡(programmed cell death,PCD)[或称为细胞凋亡(apoptosis)]的分子调节机制中具有重要作用的白细胞介素-1β转换酶(interleukin-1 β converting enzyme,ICE)、跨膜蛋白Fas/APO -1/CD95分子及原癌基因(proto-oncogene)B淋巴细胞淋巴瘤相关基因-2(B cell lymphoma-2,bcl-2)等在细胞中均具有基因转录物的剪切机制。而且,经过不同的剪切机制产生的mRNA,其编码产物在细胞程序化死亡的调节中具有相反的作用。此种现象在生物学界比比皆是。说明真核细胞能够最大限度地利用其基因组RNA。

RNA的剪切过程需要RNA进行折叠,形成较为复杂的三维立体结构(three dimentional

structure)方可进行。反义 DNA 分子或反义 RNA 分子能够以 Hoogsteen 碱基配对方式,在前体 mRNA 剪切位点附近结合,如此能够妨碍前体 mRNA 分子的立体结构的正确折叠,从而阻碍成熟 mRNA 的形成过程,如果前体 mRNA 不能经过正确折叠,则阻碍了蛋白质的翻译过程,对基因的表达具有抑制作用。

(五) 抑制 mRNA 翻译复合体的形成

蛋白质的翻译是一个十分复杂的过程。首先,经过剪切加工以后的成熟 mRNA 模板要与核糖体 RNA(ribosomal RNA,rRNA)以及一些与蛋白质翻译有关的因子结合在一起,形成一种翻译复合体。其中 mRNA 识别与结合 rRNA 的方式主要有两种:一种是内部核糖体进入位点(internal ribosomal entry site,IRES)方式,另一种是所谓的扫描机制。病毒等的 mRNA,其 5′-NTR 区有一段结构特殊的核苷酸序列,能够与 rRNA 进行特异性的结合。这段特殊的核苷酸序列即为 IRES。真核细胞的 mRNA 经过剪切加工以后还要经过转录后加工修饰,如在 mRNA 的 5′端形成帽状结构。这种帽状结构形成以后,与 rRNA 进行特异性识别与结合,沿着 5′-NTR 向下游滑动,经过扫描以后,当到达一段合适并能进行特异性结合的核苷酸序列之后,便可以引发蛋白质的翻译过程。

无论是 IRES 机制还是扫描机制,其成熟 mRNA 的 5′-NTR 都是与翻译复合物的形成密切相关的核苷酸结构。因此,当反义 ODN、反义 RNA、核酶 RNA 分子与 mRNA 的 5′-NTR 结合以后,可以非常有效地阻断翻译复合物的形成,从而有效地抑制基因的表达功能。

(六) 破坏 mRNA 的结构

无论是何种形式的 mRNA,要进行完整的蛋白质分子的翻译,必须保持其结构的完整性。因此,只要从任何一点将其切割,都可以破坏这种 mRNA 结构的完整性,从而使 mRNA 作为翻译模板的功能受到破坏。6 种形式的核酶分子可以在 mRNA 的特定核苷酸序列部位上将其切割、破坏,因而可以阻断基因的表达。

三、反义技术的应用

基因表达水平的异常有两种可能,一种是高于正常水平,另一种是低于正常水平。如果基因表达的水平低于正常情况下基因表达的水平,可以利用基因治疗的技术,导入一种具有正常功能的基因,使这种基因表达的缺陷得到纠正。但是,如果一种基因的表达水平比正常情况下基因表达的水平还要高,如原癌基因、癌基因的激活与过表达,病毒感染以后,细胞获得并表达病毒的有害基因时,则需要一种技术阻断或降低这类对细胞有害的基因表达。反义技术在这一领域中具有十分重要的应用前景。

(一) 基因表达的调控研究

反义分子是一类重要的基因表达调控分子。有关反义技术的建立也是首先观察到反义分子参与重要基因表达的调节,在原核细胞及真核细胞中莫不如此。在植物细胞中发现了一系列的反义 RNA 分子,此后在哺乳动物及人的细胞中发现了核糖体蛋白 L27′ mRNA 特异性的反义 RNA 分子,有 1.0kb 和 1.8kb 两种不同的形式。这些自然存在的反义 RNA 与核糖体蛋白 L27′ mRNA 的+8 ~ +346 核苷酸(nucleotide,nt)序列互补,是其反义 RNA 作用的靶位区。其功能尚不十分清楚，可能参与核糖体蛋白 L27′mRNA 转录后水平的调节。在小鼠细胞中还发现了髓磷脂碱性蛋白(myelin basic protein，MBP)编码基因 mRNA 的特异性反义 RNA 分子，其作用靶位是 MBP 基因外显子 3 和外显子 7 对应的 mRNA 中的有关核苷酸序列。另外，在小鼠细胞中还发现了单纯疱疹病毒Ⅰ型(herpes simplex virus type Ⅰ，HSV-Ⅰ)，针对感染细胞蛋白-O(infected cell protein-O，ICP-O)的特异性 mRNA 的反义 RNA 分子，其大小为 2.3kb，与 ICP-O mRNA 中一段 360nt 的序列呈特异性互补，可能与 ICP-O 蛋白表达的调节有关。在人前髓细胞性白血病细胞系，如 HL60 中发现了原癌基因 c-myc 的特异性反义 RNA 分子。这种 c-myc 的反义 RNA 分子与 c-myc 原癌基因外显子 1 上游的一段核苷酸序列互补，可能与 c-myc 原癌基因表达调节有关。

除了在原核细胞、真核细胞中发现了数目繁多的反义 RNA 分子以外，人工设计合成的反义 ODN、反义 RNA 和核酶 RNA 分子在基因表达的调节中也得到了广泛的应用。国内叶昕等构建了 c-myc 的反义 RNA 反转录病毒表达载体，应用反转录病毒载体-包装细胞系基因转移系统将 c-myc 的反义 RNA 表达载体导入食管癌细胞系中，可以显著抑制食管癌细胞的生长，并能诱导食管癌细胞发生细胞程序化死亡(programmed cell death，PCD)。在体外实验系统中，Munroe 等的研究结果表明，反义 RNA 可以显著抑制前体 mRNA 分子的剪切过程。Nicole 等利用兔网织红细胞裂解物(rabbit reticulocyte lysate，RRL)作为体外翻译系统，证明特异性反义 RNA 可以阻断果蝇(Drosophila)热休克蛋白 23(heat shock protein 23，HSP23)的体外翻译作用。将 HSP23 特异性的反义 RNA 首先与热休克细胞中分离的 mRNA 提取物退火处理，则可以完全阻断 HSP23 的体外翻译功能。应用人工合成的反义 ODN 分子、反义 RNA 分子及核酶 RNA 分子，对细胞因子(cytokine)的基因、细胞程序化死亡的调节基因、细胞周期素(cyclin)及细胞周期素依赖性激酶(cyclin-dependent kinase，CDK)等基因的表达调控进行了广泛的研究，证明反义技术是研究哺乳动物细胞基因表达调节的重要的分子生物学技术。

(二) 抑制病毒基因的表达

反义技术在抗病毒治疗中具有广阔的应用前景。病毒感染细胞虽然是致细胞病变的一个原因，但更为重要的是细胞获得病毒的某些基因组，并表达某些病毒的蛋白质，引发机体对这种病毒感染细胞的细胞与体液免疫，从而杀伤病毒感染的细胞。目前虽然从免疫学角度探索了抗病毒治疗的一些方法，但总的来讲还缺乏令人满意的有效性及特异性，因此，抗病毒治疗的探索不得不转移到病毒感染及发病机制的上游环节。例如，从基因水平上，即 DNA 或 RNA 水平上探讨抗病毒基因治疗的方法和途径。如果从基因水平上破坏特异性的病毒基因，则可以阻断病毒蛋白的产生，这样就避免了由病毒蛋白引起的免疫病理应答。反义技术就是从这一环节阻断病毒基因表达的一项技术，其不仅是有效的，而且是特异性的。因为反义分子识别和结合病毒基因组的特异性是由碱基配对方式来决定的，因此，这种治疗作用的特异性可有很好的保证。

反义 ODN、反义 RNA、核酶都曾成功地用于抗病毒基因组表达的治疗研究。自从 1998 年 Zamecnik 等应用人工化学合成的 13mer 的反义 ODN 分子在体外培养系统中实现了对劳氏肉瘤病毒(Rous sarcoma virus，RSV)的复制和表达的阻断以后，化学自动合成的反义 ODN 大大促进了反义 ODN 抗病毒治疗的实验研究。此后，对乙型肝炎病毒(hepatitis B virus，

HBV)、丙型肝炎病毒(hepatitis C virus,HCV)、人免疫缺陷病毒(HIV)、单纯疱疹病毒Ⅰ型(herpes simplex virus,HSV-Ⅰ)、人乳头瘤病毒(human papilloma virus,HPV)、滤泡口炎病毒(vesicular stomatitis virus,VSV)、水痘带状疱疹病毒(varicella-herpes zoster virus,VZV)、流感病毒等人类主要的致病病毒,都进行了抗病毒治疗实验。其中关于 HBV、HCV、HIV 的相关研究较多。

应用反义技术治疗 HBV 感染的相关实验研究也越来越多,并在分子水平、细胞水平及动物实验水平上取得了丰硕的研究成果。根据 HBV 基因组表达、复制的特点,分别设计针对 S、C、P、X、preC、preS1 和 preS2 的反义 ODN,特别是针对那些基因调节序列,如 DR1、DR2、增强子和启动子等的反义 ODN,可以获得良好的抑制作用。Goodarizi 等首先报道了反义 ODN 能特异抑制 HBV DNA 复制的现象。KoRBa 等设计了 56 条不同的针对 HBV 特定功能区的反义 RNA,检测其抑制 HBV 复制、表达的能力。结果表明,针对 S 基因、前 S1 基因区、HBeAg 及多聚酶编码基因区的反义 ODN 可降低 HBV 复制水平;张源等研究了载 HBV 反义 ODN 的谷甾醇葡萄糖苷和卞泽双重修饰肝实质细胞靶向阳性脂质体的基因转染、抗 HBV 作用和其介导基因转染的机制。结果显示、双重表面修饰显著提高了脂质体的转染率和病毒抑制作用;荧光显微镜下观察到较强转染,反义 ODN 的胞内分布以在细胞核中为主。Yang 等的研究表明,纤维结合蛋白在 HBV 复制中起正调节因子的作用,并设计针对纤维结合蛋白的 ASODN,实验结果显示对 HBV DNA、HBsAg 和 HBeAg 的抑制率分别为 66. 99%、66. 98% 和 48. 78%。Liang 等设计并合成了针对 HBV preS2 区域的反义 ODN 链用于预处理 HBV 基因转染细胞系 HepG2. 2. 15,以封闭 preS2 基因的表达,并用此方法处理的 HepG2. 2. 15 细胞进行 TNF 相关性凋亡诱导配体(TRAIL)试验以研究其细胞凋亡。结果显示,针对 HBV-preS2 区域的反义 ODN 链有效地封闭了 preS2 基因区域,使 TNF 相关性凋亡诱导配体介导的细胞凋亡有所降低。研究表明,核酶抗 HBV 具有很好的潜在应用前景。Punitz 等用重组筛选的方法设计了 4 个发夹型核酶,与 1 个有复制活性的 HBV DNA 二聚体同时转入肝癌细胞中。结果核酶对 HBV 的复制抑制率分别达到 80%、69%、66% 和 49%。Weinberg 等为了克服核酶可能的沉默无效,利用计算机软件设计了 3 个针对 HBV 序列中 x 区不同位置的锤头状核酶并且插入到同一载体中,该载体与含有 HBV 全基因组的载体共转染 Huh7 细胞,结果显示载体对 HBsAg 和 HBeAg 的抑制率为 50% ~ 70%。沃健儿等将设计的针对 HBV S 基因和 C 基因的特异性脱氧核酶,作用于 HepG2. 2. 15 细胞后可显著抑制 HBV S 基因、C 基因的表达,对 HBsAg、HBeAg 分泌的抑制率达 90% 以上。

HCV 的基因疗法已经在体外试验和体内模型中得到证实。国内外文献报道,反义核酸(反义 ODN、反义 RNA 和核酶)和 RNA 干扰(siRNA 等)技术为抗 HCV 基因治疗的两大工具。其中,反义 ODN、核酶和 siRNA 对 HCV RNA 作用靶点范围小、易变异导致耐药性产生,而反义 RNA 片段较大,能克服以上技术的不足。最近的研究显示,皮下注射经过修饰的反义核酸能够抑制经 HCV 疫苗株病毒感染的小鼠肝 HCV 复制。在抗 HCV 的体外实验研究中,Wakita 等证实反义 ODN 能特异性阻断 HCV 翻译,并对不同区域的靶位点进行了初步筛选。Alt 等合成了仅包含 6 个经修饰核苷酸的三种反义 RNA,在体外翻译系统中检测发现它们对 HCV 基因组翻译的最大抑制率均在 80% 以上。Fukuma 等将针对 HCV 5′-NCR 的反义 RNA 通过化学法与重组大肠杆菌偶联,应用放射性核素标记法发现该复合体能高效导入肝细胞系,并发现 RNase H 能有效裂解 HCV 的转录本,同时还可抑制 HCV 标记物的表达。

陈中湘等的研究表明，反义 EGFP 质粒转染组的 EGFP 蛋白表达水平较对照组明显下调，HCV RNA 的复制较对照组显著减少。反义 EGFP 能抑制 HCV 的复制和蛋白质表达，为探索抗 HCV 治疗提供了可行性和实验依据。有学者针对 HCV 5′-NCR 序列设计了 3 个锤头样核酶。在体外实验中发现核酶对靶 RNA 具有有效、特异的切割作用。国内有研究在核酶的基础上合成 U1-Rz 嵌合体，发现其在细胞内能有效切割 HCV 基因组，并证实以 U1 小核糖核酸作为核酶载体可以增加核酶在细胞内的切割活性。Lieber 等针对 HCV 5′端的高度保守区设计了 6 个锤头样核酶，用重组的腺病毒载体进行表达，联合或单独应用能有效抑制 CHO 细胞中 HCV RNA 的表达。

HIV-1 是一种反转录病毒。asRNA 可以干扰 HIV-1 不同环节，有望成为治疗艾滋病的新方法。具有鸟嘌呤字符串的 DNA 和 RNA 寡核苷酸有助于形成包含鸟嘌呤四聚体的稳定次级结构。HIV-1 包含聚嘌呤区，能够形成鸟嘌呤四聚体的稳定折叠结构。肽核酸是一类 DNA 类似物，以氨基酸取代糖磷酸主链。在体外和细胞中，靶向 HIV-1 聚嘌呤区的寡嘧啶肽核酸可以侵入折叠的 RNA；T 丰富的 PNA(C4T4CT4)与聚嘌呤区形成三链结构，而 C 丰富的 PNA(TC6T4CT)与聚嘌呤区形成双链结构。在聚嘌呤区靶部位特异性妨碍翻译延伸。HIV-1 的长末端重复序列(LTR)包含一个反义基因，与已知 HIV-1 序列比较发现其潜在的转录起始元件位于 HIV-1 启动子和转录起始位点的下游，并处于相反的方向。该反义基因转录的 asRNA 对病毒固有 RNA 可能有巨大的调节能力，因为它与所有的 HIV-1 有义 RNA 转录物在开始区域有 25 个核苷酸重叠。LTR 区域也可以编码 HIV 反义蛋白，在一些 HIV-1 感染长期存活者体内该区域被删除，表明 HIV 反义蛋白可以作为发展疫苗的潜在靶点。HIV 趋化因子受体 CXCR4 和 CCR5 对 HIV-1 进入细胞而言是必需的，并且从 HIV 感染到形成艾滋病涉及从 CCR5 到 CXCR4 共受体使用转换。小的单链 asRNA 提呈给外周血单个核细胞(peripheral blood mononuclear cell)可以导致 CXCR4 和 CCR5 受体 mRNA 选择性降解，引起基因沉默。这些受体有望做为治疗介入的靶点。

(三) 抑制肿瘤基因的表达

反义技术在抑制和破坏原癌基因、癌基因、肿瘤耐药基因、肿瘤转移相关基因的过程中具有重要的生物学意义。

第二节　反义技术抑制肿瘤相关基因的表达

反义 DNA 分子、反义 RNA 分子技术是近年来发展起来的一种抑制癌基因表达、进行抗肿瘤治疗的一个新兴领域。反义技术的发展始于对细菌基因表达调控的研究。Tomizawa 和 Kleckner 的实验室首先发现细菌中存在与 RNA 序列互补的小 RNA 片段，参与基因表达的调节。此后不久，发现真核细胞中的基因表达调控也有反义 RNA 分子的参与。1984 年，Izant 和 Weintraub 首先将一种表达反义 RNA 的载体 DNA 导入真核细胞中，得到了反义 RNA 的表达，并实现了对特定基因表达抑制的结果。事实上，在发现原核细胞与真核细胞中存在着天然的反义 RNA 分子之前，几个实验室都已发现体外合成的寡聚脱核糖氧核苷酸(oligodeoxynucleotide，ODN)，如果其碱基序列与某一特定的 mRNA 碱基序列互补，则可以有效地抑制这种 mRNA 作为蛋白质翻译过程的模板。反义 DNA 分子和反义 RNA 分子这种能够抑制特定基因表达的性质和作用,很快也被抗肿瘤及抗病毒治疗研究人员所看重,成为抑制有害基因表达的一个有效手段。这种策略将碱基配对作用的特异性与肿瘤发生、发展的分子生物学有机结合起来,因此是一个很有希望的抗肿瘤治疗研究方向。

一、反义分子的导入方式

(一)从体外到体内的导入方式

在各种形式的自体细胞疗法(autologous cell therapy)中,骨髓移植(bone marrow transplantation)占有极为重要的地位。自体骨髓细胞的净化及骨髓自体移植是治疗某些肿瘤,包括各种急性白血病和慢性白血病的常用治疗方法。自体骨髓的净化,从白血病患者的骨髓中除去肿瘤细胞的方法有多种,包括某些免疫制剂(immunological agent)和某些化疗药物(chemotherapeutic drug)。但是,这些净化骨髓的药物,特别是抗肿瘤化疗药物,与常规体内用药的不良反应相同,化疗药物在杀伤肿瘤细胞的同时对正常细胞也具有很强的杀伤能力。因此,这种处理方法是非特异性的,而且具有很强的毒副作用。另外,这种处理仍然还有一定比例的复发,可能是自体骨髓的处理不彻底,其中仍含有残留的白血病细胞(residual leukemia cell)。这是自体骨髓净化和自体骨髓移植治疗白血病时复发的一个重要原因。因此,探讨自体骨髓净化更为有效、不良反应更小的方法具有十分重要的应用价值。

从理论上来讲,反义 ODN 具有阻断癌基因以及其他一些促进白血病细胞生长相关基因表达的作用。在自体骨髓的净化要比免疫制剂或抗肿瘤化疗药物更为有效,而且更为特异性,没有或仅具有轻度的不良反应。因此,可以应用特定基因的反义 ODN 与自体骨髓细胞进行培养,使这种抑制肿瘤的反义 ODN 分子能够进入细胞,达到破坏或抑制肿瘤癌基因及肿瘤细胞生长相关基因的表达,再将处理净化的骨髓细胞移植回体内。这就是反义技术从体外到体内导入过程的一个典型例子。应用这种从体外到体内的反义分子给药方式,有两个问题必须首先解决。在体外(*in vitro*)实验中,只是将白血病造血干细胞与 T 淋巴细胞及单核-巨噬细胞分开,只是将正常的细胞和白血病的细胞与特异性的反义 ODN 进行孵育,但自体骨髓移植物最好是全骨髓。这样,未经分离的粒细胞及单核-巨噬细胞的存在可能对反义 ODN 的作用效果产生影响。因为这类细胞的存在可能释放核酸酶,或对这种反义 ODN 分子的摄入有特别高的效率,因而是一个潜在的影响因素。为了防止这种情况的发生,应该提供更大量的、未经任何修饰的反义 ODN,或开发新型的具有核酸酶抗性(nuclease-resistance)的新型反义 ODN 分子。另外,必须确定反义 ODN 分子处理自体骨髓以后其中是否仍然残留白血病病灶的细胞,以防止复发,可以应用肿瘤特异性的分子标志,如 bcr-abl 融合基因转录产物的检测、免疫缺陷小鼠的体内接种实验等,判定是否有白血病细胞的残留,也可以判定其中正常的造血干细胞是否能够取得生长优势。最近有研究表明,如果给重度复合免疫缺陷(severe combined immunodeficiency,SCID)小鼠注射人造血干细胞生长因子,可使人的造血细胞在 SCID 小鼠中维持数月。因此,有可能应用这一动物模型对反义 ODN 分子处理过的骨髓是否仍然残留白血病细胞做出正确评价。

目前为止,反义 ODN 分子处理骨髓的治疗方法还不能完全代替常规的骨髓处理药物,两者可以结合起来,更为有效地选择性杀伤肿瘤细胞,保留正常的造血干细胞。反义 ODN 分子的应用,可以降低抗肿瘤化疗药物的需要量,从而降低了毒副作用的产生,也同时提高了治疗的效果。以免疫缺陷小鼠的体内接种实验表明,反义 ODN 与抗肿瘤药物的联合应用,可以完全清除白血病肿瘤细胞,同时也可分离到足够数量的造血祖细胞。目前为止,反义 ODN 的应用虽然不能完全代替其他传统的抗肿瘤治疗方法,但至少证明由于反义 ODN 分子的应用,可以显著提高常规抗肿瘤治疗的效果,而且还可以减少常规抗肿瘤化疗药物不良反应的产生。

(二) 体内导入方式

反义 ODN 分子以及反义 RNA、核酶 RNA 分子体外具有抑制或阻断癌基因表达的作用,可以设想,如果给予合适药理学剂量的反义分子,也可以在体内发挥抗肿瘤的治疗效果。反义 ODN 分子,特别是甲基化反义 ODN 分子及硫化反义 ODN 分子的阻断或抑制某些基因表达的结果已在小鼠和大鼠的整体动物实验中得到了证实。但体内应用反义分子的安全性、大量生产特异性的反义分子的流程和造价、反义分子体内用药时的药代动力学规律和特征,都是有待于进一步解决的问题。

反义分子体内导入的另外一种方法就是基因治疗。反义 RNA、核酶及多靶位核酶 RNA 分子都是具有特定碱基序列的核苷酸分子,因而也具有相应的 DNA 模板。因此,可以人工合成反义 RNA、核酶的 RNA 及多靶位核酶 RNA 分子的编码基因片段,重组到合适的启动子下游,构建重组表达载体,再将这种重组表达载体导入体内,表达产生的反义 RNA 分子、核酶及多靶位核酶 RNA 分子则可以产生破坏或阻断特定癌基因的治疗效果。这种导入方法,不是导入反义分子本身,而是导入其编码基因。通过基因治疗途径,可以控制反义分子表达的组织细胞特异性及表达水平。而且,反义分子的表达不受其半衰期(half-life time)的影响,因为这是一种持续表达的方式。另外,由于这种反义分子的导入不进入血液循环,不经过透过细胞膜及细胞内的转运过程,因此减少了核酸酶对反义分子攻击的环节和可能性,因而可以取得更为理想的治疗结果。

二、反义分子对癌基因表达的破坏与抑制作用

癌基因与肿瘤发生、发展的关系是非常复杂的。癌基因的肿瘤病因也是确定无疑的。但是,癌基因的种类很多,每一种肿瘤与一种或几种不同的癌基因的激活和过表达有关。一种癌基因至少与一种以上的肿瘤有关。因而一种癌基因与一种肿瘤之间并不是一种明确的和唯一的因果关系,这是影响反义技术抗肿瘤治疗的重要因素之一。仅仅针对一种癌基因设计抗肿瘤治疗方案往往是不够的,需要对一种肿瘤相关的癌基因谱有一个较为清楚的了解,同时针对多种癌基因设计反义技术抗肿瘤治疗的方案,或许可以取得更好的治疗效果。

(一) myc

myc 癌基因属于核蛋白类。myc 癌基因家族是研究得较早的癌基因类型之一,同时也是反义技术阻断癌基因表达的研究热点之一。c-myc 基因为原癌基因,属于 myc 基因家族,定位于 8q24,c-myc 基因主要通过扩增和染色体易位重排的方式激活,与某些组织肿瘤的发生、发展和演变转归有重要关系。c-myc 癌基因具有转化细胞的能力,并具有与染色体 DNA 结合的特性,在调节细胞生长、分化及恶性转化中发挥作用。在不同的人体肿瘤细胞系中,包括粒细胞性白血病细胞系、视网膜母细胞瘤细胞系、某些神经母细胞病细胞系、乳腺癌细

胞系及某些肺癌细胞系中,已发现 c-myc 或 c-myc 相关序列的扩增,在人结肠癌细胞系中也观察到 c-myc 基因的扩增。美国田纳西大学科的 Cleveland 教授与其研究团队发现;c-myc 基因参与了肿瘤的血管新生,在肿瘤的生成过程中,c-myc 基因扮演着控制血管生长的作用,而这个发现也使 c-myc 成为人类对抗肿瘤的新希望。c-myc 的表达活性与细胞生长、分裂速率密切相关,而且也是细胞凋亡的潜在诱导因子,国内外已经有利用 c-myc 反义 ODN 治疗大肠癌、乳腺癌、骨肉瘤、卵巢癌、肝癌、肺癌和肾癌等的相关研究。

郭天康等应用脂质体介导的 c-myc 反义硫代寡核苷酸和 5-FU 联合作用于 HepG2 肝癌细胞,细胞增殖检测(MTT)法检测细胞增殖状态,RT-PCR 和免疫组织化学方法检测 c-myc 基因表达抑制情况,流式细胞仪进行细胞周期分析,细胞荧光染色及基因组电泳观察细胞凋亡情况。结果表明,脂质体介导的 c-myc ASODN 及 5-FU 对 c-myc 基因的表达具有明显的抑制作用,能抑制肝癌细胞增殖。c-myc ASODN 能够增加肝癌细胞对 5-FU 的敏感性。

魏玮等运用裸鼠建立宫颈癌移植瘤模型,随机分成正常对照组、双基因 SODN 联合治疗组、bcl-2 Balb/c ASODN 组、c-myc ASODN 组和双基因 ASODN 联合治疗组,分别处理后定期测量肿瘤体积、计算抑瘤率,并在治疗结束后应用缺口末端脱氧核苷酸转移酶标记技术(TUNEL 法)检测移植瘤细胞的凋亡。结果表明,bcl-2 ASODN 与 c-myc ASODN 联合治疗比单基因 ASODN 治疗能更有效地促进人宫颈癌 HeLa 细胞裸鼠皮下移植瘤细胞凋亡、抑制肿瘤生长。

陈建等通过脂质体将 c-myc 正、反义寡核苷酸转入人胃癌细胞 SGC7901 中,测定 c-myc 正、反义寡核苷酸对 SGC7901 细胞增殖和凋亡的影响。通过脂质体将 c-myc 正、反义寡核苷酸转入人胃癌细胞 SGC7901 中,Western blot 检测 c-myc 蛋白的表达变化、MTT 法检测增殖、流式细胞术检测凋亡。结果表明,c-myc 反义寡核苷酸可以明显使癌基因 c-myc 的表达受到抑制,从而发挥促进胃癌细胞 SGC7901 的凋亡并抑制细胞增殖的作用,而这些作用是与 c-myc 表达的抑制水平相平行的。

(二) myb

原癌基因 c-myb 在造血细胞分化的调节中具有重要作用。应用反义寡核苷酸技术,对 c-myb 癌基因表达与细胞周期之间的相互关系、c-myb 癌基因蛋白对特异性基因表达调控的作用进行了研究和探讨。正常的 T 细胞、T 细胞白血病细胞、正常的骨髓前体细胞及髓细胞白血病细胞系等,都是研究 c-myb 的表达及其作用的良好细胞模型。

1988 年,Gewirtz 等报道,针对 c-myb 癌基因第 2 ~ 7 密码子的未经修饰的反义寡核苷酸在体外可以抑制正常的造血过程。以 c-myb 的反义寡核苷酸处理骨髓的单个核细胞以后,可以降低形成的细胞克隆的大小以及形成的细胞克隆的数目。对照组非特异性的寡核苷酸则无此效应。髓细胞系、红细胞系及巨核细胞(megakaryocyte)系都可受到这种反义寡核苷酸的影响。由于在技术上难以取得突破,因此对这些细胞,在对反义寡核苷酸的摄入及 c-myb 表达的负调节作用等上都没有进行详细的研究。但已经注意到,相同长度的寡核苷酸可导致细胞系特异性标志,即髓过氧化物酶(myeloperoxidase)表达水平的下降。Caracaiolo 等的研究证实了上述结果,而且以反转录聚合酶链反应(reverse transcription polymerase chain reaction,RT-PCR)技术证实 c-myb mRNA 的表达水平下降。同时,对 c-myb 癌基因的表达在骨髓前体细胞发育过程中的作用和影响也进行了研究。

Anffoss 等应用骨髓前体细胞证明了髓白血病细胞系的增殖过程需要有癌基因 c-myb 的表达。上述 c-myb 基因第 2 ~7 密码子的未经修饰的寡核苷酸在 10μmol/L 的浓度条件下对髓白血病细胞系的增殖具有抑制作用,而且是一种 c-myb 癌基因特异性的作用方式。这种反义寡核苷酸对细胞系 HL-60 也具有很强的抑制作用,而且还发现 c-myb 癌基因表达的抑制比 c-myc 癌基因表达的抑制更能阻断肿瘤细胞生长的过程。的确,在某些类型的肿瘤细胞中,c-myb 癌基因的表达对肿瘤细胞的生长具有更为重要的作用和处于更重要的地位。但是,对 c-myb 癌基因表达的抑制却不能像对 c-myc 癌基因表达的抑制那样诱导粒细胞的分化。反义寡核苷酸这种作用的特异性,使得能够对 c-myc 和 c-myb 癌基因在肿瘤细胞增殖和分化过程中的具体作用进行更为细致的研究。

Gewirtz 等应用 c-myb 特异性的寡核苷酸处理有丝分裂原或抗原刺激的 T 细胞,研究 c-myb 癌基因表达对细胞周期的调节作用。发现阻断癌基因 c-myb 的表达,可使 G_0 期细胞进入到 G_1 期,但却不能从 G_1 期向 S 期发展。Churilla 等应用与之重叠的反义寡核苷酸,也证明了激活的 T 细胞中 c-myb 癌基因的表达与细胞周期的调节有关。在发现 c-myb 癌基因的表达与细胞周期的调节有关的这一现象之后,Calabretta 领导的实验室即开始探索 c-myb 癌基因对细胞周期的调节究竟需要通过对哪一种基因表达的调节。他们应用 RT-PCR 技术,发现反义核苷酸对 c-myb 癌基因的抑制可造成 T 淋巴细胞、CEM 细胞及成纤维细胞中 DNA 多聚酶 α 的表达水平下降,但 CEM 细胞系中的增殖细胞核抗原(proliferating cell nuclear antigen,PCNA)的表达未见明显下降,而正常 T 细胞中 PCNA 的表达水平显著下降。因此,从这些研究结果看来,c-myb 与聚合酶的表达有某些功能上的相关性。也解释了 DNA 合成中为何需要有 c-myb 癌基因的表达。

Venturelli 等对临床上 T 细胞白血病细胞的增殖过程中有关 c-myb 的表达及其作用进行了研究。发现 32 例白血病患者中的白血病母细胞以 18mer c-myb 的反义寡核苷酸处理以后,其中 20 例患者白血病细胞的胸腺嘧啶(thymidine)掺入水平下降。但是,解释这些结果时需要注意几个问题,RT-PCR 充其量也就是一种半定量方法,而且能够获得的细胞数也是有限的,因而以此证明处理细胞中 c-myb 和 DNA 聚合酶 mRNA 表达水平的下降有很大的局限性。胸腺嘧啶掺入水平的测定应用了[^{3}H]-胸腺嘧啶掺入法,其对照组中的有义寡核苷酸序列中没有胸腺嘧啶核苷酸,但在反义寡核苷酸片段的序列中则有 4 个胸腺嘧啶核苷酸,因此有着明显差别。在反义寡核苷酸与细胞共同孵育的 18h 中,反义寡核苷酸可能在核酸酶或其他因素的影响下发生降解,又产生游离的胸腺嘧啶核苷酸,与[^{3}H]-胸腺嘧啶核苷酸发生竞争性抑制。以 18mer c-myb 的反义寡核苷酸处理以后,其胸腺嘧啶核苷酸的掺入没有受到抑制的 12 例患者的白血病细胞中,其胸腺嘧啶核苷酸掺入的基础水平很低,其聚合酶的表达活性也很低。但不太清楚这一部分 T 细胞白血病细胞是否代表了具有特殊生物学性质的 T 细胞亚群,也可能这一细胞亚群不太适应冻存及体外培养的条件。

(三) ras

在多种类型的肿瘤细胞中都可检测到 ras 癌基因激活位点的突变或野生型 ras 癌基因蛋白表达水平的升高。应用 ras 癌基因的反义分子对这种癌基因在肿瘤细胞生长和致瘤性方面中的调节作用进行了研究。例如,将 EJ ras 癌基因反义表达载体导入由 ET ras 诱导的小鼠成纤维细胞的恶性转化细胞株中,可以使这种恶性转化模型得到逆转。同时,可使这种细胞对自然杀伤(natural killer,NK)细胞的敏感性得到提高。反转录病毒长末端重复序列(LTR)激活 c-H-ras 可造成小鼠成纤维细胞的恶性转化。以干扰素(IFN)处理这种恶性转化的细胞之后,得到逆转的细胞克隆不再具有恶性表型,而且在裸小鼠的体内也不再具有肿瘤形成能力(tumorigenicity),但却仍然具有 ras 基因表达产物 p21 蛋白表达能力。

ras 癌基因家族还被作为甲基化修饰的反义 DNA 片段作用的靶基因进行了研究。Tidd 等发现,80μmol/L 9mer 的反义 DNA 甲基化修饰片段对小鼠成纤维细胞 NIH 3T3 细胞系没有明显的毒性作用,而且在 37℃的条件下,48h 未检测到反义 ODN 分子明显的降解。但是,反义 ODN 分子对由 MMTV 启动子序列控制的多拷贝 n-ras 基因转导的 NIH 3T3 细胞中 p21 蛋白的表达却没有明显的抑制作用。推测 9mer 的反义 ODN 分子的序列太短,不足以使其与靶 mRNA 形成碱基配对,或这种反义分子在受到甲基化修饰以后,立体化学结构即发生改变,从而阻断了反义 ODN 分子与 mRNA 的有效结合。但是,在另一项研究中,发现 50μmol/L 11mer 的反义 ODN 可以阻断 NIH 3T3 细胞中 p21 蛋白的表达。

Daak 等对反义技术阻断癌基因 c-Ha-ras 的敏感位点区进行了探索。针对 c-Ha-ras 3 个不同的结构位点区未加化学修饰的具有正常的磷酸二酯键的反义 ODN 分子,对 T 24 转染的小鼠成纤维细胞 NIH 3T3 中 p21 蛋白的表达进行了抑制作用的研究。发现针对 c-Ha-ras mRNA 5′帽状结构形成区的反义 ODN 分子,对 T 24 转化的成纤维细胞系 NIH 3T3 的 p21 蛋白的表达具有最为明显的抑制效果。反义 ODN 浓度为 50μmol/L 时,抑制率能达到 75%。癌基因 c-Ha-ras mRNA 翻译起始密码子 ATG 区的反义核苷酸,对 p21 蛋白表达的抑制率为 65%。抑制率最低的靶位,即 c-Ha-ras 癌基因 mRNA 起始密码子上游部分的核苷酸序列,抑制率仅为 40%。50μmol/L 针对翻译起始位点区的反义寡核苷酸,可以显著降低 NIH 3T3 细胞在裸小鼠体内的瘤灶形成能力。表明反义寡聚核苷酸对 c-Ha-ras 癌基因表达的抑制,是一种 c-Ha-ras 结构位点依赖性的方式。

李尊岭等应用 Western blot 检测 K-ras 基因在 6 例肺腺癌标本和 A549 细胞中的表达,构建 K-ras 基因的反义表达载体(命名为 antisense-K-ras-pcDNA3. 1),转染后采用 MTT 法测细胞的生长曲线,Annexin V 检测细胞凋亡;Western blot 检测 Cyclin A、Cyclin D1、Cyclin E、CDK2、CDK4、p53、RB 和 Caspase-3 的表达。结果显示,在 A549 细胞和 6 例肺腺癌标本中,A549 细胞和 4 例标本中 K-ras 基因高表达;MTT 结果显示,从第 4 天开始,转染 K-ras 反义核酸的细胞生长明显受到抑制,而且细胞凋亡现象较明显;Western blotting 显示转染反义 K-ras 基因的细胞中 Cyclin A、Cyclin D1、Cyclin E、CDK2 和 CDK4 的表达降低,而 Caspase-3、p53 和 RB 的表达升高。因此 K-ras 基因反义核酸能够抑制细胞生长,可能与 Cyclin A、Cyclin D1、Cyclin E、CDK2 和 CDK4 的表达降低以及 Caspase-3、p53、RB 的表达升高有关。Shen 等的研究表明,联合应用 K-ras 和 IGF-IR 的反义核酸可以下调其 mRNA 水平,减少蛋白质表达,促进细胞凋亡,从而抑制胰腺癌肿瘤细胞的生长。

(四) bcl-2

bcl-2 最初是作为一种原癌基因被认识的,后来的研究发现,bcl-2 本身既无增殖作用,也无诱发细胞恶性转化作用,但它可以在无生长因子或神经营养因子存在时延长细胞的存活时间,增加细胞染色体畸变和病毒感染机会,导致细胞恶变和肿瘤形成。正常机体组织中,Bcl-2 分布比较局限,主要在胚胎早期组织、成熟淋巴细胞、增生活跃的上皮细胞和神经元等部位。与其他癌基因不同的是，Bcl-2 蛋白是通过阻止细胞凋亡而非加速细胞增殖致癌的，因此，这被认为是一种新的致癌机制。在临床上，许多肿瘤都高表达 Bcl-2 蛋白，如肺癌、前列腺癌、乳腺癌、胃癌、结直肠癌、膀胱癌、鼻咽癌、卵巢癌、淋巴瘤、甲状腺癌、脑膜瘤和神经母细胞肿瘤等，表明这些肿瘤与 bcl-2 基因异常表达有关。

最近的研究证明，Bcl-2 在肿瘤中的高表达，可以使肿瘤的耐药性增高。许多研究者均观察到 Bcl-2 水平与化疗药物敏感性的关系。Mitchell 等也观察到在 SCID 鼠模型中，联合应用反义 Bcl-2 寡核苷酸与抗 CD20 单克隆抗体可增强对淋巴瘤的抑制效应。有学者将 Bcl-2 抑制剂 ABT2737 与足叶乙苷联合治疗小细胞肺癌，结果发现，Bcl-2 高表达的小细胞型肺癌，肿瘤生长速率显著降低，而 Bcl-2 低表达的患者则效果不明显。Genta 公司和安万特公司共同开发的 G3139 是针对 bcl-2 基因的反义寡核苷酸，作用于 bcl-2 mRNA 翻译起始部位。目前，已经开展了多项关于 G3139 的临床研究，常用于淋巴瘤、白血病、SCLC、前列腺癌等肿瘤的联合治疗。Webb 等首次将 G3139 用于非霍奇金淋巴瘤的临床试验，患者在症状、客观生化指标、肿瘤放射敏感性等方面得到明显改善。G3139 联合利妥昔单抗治疗复发 B 细胞淋巴瘤的研究结果也表明，应用 G31393 联合利妥昔单抗总缓解率可达 42%，显示 G3139 联合利妥昔单抗可能成为复发 B 细胞淋巴瘤的另外一种治疗策略。在淋巴瘤和多发性骨髓瘤的临床研究中发现患者对 bcl-2 反义寡核苷酸有较好的耐受性。Rudin 等用 G3139 联合紫杉醇化疗治疗难治性 SCLC，2 例患者稳定，其中 1 例持续稳定超过 6 个月。另一项Ⅰ期试验研究 G3139 联合卡铂、依托泊苷治疗初治的广泛期 SCLC，有效率达 83%。随后又进行了 G3139 对比卡铂、依托泊苷Ⅱ期临床研究，但结果显示 G3139 组没有提高有效率和生存时间。同时，分析发现外周血无 Bcl-2 蛋白表达水平的下降。Chi 等应用 Bcl-2 反义寡核苷酸（G3139）联合米托蒽醌对激素治疗无效的转移性前列腺癌进行的Ⅰ期研究表明，G3139 可以抑制 Bcl-2 的表达，延迟激素非依赖性，提高化疗敏感性。Tolcher 用 G3139 联合紫杉醇治疗激素无效的前列腺癌Ⅰ期临床研究也表明，降低 Bcl-2 表达水平显著提高了紫杉醇的抗瘤性。Tolcher 等对比单用多西紫杉醇及联合多西紫杉醇和 G3139 的Ⅱ期临床试验提示，联合使用 G3139 和多西紫杉醇能提高有效率和平均生存期，且毒副反应小，外周血单核细胞中 Bcl-2 的表达明显下降。但是也有学者持相反意见，认为 G3139 联合多西紫杉醇治疗前列腺癌增加了不良事件的发生率，而疗效无明显增加。有学者将 G3139 联合顺铂、5-氟尿嘧啶在进展期食管贲门癌及胃癌中进行Ⅰ期临床研究，评价不同剂量的 G3139 联合治疗的安全性，结果显示不同剂量的 G3139 联合治疗方案均可行。目前正在进行多项关于 G3139 的Ⅱ～Ⅳ期临床试验，将其单独或联合化疗治疗Ⅲ/Ⅳ期肺癌、恶性黑色素瘤和儿童肿瘤等，我们将密切关注以上实验的结果。

（五）fos/jun

一些所谓的即刻早期（immediate early，IE）应答基因产物是将有丝分裂和分化信号从细胞表面传到细胞核中的关键因子。应用载体指导的反义 RNA 的表达技术对 c-fos 癌基因在体外细胞分化中的作用进行了研究。在 Swiss 3T3 细胞中，c-fos 反义 RNA 表达载体导入以后，再将针对 c-fos mRNA 翻译起始位点的反义 RNA 表达载体置于类固醇激素可诱导性启动子的控制之下。结果表明，c-fos 反义 RNA 的表达，可使 c-fos mRNA 的表达水平下降，但 c-fos 癌基因蛋白的表达水平却未见到显著的变化。以地塞米松（dexamethasone）诱导 c-fos

反义 RNA 表达以后，可检测到细胞增殖率及克隆形成(colony formation)能力的下降。认为 c-fos 与细胞的持续生殖作用有关。在小鼠成纤维细胞系 NIH 3T3 中，这一研究结果也得到了很好的重复。c-fos 反义 RNA 的表达对 c-myc 癌基因的表达无影响。

三、反义技术与多药耐药的逆转

放疗和化疗是抗肿瘤治疗的两个重要手段。肿瘤细胞在暴露于某一种化疗药物，甚至暴露于这种化疗药物之前，就产生了对这种药物，以及与这种药物结构和功能相关或无关药物的耐药。这种多药耐药(MDR)的出现，严重影响了化疗药物对肿瘤细胞的杀伤能力。多药耐药是指肿瘤细胞对一种化疗药物产生耐药的同时，对其他结构和作用机制不同的化疗药物也产生交叉耐药的现象，是导致化疗失败的主要原因。因此，如何逆转，特别是在基因水平逆转上 MDR，已是肿瘤研究的热点。近年来，反义技术逆转 MDR 已有较广泛和深入的实验研究。在已有的逆转 MDR 的反义技术中，常用的是核酶与 ODN。

(一) 反义 ODN 与多药耐药

反义 ODN 分子作为一种治疗意义上的核酸分子，常常因为被一种无处不在的核酸酶(nuclease)消化和分解而难以取得十分令人满意的结果。因此，对反义 ODN 分子中的各个组成部分进行不同的化学修饰，以提高反义 ODN 分子对内源性核酸酶的抗性。但是，这种化学修饰也带来了一个严重的后果，使反义 ODN 分子的有毒剂量显著降低，影响了反义 ODN 分子在体内的大量应用。因此，为了提高反义分子的功能和作用，除了对反义分子的骨架结构进行不同的化学修饰之外，还对反义 ODN 分子的给药方式进行了研究和改进。

Thierry 以脂质体(liposome)包装反义 ODN 分子，研究了 mdr 基因特异性的反义 ODN 分子在肿瘤细胞多药耐药克服中的作用效果。结果表明，15mer 的 mdr-1 基因特异性的反义 ODN 分子，在含有 10% 血清的完全培养基中大部分在 30min 之内被灭活。与之相比，以脂质体包裹的反义分子能够更为有效地透过细胞膜而进入到细胞内。18mer 长度的反义 ODN 分子经脂质体包装以后，仍然具有反义 ODN 分子的生物学作用，但能更为有效地进入到细胞中。脂质体包裹的反义 ODN 在细胞内的有效药物浓度比自由的反义 ODN 分子的高 4 倍左右。以 5μmol/L 浓度的自由的反义 ODN 分子或脂质体包装的反义 ODN 分子与细胞 MOLT-3 共同孵育之后，对 mdr-1 基因表达的 P-gp 及细胞毒性进行了检测。结果表明，以脂质体包裹的反义 ODN 分子能够更为有效地克服 mdr-1 基因表达及由其产生的多药耐药状态。多数学者针对 mdr-1 设计的 ODN 逆转了 MDR，提高了肿瘤细胞的化疗敏感性。Alahari 等设计的转铁蛋白修饰的硫代磷酸型 ODN，延长了其半衰期。将其导入 MDR 细胞 KBVMCF-7 中，可特异性地与 mdr-1 mRNA 的 546 ~ 565 位点碱基结合，明显降低了 P-gp 的表达。同样，为加强 ODN 的稳定性，Mano 等设计并应用了针对 mdr-1 mRNA 的甲基磷酸型 ODN 和硫代磷酸型 ODN。最近，Kostetrko 等设计并应用 5′-2 芘基-1，3 氨己基寡脱氧核苷酸逆转 KB 细胞的 MDR，结果针对 mdr-1 mRNA 第 178 位点和第 194 位点的寡核苷酸能使 mdr-1 mRNA 表达量降低 90%。

(二) 核酶与多药耐药

核酶是一类具有酶活性的 RNA 分子，针对有害基因或失控基因可设计出多种特异性的核酶,降解目的 mRNA。核酶的优越之处在于:①核酶具有较为稳定的空间结构,不易受到 RNase 的破坏;②核酶可以重复使用,在切割完一个靶 RNA 分子后,又可以从杂交链上解脱下来,对新的 RNA 进行切割反应;③与反义 RNA 相比,其具有封闭和切割双重作用。目前人工合成的核酶少部分为发卡状空间结构,绝大部分为锤头状结构。因为锤头状核酶分子较小、结构简单、RNA 切割位点的序列限制少。Holm 等以 P-gp 阳性的人胰腺癌细胞系 EPP85-181RDB,对核酶裂解 mdr-1 mRNA 的能力以及对 mdr 状态的克服作用效果进行了研究。针对 mdr-1 mRNA 中由外显子 21 编码的第 880 密码子 GUC 作为所设计的核酶 RNA 裂解作用的位点序列,体外转录的 mdr-1 基因特异性的锤头状核酶(hammer head motif) RNA 分子由 43 个核苷酸组成,并将 mdr-1 基因特异性的核酶编码基因片段,以基因重组技术建立 mdr-1 mRNA 序列特异性的核酶表达载体,以进行体内表达研究。无论是体外生化反应系统,还是细胞内的表达,都表明这种 mdr-1 mRNA 特异性的核酶具有特异性的裂解 mdr-1 mRNA 底物的作用。以 Northern blotting 杂交技术证明,mdr-1 mRNA 特异性的核酶 RNA 转基因表达,可以使 mdr-1 mRNA 减少,也同时证明了 mdr-1 mRNA 编码的 P-gp 表达水平显著下降,而且由抗药性细胞株转变为药物敏感型的细胞系。mdr-1 核酶基因转导前后,其抗药性下降至 1/1000。Kobayashi 等和 Wang 等在 mdr-1 mRNA 全长序列中找到了 260 个可供酶切识别的位点(GUC),进而又优选了 3 个 GUC 位点,根据这 3 个位点设计相应的锤头状结构的核酶,并将不同的核酶转染到耐药的白血病细胞株 MOLT-3/TMQ800 中,结果显示,针对第 179 和第 196 密码子处 GUC 设计的核酶,明显降低了该耐药细胞中的 mdr-1 mRNA 水平并减少了 P-gp 的表达量,使该耐药细胞重新获得对化疗药物的敏感性。徐东平等构建了含有 Mdr-1 核酶的腺病毒载体,将其导入淋巴瘤细胞株和淋巴瘤动物体内可逆转 Mdr,使细胞恢复对长春新碱的敏感性。肝细胞肝癌多数表达 AFP。Huesker 等设计并构建了一种腺病毒载体,内含 mdr-l mRNA 的核酶基因,且由 AFP 启动子启动。将该载体导入表阿霉素诱导的、过量表达 P-gp 的肝癌耐药细胞 HB8065/R 中,结果发现:①表阿霉索的半数致死量下降了 1/30;②细胞内的 mdr-1 mRNA 水平显著下降;③细胞膜上的 P-gp 量明显减少。而同样的载体导入不表达 AFP 的人结直肠癌细胞中则无任何效果。显示核酶的组织细胞特异性治疗在现实中有可行性。

为了提高核酶 RNA 裂解率,mdr-1 mRNA 的作用效率,对选择不同切割位点效率的差别进行了比较分析。Kobayashi 等以 mdr-1 mRNA 序列中第 179 和第 196 位点上的密码子作为裂解位点,分别设计了核酶的核苷酸结构,对其裂解耐 mdr-1 mRNA 的作用效率进行了比较。结果表明,以第 196 密码子为裂解位点的核酶 RNA,较以第 179 密码子为裂解位点的核酶 RNA,具有更好的裂解作用效果。因此,核酶的分子设计中,必须考虑不同作用靶位点的核酶 RNA 其作用效果可能差别很大。这一点在核酶 RNA 分子设计中非常重要。

(赵 红)

参考文献

陈建,薛亚晶. 2010. c-myc 反义寡核苷酸对胃癌 SGC7901 增殖及凋亡的影响. 齐齐哈尔医学院学报,31(17):2691-2692.

陈中湘. 2010. 反义 RNA 对丙型肝炎病毒基因表达的抑制作用研究. 中南大学硕士学位论文.

高刚,鲁艳芹,韩金祥,等. 2009. 反义技术在抗 HBV 感染中的应用. 医学分子生物学杂志,6(2):185-188.

郭天康,蔡辉,孙延庆,等. 2011. 脂质体介导的 c-myc 反义硫代寡核苷酸联合 5-氟尿嘧啶诱导肝癌细胞 HEPG-2 的凋亡. 中华普通外科杂志,26(3):246-250.

李尊岭,邵淑红,焦飞,等. 2011. K-ras 反义核酸抑制肺腺癌细胞 A549 的生长. 中国病理生理杂志,27(11):2096-2100.

任娜,王峰,牛俊奇. 2005. 10-23 脱氧核酶抑制乙型肝炎病毒基因表达的实验研究. 中华肝脏病杂志,13(10):745-748.

王美霞,金清龙,潘煜,等. 2006. U1 小核核糖核酸嵌合体核酶细胞内抑制丙型肝炎病毒表达的研究田. 中华肝脏病杂志,14(1):11-14

沃健儿,吴晓玲,朱海红. 2003. 脱氧核酶抑制乙型肝炎病毒基因表达的实验研究. 浙江大学学报(医学版),32(2):112-114.

张彦,贾伟丽. 2011. Bcl-2 反义治疗与肿瘤关系进展. 现代肿瘤医学,19(2):382-385.

张源,齐宪荣,高燕,等. 2006. 谷甾醇葡萄糖苷和卞泽双莺修饰肝实质细胞靶向阳性脂质体介导的基因转染和抗乙肝病毒作用. 药学学报,41(11):1111-1115.

Huesker M, Folmer Y, Schneider M. 2002. Reversal of drug resistanceof hepatocellular carcinoma cells by adenoviral delivery of anti-MDRIribozymes. Hepatology, 36:874-884.

Kostenko EV, Laktionov PP, Vlassov VV. 2002. Down regulation of PGY1/MDR1 mRNA level in human KB cells by antisense oligonucleotide conjugates: RNA accessibility in vitro and intracellular antisense activity. Biochim Biophys Acta, 1576:143-147.

Liang X, Qu Z, Zhang Z. 2008. Blockade of preS2 down-regulates the apoptosis of HepG2. 2. 15 cells induced by TRAIL. Biochem Biophys Res Commun, 369:456-463.

Ludwig LB, Ambrus JL Jr, Krawczyk KA. 2006. Human Immunodeficiency Virus-Type 1 LTR DNA contains an intrinsic gene producing antisense RNA and protein products. Retrovirology, 3:80.

Quieshi A, Zheng R, Parlett T. 2006. Gene silencing of HIV chemokine receptors using ribozymes and singlestranded antisense RNA. Biochem J, 394(Pt 2):511-518.

Raab R, Sparano JA, Ocean AJ. 2010. A phase Ⅰ trial of oblimersen sodium in combination with cisplatin and 5-fluorouracil in patients with advanced esophageal, gastroesophageal junction, and gastric carcinoma. Am J Clin Oncol, 33(1):61-5.

Rubenstein M, Hollowell CM, Guinan P. 2012. Differentiated prostatic antigen expression in LNCaP cells following treatment with bispecific antisense oligonucleotides directed against BCL-2 and EGFR. Med Oncol, 29(2):835-841.

Shen YM, Yang XC, Yang C, et al. 2008. Enhanced therapeutic effects for human pancreatic cancer by application K-ras and IGF-IR antisense oligodeoxynucleotides. World J Gastroenterol. 14(33):5176-5185.

Spugnini EP, Biroccio A, De Mori R. 2011. Electroporation increases antitumoral efficacy of the bcl-2 antisense G3139 and chemotherapy in a human melanoma xenograft. J Transl Med, 9:125.

Tabuchi Y, Matsuoka J, Gunduz M. 2009. Resistance to paclitaxel therapy is related with Bcl-2 expression through an estrogen receptor mediated pathway in breast cancer. Int J Oncol, 34(2):313-319.

Weecharangsan W, Lee RJ. 2012. Growth inhibition and chemosensitization of human carcinoma cells by human serum albumin-coated liposomal antisense oligodeoxyribonucleotide against bcl-2. Drug Deliv, 19(6):292-297.

Weinberg MS, Ely A, Passman M. 2007. Effective anti-hepatitis B virus hammerhead ribozymes derived from multimeric precursors. Oligonucleotides, 17(1):104-112.

Xie XK, Yang DS, Ye ZM, et al. 2009. Enhancement effect of adenovirus-mediated antisense c-myc and caffeine on the cytotoxicity of cisplatin in osteosarcoma cell lines. Chemotherapy, 55(6):433-440.

Yang J, Ding X, Zhang Y. 2006. Fibronectin is essential for hepatitis B virus propagation in vitro: may be a potential cellular target. Biochem Biophys Res commun, 344:757-764.

第十九章　肿瘤相关基因与 RNAi 技术

第一节　RNAi 技术概况

RNAi 是由双链 RNA 引起的序列特异性基因沉默。RNAi 首先由 Fire 发现于隐杆线虫（*C. elegans*）中，他们发现将 dsRNA 注入线虫体内后可抑制序列同源基因的表达，并证实这种抑制主要作用于转录之后，所以又称 RNAi 为转录后基因沉默（post transcriptional gene silencing，PTGS）。随后人们陆续在果蝇（*Drosophila*）、锥虫（*Trypanosomes*）、涡虫（*Planaria*）、斑马鱼（*Zebrafish*）、拟南芥（*Arabidopsis thaliana*）、大小鼠和人体内发现了 RNAi 现象。遗传学研究表明，RNAi 是真核生物中一种普遍存在且非常保守的机制，与真核细胞中许多重要生物学过程密切相关。通过对 RNAi 现象的遗传学与生物化学研究，其作用机制已日渐清晰（图 19-1）。Zamore 等利用果蝇胚胎提取物建立的体外系统，证实 RNAi 是一个依赖 ATP 的过程，在此过程中，dsRNA（外源的或体内产生的）首先被降解为具 5′单磷酸、长 21～23bp 的小分子双链 RNA，这种 RNA 分子称为小干扰 RNA（siRNA），siRNA 通过碱基互补配对识别具同源序列的 mRNA，并介导其降解。研究表明，在生物体中 siRNA 具相似的结构特征：为长 21～23bp 的双链 RNA，具 5′单磷酸和 3′羟基末端，互补双链的 3′端均有一个 2～3nt 的单链突出。在 RNAi 过程中一种被称为 Dicer 的核酸酶负责将 dsRNA 转化为 siRNA，它属于 RNase Ⅲ家族，具有两个催化结构域、一个解旋酶（helicase）结构域和一个 PAZ（PIWI/AGO/ Zwille）结构域，Dicer 在催化过程中以二聚体的形式出现，其催化结构域在 dsRNA 上反平行排列，形成 4 个活性位点，但只有两侧的 2 个位点有内切核酸酶活性，这两个位点在相距约 22bp 的距离处切断 dsRNA，各种生物体内 Dicer 结构略有不同，致使 siRNA 长度存在微小差别。siRNA 形成之后，与一系列特异性蛋白质结合形成 siRNA 诱导干扰复合体（siRNA induced interference complex，RISC），此复合体通过碱基互补配对识别靶 mRNA 并使其降解，从而导致特定基因沉默。在 RISC 中，起靶序列识别作用的是 siRNA 的反义链，Zamore 等发现，在 RNAi 过程中，首先产生的是 RISC 无活性前体，分子质量为 250kDa，当加入 ATP 后可形成 100kDa 的活性复合体。由无活性前体向活性酶复合物的转换类似于蛋白酶原的激活要求结合于其上的 siRNA 双链的解开。在 ATP 存在时，依赖于 ATP 的解旋酶解开 siRNA 的双链并将其正义链与靶 mRNA 置换，mRNA 取代正义链与反义链互补，然后由活化的 RISC 在互补区的中间，距离 siRNA 反义链 3′端约 12bp 处切断靶 mRNA 序列。RNAi 效应具有两个明显的特征，即特异性和高效性。干扰的高效性提示在机制中存在信号放大步骤。Fire 等早在 1998 年便发现少量的 dsRNA 就能够导致线虫大量的靶 mRNA 降解，但仅凭少量 dsRNA 被 Dicer 降解为几十个 siRNA 并不能解释这种高效性。许多研究显示，RNAi 过程中有新的 dsRNA 分子的合成，当 siRNA 反义链识别并结合靶 mRNA 后，siRNA 反义链可作为引物，以靶 mRNA 为模板在依赖于 RNA 的 RNA 聚合酶（RNA dependent RNA polymerase，RdRP）催化下合成新的 dsRNA，然后由 Dicer 切割产生新的 siRNA，新 siRNA

再去识别新一组 mRNA,又产生新的 siRNA,经过若干次合成切割循环,沉默信号就会不断放大(图 19-1)。正是这种称为靶序列指导的扩增(target directed amplification)机制赋予了 RNAi 的高效性和持久性。

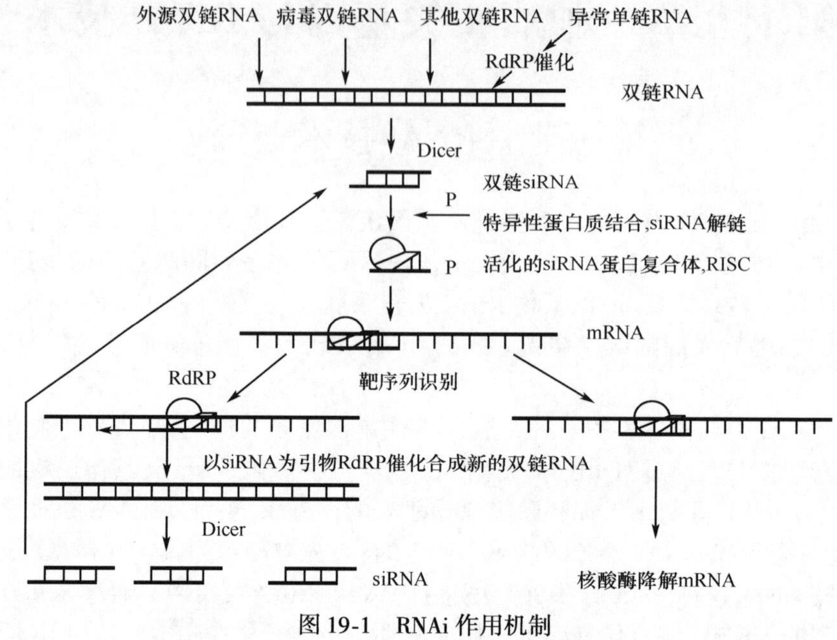

图 19-1 RNAi 作用机制

此外,许多研究还显示 RNAi 信号可以越过细胞间屏障向其他细胞和组织扩散,在植物中,RNAi 信号可以通过两种途径在细胞间传递:①短距离的相邻细胞之间的传递,植物细胞之间有着非常丰富的连接——胞间连丝,沉默信号(如 siRNA 分子)可以通过胞间连丝在细胞间传递;②沉默信号还可以通过植物体中纵横交错的脉管系统进行长距离传送。而在动物中,RNAi 信号的扩散需要特殊蛋白质的参与,最近 Hunter 等在线虫中鉴定出了一种与沉默信号传播相关的蛋白质,它是由 sid21 基因编码的一种跨膜蛋白,能在膜上形成跨膜通道供沉默信号通过,SID21 蛋白同源物在果蝇中不存在,但有研究表明在哺乳动物中存在 SID21 蛋白同源物。

一、RNAi 机制相关的基因和酶

生命过程中的 RNAi 现象受多种基因和酶的调节。通过对链孢酶(*N. crassa*)、网柱原虫(*Dictoyostelium*)、果蝇、线虫、拟南芥等的研究,人们对与 RNAi 相关的基因和酶有了一定的了解。在链孢酶中,qde21 基因编码的 QDE21 蛋白是 RdRP 的同源物,qde22 基因编码 AGO 家族的一个成员。在原虫中发现了 3 个 RdRP 同源物,其中 2 个由 rrpA 和 rrpB 基因编码,但只有 rrpA 编码的酶参与 RNAi 过程。在线虫中已鉴定出至少有 6 个基因(rde21、rde22、rde23、rde24、mut27、ego21)与 RNAi 过程相关,这些基因突变可导致 RNAi 现象缺失(RNAi deficient),其中 RDE21 蛋白与链孢酶中的 QDE22 及植物中的 AGO21 同源,同属于 AGO 家族。mut27 编码一种具有 3′-5′外切核酸酶活性的蛋白质,ego21 基因编码 RdRP 同源物,如果发生突变将造成某些胚系(germline)基因沉默解除,最终导致胚系发育缺陷,这也表明

RNAi 机制与发育存在一定的关系。另外,研究者还发现 smg22、smg25、smg26 基因与 RNAi 效应的维持相关,smg22 编码一种依赖于 ATP 的 RNA 解旋酶,可能参与 RNAi 过程中 siRNA 双链的解开。在拟南芥中,sde23 基因编码一个与线虫 SMG22 相似的 RNA 解旋酶,参与 PTGS 过程,而 sde21 编码的蛋白质介导转入基因的沉默,与 PTGS 无关。除上述基因之外,还有一些重要的基因产物也参与 RNAi 过程。例如,线虫中编码 Dicer 酶的 dcr21 基因,Dicer 在 RNAi 起始阶段负责将长的 dsRNA 切割为 siRNA,对 RNAi 过程至关重要。虽然目前已经发现了与 RNAi 机制相关的几十个基因,但 RNAi 是一个极为复杂的生物学过程,一定会有更多参与 RNAi 过程的基因和酶被逐渐发现。

二、RNAi 的生物学功能

RNAi 机制依赖于 siRNA 反义链与靶序列之间严格的碱基配对,所以具有很强的特异性,研究表明,RNAi 机制除了参与转录后对 mRNA 的稳定性调节(转录后基因沉默)之外,还与其他重要的生物学过程有关。

(一) 通过组蛋白甲基化影响染色质结构

最近,Volpe 等利用裂殖酵母(*S. pombe*)发现,整合入着丝粒区的转基因表达总被抑制,他们称此现象为“着丝粒沉默”(centromeric silencing),随后发现着丝粒沉默是由于此区域核小体组蛋白 H3 的 Lys29 甲基化后引起染色质凝集所致,并证明与 RNAi 相关的基因突变可使组蛋白 H3 甲基化消失,同时使着丝粒沉默现象消除。

由此可知,至少在裂殖酵母中,RNAi 机制可通过组蛋白甲基化改变染色质结构造成着丝粒区域基因沉默。与此同时,Bartel 等从裂殖酵母中分离出了一种与着丝粒区序列同源的小 RNA 分子,将其命名为异染色质 siRNA,并推测“着丝粒沉默”是由 siRNA 造成的序列同源区组蛋白甲基化所致,即在着丝粒区域,DNA 的一条链连续表达,而另一条链间断表达,两条链的转录本互补形成 dsRNA,然后通过 RNAi 机制形成 siRNA,siRNA 引导甲基转移酶到序列同源的着丝粒区,使组蛋白甲基化,最终导致染色质结构改变,从而调节基因活性。

(二) 通过 DNA 甲基化在转录水平调节基因表达

对 RNAi 相关基因突变体的研究表明,RNAi 机制参与细胞编码基因正常转录的调控,生物体内的 3 种基因沉默机制:DNA 甲基化、协同抑制和转座子沉默均与 RNAi 有关。Wessenegger 等于 1994 年在植物中发现染色体 DNA 甲基化依赖于 RNA 复制,即依赖于双链 RNA 的存在。随后 Wessenegger 与 Pelissier 又证实病毒在细胞内复制所形成的双链 RNA 可使宿主染色体上长约 30bp 的同源序列甲基化,并发现只要存在序列同源性,双链 RNA 即可使基因发生甲基化。DNA 甲基化后,基因就会失去转录活性,不再起始转录,导致特定基因沉默。而且这种甲基化状态可以传给子代,使该基因在子代中的表达仍然受到抑制。协同抑制现象是指转入的基因可导致细胞内同源基因沉默,Palbhadra 等证实在果蝇中协同抑制是由于 Polycomb 复合体结合到内源基因上所致,Polycomb 由 siRNA 引导并结合到同源序列附近,使染色质处于非活性状态,抑制其起始转录。另外,Sijen 等发现在矮牵牛(*Petunia*)中若转入基因产生的 dsRNA 与靶基因的启动子同源则会导致转录水平基因沉默(transcriptional gene silencing,TGS),若与编码区同源则会导致转录后基因沉默(PTGS),而且还发现

TGS 和 PTGS 过程中都有小分子 RNA 产生,并且两个过程均伴随靶序列的 DNA 甲基化,最终都可导致基因沉默。

(三) 在翻译水平调节机体发育

对动物、植物中 RNAi 相关基因突变体的研究表明,RNAi 机制与生物发育过程相关,其作用机制是 RNAi 机制的某些组分通过与 PTGS 彼此分离但又密切相关的过程参与对发育过程的调控。Ketting 等发现,单个 Dicer 基因 dcr21 发生突变的线虫,除了 RNAi 机制缺失外,还产生了一系列表型改变。并且 dcr21 突变体表现出的发育时序的改变与 let-27 和 lin-24 突变体相似,而 let-27 和 lin-24 编码小分子 RNA,在体内首先合成约 70nt 长的 RNA 前体,然后在 Dicer 作用下生成约 22nt 的小分子 RNA,称为小分子瞬时 RNA(small temporal RNA, stRNA),这些小 RNA 在线虫的发育过程中参与对 mRNA 翻译的调节,是特定基因的负调控因子,但并不介导 mRNA 的降解,而是结合于 mRNA 3′非翻译区,阻止核糖体与 mRNA 有效结合,从而抑制翻译的进行。stRNA 和 siRNA 关系密切,除了都由 Dicer 加工成熟之外,RNAi 必需的 AGO(alg21、alg22)家族基因也为两种 RNA 行使生物功能所必需。研究者认为在 RNAi 过程中形成的 RISC 复合物既含有 siRNA 又含有 stRNA,此复合物可根据不同情况产生不同效应,可利用 siRNA 与靶 mRNA 互补介导 mRNA 降解,但若 siRNA 与靶序列不能严格配对(如有单个碱基错配),则 PTGS 即无法进行,此时复合物又可转而利用 stRNA 抑制核糖体在 mRNA 上延伸,从而在翻译水平上阻断基因的表达,此模型中 RISC 作为一个平台,不同情况下可以募集不同的组件在其上装配,从而行使不同的功能,但最终均导致特定基因沉默。最近,Sharp 等证实在哺乳动物培养组织中,siRNA 确实可通过与 mRNA 3′端非翻译区结合而抑制翻译的进行。

(四) 作为基因组的免疫系统

所有复杂生物的基因组在长期的进化过程中均面临着病毒等外来核酸序列的侵入,如人类基因组约有 54% 的序列含有这种入侵留下的遗迹。那么生物怎样才能使自己的基因组免受外来核酸分子侵袭,保持结构完整呢?研究表明,RNAi 机制在真核细胞中起着类似动物免疫系统的作用,充当基因组的防护者。在植物中,RNAi 导致的 PTGS 和 VIGS 是保护基因组免受病毒入侵的重要机制,在动物中也存在类似的机制。除了可以抵御外来病毒入侵外,RNAi 还可以控制基因组自身的寄生物——转座因子的活动,在许多生物中,RNAi 机制通过使转座因子或重复序列区域异染色质化,大大抑制了转座子和重复序列之间的同源重组对基因组可能造成的破坏。正是由于 RNAi 机制的存在,才使生物基因组在长期的进化过程中能够保持结构的完整性和遗传的连续性。综上所述,可见 RNAi 机制在真核生物生命活动中处于极为重要的地位,可以把它看成是一个以小分子 RNA 为核心的由多种组分构成的真核基因表达调控体系。它可以在转录水平、转录后水平和翻译水平调节基因表达,并与细胞众多生物学过程密切相关。

三、RNAi 技术的应用

虽然对 RNAi 的研究只有短短几年,但 RNAi 技术已经快速被应用于多个领域。

（一）基因功能研究

随着人类基因组计划的提前完成，科学家急需一种新的、快速的方法解读基因的功能和基因的表达机制以及基因之间的相互关系。而 RNAi 技术已成为解决这些问题的重要手段。与其他方法相比，RNAi 技术在基因功能研究上有其独特的优点：①简单易行，容易开展；②与基因敲除（gene knockout）相比实验周期短、成本低；③与反义技术相比具有高度特异性和高效性；④可进行高通量（high throughout）基因功能分析。RNAi 技术的诸多优点使它很快便被作为研究基因功能的主要方法。例如，Harbth 等应用 RNAi 技术发现有 13 个基因对哺乳动物培养细胞的生长和分化必不可少。最近，Maeda 等利用高通量 RNAi 技术对线虫的 10 000 多个基因进行了功能分析，取得了理想的效果。总之，随着后基因组学时代的到来，RNAi 技术将会成为功能基因组学研究的主要方法。

（二）临床应用

前已述及，RNAi 机制可作为真核生物的基因组免疫系统，抑制外源和内源有害基因的表达。人类目前对病毒（如 HIV）所致疾病缺乏理想的治疗方法，如果利用 RNAi 技术把与病毒基因具同源性的 siRNA 引入感染细胞将会抑制病毒的增殖，这为病毒相关疾病的治疗提供了新的思路，最近，Song 等利用 RNAi 技术在病毒性肝炎的治疗方面取得了很好的效果。另外，利用 RNAi 技术还可以高效、特异、快速的抑制细胞内癌基因的表达，人类的许多癌症是由于少数癌基因超表达导致细胞过度增殖所致，如果利用 RNAi 技术抑制过度表达的癌基因将会使癌症表型逆转或病程得以控制。Yin 等利用人类皮肤癌细胞作为模型，将一组与癌基因具同源性的 siRNA 引入人黑素瘤细胞，结果发现，癌细胞的异常增殖被显著抑制。最近，Brummelkamp 等开发的一种质粒系统（pSUPER）可以使 siRNA 在哺乳动物细胞内长时间稳定表达，这为抗癌药物的开发和应用开辟了新的途径。可以预测，RNAi 技术将会很快应用于癌症和病毒疾病的治疗，并可能会为这些疾病治疗带来突破。

四、RNAi 的技术要点

（一）siRNA 的设计

以前人们一般应用较长的 dsRNA 作为基因沉默的工具，但后来发现长链 dsRNA 特异性较差。它可激活 RNaseL 导致非特异性 RNA 降解，还能激活依赖于 dsRNA 的蛋白激酶 R（protein kinase R，PKR），PKR 可磷酸化翻译起始因子 eIF2a 并使其失活，从而抑制翻译起始。后来人们发现小于 30bp 的 dsRNA 就可以有效引起基因沉默，并且不会产生非特异抑制现象，进一步研究表明抑制作用最强的是长 21bp、3′端有两个碱基突出的 siRNA。但 RNAi 技术要求 siRNA 反义链与靶基因序列之间严格的碱基配对，单个碱基错配就会大大降低沉默效应，而且 siRNA 还可以造成与其具同源性的其他基因沉默（也称为交叉沉默），所以在 siRNA 的设计中序列问题是至关重要的。要求所设计的 siRNA 只能与靶基因具高度同源性而尽可能少的与其他基因同源。设计 siRNA 序列应注意以下几点：①从靶基因转录本起始密码子 AUG 开始，向下游寻找 AA 双核苷酸序列，将此双核苷酸序列和其下游相邻的 19 个核苷酸作为 siRNA 序列设计模板；②每个基因选择 4 个或 5 个 siRNA 序列，然后运用生物信息学方法进行同源性比较,剔除与其他基因具有同源性的序列,选出一个特异性最强的 siRNA;③尽量不要以 mRNA 的 5′端和 3′端非翻译区及起始密码子附近序列作为设计 siRNA 的模板,因为这些区域有许多调节蛋白结合位点(如翻译起始复合物),调节蛋白会与 RISC 竞争结合靶序列,降低 siRNA 的基因沉默效应。

(二) siRNA 的合成

目前获得 siRNA 主要有 3 种方法,即化学合成、体外酶法合成和体内转录。

1. 化学合成 siRNA 可以直接进行化学合成,方便且不受碱基限制,但合成一个 siRNA 需先分别合成两条单链(每条链合成需 20 步反应,每步反应产物均需纯化),然后再退火成双链 RNA,合成耗时长且费用很高。

2. 体外酶法合成 与化学合成相比体外酶法合成要经济得多,此法需首先合成两段 29nt 的 DNA,包括 8 个与 T7 启动子 3′端互补的碱基[称为引导序列(leader sequence)]和由 21 个碱基构成的 siRNA 编码序列。将这两段 DNA 分别与 T7 启动子混合,T7 启动子和 DNA 引导序列退火结合,然后用 DNA 聚合酶 Klenow 大片段补齐成为可用于转录的双链 DNA 模板,分别用 T7RNA 聚合酶进行体外转录,再将产物混合形成 dsRNA。新的双链 RNA 包含 5′端单链的引导序列、中间互补的 19 个碱基序列及 3′端两个重复的 U(UU),以 DNA 酶降解模板,同时用单链专一的核糖核酸酶(RNase)消化 5′端的引导序列,由于 RNase 不能切开 U 碱基也不能降解双链 RNA,所以得到的产物就是所需的 21bp 的双链 siRNA,有 19 对碱基互补,3′端各有 2 个 U 突出。用酶法合成的 siRNA 比化学合成的同序列 siRNA 活性高 20 倍,估计可能是由于 siRNA 纯度的差异导致的结果。

3. 体内转录 最近有几个研究小组构建了一些可以在真核细胞内表达 siRNA 的载体,包括被广泛应用的质粒载体和新研发的转染效率较高的病毒载体。质粒载体都包含有一个 RNA 聚合酶Ⅲ(Pol Ⅲ)启动子和一个 4 ~5 个连续的 T 构成的转录终止位点及选择标记,选用 Pol Ⅲ启动子是因为此启动子总是在距其一定距离的位置起始转录,而遇到 4 个或 5 个连续的 T 就终止转录,并且终止于转录终止位点第二个碱基处,十分精确。此法需首先化学合成一段编码 siRNA 正义链和反义链的模板,正义序列与反义序列之间由一段环(loop)序列隔开(图 19-2),插入载体 Pol Ⅲ启动子下游,然后转入细胞,环序列可使转录出的 RNA 链折叠成具发夹结构的小 RNA 分子(图 19-2C),这些小 RNA 可被细胞内的 Dicer 切割为长 21bp 的 siRNA,有 19 对互补碱基,3′端各有 2 个 U 突出,可引起特定基因沉默。与化学合成及体外酶法合成相比,表达载体是在细胞内通过转录持续产生 siRNA,所以可延长 siRNA 的作用时间,目前此法已被广泛应用。

4. siRNA 导入细胞的方法 在体外(*in vitro*)可用不同的方法将 siRNA 导入靶细胞。一般来讲,化学合成和体外酶法合成的 siRNA 可用电转移(electroporation)、微注射和转染的方法引入细胞。而表达质粒则常通过转染的方法导入靶细胞然后再表达 siRNA。向体内(*in vivo*)导入 siRNA 的研究工作也已有报道,如有研究者用静脉注射的方法将合成的 siRNA 引入动物体内进行基因功能的研究。但这些方法所产生的抑制效应都是很短暂的,一般有效期只有 1 周左右。最近,Abbas 等利用改造后的病毒载体转染哺乳动物细胞,发现 siRNA 在细胞内的抑制效应可持续 25 天左右,进一步促进了 RNAi 技术的应用。

虽然人们对 RNAi 的研究只有短短的几年,但进展却极为迅速。这种奇特的生物学现

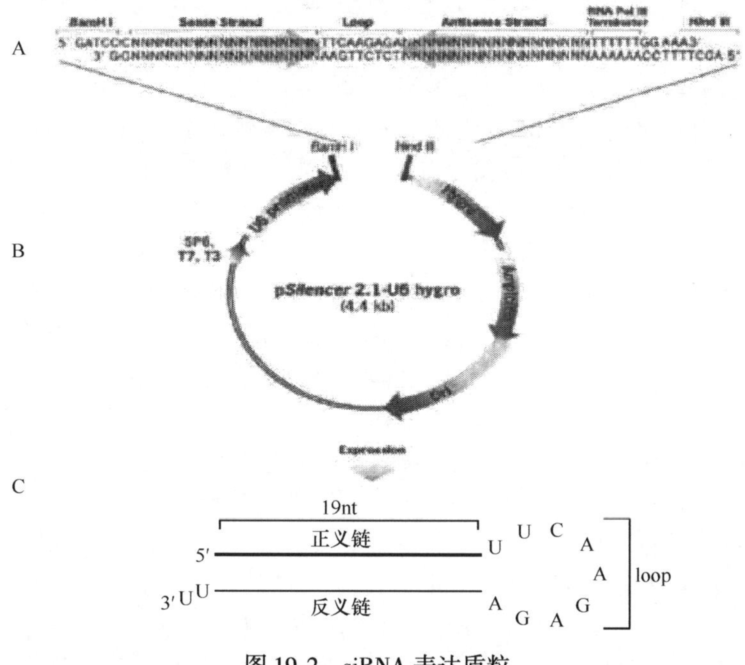

图 19-2　siRNA 表达质粒

A. siRNA 表达载体设计图；B. siRNA 载体图；C. siRNA 核酸链

象使人们不得不对 RNA 在生命活动中的作用进行重新认识。可以认为 RNAi 是一个以小分子 RNA 为中心的真核细胞基因表达调控系统，它可以在多个层面调节基因表达和细胞的增殖分化，通过对 RNAi 的研究将会使人们对生命现象的认识更加深入。同时，RNAi 技术为人们更迅速、更准确的剖析基因的功能，分析基因之间错综复杂的联系和相互作用提供了极为有用的工具。而且它还为人们预防和治疗癌症及病毒疾病提供了新的思路，RNAi 技术必将为生命科学研究和临床治疗带来新的革命。

第二节　RNAi 技术对肿瘤相关基因的抑制

肿瘤是多基因、多因素疾病，是多个基因相互作用的基因网络调控的结果。传统技术诱导的单个癌基因的阻断往往不可能完全抑制或逆转肿瘤细胞的生长，因此也很难达到预期的治疗效果，而 RNAi 技术则不同，利用 siRNA 干涉技术特异地抑制癌基因、癌相关基因或突变基因的过表达，使这些基因保持在静寂或休眠状态，而且抑制效果互不干扰，从而有望达到抗肿瘤作用。

在白血病和淋巴瘤的研究中，Wilda 等应用 RNAi 技术成功地阻止了慢性髓性白血病和急性淋巴母细胞瘤瘤细胞的生长分化。Cioca 等分别转染针对 c-raf 和 bcl-2 的 siRNA 进入多株人白血病细胞后，两者的蛋白质水平显著降低，沉默 c-raf 表达后抑制了 TPA 诱导 HL60 细胞发生单核细胞样分化。Brummelkamp 等利用反转录病毒载体将 siRNA 导入肿瘤细胞中，特异性地抑制了癌基因 K-ras（V12）的表达，在急性髓性白血病的研究方面也取得了比较乐观的结果。Means 等应用 RNAi 技术成功地阻断了 MCF7 乳腺癌细胞中异常表达的与细胞增殖分化相关的核转录因子基因 spl 的功能。Elbashir 等用人类宫颈癌 HeLa 细胞作为研究对象,将体外合成的相应特异性 siRNA 转染癌细胞,检测其前后的变化,结果发现其靶向 mRNA 所表达的蛋白质的量比转染前降低了 90% 。Lin 等利用 RNAi 技术使 bcl-2 基因沉默,从而抑制了前列腺癌 LNCaP 细胞的生长,并可观察到染色体浓缩、基因组 DNA 断裂等细胞凋亡的特征性变化。Schijver 等使用高度特异的 RNAi 技术,沉默前列腺腺癌 LNCaP 细胞中 FASE 的表达,FASE 的沉默抑制了 LNCaP 细胞的生长并最终导致其凋亡,而不会影响非恶性的上皮成纤维细胞的生成能力。

宫颈癌的发生与 HPV16 的癌基因 E6 和 E7 的表达息息相关,Jiang 等用化学合成的 siRNA 在 HPV 阳性的宫颈癌 CaSki 细胞和 SiHa 细胞中干扰这两个基因,结果显示,E6 和 E7 的 mRNA 及蛋白质均选择性下降,E6 被沉默后导致 p53 蛋白增加,激活细胞周期调控基因 p21,细胞生长受抑制;而沉默 E7 后细胞集聚并且凋亡。肿瘤细胞的锚定黏附过程受中介素 α6β4 的调节,Lipscomb 等采用化学合成的 siRNA 在 MDA MB231 细胞内分别沉默中介素 α6β4 的亚基 α6 和 β4 基因,结果显示,两个基因的表达被抑制并能引起细胞表面中介素 α6β4 表达水平的降低,使细胞的恶性侵袭性与非依赖于配体的转移性均明显减弱。fral 基因在恶性间皮瘤细胞中高表达,RamosNino 等通过 RNAi 技术沉默被石棉刺激后的正常胸膜上皮细胞 fral 基因,结果显示 fral 的 mRNA 与蛋白质水平均下降。Mdr 是肿瘤化疗失败的主要原因,形成 Mdr 最常见的因素是肿瘤细胞 mdr-1 基因编码的 P-gp 过度表达,为寻找克服 Mdr 的新方法,Wu 等使用化学合成的 siRNA 在乳腺癌具有 MdR 表型的 MCF7/Adr 和 MCF7/BC19 细胞中干扰 mdr-1 的表达后,mdr-1 的 mRNA 和 P-gp 水平显著下降。

一、RNAi 在癌症治疗中的应用

尽管目前 siRNA 基因药物还处于临床试验阶段,但 RNAi 必将为癌症的最终根治作出重大贡献。首先,siRNA 基因药物具有高度的序列特异性和非常小的毒副作用;其次,小量的 siRNA 即可以使目的基因得到有效的沉默;再次,siRNA 的适用范围广泛而且具有很高的稳定性。这些优点都使人们对 siRNA 寄予相当大的期待,促使人们去探求其在许多重要疾病的治疗,尤其是癌症治疗中的应用,并取得了重要的进展。

(一) RNAi 用于研究与癌症发生、发展相关基因的功能

基因的改变是肿瘤发生和发展的分子基础,研究癌症发生和发展相关基因的功能成了如今肿瘤研究的热门领域。

1. RNAi 用于抑制原癌基因的表达　至今,人们已经发现了数百种原癌基因。原癌基因编码的蛋白质主要包括生长因子及其受体、信号转导通路蛋白质分子、基因转录调节因子和细胞周期调控蛋白等几大类型。

生长因子及其受体对肿瘤细胞的增殖是必需的。EGFR 是一种具有酪氨酸激酶活性的跨膜糖蛋白,在细胞信号传递中起着重要作用,由 eRB B 基因编码。eRB B 族癌基因主要包括 eRB B-1 和 eRB B-2 两大类。eRB B-1 基因的过表达对肿瘤的发生有着重要意义。人们已经能够合成 eRB B-1-siRNA,将其转入 A431 细胞中,发现 90% 的内源性 eRB B-1 能被抑制,从而导致细胞凋亡的增加和肿瘤增殖的减弱。

信号转导通路中蛋白质分子的突变也是癌症发生的主要因素之一。约 30% 的癌症是

由信号通路中的 ras 基因突变造成的。突变的 ras 基因与正常的癌基因碱基序列不同,因此正好可以利用 RNAi 的高特异性对突变的癌基因实施专门的针对性抑制。科研人员把 H1 启动子嵌入到 MSCV 病毒载体中组成 siRNA 载体,成功地抑制了癌基因的表达。

在癌症的发生、发展过程中,转录因子被过度活化。而与癌症相关的转录因子的数量是有限的,这使转录因子的研究成为癌症治疗研究中最活跃的领域之一。myc 基因核蛋白型癌基因转录因子参与了细胞的分化和恶性增殖,具有促使 DNA 复制的功能,可在一些致癌因素(如病毒、放射性和化学诱变剂)作用下发生基因重排和扩增而得以活化。近年来,人们把 siRNA 技术引入到 c-myc 功能的研究中,通过体外合成的 c-myc siRNA 抑制 COS-1 细胞内的 c-myc 表达活性,成功地抑制了肝癌细胞的增殖。

细胞周期异常同样也是癌细胞的重要特征之一。细胞周期调控蛋白类癌基因 CDK2 基因也成了人们研究癌症治疗的一条重要途径。其产物 CDK2 蛋白具有蛋白激酶活性,可以使多种蛋白质底物磷酸化,对许多细胞的周期调控起着关键性的调节作用。CDK2 基因表达活性的增加也是许多癌细胞的重要特征之一。人们合成 CDK2 的 siRNA 成功地抑制了 HeLa 细胞中 CDK2 的表达活性,从而使 HeLa 细胞的恶性增殖得到了有效控制。

2. RNAi 用于抑制病毒癌基因在体内的表达　DNA 病毒和 RNA 病毒能使其感染的细胞发生癌变。病毒的致癌作用发生在病毒进入细胞后复制的早期阶段,相关的病毒癌基因多整合到宿主细胞的 DNA 上,激活细胞内某些原癌基因。利用 RNAi 技术抑制这些病毒癌基因的表达是一种有效的癌症治疗方法。

DNA 病毒一般没有细胞内同源物,其编码的蛋白质主要为核蛋白,直接调节细胞周期,并与抑癌基因相互作用,具有抑制或干扰抑癌基因产物的功能。人们利用 RNAi 技术抑制老鼠体内 HBV 的复制,通过免疫组织化学分析发现在肝细胞中,HBV 表面抗原的活性减少量超过 99% 。疱疹病毒(EBV)感染容易引发鼻咽癌,EBV 编码的胞外骨诱导蛋白(LMP-1)被认为是在 EBV 所引发细胞癌变和癌转移过程中唯一的致癌物质。用 RNAi 抑制 LMP-1 蛋白的基因发现它能影响细胞的运动能力,但对细胞增殖的影响甚小。

人乳头瘤状病毒(human papilloma virus,HPV)有 50 余种亚型,与生殖道肿瘤的发生有密切关系。HPV 是宫颈癌发生的主要原因,它能编码 E6 和 E7 两种癌基因。用 E6-siRNA 作用于 SiHa 细胞发现,它不仅能减少 E6 蛋白的表达,而且还可以抑制 E7 蛋白的表达,同时,使 p53 蛋白的表达量也有所增加。

反转录病毒都为 RNA 病毒,当反转录病毒在细胞内复制繁殖时,可在反转录酶作用下形成 DNA 片段,整合到宿主细胞 DNA 中去,使细胞癌变。例如,Rous 肉瘤病毒插入到 src 基因附近的启动子,并持续激活,能产生肉瘤。有研究者将 RNAi 技术运用到鸡的胚胎细胞中,能够有效地阻止 RSV 的复制。

3. RNAi 用于研究抑癌基因的功能　人体内存在大量抑癌基因,当这些基因发生突变时,能导致某些蛋白质表达完全抑制或蛋白质的活性完全丧失,结果使细胞生长和分化失控,引起肿瘤的发生。因此,用 RNAi 研究抑癌基因的作用机制便成了近年来癌症治疗研究的热点。

p53 基因是最早利用 RNAi 技术研究的基因之一。人体内大约 50% 肿瘤的发生正是 p53 基因突变的结果,而 p53 基因的过表达也能使细胞凋亡。近年来,人们已经把 RNAi 技术运用到 p53 基因的研究中,通过抑制 hdm2 基因的表达,研究其在肿瘤发生中的作用。研究表明,在 DNA 损伤导致细胞癌变的过程中,p53 基因的确发生了突变;hdm2-siRNA 能够上调 p53 基因的表达,同时诱导细胞凋亡。

pRB 基因是视网膜母细胞瘤的一种编码蛋白质的基因,是最早分离出来的抑癌基因。癌症中的 pRB 基因异常表现为缺失、基因突变等。pRB 基因抑癌作用的实现,和 RB 蛋白能与调控蛋白 E2F 结合有着密切关系,在细胞周期调控中发挥重要作用。人们通过 RNAi 技术研究 pRB 基因的功能,发现在果蝇体内,pRB 基因功能的实现的确需要 E2F1 的参与。

ink4a 基因家族的失活也是癌症发生的一个重要原因。由于点突变、启动子甲基化或缺失而引起的 p16ink4a 基因的失活在人类肿瘤中占有较高的频率,p16ink4a 基因在体内发挥作用主要是通过 pRB 基因来抑制癌细胞的生长。Agami 等利用 RNAi 技术研究 p16ink4a 基因的功能,发现抑制 p16ink4a 基因的表达并不能影响细胞的增殖,却可以增强 p53 基因缺失的效应,从而加速细胞的生长、促进细胞的癌变。

apc 基因即结肠多发性腺瘤样息肉病基因(human adenomatous polyposis coli),在遗传性结肠癌多基因作用机制的理论中,apc 基因的突变在其腺瘤的形成中起着关键作用。apc 基因是与家族性和散发性癌症相关的抑癌基因,在肺癌和乳腺癌中等位基因缺失比例很高。研究表明,在果蝇胚胎细胞中,apc 基因与胚胎细胞的分化有关,在用 RNAi 技术抑制 apc 基因的表达之后,胚胎细胞就由对称分化变为不对称分化。

(二) RNAi 用于研究与 DNA 损伤修复及癌症基因组稳定性相关基因的功能

许多物理、化学因素,如紫外线、多环芳烃类等均能引起 DNA 损伤,DNA 损伤若不能得到及时修复,细胞就有可能凋亡或发生癌变。细胞内存在许多与 DNA 损伤修复相关的基因,若这些基因发生突变,就增加了细胞癌变的概率。DNA 损伤修复还影响癌细胞基因组的稳定性。因此,研究与 DNA 损伤修复相关基因的功能成了当前癌症研究的热点之一。

rad-51 基因是一个重要的 DNA 损伤修复基因,能诱导同源 DNA 分子的侵入和交换反应,从而可以修复损伤的 DNA 分子。在线虫胚胎细胞形成和减数分裂前期用 RNAi 抑制 rad-51 基因,可以观察到染色体形态出现严重的缺陷。有趣的是,在没有 MRE-11 或 SPO-11 蛋白存在的情况下,用 RNAi 抑制 rad-51 基因对染色体的形态没有任何影响,而在没有 msh5 基因的条件下,用 RNAi 抑制 rad-51 基因却能使染色体破裂。

切除修复交叉互补基因(excision repair cross-complementing rodent repair deficiency, ercc)是一种核苷酸切除修复基因,ercc1 对紫外线和丝裂霉素十分敏感,能够纠正 CH043. 3B 细胞的第二类核苷酸切除修复(NER)缺陷。用 RNAi 抑制 erccI 的表达能增加核苷酸切除修复蛋白(XPA)缺陷型人肿瘤细胞对化疗药物顺铂(CDPP)的敏感性。这种现象能在含 msh2 基因的小鼠 XPA 缺陷型胚胎细胞中观察到,而在 msh2 基因被敲除的小鼠 XPA 缺陷型胚胎细胞中不存在这样的现象,这证明 ercc1 基因和 msh2 基因共同参与了 DNA 修复过程中的 CDPP 的耐受现象。

染色体重排是指基因从所在的染色体的正常位置上易位至染色体的另一个位置上,这种位置改变使基因处于激活状态,产生异常基因产物。位于人 9 号染色体上的 c-abl 基因和 22 号染色体上的 bcr 基因发生易位,可以使一些无关基因发生融合,致使染色体发生重排,在慢性粒细胞白血病(CML)发病中起着重要作用。用 RNAi 抑制 K562 白血病细胞中 bcr/abl 基因的表达,可以有效地抑制染色体重排而引起的细胞癌变。

(三) RNAi 用于研究与细胞凋亡相关基因的功能

细胞癌变与细胞凋亡是一个息息相关的过程,一旦细胞无法进入正常的细胞凋亡过程,细胞的生长和分裂就会失去控制,从而迫使细胞癌变。细胞抗凋亡因子类癌基因 bcl-2 基因的连续过表达也是癌症发生的重要因素之一。bcl-2 基因能延长细胞周期、抑制细胞的凋亡,从而增加肿瘤发生的机会。抑制过表达 bcl-2 基因的活性也就意味着抑制癌症的发生。研究表明,体外合成的 bcl-2 的 siRNA 能有效地抑制肺腺癌细胞 bcl-2 基因的表达活性,从而阻止肺腺癌细胞的恶性增殖。

(四) RNAi 用于研究与肿瘤浸润相关基因的功能

cxcr4 基因在器官形成、脉管的生成、自体免疫、肿瘤浸润和 HIV-1 的感染等方面起着重要的作用。研究表明,在具有高度浸润性的人乳腺癌 MDA. MB-231 细胞中,cxcr4 基因的表达活性非常高。RNAi 抑制 cxcr4 基因的表达后,这些有高度浸润性的人乳腺癌 MDA. MB-231 细胞的浸润性明显下降。

fkbp1-a 基因是 fkbp 基因家族的一个成员,能在几乎所有的细胞中表达。它所编码的蛋白质 FKBP12 是免疫抑制剂类药物 FK506 及纳巴霉素的胞质受体,在细胞周期调控和胞间钙离子平衡的过程中也起着一定的作用。而与 fkbp1a 基因有着很大同源性的 fkbp8 基因的功能却一直不清楚。最近,人们利用 RNAi 技术对这两个基因进行了深入的研究,发现抑制 fkbp1a 基因可以增加肿瘤的浸润性并上调 mmp9 基因的表达,同时下调 scd-1 的表达,而 mmp9 和 scd-1 也可以由 fkbp8 基因直接调节。试验进一步证实,fkbp8 基因在分化程度低、浸润性强的神经鞘瘤细胞和具有高度浸润能力的 B16-F10-pLUC 黑色素瘤细胞中的表达较低。

(五) RNAi 用于研究与肿瘤转移相关基因的功能

fos 基因是一个重要的促进肿瘤细胞转移的基因,其产物 Fos 蛋白与肿瘤细胞的运动有关。Fra-1 蛋白是 Fos 蛋白家族的主要成员,主要在 Hct-116 和 BE 结肠癌细胞中表达。用 siRNA 敲除 fosL 基因,使 Fra-1 蛋白不能正常表达,然后转染到 BE 结肠癌细胞中,发现 Fra-1 蛋白对细胞的增殖没有影响,但却极大地降低了 BE 结肠癌细胞的运动能力,大约从 18μm/h 降到 1. 8μm/h。

nm23 基因是 1988 年由美国癌症研究所的 Steeg 在数例黑色素瘤细胞株中用消减杂交法分离出来的一种与恶性肿瘤转移有关的基因,其编码与二磷酸核苷酸激酶(NDPK)高度同源的蛋白质产物,它能使 GDP 还原为 GTP,通过调节细胞膜 G 蛋白功能和参与微管的聚合分解,影响细胞骨架状态,阻断肿瘤信息传递而抑制肿瘤的转移。最近有证据指出,rim23-h1 基因和 nm23-h2 基因均能增加成神经细胞瘤细胞中的 mycn 和 c-myc 基因的表达活性。为了证实究竟是哪个基因起到了诱导细胞凋亡的作用,人们利用 RNAi 抑制成神经细胞瘤细胞系中 nm23-2 基因的表达,发现能诱导细胞的凋亡,证实了成神经细胞瘤细胞中起作用的主要是 nm23-h2 基因,但 nm23-h2 基因并不影响 TRAIL 诱导的细胞凋亡。

（六）RNAi 用于研究与肿瘤血管形成相关基因的功能

veg 基因是一种与肿瘤血管生成密切相关的基因，其编码的糖蛋白 VEGF 能促进新生血管形成和增加血管通透性。VEGF 以旁分泌和自分泌方式，通过 3 种具有酪氨酸激酶活性的受体 Flt-1、Flt-1/KDR 和 Flt-4 特异性地作用于靶细胞-血管内皮细胞，促进其有丝分裂，从而促进血管内皮细胞增殖。在癌症发生、发展的过程中，VEGF 促进肿瘤血管的生成，对癌细胞的增殖具有重大意义。近年来，有学者等用 ved-siRNA 特异性地抑制 VEGF 的表达，成功地抑制了小鼠卵巢癌上皮 ID8 细胞的增殖。

TSPl 是一种血管抑制因子，它可以抑制 mmp9 基因的激活，从而抑制肿瘤的生长。一般来说，肿瘤细胞能够通过抑制 TSP1 的表达达到其指数增殖的目的。通常情况下，VEGF 能够抵制 TSP1 的血管生长抑制作用。Filleur 等用 vegf-siRNA 转染肿瘤细胞，发现 vegf-siRNA 抑制效应可以与分泌 TSP1 的肿瘤细胞协同作用，抑制肿瘤的生长，并且 vegf-siRNA 能阻止 TSP1 耐受细胞的出现，并极大地抑制了这些细胞的生长速率。

（七）RNAi 用于寻找癌症治疗的分子靶点

了解癌症信号通路每个蛋白质分子及其相应基因的作用对癌症的治疗具有重大作用，但是目前我们只了解人体内 30 000 ~ 40 000 个基因中大约 15% 基因的功能。为了能更快更好地识别众多功能未知的基因，科学家们建立了 RNAi 文库。RNAi 文库技术的运用使科学家们迅速地鉴定了线虫体内 19 476 个基因中约 86% 基因的功能，并发现其中有 1722 个基因与表型变异有关，而 2/3 的基因与表型变异之间的关系尚属首次发现。目前，人们已经能够使用 RNAi 文库技术研究线粒体内与调节脂肪、寿命长短及基因组稳定性相关的基因。Brummelkamp 等更是大胆地将 RNAi 文库技术引入人体，他们建立了 50 个能使表达 CYLD 酶家族基因失活的 siRNA 表达载体，将 siRNA 引人体内，分别抑制这些基因，意外地发现 CYLD 能够增加 NF-κB 的活性从而引起细胞凋亡。

随着 RNAi 技术的发展，将会有越来越多的与癌症有关的基因被发现。通过对这些基因功能的研究能给癌症治疗提供足够多的药物作用靶点，从而为癌症的根治带来前所未有的机遇。

（八）RNAi 用于癌症的耐药性研究

肿瘤的多药耐药性（MDR）是肿瘤化疗失败的主要原因，耐药细胞的存在是肿瘤复发的根源。最近，人们通过 mdr-siRNA 分别抑制胰腺癌 EPG85-257RDB 细胞及胃癌 EPG85-181RDB 细胞的耐药性，发现其对抗肿瘤药正定霉素的耐药性分别下降到其原来的 58% 和 89%，这无疑给肿瘤耐药性的研究带来了新的希望。

大量的研究表明，RNAi 存在于各种生物体内。RNAi 技术的快速发展必将推动生物学和医学的大步前进。RNAi 在医学领域的应用也必将为各种疾病，尤其是肿瘤等疾病的根治带来希望。但是，从目前 RNAi 的研究现状来看，在哺乳动物中，RNAi 并不能完全阻断基因的表达，尤其是异常高表达的基因，这将促使人们去探索研究新的更高效 siRNA 表达载体体系。为了促进基于 RNAi 的基因药物进入临床研究和应用，大量的研究已集中到提高 siRNA 分子的工业化生产能力、增加 siRNA 分子稳定性、开发 siRNA 药物的靶向传递系统等方面。尽管如此，RNAi 在癌症治疗中的应用已经取得非常大的成就，因此有理由相信 RNAi 必将对癌症的最终根治起到重要的作用。

（张锦前）

参 考 文 献

Ashrafi K, Chang FY, Watts JL, et al. 2003. Genome-wideRNAi analysis of Caenorhabditis elegans fat regulatorygenes. Nature, 421(6920): 268-272.

Bernstein E, Caudy AA, Hammond SM, et al. 2001. Role for abidentate fibonuclease in the initiation step of RNAinterference. Nature, 409(6818): 363-366.

Brummekamp TR, Bernards R, Agami R. 2002. Stablesuppression of tumorigenicity by virus-mediated RNA interference. Cancer Cell, 2(3): 243-247.

Brummelkamp TR, Bernards R. 2003, New tools for functionalmammalian cancer genetics. Nat Rev Cancer, 3(10): 781-789.

Brummelkamp TR, Nijman SM, Dirac AM, et al. 2003. Loss ofthe cylindromatosis tumour suppressor inhibits apoptosisby activating NF-κB. Nature, 424(6950): 797-801.

Chen Y, Stamatoyannopoulos G, Song CZ. 2003. Downregulationof CXCR4 by inducible small interfering RNAinhibits breast cancer cell invasion ia vitro. CancerRes, 63(16): 4801-4804.

Dimova DK, Stevaux O, Frolov MV, et al. 2003. Cell cycledependentand cell cycle-independent control oftranscription by Drosophila E2F/RB pathway. GenesDev, 17(18): 2308-2320.

Elbashir SM, HaRBorth J, Lendeckel W, et al. 2001. Duplexesof 21nucleotide RNAs mediate RNA interference incultured mammalian cells. Nature, 411(6836): 494-498.

Elbashir SM, Lendeckel W, Tuschl T. 2001. RNA interferenceis mediated by 21. and 22. nucleotide RNAs. GenesDev, 15(2): 188-200.

Filleur S. 2003. SiRNA-mediated inhibition of vascularendothelial growth factor severely limits tumor resistanceto antiangiogenic thrombospondin-1 and slows tumorvascularization and growth. Cancer Res, 63(14): 3919-3922.

Fire A, Xu S, Montgomery MK, et al. 1998. Potent and special genetics interference by double-stranded RNA in Caenorhahditis elegans. Nature, 391(6669): 806-811.

Fong S, Mounkes L, Liu Y, et al. 2003. Functionalidentification of distinct sets of antitumor activitiesmediated by the FKBP gene family. Proc Natf Acad, 1(24): 14253-14258.

Hahn WC, Weinberg RA. 2002. Modelling the molecularcircuitry of cancer. Nat Rev Cancer, 2(5): 331-341.

Hung L, Kumar V. 2004. Specific inhibition of gene expression and transactivation functions of hepatitis B virus X protein and c-myc by small interfering RNAs. FEBS Lett, 560(1-3): 210-214.

Hunt KK, VoRBurger SA. 2002. Hurdles and hopes for cancertreatment. Science, 297(5580): 415-416.

HuwY, Myers CP, Kilzer JM, et al. 2002. Inhibition ofretroviral pathogenesis by RNA interference. CurrBiol, 12(15): 1301-1311.

Jorgensen R. 1990. Altered gene expression in plants due totrans interactions between homologous genes. TrendsBiotechnol, 8(12): 340-344.

Kamath RS, Fraser AG, Dong Y, et al. 2003. Systematicfunctional analysis of the Caeno 出 abditis elegans genomeusing RNAi. Nature, 421(6920): 231-237.

Lan L, Hayashi T, Rabeya RM, et al. 2004. Functional andphysical interactions between ERCCl and MSI-12complexes for resistance to c/s-diamminedichloroplatinumin mammalian ceBs. DNA Repair(Amst), 3(2): 135-143.

Lee SS, Lee RY, Fraser AG, et al. 2003. A systematic RNAiscreen identifies a critical role for mitochondria in C-elegans longevity. Nat Genet, 33(1): 40-48.

Li XP, Li G, Peng Y, et al. 2004. Suppression of Epstein-Burr virus-encoded latent membrane protein-1 by RNA interference inhibits the metastatic potential of nasopharyngeal carcinoma cells. Biochem Biophys Res Commu, 315(1): 212-218.

Liu TG, Yin JQ, Shang BY, et al. 2004. Silencing of hdm2oncogene by siRNA inhibits P53-dependent human breastcancer. Cancer

Gene Ther, 11(11): 748-756.

Lu B, Roegiers F, Jan LY, et al. 2001. Adherens junctionsinhibit asymmetric division in the Drosophila epithelium. Nature, 4119 (6819): 522-525.

McManus MT, Sharp PA. 2002. Gene silencing in mammals bysmall interference RNAs. Nat Rev Genet, 3(10): 737-747.

MeCaffrey AP, Nakai H, Pandey K, et al. 2003. Inhibition of hepatitis B viIlls in mice by RNA interference. Nat BiotechnoZ, 21(6): 639-644.

Nagy P, Amdt-Jovin DJ, Jovin TM. 2003. Small interferingRNAs suppress the expression of endogenous and GFP-fused epidermal growth factor receptor(eRBBl) andinduce apoptosis in eRBBl-overexpressing cells. ExpCelf Res, 285(1): 39-49.

Nieth C, Priebseh A, Stege A, et al. 2003. Modulation of theclassical multidrug resistance(MDR) phenotype by RNA interference (RNAi). FEBS Lett, 545(2-3): 144-150.

Nykanes A, Haley B, Zamore PD. 2001. ATP requirements andsmall interfering RNA structure in the RNA interferencepathway. Cell, 107(3): 309-321.

Orive G, Hernandez RM, Rodriguez GA, et al. 2003. Drugdelivery in biotechnology: present and future. CurtOpin Biotechnof, 14(6): 659-664.

Pothof J, van Haaften G, Thijssen K, et al. 2003. Identificationof genes that protect the C. elegans genome againstmutations by genome-wide RNAi. Genes Dev, 17(4): 443-448.

Rinaldo C, Bazzicalupo P, Ederle S, et al. 2002. A roles forCaenorhabditis elegans rad-51 in meiosis and in resistanceto ionizing radiation during development. Genetics, 160(2): 471-479.

Romano N, Macino G. 1992. Quelling: transient inactivation of gene expression in Neurospora crassa by transformation with homologous sequences. Mol Microbiol, 6(22): 3343-3353.

Scherr M, Battmer K, Winkler T, et al. 2003. Specificinhibition of bcr-abl gene expression by small interfering RNA. Blood, 101(4): 1566-1569.

Shirane D, Sugao K, Namiki S, et al. 2004. Enzymaticproduction of RNAi libraries from cDNAs. NatGenet, 36(2): 190-196.

van Noesel MM, Versteeg R. 2004. Pediatric neuroblastomas: genetic and epigenetic danse macabre. Gene, 325: 1-15.

Vassilev LT, Vu BT, Graves B, et al. 2004. In vivo activationof the P53 pathway by small-molecule antagonists of MDM2. Science, 03(5659): 844-848.

Vial E, Sahai E, Marshall CJ. 2003. ERK-MAPK signalingcoordinately regulates activity of Racl and RhoA for tumorcell motility. Cancer Cell, 4(1): 67-79.

Voorhoeve PM, Agami R. 2003. The tumor-suppressive functions of the human INK4A loeus. Cancer Celz, 4(4): 311-319.

Yin JQ, Gap J, Shao R, et al. 2003. siRNA agents inhibit oneogene expression and attenuate human tumor cell growth. J Exp Ther Oncol, 3(4): 194-204.

Yin JQ, Wan Y. 2002. RNA-mediated gene regulation system: nOW and the future. J Mol Med, 10(4): 355-365.

Yoshinouchi M, Yamada T, Kizaki M, et al. 2003. In vitro andin vivo growth suppression of human papillomavirus 16positive cervical cancer cells by E6 siRNA. MolTher, 8(5): 762-768.

Zamore PD, Tuschl T, Sharp PA, et al. 2000. RNAi: double stranded RNA directs the ATP-dependent cleavage ofmRNA at 21 to 23 nucleotide intervals. Gelf, 101(1): 25-33.

Zhang L, Yang N, Mohamed-Hadley A, et al. 2003. Vector-based RNAi, a novel tool for isoform-specific knock-downof VEGF and anti-angiogenesis gene therapy of cancer. Biochem Biophys Res Commu, 303(4): 1169-1178.

第二十章 肿瘤相关基因与甲基化修饰

表观遗传学修饰是指在基因的DNA序列未发生改变的情况下，细胞内除遗传信息外的其他调控基因表达的信息发生了改变，基因功能发生了可遗传的变化，并最终导致表型的改变。表观遗传学修饰包括DNA甲基化、组蛋白修饰、染色体重塑、遗传印记及RNA调控等，不同水平的表观遗传学修饰相互联系、相互作用，构成复杂的表观遗传调控网络。DNA甲基化是最常见也是目前研究最清楚的表观遗传学修饰，是指在DNA复制后、DNA双螺旋中，在DNA甲基转移酶(DNMT)介导下，以*S*-腺苷甲硫氨酸提供甲基，将胞嘧啶核苷酸的嘧啶环第5位碳原子甲基化，从而使胞嘧啶转化为5-甲基胞嘧啶。在哺乳动物基因组中，DNA甲基化的主要位点是CpG二核苷酸，它在基因组中呈不均匀分布。在某些区域CpG序列的密度比平均密度高10~20倍，含量大于50%，其长度大于200个碱基，这些区域命名为CpG岛。大约50%的人类基因中含有CpG岛，常位于基因上游调控的启动子区，这些基因为管家基因或组织特异表达基因。启动子区的CpG岛通常处于非甲基化状态，基因能正常表达，当其发生甲基化时，影响基因转录调控，使基因表达发生沉默。基因组中散在分布的CpG二核苷酸通常处于甲基化状态。启动子区CpG甲基化的密度与转录的抑制程度相关，CpG甲基化的密度越高，基因就越沉默，当达到一定密度时可以关闭基因的转录表达。DNA甲基化研究多集中于启动子区的CpG岛。DNA甲基化在维持染色体结构、染色体失活、基因印记、基因时空特异性表达、衰老及肿瘤的发生中起着重要作用。DNA甲基化不改变DNA序列，具有可逆性。基因启动子区CpG岛去甲基化可促进基因功能恢复，因此极有可能成为疾病，特别是癌症基因治疗的新靶点。研究疾病，特别是癌症中DNA甲基化的特点和规律，发现与特定癌症相关的甲基化生物标记、新的基因治疗靶点已成为DNA甲基化研究中的新热点。

第一节 甲基化修饰的意义

甲基化是最常见的表观遗传学修饰之一。在基因表达调控、发育分化、X染色体失活、基因组印记、细胞衰老凋亡等方面发挥着重要作用，具有重要的生物学意义。

一、DNA甲基化与基因表达调控

目前普遍认为，DNA甲基化对基因表达的调控作用的最终结果是导致基因沉默，也就是说，DNA甲基化具有转录抑制作用。在真核生物中，甲基化与非甲基化基因的转录活性相差可达10^6倍。

DNA甲基化的转录抑制机制如F所述。①DNA甲基化直接干扰特异性转录因子和启动子识别位点的结合：DNA甲基化会引起DNA分子构象的改变从而影响特定蛋白质及其黏附力而直接干扰两者的结合；5-甲基胞嘧啶和鸟嘌呤碱基对的解链温度比未进行甲基化修饰的胞嘧啶和鸟嘌呤碱基对的解链温度高，影响解链；DNA 甲基化引起 DNA 三级结构改变，影响其他系列 RNA 酶的直接作用。②甲基化的 DNA 结合转录抑制因子引起基因沉默。③DNA 甲基化通过影响染色体结构抑制基因表达：有研究发现，DNA 甲基化后与组蛋白结合得更紧，核小体结构更紧密，并且 75% 的甲基化 CpG 结合在核小体核心上，仅少量分布在核小体间的连接区，而活跃基因的敏感区是低甲基化的。④甲基化 CpG 结合蛋白 2 的作用。甲基化 CpG 结合蛋白（Methyl CpG binding protein，MeCP）1 和 MeCP2 与甲基化的 CpG 结合，临时转录抑制蛋白质的作用。MeCP1 与甲基化 DNA 结合需要多个甲基化的 CpG；而 MeCP2 可与一个甲基化的 CpG 结合，且在细胞中含量较 MeCP1 多。

二、DNA 甲基化与表观遗传学

（一）DNA 甲基化与发育分化

在动物和植物的发育分化过程中 DNA 序列没有改变，但在不同的发育阶段及不同的组织中，基因的表达具有特定的模式，即基因表达具有时空特异性。DNA 甲基化与发育相关基因的时空特异性表达关系密切。DNA 甲基化水平在胚胎发育中经历了一系列动态变化。在发育过程中，同一种类不同个体之间相同类型的细胞存在高度保守的甲基化模式，而在同一个体不同类型的组织中甲基化模式是不同的。这种发育阶段及组织特异的甲基化模式是与个体发育过程中甲基化水平的动态变化有关的。

配子发生始于早期胚胎中的原始生殖细胞（primordial germ cell，PGC）。原始生殖细胞在胚胎发育早期首先会发生非常广泛地去甲基化。在进入生殖嵴通过互相识别决定发育为精原细胞还是卵原细胞后，CpG 位点又会发生重新甲基化。精原细胞在胚胎 16 细胞期发生重新甲基化；而卵原细胞的重新甲基化滞后一些，在个体出生后卵细胞的发育形成中才逐渐发生，最终在精子与卵子中建立新的 DNA 甲基化模式。在精卵结合时，成熟的卵细胞和精细胞中已有部分被甲基化，此时甲基化水平最高；随后父源染色体上会立即发生由 Dnmt3 介导的主动去甲基化，而母源染色体则会经历依赖于 DNA 复制的被动去甲基化。这种非甲基化状态将一直保持到 16 细胞的胚胎桑葚期前，当发育到前原肠胚时会有一个强烈的重新甲基化过程使基因组甲基化水平逐渐恢复。胚胎发育中 DNA 甲基化水平的改变使个体建立了新的 DNA 甲基化模式，并在此后的细胞分裂中维持下去，同时也使不同的基因具有了不同的命运。也就是说，在胚胎发育中基因组 DNA 甲基化发生了完全去甲基化和重新甲基化的变化，从而形成个体特异的甲基化发育编程，在以后的发育阶段，组织特异性基因又会按照编好的程序，发生选择性的甲基化或去甲基化变化，形成组织特异的表达类型，使不同的组织行使不同的功能。小鼠 ES 细胞的 DNA 甲基转移酶基因被敲除后，甲基转移酶活性显著降低，虽然细胞形态和生长速率正常，但是纯合突变小鼠的基因组 DNA 甲基化水平大大降低，胚胎生长发育迟滞，通常在妊娠中期夭折。而来自克隆动物异常的研究也说明了 DNA 甲基化对胚胎发育的重要意义。DNA 甲基化对正常分化发育至关重要，错误甲基化模式的建立将引起人类的疾病，如 Prader-Willi 综合征、Angelman 综合征和脆性 X 染色体综合征等。然而，DNA 甲基化并未参与生物发育分化中所有基因表达的调控，仅部分组织特异性表达的基因与甲基化有关。

（二）DNA 甲基化与 X 染色体失活

X 染色体失活是指哺乳动物二倍体细胞中除保持一个活性 X 染色体外，其余的 X 染色体全部失活。X 染色体失活包括 3 个主要阶段：起始、传播和维持。染色体失活的早期事件是由染色体失活中心（X inactivation center，XIC）顺式控制的。X 染色体失活一旦建立则保持稳定，其所有的子细胞均失活同一条 X 染色体。失活的 X 染色体伴随有一系列的表观遗传性修饰，包括组蛋白 H3 的甲基化、组蛋白 H3 和 H4 的去乙酰化、micro H2A 的积聚和 DNA 甲基化。其中，组蛋白 H3 Lys9 和 27 位点的甲基化修饰是两个独特的抑制型标记，在失活的起始和维持中起着非常重要的作用。DNA 甲基化在失活状态的维持中也起着必不可少的作用。在失活的 X 染色体（Xi）上，大部分基因的 CpG 是甲基化的，而在活化的 X 染色体（Xa）上是非甲基化的。Xi 与 Xa 的甲基化状态的差异不仅代表着甲基化是 X 染色体失活中的一种晚发现象，而且表明它对失活状态的维持具有重要作用。用 5Aaz2dC 阻抑甲基转移酶 1 的活性或令甲基转移酶 1 突变而使其失活后，处于沉默状态的 X 染色体可被重新激活。这进一步证明 DNA 甲基化在维持 X 染色体的失活中起着非常重要的作用。XIC 内部存在一个非常重要的基因是失活特异的转录基因 xist（X inactive-specific transcript）。其特异转录物在失活的染色体上特异地大量表达，并与之结合，然后募集染色体失活相关的组分，如组蛋白去乙酰化酶（HDAC）、甲基化酶等，引起染色体的组蛋白低乙酰化和甲基化，导致染色体异固缩，进而失活。xist 基因 5′端在活性的 X 染色体中是完全甲基化的，而在失活的 X 染色体上则是非甲基化的，xist 基因是在失活 X 染色体上转录而在活性 X 染色体上不转录的唯一基因，也就是说 xist 基因的甲基化使相应染色体保持活性。

（三）DNA 甲基化与基因组印记

基因组印记（genomic imprinting）是指在配子或合子发生期间，来自亲本的等位基因或染色体在发育过程中产生专一性的加工修饰，从而导致后代体细胞中两个亲本来源的等位基因有不同的表达活性。基因组印记是一种非孟德尔遗传形式，可遗传给子代，并不包括 DNA 序列的改变，基因印记是可以逆转的。在目前发现的印记基因中，几乎所有的印记基因其某一亲代的等位基因中都有一段甲基化序列，称为特异性甲基化区域（differentially methylated region，DMR）。Jullien 等也发现，在拟南芥的生长周期中，DNA 甲基化模式的维持对基因印记在亲子代之间的遗传是必需的。DNA 甲基化是造成基因印记的主要原因，该修饰作用发生于胚胎发育早期，当 DNA 甲基化紊乱时，造成印记丢失。若基因印记丢失，本应处于“关闭”状态的基因被错误激活开启，会严重阻碍胎儿的生长与个体发育，导致疾病的发生。人的脐疝巨人症（BWs）主要是由 11 号染色体上的 Igfz 和 CDKNIC 两个印记基因的错误表达引起的。与印记丢失相关的疾病还有成神经细胞瘤、急性早幼粒细胞白血病、横纹肌肉瘤和散发的骨肉瘤等。

（四）基因甲基化与细胞衰老和凋亡

采用组蛋白脱乙酰化酶（HDAC）抑制剂 SPB 和去甲基化制剂 5-Aza-Cdr 作用于骨髓瘤细胞系 U266 的研究发现，单用 5-Aza-Cdr 诱导的细胞凋亡在形态上主要表现早、中期凋亡的特征，凋亡比例略有增高。单用 SPB 组和联合用药组表现出晚期凋亡的形态特征，且凋亡比例明显增高。结果显示单用 SPB 时 G_1/M 期阻滞，提示药物作用的敏感点可能在 G_1/M 期，细胞凋亡可能发生在 G_1/M 期；而联合用药组则表现出 G_1 期阻滞，提示药物作用的敏感点可能在 G_1 期，细胞凋亡可能发生在 G_1 期。研究说明乙酰化酶抑制剂与去甲基化制剂联合诱导 U266 细胞凋亡和 p16 基因重新表达，提示了细胞凋亡与 DNA 甲基化水平的关系。

衰老的"端区缩短"学说认为，端区缩短至一定程度，细胞基因组就会变得不稳定，引起细胞功能和代谢的变化。研究表明，端区的稳定性不单单依赖于端粒酶的活性。有研究表明，以 5-Aza-Cdr 处理的老年 2BS 细胞衰老表型更加明显，端区长度较对照细胞的端区长度缩短，而年轻细胞则变化不显著，说明甲基化与端区的维持之间有一定的关系。DNA 去甲基化是造成细胞基因组不稳定的原因之一，衰老过程中基因组甲基化水平降低。多种研究表明，基因组 DNA 甲基化水平降低的趋势在衰老中是普遍存在的。例如，尹慧等分析人外周血白细胞中的基因组 5-mC 含量与年龄之间的关系，发现 50 岁以上组的 5-mC 含量较 50 岁以下组的低，5-mC 含量随年龄以每年 0.014% 的速率下降。Oakes 等的检测发现，雄性大鼠的精子和肝细胞中核糖体 DNA 基因随着年龄的增加优先发生超甲基化。在人类小肠隐窝的干细胞中，也可以观察到与年龄相关的高甲基化现象。其他基因，如 ER 基因、E-钙粘连蛋白基因、N33 基因等，也可观察到其启动子区域发生增龄性甲基化升高。也就是说，全基因组 5-mC 含量发生增龄性降低，而某些特异性基因中的 5-mC 含量发生增龄性升高。衰老会影响 DNA 甲基化，DNA 甲基化改变也会影响衰老。随着年龄的增长，牙周韧带组织的 COLlA1 基因近侧启动子区域-273 ~+70bp 和远侧启动子区域-1903 ~ -1533bp CpG 发生超甲基化，导致此基因表达下调，牙周韧带发生年龄相关的组织学改变，表现为牙周韧带功能下降、牙齿松动脱落，这是老年个体中发生牙齿易脱落的一个重要的影响因素。年龄相关的甲基化改变涉及老年个体中的肿瘤、自身免疫性疾病和神经系统疾病的发生与发展。研究正常胃上皮细胞中的肿瘤抑制基因 LOX、p16、RUNX3 和 TIG1，发现以上 4 个抑制基因的启动子甲基化状况与年龄高度相关，这很好地说明了肿瘤抑制基因启动子区域甲基化会导致老龄群体中肿瘤易感性升高的现象。目前，衰老的机制尚不完全清楚，甲基化不能揭示衰老发生的机制，但对衰老相关基因及与衰老相关疾病基因的表达起着调节作用。因此可以通过此途径探讨衰老的分子机制，找到衰老与甲基化之间最佳的平衡关系，以延缓机体的衰老和阻止与衰老相关疾病的发生，这将具有重大的临床应用前景。

三、DNA 甲基化与疾病

（一）DNA 甲基化与非肿瘤性疾病

1. DNA 甲基化与单亲遗传病 单亲遗传病是指由非孟德尔遗传方式引起的人类的遗传病。但非孟德尔遗传方式并非一定导致单亲遗传病的发生。非孟德尔遗传方式是指子代中本应包含双亲遗传信息的等位基因丢失了一方亲本的遗传信息而仅保留了剩余一方亲本的信息。导致双亲遗传信息一方丢失的可能原因主要有以下 4 种：① 父源或母源染色体缺失，单亲二倍体的形成；② 单亲二倍体的形成；③ 印记中心缺陷；④ 对称性移转。单亲遗传病发生与否关键在于非孟德尔遗传方式是否发生在差异甲基化区域上。差异甲基化区域是指正常情况下存在部分与疾病相关的等位基因，其父源与母源甲基化模式不同。几乎所有与单亲遗传疾病相关的等位基因都有一些序列仅父源一方或仅母源一方发生甲基化这些序列。因为甲基化的基因不表达或表达程度很低,因而基因的正常表达必须依赖于特定亲本(非甲基化一方)等位基因的正常表达。如果等位基因中甲基化一方出现异常并不导致单亲遗传病发生。而如果等位基因中非甲基化一方这段本来应有活性的基因片段出现异常或未能完整地遗传给子代,则会引起一系列人类疾病,并决定相关疾病的外显率表现度甚至遗传方式,主要代表有安格曼综合征(Angelman syndrome,AS)、贝克威思-威德曼综合征(Beckwith-Wiedemann syndrome,BWS)、普拉德威利综合征(Prader-Willi syndrome,PWS)和特纳综合征(TS)等。

2. DNA 甲基化与动脉粥样硬化 动脉粥样硬化(atherosclcrosis,AS)是一种由多种因素引起的慢性炎症性疾病,以平滑肌细胞异常增殖和迁徙、内膜下脂质沉积及泡沫细胞形成为主要特征。有关 AS 的发病机制有多种学说,如脂质浸润学说、炎症学说、氧化应激反应学说、感染学说及遗传-环境相互作用学说等。研究表明,相关基因表达和功能改变在 AS 的发生和发展过程中起着重要作用,而 DNA 甲基化是调节基因表达和功能的一种重要修饰方式。DNA 甲基化在心血管方面的研究结果尚不一致,动脉粥样硬化斑块部位全基因组 DNA 处于低甲基化状态。而引起粥样硬化斑块发生、发展甚至破裂的炎症因素却导致全基因组 DNA 高甲基化。有研究发现,新加坡华裔冠心病的患病率与外周血白细胞全基因组 DNA 甲基化的升高有密切关系。除全基因组 DNA 甲基化的变化与冠心病相关处,一些特异性的基因甲基化也影响动脉粥样硬化的进展。有研究发现,动脉粥样硬化斑块形成部位的 ER-b 基因启动子区甲基化水平明显高于正常组织,且基因表达也显著增强。目前研究认为,p53 基因可以抑制血管平滑肌细胞增殖,而甲基化使 p53 基因沉默导致动脉粥样硬化的发生。性别差异可以影响肝细胞 HNF37、HNF4Ⅱ、HNF6 转录因子的表达。女性 DNA 特殊位点的甲基化可以增加心肌梗死的发生率,而男性心肌梗死的发生率却与这些基因无关。有学者提出同型半胱氨酸水平升高→AS 相关基因异常甲基化→基因表达异常→平滑肌细胞增殖→AS 这一途径或许是高同型半胱氨酸血症引起 AS 的重要机制。据此推测,通过降低血浆同型半胱氨酸水平,或许可抑制 AS 相关基因异常甲基化,从而逆转或减轻 AS,降低心脑血管病的风险。

3. DNA 甲基化与系统性红斑狼疮 系统性红斑狼疮(systemic lupus erythematosus,SLE)是一种以大量的自身抗体产生并引起多系统损伤为主要特征的自身免疫性疾病,具体发病机制不明。遗传倾向在 SLE 的发病中有重要作用。SLE 患者 T 细胞基因组总体甲基化水平降低,引起一系列表面膜蛋白及细胞因子的异常分泌,通过细胞表面分子之间的相互作用及其下游信号转导通路导致 T 细胞反应亢进、B 细胞的多克隆激活、单核/巨噬细胞异常凋亡、自身抗原抗体的产生,从而引起狼疮发病。用甲基化抑制剂 5-氮杂胞苷处理的健康人来源的 T 细胞克隆表现出与狼疮患者类似的低甲基化状态,对这些细胞进行 mRNA 表达谱分析显示,118 个基因表达水平升高 2 倍以上,其中包括 CD70、IgE、FcRrI、杀伤细胞免疫球蛋白受体(KIR)、IL-6、IL-10、LFA-1(CD11a/CD18)、穿孔素、CD5、PP2Ac 等与狼疮有关的细胞因子和膜蛋白。生物信息学分析发现,在 CD11a、CD70、IL-6、穿孔素等基因的启动子区域含有丰富的 CpG 序列,并证实该相关 CpG 序列与健康人相比是低甲基化或非甲基化的。狼疮患者的 T 细胞中,某些基因启动子区域 CpG 序列的异常甲基化状态影响其转录表达。

T 细胞甲基化水平降低导致的 KIR 表达升高是 SLE 发病的重要因素之一。KIR 在正常

T 细胞中不表达,而在狼疮患者 $CD4^+T$ 细胞及氮杂胞苷处理的正常 $CD4^+T$ 细胞中均高表达,而且 KIR 的表达水平与 SLE 疾病活动性相关。KIR 表达升高是 KIR 基因启动子区甲基化水平下降引起的,体外诱导 KIR 的表达能够引起 IFN-1 表达增加,而抑制 KIR 的表达能够降低 T 细胞的自身反应和毒性反应。因此,KIR 作为 SLE 患者的治疗靶点具有潜在的意义。SLE 患者 IL-6 可能通过改变甲基化水平调控 CD5 的表达。阻断 IL-6 信号通路能够增加 CD5-E1B 启动子甲基化水平,导致 CD5-E1B 表达下降,进而引起 CD5-E1A 表达增加,CD5 分子表达水平增加。CD5 通过 B 细胞表面受体传递负性信号,其表达下降可能是导致 SLE 患者 B 细胞活化和自身反应性增加的重要因素。目前,关于甲基化在狼疮发病中的机制的研究已经取得一定的成果。例如,低甲基化 T 细胞具有高的自身反应性,多克隆 B 细胞的异常激活,自身抗体的产生;X 染色体的重新活化导致女性发病比例的绝对优势;凋亡细胞诱导自身免疫等甲基化异常在该过程均起到一定的作用。甲基化在狼疮发病中起着重要作用,阐明 DNA 甲基化与 SLE 的关系将有助于寻找 SLE 治疗的新靶点。

4. DNA 甲基化与精神疾病 目前,普遍认为精神疾病与表观调控机制有关。DNA 甲基化在精神疾病中的作用已成为研究热点之一。将 DNA 甲基化用于精神分裂症发病机制的研究,可能为此类疾病的治疗提供新的靶点。

颤蛋白(reelin)是一种由 γ-氨基丁酸能中间神经元分泌的细胞外基质蛋白,通过结合锥体细胞上的整联蛋白受体,调节树状棘的可塑性。在精神分裂症患者额前皮质中颤蛋白基因的表达降低。研究发现,颤蛋白基因启动子 CpG 岛的甲基化增强。精神分裂症患者皮质中间神经元的 DNA 甲基转移酶 1 表达增加。甲基转移酶抑制剂使 DNMTI 的活性和蛋白质表达降低,可使颤和 GAD67 基因的表达增加。DNA 甲基转移酶抑制剂可作为一种精神分裂症的治疗手段,而 DNA 甲基化的调节具有特异性。有研究发现,作为 DNA 甲基化供体的甲硫氨酸可增强颤基因甲基化,并且该部位与甲基结合蛋白的结合增加。精神分裂症患者脑组织少突细胞中的相关基因表达下调,其中 SOX10 启动子 CpG 岛高甲基化,而 OLIG2、MOBP 启动子 CpG 岛则低甲基化。该现象同样提示 DNA 甲基化的调节具有特异性机制。Abdolmaleky 等的研究表明,与正常人相比,精神分裂症患者膜结合 COMT(MB-COMT)启动子区域 DNA 低甲基化,尤其在左侧额叶部位。并且 MB-COMT 与多巴胺(DA)D1 受体基因的表达呈负相关,MB-COMT 基因启动子区域 DNA 低甲基化使得该基因过表达,而 DA 降解。

5. DNA 甲基化与增龄性疾病 年龄相关的甲基化改变涉及老年个体中的肿瘤、自身免疫性疾病和神经系统疾病的发生与发展。传统观点认为,随着年龄增长多种肿瘤的发生率增加的主要原因是随年龄增长基因突变的累积。目前的观点认为,随着年龄增长 DNA 甲基化变化的累积,在年龄依赖性肿瘤的发生中同样起着重要作用。稳定基因组或基因 DNA 是预防细胞变异和肿瘤发生的基础。通过去甲基化可治疗一些疾病,如使用小剂量甲基化阻断剂活化甲基化失活的 p15 基因,治疗骨髓异型增生综合征。果蝇 DNA 甲基化酶 dDNMT2 的过表达可延长果蝇寿命。有人提出运用 DNA 甲基化法来延年益寿。高年龄组 2 型糖尿病的发病率呈上升趋势,而且随着年龄的增加,患者的机体代谢状况逐渐恶化。提示Ⅱ型糖尿病的发生、发展与年龄相关。研究表明,糖尿病患者基因组总的甲基化水平下降,其主要原因是红细胞浓集 *S*-腺苷甲硫氨酸的能力下降导致甲基供体不足,所以 2 型糖尿病的发生、发展与年龄和 DNA 甲基化均有相关关系。研究发现,甲基团的紊乱和高半胱氨酸代谢是糖尿病的主要表现，而甲基基团的紊乱和高半胱氨酸代谢会直接造成体内甲基缺乏从而出现低甲基化。阿尔茨海默病患者的淀粉样前蛋白基因启动子增龄性低甲基化，即该基因启动子区的甲基化程度随年龄增加而下降。该基因启动子增龄性低甲基化是导致阿尔茨海默病发生的重要因素。

(二) DNA 甲基化与肿瘤

基因组甲基化模式异常与肿瘤发生一直是医学界关注的热点之一。细胞周期、DNA 修复血管生成和凋亡等都涉及相关基因的甲基化。肿瘤细胞 DNA CpG 岛的高甲基化与散在分布的 CpG 低甲基化对肿瘤的形成发挥着重要作用。广泛表达的基因启动子区的 CpG 岛在正常情况下处于非甲基化状态，当发生肿瘤时，这些 CpG 岛的高甲基化状态可引起：①基因转录沉默；②染色体不稳定。低甲基化包括两个方面：①散在的 CpG 位点的甲基化程度降低，即肿瘤细胞整个基因组甲基化的普遍现象，主要发生在 DNA 重复序列中，如微卫星 DNA，从而导致基因组不稳定、转座子的异常表达、突变热点、陪衬效应，促进了肿瘤的形成。②CpG 岛位点的甲基化水平降低，即原癌基因特定位点的低甲基化现象与原癌基因的激活和转录密切相关。Pantry 等发现，在 Kaposis 肉瘤中，当转录复制因子 RTA 的启动子 CpG 岛发生低甲基化时，会导致 KSHV（Kaposis 相关疱疹病毒）重新激活，引起肿瘤的形成。DNA 甲基化早于肿瘤的发生且具有可逆的过程，使 DNA 甲基化在早期诊断、临床治疗、预后监测等方面有了广泛地应用。

第二节　甲基化修饰的酶类

DNA 的甲基化是基因组 DNA 的一种主要表观遗传性修饰形式，具有重要的生物学意义。参与基因表达调控、基因组印记、维持染色体完整性和 X 染色体灭活等许多重要生物学过程。DNA 的甲基化由 DNA 甲基转移酶（DNA methyltransferase，Dnmt）催化完成与维持。DNA 甲基转移酶同样具有重要的生物学意义。

一、DNA 甲基转移酶的分类

DNA 甲基化分两类：维持甲基化和从头甲基化。前者是在甲基化 DNA 半保留复制过程中，新生链在与母链甲基化位置相同的碱基处发生的甲基化，这种维持作用可以将 DNA 甲基化信息传递给子代细胞；后者是指在用原来没有甲基化的 DNA 双链上进行的甲基化过程，原本甲基化完全去甲基化后又重新甲基化也属于此类。一般认为，哺乳动物 Dnmt 有 4 种，根据结构和功能的差异分为两大类，分别以 Dnmt1 和 Dnmt3 为代表。前者主要参与甲基化状态的维持；后者包括 Dnmt3a、Dnmt3b、Dnmt3L 等，是主要的从头甲基化酶。另有一种 Dnmt2，主要为 tRNA 的甲基转移酶，有研究报道 Dnmt2 具有微弱的 DNA 甲基转移酶活性。

(一) Dnmt1

Dnmt1 是从真核生物中克隆的第一个 DNA 甲基转移酶。Dnmt1 分子质量为 183kDa，一般认为 Dnmt1 有 3 个结构域、C 端的催化域，N 端是某些蛋白质识别的靶区域、其他未知区域。C 端催化结构域（CatD）包含 6 个高度保守位点，即 motif Ⅰ、motif Ⅳ、motif Ⅵ、motif Ⅷ、 motifⅨ、motifⅩ等。motifⅠ、motifⅩ折叠共同形成 SAM 结合位点;motifⅣ 中的 PRO-CYS 二肽,提供活性位点中的甲醇基。CatD 优先作用于半甲基化底物。N 端参与细胞内定位及催化活性的调节,包括带电结构域、核定位信号(NLS)、PCNA 结合位点、复制叉作用位点、锌离子结合域 CXXC(ZnD)及 polybromo 结构域。带电结构域可结合 DMP1 转录抑制蛋白。polybromo 结构域参与 Dnmt1 向复制叉的运送。ZnD 优先识别甲基化 CpG,ZnD 与甲基化 DNA 结合可引发 Dnmt1 催化中心的激活。

Dnmt1 存在 3 个不同的剪接异构体:Dnmt1s、Dnmt1o 和 Dnmt1p。Dnmt1s 表达于体细胞中,Dnmt1p 只发现于粗线期精母细胞中,Dnmt1o 特异性表达于卵母细胞和着床前胚胎中。Dnmt1p 不具有 Dnmt1 活性,因为它的外显子 1ORF 太短,可能干扰了正常翻译。相比之下,Dnmt1o 起始密码子位于外显子 4,产生一个 N 端截短的 Dnmt1 活性蛋白。Dnmt1o 的 N 端缺少 118 个氨基酸,具有更高的稳定性,能够在卵细胞胞质中长期存在。当胚胎发育至 8 细胞阶段时,Dnmt1o 从胞质转移至核内,并在第 4 次 S 期复制中维持印记基因的甲基化。Dnmt1 构象上的变化与活性状态转变有关,这影响近端氨基酸和催化结构域的结合,还可能引起 Ser515 的磷酸化。Dnmt1s 是复制后维持甲基化的关键酶,沿 DNA 高速进行甲基化,CGCTC 位点趋向于终止此过程,它可能是 Dnmt1 作用的终止子,但同时也是阻遏蛋白 CTCF 结合位点,通过募集 CTCF 或独立途径能够阻止 DNA 甲基化作用向 DNA 非甲基化区域蔓延扩展。

(二) Dnmt3 家族

Dnmt3a 基因位于 2p23.3,有 23 个外显子和可作选择性拼接的外显子(外显子 1、外显子 1B、外显子 2B)。Dnmt3b 基因位于 20q11.2,由 23 个外显子和一个可作选择性转录作用的外显子 1P 组成。Dnmt3a 和 Dnmt3b 的结构域基本相同,都在 N 端存在一个可变区,可变区之后至 C 端依次为:PWWP(proline tryptophan tryptophan proline)结构域,其可能与 DNA 非特异性结合有关;半胱氨酸富集的锌结合区域;C 端的催化活性区域。Dnmt3a2 是 Dnmt3a 的不同剪接子,Dnmt3a 起自外显子 1α,Dnmt3a2 起自外显子 1β,其 N 端缺少 223 个氨基酸。由于 Dnmt3a、Dnmt3b 的 DNA 结合位点均较小(50 个残基左右),因此,Dnmt3 常以二聚体形式存在,以增大与底物的接触面,在一次作用过程中可以同时甲基化两个 CpG 位点。人 Dnmt3L 基因位于 21q22.3,含 12 个外显子。Dnmt3L 是一种 Dnmt3 类似蛋白,具有半胱氨酸富集的锌结合区域,缺少 C 端的酶催化活性域,所以没有单独的催化活性。它是 DNA 从头甲基化的调节因子,通过与 Dnmt3a 和 Dnmt3b 的 C 端结合,可提高它们的催化活性,正向调节 DNA 从头甲基化。Dnmt3L 能够以一种剂量依赖的方式使 Dnmt3a、Dnmt3b 的甲基化活性增强 1.5~3 倍,其 C 端与增强 Dnmt3 活性相关。研究发现,正常人群中存在一种稀有的 Dnmt3L 变异体。该变异体含有氨基酸突变 R271Q,其辅助 Dnmt3a DNA 从头甲基化的功能明显减弱,从而导致基因组 DNA 的低甲基化,这种低甲基化主要出现在亚端粒区。

Dnmt3 被认为是催化 DNA 从头甲基化的主要酶。在胚胎干细胞和早期胚胎中高表达,在正常体细胞中表达很低。Dnmt3a 和 Dnmt3b 是胚胎干细胞分化所必需的,大量先天性畸形和发育异常都与 Dnmt3a 和 Dnmt3b 的缺陷或缺失有关。Dnmt3 对 CpG 位点的侧翼序列有一定的倾向性。对 5′-CTTACpGCAAG-3′优先被识别,而对 5′-TGTTCpGGTGG-3′几乎没有活性。Dnmt3a 主要作用于非 CpG 岛的 DNA 甲基化,Dnmt3b 主要催化特殊区域的 DNA 甲基化。Dnmt3a 与单拷贝基因甲基化有关,其甲基化作用的准确性高,但对富含 CpG 的片段甲基化效率不高。Dnmt3b 对富含 CpG 的片段甲基化效率高。着丝粒远端的重复序列具有高密度的 CpG 位点。Dnmt3b 能够以进行性方式甲基化着丝粒远端的重复序列。这种作用方式使甲基化可以在短时间内完成。

Dnmt3L 无单独的催化活性，其功能是协同 Dnmt3a 和 Dnmt3b，正向调节 DNA 从头甲基化。Dnmt3L 高度表达于睾丸和胎盘的绒毛膜。Nimura 的研究发现，在野生型 ES 细胞中，Dnmt3L 集中于染色质叉处；在 Dnmt3a 和 Dnmt3b 缺乏的 ES 细胞中，Dnmt3L 散在分布于核和胞质内。Dnmt3a2 的异位表达能够恢复 Dnmt3L 的细胞内定位。Dnmt3L 可以通过与其他 Dnmt3 结合而转移入细胞核内，当 Dnmt3a2 结合到染色质上后，Dnmt3L-Dnmt3a2 复合物仍维持不变，诱导局部 DNA 甲基化；而 Dnmt3L-Dnmt3b 复合物则散开。在结构上，Dnmt3a 二聚体位于中间，Dnmt3L 二聚体位于外侧，两者通过 C 端相接触，形成一个四聚体。通过 C 端的 G718-L719-Y720 结构，Dnmt3L 能够稳定 Dnmt3a 活性位点的构象。Dnmt3a-Dnmt3L 的结合可增强 Dnmt3a 与 SAM 的结合。完整 Dnmt3L 与 H3 N 端形成复合体，将活性 Dnmt3a2 锚定于核小体上，这有利于 Dnmt3 参与染色质重塑。在 ES 细胞中，Dnmt3a、Dnmt3b 的缺失会导致 Dnmt3L 启动子区甲基化水平下调，引起 Dnmt3L 转录的不完全抑制，而 Dnmt3L 本身也参与这种甲基化调节，也就是说，Dnmt3L 作为 DNA 甲基化的重要参与者，其本身也将受到各种表观调控的作用。

（三）Dnmt2

Dnmt2 约为 40kDa，包括 391 个氨基酸，缺乏 N 端活性结构域，含有 10 个高度保守的 DNA 甲基转移酶基序，在 motif Ⅷ ~ Ⅸ区有 41 个保守的氨基酸，其中包 Cys-Phe-Thr 三肽和 Asp-Ile 二肽，这个区域与原核生物 DNA 甲基转移酶的 TRD 结构域相一致。细胞内定位显示，大量的 Dnmt2 结合于核基质处，在有丝分裂前期进入细胞核，呈现类纺锤体式定位，在细胞分裂过程中可观察到 Dnmt2 与 DNA 的结合。在组织内，Dnmt2 表达广泛，主要存在于肌肉、发育中的胚胎内脏、卵巢囊肿及增殖中的睾丸细胞中。在体外酶活性实验中，常常难以检测到 Dnmt2 的 DNA 甲基化酶活性。目前的研究认为，虽然 Dnmt2 结构与其他 Dnmt 高度相似，但是它的 DNA 甲基化酶活性可能非常弱，其识别位点也并非 CpG。在果蝇胚胎中的研究证实，Dnmt2 的作用位点主要是 CpT 和 CpA，其过表达将导致基因组显著高甲基化。Dnmt2 的功能性底物为 RNA 分子，$tRNA^{Asp}$ 是其主要靶标，它能够特异性甲基化 $tRNA^{Asp}$ 反密码子环 38C。Dnmt2、Dnmt1、Dnmt3a 和 Dnmt3b 尽管作用的底物各异，但它们的催化活性必需的位点具有高度一致性，催化机制也极其类似。

（四）DNA 甲基结合蛋白

甲基化-CpG-结合蛋白（methyl-CpG-binding protein 2，MeCP2）是最早发现的含特异性序列，即甲基化-CpG-结合序列（methyl-CpG-binding domain，MBD）的 DNA 结合蛋白。随后，将在哺乳动物中发现的一组包含甲基化-CpG-结合序列（MBD）的蛋白质统称为甲基化-CpG-结合蛋白家族（methyl-CpG-binding protein，MBD）。MBD 靶序列是 5-甲基化胞嘧啶及其后的鸟嘌呤（^{5}mCpG），能与甲基化 CpG 岛特异性结合，在甲基化的启动子区募集组蛋白去乙酰化酶、组蛋白甲基化酶和 DNA 甲基转移酶，导致该区域染色质结构改变并介导基因沉默，在 X 染色体失活、印记基因沉默和肿瘤细胞抑癌基因沉默中发挥关键性作用。在哺乳动物中有 5 种重要的 DNA 甲基化结合蛋白，即 MBDl、MBD2、MBD3、MBD4、MeCP2。其中，MeCP2 是唯一能识别单个甲基化 CpG 位点的结合蛋白，它与非甲基化 DNA 序列也有较弱的亲和力。新发现的一个 MBP，命名为 kaiso，虽然它缺乏 MBD，但可通过锌指结构识别甲基化 DNA。研究发现，MeCP2 在大脑中可能有助于维持或调节神经元的成熟及可塑性，对新突触的形成有动态调节功能。MeCP2 对神经元的分化成熟有重要作用，并可能与维持神经元的成熟状态有关。MeCP2 与神经系统退行性疾病，如 MR、AD、自闭症、癫痫、先天性脑病的发病相关，也可能与老年性耳聋发病相关。

二、DNA 甲基转移酶的主要生物学功能

（一）Dnmt 与发育

胚胎发育过程中，经历着去甲基化和再次甲基化过程。在成熟生殖细胞中，DNA 往往呈高甲基状态。受孕后，胚胎发生整个基因组去甲基化，胚胎着床后，甲基化再次发生。DNA 甲基化在胚胎早期发育中有重要作用，Dnmt 基因的缺失会影响胚胎早期发育和多个器官的形成和发育，如胚胎早期致死、内脏器官和神经系统终末分化缺陷以及血液发生紊乱等。受精卵第一次有丝分裂前，父本和母本的基因组要发生大面积的去甲基化。TET 家族在这一过程中发挥着重要作用。TET 酶可以将 5′-甲基胞嘧啶氧化为 5′-羟甲基胞嘧啶。Tet3 在父本的基因组中复制，缺失 Tet3 的受精卵，父本基因组的 5′-甲基胞嘧啶无法氧化为 5′-羟甲基胞嘧啶，不能实现父本基因组的去甲基化。在哺乳动物中，有一些基因可以抵抗去甲基化作用，继承来自父本和母本对甲基化的修饰。DNA 甲基化的重新建立发生在胚胎的植入期前后。建立过程中，必须保证在大面积建立 DNA 甲基化的同时，CpG 岛仍处于低甲基化状态。有研究显示，Dnmt1、Dnmt3a、Dnmt3b 可以联合作用，调节 E-钙黏素的表达，从而调节子宫内膜对胚胎的接受能力。说明 DNA 甲基转移酶与胚胎早期植入子宫内膜相关。Dnmt 在胚胎发育中起着重要作用，异常的胚胎植入和流产很有可能与 Dnmt 的异常有关。Dnmt1o 是维持印记基因甲基化形式的主要酶之一，其基因突变常引起印记建立和维持的失败。Dnmt3a 能够甲基化 H19 和 Dlk1/Gtl2 DMR 以及短串联重复系列 SineB1，Dnmt3b 是微卫星 DNA 重复系列甲基化所必需的，Dnmt3a 和 Dnmt3b 都参与 Rasgrf1 DMR 和 IAP、Line1 的甲基化，而在 Dnmt3L 缺陷的鼠精原细胞中，上述序列均发生中至高度的低甲基化。这表明在胚胎的早期发育中，Dnmt3 酶起着极其重要的作用。在 Dnmt3L$^{-/-}$的减数分裂精母细胞后期发育中，可观察到异常的染色质包装，伴有同源染色体联会失败，最终精子形成终止，精母细胞凋亡。DNA 复制过程中产生一些半甲基化的 CpG 位点，Uhrf1 蛋白的 SRA 区可以结合到半甲基化的 DNA 上，招募 Dnmt1，并与 Dnmt1 形成复合体。Dnmt1 将新合成的 DNA 链上的胞嘧啶甲基化，这个过程可以保证每个分裂产生的细胞维持一定的 DNA 甲基化水平。

在胚胎发育过程中，Uhrf1 也是 Dnmt1 发挥作用所必需的。Uhrf1 和 Dnmt1 在晶状体上皮细胞中高表达，单独突变 Uhrf1 或 Dnmt1 都会降低基因组的甲基化水平，改变晶状体上皮细胞的基因表达，导致细胞增殖减少、凋亡增加。所以 Uhrf1 和 Dnmt1 对胚胎晶状体的产生和维持是非常重要的。DNA 甲基化与 Dnmt 对胚胎发育过程中的血液发生有重要影响。研究表明，Dnmt1 表达下调会打破造血干细胞内环境的稳定。在诱导敲除 Dnmt1 的小鼠中，造血干细胞迅速凋亡。在 Dnmt1 表达下调的小鼠中，造血干细胞的甲基化水平降低，向淋巴

系发育的潜能下降,向髓系发育的潜能升高。特异性敲除 Dnmt3a 的造血干细胞,数量增加,但是向各种血细胞的分化按比例进行。这说明 Dnmt3a 影响了造血干细胞的分化。

(二) Dnmt 与细胞衰老及寿限

很多衰老的组织和细胞中广泛存在 DNA 甲基化程度降低的现象。衰老的细胞会出现"DNA 甲基化漂移",这种 DNA 甲基化漂移会导致 DNA 低甲基化或过甲基化。产生这两种现象的内源性机制与 DNA 甲基转移酶的正常表达有关。研究发现,Dnmt1 和 Dnmt3B 在 T 淋巴细胞中表达很多,且随年龄升高而表达下降,这说明 DNA 甲基转移酶水平下降是组织中甲基化程度下降的原因之一。正常人成纤维细胞 2BS,p21 启动子的甲基化随年龄变化而波动,而 p21 是细胞周期相关的重要因子。甲基化漂移会导致基因沉默或过表达,使衰老的组织发生基因表达不正常,细胞周期调控机制失调。但是引起 DNA 甲基转移酶水平下降的原因尚未明确。究竟是甲基化漂移引起衰老,还是衰老引起甲基化漂移,目前还不清楚。

物种寿限受多种因素调控,根据现有假说,DNA 甲基化与组蛋白甲基化对寿限起主动作用,并引起特征性形态学改变及衰老性生长停滞。果蝇中 DNA 甲基化系统包含唯一的甲基转移酶 dDnmt2 及唯一的甲基结合蛋白 MBD2/3,二者均显示其在结构上的广泛保守性,且表达的时期恰好与检测到 DNA 甲基化的时期高度一致,具有影响胚胎发育、染色体重塑、反转录转座子沉默等重要功能。对 dDnmt2 突变型果蝇的 2R、3R 染色体端粒相关序列的沉默及端粒长度变化的研究表明,dDnmt2 并没有使果蝇基因组 DNA 中的亚端粒 Invader 4 序列发生甲基化,但是 dDnmt2 突变会导致 Invader4 重复序列的稳定丢失,说明 dDnmt2 与端粒的沉默相关。端粒是线粒体染色体自然末端的特殊结构。当它缺失时,会使染色体不稳定,易被核酸酶所降解。果蝇体细胞在分化过程中,大多数端粒酶活性被抑制,当其接近寿限时,染色体端区缩短,细胞停止复制,伴随着新陈代谢的减缓,达到其寿限后死亡。

(三) Dnmt 与肿瘤及其他疾病

研究发现 Dnmt 家族中,Dnmt3a 与 p53、组蛋白甲基转移酶 SETDBl 相互作用,并且与细胞核中核糖体 RNA 的转录失活存在相关性;而且 Dnmt3a 也表现出不依赖甲基转移酶活性的转录抑制活性;BRCAl 在 DNA 损伤中扮演着关键角色,而且其高甲基化状态导致其 mRNA 表达下降并与 Dnmt3a 的表达具有显著相关性,提示 Dnmt3a 参与了肿瘤的发生、发展过程。

Dnmt1 基因在多种肿瘤细胞,如胆管癌、子宫内膜癌、胃癌中都出现酶活性增强和表达异常增高。用实时荧光定量 RT-PCR 检测了 DnmtI、Dnmt3a、Dnmt3b 在正常肝细胞系、肝癌癌旁细胞系和肝癌细胞系中的表达水平,结果显示,它们在肝癌细胞系中的表达水平均比肝癌旁系和正常肝细胞系中的要高,提示 Dnmt 与肝癌发生有一定的相关性,用 cDNA 基因芯片方法也证实了 Dnmt3b 与肝癌发生有一定的相关性。

多数肿瘤细胞的 Dnmt 表达水平均明显高于正常细胞,并与抑癌基因启动子高甲基化状态相关。Dnmt 在多种肿瘤细胞中呈高表达。DNA 异常甲基化和 Dnmt 高表达是肿瘤细胞的特征,而 Dnmt 高表达发生往往先于甲基化模式异常,是肿瘤细胞的一个具有特征的早期分子改变。Dnmt 活性增加可以促进甲基化的胞嘧啶脱氨基,引起胞嘧啶转变为胸腺嘧啶的速率增加,促进 DNA 的点突变发生;并可以促进肿瘤抑制基因发生高甲基化引起其表达沉默，使之丧失抑制肿瘤的生物学效应，因此，Dnmt 活性增加可以通过 DNA 高甲基化和促使突变的不同机制参与肿瘤的发生、发展。

Dnmt 异常导致疾病的可能机制：① 通过改变 CpG 岛甲基化水平。高同型半胱氨酸血症(hypohomocysteine，HHcy)与 Dnmt1 活性降低引起的 DNA 低甲基化有关，而 HHcy 是动脉粥样硬化和冠心病的独立危险因素。②通过改变基因印记。在一类 BWS 患者中，印记控制区(ICR)的甲基化发生在父母双等位。③通过改变基因组稳定性。着丝点不稳定和面部异常(immunodeficiency centromeric instability and facial anomalies)，即 ICF 综合征，就是由于 Dnmt3b 催化区突变所引起的，其表型包括 1 号、9 号、16 号染色体不稳定，其中臂间卫星 DNA Ⅱ、DNA Ⅲ序列低甲基化。此外，研究表明，严重的甲基供体缺乏可引起 Dnmt1 活性下降，导致全基因组低甲基化。在叶酸强化前后的美国妇女中，叶酸强化后的妇女宫颈组织中 Dnmt1 的表达明显强于叶酸强化前的妇女。由此看来，甲基供体与 Dnmt、基因组甲基化及疾病之间的关系密切。由于表观遗传学改变具有可逆性，故 Dnmt、Dnmt 抑制剂、甲基供体可能对某些疾病的预防、控制与治疗有一定作用。

DNA 甲基转移酶通过调控 DNA 甲基化，从而调节染色质结构和基因的表达。它们之间既分工合作，又相互协同。DNA 甲基转移酶和 DNA 甲基化具有重要的生物学意义，在发育、衰老、肿瘤和其他疾病中都有所体现。但对其机制的认识尚未完全清楚，完善 Dnmt 的研究可能会在疾病的发生机制、疾病控制与治疗方面取得新的突破。

第三节　肿瘤相关基因的甲基化修饰

基因组学研究表明，DNA 甲基化异常在肿瘤发生、发展中起着重要作用。DNA 异常甲基化分为高甲基化(hypermethylation)和低甲基化(hypomethylation)。DNA 高甲基化多与基因沉默有关，去甲基化则与基因活化有关。目前认为一系列肿瘤相关基因(tumor-related gene)，包括癌基因(oncogene)、原癌基因(proto-oncogene)、病毒癌基因(viral oncogene)、肿瘤抑制基因(tumor suppressor gene)、肿瘤转移相关基因(metastasis-related gene)和肿瘤耐药基因(drug-resistance gene)等的转录均在不同程度上与 DNA 甲基化有关。而且肿瘤相关基因的异常甲基化在肿瘤的形成中发挥着重要作用。探讨肿瘤基因甲基化异常在肿瘤发生、发展过程中的作用，对肿瘤的早期诊断、治疗和预后判断具有重要意义。

一、肿瘤相关基因甲基化异常导致肿瘤的机制

肿瘤的形成是一个多因素、多阶段、长期相互作用的正常细胞恶性转化的过程。其中包含了一系列不同的基因异常与突变，这些基因异常和突变的不断积累，导致细胞发生恶性转化。这些基因方面的变化主要可以概括为促肿瘤相关基因的激活以及肿瘤抑制基因的失活这两个不同的方面。DNA 甲基化异常可影响基因表达。DNA 高甲基化多与基因沉默有关，去甲基化则与基因活化有关。肿瘤相关基因的异常甲基化在肿瘤的形成上发挥着重要作用。研究表明，多种肿瘤中存在着原癌基因低甲基化、肿瘤抑制基因的高甲基化的现象。高甲基化是人类肿瘤中肿瘤抑制基因失活的一种重要机制，而低甲基化是促肿瘤相关基因激活的一种重要机制。

（一）肿瘤抑制基因高甲基化失活

Knudson's 假说认为，一个抑癌基因的完全失活需要两次打击，这个假说几乎在所有的人类肿瘤中得到了证实。除基因内突变和染色体物质丢失（杂合性丢失或等位基因丢失）两种途径外，最近研究证实甲基化是肿瘤抑制基因失活的第三种机制，而且在某些情况下是抑癌基因失活的唯一机制。表观遗传学介导的基因不表达促进了肿瘤形成的基因改变。DNA 甲基化在肿瘤形成的癌前阶段起构成原因的作用。真核生物 DNA 中 CpG 岛甲基化水平与细胞癌变密切相关。

肿瘤抑制基因启动子区域含有未被甲基化的 CpG 岛，癌细胞中 Dnmt 活性增高，肿瘤抑制基因呈现 CpG 岛过度甲基化状态并导致转录失活。1986 年，有文章报道在肺癌和淋巴瘤中发现了位于 11 号染色体短臂的 calcitonin 基因存在高甲基化现象。这一发现使更多的学者致力于 CpG 岛异常甲基化的研究中，目前对肿瘤抑制基因高甲基化失活与肿瘤发生、发展的研究已取得了一定成果。

对人类肿瘤中 p16 和 p15 基因 5′CpG 岛的重新甲基化与基因失活的研究取得了重要进展。p16 蛋白是第一个发现的具有多肿瘤抑制作用的蛋白质分子，受到了分子肿瘤学研究者的高度重视。p16 蛋白及其家族的其他成员，都是细胞周期（cell cycle）调节中重要的 CDK 抑制蛋白。p16 基因是目前甲基化研究较集中的肿瘤抑制基因。该基因失活会导致细胞周期加速，在 DNA 没有被修复前过早地进入 S 期，细胞过度增殖，肿瘤发生。研究证实，多种肿瘤中存在 p16 基因 CpG 岛的高甲基化，并且与 p16 的转录抑制关系密切。用 5-Aza-dC 干预甲基化的细胞系可导致启动子区域甲基化水平的严重下降而使 p16 基因重新表达和随后的 G_1/S 期细胞周期循环阻滞。在一些 p16 等位基因未发生点突变或纯合性缺失的人类肿瘤细胞株中，如小细胞肺癌、乳腺癌、前列腺癌、肾癌、结肠癌的细胞株中，出现高比例的 p16 基因 5′CpG 岛的重新甲基化而失去转录活性，p16 基因异常甲基化也发生在人类原发性肿瘤组织中，包括膀胱癌、乳腺癌、肺癌、结肠癌、头颈部鳞状细胞癌等。而与 p16 基因相邻的 p15 基因，在 Rb 基因的磷酸化调节中具有与其相似的结构和功能。p15 基因与 p16 基因常同时缺失，但在上述涉及的肿瘤中 p15 基因很少通过甲基化失活，而在原发性神经胶质瘤和白血病中，更易发生 CpG 岛重新甲基化的不是 p16 基因而是 p15 基因，提示甲基化可能具有一定的基因特异性。有研究发现，BRCA1 只在乳腺癌和卵巢肿瘤中甲基化，hMLH1 甲基化仅限于有微卫星不稳定性的散发性肿瘤（如结肠直肠肿瘤、子宫内膜肿瘤和胃肿瘤），而 p73 和 p15 的甲基化仅见于血液系统恶性肿瘤，在上皮细胞肿瘤中则未发现。

在一系列的肿瘤抑制基因中，p53 基因与肿瘤的关系较早受到人们的重视，也是目前研究得最广泛、最系统的肿瘤抑制基因之一。p53 的研究已成为肿瘤研究领域中最为活跃的分支。p53 的正常功能是一种细胞生长的负调节因子（negative regulator），p53 蛋白生物学功能的识别丧失是恶性肿瘤发展过程中的一个必要环节。相反，正常细胞的生长似乎并不需要有 p53 蛋白功能的参与。p53 基因是肿瘤细胞突变的热点，p53 基因约 40% 的点突变发生在 CpG 序列，CpG 序列是 p53 基因突变频发部位。5-甲基化胞嘧啶通过脱氨基作用变为胸腺嘧啶，所以 CpG 甲基化能增加其突变的发生。RASSF1A 基因是继 p16 基因以来所发现的在肿瘤中甲基化程度最高、最广泛的基因之一。RASSF1A 基因定位于 3p21.3。研究证实,RASSFA 启动子区高甲基化及基因失活与多种肿瘤的发生相关。RASSF1A 基因对多种肿瘤的早期诊断、预后判断、基因治疗有重大意义。上皮-钙黏附素(epithelial-cadherin,E-cadherin)是 cadhefin 家族中的一个跨膜糖蛋白,是一种依赖钙离子的细胞间黏附分子,对细胞间连接和相互作用有关键作用,E-钙黏素编码基因 CDH-1 属于肿瘤侵袭转移抑制基因。在多种肿瘤中存在 CDH-1 甲基化,造成基因失活,E-cadhenn 表达的下降或缺失,引起细胞间的相互黏附力减弱,造成肿瘤细胞容易分散而向外浸润性生长,脱离原发灶而发生转移。人类食管癌相关基因(esophageal cancer related gene 4,ECRG4)位于染色体 2q14. 1—q14. 3,是一段约 12 500 个碱基组成的序列。cDNA 全长为 772bp,ORF 由 444 个碱基组成,编码 148 个氨基酸残基的多肽。ECRG4 的 CpG 岛存在于启动子区外显子 1 和部分的内含子 1 内。ECRG4 在食管鳞癌、结直肠癌、前列腺癌、神经胶质瘤及乳腺癌中被看成是一个潜在的抑癌基因。研究证实,ECRG4 基因在包括食管癌、乳腺癌、食管上皮鳞状细胞癌、前列腺癌、结直肠癌及神经胶质细胞瘤等疾病中都有明显的下调。ECRG4 基因是一种高倾向性甲基化基因,该基因在食管癌、前列腺癌、结直肠癌及脑神经胶质细胞瘤中发生甲基化的频率明显高于癌旁组织。

除上述基因外,其他一些肿瘤抑制基因,如 p14、p73、APC、BRCA1、hMLH1、GSTP1、MGMT、CDH1、TIMP3、DAPK 等的高甲基化失活及其在肿瘤发生、发展中的重要作用也得到了证实。

(二) 促肿瘤相关基因低甲基化激活

尽管在肿瘤细胞中存在基因低甲基化的现象很早就被发现,但人们对肿瘤细胞中高甲基化现象的研究较为热衷。近几年来,低甲基化对肿瘤发生的影响也受到了人们的关注。目前的研究表明,DNA 低甲基化主要通过增加基因组的不稳定性、导致转座子的异常表达、造成基因印记的丢失的方式导致肿瘤的发生。此外,DNA 低甲基化与一些肿瘤相关基因的激活密切相关进而导致肿瘤发生。当 CpG 岛位点发生低甲基化时,可使许多促肿瘤相关基因表达上调,这些基因包括:①肿瘤增殖相关基因,Fanconi 贫血基因 F(FANCF);②血管生成相关基因,乙酰肝素酶(HPA);③肿瘤转移相关基因,尿素酶型纤溶酶原激活物(uPA);④肿瘤耐药基因,多药耐药基因 1(MDRl)等。这些基因的高水平表达促进了肿瘤细胞的增殖与转移、为肿瘤提供营养的血管生成,加速了肿瘤的形成。

细胞基因组中具有能够使正常细胞发生恶性转化的基因称为癌基因。在绝大部分的情况下,这类潜在的癌基因处于不表达状态,或其表达水平不足以引起细胞的恶性转化,或野生型蛋白的表达不具有恶性转化作用。细胞基因组中处于不表达或其表达不引起正常细胞发生恶性转化的癌基因称为原癌基因。癌基因与原癌基因的分布虽然广泛,但只有在其结构、表达水平或表达位置发生变化时才会导致细胞恶性转化的发生。这就是癌基因的激活过程。癌基因、原癌基因的激活方式有多种,低甲基化就是激活方式之一。大量文献报道了肿瘤细胞原癌基因表达增强,如 c-myc、cyc-fos 及 c-N-ras 几乎在所有肿瘤中都高表达。异常高表达的基因表现为 5′CpG 位点呈低甲基化改变,且此变化多发生于肿瘤早期。说明癌基因 DNA 甲基化水平降低与原癌基因表达增强、肿瘤发生关系密切。例如,AXZ 基因正常是静息的,可因其启动子甲基化而激活,进而导致卡波西肉瘤。

目前发现,在 CpG 岛低甲基化肿瘤细胞中也存在 Dnmt 升高的现象,因为 Dnmt 未能识别正常细胞 CpG 岛甲基化位点,为代偿这种失调,Dnmt 虽大量表达,但最终也未能恢复正常细胞的甲基化。癌基因低甲基化普遍存在于实体肿瘤(如转移性肝细胞癌、子宫颈癌、前列腺肿瘤)和恶性血液系统肿瘤(如慢性 B 淋巴细胞性白血病)中。发生在乳腺、子宫颈和脑部等部位的许多肿瘤其癌基因可呈现广泛低甲基化,并且随着恶性程度的增加而渐进性增加。

研究显示,SNCG 在多种肿瘤组织(胃癌、肝癌、食管癌、结肠癌、前列腺癌、肺癌、宫颈癌、乳腺癌)中呈广谱表达,存在较高的异常表达率,但在癌旁非肿瘤组织中少见表达;SNCG 表达与肿瘤分期有关,Ⅰ期表达率低,Ⅱ ~ Ⅳ期表达率高。尤其重要的是,研究观察到无论何种原发性肿瘤,SNCG 表达与肿瘤远处转移都有很高的相关性。该基因的表达主要与外显子 1 的低甲基化状态密切相关。研究显示,SNCG 去甲基化是导致许多癌症恶化的共同的关键性因素。基质金属蛋白酶(MMP)通过促进基质降解,增强细胞侵袭性,促进恶性肿瘤的转移。研究发现,MMP-2、MMP-7 和 MMP-9 基因 CpG 岛高甲基化,且其 mRNA 表达减少或无表达;用 5-氮杂脱氧胞苷(5-Aza-CdR)处理后,MMP 的表达升高,细胞的侵袭性也明显增强,同时应用组织基质金属蛋白酶抑制剂(TIMP)后,细胞侵袭性又有所下降。该研究表明,胰腺癌中 MMP 基因的过度表达是由于 CpG 岛的甲基化减少或缺乏引起的,用 5-Aza-CdR 的细胞侵袭性的增加至少部分是由于 MMP 表达升高所引起的。Metastasin-1 基因(MTS-1)仅特异性表达于正常组织中的 T 淋巴细胞、中性粒细胞、巨噬细胞中。MTS-1 编码的蛋白质 S100 属钙离子结合蛋白,几乎参与了肿瘤发生、发展的整个过程。研究发现,S100 蛋白在各种肿瘤的转移和侵袭性中充当着重要的角色,可以作为很多肿瘤判断预后的指标。该基因在血细胞和某些肿瘤细胞中的表达主要与其外显子 1 和前两个内含子中某些 CpG 位点的低甲基化有关。除上述基因外,其他一些癌基因及肿瘤转移相关基因,如 MASPIN、MAGE、uPA 等的低甲基化激活及其在肿瘤发生、发展中的重要作用也得到了证实。

二、肿瘤相关基因甲基化的临床肿瘤学意义

(一) 作为诊断和预后的指标

肿瘤相关基因的甲基化改变已经得到了证实,并且肿瘤相关基因的甲基化异常发生在肿瘤发生的早期,所以具有很大的临床诊断价值。有研究提出,每种肿瘤都有其特定的高倾向性甲基化基因,在临床诊断及预后方面的应用具有重要意义。肿瘤细胞经坏死、凋亡等代谢过程后,会脱落游离至血液、痰液、尿液等体液或粪便等同体排泄物中,因此通过检测这些代谢物中某些肿瘤相关基因的异常甲基化情况,可以为肿瘤的早期诊断提供方便快捷的检测方法。

Tse 等的研究发现,MT-1E 异常甲基化与子宫内膜癌的早期发生密切相关;Shaw 等的研究指出,CYGB 基因异常甲基化在头颈部鳞状细胞癌的诊断上应用潜力很大;Liu 等提出黑色素瘤的诊断可依赖 14-3-3-sigma 异常甲基化的检测。Melotte 等检测发现,在直结肠癌的粪便标本中,MDRG4 启动子甲基化情况的灵敏度为 61%,特异度为 93%,为直肠癌的早期诊断提供了一种无创检测手段;Roupret 等检测到前列腺癌患者的尿液中 GSTP 1、RASSF1a、RARBeta2 和 APC 存在异常的甲基化,指出联合检测尿液中的 4 种基因可作为前列腺癌的

早期诊断,灵敏度与特异度高达86%与89%。但甲基化作为肿瘤早期诊断的指标也存在很大局限性,尤其是DNA甲基化图谱的完成。某些基因的异常甲基化可以同时出现在不同组织的肿瘤中,因而不同组织的肿瘤要用不同的甲基化检测指标和不同来源的检测样本。单纯一段序列甲基化模式的改变并不能完全准确的诊断肿瘤。

最近的研究发现,肿瘤相关基因的甲基化异常可以作为多种肿瘤预后的指标,如结肠癌中CDKN2A,肺癌中RASSF1A、P16、HIC-1,前列腺癌中RARB、RASSF1A、GSTP1和CDH13的甲基化改变都提示有不同程度的预后不良。

(二) 作为新的治疗靶点

DNA甲基化是肿瘤发生、发展过程中较常见的表观遗传学改变,并且与导致的基因失活和基因突变或缺失不同,它不改变DNA序列和遗传密码,因此具有可逆性。通过药物可以逆转肿瘤相关基因的甲基化改变,为治疗肿瘤提供了新的思路。目前为止,已有许多药物靶点被发现并证实,与之对应的治疗药物不断涌现。去甲基化药物主要有核苷类和非核苷类两种。目前广泛使用的去甲基化药物为核苷类,其本质是针对DNA甲基转移酶(DNMT)的抑制因子,通过竞争性的结合DNMT发挥去甲基化作用,仅在细胞周期的S期具有活性。已用于临床的药物主要为5-氮-2-脱氧胞苷(5-Aza-CdR)、5-氮-胞苷(5-Aza-CR)等。另一类去甲基化药物为非核苷类DNMT抑制剂,如普鲁卡因、EGCG、RG108、MG98等,其作用机制是直接抑制DNMT的活性。Sabatier等用5-Aza-CdR处理结直肠癌与神经胶质细胞瘤细胞,发现病变细胞内ECRG4被重新激活,癌细胞的恶性性状得到缓解。然而由于人们对ECRG4功能了解有限,所以目前没有特异性针对该基因的药物问世。目前的治疗方法还是以光谱的去甲基化药物为主。所以高选择性的去甲基化药物成了新的研究方向。虽然DNMT抑制剂等药物在临床治疗中取得了良好的效果,然而去甲基化药物的低选择性也带来了许多问题,如某些原癌基因由于甲基化程度降低导致激活等。其他毒副反应的应对性、药物剂量的合理性等方面仍需进一步研究,相信随着对肿瘤相关基因异常甲基化相关研究的深入,肿瘤的诊断、治疗、预后判断也会取得新的突破。

(李亚茹)

参考文献

薛京伦. 2006. 表观遗传学——原理、技术与实践. 上海:上海科学技术出版社,60-88.

尹慧,黄代新,翟仙敦,等. 2007. HPLC法检测人外周血5-mC含量及其与年龄相关性研究. 中固法医学杂志,22(1):8-11.

札红玲,戚豫,石永进,等. 2002. 脱乙酰化酶抑制剂与去甲基化制剂联合诱导U266细胞凋产和P16基因重新表达. 癌症,21:1057-1061.

Aapola U, Mäenpää K, Kaipia A, et al. 2004. Epigenetic modifications affect Dnmt3L expression. Biochem J, 380(pt 3): 705-713.

Abdolmaleky HM, Cheng KH, Faraone SV, et al. 2006. Hypomethylation ofMB-COMTpromoter isamajorrisk factor forschizophrenia and bipolar disorder. Hum Mol Genet, 15: 3132-3145.

Basu D, Liu Y, Wu A, et al. 2009. Stimulatory and inhibitory killer Ig-like receptor molecules are expressed and funoti on alonlupus T cells. J Immunol, 183: 3481-3487.

Batra V, Mishra KP. 2007. Modulation of DNA methyltransferase profile by methyl donor starvation followed by gamma irradiation. Mol Cell Biochem, 294: 181-187.

Beier V, Mund C, Hoheisel JD. 2007. Monitoring methylation changes in cancer. Adv Biochem Eng Biotechnol, 10:1-11.

Bird AP. 1987. CpG islands as gane markers in the vertebrate nucleus. Trends Genet, 3: 342-347.

Bostick M, Kim JK, Esteve PO, et al. 2007. UHRF1 plays a role in maintaining DNA methylation in mammalian cell. Science, 317: 1760-1764.

Broske AM, Vockentanz L, Kharazi S, et al. 2009. Stem cell multipotency from myeoerythroid restriction. Nat Genet, 41:1207-1215

Challen GA, Sun D, Jeong M, et al. 2012. Dnmt3a is essential for hematopoietic stem cell differentiation. Nat Genet, 44:23-31.

Cheng X, Blumenthal RM. 2008. Mammalian DNA methyltrans- ferases: A structural perspective. Structure, 16(3): 341-350.

Cho NY, Kim BH, Choi M. 2007. Hypermethylation of CpG island loci and hypomethylation of LINE-1 and Alu repeats in prostate adenocarcinoma and their relationship to clinicopathological features. J Pathol, 11:269-277

ElMaarri O, Kareta MS, Mikeska T, et al. 2009. A systematicsearch for DNA melhyltransferase polymo rphismsreveals a rear DNMT3L variant associated with subtelomeric hypomelhylation. Hum Mol Genet, 18(10):1755-1768.

Esteller M. 2005. DNA methylation and cancer therapy: new developments and expectations. Curr Opin Oncol, 17:55-60.

Ferguson-Smith AC, Surani MA. 2001. Imprinting and theepigenetic asymmetrybetween parental genomes. Science, 293: 1086-1089.

Flanagan JM, Popendikyte V, Pozdniakovaite N, et al. 2006. Intra-and interindividual epigenetic variationin human germcells. AmJ Hum Genet, 79:67-84.

Gabory A, Attig L, Juien C. 2009. SexualdimorphlisminEnvironmental epigenetic programming. Mol Cell Endocrinol, 304: 8-18.

Garaud S, Le Dantec C, Jousse Joulin S, et al. 2009. IL-6 modulates CD5expressionin Bcells frompatientswithlupus by regulating DNA methylatian. J Immunol, 182:5623-5632.

Geiman TM, Sankpal UT, Robertson AK, et al. 2004. Isolation and characterization of a novel DNA methyltransferase complex linking Dnmt3B with components of the mitotic chromosome condensation machinery. Nucleic Acids Res, 32: 2716-2729.

Glickman JF, Pavlovich JG, Reich NO. 1997. Peptide mappingof the murine DNA methyltransferase reveals a major phosphorylation site and the start of translation. J Biol Chem, 272: 17851-17857.

Goll MG, Kirpekar F, Maggert KA, et al. 2006. Methylationof tRNAAsp by the DNA methyltransferase homologDnmt2. Science, 311 (5759): 395-398.

Goyal R, Reinhardt R, Jeltsch A. 2006. Accuracy of DNA me-thylation pattern preservation by the Dnmtl methyltransferase. Nucleic Acids Res, 34: 1182-1188.

Gu TP, Guo F, Yany H, et al. 2011. The role of Tet3 DNA dioxygenase in epigenetic reprogramming by oocytes. Nature, 477: 606-610.

Guo JU, Su Y, Zhong C, et al. 2011. Hydroxylation of 5-methylcytosine by TET1 promotes DNA demethylation in the adult brain. Cell, 145:423-434.

Götze S, Feldhaus V, Traska T, et al. 2009. ECRG4 is a candidate tumor suppressor gene frequently hypermethylated in colorectal carcinoma and glioma. BMC Cancer, 9: 447.

Hatziapos tolou M, Iliopoulos D. 2011. Epigenetic aberratious during oncogenesis. Cell Mol Life Sci, 68:1681-1702.

Hermann A, Gowher H, Jeltsch A. 2004. Biochemistry and biology of mammalian DNA methyltransferases. Cell Mol Life Sci, 61: 2571-2587.

Hiltunen MO. YlaHerttuala S. 2003. DNA mehylation, smooth muscle cells, and muscle cell and atherogenesis. Arterioscler Thromb Vasc Biol, 23:1750-1753.

Hsieh CL. 2005. The de novo methylation activity of Dnmt3a is distinctly different than that of Dnmtl. BMC Biochem, 6: 6.

Hu YG, Hirasawa R, Hu JL, et al. 2008. Regulation of DNA methylation activity through Dnmt3L pro-moter methylation by Dnm t3 enzymes in embryonic development. Hum Mol Genet, 17(17): 2654-2664.

Humag YS, Zhi YF, Wang SR. 2009. Hypermethylation of estrogen receptor-a gene in atheromatosis patientsand its correlatinn with homocysteine. Pathophysiology, 16:259-265.

Jamaluddin MS, Yang X, Wang H. 2007. Hyperhomocysteinemia, DNA methylation and vascular disease. Clin Chem Lab Med, 45: 1660-1666.

Jullien PE, Kinoshita T, Chad N, et al. 2006. Maintenance of DNA methylation during the Arabidopsis lifecycleis essential for parental imprinting. Plant Cell, 18(6):1360-1372.

Jurkowski TP, Meusburger M, Phalke S, et al. 2008. Human DNMT2 methylatestRNA(Asp) molecules using a DNA methyltransferase-like catalytic mechanism. RNA, 14(8): 1663-1670.

Karagianni P, Amazit L, Qin J, et al. 2008. ICBP90, a novel methyl K9 H3 binding protein linking proteinubiquitination with heterochromatin formation. Mol Cell Biol, 28: 705-717.

Kato Y, Kaneda M, Hata K, et al. 2007. Role of the Dnmt3 family in de novo methylation of imprinted and repetitive sequences during male germ cell development in the mouse. Hum Mol Genet, 16: 2272-2280.

Kim J, Kim JY, Song KS, et al. 2007. Epigenetic changesinestrogen receptorbetagenein atherosclerotic cardiovascular tissues andinvitro vascular senescence. Biochim Biophys Acta, 1772: 72-80.

Kim M, Long TL, Arakawa K, et al. 2010. DNA methylationasa biomarker for cardiovascular disease risk. PLOS ONE, 5: e9692.

Ko YG, Nishino K, Hattori N, et al. 2005. Stage-by-stage Change in DNA methylation status of Dnmtl locus during mouse early development. J Biol Chem, 280: 9627-9634.

Kotsopoulos J, Sohn KJ, Kim YI. 2008. Postweaning dietaryfolate deficiency provided through childhood to puberty permanently increases genomic DNA methylation in adult rat liver. J Nutr, 138: 703-709.

Kundakovic M, Chen Y, Costa E, et al. 2007. DNA methyhmnsferase inhibitors coord inate lyinduce expression of the human reelin and glutamic acid decaRBoxylase67 genes. Mol Pharmacol, 71:644-653.

Lee JT. 2002. Homozygous Tsix Mutant mice reveal a sex-ratio distortion and revent to radom X-inactivation. Nature Genet, 320: 195-200.

Li H, Rauch T, Chen ZX, et al. 2006. The histone methyltransferase SETDB1 and the DNA methyltransferase DNMT3Ainteract directly and localize to promoters silenced in cancer cells. J Biol Chem, 281:19489-19500.

Li LW, Li YY, Li XY et al. 2011. A novel tumor suppressor gene ECRG4 interacts directly with TMPRSS11A(ECRG1) to inhibit cancer cell growth in esophageal carcinoma. BMC Cancer, 11: 52.

Li W, Liu X, Zhang B, et al. 2010. Overexpression of candidate tumor suppressor ECRG4 inhibits glioma proliferation and invasion. J Exp Clin Cancer Res, 29: 89.

Libby P, Okamoto Y, Rocha VZ, et al. 2010. Inflammation in atherosclerosis: transition from theory to practice. Cire J, 74: 213-220.

Lin MJ, Tang LY, Reddy MN, et al. 2005. DNA metbyltransferase gene dDnmt2 and longevity of Drosophila. J Biol Chem, 280: 861-864.

Linhart HG, Troen A, Bell GW, et al. 2009. Folate deficiency induces genomic uracil misincorporation and hypomethylation but does not increase DNA point mutations. Gastroenterology, 136(1): 227-235.

LiraH N, van Oudenaarden A. 2007. A muhistep epigenetic Switchenables the stable inheritance of DNA methylation states. Nat. Genet, 39:269-275.

Liu R, Gong M, Li X, et al. 2010. Induction regulationand biologic function of Axl receptor tyrosine kinase in Kaposi sarcoma. Blood, 116:297-305.

Liu S, Howell P, Ren S, et al. 2009. The 14-3-3sigmagene promoterismethylatedin both humanmelanoeytes and melanoma. BMC Cancer, 9:162.

Luo D, Zhang B, Lv L, et al. 2006. Methylation of CpG island of p16 associated with progression of primary gastric carcinomas. Lab Invest, 86:591-598.

Melotte V, Lentjes MH, vanden Bosch SM. 2009. N-Myc downstream-regulated gene 4(NDRG4): a candidate tumo rsuppressor gene and potential biomarker for colorectal cancer. Natl Cancer Inst, 101:916-927.

Merlo A, Herman JG, Mao L, et al. 1995. 5′CpG island methylation is associated with transcription silencing of the tumor suppressor p16/CDKN2/MTS1 in human cancers. Nat Med, 1:686-692.

Ng RK, Gurdon JB. 2008. Epigenetic inheritanceofcell differentiation status. 2008. Cell Cycle, 7:1173-1177.

Ngetal HH, Jeppesen P, Bird A, 2000. Active repression of methylation gens by the chromosomal protein MBDl. Mol Cell Biol, 20: 11394-11406.

Nimura K, Ishida C, Koriyama H, et al. 2006. Dnmt3a2 targets endogenous Dnmt3L to ES cell chromatin and induces regional DNA methyla-tion. Genes Cells,11(10): 1225-1237.

Ohi T,Uehara Y,Takatsu M,et al. 2006. Hypermethylation of CpGs in the promoter of the COLIA1 genein the aged periodontal ligament. J Dent Res,85(3):245-250.

Oki E,Zhao Y,Yoshida R,et al. 2009. Checkpoint with forkhead-associated andring finger promoter hypermethylation correlates with microsatellite instability in gastric cancer. World J Gastroenterol,15:2520-2525.

Pfeifer GP,Rauch TA. 2009. DNA methylation patternsinlungcarinomas. Semin Cancer Biol,19:181-187.

Piyathilake CJ,Celedonio JE,Macaluso M,et al. 2008. Mandatory fortification with folic acid in the United States is associated with increased expres-sion of DNA methyltransferase-1 in the cervix. Nutrition,24(1): 94-99.

Poirier LA,Wise CK,Delongchamp RR,et al. 2001. Blood determinations of S-adenosylmethionine,S-adenosylhomocysteine,and homocysteine: correlations with diet. Cancer Epidemiol Biomarkers Prev,10:649-655.

Polanowska J,Martin JS,Garcia-Muse T,et al. 2006. A conserved pathway to activate BRCA1-depondent abiqoitylation at DNA damage site. EMBO J,25:2178-2188.

Rahnama F, Thompson B, Steiner M, et al. 2009. Epigenetic regulation of E-cadherin controls endometrial receptivity. Endocrinology,150(3): 1466-1472.

Ray D,Wu A,Wilkinson JE,et al. 2006. Aging in heterozygous Dnmtldeficient mice: effects on survival,the DNA methylation genes,and the developmentof amyloidosis. J Gerontol A Biol Sci Med Sci,61:115-124.

Richardson B. 2009. Impact of aging on DNA methylation. Ageing Res Rev,2(3): 245-261.

Ross R. 1999. Atheroselemsis—an inflammatory disease. N Engl J Med,340:115-126.

Roupret M,Hupertan V,Yates DR. 2007. Molecular detection of localized prostate cancer using quantitative methylation-pecific PCR on urinary cells obtained following prostate massage. Clin Cancer Res,13:1720-1725.

Sabatier R,Finetti P,Adelaide J,et al. 2011. Down-regulation of ECRG4,a candidate tumor suppressor gene,in human breast cancer. PLoS One,6: e27656.

Schaefer M,Lyko F. 2010. Lack of evidence for DNA methylation of Invader4 retroelements Drosophila and implications for DNMT2-mediated epigenetic regulation. Nat Genet,42:920-921.

Sekigawa I,Kawasaki M,Ogasawara H,et al. 2006. DNA methylation: its contribution to systemic lupus erythematosus. Clin Exp Med,6:99-106.

Sharif J,Muto M,Takebayashi S,et al. 2007. The SRA pratein p95 mediates epigenetic inheritance by recruiting Dnmtl to DNA. Nature,450:908-912.

Shaw RJ,Omar MM,Rokadiya S. 2009. Cytoglobin is upregulated by tumour hypoxia and silenced by promoterhypermethylation in head and neck cancer. Br J Cancer,101:139-144.

So K,Tamura G,Honda T,et al. 2006. Multiple tumor suppresso rgenes areincreasingly methylated with ageinnon—neoplastic gastric epithelia. Cancer Sci,97:1155-1158.

Suetake I,Shinozaki F,Miyagawa J,et al. 2004. DNMT3L stimulates the DNA methylation activity of Dnmt3a and Dnmt3b through a direct interaction. J Biol Chem,279 : 27816-27823.

Tittle RK,Sze R,Ng A,et al. 2011. Uhrf1 and Dnmt1 are required for development and maintenance of the zebrafish lens. Dev Biol,350(1):50-63.

Tsumura A,Hayakawa T,Kumaki Y,et al. 2006. Maintenance of self-re-newal ability of mouse embryonic stem cells in the absence of DNA methyltransferases Dnmtl,Dnmt3a and Dnmt3b. Genes Cells,11:805-814.

Turunen MP,Aavik EY,Herttuala S. 2009. Epigenetics andatherosclerosis. Biochim Biophys Acta,1790: 886-891.

Wang YA,Kamarova Y,Shen KC,et al. 2005. DNA methyltransferase-3a interacts with p53 and represses p53-mediatedgene expression. Cancer Biol Ther,4:1138-1143.

Webster KE,O'Bryan MK,Fletcher S,et al. 2005. Meiotic andepigenetic defects in Dnmt3L-knockout mouse spermato-genesis. Proc Natl Acad Sci USA,102: 4068-4073.

Williams KT,Carrow TA. Schalinske KL. 2008. Type I diabetes leads to tissue-specific DNA hypomethylation in male rats. J Nutr,138:2064-2069.

Yatouji S,El-khoury V,Trentesaux C. 2007. Difierential modulation of nuclear texture,histoneacetylation,and MDR1 gene expression in human drug-sensitive and-resistant OV1 cell lines. Int J Oncol, 30: 1003-1009.

Yue CM, Deng DJ, Bi MX, et al. 2003. Expression of ECRG4, a novel esophageal cancer-related gene, downregulated by CpG island hypermethylation in human esophageal squamous cell carcinoma. World J Gastroenterol, 9: 1174-1178.

Zheng QH, Ma LW, Zhu WG, et al. 2006. p21Waf1/Cip1 plays a critical role in modulating senescence through changes of DNA methylation. J Cell Biochem, 98(5): 1230-1248.

第二十一章　肿瘤相关蛋白与乙酰化修饰

第一节　乙酰化修饰的意义

蛋白质的乙酰化是指添加乙酰基团到目标蛋白的某个氨基酸位点上，是一种重要的蛋白质修饰方式，可以在蛋白质翻译过程中进行，也可以在蛋白质翻译结束后进行。赖氨酸乙酰化是可逆且高度调控的翻译后修饰，最初在组蛋白上被发现，大多位于组蛋白 H3 中的第 9、14、18、23 位赖氨酸（表示为 H3K9、H3K14、H3K18、H3K23）和组蛋白 H4 中的第 5、8、12、16 位赖氨酸（表示为 H4K5、H4K8、H4K12、H4K16）等位点。Gu 和 Roeder 于 1997 年发现了第一个非组蛋白 p53 上的乙酰化修饰。

赖氨酸乙酰化修饰调控多种蛋白质功能，包括 DNA 和蛋白质相互作用、亚细胞定位、转录活性、蛋白质稳定性。组蛋白乙酰化状态受组蛋白乙酰转移酶（histone acetyltransferase，HAT）和组蛋白去乙酰化酶（histone deacetylase，HDAC）两种酶的调控，HAT 通过增加乙酰基，使组蛋白高乙酰化，HDAC 则通过减少乙酰基使组蛋白去乙酰化。一般来说，组蛋白乙酰化标志着其处于转录活性状态，处于转录活性区域；反之，发现低乙酰化的组蛋白位于非转录活性的常染色质区域或异染色质。通过组蛋白的乙酰化和去乙酰化来修饰染色体的结构，在 DNA 复制、基因转录及细胞周期的控制等方面有着重要作用。一般认为，组蛋白乙酰化主要通过以下 3 种方式调控基因表达：①改变核小体周围环境，加强基因表达相关蛋白质与 DNA 的相互作用；②参与染色质构型改变，影响蛋白质与蛋白质、蛋白质与 DNA 的相互作用；③作为特殊信号被其他蛋白质因子识别，影响后者的活动，从而实现对基因表达的调控。

除了在基础生物学方面的重要作用外，赖氨酸乙酰化和调控其发生的组蛋白乙酰化酶及组蛋白脱乙酰化酶与胚胎发育、生命体老化和各种疾病如癌症、神经系统退行性疾病、心血管病等有密切关系。

一、乙酰化在胚胎发育中的作用

受精后，精子染色质发生去浓缩，此时去除富含精氨酸的鱼精蛋白，取而代之的是母源性组蛋白。胚胎发育第 2 细胞期主要是合子基因组的活化，合子基因特定区域的组蛋白（如 H2A、H3 和 H4）同时发生显著的乙酰化。Aagaard-Tillery 等对日本猕猴孕期给予高脂饮食，发现子代肝组织中组蛋白 H3 乙酰化修饰发生改变，影响胎儿的基因表达，为其成年疾病的发生提供了分子依据。GCN5 是第一个被鉴定的组蛋白乙酰化酶，敲除 GCN5 的小鼠胚胎可以正常存活到胚胎期 7.5 周，而胚胎期 7.5 周至胚胎期 8.5 周胚胎发育严重受阻，最后大部分胚胎在胚胎期 10.5 周死亡；缺乏乙酰化酶 p300 的小鼠胚胎期死亡，神经胚形成和心脏发育缺如，而且 $p300^{-/-}$ 胚胎比同窝的野生型小鼠小，来源于该种胚胎的纤维母细胞比正常细胞生长更缓慢,其维甲酸反应元件缺乏对维甲酸的激活反应表明细胞增生的缺陷;Rubinstein-Taybi 综合征(RTS)表现为精神发育停滞和骨骼异常(宽指、趾),此病患者在乙酰化酶 CBP 的一个等位基因上有突变,$CBP^{+/-}$ 的小鼠能部分重演该病的骨骼异常,而 $p300^{+/-}$ 小鼠仅有生存率的减低,并无其他异常,这表明 p300 和 CBP 的绝对水平对其正常功能非常重要。而 $p300^{+/-}$ 和 $CBP^{+/-}$ 的复合杂合小鼠胚胎死亡,这种现象表明,p300 和 CBP 联合的绝对水平在发育中至关重要。

二、乙酰化在神经发生及神经退行性疾病中的作用

乙酰化修饰能够参与调控成年神经发生,过表达 HDAC2 时能够表现为树突棘密度、突触数量及突触的可塑性降低,并表现为记忆受损。HDAC2 敲除的鼠表现为记忆功能改善。HDAC2 能够调节鼠脑海马区突触的形成及可塑性,并能够与调控神经元活性、突触形成及可塑性的基因启动子结合。

神经细胞体内存在着乙酰化的内稳态平衡,神经细胞正常功能的执行依靠平衡的精确调控。而在神经退行性疾病中,乙酰化内稳态的平衡被打破,从而促进了疾病的进程。许多研究表明,在神经退行性过程中去乙酰化酶蛋白水平和活性并没有明显上升,而乙酰化酶失活、细胞内的总乙酰化程度显著下降是导致乙酰化内稳态失衡的主要原因。

在神经退行性疾病模型中,许多研究均报道存在乙酰化酶的降解、活性下降等现象。例如,Rouaux 在神经退行性疾病模型中发现乙酰化酶 CBP/p300 的乙酰化活性显著下降。Jiang 的研究发现,突变的亨廷顿蛋白可以形成包涵体并将乙酰化酶 CBP 隔离,最终通过泛素化途径降解 CBP。另外,对去乙酰化酶抑制剂的研究表明,在神经退行性疾病中确实存在乙酰化的失衡。例如,Steffan 等证实,对果蝇亨廷顿疾病模型施加 HDAC 抑制剂Ⅳ-辛二酰苯胺异羟肟酸后,模型动物的运动症状得到较好的改善,而 Hockly 等在小鼠的亨廷顿疾病模型中也得到了类似的结论。目前,临床关于神经退行性病变治疗策略主要围绕在这两个方面:一方面是开发针对去乙酰化酶的抑制剂;另一方面是防止乙酰化酶的降解。

三、乙酰化在炎症性疾病中的作用

近年的研究发现,乙酰化/去乙酰化修饰在炎症性疾病的发病机制中起着重要作用,使用 HDAC 抑制剂(HDACI)可以改善小鼠移植物抗宿主病、系统性红斑狼疮、刀豆蛋白 A 诱导的肝炎、类风湿关节炎和结肠炎等疾病模型的临床表现。HDACI 对 T 细胞的调控作用已被越来越多的实验证明,并以免疫抑制作用占主导地位,推测 HDAC 在免疫损伤性疾病中扮演了重要角色。有研究证实 HDAC 在 TNF-α 引起的肝炎损伤动物模型中发挥着重要作用。

四、乙酰化在肿瘤发生中的作用

很多研究已经证实乙酰化失衡(高、低乙酰化)与肿瘤的发生密切相关。乙酰化致肿瘤的机制大体可分为两个方面:一是人们发现组蛋白乙酰化和去乙酰化的变化与细胞的形态变化有关;二是 HAT 和 HDAC 可与一些癌基因和抑癌基因相互作用,从而影响细胞的分化、增殖。

五、乙酰化在疾病治疗中的作用

HDACI 呈现的抗肿瘤作用，有望成为临床肿瘤治疗的选择之一，因此也是研究的热点，如曲古抑菌素、Depsipeptide 等。2010 年 Gloucester 制药公司开发的组蛋白去乙酰化酶抑制 romidepsin（商品名：Istodax）在美国获准用于以前至少接受过一种全身性治疗的罕见癌症——皮肤 T 细胞淋巴瘤患者。HDACI 具有神经保护、神经营养及消炎作用，在一些神经退行性疾病中具有改善神经系统行为表现以及学习和记忆功能。因此 HDACI 可能成为神经退行性病变的治疗研究中具有发展前景的新一代药物。

第二节　乙酰化相关的酶类

乙酰化受 HAT 和 HDAC 调控，前者使组蛋白高乙酰化，后者使组蛋白去乙酰化。乙酰化酶家族可作为辅助激活因子调控转录、调节细胞周期、参与 DNA 损伤修复，还可作为 DNA 结合蛋白；而去乙酰化酶家族则和染色体易位、转录调控、基因沉默、细胞周期、细胞分化和增殖及细胞凋亡相关。HAT 通过组蛋白乙酰化后，使组蛋白上的正电荷被消除，而 DNA 分子本身所带有的负电荷有利于 DNA 构象的展开，核小体的结构因此变得松弛，促进了转录因子和协同转录因子与 DNA 分子的接触，激活基因的转录过程。HDAC 则通过移去组蛋白赖氨酸残基上的乙酰基，恢复组蛋白的正电性，带正电荷的赖氨酸残基与 DNA 分子的电性相反，增加了 DNA 与组蛋白之间的吸引力，使启动子不易接近转录调控元件，从而抑制转录。

一、HAT

HAT 可分为五大家族：① GNAT，包括 Hat1、Gcn5、PCAF、Elp3、Hpa2 等；② MOZ、Ybf2/Sas3、Sas2、Tip60 相关的 MYST 家族；③ p300/CBP 相关 HAT；④通用转录因子相关的 HAT，包括 TFⅡD 复合物中的 TAF1；⑤ 核受体相关 HAT，如 SRC-1 和 SRC-3。目前越来越多的研究表明，乙酰化酶大部分通过在核内形成较大的复合物形式而存在，如 TAF250 复合物、P/CAF-Hgcn5 复合物、p300/CBP 复合物、SRC-1/ACTR-P/CAF-p300/CBP 复合物等。有学者推测这可能一方面是因为不同启动子需要不同的 HAT，而这些 HAT 分布在不同的乙酰化酶复合物中；另一方面很多时候至少需要两种不同的乙酰化酶才能刺激启动子的活化。它们在功能上有共同性，因为不同种类的乙酰化酶存在于相关但又不完全相同的复合物中。还有一部分其他蛋白质存在于各复合物中，有的使复合物固定在与特异启动子结合的转录因子上，有的可以赋予此复合物较高的乙酰化酶活性。而有的乙酰化酶复合物中的其他蛋白质可能可以改变酶的特异性。例如，在酵母中，GCN5 复合物能使组蛋白乙酰化，但重组的 GCN5 则不能。

HAT 具有多种多样的生物学功能。首先 HAT 可参与调节转录。大部分情况下乙酰化酶发挥刺激转录作用。大量研究报道，p300、P/CAF 和 SRC-1 家族在被特异的 DNA 结合蛋白募集至启动子区后可激活转录；通过对酵母体内 GCN5 的 HAT 结构域诱变分析显示乙酰化酶活性和转录激活有直接的关系，GCN5 过表达可导致 GCN5 调控基因启动子区组蛋白高乙酰化。p300/CBP 能调控几种分化特异的转录因子的活性,如红系细胞分化的 GATA-1、B 细胞分化的 E2A 等。但也有研究报道乙酰化酶 CBP 有抑制转录的作用。

HAT 还有其他多种生物学作用。有研究报道,p300 和 P/CAF 可刺激肌肉生成,因为向细胞内注射抗 p300 或 P/CAF 的抗体能阻断细胞的分化,而 P/CAF 的过表达则可刺激成肌过程;也有研究表明,p300 或 P/CAF 可通过结合和调控转录因子 p53 及 E2F 在 Myo-D 依赖的细胞周期阻滞中发挥作用,从而参与细胞周期的调控;p300 蛋白在维甲酸诱导 F9 细胞分化过程中是必需的;p300、CBP 可分别通过刺激细胞周期抑制蛋白 p21、p27 来调节 F9 细胞的凋亡和周期阻滞;TAF250 可在细胞周期调控中发挥作用。

此外,在恶性肿瘤的发生、发展中 HAT 也有一定的作用。在许多类型的癌症中,编码 HAT 的基因发生易位、扩增、过表达和或突变。AIB 1 基因是酵母乙酰化酶 SRC 1 的人类同源物,是一种类固醇受体辅助激活因子,它在乳腺癌和卵巢癌中常扩增和过表达,AIB 1 蛋白的过表达可使类固醇受体调控基因去调节。p300/CBP 家族与恶性肿瘤的关系目前存在争议。支持 p300/CBP 家族致癌的研究报道:AMI 中,t(11;22)(q23;q13)异常导致 p300 重排;急性髓细胞白血病(AML)中,t(8;16)(pll;p13)和 t(11;16)(q23;p13)的染色体异常会导致 CBP 移位;在敲除 p300 小鼠中观察到的增生缺陷也证明此家族具有致癌作用。但也有研究支持该家族为肿瘤的抑制基因。例如,有研究表明结直肠癌和胃癌患者中发现有 p300 基因的点突变;80% 的成胶质细胞瘤中已观察到与 p300 水平相符的杂合缺失,这些肿瘤抑制基因的特点与乙酰化酶的细胞周期阻滞功能更为一致。虽然目前尚不清楚 p300/CBP 在肿瘤发生中的确切作用,但对各种病毒癌蛋白的研究表明它在细胞增生和癌症中发挥着重要的作用。有研究表明病毒蛋白成分,如 EB 病毒 EBNA2 抗原、腺病毒 E1A 蛋白、人巨细胞病毒早期蛋白 IE86、人类免疫缺陷病毒 Tat 蛋白、人乳头瘤病毒 E2 蛋白,都可与 p300/CBP 家族相互作用。这些病毒组分与 p300/CBP 的相互作用往往促使病毒在宿主细胞内的复制和增殖,并参与受感染细胞进一步的恶性转化。例如腺病毒 EIA 必须与 p300/CBP 结合才能调控转录,抑制分化和诱导细胞永生化;腺病毒 EIA 和 SV40T 抗原可通过与 p300/CBP 结合调节细胞增生。

目前,有学者利用 HAT 抑制剂(如姜黄素、菲咯啉铜)抑制肿瘤细胞组蛋白的乙酰化水平,并研究其对肿瘤的防治,在实体瘤中已取得了一定的研究成果。

二、HDAC

关于 HDAC 的研究报道较多也较详细。目前知道 HDAC 家族有 18 个成员,根据结构、酶的功能将其分为 4 类。第Ⅰ类包括 HDAC1、HDAC2、HDAC3 和 HDAC8;第Ⅱ类包括 HDAC4、HDAC5、HDAC6、HDAC7、HDAC9 和 HDAC10;第Ⅲ类为 sinuins 酶,在哺乳动物中发现的第Ⅲ类 HDAC 共有 7 种,即 SIRT1 ~ SIRT7;第Ⅳ类为 HDAC11。根据亚细胞定位和表达模式的不同,第Ⅱ类 HDAC 又可进一步分为Ⅱa 类和Ⅱb 类。Ⅱa 类有 HDAC4、HDAC5、HDAC7 和 HDAC9 4 个成员。第Ⅰ、Ⅱ、Ⅳ类又称为“经典的”HDAC。

HDAC 家族各成员主要定位于细胞核和细胞质中,另有少部分定位于胞质细胞器,如线粒体中。第Ⅰ类是 HDAC 家族中最具特征性的蛋白质,其中 HDAC1、HDAC2 和 HDAC3 广泛地表达于正常细胞的细胞核中。在纤维母细胞和肌纤维母细胞中呈弱至中度核表达,在组织或血管壁的平滑肌细胞、上皮细胞中不同程度阳性表达。此外,炎细胞尤其是淋巴细胞和巨噬细胞偶尔也表达 HDAC1、HDAC2 和 HDAC3。HDAC8 则只在有平滑肌或肌上皮分化的细胞中表达,因此可用于子宫平滑肌肿瘤的诊断标记。第Ⅲ类 HDAC 主要是各种 SIRT,它们在细胞内的定位各不相同:SIRT1 主要定位于常染色质中;SIRT2 主要定位于细胞质中;SIRT3 ~ SIRT5 则主要定位于细胞线粒体中;而 SIRT7 则定位于细胞核仁中。

各类 HDAC 的结构特点各不相同。有研究表明第Ⅰ类 HDAC 中的 HDAC1 中 421 位丝氨酸位点与 423 位丝氨酸位点可发生磷酸化,而其磷酸化可以促进酶本身的催化活性及催化复合物形成。应用 Clustal 法对 HDAC2、HDAC3 和 HDAC8 进行蛋白质鉴定分析,发现它们分别由 482 种、488 种、377 种氨基酸构成。

锌离子结合域是第Ⅱa 类 HDAC 与第Ⅰ类 HDAC 相区别的特征结构,此锌离子结合域内容纳了两种从分子中心分离的蛋白质片段。第 1 个片段形成了 1 个 17-氨基酸环,其贡献了 3 个锌离子配体:His665、Cys667 和 His678。第 2 个片段形成了 1 个螺旋结构,紧接着 1 个 β 发夹结构,此发夹结构中包含第 4 个锌配体 Cys751。这 4 个锌配体在所有的第Ⅱa 类 HDAC 中均高度保守,但在其他种类的 HDAC 中缺失。晶胞分析的结果显示,在位于锌结合域的 Cys669 与来自于邻近分子的 Cys700 之间,有 1 分子内部的二硫键形成。有研究表明,突变体的结构与相应的无突变的野生型及排除紊乱状态下的锌结合域突变体蛋白相同。由此证明 HDAC4 抑制剂复合物的结构域在空间弯曲折叠,且分子内部的二硫键在某些部位已将其封闭。

第Ⅱb 类 HDAC 的 HDAC10 是一种含有 669 个氨基酸残基的多肽,其由 N 端的 Hdal 相关去乙酰化序列与 C 端的亮氨酸富集序列构成组合式的结构。有研究发现,HDAC10 两段乙酰化序列与 HDAC6 的对应序列相同或相似,其相同/相似度分别为 54%/62% 和 53%/60%。

第Ⅲ类 HDAC 的所有成员均含有一段 NAD^+依赖的催化核序列,这段序列有单-ADP-核糖基转移酶(mono-ADP-ribosyltransferase,ART)或 NAD^+依赖的去乙酰化酶(DAC)的作用。其中 SIRT1 与 SIRT5 只具有 DAC 活性,SIRT4 与 SIRT6 只具有 ART 活性,而 SIRT2 与 SIRT3 具有 DAC 和 ART 两种活性。

基因数据库的专家预测 HDAC11 基因定位于人类 3p25.2,长度上跨越 25kb,包含 9 个外显子与 8 个内含子。有学者运用 cDNA 克隆预测到人类 HDAC11 氨基酸序列,发现 HDAC11 拥有 347 个氨基酸的 ORF(对应分子质量为 39 000Da)。在氨基酸水平上的序列比较显示:HDAC11 的整个蛋白质组成与已知的 HDAC 家族成员(HDAC1 ~ HDAC10)仅有微小的同源性,但 HDAC11 包含对去乙酰化功能具有潜在重要作用的所有 9 部分保守序列。

越来越多的证据表明,HDAC 各自在不同的肿瘤发生、发展及治疗中发挥重要作用。

(一) HDAC 在不同肿瘤中的表达情况及对预后判断的影响

1. 皮肤淋巴瘤　目前在皮肤 T 细胞淋巴瘤中发现有 HDAC1、HDAC2 和 HDAC6 的表达。大多数皮肤淋巴瘤表达 HDAC1 和 HDAC2 蛋白, HDAC6 在 15% 病例的胞质中强表达, 32% 的病例中弱表达。HDAC6 的表达与患者的预后呈正相关,高表达 HDAC6 的患者生存期更长。

2. 胃癌　在胃窦和胃体的腺上皮及小凹上皮的细胞核中中等强度表达 HDAC1、HDAC2 和 HDAC3。利用免疫组织化学技术检测 HDAC1、HDAC2 和 HDAC3,有 50% ~ 60%

的肿瘤呈强阳性表达。在胃癌中第Ⅰ类 HDAC 的表达彼此相关,HDAC2 在晚期肿瘤和有转移结节的肿瘤中表达升高。H3K9 位点的高度乙酰化与高级别和弥漫型肿瘤有关。HDAC2 是胃癌总生存率的独立预后因素。强阳性表达 HDAC1 与患者的生存率呈负相关。

3. 结肠癌 正常结肠细胞中 HDAC1、HDAC2、HDAC3 呈中等程度核表达。结直肠癌在蛋白质和 mRNA 水平上都高表达 HDACl、HDAC2 和 HDAC3。在高级别伴有局部和远处转移的肿瘤中,HDAC1、HDAC2 和 HDAC3 的表达高度一致。HDAC1 和 HDAC2 的高表达不仅与肿瘤级别和转移相关,还与肿瘤细胞的增殖活性增高有关,二者与肿瘤的预后呈负相关。

4. 前列腺癌 正常前列腺上皮细胞表达 HDAC1、HDAC2 和 HDAC,但在基底细胞中仅偶尔可见微弱的表达,在前列腺癌中,肿瘤细胞核强阳性表达,表达率分别为 70%、74% 和 95%,另有研究还证实 HDAC1 在肿瘤细胞中的核阳性表达强度超过在良性前列腺增生中的表达。HDAC4 主要在良性前列腺增生和前列腺癌的细胞质中表达,但在非激素依赖性前列腺肿瘤中则为核阳性表达率较高的。在前列腺高级别上皮内瘤变中 HDAC 的表达与在前列腺浸润癌中的表达一致,且 HDAC1 和 HDAC2 的表达增强则肿瘤的 Gleason 级别会增高,肿瘤细胞的增殖活性也增强。HDAC2 是一个独立的预后因素,高表达患者的无瘤生存期会明显缩短。下调 HDAC1,而不下调 HDAC2 会使肿瘤细胞间 E-钙黏蛋白的表达增加,从而抑制肿瘤的浸润。

5. 乳腺癌 正常乳腺的腺上皮细胞核也表达 HDAC1,而基底细胞不表达,同时还核阳性表达第Ⅱ类中的 HDAC6。在乳腺癌中,肿瘤细胞核阳性表达 HDAC1 和 HDAC3,表达率分别为 40% 和 44%。蛋白质水平 HDAC1、HDAC3 的表达和 mRNA 水平 HDAC1 的表达在雌、孕激素受体阳性的肿瘤中表达升高。此外,HDAC3 表达的增强与增殖能力降低有关。与体积较大、高级别和雌孕激素受体阴性的肿瘤相比,HDAC6 在体积较小、低级别、雌孕激素受体阳性的肿瘤中表达更显著。在单因素分析中,HDAC1 高表达的肿瘤,患者的总生存率和无瘤生存率都较高;HDAC3 蛋白的表达则与其无瘤生存率和总生存率无关;HDAC6 高表达患者无瘤生存率提高,尤其在 ER 阳性的患者中,是无瘤生存率的一个独立预后因素,但不提高总生存率,在多因素分析中不具显著性。

6. 肺癌 HDAC 在非小细胞肺癌与正常肺组织中的表达没有显著差异,但在 mRNA 水平,HDAC4 在肺癌中的表达比正常肺组织低。在非小细胞肺癌中 HDAC1 的表达水平最高,其次是 HDAC3 和 HDAC2。mRNA 水平,HDAC1 在第Ⅲ期和第Ⅳ期肿瘤中的表达比在第Ⅰ期、第Ⅱ期肿瘤中的高,HDAC7 在无淋巴结转移的早期肺癌中的表达比有淋巴结转移的晚期肺癌中的高。有研究认为第Ⅰ类 HDAC 的表达情况并不影响患者的预后,但目前有研究认为高表达 HDAC1 的肺腺癌患者 5 年生存率明显降低。而第Ⅱ类 HDAC4、HDAC5、HDAC6、HDAC7 和 HDAC10 的高表达则提示预后较好。

7. 食管癌 在食管鳞癌中,H4 乙酰化率的降低提示为晚期肿瘤,且 H4 的乙酰化率越低肿瘤对食管壁的浸润越深,反之,H4 乙酰化率较高的肿瘤预后较好。

8. 肝细胞癌 有报道证实 HDAC1 在正常胆管上皮中表达,而在正常肝细胞中不表达。在肝细胞癌中有 50% 的病例肿瘤细胞强表达 HDACl 蛋白,同时在肝细胞癌中第Ⅱ类 HDAC4、HDAC5、HDAC6、HDAC7、HDAC10 的表达在 mRNA 和蛋白质水平上也比肝硬化和正常肝组织中的高。肿瘤细胞核强阳性表达 HDACl 蛋白提示肿瘤为晚期且肿瘤分化差,预示患者的总生存率差。

9. 胰腺癌　有研究报道在56%的胰腺癌中,肿瘤细胞核强阳性表达HDAC1,胞质高表达HDAC7,并证实HDAC1在单因素分析中是总生存率的预后因素,但在多因素分析中却不是。

10. 卵巢癌　正常卵巢表面上皮弱表达HDAC1、HDAC2、HDAC3,但在卵巢癌中则过表达。不同类型的卵巢癌其表达水平有显著差异,在增殖能力强的肿瘤中通常较高,黏液癌中阳性率最高,其次为高级别浆液腺癌、透明细胞癌和宫内膜样癌。第Ⅰ类HDAC蛋白的表达情况对浆液性腺癌、黏液癌和透明细胞癌患者的生存率无显著影响,与宫内膜样癌患者的生存率呈负相关。在多因素生存分析中,第Ⅰ类HDAC8和HDAC1的表达都是宫内膜样癌独立的预后影响因素。

11. 子宫内膜癌　正常子宫内膜中HDAC1、HDAC2、HDAC3的表达情况随内膜增殖周期的不同而不同。大多数子宫内膜癌肿瘤细胞的核都表达第Ⅰ类HDAC,但也有报道认为不表达HDAC1。HDAC1、HDAC2、HDAC3相互之间的表达情况与肿瘤的增殖能力相关。在子宫内膜的宫内膜样癌中,HDAC1的高表达提示预后差,而HDAC2和HDAC23却与预后无关。在多因素生存分析中,第Ⅰ类HDAC中的成员都不是独立的预后影响因素。

12. 宫颈鳞癌　宫颈鳞癌中HDAC1和HDAC2蛋白都呈强阳性表达,其表达强度与癌前病变非典型增生级别有关。

13. 神经胶质瘤　有研究报道,在正常脑组织和显微切割的低级别与高级别胶质瘤中都有HDAC mRNA的表达,同时发现第Ⅰ类HDAC mRNA的表达水平比第Ⅱ类、第Ⅳ类的亚型表达水平低。有文献报道,第Ⅱ类、第Ⅳ类HDAC mRNA在高级别肿瘤中的表达水平比低级别和正常脑组织中的表达水平低。

14. 口腔鳞状上皮癌　HDAC6在口腔正常鳞状上皮细胞质只是很弱地表达,但在晚期口腔鳞状细胞癌中表达较高。而HDAC1在分化差、伴有淋巴结转移的年轻男性舌的鳞状细胞癌患者中过表达。

(二) HDAC致肿瘤作用机制

目前对HDAC导致肿瘤的作用机制研究较多,总结起来有以下几种。

1. 诱导染色质重塑,抑制基因转录　HDAC催化的核心组蛋白N端尾部区域赖氨酸残基的去乙酰化在诱导基因沉默中发挥着重要作用,其通过去乙酰化修饰使组蛋白带正电荷,从而与带负电荷的DNA紧密结合,染色质呈致密卷曲的阻抑结构,抑制转录。研究证实,t(15;17)(q22;q21)是急性早幼粒细胞白血病(APL)最常见的染色体易位,编码的融合蛋白PML-RARα能异常募集HDAC而抑制RA反应基因的转录,导致髓系细胞成熟障碍。RAR是核内激素受体超家族,与RA的另一个受体RXR形成RAR/RXR异二聚体,异二聚体与DNA结合以后能募集转录抑制复合物N-CoR-mSin3-HDAC而抑制RA反应基因的转录,进而导致RA反应基因发生沉默。

第Ⅰ类HDAC中的HDAC1及HDAC2与RBAp48、Sin3A/Sin3B、SAP18、SAP30共同构成Sin3复合物而发挥作用,TGF-β/BMP信号通路基因即以此复合物作为靶点。BMP信号系统可致Smad1蛋白发生磷酸化,在小鼠软骨细胞中其促使Smad4蛋白发生作用,Sin3复合物此时即与Smad蛋白作用而抑制TGF-β/BMP信号系统中的目的基因。

2. 作用于细胞周期的相关因子,影响细胞增殖与分化 肿瘤发生时一般会表现为细胞周期失去正常的调控而处于紊乱无序的状态。在细胞周期中有两个重要的限制点:G_1 期进入 S 期、G_2 期向 M 期进展。肿瘤细胞异常增殖的顺利进行需要以下 3 个条件:一是细胞周期素(Cyclin)及周期蛋白依赖激酶(cyclin-dependent kinase,CDK)及激酶系列(如 CDK2 等)的活性降低;二是 p21WAFI/CIPI 抑制因子(一种重要的细胞周期蛋白依赖性激酶抑制剂)CDKI 低水平;三是人类视网膜母细胞瘤相关基因(RB)的含量足够并磷酸化激活,因为 RB 是 G_1 期 Cyclin/CDK 特异性的底物。HDAC 可通过影响以上肿瘤细胞异常增殖的 3 种作用因子而对肿瘤细胞的增殖分化产生重大影响。

HDAC 还可作用于细胞周期蛋白及蛋白激酶,影响肿瘤的发生、发展。Lguchi 等在胰岛素瘤细胞中用染色质免疫沉淀法显示,增长的性决定区 Y 盒 6(sex-determining region Y-box 6,SOX6)表达可明显诱导 Cyclin D1 启动子的 H3 和 H4 的乙酰化水平,用 HDAC 抑制剂和免疫共沉淀分析显示,SOX6 通过与 HDAC1 及 β 连珠蛋白作用而抑制 Cyclin D1 的活性。有研究发现,在乳腺癌细胞系中 SMAR1(一种基质相关蛋白)160 ~ 350 位点通过募集作用与 HDAC1 的一种复合物结构 SIN3 及视网膜母细胞瘤蛋白结合,新形成的复合物通过对 Cyclin D1 启动子上游长达 5kb 的基因座去乙酰化而发挥 Cyclin D1 启动子的抑制作用,且发现在此乳腺癌细胞系中 Cyclin D1 的高诱导表达与 SMAR1 表达水平的降低明显关联。这都说明第Ⅰ类 HDAC 中的重要成员 HDAC1 在影响肿瘤细胞周期方面有着重要作用。

抑制 p2lWAFI/CIPI 基因表达,可调控肿瘤细胞的增殖、分化。有学者发现第Ⅱ类 HDAC 的重要成员 HDAC4 在小肠和盲肠增生部位表达而在分化时期表达明显减少。在体外培养的克隆癌细胞 HCT116 中运用 siRNA 干扰技术下调 HDAC4 的表达,发现可诱导其生长抑制、延缓异种嫁接的肿瘤生长而增加 p21 的转录。此外,利用免疫共沉淀及序列免疫共沉淀作用分析阐明 HDAC4 依赖 Sp1 与 p21 邻近启动子的结合,可能直接通过 HDAC4-HDAC3-N-CoR/SMRT 共阻遏复合物来完成,而 HDAC4 或 SMRT 表达下调提高了邻近 p21 启动子基因座的组蛋白 H3 乙酰化水平,证实了 HDAC4 通过抑制 p21 的表达而成为一个新型的克隆癌细胞生长增殖的调控因子。此外,依赖 Sp 家族对 p21 的负调控作用,也有证实表现在第Ⅰ类 HDAC(如 HDAC1、HDAC2 及 HDAC3)等的分子生物学功能中。

与 Rb 基因相互作用可影响肿瘤细胞周期。Siddiqui 等发现,激活 Rb 基因蛋白产物视网膜母细胞瘤相关基因抑制蛋白(RB)调节 Cyclin A、Cdc2、拓扑异构酶Ⅱα 等的启动子的去乙酰化状态,且此去乙酰化依赖 HDAC 而发挥作用,证实 RB 不仅与转录因子 E2F 结合,而且通过 LXCXE 基序与多重共抑制分子(如 HDAC)发生相互作用。

3. 联合血管生成因子影响肿瘤组织血管移行与形成 Ha 等发现血管内皮生长因子(VEGF)在内皮细胞中通过一种 VEFG 受体 2-磷脂酶 Cγ-蛋白激酶 C(PKC)-蛋白激酶 D(PKD)依赖的途径刺激第Ⅱ类 HDAC 中 HDAC5 的磷酸化与核内输出,在 PKD 依赖的磷酸化中,HDAC5 特异性缺失的突变体抑制 VEGF 介导的 NR4A1(一种血管生成中的寡核受体)的表达、内皮细胞的移行与体外血管的形成。运用 siRNA 技术沉默 HDAC5,发现成纤维细胞生长因子 2(FGF2)与包括 Slit2 在内的血管生长导向因子的表达受到明显抑制,说明 HDAC5 也可通过抑制对血管内皮细胞的毛细管式“芽生”起重要作用的血管生成基因(如 FGF2 与 Slit2)发挥抗血管形成作用。在众多内源性促血管生成物质中,VEGF 与肿痛血管生成关系十分密切。朱芳等的研究发现,VEGF 低表达的细胞株不出现血管生成拟态现象。

VEGF 高表达的细胞株不一定出现血管生成拟态现象，而有血管生成拟态现象的细胞株 VEGF 表达高，说明 VEGF 与血管生成拟态形成有一定关系，只有 VEGF 表达高的细胞才有形成血管生成拟态的潜能。HDAC 通过与 VEGF 相互作用而影响组织血管移行与形成。Wang 等也发现第Ⅱ类 HDAC 中的 HDAC7 通过 PKC/PKD 依赖的途径完成由 VEGF 介导的磷酸化及核内输出，此种由 VEGF 介导 HDAC7 的分子反应的信号通路对 VEGF 诱导的内皮细胞的分化与移行是必需的，其通过抑制依赖或不依赖肌细胞促进网子 2(MEF2)基因的表达而调控内皮细胞的功能。除此之外，第Ⅱ类中的 HDAC4、HDAC5 也可由 VEGF 介导完成磷酸化，其核内输出过程可不完全依赖于 VEGF 完成，提示其可能作用于不同的靶点而在 VEGF 诱导的血管生成过程中发挥作用。

4. 作用于细胞凋亡相关蛋白，影响细胞凋亡过程　Escaffit 等发现，在 Jurkat 细胞(人 T 细胞淋巴瘤细胞)中，第Ⅰ类 HDAC 中的 HDAC3 作为多种促凋亡基因的核抑制子，其易以一种细胞和物种非依赖性的方式发生蛋白质水解分裂，此分裂依赖于半胱天冬酶(Caspase)，且导致 HDAC3 C 端部分的缺失。HDAC3 的此种分裂激活了一种靶向于 HDAC3 的抗凋亡基因——Fas 编码基因的组蛋白乙酰化与转录活性，进而通过死亡受体途径诱导 Jurkat 细胞凋亡。另外，Zhu 等发现，HDAC2 在大部分克隆肿瘤组织与 APC 抑癌基因不足的小鼠正常黏膜及腺瘤中高水平表达，由于在 APC 缺失的 HT-29 肿瘤克隆细胞中，小分子 RNA(siRNA)对高表达的 HDAC2 的干扰作用可足够诱导凋亡，表明此同工酶(HDAC2)在抑制 HT-29 肿瘤克隆细胞的凋亡中发挥特殊作用。

5. 其他　Hait 等发现，HDAC 是鞘氨醇磷酸酯(SIP)在细胞内的直接靶标，其最初是一种存在于细胞核中具有生物活性的脂质信使，由 2 型鞘氨醇激酶(SphK2)产生。SphK2 选择性聚集在编码细胞周期蛋白依赖性激酶抑制剂 p21 或转录调节因子 c-Fos 的基因启动子上。SIP 通过特异性结合 HDAC1 和 HDAC2，抑制其活性，进而保护组氨酸末端赖氨酸不被去乙酰化，从而提高组蛋白 H3 乙酰化的程度，促进转录。

(三) HDACI 在肿瘤治疗中的作用

大量的体外研究表明，HDAC 抑制剂通过抑制 HDAC 提高组蛋白的乙酰化水平，具有潜在的抗癌作用，并且在一些肿瘤治疗研究中取得一定的疗效，目前 HDACI 是抗肿瘤靶向治疗的研究新热点。

HDACI 类型包括：①羟氨酸类，如异羟肟酸[suberoyl anilide hydroxamic acid，SAHA]、trichostatin A(TSA)及其衍生物 m-CaRBoxycinnamic acid bishydroxamic acid(CBHA)、suberic bishydroxamic acid(SB-HA)、oxamflatin 和 proxamide 等；②短链脂肪酸，如异戊酸(valp-roic acid)、丁酸(butyrate)和苯丁酸(phenybutyrate)及其盐类；③具有或不具有 2-氨基-8-氧-9，10-环氧-癸酰基(2-amino-8-OXO-9，10-epoxy-decanoyl，AOE)的环四肽，如 depsipeptide(FK228)、trapoxin 和 apicidin；④酮类，如 trifluoromethyl ketone 和 a-ketoamides；⑤苯甲酰胺类，如 MS-275 和 CI-994(P-N-acetyl dinaline)；⑥其他，如 CHAP。HDAC 对不同 HDACI 的作用敏感性存在差异，不同 HDACI 的作用方式或途径也可能是不同的。

HDACI 的抗肿瘤效应如下所述：

(1) HDACI 阻滞肿瘤细胞的细胞周期、促进分化、诱导凋亡细胞周期的失控，引起细胞异常增殖。HDACI 通过增加 CDK 抑制剂 p21WAFI/CIPI、p27KIPI、上皮型钙黏附素(E-cad-

herin)和 GADD45α/β 的表达，同时减少细胞周期素蛋白 A、D1 及 D2(Cyclin A、Cyclin D1、Cyclin D2)的含量，抑制 CDK2、CDK4、c-myc 的活化，阻断肿瘤细胞于 G_1 期或 G_2 期，从而阻止肿瘤细胞的增殖及肿瘤生长。研究表明，细胞分化与基因的选择性表达有关，而组蛋白码的翻译能决定基因的选择性表达。因此，组蛋白的乙酰化水平可以调控细胞的分化。目前已知 HDACI 通过解除特定基因的抑制，下调细胞周期素 D1，促使 p21、凝溶胶蛋白高表达和激活 pRB/E2F 轴，诱导细胞分化。HDACI 诱导多种血液恶性肿瘤分化在体外和体内实验中被证实，苯丁酸、FR901228 等已经进入Ⅰ期临床试验，但其分子机制还有待进一步研究。研究发现，HDACI 通过活性氧(reactive oxygen species，ROS)的累积，破坏线粒体膜，激活 Caspase 途径，诱导凋亡。HDACI 通过对基因转录的调控增加凋亡活化蛋白的表达，包括硫化还原蛋白结合蛋白-2、BAK、Bax、Apaf-1、Bad、Bim、Bid、pRB、Caspase-3 和 Caspase-9 等；抑制凋亡抑制蛋白的表达，如硫化还原蛋白(thioredoxin，Trx)、Bcl-2、Bcl-xL、XIAP、Mcl-1 及 surviving，以实现对细胞凋亡的调控。HDACI 增加肿瘤细胞 DNA 末端连接的 Ku70 蛋白的乙酰化，使肿瘤细胞对凋亡刺激更敏感，并释放 Bax 到线粒体释放细胞色素 c，从而激活 Caspase 依赖的凋亡途径。HDACI 上调 TRAIL、DIL5、FasL 和 Fas 在白血病细胞中的表达，通过激活 TRAIL 和 Fas 信号途径，诱导依赖或不依赖 p53 的凋亡。HDACI 可以使肿瘤细胞和正常细胞的组蛋白高乙酰化，却只诱导肿瘤细胞的凋亡，对正常细胞无毒性，称为诱导肿瘤选择性凋亡。在Ⅰ期、Ⅱ期临床试验中也发现，HDACI 治疗血液系统肿瘤和实体瘤时抗肿瘤疗效显著，而对正常组织器官无损害，其机制尚未完全阐明。目前有报道指出这可能与 HDACI 使正常细胞 Trx 表达明显增加有关，因为 Trx 可以激活核糖核酸还原酶，清除 ROS 的积累，减少细胞凋亡的发生。研究发现，HDACI 还可以诱导 Caspase 非依赖性的细胞程序性死亡——自噬性细胞死亡，具体作用机制不清楚。

(2) HDACI 抑制肿瘤细胞的血管生成。众所周知，肿瘤血管生成在肿瘤侵袭及转移中起着必不可少的作用，能抑制肿瘤的血管生成，即可切断肿瘤生长所必需的营养物质的来源，导致肿瘤坏死，同时也阻断肿瘤经血道远处转移的途径。近年来的研究表明，HDAC 与血管生成有密切关系。肿瘤大多处于缺氧状态，这促使了 HDAC 基因的表达。缺氧条件下，HDAC 第Ⅰ类，尤其 HDAC1 过表达，引起抑癌基因 p53 和 von Hippel-Lindau gene(VHL)转录受阻，表达减少，导致缺氧诱导因子(hypoxia-inducible factor 1-α，HIF-1α)和血管内皮生长因子(VEGF)表达增加，刺激肿瘤血管生成。在 HDAC 第Ⅱ类中，HDAC7 可以与 HIF-1α 形成复合物使 HIF-1α 活化，增加 VEGF 等的表达，且 HDAC4 和 HDAC6 也参与了血管的生成。HDAC 第Ⅰ类和第Ⅱ类对 HDACI 均敏感，因此理论上 HDACI 可以抑制它们的活性以达到抗肿瘤新生血管的目的。研究表明，HDACI 主要通过下调内皮细胞和肿瘤细胞的血管生成相关基因的表达和激活抗血管生成基因表达，以及直接阻止内皮细胞的增殖及血管生成，从而抑制肿瘤血管的生成。多种 HDACI 都具有抗血管生成作用，只是在具体机制上有差异。TSA 在细胞缺氧时解除 p53 和 VHL 表达抑制，减少了 HIF-1α、VEGF 及其受体、eNOS 和神经纤毛蛋白-1 的表达，同时抑制碱性纤维母细胞生长因子(basic fibroblast growth factor，bFGF)的转录。TSA 和 SAHA 不仅可以直接抑制 VEGF 和 bFGF，还能上调 VEGF 的抵抗剂 sema-phofinⅢ的表达。异戊酸通过下调 VEGF 和 bFGF 的表达，激活泛素蛋白酶活性，抑制结肠癌血管生成。FK228 同时抑制 VEGF 转录，减少 VEGF 和 bFGF 蛋白的产生，调控神经纤维瘤蛋白-2、激酶插入嵌合受体等的表达。NVP-LAQ824 是新发现的 HDACI，下调 Ang-2、

Tie-2 和 HIF-1a 转录,减少 VEGF 蛋白的产生,阻断血管生成途径。它还选择性抑制内皮细胞中 survivin 的表达,从而使内皮细胞的增生受阻。淋巴转移也是肿瘤转移的重要途径, HDACI 还可以通过抑制 VEGF-D 的表达,从而抗淋巴管生成,减缓肿瘤的转移。

(3) HDACI 抑制肿瘤细胞的迁移、浸润和转移。在人的肿瘤组织中,Yasui 等发现组蛋白的乙酰化水平与进展期胃癌的分期和浸润深度成反比,肿瘤浸润越深部分的乙酰化组蛋白含量就越低。这提示组蛋白乙酰化水平可能与肿瘤细胞的浸润和转移相关。HDAC 调控细胞外基质(ECM)相关蛋白的基因转录,包括 ECM 成分蛋白、蛋白酶、蛋白酶抑制剂和 ECM 相关蛋白,重塑 ECM,从而促使肿瘤细胞的转移和浸润。转移相关蛋白(metastasis-associated protein,MTA)与 HDAC 形成复合物产生 ATP 依赖的染色质重塑和组蛋白去乙酰化,其中 MTA-1 在肿瘤细胞中高表达,促使浸润和转移。HDAC 的募集对 β-连环蛋白和 reptin 抑制转移抑制基因 KAll 起着关键的作用。HDAC I 通过抑制 HDAC 的活性可以阻止 HDAC 激活的肿瘤细胞的浸润和转移。研究还发现,HDAC I 可以直接减少 MMP2 的表达和促进 RECK 的表达,抑制 MMP2 活性来调整 ECM,增加 γ-钙紧张素的含量来抑制 β-连环蛋白,直接减少与肿瘤转移相关的小 G 蛋白 RhoB 的表达,切断 EIH2 介导的肿瘤浸润途径等。总之,HDACI 抑制 HDAC,调控转移抑制基因和转移促进基因的表达,阻止肿瘤细胞的浸润和转移。

第三节 肿瘤相关蛋白的乙酰化修饰

关于非组蛋白的乙酰化修饰研究较少,目前报道的肿瘤相关蛋白主要有两种:p53 蛋白和眼癌肿瘤抑制蛋白 pRB。

一、p53 蛋白相关的乙酰化

p53 蛋白由 p53 基因编码,人类肿瘤一半以上有 p53 的突变和缺失,是目前所知人体肿瘤中最常见的基因改变。p53 蛋白由 393 个氨基酸组成,可分为野生型 p53 蛋白(wt-p53 蛋白)和突变型 p53 蛋白(mt-p53 蛋白)。正常组织细胞中,p53 的半衰期极短,表达水平极低;突变后的 mt-p53 半衰期延长,大量堆积于肿瘤细胞中,出现过量表达。

p53 乙酰化可以被 DNA 损伤,如紫外线、离子辐射及其他刺激源(如低氧、氧化压力、出核抑制剂细霉素 B 及转录抑制剂放线菌素 D)所诱导。

p53 的乙酰化位点主要位于 p53 C 端一系列的赖氨酸上。p300 介导的乙酰化位点包括 Lys370、Lys372、Lys373、Lys381、Lys382、Lys305。CBP 介导的乙酰化位点包括 Lys320、Lys372、Lys373、Lys381、Lys382。PCAF 介导的乙酰化位点包括 Lys320。K373 乙酰化提高了 p53 与低亲和性的前凋亡蛋白 Bax 启动子的互作;K373 乙酰化和 K120 乙酰化影响了 p53 与其下游不同基因启动子的互作,而乙酰化提高了 p53 与高亲和性的 p21 启动子的互作。MYST 家族成员 hMOF 和 TIP60 介导的乙酰化位点是 K120,位于 p53 DNA 结合结构域内。hMOF 和 TIP60 介导的 p53 乙酰化能够选择性反式激活 Bax 和 PUMA 的表达,诱导细胞凋亡,从而决定细胞在细胞周期抑制和凋亡之间的选择。

p53 的乙酰化与肿瘤的发生密切相关。肿瘤抑制蛋白 ING 家族的几个成员都与 p53 的乙酰化有关。p29ING4 和 p28ING5 可以通过提高 p53 乙酰化来负向调控细胞增殖。ING2

能够提高 p53 与 p300 的互作,并作为 p300 的辅因子介导 p53 乙酰化,因此诱导了 p53 依赖的人成纤维细胞的复制老化。p33Ⅲ01b 可以通过结合并抑制 hSIR2 对 p53 去乙酰化来诱导 p53 乙酰化。肿瘤抑制蛋白 PTEN 可以与 p300 在细胞核内形成复合物,在应答 DNA 损伤时维持 p53 的高度乙酰化。在人和鼠的前列腺癌中,PTEN 失活导致 NKX3.1 蛋白降低表达,在 Pten 基因缺失(null)的表皮细胞内恢复 NKX3.1 的表达可以减少细胞增殖、增加细胞死亡,防止肿瘤发生。与其肿瘤抑制功能相适应的是 NKX3.1 能与 HDACI 互作,增加 p53 乙酰化。痘苗病毒相关激酶 2(vaccinia-related kinase-2, VRK2)能通过磷酸化 p53 促进 p300 介导的 p53 乙酰化。肿瘤抑制蛋白 pVHL 能提高 p53 与 p300 之间的互作,促进 p53 乙酰化。p53 的 E3 泛素连接酶 E4F1 能介导 p53 泛素化,这一过程能拮抗 PCAF 介导的 p53 K320 乙酰化。癌蛋白 PTMA 在人肿瘤中过表达会提高 p300 介导的 p53 K373 乙酰化,增加 p53 转录激活活性。核辅抑制蛋白 KAP1 能与 MDM2 互作,促进 p53-HDACI 复合物的形成,在 MDM2 存在的情况下抑制 p53 乙酰化。

p53 蛋白的乙酰化及去乙酰化也是通过 HAT 及 HDAC 两种酶进行调控的,目前发现对 p53 有调控作用的乙酰转移酶有 p300/CBP 及 PCAF。能够通过上述乙酰化酶来调节 p53 乙酰化的蛋白质有 MDM2、肿瘤抑制蛋白ⅨG 家族成员 G2、肿瘤抑制蛋白 PML、ELL 和 MLL、肿瘤抑制蛋白 PTEN、VRK2B、肿瘤抑制蛋白 pVHL、RF1、癌蛋白 PTMA、前列腺素。目前报道的能对 p53 去乙酰化有调控作用的去乙酰化酶有 HDAC1-NuRD 复合物、hSIR2。能够通过调节上述去乙酰化酶来调节 p53 去乙酰化的蛋白质有 MDM2、肿瘤抑制蛋白 ING 家族成员 p33G1b、融合蛋白 PML、RAR、NKX3。

p53 乙酰化能提高 p53 与 DNA 的结合能力从而提高其转录激活活性。p53 乙酰化失衡与肿瘤的发生密切相关。有研究报道,癌蛋白 Ras 能诱导 PML 的表达及 p53-PML-CBP 复合物的形成,p53 在这一过程中被乙酰化并诱导细胞老化;MYST 家族成员 hMOF 和 TIP60 介导的 p53 K120 乙酰化能诱导细胞凋亡;在急性早幼粒细胞白血病中,PML 与 RAR 融合,形成 PML-RAR 融合蛋白,PML-RAR 能引起 p53 去乙酰化及降解。很多患有急性白血病的患者 ELL 基因会发生转位,与 MLL 基因融合,MLL-ELL 融合蛋白会减少体内 p300 介导的 p53 乙酰化。CBP 和 p300 能够缓解腺病毒癌蛋白 E1A 对 p53 的抑制,E1A 转化细胞需要与 p300/CBP 互作的结构域,抑制 p53 介导的反式激活也需要与 p300/CBP 互作的结构域,与 p300/CBP 互作的结构域有突变的 E1A 的突变体不能抑制 p53 反式激活。p53 的乙酰化有利于提高 p53 转录激活活性,这不仅是因为 p53 乙酰化能提高 p53 与其目标基因的 DNA 的结合能力,而且是因为乙酰化 p53 能募集 CBP/p300 乙酰化组蛋白,而 CBP 和 p300 可以作为 p53 的辅激活蛋白促进 RNA PolⅡ(RNA 聚合酶Ⅱ)及其他基本转录因子进入 DNA。p300/CBP 和 p300/CBP 相关因子(p300/CBP associated factor, PCAF)既能够作为 p53 的辅激活蛋白,又能够作为 p53 的乙酰转移酶。β 干扰素能诱导 p53 K320 乙酰化。干扰素调节因子 1(RF-1)能与 p300 互作并促进 p53 乙酰化,导致 p53 转录激活 p21 表达。

去乙酰化是由组蛋白去乙酰化酶介导的与乙酰化相反的过程。有关 p53 去乙酰化的调节研究较多。有研究表明包含 HDACI 的 NuRD 复合物可以介导 p53 的去乙酰化。NuRD 复合物的一个组分 MTA2 能与 p53 互作,降低乙酰化的 p53 的稳定性,从而抑制依赖于 p53 的转录激活及 p53 介导的细胞周期抑制和凋亡。有学者的研究显示,鼠 Sir2a 和人 Sir2 能与 p53 互作并介导 p53 的去乙酰化,Sir2a 和 hSir2 抑制了 p53 依赖的转录激活和凋亡。有报道称 MDM2 能通过募集包含 HDACI 的复合物而使 p53 去乙酰化，HDAC1 和 MDM2 能协同去乙酰化 p53。而研究发现，由于发生泛素化的赖氨酸位点与发生乙酰化的赖氨酸位点是重叠的（K370、K372、K373、K381、K382），而且乙酰化和泛素化都是修饰赖氨酸残基上的£ 氨基，因此泛素化发生之前应该先去乙酰化，p53 乙酰化的一个主要功能可能是通过阻止 MDM2 依赖的泛素化促进 p53 的稳定性。Li 通过体外纯化体系和从细胞中纯化出的乙酰化 p53 蛋白，显示 p53 C 端乙酰化足以消除 MDM2 介导的泛素化。Gu 提出，一旦对标靶基因的转录激活不再需要，去乙酰化将提供了一种快速的应答机制停止 p53 发挥功能。有研究报道，HDAC3 能对鼠 p53 K317 和 K370 去乙酰化，但是这种去乙酰化能提高受到剪切压力的胚胎干细胞中的 p53 转录激活 p21。

p53 的乙酰化与去乙酰化之间可能存在相互调节作用，有研究报道 MDM2 可能可以抑制 p300/CBP 激活 p53，因为 p53 与 MDM2 和 CBP/p300 的互作都是通过其反式激活结构域实现的，而 MDM2 在哺乳动物双杂交系统中能阻止 p53 反式激活结构域与 p300/CBP 的 N 端及 C 端的互作，并能够抑制 p300/CBP 和 PCAF 介导的 p53 乙酰化。同样，MDM2 自身能被 CBP 和 p300 体外乙酰化，被 CBP 体内乙酰化。乙酰化发生在 MDM2 的环指（RrNG）结构域，MDM2 本身的乙酰化抑制了其促进 p53 泛素化的能力。

二、眼癌肿瘤抑制蛋白

有关眼癌肿瘤抑制蛋白乙酰化的报道不多。2004 年，Nguyen 等发现眼癌肿瘤抑制蛋白（pRB）的乙酰化与细胞分化（包括骨骼肌形成等）相关，提出乙酰化可以调节 pRB 的特异性分化功能。眼癌肿瘤抑制蛋白可以诱导生长停滞和细胞分化。辅助激活因子 p300 可以乙酰化眼癌肿瘤抑制蛋白，但眼癌肿瘤抑制蛋白乙酰化的生物学作用还不清楚。p300 相关因子（P/CAF）的乙酰转移酶结构域在体内可与眼癌肿瘤抑制蛋白直接作用，调控眼癌肿瘤抑制蛋白的乙酰化水平。同时，不同细胞的 P/CAF 也可相互作用。实验显示，乙酰化不影响由眼癌肿瘤抑制蛋白介导的生长停滞和 E2F 的转录抑制活性，相反，眼癌肿瘤抑制蛋白介导的细胞周期终止和成肌基因的表达都需要乙酰化的参与。

（高丽丽）

参考文献

魏泉德，黄艳，余新炳. 2006. 组蛋白与基因调控研究进展. 热带医学杂志，6：596-598.

夏昕晖，何莉，戴福宏，等. 2008. 调控组蛋白乙酰化水平抑制膀胱癌细胞机理的研究进展. 现代肿瘤医学，(16)5：871-873.

于亚平，王学文. 2001. 组蛋白乙酰化酶和去乙酰化酶在细胞增生分化和肿瘤发生中的作用. 医学研究生学报，14(3)：249-251.

朱芳，李振宇，任精华，等. 2009. VEGF 与肿瘤血管生成拟态关系的研究. 临床肿瘤学杂志，1：20-24.

Alison MR, Lovell MJ. 2005. Liver cancer: the role of stem cells. Cell Proli, 38(6): 407-421.

Archer SY, Hodin RA. 1999. Histone acetylation and cancer. Curr 0pin Genet Dev, 9(2): 171-174.

Arends JW. 2000. Molecular interactions in the Vogelstein model of colorectal carcinoma. J Pathol, 190(4): 412-416.

Baylin SB, Esteller M, Rounlree MR, et al. 2001. Aberrant patterns of DNA methylafion, chromatin formation and gene expression in cancer. Hum Mol Genet, 10(7): 687-692.

Camphausen K, Burgan W, Cerra M, et al. 2004. Enhanced radiation-induced cell killing and prolongation of gammaH2AX foci expression by the historic deacetylase inhibitor MS-275. Cancer Res, 64(1):316-321.

Chung YL, Lee MY, Wang AJ, et al. 2003. Atherapeutic strategy histone deacetylase inhibitors to modulate the expression of genes in-volved in the pathogenesis of rheumatoid arthritis. Mol Ther, 8:707-717.

Cress WD, Seto E. 2000. Histone deacetylases, transcriptional control and cancer. J Cell Physiol, 184:1-16.

Cress WD, Seto E. 2000. Histone deacetylases, transcriptional control, and cancer. J Cel Physiol, 184(1):1-16.

Cunliffe VT. 2008. Eloquent silence: developmental functions of Class I histone deacetylases. Curr Opin Genet Dev, 18(5): 404-410.

Dahiya A, Gavin MR, Luo RX, et al. 2000. Role of the LXCXE binding site in RB function. Mol Cel Biol, 20(18):6799-6805.

Durable ML, Croager EJ, Yeoh GC, et al. 2002. Generation and characterization of p53 null transformed hepatic progenitor cells: oval cells give rise to hepatocellular carcinoma. Carcinogenesis, 23(3):435-445.

Escaffit F, Vaute O, Chevillard-briet M, et al. 2007. Cleavage and cytoplasmic relocalization of histone deacetylase 3 are important for apoptosis progression. Mol Cel Biol, 27(2):554-567.

Fausto N. 2004. Liver regeneration and repair: hepatocytes, progenitor cells, and stem cells. Hepatology, 39(6):1477-1487.

Feinberg AP, Tycko B. 2004. The history of cancer epigenetics. Nat RevCancer, 4(2):143-153.

Feinberg AP. 2004. The epigenetics of cancer etiology. Semin Cancer Biol, 14(6):427-432.

Fiegel HC, Gluer S, Roth B, et al. 2004. Stem-like cells in human hepatoblastoma J Histochem. Cytochem, 52(11): 1495-1501.

Gac L, Cueto MA, Asselbergs F, et al. 2002. Cloning and functional charaeterization of HDACI: a novel member of the human histone deacetylase family. J Bid Chem, 277(28):25748-25755.

Glauben R, Batra A, Fadke L, et al. 2006. Histone hyperacetylation is associated with amelioration of experimental colitis in mice. J lmmunoi, 176:5015-5022.

Hait NC, Allegood J, Maceyka M, et al. 2009. Regulation of histone acetylation in the nucleus by sphingosine-1-phosphate. Science, 325(5945):1254-1257.

Iguchi H, Urashima Y, Inagaki Y, et al. 2007. SOX6 suppresses CyclinDl promoter activity by interacting with β-Catenin and histone deacetylasel, and its down-regulation induces pancreatic β-cell proliferation. Mol Cel Biol, 282(26):19052-19061.

Insinga A, Monestiroli S, Ronzoni S, et al. 2005. Inhibitors of histone deacetylases induce tumorselective apoptosis through activation of the death receptor pathway. Nat Med, ll:71-76.

Johnstone RW, Lieht ID. 2003. Histone deacetylase inhibitors in cancer therapy: is transcription the primary target. Cancer Cell, 4:13-18.

Johnstone RW. 2002. Histone-deacetylase inhibitors: novel drugs for the treatment of cancer. Nat Rev Drug Discov, 1(4): 257-299.

Kato H, Tamamizu-Kato S, Shibasaki F. 2004. Histone deacetylase 7associates with hypoxia-inducible factor 1 alpha and increases transcriptional activity. J Biol Chem, 279:41966-41974.

Kim MS, Kwon HJ, Lee YM, et al. 2001. Historm dcecetylases induce angiogenesis by negative regulation of tumor suppressor genes. Nat Med, 7:437-443.

Kofman AV, Morgem G, Kirschenbaum A, et al. 2005. Dose-and time-dependent oval cell reaction in acetaminophen-induced murine liver injury. Hepatology, 41(6):1252-1261.

Lee JS, Heo J, Libbrecht L, et al. 2006. A novel prognostic subtypc of human hepatocellular carcinoma derived from hepatic progenitor cells. Nat Med, 12(4):410-416.

Mahlknecht U, Hoelzer D. 2000. Histone acetylation modifiers in the pathogenesis of malignant disease. Mol Mcd, 6:623-644.

Marks P, Rilkind RA, Richon VM, et al. 2001. Histone deacetylases and cancer cause and therapies. Nat Rev Cancer, 1(3): 194-202.

Marks PA, Richon VM, Miller T, et al. 2004. Histone deacetylase inhibitots. Adv Cancer Res, 91:137-168.

Minucci S, Nervi C, Lococo F, et al. 2001. Histone deacetylases: a common molecular target for differentiation treatment myeloid leukemias. Oncogene, 20(24):3110-3115.

Minucci S, Pelicci PG. 2006. Histone deacetylase inhibitors and the promise of epigenetic(and more) treatments for cancer. Nat Rev Cancer,6(1):38-51.

Munshi A, Kurland JF, Nishikawa T, et al. 2005. Histone deacetylase inhibitors radiosensitize human melanoma cells by suppressing DNA repair activity. Clin Cancer Res,11(13):4912-4922.

Olson EN. 2004. Undermining the endothelium by ablation of MAPK—MEF2 signaling. J Clin Invest, 113(8):1110-1112.

Osada H, Tatematsu Y, Saito H, et al. 2004. Reduced expression of class Ⅱ histone deacetylase genes is associated with poor prognosis in lung cancer patieats. Int J Cancer,112(I):26-32.

Rampalli S, Pavithra L, Bhati A,et al. 2005. Tumor suppressor SMARl mediates CyclinDl repression by recruitment of the SIN3/histone deacetylase 1 complex. Mol Cel Biol,,25(19):8415-8429.

Rosato RR, Almenara JA, Grant S. 2003. The histone deacetylase inhibitor ms-275 promotes differentiation or apoptosis in human leukemia cells through a process regulated by generation of reactive oxygen species and induction of p2Icipl/wafl. Cancer Res, 63:3637-3645.

Sawa H, Murakami H, Ohshima Y, et al. 2002. Histone deacetylase inhibitors such as sodium butyrate and trichostatin a inhibit vascular endothelial growth factor(VEGF) secretion from human gliblastoma cells. Brain Tumor Pathol, 19:77-81.

Siddiqui H, Solomon DA, Gunawardena RW,et al. 2003. Historic deacetylation of RB-responsive promoters:requisite for specific gene repression but dispensable for cell cycle inhibition. Mol Cel Biol,23(21):7719-7731.

Sowa Y, Orita T, Minamikawa-Hiranabe S,et al. 1999. Sp3, but not spl, mediates the transcriptional activation of the p2I/WAFI/Cipt gene promoter by histone deacetylase inhibitor. Cancer Res, 59(17):4266-4270.

Tai MH, ChangCC, Kiupel M, et al. 2005. Oct4 expression in adult human stem cells:evidence in support of the stem cell theory of carcinogenesis. Carcinogenesis, 26(2):495-502.

Timmermann S, Lehrmann II, Polesskaya A, et al. 2001. Histone acetylation and disease. Cell Mol Life Sci,58(5-6):728-736.

Ungerstedt JS, Sowa Y, Xu WS, et al. 2005. Role of thioredoxin in the response of normal and transformed cells to histone deacetylase inhibitors. PNAS, 102(3):673-678.

Urbich C, Rossig L, Kaluza D,et al. 2009. HDAC5 is a repressor of angiogenesis and determines the angiogenic gene expression pattern of endothelial cells. Blood, 113(22):5669-5679.

Vanhaeeke T, Henkem T, Kass GE, et al. 2004. Effect of the histone deacetylase inhibitor trichostatin A on spontaneous apoptosis in various types of adult rat hepatocyte cultures. Biochem Plmmmacol, 68(4):753-760.

Wade PA,Press D, Wolffe AP. 1997. Histonc acetylafion:chromatin in action. Trends Biochem Sci,22:12-32.

Whetsfine JR, Ceron J, Ladd B,et al. 2005. Regulation of tissue-specilic and extracellular matrixrelated genes by a class I histone deacetylase. Mol Cell, 18:483-490.

Wilson AJ, Byun DS, Popova N, et al. 2006. Histone deacetylase 3(HDAC3) and other class I HDACs regulatecolon cell maturation and p21 expression and are deregulated in human colon cancer. J Biol Chem,281(19):13548-13558.

Wilson AJ,Byun DS,Nasser S, et al. 2008. HDAC4 promotes growth of colon cancer cells via repression of p21. Mol Biol Cell,19(10):4062-4075.

Wu CT, Morris JR. 2001. Genes, genetics,and epigenetics:a correspondence. Science, 293(5532):1103-1105.

Yasui W, Oue N, Ono S, et al. 2003. Histone acetylafion and gastrointestinal carcinogenesis. Ann NY Acad Sci,983:220-231.

Yoon BI,Choi YK,Kim DY. 2004. Differentiation processes of oval cells into hepatocytes: proposals based On morphological and phenotypical traits in carcinogen-treated hamster liver. J Comp Pathol,131:1-9.

Zhang Z H ,Yamashita. 2004. HDAC6 Expression is correlated with better survival in breast cancer. Clin Cancer Res,10:6962-6968.

Zhu P, Huber E, Kiefer F,et al. 2004. Specific and redundant functions of histone deacetylases in regulation of cell cycle and apoptosis. Cell Cycle, 3(10):1240-1242.

第二十二章　肿瘤相关基因与miRNA的调节

包括RNA干扰（RNA interference，RNAi）和内源性非蛋白质编码小RNA（small non-protein-coding RNA）等在内的RNA研究所取得的突破性进展，是生物医学领域近20年来最重大研究成果之一。Andrew Fire和Craig Mello教授也因在RNAi研究领域的卓越贡献获得了诺贝尔生理学或医学奖。

目前所说的小RNA主要包括微小RNA（microRNA，miRNA）和小干扰RNA（small interfering RNA，siRNA）两大类，其广泛存在于高等生物体内和低等生物体内，可以通过与靶标mRNA的直接剪切或结合抑制基因转录或翻译水平。其中，siRNA是RNAi技术研究和应用的主体。

有关miRNA的研究最早可以追溯至1993年。Lee等在研究秀丽隐杆线虫发育机制时意外发现，lin-4基因虽不能编码蛋白质，但却可以转录形成包含22个核苷酸的RNA。此RNA可以与lin-14 mRNA的3′非翻译区（3′-UTR）配对结合，并能抑制lin-14的翻译水平。7年后，Reinhart等在秀丽隐杆线虫细胞内同样检测到了let-7及能够与let-7互补的lin-14、lin-28、lin-41、lin-42和daf-12等基因。随后，涡虫、水螅、真菌、植物和果蝇等生物细胞内的let-7同源基因被陆续发现，其在生物发育过程中的调节功能也同时被予以报道。2001年，来自3个不同实验室的研究人员先后在*Science*杂志上发表了线虫、果蝇和人类细胞中lin-4、let-7类似小分子RNA的研究结果，称为miRNA，至此，miRNA的存在和巨大生物学价值开始越来越多的引起了人们的关注。截至2012年年底，pubmed数据库收录的与miRNA相关的研究论文已达20 000余篇，其中近5年发表的约占90%。

最初的miRNA鉴定主要依据基因组扫描和对发夹结构进行的“系统发生性遮蔽”（phylogenetic shadowing）技术，当时研究者推测，人类基因组中至少存在着1000余种miRNA。近几年，研究者利用随机克隆和测序或生物信息学预测等技术和方法鉴定了包括人类、家蚕、小鼠、大鼠、线虫等众多物种的21 000余种miRNA。被鉴定的miRNA及其基本序列信息均由Sanger研究所进行更新整理及注释，并通过miRBase网站（http://www.miRBase.org/）免费提供给研究者使用。

第一节　miRNA相关概念

研究表明，多数miRNA具有和其他参与调控基因表达的分子一样的特征——在不同组织、不同发育阶段，miRNA的水平存在显著差异，即组织特异性和时序性（differential spatial and temporal expression pattern），提示miRNA有可能作为参与调控基因表达的分子具有重要意义。此外，不同物种的同源miRNA其关键序列往往呈现出高度同源性，这在大量文献中被报道。而如拟南芥中的miR-171，其仅在花序中高水平表达，其他包括茎、叶等组织则呈低水平或不表达状态；人类肝脏中，miR-122的表达量占肝脏细胞总miRNA的80%左右。

表达的时序性和组织特异性提示，miRNA 的分布可能与组织和细胞的功能特异性相关，大量的研究报道基本证实了这个基本观点。

一、miRNA 编码基因的位置

大多数 miRNA 基因以单拷贝、多拷贝或基因簇(cluster)的形式存在于基因组中。其中约 60% 的 miRNA 位于基因间隔区(intergenic region)，称为 intergenic miRNA，其成簇分布较为常见；其余 40% 则位于蛋白质编码基因或其他转录元件的内含子上，可以称为 intragenic miRNA。

二、miRNA 的转录调控

与编码基因类似，miRNA 的转录也需要启动子参与。以往的研究提示，intragenic miRNA 很可能利用与所在基因的启动子进行转录；目前对 intergenic miRNA 的研究尚未得到一致结论，但基于成簇分布的 intergenic miRNA 往往会表现出相似的表达谱，研究者怀疑它们可能是在共同的启动子调控下进行表达的，但另一部分具有独立启动子的 intergenic miRNA 则可能具有独自转录的能力。

三、miRNA 的生成

成熟的 miRNA 均由较长的初级转录物经一系列核酸酶剪切加工而产生。

首先，编码 miRNA 的基因在 RNA 聚合酶Ⅱ的作用下转录生成一个长 300 ~ 1000 个碱基，带有 5′帽子、3′端 polyA 尾巴及 1 到数个发夹茎环结构的 pri-miRNA 分子。然后在核内，pri-miRNA 由“微处理器”(microprocessor)复合物进行处理，该复合物由 RNase Ⅲ Drosha、DGCR8 和一个双链结合蛋白等组成，能够在 pri-miRNA 基部对其双链切割，使其形成长 70 ~ 90 个碱基、具有发夹结构单链的 pre-miRNA；该 pre-miRNA 分子 5′端带有磷酸基团、3′端有两个突出碱基并带有羟基。之后转运蛋白 Exportin-5 识别并与 pre-miRNA 结合，依赖 Ran-GTP 将 miRNA 输出到细胞质。最后 Dicer 酶会识别 pre-miRNA 双链的 5′端磷酸及 3′端突出，并在距茎环大约 2 个螺旋转角处切断螺旋体的双链，产生一个结构类似于 siRNA 的二聚体 miRNA-miRNA*。

四、miRNA 的命名

由于不断有新的 miRNA 被发现和鉴定，为了方便交流及工作，研究者制定出了一套 miRNA 规范命名规则(表 22-1)。

(一) 不同物种的规范命名方式

表 22-1 不同物种基本命名规则

物种	类型	命名规则(按顺序排列)				举例	
动物	前体	物种缩写	—	mir	—	命名顺序	hsa-mir-1
	成熟链	物种缩写	—	miR	—	命名顺序	hsa-miR-1

续表

物种	类型	命名规则(按顺序排列)					举例
植物	前体	物种缩写	—	MIR	命名顺序		ath-MIR156
	成熟链	物种缩写	—	MiR	命名顺序		ath-miR156
病毒	前体	物种缩写	—	mir	—	命名顺序	bhv1-mir-B1
	成熟链	物种缩写	—	miR	—	命名顺序	bhv1-miR-B1

注:"—"表示 mir 前后的内容

(二) 动物 miRNA 成熟体命名规则

因本章主要阐述人类肿瘤与 miRNA 的关系,因此只对动物类 miRNA 做简要叙述。

(1) 在确定命名规则之前发现的 miRNA 保留原来名字,如 hsa-let-7。

(2) 命名规则公布后发现的 miRNA 成熟体一律采用简写为"miR",并采用基于"3 段式"的命名方法。其命名顺序为发现顺序号,以阿拉伯数字表示,如 hsa-miR-123 中的"123"。

(3) 高度同源的 miRNA 在数字后加英文小写字母以示区别,如 hsa-miR-34a、hsa-miR-34b、hsa-miR-34c 等中的"a、b、c"。

(4) 由不同染色体上的 DNA 序列生成的具有相同成熟体序列的 miRNA,以阿拉伯数字区别,如 hsa-miR-199a-1 和 hsa-miR-199a-2 中的"1、2"。

(5) 如同一 miRNA 前体两个臂可分别产生的 miRNA。

如果二者表达水平有差异,在表达水平较高者后面不加任何符号;在表达水平较低的 miRNA 后面加上星号(*)号,如 hsa-miR-33*。如果无明显表达差异,则以"-5p"和"-3p"分别命名标示其来源于5′端臂和3′端臂。

值得注意的是,目前 miRBase 对 miRNA 进行了大量整合,标注了 miRNA 成熟体和前体既往命名和当前命名及序列信息,请大家在进行相关研究时注意查阅,防止出现张冠李戴的现象。

五、miRNA 的作用机制

(一) miRNA 的网络式调控机制

miRNA 本身不具有 ORF,因此不能编码为蛋白质。但其可以通过复杂的调控网络启动或参与多种调节作用。研究显示,每个 miRNA 可以识别多个靶基因,而几个 miRNA 也可以共同调节同一个靶基因。这种复杂的调节关系使 miRNA 与靶基因之间形成了"一对多、多对一"调控网络,从而实现了调节的精细化和广泛性。据目前研究数据推测,miRNA 可能调节着人类1/3 的基因。

(二) miRNA 的 3 种作用模式

miRNA 基因是一类高度保守的基因家族,按其作用模式不同可分为 3 种。第一种是目前发现最多的种类,以线虫 lin-4 为代表,通过与靶基因的不完全互补结合抑制靶基因翻译水平,但不改变 mRNA 丰度。第二种以拟南芥 miR-171 为代表,作用时可以与靶基因完全互补结合,从而达到切割靶 mRNA 的目的,其作用方式和功能与 siRNA 非常类似。第三种以 let-7 为代表,它兼具以上两种作用模式:当与靶标基因完全互补结合时,直接靶向切割 mRNA;当与靶标基因不完全互补结合时,则抑制基因翻译水平。

六、miRNA 和 siRNA 的区别与联系

讲到 miRNA,就不得不提到 siRNA。作为 RNAi 的主要作用物,siRNA 已经为广大研究人员所熟知,而 miRNA 与 RNAi 和 siRNA 之间有着紧密关联,但又有着多方面的差异(图 22-1)。上文已经详细介绍了 miRNA 的生成和作用过程,相信对理解二者的区别与联系会有所帮助。

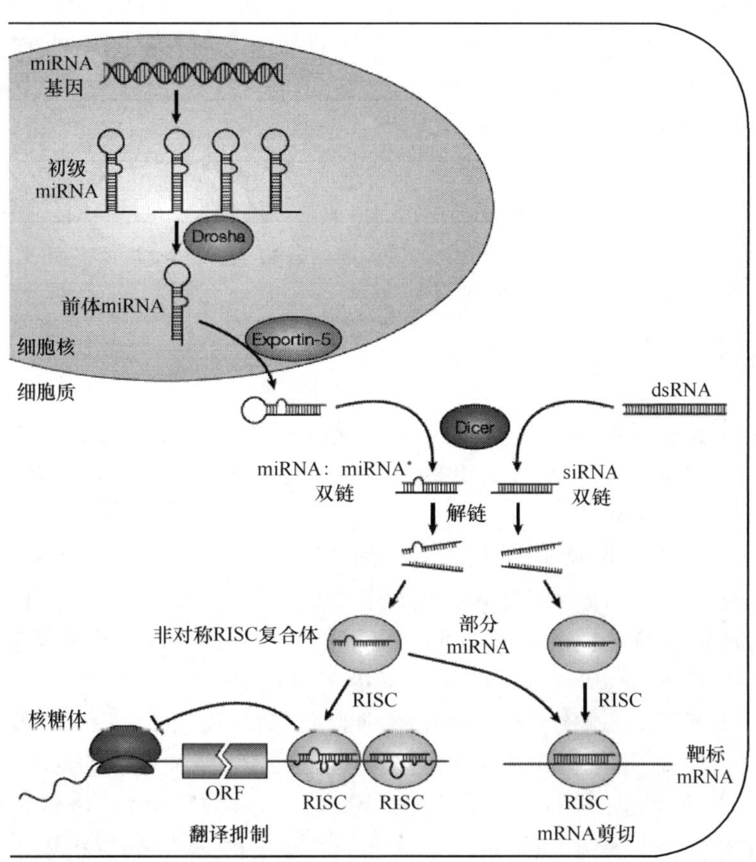

图 22-1　miRNA 和 siRNA 的合成及作用机制(Lin He, Hannon GJ,2004)

(1) 共同点。①片段长度:成熟的 miRNA 和 siRNA 均由 22 个左右的核苷酸组成;②二者的生成过程均需 Dicer 酶的参与;③RISC 复合体是二者功能发挥的重要部分;④二者均是在转录后水平抑制靶基因表达。

(2) 差异。①起源阶段 siRNA:通常是由病毒感染或人工引入的外源性分子。②成熟过程 siRNA:一般是外源性长链的 dsRNA 经 Dicer-2 和 R2D2 蛋白作用切割形成的双链 siRNA,而且每个前体 dsRNA 能够被切割成不定数量的 siRNA 片段。③功能阶段 siRNA:它与 RISC 结合后通过与序列互补的靶标 mRNA 编码区完全结合,从而降解 mRNA 以达到抑制蛋白质

翻译的目的。

第二节　miRNA 对肿瘤相关基因的调节

随着研究的不断深入,大量肿瘤与 miRNA 的研究被陆续报道,使 miRNA 与人类肿瘤的关系引起了人们的广泛关注。这些关系成为了 miRNA 与基因治疗的纽带和桥梁。

研究发现,miRNA 表达水平改变是人类肿瘤普遍现象之一。总的来看,miRNA 可能利用其与靶基因之间的网络状调控机制发挥了类似原癌基因和抑癌基因的作用。miRNA 主要通过转录后抑制作用调控靶基因表达水平,若 miRNA 的靶基因是癌基因,miRNA 表达下调则意味着它对癌基因的抑制作用减小,引起癌基因编码的蛋白质增加;反之,若 miRNA 的靶基因是抑癌基因,miRNA 表达高于正常水平,则意味着它对抑癌基因的抑制作用增加,引起抑癌基因编码的蛋白质减少。其他与肿瘤发生、发展相关的转移相关基因和耐药相关基因与 miRNA 的关系也大致如上所述。

本书前面部分已经花费大量篇幅系统介绍了癌基因、抑癌基因、肿瘤转移相关基因和肿瘤耐药基因的基本概念及作用机制,其中涉及了 miRNA 对部分基因的表达调控机制。在本书的后续章节中还会介绍肿瘤及其相关基因的关系,也将对部分 miRNA 相关内容做一叙述。这里仅对已有明确报道的部分肿瘤相关基因和 miRNA 的关系进行展示。

一、miRNA 与癌基因

癌基因(oncogene)又称为转化基因,是指人类或其他动物细胞(及致癌病毒)固有的一类基因。它们一旦活化便能促使人或动物的正常细胞发生癌变。癌基因的种类很多,大部分都可以受 miRNA 的调控。

Hashimi 等证实,内源性 Wnt-1 是 miR-21 和 miR-34a 的靶基因,miRNA 介导的内源性 Wnt-1 和 JAG1 表达抑制对单核细胞来源树突状细胞(MDDC)的分化非常重要。Kefas 等证实,在胶质母细胞瘤细胞中,miR-7 可以抑制 EGFR 表达;miR-7 过表达可以抑制施万细胞瘤细胞和异种移植肿瘤模型生长,而 miR-7 靶基因 EGFR、Pak1 和 Ack1 等发挥了关键作用;Webster 等发现,在肺癌、乳腺癌和施万细胞瘤细胞系中,miR-7 均可以通过与 EGFR 3′-UTR 结合抑制 EGFR mRNA 和蛋白质表达水平。反过来,在肺癌细胞中,EGFR 可以通过激活 Ras/ERK/Myc 信号通路促进 miR-7 的表达。Dacic 等的研究提示,miR-155 只在 EGFR/KRAS 阴性肺腺癌组织中表达上调;miR-25 只在 EGFR 阳性肺腺癌组织中表达上调。过表达 miR-34a 可以抑制 c-Met 和 Cyclin D1 的表达及食管癌细胞的增殖。横纹肌肉瘤细胞系中,miR-1 和 miR-206 可以分别与 c-met 3′-UTR 结合抑制其蛋白质表达。在肝癌细胞系中,c-met、FoxP1 和 HDAC4 是 miR-1 的靶基因。在脊索瘤细胞中,c-Met 的表达也可以被 miR-1 所抑制。在眼色素层黑色素瘤细胞中,导入 miR-137 可以下调 c-Met 和 CDK6 的表达。在人卵巢癌细胞中,miR-214 直接与 PTEN 3′-UTR 区结合抑制 PTEN 表达。在淋巴组织增生病和自身免疫性小鼠中,miR-17-92 可以抑制 PTEN 和凋亡前体蛋白 Bim 的表达。报告基因研究显示,miR-205 可以下调 PTEN 的表达水平。在前列腺癌细胞、非小细胞肺癌细胞、肝癌细胞、卵巢上皮细胞癌和胆脂瘤细胞系中,miR-21 可以抑制 PTEN 表达。miRNA 微阵列、qRT-PCR、Western blot 等分析显示,miR-130a 在卵巢癌细胞系 SKOV3/CIS 中过表达,PTEN

是 miR-103a 的潜在靶基因。

src 可以明显诱导 miR-218 和 miR-224 表达，还可显著抑制 miR-126 表达。miR-205 能够显著抑制包含 src、lyn 和 yes 基因 3′-UTR 的报告基因活性，在肾癌细胞系 A498 细胞中，过表达 miR-205 可以引起 src 等基因 mRNA 和蛋白质表达水平下调。STAT1 和 c-yes 是 miR-145 的直接靶基因。

生物信息学、报告基因检测分析均显示，miR-221 和 miR-222 能够与 kit 基因 mRNA 3′-UTR 相结合并抑制 Kit 蛋白表达水平，生物学功能研究也支持上述结果。

crk 是 miR-216 的靶基因。在肺癌细胞中，过表达 miR-126 可以引起 Crk 蛋白表达水平下降，但其 mRNA 水平无变化。

c-myc 是 let-7 的靶基因，let-7 可在多种细胞中抑制 c-myc 的表达水平。Kim 等的研究发现，HuR 和 let-7 可通过相互依赖的机制抑制 c-myc 的表达。miR-106a 和 miR-17 也被证实可以抑制 c-myc 的表达。在大肠癌细胞中，miR-145 能够诱导 c-myc 表达沉默。缺失/过量功能研究显示，c-myb 是 miR-150 的靶基因。miR-34a 也可以直接调控 myb 的表达。

报告基因和 Western blotting 分析显示，miR-101 抑制 v-fos 3′-UTR 区活性及蛋白质表达水平。miR-155 也能够直接作用于 c-fos，抑制其转录水平。

Bcl-1 又名 Cyclin D1(CCND1)。let-7b 是 let-7 家族成员，Bcl-1 是其直接靶标蛋白，另一个成员 let-7f 也被证实可以下调 bcl-1 mRNA 水平。提高细胞内 miR-16 可以显著减少 CCND1 表达水平，提示 CCND1 是 miR-16 的靶基因。Deshpande 等利用 CCND1 3′-UTR 报告基因研究显示，miR-15/16 家族和 miR-17-92 簇可以直接靶标 CCND1 的 3′-UTR，从而调节内源性 CCND1 表达水平。miR-17/20 可以抑制乳腺癌细胞增殖和肿瘤克隆形成，其与 CCND1 3′-UTR 的结合作用介导了上述效果的发生。在人胚胎干细胞中，Oct4 和 Sox2 能够与 miR-302 的启动子区域相结合，而 miR-302 可以抑制 CCND1 的翻译水平，这一机制为 Oct4/Sox2 的细胞周期调控提供了线索。Jiang 等利用报告基因表达分析发现，miR-503 在内源性 CCND1 的蛋白质和 miRNA 水平均能发挥抑制效应，并能减少 S 期细胞数量从而阻滞细胞生长。CCND1 3′-UTR 区域包含了 miR-449a 的潜在结合位点，报告基因分析证实，CCND1 是 miR-449a 的靶基因。

二、miRNA 与抑癌基因

p53 基因是非常重要的抑癌基因。自 1979 年从 SV40 转化细胞中发现以来，一直是生命科学研究领域的热点基因之一。以往研究已经证实，p53 在 DNA 修复、细胞分化、细胞凋亡、细胞周期调控等方面均发挥着关键作用，与之关联的信号转导通路、蛋白质分子数目众多、关系错综复杂。p53 是迄今发现的与人类肿瘤发生相关性最高的抑癌基因。目前为止，共发现有多个 miRNA 家族参与 p53 的表达调控及其信号通路，如 miR-34 家族、miR-29 家族、miR-125b、miR-145、miR-192、miR-215、miR-194 和 miR-21 等。Park 等选择了 91 种在人类肿瘤中差异表达的 miRNA，通过报告基因检测分析证实，miR-29 家族成员 miR-29a、miR-29b 和 miR-29c 等能够上调 p53 表达并以 p53 依赖模式诱导细胞凋亡；p85α 和 CDC42 能负性调控 p53，miR-29 家族成员可以抑制 p85α 表达。p53 激活和 DNA 损伤可以诱导 miR-34a 转录，miR-34a 能诱导凋亡发生和细胞周期的 G_1 期阻滞；此外，miR-15a/16 可以抑制抗凋亡因子 Bcl-2，let-7a 可以抑制癌基因 Ras 和 HMGA2。miR-125a 能够在转录水平和翻译水平抑制

p53 基因,miR-125b 也被证实通过与 p53 3′-UTR 区域的相互作用阻滞 p53 基因的翻译过程;过表达 miR-125b 能够抑制内源性 p53 蛋白水平,并降低人神经母细胞瘤细胞和人肺纤维细胞的凋亡比例。高通量 Luciferase 报告基因筛选显示,miR-1285 可以调节 p53 3′-UTR 活性,但与 miR-1285 具有相同种子序列的 miR-612 却不能与其 3′-UTR 区结合。此外,Tian 等还证实,p53 3′-UTR 区还有两个 miR-1285 结合位点,异位表达 miR-1285 能够抑制 p53 mRNA 和蛋白质水平,沉默 miR-1285 则可以增加 p53 表达水平,miR-1285 还对 p53 下游 p21 基因的转录有抑制作用。p53 能够增强 miR-16-1、miR-143 和 miR-145 等 miRNA 的转录后成熟过程,从而增强细胞对 DNA 损伤的反应能力。miR-30 家族成员可以抑制线粒体裂变和后续凋亡反应,miR-30 对 p53 及其下游分子 Drp1 表达的抑制作用可能是导致上述现象发生的机制之一。p53 3′-UTR 区还包含了 2 个 miR-504 的结合位点,miR-504 可以通过二者负性调控 p53 的表达水平和细胞内的功能,包括凋亡、细胞周期以及对抗应激和致瘤能力。过表达 miR-106a 可以提高细胞的转化能力,沉默 miR-106a 则能够阻滞细胞增殖、诱导细胞周期停滞及凋亡发生、锚定非依赖的生长及裸鼠肿瘤形成。Jiang 等在上述现象基础上还通过生物信息学、Western blotting 及 Luciferase 分析证实,miR-106a 可能发挥了一个癌基因的功能,Rb1 基因作为 miR-106a 的靶基因发挥了重要作用。Tsang 等证实,Rb 是 miR-675 的直接靶基因,miR-675 能够抑制包含了 miR-675 结合位点的 Rb mRNA 3′-TUR 的 Luciferase 报告基因活性,下调 miR-675 水平可以增加 Rb 表达,并抑制人结肠癌细胞的生长和软琼脂克隆形成能力。Kim 等利用基于恶性胶质瘤的多维基因组数据分析发现,PTEN、RB1 和 MAP3K2/MEKK2 等均是 miR-26a 的功能靶基因,miR-26a 能单独转化细胞并促进恶性胶质瘤细胞的生长能力,降低小鼠脑内 PTEN、RB1 和 MAP3K2/MEKK2 的蛋白质水平。Hmga2 转录调控因子在鼠胎神经干细胞中高表达,部分原因是由于 let-7b 表达上调引发的;let-7b 过表达还可以增加 p16INK4a/p19Arf 的表达。p16 又名 CDKN2A、p19、p14 等,是一种细胞增殖负性调控因子,它是 miR-125b 的靶基因;Malhas 等发现,核被膜可以通过调控 miR-31 水平调节 p16INK4a/p19Arf 的表达,p16INK4a/p19Arf 的 3′-UTR 区域含有 miR-31 的结合位点。反过来,p16INK4a 还可以诱导 miR-410 和 miR-650 的表达,并通过对 miR-410 介导的 pRB/E2F 途径在转录水平抑制 CDK1 的表达。

p18 蛋白又名 Ubc9。Ubc9 在乳腺癌、头颈部癌和肺癌组织中上调表达,过表达 miR-30 家族成员,如 miR-30e 可以负性调控 Ubc9 的表达水平;针对 3′-UTR 区域的报告基因分析显示,Ubc9 是 miR-30e 的直接靶点,其序列内部包含了二者的结合位点。

let-7 家族成员 let-7a 可以通过与 NIRF mRNA 3′-UTR 结合抑制 NIRF 的表达,而 NIRF 介导了 let-7a 对 p21 的表达促进作用。miR-106b 家族成员在多种肿瘤组织中过量表达,Ivanovskal 等的研究发现,miR-106b 家族成员能够促进细胞周期,芯片谱分析证实,p21/CDKN1A 是其靶基因,也是 miR-106b 调控细胞周期机制之一。mRNA 和 miRNA 谱研究也同样证实,E2F1 和 p21/Waf1 是 miR-106b 的靶基因。Wu 等通过慢病毒表达系统和报告基因检测发现,同时定位于染色体 19q13.41 位置的 miR-372、miR-520h、miR-519d、miR-520b、miR-519b-3p、miR-520a-3p, miR-519e 和 miR-515-3p 等均可利用与 p21Cip1/Waf1 mRNA 3′-UTR 区域的直接作用抑制其表达。

多篇文献证实,p27 mRNA 是 miR-221 和 miR-222 的直接靶基因。Kip1 是 miR-155 的靶基因,miR-155 可以通过对 Kip1 的作用间接影响 p27(kip1)的表达水平。p27 的翻译调控与细胞分化、静止和癌症进展过程中的 p27 表达密切相关，miR-221 和 miR-222 在不同肿瘤细胞中可以抑制 p27 表达并促进肿瘤细胞增殖；Cuesta 等报道，p27 mRNA 的 5′-UTR 包括了一个内部核糖体进入位点（IRES），miR-181a 能够通过帽子-依赖的翻译途径抑制 p27 的表达水平，这一机制对完全阻滞细胞周期进程是必需的。Bu 等发现，下调 miR-21 表达水平可以上调 p21 和 p27 的表达水平。

Nagel 等证实，miR-135 可以与 APC 的 3′-UTR 区域结合，抑制 APC 的表达水平并诱导 Wnt 信号通路活性。

三、miRNA 与肿瘤耐药相关基因

与肿瘤耐药相关的基因有很多，但目前有明确报道的、其表达能够受 miRNA 调控的主要集中在 MDR1 和 LRP1 两种蛋白质。

与卵巢癌细胞系 SKOV3 相比，SKOV3/CIS 细胞高表达 miR-103a，下调 miR-130a 能够抑制 MDR1 mRNA 和 P-gp 表达且降低了 SKOV3/CIS 细胞对顺铂的耐药性，提示 miR-130a 可能与 MDR1/P-gp 介导的耐药机制相关，并在 SKOV3/CIS 细胞 PI3K/Akt/PTEN/mTOR 和 ABC 超家族药物转运体耐药信号通路的相互关系中发挥作用。分析显示，在 HEK293 细胞中，过表达 miR-145 可以减少包含了 MDR1 3′-UTR 的报告基因质粒活性，删除 miR-145 结合位点之后上述反应消失，提示 MDR1 是 miR-145 的直接靶基因。与亲本癌细胞系 A2780 和 KB-3-1 相比，多重耐药癌细胞系 A2780DX5 和 KB-V1，miR-27a 和 miR-451 的表达上调；以 miR-27a 或 miR-451 antagomirs 处理 A2780DX5 细胞可以降低 P-gp 和 MDR1 mRNA 的表达水平，P-gp 转运的细胞毒药物敏感性和胞内聚集程度也得到增强；相反，miR-27a 和 miR-451 模拟物则可以增加 MDR1 表达，上述结果提示，miR-27a 和 miR-451 可能是治疗肿瘤耐药的潜在靶点。瞬时转染实验显示，miR-298 可以直接与 MDR1 3′-UTR 区结合并以剂量依赖模式调控萤虫素酶报告基因活性；过表达 miR-298 能够下调 P-gp 表达，并增加阿霉素耐药乳腺癌细胞的阿霉素和细胞毒药物的核内聚集度；下调 miR-298 表达则可以增加 P-gp 表达，诱导敏感乳腺癌细胞出现阿霉素耐药现象。

低密度脂蛋白受体相关蛋白 1（LRP1）的表达调控机制仍有许多不明之处。Song 等发现，miR-205 可通过与 LRP1 mRNA 的 3′-UTR 结合抑制 LRP1 的表达，删除 LRP1 3′-UTR 的 miR-205 种子序列结合位点之后抑制作用消失；miR-205 还能够显著减缓 U87 和 SK-LU-1 细胞的迁移能力。

Li 等发现，pcDNA3.1（+）-miR-223 载体可以显著抑制 HSP90B1 表达，沉默 miR-223 则能够增加其表达；过表达 miR-223 还可以显著减慢培养细胞的生长能力；此外，基因沉默后癌细胞显示 G_0/G_1 期阻滞和凋亡增加，以及 PI3K、p-AKT、mTOR 和 Bcl-2 蛋白水平的减少及 Bid 水平的增加。

四、miRNA 与肿瘤转移相关基因

功能分析表明，人 miR-222 可以抑制口舌鳞状细胞癌（tongue squamous cell carcinoma, OTSCC）细胞的侵袭能力，转染 miR-222 后 OTSCC 细胞 MMP1 和 SOD2 表达水平降低；报告基因实验显示，miR-222 可以特异性的靶标于 MMP1 和 SOD2 mRNA 3′-UTR 区域；进一步研

究发现,SOD2 沉默后 MMP1 表达下调,上述所有结果提示,miR-222 可以通过直接(靶标于 MMP1 mRNA)或间接(靶标于 SOD2)调节机制调控 MMP1 的表达,并以此途径影响 OTSCC 的侵袭能力。功能分析还表明,在雄激素非依赖细胞系中,miR-146a 的过表达不仅可以抑制细胞生长、克隆形成和迁移,还能够减少致瘤能力和血管发生;机制研究显示,miR-146a 通过结合于 EGFR 3′-UTR 区域抑制 EGFR 的表达,并抑制 MMP2 表达。miR-29b 可以诱导滋养层细胞凋亡和抑制其侵袭及血管发生能力,机制研究发现,miR-29b 可以通过直接结合于 MCL1、MMP2、VEGFA 和 ITBG1 基因 3′-UTR 区域而分别抑制上述基因的表达水平。Ang Ⅱ 在心肌纤维化中发挥着关键作用,为了鉴定成心肌细胞中 Ang Ⅱ 诱导的 miRNA, Jiang 等应用 miRNA 芯片和茎环 Real time PCR 证实,33 种 miRNA 差异表达;生物信息学分析显示, MMP9、MMP16 和 TIMP3 分别作为 miR-132、miR-146b 和 miR-181b 的靶基因均与实验性候选靶基因相同,提示上述 miRNA 在心肌纤维化中发挥了潜在作用。小鼠乳房移植实验显示,miR-212/132 家族是间质而不是表皮必需的,miR-212 和 miR-132 特异性表达于乳房间质中,并直接作用于 MMP9;腺体缺乏 miR-212 和 miR-132,MMP9 表达减少。Liu 等将 MMP 3′-UTR 区插入报告基因载体中发现,miR-155 能够显著减少报告基因活性,共转染 miR-155 拮抗物或靶位点突变后上述现象消失。多项研究表明,miRNA 表达上调与胶质瘤发生有关,Nan 等的研究证实,miR-451 在 A172、LN229 和 U251 细胞系中表达下降,增加 miR-451 表达会抑制细胞生长和增加细胞凋亡;miR-451 模拟物处理细胞可以减少细胞侵袭能力, AKT1、Cyclin D1、MMP2、MMP9 和 Bcl-2 等蛋白质表达减少,而 p27 表达增加呈现模拟物剂量依赖趋势。Liu 等的研究显示,miR-520c 和 miR-373 可以与 mTOR 及 SIRT1 3′-UTR 区直接作用并抑制二者翻译,导致 Ras/Raf/MEK/Erk 信号通路和 NF-κB 的激活,并最终引起 MMP mRNA、蛋白质及活性的增加,从而使人类纤维肉瘤 HT1080 细胞迁移和生长能力增强。Yan 等证实,miR-491-5p 可以直接靶标于 MMP9 抑制胶质瘤细胞侵袭。miR-9 在高侵袭性眼色素层黑色素瘤细胞中表达减少,并能抑制高侵袭性细胞的迁移和侵袭能力;miR-9 还能够通过与 NF-κB1 的直接作用负性调控 NF-κB1 的表达,MMP2、MMP9 和 VEGFA 等 NF-κB1 的下游基因也同样表达减少。Han 等的研究表明,let-7c 可以显著抑制包含 K-RAS、MMP11 和 PBX3 等基因 3′-UTR 区的报告基因活性,过表达不包含上述基因 3′-UTR 区的挽救实验能够完全逆转 let-7c 对体内、外肿瘤转移的影响,但 let-7c 水平与 MMP11 和 PBX3 相关,而与 K-ras 无关,上述结果提示,除肿瘤生长抑制作用外,let-7c 还通过对 MMP11 和 PBX3 mRNA 的直接失稳机制发挥了肿瘤转移抑制因子的功能。Wu 等的研究显示,在膀胱癌中 miR-125b 可以直接作用与 MMP13,这也是 miR-125b 抑制膀胱癌细胞迁移和侵袭的机制。计算机预测显示,miR-140 和 miR-27a 能够调控 MMP13 和 IGFBP-5 的表达;实验证实,转染 pre-miR-140 可以显著减少 IGFBP-S 的表达而抗 miR-140 则显著增加 IGFBP-5 的表达, pre-miR-27a 无上述类似效应;抗-miR-27a 可以显著增加 MMP13 和 IGFBP-5 的表达,上述结果提示,IGFBP-5 是 miR-140 的直接靶基因,而 miR-27a 可能通过非直接作用下调 MMP13 和 IGFBP-5 的表达。转染 pre-miR-146b 和 LNA 修饰抗 miR-146b 对人胶质母细胞瘤 U373 细胞的生长没有影响;然而,pre-miR-146b 转染可以显著减少 U373 细胞的迁移和侵袭,LNA 修饰抗 miR-146b 处理的结果相反;进一步研究发现,MMP16 是 miR-146b 的下游靶基因,提示 miR-146b 可能是通过对 MMP 的靶标作用影响胶质瘤细胞的迁移和侵袭能力。绒毛膜癌中 miR-199b 表达下调,生物信息学和微阵列研究显示,Set 是 miR-199b 的靶基因之一;miR-

199b 可以抑制内源性 SET 蛋白水平和包含 SET 3′-UTR 序列的报告基因活性。一项针对香烟浓集物(CSC)对肺癌细胞影响的研究显示,CSC 能够显著提高 miR-31 表达水平,RNA 交联免疫沉淀(CLIP)表明,miR-31 与 DKK-1 和 DACT-3 存在相互作用;过表达 miR-31 能够显著减少肺癌细胞和正常呼吸道上皮细胞 DKK-1 及 DACT-3 的表达水平;敲除 miR-31 可以增加 DKK-1 和 DACT-3 的表达水平并减少 CSC 介导的 DKK-1 和 DACT-3 表达。

转移性肿瘤抗原 1(MTA1)在多种人类肿瘤中表达上调,Reddy 等证实,miR-661 可以通过与 MTA1 mRNA 3′-UTR 区的直接结合抑制其表达;此外,c/EBPalpha 直接与 miR-661 染色质相互作用结合于 miR-661 假定启动子区域,从而上调 miR-661 的表达。

从上述报道可以看出,miRNA 与肿瘤相关基因的关系非常复杂,但研究集中趋势明显,尚有许多已经明确的肿瘤相关基因未有 miRNA 方面的研究。相信随着研究的不断深入,还会不断有新的肿瘤相关基因以及肿瘤相关基因与 miRNA 的相互关系得以阐明。我们也注意到,许多 miRNA 本身即承担了类似癌基因或抑癌基因的功能,它们通过复杂的细胞、分子机制,影响细胞内其他分子的表达水平或功能状态,从而达到促进或抑制肿瘤发生、发展、转移的作用。

(王　琦　李　越)

参考文献

任智博. 2011. miRNA 与 p53 基因信号通路的关系. 牡丹江医学院学报,32:50-52.

Ambs S, Prueitt RL, Yi M, et al. 2008. Genomic profiling of microRNA and messenger RNA reveals deregulated microRNA expression in prostate cancer. Cancer Res,68: 6162-6170.

Bao L, Hazari S, Mehra S, et al. 2012. Increased expression of P-glycoprotein and doxorubicin chemoresistance of metastatic breast cancer is regulated by miR-298. Am J Pathol,180: 2490-2503.

Berezikov E, Guryev V, de Belt JV, et al. 2005. Phylogenetic shadowing and computational identification of human microRNA genes. Cell, 120: 21-24.

Bhattacharyya M, FeueRBach L, Bhadra T, et al. 2012. MicroRNA transcription start site prediction with multi-objective feature selection. Stat Appl Genet Mol Biol,11: Article 6.

Bu Y, Lu C, Bian C, et al. 2009. Knockdown of Dicer in MCF-7 human breast carcinoma cells results in G1 arrest and increased sensitivity to cisplatin. Oncol Rep,21: 13-17.

Card DA, Hebbar PB, Li L, et al. 2008. Oct4/Sox2-regulated miR-302 targets Cyclin D1 in human embryonic stem cells. Mol Cell Biol,28: 6426-6438.

Cardinali B, Castellani L, Fasanaro P, et al. 2009. Microrna-221 and microrna-222 modulate differentiation and maturation of skeletal muscle cells. Plos One,4: e7607.

Chang J, Guo JT, Jiang D, et al. 2008. Liver-specific microRNA miR-122 enhances the replication of hepatitis C virus in nonhepatic cells. J Virol,82: 8215-8223.

Chao A, Tsai CL, Wei PC, et al. 2010. Decreased expression of microRNA-199b increases protein levels of SET (protein phosphatase 2A inhibitor) in human choriocarcinoma. Cancer Lett,291: 99-107.

Chen X, Wang J, Shen H, et al. 2011. Epigenetics, microRNAs, and carcinogenesis: functional role of microRNA-137 in uveal melanoma. Invest Ophthalmol Vis Sci,52: 1193-1199.

Chien CH, Sun YM, Chang WC, et al. 2001. Identifying transcriptional start sites of human microRNAs based on high-throughput sequencing data. Nucleic Acids Res, 39: 9345-9356.

Chien WW, Domenech C, Catallo R, et al. 2011. Cyclin-dependent kinase 1 expression is inhibited by p16(INK4a) at the post-transcriptional level through the microRNA pathway. Oncogene, 30: 1880-1891.

Chou YT, Lin HH, Lien YC, et al. 2010. EGFR promotes lung tumorigenesis by activating miR-7 through a Ras/ERK/Myc pathway that targets the Ets2 transcriptional repressor ERF. Cancer Res,70: 8822-8831.

Crawford M, Brawner E, Batte K, et al. 2008. MicroRNA-126 inhibits invasion in non-small cell lung carcinoma cell lines. Biochem Biophys Res Commun,373: 607-612.

Cuesta R, Martinez-SanchezA, Gebauer F. 2009. miR-181a regulates cap-dependent translation of p27(kip1) mRNA in myeloid cells. Mol Cell Biol,29: 2841-2851.

Dacic S, Kelly L, Shuai Y,et al. 2010. miRNA expression profiling of lung adenocarcinomas: correlation with mutational status. Mod Pathol, 23: 1577-1582.

Datta J, Kutay H, Nasser MW, et al. 2008. Methylation mediated silencing of MicroRNA-1 gene and its role in hepatocellular carcinogenesis. Cancer Res,68: 5049-5058.

Deshpande A, Pastore A, Deshpande AJ,et al. 2009. 3′UTR mediated regulation of the Cyclin D1 proto-oncogene. Cell Cycle, 8: 3584-3592.

Duan Z, Choy E, Nielsen GP,et al. 2010. Differential expression of microRNA (miRNA) in chordoma reveals a role for miRNA-1 in Met expression. J Orthop Res,28: 746-752.

Dunand-Sauthier I, Santiago-Raber ML, Capponi L, et al. 2011. Silencing of c-Fos expression by microRNA-155 is critical for dendritic cell maturation and function. Blood,117: 4490-4500.

Felicetti F, Errico MC, Bottero L, et al. 2008. The promyelocytic leukemia zinc finger-microRNA-221/-222 pathway controls melanoma progression through multiple oncogenic mechanisms. Cancer Res,68: 2745-2754.

Felli N, Fontana L, Pelosi E,et al. 2005. MicroRNAs 221 and 222 inhibit normal erythropoiesis and erythroleukemic cell growth via kit receptor down-modulation. Proc Natl Acad Sci USA,102: 18081-18086.

Folini M, Gandellini P, Longoni N,et al. 2010. miR-21: an oncomir on strike in prostate cancer. Mol Cancer, 9: 12.

Friedland DR, Eernisse R, Erbe C,et al. 2009. Cholesteatoma growth and proliferation: posttranscriptional regulation by microRNA-21. Otol Neurotol,30: 998-1005.

Greene SB, Gunaratne PH, Hammond SM, et al. 2010. A putative role for microRNA-205 in mammary epithelial cell progenitors. J Cell Sci,123: 606-618.

Gregersen LH, Jacobsen AB, Frankel LB,et al. 2010. MicroRNA-145 targets YES and STAT1 in colon cancer cells. PLOS ONE,5: e8836.

Gu S, Jin L, Zhang Y,et al. 2012. The loop position of shRNAs and pre-miRNAs is critical for the accuracy of dicer processing in vivo. Cell,151: 900-911.

Guo CJ, Pan Q, Jiang B,et al. 2009. Effects of upregulated expression of microRNA-16 on biological properties of culture-activated hepatic stellate cells. Apoptosis,14: 1331-1340.

Hammond SM, Bernstein E, Beach D, et al. 2000. An RNA-directed nuclease mediates post-transcriptional gene silencing in Drosophila cells. Nature. 404: 293-296.

Han HB, Gu J, Zuo HJ, et al. 2012. Let-7c functions as a metastasis suppressor by targeting MMP11 and PBX3 in colorectal cancer. J Pathol,226: 544-555.

Han J, Lee Y, Yeom KH, et al. 2006. Molecular basis for the recognition of primary microRNAs by the Drosha-DGCR8 complex. Cell,125: 887-901.

Han J, Pedersen JS, Kwon SC, et al. 2009. Posttranscriptional crossregulation between Drosha and DGCR8. Cell,136: 75-84.

Hashimi ST, Fulcher JA, Chang MH,et al. 2009. MicroRNA profiling identifies miR-34a and miR-21 and their target genes JAG1 and WNT1 in the coordinate regulation of dendritic cell differentiation. Blood,114: 404-414.

He L, Hannon GJ. 2004. MicroRNAs: small RNAs with a big role in gene regulation. Nat Rev Genet,5: 522-531.

He X, Duan C, Chen J,et al. 2009. Let-7a elevates p21(WAF1) levels by targeting of NIRF and suppresses the growth of A549 lung cancer cells. FEBS Lett,583: 3501-3507.

Hu W, Chan CS, Wu R, et al. 2010. Negative regulation of tumor suppressor p53 by microRNA miR-504. Mol Cell,38: 689-699.

Hu Y, Correa AM, Hoque A, et al. 2011. Prognostic significance of differentially expressed miRNAs in esophageal cancer. Int J

Cancer, 128: 132-143.

Ikemura K, Yamamoto M, Miyazaki S, et al. 2013. MicroRNA-145 post-transcriptionally regulates the expression and function of P-glycoprotein in intestinal epithelial cells. Mol Pharmacol,83: 399-405.

Ivanovska I, Ball AS, Diaz RL,et al. 2008. MicroRNAs in the miR-106b family regulate p21/CDKN1A and promote cell cycle progression. Mol Cell Biol,28: 2167-2174.

Jiang Q, Feng MG, Mo YY. 2009. Systematic validation of predicted microRNAs for Cyclin D1. BMC Cancer,9: 194.

Jiang X, Ning Q, Wang J. 2013. Angiotensin Ⅱ induced differentially expressed microRNAs in adult rat cardiac fibroblasts. J Physiol Sci,63: 31-38.

Jiang Y, Wu Y, Greenlee AR,et al. 2011. miR-106a-mediated malignant transformation of cells induced by anti-benzo[a]pyrene-trans-7,8-diol-9,10-epoxide. Toxicol Sci,119: 50-60.

Kefas B, Godlewski J, Comeau L, et al. 2008. microRNA-7 inhibits the epidermal growth factor receptor and the Akt pathway and is down-regulated in glioblastoma. Cancer Res, 68(10): 3566-3572.

Kim H, HuangW, Jiang X, et al. 2010. Integrative genome analysis reveals an oncomir/oncogene cluster regulating glioblastoma survivorship. Proc Natl Acad Sci USA,107: 2183-2188.

Kim HH, Kuwano Y, Srikantan S, et al. 2009. HuR recruits let-7/RISC to repress c-Myc expression. Genes Dev, 23: 1743-1748.

Lagos-Quintana M, Rauhut R, Lendeckel W, et al. 2001. Identification of novel genes coding for small expressed RNAs. Science. 294: 853-858.

Lau NC, Lim LP, Weinstein EG,et al. 2001. An abundant class of tiny RNAs with probable regulatory roles in Caenorhabditis elegans. Science, 294: 858-862.

Le MT, Teh C, Shyh-Chang N, et al. 2009. MicroRNA-125b is a novel negative regulator of p53. Genes Dev,23: 862-876.

Lee RC, Ambros V. 2001. An extensive class of small RNAs in Caenorhabditis elegans. Science, 294: 862-864.

Lee RC, Feinbaum RL, Ambros V. 1993. The C. elegans heterochronic gene lin-4 encodes small RNAs with antisense complementarity to lin-14. Cell, 75:843-854.

Li G, Cai M, Fu D, et al. 2012. Heat shock protein 90B1 plays an oncogenic role and is a target of microRNA-223 in human osteosarcoma. Cell Physiol Biochem,30: 1481-1490.

Li J, Donath S, Li Y,et al. 2010. miR-30 regulates mitochondrial fission through targeting p53 and the dynamin-related protein-1 pathway. PLoS Genet,6: e1000795.

Li P, Guo W, Du L, et al. 2013. microRNA-29b contributes to pre-eclampsia through its effects on apoptosis, invasion and angiogenesis of trophoblast cells. Clin Sci (Lond),124: 27-40.

Li S, Fu H, Wang Y, et al. 2009. MicroRNA-101 regulates expression of the v-fos FBJ murine osteosarcoma viral oncogene homolog (FOS) oncogene in human hepatocellular carcinoma. Hepatology,49: 1194-1202.

Li X, Shen Y, Ichikawa H, et al. 2009. Regulation of miRNA expression by Src and contact normalization: effects on nonanchored cell growth and migration. Oncogene, 28: 4272-4283.

Lin WC, Li SC, Lin WC,et al. 2009. Identification of microRNA in the protist Trichomonas vaginalis. Genomics,93: 487-493.

Liu J, van MA, Aguor EN, et al. 2012. MiR-155 inhibits cell migration of human cardiomyocyte progenitor cells (hCMPCs) via targeting of MMP-16. J Cell Mol Med,16: 2379-2386.

Liu N, Sun Q, Chen J, et al. 2012. MicroRNA-9 suppresses uveal melanoma cell migration and invasion through the NF-kappaB1 pathway. Oncol Rep,28: 961-968.

Liu P, Wilson MJ. 2012. miR-520c and miR-373 upregulate MMP9 expression by targeting mTOR and SIRT1, and activate the Ras/Raf/MEK/Erk signaling pathway and NF-kappaB factor in human fibrosarcoma cells. J Cell Physiol,227(2): 867-876.

Liu Q, Fu H, Sun F, et al. 2008. miR-16 family induces cell cycle arrest by regulating multiple cell cycle genes. Nucleic Acids Res, 36: 5391-5404.

Liu X, Yu J, Jiang L, et al. 2009. MicroRNA-222 regulates cell invasion by targeting matrix metalloproteinase 1 (MMP1) and manganese superoxide dismutase 2 (SOD2) in tongue squamous cell carcinoma cell lines. Cancer Genomics Proteomics,6: 131-139.

Lou Y, Yang X, Wang F, et al. 2010. MicroRNA-21 promotes the cell proliferation, invasion and migration abilities in ovarian epithelial carcinomas through inhibiting the expression of PTEN protein. Int J Mol Med,26: 819-827.

Lu C, Huang X, Zhang X, et al. 2011. miR-221 and miR-155 regulate human dendritic cell development, apoptosis, and IL-12 production through targeting of p27kip1, KPC1, and SOCS-1. Blood,117: 4293-4303.

Luo Q, Zhou Q, Yu X, et al. 2008. Genome-wide mapping of conserved microRNAs and their host transcripts in Tribolium castaneum. J Genet Genomics,35: 349-355.

Majid S, Saini S, Dar AA, et al. 2011. MicroRNA-205 inhibits Src-mediated oncogenic pathways in renal cancer. Cancer Res, 71: 2611-2621.

Malhas A, Saunders NJ, Vaux DJ. 2010. The nuclear envelope can control gene expression and cell cycle progression via miRNA regulation. Cell Cycle, 9: 531-539.

Medina R, Zaidi SK, Liu CG, et al. 2008. MicroRNAs 221 and 222 bypass quiescence and compromise cell survival. Cancer Res,68: 2773-2780.

Meng F, Henson R, Wehbe-Janek H, et al. 2007. MicroRNA-21 regulates expression of the PTEN tumor suppressor gene in human hepatocellular cancer. Gastroenterology,133: 647-658.

Mercatelli N, Coppola V, Bonci D, et al. 2008. The inhibition of the highly expressed miR-221 and miR-222 impairs the growth of prostate carcinoma xenografts in mice. Plos One,3: e4029.

Nagel R, le SC, Diosdado B, et al. 2008. Regulation of the adenomatous polyposis coli gene by the miR-135 family in colorectal cancer. Cancer Res, 68: 5795-5802.

Nan Y, Han L, Zhang A, et al. 2010. MiRNA-451 plays a role as tumor suppressor in human glioma cells. Brain Res, 1359: 14-21.

Navarro F, Gutman D, Meire E, et al. 2009. miR-34a contributes to megakaryocytic differentiation of K562 cells independently of p53. Blood,114: 2181-2192.

Nishino J, Kim I, Chada K, et al. 2008. Hmga2 promotes neural stem cell self-renewal in young but not old mice by reducing p16Ink4a and p19Arf Expression. Cell,135: 227-239.

Noonan EJ, Place RF, Basak S, et al. 2010. miR-449a causes RB-dependent cell cycle arrest and senescence in prostate cancer cells. Oncotarget,1: 349-358.

Pogue AI, Cui JG, Li YY, et al. 2010. Micro RNA-125b (miRNA-125b) function in astrogliosis and glial cell proliferation. Neurosci Lett, 476: 18-22.

Reddy SD, Pakala SB, Ohshiro K, et al. 2009. MicroRNA-661, a c/EBPalpha target, inhibits metastatic tumor antigen 1 and regulates its functions. Cancer Res,69: 5639-5642.

Reinhart BJ, Slack FJ, Basson M, et al. 2000. The 21-nucleotide let-7 RNA regulates developmental timing in Caenorhabditis elegans. Nature, 403: 901-906.

Ricarte-Filho JC, Fuziwara CS, Yamashita AS, et al. 2009. Effects of let-7 microRNA on Cell Growth and Differentiation of Papillary Thyroid Cancer. Transl Oncol, 2: 236-241.

Sachdeva M, Zhu S, Wu F, et al. 2009. p53 represses c-Myc through induction of the tumor suppressor miR-145. Proc Natl Acad Sci USA,106: 3207-3212.

Sampson VB, Rong NH, Han J, et al. 2007. MicroRNA let-7a down-regulates MYC and reverts MYC-induced growth in Burkitt lymphoma cells. Cancer Res,67: 9762-9770.

Saydam O, Senol O, Wurdinger T, et al. 2011. miRNA-7 attenuation in Schwannoma tumors stimulates growth by upregulating three oncogenic signaling pathways. Cancer Res,71: 852-861.

Schulte JH, Horn S, Otto T, et al. 2008. MYCN regulates oncogenic MicroRNAs in neuroblastoma. Int J Cancer,122: 699-704.

Schultz J, Lorenz P, Gross G, et al. 2008. MicroRNA let-7b targets important cell cycle molecules in malignant melanoma cells and interferes with anchorage-independent growth. Cell Res,18: 549-557.

Seitz H, Zamore PD. 2006. Rethinking the microprocessor. Cell,125: 827-829.

Song H, Bu G. 2009. MicroRNA-205 inhibits tumor cell migration through down-regulating the expression of the LDL receptor-related protein 1. Biochem Biophys Res Commun,388: 400-405.

Suzuki HI, Yamagata K, Sugimoto K, et al. 2009. Modulation of microRNA processing by p53. Nature,460: 529-533.

Tarasov V, Jung P, Verdoodt B, et al. 2007. Differential regulation of microRNAs by p53 revealed by massively parallel sequencing: miR-34a is a p53 target that induces apoptosis and G1-arrest. Cell Cycle,6: 1586-1593.

Tardif G, Hum D, Pelletier JP, et al. 2009. Regulation of the IGFBP-5 and MMP-13 genes by the microRNAs miR-140 and miR-27a in human osteoarthritic chondrocytes. BMC Musculoskelet Disord,10: 148.

Tian S, Huang S, Wu S, et al. 2010. MicroRNA-1285 inhibits the expression of p53 by directly targeting its 3′ untranslated region. Biochem Biophys Res Commun,396: 435-439.

Tsang WP, Ng EK, Ng SS, et al. 2010. Oncofetal H19-derived miR-675 regulates tumor suppressor RB in human colorectal cancer. Carcinogenesis,31: 350-358.

Ucar A, Vafaizadeh V, Jarry H, et al. 2010. miR-212 and miR-132 are required for epithelial stromal interactions necessary for mouse mammary gland development. Nat Genet,42: 1101-1108.

Venugopal SK, Jiang J, Kim TH, et al. 2010. Liver fibrosis causes downregulation of miRNA-150 and miRNA-194 in hepatic stellate cells, and their overexpression causes decreased stellate cell activation. Am J Physiol Gastrointest Liver Physiol,298: G101-106.

Webster RJ, Giles KM, Price KJ, et al. 2009. Regulation of epidermal growth factor receptor signaling in human cancer cells by microRNA-7. J Biol Chem,284: 5731-5741.

Wu D, Ding J, Wang L, et al. 2013. microRNA-125b inhibits cell migration and invasion by targeting matrix metallopeptidase 13 in bladder cancer. Oncol Lett,2013: 829-834.

Wu F, Zhu S, Ding Y et al. 2009. MicroRNA-mediated regulation of Ubc9 expression in cancer cells. Clin Cancer Res,15: 1550-1557.

Wu S, Huang S, Ding J, et al. 2010. Multiple microRNAs modulate p21Cip1/Waf1 expression by directly targeting its 3′ untranslated region. Oncogene,29: 2302-2308.

Xi S, Yang M, Tao Y, et al. 2010. Cigarette smoke induces C/EBP-beta-mediated activation of miR-31 in normal human respiratory epithelia and lung cancer cells. Plos One,5: e13764.

Xia H, Qi Y, Ng SS, et al. 2009. microRNA-146b inhibits glioma cell migration and invasion by targeting MMPs. Brain Res, 1269: 158-165.

Xiao C, Calado DP, Galler G, et al. 2007. MiR-150 controls B cell differentiation by targeting the transcription factor c-Myb. Cell,131: 146-159.

Xiao C, Srinivasan L, Calado DP, et al. 2008. Lymphoproliferative disease and autoimmunity in mice with increased miR-17-92 expression in lymphocytes. Nat Immunol,9: 405-414.

Xu B, Wang N, Wang X, et al. 2012. MiR-146a suppresses tumor growth and progression by targeting EGFR pathway and in a p-ERK-dependent manner in castration-resistant prostate cancer. Prostate,72: 1171-1178.

Yan D, Dong XE, Chen X, et al. 2009. MicroRNA-1/206 targets c-Met and inhibits rhabdomyosarcoma development. J Biol Chem,284: 29596-29604.

Yan W, Zhang W, Sun L, et al. 2011. Identification of MMP-9 specific microRNA expression profile as potential targets of anti-invasion therapy in glioblastoma multiforme. Brain Res,1411: 108-115.

Yang H, Kong W, He L, et al. 2008. MicroRNA expression profiling in human ovarian cancer: miR-214 induces cell survival and cisplatin resistance by targeting PTEN. Cancer Res,68: 425-433.

Yang L, Li N, Wang H, et al. 2012. Altered microRNA expression in cisplatin-resistant ovarian cancer cells and upregulation of miR-130a associated with MDR1/P-glycoprotein-mediated drug resistance. Oncol Rep,28: 592-600.

Yu Z, Wang C, Wang M, et al. 2008. A Cyclin D1/microRNA 17/20 regulatory feedback loop in control of breast cancer cell proliferation. J Cell Biol,182: 509-517.

Zhang JG, Wang JJ, Zhao F, et al. 2010. MicroRNA-21 (miR-21) represses tumor suppressor PTEN and promotes growth and invasion in non-small cell lung cancer (NSCLC). Clin Chim Acta,411: 846-852.

Zhang Y, Gao JS, Tang X, et al. 2009. MicroRNA 125a and its regulation of the p53 tumor suppressor gene. FEBS Lett,583: 3725-3730.

Zhao C, Sun G, Li S, et al. 2010. MicroRNA let-7b regulates neural stem cell proliferation and differentiation by targeting nuclear receptor TLX signaling. Proc Natl Acad Sci USA, 107: 1876-1881.

Zhou X, Ruan J, Wang G, et al. 2007. Characterization and identification of microRNA core promoters in four model species. PLoS Comput Biol, 3: e37.

Zhu H, Wu H, Liu X, et al. 2008. Role of MicroRNA miR-27a and miR-451 in the regulation of MDR1/P-glycoprotein expression in human cancer cells. Biochem Pharmacol, 76: 582-588.

第二十三章　肿瘤相关基因与细胞凋亡

第一节　细胞凋亡的概念与机制

一、细胞凋亡与坏死的区别

细胞作为生命的基本单位,会经历死亡过程。对于单细胞生物而言,如酵母和细菌,细胞死亡即是个体死亡。而对于多细胞生物而言,细胞的死亡并不意味着个体生命的终结,相反,细胞死亡对于维持个体的正常生长发育及生命活动是必需的,其重要性并不亚于细胞增殖。

细胞死亡是一个非常复杂的过程,早在 150 年前人们就了解到细胞死亡是多细胞生物中的一种正常现象。细胞死亡的形式多种多样,在过去的 150 年对其的分类主要基于形态学。而在最近的 30 年,由于死亡分子机制方面的研究取得长足进步,使得死亡的分类更加科学化。细胞死亡可以分为两大类:非程序性细胞死亡[坏死(necrosis)]和程序性细胞死亡(program cell death,PCD)。

非程序性细胞死亡是指细胞在受到环境中的物理或化学刺激时所发生的细胞被动死亡,不能被细胞信号转导的抑制剂阻断。坏死的主要形态学特点是细胞膜的破坏,细胞及细胞器水肿(胞质泡化),但染色质不发生凝集。这个过程必须是剧烈的,并且能快速的使细胞失去功能,并最终使细胞无法保持内部稳定。细胞死亡后,细胞内容物及前炎症因子释放,趋化炎症细胞浸润引起炎症,以去除有害因素及坏死细胞并进行组织重建。

程序性细胞死亡的主要功能是去除一些“非必需”细胞。与细胞坏死相比,程序性细胞死亡最主要的区别之一就是细胞膜的通透性。坏死细胞的细胞膜丧失了完整性,内容物被释放出来,染料可自由进入细胞,而程序性细胞死亡的细胞保持完整,无内容物释放,染料也无法进入。一般认为坏死是被动的,不可控的;而程序性细胞死亡是主动的,可控的,需要从头进行基因转录和表达,能够被细胞信号转导的抑制剂阻断。

程序性细胞死亡的分类方式大致有两种,即基于死亡机制的分类和基于形态学的分类。基于死亡机制可以将程序性细胞死亡分为两大类:胱冬肽酶(Caspase)依赖的和胱冬肽酶非依赖的。前者即典型的凋亡(apoptosis),后者包括自噬性程序性细胞死亡、副凋亡(paraptosis)、有丝分裂灾难(mitotic catastrophe)、胀亡(oncosis)等。基于形态学的分类方法有两种:一种是基于细胞核改变的分类,将程序性细胞死亡分为凋亡、凋亡样程序性细胞死亡和坏死样程序性细胞死亡。凋亡的主要形态学改变为:染色质凝集、边缘化,细胞皱缩,细胞膜内侧的磷脂酰丝氨酸外翻,细胞出泡形成凋亡小体;凋亡样程序性细胞死亡的形态学改变为:染色质凝聚的程度较凋亡低,比凋亡细胞的染色体疏松一些,同时可以有凋亡细胞其他方面的形态学变化;坏死样程序性细胞死亡的形态学改变为:一般无染色质的凝聚或只有疏松的点状分布。程序性细胞死亡的另一种形态学分类方法称为 Clarke 分类,分为Ⅰ型(凋亡)、Ⅱ

型(自噬)和Ⅲ型(坏死样)程序性细胞死亡,此方法把同属于坏死样程序性细胞死亡的细胞自噬和副凋亡各分为Ⅱ型和Ⅲ型程序性细胞死亡,把有丝分裂灾难和胀亡各归为Ⅰ型和Ⅲ型程序性细胞死亡。

二、细胞凋亡的机制

1965 年澳大利亚科学家 Kerr 首先观察了大鼠肝细胞转化为细胞碎片组成的细胞质团,包括细胞器和染色质,1972 年 Kerr 将这一现象命名为细胞凋亡,并对凋亡细胞的超微结构变化做了详细的描述;凋亡早期细胞核固缩、边缘化、细胞质浓缩;晚期核片段化,被膜包裹、隆起,产生凋亡小体,最后被巨噬细胞吞噬,在溶酶体内降解。因此,凋亡不造成周围组织的炎症反应。凋亡细胞这些形态上的特殊改变是它与正常细胞和坏死细胞区别的依据。凋亡细胞还有其特有的生化改变,包括细胞内 Ca^{2+} 增高,活化内切核酸酶,切割染色体以核小体 DNA(约 200bp)为单位的 DNA 片段,此切割是非随机的,它与坏死时 DNA 随机降解有明显的不同。细胞膜内层的磷脂酰丝氨酸外翻至膜外,从而有利于巨噬细胞的识别和吞噬等。凋亡细胞的核、胞质及膜上的这些化学变化是测定凋亡和解释凋亡现象的分子基础。

细胞凋亡是细胞的一种基本生物学现象,也称为Ⅰ型程序性细胞死亡。细胞凋亡的形态学、参与分子及调控机制的研究由来已久,细胞凋亡的研究也经历了形态学及生物化学研究、分子生物学研究、临床应用基础研究 3 个阶段。

凋亡细胞与增殖细胞数量平衡,维持内环境稳态,在生物体的进化、内环境的稳定以及多个系统的发育中起着重要的作用。而在病毒感染及辐射等病理状态下,细胞死亡及增殖之间的平衡会改变,组织内环境稳态被打破,凋亡过程的紊乱可能与许多疾病的发生有直接或间接的关系。细胞凋亡不仅是一种特殊的细胞死亡类型,而且具有重要的生物学意义及复杂的分子生物学机制,是多基因严格控制的过程。

细胞凋亡对动物个体的正常发育、自稳态的维持、免疫耐受的形成、肿瘤监控等多种生理及病理过程具有重要意义。在发育过程中,幼体器官的缩小和退化是通过细胞凋亡来实现的。在动物胚胎发育中,胚胎期指/趾之间的细胞发生凋亡,最后才逐渐发育为成形的手和足。淋巴细胞的克隆选择过程中,凡是不能区分“自我”与“异我”抗原的淋巴细胞均发生凋亡,由此产生了机体的免疫耐受,否则会发生自身免疫疾病。

细胞凋亡还是一种生理性保护机制,能够清除体内多余、受损或危险的细胞而不对周围的细胞或组织产生损害。在成熟的动物个体中,机体通过调节细胞凋亡和细胞增殖的速率来维持组织器官细胞数量的稳定。另外,成体细胞的自然更新、被病原体感染细胞的清除也是通过细胞凋亡来完成的。人体细胞凋亡的失调,包括不恰当的激活或抑制会引发多种疾病。例如,细胞凋亡不足会导致肿瘤、自身免疫性淋巴增生综合征等多种疾病,凋亡过度会导致机体免疫功能的丧失或引发自身免疫疾病和炎症,如艾滋病、心肌梗死等。

细胞凋亡的过程也是一个连续的动态发展过程,要经过起始、凋亡小体的形成以及凋亡小体被邻近的吞噬细胞所吞噬,从形态学上具体可分成以下 3 个不同的阶段:①细胞接受凋亡诱导信号后,细胞表面的特化结构(如微绒毛)消失,细胞间接触消失,磷脂酰丝氨酸外翻,但细胞质膜依然完整,未失去选择通透性;细胞质中,线粒体大体完整,但核糖体逐渐与内质网脱离,内质网囊腔膨胀,并逐渐与质膜融合;细胞核内,染色质固缩,形成新月形帽状结构,沿着核膜分布。②细胞皱缩、体积缩小;核染色质断裂为大小不等的片段,与某些细胞器(如线粒体、核糖体等)聚集在一起,被反折的细胞质膜所包围,形成凋亡小体(apoptotic body)。从外观上看,细胞表面发泡,产生了许多泡状或芽状突起,随后逐渐分隔,形成多个凋亡小体。③凋亡小体逐渐被邻近的具有吞噬功能的细胞如巨噬细胞、上皮细胞等吞噬,凋亡细胞的残余物质被消化后重新利用。从细胞凋亡起始到凋亡小体的出现不过数分钟,但整个细胞凋亡过程可能延续4~9h。

细胞凋亡是主动的连续动态发展的程序性细胞死亡方式,在发生细胞死亡的整个过程中细胞质膜始终保持完整,不发生细胞内容物的细胞外释放,因此一般不引发机体的炎症反应。细胞凋亡的典型形态学特点是凋亡小体,从细胞表面出芽脱落,最后被具有吞噬功能的细胞如巨噬细胞、上皮细胞等吞噬。

细胞凋亡的发生通过死亡受体通路、线粒体通路、内质网应激通路、颗粒酶B(granzymes B, GRB)介导的细胞凋亡通路等几种信号转导通路来完成,分述如下。①死亡受体通路:细胞凋亡的死亡受体通路又被称为外源性细胞凋亡通路。死亡受体与相应配体结合而被激活,经过下游系列信号级联反应,逐级激活起始Caspase(如Caspase-8)和效应Caspase(Caspase-3、Caspase-7等),最终导致细胞发生凋亡。根据死亡受体的不同可分为Fas介导的信号转导途径、肿瘤坏死因子受体Ⅰ(tumor necrosis factor receptor Ⅰ, TNF-RⅠ)介导的信号转导途径和TNF相关凋亡诱导配体(TNF related apoptosis induced ligand, TRAIL)信号转导途径。②线粒体通路:细胞凋亡的线粒体通路又称为内源性细胞凋亡通路。在脊椎动物细胞凋亡过程中,线粒体在细胞凋亡过程中起着最基本的作用,其关键性分子是细胞色素c(Cytochrome c,Cyt c),而主要的信号转导通路是JNK信号转导通路。Cyt c是第一种被发现的线粒体释放促凋亡蛋白,是线粒体呼吸链的重要组成部分。正常情况下Cyt c是一个定位于线粒体膜间隙的水溶性蛋白,稳定地结合于线粒体内膜,不能通过外膜。在细胞凋亡过程中Cyt c的释放是线粒体外膜通透性增加的结果。JNK-p38和细胞外信号调节激酶ERK的动态平衡决定了细胞的存活与凋亡。前者主要促细胞凋亡,后者主要促细胞存活。细胞外刺激主要包括应激、紫外线、热休克、内毒素、TNF等,通过MAPKKK、有丝分裂素激活蛋白激酶激酶4(mitogen-activated protein kinase kinase 4,MKK4)和有丝分裂素激活蛋白激酶激酶7(mitogen-activated protein kinase kinase 7, MKK7),使JNK和p38三肽区的苏氨酸/酪氨酸双磷酸化而激活JNK信号转导通路,然后作用于线粒体,使线粒体释放Cyt c。③内质网应激通路:内质网应激通路是近年来发现的肝细胞凋亡通路,涉及非折叠蛋白反应以及内质网内钙失衡,使Caspase-12活化,继而激活非细胞色素c依赖的Caspase-9,引起Caspase-3级联反应诱导凋亡。钙离子在内质网介导细胞凋亡途径中起着主要作用,内质网膜去极化及抑制超低分子肝素进入细胞,使钙离子释放,线粒体钙离子超载使PTP开放,Cyt c进入胞质,导致Caspase级联反应,最终导致细胞凋亡。此外,Bax抑制因子-1(Bax inhibitor-1,Bi-1)可以调节内质网介导的细胞凋亡通路和钙离子的释放。Bi-1的过度表达减少内质网钙离子进入细胞质,从而减少线粒体内的钙离子聚集,抑制细胞凋亡。相反,细胞内Bi-1不足或缺乏,使Bax表达增强,启动内质网释放钙离子,线粒体内的钙离子过度聚集使PTP开放,Cyt c释放,进入线粒体介导凋亡通路。④颗粒酶B(granzymes B, GRB)介导的细胞凋亡通路:Gr是存在于细胞毒性淋巴细胞(cytotoxic lymphocytes, CTL)和自然杀伤细胞(natural killer cell,NK)中的颗粒相关丝氨酸蛋白酶。GRB是一种新型线粒体凋亡途径蛋白,GRB通过胞吞囊泡降解和膜孔释放进入靶细胞胞质,启动Gr介导的线粒体级联反应,使线粒体释放细胞死亡介导因子(Bim),启动 Bim 介导的细胞毒性机制,最终导致细胞凋亡。

第二节 肿瘤相关基因与细胞凋亡的调节

一、肿瘤基因与细胞凋亡

多细胞机体包括人,均存在着细胞增殖与死亡的平衡,以维持机体的稳态(homeostasis),二者是一个矛盾的两个方面,此矛盾的运动发展推动着机体的生、老、病、死。肿瘤学家传统关注的首先是细胞的增殖。肿瘤细胞是永生性细胞,如何抑制肿瘤细胞的无限增殖能力,是需要首先考虑的问题。然而,机体还存在另一个普遍现象,即细胞凋亡。肿瘤的发生不仅与细胞的异常增殖和分化有关,也与细胞凋亡的异常有关。

肿瘤的发生是由于癌基因的激活,抑癌基因的失活,导致细胞异常增殖、分化障碍和凋亡受阻。因此,封闭癌基因的异常表达,促进细胞的凋亡成为探寻肿瘤性疾病基因治疗的有效方法。肿瘤共同的生物学特征是失控性生长,其主要的分子机制是细胞周期紊乱导致细胞增生过多和凋亡减少,因此诱导肿瘤细胞分化、凋亡已成为肿瘤治疗的重要手段之一。

未经治疗的恶性肿瘤有细胞凋亡发生。1972 年 Kerr 等在提出凋亡概念的同时预测恶性肿瘤中的自发凋亡可能会涉及导致肿瘤消退的治疗作用,这种自发凋亡的常见原因有 3 个:①肿瘤组织内部接近融合灶部位的缺血、缺氧所激发的凋亡;②肿瘤组织内部渗出性的巨噬细胞释放 TNF-α,TNF-α 结合 TNF-R1 激活 Caspase-3 途径引起凋亡;③细胞毒性 T 淋巴细胞攻击载有靶抗原的肿瘤细胞引起凋亡,这是经颗粒酶 B 激活 Caspase 途径而发生的。肿瘤细胞中的自发凋亡是机体抗肿瘤的一种保护机制,是细胞受损后机体将有害细胞清除的生理途径。

细胞凋亡受肿瘤基因调控,如 p53、bcl-2 和 c-myc 等。bcl-2 基因是一种抗凋亡基因,它防止肿瘤细胞因各种因素引起的凋亡,因此与肿瘤的放疗、化疗抗性有关。野生型 p53 是肿瘤抑癌基因,它与细胞的生长阻滞和凋亡有关,因此它能促进放疗、化疗剂的杀伤作用。肿瘤细胞受到放疗、化疗后,受损细胞启动一个转录信号使 p53 表达增加,引起细胞 G_1 期阻滞以完成修复,或进入凋亡以清除受损细胞。所以 p53 基因是促凋亡基因,野生型 p53 蛋白被称为“分子卫兵”,对机体起保护作用。c-myc 是典型的原癌基因,在许多肿瘤中它有多种失活形式。c-myc 的表达驱动细胞凋亡,这与细胞所处的条件有关。bcl-2 能妨碍依赖 p53 的凋亡,但不影响依赖 p53 的生长停滞,可是将 bcl-2 与 c-myc 共表达时这两者都被阻断。一个主要显性癌基因 c-myc 与一个抗凋亡基因 bcl-2 的协同作用会导致肿瘤向恶性表型进展,并对肿瘤治疗的抗性增加,而 p53 和 bcl-2 之间的相互拮抗作用则有利于抗肿瘤治疗。似乎此 3 个肿瘤凋亡主基因的平衡支配着人类肿瘤的预后,然而不能忽视其他基因的作用,如那些不依赖于 p53 引起凋亡的基因。

凋亡相关基因可以成为肿瘤治疗的靶点。p53 基因的突变以及 bcl-2 表达的增高会对人类肿瘤的治疗产生抗性。这是由于 p53 的突变使它们失去了依赖野生型 p53 的凋亡,而 Bcl-2 蛋白则在抗凋亡中起主要作用,这两者常会使治疗失败。从这一机制出发,改变肿瘤的抗凋亡状态将具有临床实用价值。①增加诱导凋亡基因的表达。将野生型 p53 基因导入人头颈部鳞癌细胞株,体内、外都有抑制生长的作用。将野生型 p53 经反转录病毒转导至白血病细胞株,增加了它对紫外线照射引起凋亡的敏感性,以同样的 p53 病毒感染 CML 患者的骨髓细胞促进了它的凋亡。这些实验证据提供了白血病基因治疗的良好前景。②抑制抗凋亡基因的表达。1994 年 Kitada 将反义 bcl-2 导入一种淋巴瘤细胞株,逆转了它对化疗的抗性。以反转录病毒为载体将反义 bcl-2 RNA 导入白血病细胞株,促进了它的凋亡,而导入反义 bcl-2 和正义 bcl-xS 双顺反子至 jurkat 细胞株,在体内、外都产生了较强的促凋亡和抑制肿瘤生长的作用。③将 bcl-2 基因序列导入造血干细胞以增加它对化疗致凋亡的抗性,从而对再植入的自体干细胞起保护作用。④以凋亡判断预后。化疗和放疗引起凋亡的能力可提供重要信息,有助于临床医生制订治疗方案和评估预后。已有报告说明,宫颈癌治疗前活检测得的自发凋亡率与其放疗效果有关。⑤寻找和设计模拟 p53 蛋白结构与功能的新药,以利用其结合 DNA 抑制肿瘤增生和促进肿瘤凋亡。

二、Bcl-2 对细胞凋亡的调节

根据 Bcl-2 在细胞凋亡调控中的不同作用,将 Bcl-2 蛋白家族分为两大类:一类是抗凋亡蛋白,主要包括 Bcl-2、Bcl-xL、Bcl-w、Mcl-1 和 A1 等真核蛋白以及 E1B-19/BHRF1/KS-Bcl-2 等,它们一般同时含有 BH1 ~ BH4 4 个同源结构域,其中 BH4 是抗凋亡蛋白所特有的结构域,决定着抑制细胞凋亡功能的存在;另一类是促凋亡蛋白家族,包括 Bax 亚家族和 BH3-domain only 亚家族,Bax 亚家族包括 Bax、Bak 等,其结构中一般都包含 BH1、BH2 和 BH3 3 个结构域,可促进细胞的凋亡,BH3-domainonly 亚家族包括 Bad、Bid、Bim、Bik、Beclin1 等,此亚家族最显著的特点是仅含一个 BH3 结构域,此结构域被认为是细胞凋亡所必需的致死性结构域,对促凋亡活性的发挥至关重要。Bcl-2 广泛分布于从酵母到哺乳动物等各种动物体中,是最受重视的调控凋亡过程的蛋白质家族之一,在凋亡调控中起着至关重要的作用。Bcl-2 家族在 DNA 病毒中也有同源物,如腺病毒就拥有 E1B-19K 基因,还有 EBV 的 BHRF1 基因。

Bcl-2(B 细胞淋巴瘤/白血病-2 基因)是一种原癌基因,在细胞的生存和死亡中发挥着重要作用,是一种普遍的直接调节凋亡的细胞死亡抑制基因。Bcl-2 的高水平表达可见于淋巴造血系统肿瘤及其他肿瘤。Bcl-2 的主要功能是阻止细胞死亡,而不是促进细胞增殖,这不同于以前研究过的癌基因,Bcl-2 在细胞中扮演何种角色与它在细胞中所处的位置密切相关:①定位于线粒体外膜上的 Bcl-2 通过与其他蛋白质之间发生结合性相互作用而抑制细胞凋亡。现已证实,有多种蛋白质可与 Bcl-2 发生结合性相互作用,如 Bax、Bad 等。Bcl-2 与凋亡促进基因 bax 拮抗,通过介导线粒体外膜通透转运孔(PT)孔道复合体的开放,抑制 Cyt c 自线粒体释放至胞质,阻止胞质 Cyt c 对 Caspase 蛋白酶的激活。②Bcl-2 促进谷胱甘肽进入细胞核,改变核内的氧化还原反应,控制其膜电位从而抑制细胞凋亡的发生。③定位于内质网膜上的 Bcl-2 抗细胞凋亡作用的发挥主要与胞内的 Ca^{2+} 浓度高低有关。在凋亡的早期,内质网中的 Ca^{2+} 持续释放,导致胞质中的 Ca^{2+} 浓度持续增高,可充当凋亡的启动信号引发细胞凋亡。高浓度的 Bcl-2 可抑制 Ca^{2+} 从内质网向胞质中的跨膜流动,使 Ca^{2+} 依赖性内切核酸酶活性降低,胞质中 Ca^{2+} 浓度处于稳定水平,从而抑制细胞凋亡。Bcl-2 还是一种氧自由基(oxygen free radical, OFR)的拮抗剂。一些研究资料表明,活性氧自由基参与细胞程序化死亡的过程。有人认为 Bcl-2 抑制细胞凋亡的作用机制与 Bcl-2 作为一种抗氧化剂,以及抑制活性氧自由基的产生有关。

bax 是促凋亡基因,Bax 与 Bcl-2 蛋白有 21% 的同源性。Bax 可诱导 Cyt c 的释放,激活 Caspase 蛋白酶,引起膜泡形成、核碎裂和细胞凋亡。Bax 与 Bcl-2 的比值,对决定细胞接受刺激信号后存活与否有关键性的作用。这个比值的变化精细地调节着细胞增殖和凋亡的平衡。Bax 蛋白多以非活性单体形式分布于胞质中,只有在接收到凋亡信号刺激被激活后,发生分子构象改变,移位并插入线粒体外膜后形成 Bax 大孔道,破坏线粒体膜的完整性,并与 Bcl-2 等抑制凋亡的蛋白质对抗,阻止其抗凋亡作用的发挥。特定的蛋白质二聚体对细胞凋亡进程产生不同的影响,这是 Bcl-2 蛋白家族在细胞死亡信号转导调控过程中所特有的重要特征,是凋亡"主开关"作用发挥的重要结构域。研究发现,通常情况下 Bcl-2 和 Bax 两种蛋白质的表达量相对稳定,而当 Bax 在细胞内超表达时,Bax/Bax 同源二聚体的数量明显增多,细胞对死亡信号的反应性增强,启动凋亡;而当 Bcl-2 高表达时,则 Bax/Bax 二聚体大量解离,生成更为稳定的 Bcl-2/Bax 异源二聚体,对抗其诱导凋亡的作用,使细胞存活期延长。因此,多项研究认为细胞内这两种对立蛋白质之间的比率关系是决定细胞存亡的关键。

Bcl-x 与 Bcl-2 有 44% 的同源性,特别在 Bh1 和 Bh2 功能域同源。人 bcl-x 基因编码两个不同的蛋白质产物:Bcl-xL(长链,230 个氨基酸)和 Bcl-xS(短链,170 个氨基酸),它们分别由不同的 RNA 剪接产生。Bcl-xL 与 Bcl-2 全部序列的大部分同源,Bcl-xS 缺乏 Bcl-2 编码的高度保守区 Bh1。两个基因产物虽由同一个基因编码,但对细胞的存活却有拮抗作用。Bcl-xL 存在于长寿细胞(如神经元)中,与 Bcl-2 有协同作用,即使在 Bcl-2 没有表达的情况下,也能抑制细胞凋亡。Bcl-xS 存在于短寿细胞(如未成熟的 $CD4^+$/$CD8^+$T 细胞)中,对 Bcl-2 有抑制作用,即使在 Bcl-2 存在的情况下,也能促进细胞凋亡。

Bcl-xL 通过与 Bax 形成异源二聚体,阻断 Bax 对线粒体外膜的破坏发挥抗凋亡作用;也可与凋亡蛋白酶活化因子-1(Apaf-1)作用或抑制线粒体 Caspase 激活物 Cyt c 的释放而发挥抗凋亡作用;也可通过阻止线粒体 Cyt c 的释放,抑制凋亡小体的形成。Mcl-1 通过在线粒体外膜上扣押抗凋亡蛋白 Bak 而阻止 Bak 发生聚合反应和 Cyt c 的释放,也可选择性的与 BH3-only 蛋白,如 Bim、tBid、BikNOXA 相互作用而产生中和作用,HB3-only 蛋白结合并激活 Bax 的前提是没有被 Mcl-1 等抗凋亡蛋白结合并中和掉。转录翻译后的 Bim 可直接与 Bcl-2 结合,破坏线粒体膜的稳定性;也可结合于 Dynein 马达复合体上,磷酸化后的 Bim 可从马达复合体上解离,转位到线粒体膜上导致 Cyt c 释放,激活 Caspase-3 引起细胞凋亡。

三、MDM2 对细胞凋亡的调节

大量研究显示,p53 蛋白是人类肿瘤发生最重要的分子之一,通过调控细胞周期停滞、细胞凋亡、DNA 修复等过程中的细胞信号转导,抑制细胞增殖,促进细胞凋亡,其功能状况影响肿瘤的发生、发展,因此该基因与肿瘤患者预后及对化疗药物敏感性均有关。在大多数人类肿瘤中存在 p53 功能失活,其原因包括 p53 基因突变,p53 正性调节因子缺失、失活,p53 启动子甲基化,鼠双微染色体 2(murine double minute 2,MDM2)及其家族成员过表达等。MDM2 是 p53 的重要负性调节因子,通过 p53 途径、非 r63 依赖途径等多种方式调节细胞增殖和凋亡,在肿瘤发生、发展中起重要作用。近年来,已在多种人类肿瘤中证实存在 MDM2 基因突变、扩增、过表达,且该基因表达与功能异常对恶性肿瘤的易感性、生物学行为、预后及治疗等方面均有不同程度的影响。

MDM2 作为重要的 p53 功能负性调节因子,是 p53 信号转导途径的重要成分,在肿瘤的发生、发展中也起重要作用。缺氧、DNA 损伤、癌基因激活等多种细胞应激情况同时激活 p53 及其下游 MDM2 基因。p53 基因激活后执行细胞周期调控功能的同时,由于 MDM2 水平升高下调细胞内 p53 水平,从而使其形成负反馈调节环,精密调节细胞内的 p53 水平,调控细胞增殖、凋亡。MDM2 可以通过多种途径调节 p53 的功能。MDM2 可以直接与 p53 结合,阻碍 p53 蛋白与相关转录因子的相互作用,抑制 p53 的转录因子活性,从而抑制 p53 下游基因转录;MDM2 也能介导与其结合的 p53 蛋白从细胞核内转运至细胞质;MDM2 的 E3 泛素化酶活性能使与其结合的 p53 蛋白泛素化,进而被蛋白水解酶降解。此外,除了 p53 外,MDM2 还能够与多种重要的细胞周期调控因子相互作用,如 MDM2 能够促进 pRB(磷酸化的视网膜母细胞瘤蛋白)和 p21 降解,并调节其活性;能够与 E2F1 相互作用,增强其功能,促进细胞周期进入 S 期。因此,MDM2 在细胞周期中起着正性调控的作用,具有促进细胞增殖、抑制细胞凋亡的作用。

MDM2 P2 启动子(含有 p53 作用位点的启动子)对转录因子 Spl 的亲和力增强,促进 MDM2 基因转录表达,提高肿瘤细胞内 MDM2 蛋白的表达水平,进而削弱 p53 途径的肿瘤抑制功能,促进多种遗传性、散发性肿瘤的早期发生。MDM2 SNP309 是在 MDM2 P2 启动子内发现的一个 SNP,对 14 770 例肿瘤患者及 14 524 例正常对照的 MDM2 SNP309 基因型分布进行分析显示,GG 基因型发生肿瘤风险显著增高,提示 MDM2 SNP309 可以作为辅助判断肿瘤易感性的遗传指标。进一步对不同原发肿瘤进行亚组分析显示,MDM2 SNP309 增加肺癌、胃癌、食管癌、鼻咽癌、肝癌、膀胱癌等的易感性,但不增加乳腺癌、结直肠癌的发病风险。而且,近年来的研究显示,MDM2 与肿瘤易感性关系存在一定的人种区别。6063 例肺癌患者 MDM2 SNP309 的基因型,显示 GG 基因型使亚裔人群肺癌发病风险增加约 17%,但不提高欧洲、非洲人种肺癌的发病风险。同期,研究报道 MDM2 SNP309 是中国女性乳腺癌发病的危险因素,但不增加非中国女性的发病风险。吸烟与否对 MDM2 过表达与肿瘤易感性的关系也有一定影响。考虑到吸烟与肺癌发病、病理类型、治疗等方面的关系,对不吸烟、吸烟、吸烟程度不同的人群进行亚组分析,结果显示,吸烟程度不同的人群 MDM2 SNP309 与其肺癌风险相关性不同。GG 基因型增加少量吸烟和从不吸烟者非小细胞肺癌的发生风险,但不增加中重度吸烟者该病的发病风险。MDM2 在多种人类肿瘤中存在过表达,且其表达与肿瘤浸润、转移存在相关性,提示 MDM2 与肿瘤预后也相关。虽然,目前关于 MDM2 过表达对不同肿瘤预后影响的研究报道不尽一致,但总的来说,MDM2 过表达的肿瘤具有更强的浸润和转移能力,临床预后差。关于肺癌,MDM2 蛋白表达与肺癌组织的分化、分期及淋巴结转移等临床病理特征有密切的关系,可以作为判断非小细胞肺癌恶性程度、转移潜能及预后的重要参考。对于 MDM2 蛋白阳性率,晚期肿瘤高于早期肿瘤、淋巴结转移者显著高于无淋巴结转移者,低分化型显著高于中高分化型,且均高于正常肺组织。针对晚期肺癌患者的研究显示,MDM2 SNP309 TT 型平均生存期(16.5 个月)显著长于 TG/GG 型(13.6 个月),提出 MDM2 SNP309 TG/GG 基因型是总生存期短的预测因子。联合检测抑癌基因 p53 突变情况与 MDM2 能更好地预测肺癌预后。将 MDM2 表达水平、肿瘤分化程度、淋巴结转移、ER 水平、肿瘤大小等指标进行多因素分析,显示 MDM2 表达与否是该组乳腺癌患者的独立预后因素,MDM2 过表达可以作为乳腺癌预后不良的独立预测因素。研究显示,MDM2 过表达影响胃癌、大肠癌、食管癌、肝癌等消化道肿瘤的预后。结直肠癌组织 MDM2 阳性表达与静脉侵袭、淋巴结转移、肝转移密切相关，且伴有肝转移、淋巴结转移、静脉侵袭的结直肠癌患者 MDM2 蛋白表达阳性率相对较高。MDM2 蛋白可作为原发性肝细胞癌预后判断指标，过表达者预后较差。

由此可见，MDM2 表达水平与 SNP309 在多种肿瘤中均证实与预后密切相关。随着对 MDM2 作用及其机制的深入了解，人们逐渐认识到 MDM2 在人类肿瘤中的重要性。且随着对 MDM2 与肿瘤的易感性、预后及治疗关系的不断研究，MDM2 作为新的有潜在临床应用价值的肿瘤标志，已显示出在肿瘤预后、治疗等方面的临床预测和指导意义。此外，正因为 MDM2 在肿瘤发生、发展中的重要作用，研究者不断尝试以 MDM2/p53 相互作用为抗癌靶标，开发新的抗肿瘤药物，这也为 MDM2 基因表达及多态性作为肿瘤疗效预后等预测指标提供了依据。进一步研究将着眼于前瞻性大样本临床病例，对 MDM2 基因表达及 SNP309 是否能够成为重要的化疗药物选择指标进一步予以证实。

MDM4(murine double minute 4，MDMX，HDMX)是 p53 上游重要的调控因子。其结构与 MDM2 相近，但在功能上比较复杂且有争议。一方面其与 MDM2 相似，具有致癌基因活性，其高表达会导致抑癌基因 p53 失活而诱发肿瘤。另一方面，其可激活 p53，促进细胞凋亡。MDM4 在不同外界应激下，有不同的调控途径。由于该基因编码的蛋白质在结构上与 MDM2 蛋白具有高度同源性，被命名为 MDM4。MDM4 和 MDM2 同属于 MDM 家族，该家族还包括一些 MDM4 和 MDM2 的不同剪切体。一般认为，MDM4 主要在胞质中表达，并在 MDM2 的招募下进入细胞核中，核内的 MDM4 可以阻止 MDM2 介导的 p53 核外转运，但主要作用为下调 p53 的转录活性，最终抑制 p53 活性。另有研究提示，MDM4 可能定位于线粒体。正常情况下，MDM4 蛋白可以以单体形式存在，也可以与 MDM2 形成异源二聚体。MDM 2C 端 mNG 结构域的晶体结构显示，MDM2/MDM4 异源二聚体的结合大大抑制了 MDM2 同源二聚体的自身泛素化降解，可增强 MDM2 的蛋白质稳定性。

MDM2 和 MDM4 作为癌基因，不像 p53 抑癌基因，在一开始就起作用。相反，在生殖高峰年龄致癌基因的启动较少，但是随着年龄增加，则迅速增长。p53 除了经典的 DNA 损伤反应外，在其他生理过程中也起着重要作用，如干细胞稳态及增殖等，相信 MDM2 和 MDM4 在这方面的作用也会不断的被发现。了解 MDM2 和 MDM4 在肿瘤组织中的精细调控，开发出更加特异的 MDM2 和 MDM4 抑制剂，以使肿瘤治疗取得最佳疗效和最低毒副反应。已有的 MDM2 抑制剂 Nuflin3 和 M1219 是公认的治疗表达野生型 p53 的人类癌症最有前景的小分子药物，而 NSC207895 作为 MDM4 的抑制剂也已经结束实验阶段研究。

四、NDRG2 对细胞凋亡的调节

N-myc 下游调节基因(N-myc downstream-regulated gene，NDRG)家族由 NDRG1、NDRG2、NDRG3 和 NDRG4 4 个成员组成，它们之间的氨基酸存在 57%～65% 的同源性。NDRG2 基因组全长为 9.33kb，位于 14q11.2，含有 16 个外显子和 15 个内含子，NDRG2 mRNA 全长 2024bp，编码含 357 个氨基酸残基、分子质量约为 40.79kDa 的蛋白质。NDRG 家族成员的组织分布各有特点，除 NDRG4 目前发现仅分布于脑和心肌外，NDRG 基因家族其他成员几乎在所有的组织都有表达。其中 NDRG1 主要分布在心脏、脑、肾脏、骨骼肌、胎盘和肺组织中；NDRG2 则主要分布在骨骼肌、消化道腺上皮、胰岛 B 细胞、脊髓和唾液腺中；睾丸仅有 NDRG3 的表达。NDRG4 基因在成人脑和心肌组织中的表达与胎儿同类组织相比更为丰富，而阿尔茨海默病（Alzheimer's disease）患者脑组织中 NDRG2 和 NDRG4 的表达则明显低于正常人。免疫组织化学分析发现，NDRG1 主要表达于上皮组织，如消化道上皮和泌尿道上皮，在甲状腺滤泡肾上腺髓质、垂体前叶等内分泌组织也有表达。NDRG 家族各成员在不同组织中的不同分布提示它们在各种组织中的作用不尽相同。有研究使用 Northern blotting 杂交法分析了 NDRG1 mRNA 在各组织中的表达分布情况，结果发现 NDRG1 在人体多种组织中，如心、脑、消化道上皮、肾、肺、肝、骨骼肌、胰腺、前列腺、卵巢和胎盘屏障等中广泛表达，这强烈提示该基因在各种组织细胞的生长过程中可能起着重要作用。

还有研究分析了不同生长阶段的小鼠胚胎中 NDRG1 mRNA 的表达，结果发现在胚胎发育第 7 天时，琼脂糖凝胶电泳结果可以清晰地发现 3.3kb 的 NDRG1 mRNA 的电泳带；但是在胚胎 11 天时，琼脂糖凝胶电泳结果却无法观察到 NDRG1 mRNA 电泳带；然后在胚胎发育第 15 天及第 17 天时，琼脂糖凝胶电泳结果又可以观察到 NDRG1 mRNA 电泳带，这表明 NDRG1 基因参与了胚胎发生的调节过程。由于在小鼠中 NDRG1 是 N-myc 下游的靶基因，而现已公认 N-myc 在小鼠胚胎形成过程中起主要的调节作用，因而说明 N-myc 调节 NDRG1 的表达，从而参与胚胎的发生。NDRG1 除了在各种正常组织和细胞的生长过程中可能起着重要作用外，其在肿瘤组织和细胞中同样发挥着重要的作用。在多种人类肿瘤组织，如胃癌、肺癌、肝癌、前列腺癌、乳腺癌和胶质瘤中，NDRG1 mRNA 和蛋白质都呈现低表达状态。而将 NDRG1 编码 cDNA 转染人肿瘤细胞系后可明显抑制肿瘤细胞的生长。通过流式细胞仪研究还发现正常细胞中 NDRG1 的表达呈周期性变化，在 G_1 期和 G_2/M 期达到表达的高峰，而在 S 期则呈低表达。但是在肿瘤细胞中的分析则没有发现 NDRG1 的周期性表达，在细胞周期中呈现均一性的表达。将 NDRG1 编码 cDNA 转染入人肿瘤细胞系后可阻滞细胞周期并增加细胞凋亡。

NDRG2 基因与 NDRG1 具有较高的同源性，所以推测其可能与 NDRG1 基因发挥着类似的功能。前期对 NDRG2 在人肿瘤和正常组织中的初步表达研究发现，其为在人类多种肿瘤组织与相应正常组织之间的差异表达基因。有研究证明 NDRG2 在胚胎的脑、心、肝、肾、肺等脏器的表达量明显低于成人相应器官，而且 NDRG2 作为癌基因 myc 的下游调节基因，在多种人类恶性肿瘤，如乳腺癌、肺癌、肝癌、胃癌、胶质瘤、肾癌、甲状腺癌、口腔鳞状细胞癌和血液系统恶性肿瘤中呈低表达状态。以上结果说明，NDRG2 的表达状态与所处细胞的增殖状态及增殖能力呈负相关。有研究发现将 NDRG2 编码 cDNA 转入胶质母细胞瘤细胞系 U373 和 U138 后，与对照组相比转染后的胶质母细胞瘤细胞的增殖明显受到了抑制。将外源 NDRG2 编码 cDNA 转染入肝癌细胞系 HepG2 后，荧光显微镜发现目的基因 NDRG2 主要表达于 HepG2 细胞的细胞质，流失细胞仪分析证实转染 NDRG2 编码 cDNA 后的 HepG2 细胞与对照组相比细胞周期被阻滞于 G_1 期并且凋亡细胞比例增加。还有研究证实 NDRG2 基因参与了 p53 介导的细胞凋亡。以上的研究结果说明，NDRG2 极有可能作为一个重要的抑癌基因参与肿瘤恶性生物学行为的调节。但是 NDRG2 发挥其抑癌作用的具体机制目前仍不清楚。有研究显示，NDRG2 可能通过调控 Cyclin D1 和 TCF/β-catenin 活性从而调控肿瘤细胞的增殖。还有研究显示，NDRG2 可能通过下调细胞内 AP-1 活性从而抑制肿瘤细胞的增殖。近来的研究结果还显示，在纤维肉瘤和黑色素瘤细胞中，明胶酶谱分析显示 NDRG2 可显著抑制两种细胞系中的基质金属蛋白酶-9（matrix metalloproteinase-9，MMP-9）活性并且轻度抑制 MMP-2 活性；不仅如此，两种细胞的体外迁移和侵袭能力也可被 NDRG2 抑制；过表达 NDRG2 可抑制两种细胞在实验动物体内的生长速率以及原发肿瘤转移至淋巴结和肺的能力;NDRG2 还可抑制体内原发肿瘤瘤内及瘤体周边的血管形成能力。由于 MMP 活性主要受 NF-κB 信号通路调控,该研究推测 NDRG2 很有可能通过抑制 NF-κB 信号通路调控肿瘤的发生和发展。但是 NDRG2 在 CRC 中的表达模式、具体的细胞水平和分子水平功能以及相关的作用机制迄今仍未阐明。

五、生存素对细胞凋亡的调节

生存素(survivin)是近年发现的一种凋亡抑制基因,其可以抑制细胞凋亡,促进细胞转化,参与细胞有丝分裂、血管生成和肿瘤细胞耐药性的产生,参与细胞周期调控。生存素与恶性肿瘤关系密切,在多数肿瘤组织中存在过表达,而在大多数正常组织中不表达,是肿瘤基因治疗的理想靶点。生存素在肿瘤早期诊断、靶向治疗、预后评估中的研究也取得了一定成效。

生存素位于 17q25,其编码的蛋白质是肿瘤凋亡抑制蛋白(inhibitor of apoptosis protein, IAP)家族的重要成员,主要分布于胚胎、分化未成熟的组织及大多数常见的恶性肿瘤中。生存素基因克隆于 1997 年,全长 14. 5kb,由 4 个外显子和 3 个内含子组成,外显子和内含子的不同组合形成生存素 mRNA 多种剪切异构体。生存素蛋白含 142 个氨基酸,相对分子质量为 16 500,在溶液中以独特的二聚体形式存在。实验表明,抑制生存素的表达可以特异性地抑制肿瘤细胞的增殖,故可将其作为一种新的肿瘤特异性治疗靶标,其活性与肿瘤的关系近年来受到广泛关注。首先,因生存素在多数肿瘤中高表达或普遍表达,而在正常组织中低表达或不表达,使靶向治疗具有较好的特异性;其次,生存素在细胞周期中呈周期依赖性表达,靶向治疗能在周期中的相应阶段增加化疗、放疗的敏感性,促进癌细胞的凋亡。

在人类组织细胞中,至少发现了 8 个 IAP 蛋白家族成员。IAP 蛋白家族结构的共同特点是在 N 端含有 1 ~ 3 个由约 80 个氨基酸构成的重复序列,称之为杆状病毒 IAP 重复序列(baculoviral IAP repeat, BIR),BIR 是 IAP 的特征性结构。Caspase 家族成员在细胞凋亡的信号调制和启动死亡的过程中发挥关键作用。在 Caspase 蛋白的 N 端含有 IAP 结合基序(IAP binding motif, IBM),IAP 蛋白中 BIR 结构域能与活化的 Caspase 蛋白中的 IBM 结合,并由此抑制 Caspase 活性,进而抑制细胞凋亡发生。已发现人类 IAP 蛋白家族的 8 个成员为 NAIP、c-IAP1、c-IAP2、XIAP、ILP2、Livin、BRUCE 及生存素,其中生存素在家族成员中分子质量最小。生存素除具有 IAP 家族成员共有的抑制细胞凋亡的作用外,还参与细胞有丝分裂的调节和胞质分裂,其表达有严格的细胞周期依赖性,G_2/M 期表达量达到最大,G_1/S 期表达量最小。生存素过表达会促使异常转化的细胞越过凋亡检测点,并顺利通过有丝分裂,从而促进细胞增殖,增强对治疗药物的耐受性。生存素在细胞核和细胞质中均有分布。

生存素抑制凋亡促进增殖的机制主要与抑制 Caspase 的活化有关。其抗凋亡机制可能有以下几个方面:①与激活的 Caspase-3 和 Caspase-7 结合,阻止由 Caspase 激活剂或凋亡诱导剂诱导的细胞自杀酶的累积。②与细胞周期调节依赖激酶(cyclin dependent kinase, CDK)相互作用。导致 CDK4/Cyclin E 活化和 RB 的磷酸化,生存素/CDK4 复合物形成后引起 p21 蛋白释放,并与线粒体内的 Caspase-3 相互作用而抑制由 Fas 介导的细胞凋亡。③通过结合 smac/diablo 对抗其协助凋亡功能。smac/diablo 作为一种前凋亡蛋白参与激活 Caspase-9,启动后继凋亡程序。生存素同 smac/diablo 结合后拮抗凋亡程序的启动。④阻断由 Caspase-9 介导的细胞凋亡信号转导。生存素是周期蛋白激酶 p34cdc、Cyclin B1 的有丝分裂底物,生存素的 Thr34 磷酸化后与 Caspase-9 结合并抑制其活性。突变的生存素可导致内皮细胞发生 Cyt c 的释放、线粒体跨膜电位的丧失及 Caspase 底物的裂解,因此认为生存素通过抑制线粒体依赖的凋亡途径上游 Caspase-9 和减少活性 Caspase-3、Caspase-7 的产生而发挥抗凋亡作用的,所以可将生存素看成是线粒体依赖凋亡途径的一个新的上游调控因子。⑤通过干扰 p53 的功能,阻碍细胞凋亡。

生存素在生长发育过程中普遍表达于胎体器官,在正常成人组织中仅见于胸腺、睾丸、分泌期子宫、基部的结肠上皮细胞及有再生功能的造血干细胞,但在变异细胞和几乎所有的恶性肿瘤中均有不同程度的表达,且其表达与肿瘤恶性程度、侵袭性及临床预后相关。生存素 mRNA 在恶性肿瘤中的表达具有高度的选择性,在癌组织中的表达随着病理分期的进展而不断增高。有资料显示,生存素在肿瘤细胞耐药方面扮演着重要角色。生存素不同程度地表达于几乎所有的恶性肿瘤中,这是多种机制导致生存素基因表达调节失控的结果,如染色体 17q25 上生存素基因扩增、生存素基因低甲基化、基因启动子活化、p53 功能缺失、增强的磷脂酰肌醇激酶上游信号和促细胞分裂的蛋白激酶通路。针对生存素基因作为靶向的肿瘤治疗策略常用的一些方法包括反义寡核苷酸技术、核糖体技术、显性负性突变体技术、RNA 干扰技术。生存素作为一种新的凋亡抑制因子,其组织分布和独特的作用机制使其的研究备受关注。但目前尚有许多问题有待阐明,如生存素是如何在肿瘤细胞分裂中发挥凋亡切点功能的?生存素的亚细胞定位?与其他一些癌基因、抑癌基因的关系等。

鉴于生存素高表达与肿瘤发生的密切关系,针对生存素表达的反义 RNA、显性失活突变体、生存素核酶、生存素-siRNA 及 siRNA 联合放疗、化疗等开始被用于肿瘤的基础与临床研究。生存素作为一种重要的抑制凋亡因子,在肿瘤和癌前病变的早期诊断及判断预后中将发挥重要作用。随着对生存素对凋亡和细胞周期调控确切作用机制的逐步阐明,以生存素作为靶点开发新的抗肿瘤药物和设计新的治疗手段,对恶性肿瘤的临床治疗将具有潜在的重大价值。

六、Rab25 对细胞凋亡的调节

Rab 蛋白家族是小分子 GTP 结合蛋白家族(由 Ras、Rho/Rac/Cdc42、Ran、Sar/ARF、Rab 等亚家族组成)中最大的亚家族。自从 1983 年 Gallwitz 等发现了第一个 Rab-1 基因以来,目前发现的 Rab 成员已达 60 多种。这些蛋白质与 Ras 及其他 GTP 结合蛋白在结构上有相似性,均由 200 个氨基酸组成,能够结合 GTP 并将 GTP 水解。动物的体内、体外实验都发现 Rab GTPase 在调节细胞间的囊泡运输的分子开关中起着极其关键的作用。越来越多的证据表明,在多重人类疾病(包括癌症)中 Rab small GTPase 和它们相关的调节蛋白发生改变。

Rab25 是近年来新发现的 Rab 家族的蛋白质,属于 Ras 癌基因家族成员,又称为 CATX8。位于 1q21.2,由 213 个氨基酸组成,全长 1101bp,分子质量为 23 496Da。心、脑、骨骼肌组织中无 Rab25 的表达,而在胃肠黏膜、肺、肾组织中含有 Rab25,这些结果提示 Rab25 仅在上皮组织分布。Rab25 的功能主要有膜的循环及再循环、调节转录、细胞间交流、DNA 合成依赖、细胞内蛋白质运输及小 GTP 酶介导的信号转导。

在真核细胞中,细胞的生长、生物合成、分泌等重要生物过程都伴随着蛋白质在各细胞器之间的运输。蛋白质是否能够正确抵达其作用的细胞器是影响细胞能否正常活动的最重要原因之一。蛋白质在细胞内的运输有赖于囊泡运输来完成。Rab 是囊泡运输重要的调节因子。Rab 蛋白作为囊泡运输的分子开关，在囊泡的形成、转运、黏附、锚定、融合等过程中起作用。近年来，在酵母、线虫、果蝇、拟南芥和人等生物体中鉴定出的 Rab 蛋白分布遍及细胞内各类细胞器及运输囊泡，以调节囊泡特定的运输途径。Rab 蛋白在进化上的保守性及其突变体使囊泡运输产生缺陷等特性，已引起普遍关注。

Rab 蛋白具有一些共同的结构特征，即由保守的 G 结构域和高度可变的 N 端和 C 端组成。G 结构域包含 5 个 α 螺旋（A1 ~ A5）、6 个 β 片层（B1 ~ B6）和 5 个多肽环（G1 ~ G5），并与 Mg^{2+} 相连。6 个 β 片层形成疏水的核，与亲水的 α 螺旋和多肽环连接。5 个多肽环中共有序列元件与 Mg^{2+}、GTP/GDP 发生相互作用。GTP 的结合和水解，G 结构域中构象发生变化的区域称为分子开关区域，包括分子开关Ⅰ（swith Ⅰ）和分子开关Ⅱ（swith Ⅱ）。研究数据表明，不同 Rab 蛋白的分子开关区域相似，其活性形式不仅结构特点相同而且分子开关Ⅱ的构象保守。此外，有一些小片段是 Rab 家族所特有的。所有 Rab 蛋白在羧基端都含有 2 个半胱氨酸残端，通常以—CXC、—CC 或—CCXY 的形式出现。Rab 家族成员中氨基酸序列的相似性可达 35% ~ 80%，甚至大于 80%；而 Rab 蛋白与 Ras 蛋白的相似性≤30%。相同序列大于 75% 的几种 Rab 蛋白可以标为同一序列号，如 Rab5A、Rab5B 和 Rab5C，这些高度相关的 Rab 蛋白可能是同一种的不同亚型，因为它们处于相同细胞器上，而表现为几种功能。与 Ras 蛋白相比，Rab 蛋白的 N 端和 C 端在长度及序列上是高度可变的。Rab 蛋白 C 端均有 C、CC、CXC 或 CXXX 模体（motif），该模体是一种膜定位信号。当模体中的半胱氨酸异戊二烯化修饰后，Rab 蛋白即通过 C 端与膜相连。N 端的作用可能是参与指导 C 端半胱氨酸进行异戊二烯化修饰。对 Rab 蛋白突变体及嵌合体的研究表明，分子开关Ⅰ和分子开关Ⅱ、高度可变的 N 端和 C 端是 Rab 蛋白重要功能的决定者。

目前，Rab 的定位是通过分馏细胞、免疫荧光和免疫电镜等方法进行的，大多数 Rab 蛋白是无处不存在的，少数特异表达于某一细胞或组织，如 Rab17 只有在上皮细胞中被检测到。Rab3A 只表达于神经-分泌细胞，Rab3D 主要存在于脂肪细胞。对细胞器来说，除了溶酶体，所有参与生物合成、分泌等途径的细胞器，在它们的胞质面至少有一种 Rab 蛋白。新合成的 Rab 蛋白需要在 geranyl 转换酶的作用下异戊二烯化，使 Rab 蛋白具有疏水性，才能与膜可逆地连接，这是 Rab 蛋白与膜附着、结合的关键一步。

真核细胞中细胞的生长、生物合成、分泌等过程都伴随着物质在各细胞器之间的运输。这种物质运输和细胞器之间的动态平衡依赖于囊泡和管状囊泡结构的双向流动。因此如果囊泡运输障碍，蛋白质就不能到达目的地，从而导致许多疾病。Rab 蛋白作为细胞内囊泡运输的分子开关，与其上游调控子和下游特定的效应子相互作用，并与 GTP 的结合和水解过程相偶联，在囊泡运输的不同阶段发挥作用。而其作用的发挥需要 Rab 蛋白与特定膜的连接。这一过程需要 C 端保守的半胱氨酸进行异戊二烯化修饰，异戊二烯化修饰的完成需要牻牛儿基转移酶（Rab geranylgeranyl transferase，GGTase）和 Rab 护送蛋白（Rab escort protein，REP）的共同作用。囊泡运输可以有许多途径，但每个途径的共同步骤包括：囊泡在供体膜上芽生、运输到目的地、与靶膜对接和融合。目前 Rab 蛋白的功能，仍未完全明了。研究表明大多数的 Rab 蛋白调节靶向运输、囊泡的拴系、与靶膜泊位和融合，只有部分 Rab 蛋白调节囊泡的芽生。

Rab 与肿瘤的发生、转移有着密切的关系。①在 Sezary 综合征及其他淋巴和髓样恶性疾病患者的外周血中,Rab2 蛋白过表达。此外,还有一些证据表明不仅在白细胞,而且在外周血中所有 CD2 表现型的淋巴细胞 Rab2 蛋白均过表达。这提示 GTP 小结合蛋白参与肿瘤疾病的免疫。②研究发现在大多数实体肿瘤患者的血液中 Rab2 蛋白过表达,并且随着治疗过程的进展,这种过表达逐步得到改变。这进一步为 GTP 小结合蛋白参与肿瘤疾病的免疫提供了证据。③Rab5A 在具有高转移潜能的人肺腺癌细胞系 Anip973 中高表达,在低转移潜能的母系 AGZY83-a 中低表达,并且进一步研究发现在非小细胞肺癌的转移过程中,可能涉及 Rab5A 基因的调控改变,这说明 Rab5A 在肺癌的发生、转移过程中起着一定作用。将胃癌组织作为研究对象,应用免疫组织化学 SP 方法,发现 Rab5A 在胃癌组织中高表达,并且表达程度与胃癌转移有关,提示 Rab5A 与癌症的发生、转移有关。④消化和解毒是肝的两大重要功能,肝细胞一直保持着较高新陈代谢水平和活跃的囊泡运输功能。囊泡运输的功能障碍也许引起肝细胞发生癌变,从而产生反常生物行为。克隆了 6 个新的 Rab 基因,即 Rab1B、Rab4B、Rab10、Rab22A、Rab24B、Rab25,并且发现这 6 个基因在大多肝癌细胞中过表达。这提示肝癌的发病与 Rab 基因有一定关系。⑤Rab27A 在粒性白细胞中是嗜苯胺蓝颗粒分泌机制的基本组成,国外研究者通过重组表达文库血清分析(SEREX)发现,在 Rab27A 缺陷的小鼠中存在血浆中过氧化物酶分泌的缺陷,导致血液病的发生。⑥通过 Western blotting 分析在 11 种胰腺肿瘤细胞系及早期的胰腺癌中 Rab20 呈高表达,而在胰腺正常细胞无表达或弱表达,说明 Rab20 的表达上调是腺癌发生的早期表现。⑦近年来关于 Rab 蛋白与肿瘤的研究还有许多,如 Rab32 除了在结肠癌细胞中呈超甲基化外,在胃癌中也超甲基化;Rab11a 与皮肤癌密切相关,并且依赖 c-Fos 诱导等。以上研究均说明 Rab 蛋白在肿瘤的发生、发展过程中起重要作用。

Schaner 等的研究发现,在卵巢癌中 Rab25 表达水平显著升高,并且 Rab25 水平越高,患者的生存率越低,这些数据说明 Rab25 与卵巢癌的侵袭有关;关于 Rab25 的侵袭性在细胞系中也得到了证实,在多重压力条件下,包括血清缺乏、剥夺生长地点、紫外线照射和化疗治疗等,上调 Rab25 的表达,独立生长细胞成群生长活跃,细胞增殖和存活显著。通过 RNA 干预可减少 Rab25 促细胞增殖和存活的作用。已知 PI3KCA 基因在晚期卵巢癌中表达明显增多,目前研究发现 Rab25 表达上调增加 PI3KCA 的活性,而 Rab25 的抗凋亡作用和促进细胞存活与抑制 Bcl-2 家族的作用和激活 PI3K 途径密切相关,这进一步说明 Rab25 在卵巢癌发展中的重要作用。鉴于发现 Rab25 的新功能,国外学者提出 Rab25 可能成为新的、潜在的治疗靶点。总之,Rab 蛋白家族涉及多种疾病(包括癌症)的进展。随着对它们作用机制的进一步研究,Rab25 蛋白及其信号及运输通路将为卵巢癌的治疗开辟新的靶点。Rab25 表达过多的乳腺和卵巢肿瘤与未过多表达此蛋白的肿瘤相比,侵袭性更强、后果更差,这表明 Rab25 是“预后的指示物”,这些研究第一次在上皮癌的侵袭性中涉及 Rab25。值得注意的是,在Ⅲ期、Ⅳ期卵巢癌中 Rab25 mRNA 的水平选择性增高,表明 Rab 在肿瘤进展中可能有某种作用。在培养的卵巢癌和乳癌细胞中,Rab25 过表达显著增加细胞增殖和抑制凋亡(即使是化疗诱发的),也增加了肿瘤侵略性。Rab25 表达水平降低则凋亡细胞相应增加。使用人卵巢和乳房肿瘤对小鼠异种移植的体内试验也得到了相似结果。以上研究说明,Rab25 可以成为很好的治疗靶标。

七、GSK3β 对细胞凋亡的调节

GSK3 是多年前由 Embi 等首次在骨骼肌中分离发现的，是一个普遍存在于细胞内的丝氨酸/苏氨酸蛋白激酶，最初发现 GSK3 参与胰岛素对糖代谢的调节，近年来逐渐认识到 GSK3 还有许多重要功能。GSK3 有两个异构体，GSK3α 和 GSK3β，二者在催化域内有 97% 的序列相似。GSK3β 是细胞内多种信号转导通路的重要组成部分，能够磷酸化几十种蛋白质，包括十几种转录因子，广泛参与各种细胞功能的调节，包括胚胎发育、细胞分化，干细胞的维持及维持细胞骨架的完整性，尤其与细胞凋亡的发生关系密切。

GSK3β 在体内调节机制复杂，其活性主要通过 3 种不同方式共同调节：①特定位点的磷酸化。②蛋白质复合体的调节。GSK3β 在松散结构情况下与 GSK3β 结合蛋白（GBP）结合后形成蛋白质复合体后影响部分底物磷酸化而抑制 GSK3β 活性；GSK3β 与轴素集合后对底物的磷酸化活性增强。③ 细胞内定位的调节。GSK3β 大部分存在于细胞质中，但转位入核后对细胞转录因子的调控、促进肿瘤发生的活性才得以发生。

GSK3β 在细胞凋亡中发挥了重要作用，是公认的信号转导通路中决定细胞命运的关键激酶，至少参与了 PI3K/AKT、Wnt/Wingless 及 Hedgehog 3 条信号转导通路。在不同组织、细胞中呈现截然不同的作用，既能促进凋亡也可抑制凋亡，所以部分研究者认为其可能是一种组织特异性蛋白激酶。在调控凋亡过程中 PI3K/AKT 信号通路对 GSK3β 的影响最为重要，同时 GSK3β 是 PI3K/AKT/GSK3β 信号通路中关键性蛋白调节激酶之一，参与对 CREB、β-catenin 等多个下游信号通路的调节。在 PI3K/AKT/GSK3β 通路中，PI3K（磷脂酰肌醇-3-激酶）磷酸化 AKT（丝氨酸/苏氨酸蛋白激酶）上的 Ser473 位点，激活 AKT，后者磷酸化 GSK3β 调节其活性，从而实现对下游底物的调节。常见的 GSK3β 磷酸化位点主要有两个：一个是 Ser9 位点，另一个是 Thr216 位点。Ser9 位点磷酸化后可降低 GSK3β 的活性，为抑制性磷酸化。目前已知的 p70S6 激酶、p90RsK、PKA、PKC 等均可通过丝氨酸磷酸化抑制 GSK3β 的活性；而激活域中的 Thr216 位点被磷酸化后则可提高 GSK3β 的活性，为激活性磷酸化。细胞内钙离子水平增加、Src 酪氨酸激酶成员 Fyn 等使 GSK3β 的酪氨酸磷酸化水平升高。凋亡前信号主要是通过这两种方式调节 GSK3β 的活性，最终控制细胞凋亡的。除了 PI3K/AKT 外，GSK3β 也可以接受上游多种蛋白激酶的激活，参与细胞广泛功能的调节。

GSK3β 可能与以下因素诱导的凋亡有关：①GSK3β 磷酸化 eIF-2B 后抑制蛋白质合成过程是 GSK3β 促进细胞凋亡的主要机制；②抑制促存活转录因子，如热休克因子-1、C 反应元件结合蛋白、热休克蛋白 70 的表达促进细胞凋亡，促进促凋亡转录因子，如 p53 的表达而促进凋亡；③促进 c-Jun 氨基末端激酶途径的激活；④激活凋亡相关蛋白激酶半胱氨酸特异的天冬氨酸蛋白酶——Caspase 家族及 Bax 凋亡基因。GSK3β 可进一步激活 Bax、Bcl-2 家族成员 MCL-1，调控线粒体通透转运，维持线粒体内膜电位，阻止 MPTP 开放，抑制 Cyt c 凋亡诱导因子释放，致使 Caspase-9、Caspase-3 激活最终引起细胞凋亡。

GSK3β 参与多种组织的细胞凋亡调控。研究发现，GSK3β 的抑制剂氯化锂可保护鸡胚脊髓中的运动神经元，使其免受兴奋性氨基酸引起的毒性损害。一项关于放射性损伤的研究发现，通过下调 Caspase-3 等凋亡蛋白的表达，GSK3β 的抑制剂可以缓解 C57L/6J 小鼠小肠受到的放射性损伤；有报道组成性激活的 GSK3β 突变可激活 Bax，加剧代谢应激对肾上皮细胞的损伤；一项以前列腺癌组织为研究对象的临床微距阵分析表明，细胞内 GSK3β 的沉积与前列腺癌的临床病理特征相关。近年来 GSK3β 在多巴胺能神经元凋亡中的作用日益受到重视,Li 等的研究发现 GSK3β 参与多巴胺能神经元凋亡过程,GSK3β 介导了 6-羟基多巴在人源型神经母细胞瘤细胞中诱导的内源性细胞凋亡,应用 shRNA 干扰单克隆沉默内源性 GSK3β,可部分缓解 6-羟基多巴引起的内源性细胞凋亡。

从另一个角度讲,GSK3β 对细胞生存是必需的,GSK3β 敲除小鼠可以正常发育到中孕,但是在孕 14 天左右死亡,其原因是大量 TNF-α 诱导的肝细胞凋亡,而且研究发现,在许多肿瘤组织(如结肠癌、胰腺癌、乳腺癌、卵巢癌等)中 GSK3β 高表达,抑制 GSK3β 活性会促进相应肿瘤细胞凋亡。

八、β-catenin 对细胞凋亡的调节

β-catenin 为原癌基因,位于人类染色体 3q21.3—q22,共有 16 个外显子,长 23.2kb,其编码的蛋白质为 β-catenin 蛋白,分子质量为 92 ~ 95kDa,含 781 个氨基酸。β-catenin 在细胞中以两种形式存在:①结合型,与上皮钙黏附素(E-cadherin)结合于细胞膜的内表面,形成 E-cadherin/catenin 复合体,介导细胞间的黏附;②游离型,分布于细胞质和细胞核,参与 Wnt 信号转导途径,激活后以从胞质转入核内与其他转录因子协同,参与启动目标基因的转录活动。β-catenin 含有不同的蛋白质结合区域,其 N 端富含 Ser、Thr 位点,有数个 GSK3β 和酪氨酸蛋白激酶 ε(CKIε)的磷酸化位点,这一区域的修饰调节控制 β-catenin 的稳定性;C 端由 100 个氨基酸组成,含有活化相应靶基因的功能;中间区域含有 12 个 Armadillo 基本序列的重复区域,12 个重复区域形成一个棒状的超螺旋结构,在与 APC、T 细胞因子(TCF)、轴蛋白(Axin)等的结合过程中起着重要作用。这些结构特点决定了 β-catenin 在 Wnt 信号途径中起着重要作用

作为原癌基因,β-catenin 既可以被自身的稳定突变直接激活,也可以因丧失其调节基因的抑制而被激活,一旦被激活,β-catenin 将与一个或多个靶基因持续作用,发生持续的信号向下传递,超过细胞生长增殖的控制。

β-catenin 对细胞凋亡的调节作用主要是通过 Wnt/Wingless 信号调节通路实现的。Wnt/Wingless 途径是调控细胞生长增殖的关键途径,在胚胎发育和肿瘤发生中起着重要作用。Wnt/β-catenin 信号途径,又称为经典 Wnt 信号途径,是 Wnt 信号途径的一个主要分支。Wnt/β-catenin 信号通路是一条进化过程中高度保守的通路,参与调控多种细胞的增殖、凋亡、分化、迁移和黏附,参与组织的修复和重塑过程;在胚胎发育过程中参与调解细胞的增殖、分化。β-catenin 在经典的 Wnt/β-catenin 信号通路中占中心地位,是主要的胞质内效应分子,它的稳定和核转位是经典 Wnt 信号激活的重要标志。Wnt/β-catenin 信号通路是通过调节 LEF/TCF 家族的 DNA 转录来调节细胞行为的,此过程的核心是胞质内 β-catenin 的稳定性。β-catenin 表达增加时,Wnt 通路被激活,当其表达水平下降时,Wnt 通路关闭。通路的主要内容是:当细胞外没有 Wnt 信号传入时,细胞内的 β-catenin 被 Apc-Axin-GSK3β-Ck1(酪蛋白激酶 1)多蛋白复合体磷酸化,GSK3β 将磷酸基团加到 β-catenin 氨基端的丝氨酸/苏氨酸残基上,磷酸化的 β-catenin 再结合到 β-TRCP 蛋白上,受泛素的共价修饰,被蛋白酶体降解,进入细胞核内的 β-catenin 也随之减少,无法与转录因子 TCF/LEF 家族成员结合,影响下游靶基因的表达。β-catenin 中被 GSK3β 磷酸化的氨基酸序列称为破坏盒,此序列发生变化可能引起某些癌症。当有 Wnt 信号传入时,通路的配体 Wnt 蛋白与受体结合后以某

种方式激活 Dishevelled 蛋白，使 Apc-Axin-GSK3β-Ck1 复合物活性被抑制，从而抑制 β-catenin 被磷酸化后的泛肽化降解，导致 β-catenin 在胞质中大量积累。过量的积累后 β-catenin 通过各种方式进入细胞核中，使细胞核中 β-catenin 大大增加，与含有 HMG-Box 的转录因子 TCF-LEF 家族成员结合，从而激活下游靶基因，如 myc、Cyclin 的转录，从而调控细胞的增殖。

Wnt/β-catenin 信号通路过度活化参与了多种肿瘤的发生、发展。有研究表明，基因突变引起的 Wnt/β-catenin 信号通路过度活化参与了黑色素瘤及前列腺癌发生、发展的多个阶段。在肿瘤细胞中，抑制 β-catenin 的活性或靶向下调 β-catenin 可以使肿瘤细胞发生凋亡。结肠癌和胰腺癌中存在 Wnt/β-catenin 信号的活化，这与细胞的增殖失控和疾病的发生、发展相关。但也有学者的研究表明，Wnt/β-catenin 信号的过度活化与 HDACis 在结肠癌及胰腺肿瘤中的抑癌作用相关，这提示 Wnt/β-catenin 信号在肿瘤凋亡的作用中具有多样性。

九、β-arrestin 对细胞凋亡的调节

β-arrestin 包括 β-arrestin1 和 β-arrestin2，属于 Arrestin 超家族成员，是一类在提纯 β-肾上腺素受体激酶的过程中发现的一种重要支架蛋白和信号调控因子，在人体各种组织中广泛分布。β-arrestin 最初被发现的作用是参与 GPCR 的信号调控，其通过介导 7 次跨膜受体脱敏反应，阻断受体依赖的第二信使的激活，对大部分 GPCR 信号转导通路具有重要的负调控作用，在 G 蛋白偶联受体脱敏、内化、细胞增殖凋亡、基因转录和信号转导中具有重要地位。随着 GPCR 的信号转导成为生物学领域的研究热点，对 β-arrestin 蛋白的作用也得到不断认识。目前的研究发现 β-arrestin 在多条信号通路中起着重要作用，从而影响多种细胞的增殖、凋亡、迁移及炎症的发生和炎症因子的释放。β-arrestin 介导的转录调节在细胞的生长、凋亡及免疫调节方面都起着重要作用。β-arrestin 对细胞凋亡的调控作用主要体现在以下几个方面：

（1）β-arrestin 在不同水平调节 NF-κB 的信号转导途径。NF-κB 在细胞中广泛存在，在肿瘤的生长、细胞凋亡等方面发挥关键作用，β-arrestin 是一种肿瘤抑制因子，为内源性核因子-κB（NF-κB）的调控蛋白，可以在不同水平调节 NF-κB 的信号转导途径。NF-κB 活化在凋亡调节方面具有双重性，既可以调节抗凋亡蛋白的表达也可以调节促凋亡蛋白的表达，其发挥抗拮抗作用还是凋亡作用取决于肿瘤细胞的种类和信号转导的途径。β-arrestin2 为 NF-κB 的负调控蛋白，免疫共沉淀实验结果证明 β-arrestin2 一些信号因子，如 Src、MDM2、JNK3 及 IκB 形成复合物而抑制 IκBa 磷酸化，继而抑制 NF-κB 的信号转导途径。Gao 等通过酵母双杂交实验证明 NF-κB 可以与 IκBa 直接结合，IκB 上游激酶能与 β-arrestin2 在 HeLa 细胞中发生联合免疫沉淀反应。Luan 等的研究发现 β-arrestin2 与 IκB 相互作用可以阻止 IκB 的磷酸化和降解，从而减少紫外线照射引发的 NF-κB 信号活化。β-arrestin2 作为 LPA 介导的 NF-κB 激活的正调控作用不同于其他信号介导的 NF-κB 的负调控作用，β-arrestin2 通过招募 CARMA3 到 LPA 受体在 GPCR 介导的 NF-κB 信号通路中发挥重要作用。有研究表明，β-arrestin1 的过表达可以提高多巴胺 D2 受体介导的 NF-κB 激活；β-arrestin2 缺陷的肺癌小鼠相比控制组可促进肿瘤的生长的血管新生。

（2）β-arrestin 与 GPCR。GPCR 是目前所知道的最大的细胞表面受体家族，可以结合各种各样的生物活性分子，包括来自激素、神经递质、化学激素及其他环境刺激等的胞外信

号，将细胞外的各种信号传递到细胞内，GPCR 被激动剂激活后，其连接的 G 蛋白 α 亚基和 β、γ 亚基解离，活化的 G 蛋白亚基调节腺苷酸环化酶、磷脂酶和离子通道等，从而放大和传递细胞内信号。β-arrestin 与 G 蛋白偶联受体激酶（GRK）联合作用，调节受体内吞、信号转导和细胞凋亡等。β-arrestin 能够将磷酸二酯酶 PDE 募集到激活的 β2AR 上，降解第二信使 cAMP，进而抑制下游依赖于 cAMP 和 MAPK 的激活，磷酸化的 GPCR 和 β-arrestin 结合，抑 GPCR 和 G 蛋白之间的相互作用，进而阻碍了 GPCR 的信号转导。

（3）β-arrestin 与 MAPK。有丝分裂原激活的 MAPK 信号通路由三大家族组成，包括 ERK、JNK 和 p38。由于在 MAPK 级联通路中，一个上游的激酶可以激活许多下游激酶，生物体就需要组织特定的 MAPK 信号途径来保证信号转导的特异性、重复性和高效性。β-arrestin 是 Src 家族酪氨酸激酶的调节因子，是一些细胞外信号的支架蛋白，β-arrestin2 可以连接 MAPK 相应的激酶，保证这些激酶分子形成一个完整的信号转导复合物并处于细胞内特定的区域，与磷酸酯酶相隔离，避免激酶失活，从而对受体进行调节。此外，Kim 等发现 β1AR 能诱发 β-arrestin 介导的表皮生长因子受体（EGFR）的转移活化并激 MAPK 信号。β-arrestin 可以调控 MAPK 的激活。

（4）β-arrestin 与 p53、MDM2。β-arrestin 可调节肿瘤抑制因子蛋白 p53 介导的转录，p53 氨基末端的富含酸性氨基酸的区域是其发挥反式激活活性所必需的，β-arrestin 可以与肿瘤蛋白 MDM2 结合，负性调节 MDM2 自我泛素化及 MDM2 介导的 p53 的泛素化，从而抑制 p53 介导的反式激活效应。同时，MDM2 在直接调控 p53 蛋白降解的过程中发挥着重要功能。MDM2 与 p53 相互作用形成了一个自身负反馈调节环路，在细胞周期捕获及细胞凋亡过程中发挥重要作用。目前有研究显示，GPCR 活化后可明显提高 β-arrestin 和 MDM2 的结合。在 GPCR 激活后，MDM2 与 β-arrestin 分子的相互结合增强，并转位至细胞膜上与磷酸化的 GPCR 形成三聚体，介导受体的内吞过程。细胞内表达缺失泛素连接酶的 MDM2 突变体阻断了 β-arrestin 泛素化过程，并且抑制了 β-arrestin 介导的 β2AR 的内吞作用，但不影响受体的泛素化修饰和降解过程。β-arrestin 与 MDM2 的相互作用将 MDM2 在细胞核内调控 p53 的事件与在细胞膜上参与 GPCR 受体的内吞过程联系起来。β-arrestin 与 MDM2 的结合同时也抑制 MDM2 介导的 p53 降解过程，过表达 β-arrestin 可以增强 p53 介导的细胞凋亡。在压力超负荷导致心脏重构的过程中，β-arrestin 激活了 MDM2 的泛素化酶解体系，加速了受体的内吞和降解，同时可介导 MDM3 与 JNK3 的相互作用，启动 ASK1 依赖的凋亡信号，促进病理性细胞的清除。

（刘顺爱　任玉莲）

参考文献

Agarwal A, Newell KA. 2008. The role of positivecostimulatory molecules intransplantation andtolerance. Curr Opin Organ Transplant, 13: 366-372.

Aubin F, Mousson C. 2004. Ultraviolet light-inducedregulatory (suppressor) T cells: an approach forpromoting induction of operational allografttolerance. Transplantation, 77: S29-S31.

Barblu L, Herbeuval JP. 2012. Three-dimensional microscopy characterization of death receptor 5 expression by over-activated human primary CD4 T cells and apoptosis. PLoS One, 7(3): e32874.

Boularan C. 2007. beta-arrestin 2 oligomerization controls the Mdm2-dependent inhibition of p53. Proc Natl Acad Sci USA, 104

(46):18061-18066.

Delgedo M, Gonzalez-Rey E, Ganea D. 2005. The neuropeptide vasoactive intestinal peptide generates tolerogenic dendritic cells. J Immunol, 175(11):7311-7324.

Fadok VA, Bratton DL, Guthtie L, et al. 2001 Differential effects of apoptotic Versus lysed cells on macrophage production of cytokines: role of protetmes. J Immunol, 166(11), 6847-6854.

Ferguson TA, Kazanms H. 2005. Signals from dying cells: tolerance induction by the dendritic cell. Immunol Res, 32(1): 99-108.

Gupta S, Bi R, Su K, et al. 2004. Characterization of naïvememory, and effector CD8+T cells: effect of age. J Exp Gerontol, 39: 545-550.

Gupta S. 2005. Molecular mechanisms of apoptosis in the cells of the immune system in human aging. J Immunol Rev, 05: 114-129

Haeberlein SL. 2004. Mitochondrial function in apoptotic neuronal cell death. Neurochemical Research, 29(3):521-530.

He BC, Gao JL Zhang BQ et al. , 2011. Tetrandrine inhibits Wnt/beta-catenin signaling and suppresses tumor growth of human colorectal cancer. Mol Pharmacol, 79(2):211-219.

Huynh ML, Fadok VA, Henson PM. 2002. Phosphatldylserine dependent ingestion of apoptotic cells promotes TGF--betal secretion and the resolution of inflammation. J Clin Invest, 109(1):41-50

Inaba H, Geiger TL. 2006. Defective cell cycle inductionby IL-2 in naive T-cells antigen stimulated in thepresence of refractory Tlymphocytes. Int Immunol, 18:1043-1054

Ishikawa E, Nakazawa M, Yoshinari M. 2005. Role of Tumor Necrosis FactorRelated Apoptosis-Inducing Ligand in Immune Response to Influenza Virus Infection in Mice. J Virol, 79(12):7658-7663

Kamiński MM, Röth D, Sass S, et al. 2012. Manganese superoxide dismutase: A regulator of T cellactivation-induced oxidative signaling and cell death. Biochim Biophys Acta, 1823(5):1041-1052

Klemke CD, Brenner D, Weiss EM, et al. 2009. Lack of T-cellreceptor-induced signaling is crucial for CD95ligand up-regulation and protects cutaneous T-celllymphoma cells from activation-induced cell death. Cancer Res, 69:4175-4183

Klugewitz K, Blumenthal-BaRBy F, SchrageA, et al. 2002. Immunomodulatory effects of the liver: deletionof activated CD4+ effector cells and suppressionof IFN-gamma-producing cells after intravenousprotein immunization. J Immunol, 169:2407-2413

Lefkowitz RJ, ShenoySK. 2005. Transduction of receptor signals by beta-arrestins. Science, 308(5721):512-517.

Li A, Ojogho O, Escher A. 2006. Saving de a th: apoptosis for intervention in transplantation andautoimmunity. Clin Dev Immunol, 13:273-282.

Li F. 2005. Role of survivin and its splice variants in tumorigenesis. Br JCancer, 92(2):212-216

Li X, Baillie GS, Houslay MD. 2009. Mdm2 directs the ubiquitination of beta-arrestin-sequestered cAMP phosphodiesterase-4D5. J Biol Chem, 284(24):16170-16182.

Ling HY, Zhang T, Laetitia P, et al. 2008. BI-1 regulates endoplasmic reticulum Ca^{2+} homeostasis downstream of Bcl-2 family proteins. Biol Chem, 283(17):11477-11484.

Michishita Y, Hirokawa M, Guo YM, et al. 2011. Age-associated alteration of γδ T-cell repertoire and different profiles of activation-induceddeath of Vδ1 and Vδ2 T cells. Int J Hematol, 94(3):230-240.

Nam S, Buettner R, Turkson J, et al. 2005. Indimbin derivatives inhibitStar3 signaling and induce apoptosis in human cancer cells. Proc Natl Acad Sci USA, 102(17):5998-6003.

Nogues L, Salcedo A Mayor Jr F, et al. 2011. Multiple scaffolding functions of {beta}-arrestins in the degradation of G protein-coupled receptor kinase 2. J Biol Chem, 286(2):1165-1173.

Pallares J, Martlnez-Guitarte JL, Dolcet X, et al. 2005. Survivinexpressionin endometrial carcinoma: a tissue microarray study with correlationwith PTEN and STAT-3. Int J Gynecol Pathol, 24(3):247-253.

Raghuwanshi SK, Nasser MW Chen X, et al. 2008. Depletion of beta-arrestin-2 promotes tumor growth and angiogenesis in a murine model of lung cancer. J Immunol, 180(8):5699-5706.

Reiter E, Lefkowitz RJ. 2006. GRKs and beta-arrestins: roles in receptor silencing, trafficking and signaling. Trends Endocrinol Metab, 17(4):159-165.

Sallusto F, Geginat J, Lanzavecchia A. 2004. Central memory and effector memory T cell subsets: function, generation, and maintenance. J Ann Rev Immunol, 22: 745-763.

Sitailo LA, Jerome-Morais A, Denning MF. 2009. Mcl-1 functions as major epidermal survival protein required for proper keratinocyte differentiation. J Invest Dermatol, 129(6): 1351-1360.

Sun E, Gao Y, Chen J, et al. 2004. Allograft tolerance induced by donor apoiptotic lymphocytes requires phagocytosis in the recipient. Cell Death Differ, 11(12): 1258-1264.

Sun J, Lin X. 2008. Beta-arrestin 2 is required for lysophosphatidic acid-induced NF-kappaB activation. Proc Natl Acad Sci USA, 105(44): 17085-17090.

Sun X, Zhang Y, Wang J, et al. 2010. Beta-arrestin 2 modulates resveratrol-induced apoptosis and regulation of Akt/GSK3ss pathways. Biochim Biophys Acta, 1800(9): 912-918.

Suárez-Fueyo A, BaRBer DF, Martínez-Ara J, et al. 2011. Enhanced phosphoinositide 3-kinase δ activity is a frequent event in systemic lupus erythematosus that confers resistance to activation-induced T cell death. Immunol, 187(5): 2376-2385.

Tang TS, Slow E, Lupu V, et al. 2005. DistuRBed Ca^{2+} signaling and apoptosisof mediumspiny neurons in Huntington's disease. Proc Natl Acad Sci USA, 102(7): 2602-2607.

Theofilas P, Bedner P, Huttmann K, et al. 2009. The proapoptotic Bcl-2 homologydomain 3-only protein Bim is not critical for acute excitotoxic celldeath. J Neuropathol Exp Neurol, 68(1): 102-110.

Tsukaharas S, Yamamoto S, Shew TT, et al. 2006. Inhalation of low-level formal-chehyde increases the bcl-2 /bax expression ratio in the hippocampus of immunologically sensitized mice. Neuroimmunomodulation, 13(2): 63-68.

Umeshappa CS, Huang H, Xie Y, et al. 2009. $CD4^+$ Th-APC with acquiredpeptide/MHC class I and II complexes stimulatetype 1 helper $CD4^+$ and central memory $CD8^+$ Tcell responses. J Immunol, 182: 193-206.

Walensky LD. 2006. Bcl-2 in the crosshairs: tipping the balance of life anddeath. Cell Death Differ, 13(8): 1339-1350.

Wensveen FM, Unger PP, Kragten NA, et al. 2012. Costimulation induces survival or Fas-mediated apoptosis of T cells depending on antigenic load. Mol Immunol, 50(4): 220-35

Xu DL, Liu Y, Tan JM, et al. 2004. Marked prolongation of murine cardiac allogrft survival using recipient immature dendratic cells with donor derived apoptotic cells. Scand J Immunol, 59(6): 536-544

Yolcu ES, Ash S, Kaminitz A, et al. 2008. Apoptosis as a mechanism ofT-regulatory cell homeostasis and suppression. Immunol Cell Biol, 86: 650-658.

Zhan X, Kaoud Ts, Dalby KN, et al. 2011. Nonvisual arrestins function as simple scaffolds assembling the MKK4-JNK3alpha2 signaling complex. Biochemistry, 50(48): 10520-10529.

Zhang R, Xue YY, Lu SD, et al. 2006. Bcl-2 enhances neurogenesis and inhibits apoptosis of newborn neurons in adult rat brain following a transient middle cerebral artery occlusion. Neurobiol Dis, 24(2): 345-356.

ZhangXR. 2003. Reciprocal expression of TRAIL and CD95L in Thl and Th2 cells: role of apoptosis in T helper subset differentiation. Cell Death Differ, 10(2): 203-210

Zheng L, Sharma R, Gaskin F, et al. 2007. Anovel role of IL-2 in organ-specific autoimmune inflammation beyondr egulatory T cellcheckpoint: both IL-2 knockout and Fas mutationprolong lifespan of Scurfy mice but by different mechanisms. J Immunol, 179: 8035-8041

第二十四章　肿瘤相关基因与细胞自噬

第一节　细胞自噬的特点

一、自噬的概述

自噬性死亡(autophagy)一词来源于希腊语,auto 是指自身,phagy 是吃的意思,所以 autophagy 意为自体吞噬,简称为自噬。自噬是细胞内的物质成分利用溶酶体被降解过程的统称。真核细胞所特有的自噬被诱导后,细胞开始在细胞质中形成 300 ~ 900nm 大小的多层膜的液泡,其中包裹着要被降解的物质。随后液泡与溶酶体融合,液泡中的底物在酸性环境和溶酶体酶的共同作用下被降解,如蛋白质被分解为氨基酸、核酸被分解为核苷酸等。细胞内的物质主要有两种降解途径:一种是通过蛋白酶体被降解;另一种是通过自噬作用。蛋白酶体主要降解细胞内的短寿命蛋白,而自噬则负责长寿命蛋白和一些细胞器的降解利用。自噬是细胞对内、外界环境压力变化的一种反应,在某些情况下自噬还可导致细胞死亡,被认为是区别于细胞凋亡的另一种细胞程序性死亡形式。自噬现象最早是于 1962 年在电子显微镜下被观察到的。近年来,由于分子生物学、基因组学等实验手段的日臻完善,尤其是酵母自噬突变株的产生,使自噬分子基础的研究有了很大的进展。

(一) 细胞自噬的生理功能

细胞自噬是生物有机体适应不同环境的有效的内部调节机制,主要的生理功能有以下几点:

(1) 细胞自噬参与代谢应激过程。例如,营养缺乏、生长因子缺如、低氧等条件时,细胞为了适应代谢调节的变化需要进行细胞自噬的调节。在这种情况下自噬产生的氨基酸、脂肪酸分子可以参与细胞自生的代谢过程,也可以运送到机体的各个部位而发挥不同的生物学功能。

(2) 自噬是细胞的看家者。看家是自噬的一个基本功能,通过细胞自噬机制,可以有效清除生命过程中发生损伤的细胞器和错误折叠的蛋白质分子,防止这些不能发挥生物学功能的细胞器和蛋白质分子在细胞内过度积聚而产生的对细胞正常功能的不良作用。例如,细胞可以有效地启动细胞自噬机制清除侵入细胞内的微生物,因此细胞自噬也是机体抗感染的重要机制之一。

(3) 细胞自噬是染色体的守护者。研究发现,如果细胞自噬相关的 Atg 基因发生异常,DNA 损伤和染色体的稳定性就会显著下降。虽不能完全断定细胞自噬在正常细胞中是否在维持染色体的稳定性方面也具有很重要的作用,但是细胞自噬在维持细胞内能量代谢、内环境稳定、细胞内蛋白质分子和细胞器质量控制方面具有十分重要的作用。

(4) 细胞自噬决定细胞的生死。多数情况下,细胞自噬主要是一种应激适应机制,促进细胞的生存。但是,在某些情况下细胞自噬又可以看成是一种特殊形式的死亡,即Ⅱ型细胞死亡、细胞自噬型细胞死亡。

(二) 自噬与疾病

如果细胞自身调节出现紊乱,则会导致一系列的疾病状态。研究显示,自噬与很多疾病都密切关联。

(1) 自噬与神经退行性疾病。除了有效清除蛋白质常规更新过程中自发产生的错误折叠的蛋白质分子之外,细胞自噬还与几种退行性病变中因基因突变引起的易于错误折叠的蛋白质累积的细胞清除相关。

(2) 细胞自噬与肝炎病毒(HBV/HCV)。研究表明 HCV 可以上调自噬,自噬利于 HCV 的繁殖。而 HBX 蛋白也可以通过上调 beclin1 的表达而诱导自噬。

(3) 细胞自噬与肌病。与神经退行性疾病类似,肌退行性疾病的机制可能与自噬小体和溶酶体在融合过程发生错误、错误折叠蛋白质分子的积聚物形成、细胞自噬机制过度清除心肌细胞等有关。

(4) 细胞自噬与心脏病。自噬小体与溶酶体之间的融合发生障碍,即细胞自噬机制发生障碍,可能是一些较少见的心肌疾病(如 Danon 病、Pompe 病等)发病的主要机制。

(5) 细胞自噬与肿瘤。细胞自噬调节的分子生物学机制与肿瘤发生的信号转导途径有很多是重叠在一起的。一系列肿瘤抑制基因的生物学功能都与 TOR 抑制效应的上游调节有关。

(6) 自噬与感染和免疫。细胞自噬也是机体抵抗各种微生物感染的重要机制之一。宿主细胞可以通过细胞自噬途径,把侵入机体活细胞内的微生物运送到溶酶体中进行降解。细胞通过细胞自噬的原理和机制清除侵入的微生物的过程称为异体自噬(xenophagy)。细胞自噬对免疫系统的调节不限于病原体相关的应答过程,细胞自噬在细胞内环境稳定、生与死的决定等方面也同时对免疫系统产生影响。如果说细胞自噬在宿主抵抗细胞内病原体中发挥重要作用的话,那么从另外一个角度来看,病原体的致病性则在一定程度上取决于这些病原体对抗细胞自噬对其清除的能力。

二、细胞自噬相关基因

(一) Atg

细胞自噬相关基因包括在细胞自噬调节中与自噬小体形成相关的基因,影响溶酶体清除自噬小体的基因,细胞自噬调节所必需的基因,自噬小体隔离、运动、成熟相关的基因,以及调节细胞自噬和其他细胞活动的基因等。第一个自噬特异性基因于 1997 年从酵母中被分离鉴定。自噬的特异性基因和相关基因在酵母中被统一命名为自噬相关基因,在哺乳动物中被统一命名为 Atg。

在自噬体形成的早期阶段,即隔离膜阶段,由 Atg12-Atg5-Atg16L 形成的复合物与其外膜结合,这种结合一方面促进了隔离膜的伸展扩张;另一方面,Atg5 复合物与隔离膜的结合促进了 LC3 向隔离膜的募集。Atg12-Atg5-Atg16L 复合物为同源四聚体组成的大蛋白质复合物,分子质量约为 800kDa。正常哺乳动物细胞中绝大多数 Atg5、Atg12 和 Atg16L 以复合物形式存在,说明 Atg12-Atg5-Atg16L 复合物的存在是自噬过程中膜延伸所必需的。Atg12-Atg5-Atg16L 复合物在膜上的定位决定膜的弯曲方向,膜向着背对 Atg5 复合物的方向延伸。当双层膜结构即将形成环状闭合结构或刚刚闭合形成自噬体时,Atg5 复合物便从膜上脱离下来,只留下膜结合形式的 LC3-Ⅱ定位于自噬体溶酶体膜。动物细胞发生自噬时,细胞内 LC3 上调。因此,LC3-Ⅱ含量的多少与自噬体数量的多少成正比。但是也有研究表明,自噬溶酶体膜上的 LC3-Ⅱ并不是只有当自噬活性增强时才增加,而且当自噬体与溶酶体结合后,表达在自噬溶酶体内膜上的 LC3-Ⅱ会被溶酶体内的碱性蛋白酶降解,所以,目前正在研究更好的代表自噬活性的特异性标志物。当哺乳动物细胞发生自噬时,细胞内 LC3 的含量及 LC3-Ⅰ向 LC3-Ⅱ的转化明显增加。通过检测细胞内 L3-Ⅱ的含量变化,可以方便地判断细胞状态,但是还要结合其他检测技术才能更确切地判断自噬的水平。

由 Atg3、Atg5、Atg7、Atg10、Atg12 和 LC3 参与组成的两条泛素样蛋白质加工修饰过程、Atg12 结合过程和 LC3 修饰过程在哺乳动物自噬体的形成过程中发挥着重要的作用。Atg12 首先由 E1 泛素样酶 Atg7 活化,之后转运至 E2 泛素样酶 Atg10,最后与 Atg5 结合,形成自噬体前体(autophagosomal precursor)。LC3 前体(proLC3)形成后,首先加工成胞质可溶性形式 LC3-Ⅰ,并暴露出其羧基末端的甘氨酸残基。同样,LC3-Ⅰ也被 Atg7 活化,转运至 E2 泛素样酶 Atg3,并被修饰成膜结合形式 LC3-Ⅱ。LC3-Ⅱ定位于前自噬体结构和自噬体,使之成为自噬体的标记分子。哺乳动物细胞内源性 Atg5 和 Atg12 主要以结合形式存在;而胞质可溶性 LC3-Ⅰ和膜结合型 LC3-Ⅱ的比例在不同组织和细胞类型中变化很大。哺乳动物细胞自噬中两条泛素样加工修饰过程可以互相调节、互相影响。

Atg5 基因缺陷的鼠胚胎肝细胞缺乏 Atg12-Atg5 复合物,其 LC3-Ⅰ到 LC3-Ⅱ的修饰同时受到影响。在哺乳动物细胞 HEK293 中,Atg3 除作用于其底物 LC3、分子质量为 16kDa 的高尔基体相关 ATP 酶增强子(Golgi-associated ATPase enhancer of 16kDa, GATE-16)和 γ-氨基丁酸受体相关蛋白(γ-amminobutyri acid receptor associated protein, GABARAP)外,还与 Atg12 和 Atg12-Atg5 复合物相互作用。虽然 HEK293 细胞中单独超表达游离的 Atg12 促进了 LC3-Ⅰ到 LC3-Ⅱ的修饰,过多 Atg12-Atg5 复合物的存在却可抑制上述修饰过程。在 Atg7 存在的情况下,HEK293 细胞超表达哺乳动物细胞中的 Atg3 可促进 Atg12-Atg5 复合物的形成。这些研究结果显示,Atg3 与 Atg12 和 Atg12-Atg5 复合物的相互作用在 Atg12 结合和 LC3 修饰两条泛素化修饰途径中起着重要作用。哺乳动物 Atg10 除结合 Atg12 外,还与 LC3 相互作用。Atg10 与 Atg12 形成 E2 样底物中间物,但不与 LC3 结合。在 Atg7 存在下,超表达 Atg10 还可以促进 LC3-Ⅰ到 LC3-Ⅱ的修饰。酵母和哺乳动物细胞中的 Atg7 以同源二聚体形式存在。这些结果说明,Atg12 结合和 LC3 修饰两条泛素样修饰途径相互偶联,Atg10 和 Atg3 两种 E2 样酶在调控自噬上述两条泛素样修饰过程中发挥着重要作用。

(二)细胞自噬相关细胞膜分子

1. Rab 蛋白 Rab 蛋白也称为 targeting GTPase,属于一种单体 GTP 酶家族,作用时使运输小泡靠近靶膜。在酵母中,自噬体与液泡的融合依赖于 Rab7 的同源物 Ypt7。在哺乳动物细胞中,已经证实 Rab7 是自噬体成熟所必需的。

2. LAMP-2 溶酶体相关膜蛋白(lysosome-associated membrane protein, LAMP)是一个高度糖基化的位于内吞体/溶酶体上的跨膜蛋白家族,包括 LAMP-1、LAMP-2 和 LAMP-3。

LAMP-2 可能参与维持溶酶体膜的完整性以及作为一种转运受体协助蛋白质进入溶酶体。LAMP-2 在自噬体的成熟过程中发挥着重要作用。Saftig 等的研究发现,在 LAMP 基因敲除的鼠细胞中,溶酶体并没有聚集在特定的区域而是弥散性地散落在细胞质中。因此,自噬体不能与溶酶体融合而在细胞质中大量积累。LAMP-2 基因缺陷小鼠中,自噬体与溶酶体的融合减少,而它们与多泡体的融合不受影响。

(三) 细胞自噬相关转录因子

1. AMP 激活蛋白激酶　AMP 激活蛋白激酶(AMP-activated protein kinase,AMPK)在真核细胞生物中广泛存在,属丝氨酸/苏氨酸蛋白激酶,其活性受 AMP 的调节。AMPK 能够感知细胞能量代谢状态的改变,并通过影响细胞葡萄糖、脂肪等物质代谢的多个环节维持细胞能量供求平衡。在低氧、缺血、肌肉运动等应激情况下,细胞内 AMP/ATP 值升高,AMP 激活 AMPK,活化的 AMPK 激活下游激酶,增加葡萄糖摄取和糖酵解,以及加强对脂肪酸的 β 氧化,使线粒体合成 ATP 增加,确保对细胞的能量供应。因此,AMPK 被认为是调节细胞能量代谢的开关,有人将之称为"细胞能量调节器"。除了作为细胞自噬的感受器外,mTOR 也可通过 AMPK 感受细胞的能量变化。活化的 AMPK 可以抑制 Rheb 的活性,从而抑制 mTOR 依赖的信号转导通路。在能量缺乏的细胞中,当 AMP/ATP 值升高,AMP 与 AMPK 结合,从而促进 AMPK 激酶 LKB1 对 AMPK 的活化,诱导细胞自噬。在静息状态(非能量缺乏)时,细胞内游离钙离子浓度增加可活化 CaMKK-β,后者激活 AMPK,从而抑制 mTOR,诱导自噬。因此,AMPK 作为 mTOR 的上游转录因子可能是细胞自噬的主要调节基因之一。此外,AMPK 还可通过其下游的真核细胞延伸因子-2 激酶(eukaryotic elongation factor-2 kinase,Eef-2 kinase)调节细胞自噬。Eef-2 激酶控制肽链延伸的速率,其活性受 mTOR、S6K 和 AMPK 调节,活化的 Eef-2 激酶促进细胞自噬。在 ATP 耗竭的情况下,AMPK 被激活,继而 Eef-2 激酶被磷酸化,抑制肽链延伸,同时诱导自噬。

2. 丝裂原活化蛋白激酶　丝裂原活化蛋白激酶(mitogen-activated protein kinase,MAPK)是细胞内的一类丝氨酸/苏氨酸蛋白激酶,进化高度保守,是细胞信号转导系统的重要组成部分。MAPK 通路信号的传送是通过 MAPKKK、MAPKK 和 MAPK 连续的磷酸化作用实现的。目前,已在哺乳动物细胞中克隆和鉴定了细胞外信号调节激酶(extracellular signal-regulated kinase,ERK)、c-Jun 氨基末端激酶/应激激活蛋白激酶(c-Jun N-terminal kinase/stress-activated protein kinase,JNK/SAPK)、p38MARK 和 ERK5/BMK1(big MAP kinase1)等 MAPK 亚族。不同 MAPK 亚族被其上游激酶激活后,可通过磷酸化转录因子、细胞骨架相关蛋白和酶类等多种底物来调节多种细胞生理过程,包括炎症、应激、细胞生长、发育、分化、死亡和功能同步化等。MAPK 既参与细胞自噬的诱导,也与自噬体的成熟有关。

(四) 细胞自噬的信号转导途径

1. PI3K/AKT/mTOR 信号途径　PI3K(phosphatidylinositol 3-kinase)是细胞内重要的信号转导分子,它是脂质激酶家族的成员,能特异性地使磷酸肌醇环上的 3-羟基磷酸化,产生磷酸化的磷脂酰肌醇。PI3K 以静息状态普遍存在于胞质中。生长因子、细胞因子、激素、缺氧等细胞外信号刺激可激活 PI3K。AKT 又称为 PKB(protein kinase B),是 PI3K 的一个重要下游分子,它对调控细胞的大小、生长、增殖、存活及糖代谢起着十分重要的作用。mTOR 是雷帕霉素的靶蛋白(target of rapamycin,TOR),是一个重要的丝氨酸/苏氨酸蛋白激酶。mTOR 是 AKT 的重要底物之一,它对低等动物和高等动物的生长及发育而言都是必不可少的。

mTOR 信号通路的基本结构包括两条上游调控途径和两条下游调控途径。mTOR 调控主要受两条信号通路调节,即 PI3K/AKT/mTOR 信号通路和 LKB1/AMPK/mTOR 信号通路。mTOR 通过上游信号通路被磷酸化后产生应答效应,调节两条不同的下游通路,包括 4E-BP1 通路和 S6K 通路,分别控制特定亚组的 mRNA 翻译。

PI3K 对早期自噬体的形成至关重要,发挥正向或反向调节作用。mTOR 与 PI3K/AKT 组成 PI3K/AKT/mTOR 信号途径,在调剂自噬中发挥着极为重要的负向调节作用,是自噬启动阶段的关键分子。

2. 雷帕霉素靶蛋白信号转导途径 激酶是氨基酸、ATP 和激素的感受器,是细胞自噬的一个关键性调节因素。氨基酸,特别是带支链的氨基酸,如亮氨酸(leucine),通过 RagA 介导可以调控雷帕霉素靶蛋白(mammalian target of rapamycin,mTOR)的活性氨基酸信号。类似的,在出芽酵母中,同属于 RagA 家族的 EGO 复合体包含 ras 相关 GTP 酶 Gtr1 和 Gtr2,它与 Ego1、Ego3 蛋白在氨基酸饥饿状态下对 TOR 调控发挥重要作用。TOR 存在两个不同的复合体——TORC1 和 TORC2,它们在酵母至哺乳动物中都非常保守。TORC1 的主要功能就是调控自噬。营养缺乏或雷帕霉素会抑制 TORC1 复合体从而导致自噬。目前对调控 RagGTP 酶和 MAP4K3 的上游分子及其之间的作用机制尚不清楚。这些氨基酸信号上游分子可能起始于胞膜,因为这是氨基酸与细胞最初接触的部位。胞膜通过一类称为溶质相关载体(solute-linked carrier,SLC)蛋白的膜转运蛋白来摄取氨基酸。最近的研究发现,细胞通过 SLC1A5 摄取 L-谷氨酰胺,随后 L-谷氨酰胺通过 SLC7A5/SLC3A2 快速流出。SLC7A5/SLC3A2 是一个双向的转运蛋白,同时转出 L-谷氨酰胺并转入亮氨酸。研究发现,SLC1A5 缺失会抑制亮氨酸转运入细胞,进而抑制细胞生长并激活自噬。

另外一个参与营养信号通路的 mTORC1 上游的重要分子是 Vps34(human ortholog of yeast vacuolar protein sorting 34),又名Ⅲ型 PI3K。Vps34 是一个酯类激酶,在真核生物中非常保守。研究发现,Vps34 能够通过产生和累积 PI3P 来根据营养状况调节自噬。PI3P 在细胞自噬产生的最初阶段处于非常特殊的位置。hVps34 缺失会抑制亮氨酸途径的 mTORC1 的激活,表明 hVps34 可能位于 mTORC1 信号的上游。

细胞自噬 mTOR 通路下游的第一个蛋白质是 Atg1。Atg1 是进化非常保守的丝氨酸/苏氨酸激酶,在自噬发生初期,如成核及自噬前体结构形成等过程中发挥关键作用。Atg1 敲除或突变株研究表明,即使在营养饥饿或 TOR 被抑制的情况下仍未发生细胞自噬,表明 Atg1 在 TOR 下游发挥作用。Atg1 根据营养状况和 TOR 活性可与数个自噬蛋白,如 Atg13、Atg17、Atg29 和 Atg31 相互作用。TOR 磷酸化 Atg13 多个位点,导致 Atg1 和其结合蛋白的亲和力降低,从而抑制自噬。饥饿时 TOR 失活,低磷酸化形式的 Atg13 导致 Atg1、Atg17 及其他关键自噬因子定位到自噬前体结构。可见,酵母的 Atg1 复合体在 TOR 引起的自噬信号通路中处在关键的节点上。

Atg1 在哺乳动物中被称为 ULK(UNC-51 like kinase),随着 ULK 复合体的发现,有研究表明,mTORC1 可以磷酸化哺乳动物的 Atg13、ULK1 及 ULK2。通过雷帕霉素或饥饿抑制

mTORC1 活性,可以诱导自噬,导致 ULK1、ULK2 和 Atg13 去磷酸化。这些研究表明,ULK1、ULK2 和 Atg13 是 mTORC1 的直接效应蛋白。另外,FIP200 的磷酸化状态与 mTORC1 的活性负相关,暗示当 ULK1 和 ULK2 活化 FIP200 磷酸化才被诱导。而体外实验也表明,ULK1 和 ULK2 能够磷酸化 FIP200。此外,ULK1、ULK2 和 Atg13 的相互作用对 FIP200 的磷酸化非常重要,暗示 FIP200 需要 ULK 磷酸化才能通过 Atg13 与 ULK 结合。ULK1 的 C 端对自噬小体的定位非常重要,目前已发现它的两个功能:①介导 ULK 结合蛋白;②调控 ULK 构象。一项限制性水解实验表明,ULK1 C 端折叠回 N 端激酶结构域形成一个"闭合"构象而具有活性。而 ULK1 激酶致死性突变体的 ULK 则处于"开放"的失活构象。mTORC1 介导的 ULK1 或 Atg13 磷酸化可以抑制 ULK 自身磷酸化及随后的构象变化。ULK1 和 ULK2 与膜结构的结合依赖于 ULK CTD 结构域。目前认为,ULK1 和 ULK2 定位在膜上,参与自噬小体成核作用的最早期阶段。

3. 其他信号转导通路蛋白　除以上两种信号途径外,还有很多其他信号转导通路蛋白对细胞自噬具有重要调节作用。GTP 结合的 G 蛋白是自噬的抑制因子,而 GDP 结合的 G 蛋白却是自噬的活化因子。GAIP(G alpha interacting protein)作为 RGS(regulators of G-protein signaling)的家族成员之一,通过 G 蛋白加速 GTP 的水解,促进自噬的发生。在营养缺陷的饥饿应答、双链 RNA 刺激、内质网应激(endoplasmic reticulum stress)条件下,AGS3(activator of G-protein signaling 3)、5′-AMP-激活的蛋白激酶(5′-AMP-activated protein kinase,AMPK)、真核细胞起始因子 2α(Eif2α)的信号转导应答可以作为重要的调节因素对细胞自噬产生影响。含有 Bcl-2 同源-3(BH3)基序的一些 BH3-仅有蛋白(BH3-only protein)对 Beclin1/class Ⅲ PI3K 和 Bcl-xL 复合物的形成过程具有抑制作用,对肿瘤抑制蛋白 p53 也有一定的影响。死亡相关蛋白激酶(death-associated protein kinase,DAPk)、内质网膜相关蛋白 Ire-1、应激激活激酶(stress-actived kinase)即 c-Jun-N 端激酶[(c-Jun-N-teminal kinase)]、肌醇三磷酸受体(inositoltriphosphate receptor,IP3R)、GTP 酶(GTPase)、神经酰胺(ceramide)、酪氨酸激酶受体、蛋白激酶 A(protein kinase A,PKA)、酪蛋白(casein)激酶Ⅱ和 Ca^{2+} 等都是体内调节细胞自噬的重要信号转导通路分子。激素在自噬的调控中也起着重要作用,胰岛素可以抑制自噬,而胰高血糖素则促进自噬。

第二节　细胞自噬与肿瘤

自噬与肿瘤的发生和发展具有密切关系,并且为肿瘤治疗提供了新思路,是目前国际肿瘤研究中的热点。自噬在肿瘤进展中的角色随疾病病程而不断发生动态变化,自噬初期可以作为肿瘤发生的一种抑制因素,对自噬的抑制可使蛋白质降解减少,合成代谢增加,最终导致原癌细胞持续增殖。在肿瘤生长过程中,尤其是当肿瘤内还没有形成足够的血管为其扩增提供营养时,肿瘤细胞可以通过自噬来克服营养缺乏和低氧的环境而得以生存。同时自噬对线粒体的分隔可防止促凋亡因子(如细胞色素)和凋亡诱导因子(apoptosis induced factor,AIF)的扩散。此外,自噬可以清除电离辐射时受损的大分子或细胞器(如线粒体),保护肿瘤细胞免受电离辐射的作用,从而逃避凋亡而存活下来。因此自噬对肿瘤细胞具有抑制和促进的双重作用。

一、肿瘤中的自噬

(一) 肿瘤细胞与自噬

在许多肿瘤细胞中,自噬活性较正常组织细胞降低,表现为营养缺乏、细胞高密度以及药物诱导情况下自噬能力不增加。动物模型研究发现,不同肿瘤形成过程中自噬能力的下降时期不同,药物诱导肝细胞癌变在结节形成期即有自噬能力下降现象,而胰腺癌诱导模型在结节期和腺瘤期自噬和降解能力是增加的,到癌细胞形成才出现下降。但也有一些肿瘤始终保持着自噬高表达,如大肠癌、肺癌、宫颈癌 HeLa 细胞等。在营养缺乏状态下,HeLa 细胞中的自噬活性从 4% 上升到 37%,这类高自噬活性或许对肿瘤在恶劣环境中的生存起到一定的保护作用,可能与肿瘤的耐药性相关。分子生物学研究还发现了肿瘤细胞中自噬相关基因的改变。例如,乳腺癌、卵巢癌、前列腺癌、肺癌等多种细胞中均存在 beclin1 呈单等位基因缺失,该基因是抑癌基因 BECN1 的产物。利用质粒转染高表达 beclin1 基因可使乳腺癌细胞自噬增强,抑制其细胞生长、克隆及肿瘤形成。在动物模型中,beclin1 单等位基因敲除的小鼠自发性恶变的概率增加,提示 beclin1 是哺乳动物的抑癌基因。非小细胞肺癌细胞中还存在 MAP1LC3 表达活性降低。目前认为,正常组织细胞可通过自噬清除胞质异常翻译的蛋白质、受损的细胞器以阻止癌变过程,也有研究表明,自噬可以加强细胞染色体稳定性、减少坏死性炎症反应,这些组织细胞的保护机制均起到了抑制肿瘤的作用,而各种原因导致的自噬能力的减弱则促进了肿瘤的发生;增强自噬则能抑制肿瘤的发生和生长。在肿瘤发展阶段,由于血液供应与肿瘤快速生长的不协调往往造成部分肿瘤细胞处于缺氧及饥饿状态,这些细胞即可能通过自噬作用耐受生存压力,通过降解细胞内蛋白质及细胞器为生长和血管形成提供营养及能量,表现为肿瘤细胞的自噬增强,从这个角度来说,自噬有助于肿瘤的生长、增生。可见自噬与肿瘤存在着密切的关系,但自噬在肿瘤的发生、发展中究竟扮演了怎样的角色尚不明确,有待对自噬更深入的本质研究。

(二) 促进 LC3 脂酰化和 p62 降解

LC3 脂酰化是细胞自噬发生的一个重要标志,在细胞自噬发生过程的自噬小体膜形成阶段,胞质型 LC3 (LC3-Ⅰ) 经磷脂酰乙醇胺化形成脂酰化 LC3 (LC3-Ⅱ),进而插入到自噬小体膜上,当自噬小体和溶酶体融合形成自噬溶酶体后,内层膜上的 LC3-Ⅱ 被去脂酰化转变成 LC3-Ⅰ 释放到胞质中,因此在细胞自噬发生过程中,常以 LC3-Ⅱ 的变化来进行细胞自噬水平的初步判断。p62 是一种在多种信号转导途径中发挥作用的支架蛋白,常出现在泛素相关的细胞聚集体和包涵体中。p62/SQSTM1 蛋白是连接被泛素化的蛋白聚集体和 LC3 的接头蛋白,其在自噬发生过程中直接插入自噬小体中,随后在自噬溶酶体中降解,抑制自噬可使 p62 的降解减少。

(三) 组织损伤和慢性炎症

在组织损伤及慢性炎症的细胞中,自噬作为受损细胞的一种适应性反应可有效清除损伤的蛋白质和细胞器,以减轻损伤和炎症、维持细胞内环境稳定,而自噬缺陷则会引起细胞内环境紊乱、基因突变等,甚至导致细胞死亡或癌变,故长期组织损伤或慢性炎症刺激成为很多肿瘤的罪魁祸首。

二、自噬对肿瘤的保护作用及其机制

虽然在某些情况下自噬作用可以诱导肿瘤细胞的凋亡和 Caspase 依赖的死亡,但在多数情况下,自噬作用可以促进肿瘤细胞的生存并维持其活性。在大多数的人类肿瘤细胞中都观察到了 PI3K 途径的持续活化。实体肿瘤微环境的共同特点就是存在着巨大的代谢压力——由于血供不足所造成的营养、生长因子、氧供应不足等。肿瘤细胞能够在这样艰难的环境中生存并保持其活性,依靠的就是自噬作用。Yah 等研究了响尾蛇毒对白血病 K-562 细胞的作用,发现自噬可以延缓凋亡,维持细胞活力。Paglin 等发现,结肠癌、乳腺癌及前列腺癌细胞在接受小剂量放疗后均存在酸性囊泡样细胞器(AVO,即自噬泡)堆积现象。事实上,AVO 是保护辐射后细胞的一种防御机制,因为抑制 AVO 后辐照细胞的死亡率升高。有人推测自噬是凋亡的早期反应。当细胞的损伤超过自噬保护负荷后,线粒体的准凋亡因子将激活细胞死亡程序,因此提高自噬能力可减轻或避免因凋亡引起的死亡。

自噬作用可以缓解细胞的代谢压力,并且保持其活性。可以认为,自噬作用是肿瘤细胞的生存机制。然而许多实验却观察到了与之相悖的结果:自噬途径的功能缺失突变与肿瘤的发展存在相关性。实验表明,在转化的成纤维细胞中蛋白质的降解率比未转化的成纤细胞中的低,尤其是在血清、氨基酸撤除后更为明显。这说明细胞的增殖率受蛋白质合成率及长寿命蛋白自噬性降解率平衡的影响,后者在增殖的细胞中显著低于稳定的细胞。随后,在肿瘤的动物模型中也观察到了类似现象。例如,化学致癌物诱发的肝癌细胞,早在癌变前期的肝结节中就已经出现了自噬能力下降的现象,而且从肝结节和肝癌组织中分离得到的自噬泡的溶酶体酶类活性降低。鼠的胰腺细胞经致癌物质诱导后,癌变前期结节和所形成腺瘤的自噬能力及降解能力均增加,但当形成癌细胞后自噬能力下降。这些例子说明尽管大多数细胞癌变前自噬能力各有不同,但在癌变后其自噬能力均减弱。自噬引起的蛋白质正平衡可促进癌变前细胞的克隆扩增。与此相反,用药物诱导自噬活性可抑制肿瘤细胞的增殖。例如,在芦荟大黄素的作用下,鼠 C6 神经胶质细胞瘤可以发生自噬性死亡,构建的人端粒酶反转录酶启动子-Ad(human telomerase reverse transcriptase promoter-Ad)条件性复制腺病毒。可以通过诱导自噬来杀死端粒酶阳性的癌细胞。有研究认为,组蛋白去乙酰酶(histone deacetylase,HDAC)抑制剂诱发的自噬性细胞死亡在治疗凋亡缺陷性癌细胞时具有显著的临床应用价值。对乳腺癌、前列腺癌及结肠癌细胞系的放疗处理均可诱导自噬性细胞死亡。自噬作用下调后,细胞饥饿时蛋白质丢失减少,可提高蛋白质正平衡,使细胞易于存活。在 40%~75% 的乳腺癌、卵巢癌、前列腺癌中存在自噬相关基因 beclin1 的单等位缺失。存在 beclin1 缺陷的小鼠更容易发生淋巴瘤、肺癌、肝细胞肝癌和乳腺癌前病变。从具有 beclin1 缺陷的小鼠体内取出肾脏和乳腺上皮细胞,植入实验动物体内后,这些细胞比正常细胞更容易恶变。在动物模型中,其他的自噬相关基因也具有肿瘤抑制作用。这些实验结果提示,自噬作用其实是一种肿瘤抑制机制,而 beclin1 等被认为是新的抑癌基因。在缺乏自噬作用的条件下,肿瘤细胞是如何应对代谢压力生存并增殖的目前有两种假说。第一种假说认为,肿瘤细胞的坏死和炎症反应激发了一种慢性损伤修复反应,造成肿瘤的进一步发展。肿瘤细胞处于缺血、缺氧、代谢压力的环境。在自噬缺陷时,ATP 生成不足,肿瘤细胞就发生坏死和炎症反应,导致细胞膜无法保持完整性,最后引起细胞溶解。众多恶性肿瘤的发生与慢性炎症有关,如慢性胃溃疡与胃癌、溃疡性结肠炎与结肠癌等。而发生凋亡和自噬性死亡的肿瘤细胞不会释放炎性介质,也不会造成慢性的炎症反应,第二种假说与基因突变有关。在代谢压力、氧化损伤的条件下,细胞自身会发生突变,这种有害突变可导致肿瘤进一步发展。自噬作用可以及时清除这种有害突变,阻止肿瘤进一步发展。反之,自噬作用缺失时,肿瘤细胞的有害突变就会不断累积,造成肿瘤的发展甚至转移。这其中可能的机制包括:细胞器功能异常;损伤蛋白、细胞器、DNA 的大量堆积;ATP 水平不足无法维持基因的完整性。

三、自噬相关基因 beclin1 与肿瘤

(一) beclin1

beclin1 是酵母自噬基因 Atg6/vps30 的同源基因,也称为 BECN1,在自噬和肿瘤过程中发挥重要作用。1998 年,Liang 等在致死性 sinbis 病毒性脑炎的大鼠中发现一种分子质量为 60kDa 的蛋白质与 bcl-2 基因产物 Bcl-2 相互作用,能抑制 sinbis 病毒的复制,他们将编码这种蛋白质的基因命名为 beclin1。该基因位于人染色体 17q21,含有 12 个外显子,与酵母的自噬基因 Atg6/vps30 有高度的同源性,二者编码蛋白质的氨基酸同源性达 24.4%。Beclin1 蛋白含有 BH3(Bcl-2-homology-3)、中央螺旋区(central coiled-coil domain,CCD)和进化保守区(evolutionarily conserved domain,ECD)3 个结构域,这些结构域是 Beclin1 与其他分子相互作用的部位。Beclin1 是自噬体形成过程中的一个必需分子,它能够介导其他自噬蛋白定位于吞噬泡(phagophore),从而调控哺乳动物自噬体的形成和成熟。在自噬过程中 beclin1 的表达水平往往会上升。例如,在乙肝病毒感染的肝细胞中,乙肝病毒 X 蛋白通过上调 beclin1 的表达而增加自噬体的形成,在人类单核细胞核白血病细胞中,Beclin1 也可以通过被维生素 D_3 上调而诱导自噬发生。

(二) Beclin1 在自噬体形成与成熟中的作用

自噬是将细胞内变性坏死的蛋白质和细胞器进行降解的最主要途径,它在真核生物中是一个高度保守的过程,从低等的酵母到高等的哺乳动物都存在。自噬的作用广泛,它不仅参与生物体的发育和老化等生理过程,而且也与病理性损伤的保护过程相关,包括肿瘤和一些神经退行性疾病。细胞自噬是一个相当复杂的过程,其中涉及多种多样的调节分子,Beclin1 就是其中很重要的一个。一方面,Beclin1 参与自噬体的形成,有利于吞噬泡的聚集与组装,此作用依赖于 Bclin1-PI3KIC3 复合体,同在该复合体中的还有调节性蛋白激酶 p150(Vps15)及 Atg14 的同源分子 Atg14L 或与 Bclin1 和自噬相关的关键性调节蛋白。很多正性或负性调节分子参与调节此复合体的活性。其中,起上调作用的分子有液泡膜蛋白 1(vacuole membrane protein 1,VMP1)、Ambral(activating molecule in beclin1-regulated autophagy)和骨髓样分化因子 88(myeloid differetiation factor 88,MyD88)等;起下调作用的分子有 Bcl-2 家族的蛋白质分子。Beclin1-PI3KIC3 复合体还可以募集 Atg12-Atg5 和 Atg16L 多聚体以及 LC3,使后两者促进吞噬泡的伸展扩张,使吞噬泡的膜逐渐发展为半环状、环状结构。

另外,Beclin1 有助于自噬体的成熟。Rubicon 和抗紫外线相关基因的产物蛋白(UV irradiation resistance-associated gene protein,UVRAG)是两个与 Beclin1 相关的蛋白质,它们调

节自噬体的成熟。其中 UVRAG 可以直接与 Beclin1 结合,而 Rubicon 则作为 UVRAG 的亚单位与 Beclin1 结合。有研究表明,Beclin1-PI3KIC3-UVRAG-Rubicon 复合体抑制自噬体的成熟,而 Beclin1-PI3KIC3-UVRAG 复合体能促进自噬体的成熟。可见 Beclin1 通过与不同的分子结合成复合物,可以在自噬体的形成和成熟两个阶段发挥作用。

(三) Beclin1 的表观遗传学改变与肿瘤

表观遗传(epigenetics)是指 DNA 序列没有发生改变,但基因表达却发生了可遗传和可逆的变化,最终引起生物体表型的改变。表观遗传改变主要包括 DNA 甲基化、组蛋白修饰和非编码 RNA 调控。研究发现许多肿瘤中存在自噬调节基因的表观遗传学改变,beclin1 就是其中之一。

beclin1 基因甲基化。DNA 甲基化是最主要的表观遗传学修饰,它在调节基因活性中发挥着重要作用,癌基因及抑癌基因的甲基化异常是肿瘤发生的机制之一。多种肿瘤存在自噬调节基因的异常甲基化,beclin1 就是其中之一。beclin1 基因的 5′端富含 CG 序列,CpG 岛从启动子开始至外显子 2 结束(从核苷酸-528 ~ +977,以转录起始点为+1),长度约为 1.5kb。对乳腺癌、胃癌及结直肠癌等组织的研究发现,beclin1 基因 5′端的这个 CpG 岛发生异常甲基化,并伴有 beclin1 在 mRNA 及蛋白质水平的表达下调,用 DNA 甲基化酶抑制剂处理则可恢复细胞中 beclin1 的表达及自噬活性,表明 beclin1 基因发生甲基化修饰后,可以下调 beclin1 的表达,进而下调肿瘤细胞的自噬活性。

UVRAG 是抗紫外线相关基因的产物,它是酵母 Vps38 的同源分子,能直接结合到 Beclin1 的 CCD 上形成异二聚体,激活 Beclin1-PI3KIC3 复合物而促进自噬体的形成,并且也能募集晚期胞内体的 Rab7 而促进自噬体的成熟。在人类染色体上,编码 UVRAG 蛋白的基因位点在乳腺癌中经常发生突变,表明 UVRAG 是一个抑癌分子。但是它的抑癌活性既可以通过自噬依赖的方式,也可以通过非自噬依赖的方式来表现。在人类结肠癌细胞中,UVRAG 有的等位基因突变,但自噬水平并未降低,说明结肠癌的发生可能与自噬无关而与 UVRAG 参与的其他机制有关。近年来也有研究表明,UVRAG 可以通过抑制 Bax 的活性进而抑制凋亡,为研究 UVRAG 和肿瘤的关系提供了更多的思路。

四、肿瘤中自噬调节的信号通路

(一) PI3K/AKT/mTOR 通路

PI3K/AKT/mTOR 通路是目前研究最多也是最透彻的自噬调控通路,在自噬发生的上游起抑制或诱导作用。该信号通路在多种肿瘤中失调,如非小细胞肺癌、前列腺癌、乳腺癌和胰腺癌等中存在 PI3K 持续活化及表达量增高;而该通路负调节因子、抑癌基因 PTEN 在广泛的人类肿瘤中发生缺失。这些肿瘤的发生、发展可能与自噬的抑制有关,通过抑制 PI3K/AKT/mTOR 通路增强自噬可降低肿瘤的恶性行为。在小鼠模型中,敲除 PI3K 基因可防止慢性淋巴细胞白血病的发生,而 PI3K/mTOR 双重抑制可阻止慢淋细胞的扩散。在原代鼠胚胎成纤维细胞中,p53 与 mTOR 途径协同调节自噬,可能通过激活 AMPK 或上调 PTEN 基因等抑制 mTOR 活性,从而诱导自噬发生,这提示自噬可能与 p53 协同抑制肿瘤。但最近有研究利用基因敲除、下调、药物抑制胞质(而不是胞核)p53 水平反而激活自噬过程,这使 p53 在自噬中的作用又披上了一层面纱。

(二) Ras/Raf1/MEK1/2/ERK1/2 通路

Ras/Raf1/MEK1/2/ERK1/2 通路与肿瘤细胞增生相关,近年来的研究发现其与自噬相关。在人结肠癌细胞株 HT-29 中,通过该通路活化的 ERK1/2 可使 Gα 干扰蛋白(Gα-interacting protein,GAIP)磷酸化而活化,GAIP 是一种 GTP 酶活化蛋白,可使蛋白质从无活性(Gαi3-GTP)形成转化为有活性(Gαi3-GDP)形式,Gαi3-GDP 蛋白可促进自噬前体的形成,从而诱导自噬的发生。

(三) ClassⅢPI3K 复合物激活

ClassⅢPI3K 复合物(Beclinl-Bar-kor-p150-ClassⅢ PI3K)在自噬体膜形成中起着关键作用。该复合物的 Beclin1 是最先发现的自噬相关肿瘤抑制蛋白,与内质网上(而不是线粒体上)的 Bcl-2/Bcl-X 蛋白结合时抑制自噬活性;各种诱导因素作用下,如营养缺乏时可见 Bcl-2 与 Beclin1 的分离,激活 PI3K 可促进自噬体膜形成。耐紫外线相关基因(UV radiation resistance associated gene,UVRAG)蛋白也通过与 Beclin1 结合,并可通过过表达抑制肿瘤,bif-I(Bax-interacting factor I)则通过与 UVRAG 结合调节自噬活性及肿瘤发生。

五、自噬与肿瘤治疗

(一) 抗肿瘤药物

引起肿瘤细胞发生自噬与药物的种类、肿瘤细胞的类型、药物的浓度、药物作用细胞的时间等因素有关。近年来,随着分子生物学的进步和药理学的深入探索,为恶性肿瘤的药物治疗提供了不少新靶点,抗肿瘤药正从传统的细胞毒药物向针对多环节作用的新型抗肿瘤药物发展(如肿瘤血管生成抑制剂、肿瘤分化诱导剂等)。肿瘤预后不佳的重要因素是肿瘤细胞对放疗、化疗药物的耐受。Kessel 等的研究发现,在白血病 L1210 细胞中,抗癌药 XK469 及其类似物 SH80 可诱发自噬并使细胞生长停滞在 G_2/M 期,从而消除肿瘤细胞对化疗药物的耐受性;在人淋巴瘤细胞中,自噬抑制剂氯喹可增强肿瘤细胞对凋亡诱导剂的敏感性,因而还可以考虑将自噬抑制剂与凋亡诱导剂合用以治疗肿瘤;而在肿瘤发生的晚期阶段,肿瘤细胞可能通过细胞自噬在低血管化的环境中生长,因而可考虑抑制自噬活性,以达到治疗肿瘤的目的。已有研究证实,通过抑制自噬可以增强 5-FU 诱导的细胞凋亡性死亡。由于自噬与肿瘤存在双重关系,诱发自噬并不一定会导致肿瘤细胞的死亡。因此,目前尚不能盲目地将自噬诱导剂、抑制剂应用于临床,否则不但不能阻止肿瘤的发生,反而会促进肿瘤的发展。寻找靶向于自噬分子机制的抗肿瘤药物对肿瘤的分子治疗具有重要的意义。如何使抗肿瘤药物诱导肿瘤细胞产生自噬,继而引起细胞死亡?如何消除自噬对肿瘤细胞的保护作用?这些都是药物诱导肿瘤细胞自噬治疗肿瘤时需解决的问题。相信随着对自噬研究的不断深入和药剂学、基因技术的飞速发展,靶向性药物及自噬基因的靶向治疗将为肿瘤治疗和联合化疗开辟新的天地。

(二) 抑制自噬与肿瘤治疗

因为自噬是一种生存的方法,其可在应激条件下为肿瘤提供氨基酸和其他细胞营养成分，可能会促进肿瘤生长，提示自噬抑制剂在肿瘤治疗中的可能价值。自噬抑制剂对增强血管生成抑制剂的疗效尤为重要，因血管生成抑制剂通过阻断肿瘤血管的供应增加肿瘤的代谢应激。手术、化疗、放疗对肿瘤的损伤可能扰乱肿瘤的功能和结构，而自噬抑制剂综合了它们造成的代谢应激。在肿瘤转移过程中，肿瘤细胞离开了肿瘤组织，因营养供应不足而产生高水平的代谢应激，增加了肿瘤细胞对自噬的依赖，这为使用自噬抑制剂提供了机会，而且，肿瘤常采用糖酵解代谢获能，而这并不是产生能量的有效方式，这时的肿瘤对自噬抑制剂特别敏感，在此时的代谢应激灾难下自噬抑制剂可诱导肿瘤细胞死亡。这种情况下自噬抑制剂诱导的是急性的、完全的而非慢性的细胞死亡。自噬过程中治疗的靶点很多，包括激酶、蛋白酶、类似泛素的结合系统，这为抗肿瘤药物的开发提供了充足的空间。抗疟疾药物氯喹通过抑制溶酶体的泛酸化及自噬在初步的鼠肿瘤模型联合治疗中已经显示出疗效，如果能证明通过抑制自噬介导的肿瘤细胞生存而发挥作用药物疗效，那么患者将会从中极大的受益。

（三）增强自噬与肿瘤预防

因为自噬能通过抑制蛋白质聚集、细胞器和染色体的损伤来阻止其导致的染色体组不稳定或细胞死亡及炎症，所以通过刺激自噬来阻止这些损伤的发生并最终阻抑肿瘤的发生可能是有价值的。有多种情况可以诱导自噬，包括抗肿瘤药物的使用，自噬可以被一些蛋白激酶所调节，其中效果最好的是哺乳动物的雷帕霉素靶蛋白（mTOR）。Brown 等于 1994 年证实并克隆了哺乳动物的 TOR 基因，其产物只有一种蛋白质，即 mTOR，已有研究表明 mTOR 在肿瘤和代谢性疾病中发挥着至关重要的作用，而且 mTOR 途径已成为一种新的肿瘤治疗靶标。有趣的是，mTOR 是一种强大的上游自噬抑制效应蛋白，而 mTOR 抑制剂目前应用于临床治疗某些肿瘤，这增加了 mTOR 抑制剂对肿瘤发挥作用的能力，是因为它上调了自噬的可能性。由此可以认为对于有自噬缺陷相关肿瘤发生危险的人，使用自噬增强剂预防肿瘤可能具有特殊的价值。值得一提的是，虽然对自噬调节剂在肿瘤治疗与预防中的疗效充满期待，但最近的有些研究对阻断自噬提高肿瘤对细胞毒疗法敏感性的效果提出了质疑。有研究认为调控自噬的效果似乎依赖肿瘤的内在属性和联合治疗选用的细胞毒药物的性质。因此，尽管认为调节自噬可能影响肿瘤的生长、转移和治疗抵抗，但肿瘤的独特属性和细胞毒疗法的选择可能决定治疗结果的好坏。Dikic 等指出自噬具有选择性，其可通过特定的受体分子，如 p62/SQSTM1，选择性连接自噬溶酶体和自噬目标，来调节不同阶段的肿瘤发展。这提示在不同肿瘤和同种肿瘤发展的不同阶段，自噬作用可能是不同的。因此通过进一步研究自噬的机制及过程，对调节自噬在肿瘤治疗中发挥作用具有十分重要的意义。

第三节　肿瘤相关基因与自噬调节

一、p53 对自噬的调节

p53 与自噬关系复杂，因为 p53 在自噬调控中有双重作用。在哺乳动物细胞中，肿瘤抑制子 p53 是关键的检测点蛋白质，在包括 DNA 损伤、低氧和癌基因激活等基因毒性应激的情况下被激活,通过促发肿瘤抑制机制做出反应,如细胞周期阻滞、衰老和凋亡。在这些情况下,p53 转录激活诱导自噬的基因,并通过以 AMPK 和 TSC1/TSC2 依赖的方式抑制 mTOR,伴随 LKB1 介导的有 AMP/ATP 值增加引起的 AMPK 激活。p53 可激活 DRAM 的转录。p53 也通过其直接靶位 DRAM 诱导自噬。DRAM 是一个编码 238 个氨基酸的溶酶体蛋白,在高级真核细胞中高度保守,定位于溶酶体膜。有研究指出,当细胞发生 DNA 损伤、ADP 核糖基化因子激活或 p53 阴性的肿瘤细胞 p53 重新表达时,将发生 p53 介导的细胞自噬。通过缺失、消耗或抑制的手段使 p53 失活,也能够促使细胞发生自噬。

在细胞暴露于基因毒性应激的情况下,p53 可作为自噬的正调控因子。在 DNA 损伤物质处理后,p53 激活,进而引起 mTOR 的抑制,诱导自噬。mTOR 抑制依赖于 p53 引起的 AMPK 激活,并由 TSC1 和 TSC2 介导,TSC1 和 TSC2 的缺失能消除 p53 抑制 mTOR 的能力。除了 DNA 损伤外,p19ARF 过表达的癌性应激也能促发 p53 诱导的自噬。有趣的是,p53 诱导的自噬不仅能被 mTOR 抑制介导,也能通过 p53 的转录活性介导。在基因毒性应激的情况下,p53 上调 DRAM 的转录水平。在暴露于 DNA 损伤的情况下,降低 DRAM 的表达促进细胞存活,而且 DRAM 对 p53 诱导自噬和细胞死亡也是需要的。降低 Atg5 表达抑制了上述这一效果,表明 DRAM 介导的 p53 诱导的自噬和细胞死亡涉及自噬机制。有趣的是,DRAM 被发现在鳞癌中降低,提示 DRAM 可能是肿瘤抑制基因。

(一) p53 诱导自噬的发生

1. 营养匮乏 在细胞未收到任何应激压力作用下,p53 抗癌基因是一种潜在的未被激活的转录因子。当受到肿瘤胁迫或其他压力时,p53 作为一种转录因子被激活,能够引起细胞周期阻滞、衰老、凋亡等。Levine 等的研究发现,在细胞营养物质匮乏时,p53 被激活。当葡萄糖匮乏 20min 后,p53 的 Serl5 开始磷酸化,表明 p53 被激活。这种磷酸化是由腺苷酸活化蛋白激酶 (AMPK)介导的,它通过 AMP 和 ATP 的比值来衡量细胞中的能源利用率。这种通过新陈代谢和 AMPK 激活 p53 的途径可以引起细胞周期阻滞,因此可以使细胞在营养物质匮乏时幸存。但是这条通路的具体途径仍然不是很清楚。

2. 毒性压力 除了营养物质匮乏引起的 p53 依赖性自噬外,细胞毒性压力(genotoxic stress)也可以引起自噬。由 DNA 损伤药物可以引起小鼠胚胎成纤维细胞 p53 被激活,mTOR 受抑制,自噬小体形成和 LC3 脂化、断裂,引起自噬的发生。p53 通过两种方式抑制 mTOR,一种方式是通过 p53 转录非依赖途径,在毒性压力下,AMPK 被激活,AMPD 进一步抑制 mTOR;另一种方式是转录依赖途径通过上调 mTOR 负性调控因子 AMPK(AMPKβ1 和 AMPKβ2)以及 TSC-1/TSC-2、PTEN 而实现,然而,对于后两者的调节是有组织特异性的,p53 只能在那些能量代谢中高度依赖于胰岛素介导的葡萄糖利用的组织中上调 TSC-2 和 PTEN。TSC1/TSC2 复合物是一种类 Ras 鸟嘌呤核苷三磷酸 Rheb 的活化蛋白,AMPK 通过活化 TSC1/TSC2 复合物,Rhe 以 GDP 结合形式存在,负性调控 mTOR 通路,而 AKT 能抑制 TSC1/TSC2,使 Rheb 与 GTP 结合更稳定,从而激活 mTOR。mTOR 和 PDK1 可以活化核糖体亚单位 S6 激酶(p70S6K)以增强自噬的活性,当 mTOR 失活时,p70S6K 的下调能抑制过度自噬。在其他的组织和细胞中,p53 通过上调 PTEN 和 TSC2 基因调节 mTOR。在正常情况下,mTOR 可通过自噬相关蛋白 Atg13p 高度磷酸化,使 Atg13p 与 Atg1p 激酶相互作用的亲和力降低,抑制自噬发生。雷帕霉素可以通过抑制 mTOR 使 Atg13p 部分磷酸化,引起自噬的发生。同时,mTOR 也可通过参与信号转导级联反应,调控 Tap42、Sit4 等几个效应器的磷酸化及调节自噬相关蛋白的转录翻译。

与上面描述相反的是,通过药物抑制、消耗或缺失使胞质 p53 活性丧失能促发自噬,表明非核 p53 是一个强有力的抑制因子。通过蛋白印迹法可以观察到 p62 表达下调和微管相关蛋白 1 轻链-3(LC3)脂酰化作用,还可以通过荧光显微镜观察到 GFP-LC3 在胞质中形成的点状荧光及通过电子显微镜观察到自噬囊泡。同时通过电子显微镜观察发现 p53 失活后,不仅发生内质网自噬也发生线粒体自噬。

单独 p53 表达缺乏就足以诱导高水平的自噬。然而,基线自噬的增强不能被不同的自噬刺激进一步扩大。有趣的是,p53 定位于胞质并介导对自噬的抑制。剔除细胞核的细胞,抑制 p53 后能够发生自噬,表明胞质中非胞质内的 p53 能够负调节自噬。在 $p53^{-/-}$ 且因缺乏核输入序列的突变体而局限于胞质的细胞中,恢复 p53 的表达能有效抑制由 p53 缺失促发的自噬反应。相反,p53 的核突变体因缺乏核输出序列而不能阻断自噬。上述研究表明,胞质中的非胞核内的 p53 能够抑制自噬。因而,p53 对自噬的调控在 p53 的核定位水平被严格调节,这样有助于诱导自噬,而它的胞质定位则妨碍自噬。进一步的研究发现,使用细胞饥饿、雷帕霉素或内质网应激等手段刺激细胞发生自噬时,无论是胞质还是胞核中的 p53 都迅速被降解。抑制 MDM2,从而防止 p53 被降解,进一步也可以抑制自噬的发生,而缺乏 MDM2 泛素化位点的 p53 突变子由于比野生型 p53 更加稳定从而能够抑制细胞自噬的发生。因而,p53 不仅调控自噬,而且也能通过调节蛋白质水平的稳定性对其进行调控。

自噬作为一种应激缓解机制由应激介导的 p53 诱导和应激加剧的 p53 丢失而激活,但在癌细胞中 p53 激活自噬还是抑制自噬还不明确。p53 丢失进而诱导自噬或对自噬抑制进行负调控,或许是作为一种补偿机制,肿瘤细胞用来平衡由激活的 PI3K/AKT/mTOR 轴引起的自噬抑制的生存-破坏效果。然而,推测 LKB1、TSC2 和 PTEN 肿瘤抑制基因的胚层突变都能激活 mTOR 和抑制自噬,导致带有肿瘤普遍生物学特征的错构症候群。目前还不清楚缺陷的自噬是否在普-杰综合征、结节性脑硬化和 Cowden 病的发病机制和高度恶性潜能中起作用,如果起作用的话,自噬的药理学上调是否能预防这些患者发生疾病和肿瘤还需进一步研究。

(二) p53 抑制自噬的发生

以前的研究认为 p53 激活了自噬的发生,而 Tasdemir 等的研究发现,当细胞未受到压力时,p53 抑制自噬的发生。研究表明一些突变的 p53 同样抑制自噬,突变型的 p53 存在于细胞质中抑制自噬的发生。Tasdemir 等的研究利用 p53 抑制剂 PTE-α 抑制 p53 的活性或用 siRNA 沉默 p53,均可导致正常转化细胞中自噬活性的增强。由 p53 缺失引起的自噬作用与 AMPK 的激活和 TOR 的抑制相关,可通过剔除 AMPK 或自噬基因(如 ATG5、beclin1、ATG10 等)抑制自噬的发生。药物的抑制或沉默或剔除 p53 也可负性调节自噬,其机制可能与 p53 的转录非依赖途径相关。体外实验表明,通过抑制胞质中的 p53 也可诱导自噬。因此,p53 介导的自噬最终导致细胞存活或死亡,可能与细胞种类、刺激因子及不同信号通路的活化有关,其具体机制有待于进一步研究。也有研究表明,细胞核内的 p53 作为一种转录激活因子促进自噬的发生,而胞质内的 p53 通过多种途径抑制自噬的发生,由 p53 在细胞核内的分布决定 p53 引起自噬还是抑制自噬。p53 调控的自噬性细胞死亡在肿瘤的发生、发展中占有重要地位。

众所周知,p53 的失活对癌细胞的存活是有利的。在自噬调控中 p53 的双重角色怎么解释呢？一个可能的解释是细胞暴露的特殊细胞环境和特异应激,或肿瘤形成的精确阶段,决定了最终结局。在肿瘤形成的早期阶段,通过 p53 激活自噬的基因毒性损害可能是 p53"看门"功能的一部分。在这样的情况下,自噬作为细胞死亡机制用以清除缺陷的细胞,然而,一旦肿瘤形成,肿瘤内部营养缺乏后 p53 缺失、突变或降解引起的 p53 失活能激活自噬,这是一种能量保障供应机制。这样,自噬能保障持续提供能量而有利于肿瘤细胞存活。的确,即使在营养撤除后,p53 缺失的细胞仍能维持 ATP 水平。而且,在这种情况下,细胞活力也需要自噬系统来维持。研究发现,人结直肠癌细胞 HCT116 长时间营养缺乏,内源性的野生型 p53 转录后下调自噬蛋白 LC3,后者是自噬机制的重要组成部分。饥饿时 p53 缺失损伤自噬,造成 LC3 的过度积累,最终导致细胞凋亡。因此,p53 通过调控细胞自噬比例以适应环境的变化。

总而言之,p53 对自噬的调控具有双向性。一方面,细胞核内的 p53 通过激活自噬相关基因的转录而诱导自噬;另一方面,细胞质中的 p53 对自噬则起抑制作用,后者的具体作用机制目前尚待研究。

二、Bcl-2 家族对细胞自噬的调节

bcl-2 癌基因是 beclin1 的阴性调节子。Bcl-2 家族中包含至少一个 Bcl-2 同源(BH)区蛋白。尽管 Bcl-2 家族蛋白目前被认为是细胞凋亡的调控因子,但有证据表明,这些蛋白质同源调控细胞的自噬过程。一些抗凋亡蛋白,如 Bcl-2、Bcl-2 样蛋白、Bcl-2 样蛋白 2 或粒细胞白血病序列-1 等都能够抑制细胞自噬。Bcl-2 家族包括多种不同功能的癌基因,Bcl-2 和 bcl-xL 在很多肿瘤中表达水平较高,其下调促进自噬发生。Liang 等证明,beclin1 通过与 Bcl-2 相互作用,在宿主中枢神经系统抗 Sindbis 病毒发病机制中起作用,其第 88 ~ 151 位氨基酸是与 Bcl-2 和 Bcl-xL 相互作用的部位,因此 Bcl-2/Bcl-xL 可能通过调节 Beclin1 影响自噬体的形成。研究显示,饥饿时 Mcl-1 未起作用,而饥饿的细胞需要 Bcl-2 和 Bcl-xL 来显示完全功能的自噬通路,通过蛋白水解活性和检测自噬囊泡得到证实。Bcl-2 和 Bcl-xL 的自噬功能是不依赖于 Bax 的,Bcl-xL 较 Bcl-2 更为严密地调控自噬,不像 Bcl-2,Bcl-xL 和 Atg7 操作产生了一致的表型,提示两者都是同一信号通路的组分,由于饥饿 Bcl-xL 亚细胞定位被修饰,重要的是,Bcl-xL 不依赖于 Beclin1 起作用。对于 Bcl-xL,需要有完整的 BH3 结合位点来刺激产生完全功能的自噬通路。

在某些白血病或乳腺癌细胞株中,通过寡聚核苷酸或小干扰 RNA 的手段抑制 Bcl-2 表达后,能够诱导细胞发生自噬。研究发现,钙离子作为细胞内重要的第二信使,受 Bcl-2 蛋白的调节后不仅可能介导凋亡,而且可能介导自噬的发生。同样,Bcl-2 家族典型的前凋亡 BH3 成员,如 Bcl-2/腺病毒 E1B 相互作用蛋白、Bcl-2 细胞死亡拮抗因子、Bid、Noxa、Puma 和 BimEL 等都能够诱导细胞发生自噬。

bcl-2 基因最初发现在有 t(14;18)染色体易位的绝大多数滤泡性淋巴瘤中被破坏。携带 Bcl-2 免疫球蛋白小融合的转基因鼠,再现 t(14;18)易位,并发展为滤泡性不典型增生和滤泡性淋巴瘤。有意思的是不同于以前的癌基因,bcl-2 癌基因特征的证据是对细胞死亡的抑制,而不是对细胞增殖的加速。

Bcl-2 抗细胞死亡功能多年以来一直认为仅仅有助于抑制凋亡。然而，beclin1 被鉴定为 Bcl-2 结合蛋白后第一次发现 Bcl-2 涉及非凋亡细胞死亡转染 bcl-2 反义 mRNA，使 HL-60 细胞的生长完全抑制，大量细胞死亡。电子显微镜下可见细胞的死亡方式是自噬途径，线粒体形态功能良好，蛋白酶抑制剂不能阻断因 bcl-2 mRNA 下调诱导的自噬。此外，用 RNA 干扰在人乳腺癌细胞靶向沉默 bcl-2 的表达表现促进自噬细胞死亡，因而具有潜在治疗途径。Bcl-2 转基因表达与鼠心脏移植后饥饿诱导的心肌自噬在体内证实了 Bcl-2 的抗自噬作用。

Bcl-2 移植自噬的机制依赖于它与 Beclin1 的相互作用。Beclin1 包含功能性的 BH3 结构域，通过该结构域将 Beclin1 连接到 bcl-2/Bcl-xL 的 BH3 结合槽。与野生型 Bcl-2 不同的是，Bcl-2 突变体不能与 beclin1 结合，不能在表达 Beclin1 的人乳腺癌细胞中抑制营养缺乏引起的自噬。近年来的发现进一步说明，Bcl-2 抑制了 Beclin1/Vps34 复合物的形成。Beclin1 形成二聚体，并由 Bcl-2 来稳定。与 UBRAG 的相互作用破坏了 Beclin1 的二聚化，引起单聚化。Bcl-2 和 Bcl-xL 降低了 UVRAG 与 Beclin1 的结合能力，因而可防止发生单聚化。UVRAG 和 Bcl-2 对 Beclin1 诱导的 Vps34 激活作用恰好相反，Beclin1 单聚化对 Vps34 的结合和激活作用还不确定。Bcl-2 与 beclin1 的关联以应激依赖的方式被调节。在 HeLa 细胞中，内源性 Bcl-2 与 Beclin1 结合，在营养充足（自噬抑制）的情况下观察到其相互作用水平提高，而在营养撤除（自噬激活）后这种相互作用显著降至很低水平，并与自噬激活相关。

Beclin1 最初被认为是一个与 Bcl-2 相互作用的蛋白质，目前认为它是一个重要的自噬相关蛋白，与 Ambra1、Bax 相互作用因子 1（Bax interacting factor-1，Bif-1）和 UVRAG 相结合后，激活脂激酶 Vps34，从而诱导细胞自噬。Beclin1 与 Bcl-2 或 Bcl-2 家族其他多结构域抗凋亡蛋白，如 Bcl-xL、Bcl-w 和 Mcl-1 结合并处于抑制状态。目前已经有多种方法证实 Beclin1 含有一个 BH3 结构域（第 112～123 位氨基酸）。通过该 BH3 结构域，Beclin1 与 Bcl-2 家族抗凋亡蛋白，尤其是 Bcl-2 和 Bcl-xL 结合，而其他含有 BH3 结构域的蛋白质能够竞争结合 Beclin1 上的 BH3 结构域，从而诱导细胞发生自噬。研究表明，细胞处于饥饿状态时，唯 BH3 区域蛋白 Bad 可能使 Beclin1 与它的抑制因子分离的因素。研究者设计出 BH3 模拟化合物 ABT737，以此来占据 Bcl-2 或 Bcl-xL（不包括 Mcl1）的 BH3 结构域。该化合物同样能够干预 beclin1 与 Bcl-2 或 Bcl-xL 的相互作用，并诱导细胞发生自噬。通过 Bcl-2 或 Bcl-xL 的过表达无法抑制 ABT737 诱导的自噬，但通过转染 Mcl-1 或小干扰 RNA 敲除 beclin1 基因可以抑制其诱导的自噬。上述研究表明，通过干预 Beclin1 与 Bcl-2 或 Bcl-xL 的相互作用可以诱导细胞发生自噬。

研究进一步发现，较之内质网自噬，BH3 模拟物 ABT737 更容易诱导线粒体自噬。终末红系分化时需要通过自噬来消除线粒体，而一个特殊的 BH3 区域蛋白 BNIP3L 是这个过程所不可或缺的因素。缺氧时，缺氧诱导因子 1（hypoxia inducing factor 1，HIF-1）依赖的 BNIP3L 转录激活，进一步诱导细胞发生线粒体自噬，而 BNIP3L 正是通过干预 Bcl-2 与 Beclin1 的相互结合来发挥作用的。上述研究表明，可以通过干预 Beclin1 与 Bcl-2 家族蛋白的相互作用调控细胞发生线粒体自噬。

原癌基因 Bcl-2 和 Bcl-xL 结合并牵制 Beclin1 不能发挥作用，然而，前死亡 BH3 分子，如 Bad、Noxa、Puma、BNIP3L 和 BH3 模拟物（RU ABT737）能拮抗 Bcl-2 并能解除 Bcl-2 对 Beclin1 的抑制。体内和体外实验显示，天然的 BH3 模拟物——gossypol，为一个小分子 Bcl-2 抑制剂，在 Bcl-2 高水平、耐凋亡的不依赖雄激素的前列腺癌细胞中诱导了自噬，但在低 Bcl-2 水平、凋亡敏感的依赖雄激素的前列腺癌细胞中未诱导自噬。Gossypol 通过内质网阻断 Bcl-2 与 Beclin1 的相互作用,下调 Bcl-2 表达和上调 Beclin1 表达激活自噬通路,它依赖于 Beclin1 和 Atg5。口服 gossypol 抑制了不依赖雄激素的前列腺癌细胞异种移植瘤的生长,提示有希望用于治疗 Bcl-2 过表达的激素难治性前列腺癌。

总之,Bcl-2 对自噬的抑制提示:抗癌药物潜在的靶点。靶向作用于结合 Beclin1 的 Bcl-2 能稳定单聚化的、已与 UVRAG 结合的形式,并能激活自噬。这些能通过以下方法实现:BH3 模拟物竞争性替代 Bcl-2 的 Beclin1BH3 结构域,或刺激 JNK 的激活。此外,破坏 Beclin1 的二聚化界面或稳定其单聚化形式或许有助于 Vps34 结合并激活自噬。

PTEN 基因属于抑癌基因,其产物是一种脂质磷酸酶,可水解 PI(3,4,5)P3 为 PI(4,5)P2,从而对抗Ⅰ型 PI3K 的脂质激酶活性,促进自噬的发生。在人类多种恶性肿瘤中,由于 PTEN 基因经常缺失或突变,因而自噬活性下降。

癌基因 c-myc 也可影响自噬的进程,当胱天蛋白酶受抑制时,异常表达的 c-myc 可诱导纤维原细胞发生坏死性细胞死亡。进一步实验证明,大鼠纤维原细胞中 c-myc 的过表达可导致自噬活性的提高。

自噬基因(如 beclin1)的突变在人类癌症中比较普遍。这样的许多基因,包括 beclin1、UVRAG、Bif 在基因敲除或肿瘤移植鼠模型中作为肿瘤抑制基因,提示在自噬缺陷和肿瘤易感性之间存在联系。此外,许多已知的肿瘤抑制基因,如 PTEN(AKT 抑制因子)、结节性硬化症 1(TSC1)和 TSC2(mTOR 抑制剂),提供结构性输入信号激活自噬;而占主导地位的癌基因(如 mTOR、AKT、Bcl-2)则阻止自噬过程,说明自噬信号增强有助于肿瘤的抑制。

(全　敏)

参 考 文 献

Alers S, Loffler AS, Wesselborg S, et al. 2012. Role of AMPK-mTOR-Ulk1/2 in the regulation of autophagy: cross talk, shortcuts, and feedbacks. Mol Cell Biol, 32(1): 2-11.

Bao XX, Xie BS, Li Q, et al. 2012. Nifedipine induced autophagy through Beclin1 and mTOR pathway in endometrial carcinoma cells. Chin Med J (Engl), 125(17): 3120-3126.

Behrends C, SowaME, Gygi SP, et al. 2010. Network organization of the human autophagy system. Nature, 466(7302): 68-76.

Chen Y, Azad MB, Gibson SB. 2010. Methods for detecting autophagy and determining autophagy-induced cell death. Can J Physiol Pharmacol, 88(3). Canada, 285-295.

Cui J, Gong Z, Shen HM. 2013. The role of autophagy in liver cancer: molecular mechanisms and potential therapeutic targets. Biochim Biophys Acta. 1836(1): 15-26.

Fu J, Shang HX, Jia HT. 2012. Relationship of beclin1 with autophagy and tumor. progress in physionlogical Sciences. 43(2): 155-158.

Grishchuk Y, Ginet V, Truttmann AC, et al. 2011. Beclin 1-independent autophagy contributes to apoptosis in cortical neurons. Autophagy. 7(10): 1115-1131.

He C, Zhu H, Li H, et al. 2012. Dissociation of Bcl-2-Beclin1 Complex by Activated AMPK Enhances Cardiac Autophagy and Protects Against Cardiomyocyte Apoptosis in Diabetes. Diabetes, 62(4): 1270-1281.

Huang S, Yang ZJ, Yu C, et al. 2011. Inhibition of mTOR kinase by AZD8055 can antagonize chemotherapy-induced celldeath through autophagy induction and down-regulation of p62/sequestosome 1. J Biol Chem, 286(46): 40002-40012.

Jung CH, Ro SH, Cao J, et al. 2010. mTOR regulation of autophagy. FEBS Lett, 584(7): 1287-1295.

Klappan AK, Hones S, Mylonas I, et al. 2012. Proteasome inhibition by quercetin triggers macroautophagy and blocks mTORactivity. Histochem Cell Biol, 137(1): 25-36.

Li J, Yang B, Zhou Q, et al. 2013. Autophagy Promotes Hepatocellular Carcinoma Cell Invasion through Activation of Epithelial-Mesenchymal Transition. Carcinogenesis, 34(6): 1343-1351.

Lian J, Wu X, He F, et al. 2011. A natural BH3 mimetic induces autophagy in apoptosis-resistant prostate cancer via modulating Bcl-2-Beclin1 interaction at endoplasmic reticulum. Cell Death Differ, 18(1): 60-71.

Liu J, Lin Y, Yang H, et al. 2011. The expression of p33(ING1), p53, and autophagy-related gene Beclin1 in patients with non-small cell lung cancer. Tumour Biol, 32(6): 1113-1121.

Liu J, Xia H, Kim M, et al. 2011. Beclin1 controls the levels of p53 by regulating the deubiquitination activity of USP10 and USP13. Cell, 147(1): 223-234.

Martyniszyn L, Szulc L, Boratynska A, et al. 2011. Beclin 1 is involved in regulation of apoptosis and autophagy during replication of ectromelia virus in permissive L929 cells. Arch Immunol Ther Exp (Warsz), 59(6): 463-471.

Rubinstein AD, Eisenstein M, Ber Y, et al. 2011. The autophagy protein atg12 associates with antiapoptotic bcl-2 family members to promote mitochondrial apoptosis. Mol Cell, 44(5): 698-709.

Saeki K, Yuo A, Okuma E, et al. 2000. Bcl-2 down-regulation causes autophagy in a Caspase-independent manner in humanleukemic HL60 cells. Cell Death Differ, 7(12): 1263-1269.

Shang L, Wang X. 2011. AMPK and mTOR coordinate the regulation of Ulk1 and mammalian autophagyinitiation. Autophagy, 7(8): 924-926.

Shimizu S, KanasekiT, Mizushima N, et al. 2004. Role of Bcl-2 family proteins in a non-apoptotic programmed cell death dependent on autophagy genes. Nat Cell Biol, 6(12): 1221-1228.

Tassa A, Roux MP, Attaix D, et al. 2003. Class III phosphoinositide 3-kinase—Beclin1 complex mediates the amino acid-dependent regulation of autophagy in C2C12 myotubes. Biochem J, 376(Pt 3): 577-586.

Xu Y, Xia X, Pan H. 2013. Active autophagy in the tumor microenvironment: A novel mechanism for cancer metastasis. Oncol Lett, 5(2): 411-416.

Yu L, Alva A, Su H, et al. Regulation of an ATG7-beclin 1 program of autophagic cell death byCaspase-8. Science. 2004. 304(5676): 1500-1502.

Zhang R, Zhu F, Ren J, et al. 2011. Beclin1/PI3K-mediated autophagy prevents hypoxia-induced apoptosis in EAhy926 cell line. Cancer Biother Radiopharm, 26(3): 335-343.

Zhang XD, Wang Y, Wang Y, et al. 2009. p53 mediates mitochondria dysfunction-triggered autophagy activation and cell death in rat striatum. Autophagy, 5(3): 339-350.

第二十五章　肿瘤相关基因与细胞周期

人或动物从受精卵开始发育成一个成熟的个体,包括了一系列的细胞增殖、分化和死亡的过程。细胞的增殖过程,包括体细胞(somatic cell)的有丝分裂(mitosis)和生殖细胞(germ-line cell)的减数分裂(meiosis)两种不同的过程。一个细胞在自身条件和环境因素都适合的条件,从静止状态进入到有丝分裂状态,完成细胞增殖过程以后,或是进入下一轮的有丝分裂过程,或是进入到静止状态。细胞从有丝分裂(减数分裂)开始到结束之间的一系列变化和过程,称为细胞周期(cell cycle)。一个细胞通过有丝分裂(减数分裂),最终分裂为两个细胞。这一过程本身是一种不间断的连续过程,只是为了研究工作上的方便,才将细胞周期分成不同的阶段:DNA 合成前期,即 G_1(G_1 phase);DNA 合成期,即 S 期(S phase);有丝分裂前期,即 S 期(S phase);有丝分裂期,即 M 期(M phase)。除了有丝分裂状态的细胞之外,还有一些细胞处于静止状态,称为 G_0 期(G_0 phase)。细胞周期从一个阶段过渡到下一个阶段,称为细胞周期的转变(transition)。细胞周期虽然是一个连续的过程,但其中某些时间点对控制细胞周期的进展具有重要的调节作用,这些时间点称为细胞周期的检验点(checkpoint)。细胞周期素(cyclin)及细胞周期素依赖性蛋白激酶(cyclin-dependent kinase, CDK)是细胞周期调节过程最为重要的分子类型,处于细胞周期调节的中心环节。肿瘤相关基因与肿瘤发生、发展之间的关系,一方面是阻断了肿瘤细胞的细胞程序化死亡(programmed cell death,PCD)过程;另一方面是促进了细胞增殖过程,即参与细胞周期的异常调节。对肿瘤相关基因与细胞周期之间相互关系的研究,不仅可以对细胞周期的分子调节机制具有更为深入的了解,而且还对肿瘤的分子生物学及其抗肿瘤治疗方法的研究具有十分重要的意义。

第一节　细胞周期的调节

在正常状态下,细胞周期主要是由各类细胞周期素及细胞周期素依赖性激酶形成的蛋白质复合物进行调节的。现在认为细胞周期的演进受到多种基因的调控,这个调控网络的核心就是 CDK。以 CDK 为核心,Cyclin 对其进行正性调控,细胞周期素依赖性激酶抑制子(cyclin-dependent kinase inhibitor,CKI)对 CDK 进行负性调节。而肿瘤相关基因对细胞周期的异常调节表现在以下两个方面:一方面,某些种类的细胞周期素本身即属于癌基因的范畴;另一方面,肿瘤相关基因通过对细胞周期素及细胞周期素依赖性激酶的表达水平及功能调节来实现的。

一、细胞周期素的调节

细胞周期素是指在细胞周期中规律性合成与降解,与细胞周期的调节有关的一类蛋白质分子。根据各种不同类型的细胞周期素蛋白合成与降解的时间,以及在细胞周期调节作用的阶段性特点，又可将其分为不同的类型。

（一）G_1 期细胞周期素

人细胞中与细胞周期 G_1 期相关的细胞周期素称为 G_1 期细胞周期素，包括细胞周期素 D1（Cyclin D1）、细胞周期素 C（Cyclin C）及细胞周期素 E（Cyclin E）3 种。哺乳动物细胞中的细胞周期中与 G_1 期调节有关的细胞周期素也是这 3 种。人的细胞周期素 D1，又称为 PRAD1，是在研究甲状旁腺腺瘤细胞的染色体断裂位点（chromosomal breakpoint）时发现的一种细胞周期素。有证据表明 D 型细胞周期素是一类促进细胞生长的调节因子。处于静止期（quiescent phase）的二倍体（diploid）人成纤维细胞，在受到血清生长因子的刺激以后，可以诱导细胞周期素 D1 蛋白的合成，在进入 S 期之前达到最高水平。细胞周期素 D1 蛋白在合成的同时，还发生细胞内的转位（translocation），逐步移行到细胞核中，当细胞向 S 期继续发展时，最终消失在核中。小鼠的巨噬细胞在受到集落刺激因子-1（colony stimulating factor-1，CSF-1）的作用以后 2h，其中的细胞周期素 D1 mRNA 的转录水平开始升高，撤除 CSF-1 以后，细胞周期素 D1 mRNA 的转录水平则下降，并同时出现细胞周期的 G_1 期阻滞（g1 arrest）。在正常细胞和肿瘤细胞中，细胞周期素 D1 的消长规律是一致的。如果以特异性的抗体或反义分子（antisensemolecule）特异性地阻断细胞周期素 D1 的表达及功能之后，可使处于 G_1 中期的细胞停止进入 S 期。细胞周期素 D2 和细胞周期素 D3 的功能与细胞周期素 D1 相同。体外培养的造血细胞（hematopoietic cell），当撤除培养基中的白细胞介素-3（interleukin-3，IL-3）时，细胞周期素 D2 和细胞周期素 D3 的过表达也可以防止细胞发生 G_1 期阻滞。最近的研究证据表明，细胞周期素 D1 的 cDNA 可以补偿腺病毒 E1A 基因的突变，还可以激活 Ha-ras 原癌基因。从这个意义上来说，细胞周期素 D1 是一种原癌基因。

D 型细胞周期素的过表达，可导致 pRB 蛋白的磷酸化修饰提前实现，并中度加速细胞从 G_1 期到 S 期的转变过程。在 D 型细胞周期素之后，细胞周期素 E（Cyclin E）在 G_1/S 期转变过程中也具有重要的调节作用，而且对 DNA 的复制过程来说也是非常重要的。然而，就像 D 型细胞周期素一样，细胞周期素 E 的过表达只具有一定的促进细胞进入到 S 期的作用。在 G_1 期中，细胞周期素 E 的调节机制与细胞周期素 D 的调节机制是不一样的。

细胞周期素 E 可与 CDK2 进行结合并使之激活，形成的这种蛋白质复合物对 DNA 复制过程的起始是非常重要的。果蝇（*Drosophila*）胚胎发育过程的研究结果充分说明细胞周期素 E 在细胞周期调节中的作用。在果蝇的胚胎发育过程中，第 16 次有丝分裂完成之后，细胞周期素 E 基因的转录物消失，细胞的有丝分裂过程停止，并发生 G_1 期阻滞。但同时注意到另一部分细胞只会完成其 DNA 的复制过程，但不能继续进行有丝分裂，这种 DNA 的复制方式称为 DNA 的内复制（endoreplication）。具有内复制 DNA 活动的细胞中就有细胞周期素 E 基因的转录表达。而且，携带细胞周期素 E 基因突变体的果蝇胚胎细胞不能进入到 DNA 合成的 S 期。

异源性表达的细胞周期素 E 足以诱导分裂后处于 G_1 期的细胞进行另一轮的 DNA 复制及分裂过程。同时，异源性表达的细胞周期素 E 也足以诱导细胞周期素 A 和细胞周期素 B 的累积，而这两种细胞周期素又是细胞有丝分裂期所必需的。细胞周期素 E 促进细胞周期素 A 和细胞周期素 B 累积的机制，不是促进这两种细胞周期素的转录表达，因为这两种细胞周期素的特异性水平并无变化，可能是抑制了细胞周期素的降解机制，使这两种细胞周期素的蛋白质更为稳定。

（二）S 期细胞周期素

细胞周期进展一旦进入到 DNA 合成的 S 期，则由 S 期细胞周期素参与 DNA 复制的进一步调节。在酵母细胞中，clb5 和 clb6 两种细胞周期素对 S 期的调节十分重要，这两种类型的细胞周期素都属于 B 型细胞周期素，而且这两种细胞周期素如若缺失，则导致细胞的 S 期延迟。clb5 和 clb6 两种基因的转录在 G_1 晚期即已开始，但 clb5-CDC28 复合体由于和 GDI、p40sicl 结合而处于一种无活性状态。一旦细胞进入 S 期的条件成熟，蛋白质复合体中的 p40sicl 则开始降解，同时，clb5-CDC28 复合物蛋白激酶被激活。在哺乳动物中，细胞周期素 A 与 CDK2 形成的蛋白质复合物是进行有效的 DNA 复制所必需的。如果向细胞内注入细胞周期素 A 的特异性抗体，其 DNA 复制水平至多也就是正常细胞的 10% 。S 期细胞周期素 E 很快被降解，细胞周期素 A 在某些方面可以代替它。细胞周期素 A 与 p107、p130 和 E2F 等转录调节因子也有关系。同时，细胞周期素 A 的合成还受到细胞外基质（extra cellular matrix，ECM）的影响。以细胞周期素 A 基因稳定转化的 NRK 细胞，可呈悬浮生长的方式，但其亲代细胞仅可贴壁生长。

在一株肝癌细胞系中发现细胞周期素 A 的基因插入到乙型肝炎病毒（hepatitisB virus，HBV）的基因组中。这两种基因发生整合以后，细胞周期素 A 的氨基末端部分，包括细胞周期素 A 的破坏盒（distruction box）结构，被 HBV 的前-S（pre-S）蛋白序列所代替。因此，这种嵌合型的细胞周期素 A 蛋白质分子不再被有效地降解，并且与这种细胞的恶性转化有关。

（三）有丝分裂期细胞周期素

细胞在完成 DNA 复制的 S 期后，如果其他条件合适，则进入到细胞周期的最后阶段，即有丝分裂期。细胞周期素 B1（Cyclin B1）在这一过程中可能具有十分重要的调节作用。在细胞分裂间期（interphase），细胞周期素 B 分布于细胞质中，但到有丝分裂开始时，在核膜断裂之前，其快速转位到细胞核中。在有丝分裂期细胞周期素 B 为何发生这种细胞内转位（translocation）目前还不十分清楚。其中的一个可能就是控制 CDC2 的激活时机。CDC2 的去磷酸化过程是 CDC2 激活的一个重要步骤，这一过程只能发生在细胞核中，因为 CDC25C 是一种核蛋白，CDC2 的去磷酸化修饰过程正是由 CDC25C 这种蛋白质来催化的。

细胞周期素 B-CDC2 蛋白复合物与有丝分裂过程中微管的分配可能具有一定的关系。这一酶蛋白复合物可以催化转录装置（transcriptional apparatus）的磷酸化修饰，可以降低聚合酶Ⅲ介导的转录水平，还与有丝分裂过程中细胞骨架的分割与重新分配的过程有关。

（四）细胞周期素的降解调节

在细胞周期中，根据细胞周期素的降解速率以及其半衰期（half life）时间的长短，可以分为两大类。G_1 期细胞周期素属于短命的一组，其翻转率（turn over rate）很高，半衰期仅在 30min 以内。因为 G_1 期细胞周期素的细胞周期素盒结构的羧基端上游有一段 PEST 序列，决定了这些细胞周期素极易发生蛋白质水解。相反，有丝分裂期细胞周期素在整个细胞分裂间期都是比较稳定的，但在细胞进入有丝分裂期之后则发生快速降解。细胞处于分裂状态时有丝分裂期的细胞周期素的快速降解过程，与细胞周期素蛋白氨基末端的破坏盒式结构有关。细胞周期素 A 和细胞周期素 B2 只有在与 CDC2 结合成复合物的状态时才可被有效地降解。在不同的有丝分裂细胞周期素分子中,破坏盒式结构的保守序列并不完全相同。不同的破坏盒式结构可被不同的泛素(ubiquitin)的连接酶(ligase)所识别,因而造成降解速率的差别。但这是其中的一个原因,因为还有其他一些因素同时决定了细胞周期素的降解过程。当细胞进入到有丝分裂期之后,细胞周期素 A 首先被降解,之后才是细胞周期素 B 的降解过程。而且细胞周期素 B 的降解过程与细胞从细胞分裂中期(metaphase)到细胞分裂后期 (anaphase)的转变(transition)过程密切相关。在细胞抽提物建立的体外体系中,细胞周期素 B 可以同时激活细胞周期素 A 和细胞周期素 B 的降解过程,但细胞周期素 A 却无此功能。另外,有证据表明,Cyclin B-CDC2 复合物激酶可以激活细胞周期素特异性的泛素连接酶。

在有丝分裂期中有一系列的蛋白质顺序降解,这也是有丝分裂的一种重要的调节机制。但不同的泛素连接酶怎样以不同的顺序进行激活,其机制并不十分清楚。无论机制如何,不同的细胞周期素的降解过程与不同的检验点(checkpoint)的调节有关。以秋水仙素(colchicine)处理细胞,破坏微管系统,便细胞不能正常地形成有丝分裂纺锤体(spindle),阻断有丝分裂过程,细胞周期素 A 照样被降解,但细胞周期素 B 仍能保持稳定状态,不仅如此,细胞周期素 B 还有累积现象,以至于达到超生理水平(supraphysiologicallevel)。因此,认为细胞周期素 B 的降解,可以看成是细胞进入到细胞分裂后期的一个信号。但后来的研究结果证明不尽如此。如果向爪蟾细胞提取物中加入大量的细胞周期素 B 的氨基末端序列的多肽,竞争性抑制细胞周期素 B 的降解过程,姐妹染色单体(sisterchromatid)仍然在细胞周期素 B-CDC2 复合物水平很高的情况下发生分离。因此,认为细胞周期素 B 的降解过程,在正常的情况下只是与细胞分裂后期同步开始,并不是细胞进入细胞分裂后期的一个始动因素。

二、细胞周期素依赖性激酶的调节

周期蛋白依赖性激酶(CDK)是与细胞周期进程相对应的一套丝氨酸/苏氨酸激酶系统。各种 CDK 沿细胞周期时相交替活化,磷酸化相应底物,使细胞周期事件有条不紊地进行下去。CDK 家族有 CDK1 ~8 共 8 种,每种 CDK 结合不同类型的 Cyclin 形成复合物,调节细胞从 G_1 期过渡到 S 期或 G_2 期过渡到 M 期以及退出 M 期的进程。在正常的细胞周期中,细胞内 CDK 蛋白分子的浓度基本上是恒定的,但其酶学催化活性则在细胞周期的各个阶段有显著的差别,这种调节主要发生在翻译后水平 (post-translational level)。CDK 的酶学催化作用的调节,主要是由与细胞周期素的结合、通过 CDK 激活激酶(CDK-activatingkinase,CAK)对 CDK 分子中保守的苏氨酸(threonine)位点的磷酸化 (phosphorylation)修饰、CDK 分子中保守的苏氨酸-酪氨酸对(threonine - tyrosine pair)的磷酸化修饰,以及与 CDK 抑制亚单位(CDK inhibitory subunit,CKI)的结合这 4 个主要的途径进行的。

(一) CDK 分子的催化亚单位

CDK 分子是指相对分子质量为 35 000 ~40 000,同源性为 40% 以上,与细胞周期素调节亚单位结合并被其激活的一类蛋白质分子。CDK 分子的这一定义中并没有对其生物学活性和功能进行限定,尽管大部分已知的 CDK 分子与细胞周期的调节有关,但参与细胞周期以外调节过程的 CDK 数目正在不断增加。

许多蛋白激酶分子在结构上与 CDK 分子之间具有高度的同源性,但只有少部分的蛋白激酶分子具有细胞周期素依赖性的激酶活性。在人的细胞中,CDK 分子的主要成员包括 CDC2(CDK1)、CDK2 和 CDK7 等。典型 CDK 分子中的催化亚单位,其催化活性中心由大约 300 个氨基酸残基组成。人 CDK2 的脱辅基酶(apoenzyme)晶体结构分析表明,CDK2 的酶学活性,至少由 2 个特殊的立体结构方式来限定。第一,一种命名为 T 环(T loop)的结构遮住了底物结合位点;第二,ATP 结合位点的取向,使 ATP 分子中的磷酸基团不能够进行有效的磷酸转移(phosoho transfer)。但 CDK2 分子与细胞周期素结合及发生磷酸化修饰之后,其蛋白质构象 (conformation)方面是否具有重要的改变,尚不得而知。

(二) CDK 通过与细胞周期素的结合而激活

CDK 酶学催化活性最重要的调节因素就是细胞周期素激活亚单位。当初提出细胞周期素这一概念,是指在细胞周期中,规律性地合成,又规律性地降解的一类蛋白质,目前更为精确的概念认为细胞周期素是由一类能够与 CDK 结合并能激活其催化亚单位的结构同源性蛋白质家族。细胞周期素结构上的不同部位,其同源性程度则差别很大。细胞周期素蛋白结构上的同源性往往局限于一个由 100 个氨基酸残基组成的高度保守位点结构,称为细胞周期素盒(cyclin box),与 CDK 的结合及激活功能有关。细胞周期素盒区的基因突变,则可以阻断细胞周期素对 CDK 分子的结合及激活能力,而且表明细胞周期素与 CDK 结合并使其激活的两种功能是难以进行区别的。每一种 CDK 分子都可以与一些种类不同的细胞周期素进行结合。同时,一种细胞周期素又与不止一种的 CDK 分子进行结合,使这种类型的激活变得更为复杂。最近,由于 CDK5 的发现与研究,使细胞周期素蛋白家族得到了扩大。CDK5 蛋白激酶在神经系统发育过程中具有重要作用,CDK5 的激活需要与 p35 蛋白结合,但在 p35 蛋白分子中,却没有在一般的细胞周期素分子中所常见的高度保守的细胞周期素盒式结构。如果是这样的话,p35 就代表了一类新型的 CDK 分子的调节亚单位。

细胞周期素与相应的 CDK 分子结合成一种蛋白质复合体,一方面,细胞周期素对其结合的 CDK 蛋白分子的酶学催化作用具有激活的功能;另一方面,决定了结合的 CDK 蛋白激酶所能够催化的底物的特异性,还决定了这种蛋白质复合物的亚细胞分布特点。因此,细胞周期素与相应的 CDK 分子结合以后,细胞周期素对 CDK 的影响是多方面的。细胞周期素可以促进这种蛋白质复合物作用于特异性底物的功能,其机制是细胞周期素与 CDK 分子之间的相互作用,以及细胞周期素与底物之间存在的相互作用。

(三) CDK 通过磷酸化修饰而激活

CDK 分子本身是一种具有酶学催化作用的蛋白激酶分子,但其本质是一种蛋白质,又可以作为另一种蛋白激酶催化作用的底物。事实上,CDK 蛋白激酶的激活,除了需要与细胞周期素进行结合以外,还需要另外一种蛋白激酶,对 CDK 分子中高度保守的苏氨酸残基(如人 CDC2 分子中的 Thr161 及 CDK2 分子中的 Thr160)进行磷酸化修饰。在 CDK 分子中,Thr160 位于 T 环状结构中,可以阻断 CDK2 与底物蛋白之间的结合。T 环状结构的侧链是不溶性的,表明如果 CDK2 分子中这种环状结构的位置不进行移动,就难以实现磷酸化修饰。同时,CDK2 分子的磷酸化修饰可能会影响其与细胞周期素之间的结合。因为已观察到 Thr160/Thr161 位点上发生磷酸化修饰的 CDK 分子,与细胞周期素之间结合的能力得到了加强。同时还观察到,CDK 分子与细胞周期素结合成复合物之后,更易发生磷酸化修饰。

催化 CDK 分子 Thr160/Thr161 位点发生磷酸化修饰的蛋白激酶称为 CDK 激活激酶(CDK-activating kinase,CAK)。近年来,对 CAK 的性质特点及作用机制进行了一系列的研究。CAK 是一种多个亚单位组成的酶类,其催化亚单位的结构是一段高度保守的序列,与 CDK 蛋白分子具有一定的同源性。除了催化亚单位 M015 以外,人 CAK 的第二种主要亚单位是一种新型的细胞周期素,称为细胞周期素 H(Cyclin H)。当向体外的 M015 蛋白中加入纯化的细胞周期素 H 后,可以使这种蛋白质复合物出现 CAK 的催化活性。表明这种 CAK 蛋白激酶复合物与其所催化的底物 CDK 分子一样,也是一种 CDK-Cyclin 的蛋白质复合物形式,因而 M015 又被命名为 CDK7。CDK7/Cyclin H 复合物蛋白激酶是研究得最为详细的一种 CAK 蛋白激酶复合物形式。

CDK7 蛋白激酶分子与其所催化的蛋白质底物一样也含 T 环状结构部分,但其保守的苏氨酸残基位于人 CDK7 分子中第 170 个氨基酸残基部位(Thr170)。这一位点的突变,则可以显著降低其蛋白激酶的酶学催化作用,表明 CDK7 分子的激活需要 Thr170 位点的磷酸化修饰。CDK7 蛋白激酶分子的激活,除了需要细胞周期素 H 及 Thr170 位点上发生磷酸化修饰之外,还可能受到其他亚单位的调节,因为在哺乳动物的细胞中,CAK 蛋白复合物除了 CDK7 和细胞周期素 H 之外,还发现有一种较细胞周期素 H 略小的蛋白质亚单位。

海星(*Starfish*)和爪蟾蜍(*Xenopus*)细胞中的 CDK7 与哺乳动物中的 CDK7 一样是具有酶学催化活性的蛋白质复合物,可以催化 CDC2 和 CDK2 等底物蛋白的磷酸化修饰。哺乳动物细胞中的 CAK 也可以催化结构上差别较大的 CDK4 蛋白分子的磷酸化修饰。因此,单一的 CAK 可以激活所有的主要的 CDK 及其与细胞周期素结合成的蛋白质复合物。在整个细胞周期中,CDK 分子 Thr160/Thr161 位点上的磷酸化修饰程度的消长,与 CDK 和细胞周期素之间的结合是平行的关系。在细胞周期中,CAK 的酶学催化活性保持相对稳定的状态,因此,CDK 分子的 Thr160/Thr161 位点上的磷酸化修饰程度,并不是由 CAK 酶学催化作用的消长来决定的,而恰恰与细胞周期各个阶段的细胞周期素合成与降解的过程及消长规律是一致的。因此,CDK 分子的磷酸化修饰水平在一定程度上反映了 CDK 分子与相应的细胞周期素之间结合的能力。因此,CAK 的活性尽管是细胞周期调节中的一个重要因素,但却不是细胞周期调节的一种重要的限速因子(rate-limiting factor)。

(四) CDK 通过磷酸化而受到抑制

CDK 与相应的细胞周期素结合成的复合物,其灭活方式是多种多样的。其中两个最为重要的途径就是 CDK 与相应的细胞周期素之间的解离,以及 Thr160/Thr161 位点上的去磷酸化(dephosphorylation)。体外实验中发现 Thr160/Thr161 位点上去磷酸化修饰可以抑制 CAK 的活性,但在体内是否也是如此尚不十分清楚。但体内、体外的研究结果都证明,细胞周期素合成的水平下降或降解的水平升高,都会导致 CDK 酶学催化活性的下降。

CDK 与细胞周期素结合而成的复合物,其酶学催化活性还受到 CDK 分子氨基末端两个位点(Thr14/Tyr15)上的磷酸化状态的影响。例如,在 CDK2 蛋白分子中,其 Thr14/Tyr15 位点上氨基酸残基的侧链,刚好从 ATP 结合位点的顶端垂下来,当发生磷酸化之后,对 CDK2 蛋白激酶活性产生显著的影响。这些位点的磷酸化和去磷酸化状态与 CDK 酶学催化活性调节的机制尚不十分清楚,但有一点是肯定的,即 Tyr15 位点上的磷酸化修饰不会抑制其与 ATP 结合的功能。Thr14 和 Tyr15 两个位点上的氨基酸残基都埋藏在 T 环状结构中,而且都是不溶性集团,表明这些位点如若发生磷酸化修饰,T 环状结构的位置必须移动。这一过程可能与 CDK、细胞周期素之间的结合过程有关,因为这种磷酸化修饰过程是一种细胞周期素结合依赖性的过程。

在有丝分裂过程中,Thr14/Tyr15 位点上的磷酸化修饰对 CDC2 的激活过程的调控是十分重要的。与 CDK 分子中 Thr161 位点上的磷酸化修饰一样,Thr14 和 Tyr15 两个位点上的磷酸化修饰,与细胞周期素 B(Cyclin B)表达水平的上升大体是平行的关系,发生于细胞有丝分裂期开始之际。CDC2 与细胞周期素 B 形成的蛋白质复合物维持在一种无活性状态,直到细胞周期的 G_2 期,CDC2 分子中 Thr14/Tyr15 两个位点上发生去磷酸化修饰后才被激活。这一 Thr14/Tyr15 位点特异性的蛋白激酶 (kinase)和蛋白磷酸酶(phosphatase)的活性变化及两种酶催化活性之间平衡的结果,即决定了 CDC2 分子的 Thr14/Tyr15 位点的磷酸化/去磷酸化修饰程度,进而决定了 CDC2-细胞周期素 B 蛋白复合物的酶学催化作用。

催化 Tyr15 位点磷酸化修饰的蛋白激酶主要是指 Weel,这是一种首先从酵母细胞中鉴定的一种酶类蛋白。在体外,Weel 蛋白激酶可以催化底物多肽分子中苏氨酸(threonine)和酪氨酸 (tyrosine)两个残基的磷酸化修饰,因而认为 Weel 激酶是一种 Thr14/Tyr15 位点的双特异激酶(dual-specific kinase)。但实际上在体内 Weel 仅能催化 CDC2 分子中 Tyr15 位点的磷酸化修饰过程,对 Thr14 位点的磷酸化修饰过程却没有影响。因此,认为 Thr14 位点的磷酸化修饰过程是由另外存在的 Thr14 激酶来催化进行的。最近,从爪蟾及人的细胞中都检测到了 Thr14 位点的特异性激酶的活性。在爪蟾细胞中,这种 Thr14 激酶是一种膜相关性的蛋白激酶,与可溶性的 Tyr15 特异性激酶是亚细胞分布截然不同。其性质和功能有待于进一步的研究。

Weel 蛋白激酶的催化活性在有丝分裂期中逐渐下降,造成这一阶段的抑制性磷酸化修饰功能降低。Weel 蛋白激酶活性的下降,主要是由于有丝分裂期中 Weel 激酶蛋白发生磷酸化修饰。但催化 Weel 发生磷酸化修饰的蛋白激酶还没有得到鉴定,也可能在不同种系的生物系统中由不同的蛋白激酶进行催化。在分裂酵母细胞中,蛋白激酶 Nim1 可以催化 Weel 蛋白羧基末端的催化位点(catalytic domain)发生磷酸化修饰,从而抑制了 Weel 蛋白激酶的活性。在更高等的真核细胞中还没有发现 Nim1 的同源蛋白激酶。但在爪蟾细胞中,细胞提取物中含有一种蛋白激酶,可以催化 Weel 蛋白 N 端的磷酸化修饰,从而抑制了 Weel 的蛋白激酶活性。

Thr14 和 Tyr15 两个位点上的磷酸化修饰分别是由两种不同的蛋白激酶催化进行的,但这两个位点上的去磷酸化修饰却是由同一种磷酸酶催化进行的,这就是 CDC25 磷酸酶。在细胞的有丝分裂期,这种 CDC25 磷酸酶的活性上升,在很大程度上取决于其氨基末端部分的磷酸化。在有丝分裂期,与 CDC25 磷酸化修饰有关的蛋白激酶被激活,而相关的磷酸酶却被抑制。有人认为 CDC25 的蛋白激酶也可能是 CDC2 蛋白本身,这样构成了一个精细的正反馈(positivefeed-back)系统,从理论上讲,能在有丝分裂期阻断 CDC2 的去磷酸化修饰。

(五) CDK 通过抑制亚单位的抑制效应

CDK 蛋白激酶活性调节的另外一种途径就是与 CDK 抑制亚单位的结合与失活。CDK 的抑制亚单位(CKI)是指一个由不同的蛋白质组成的家族,与 CDK 分子结合成蛋白质复合物以后,可以使 CDK 的酶学催化活性受到抑制。到目前为止,至少已经分离到 7 种 CKI 的家族成员。包括从酵母细胞中分离到的 3 种 CKI 和从人细胞中分离到了 4 种 CKI 蛋白分子。从酵母细胞中分离到的 3 种 CKI 蛋白是 FAR1、p40CSIC1 /SDB25 和 PHO81,分别对 CDC28-CLN、CDC28-CLB 和 PHO85-PH080 这 3 种由 CDK 和细胞周期素组成的复合物具有抑制作用。在人及哺乳动物细胞中分离得到的 4 种 CKI 分子是 p21(CIP1/WAF1/CAP20 / SDI1)、p27(KIP1)、p16INK4 和 p15INK4B。前两者之间的同源性较高,属于同一类 CKI,对 CDK2/CDK4 等构成的蛋白质复合物激酶具有抑制作用;而后两种之间的同源性较高,属于同一类 CKI 分子,对由 CDK4/CDK6 等构成的蛋白质复合物激酶具有抑制作用。

有关 CKI 对 CDK 蛋白复合物激酶的作用机制目前了解得并不是很清楚。大多数 CKI 分子能够与 Thr160/Thr161 位点已发生磷酸化修饰的 CDK 蛋白复合物发生紧密结合,并对其蛋白激酶活性具有直接的抑制作用。在很多情况下,CKI 分子(如 FAR1、p40 和 p21 等)可被其所结合的 CDK 分子催化而发生磷酸化修饰。表明 CKI 分子与其相应的 CDK 分子的底物结合位点之间存在着相互作用。也许是 CKI 分子与其相应的 CDK 分子的底物结合位点发生结合以后,阻断了该 CDK 分子与其底物蛋白之间的结合。对 p40 的研究结果表明, CDC28 与其底物结合及催化反应的两个参数 V_{max} 和 K_m 因其与 p40 结合而显著下降。CKI-CDK 结合的立体化学研究资料十分有限,但注意到 p21 对 CDK2 催化亚单位的抑制作用必须有 2 个 p21 分子同时与 CDK2 结合,这种抑制作用才能发生。另外,CKI 分子识别的蛋白质复合体中的 CDK 分子,是 CDK 与细胞周期素等形成的蛋白质复合物,而不是处于单体形式的 CDK 分子。但是,p16 可能是个例外,p16INK4 在体内可与 CDK4 分子的单体形式结合,其抑制作用的机制也可能是与细胞周期素的竞争性机制。

CKI 对细胞周期的调节也具有非常重要的意义。p21 蛋白的调节主要是一种转录水平的调节。p21 基因的转录是由 p53 诱导的,而 p53 是一种在 DNA 发生损伤及在衰老过程中诱导细胞周期阻滞的一种重要调节因子。在处于旺盛增殖和分裂的人及小鼠的成纤维细胞之中同样也存在着一定的 p21 表达水平,这一表达水平的 p21 是 CDK 与细胞周期素变为活性状态的一种阈值(threhold),要表现出 CDK 的蛋白激酶活性,必须克服由这种基础表达水平带来的 p21 对 CDK 蛋白复合物的抑制作用。p15INKB 的转录水平调节也是非常重要的。人的角质细胞以转化生长因子-β(transforming growth factor-β,TGF-β)处理之后,p15INKB 的表达水平显著升高。p27 的调节可能是一种不太常见的转录后调节机制。p27 是 CDK2 的一种抑制蛋白分子。以 TGF-β 处理水貂的上皮细胞,其 p27 的表达水平显著升高。但以 TGF-β 处理以后,在整个细胞周期的各个阶段,p27 的总量则不受到影响。巨噬细胞以 cAMP 处理之后发生 G_1 期阻滞,其中的 p27 蛋白总量也未发生改变, p27 蛋白的另一个重要特点就是参与正性生长调节因子的作用机制。T 细胞受到抗原受体刺激之后,细胞可从静止状态进入到 G_1 期,之后,必须进一步以白细胞介素-2(interleukin-2,IL-2)刺激,细胞才能进入到 DNA 合成的 S 期。其中 IL-2 的刺激作用似乎是通过降低 p27 蛋白的水平,而使 CDK2 的酶学催化活性增加。

第二节　肿瘤相关基因对细胞周期调节的影响

肿瘤相关基因与细胞周期的调节之间有着极为密切的关系。人细胞中某些细胞周期素本身就是癌基因或原癌基因。还有一些癌基因或原癌基因的编码产物参与细胞周期素或细胞周期素依赖性激酶的调节。多种类型的肿瘤抑制基因其本身就是 CDK 的抑制性亚单位或通过对这些抑制性亚单位的诱导对 CDK 的活性进行精确调控,如果发生突变,则导致 CDK 蛋白激酶复合物的异常激活。肿瘤相关基因就是通过上述一些机制,导致细胞周期的调节异常,进一步导致细胞非限制性生长,最终发生恶性转化。

一、具有癌基因性质的细胞周期素

人的细胞周期素 D1(Cyclin D1),又称为 PRAD1,其 cDNA 的克隆首先是作为一种原癌基因(proto-oncogene)而得到克隆的。这种 Cyclin D1 还可以补偿 G_1 期细胞周期素缺陷的酵母细胞,从而使其重建进行完整的细胞分裂周期的功能。因此,Cyclin D1 是 G_1 期细胞周期素的一种。小鼠的 PRAD1/ Cyclin D1 是从小鼠的巨噬细胞(macrophage)中分离鉴定的,其转录水平的表达可受到小鼠集落刺激因子-1(colony-stimulating factor-1,CSF-1)的诱导。在 HeLa 细胞中,处于稳定表达水平的 Cyclin D1 mRNA,在 S 期刚刚完成之后即开始升高,到达 M 期时达到高峰,至 G_1 期又逐渐下降。但在肿瘤细胞中,Cyclin D1 的表达又是另一种方式。撤除培养基中的生长因子(growth factor),使体外培养的肿瘤细胞同步化。将处于静止期的细胞加入生长因子刺激 2h 之后,Cyclin D1 的基因开始表达,只要有这种生长因子存在,就有 Cyclin D1 的表达,也观察不到正常细胞中的消长规律。但当撤除培养基中的生长因子以后,细胞又在 G_1 期早期发生细胞周期阻滞。以人成纤维细胞进行类似的实验,得到了相同的结果。Cyclin D1 在 G_1 期的进展或称为 G_1/S 期转变(transition)过程中具有十分重要的作用。以 CSF-1 刺激的小鼠巨噬细胞裂解物中,细胞周期的 G_1 期,Cyclin D1 与 CDK4 形成蛋白激酶复合体。在人成纤维细胞裂解物中,Cyclin D1 还可与 CDK2、CDK4、CDK5 及增殖细胞核抗原(proliferating cell nuclear antigen,PCNA)等结合成不同的复合物形式。Cyclin D1 与 DNA 的复制及修复、诱导组蛋白 H1 激酶的磷酸化修饰、促进 pRB 蛋白发生磷酸化修饰等功能有关。

目前为止,已知的 Cyclin D 家族成员有 Cyclin D1、Cyclin D2 和 Cyclin D3,分别由 CCND1、CCND2 和 CCND3 基因编码,由 295 个、290 个和 292 个氨基酸残基组成,定位于 11q13、12p13 和 6p21。其中,第 56 ~ 114 位氨基酸序列为保守序列,称为细胞周期素盒(cyclin box)。不同的细胞系中具有不同种类、不同水平的 Cyclin D 的表达。血清刺激的人成纤维细胞系中,G_0 期、G_1 期和 S 期中都可检测到 Cyclin D3 mRNA 的转录表达,且恰好在 S 期之间达到高峰,其与 Cyclin D1 的功能是一样的。人正常的乳腺上皮细胞中 Cyclin D3 的表达也受到生长因子刺激的诱导,但其高峰期位于 S 期,而 Cyclin D1 在 G_1 晚期即已达到高峰。在 HeLa 细胞中 Cyclin D1 和 Cyclin D3 的表达有显著的区别。

PRAD1 / Cyclin D1 不仅与甲状旁腺腺瘤(parathyroid adenoma)具有密切的关系,还与 B 细胞系淋巴瘤、乳腺癌、头颈部的鳞状上皮细胞癌、膀胱癌、黑色素瘤、食管癌、胆囊鳞状上皮癌、胃癌、绒癌、肺鳞状上皮细胞癌及肝癌等都有一定的关系。在恶性淋巴瘤等细胞中存在着 t(11;14)(q13;q32)的染色体转位(chromosomal translocation)。在这一转位过程中,免疫球蛋白重链 (immunoglobulin heavy chain,IGH)基因被打断,与非转录 DNA 序列发生重排,在 11q13 染色体位点上形成一种癌基因,称为 bcl-1。应用脉冲电场凝胶电泳(pulsefield gel electrophoresis,PFGE)及染色体巡查(chromosoma walking)等技术,证实 bcl-1 这种癌基因就是 PRAD1/ Cyclin D1。

另有一种具有癌基因性质的细胞周期素即为 Cyclin A。乙型病毒性肝炎患者的肝细胞癌罹患率较非乙型肝炎人群要高得多。乙型肝炎病毒(HBV)DNA 与肝细胞的染色体 DNA 可以发生整合(integration),这种整合可能由于对肿瘤抑制基因的插入失活或对原癌基因的异常调节,从而使正常肝细胞发生恶性转化。这是 HBV 导致肝细胞癌发生的一种重要机制。对 HBV DNA 在肝细胞中的 DNA 序列整合位点的分析,发现 HBV DNA 恰好整合在 Cyclin A 的基因中。病毒基因插入之后,打破了 Cyclin A 基因的一个内含子序列,形成了 HBV 前 S2/S 序列与 Cyclin A 的融合基因(fusion gene),并处于一种过表达状态。这种融合基因的编码产物,缺失了 Cyclin A 蛋白的氨基末端序列部分,因而可以逃过正常的泛素依赖性细胞周期素的降解机制。因而 Cyclin A 的这种融合蛋白参与细胞周期的异常调节,可能与正常细胞的恶性转化有关。

二、肿瘤抑制基因的突变失活与肿瘤的发生

肿瘤抑制基因,如 p53、pRB、WT-1、p15、p16、p21 和 p27 等,如果发生基因突变,则失去对细胞周期素、CDK 及其复合物蛋白激酶活性的正常调节,从而与肿瘤的发生具有一定的关系。

(一) p53 蛋白

p53 蛋白是研究得最为广泛的一种肿瘤抑制蛋白。野生型 p53 对细胞周期的调控是通过降低 Cyclin A、Cyclin E、CDK2 和 CDK4 的表达,同时增加 p21 的表达来实现的,而突变型 p53 上调 CDK2 的表达引起细胞周期紊乱。细胞内 p53 对各种可能引起肿瘤的异常情况起零耐受(zero tolerance)作用,能有效地防止细胞的恶性转化。DNA 遭受各种损害均可激活 p53 途径作为其特异性的翻译后修饰;在其反式激活域被 CκI、DNA-PK、JNK 及 MAPK 磷酸化,在 C 端被 CDK、PKC 及 CκⅡ磷酸化。不同的蛋白激酶修饰 p53 不同的 DNA 结合活性,诱导激活不同的 p53 靶基因,导致细胞停滞于特定的周期位点。

1. G_1 期停滞　p53 通过上调 p21、mdm2、GADD45 等基因在 DNA 损伤所致的 G_1/S 期停滞中起重要作用。p21wafl 是 CDK 抑制剂,通过阻断 CDK 的活性阻止细胞进入 S 期。DNA 损伤可使 ATM 及 ATR 升高,这二者能使 p53 的 15 位丝氨酸磷酸化,部分阻止 p53 与 MDM2 作用,从而避免被泛素化修饰降解。G_1 期细胞受照射后 CDK/Cyclin E 复合物的含量由于与 p21wafl 的结合而升高。G_1 期特异性激酶活性的抑制能维持 Rb 基因表达产生 pRB,pRB 能抑制细胞进入 S 期必需的基因 E2F 的特异性转录。另外,p53 还能通过非转录机制导致 G_1 期停滞。p53 能与 Cyclin H 结合,后者是 CDK7/Cyclin H/Matl CAK 复合物的组成部分。CAK 能使 CDK2 磷酸化,并激活 CDK2,在促进细胞周期进展中起着关键作用。CAK 还通过控制 RNA 聚合酶Ⅱ的活性成为 TFII H 复合物的一部分。在 TFIIH 复合物中,CAK 磷酸化 RNA 聚合酶Ⅱ的羟基末端重复结构域(caRBoxy-terminalrepeat domain,CTD)。CTD 的磷酸化是 RNA 聚合酶Ⅱ催化 RNA 合成,使 RNA 延伸所必需的。p53 与 CAK 的结合显著地减少 CAK 活化 EDK2 及磷酸化 RNA 聚合酶ⅡCTD 的功能,导致细胞周期停滞或凋亡。

2. S 期停滞　p21wafl 与 PCNA 结合能抑制 PCNA 的活性,通过阻止 DNA 复制的延伸

阶段干扰细胞周期进展，控制S期。在DNA复制时，PCNA与复制子C(replication factor C, RFC)共同识别引物-模板连接(primer template junction)，促使聚合酶δ(polδ)加载。PCNA-RFC-polδ复合物能加快DNA复制延伸阶段polδ的进展。p21wafl与PCNA直接结合引起PCNA-RFC-polδ复合物快速从DNA复制叉上解离，阻止DNA的复制合成。

3. G_2 期停滞 p21wafl能在细胞周期的后期与Cyclin A及Cyclin B复合物结合。S期时p21wafl在核内消失，在 G_2 期后期短暂地再次进入核内。G_2 期后期，有一半的CDK2/Cyclin A与p21wafl组成复合物。p21wafl可能直接抑制CDK活性，或者阻止后者被CAK活化。还可能CDK2/Cyclin A与p21wafl形成复合物可阻断底物与CDK2/Cyclin A的相互作用。在爪蟾(*Xenopus*)卵提取物中CDK2对CDKl/Cyclin B复合物的激活起正向。

（二）pRB蛋白

pRB蛋白在细胞周期的调节中也具有十分重要的作用。细胞周期的 G_1 期，前半部分2/3的时间与后半部分1/3的时间之间是 G_1 期的一个关键时刻，称为限制性位点(restrictionpoint)，又称为R点。此时细胞可以决定细胞是进入下一轮的有丝分裂，还是进入到静止期。R点发生之前，pRB处于未磷酸化状态，之后则处于磷酸化状态。pRB在以后整个细胞周期阶段中保持着这种高度磷酸化状态，直至细胞完成有丝分裂期。有证据表明，pRB的磷酸化修饰可造成生长抑制因子的失活。DNA肿瘤病毒蛋白可与低磷酸化状态的pRB蛋白进行结合，但与高度磷酸化状态的pRB却不能结合。PRB在低磷酸化状态时可以与E2F等转录调节因子结合，但发生高度磷酸化以后则失去这一功能。诱导pRB蛋白发生磷酸化修饰的状态，适宜于细胞的增殖与分裂。D型细胞周期素在调控pRB的磷酸化修饰过程中具有十分重要的作用。Cyclin D可与CDK4、CDK6结合成蛋白激酶复合物，体外与pRB蛋白进行孵育，可导致pRB蛋白的磷酸化修饰。向人骨肉瘤细胞中导入Cyclin E的基因进行表达，也能提高pRB的磷酸化程度。

pRB与一系列细胞周期相关的蛋白质调节因子有关。最为重要的是转录因子E2F。pRB处于低磷酸化修饰的状态下能够结合E2F，使E2F失去其转录调节功能，而当pRB的磷酸化程度逐渐提高之后，pRB结合E2F的能力下降，释放出自由的E2F，参与一系列基因的转录调节。除了对E2F的结合与调控之外，pRB还可与一系列其他蛋白质因子，如Elf-1、MyoD、PU-1、ATF-2及cAbl等进行结合，并对其功能进行调节。pRb基因发生突变，特别是与pRB磷酸化修饰调节有关的结构位点的突变，造成pRB对这些转录调节因子的失控，这与正常细胞的恶性转化及肿瘤的形成之间有着极为密切的关系。

Nishinaka等报道pRB也可通过一种特异性蛋白酶的水解使其抑制分裂增殖功能丧失。PRB的大致调控方式：当细胞受到分裂增殖信号作用时，通过信号转导促进细胞周期蛋白基因表达，细胞周期蛋白与相应的周期蛋白依赖性激酶(CDK)结合为激酶复合物，使pRB磷酸化；磷酸化的pRB释放出激活的游离转录因子E2F，促进细胞通过 G_1/S 调控点，使细胞周期序贯进行。沉默CDK7基因，使其催化下游激酶和蛋白磷酸化的能力下降，因而CDK2和pRB这两种直接参与细胞周期调控的蛋白质的磷酸化水平降低，催化活性下降。由于CDK2和pRB分别调控细胞 G_1 期早期和 G_1 期晚期的进展，因此，CDK2和pRB的磷酸化水平下降使周期细胞难以越过 G_1/S 期检查点而阻滞于 G_0/G_1 期。

三、癌基因对细胞周期的调节

（一）c-abl

c-abl 是 Abelson 小鼠白血病病毒原癌基 v-abl 在细胞内的同源基因，是一个高度保守的基因，从哺乳动物到果蝇都存在。人类 c-abl 基因位于 9 号染色体，编码相对分子质量为 140 000 的蛋白质，是 Src 非受体酪氨酸激酶家族的成员。细胞核的 c-abl 参与细胞周期信号转导的调控，很多证据表明 c-abl 调控 G_1/S 期的转换。一些情况下 c-abl 在 G_0 期抑制细胞生长，过表达 c-abl 使细胞周期停滞在 G_1 期，发挥这种效应需要 c-abl SH2 结构域、激酶活性和 p53、RB 蛋白，表达激酶负显性突变体或用 RNA 干扰抑制内源性 c-abl，细胞 G_0/S 期转换变快，说明抑制 G_0/S 期转换是内源性 c-abl 的功能。c-abl 在 G_1 期通过激酶区 ATP 结合部位与 RB 的 C 端袋状结构结合，c-abl 的激酶活性被抑制。在 G_1 期向 S 期转换的交界点，Cyclin Dl-CDK4/CDK6 激酶复合物磷酸化 RB 从而释放 c-abl，在 S 期激活 c-abl 的激酶活性，激活的 c-abl 磷酸化 RNA 聚合酶Ⅱ的 C 端结构域，刺激 S 期的基因转录。但另一些结果与这个模型并不吻合，abl 缺失的小鼠成纤维细胞 G_0/S 期转换并没有什么缺陷。c-abl 参与细胞周期 G_0/S 期检查点的调控，DNA 损伤应激，如离子辐射、化学药物通过 ATM、DNA-PK 激活 c-abl，诱导细胞 G_1 期停滞。表达无激酶活性 c-abl 的细胞在离子辐射后不能下调 CDK2 的激酶活性和诱导 G_1 期阻滞，但 c-abl 的下游因子及具体机制还不清楚。

c-Abl 通过与成视网膜母细胞瘤蛋白（retinoblastoma protein，pRB）相互作用控制细胞周期进程。当细胞处于 G_1 期时，c-abl 激酶结构域的 ATP 结合位点被 pRB 占据，此时的激酶活性受到抑制，过量表达 c-abl 可以消除 pRB 引起的生长抑制作用。在 G_1/S 过渡期，pRB 经 CDK4/CDK6-CyclinD 磷酸化而失活，从而释放出具有激酶活性的 c-abl。c-abl 可以使 RNA 聚合酶Ⅱ的 C 端磷酸化，进而促进 S 期基因转录。另外，c-abl 也可以通过直接的相互作用激活转录因子 CREB 和 E2F-1，进一步激活凋亡因子 p73 的 mRNA 翻译并延长 p73 的半衰期，发挥 c-abl/p73 促细胞凋亡活性。在成纤维细胞中过量表达 c-abl 时会发生 p53 依赖而非 pRB 依赖的细胞周期阻滞。也有研究发现这种抑制作用可能需要 p53 和 pRB 的同时参与。在 DNA 损伤应激过程中，c-abl 能够与 BrcAl、ATM、DNA. PK、RADSl/52、UV-DDB 等多种 DNA 损伤修复蛋白发生相互作用，调节应激条件下的细胞周期、细胞凋亡及 DNA 修复过程，经电离辐射或顺铂处理的 c-$abl^{-/-}$，细胞表现出 G_1 期或 S/G_2 期阻滞效应。

（二）c-fos

Brüsselbach 等通过缺乏 c-fos 基因表达的胚干细胞和成纤维细胞，研究了 c-fos 对细胞周期调节的重要性。结果表明，正常条件下分裂周期和处于静止期的细胞受到血清刺激再重新进入细胞分裂周期的功能是 c-fos 非依赖性的。如果激活或过表达 Fos 或 Jun 家族的其他成员也没有补偿性作用。相反，c-$fos^{-/-}$细胞中 fra-1 的表达在受到血清刺激诱导时并不像正常细胞那样升高，进一步证实了 fra-1 是 c-fos 作用的一种靶基因。

（三）c-jun

Carter 等比较了人正常细胞和肿瘤细胞中 G_1/S 晚期 c-jun 基因的表达调节特点。正常人二倍体成纤维细胞 WI-38 在 G_1/S 期，c-jun mRNA 的表达达到第二个高峰。此时 c-jun mRNA 的表达是新转录的 c-jun mRNA 所占比例的增加，对 c-jun mRNA 的稳定性并没有任何影响。以羟基脲(hydroxyurea)等处理使细胞中 DNA 的合成受到抑制的状态下也不妨碍 c-jun mRNA 的表达出现第二次高峰。c-jun 的表达不受细胞周期调节的影响。在肿瘤细胞中 c-jun mRNA 的转录表达是一种持续表达方式，与正常细胞中 c-jun 转录表达的调节不同。根据 c-jun mRNA 的特异性序列，Soprano 等设计了特异性的反义脱氧寡聚核苷酸(oligodeoxynucleotide，ODN)片段，通过对 c-jun mRNA 的抑制和破坏，以研究 c-jun 对细胞周期，特别是对 G_1 期进展的影响。以 c-jun 特异的反义 ODN 分子改变了处于旺盛分裂状态的生长特点。处于活跃分裂状态的 Swiss 3T3 细胞，原癌基因 c-jun 的表达在 G_1 早期达到高峰，2h 后表达水平下降，仅有高峰值的 30%，在其后的整个 G_1 期中都保持这一水平。以 c-jun 特异性反义 ODN 处理细胞之后，其进入 DNA 合成的 S 期及其后的细胞分裂能力得到显著抑制。这说明有丝分裂完成之后的 G_1 期进展受到原癌基因 c-jun 的调节和影响。

（四）SEI-1

SEI-1 是最近发现的位于人染色体 19q1. 3. 1 区域的一个候选癌基因。SEI-1 编码的蛋白质分子 p34 SEI-1 直接结合 p16，而且这种结合不直接与 p16 竞争，p16 存在时，在 p34 SEI-1、CDK4、Cyclin D2 和 p16 之间形成四分体；p34 SEI-1 在低浓度(最高 500mol/L)激活 CDK4 的激酶功能，但在高浓度反而抑制 CDK4 活性，提示 p34 SEI-1 介导的 CDK4 激活有剂量依赖性，p34 SEI-1 和 p16 的作用互不依赖；p34 SEI-1 具有 LexA 介导的反式激活能力。p34 SEI-1 蛋白分子 30～160 位氨基酸残基能结合、激活和抑制 CDK4；30～132 位氨基酸片段能结合和激活 CDK4 但不抑制 CDK4，30～88 氨基酸片段不能结合、激活或抑制 CDK4，但保留了 LexA 介导的反式激活能力。Cyclin E/CDK2 复合体在细胞从 G_1 期进入 S 期的过程中有重要作用。

四、癌基因对细胞周期素的调节

Myb 转录因子家族包含 a-Myb、b-Myb 和 c-Myb，其中 a-myb 在精子和乳腺的发育中起着重要作用，c-myb 则是造血细胞发展所必需的。与前二者的组织特异性不同，b-myb 存在于几乎所有的增殖细胞中，是一种广泛存在的真核转录因子，在 G_1/S 期转化中起着重要作用。b-Myb 的过表达可以避免细胞周期阻滞，相反，b-Myb 的反义抑制可以诱导生长阻滞。b-Myb 的活性是细胞周期进程所必需的。研究发现，在癌组织中 b-Myb 与 Cyclin D1 的表达呈正相关，这表明 Cyclin D1 蛋白在肝癌组织中的高表达促进了 b-Myb 基因的转录和表达，可使肿瘤细胞较易跨越限制细胞生长的 G_1/S 期检查点，促进肿瘤发生和发展。

c-myc 基因定位于 8 号染色体，编码 p62 核内蛋白，在细胞静止期 c-myc 几乎不表达，但在有丝分裂原刺激下迅速表达，促使细胞由 G_0 期进入 G_1 期。因此，c-myc 在细胞内堆积可使细胞获得永生。当与其他活化癌基因(如 ras 基因)协同作用时，则导致细胞的恶性转化。对于 Cyclin D 与 c-myc 基因的关系目前的研究有不同的看法：有研究认为 c-myc 调节细胞周期主要在 G_1 早期或 G_1/S 过渡期，对 G_1 期的调节是由血清中成纤维细胞刺激引起 Cyclin D1 的表达，在一些集落刺激因子 1 依赖细胞系中 c-myc 和 Cyclin D1 的表达都需要通过 CSF-l 受体而激活。然而 c-myc 和 Cyclin D1 的关系复杂有可能因为刺激因子和细胞系不同而呈现出不同的关系。Solomon 等发现，在袋鼠的成纤维细胞中 Cyclin D1 mRNA 的表达并不是由 c-myc 调控的。Daksis 等的研究发现，c-myc ER 野生型激活而不是突变能有效短暂减少 Cyclin D1 RNA 及 Cyclin D1 蛋白到生理水平并且促进细胞由 G_0/G_1 期向 S 期转变。他们发现 myc 和 Cyclin D1 在细胞增殖途径中具有连续性作用并且在信号转导和细胞周期控制方面发挥着重要作用。Philipp 等的研究发现，myc 对 Cyclin D1 的调节与 Max 无关，c-myc 基因是通过抑制 Cyclin D1 基因来抑制 Cyclin D1 的表达。随着对 APCbeta-catenin-Tcf-4 信号转导通路的研究，近年来发现原癌基因 c-myc 和 Cyclin D1 是该通路的两个下游靶基因 β-catenin 与 Tcf-4 的结合成复合物并转位通过转录激活癌基因 c-myc 和 Cyclin D1 等。总之，c-myc 与 Cyclin D1 的关系十分复杂，目前相关的研究仍在继续。

集落刺激因子-1（colony-stimulating factor-1，CSF-1）及其受体原癌基因 c-fms 在大鼠的成肌细胞系 L6 α1 中都有表达活性，但在肌管（myotube）形成时的表达水平显著下降。导入表达 c-fms 反义 RNA 的表达载体之后，成肌细胞（myoblast）中 CSF-1 的受体蛋白表达水平随之下降，并诱导这种细胞的 G_1 期生长阻滞。但 c-fms 基因表达产物水平的下降对 Cyclin A、Cyclin B 和 Cyclin G 的表达无显著影响，而 Cyclin D 的表达水平在 G_1 晚期和 S 早期却明显下降。这一结果表明 CSF-1/c-fms 构成了一个自分泌（autocrine）环，通过对 Cyclin D 等的影响调节细胞周期 G_1/S 过渡区的进展。

另外，细胞周期素对一些原癌基因的表达还具有反式调节作用。Oswald 等对 Cyclin D1 和 Cyclin A，通过反式激活（transactivation）机制，调节 myc 癌基因的 E2F 依赖性的表达，从而克服肿瘤抑制蛋白的功能。人原癌基因 c-myc 的转录表达在静止期或非分裂的细胞中处于抑制状态。细胞在受到有丝分裂原刺激之后，可出现 c-myc 短暂而快速的诱导性表达，在整个 G_1 期维持这一水平，之后便下降到基础水平，直至细胞周期完成。c-myc 基因启动子区具有转录因子 E2F 结合位点，因此其转录是一种 E2F 依赖性表达方式。人 E2F 通过与 pRB 之间的作用参与细胞周期的调节，而 Cyclin E 和 Cyclin A 等与其他的 G_1/S 期、S 期相关蛋白复合体之间具有十分密切的关系。以氯霉素乙酰化酶（CAT）作为报道基因（reporter gene），证实 E2F-1 对 c-myc 基因的启动子具有激活作用，但对 pRB 则具有抑制作用。Cyclin A 过表达对 c-myc 的启动子也具有很强的刺激作用，而以 E2F-1 和 Cyclin A 共同表达时，这种刺激作用得到进一步加强。同时发现 G_1 期 Cyclin D1 的表达导致 c-myc 启动子的 E2F 结合位点依赖性的反式激活现象，同时过表达 pRB 可阻断这种反式激活作用。Cyclin D1 对 pRB 的作用类似于腺病毒蛋白 E1A。Cyclin G 是结构和功能独特的细胞周期蛋白，其两种亚型 Cyclin G1 和 Cyclin G2 有互为相反的生理作用。已知 Cyclin G 含有 p53 蛋白结合位点，是 p53 的下调基因。有人认为 Cyclin G 参与 p53 介导的细胞凋亡作用，有抑癌活性；同时它也是 p53-Mdm2 反馈调节环的重要调控因子。

五、癌基因对 CDK 的调节

癌基因与原癌基因参与细胞周期调节的机制之一就是对 CDK 表达水平或功能的调节。Kim 等在研究 T 淋巴细胞中 c-myc 表达对 CDC2、CDK2 基因表达的影响中发现，小鼠 G_0 期 T 细胞以包被的抗 CD3 抗体进行激活，但在 G_1 晚期发生细胞周期阻滞，其中 IL-2R α、IL-2R β和转铁蛋白受体（transferrin receptor，TfR）的表达水平尚能保持正常状态。然而，这些细胞中却无 p34Cdc2 的表达，CDK2 的表达水平即使在受到外源性 IL-2 的刺激之后也不升高。

另外,c-myc 特异性 mRNA 及蛋白质的水平却显著下降。以 c-myc 基因特异性的反义 ODN 可以特异性降低 G_0 期 T 细胞在受到抗 CD3 抗体刺激以后的 c-Myc 蛋白表达水平。同时,还检测到 c-myc 反义 ODN 还可以抑制 Cdc2、CDK2 的表达水平,但对 IL-2 则无显著影响,最后导致细胞出现 G_1 期阻滞。这些结果表明,c-myc 在 G_1/S 期转变过程中具有重要作用,其机制是对 CDK 分子表达水平的调节。

原癌基因 c-ab1 是在组织细胞中具有普遍表达活性的一种酪氨酸激酶(tyrosine kinase)的编码基因,主要分布在核中并与 DNA 结合。这种癌基因蛋白与 DNA 结合的活性是通过 CDC2 对其磷酸化的修饰进行调节的,表明 c-abl 在细胞周期的调节中具有一定作用。c-Abl 蛋白的酪氨酸激酶活性受到 pRB 作用的调节。pRB 蛋白羧基末端,在 A/B 口袋结构之外的一段结构序列与 c-Abl 蛋白中 ATP 结合位点相结合,导致酪氨酸激酶活性受到抑制。c-Abl 与 pRB 之间的作用不受可与 pRB 发生作用的病毒蛋白的影响。pRB 发生磷酸化,释放并激活 c-Abl 这种酪氨酸激酶。在 S 期,c-Abl 能够调节一系列基因的表达活性。

Ran 是一种 Ras 相关性的 GTPase,在细胞周期中对 CDC2/Cyclin B 复合物的蛋白激酶活性具有调节作用。

ets-2 是转录因子家族中的一个成员,参与细胞增殖相关基因的转录调控。在 CDC2 基因的启动子区,含有多个可与 ets-2 结合的位点。小鼠成纤维细胞中如果有 ets-2 的持续表达,在 10% 或 0.5% 血清培养基中,CDC2 蛋白及其相应的组蛋白 H1 激酶活性均有升高。而且与 Cyclin A 的表达水平升高是一致的,但与 Cyclin B1 无关。ets-2 转导的细胞能在含有低浓度血清的培养基中生长,只是速率减慢,未转导的亲本细胞则不能生长。说明 ets-2 对 CDC2 及 Cyclin A 的表达具有直接调控作用。

参 考 文 献

曹骥, 杨春, 李丽萍,等. 2007. B-myb 在人肝细胞癌中表达的生物学意义及与 Cyclin D1 相关性的研究. 肿瘤, 27(5): 386-389.

曹亚. 2002. 细胞周期与肿瘤. 国外医学·生理、病理科学与临床分册, 2: 103-105.

贾晋松. 2004. 细胞周期素 G 的研究现状. 国外医学·输血及血液学分册, 27:129-133.

杨尧, 刘萱, 李平,等. 2009. 酪氨酸激酶 c-Abl 与信号转导. 生物技术通讯, 20(5): 692-694.

赵爱国, 吴曙光. 2005. 沉默 CDK7 导致 CDK2 和 pRB 磷酸化水平下降并诱导 HepG2 细胞凋亡. 中国药理学通报,21(1):106-110.

Annicotte JS, Blanchet E, Chavey C, et al. 2009. TheCDK4 - pRB - E2F1path-way controls insulin secretion. Nat Cell Biol, 11:1017-1023.

Chen X. 2002. Cyclin G: a regulator of the p53. Mdm2 network. Dev Cell, 2:518-519.

Cho JW, Chung J, Back WK, et al. 2003. RB-resistant Abl kinase induces delayed cell cycle progresaion and increases susceptibility to apoptosis upon cellular stresses through interaction with p53. Im J Oneol, 22(6): 1193-1199.

Fajas L. 2013. Re-thinking cell cycle regulators: the cross-talk with metabolism. Front Oncol, 3: 4.

Friedman A, Hu B, Kao CY. 2010. Cell cycle control at the first restriction point and its effect on tissue growth. J Math Biol, 60(6): 881-907.

Glocker S, Buurman H, Kleeberger W, et al. 2002. Marked intratumoral heterogeneity of c-myc and Cyclin D1 but not c-eRB B2 amplification in breast cancer. Lab Invest, 82(10):1419-1426.

Ho JS, Ma W, Mao DY, et al. 2005. P53-Dependent transcriptional repression of c-myc is required for G1 cell cycle arrest. Mol Cell Biol, 25(17): 7423-7431.

Ikeguchi M, Saito H, Kondo A, et al. 1999. Mutated p53 protein expression and proliferative activity in advanced gastric cancer.

Hepatogastroenterology, 46(28): 2648-2653.

KushnerJA, CiemerychMA, Sicin-ska, et al. 2005. Cyclins D2 and D1areessential for postnatal pancreatic beta-cell growth. MolCellBiol, 25:3752 - 3762.

Li J, Melvin WS, Tsai MD, et al. 2004. The nuclear protein $P34^{SEI-1}$ regulates the kinase activity of Cyclin-dependent kinase 4 in a concentration-dependent manner. Biochemistry, 43:4394-4399.

SAIA A. 2005. B-MYB, a transcription factor implicated in regulating cell cycle, apoptosis and cancer. Eur J Cancer, 41(16): 2479-2484.

Skotheim JM. 2013. Cell growth and cell cycle control. Mol Biol Cell, 24(6): 678.

Wang JY, Ki SW. 2001. Choosing bei3ceen growth arrest and apoptosis through the retinoblastoma tumour suppressor protein, Abl and p73. Biochem Soe Trans, 29(6), 666-673.

Yamashita T, Nishimura K, Saiki R, et al. 2013. Role of polyamines at the G_1/S boundary and G_2/M phase of the cell cycle. Cell Biol, 10(13): 1357-2725.

第二十六章　肿瘤相关基因与肿瘤的发展

从本质上来讲癌症是一种基因病，其发生、发展与复发均与基因的变异、缺失、畸形相关。人体细胞携带着癌基因和抑癌基因，正常情况下，这两种基因相互拮抗，维持协调与平衡，对细胞的生长、增殖和衰亡进行精确的调控。许多抑癌基因直接参与细胞周期的调控，或其本身就是细胞周期调控机制的主要部分，它们突变的结果。导致细胞周期的失控，包括细胞周期驱动机制和监控机制的异常，使细胞获得失控性的恶性增殖特征。因此，对与细胞周期密切相关的抑癌基因的研究，不仅可以探讨细胞的增殖与分化的调控，而且对研究癌变细胞的恶性增殖特征，阐明细胞癌变机制有着重要的意义。

第一节　肿瘤相关基因与发癌阶段

一、三类主要的致癌物质

致癌物质是来源于自然和人为环境、在一定条件下能诱发人类和动物癌症的物质。按其来源分为三大类：天然致癌物质、在原料加工过程中生成的致癌物质及人工合成的致癌物质。按其作用机制分为引发剂（或称为始发剂）和促发剂。两者兼是者称为完全致癌物，仅有引发作用者称为不完全致癌物。有些既非引发剂也非促发剂，且本身并不致癌，但能增强引发剂和促发剂的作用，称为助致癌物。

来源于自然和人为环境、在一定条件下能诱发人类和动物癌症的物质主要包括物理性致癌物质、生物性致癌物质、化学致癌物质。

物理性致癌物质：物理致癌因素包括灼热、机械性刺激、创伤、紫外线、X 射线、放射性核素、氡及日光中的紫外线等。值得高度重视的是，辐射危害可以来自环境污染，也可以来自医源性。例如，多次反复接受 X 射线照射检查或放射性核素检查可使受检人群患肿瘤概率增加，若用放射疗法治疗某些疾病，也可诱发某些肿瘤。有资料报告，在用放射性核素磷治疗红细胞增多症后，相当数量的患者经过一定的潜伏期而出现白血病。肺结核患者反复的胸透检查，可诱发乳腺癌。

生物性致癌物质：生物合成产物，如真菌毒素、生物碱、苷、水和土壤微生物、低级和高级植物合成多环芳烃化合物、动物和人类激素等；病毒，如乙型肝炎病毒、疱疹病毒等。

化学致癌物质：其种类最多，分布极广。无机化合物，如石棉、砷化物、铬化物等。有机化合物，如联安苯、烯环烃、亚硝酸、黄曲毒素等都是化学致癌因子。吸烟是人体摄入化学致癌物的主要途径之一，从香烟的烟雾中可以分析出 20 多种化学致癌因子。

致癌物可以按如下方式进行分类。

（一）广义分类

按致癌物来源分为三大类：天然致癌物质、在原料加工过程中生成的致癌物质及人工合成的致癌物质。

按其作用机制分为引发剂(或称始发剂)和促发剂。两者兼是者称为完全致癌物,仅有引发作用者称为不完全致癌物。有些既非引发剂也非促发剂,且本身并不致癌,但能增强引发剂和促发剂的作用,称为助致癌物。按其作用分为确证致癌物、怀疑致癌物和潜在致癌物。作用方式又有直接作用和间接作用之别。目前已知的化学致癌物质有 1100 种以上。据世界卫生组织所属机构资料,经鉴定对动物有致癌作用的有 140 多种,经流行病学调查证实对人类有致癌作用的有 21 种,还有 18 种被怀疑对人有致癌作用。据估计,人类癌症的 80%~85% 与化学致癌物质有关。最近的研究表明,很多致突变物质能引起癌症,同时许多致癌物也可导致突变,两者关系密切。

(二) 国际分类

世界卫生组织下属的国际癌症研究所将致癌物质分为四大类。

一类:对人体有明确致癌性的物质或混合物,如黄曲霉毒素、砒霜、石棉、六价铬、二噁英、甲醛、酒精饮料、烟草、槟榔等。

二类 A:对人体致癌的可能性较高的物质或混合物,在动物实验中发现充分的致癌性证据。对人体虽有理论上的致癌性,而实验性的证据有限,如丙烯酰胺、无机铅化合物、氯霉素等。

二类 B:对人体致癌的可能性较低的物质或混合物,在动物实验中发现的致癌性证据尚不充分,对人体的致癌性的证据有限。用以归类相比二类 A 致癌可能性较低的物质,如氯仿、DDT、敌敌畏、萘卫生球、镍金属、硝基苯、柴油燃料、汽油等。

三类:对人体致癌性尚未归类的物质或混合物,对人体致癌性的证据不充分,对动物致癌性证据不充分或有限,或有充分的实验性证据和充分的理论机制表明其对动物有致癌性,但对人体没有同样的致癌性,如苯胺、苏丹红、咖啡因、二甲苯、糖精及其盐、安定、氧化铁、有机铅化合物、静电磁场、三聚氰胺、汞与其无机化合物等。

四类:对人体可能没有致癌性的物质,缺乏充足证据支持其具有致癌性的物质,如已内酰胺。

按对人的致癌危险性,IARC 于 2002 年对已有资料报告的 878 种化学物根据其对人的致癌危险分成 4 类。

1 类:对人致癌,87 种。确证人类致癌物的要求是:①有设计严格、方法可靠、能排除混杂因素的流行病学调查;②有剂量反应关系;③有调查资料验证,或动物实验支持。

2A 类:对人很可能致癌,63 种。此类致癌物对人类致癌性证据有限,对实验动物致癌性证据充分。

2B 类:对人可能致癌,234 种。此类致癌物对人类致癌性证据有限,对实验动物致癌性证据并不充分;或对人类致癌性证据不足,对实验动物致癌性证据充分。

3 类:对人的致癌性尚无法分类,即可疑对人致癌,493 种。

4 类:对人很可能不致癌,仅 1 种。

按活化的需要把致癌物区分为:①不需活化的,称为直接致癌物;②需活化的,称为前致癌物或间接致癌物。其活性代谢物为终致癌物。

按是否具有诱变性及致癌的体细胞突变和非突变作用两大学说的确立,人们把致癌物分成两大类:①诱变性致癌物,又称为遗传毒性致癌物;②非诱变性致癌物,或非遗传毒性致癌物,也有人称为 DNA 活性外致癌物或基因外致癌物。这里所谓的 DNA 活性外致癌不包括以 DNA 为靶的诱变机制。现已知道大多数肿瘤细胞都有遗传学改变,这些改变有时难以区分是致癌的原因还是发癌的结果。IARC 于 1983 年就指出,按致癌机制对化学致癌物进行分类,不可能详尽无遗和准确无误。

有些化学物质本身并不致癌,但在致癌物之前或同时应用可显著增强癌症的发生,即可促进致癌的过程,这类物质称为助癌物。

(三) 致癌物

首先是遗传毒性致癌物,大部分“经典”的有机致癌物基本属于这一大类。

1. 直接致癌物 其化学结构的固有特性是不需要代谢活化即具有亲电子活性(有极少例外),能与亲核分子(包括 DNA)共价结合形成加合物(adduct)。这类物质绝大多数是合成的有机物,包括内酯类(如 β-丙烯内酯、丙烷磺内酯和 α,β-不饱和六环丙酯类)、烯化环氧化物(如 1,2,3,4-丁二烯环氧化物)、亚胺类、硫酸类酯、芥子气和氮芥、活性卤代烃类(如双氯甲醚、苄基氯、甲基碘和二甲氨基甲酰氯)等、其中双氯甲醇的高级卤代烃同系物随着烷基的碳原子增多,致癌活性下降。除前述烷化剂外,一些铂的配位络合物,如二氯二氨基铂、二氯(吡咯烷)铂及二氧-1,2-二氨基环己烷铂等,也有直接致癌活性,通常其顺式异构体的活性较反式异构体高。

2. 间接致癌物 这类致癌物往往不能在接触的局部致癌,而在其发生代谢活化的组织中致癌。前致癌物可分为天然的和人工合成的两大类。人工合成的包括:多环或杂环芳烃[如苯并(a)芘、苯并(a)蒽、3-甲基胆蒽、7,12-H 甲苯并(a)蒽、二苯并(a,h)蒽等]、单环芳香胺(如邻甲苯胺、邻茴香胺)、双环或多环芳香胺(如 2-萘胺、联苯胺等)、喹啉[如苯并(g)喹啉等]、硝基呋喃、偶氮化合物(如二甲氨基偶氮苯等);链状或环状亚硝胺类几乎都致癌。但随着烷基的不同,作用的靶器官也不同;烷基肼中二甲肼可致癌,肼本身有弱致癌力;甲醛和乙醛;氨基甲酸酯类中的乙酸、丙酯和丁酯均致癌,其中,以氨基甲酸乙酯(乌拉坦、也称为脲烷)致癌能力最强,卤代烃中的氯乙烯的致肝癌作用在近年来受到了广泛的关注。其特点是诱发肝血管肉瘤。天然物质及其加工产物在国际抗癌联盟(IARC)1978 年公布的 34 种人类致癌物中占 5 种,黄曲霉毒素、环孢素、烟草和烟气、槟榔及酒精性饮料。

黄曲霉毒素 B_1 已是最强烈的致癌物之一,黄曲霉毒素 G_1 的致癌能力低得多。黄曲霉毒素 B_2 和黄曲霉素 G_2 本身不致癌,但认为黄曲霉毒素 B_2 可在体内经生物转化小部分成为 B_1,故也有一定致癌能力。黄曲霉毒素 B_1 对人和各种实验动物(除小鼠外)都能诱发肝癌,在特殊条件下仍可诱发肾癌和结肠癌。小鼠不易感可能是 GSH 转移酶的活力水平较高,能有效地解毒。一些毒菌的产物,如环孢素、多柔比星、道诺霉素、更生霉素也是前致癌物。这些物质常作为药物使用。烟草即使未经燃烧和热解也会含有亚硝基去甲菸碱等致癌物,烟草的烟气中更是含有多种致癌物,如多环芳烃、杂环化合物、酚类衍生物等致癌物,烟草的烟气中还含有大量促癌物,这就是提倡戒烟的原因之一。嚼食烟叶和使用鼻烟时所含的亚硝胺能诱发口腔癌和上呼吸道癌。槟榔中的槟榔碱可形成亚硝胺,口嚼槟榔使口腔癌、上消化道发癌率和病死率增高。

3. 无机致癌物 钴、镭、氡可能由于其放射性而致癌。镍、铬、铅、铍及其某些盐类均可在一定条件下致癌，其中镍和钛的致癌性最强。

非遗传毒性致癌物是指根据目前的试验证明不能与 DNA 发生反应的致癌物。

(1) 促癌剂。虽然促癌剂单独不致癌，却可促进亚致癌剂量的致癌物与机体接触启动后致癌，所以认为促癌作用是致癌作用的必要条件。佛波酯(TPA)是二阶段小鼠皮肤癌诱发试验中的典型促癌剂，在体外多种细胞系统中有促癌作用。苯巴比妥对大鼠或小鼠的肝癌发生有促癌作用。色氨酸及其代谢产物和糖精对膀胱癌也有促癌作用。近年来广泛使用丁基羟甲苯(butylated hydroxy-toluene，BHT)作为诱发小鼠肺肿瘤的促癌剂，对肝细胞腺瘤和膀胱癌也有促癌作用。二硫苏糖醇(DDT)、多卤联苯、氯丹、四氯代二苯并-对-二噁英(TCDD)是肝癌促进剂。

(2) 细胞毒物。最初理论认为慢性刺激可以致癌，目前认为导致细胞死亡的物质可引起代偿性增生，以致发生肿瘤。其确切机制尚不清楚，但可能涉及机体对环境有害因素致癌作用的易感性增高。一些氯代烃类促癌剂的作用机制可能与细胞毒性作用有关。氮川三乙酸(nitrilotriacetic acid，NTA)可致大鼠和小鼠患肾癌及膀胱癌，初步发现其作用机制是将血液中的锌带入肾小管超滤液，并被肾小管上皮重吸收。由于锌对这些细胞具有毒性，可造成损伤并导致细胞死亡，结果是引起增生和肾肿瘤形成。在尿液中 NTA 还与钙络合，使钙由肾盂和膀胱的移行上皮渗出，以致刺激细胞增殖，并形成肿瘤。

(3) 激素。多年前就发现雌性激素可引起动物肿瘤。以后发现多数干扰内分泌器官功能的物质可使这些器官的肿瘤增多。雌激素的致癌机制尚不清楚，但很可能与促癌作用有关；一般认为需要长期在体内维持高水平激素才能在内分泌敏感器官中诱发肿瘤。孕妇使用人工合成的雌激素(己烯雌酚、DES)保胎时，可能使青春期女子发生阴道透明细胞癌。其机制相当复杂。

(4) 免疫抑制剂。免疫抑制过程从多方面影响肿瘤形成。硫唑嘌呤、6-巯基嘌呤等免疫抑制剂或免疫血清均能使动物和人发生白血病或淋巴瘤，但很少发生实体肿瘤。环孢素是近年器官移植中使用的免疫抑制剂，曾认为不致癌。但现已查明，使用过该药的患者淋巴瘤的发生率增高。

(5) 固态物质。啮齿动物皮下包埋塑料后，经过较长的潜伏期，可导致肉瘤形成。其化学成分并不重要，只要是薄片，即使是金属也与各种塑料一样可导致肿瘤形成。关键是大小和形状，而且光滑者比粗糙者更有效，有孔的比无孔的效果差。其作用机制可能是固态物质可对上皮成纤维细胞增殖提供基底。石棉和其他矿物粉尘，如铀矿或赤铁矿粉尘，可增强吸烟致肺癌的作用。

(6) 过氧化物酶体增生剂。具有使啮齿动物肝脏中的过氧化物酶体增生的各种物质都可诱发肝肿瘤。已发现的过氧化物酶体增生剂有降血脂药物安妥明[对氯苯氧异丁酸乙酯(clofribate)]、降脂异丙酯(fenofibrate)、gemfibrate、哌磺氯苯酸(tibric acid)、增塑剂二-(2-乙基已基)苯二甲酸酯和有机溶剂 1,1,2-三氯乙烯。安妥明和二-(2-乙基已基)苯二甲酸酯对肝肿瘤有促进作用，但不能以促癌作用来概括这类物质的致癌机制。目前认为，肝过氧化物酶体及 H_2O_2 增多，可导致活性氧增多，发生信号转导作用，造成 DNA 损伤并启动致癌过程。

另外还有未确定遗传毒性致癌物，前已述及某些卤代烃类为遗传毒性致癌剂，另一些为促癌剂，还有一些则致癌方式尚未完全阐明，如四氯化碳、氯仿、某些多氯烷烃和烯烃等。这些物质在致突变试验中为阴性或可疑，体内和体外研究又未显示出能转化为活性亲电子性代谢产物。硫脲、硫乙酰胺、硫脲嘧啶和相似的硫酰胺类都有致癌性。靶器官是甲状腺，有时可为肝脏。噻吡二胺（methapyritene）这种抗组胺药物曾在美国广泛用作催眠药，后来发现能诱发大鼠肝癌。有些学者和研究机构还将致癌物分为确认致癌物（proved carcinogen）、可疑致癌物（suspected carcinogen）、潜在致癌物（potential carcinogen）。此外，还有按化学结构分类的，如烷化类、多环芳烃类、亚硝胺类、植物毒素类和金属类等。

二、发癌阶段中的癌基因

癌的生成涉及多种基因和基因以外的变化，单独一种基因的突变不足以致癌，多种基因变化的积累才能引起控制细胞生长和分化的机制紊乱，使细胞的增生失控而癌变。在这些基因的变化中最常发生的两类基因的异常变化是癌基因（oncogenes）及抑癌基因［cancer suppressor genes，也称为肿瘤抑制基因（tumor suppressor genes）或抗癌基因（anti-oncogenes）］的变化。

（一）反转录病毒癌基因

癌基因是指其编码的产物与细胞的肿瘤性转化有关的基因。它以显性的方式作用，对细胞生长起阳性作用，并促进细胞转化。它的发现可追溯到动物致癌病毒的研究。Rous 于 1911 年首先发现鸡肉瘤病毒（RSV），它能使鸡胚成纤维细胞在培养中转化，也能在接种给鸡后诱发肉瘤。以后的研究证明，它是一种 RNA 反转录病毒（retrovirus）。它除含有病毒复制所需的基因（如 gag、pol 及 env）外，还含有一种特殊的转化基因，能导致培养的细胞转化和呈恶性表型，也能在动物中引起恶性肿瘤，这种基因被称为病毒癌基因（v-onc）。另外一个被发现的癌基因就是 RSV 的 v-src，它编码一种相对分子质量为 60 000 的蛋白质，是第一个被鉴定的蛋白质-酪氨酸激酶，也是刺激细胞增生途径的关键成分，以后从许多动物中分离出 40 余种高度致癌的反转录病毒，并从中鉴定出 30 余种病毒癌基因。

（二）病毒性癌基因的起源——前癌基因的发现

病毒性癌基因既然不是参与病毒复制生活周期中的组成部分，那么它们是从哪能里来的呢？它们又是怎样整合到病毒基因组中去的呢？此项研究最终导致人类癌症中的细胞癌基因（c-onc）的发现。最初是从分离 Abelson 小鼠白血病病毒中发现的一种新癌基因 abl，可能来自宿主细胞基因，快速整合到病毒基因组内，产生新的高度致癌病毒，形成病毒-宿主重组的产物。以后，Varmus 和 Bishop 等于 1976 年证实 src 基因的 cDNA 探针能与正常鸡细胞 DNA 密切相关的序列杂交，并且在广泛范围脊椎动物（包括人）的正常 DNA 中也可发现，说明它在进化过程中是高度保守的。由此证实反转录病毒癌基因来自正常细胞中的相关基因，这种正常的、未改变的细胞基因被称为前癌基因或原癌基因（proto-oncogene）。它们是生物细胞基因组的正常成分，其编码的蛋白质（如 Src、Ras 及 Raf 等）参与调节正常细胞的生长与分化，在控制细胞增殖的信息转导途径中起作用。它们既可以被导入反转录病毒而活化成病毒癌基因（v-onc），也可因突变或异常表达而活化成细胞癌基因（c-onc）。活化的癌基因能诱导细胞的异常增殖和肿瘤发生。

（三）细胞癌基因的特征与分类

癌基因在几个方面不同于相应的前癌基因。首先，癌基因常常比前癌基因呈更高水平的表达，并有时在不适当的细胞类型中转录。这种基因表达的异常有时就足以使正常功能的前癌基因转变成能推动细胞转化的癌基因。其次，癌基因编码的蛋白质在结构和功能上不同于由前癌基因编码的蛋白质。例如，raf 前癌基因编码的蛋白质是由一个氨基端的调节区和一个羧基端的蛋白质激酶区组成的；而病毒 raf 癌基因（v-raf）蛋白却缺少该调节区并由病毒的 gag 基因序列所替代，结果 Raf 蛋白激酶区呈组成性激活，可引起细胞转化，导致产生这种融合性蛋白质活性的调节区缺失，从而产生以失去调节的方式起作用的癌基因蛋白，推动细胞增生并导致转化。再次，不同于相应的前癌基因，许多癌基因由点突变导致癌基因产物中单个氨基酸的替换，而丧失其调节活性。一个重要的例子是 ras 癌基因：ras 癌基因之不同于其前癌基因，是由于点突变导致单个氨基酸的替换，使密码子 12 从 GGG（甘氨酸）改变成 GTG（缬氨酸），致使从人膀胱癌提取的 DNA 能诱发培养中小鼠细胞的转化。这是第一次在人癌中发现的有生特学活性的细胞癌基因，它是由 Weinstein 和 Cooper 分别在 1981 年在转基因实验中发现的，他们用从人肿瘤中提取的 DNA，转染培养小鼠 NIH 3T3 成纤维细胞，成功地诱发其转化，证明人肿瘤细胞中含有细胞癌基因。它们中有的是以前在反转录病毒中鉴定的病毒癌基因的细胞同源物，由细胞中的前癌基因经突变而产生；有的则是在肿瘤发生过程中由 DNA 重组而产生的新的癌基因。此后，用基因转染试验等研究在 10%～15% 的人肿瘤中检测出许多细胞癌基因。癌基因可以根据它们相应的前癌基因在正常细胞中所编码的蛋白质功能来分类，包括多肽类生长因子、生长因子受体、细胞内信息途径的成分及转录因子。也可根据它们被活化的机制来分类，除了点突变外，还有其他多种机制可使前癌基因激活成癌基因，包括碱基的易位、扩增、重排、过度表达等。还可以根据前癌基因的亚细胞定位及其体外转化的特性而分成两大类：一类编码膜受体蛋白质，大多具有蛋白质-酪氨酸激酶的活性；或位于胞质内的蛋白质，属于胞质组，能进入 NIH 3T3 细胞，而且能提供细胞在培养中的无限期生长能力，主要参与控制基因转录、调节细胞生长和分化。这两类基因需要它们的互补联合作用，才能使细胞充分转化而具有致瘤性。这种基因之间的互补性合作可能与人类肿瘤发生的多阶段发展也有一定的关系。

第一个被鉴定的人类癌基因是 ras 基因。ras 基因家族的 3 个密切相关成员 H-ras、K-ras 和 N-ras 是在人类肿瘤中最常见的癌基因，它们在大约 15% 的人类恶性肿瘤中被检出，包括 50% 的结肠癌和 25% 的肺癌。除了第 12 位密码子的点突变引起单个氨基酸的替换外，第 13 位和第 61 位密码子上的替换在人类肿瘤中也较常见。在动物模型中曾发现化学致癌剂可引起 ras 前癌基因突变而转变成异常表达的癌其因，证明了致癌剂的致突变作用与细胞转化之间的直接联系。ras 前癌基因编码鸟嘌呤核苷酸结合蛋白，在转导来自多种生长因子受体的致核分裂的信息中起作用。Ras 蛋白的活性是由强合鸟苷二磷酸（GDP）控制的，使它在有活性（与 GTP 结合）及无活性（与 GDP 结合）状态之间转换。而突变的 ras 癌基因则具有维持 Ras 蛋白在组成上活性（GTP 结合）构型的效应。此效应使 Ras 蛋白对 GTP 酶活化蛋白（GAP）的反应无效，而 GAP 的作用是刺激由正常 Ras 结合的 GTP 水解，结果降低了细胞内 GTP 酶的活性，使 Ras 蛋白保持了呈活性的 GTP 结合状态，可能促进细胞增殖失调而致癌。

由染色体易位成为癌基因的例子很多。例如,人 Brikitt 淋巴瘤中 8 号染色体的一个片段易位至 14 号染色体免疫球蛋白重链的基因组上,这种易位使前癌基因 c-myc 插入到免疫球蛋白的基因组,以失调节的方式表达而成为癌基因,编码转录因子,对生长因子的刺激起反应,推动细胞增殖而致癌。易位也可引起前癌基因编码的序列重排而形成异常的基因产物。例如,在慢性髓性白血病中,9 号染色体的一个片段易位至 22 号染色体,使 abl 前癌基因与 bcr 融合,产生 Bcr/Abl 融合蛋白质,其中 Abl 蛋白的氨基端被 Bcr 蛋白的氨基酸序列替换,导致 Abl 蛋白酪氨酸激酶异常和改变其亚细胞定位,导致细胞转化而致癌。

在肿瘤细胞中的基因扩增比在正常细胞中多 1000 倍,使肿瘤细胞生长更快和增加恶性表型。例如,在神经母细胞瘤中,N-myc 的扩增与快速生长及增加侵袭性有关;另一种癌基因 eRB B-2 的扩增则与乳腺癌及卵巢癌的进展有关。

三、发癌阶段中的抑癌基因

细胞癌基因的活化仅代表参与肿瘤发生的基因变化之一,另一种变化是抑癌基因的失活。抑癌基因正常时起抑制细胞增殖和肿瘤发生的作用。许多肿瘤均发现抑癌基因的两个等位基因缺失或失活,失去细胞增生的负性调节因素,从而对肿瘤细胞的转化和异常增殖起作用。由于其这种隐性的性质,它们也被称为隐性癌基因,而且像显性癌基因那样容易被检出。

(一) 抑癌基因的发现和鉴定

在 20 世纪 70 年代广泛研究癌基因之前,通过体细胞杂交、流行病统计学及细胞遗传学分析已指出,存在能抑制细胞转化的基因表型。关于肿瘤细胞的增生能被某种基因产物抑制的概念,首先来自体细胞杂交试验。Harris 于 1969 年发现,正常细胞与肿瘤细胞融合所产生的杂交细胞不再具有致瘤性,提示从正常细胞来的某种基因起抑制肿瘤发生的作用。而当融合细胞丧失了含有这种特殊基因组的染色体时,则可以重现其致瘤性,从而证明该染色体携带抑癌基因。

位于染色体 13p14 的 RB 基因是第一个被发现和鉴定的抑癌基因,它是在研究少见的儿童视网膜母细胞瘤中发现的。Kundsom 通过流行病调查发现,这类肿瘤中的 40% 具家族性,有遗传倾向,多发生在婴儿,肿瘤常呈双侧性多个发生,如果早期检出并作外科手术切除,患者长大后仍有发生骨肉瘤等的危险。其余 60% 具散发性,无家族史,发生于幼儿,常为一侧单个肿瘤,比较少见。Kundsom 根据统计分析,提出"两次打击"假说来解释这两种类型肿瘤的发生。在家族性病例中,首次"打击"(突变)在种系细胞中,从亲代遗传一份有缺陷 RB 基因拷贝,而另一份是正常的拷贝。单位 RB 等位基因,而在散发性病例中,两次"打击"均发生在同一个体细胞(视网膜母细胞)内,使两份正常的 RB 等位基因均突变而失活。这种机会一般较少(1/30 000)。细胞遗传学研究发现,在某些视网膜母细胞瘤患者的细胞中有染色体 13p14 的缺失,提示缺失 RB 基因可能导致肿瘤的发生。利用 Southern blot 技术检测限制性片段长度多态性(RELP)可以检测等位基因,正常杂合性丧失(loss of heterozygosity,LOH),基因转移实验也证明可引入正常的 RB 基因到培养的视网膜母细胞瘤或骨肉瘤基因。虽然 RB 基因是在少见的儿童视网膜母细胞瘤中被发现和鉴定的,但后来也在成人的某些常见肿瘤,如膀胱癌、乳腺癌及肺癌中发现其缺失或失活。

此后相继发现和鉴定了许多其他抑癌基因，它们对许多不同的人类癌症的发生起作用。其中有些被确定为少见的遗传性显性癌症的原因，有些则在常见的非遗传性成人癌症中缺失或突变。大多数抑癌基因既参与遗传性癌的发生，也参与非遗传性癌的发生。有些抑癌基因的突变是导致人类肿瘤发生的最常见的分子改变。例如，第二个被鉴定的抑癌基因p53在大多数的人类癌症，如白血病、淋巴瘤、肉瘤、脑瘤、乳腺癌、胃肠道癌及肺癌等癌症中常呈失活状态。p53的突变可见于高达50%以上的人类癌中，它是人类恶性肿瘤中最常见的基因改变。遗传性Li-fraumeni癌症综合征的家族成员中可见有种系细胞中的p53突变，患者年轻时就可发生骨肉瘤，其亲属可发生肾上腺皮质癌、乳腺及脑肿瘤等许多类型的恶性肿瘤。p53基因的产物调节细胞周期和细胞凋亡。致突变因子引起的DNA破坏迅速诱导p53，它的激活依赖周期素激酶(CDK)的抑制物p21的转录。p53产物能阻继细胞周期于G_1期，并结合增殖细胞核抗株(PCNA)而抑制DNA复制，使破坏的DNA在复制之前有修复的时间。如果DNA不能修复，p53还可以引起细胞凋亡，清除携带有突变的细胞。而有突变的p53产物则丧失了DNA破坏后细胞周期阻滞的能力，导致突变频率的增加，以及细胞基因组的不稳定性。这种基因组的不稳定性是癌细胞的一种常见特征，它在肿瘤进展中可对癌基因和抑癌基因进一步改变的积累起作用。缺乏p53的肿瘤细胞不能凋亡，维持了肿瘤细胞的生存，也能增加对化疗药物和放疗的耐药性和抵抗性。p53失活对肿瘤细胞生存的这些作用，解释了人类恶性肿瘤中高频率的p53突变。

新的抑癌基因在不断涌现。例如，与乳腺癌发生有密切关系BRCA1和BRCA2、与胰腺癌有关的DPC4、与肾细胞癌有关的VHL等抑癌基因已被发现；还有与肝癌有关的M6P/IGF2r基因，位于染色体3p14。FHIT基因等也是抑癌基因的候选者。

(二)癌基因与抑癌基因的特性比较和相互作用

癌基因与抑癌基因之间的精细平衡控制着细胞的生长，它们在癌生成中的相互作用充分说明了自然界中阴阳两个对立面之间相生相克、相辅相成的辩证统一法则。

始于20世纪80年代后期，癌症的研究开始注意癌基因各抑癌基因产物的相互作用，并提出每种生长调节基因通过反馈机制调节其他基因的概念。首先，DNA肿瘤病毒的癌基因蛋白灭活RB和p53抑癌基因蛋白质。多种DNA肿瘤病毒基因编码的蛋白质可结合和/或灭活宿主的抑癌基因蛋白RB和p53，导致细胞分裂和增殖失控。例如，猿猴40(SV40)病毒的T抗原、腺病E1A和E1B及乳头状瘤病毒的E6和E7等基因蛋白，它们的转化作用都是通过干扰RB和p53的活性而使细胞周期的调节改变所致。其次，mdm2及p53自我调节反馈途径。mdm2癌基因编码的一种相对分子质量为90 000～95 000的蛋白质，能与p53形成复合物，抑制其反式激活功能，故mdm2能抑制野生型p53的抑制转化能力，导致细胞转化。p53蛋白在转录水平上正调节mdm2基因，促进其转录；相反MDM2蛋白能结合和灭活p53蛋白质，形成自我调节反馈途径。反馈途径的异常改变，如mdm2的扩增或mdm2的活性改变，都会引起细胞生长的失控。在人的软组织肉瘤、乳腺癌及胶质瘤中曾发现mdm2的过表达，支持mdm2的扩增灭活p53而导致细胞转化。再次，c-myc和RB的复合作用。c-myc癌基因蛋白可结合RB蛋白C端的35个氨基酸，并与SV40T抗原、腺病毒E1A及乳头状瘤病毒E7等蛋白质竞争，表明它们结合RB的重叠区域，且在病毒进化中是保守的。在RB磷酸化时，E2F转录因子被释放，可使c-Myc活化而与RB结合。而RB磷酸化不足时,结合 E2F,阻止 c-Myc 在 G_1 期的表达。这种相互作用效应类似于 MDM2 及 p53 的自我反馈调节环。另外,Waf/cip1 抑癌基因调节 CDK(依赖细胞周期素的蛋白质酶)。Waf/cip1 基因编码一种相对分子质量为 2100 的蛋白质(p21),是细胞周期的阴性调节因素。它能结合和灭活周期素及 CDK 的复合物,阻止细胞周期的进行。许多前癌基因蛋白和抑癌基因蛋白(p53 和 RB)都能被 CDK 磷酸化。RB 蛋白被 CDK 磷酸化而失活,失去抑制肿瘤的能力。Waf/cip1 蛋白通过抑制 CDK 的活性而抑制 RB 的磷酸化,从而对生长阻滞起作用。p53 正调节 Waf/cip1,p53 的失活可导致 Waf/cip1 表达的缺失,使 CDK 的活性失控,从而导致细胞周期的失控。最后,NF1 抑癌基因与 ras 癌基因的相互作用。NF1 抑癌基因与 Ras 蛋白呈类似于 GAP(GTP 酶活化蛋白质)的特性,能促进 GTP 酶的活性。

从研究癌基因与抑癌基因的相互作用中可以了解,细胞的生长是推动细胞周期进行的基因产物与抑制其基因产物之间微妙平衡的结果。任何一种产物的异常表现,如一种癌基因的过表达,或一种抑癌基因的失活,都可能导致细胞生长的失控。癌的生成是一个涉及多种癌基因活化和抑癌基因失活的多步骤累积变化的过程。应用病毒基因载体替代抑癌基因的功能,或在不能外科切除的癌者中表达癌基因的反义构件以使肿瘤消退或抑制,并与全身化疗结合,可延长患者的生命。更多地研究癌基因和抑癌基因的相互作用,对研究发现新的癌症治疗策略至关重要。

第二节　肿瘤相关基因与促癌阶段

一、常见的促癌剂及其作用

促癌剂(tumor promotor):具有促癌作用的物质称为促癌剂或促进剂。突变致癌学说将化学致癌过程分为启动(initiation)、促进(promotion)和演变(progression)3 个阶段。启动阶段是致癌物直接作用于 DNA 初级序列,引起基因突变,使多个或少量细胞发生功能永久性的、不可逆的遗传性改变。具有这种作用的物质成为启动剂(initiator)。促进阶段是启动阶段形成的启动细胞(initiated cell),在某些因素的促进下克隆扩增,形成细胞群,即良性肿瘤。具有促癌作用的物质称为促癌剂(tumor promotor)或促进剂。虽然促癌剂单独不致癌,却可促进亚致癌剂量的致癌物与机体接触启动后致癌,所以认为促癌作用是致癌作用的必要条件。

启动和促进两个阶段所引起的良性损伤并不是致死的,良性肿瘤需要通过一个称为演变的过程才会转变为恶性肿瘤,这就是化学致癌的第三个阶段——演变阶段。随着良性肿瘤的恶化率增高,肿瘤开始获得一些新的性质,如侵袭性。像启动和促进阶段一样,演变阶段也可以自发地进行,并可能由于细胞复制的增加而被促进,但其过程却更为复杂。在演变阶段发挥作用的物质称为演变剂(progressor),有些化学致癌物同时具有启动、促进和演变的作用,称为完全致癌物(complete carcinogen)。启动、促进和演变 3 个阶段只是从生物学角度对突变致癌过程阶段性的最基本划分,对诱发肿瘤的过程仍有待进一步探讨。

促癌剂是指能促进癌细胞生长的化学物质,但不能引起癌症的发生。中草药中所含的巴豆油可促进皮肤致癌;胆汁酸是大肠癌的促癌剂,故食用牛肉较多的地区,由于高蛋白、高脂肪促进了胆汁酸的分泌,大肠癌的发病率也较高;激素能促进乳腺癌、子宫癌的生长;糖精是膀胱癌的促癌剂；镇静剂苯巴比妥是肝癌的促癌剂；熏肉中的亚硝酸铵和石棉尘是致癌物，脂肪则是有力的促癌剂；洗衣粉含烷基苯、磺酸钠，能加强致癌物的致癌作用，也属于促癌剂。吸烟可诱发肺癌、乳腺癌、结肠癌；乙醇和烟草的毒性又有协同作用，如果既吸烟又饮酒，其患癌症的危险性将成倍增加；大量吸烟（>2 包/d），又大量饮酒者，患癌的危险性将增加 40 倍，这是乙醇溶解了吸烟时留在口腔、咽腔处的致癌物质，并促进其被黏膜吸收之故。此外，乙醇进入人体后，95% 是由肝脏代谢分解的，大量饮酒加重了肝脏的负担，造成肝脏处理其他毒物、致癌物及代谢产物的能力相应降低，久之则形成了肝硬化，可诱发肝癌。另外，不良的心理因素不仅能促进癌症的发生，而且还能促进癌症的生长与蔓延。因为极度的精神紧张和悲观失望的情绪，能引起人体免疫水平降低，诱发癌细胞的活化，所以控制、避免和缓解不良心理因素的发生，对癌症患者的治疗、康复以及预防再次复发，都起着非常重要的作用。

促癌剂作为一类配体（ligand），与发癌细胞膜上相应的受体分子进行结合，结合配体的受体分子再通过其细胞内的部分，以非共价结合的方式，与特定基因上游部分的序列结合或发生作用，一般是作用于某些基因的启动子等调控基因区。这种受体-启动子结合或作用发生以后对其下游基因的表达活性进行调节。实际情况并非这么简单。最终达到对特定基因表达水平的调控，包括受体分子的集结、与细胞核内相关分子的作用。不难理解，发癌剂通过促癌剂对基因表达水平的异常调节，需要通过多重分子机制的调节与相互影响。实际上，具有促癌作用的因子，只能促进特定的发癌细胞中的 DNA 复制及细胞分裂，只有那些具有遗传物质改变的发癌细胞，才能为促癌因子的作用提供良好的条件和分子机制基础。值得注意的是，在肿瘤形成过程中，不一定都有明显的促癌阶段的存在，特别是在人工诱癌的系统中更是如此。如果致癌剂的剂量足够，或多种致癌因子共同作用，甚至可从发癌阶段跳过促癌阶段，直接进入癌症的演进阶段。一般情况下，人类大多数肿瘤的发展过程都可见到促癌阶段的存在。

TPA 是二阶段小鼠皮肤癌诱发试验中的典型促癌剂，在体外多种细胞系统中有促癌作用。苯巴比妥对大鼠或小鼠的肝癌发生有促癌作用。色氨酸及其代谢产物和糖精对膀胱癌也有促癌作用。近年来广泛使用丁基羟甲苯（butylated hydroxy-toluene, BHT）作为诱发小鼠肺肿瘤的促癌剂，其对肝细胞腺瘤和膀胱癌也有促癌作用。DDT、多卤联苯、氯丹、TCDD 是肝癌促进剂。

值得注意的是，可能是由于对代谢酶的诱导作用，解毒过程特别是结合反应增强，有些促癌剂，如苯巴比妥、DDT 和二丁基羟基甲苯（BHT）等。当与启动剂同时摄入时，则可能减少肿瘤发生，但发现它们起助癌剂的作用。

二、促癌阶段中的癌基因

（一）癌基因 p53

人类 p53 基因定位于 17 号染色体短臂（17p13.1），有 11 个外显子，长 20 000bp，编码由 393 个氨基酸组成的磷酸化蛋白，位于细胞核内，相对分子质量为 53 000，并因此而命名。该蛋白质包括 5 个功能区，N 端区为转录活化区（第 1 ~ 50 位氨基酸）、信号区（第 60 ~ 90 位氨基酸）、DNA 结合区（第 100 ~ 290 位氨基酸）、四聚体化区（第 323 ~ 355 位氨基酸）和 C

端的非专一 DNA 结合区(第 370 ~ 393 位氨基酸)。DNA 结合区为蛋白质中央区,包括 4 个保守区域,人类肿瘤 80% ~ 90% 的 p53 基因突变发生于此区,并可特异性的与一些蛋白质结合。C 端是转录调节区域,同时也是 DNA 损伤识别区域,近几年发现该区还是 p53 序列特异性结合的负调节区。细胞周期监控机制是由细胞周期中的检测点(check point)来完成的。细胞周期有两个主要检测点,G_1 期检测点和 G_2 期检测点。抑癌基因 p53 的产物 p53 蛋白在 G_1 期的检测点起着关键性的作用。在 G_1 期检测点,当 DNA 受损信号传递给 p53 时,表现为 p53 蛋白表达的升高,p53 通过其转录激活作用,启动 p21WAF1 的转录表达。p21WAF1 是细胞内具有最广泛激酶抑制活性的 CDKI,它可与 Cyclin D-CDK4 复合物结合,抑制其磷酸化 RB 蛋白的功能,从而使细胞周期停滞在 G_1 期,抑制细胞增殖,使细胞有时间得以修复损伤。此外,p21WAF1 还通过与 PCNA 结合,覆盖 PCNA 上的功能区,使其不能与 DNA 聚合酶 6 形成复合物,影响 DNA 复制及 G_1/S 期的转换。在细胞中还存在一些不依赖 p53 的 p21WAF1 的表达,Takano 利用 Mot-2 蛋白抑制 p53 的转录激活活性,在 NIH 3T3 恶性转化细胞中仍发现有 p21WAF1 高水平的表达,此表达可能受 Cyclin D1 或 CDK2 的调节。当进入 G_1 期的细胞仍带有受损的 DNA 或缺少 DNA 合成所需物质时,细胞周期调控机制会调节细胞周期阻滞在 G_1 期,p53 部分参与此调节功能。p53 可转录激活 Gadd45 和 p21WAF1 基因的表达,上述基因可抑制 CDK2 的活性,而 CDK2 的活性对细胞进入 M 期起着关键作用,p53 自身也可直接抑制 CDK2 基因的表达。

p53 蛋白有两种类型:野生型和突变型,几乎所有体细胞均有野生型 p53 蛋白的存在。但由于其半衰期较短(6 ~ 20min),且在细胞内易水解,用免疫组织化学的方法一般难以测出。而突变型 p53 蛋白,其结构发生改变,半衰期明显延长为 2 ~ 16h,且稳定性大大增加,用免疫组织化学的方法易检测到,这一方法已被广泛应用到许多人体肿瘤 p53 蛋白变化的研究中。故一般认为,免疫组织化学检测到的 p53 蛋白聚集通常能够在一定程度上反映 p53 基因突变,但是二者之间关系并不恒定。可能的原因是:检测的方法不灵敏,特别是对只有极少数免疫阳性的病例;所观察到的 p53 蛋白聚集,部分并非由 p53 基因突变所引起,而是与某些病毒蛋白结合,导致野生型 p53 稳定性改变发生聚集等。综上所述,野生型 p53 蛋白主要通过细胞周期的阻滞、DNA 修复和凋亡等机制维持正常细胞的生长,抑制细胞恶性增殖。当 DNA 受到损伤或其他因素刺激时可直接诱导 p53 高表达,产生野生型 p53 蛋白,激活 p53 下游靶基因的转录,通过激活细胞周期依赖性蛋白激酶(Cyclin-dependent kinase,CDK 激酶)抑制剂 p21WAF1,抑制 RB 的磷酸化,使细胞增生停止在 G_1/S 期,从而使细胞有足够的时间修复损伤,恢复正常状态。p53 可激活 Gadd45(growth arrest and DNA damage 45)的表达,该蛋白质可以与主要的复制因子 PCNA 直接结合,阻断 DNA 合成,同时增强核苷酸切割修复机制对 DNA 的修复能力。p53 还可通过活化 bax 基因的转录活性,抑制 bcl-2 的转录活性而诱导细胞凋亡发生。p53 还可诱导 mdm2,形成一个反馈环路,进行负向调节,mdm2 可促进 p53 蛋白的降解,从而调节 p53 蛋白作用的时间和程度。p53 肿瘤抑制基因的变化(基因突变或蛋白质聚集)是迄今为止人类肿瘤研究中发现变化频率最高的一种分子学改变,几乎涉及人类所有肿瘤的一半以上。突变型 p53 蛋白不但丧失了其抑癌活性,而且具有促进恶性转化的功能,突变部位多在相对保守的外显子 5 ~ 8,90% 以上的 p53 基因突变为错义突变,p53 突变的热点为 175、248、249、273 等氨基酸残基。Wang 等的研究发现,河南食管癌高发区人群中 p53 蛋白聚集和基因突变在食管癌变的极早期阶段即已发生,甚至在较轻度的基底细胞过度增生(BCH)和形态学上接近正常的组织中也可检测到 p53 基因突变随病变进展而出现升高的趋势,癌前病变的突变率约为 20%,食管鳞癌的突变率为 50%。最近的研究发现,不同部位的肿瘤以及同种肿瘤不同国家或地区 p53 突变频率和突变形式有很大区别。Mishina 等的研究证实,p53 基因突变与肺癌易发生局部淋巴结转移、预后差有关。国内学者也发现,p53 蛋白的表达与胃癌组织的分化程度、浸润、转移和预后有关。

(二) 基因 MACC1

肿瘤是否有远处转移严重影响着患者的预后。就结肠癌而言,早期患者的 5 年生存率高达 90%。当有局部的淋巴结转移时,则降至 65%,而癌症发生远处转移时患者的 5 年生存率不足 10%。例如,Ⅰ期或Ⅱ期的卵巢癌患者 5 年生存率为 70%~90%,而Ⅲ期或Ⅳ期的卵巢癌患者 5 年生存率仅为 20%。这些数据表明,远处转移的形成是癌症进展过程中最致命的事件,严重影响患者的预后。而结肠癌转移相关基因(metastasis-associated in colon cancer-1,MACC1)是最近发现的一个与结肠癌转移密切相关的基因,该发现为进一步认识远处转移的机制提供了一个新思路。

1. MACC1 的发现及定位　2009 年 Stein 等通过对结肠癌的癌灶、转移灶以及正常结肠组织进行全基因分析,发现并命名了一个新的基因——MACC1,并发现该基因是一个诊断结肠癌转移以及预测结肠癌患者无病生存期的独立指标;MACC1 是 HGF/c-Met 信号转导通路的重要调节因子,其可以在转录水平上增强 c-Met 的表达进而促进肿瘤细胞的增殖、浸润和转移。MACC1 基因定位于人类染色体 7p21.1,76 762bp,包含 7 个外显子和 6 个内含子,其外显子和内含子的结合符合真核细胞基因配对的 ATGC 规则。而一些通过参与信号转导和增强细胞黏附能力而导致结肠癌发生和转移的基因,如 TWISTNB(TWIST Neighbor)、整合蛋白 β8(integrin beta 8,ITGB8)等,也同样位于 7 号染色体,并且位于 MACC1 基因片段附近。同时,作为 MACC1 参与主要信号转导通路的肝细胞生长因子(HGF)和其受体 c-Met(c-metprotoncogene),也分别位于 7 号染色体 7q21.1 和 7q31.2。以前有报道称 7 号染色体,特别是 7p21 处染色体的畸变容易导致多种癌症的发生,而最近有研究发现这些癌症中 MACC1 的表达水平也升高。由此推断,人类 7 号染色体的畸变可能是导致 MACC1 表达增加的一种重要机制。

2. MACC1 的结构　MACC1 的 cDNA 含有 2559 个核苷酸序列,其编码 852 个氨基酸,而其主要结构包括 ZU5 结构域、SH3 结构域、脯氨酸富含模体、DD1 区和 DD2 区结构片段。

在 MACC1 基因的 N 端有多个丝氨酸/苏氨酸磷酸化的位点,紧随其后的是 ZU5 结构域,该结构域含有的两个 β 片形成三明治构造,介导蛋白质与蛋白质之间的相互作用,还可能参与了收缩蛋白的黏合。在其 C 端存在死亡结构域(death domain,DD),MACC1 是目前已知的唯一含有两个 DD 结构域的基因。以往的研究认为,DD 参与低聚信号复合体的形成以调节程序性细胞死亡,而 MACC1 作为促进肿瘤进展的基因,其成为触发凋亡受体的可能性不大。但是,由于 DD 的存在,该触发凋亡的可能性仍有进一步研究的价值。

SH3 结构域位于 DD 上游,是 MACC1 发挥生物学功能必不可少的结构。有研究显示,当 SH3 结构域或脯氨酸富含模体缺失时 MACC1 由细胞质进入细胞核以及激发 c-Met 的能力消失,其促进结肠癌细胞系增殖、侵袭和促进小鼠模型中肿瘤细胞生长和转移的能力消失。王天宇等成功构建了 MACC1-SH3 质粒,为 MACC1-SH3 在结肠癌转移作用机制的研究打下了基础,为进一步开发 MACC1 抑制剂从而抑制结肠癌的转移开辟了新路径。

此外,人类 MACC1 基因包含多个单核苷酸多态性(single nucleotide polymorphisms, SNP)。其中 16 个位于编码序列内,多数位于弱保守区域内。SNP 是第 3 代 DNA 水平遗传多态性标记,是遗传学研究的新工具,在基因研究和药物设计中被广泛应用,临床上具有重大意义,被认为是应用前景最好的遗传标记之一。而 SNP 对 MACC1 作为转移诱导者的功能仍需进一步阐明。

3. MACC1 的表达 自 Stein 等在人类结肠癌组织中发现 MACC1 后,有研究者又陆续检测了 MACC1 在人类其他正常组织中的表达。高表达的组织包括肠、胃、垂体、肾和气管。而在胰腺、乳腺、骨髓、卵巢和肝脏等组织中的表达相对较低。进一步的研究发现,由中胚层和外胚层发育而来的组织中 MACC1 的表达水平明显低于由内胚层发育而成的组织。例如,分别由中胚层和外胚层发育而来的肾、乳腺中 MACC1 的表达水平相对低于由内胚层发育而来的肠、胃中 MACC1 的表达水平。由此推断,MACC1 可能在胚胎发育过程中对涉及内胚层衍生的器官形成发挥了重要的作用。由于 c-Met 在回肠、胃和肾等组织中高表达,与 MACC1 在正常组织中的表达相比,c-Met 又是 MACC1 的转录靶,而 c-Met 在正常的胚胎和组织中都有表达。由此可以推断,MACC1 的表达对胚胎形成和维持正常细胞的功能也很重要。

Arlt 等的研究发现,在腺瘤中 MACC1 的表达水平与正常组织中的相比差异无统计学意义。而在恶性肿瘤中 MACC1 的表达水平明显高于在良性肿瘤及正常组织中的表达水平,并且在发生远处转移和未发生远处转移的肿瘤组织中 MACC1 的表达水平差异有统计学意义。因此推断,MACC1 表达水平的增加发生在良性到恶性的转化过程中,其表达水平的高低也反映了肿瘤原发灶促使肿瘤发生远处转移能力的强弱。在Ⅱ期、Ⅲ期的结肠癌中 MACC1 表达增加,同时癌组织远处转移能力增强,患者的预后不良。这两者之间的关系提示 MACC1 可能有助于判断结肠癌的复发危险。

在 MACC1 的亚细胞定位方面,荧光免疫组织化学显示,在肿瘤远处转移患者的细胞核中发现 MACC1 与 Met 共表达,在无转移的肿瘤中 MACC1 几乎专一表达于细胞质中。同时,Met 的表达处于中等水平,而在正常黏膜组织中 MACC1 和 Met 都呈现低水平表达。在 MACC1 由细胞质转移到细胞核的发生过程中,SH3 的缺失起到了关键性的作用。由此可以推断,导入 MACC1-SH3 质粒可能会阻断 MACC1 由细胞质转移到细胞核,进一步阻止肿瘤转移的发生。

由于 MACC1 是一个新发现的基因,关于该基因的研究还不是很全面,其具体的调节因素及调节机制有待进一步研究。

4. MACC1 与 HGF/c-Met 信号转导通路 met 最初发现于骨肉瘤细胞系中,被认为是一原癌基因。随后,发现其编码的跨膜蛋白是 HGF 的受体。当 HGF 与其受体蛋白 c-Met 特异性结合后,可以诱导受体蛋白 c-Met 发生分子构象的改变,激活受体细胞内蛋白激酶结构域中的酪氨酸蛋白激酶。PTK 先使受体自身的酪氨酸残基发生磷酸化,除此之外,其酪氨酸激酶的活性还可以导致多种底物蛋白,如磷脂酶 Cγ(LPCγ)、Ras-丝裂原激活蛋白激酶(Ras-MAK)、生长因子受体结合蛋白(GRB2)和磷脂酰肌醇-3-激酶-AKT(PI3K-AKT)的酪氨酸磷酸化,进而导致级联的磷酸化反应,将信号逐级放大,最终转入细胞核内的转录机构,导致细胞的增殖和分化。HGF/c-Met 信号通路在细胞生长、血管形成和上皮细胞间质化过程中起着重要作用。其异常的激活可导致多种肿瘤的形成及转移。

Stein 等的研究发现,MACC1 编码的蛋白质是 c-met 基因的转录激活因子。MACC1 转染不表达 MACC1 的结肠癌细胞系后,可导致 HGF/c-Met 的表达增高,而关于 siRNA 的研究则证实 MACC1 的表达不依赖于 c-met,即 c-Met 的表达沉默不会影响 MACC1 的表达水平。MACC1 在细胞核内与 c-Met 的启动子结合后可在转录水平上调节 c-Met 的表达。c-Met 是目前已知的 HGF 唯一高亲和力的受体,受体型原癌基因表达持续升高可以导致其配体的自动分泌,而受体结构的改变也可以导致细胞不断接受配体的诱导,进而导致细胞的恶变和侵袭。因此,MACC1 激活 c-Met 的表达,c-Met 的表达增加导致其对 HGF 的过度反应,进而增强 HGF 的作用。而 HGF 可以导致 MACC1 由细胞质转移到细胞核,在细胞核中 MACC1 激活 c-met 的转录,周而复始。这提示 MACC1 通过对 c-met 的转录激活,参与 HGF/c-Met 信号转导通路,形成一个正反馈循环,导致肿瘤恶变、侵袭和转移的进展。HGF/c-Met 信号转导通路在肿瘤的转移方面起着重要作用,与肿瘤的演进密切相关。针对该通路的抗癌治疗已经成为研究的热点,目前的治疗主要是通过拮抗 HGF 与 c-Met 之间的相互作用、抑制 PTK 的催化活性以及阻断受体与效应子的相互作用这 3 种策略进行的。目前,有研究人员试图通过研发新的抗体结合 HGF 来阻断 HGF/c-Met 信号转导通路,进而影响 Met 的功能,以达到抑制肿瘤转移的目的。而 MACC1 的出现为人们提供了一个新的思路,即通过阻断 MACC1 的表达,进而阻断 HGF/c-Met 信号转导通路。

5. MACC1 与恶性肿瘤及预后　Stein 等首先运用反转录-聚合酶链反应(RT-PCR)的方法检测出结肠癌组织中 MACC1 mRNA 的表达水平明显高于正常结肠组织和结肠腺瘤组织。其中有转移者 MACC1 的表达水平明显高于未发生转移者,其表达水平的提高与肿瘤的恶性程度相关。刘清泉等同样用 RT-PCR 的方法探讨了 MACC1 在肝细胞癌中的表达和意义。肝癌组织中 MACC1 mRNA 的阳性表达达到 71.4%,显著高于癌旁组织和正常肝组织,且 MACC1 的表达水平与肿瘤的 TNM 分期、肝内或淋巴结转移、门静脉癌、肿瘤大小、是否侵犯包膜和病理分级等明显相关。该研究结果与 Stein 等在结肠癌中的研究结果相似,提示 MACC1 在肝癌的发病中可能起着重要的作用。Shirahata 等应用定量 RT-PCR 的方法先后检测了 MACC1 在结肠癌及胃癌中的表达,发现在结肠癌和胃癌中 MACC1 的高表达与 TNM 的分期及腹膜浸润相关。基于 MACC1 是一个最近发现的基因,目前关于其在其他恶性肿瘤方面的研究还比较少。

为了评估 MACC1 在恶性肿瘤预后方面的重要性。Arlt 等检测了结肠癌组织中 MACC1 的表达水平,发现结肠癌手术后随访 10 年有远处转移者 MACC1 的表达水平远远高于手术后 10 年未转移者或复发者。尽管有研究显示,c-Met 在恶性肿瘤,如肝癌、胰腺癌、肺癌等中表达处于高水平,能够很好地预测患者的预后,但是该指标并没有应用于临床。Stein 等的研究发现,低表达 MACC1 的患者 5 年生存率为 80%,而高表达 MACC1 的患者仅为 15%。由此可以认为,MACC1 是一个很好的推断癌症预后的指标。并且该指标是一个不受年龄、性别、肿瘤浸润、肿瘤形状和淋巴结转移的影响,不依赖于其他因子的独立指标,其在临床上的应用价值将会优于 Met。另外有研究发现,联合检测 MACC1 和 Met 两个生物指标与单独检测 MACC1 相比,既不能提高正确预测转移的百分率,也不能提高对无转移患者预后的推测。因此,也可以推断 MACC1 是目前一个优于其他因子的推断癌症预后的重要指标。

6. MACC1 与妇科肿瘤 目前,国内外对 MACC1 基因的研究尚处于起步阶段,相关的研究还比较少,特别是其与妇科肿瘤方面的研究更为鲜见。但是,作为一个新发现的基因其促进恶性肿瘤形成和转移的作用已经引起了人们的重视,相关研究也在逐步进行中。关于 MACC1 转录靶点 Met 的实验研究提示,在已知或推测 MACC1 基因高表达的肿瘤中,Met 均有较高表达。实验中已经证实的 Met 高表达与预测的 MACC1 高表达肿瘤的一致性提示,MACC1 不仅在结肠癌中,而且在其他的恶性肿瘤中也起着重要的作用。已有研究显示,在妇科肿瘤,如宫颈癌、子宫内膜癌和卵巢癌中 Met 均有较高的表达。同时,作为 MACC1 调节的重要信号通路——HGF/c-Met 信号通路,HGF 及其受体 c-Met 的过表达同样存在于女性生殖系统的恶性肿瘤中,并且其过表达与妇科肿瘤的形成及恶性进展密切相关。作为女性死亡率最高的恶性肿瘤——卵巢癌,目前仍缺乏早期的诊断因子及判断预后的指标。表达序列标签资料查看器(EST ProfileViewer),虚拟 Northern(virtual Northern)中数据库资料显示,在正常卵巢组织和卵巢癌组织中 MACC1 基因均有较高的转录产物表达。这些资料同时也提示,高表达的 MACC1 也出现在子宫内膜癌和宫颈癌中。因此,MACC1 与妇科肿瘤的关系有较高的研究价值。MACC1 是近年来发现的新基因,关于其各方面的研究还不是很全面。但是已有的研究表明,MACC1 可以作为临床诊断癌症预后不良的重要指标。同时,其也可能为癌症的转移治疗提供新的靶位。如果可以在血清、尿液或粪便中检测到 MACC1 的高表达,将会很好地应用于临床以判断患者的预后。然而,要确定 MACC1 在其他癌症中的表达,阐明其发挥作用的机制及其重要的临床价值尚待进一步的研究。

第三节 肿瘤相关基因与肿瘤的演进

一、癌基因放大与肿瘤进展

基因扩增或放大(gene amplification)是癌基因活化的重要方式,细胞内一些基因通过不明原因复制成多拷贝,这些多拷贝的 DNA 以游离形式存在称为双微体(DMS)或再次整合人染色体形成均染区(HSR),如 c-eRB B2、c-met 在多种肿瘤中存在基因扩增现象,而且出现癌基因扩增的病例多为临床中晚期肿瘤。肿瘤细胞中的基因扩增比在正常细胞中的多 1000 倍,使肿瘤细胞生长更快和增加恶性表型,常见的人类肿瘤相关癌基因见表 26-1。例如,在神经母细胞瘤中,N-myc 的扩增与快速生长及增加侵袭性有关;另一种癌基因 eRB B2 的扩增则与乳腺癌及卵巢癌的进展有关。

表 26-1 人类肿瘤细胞中扩增的细胞癌基因

c-onc	肿瘤	扩增培数	DN/HSR
c-myc	早幼粒白血病细胞系 HL60	20×	+
	小细胞肺癌细胞系	5 ~ 30×	?
N-myc	原发神经母细胞瘤Ⅲ ~ Ⅳ级及神经母细胞瘤细胞系	5 ~ 1000×	+
	视神经母细胞瘤	100 ~ 200×	+
	小细胞肺癌	50×	+
L-myc	小细胞肺癌	10 ~ 20×	?

续表

c-onc	肿瘤	扩增培数	DN/HSR
c-myb	急粒 AML	5～10×	?
	结肠癌细胞系	10×	?
c-eRB B	类表皮癌细胞系、原发胶质瘤	30×	?
c-K-ras	原发肺癌、结肠癌、膀胱癌、直肠癌	4～20×	?
N-ras	乳腺癌细胞系	5～10×	?

注:DM. 双微体;HSR. 均匀染色区

正常情况下,细胞癌基因处于相对静止状态,对机体并不构成威胁,相反还具有重要的生理功能。然而,在某些条件下(病毒感染、化学致癌物或辐射等),原本不致癌的细胞癌基因可转变为致癌性的,其放大激活方式主要有以下4种。

(一)获得启动子与增强子

反转录病毒基因组所携带的长末端重复序列(LTR)含较强的启动子和增强子,当它感染细胞后,LTR 插入到细胞癌基因附近或内部,使细胞癌基因过表达或由不表达变为表达,导致细胞癌变。例如,鸡白细胞增生病毒的 LTR 插入到 c-myc 附近,使 c-myc 表达高于正常细胞 30～100 倍,导致淋巴瘤。

(二)基因易位

染色体易位(translocation)导致某些基因的易位和重排,使原来无活性的细胞癌基因转至某些强的启动子或增强子附近而被活化,使细胞癌基因表达增强,导致肿瘤发生。常见的染色体异常与肿瘤的发生见表 26-2。例如,人 Burkitt 淋巴瘤细胞中,位于 8 号染色体上的 c-myc 移到 14 号染色体免疫球蛋白重链基因的调节区附近,与该区活性很高的启动子连接而活化(图 26-1)。

表 26-2　染色体异常与癌基因重排

癌基因	染色体定位	异常	人类肿瘤
c-myc	8q24	t(8;14)、t(8;22)、t(2;8)	Burkitt 淋巴瘤
bcl-1	11q13	t(11;14)	B 细胞淋巴瘤
bcl-2	18q21	t(14;18)	
tcl-2	11q13	t(11;14)	T 细胞淋巴瘤
c-abl	9q34	t(9;22)	慢粒 CML
bcr	22q11	ph	
c-mos	8q22	t(8;21)	急粒 AML
c-myb	6q22—p24	t(6;14)	卵巢癌
c-sis	22q12	t(11;22)	Erwing 肉瘤
blym	1q32—ter	缺失、HSR	ANLL
c-K-ras	6q21	断裂、6p 三体性	视网膜母细胞瘤
c-eRB A	17q21	断裂	ANLL

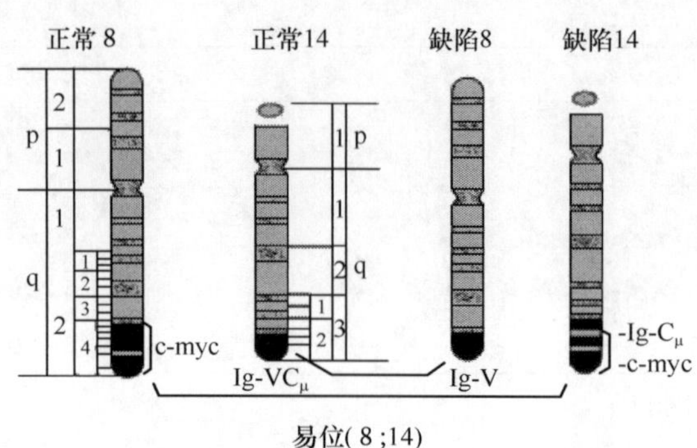

图 26-1 Burkitt 淋巴瘤常见的染色体易位

（三）基因扩增

细胞癌基因拷贝数增加或表达活性增强,产生过量的表达蛋白质会导致肿瘤发生。例如,ras 或 c-myc 在某些肿瘤中蛋白质表达量升高几十至上千倍。

（四）点突变

细胞癌基因在射线或化学致癌剂作用下,可能发生单个碱基的替换,从而改变表达蛋白质的结构。典型的是各种 ras 基因的激活。ras 基因的表达产物 Ras 是一种小分子 G 蛋白,在信号转导中起着重要作用。正常 Ras 的作用因其自身的 GTP 酶活性而受到严格控制,而突变了的 Ras 其 GTP 酶活性下降或丧失,致使增殖信号持续作用,细胞发生恶性转化。

二、抑癌基因与肿瘤的进展

近年来研究指出,抑癌基因的失活在肿瘤的发展中所起的作用可能比癌基因的活化更常见和更重要。抑癌基因的失活方式主要是缺失和突变,但对某一种特定的抑癌基因来讲,其失活的方式可能是多样的,并各具特点。归纳起来可以分为以下几个方面:①杂合性缺失或纯合性缺失。杂合性缺失,即两个等位基因中的一个拷贝出现缺失现象,这是多数抑癌基因具有的主要失活方式。纯合性缺失是指两个等位基因同一位点的同时缺失,可以是大片段染色体的缺失,也可以是微小的局限性丢失。缺失导致抑癌基因蛋白产物不能合成或合成失去功能的产物,或出现截断蛋白产物,或不能达到抑癌所需的最低浓度而不能发挥抑癌作用。②突变,包括点突变、框架移动、移码突变,而以点突变较为常见,如 p53、APC 基因突变等。突变产生蛋白质产物折断或一级结构异常,突变型 p53 蛋白甚至可以发挥癌蛋白样作用。③与病毒癌蛋白结合而失活。例如,SV40 T 抗原、腺病毒 E1B 蛋白、HPV 的 E6 蛋白及 HBV 的 X 抗原等均可与 p53 蛋白相结合,导致 p53 基因失活。④与癌基因产物结合失活,如 mdm2 癌基因产物蛋白可与 p53 形成复合物而导致 p53 失活。⑤误位失活,如 p53 等从细胞核中被排出至细胞质而失活。⑥ mRNA 的失表达及过表达。在由 DNA 向 RNA 转录过程出现异常导致抑癌基因 mRNA 丢失或表达减低使其失活,如 DCC 基因、FHIT 基因。近年来的研究发现大肠癌存在 p53 的过表达,这种表达与突变无关,认为 mRNA 的过表达也可能是 p53 基因致癌机制之一。

抑癌基因失活致癌的机制目前至少有 4 种假说。①等位基因的隐性作用：认为失活的抑癌基因的等位基因在细胞中起着隐性作用，即一个拷贝失活，另一个拷贝仍以野生型存在，细胞呈正常表型。只有当另一个拷贝失活后才会导致肿瘤的发生，也即 Knudson 提出的“两次打击”学说。这一假说在视网膜母细胞瘤基因（RB）中得到证实。②抑癌基因的显性负作用（dominant negative）：认为突变的抑癌基因拷贝，在另一个野生型拷贝存在并表达的情况下，仍可使细胞出现恶性表型和肿瘤发生，并使野生型功能丧失，这种作用称为显性负作用。例如，突变型 p53 和 APC 蛋白都分别能与各自的野生型蛋白结合成寡聚复合物使内源性野生型蛋白失活，进而转化细胞。③单倍不足假说（haploid sufficiency）：认为某些抑癌基因的表达十分重要，如果一个拷贝失活，另一个拷贝就可能不足以维持正常的细胞功能，从而导致肿瘤的发生。例如，DCC 基因一个拷贝的缺失就可能使细胞黏附功能及信号内、外转导功能降低，进而丧失细胞接触抑制，使细胞克隆扩展或成恶性表型。④转化突变学说（transforming mutation 或 gain of function mutation）：认为突变不仅使抑癌基因功能丧失而且具有转化功能。例如，突变型 p53 蛋白可与蛋白激酶 C（PKC）协同促进血管内皮生长因子的基因表达。以上 4 种假说实际上反映了抑癌基因失活致癌机制的复杂性，对多数抑癌基因来说，可能以多种机制或途径参与了细胞的恶性转化和肿瘤的发生。

（一）抑癌基因生存素

生存素（survivin）是 1997 年由耶鲁大学的 Altieri 等用效应细胞蛋白酶受体 cDNA 在人体基因组库的杂交筛选中分离出来的一种结构独特的哺乳类凋亡抑制蛋白（inhibition apoptosis protein，IAP），由 142 个氨基酸组成，N 端有一个杆状病毒凋亡抑制蛋白重复序列（baculovirus IAP repeat，BIR），通过抑制半胱天冬蛋白酶 3 和半胱天冬蛋白酶 7（Caspase-3、Caspase-7）的活性而抑制细胞凋亡，表达于人与鼠的胚胎发育组织和人类大多数肿瘤组织，但在正常成人组织中不表达（胸腺除外），其与肿瘤发生、发展有关。此外，生存素还参与细胞周期调控。人生存素基因位于 17 号染色体端粒部位，基因总长度 14 700bp，包含 4 个外显子和 3 个内含子。生存素作为 IAP 家族中最小的 1 个新成员，结构独特。它只含有 1 个 BIR 结构，该结构被认为是生存素发挥抗凋亡作用的部位。人生存素基因具有 4 个外显子和 2 个潜在外显子，其转录的前体 RNA 通过选择性剪切形成不同的成熟 mRNA，翻译成 4 种不同的蛋白：生存素、生存素-2B、生存素-Ex3 和生存素-3B。生存素基因在细胞中的生理功能非常重要，涉及细胞周期的调控、细胞凋亡和在肿瘤血管生成中的作用等。生存素的表达具有细胞周期依赖性，以严格细胞周期调控方式在有丝分裂过程中表达，在体外将 HeLa 细胞阻断在 G_1 期、S 期、G_2/M 期，检测细胞内源性生存素 mRNA 的表达，发现在 G_1 期检测不到，在 S 期增加 6 ~ 7 倍，在 G_2/M 期表达上调 40 倍。Skouifas 等在质粒转染的 HeLa 细胞中发现，在有丝分裂过程中，当微管聚合过程中断时，生存素与有丝分裂的着丝点连接在一起，抑制生存素表达可促进细胞凋亡和多倍体的形成。没有生存素基因的参与，细胞可以启动分裂沟和收缩环，但不能完成有丝分裂的全过程，这进一步证实了生存素在细胞分裂周期中的重要作用，表明生存素是一个细胞周期调节基因。

蒋鸿超等分别在正常细胞和肿瘤细胞中观察到在分裂间期，生存素与中心体共存于细胞质,有丝分裂期移向着丝点,分裂后期分布于中间纺锤体纤维处,生存素的半衰期仅有30min,在细胞周期的 G_2/M 期表达,随后的 G_1 期 mRNA 和蛋白质水平快速下降。同时,BIR 结构区域氨基酸残基变异及 N-C 端断裂,增加生存素对蛋白酶作用的敏感性;而蛋白酶抑制剂可阻断生存素在 G_1 期的降解,该细胞周期依赖性生存素的降解受泛素-蛋白酶小体途径调节。研究证实,生存素的过表达会导致细胞加快向 S 期转换,抑制 G 期静止,从而促进细胞增殖,其机制可能是细胞生长信号诱导生存素表达,生存素竞争性地与 CDK4/p16INK4a 复合物结合,把 p16INK4a 从复合物中游离出来,形成生存素/p16INK4a 复合物,从而直接或间接激活 CDK2/Cyclin E 复合物,导致 RB 蛋白磷酸化,以启动细胞有丝分裂。Olie 等将针对生存素的反义寡核苷酸导入肺癌 A549 细胞中,封闭生存素基因的表达,发现肺癌细胞对化疗药物 VP16 诱导的细胞凋亡敏感性增加。Grossman 等转染针对生存素的反义核酸到角质形成细胞株 HaCat 细胞,导致内源性生存素水平下降,细胞凋亡。Mesri 等发现,针对生存素的反义寡核苷酸可抑制血管内皮生长因子介导的内皮细胞保护作用,促进肿瘤血管形成过程中内皮细胞的凋亡和血管的退行改变。

(二) 抑癌基因 PTEN

PTEN 是 1997 年发现的新的抑癌基因,也是迄今发现的唯一具有双特异性磷酸酶活性的抑癌基因。PTEN 基因定位于人类染色体 10q23.3,全长 210 000bp,有 9 个外显子和 8 个内含子,编码含 403 个氨基酸的蛋白质。PTEN 主要包括氨基端磷酸酶区域、C2 区域和羧基端区域。其 cDNA 序列内含有一个由 1209 个核苷酸组成的开放阅读框架,由 403 个氨基酸构成的蛋白质。PTEN 的主要结构功能区位于氨基端,PTEN 编码蛋白质产物氨基酸的模序(motif)分析发现,外显子 5 编码的第 122~133 位氨基酸序列含有一个保守的 ATPase 基因家族的催化结构域,该序列与蛋白质丝氨酸/苏氨酸磷酸酶和蛋白质酪氨酸磷酸酶催化中心高度同源,表明该区域具有双特异磷酸酶功能,而且还能使分子 PIP3 去磷酸化,在多种信号途径和细胞周期中发挥重要作用,但此区易突变。韩宇等发现在正常细胞中,PTEN 蛋白通过 PI3K/PTEN/PKB/AKT 信号转导途径发挥抑癌作用。PTEN 蛋白可拮抗磷脂酰肌醇激酶 PI3K 的作用,使其他底物去磷酸化,降低细胞内第二信使 3,4-二磷酸磷脂酰肌醇和 3,4,5-三磷酸磷脂酰肌醇的含量,对 PI3K/PKB/AKT 信号转导途径起负调控作用从而使蛋白激酶的活性维持在正常水平,调节细胞增殖分化和凋亡,这样就构成了 PI3K/PTEN/AKT 通路发挥抑癌作用。韩宇等的研究表明,食管癌组织中 PTEN 蛋白表达率明显低于正常食管黏膜,从Ⅰ级鳞癌到Ⅲ级鳞癌 PTEN 的表达逐渐降低,提示 PTEN 蛋白在食管癌组织中表达降低与食管癌组织学分型、浸润深度及淋巴结转移等病理学特征密切相关。

现已证明,PTEN 不仅诱导细胞周期抑制,而且在细胞黏附和迁移、分化、衰老及凋亡等多种生理活动中发挥重要作用。PTEN 主要通过对细胞周期的抑制和细胞生理机能等的调节来诱导细胞发生凋亡,从而达到抑制癌细胞生长的作用。Kanamori 等对子宫内膜癌的研究显示,PTEN 蛋白表达丢失的组织中 AKT 的表达水平明显升高,两者呈显著负相关。有报道认为 PTEN 可通过从 PIP3 上去除磷酸基团而阻滞 PIP3 通路,关闭生长信号,从而允许细胞进行自毁。相反,在肿瘤发生的过程中,PTEN 基因的突变或丢失可能导致 PIP3 通路不能正常激活,使本应死亡的变异细胞无节制生长,这提示了 PTEN 可以控制细胞的生长和促进细胞凋亡,也即该基因与细胞生长的负调节有关,当 PTEN 突变时将失去对细胞生长的负调节作用,从而可能导致发生肿瘤。目前普遍认为 PTEN 的抑癌机制为:通过对 FAK 的去磷酸化抑制细胞转移及浸润;通过使 PIP3 去磷酸化,最终达到阻止细胞生长及促进细胞凋亡的目的;通过抑制 MAPK 细胞信号转导途径抑制细胞生长分化。进一步明确 PTEN 的作用底物以及与作用途径之间的相互关系,可为开发新的肿瘤药物、指导临床治疗提供新的思路。进一步研究 PTEN 基因在恶性肿瘤的发生、发展过程中的作用和机制以及与其他相关基因的相互作用,对在基因水平上进行肿瘤的诊断、治疗及预后判断具有重要的临床意义。

(陈京龙)

参考文献

成军. 2000. 肿瘤相关基因 . 北京: 北京医科大学出版社,1-25.

都昌胡,徐军. 2005. 凋亡蛋白抑制剂家族研究进展. 世界华人消化杂志, 13(13):1581-1589.

房殿春,王东旭,罗元辉,等. 1997. PCR 检测胃癌 MCC、DCC 基因和 YNZ22 位点串联重复序列的杂合性丢失. 中华消化内镜杂志, 14 (2):203-206.

韩宇,曹青山,常廷民,等. 2007. 食管癌中抑癌基因 PTEN 的表达及临床意义. 新乡医学院学报,24(2):109-112.

蒋鸿超,李鸿钧,孙茂盛. 2006. 靶向生存素肿瘤治疗研究进展. 医学综述, 12(3):163-166.

孔萌萌,金克炜,申丽娟. 2004. RB 基因家族与肿瘤. 职业与健康, 20(2):12-16.

李祥勇,林观平,周克元. 2005. 抑癌基因 PTEN 与细胞凋亡关系的研究进展. 广州医学院学报,23(6):676-678.

刘永源,张英,黄应桂,等. 2003. 胃癌 nm23、p53、CeRBB-2 及 PCNA 的表达与淋巴结转移的关系. 中国肿瘤临床与康复, 10(2):127-129.

吕有勇. 1997. 多基因异常的累积与肿瘤发生发展的关系. 中华医学杂志,77:877-880.

王波,扬志宏,殷新光,等. 2003. p53 蛋白、PCNA 在胃癌中表达及其生物学行为关系的研究. 实用肿瘤学杂志,17(4):274-276.

杨琨,李劲松,王建军. 2006. 抑癌基因 PTEN 与食管癌. 医学分子生物学杂志,3(4):313-315.

张立力,张振书,张亚历,等. 1999. 多原发大肠癌微卫星不稳定性研究. 世界华人消杂志, 7: 397-399.

Adhami VM, Ahmad N, Mukhtar H. 2003. Moleculartargetsfor green tea in prostate cancer prevention. J Nutr,133(7 Suppl):2417S-2424S.

Ahieri DC. 2003. Survin, versatile modulation of cell division and apoptosis in cancer. Oncogene, 22(53):8581-8589.

Akopyan C,Bonavida B. 2006. Understanding tobacco smoke carcinogen NNK and lung tumorigenesis. Int J Oncol, 29(4):745-752.

Alberg A J,Samet JM. 2003. Epidemiology of lung cancer . Chest, 123(1 Suppl):21S-49S.

Amemiya H , Kono K, Itakura J, et al. 2002. C-Met expression in gastric cancer with liver metastasis. Oncology, 63 (3):286-296.

Andriani F, Roz E, Caserini R, et al. 2012. Inactivation of both FHIT and p53 cooperate in deregulating proliferation-related pathways in lung cancer. J Thorac Oncol, 7(4):631-642.

Barta P, Van Pelt C, Men T, et al . 2012. Enhancement of lung tumorigenesis in a Gprc5a knockout mouse by chronic extrinsic airway inflammation. Mol Cancer, 11:4.

Blok P, Craanen ME, Offerhaus G, et al. 1999. Molecular alteration in early gastric carcinomas. AmJ Clin Pathol, 111:241-246.

Bourdon JC. 2007. p53 and its isoforms in cancer. Br J Cancer, 97(3):277-282.

Brauner OH, Jensen AA, Sheppard PO, et al. 2001. Cloning and characterization of a human orphan family C G-protein coupled receptor GPRC5D. Biochim Biophys Acta, 1518(3):237-248.

Brauner OH, Krogsgaard LP. 2000. Sequence and expression pattern of a novel human orphan G-protein-coupled receptor,

GPRC5B, a family C receptor with a short amino-terminal domain. Genomics, 65(2):121-128.

Chen Y, Deng J, Fujimoto J, et al. 2010. Gprc5a deletion enhances the transformed phenotype in normal and malignant lung epithelial cells by eliciting persistent Stat3 signaling induced by autocrine leukemia inhibitory factor. Cancer Res, 70(21): 8917-8926.

Cheng L, Yang S, Yang Y, et al. 2012. Global gene expression and functional network analysis of gastric cancer identify extended pathway maps and GPRC5A as a potential biomarker. Cancer Lett, 326(1):105-113.

Cheng Y, Lotan R. 1998. Molecular cloning and characterization of a novel retinoic acid-inducible gene that encodes a putative G protein-coupled receptor. J Biol Chem, 273(52):35008-35015.

Dahl GA, Miller JA, Miller EC. 1978. Vinyl caRBamate as a promutagen and a more carcinogenic analog of ethyl caRBamate. Cancer Res, 38(11 Pt 1):3793-3804.

Dairkee SH, Sayeed A, Luciani G, et al. 2009. Immutable functional attributes of histologic grade revealed by context-independent gene expression in primary breast cancer cells. Cancer Res, 69(19):7826-7834.

Deng J, Fujimoto J, Ye XF, et al. 2010. Knockout of the tumor suppressor gene Gprc5a in mice leads to NFkappaB activation in airway epithelium and promotes lung inflammation and tumorigenesis. Cancer Prev Res (Phila), 3(4):424-437.

Engels EA. 2008. Inflammation in the development of lung cancer: epidemiological evidence. Expert Rev Anticancer Ther, 8(4):605-615.

Fujimoto J, Kadara H, Men T, et al. 2010. Comparative functional genomics analysis of NNK tobacco-carcinogen induced lung adenocarcinoma development in Gprc5a knockout mice. PLoS One, 5(7):e11847.

Geenblatt MS, Bennett WP, Hollstein M, et al. 1994. Mutations in the p53 tumor suppressor gene: clues to cancer etiology and molecular pathogenesis. Cancer Res, 54(18):4855-4878.

Grossman D, McNif JM, Li F, et al. 1999. Expression ofthe apoptosis inhibitor, Survivin, in nonmelanoma skin cancer and gene targeting in a keratinocyte cell line. Lab Invest, 79(9):1121-1126.

Gugger M, White R, Song S, et al. 2008. GPR87 is an overexpressed G-protein coupled receptor in squamous cell carcinoma of the lung. Dis Markers, 24(1):41-50.

Harada Y, Yokota C, Habas R, et al. 2007. Retinoic acid-inducible G protein-coupled receptors bind to frizzled receptors and may activate non-canonical Wnt signaling. Biochem Biophys Res Commun, 358(4):968-975.

Harper JW, Adami GR, Wei N, et al. 1993. The p21 CDK-interacting protein Cipl is a potent inhibitor of G_1 Cyclin-dependent kinase. Cell, 75(4):805-816.

Hecht SS, Isaacs S, Trushin N. 1994. Lung tumor induction in A/J mice by the tobacco smoke carcinogens 4-(methylnitrosamino)-1-(3-pyridyl)-1-butanone and benzo[a]pyrene: a potentially useful model for evaluation of chemopreventive agents. Carcinogenesis, 15(12):2721-2725.

Hernandez-boussard TM, Hainaut P. 1998. A specific spectrum of p53 mutations in lung cancer from smokers: review of mutations compiled in the IARC p53 database. Environ Health Perspect, 106(7):385-391.

Hirano M, Zang L, Oka T, et al. 2006. Novel reciprocal regulation of cAMP signaling and apoptosis by orphan G-protein-coupled receptor GPRC5A gene expression. Biochem Biophys Res Commun, 351(1):185-191.

Hohenberger P, Gretschel S. 2003. Gastric cancer. Lancet, 362 (9380): 305-315.

Jemal A, Siegel R, Ward E, et al. 2009. Cancer statistics, 2009. CA Cancer J Clin, 59(4):225-249.

Kadara H, Fujimoto J, Men T, et al. 2010. A Gprc5a tumor suppressor loss of expression signature is conserved, prevalent, and associated with survival in human lung adenocarcinomas. Neoplasia, 12(6):499-505.

Kanamofi Y, Kigawai J, Itamochi H, et al. 2002. PTEN expression is associated with prognosis for patients with advanced endometrial carcinoma undergoing postoperative chemotherapy. Int J Cancer, 100(6):686-689.

Lee HJ, Wall B, Chen S. 2008. G-protein-coupled receptors and melanoma. Pigment Cell Melanoma Res, 21(4):415-428.

Lee HS, Lee HK, Kim HS, et al. 2003. Tumour suppressor gene expression correlates with gastric cancer prognosis. J Pathol, 200(1):39-46.

Li J, Yen C, Liaw D, et al. 1997. PTEN, a putative protein tyrosine phosphatase gene mutated in human brain, breast, and prostate cancer. Science, 275(5308):1943-1947.

Lin RK, Hsieh YS, Lin P, et al. 2010. The tobacco-specific carcinogen NNK induces DNA methyltransferase 1 accumulation and tumor suppressor gene hypermethylation in mice and lung cancer patients. J Clin Invest, 120(2):521-532.

Matsumoto S, Iwakawa R, Takahashi K, et al. 2007. Prevalence and specificity of LKB1 genetic alterations in lung cancers. Oncogene, 26(40):5911-5918.

Mesri M, Wall NR, Li J, et al. 2001. Cancer genetherapy using a surviving mutant adenovirus. J Clin Invest, 108(7):981-990.

Mishina T, DosakaAkita H, Hommura F, et al. 2000. Cyclin E express, apotential prognostic marker for non-small cell lung cancers. Clin Cancer Res, 6(1):11-16.

Murakami N, Koufuji K, Shirouzu K. 2001. Influence of hepatocyte growth factor secreted from fibroblasts on the growth and invasion of scirrhous gastric cancer. Int Surg, 86 (3): 151-157.

Nagahata T, Sato T, Tomura A, et al. 2005. Identification of RAI3 as a therapeutic target for breast cancer. Endocr Relat Cancer, 12(1):65-73.

Olie RA, Simoes-Wust AP, Baumann B, et al. 2000. A novel antisense oligonucleotide targeting survivin expression induces apoptosis and sensitizes lung cancer cells to chemotherapy. Cancer Res, 60(11):2805-2809.

Park WS, Oh RR, Park JY, et al. 1999. Frequent somatic mutations of the β2catenin gene in intestina 12 type gastric cancer J. Cancer Res, 59 (5):4257-4260.

Robbins MJ, Michalovich D, Hill J, et al. 2000. Molecular cloning and characterization of two novel retinoic acidinducible orphan G-protein-coupled receptors (GPRC5B and GPRC5C). Genomics, 67(1):8-18.

Sagawa T, Takayama T, Oku T, et al. 2003. Argon plasma coagulation for successful treatment of early gastric cancer with intramucosal invasion. Gut, 52 (3): 334-339.

Skoufias DA, Mollinari C, Lacraix FB, et al. 2000. Human survivin is a kinetochore-associated passenger protein. J Cell Biol, 151 (7):1575-1582.

Sozzi G, Pastorino U, Moiraghi L, et al. 1998. Loss of FHIT function in lung cancer and preinvasive bronchial lesions. Cancer Res, 58(22):5032-5037.

Sparks AB, Morin PJ, Vogelstein B, et al. 1998. Mutational analysis of the Ai/β-catenin/ TCF pathway in colorectal cancer. Cancer Res, 589 (8):1130-136.

Tamura G, Sato K, Akiyama S, et al. 2001. Molecular characterization of undifferentiated-type gastric carcinoma. Lab Invest, 81: 593-598.

Tao Q, Cheng Y, Clifford J, et al. 2004. Characterization of the murine orphan G-protein-coupled receptor gene Rai3 and its regulation by retinoic acid. Genomics, 83(2):270-280.

Tao Q, Fujimoto J, Men T, et al. 2007. Identification of the retinoic acid-inducible Gprc5a as a new lung tumor suppressor gene. J Natl Cancer Inst, 99(22):1668-1682.

Tsurutani J, Castillo SS, Btognard I, et al. 2005. Tobacco components stimulate Akt-dependent proliferation and NFkappaB-dependent survival in lung cancer cells. Carcinogenesis, 26(7):1182-1195.

Unger Z, Molnar B, Pronai L, et al. 2003. Mutant p53 expression and apoptotic activity of Helicobacter pylori positive and negative gastritis in correlation with the presence of intestinal metaplasia. Eur J Gastroenterol Hepatol, 15 (4):389-393.

Vuillemenot BR, Hutt JA, Belinsky SA. 2006. Gene promoter hypermethylation in mouse lung tumors. Mol Cancer Res, 4(4): 267-273.

Wang DX, Fang DC, Liu WW. 2000. Induction of intestinal metaplasia in stomach of dogs and expression of tumor2related proteins in animal gastric mucosa lesions. Chin Med J, 113 (1): 336-3341.

Wang LD, Shi ST, Zhou Q, et al. 1994. Changes in p53 and Cyclin D1 protein levels and cell proliferation in different stage of human esophageal and gastdc-canlia carcinogenesis. Int J Cancer, 59(4):514-519.

Wu Q, Ding W, Mirza A, et al. 2005. Integrative genomics revealed RAI3 is a cell growth-promoting gene and a novel P53 transcriptional target. J Biol Chem, 280(13):12935-12943.

Xu J, Tian J, Shapiro SD. 2005. Normal lung development in RAIG1-deficient mice despite unique lung epitheliumspecific expression. Am J Respir Cell Mol Biol, 32(5):381-387.

Xu L, Deng X. 2004. Tobac co-specific nitrosamine 4-(methylnitrosamino)-1-(3-pyridyl)-1-butanone induces phosphorylation of mu-and m-calpain in association with increased secretion, cell migration and invasion. J Biol Chem, 279(51):53683-53690.

Ye X, Tao Q, Wang Y, et al. 2009. Mechanisms underlying the induction of the putative human tumor suppressor GPRC5A by retinoic acid. Cancer Biol Ther, 8(10):951-962.

Yu J, Miehlke S, Ebeot MPA, et al. 2000. Frequency of TPR-MET rearrangement in patients with gastric carcinoma and in first-degree relatines. Cancer, 88 (3): 1801-1805.

Zhou HB, Zhu JR. 2003. Paclitaxel induces apoptosis in human gastric carcinoma cells. World J Gastroenterol, 9 (3): 442-445.

第二十七章　食管癌相关肿瘤基因

第一节　食管癌的概况

食管癌是指由食管鳞状上皮或腺上皮的异常增生所形成的恶性病变。其发展一般经过上皮不典型增生、原位癌、浸润癌等阶段。食管鳞状上皮不典型增生是食管癌的重要癌前病变,由不典型增生到癌变一般需要几年甚至十几年。正因为如此,一些食管癌可以早期发现并可完全治愈。对于吞咽不畅或有异物感的患者应尽早进行胃镜检查以便发现早期食管癌或癌前病变。

食管癌(以鳞癌为主)是全球第九大常见恶性肿瘤,在全球许多地区流行,特别是在发展中国家。食管癌发病率的地区性差异很大,高发地区和低发地区的发病率相差60倍。高发地区包括亚洲、东南非洲和法国北部。欧洲、美洲、大洋洲诸国则是低发区。在美国食管癌发病率较低,仅占所有恶性肿瘤的1%和所有上消化道肿瘤的6%。尽管食管癌的病理类型在高发区以鳞癌最为常见,但是在非高发区,美国和西方国家,食管腺癌的发病率逐年上升,而鳞癌的发病率不断下降,如北美洲和许多西欧国家。食管鳞癌男性多于女性,并且与吸烟和饮酒相关。食管鳞癌的患者常常有头、颈部癌肿病史。食管癌发病率的增加可能是由于胃食管反流性疾病(GERD)的增加,在西方大约30%的人群存在GERD。诊断为腺癌的患者多数是白人,大约62%的患者有Barrett食管。

2008年全球食管癌估计世界年龄标化发病率(estimated world age standardized incidence rate,EW-ASIR)居同期男性恶性肿瘤发病顺位第6位($10.2/10^5$),女性第11位($4.2/10^5$);居亚洲男性顺位第5位($13.2/10^5$),女性第8位($6.1/10^5$);居中国男性顺位第4位($22.9/10^5$),女性第7位($10.5/10^5$)。

一、食管癌的人群分布

中国食管鳞癌高发区主要分布在山西阳城、河南林州、四川盐亭、河北磁县和涉县、山东肥城、江苏淮安等。近几年来食管癌的发病率普遍呈现下降趋势。例如,河南省肿瘤监测中心报告的资料显示,全省食管癌高、中和低发地区死亡率在近20年中呈明显下降趋势。1999~2002年食管癌标化病死率比1984~1988年下降了44.17%。从食管癌病理类型的变化趋势看,中国食管鳞状细胞癌仍占绝大多数,食管腺癌非常低。40岁以前食管癌发病与病死率较低,其后随年龄增加而快速上升,男、女发病率及女性死亡率均以80岁年龄组达高峰,其后下降,而男性病死率在85岁年龄组达高峰。

Fan等报道,农村食管癌发病年龄比城市小10岁。男性食管癌发病率和死亡率均高于女性,且基本上随年龄增加而男女发病率和病死率的比值上升。男性食管癌发病和死亡的这种优势受种族、年龄及组织学类型等因素的影响,如Nordenstedt等报道,1992~2006年美国SEER数据库中13个登记处的资料显示，美国西班牙裔人男女发病比最高(20.5)、黑人最低(7.0)，而白人为10.8。对不同组织学类型而言，不同种族腺癌患者的性别和年龄发病模式相同，50～59岁年龄组男女发病比达高峰，其后随年龄增加而下降，而鳞癌患者的男女发病比在所有年龄组都较低并相对稳定。

二、食管癌病死率

世界食管癌死亡率总体呈下降趋势，2002年食管癌男、女EW-ASMR分别为$9.6/10^5$、$3.9/10^5$，2008年分别为$8.6/10^5$、$3.4/10^5$。但不同国家食管癌死亡率变化趋势不同，GLOBOCAN 2008年资料显示部分国家病死率上升，如英国、丹麦、荷兰、德国的男性，以及荷兰、德国与丹麦的女性，尤其以荷兰上升明显；部分国家下降，如法国、瑞士、意大利、韩国、西班牙、俄罗斯的男性，以及芬兰、西班牙、俄罗斯、韩国、日本、意大利和爱尔兰的女性，尤以法国男性和芬兰女性及俄罗斯下降明显，其中法国1975～2005年男性食管癌发病和病死率大幅度下降，而同期女性发病率小幅度上升，病死率相对稳定；部分国家相对稳定，如芬兰、挪威、瑞典、奥地利的男性，以及瑞典、法国、奥地利、加拿大的女性；部分国家先升后降，如爱尔兰的男性。Bosetti等报道，欧洲联盟男性食管癌EW-ASMR近10年略有下降，而近20年来女性食管癌EW-ASMR相对较低和稳定。Crane等报道1989～2003年，荷兰食管癌男性、女性EW-ASMR每年分别上升2.5%和1.7%。中国食管癌病死率也总体下降。2004～2005年中国第三次死因抽样调查结果显示，与1973～1975年第一次和1990～1992年第二次调查相比，中国抽样地区食管癌中国标化病死率总体分别下降了41.70%和33.62%，城市抽样地区，分别下降了58.19%和14.96%，农村地区分别下降了32.15%和33.28%，而食管癌高发地区，如山西阳泉市城区、河北磁县和赞皇县、河南林州和济源市也分别下降了89.78%、76.95%、73.12%、71.57%和70.97%。世界卫生组织(WHO)资料也显示，除中国香港地区女性食管癌病死率下降程度较低外，中国香港地区男性、中国内地部分农村和城市地区食管癌病死率均显著下降。此外有研究显示，北京市、山东省、河北磁县和涉县、江苏泰兴、四川盐亭、上海金山区食管癌病死率也下降，而广东南澳县食管癌病死率相对稳定。

三、食管癌的危险因素

食管鳞癌和食管腺癌发生的危险因素有差异，主要有以下几个方面。

(一) 食管病史

食管上皮不典型增生(瘤变)的患者。其癌变的危险性增高。胃食管反流患者发生食管腺癌的危险性为9.5(95% CI:1.9～48.5)；发生贲门癌的危险性为5.6(95% CI:1.07～28.8)；Barrett食管患者发生食管腺癌的危险性为14.0(95% CI:1.65～119.2)，发生贲门癌的危险性为13.6(95% CI:1.6～116)。

(二) 吸烟

国内外多数流行病学研究表明，吸烟与食管癌呈正相关。Freedman等报道，相对于非吸烟者吸烟者患食管鳞癌、食管腺癌、贲门癌和非贲门胃腺癌的风险会增加，其中吸烟与4

种癌症的人群归因危险度分别为77%、58%、47%和19%。

(三) 饮酒

饮酒是食管鳞癌和食管腺癌的危险因素,与食管腺癌的关联强度比食管鳞癌高。

(四) 肥胖

研究发现体质指数(body mass index,BMI)与食管腺癌有显著性关联,而与食管鳞癌关联不明显。随着体质量指数的增加,食管腺癌、食管、胃交界处及胃贲门腺癌的危险性显著上升。而下端食管肿瘤,肥胖者患病的风险增加了10.9倍。

(五) 营养缺乏

营养缺乏与食管鳞癌的发生有关。Bahmanvar等对3种饮食方式与食管的关系进行了研究,即健康饮食(蔬菜、水果、鱼类、家禽摄取量高)、西方饮食(加丁肉类、红色肉类、甜食、高脂肪奶制品、高脂肪肉汁的摄入量高)和酒精饮食(啤酒、白酒、薯条的摄入量高)。结果发现,西方饮食增加了贲门腺癌和食管腺癌的风险;酒精饮食增加了食管鳞状细胞癌的风险。Chen等的研究资料也显示,摄食较多的饱和脂肪可能增加人们患食管腺癌的风险;高剂量摄取粗纤维则可大大降低患食管腺癌和贲门癌的风险。

(六) 微量元素缺乏

微量元素缺乏与食管的发生有无关联尚需深入研究。伊朗在食管癌低、中发区人群中测定指甲中钼和锌的含量,发现指甲中钼降低与食管癌的发生有关。流行病学发现,水果和蔬菜的摄入可降低患食管癌的危险性。

(七) 其他

N-亚硝基化合物对多种实验动物有很强的致癌作用。亚硝胺和亚硝酸盐的摄入与食管癌的关联证据还不充分。幽门螺杆菌(*Helieobacter pylori*,*Hp*)感染对食管癌的作用存在争议。Kamangar等在中国河南省林县进行了为期16年的*Hp*血清阳性与患癌风险的病例对照研究,发现*Hp*感染会增加胃贲门部和非贲门部肿瘤的风险,但对食管鳞癌没什么影响。

四、食管癌的治疗

外科手术可以治疗原位没有远处转移的肿瘤。然而仅有20%~30%的患者能得到彻底的外科治疗,而且其生存率也很低。近年来,外科治疗手术后,化疗和放疗的联合治疗可以使这类患者的生存率延长。尽管外科手术或放疗化疗的技术有所发展,但是食管癌的预后仍然不佳,5年的生存率大约为10%。食管癌放疗化疗最大的问题在于肿瘤的进展使得在治疗中必须不断地加大剂量来控制肿瘤的生长,但是这样的剂量调整不可避免的会对正常组织带来不能承受的损伤和影响。这些治疗的主要局限在于缺乏专门针对肿瘤细胞的特异治疗,以及对患者所产生的毒副作用。最近的食管癌分子生物学的研究,在于探讨肿瘤基因的变化,以及以肿瘤基因为靶目标的一种新的治疗方法。

第二节 肿瘤基因与食管癌

食管癌的病因至今尚不明确，病例对照研究显示，烟、酒是西欧和北美洲食管鳞癌发生的主要危险因素，而在中亚、中国、伊朗东北部，饮食中含亚硝酸盐、霉菌、缺乏维生素等可能与此癌发生有关。食管癌的地区分布差异和高发区明显的家族聚集现象，提示遗传因素在该病的发生中起着重要作用。

近年来有关致癌机制的分子生物学有了迅速发展，大量研究资料表明，基因改变的积累干扰了细胞的正常生物学行为，导致细胞恶性增殖。最常见的基因改变是原癌基因的激活和抑癌基因的失活，二者通过参与细胞周期的调控、信号转导、细胞分化及凋亡等事件，引起肿瘤的发生和发展。

细胞周期是高度有序的调控过程，受一系列基因表达产物控制，决定细胞继续分裂增殖还是分化或凋亡，如果某一基因发生改变或表达异常，细胞则逃脱生长控制，出现恶性表型。准确掌握疾病基因病原学的信息是基因治疗发展的本质。因为数个变异位点的出现都可以在癌症的发生机制中起作用，因此这些信息是非常复杂的。许多肿瘤抑制基因和原位基因表达的蛋白质在细胞周期中起着调节作用。

食管癌相关的基因改变包括一些原位基因、肿瘤抑制基因、DNA 修补基因以及与胃癌共有的一些基因。常见的 p53 基因失活和 CD44 异常转录的表达可以作为潜在的诊断工具。细胞周期蛋白 D(Cyclin D)基因的大量复制多见于食管癌，而细胞周期蛋白 E (Cyclin E)和 c-Met 的大量复制多见于胃癌。细胞周期素依赖激酶抑制因子基因的变异也可以出现在食管癌和胃癌的发生中。食管癌根据其病原及病理学特性分为食管鳞癌(squamous cell carcinoma，SCC)和食管腺癌(adenocarcinoma，ADC)。总之，食管癌中最常见的改变包括位于染色体 3p、5q、9p、9q、13q、17p、17q 和 18q 处等位基因的缺失，以及 p53(主要是错义)、RB(缺失)、细胞周期蛋白 D(扩增)及 c-myc(扩增)等基因变异的出现。这些序列改变的出现与肿瘤组织病理学的进展相关。

细胞周期变化的关键点位于从 G_1/S 期及 G_2/M 期的过渡。细胞周期的调节是通过复杂的细胞周期蛋白依赖性激酶(CDK)来完成的，其通过特殊的调节亚基相互作用，细胞周期蛋白通过磷酸化与它们的靶位相互作用；细胞周期蛋白 A/CDK2 和细胞周期蛋白 B/CDK2 复合体控制 G_2/M 期的转化，而细胞周期蛋白 D1/CDK4 和细胞周期蛋白 E/CDK2 复合体控制 G_1/S 期的转化。许多因素与 G_1/S 期的转化调节有关。

原癌基因蛋白提高了进入 S 期的进程及 DNA 的修复，而成视网膜细胞瘤蛋白(RB)阻止 E2F 因子的转录，从而阻断了该进程。p16 蛋白通过抑制 CDK4 和 Cyclin D1 来阻止细胞周期的进展，而 p53 则通过 p21WAF1 抑制 CDK 起作用。这些因子表达的改变可以破坏细胞周期调节并且导致食管癌的发展。

另外，基因改变直接影响细胞周期，并且与细胞凋亡相关，这些对于理解食管癌的分子生物学有重要意义。例如，E2F-1 的过表达可以激活 CPP32，一种很重要的凋亡诱导分子，而且可以促进死亡底物多聚酶的分裂，这也意味着细胞凋亡蛋白酶的激活可能是 E2F-1 介导的细胞凋亡的重要机制。而且，这种途径似乎与 p53 介导的途径不同，因为 E2F-1 并不增加 bax 蛋白的表达(一种公认的 p53 介导的凋亡途径)。

为了准确的理解 p53 的分子机制，与 p53 相关的分子 RB 或 MDM2 这样的关键分子的详细信息以及对影响 p53 的动力平衡机制都应该有充分的理解。例如，原癌基因 mdm2，可以被野生型 p53 诱导产生，与 p53 结合并可以遮盖 p53 转录激活区。mdm2 相关的 p53 蛋白可以在泛素途径中出现降解，从而导致其抗恶性细胞活性的功能和促进细胞凋亡的作用消失。而且，p14 可以导致原癌基因 mdm2 的退化，从而影响 p53 的平衡机制。p14 导致的细胞周期转换的停滞可以因为 p53 功能缺失而被消除，这也显示 p14 可能位于 p53 的上游。

一、细胞周期调节基因

（一）细胞周期蛋白 D1

细胞周期蛋白 D1（Cyclin D1）是影响细胞周期 G_1/S 期转换的关键周期蛋白，是通过 p16-pRB 途径控制细胞周期的最重要的蛋白质之一。细胞周期蛋白 D1/CDK4 通过磷酸化 RB 调节 G_1 期由中期进入晚期，而 RB 蛋白可使 E2F 激活 S 期基因。细胞周期蛋白 D1 基因的扩增和细胞周期 D1 蛋白的过表达可以导致恶性表型的转化。

在食管鳞癌中常发现细胞周期蛋白 D1 基因扩增或过表达，并与淋巴结转移、肿瘤分期和生存率下降等相关。在食管癌细胞中，Rb 基因的异常主要表现为杂合性丢失，同时伴有 RB 蛋白表达的下降或缺失，并与生存率下降有关。食管癌中 p16 基因突变率较低，癌及癌前病变组织中 p16 的失活在相当一部分患者中是因 p16 缺失或甲基化所致。在食管鳞癌的病变过程中，细胞周期蛋白 D1 的过表达在肿瘤早期就可以观察到，并且在细胞的转化中起着重要的作用。

在 Barrett 化生细胞中细胞周期蛋白 D1 也出现明显增加，而且与正常的含量相比其发展到食管腺癌的概率也增加了 6～7 倍。在 22%～73% 的食管鳞癌和 22%～64% 的食管腺癌中可以检测到，细胞周期蛋白 D1 的过表达和基因的大量扩增。细胞周期蛋白 D1 的过表达通常也预示着不佳的预后，如淋巴系统及远处的转移、高的肿瘤分级、对化疗药物的应答差及较低的生存概率。

（二）p53

p53 异常是许多肿瘤中最常见的遗传改变，正常细胞 p53 不断被合成，但其半衰期极短。DNA 损伤时，作为转录因子调节其结合基因的表达，参与 DNA 修复、细胞周期调控和凋亡。

p53 基因是在人类食管癌中最常出现变异的基因。p53 基因可以通过 p21WAF1 引起的细胞周期蛋白依赖性激酶的活性消失从而使细胞周期停滞，并且可以通过下调 bcl-2 的同时上调 Bax，而介导细胞凋亡。根据一系列相关研究显示，大约半数的食管鳞癌可以出现 p53 基因的改变，而在 IRAC p53 变异数据库中与食管鳞状细胞癌（esophageal squamous cell carcinoma, ESCC）相关的变异位点超过 100 个。这些变异主要位于 p53 基因中进化比较保守的 4 个区，也就是 5～8 区，而且超过 80% 的是点变异。

p53 的改变出现在 60% 的 Barrett 化生细胞和 95% 的食管腺癌细胞中。p53 突变可能是食管癌发生中的一个早期事件，与年龄、性别、家族史、临床分期及生存率等临床病理学参数可能无关。而它的出现对预后的判断是存在争议的，一些研究认为 p53 基因变异的存在表明预后欠佳,而其他的研究则认为它的存在与预后没有显著的相关性。

Kou 等对食管癌普查的食管拉网脱落细胞涂片标本,应用聚合酶链反应(PCR)单链构象多态性分析方法检测 p53 基因外显子 5 及外显子 7 的突变情况,结果 5 例食管上皮重度不典型增生者外显子 7 突变,其中 3 例分别在 10 年、12 年和 14 年后转变为食管癌,提示 p53 基因可作为预测食管癌癌前期病变的有效指标之一。但 p53 突变率及突变类型因不同地区的人群而异。Cao 等报道,对食管癌高发区河南林县和食管癌低发区浙江的 ESCC 患者检测 p53 点突变,发现河南林县病例最常见的 p53 替代突变发生在外显子 5,而浙江地区病例则多发生在外显子 7。另外,Yang 等为了明确 p53 基因型与 ESCC 发病风险的关系,对 435 例 ESCC 及 550 例无癌者相同区域的样本进行 p53 第 72 位密码子多态性分析。结果发现 p53 Arg-Arg 基因型在 ESCC 中明显高于对照组(85.7% ∶49.6%,$P<0.001$),由此得出 p53 Arg-Arg 基因型可能导致 ESCC 发病风险增高。

(三) mdm2

mdm2 编码的锌指蛋白可与 p53 和 RB 蛋白结合,抑制 p53 和 RB 的正常抑瘤作用,MDM2 也可被 p53 激活形成负反馈,导致 G_1/S 期转换。食管鳞癌和腺癌均见有 mdm2 基因扩增,但很少与 p53 突变同时发生。

(四) p21WAF1

细胞周期蛋白依赖性激酶的活性可以被两个 CDK 抑制子家族所抑制。一个是经典的 CIP/KIP 家族(p21WAF1/CIP1、p27KIP1 和 p57KIP2),另一个是 INK4 家族(p16INK4a、p15INK4b、p18INK4c 和 p19INK4d)。p21WAF1 基因产物是细胞周期蛋白依赖性激酶的抑制剂,并且被认为在抑制肿瘤生长中起着重要的作用。

p21WAF1 基因区包括结合 p53 位点的启动子区,同时 p53 可以直接调节 p21WAF1 的表达,由于变异导致的 p53 的活性缺失的细胞不能产生 p21WAF1。虽然 p21WAF1 多态性在一些肿瘤中被发现,但是 p21WAF1 基因变异或缺失在人类肿瘤中是很少见的。

在食管鳞癌中,p21WAF1 基因的多态性在 6 号染色体 2 区的第 31 位点和第 149 位点处被发现,这种多态性在食管肿瘤基因学中可能起着重要的作用。一些研究认为与野生型 p53 相伴的 p21WAF1 表达的存在,可能预示着食管鳞癌对化疗和放疗有较好的应答。

(五) p16INK4a

p16INK4a 是一种肿瘤抑制蛋白,可以抑制细胞周期蛋白 D1/CDK4 和 CDK6 复合物的功能,还可以通过 pRB 磷酸化使 p53 非依赖性 G_1 期停滞。在人类肿瘤中,p16INK4a 基因的失活是经常发生的,表现为纯合缺失、基因变异或异常的 DNA 甲基化。p16INK4a 基因的失活在食管鳞癌的病例中很常见,可能是由于纯合缺失和原位甲基化所导致。另外,启动子甲基化是食管腺癌中导致 p16INK4a 基因失活的主要机制。

二、生长因子及其相关基因

多数癌基因和抑癌基因的产物都是信号转导通路中的成分。在许多肿瘤组织中发现信号转导通路中某一个或某几个成员的基因突变、扩增或过表达等遗传改变,可见肿瘤的发生、发展与细胞的信号转导密切相关。

（一）生长因子及其受体

表皮生长因子受体家族(growth factors and their receptor,EGFR)是由 eRB B-1(EGFR)、eRB B-2(HER-2)、eRB B-3 和 eRB B-4 组成的,其都属于酪氨酸激酶受体。这些受体转录蛋白位于细胞膜上,作为受体,它们具有细胞内的酪氨酸激酶活性和细胞外的受体结合区。在正常上皮细胞的生长与分化中起着重要作用,在许多食管鳞癌的肿瘤样本和细胞系(29%～92%)中均出现了 eRB B-1 过表达。在食管鳞癌和腺癌中 eRB B-1 的过表达通常预示着比较差的预后和对放疗化疗的应答不佳。

ERB B-2 原癌基因编码截短性 EGFR,它可以持续的激活酪氨酸激酶。细胞表达这种原位基因的行为就好像不停地刺激生长因子。然而这种 eRB B-2 蛋白的过表达多见于食管腺癌,很少见于食管鳞癌,见于 0% ～38% 肿瘤。ERB B-2 基因扩增和蛋白质过表达在食管鳞癌和腺癌中均较常见,而且 c-eRB B-2 基因扩增和过表达也见于癌旁不典型增生组织及 Barrett 黏膜,提示 eRB B-2 基因的激活表达可能是部分食管癌发生的早期事件。

Gibauh 等对 107 例原发 ESCC 检测发现,68.2% 的 ESCC 有 EGFR 的过表达,弥漫的 EGFR 染色与 ESCC 高的局部复发率和低的总体生存率有显著相关性。Gotoh 等检测 62 例 ESCC Ⅲ～Ⅳ期患者治疗前活检标本 EGFR、血管内皮生长因子、增殖细胞核抗原和细胞周期蛋白 D1 的免疫组织化学表达,并与放疗化疗(5-氟尿嘧啶、顺铂化疗加放疗)效果对比,发现 EGFR 阳性者比阴性者对治疗敏感。但也有少数研究报道 EGFR 对 ESCC 的治疗无预测价值。

（二）转录生长因子 E2F-1

基因变异直接扰乱了 pRB3 介导的 G_1 限制点。研究认为,pRB 是通过结合限制转录生长因子 E2F-1 发挥其细胞周期调节功能的。E2F-1 通过激活一些使 G_1/S 期转录加速的基因来加速细胞增生。例如,过表达 E2F-1 可激活休眠细胞进入 S 期,而抑制 E2F-1 则阻止其进入 S 期。然而,E2F-1 过表达也可以在包括食管癌细胞在内的一些细胞中导致细胞凋亡的发生,这说明 E2F-1 不仅具有促进细胞生长的作用,与细胞的程序化死亡也有一定的相关性。而且,近期有关 E2F-1 敲除基因小鼠的研究显示 E2F-1 具有肿瘤抑制基因的功能。

（三）src

c-src 和 v-src 编码 60kDa 蛋白激酶,Kumble 等发现,与对照组相比,src 活性在 Barrett 食管中增加了 2～4 倍,在食管腺癌中增加了 6 倍,其酪氨酸(Tyr527)脱磷酸化是 src 激活的一个主要机制,src 活性升高可能是食管 Barrett 化生的一个早期事件。

（四）E2F-1 和 p53 复合体

E2F-1 可作为一种凋亡诱导剂,转化的野生型 p53 和 E2F-1 基因可以有效地诱导人食管癌细胞发生凋亡,而 E2F-1 过表达可直接激活 p14(ARF),一种可以抑制 MDM2 介导的 p53 降解的蛋白质,维持 p53 的稳定。用以腺病毒为载体表达 E2F-1 感染人的 3 种食管癌细胞系,可以检测到 ARF 蛋白和 mRNA 的表达水平提高,同时可检测到 MDM2 蛋白的表达水平下降。转染 ARF 质粒可以使 MDM2 蛋白的表达水平下降,从而导致 p53 蛋白的表达水平增加。首先用腺病毒载体表达的野生型 p53(Ad-p53),然后再用腺病毒载体表达的 E2F-1 Ad-E2F-1 感染食管癌细胞,可以快速诱导细胞凋亡;相反,用 Ad-E2F-1 和 Ad-p53 同时感染食管癌细胞却没有观察到明显的抗肿瘤效果。

进一步的研究显示,亚适量的 Ad-E2F-1 的感染可以诱导大量通过亚适量的 Ad-p53 转化的 p53 的聚集。而且,食管癌细胞中 Ad-E2F-1 介导的 ARF 的表达抑制了过表达 p53 引起的 MDM2 的上调。

这样,过表达的异位 E2F-1 蛋白可以通过 E2F-1/ARF/MDM2/p53 调节通路稳定大量的异位 p53 蛋白,并且通过这种方式,保证细胞对凋亡的敏感性,这个结论对食管癌的基因治疗有重要的意义。

三、凋亡相关基因

细胞增殖和凋亡之间的平衡对维持正常组织细胞群体数量的稳定是至关重要的,如果凋亡受到抑制,打破了正常细胞增殖与凋亡的平衡,导致细胞数目相对增加,或使具有遗传改变却得不到修复的细胞逃脱凋亡,从而导致肿瘤形成和生长。细胞凋亡受许多基因调节,其中 Bcl-2 家族与凋亡的关系较密切,Bcl-2 家族至少包括 15 个成员,成员之间通过组成同二聚体或异二聚体而促进或抑制凋亡。

(1) Bcl-2。Bcl-2 在不典型增生的食管黏膜中过表达,随着癌变程度的加深,表达水平降低,同时伴有 p53 表达的增强,提示在食管化生到腺癌的发展过程中增殖与凋亡的平衡发挥着重要作用。

(2) Bax、Bcl-xL。食管癌中 Bax、Bcl-xL 在从癌前病变到不典型增生过程中表达下降,在重度不典型增生、原位癌、浸润癌、转移癌中表达无差别。

四、代谢酶基因

代谢酶基因的多态性决定了个体在致癌物激活和解毒上存在差异,是肿瘤易患性的因素之一。细胞色素 P450(CYP)对许多小分子化合物起氧化作用,Lin 等报道中国人群的 CYP2E1 基因 RsaI 识别的 c1 基因型频率在食管癌、食管癌前病变组织中比在正常对照中要高许多。谷胱甘肽-*S*-转移酶(GST)参与化合物的解毒作用,Barrett 食管癌和食管腺癌存在较高频率的 GSTP1 变体 GSTP1b,后者引起 GST 酶活性显著降低。

五、DNA 错配修复酶基因

基因组不稳定性与缺乏修复 DNA 损伤的能力有关,不同个体的 DNA 修复能力存在一定差异,DNA 修复能力低下者表现为突变率高、肿瘤易感性增强。J-甲基鸟嘌呤-甲基转移酶(J-methylguanine-methyltransferase,MGMT)可以修复 DNA 烷基化试剂引起的突变,分析表明 MGMT 基因的突变或缺失可能是导致 DNA 高突变率的原因之一。

六、黏附分子及其相关基因

食管癌的预后较差,主要是由于其侵袭和转移能力强,细胞表面黏着分子的表达和功能改变在肿瘤侵袭及转移中发挥着重要作用。钙黏蛋白(cadherin)是钙依赖的细胞间黏附分子,E-cadherin 是 cadherin 家族的一个成员,食管细胞之间的黏着依赖于 E-cadherin 和 catenin 复合体的形成,这种复合体为维持上皮细胞形态及其之间的正常通讯所必需,若被破坏,细胞就无序生长,形成肿瘤。研究发现,E-cadherin、A-catenin 和 B-catenin 在食管癌中均有较高频率的表达下降,并与肿瘤的低分化、浸润及淋巴结转移相关。

七、其他相关基因

(一) 在食管癌中表达上调的基因

(1) 骨形态生成蛋白 6 (bone morphogenetic protein,BMP-6)是与 TGF-β 超家族有关的生长因子。Raida 等在 172 例食管癌石蜡包埋标本都检测到 BMP-6 的存在,BMP-6 表达与肿瘤分化和表皮细胞角化程度呈负相关,可作为预后不良的指标。

(2) 环加氧酶-2。环加氧酶(cyclooxygenase,COX)是催化前列腺素(prostaglandin,PG)生物合成的限速酶,其有两种形式:COX-1 和 COX-2。COX-1 在大多数哺乳动物中组成性表达,而 COX-2 在正常组织中大多检测不到。Zimmermann 等通过免疫组织化学发现 172 例食管鳞癌中有 91% 表达 COX-2,27 例食管腺癌中有 78% 表达 COX-2,COX-2 高表达可能导致肿瘤组织中 PGE2 升高,参与肿瘤的发生和转移。

(3) GRB7。GRB7 编码蛋白与 EGFR 或 Her2/eRB B 的酪氨酸激酶活性有关,在正常组织中 GRB7 仅见于在肝、肾、性腺中表达。对 32 例食管癌的分析表明,14 例 GRB7 过表达,10 例 GRB7 与 EGFR 或 Her2/eRB B 共表达,并且与肿瘤黏膜外浸润程度相关。最近又分离到一个 GRB7 变体 GRB7V,即 GRB7 的编码序列 C 端缺少 88 个核苷酸,GRB7V 在 40% 的 GRB7 阳性食管癌组织中表达,尤其在转移的癌组织中 GRB7 的表达高于在原发癌组织中的,GRB7V 可能参与 EGF 的信号转导,它们的高表达与食管癌的侵袭和转移有关。

(4) midkine。midkine(MK)是具有肝磷脂结合活性的神经生长因子,对成纤维细胞和神经外胚层细胞有促分裂作用,正常组织中只在肾、肺、小肠中表达,MK 能够促进血管生成,在神经母细胞瘤、Wilms 瘤、肾癌、膀胱癌中表达。Miyauchi 等在 7 个食管癌细胞系和 14 例食管癌标本中的 8 例中检测到 MK 表达,配对的癌旁黏膜却未见表达。

(5) MTAl。MTAl 基因是一个肿瘤转移相关基因,氨基酸序列分析表明它可能参与信号转导和基因表达调节。在 47 例食管鳞癌标本中 MTAI 基因有 16 例高表达,在食管癌侵袭和转移过程中发挥着重要作用。

(二) 在食管癌中表达下调的基因

(1) CAAFl。S100 蛋白家族是一组与钙结合的小分子蛋白质,参与细胞周期运行和细胞分化,CAAFI 在未成熟的增生食管上皮细胞中并不表达,而只在分化的表皮基底上层细胞中产生。除了角质化细胞外,CAAF1 在食管癌细胞中不表达。

(2) cystatin B。cystatin 是半胱氨酸蛋白酶,如组织蛋白酶 L、H、S 的内源性抑制剂,cystatin B 主要抑制组织蛋白酶 L,高活性的半胱氨酸蛋白酶会导致细胞外基质的降解和基底膜的破坏,参与肿瘤的侵袭和转移。cystatin B 在食管癌中表达显著下调,并且与淋巴结转移和病情进展相关。

(3) FEZ1。FEZI 编码蛋白含一个 Leu 拉链区,在几乎所有正常细胞中都表达,在上皮来源的肿瘤细胞中大多不表达。FEZ1 在食管原位癌中存在基因突变,是候选的抑癌基因,它的突变和失活与多种肿瘤发生相关。

(4) G-r7。G 蛋白由 aBr 亚基组成,具有信号转导作用。Shibata 等的研究发现,G-r7 在食管癌、胃癌、结直肠癌等许多肿瘤中表达明显低于癌旁正常组织,进一步分析表明,G-r7 可能刺激 p27KIP1 表达,后者具有阻断细胞周期的作用,使细胞停滞在 G_0/G_1期。

食管癌的发生,发展是一个多因素多阶段的过程,涉及多个基因的改变,但它们在肿瘤发生、发展过程中如何起作用、如何相互关联还远未清楚,还需继续研究这些基因的结构、功能及其之间的相互关系,特别是寻找并研究癌变早期基因,逐步阐明致癌机制,以实现食管癌的早期诊治。

(皇甫竞坤)

参 考 文 献

全国肿瘤防治研究办公室, 全国肿瘤登记中心, 卫生部疾病预防控制局. 2008. 2008 中国肿瘤登记年报. 北京: 军事医学科学出版社, 5, 18, 53.

全国肿瘤防治研究办公室, 全国肿瘤登记中心, 卫生部疾病预防控制局. 2009. 2009 中国肿瘤登记年报. 北京: 军事医学科学出版社, 26, 35, 42, 118-313.

全培良,刘曙正,戴涤新,等. 2004. 河南省 1984-2002 年食管癌死亡率分析. 中国肿瘤,13: 290-291.

Alt JR, Cleveland JL, Hannink M, et al. 2000. Phosphorylation-dependent regulation of Cyclin D1 nuclearexport and Cyclin D1-dependent cellular transformation. Genes Dev, 14:3102-3114.

Al-Kasspooles M, Moore JH, Orringer MB, et al. 1993. Amplification and over-expression of the EGFR and eRBB-2genes in human esophageal adenocarcinomas. Int J Cancer, 54:213-219.

Audrezet MP, Robaszkiewicz M, Mercier B, et al. 1993. TP53 gene mutation profile in esophageal squamous cell carcinomas. Cancer Res, 53: 5745-5749.

Bahl R, Arora S, Nath N, et al. 2000. Novel polymorphism inp21(waf1/cip1) Cyclin dependent kinase inhibitor gene: association with human esophageal cancer. Oncogene, 19:323-328.

Bates S, Phillips AC, Clark PA, et al. 1998. p14ARF links the tumor suppressors RB and p53. Nature (Lond), 395: 124-125.

Bruce JL, Hurford Jr RK, Classon M, et al. 2000. Requirements for cell cycle arrest by p16INK4a. Mol Cell, 6:737-742.

Cao W, Chen X, Dai H, et al. 2004. Mutational spectra of p53 in geographically localized esophageal squamous cell carcinoma groups in China. Cancer, 101(4): 834-844.

DeWeese TL, van der Poel H, Li S, et al. 2001. A phase I trial of CV706, areplication-competent, PSA selective oncolytic adenovirus, for the treatment of locally recurrent prostate cancer following radiation therapy. Cancer Res, 61:7464-7472.

Enzinger PC, Mayer RJ. 2003. Esophageal cancer. N Engl J Med, 349:2241-2252.

Epperly MW, Gretton JA, DeFilippi SJ, et al. 2001. Modulation of radiation induced cytokine elevation associated with esophagitis and esophageal stricture by manganese superoxide dismutaseplasmid/ liposome (SOD2-PL) gene therapy. Radiat Res, 155: 2-14.

Fan YJ, Song X, Li JL, et al. 2008. Esophageal and gastric cardia cancers on 4238 Chinese patients residing in municipal and rural regions: a histopathlogical comparison during 24-year period. World J Surg, 32:1980-1988.

Friess H, Fukuda A, Tang WH, et al. 1999. Concomitant analysis of the epidermal growth factor receptor family in esophageal cancer: overexpression of epidermal growth factor receptor mRNA but not of c-eRBB-2 and c-eRBB-3. World J Surg, 23: 1010-1018.

Fueyo J, Gomez-Manzano C, Yung WKA, et al. 1998. Overexpression of E2F-1 in glioma triggers apoptosis and suppresses tumor growth *in vitro* and *in vivo*. Nat. Med, 4:685-690.

Geh JI, Crellin AM, Glynne-Jones R. 2001. Preoperative (neoadjuvant) chemoradiotherapy in oesophageal cancer. BrJ Surg, 88: 338-356.

Gibault L, Metges JP, Conan-Charlet V, et al. 2005. Diffuse EGFR staining is associated with reduced overall survival in locally advanced oesophageal squamous cell cancer Br J Cancer, 93(1):107-115.

Gibson MK, Abraham SC, Wu TT, et al. 2003. Epidermal growth factor receptor, p53 mutation, pathological response predict survival in patients with locally advanced esophageal cancer treated with preoperative chemoradiotherapy. Clin CancerRes, 9: 6461-6468.

Gotoh M, Takiuchi H, Kawabe S, et al. 2007. Epidermal growth factor receptor is a possible predictor of sensitivity to chemoradiotherapy in the primary lesion of esophageal squamous cell carcinoma. Jpn J Clin Oncol, 37: 652-657.

Guo XL, Sun SZ, Wang WX, et al. 2007. Alterations of p16INK4a tumour suppressor gene inmucoepidermoid carcinoma of the salivary glands. Int J Oral Maxillofac Surg, 36:350-353.

Hanawa M, Suzuki S, Dobashi Y, et al. 2006. EGFR protein overexpression and gene amplification in squamous cell carcinomas of the esophagus. Int J Cancer, 118:1173-1180.

Harper JW, Elledge SJ, Keyomarsi K, et al. 1995. Inhibition of Cyclin-dependent kinases by p21. Mol Biol Cell, 6: 387-400.

Ito T, Kaneko K, Makino R, et al. 2001. Prognostic value of p53 mutations in patients with locally advanced esophageal carcinoma treated with definitive chemoradiotherapy. J Gastroenterol, 36:303-311.

Itoshima T, Fujiwara T, Waku T, et al. 2000. Induction of apoptosis in human esophageal cancer cells by sequential transfer of the wild-type p53and E2F-1 genes: involvement of p53 accumulation via ARF-mediated MDM2 downregulation. Clin Cancer Res, 6: 2851-2859.

Izzo JG, Luthra TT, Wu AM, et al. 2007. Molecular mechanisms in Barrett's metaplasia and its progression. Semin Oncol, 34: 2-6.

Jemal A, Siegel R, Ward E, et al. 2007. Cancer statistics. CA Cancer J Clin, 57: 43-66.

Jie G, Zhixiang S, Lei S, et al. 2007. Relationship between expression and methylation status ofp16INK4a and the proliferative activity of different areas'tumour cells in human colorectal cancer. Int J Clin Pract, 61:1523-1529.

Kawakubo H, Ozawa S, Ando N, Kitagawa Y, et al. Alterations of p53, Cyclin D1 and pRB expression in the carcinogenesis of esophageal squamous cell carcinoma. Oncol Rep, 2005. 14: 1453-1459.

Kubbutat MHG, Jones SN, Vousden KH. 1997. Regulation of p53 stability by Mdm2. Nature (Lond), 387:299-302.

Kwong FM, Tang JC, Srivastava G, et al. 2004. Inactivation mechanisms and growth suppressive effects ofp16INK4a in Asian esophageal squamous carcinoma celllines. Cancer Lett, 208: 207-213.

LiM, Lu ZS, Ghen ZF, et al. 2004. Mortality report of malignant tumors in Shexian, Hebei Province, China. from the 1970's to the present. Asian Pac J Cancer Prey, 5:414-418.

Lin YC, Wu MY, Li DR, et al. 2004. Prognostic and clinicopathological features of E-cadherin, alpha-catenin, beta-catenin, gamma-catenin and Cyclin D1 expression in human esophageal squamous cell carcinoma. World J Gastroenterol, 10: 3235-3239.

Mathew R, Arora S, Khanna R, et al. 2004. Molecular biology of esophageal cancer. Onkologie, 27:200-206.

Matsumoto M, Natsugoe S, Nakashima S, et al. 2001. Clinical significance and prognostic value of apoptosis related proteins in superficial esophageal squamous cell carcinoma. Ann Surg Oncol, 8:598-604.

Milyavsky M, Shats I, Cholostoy A, et al. 2007. Inactivation of myocardin and p16 during malignant transformation contributes to a differentiation defect. Cancer Cell, 11:133-146.

Montesano R, Holestein M, Hainaul P. 1998. Genetic alterations in esophageal cancer and their relevance to etiology and pathogenesis: a review. Int J Cancer, 69:225-235.

Morgan DO. 1995. Principles of CDK regulation. Nature, 374:131-134.

Nakashima S, Natsugoe S, Matsumoto M, et al. 2000. Expression of p53 and p21 is useful for the prediction of preoperative chemotherapeutic effects in esophageal carcinoma. Anticancer Res, 20:1933-1937.

Ohashi K, Nemoto T, Eishi Y, et al. 1997. Expression of the Cyclin dependent kinase inhibitor p21WAF1/CIP1 in oesophageal squamous cell carcinomas. Virchows Arch, 430: 389-395.

Oliner JD, Pietenpol JA, Thiagalingam S, et al. 1993. Oncoprotein MDM2 conceals the activation domain of tumor suppressor p53. Nature (Lond), 362:857-860.

Pomerantz J, Schreiber-Agus N, Liegeois NJ, et al. 1993. The *Ink4a*tumor suppressor gene product, p19ARF, interacts with MDM2 and neutralizes MDM2's inhibition of p53. Cell, 92:713-723.

Putz A, Hartmann AA, Fontes PR, et al. 2002. TP53 mutation pattern of esophageal squamous cell carcinomas in a high risk area (Southern Brazil): role of life style factors. Int J Cancer, 98:99-105.

Robert V, Michel P, Flaman JM, et al. 2000. High frequency in esophageal cancers of p53 alterations inactivating the regulation of genes involved in cell cycle and apoptosis. Carcinogenesis, 21:563-565.

Roncalli M, Bosari S, Marchetti A, et al. 1998. Cell cycle-related gene abnormalities and product expression in esophageal carcinoma. Lab Invest, 78:1049-1057.

Shibata H, Matsubara O. 2001. Apoptosis as an independent prognostic indicator in squamous cell carcinoma of the esophagus. Pathol Int, 51: 498-503.

Sudo T, Mimori K, Nagahara H, et al. 2007. Identification of EGFR mutations in esophageal cancer. Eur J Surg Oncol, 33: 44-48.

Thompson CB. 1995. Apoptosis in the pathogenesis and treatment of disease. Science, 267:1456-1462.

Tokugawa T, Sugihara H, Tani T, et al. 2002. Modes of silencing of p16 in development of esophageal squamous cell carcinoma. Cancer Res, 62:4938-4944.

Wang KL, Wu TT, Choi IS, et al. 2007. Expression of epidermal growth factor receptor in esophageal and esophagogastric junction adenocarcinomas: association with poor outcome. Cancer, 109:658-667.

Yang HL, Dong YB, Elliott MJ, et al. 2000. Caspase-activation and changes in Bcl-2 family memberprotein expression associated with E2F-1-mediated apoptosisin human esophageal cancer cells. Clin Cancer Res, 4:1579-1589.

第二十八章　胃癌相关肿瘤基因

第一节　胃癌的概况

胃癌是全球发病率最高的癌症之一，每年新发病例近百万，其中约2/3的患者来自发展中国家，仅中国就占到42%；同时胃癌又是世界第二大癌症致死原因，在日本、韩国、中国等亚洲国家胃癌的死亡率更是位居恶性肿瘤之首。

胃癌是中国最常见的恶性肿瘤之一，2010年卫生统计年鉴显示，胃癌死亡率占中国恶性肿瘤死亡率的第3位。胃癌的发生是多因素长期作用的结果。中国胃癌发病率存在明显地区差异，环境因素在胃癌的发生中居支配地位，而宿主因素则居从属地位。有研究显示，幽门螺杆菌（*Helicobacter pylori*，*Hp*）感染、饮食、吸烟及宿主的遗传易感性是影响胃癌发生的重要因素。已证实幽门螺杆菌阳性是胃腺癌和胃淋巴瘤的诱发因素之一，1994年国际癌症研究中心将其列为I类致癌因子。幽门螺旋杆菌的感染率极高，在发达国家中30%～50%的成年人有*Hp*感染，而发展中国家的*Hp*感染率则高达80%。*Hp*感染与胃癌的发生有着一定的联系，如两者都与人群的经济状况、社会地位及卫生条件有关，*Hp*在胃内的寄居部位与胃癌的好发部位一致，这些结论显示了两者的相关性。*Hp*与胃癌关系的确立主要依据人群流行病学资料：生态学研究，观察胃癌高、低发区人群*Hp*感染率的结果显示胃癌高发区人群*Hp*感染率显著高于胃癌低发区，*Hp*感染率与胃癌的死亡率或发生率呈明显正相关。

肿瘤从本质上来说是一种多基因病，其发病涉及多阶段的基因事件，最终导致正常细胞转变成肿瘤细胞。大部分胃癌患者确诊时已是癌症晚期，传统的手术治疗及放疗、化疗等方法疗效欠佳，患者5年生存率低于30%。随着分子遗传学和分子生物学的不断发展以及基因工程技术的不断进步，多种胃癌相关基因已被人们发现并认识，基因的诊断和治疗已逐步成为一种新的肿瘤诊治手段。近年来，胃癌的基因诊断和基因治疗在基础研究方面已经取得了较明显的进展。本章就胃癌相关的肿瘤基因作一综述。

第二节　肿瘤相关基因与胃癌

目前已发现了许多与胃癌发生、发展有关的基因。它们有的以癌基因形式，即以其前身原癌基因的形式，存在于细胞基因组中，编码细胞生长所需的一些蛋白质，经点突变、易位和扩增后被激活，参与细胞的癌变；有的以抑癌基因的形式对细胞增殖起负调节作用，表现为对细胞的一种信息，以减慢其生长而增加其分化，该类基因以功能丧失参与细胞的癌变。癌基因的激活和抑癌基因的失活与肿瘤的发生密切相关。当抑癌基因因突变、缺失而失活时，正常细胞极易在多因素的作用下发生癌变。还有一些基因通过干扰抗癌药物对肿瘤细胞起作用或通过调控细胞的生长凋亡来参与细胞癌变的发生、发展。

一、癌基因与胃癌

（一）c-eRB B-2

c-eRB B-2 是细胞来源的癌基因，编码分子质量为 185kDa 的磷酸蛋白质 p185，其结构与 EGFR 相似，具有酪氨酸激酶的活性，可与 EGF 或其他特异配体结合，促进细胞有丝分裂。在正常情况下处于非激活状态，参与细胞生长、分化的调节。激活后的 c-eRB B-2 在细胞膜上以凝聚形式存在，增加与细胞转化有关的酪氨酸激酶活性，故免疫组织化学显示强的细胞膜着色。同时由于 c-eRB B-2 的激活使癌细胞运动加速，导致肿瘤的深部浸润及转移。有研究结果显示，在正常胃黏膜腺体颈部 c-eRB B-2 有微弱表达，说明 c-eRB B-2 有可能参与正常胃黏膜的增殖过程，并且其表达随异型增生程度加重而逐渐增高。其中重度异型增生胃黏膜中 c-eRB B-2 蛋白的阳性表达率显著高于早期胃癌。进展期胃癌也显著高于早期胃癌，两组比较均有显著性差异。另有研究认为，细胞癌变后 c-fos、c-myc 等基因激活，而 c-myc 基因可抑制 c-eRB B-2 及 EGFR 等的表达，从而使 c-eRB B-2、EGFR 等表达率下降，故早期胃癌中 c-eRB B-2 的表达率较低可能与此有关。研究结果还显示 c-eRB B-2 表达与胃癌分化程度无关，与胃癌浸润深度、淋巴结转移呈正相关。提示 c-eRB B-2 激活使胃上皮细胞生长分化调控失常，在胃癌的发生、发展中起着重要作用。因此 c-eRB B-2 阳性者胃癌预后较差。其他研究发现 c-eRB B-2 阳性表达的胃癌细胞的转移性和侵袭性较强，肿瘤较易侵及浆膜层，且容易出现淋巴结转移和腹膜种植，5 年生存率低，预后较差。研究发现在胃癌中常有 c-eRB B-2 受体的过表达，在 90% 的肠型胃癌中均可出现。

（二）ras 基因

ras 基因是最早被确定的由点突变方式被激活而致细胞癌变的基因，包括 3 种成分，即 H-ras、K-ras 和 N-ras，它们共同编码一个分子质量为 21kDa 的蛋白质，即 p21。p21 位于细胞膜内表面，能与 GTP 或 GDP 高特异性地结合，参与细胞生长与分化的调节，并起着生物开关的作用。正常组织中存在少量激活状态的 p21 蛋白，以维持细胞的正常分化。但 ras 癌基因突变时，一方面 p21 蛋白表达量增多，另一方面 GTP 蛋白水解酶活性下降，使 p21 蛋白一直处于激活状态，而如果 ras 基因持续激活，就能启动和加速细胞的生长、繁殖，最终导致细胞的恶性转化。因此，该基因被认为是肿瘤发生的启动基因。通过检测 p21 蛋白的大致情况，可以了解 ras 导致细胞的异常增殖、分化状态。研究显示，p21 的阳性表达与胃癌分化程度相关，与浸润深度、转移程度及临床分期呈正相关，p21 阳性表达者预后差。有学者将一个 ras 的显性等位基因负性突变体基因 N116Y 转导人胃癌细胞系 TMK1，使其染色体变性、DNA 断裂，诱导了细胞凋亡，显著抑制其生长并失去成瘤性。

（三）PCNA 基因

增殖细胞核抗原 PCNA 是一种存在于细胞核内、分子质量为 36kDa 的非组蛋白，是 DNA 聚合酶 8 的辅助蛋白。PCNA 的主要功能是调节细胞周期，是 p53 下游调节产物，即细胞周期调节的最终环节，直接与细胞周期的调控有关。PCNA 在增生细胞中的含量变化有明显的周期性，在 G_0 期基本无表达，G_0 晚期开始增加，至 S 中期达到高峰，G_2/M 期迅速降低,因此它能准确反映细胞的生长速率和状态。在整个胃癌演化过程中,PCNA 表达一直处于逐步上升状态。PCNA LI(PCNA 标记指数,即计数 1000 个肿瘤癌细胞中 PCNA 阳性细胞所占比例)也逐渐增加。PCNA 与胃癌患者的预后明显相关,较高的 PCNA LI 预示胃癌预后较差。

(四) bmi-1

bmi-1 基因属于多基因家族(polycomb of gene,PcG)成员。人类 bmi-1 基因定位于 10 号染色体短臂 13 区,其 cDNA 长 3202bp,开放阅读框编码一个含 326 个氨基酸的蛋白质。在胚胎期,bmi-1 对哺乳动物的骨骼、造血及神经发育起着重要作用。在肿瘤的发生、发展中,高表达 bmi-1 的肿瘤细胞被认为是肿瘤中存在的“癌症干细胞”。目前研究已证实,bmi-1 在多种恶性肿瘤中高表达。它是一种转录抑制因子,一旦被激活可高表达于肿瘤细胞中,其核蛋白产物在 INK4a-ARF 位点,即多应答元件形成复合物,介导相邻基因沉默,在转录水平调控细胞的衰老和增殖,引起一系列生物学改变。INK4a 编码 p16INK4a,是细胞增殖周期中的一种周期素依赖性蛋白激酶抑制剂,能激活 RB 活性;ARF 则编码 p14ARF(小鼠中为 p19ARF),激活 p53 活性。p16INK4a 和 p14ARWpl9ARF 作为 bmi-1 的下游调控位点,直接受 bmi-1 负调控。bmi-1 高表达的细胞通过抑制 p16lNK4a 和 p14ARF/p19ARF 的表达延长细胞增殖周期,阻止细胞凋亡。同时,bmi-1 基因也可以通过诱导胃癌细胞中端粒酶活性促进其扩增,与肿瘤浸润转移密切相关。此外,bmi-1 基因作为 c-myc 癌基因的协同基因,在细胞中心体扩增调节中起着重要作用。异常的中心体可以导致染色体异常分裂,最终使遗传稳定性发生改变,干扰细胞正常活动而发生癌变。bmi-1 高表达的胃癌患者预后不良。

(五) IQGAPl 基因

IQGAPl 基因位于染色体 15q26,其编码一个 ras-GAP 相关蛋白质,该蛋白质通过与钙黏着素和/或 b 连环蛋白结合,使 b 连环蛋白从钙黏着素-b 连环蛋白复合物分离,而该复合物是细胞中一个重要黏附作用的分子基础。研究发现在恶性胃癌,如弥漫性、浸润性胃癌中,IQGAPl 基因过表达,其可能正是通过破坏上皮钙黏着素介导的细胞间粘连,而在胃癌的转移及浸润中起重要作用。

(六) AIBl 基因

AIBl 基因位于染色体 20q12,编码的蛋白质属于类固醇受体激活 1 家族,其已被证实在乳腺癌中有过表达。学者通过对 72 例胃癌患者的研究,发现约有 7% 的患者中有基因扩增,在 40% 的患者中有基因的过表达,这可能与转录激活有关,并且发现 AIB1 基因过表达的胃癌患者较无表达的患者广泛淋巴结转移、肝转移发生率更高、预后更差。因此认为 AIB1 基因与胃癌的发生、发展有关,并且可作为判断胃癌预后的一个重要指标。

(七) FZD7 基因

FZD7 基因定位于染色体 2q33,编码一个由 574 个氨基酸组成的蛋白质,该蛋白质具有 9 个跨膜段及 1 个位于细胞外的富含半胱氨酸的 N 端,其在人体的骨骼肌及胎肾中均有表达。Kirikoshi 等发现,约有 15% 的胃癌患者 FZD7 基因的表达上调。FZD7 基因的过表达通过激活果蝇讯号基因-B 链接 T 细胞特异性转录因子(WNT-beta-catenin,TCF)通路起效,从而在胃癌的发生、发展中起重要作用。

(八) EMS1 基因

EMS1 基因定位于人类染色体 11q13,全长约 38kb,含有 18 个外显子。该基因编码产物 EMS1 是一种位于细胞皮质区的肌动蛋白结合蛋白,参与细胞骨架系统的调控、细胞外信号转导及细胞黏附等过程。研究表明,EMS1 基因与胃癌侵袭和转移相关。用免疫组织化学方法可发现,正常胃黏膜 ENS1 蛋白阳性率达 20.0%,胃上皮内瘤变中阳性率为 68.4%,胃癌中阳性率为 89.7%,早期胃癌阳性率(60.9%)低于进展期胃癌阳性率(95.1%),差异具有统计学意义。伴淋巴结转移组 EMS1 阳性率(96.8%)的表达高于无淋巴结转移组(77.0%),差异有统计学意义,蛋白质高表达与胃癌的发生、淋巴结转移及临床分期有关。

(九) VEGF 基因

VEGF 基因位于人类染色体 6p21.3,全长 28kb,由 7 个内含子和 8 个外显子组成。VEGF 是一种功能强大且能产生多种生物学效应的细胞因子,是新生血管形成的中心调控因子。研究表明 VEGF 和胃癌淋巴结转移密切相关,是胃癌淋巴结转移的潜在分子标志。有学者应用免疫组织化学方法研究发现胃癌组织中 VEGF-C 和 VEGF-D 的表达高于正常胃组织,有淋巴结转移的胃癌组织中这二者的表达均较无淋巴结转移者明显增强。

(十) Annexin A7 基因

Annexin A7 基因定位于人类 10q21.1—q21.2,与细胞膜运输、细胞信号转导、细胞分化和增殖、转移有关。有研究表明,在不同类型的胃癌组织中,其阳性率从高到低为高分化>乳头状>中分化管状>低分化>印戒细胞癌及黏液腺癌。该基因表达在肠型胃癌中的水平高于弥漫型胃癌,说明该基因可以作为胃癌分化的基因标志。

(十一) Cripto-1 基因

Cripto-1 基因是一个新的表皮生长因子家族成员,参与从胚胎发育到细胞转化等多个过程。其在上皮细胞向间质转化中表达上调,起信号分子的作用。上皮间质转化基因可促进肿瘤上皮细胞的迁移与侵袭,是肿瘤侵袭转移过程中的重要事件。研究发现 Cripto-1 表达上调与 E-钙黏蛋白的表达下降均与胃癌的淋巴结转移、肝转移、TNM 分期晚及 5 年生存率低有关。用多变量分析显示两者联合是胃癌预后的独立预测因子,对预测胃癌转移、判断预后有重要的临床意义。

(十二) NF-κB

NF-κB 是一种细胞核转录因子,与肿瘤细胞的发生、增殖、分化、凋亡、增殖、分化、凋亡、侵袭和转移相关。研究证实 NF-κB p65 在胃癌早期中表达较高,其活化与淋巴浸润呈负相关,与胃癌患者总生存率呈正相关。

（十三）c-met 基因

c-Met 蛋白是肝细胞生长因子受体，属于酪氨酸激酶型受体，c-met 癌基因编码一个分子质量为 190kDa 的异聚体，该异聚体由两个二硫键连接的亚单位组成，一个为分子质量 145kDa 的跨膜 p 链，另一个为分子质量 50kDa 的细胞外 a 链。研究发现在人类胃癌中 c-met 癌基因被激活且与胃癌的浸润转移密切相关。进一步的研究发现，c-met 免疫反应性优先定位于分化良好的胃腺癌的细胞膜。

二、抑癌基因与胃癌

（一）p53 基因

p53 是一种抑癌基因，野生型 p53 对肿瘤发生起抑制作用，而突变型 p53 对肿瘤发生有促进作用。免疫组织化学法检测肿瘤组织中 p53 蛋白的表达可以反映 p53 基因的突变在胃癌细胞株中。免疫组织化学结果与 p53 基因的突变密切相关。有研究测得在肠上皮化生中 p53 阳性率与早期胃癌比较有统计学差异，在不典型增生中 p53 随不典型增生程度的加重阳性率逐渐升高，在重度不典型增生中的高表达说明 p53 基因的突变在细胞癌变前已发生，在胃癌发生中应属早期事件，所以在胃黏膜活检中如果细胞形态出现了异形性而 p53 表达阳性可以判断该异形性癌变的可能性大，这对早期诊断形态上难以鉴别的重度不典型增生和早期胃癌有重要的辅助诊断作用。通过恢复抑癌基因的功能来抑制肿瘤的发展或恢复其正常细胞表型称为抑癌基因治疗。与胃癌相关的抑癌基因中，p53 基因研究得最为广泛，其抑癌作用也最强。野生型 p53 的细胞，在 DNA 受到损伤时可使细胞停滞于 G_1 期以修复损伤的 DNA 或引起细胞凋亡。突变型 p53 则丧失此作用，因而促进细胞恶性转化。因而 p53 的替代治疗成为胃癌基因治疗的理想靶点之一。有学者研究了重组腺病毒介导的野生型 p53 基因（AdcAp53）转染对人胃癌细胞株 MKNl、MKN7、MKN28、MK/N45、TMK-I 在体内、外的作用，体外结果显示，4 株有 p53 突变的体细胞株中，2 株观察到 AdcAp53 特异的生长阻滞作用，而在野生型 p53 细胞株中则无此现象，流式细胞仪和 DNA 片段检测表明，AdcAp53 对肿瘤细胞的杀伤作用导致细胞的凋亡；体内实验显示，p53 突变的 MKNl 细胞接种至豚鼠皮下，在直接注射 AdcAp53 后，肿瘤的生长受到明显的抑制，而 AdcAp53 对 p53 的野生型 MKN45 细胞株无作用。利用含有 p16 cDNA 的表达载体转染 p16 突变的胃癌细胞系 SNU84，发现表达野生型 p16 的稳定转染体可通过阻抑 CDK4 延迟细胞的增殖，提高胃癌细胞对化疗的敏感性。

（二）RUNX3 基因

RUNX3 基因对胃癌细胞的生长有明显的抑制作用，目前被视为一个潜在的抑癌基因，其缺乏可能导致胃癌的发生。高甲基化和缺失是 RUNX3 基因失活的主要机制。有研究表明，利用 RUNX3 真核表达载体转染胃癌细胞系 SGC7901，体外药敏法分析显示肿瘤组织对化疗药物的敏感性增加。在原发性胃癌患者中有 60% 存在 RUNX3 表达降低，而在晚期转移癌患者中则多达 90% 。这部分患者可能因 RUNX3 基因的杂合子丢失或启动子甲基化而导致 RUNX3 的表达不足，其后果是显著缩短了患者的生存时间。实验室研究发现，RUNX3

基因敲除鼠的胃黏膜细胞表现出恶性转化的特征，而重新激活 RUNX3 可抑制胃癌细胞的增殖及成瘤性。有研究发现，RUNX3 在胃转移癌中低表达，而上调 RUNX3 的表达可抑制荷瘤裸鼠的肿瘤血管生成。此外，通过转染 RUNX3 的真核表达载体上调肿瘤细胞的 RUNX3 表达，可使该细胞体内、外侵袭能力显著下降。进一步探讨其机制发现，RUNX3 的上述抑瘤作用可能是通过在转录水平上调基质金属蛋白酶组织抑制因子 1（TIMP-1）的表达进而抑制基质金属蛋白酶 9（MMP9）的活性而实现的。RUNX3 与肿瘤细胞对化疗药物的敏感性有关，用 RUNX3 特异性 siRNA 抑制 RUNX3 的表达可使胃癌细胞对化疗药物产生耐药性，而转染 RUNX3 真核表达载体可使胃癌细胞对阿霉素等多种化疗药物的敏感性增加。其机制可能是过表达的 RUNX3 与 Bd-2、MDR-1 等基因的启动子序列结合，抑制了启动子活性，下调了这 3 种蛋白质在胃癌细胞中的表达，从而增加了细胞对化疗药物的敏感性。

（三）p16 抑癌基因

p16 抑癌基因又称为多肿瘤抑制基因 1（multiple tumor supresser gene 1，MTS1）或周期素依赖性激酶抑制基因 2（cyclin dependent kinase inhibitor gene，CDKN2），是一种重要的细胞周期负调控基因，可抑制细胞增殖，是重要的抑癌基因。p16 抑癌基因直接作用于细胞周期抑制细胞分裂，在胃癌中主要以纯合或杂合缺失及甲基化为主要失活方式。采用甲基化特异性 PCR 技术检测胃癌患者的癌组织及血中 p16 抑癌基因甲基化的研究表明，p16 抑癌基因甲基化与早期胃癌的发生密切相关。

（四）FHIT 基因

脆弱组氨酸三联体基因定位于染色体 3q14.2，由 10 个外显子组成，编码 147 个氨基酸，相对分子质量为 1 618 000。FHIT 基因在亚硝胺化合物、氧自由基、烟草代谢产物及幽门螺杆菌分泌物等致癌作用下易发生突变及缺失，从而导致抑癌作用的失活。研究发现，胃癌组织中 FHIT 蛋白表达为 36.8%，紧邻癌旁的异常增生黏膜为 37.9%，而远处的正常黏膜为 100%，它们之间有显著性差异。胃癌患者有 FHIT 基因表达的缺失，鉴于胃癌是致癌物长期作用的结果，故认为 FHIT 基因与胃癌的早期发生有关。

（五）IRF-1 基因

IRF-1 基因又称为干扰素调节因子-1，因发现在分化良好的胃腺癌患者的 5 号染色体长臂上经常有基因杂合性缺失（loss of heterozygosity，LOH）发生，后通过进一步研究发现了位于 5q31.1 的 IRF-1 基因。该基因编码的转录激活物在小鼠中显示了抑癌作用。有研究发现 IRF-1 基因可因突变而显著减弱其转录活性，而 IRF-1 基因在过表达时可使细胞周期停顿，因而其在人类胃癌的发展过程中起着重要作用。

（六）PPP1R3 基因

PPP1R3 基因定位于染色体 7q31，编码由 1122 个氨基酸构成的蛋白质，是蛋白磷酸激酶 1（PP1）的调节亚基，而 PP1 在细胞周期的调节、RNA 的拼接及糖原代谢中起着重要作用，同时也是致癌物的重要作用位点。PP1 可中和许多属于蛋白激酶的癌蛋白，起着阻碍肿瘤发展的作用。而 PPP1R3 基因可因突变而减弱催化功能从而抑制 PP1 的活性。研究中发现肺小细胞癌、卵巢癌、胃癌中均有 PPP1R3 基因突变,因而认为其在人类胃癌的发展过程中起着一定的作用。

(七) DMHC 基因

DMHC(down-regulated in multiple human cancer gene)基因定位于染色体 17q25.1,其编码一个由 441 个氨基酸组成的具有一个信号肽及 7 个跨膜段的膜蛋白,其在宫颈癌、肝癌、肺癌及胃癌中都表达减少;鉴于 DMHC 基因编码的蛋白质结构,推测该蛋白质可能存在于细胞膜或细胞质内的多种膜性细胞器(如内质网、高尔基体)内,其可能作为某种受体或某种分子通道参与信息转导,DMHC 可因突变或缺失而参与肿瘤的发生、发展。

(八) nm23

nm23 基因是人类基因组中存在的一类与肿瘤表现抑制相关的基因,称为转移抑制基因(non-metastaic23),其表达产物是一种分子质量为 17kDa 的蛋白二磷酸核苷激酶(nucleoside diphosphate kinase,NDPK)。nm23 基因有 3 个亚型,其转移抑制作用主要与 nm23-HI 有关。nm23 基因可能通过以下几种方式发挥作用:①nm23 基因通过其蛋白质产物(NDP)激酶在体内参与高能磷酸键的转移,调节体内 NDP 池的大小,促进细胞分裂及参与 G 蛋白介导的信号传递。NDPK 的改变,一方面可引起由微管聚合而成的纺锤体异常,导致非整倍体形成,从而促进肿瘤的发展;另一方面可通过影响细胞骨架及对细胞素等信号反应的改变,引起细胞运动参与浸润转移过程。②nm23 基因产物参与 GTP 激活蛋白(GAP)的作用。③nm23 蛋白产物以分泌蛋白质的方式作用于细胞以调节细胞分化。④ nm23 通过亮氨酸重复顺序形成亮氨酸拉链调节蛋白质之间的二聚体形成,进而影响转录过程。研究显示,nm23 基因表达缺失的胃癌具有更强的侵袭能力,更容易发生淋巴结转移,预后差。

(九) KAI 1 基因

KAI 1 是近年来发现的肿瘤转移抑制基因,最初在人前列腺癌中分离并鉴定。它位于人染色体 11p11.2 区,长约 80kb,编码的 KAI 1 蛋白含有 267 个氨基酸,相对分子质量为 29 610,与 CD82 结构相同,属于跨膜 4 超家庭(transmembrane 4 superfamily,TM4SF)成员。KAI 1 蛋白是一种高度糖基化的细胞膜蛋白,参与调控细胞黏附、迁移、增殖和分化,并最终抑制肿瘤转移。KAI 1 蛋白的氨基酸序列高度保守,但在多数恶变转移组织中却表达减少或缺失。体外研究证实,KAI 1/CD82 蛋白表达的降低可使细胞-细胞外基质的黏附力改变及细胞之间的相互作用减弱。KAI 1 基因异常改变广泛存在于胃癌中,对胃癌浸润和淋巴结转移有抑制作用,是胃癌发生、发展的重要因素。KAI 1 蛋白表达缺失的胃癌患者预后不佳。

(十) p27 基因

p27 基因是一种抑癌基因,调控细胞周期并抑制细胞分裂,其编码的 p27 蛋白为细胞周期素(cyclin)依赖性蛋白激酶抑制因子(cyclin-dependent kinase inhibitor,cDⅪ)。在动物中,p27 的过表达能诱导细胞停留在 G_0 期,并使细胞发生凋亡。研究发现 p27 的减少不仅是肿瘤侵袭性的一个标志,而且也是胃癌预后的评价标准。将重组腺病毒介导的 p27 转染人胃癌细胞株 MNK,18h 后流式细胞分析(FCM)观察到 G_0/S 期前一个亚二倍体凋亡峰,DNA 电泳发现特征性的凋亡带,原位缺口末端标记技术(*in situ* nick end labeling technique,TUNEL)检测发现实验组的凋亡率明显高于对照组,证实了 p27 在体内和体外的诱导凋亡作用。

三、凋亡相关基因

(一) FasL 和 Fas 基因

Park 等发现了 Fas 基因,该基因编码与凋亡信号传递相关的跨膜蛋白,可因突变而使胃癌细胞逃脱 Fas 基因介导的细胞凋亡,并且与胃癌细胞的生长增殖也有重要关系。Osaki 等发现 FasL 基因在胃癌患者中可通过过表达方式来逃避宿主的免疫攻击且同胃癌的增殖也有重要关系。

(二) bcl-2 基因

bcl-2 该基因是特异性的抑制凋亡基因,能抑制许多类型细胞的凋亡,增加细胞染色体畸变和病毒感染的机会,导致细胞恶变和促进肿瘤的发生与发展;该基因是从伴有染色体异位的滤泡型淋巴瘤中分离出的一种原癌基因,目前以该基因为靶向的研究已成为肿瘤凋亡及基因治疗的热点。由于 bcl-2 的转录能够影响跨膜转运,从而影响细胞内的离子分布,阻断氧化作用对细胞组成成分(如质膜)的破坏。另外,bcl-2 和钙都定位在线粒体中,因此它可能通过影响钙的调节,使钙重新分布或隐蔽,从而降低钙依赖性核酸酶的活性并阻断凋亡的发生。研究发现,在正常胃黏膜中有 bcl-2 弱阳性表达,主要位于腺颈部和胃小凹细胞中,提示 bcl-2 倾向分布于增殖状态的细胞内,可能发挥使增殖细胞免于凋亡的生理保护作用,促进细胞分化成熟,从而参与正常胃黏膜细胞的凋亡调控。此外,通过原位末端标记方法发现胃腺颈部很少凋亡,也支持了上述的设想。bcl-2 在异型增生中的表达率高于正常胃黏膜,差异有显著性,提示不典型增生的细胞可通过 bcl-2 过度表达逃避细胞凋亡,从而延长细胞寿命增加恶变概率,为进一步向恶性细胞转化提供了条件。bcl-2 表达与胃癌的浸润深度、淋巴结转移无关。由此推测 bcl-2 与癌变前期过程有关,与肿瘤进展无关。因而检测 bcl-2 可作为胃黏膜早期癌变的一个监测指标。利用人工合成与 bcl-2 mRNA 位点互补的反义寡核苷酸,将其直接作用或以脂质体为载体转染 BGC2803 胃癌细胞,结果显示其有抑制胃癌细胞增殖的作用,且呈浓度和时间依赖性,其中以脂质体为载体的较直接应用效果更好。有学者发现在部分胃癌患者中有显著的 bax/bcl-2 基因系统表达失调,主要是 bcl-2 的明显升高,并认为这与 *Hp*,特别是 CagA 阳性菌相关的胃癌有关。

(三) 生存素基因

生存素基因是凋亡抑制蛋白(inhibitor of apoptosis protein,IAP)家族中的成员,可调控细胞凋亡和细胞分裂。该基因定位于染色体 17q25,含有 4 个外显子和 3 个内含子。编码一个分子质量为 16.5kDa、由 142 个氨基酸组成的蛋白质。生存素直接作用与 Caspase,主要抑制 Caspase-3、Caspase-7 的活性,阻断细胞的凋亡过程。另外,还通过 p21 抑制 Caspase。研究发现,生存素 mRNA 在癌组织中的表达显著高于非癌组织,在伴淋巴结转移的胃癌中显著高于不伴淋巴结转移者,并认为在胃癌的早期就开始出现生存素 mRNA 表达上调。生存素表达水平与组织学类型、肿瘤病理分期有关,生存素也可能是胃癌预后差的预测因素。

(四) Livin 基因

Livin 基因是一种胃癌相关凋亡抑制基因,通过信号转导通路最终抑制半胱天冬蛋白酶的活性来阻断凋亡。有研究者采用免疫化学染色定位,用 RT-PCR 及 Western blot 方法检测胃癌组织中的 Livin 基因及蛋白质,结果表明 Livin 基因在胃癌组织中高表达,并且与胃癌的临床病理分级及分期有关。

四、耐药基因

(一) 多药耐药相关蛋白基因

多药耐药相关蛋白基因(multidrug-associated protein,MRP)定位于染色体 16p13.1,编码分子质量为 19kDa 的蛋白质,该蛋白质为一种与 ATP 结合的高度磷酸化的糖蛋白,其主要转运以谷胱甘肽、葡萄糖酸脂或硫酸脂形式结合的抗癌药物,也可以以药物的原形式转运,MRP 在胃癌、肺癌等人类多种耐药细胞株上有表达,多篇文章报道了 MRP 家族的 5 个新成员,分别命名为 MRP2 ~ MRP6,但目前有关 MRP2 ~ MRP6 的生理功能尚不清楚。

(二) 肺耐药相关蛋白基因

肺耐药相关蛋白基因(lung resistance related protein,LRP)定位于染色体 16p11.2,其编码的蛋白质可能是人的穹窿体主蛋白(MVP),该蛋白质在人体多种组织中有表达,如肾上腺皮质、支气管内皮细胞、近曲小管等,故提示 LRP 在上述组织的分泌及排泄中起着重要作用。而在肿瘤耐药中,LRP 可能使进入细胞核内以细胞核为靶点的药物转运到细胞质中或使细胞质中的药物转运入运输囊泡并通过胞吐机制排出细胞外。通过对 10 例胃癌患者及 14 例肺癌患者 LRP 表达的研究,发现 LRP 均表达升高,并认为这与该类肿瘤对顺铂化疗的耐药有关。

(三) 多药耐药基因

多药耐药基因(multidrug resistance gene,Mdr1)定位于染色体 7q21,编码分子质量为 17kDa 的糖蛋白(P-gp),P-gp 可通过与多种亲脂性抗癌药物(长春新碱、柔红霉素、多柔比星、VP-16 等)结合,依赖 ATP 水解供能,主动将抗癌药物泵出细胞外,而导致癌细胞的耐药。研究者通过对胃癌等实体肿瘤的研究,发现均有 Mdr1 基因的表达,因此认为 Mdr1 基因在胃癌的化疗耐药中起着重要作用,而对胃癌耐药基因及耐药基因 mRNA 表达程度和其蛋白质产物表达的研究,为胃癌化疗药物的选择提供了先进手段。

五、细胞调控基因

(一) COX-2

已有研究发现环氧合酶-2(COX-2)在胃癌等人类多种肿瘤中呈过表达。动物实验也已证实肿瘤的快速生长需要 COX-2 的参与,而增加 COX-2 的表达可促进乳腺肿瘤的生长。在息肉易感鼠模型中敲除 COX-2 基因可阻碍肿瘤的生长。COX-2 的选择性抑制剂在致癌物诱发胃癌的动物模型中可阻碍肿瘤的进展。用反义 cDNA 或 siRNA 抑制 COX-2 同样可阻碍胃癌的生长。上述实验结果均提示,抑制 COX-2 有助于肿瘤的防治。其机制目前普遍认为与诱导肿瘤细胞凋亡有关。此外,近期有研究显示,COX-2 作用还可能是通过抑制血管生成及阻断钾离子通道实现的。研究者用反义 COX-2 和 COX-2 抑制剂处理细胞,再从中获取条件培养基用于体外实验,结果显示该培养基可抑制 HUVEC 细胞的增殖、迁移和管状形成能力,并在体内抑制肿瘤的血管生成。实验还发现在胃癌中 COX-2 的表达水平与 VEGF 的表达水平及微血管密度(MVD)密切相关,COX-2 的过表达可引起胃癌细胞中前列腺素 E_2(PGE_2)、血管生成素(Ang)及血管内皮生长因子(VEGF)的上调。另外,钾离子通道在众多生理反应中扮演着重要角色。人类 HERG 相关基因编码延迟整流钾离子通道的亚基,有研究发现它可能与肿瘤细胞的存活有关。另有研究证实 HERG 蛋白参与了胃癌的发生,并与肿瘤分化程度、TNM 分级及淋巴结转移有一定的相关性。对 COX-2 抑制作用的最新机制研究显示,COX-2 可能介导 PGE2 的合成增加其与受体的结合,继而活化胃癌细胞中的 cAMP;cAMP 水平的提高促进了其与 HERG 蛋白的结合,从而实现对 HERG 电流的调节。

(二) CD44V6 基因

CD44 基因定位于人 11 号染色体短臂(11p13),长为 50 ~ 60bp,由两组外显子组成。根据基因外显子表达方式的不同,编码两种不同类型的蛋白质,即标准型 CD44S 和变异型 CD44V,在不同的细胞中由于 CD44 结构的差异而介导不同功能。CD44S 在生理状态下主要参与细胞与细胞、细胞与间质的连接,介导淋巴细胞的归巢及细胞的迁移。CD44V 则主要出现在机体的病理过程中,特别是肿瘤的发生过程中。CD44V 的出现改变了肿瘤细胞表达黏附分子的构成和功能,使肿瘤细胞的侵袭与转移能力增强。研究已发现 10 余种 CD44V,CD44V6 与肿瘤转移的关系最为密切。CD44V6 是 CD44 的一种拼接变异体,其表达可改变肿瘤细胞表面黏附分子的构成和功能,在肿瘤细胞侵袭和转移过程中起着促进作用。分析正常胃黏膜 CD44 和癌变胃黏膜 CD44 的表达,发现肠化区胃黏膜和管状腺癌中 CD44V6、CD44V5 阳性,而正常胃黏膜者阴性。在低分化和有淋巴结转移的胃癌中 CD44V5 阳性率高,部分标本 CD44V6 阳性。从而证实了 CD44V6、CD44V5 与胃癌的发生、分化程度及侵袭转移密切相关。

(三) APC 基因

APC 该基因在 20% ~ 50% 胃癌中产生突变,APC 突变出现在胃癌的启动早期,其杂合性缺失(LOH)在弥漫型胃癌中有较高的发生率,提示其基因产物可影响细胞的黏附能力及移动性。

(四) DCC 基因

DCC 基因表达的降低与黏膜细胞的黏附特性改变及生长调节失控有关,其 LOH 可在 50% 的肠型胃癌中发现。

(张梦然)

参考文献

范开席,王哲海,胡伟. 2001. p16、CD44V6 和 nm23-H1 基因在胃癌中的表达. 中华消化杂志,21(6):375.

吴开春,陈蓓. 2009. 胃癌靶向治疗的分子基础. 西安交通大学学报(医学版), 10(30):523-527.

张万岱,姚永莉. 2002. 幽门螺旋杆菌与胃癌. 医师进修杂志, 4(25):6-7.

Daneau G, Boidot R, Martinive P, et al. 2010. Identification of cyclooxygenase-2 as a major actor of the transcriptomic adaptation of endothelial and tumor cells to cyclic hypoxia: effect on angiogenesis and metastases. Clin Cancer Res, 16(2):410-419.

Fu YG, Sung JJ, Wu KC, et al. 2005. Inhibition of gastric cancer-associated angiogenesis by antisense COX-2 transfectants. Cancer Lett, 224(2):243-252.

Guan GX, Jian HX, Lei DY, et al. 2006. Construction of retroviral vector of p(125FAK) specific ribozyme genes and its effects on BGC-823 cells. World J Gastroenterol, 12(5): 686-690.

Leung WK, Wu MS, Kakugawa Y, et al. 2008. Screening for gastric cancer in Asia: current evidence and practice. Lancet Oncol, 9(3):279-287.

Mufson RA. 2006. Tumor antigen targets and tumor immunotherapy. Front Biosci, 11:337-343.

Ogasawara N, Tsukamoto T, Mizoshita T, et al. 2009. RUNX3 expression correlates with chief cell differentiation in human gastric cancers. Histol Histopathol, 24(1):31-40.

Ryouichi T, Shigeru F, Tanjoh K, et al. 2003. Studies on gastrointestinal hormone and jejunal interdigestive migrating motor complex in patients with or without early dumping syndrome after total gastrectomy with Roux-en-Y reconstruction for early gastric cancer. Am J Surg, 185:354-359.

Song LB, Zeng MS, Liao WT, et al. 2006. Bmi-1 is a novel molecular marker of nasopharyngeal carcinoma progression and immortalizes primary human nasopharyngeal epithelial cells. Cancer Res, 66(12): 6225-6232.

Stec-Michalska K, Peczek L, Michalski B, et al. 2009. Helicobacter pylori infection and family history of gastric cancer decrease expression of FHIT tumor suppressor gene in gastric mucosa of dyspeptic patients. Helicobacter, 14(5):126-134.

Tamura G. 2006. Alterations of tumor suppressor and tumor-related genes in the development and progression of gastric cancer. World J Gastroenterol, 12(2):192-198.

Yang SM, Fang DC, Yang JL, et al. 2008. Antisense human telomerase reverse transcriptase could partially reverse malignant phenotypes of gastric carcinoma cell line in vitro. Eur J Cancer Prev, 17 (3):209-217.

第二十九章　胰腺癌相关肿瘤基因

第一节　胰腺癌的概况

胰腺癌因其临床表现缺乏特征性，诊断及治疗都极为困难，大多数患者在确诊时已发生转移，失去根治性手术时机，故具有起病隐匿、恶性程度高、手术切除率低、预后差、生存率低等特点。由于胰腺位置深在，周围毗邻结构复杂，胰腺癌早期症状不典型，易被忽略或误诊为胃肠道疾患，不易早期发现。待肿瘤侵及或压迫胆道出现黄疸，或侵及周围组织出现疼痛等临床症状而就诊时，肿瘤往往已发展为中晚期。胰腺癌的治疗以手术治疗为主，3/4 的患者就诊时就已失去了根治性切除的机会。据国外报道，胰腺癌的手术切除率为 15%～30%，手术后 5 年生存率为 5%～10%，为消化道恶性肿瘤切除术后 5 年生存率最低者。同时，直径小于 2cm 小胰腺癌的切除率为 88%，手术后 5 年生存率为 37%。综上所述，胰腺癌目前是消化系统肿瘤中治疗效果最差的恶性肿瘤。提高胰腺癌诊治水平的关键在于提高早期胰腺癌的诊断水平。

近年来，胰腺癌发病呈逐年上升趋势，根据美国的癌症统计数据，胰腺癌的发病率由 1920 年的 2.9/10 万上升到 1960 年的 7.9/10 万，再到 2003 年的 11.0/10 万，其中黑人发病率最高，为 14.0/10 万，美洲印第安人和亚太地区的发病率最低，分别为 6.7/10 万和 7.9/10 万；在中国，胰腺癌的年发病率约为 511/10 万，估计每年新增 5 万～6 万例。2008 年，美国新发胰腺癌 37 680 例，其中死亡约 34 290 例，在美国癌症相关死亡中位居第四位。

分子生物学研究认为，人类癌症是一种基因病，恶性肿瘤经历了基因的多步骤改变和积累。众所周知，吸烟、大量饮酒（每周摄入酒精量>750g）、糖尿病史、胆石症史及多次生育史（生育数>3 胎）为胰腺癌发病的主要危险因素；但其的发生、发展却是一个极其复杂的过程，在细胞水平上表现为无法控制的细胞增殖、生长和凋亡，而在基因水平的具体改变包括癌基因的过度表达及抑癌基因的失活。与胰腺癌发生有关的基因有 K-ras、c-myc、c-fos、c-eRB B-2 等癌基因；p53、p16、DPC4/SMAD4、DCC 等抑癌基因；表皮生长因子（epidermal growth factor，EGF）、纤维母细胞生长因子（fibroblast growth factor，FGF）、肝细胞生长因子（human hepatocyte growth factor，HGF）、血小板源性生长因子（platelet-derived growth factor，PDGF）、血管内皮生长因子（vascular endothelial growth factor，VEGF）、转化生长因子-6（transforming growth factor，TGF-6）等生长因子及其受体。其中，K-ras、p53、p16、DPC 改变最为常见。绝大多数基因突变来自体细胞（获得性）改变，某些易感基因的种系突变仅在遗传性癌患者中发现，但这种情况少见。若能从基因水平寻找胰腺癌发病的关键环节，则有可能为早期诊断和治疗胰腺癌提供新途径。

第二节　肿瘤基因与胰腺癌

目前，胰腺癌发病分子机制的研究主要集中在癌基因激活、抑癌基因失活、表观遗传学调控、端粒酶活化、DNA 错配修复障碍、多肽生长因子及其受体活化、miRNA 调控方面。基于此，一些肿瘤相关基因在胰腺癌早期诊断及预后监测研究及应用中已初现端倪。

一、胰腺癌发病相关肿瘤基因研究

(一) 癌基因激活

多数原癌基因的表达产物是细胞内信号传递者，原癌基因通过点突变、扩增、染色体转位、基因剪切等方式被激活，成为能诱导或维持细胞转化的癌基因。

1. K-ras 基因　K-ras 基因突变在胰腺癌中最为常见，且发生较早；该基因位于 12 号染色体的 p12.1，是介导多种细胞功能（包括细胞生长、增殖、分化和存活）的 ras 家族的成员，ras 基因家族包括 H-ras、N-ras 和 K-ras 3 种基因，其编码产物是一种 GTP 结合蛋白，位于细胞内膜，正常情况下，ras 是一种没有内在活性的 GTPase，需要 GTPase 激活蛋白（GAPs）来启动 GTP 水解并激活下游信号通路。然而，当 K-ras 基因发生突变时，其编码的 GTP 结合蛋白则可不依赖外部信号而激活下游的信号通路，如 Raf-1、Rac、Rho 及 PI3K；一项最新研究发现，K-ras 在促肿瘤血管生成时是通过 MAPK（mitogen-activated protein kinase）信号转导通路介导的。K-ras 最常见突变的为第 12 密码子点突变，其次为第 13 和第 61 密码子点突变，其突变可能为胰腺癌发生的先决条件，且随疾病进展突变率逐渐增高。对 K-ras 基因的研究可能对胰腺癌的早期诊断会有帮助；治疗胰腺癌的 Ras 多肽疫苗已进入Ⅱ期临床试验，并表现出了很好的有效性、安全性和耐受性，相信在不久的将来将成为治疗胰腺癌的一种可供选择的疗法。

2. HER-2/neu-EGF　人类表皮生长因子受体-2（human epidermal growth factor receptor-2，HER-2/neu），即 ERB B2 编码 HER-2/neu 蛋白，为表皮生长因子受体家族成员，此家族包括 ERBl/EGFR、eRB2/HER-2/neu、eRB3/HER-3 和 erlM/HER4 4 个受体酪氨酸激酶。生长因子与这些受体结合，通过激活 PI3K/AKT-MAPK（phosphatidylinosito I-3 kinase and mitogen-activated protein kinase）通路促进细胞的生长和分化，这些癌基因的扩增或过表达和其中任何一个受体的永久性激活都会导致细胞无限制的增长并最终导致肿瘤的发生。在胰腺癌中，已经有很多学者证明存在 HER-2/neu 基因的扩增，一项对 63 例已切除的胰腺癌标本的研究中，HER-2/neu 基因扩增检出率为 25%。在日本做的 HER-2/neu 基因过表达与预后关系的研究表明 HER-2/neu 基因为与胰腺癌预后的独立风险因素，HER-2/neu 基因的过表达预示着预后不良。

3. MUC4　黏蛋白 4（mucin4，MUC4）基因位于 3 号染色体的 q29，具有抗黏附、抗免疫识别及促进肿瘤增殖等功能，在肿瘤发生、发展过程中起着重要作用。MUC4 黏蛋白是由 MUC4a 和 MUC4 组成的异二聚体跨膜糖蛋白，通过 HER-2/eRB B2 转导通路发挥作用，与胰腺癌发病相关，在胰腺癌组织中 MUC4 基因呈过表达。体外研究表明，在胰腺癌细胞中 MUC4 通过抑制细胞凋亡可增加细胞的生长、存活和浸润，而且 MUC4 的过表达可促进肿瘤的进展。最近，Bafna 等的研究发现，MUC4 可减少线粒体细胞色素 c 的释放和减弱半胱天冬酶-9 的作用，通过 HER-2/细胞外信号调节激酶依赖的磷酸化和凋亡前体蛋白 BAD 的失活发挥抑制细胞凋亡的作用。在细针穿刺用于胰腺癌早期诊断时，MUC4 可作为很好的候补标记物，其敏感度为 91%、特异性为 100%，因此，MUC4 将在胰腺癌的早期诊断与监测中发挥重要的作用。

4. Notch 1 Notch 1 位于 9 号染色体 q34. 3,通常与细胞分化、增殖和凋亡有关,在成人组织中,Notch 信号通路对维持内环境稳态有贡献,与 Wnt 和 Hedgehog 信号通路以及其他的基因共同控制着细胞的活动。Notch1 和 Hedgehog 在胰腺癌的发生中发挥着重要的作用,Notch 通过诱导 NF-κB 发挥效应和上调相应的信号通路,下调 Notch1 的作用会通过失活 NF-κB 和它下游的 MMP-9 及 VEGF 基因而抑制肿瘤的浸润和转移。对 Notch 的深入研究发现,它在胰腺癌发病机制中的作用是配体依赖性的:Notch 的激活在腺泡向导管化生中发挥着非常重要的作用,同时 Notch 信号通路在腺泡细胞中保持持续开放状态,说明 Notch 在胰腺癌发生过程中的作用值得进一步研究。

5. 毛细血管扩张性共济失调细胞互补基因 毛细血管扩张性共济失调细胞互补基因(ataxia-telangiectasia group D complementing gene,ATDC 基因)位于 11 号染色体的 q23,在胰腺癌细胞中 ATDC 基因的表达水平是正常胰腺细胞中表达水平的 20 倍,在侵袭性胰腺癌和癌前病变中表达明显增加,而且这种基因能增强胰腺癌细胞对现有疗法的耐受性。该基因不仅促进癌细胞体外增殖,而且加快体内胰腺肿瘤的生长和扩散转移。ATDC 的高表达与胰腺癌中 β-连锁蛋白的积累密不可分,β-连锁蛋白主要是通过与 ATDC 的致癌效应相互协作而发挥致癌作用的。通过激活 Wnt 路径和增强 β-连锁蛋白的稳定性导致胰腺癌的发生可能成为新的治疗靶点。

(二) 抑癌基因失活

抑癌基因也称为抗癌基因,是一类抑制细胞过度生长、增殖从而遏制肿瘤形成的基因。对于正常细胞,调控生长的基因(如原癌基因等)和调控抑制生长的基因(如抑癌基因等)的协调表达是调节控制细胞生长的重要分子机制之一。这两类基因相互制约,维持正负调节信号的相对稳定。当细胞生长到一定程度时,会自动产生反馈抑制,这时抑制生长的基因高表达,调控生长的基因则不表达或低表达。前已述及,癌基因激活和过量表达与肿瘤的形成有关。同时,抑癌基因的丢失或失活也可能导致肿瘤发生。胰腺癌的发生及发展也与一系列抑癌基因的失活相关,常见的抑癌基因包括 p^{16INK4}、p53、DPC4、BRCA2、STK11 及 MKK4。

1. p16INK4 p16INK4(inhibitor of CDK4)基因是位于 9 号染色体 p21 的一个抑癌基因,是胰腺癌中失活率最高(>95%)的抑癌基因,编码 p16INK4a 蛋白,通过竞争性结合抑制细胞周期蛋白 D(CDK4),从而抑制细胞周期的进展。p16INK4a 的突变和缺失会使细胞周期调节蛋白 D-CDK4 的抑制效应丢失,进而加速细胞周期的进展。在胰腺癌中,p16INK4a 抑癌基因在体内和体外的试验中都表现出了抑制癌症发生的作用。p16INK4a 功能性失活是胰腺癌形成的多步骤过程中的一步,它的失活与肿瘤血管生成和转移的关系仍不清楚,但 Schulz 通过老鼠胰腺癌模型证明了 p16 能够抑制原发肿瘤的生长,并可以减少肿瘤血管的生成和淋巴结的转移。

2. p53 p53 位于 17 号染色体 p13,是研究最多也是突变较频繁的一个抑癌基因,其编码的蛋白质是一种控制细胞周期启动的转录因子。p53 通过使一系列基因失活和阻断 G/S 检验点而在细胞周期的调节中占有重要的位置,这些作用是通过抑制 CDK4 调节蛋白或激活抑制蛋白 p21WAFI 来实现的。它的突变会使细胞发生无限制的增长,增加了细胞的存活率和染色体的稳定性。p53 功能失活的肿瘤细胞更具有侵袭性,并对放疗、化疗更不敏感。

与没有 p53 突变的胰腺癌患者相比,有突变的胰腺癌患者总生存期更短。Mortonj 等建立了第一个 p53 基因缺失的老鼠模型并证明其缺失促进了癌细胞的生长和转移。

3. 胰腺癌缺失基因　胰腺癌缺失基因(deleted in pancreatic carcinoma locus 4,DPC4)是编码与 TGF-β 信号通路有关的一个重要转录因子的抑癌基因,位于 18 号染色体的 q21.1。TGF-β 信号通路在胚胎发育过程中形成,介导上皮与间质细胞间的信号转导,被认为与肿瘤浸润及转移有重要的关系。在正常发育和肿瘤发生的早期阶段,TGF-β 通过诱导细胞停滞在 G_1 晚期而抑制上皮细胞的增殖,但是在晚期阶段,TGF-β 可能充当促进肿瘤生长及上皮与间质细胞间转导的启动子。TGF-β 与其受体 TGF-β RII 结合,通过磷酸化激活 TGF-β RI,进而使胞内的 Smad2 和 Smad3 发生磷酸化,与 Smad4 形成异源二聚体复合物。这个复合物直接与 DNA 发生作用,或间接地通过其他 DNA 结合蛋白调节目的基因的转录,如 c-myc、p21 和 p15,进而调节细胞增殖,使细胞增殖停滞在 G_1 期。DPC4/Smad4 基因会因为点突变和杂合子缺失而失活。尽管 DPC4 的失活在胰腺癌中较常见,但其具体作用仍不清楚。对 DPC4 是否有预后价值目前还存在争议,一些学者持否定的意见,但有研究表明 DPC4 失活与胰腺癌术后预后不良有关。

4. BRCA2　乳腺癌基因 2(breast cancer gene-2,BRCA2)位于 13 号染色体 q12.3,在正常细胞中参与 DNA 修复、调节细胞生长和基因转录。在 13q 上发现 BRCA2 在很大程度上要归功于在胰腺癌中发现的一处重合缺失。BRCA2 缺失的细胞在分裂时会发生中心体的扩增和多极纺锤体的形成,从而造成染色体结构的异常,导致肿瘤发生。BRCA2 基因的突变失活在乳腺癌和卵巢癌中的致癌作用较为明确,同时 BRCA2 基因的突变在家族性胰腺癌中也较为常见。如果家庭中出现早发胰腺癌和遗传性乳腺癌或卵巢癌,应该进行 BRCA1/2 基因的检测。可喜的是,有 BRCA2 突变的胰腺癌对丝裂霉素 C 和聚腺苷二磷酸核糖聚合酶[Poly(ADP-ribose) polymerase,PARP]抑制剂表现出较高的敏感性。

5. 丝氨酸/苏氨酸蛋白激酶 11　丝氨酸/苏氨酸蛋白激酶 11(serine/threonine kinase 11,STK11)位于 19 号染色体 p13,其编码的蛋白质存在于人类组织细胞的细胞核和细胞质中。在波伊茨-耶格综合征(Peutz-Jeghers syndrome),又称为"皮肤黏膜色素斑-肠道多发息肉综合征"中发现有正常等位基因的丢失,在一些肿瘤组织也发现有该基因的杂合子丢失,说明 STK11 可能是一个抑癌基因。该基因与 p53 一起调节特殊的 p53 依赖性凋亡通路,会引起肠上皮细胞的凋亡,抑制 G_1 期细胞周期,并对 TGF-β 信号通路、磷酸化和激活 AMPK 有相应的作用。该综合征患者患胰腺癌的风险增加,所以认为,STK11 是 G_1 检查点的又一关键调节基因,在胰腺癌的发生中扮演着相应的角色。

6. MKK4(MP2K4/SEK1)　丝裂原活化蛋白激酶的激酶(mitogen-Activated protein kinase kinase-4, MKK4)被称为肿瘤转移抑制基因,是 MAPK(mitogen-activated protein kinase)家族中的一个成员,位于人类 17 号染色体。约 4% 胰腺癌中可见丝裂原活化蛋白激酶 4 基因突变和纯合性缺失,伴随应激活化蛋白激酶通路的失调。其作用与 JNKl 和 p38 MAPK 的激活有关,而且其缺失与胰腺癌的远处转移有很大的关联。

(三) 表观遗传学机制

表观遗传学改变是在基因的 DNA 序列未发生改变的情况下,基因表型发生可遗传性变化。越来越多的证据显示,许多肿瘤开始于表观遗传学改变和基因突变,并启动促肿瘤进程。DNA 甲基化是重要的基因表观修饰方式之一，由 DNA 甲基转移酶（DNMT）催化，以 *S*-腺苷甲硫氨酸（SAM）为甲基供体，将甲基转移到特定碱基上，并不改变 DNA 序列和遗传密码，具有可逆性。在肿瘤基因组中，基因启动子 CpG 岛去甲基化可促进抑癌基因的表达，因此极有可能成为胰腺癌基因治疗的新靶点。

在人类胰腺良性和恶性肿瘤中均发现 CpG 岛超甲基化，学者们认为生长控制基因由于启动子超甲基化而沉默是发生胰腺肿瘤的关键，是胰腺癌发病的重要机制。Oghamian 等对以 Apc Min^{+}、$Trp53^{-/-}$ 和减效基因 DNMT1 三重杂交的小鼠胰腺癌模型（$n=761$）进行研究，探讨 DNMT1 表达水平对小鼠模型所起的作用，结果发现，肿瘤大小及其恶性程度随 DNMT1 表达水平下降而显著降低，提示 DNA 甲基化参与小鼠模型胰腺肿瘤的发生。Zhu 等检测胰腺导管腺癌（PDAC）患者病灶中黏蛋白（MUC4）的表达及启动子的甲基化状态，发现从正常组织到癌前病变直至胰腺癌，mRNA 的表达和 DNA 超甲基化的频率呈上升趋势，提示 MUC4 基因 mRNA 高表达和 DNA 超甲基化可能参与 PDAC 的发病机制及其恶化进程。Ito 等的研究发现，在人类胰腺癌细胞中，PDAC 的水闸蛋白 18（Cldn18）在转录水平受蛋白激酶 C（PKC）信号通路调节及 DNA 甲基化限制。Zhang 等研究胰腺癌细胞株中神经元正五聚蛋白 2（NPTX2）的表达水平与其启动子甲基化水平之间的关系，发现经 DNMT 抑制剂 5-氮-2-脱氧胞苷（5-aza-dC）处理后细胞中 NPTX2 的表达恢复，NPTX2 异位表达可使稳定转染细胞 PANC-1-NPTX2 停止在 G_0/G_1 期，并可显著促使细胞凋亡，减少细胞增殖、迁移和侵袭，同时细胞周期蛋白表达显著下调；研究表明抑癌基因 NPTX2 对胰腺癌有抗肿瘤效应，其低表达与启动子超甲基化有关，并可能在胰腺癌发生机制中起重要作用。因此，DNA 甲基化研究对明确胰腺癌的发病机制及其早期诊断、靶向治疗等方面具有十分重要的意义。

（四）端粒酶

端粒酶（telomerase）是一个 DNA 依赖的 RNA 聚合酶，端粒酶在保持端粒稳定、基因组完整、细胞长期的活性和潜在的继续增殖能力等方面有重要作用。其在正常人体组织中的活性被抑制，在肿瘤中被重新激活，端粒酶可能参与恶性转化。端粒可通过端粒酶，如人端粒酶反转录酶（hTERT）的作用来保持其长度。研究发现，端粒酶在 90% 的胰腺癌中处于激活状态，端粒酶的催化亚基人端粒酶反转录酶（hTERT）已经作为胰腺癌诊断标志物，端粒酶的激活和 hTERT 基因的表达在胰腺癌中预示着预后不良，而 hTERT 基因的表达受启动子甲基化的调节。

（五）DNA 错配修复

DNA 错配修复（mismatch repair，MMR）是细胞纠正复制错误的重要手段，常出现在增殖过程中，DNA 错配修复基因能够识别并及时纠正 DNA 复制过程中错配的碱基对，以保证复制的正确性和基因的稳定性。错配修复基因是一组高度保守的看家基因，目前已发现的基因包括 MutS 家族的 hMSH2、hMSH3 和 hMSH6 以及 MutL 家族的 hMLH1、hPMS1、hPMS2 和 hMLH3，其中以 hMLH1 和 hMSH2 最为重要。错配修复基因缺陷在胰腺癌中是一种较为普遍的现象，同时错配修复基因缺陷参与了部分胰腺癌的发病过程。错配修复基因表达异常将出现微卫星不稳定性（microsatellite instability，MSI）或复制错误，引起整个基因组不稳定性增加，促使肿瘤的发生。在肿瘤的发生中普遍存在甲基化状态紊乱，包括 DNA 甲基转移酶(DNA methyhrans-ferase,Dnmt)水平升高、癌基因的低甲基化和抑癌基因的高甲基化。这些基因在胰腺癌中的甲基化频率往往明显高于癌旁组织和胰腺良性肿瘤,提示基因甲基化不是胰腺细胞恶性转变的结果,而可能是细胞出现恶性转变的原因。

(六) 多肽生长因子及其受体

生长因子及其受体过表达在恶性肿瘤生长中发挥着重要作用,表皮生长因子受体(EGFG)可被一系列多肽家族激活,正常胰腺组织中 EGFG 表达水平很低,而胰腺癌细胞株中出现 EGFG 高表达的概率为 95%,有学者认为这是由于其基因转录增加所致。纤维母细胞生长因子(FGF)及其受体(FGFG)对各种体细胞和上皮细胞的有丝分裂均具有促进作用,同时又能促进血管形成,这一作用在神经组织中表现得特别明显,这可能是胰腺癌患者神经易受侵犯的分子基础之一。另外,近年来家族性胰腺癌的发生与 Palladin 基因的异常表达有关,在散发性胰腺癌病例中表现出的 Palladin 蛋白的过度表达,导致了胰腺癌细胞骨架的改变,并且可能与胰腺肿瘤的高度侵袭性和迁延能力有关。

(七) miRNA 与胰腺癌

近年来的研究发现,非编码基因,如微 RNA(miRNA)与胰腺癌的发生、发展、临床诊治和预后密切相关。Lee 等检测了胰腺癌、胰腺良性肿瘤组织、慢性胰腺炎和正常胰腺组织的标本,发现与正常组织或良性病变组织相比,癌组织中 miRNA 的表达异常,在这些胰腺癌组织中表达上调最明显的是 miR-155、miR-21、miR-221、miR-222、miR-376a 和 miR-301,其中 miR-221、miR-376a 和 miR-301 在正常胰腺导管上皮细胞中不表达或低表达;而下调较明显的有 miR-345、miR-142、miR-139 和 miR-375。Bloomston 等也做了相关研究,发现在胰腺癌组织中表达上调的有 miR-21、miR-221、miR-222、miR-181a、miR-181b、miR-181d 和 miR-155。而 miR-99、miR-100、miR-100-1/2、miR-125a、miR-125b-1、miR-199a-1 和 miR-199a-2 在慢性胰腺炎组织中也高表达,miR-155 在胰腺内分泌肿瘤中低表达,在胰腺导管癌中却高表达。随后 Zhang 等报道了 8 个 miRNA 在所研究标本中的阳性率达到 70%~100%,表达上调差异达 3~2018 倍,这 8 个 miRNA 是 miR-196a、miR-190、miR-186、miR-221、miR-222、miR-200b、miR-15b 和 miR-95。另外,Zhang 等采用 miRNA 芯片发现,在胰腺癌组织中上调表达差异最大的是 miR-181,为 10.4 倍,下调表达差异最大的是 miR-542-5p,为 6.2 倍;在细胞株中表达上调差异最大的是 miR-214,为 11.1 倍,下调表达差异最大的是 let-7,为 89.1 倍。然而,在不同的研究中,胰腺癌的某些 miRNA 研究结果存在差异,甚至相反。例如,在 Schmiagen 等的研究中,let-7 在胰腺癌中呈高表达,而在其他文献中却呈低表达。这可能与不同实验室标本的来源和实验条件不同有关,或从肿瘤组织中分离出来的细胞不是单个的导管细胞,混杂了其他(如基质或腺泡)细胞,造成了组织与细胞表达的差异。最近 Olson 等把 miRNA 与胰腺癌的发展过程联系起来研究发现,从胰腺组织的异常增生到肿瘤血管的生成及浸润性肿瘤形成的各个阶段均有各自相关的 miRNA 的异常表达,且转移性肿瘤与原发肿瘤在 miRNA 异常表达上有交叉,其中表达上调差异超过 3 倍的有 miR-449、miR-181d、miR-137、miR-129、miR-410。表达下调差异超过 3 倍的有 miR-200a、miR-200b、miR184、miR-182、miR-429、miR-200c、miR-200b、miR-143、miR-145 和 miR-126,说明 miRNA 对胰腺癌的影响具有阶段性,且在肿瘤转移过程中可能起作用。

鉴于 miRNA 在胰腺癌中存在高表达或低表达，Torrisani 等将 let-7 转染胰腺癌细胞，发现转染后细胞的增殖能力明显受到抑制，推测其与 miRNA 对 K-ras 基因表达的抑制并激活丝裂原活化蛋白激酶的作用有关。Ji 等通过转染 miR-34 家族类似物（miR-34a mimic）恢复 miR-34 在胰腺癌细胞及干细胞中的表达，抑制了胰腺癌细胞 MiaPaCa2 的增殖。进一步的研究显示，上调 miR-34 可活化 Caspase-3，抑制 bcl-2 的表达，减少表达 CD133、CIMO 双阳性肿瘤干细胞并促进细胞凋亡，其机制可能与恢复 p53 在肿瘤细胞中的部分表达及抑制胰腺癌干细胞的自我更新有关。Park 等下调了 HS766T 细胞中 miR-21 和 miR-221 的表达，发现细胞凋亡数较对照组高 3 ~ 6 倍，且下调 miR-21、miR-221 表达可降低肿瘤细胞对吉西他滨的耐药，并证实其逆转耐药作用与肿瘤抑制蛋白磷酸酶和张力蛋白同源物基因（PTEN）、伴有 Kazal 域的富含半胱氨酸的逆转诱导蛋白（RECK）和 p27b 的表达上调有关。最近 Yu 等发现，miR-96 在胰腺癌中可作为肿瘤抑制性 miRNA 直接靶向 K-ra8 基因，减弱丝氨酸/苏氨酸蛋白激酶（AKT）通路，触发肿瘤细胞的凋亡。

二、胰腺癌早期诊断标志物

胰腺癌的早期诊断非常困难，具有诊断价值的生物标志物的检测非常必要。了解胰腺癌发病分子机制的重要意义之一即为寻找早期诊断的标志物，针对胰腺癌肿瘤相关基因研究，目前已有一些早期诊断标记物有望应用于临床诊断。

（一）DNA 甲基化

在肿瘤形成过程中，基因频繁甲基化的特异信息有助于了解表观遗传学在肿瘤形成过程中所起的作用，并可作为肿瘤标志物，许多基因的 DNA 甲基化可作为胰腺癌诊断、预测复发及预后的特异性标志。

Gotoh 等的研究发现，通过 DNA 甲基化状态能辨别胰腺非癌性组织、癌性组织、癌组织，其诊断敏感性和特异性均为 100%；DNA 甲基化与胰腺癌的复发和总生存率密切相关，检测基因组 DNA 甲基化有助于及早发现复发患者，是胰腺癌患者最佳的诊断标志和预后指标。富含半胱氨酸的酸性分泌蛋白（SPARC）在调节细胞基质作用和肿瘤血管新生、增生和迁移方面起着关键作用；Gao 等的研究发现，SPARC 基因甲基化发生在胰腺癌早期，因此检测 SPARC 基因甲基化对早期诊断胰腺癌非常有意义。Cai 等的研究发现，在大多数胰腺癌细胞株中，肿瘤坏死因子受体家族成员 10C（TNFRSF10C）启动子 CpG 岛出现高频率甲基化可导致基因失活及促进肿瘤生长，CpG 岛超甲基化而导致的 TNFRSF10C 失活在胰腺癌发展进程中发挥着重要作用，并可将其作为诊断胰腺癌的标志物。Li 等的研究发现，miR-200 家族的成员 miR-200a 和 miR-200b 在胰腺癌中呈低甲基化且高表达；还发现其下游靶点的运动神经元存活蛋白结合蛋白 1（SIP1）普遍超甲基化并沉默，其蛋白质产物抑制 E-钙黏蛋白的表达，从而有助于上皮间质变异，表明血清中 miR-200a 和 miR-200b 水平评估对胰腺癌有诊断价值。Pederren 等对胰腺癌和对照组中白细胞 DNA 甲基化的差异进行双相研究，结果发现不同白细胞的 DNA 表观遗传学变异可依靠甲基化而轻易检测到，有可能用于检测胰腺癌。

由于胰液与导管及肿瘤组织接触，其中的蛋白质与胰腺癌有潜在关联，因此对胰腺癌患者的胰液蛋白质进行筛选，有可能找到新的胰腺癌诊断的生物标志物。Gao 等分别检测胰腺癌、慢性胰腺炎(CP)和胆总管结石(CDS)患者的胰液,发现胰腺癌与CP及CDS相比,有4种蛋白质出现显著改变,其中丝氨酸蛋白水解酶2(PRSS2)前蛋白和胰脂肪酶相关蛋白1(PLRP1)表达上调,糜蛋白酶原B(CTRB)前体和弹性蛋白酶3B(ELA3B)前蛋白表达下调,胰腺癌组织中PRSS2表达显著升高,ELA3B表达显著降低;胰腺癌细胞株和组织中ELA3B基因启动子有较高的甲基化;提示对患者胰液进行蛋白质比较分析是一种新的发现胰腺癌诊断生物标志物的有效方法,PRSS2基因高表达和ELA3B基因启动子超甲基化与胰腺癌相关联,是胰腺癌筛选和诊断的生物标志。

Mardin等研究启动子甲基化对PDAC相关的转移抑制基因表达的影响,发现A激酶锚定蛋白(AKAP12)mRNA较高表达水平可降低转移评分($P<0.05$)和侵袭评分($P<0.01$),丝氨酸蛋白酶抑制剂亚家族B5(SERPINB5)mRNA高表达可提高转移评分($P<0.05$),且mRNA的表达受甲基化调节,该研究为判断PDAC的恶性程度及预后提供了诊断工具。Muc17是膜相关黏液蛋白,其表达与恶性PDAC相关。Kitamoto等率先报道Muc17基因的表达是通过表观遗传学调控的,发现Muc17启动子超甲基化状态为PDAC的诊断提供了新的表观遗传学标志;通过miRNA芯片分析还发现,其表观遗传学变化对胰腺癌发生风险判断及预测预后有重要意义。Hanoun等的研究证实,在PDAC中由于DNA超甲基化而导致miRNA基因表达失活,且这种超甲基化介导的抑制出现在PDAC早期;对miRNA进行分析发现,在PDAC样本和胰腺上皮内瘤变(Pan IN)样本中均因编码miR-148a的DNA区域超甲基化而导致其表达受抑制,且出现在Pan IN早期;研究提示,编码miR-148a的DNA区域超甲基化可作为鉴别PDAC和CP的辅助标志物,对鉴别早期PDAC和CP非常有价值。

因此,DNA甲基化对胰腺癌诊断具有重要价值,对胰腺癌恶性程度的判断及预后评估也具有重要意义。

(二) 血清学肿瘤标志物

1. CA19-9　CA19-9是曾被称为胰腺癌诊断的"黄金标志物",但CA19-9也存在的一定的不足,其诊断胰腺癌的特异性不是十分理想,多种因素可能引起CA19-9的轻度升高,而导致假阳性结果。血清中CA19-9的高低可作为判断肿瘤复发与预后情况的一项指标,若CA19-9持续处于高水平,则提示肿瘤的恶性程度较高;若治疗后CA19-9仍增高往往提示存在潜在的转移病灶或有残留病灶。但CA19-9的表达和胰腺癌的生长部位没有明显关系,对胰腺癌的早期诊断价值不是十分明显,因此,无法单独作为诊断胰腺癌的标准。

2. CA242　CA242和CA19-9具有相似的敏感性,同时期对胰腺癌诊断的特异性高于CA19-9,有资料显示,CA242和CA19-9可能存在于同一个大分子的不同抗原决定簇,二者没有明显的相关性,CA242单独作为胰腺癌诊断的指标也不能满足临床要求,联合应用CA19-9及CA242有助于提高诊断效率。

3. 癌胚抗原相关细胞黏附分子1　癌胚抗原相关细胞黏附分子1(carcino embryonic antigen related cell adhesion molecule1,CEACAM1)是近年来在胰腺癌临床诊断敏感性较高的一种肿瘤标志物,特别是在诊断胰腺癌和健康体检者时,其敏感性高于CA19-9。CEACAM1正在逐渐成为诊断胰腺癌的重点标志物,其在腺癌中有较高表达水平,可作为一项胰腺癌诊断依据,但是其特异性也较低,目前无法单独作为诊断标准。

（三）基因肿瘤标志物

1. K-ras 基因 近年来对 K-ras 基因的研究相对较多，有研究表明，外周血中的 K-ras 突变基因筛查利于胰腺癌的早期诊断，而且 K-ras 的基因表达水平与 CA19-9 的表达水平可能存在一定的相关性，临床上可通过 K-ras 基因和 CA19-9 联合检测提高胰腺癌诊断的敏感性和特异性。有资料显示，胰腺癌患者胰液中 K-ras 基因的表达水平也明显增高，对 K-ras 基因的检测已扩展到了胰液和粪便中。目前 K-ras 基因检测的问题主要集中在 K-ras 基因检测方法和准确率方面。

2. p53 基因 p53 基因是与胰腺癌发生、发展关系最为密切的抑癌基因，60%～80% 的胰腺癌中可发现 p53 基因失活，从而导致肿瘤细胞过度增殖，慢性胰腺炎的 p53 表达往往是阴性。但 p53 基因突变可能发生于所有基因，范围广泛，通过基因突变诊断和鉴别诊断相对困难，可以通过免疫印迹法对 p53 蛋白的表达进行检测。

综上所述，在选择胰腺癌肿瘤标志物时应考虑以下几个方面：首先，具有高度的敏感性，从而在早期对肿瘤进行诊断；其次，具有较高的特异性，尤其是在临床鉴别诊断过程中，需要针对胰腺等发病器官具有一定的特异性，从而对肿瘤进行确切的定位；再次，肿瘤标志物还要与病情的进展和肿瘤的大小、临床分期均存在密切的关系，从而更加准确地对肿瘤的进展和临床治疗效果进行预测。满足上述条件者才能为胰腺癌的诊断提供更加可靠的临床价值。与血清 CA19-9 检测比较，CA242 对胰腺癌诊断的敏感性与之相近，但特异性更高；原癌基因 K-ras 突变常常发生在胰腺癌的早期阶段；故可以将 K-ras、CA19-9、CA242 三者联合检测，互补不足，提高其敏感性及特异性，有助于胰腺癌的早期诊断。

三、胰腺癌基因诊断新方法

提高胰腺癌的早期诊断率，是实现早期治疗、改善患者生存率和死亡率的关键，但目前临床上尚缺乏有效的非创伤性早期筛查手段。随着胰腺癌分子生物学和高通量测序技术的建立和发展，在全基因组、转录组、蛋白质组水平筛选胰腺癌分子标记物成为了可能，并有望应用于胰腺癌的诊断、预后评估和疗效监测。

（一）胰腺癌基因突变的分子诊断方法

胰腺癌的发生、发展涉及一系列遗传和表观遗传学改变。越来越多的研究发现，胰腺癌患者存在基因组不稳定现象，且多发生于抑癌基因（如 p16、p53、myc、K-ras、AK1-2）和微小 RNA（miRNA）基因脆性区，抑癌基因编码区碱基的突变可致抑癌基因失活、细胞增殖失控、凋亡受阻，可致肿瘤发生、发展。Lucito 等采用基因芯片技术筛选家族性胰腺癌患者的 500 多个基因，结果显示 56 个基因出现拷贝数变异，其中 31 个基因拷贝数增加，25 个基因拷贝数减少。

p53 基因是一种抑癌基因，当 DNA 受损伤时表达产物急剧增加，可抑制细胞周期进一步运转；当 p53 基因发生突变、p53 蛋白失活、细胞分裂失去节制，就会发生癌变，人类癌症中约有一半是由于该基因发生突变失活。近年来，有较多关于 p53 基因与胰腺癌的相关报道，认为胰腺癌 p53 基因的突变阳性率为 25%～60%。Weyre 运用聚合酶链式反应-单链构象多态性（PCR-SSCP）的方法对 71 例胰腺癌标本进行检测，发现 41%（29/71）有 p53 基因突变；在其他良性病变，如慢性胰腺炎、胰腺内分泌肿瘤（包括胰岛素瘤）以及其他类型，如黏液性或浆液性囊腺瘤等中 p53 基因突变阳性率明显降低。另外，Yamaguchj 等检测胰腺癌的胰液的发现，p53 基因突变率为 42.3%（11/26）；而其他 20 例良性疾病，包括液黏腺瘤和慢性胰腺炎中未发现 p53 基因突变。Campani 对 133 例胰腺癌的肿瘤组织标本进行研究，结果认为 54%（77/133）的 p53 基因有较高的表达。并且有学者对 p53 的血液抗体进行检测，Laurent-Puig 等的研究发现胰腺癌患者血中 p53 抗体阳性检出率仅为 28%（8/29），敏感性仅为 21%。但因许多人类肿瘤组织中均存在抑癌基因 p53 突变，故其诊断特异性不高；同时，p53 在胰腺癌中的突变率为 50%～75%，也是胰腺癌发生中的晚期事件，因此对早期诊断意义不大。

Smad4/dpc4 是胰腺癌发生中较特异的肿瘤抑制基因，其在胰腺癌中的突变率约为 55%，而在其他肿瘤中的突变率常<10%。Smad4/dpc4 基因编码产物 Smad4 是 TGF-β 信号转导途径的重要分子，该基因缺失可阻断 TGF-β 信号的转导，从而抑制胰腺肿瘤细胞的生长。但 Dpc4 突变也发生于胰腺癌的晚期，胰腺癌早期病变中仅胰腺上皮内瘤变Ⅲ期存在 Dpc4 突变。

近年来的研究表明，表皮生长因子受体（epidermal growth factor receptor，EGFR）在胰腺癌组织中的表达明显高于慢性胰腺炎，且在正常组织中表达甚微。宋尔卫等采用免疫组织化学法检测 67 例胰腺导管癌和 12 例伴异型增生的慢性胰腺炎组织中 TGF-α 和 EGFR 的表达情况，结果显示，伴异型增生的慢性胰腺炎组织中 TGF-α、EGFR 的表达率和共表达率均明显高于正常胰腺组织，但与胰腺癌组织的表达率差异无统计学意义，由此认为伴异型增生的慢性胰腺炎可能是胰腺癌前病变，TGF-α 和 EGFR 过表达发生于胰腺癌的早期，且两者可能存在协同作用。Ozaki 等发现，胰腺上皮内瘤变 1 期（pancreatic intraepithelial neoplasia 1，PanIN1）患者过表达 EGFR，由此提示其可能是胰腺癌发生的早期事件，有望用于胰腺癌的分子诊断。转化生长因子（transforming growth factor beta，TGF-β）与胰腺癌的关系也备受关注；TGF-β 受体构成了一个跨膜蛋白家族。研究显示，胰腺恶性肿瘤患者中的 TGF-β 受体表达显著增高，而正常对照表达甚微。另外，碱性成纤维生长因子在胰腺癌中的表达也有升高；Smad4、Smad6、Smad7 等与胰腺癌的关系也值得进一步探讨。

目前，K-ras 基因突变的检测已经在国内外各大实验室中广泛的开展起来。当 K-ras 基因突变时，该基因永久活化，不能产生正常的 Ras 蛋白，使细胞内的信号转导紊乱，细胞增殖失控而癌变。研究表明，在胰腺癌组织中 K-ras 基因点突变率为 75%～93%，并且有大量的动物实验发现 K-ras 基因的这种突变在胰腺原位癌阶段就有可能已经存在。所以 K-ras 基因有可能被作为胰腺癌早期诊断的最好敏感标记物之一。Tada 等采用 PCR 方法检测细针穿刺获得的胰腺癌组织中的 DNA，发现 12 例均有 K-ras 基因的第 12 密码子突变，而在 6 例慢性胰腺炎患者中均未检测到。Apple 等收集了 60 份 ERCP 刷检标本，检测其中 K-ras 基因突变情况，结果显示，46 例胰腺癌中的 44 例有 K-ras 基因发生点突变，而 12 例胰腺良性疾病及 2 例胰腺细胞瘤均没有 K-ras 基因突变，这将有助于提高胰腺肿瘤微小病变的检出。Mora 等发现对胰腺肿物进行针吸细胞学检查的同时，K-ras 基因检查可以将胰腺癌诊断敏感性由 75% 提高到 91%。Tada 等对 ERCP 时收集的胰液进行检测，发现 6 例胰腺癌均有 K-ras 基因突变，而 1 例胆石症和 2 例慢性胰腺炎中均为阴性。Yamashta 等收集了 41 例胆胰系统疾病的胰液上清液标本，对其进行检测，发现胆道系统恶性肿瘤、胰腺腺瘤、慢性胰腺炎的突变率为30%~50%。Galdas等采用斑点杂交的方法检测了11例胰腺癌患者的粪便，发现6例有K-ras点突变，与胰液相比，粪便中K-ras突变的阳性率相对偏低。但是粪便收集简单、无创，可以反复进行检查，便于追踪，有望成为胰腺癌高危人群的筛查的主要方法。端粒酶是一种反转录酶，是由蛋白质和RNA两部分组成的核糖蛋白复合体，其中RNA是一段模板序列，指导合成端粒DNA的重复序列片段。近年来，有人定性检测了不同胰腺疾病患者端粒酶的活性，发现对胰腺癌的敏感性及特异性均较高。Tsutmi发现胰腺癌手术标本中有84%(32/38)端粒酶阳性。Hiyama等测定胰管刷检物中的端粒酶活性时发现9例胰腺癌均为阳性，而其余良性病变、囊腺瘤及慢性胰腺炎均为阴性。

(二) DNA甲基化诊断方法

识别DNA甲基化对胰腺癌诊断的意义重大，新的高效识别DNA甲基化的方法有可能使胰腺癌的诊断标志物更加敏感、有效。Shimizu等对3个胰腺癌细胞株(AsPC 1、MIAPaCa 2、PANC1)和作为对照的正常胰管上皮细胞株(HPDE)应用新方法"CpG岛甲基化微列配对定向转录激活"(metaarray)检测发现，3种胰腺癌细胞株中有19个基因均正向调节2倍以上，认为metaarray对识别在人胰腺癌细胞中DNA甲基化介导的基因转录沉默是一种高效的方法

Vincent等采用"CpG岛甲基化微列放大"的方法对胰腺癌及正常胰腺进行鉴别，发现1658个已知基因座出现甲基化；还对胰腺癌基因DNA甲基化资料进行综合分析，确立了一套胰腺癌DNA异常甲基化及异常表达的基因目录，包括广泛的超甲基化沉默基因及以前未被提及的作为肿瘤标志物的异常甲基化靶点。

(三) miRNA诊断方法

人类miRNA基因频繁出现于基因脆性区和肿瘤相关遗传区域，若干miRNA基因突变证实其与胰腺癌的发生、发展密切相关。Rachagani等的研究发现，胰腺肿瘤组织存在多种miRNA表达异常，且miRNA表达异常不仅见于胰腺癌，也见于PanIN等癌前病变。由此为其在胰腺癌早期诊断中的应用提供了广阔前景。最近，Wang等提出在血清中检测miRNA用于早期诊断胰腺癌的设想，从肿瘤患者血清中分离和定量检测miRNA，发现与正常对照组相比，miR-21、miR-210、miR-155和miR-196a在胰腺癌患者的血清中表达的敏感性及特异性分别达到64%和89%，但尚无证据显示血清中的miRNA一定来源于胰腺癌组织或细胞的分泌，并且miRNA如何进入血清至今仍不清楚，只能推测可能来源于肿瘤细胞的死亡及溶解，或者是由肿瘤细胞释放出miRNA到其周围微环境的结果。而Ho等发现，miR-210经100℃及-80℃处理后仍能在血浆中稳定存在，在胰腺癌组织中的表达量是正常对照组的4倍。因此，Wang等认为miR-210有可能作为诊断胰腺癌的血清标记物。

(张　珂　郭立民　穆　毅)

参考文献

Abe K, Suda K, Arakawa A, et al. 2007. Different patterns of p16 INK4A and P53 protein exp ressions in intraductal papillary-mucinous neop lasms and pancreatic intraepithelial neo-plasia. Pancreas, 34 (1):85-91.

Lebedeva IV, Su ZZ, Emdad L, et al. 2007. Targeting inhibition of K-ras enhances Ad. mda-7-induced growth suppression and apoptosis in mutant K-ras colorectal cancer cells. Oncogene, 26: 733-744.

Rochaix P, Delesque N, Estève JP, et al. 1999. Gene therapy for pancreatic carcinoma: local and distant antitumor effects after somatostatin receptor sst gene transfer. Hum Gene Ther, 10: 995-1008.

Stoll V, Calleja V, Vassaux G, et al. 2010. Dominant negative inhibitors of signalling through the phosphoinositol 3-kinase pathway for gene therapy of pancreatic cancer. Gut, 54(1):109-116 .

Wang P, Zhao XH, Wang ZY. 2010. Generation 4 polyamidoamine dendrimers is a novel candidate of nano-carrier for gene delivery agents in breast cancer treatment. Cancer Letters, 298: 34-49.

Wei CC, Ball S, Lin L. 2011. Two small molecule compounds, LLL12 and FLLL32, exhibit potent inhibitory activity on STAT3 in human rhabdomyosarcoma cells. Novel Apoptotic Regulators in Carcinogenesis, 10: 247-266.

Wilder PT, Charpentier TH, Liriano MA. 2010. In vitro screening and structural characterization of inhibitors of the S100 Bp53 interaction (01). FEBS Journal, 272: 4-66.

Woo Y, Kelly KJ, Stanford MM, et al. 2008. Myxoma virus is oncolytic for human pancreatic adenocarcinoma cells. Ann Surg Oncol, 15: 2329-2335.

Zhang YQ, Li M, Wang H, et al. 2009. Profiling of 95 microRNAs in pancreatic cancer cell lines and surgical specimens by real-time PCR analysis. World J Surg, 33(4):698-709.

第三十章　肝癌相关肿瘤基因

第一节　肝癌的概况

原发性肝癌(primary liver cancer, PLC)90%以上为肝细胞癌(hepatocellular carcinoma, HCC),除此之外还包括肝内胆管癌、混合性肝细胞肝癌、胆管囊腺癌、肝母细胞瘤、肝脏肉瘤等。本节主要讨论肝细胞癌。

一、流行病学

肝细胞癌为常见的恶性肿瘤,就全球而言,在各种肿瘤的致死原因中,肝癌在男性中为第7名,女性中为第9名。中国是肝癌的高发区,据统计,2002年全球62.6万肝癌患者中有55% 发生在中国大陆。在中国,肝癌在恶性肿瘤所致的死亡中综合排名第2名,其中在男性中为第2名,女性中为第3名;城市居民中为第2名,农村居民中为第3名。

肝癌的发病有明显的地区分布差异性。在世界范围内,肝癌高发于东南亚和非洲撒哈拉沙漠以南;在中国,东南沿海地区发病率较高,丙型肝炎病毒(hepatitis B virus, HBV)感染与HCC的地方流行区大体一致,如在江苏启东、广西隆安HBV和HCC都高发。

男性中HCC的发病率明显高于女性,这可能与HCC的主要危险因素(HBV、HCV、乙醇)在男性中较女性更为盛行,以及与雄激素的作用有关。越是高发地区男性所占的比例往往越高。

据报道,HCC最早可见于2岁儿童患者。HCC的发病率随年龄而增加,但发病的平均年龄与地理因素有关,越是肝癌高发区,患者发病的平均年龄越低,中国为40~50岁;在低发生率的地区,如英国、美国,发病的平均年龄为70岁。

二、病因学

HCC的病因和发病机制迄今尚不清楚。临床流行病学的调查分析和实验研究的结果提示,单一因素导致肝癌发生的可能性不大。与其他癌症类似,HCC发生是多个致病因素参与的、多阶段过程,包括各种因素之间复杂的相互作用。HBV感染、HCV感染、黄曲霉素毒素、饮用水污染、寄生虫病、化学物质等环境因素与HCC的发病联系更密切。

大多数HCC发生在慢性肝炎、肝硬化的基础上。在肝损伤中,反复发生细胞增殖,基因的改变导致肝细胞恶性转化,肝细胞癌变表现为单克隆起源异常的肝细胞群不断进展的过程。肝炎状态下,局部病灶中的肝细胞再生形成增生结节,并发展为癌前病变的不典型增生结节。

(一) 肝硬化

绝大多数HCC在肝硬化的基础上发生,其余的或伴有重度肝纤维化,故可将肝硬化和重度肝纤维化看成是 HCC 的重要高危因素。非酒精性肝炎后肝硬化最为常见，但是任何因素导致的肝硬化都可能发生肝细胞癌，包括非酒精性脂肪变性肝炎、先天性代谢障碍、遗传性血色病、α1-抗胰蛋白酶缺乏症、Wilson 病等。

在不同的国家和地区，肝硬化患者合并 HCC 的发生率有显著差别，肝硬化低发区合并 HCC 的发生率较高发区低。例如，在肝硬化低发区的美国、德国、英国，肝癌的并发率分别为 5%、9.1%、12.3%，而在肝硬化高发区的乌干达、南非、日本、中国、香港、中国内陆肝癌的并发率分别为 19%、44%、55%、47%、55.9%。在肝硬化的不同阶段，肝癌的发生率也不同：肝硬化的代偿期 HCC 的发生率为 5%，而失代偿期为 15%～20%。

原发性肝癌合并肝硬化的发生率较高，文献报道不尽相同。肝癌高发区肝癌合并肝硬化的发生率大于 80%，而在欧美国家 HCC 合并肝硬化的发生率相对较低，占 10%～20%。

HCC 合并肝硬化的病理学类型也不同。全国肝癌病理协作组报道的 500 例 HCC 和 334 例结节性肝硬化尸检材料中，肝癌合并肝硬化者占 84.6%，以大结节型肝硬化最多，占 73.6%。而肝硬化合并肝癌的检出率为 55.9%，其中大结节型肝硬化占 73.8%。提示 HCC 与大结节型肝硬化密切相关，此型多属病毒性肝炎引起的肝炎后（坏死后）肝硬化。

肝硬化不是肝癌发生的必要条件，HCC 也不是肝硬化的必然结果。病毒感染以及其他各种原因所导致的肝纤维化时，肝细胞遭受持续或反复的炎症是基因受损的重要原因。

（二）HBV 感染

在中国，绝大多数 HCC 病例曾有过慢性 HBV 感染。近年来，在中国大陆和台湾地区大范围普及接种乙型肝炎疫苗，尤其是从 2002 年开始，国家为新生儿免费接种乙型肝炎疫苗开始，HBV 感染得到一定控制，最近几年的 HCC 的发病率也有所下降。

HCC 病例往往病毒复制水平较低，绝大多数 HBeAg 已经消失。然而，如果就 HCC 发生的高危性而言，血清病毒水平是 HCC 发生的独立的预期因素。其高危性与血清 HBV DNA 呈显著的数量相关性，1×10^5 cp/ml，与 HBV(－)病例相对，相对危险性为 6.6，提示血清病毒水平持续增高与 HCC 发生密切相关。

HBeAg(＋)的病例 HCC 发生在较早年龄，症状较重，肝功能多异常，多癌灶和弥漫性 HCC 的比率较高，与 HBeAg(－)病例相比，中位生存期较短（9 个月比 15 个月）。血清中 HBV DNA 水平是影响生存的独立因素。

对香港的 820 例慢性乙型肝炎平均随访 76.8 个月，5 年和 10 年 HCC 的发生率分别为 4.4% 和 6.3%。其中，男性、年长、病毒高载量、Bcp 变异和肝硬化是发生的独立因素。

尽管对 HBV 致病机制进行了大量研究，但至今仍未完全清楚，可能的机制有：①HBV 肝炎引起的肝细胞反复损伤修复，导致肝细胞遗传学上的不稳定，提高了肝细胞对其他致癌因子（如黄曲霉素）的易感性。②HBV DNA 整合入人肝细胞的基因组中，可导致 DNA 序列发生重排，病毒基因组中的启动子、增强子等调控序列促进癌基因的过表达或抑癌基因的失活，从而阻断细胞信号转导通路，影响 DNA 修复机制和细胞凋亡途径，引起细胞代谢紊乱。例如，HBX 基因可能作用于 Cyclin A，后者与 RB、p53 等抑癌基因结合，形成复合物而调节细胞周期。目前发现与人类肝癌发生有关的基因有 N-ras、c-fms、p53、c-myc、IGF-Ⅱ、IGF-ⅡR、p16、p21、DCC、nm23、c-eRB B-2、TGF-α、CSF-ⅠR、raf 等。③HBV 转录翻译产物通过反式激活作用于原癌基因使其表达异常，HBX 基因的反式激活作用被广泛研究，HBX 基因整合后反式激活细胞内的 ets-2、c-fos、c-eRB B-2、c-myc 和 N-ras 等多个癌基因。

(三) HCV 感染

在欧美和日本,HCV 感染是 HCC 最重要的病因。HCV 是输血后肝炎的主要病因之一,感染后易慢性化,并与肝硬化和原发性肝细胞癌(primary hepatocellular carcinoma , PHC)的发生关系密切,HCV 是除 HBV 之外引起 PHC 的又一个主要病因,HCV 直接或间接与肝癌的发生有关。

研究发现 HCV 是 RNA 病毒,HCV 核心蛋白在体外有致癌作用。据报道 HCV-RNA 阳性者,每年肝癌发生率为 0. 87% 。丙型肝炎发生癌变者均有肝硬化基础,HCV 核心蛋白可以调节基因转录及宿主细胞的增生和凋亡。在转基因鼠模型,HCV 核心蛋白可诱发肝腺瘤,后者在形态学和生化学上可发展为 PHC。HCV 感染后机体的免疫失调、持续的肝功能损害、癌基因的激活及抑癌基因的突变是 HCV 致 PHC 的主要原因。

(四) 黄曲霉素

由黄曲霉菌产生的黄曲霉素 β(aflatoxinβ, AFβ)污染花生和稻谷,黄曲霉毒素(aflatoxintoxin, AFT)诱发肝癌。最小剂量仅需 10μg/d,AFT 经肝脏代谢成环氧化物后会攻击 DNA,修饰 DNA 上的碱基,使 DNA 遗传信息发生错误而失去正常调控功能,动物实验发现 AFT 引起 p53 第 249 位的 G-T 突变,导致精氨酸密码变为丝氨酸密码而引发肝癌。也有动物实验显示 AFT 与 HBV 有协同作用,它们的存在与转化 DNA 表达有关,HBV 是始动因子,而 AFT 是促进因子。中国江苏省启东、广西壮族自治区隆安、江苏省崇明等 HCC 高发区,既有 HBV 感染高流行,又是 AFβ 的重度污染区,目前多认为 AFβ 主要作为 HBV 感染的协同致癌原。

(五) 饮酒和吸烟

目前尽管没有实验证据表明乙醇本身是直接致癌的,但是很多流行病学研究结果都表明,饮酒与肝癌的发生、发展有着一定的关联。Chen、范宗华、Makimoto 等的研究均表明习惯饮酒者发生肝癌的危险性增加。Kuper、Yu、Mukaiya 等的研究则表明在肝癌的发生与发展中,吸烟和饮酒可能存在协同作用。

酗酒与肝癌的发生存在 3 种模式,一是酒精引起肝硬化,然后引起肝癌;二是酒精本身作为一种致癌源和其他因素共同引起肝癌;三是酒精性肝病的进展与其他肝癌危险因素有关,如与 HBV、HCV 感染密切相关。

吸烟导致肝癌的风险随吸烟量的增加而增加。烟草中除了含有多环芳烃外,还含有亚硝胺、尼古丁和可卡因等致癌物质,它们均可由 CYP2E1 代谢而活化。乙醇能够诱导 CYP2E1,从而与烟草有协同致癌作用。

(六) 性激素

众所周知,肝癌多发于男性,所以考虑雄激素是一种致癌或促癌因素。这个假设已经在许多动物模型中得到了证实。

有研究显示,雄性老鼠对肝癌诱因更敏感,HBV 或 HCV 转基因鼠在化学诱变剂的作用下,雄性鼠比雌性鼠更容易发展为HCC。Yu等在一项前瞻性研究中以9691份成人男性血清睾酮探讨了其与HCC的关系。结果证实,血清睾酮含量增加使HCC发生的危险也增加。另外,临床上已有报道因血液病长期应用雄激素治疗而发生HCC的病例。大部分肝细胞癌的雄激素受体表达增加,但是针对激素和受体治疗肝细胞癌却产生不同或不理想的结果。

(七) 饮水污染

中国肝癌高发的农村地区与饮用水污染有着密切的关系。研究发现,可能与饮用水中广泛存在有机氯农药、腐殖酸、微囊藻毒素(microcystin, MC)以及一些微量元素的缺乏有关。

(八) 遗传因素

众多流行病学调查表明,包括肝癌在内,多种恶性肿瘤都表现有癌家族聚集现象。遗传在肝癌发生中的作用会受到慢性肝炎病毒感染的家族聚集性的影响。

三、病理学

依据大体解剖特点,肝癌可分为:巨块型(瘤体直径>10cm)、块状型(瘤体直径在5~10cm)、结节型(瘤体直径在3~5cm)、小癌型(瘤体直径<3cm)、弥漫型(小癌结节弥漫分布)。根据生长方式不同可分为:浸润型、膨胀型、多结节型、混合型。根据组织学特点分为:小梁状癌、腺样癌、实性癌、硬癌。根据癌细胞的分化程度,分为高、中、低、未分化型。

传统的病理分型,应用于以前的临床实践中,取得了一定的成绩,但是随着临床实践的不断深入,外科技术的不断成熟,临床医生发现对相同类型和相同分期的肝癌不管应用如何优化的临床治疗手段,其预后的差别仍然很大。这说明仅从组织细胞水平无法解决肝癌的异质性问题,应该从分子水平研究肝癌的本质特征。

近年来分子分型的提出对肝癌的诊治已产生了一定的影响。但肝癌为多基因的复杂病变,运用单一基因来进行分型理论上恐难实施。

四、诊断

较大的肝脏肿瘤,结合患者的慢性肝病病史、临床症状和体征、CT或MRI检查显示肝脏有血供丰富的占位性病变,血清甲胎蛋白AFP水平升高(>400ng/ml)即可诊断为HCC。

若患者不能满足所有的诊断标准,要想明确诊断,应在B超引导下进行肝脏穿刺活检,进行细胞学或组织化学检查。但是肝穿刺活检也有其相应的禁忌证和并发症,并不适用于所有人。另外,肝穿刺活检阴性并不能排除肝癌的可能。如果影像学和肝穿刺活检均不能明确诊断,则应该每隔3个月复查一次,直到诊断明确。

肝癌的诊断还应包括肿瘤的分期。目前国际上常用的分期系统有TNM分期系统、Okuda分期系统、BCLC分期系统、CLIP分期系统。各个系统都有其优缺点,建立一个适用于所有肝癌患者的理想的单一分期系统几乎是不可能的,基于分子生物学、遗传学的分期系统值得期待。

五、治疗

大部分肝癌患者在诊断时已进入中晚期,而且肝脏的血液供应丰富,容易在器官内外作血源性转移,导致治疗上的困难,其治疗方式应为多样化组合。肝癌治疗的目标是:根治、延长生存期、减轻患者痛苦、改善生活质量。为达到此目的,应该做到早期治疗、综合治疗、积极治疗。其中早发现、早诊断、早治疗是提高治疗疗效的关键。应当针对患者的肿瘤情况、肝功能情况、全身情况做出个性化的治疗选择。

常规的治疗方法有:手术切除、经皮穿刺肝动脉灌注化疗及栓塞(TACE/TAE)、射频消融(RFA)、B超引导下经皮无水乙醇注射(PEI)、微波固化(MCT)、冷冻疗法、放疗、化疗、分子靶向治疗、中药治疗、肝移植等。

手术切除仍然是目前根治肝癌的最好手段,凡有手术指征的患者均应积极争取手术切除。不能手术切除者应采取综合治疗的模式。近年来在肝癌的生物学特性和免疫治疗方面研究有所进展,目前单克隆抗体(MAB)和酪氨酸激酶抑制剂(TLI)类的各种靶向治疗药物等已被相继应用于临床,索拉非尼即是一种多靶点、多激酶的抑制剂,它能有效阻止病情恶化,明显延长晚期肝癌患者的生存期,已经被批准用于不能手术切除的HCC。基因治疗和肿瘤疫苗技术近年来也在研究之中。目前正在研究的疗法有抑癌基因疗法、联合分子治疗、反义疗法、调控治疗、细胞因子基因治疗、共刺激分子治疗、抑制血管生成、免疫治疗。

六、预后

虽然随着医学技术的进步及人群体检的普及,早期肝癌和小肝癌的检出率及手术根治切除率逐年提高,但总体来说目前HCC仍然手术切除率较低、术后复发率高、预后较差。

影响肝癌预后的因素纷繁复杂,常用作预测因素的是肿瘤大小、门脉癌栓、肝功能、临床分期、包膜是否完整和治疗方法等。肝癌分子分型的大量研究,使众多新型的肝癌预后标志物被发现,如AFP、p53、细胞角蛋白10、细胞角蛋白19、CD151和c-Met等。但是这些潜在的肝癌预后判断标志物多来源于科研机构的独立研究报道,缺乏临床验证,目前没有得到公认。

肝癌是极严重的疾病,近年来的治疗效果虽然不断改善,但非手术疗法尚难达到根治效果,治愈者仍只占少数. 尽管分子靶向治疗研究取得了很多有意义的结果。但仍有许多问题尚待解决,如缺乏高效载体系统、缺乏特异性导向性载体、肝癌动物模型与人体肿瘤存在差异等。随着分子生物学、免疫学、纳米技术和肿瘤学研究的不断深入,基因组学和蛋白质组学等高通量技术平台的迅猛进展,外源基因转导和表达技术的提高,细胞靶向性与位点靶向性载体的构型,生物信息数据库的日趋完备,期望肝癌的分子治疗能结合现有的治疗手段,成为一种具有广泛临床应用前景的综合疗法。

(孟一星)

第二节　肿瘤基因与肝癌

肝癌的发生是一个多因素、多阶段的复杂过程,其中遗传和环境因素都起到了重要作用,但起核心作用的是抑癌基因的失活和癌基因的活化,从而使突变的细胞获得选择性生长优势、克隆扩增,最终恶变为癌症。另外,有许多基因的表达在肿瘤的血管生成和转移中发挥了重要作用。以下即对与肝癌的发生有关的一些基因做简要介绍。

一、原癌基因

（一）N-ras 基因

N-ras 基因是首先被证实的人肝癌转化基因之一。它位于染色体 11p15.1，编码膜联 G 蛋白结合的 p21 蛋白，有内源性 GTP 酶活性，通过与 GTP 和 GDP 结合的转换，作为多种信号转导途径的分子开关，参与细胞生长、分化、增殖等调节。N-ras 有密码子突变，多发生在 12、61 这两个活化突变点，第 12 密码子的第 2 个核苷酸由原癌基因的 GGT 变成 CGT，第 61 位密码子编码的蛋白质 p21 结构发生改变。正常生理情况下，ras 基因所编码的 p21 蛋白位于细胞膜的内表面，具有三磷酸鸟苷酶的活性，能结合 GTP，并将其水解成 GDP，在细胞间的信息传递及细胞分化方面起着关键作用。接触致癌物质后，ras 基因发生突变，p21 蛋白的氨基酸序列发生变化，蛋白质的空间构象也随之改变。这使得突变后的 ras 基因产物 p21 蛋白仅具有微弱的 GTP 酶活性，不能迅速分解 GTP，在信息传递后仍不失活，刺激细胞无限制性生长，这被认为在某些肿瘤的发生及发展中起着关键性作用。

N-ras 是 ras 家族的重要成员之一，在许多人类肿瘤中都有突变，有研究发现肝癌患者的 N-ras 基因第 12 位密码子的突变率为 47.5%，显著高于正常人群，证实了第 12 位密码子突变与肝癌的发生有密切关系。研究发现，HBV 可诱导 ras 高表达。

目前许多研究致力于通过抑制 N-ras 基因表达的 RNA 干扰技术、反义寡核苷酸技术以达到抑制肝癌目的，这为肝癌的基因治疗提供了新思路，许多抑制肿瘤的药物实验也在试图通过能够抑制 N-ras 的表达而实现其对肿瘤的抑制作用。

（二）c-fms 癌基因

c-fms 癌基因定位于人染色体长臂 5q33.3 处，编码的集落刺激因子-1 受体（CSF-1R）具有酪氨酸激酶活性，一旦其结构发生重排或突变，可通过自分泌或旁分泌机制产生 CSF-1R 过量表达，导致靶细胞恶变。人 c-fms 细胞外区第 301 位点突变，产生酪氨酸残基自身磷酸化，模拟配体 CSF-1 诱导构象变化，刺激酪氨酸激酶活性增高，导致肝细胞持续性生长、增殖，最终发生癌变。第 969 位酪氨酸残基磷酸化对酶活性具有负性调节作用，该位点缺失或突变可上调酪氨酸激酶活性，提高 CSF-1R 转化效应，导致细胞增殖失控。

恶性肿瘤的特征是生长无规律及分化形式的紊乱。CSF-1R 控制多种细胞的生长和分化。研究表明，肝癌及其细胞系中 CSF-1R 均有过量表达，肝癌组织中 CSF-1R 的表达显著高于癌旁肝组织，正常肝组织阴性，胎肝组织呈强阳性。这提示 CSF-1R 的过量表达与肝癌细胞的生长、分化及恶性转化关系密切，c-fms 原癌基因发生点突变导致 CSF-1R 表达量增加，过量表达可扩大和接收更多的生长因子刺激信号，从而使肝细胞处于持续性分裂状态。c-fms 基因转录水平的过量表达与肝癌细胞的生长、分化及维持恶性表型特征的生物学行为关系密切。

鉴于 CSF-1R 可能通过自分泌生长刺激机制促进肝癌的发生及恶性转化，近年来有关于阻断 CSF-1/CSF-1R 表达对肝癌治疗作用的研究。抗 CSF-1 和 CSF-1R 的单克隆抗体能够阻断 CSF-1/CSF-1R 的异常表达，对肝癌治疗将有实际意义。

（三）c-myc 基因

c-myc 基因位于染色体 8q24，编码分子质量为 62 000Da 由 349 个氨基酸组成的多功能的核内磷酸蛋白，是核转录因子癌基因，具有转录反激活作用，启动细胞增殖，参与细胞周期、凋亡和转化等的调节作用。

人类许多肿瘤可检测到 c-myc 基因的异常表达，如白血病、淋巴瘤、乳腺癌、肺癌、肝癌、头颈部肿瘤、食管癌、胃癌、结肠癌等。在正常肝组织，c-myc 基因低表达或不表达，在原发性肝癌的癌组织及癌周组织中，c-Myc 蛋白表达水平显著性升高；c-Myc 蛋白表达与肝癌的发生、发展密切相关，而且与肝癌的分期、预后有关。

在原发性肝癌形成过程中，c-myc 基因的作用是肝癌发生的重要因素，c-myc 与其他基因之间具有协同作用。以 c-myc 和 ras 的表达载体分别转染细胞，都只能引起癌前病变，但以两种表达载体共转染，则可以诱导恶性转化的发生，从而证实了 c-myc 与 ras 两种癌基因在正常细胞恶性转化过程中的协同作用。Santoni 等还通过对单独转染鼠 c-myc 的同时转染 TGF-2 的转基因鼠的研究发现，在转基因鼠肝脏中出现肝细胞不典型增生，最后出现肝癌的形成。c-Myc 蛋白活化后具有促进增殖和凋亡的双向作用。当 c-Myc 蛋白表达上升且血清生长因子存在时，细胞进入增殖状态；当缺乏血清生长因子时，c-Myc 蛋白高表达可导致细胞凋亡。

c-myc 的反义核酸能抑制人肝癌细胞的生长，目前对此研究得较多。

（四）c-met 基因

c-met 基因编码肝细胞生长因子（hepatocyte growth factor，HGF）受体，在正常细胞中，原癌基因 c-met mRNA 呈低表达或不表达，而在肿瘤细胞中，c-met 则呈持续过表达，并呈现高水平的自体磷酸化。c-met 受体是一个酪氨酸激酶型受体，属于酪氨酸激酶 src 家族。HGF 激活 c-met，导致 ras 分裂素激活蛋白激酶、磷脂酰肌醇-3-激酶/蛋白激酶 B 等信号转导途径的级联激活，细胞发生一系列生物学效应，如分散、细胞运动、侵袭、细胞迁移及最终转移等。HGF/c-met 信号转导通路广泛存在于各种细胞中，对多种组织器官的生长发育具有重要的生理调节作用。但当细胞过度表达 HGF 或 c-met 时，常常导致肿瘤细胞的侵袭、转移，因此 c-met 和 HGF 的过表达在肿瘤的发生和转移中有重要作用。Suzuki 等在 mRNA 和蛋白质水平对肝细胞癌组织中 c-met 基因的过表达现象进行了研究证实，与周围正常的肝组织中 c-met 基因的表达相比，肝细胞癌组织中 c-met 基因都处于过表达状态。Neaud 等将产生 HGF 的成肌纤维细胞和 HepG2 细胞株共同培养一段时间后，发现 HepG2 细胞分散度明显增加，Matrigel 包膜侵袭力超过对照组的 100 倍，Ueki 等发现，c-met 高表达组的肝细胞肝癌的肝内及肝外转移率明显增加，且患者的 5 年生存率分别为 33.5% 和 80.9% 。

有学者认为在 HCC 的转移中，通过 HGF/c-Met 改变来促进癌细胞的扩散进而出现转移，其中涉及的信号通路可能包括 NF-κB、Ras 途径等多种信号通路。以 HGF/c-Met 为靶点设计的小分子抑制剂和抗体已经用于临床肿瘤（包括肝癌）的转移复发治疗。

二、抑癌基因

（一）p53 基因

p53 基因是一个重要的抑癌基因，定位于染色体 17p13.1，全长约 20kb，由 11 个外显子组成。p53 基因参与细胞周期的调节,对细胞的非正常增殖有抑制作用。如果 p53 基因缺失或突变,细胞的非正常增殖得不到抑制,就将可能发生癌症。p53 基因是与人类肿瘤相关性最高的抑癌基因,研究表明,野生型 p53 基因在维持细胞生长、抑制恶性增殖中起着重要作用;一旦细胞基因组 DNA 遭受损害,p53 蛋白将启动 DNA 的修复程序;如果修复失败,p53 又能启动细胞程序性死亡过程,诱导细胞自杀,阻止具有癌变倾向的基因突变的细胞产生。在多类肿瘤的研究中表明,以受体介导基因转移系统介导野生型 p53 转染肺癌、胃癌、大肠癌等细胞株,可导致细胞株转基因表达,生长抑制和凋亡。突变的 p53 蛋白能与野生型 p53 蛋白形成寡聚蛋白复合物,使野生型 p53 蛋白降低或丧失与 DNA 结合的能力,从而不能控制这些结合位点的基因转录,使细胞生长繁殖失控,进而引起细胞转化及癌变。p53 的抑癌作用主要有:①周期阻滞、促成损伤修复。②诱导细胞凋亡。③调节机体免疫反应。④抑制生存增殖信号途径。⑤抑制血管生成及物质能量代谢。⑥抑制细胞黏附及其浸润转移。

在 HCC 中,p53 基因的突变是最常见的基因改变之一,其突变主要发生在外显子 7 的第 249 位密码子第 3 号碱基 G→T 的颠换突变,发生率达 45%,并有研究提示 p53 点突变与黄曲霉毒素有密切关系。

另外,与肝脏肿瘤有关的影响 p53 突变的其他因素还有乙烯氯暴露史、氧化性应激和病毒基因整合等。HBV 的随机整合在肝癌中多有发现,由于 HBV DNA 的整合,可导致 p53 的丢失,Chung 等的实验表明,HBx 影响 p53 与 PTEN 的结合,从而下调 p53 对 PTEN 的转录激活作用。Ogden 等发现,HBx 可以组织特异性地阻止 p53 对 HCC 的肿瘤标志物甲胎蛋白的抑制作用。

有实验证实,导入外源性野生型 p53 基因虽不能使肝癌完全消退,但可延缓肿瘤的生长。

(二) p16 基因

p16 基因(MTS1、CDR41、CDRN2)也是重要的抑癌基因,它定位于人染色体 9p21 区域,全长 8.5kb,由 2 个内含子及 3 个外显子构成,是细胞周期调控基因家族中的重要成员,编码近 16kDa、含 148 个氨基酸的蛋白质,是 1994 年从肿瘤病毒转化细胞中作为细胞周期素依赖性蛋白激酶 CDK4 的相关蛋白而被鉴定的,其作用机制为直接抑制。

pl6 的主要作用是特异性抑制细胞周期素 D,细胞周期素依赖性交合体对细胞 G_1 期到 S 期的调控,正常情况下,G_1 期细胞在胞外生长信号的刺激下,引起细胞内 D 型周期蛋白(Cyclin D)的积聚,并与周期素依赖的蛋白激酶 4 或 6(CDK4 或 CDK6)结合形成有活性的全酶,使 pRB 蛋白磷酸化而解除对 DNA 转录的抑制,G_1 期细胞进入 S 期而增殖,p16 蛋白可与 CDK4 或 CDK6 结合,阻止后者与 Cyclin D 结合,而不能形成有活性的全酶,防止细胞过度增殖。当其缺失或失活时,交合体则持续高活性的存在于细胞内导致 pRb 基因的磷酸化,释放转录因子 E2F 等,激活多种细胞增殖的相关因子从而导致细胞 G_1 期到 S 期的失控,细胞发生异常增殖,导致最后的恶变。

大量研究显示,HCC 组织中存在 p16 基因的异常及 p16 蛋白的表达缺失,进展期 HCC 组织中 p16 基因的异常率高达 60%,p16 蛋白的缺失率高达 40%,在 HCC 的致病机制中发挥重要作用。p16 蛋白的缺失又与 HCC 的低分化、血管侵犯、肿瘤转移明显相关,HCC 转移灶中，p16 蛋白的缺失率是原发灶的 2 倍。因此，p16 蛋白的缺失对 HCC 的进展有促进作用。在 HCC 的发生、发展过程中，p16 基因的异常包括基因突变、杂合性缺失和纯合性缺失、基因的高甲基化。

p16 基因是一个可以用来判断肿瘤转移复发进而判断患者预后的指标，关于通过转入外源性 p16 基因来抑制癌症的基因治疗策略也正在研究中。

（三）PTEN 基因

PTEN 抑癌基因定位于人染色体 10q23.3，由 9 个外显子和 8 个内含子组成。PTEN 基因是继 p53 基因之后发现的人类肿瘤中最常突变的抑癌基因，于 1997 年首次被发现。此前已发现很多癌基因具有蛋白激酶活性，学者们推测应该存在一种抑癌基因，它所编码的蛋白质具有磷酸酶作用，PTEN 的出现使这一设想得到证实，因而引起国际社会的广泛关注。其主要作用是通过：①对焦点黏附激酶（FAK）的去磷酸化作用影响整合素介导的聚焦黏附过程，抑制肿瘤细胞的浸润和转移；②通过 PIP3 去磷酸化阻止细胞生长及促进细胞凋亡；③通过抑制 MAPK 细胞转导途径抑制细胞的生长分化。

在神经胶质母细胞肉瘤、黑色素瘤和前列腺癌等中可检出此基因的突变。万兴旺等用 PCR-SSCP 法和序列分析法检测 60 例人原发性肝癌组织中抑癌基因 PTEN 的突变，结果显示，位于 PTEN 基因外显子 4 5′端下游 13bp 处发生 C→T 点突变，导致 PTEN 蛋白的第 84 位氨基酸由精氨酸变为赖氨酸。在肝癌、癌旁和正常肝组织比较研究表明，与正常和癌旁组织相比，30%～50% 肝癌细胞中 PTEN 蛋白或 mRNA 水平有明显下降，并可作为预后指标。Dahia 等认为某些影响转录的因素可能参与 PTEN 的灭活，而 mRNA 甲基化可能是 PTEN 转录受抑制的原因之一。

（四）DLC-1 基因

DLC-1 基因位于 8 号染色体短臂上，从人原发性肝癌组织中分离出来。目前认为 DLC-1 是一种肿瘤抑制基因，该基因在 1998 年首次报道位于人类染色体 8p21.3—p22，全长为 3800bp，含 14 个外显子，编码 1091 个氨基酸，分子质量为 122kDa，与大鼠 p122 RhoGAP（Rho GTP 酶的激动蛋白）有 86% 的同源。

现已发现 DLC-1 基因表达产物为 RhoA 和 Cdc42 特异性的 GTP 酶激活蛋白，与调控细胞增殖和黏附的信号转导通路关系密切，主要通过下调 Rho 的活性而抑制肿瘤。DLC-1 蛋白通过 RhoA 调节肌动蛋白对细胞外信号的反应，使单体肌动蛋白形成丝状体肌动蛋白，并聚合形成应力纤维和黏着斑。应力纤维可维持细胞的形态并赋予细胞韧性和强度，进而影响细胞骨架，并且参与细胞运动和迁移的调节。因此 DLC-l 可能对肿瘤细胞的转移、侵袭和肿瘤细胞生长特性起着重要影响作用。

国外研究显示，DLC-1 基因在许多肿瘤中低表达或表达缺失。Ng 等的研究发现，高达 20% 的肝癌组织及 40% 的肝癌细胞系 DLC-1 基因表达缺失。Wong 等的研究发现，在原发性肝癌组织中 DLC-1 mRNA 的表达较正常组织中明显下降。DLC-1 过甲基化是肝癌中 DLC-1 表达低下的原因。基因缺失或启动子甲基化是 DLC-1 抑癌基因激活或表达改变的原因。

DLC-1 抑制不同类型肿瘤的生长，提示其在治疗这些肿瘤方面巨大的临床应用潜力。

DLC-1 DNA 甲基化改变是癌变早期发现、早期预测和癌症风险预后评估的重要指标之一。

（五）RB 基因

RB 基因是人类发现并克隆的第一个抑癌基因，位于染色体 13q14 区段，全长 200kb，有 27 个外显子和 26 个内含子。RB 基因的转录产物为 4.7kb 的 mRNA，编码含有 928 个氨基酸，分子质量为 110kDa 的 RB 蛋白（pRB）。它是结合 DNA 的核磷蛋白，普遍存在于各种组织细胞核的基质内，在整个细胞周期中合成，是细胞增殖的负向调节因子，主要影响 G_1/S 转换，在调控细胞周期、凋亡和分化中均起着重要作用。目前的研究显示，RB 蛋白的作用机制是：正常的 RB 蛋白，通过对其磷酸化形式的改变，主要来调控同转录因子 E2F 的结合，从而调节 DNA 的转录、细胞的增殖和分化。作为信号传递因子，它将细胞周期时控与转录机制联系起来，来调节细胞生长。

它的异常已在多种人类恶性肿瘤中被发现。在多数人类恶性肿瘤中，RB/E2F 旁路的控制遭到破坏。抑癌基因 RB 通过调控细胞周期、分化和凋亡来阻止异常肝细胞增殖和分裂，并促进其凋亡。而变异的 RB 蛋白失去了保持肝细胞稳态的功能，引起肝癌发生，并促进肝癌细胞不断增殖。故引起 RB 蛋白表达下调，可能是肝硬化组织中肝细胞癌变的主要原因之一，也可能是造成肝癌细胞不断增殖的主要原因之一。已有实验证实，野生型 RB 基因的导入对 RB 基因失活的肝癌细胞生长有抑制作用。故 RB 蛋白可能是肝细胞癌变的一个重要因子，也是治疗肝癌的一个重要的突破口。

三、病毒癌基因

HBx 基因位于 HBV 病毒第 1374～1835 位核苷酸，被认为是病毒的癌基因，与 HCC 的形成密切相关，是 HBV 基因组 4 个开放读码框（ORF）中最小的一个，编码 145～154 个氨基酸组成的约 17kDa 的蛋白质，由于发现它时并未在其他病毒或宿主中找到同源蛋白，而且其功能尚不清楚，故而命名为 X 蛋白。HBx 基因特有的反式激活功能被认为是导致 HCC 发生的主要因素，成为近年来研究的热点，HBx 可激活细胞癌基因，抑制 p53 的表达和功能，激活 PI3K-AKT、Jak-STAT、SAPK/JNK、MAPK、Wnd/β-catenin 等信号级联通路。目前，对 HBx 在肝癌发生中的作用研究大致可分为两类：HBV 感染肝细胞的直接促癌变作用以及对正常肝细胞的间接促增生作用。前者主要体现在 HBx 对感染肝细胞 DNA 损伤的修复和细胞凋亡的抑制方面，而后者主要体现在促细胞增殖炎症分子的产生和分泌。

HBx 基因是高度保守的序列，但 HCC 却常伴有 HBx 基因突变。Tamori 等的实验发现，在有 HBx 表达的 HCC 中，第 130 密码子（AAG）和第 131 密码子（GTC）分别发生了 ATG 和 ATC 突变，突变位置发生在与 p53 结合，且与反式激活功能密切相关的区域（密码子 132～139）相邻。突变后的 HBx 基因其反式激活功能明显增强，导致一系列原癌基因激活及抑癌基因失活，最终导致肝癌的发生。另外，HBx 与肝癌的转移浸润也有关系，表达 HBx 的细胞可以使细胞间纤维蛋白的黏附能力降低，介导依赖 CD44 表型的细胞的转移及浸润，表达 HBx 的肝癌细胞能上调 VEGF 的表达，而血管内皮细胞的生长及纤维蛋白的黏附能力的下降为肝癌的转移提供了良好的微环境。

四、血管生成、肿瘤转移相关基因

(一) 血管生成素基因

血管生成素(angiopoietin, ANGPT)调节内皮与周围间质、基质间的相互作用,促进血管的成熟性和稳定性,与肿瘤浸润、复发、转移有关。Ang-1(angiopoietin-1)和Ang-2(angiopoietin-2)是ANGPT家族成员。Ang-1与Tie-2(tyrosine-protein killase receptor)结合促进自身磷酸化,Ang-2与Tie-2结合抑制自身磷酸化。大量实验证明Ang-2诱导血管生成反应。

ANGPT-1是一种分泌性糖蛋白分子,能特异性作用于血管内皮细胞。Tie-2是ANGPT-1的受体,二者结合后促进受体的自身磷酸化,通过Survivin途径抑制血管内皮细胞的凋亡。表达活化Tie-2的内皮细胞吸引血管平滑肌细胞(vascular smooth muscle cell, VSMC)、周细胞等血管周围细胞包围、支持内皮细胞形成完整的血管壁,促进血管重塑成熟,维持血管的完整性和调节血管功能。成熟血管中周细胞等血管周围细胞分泌的Ang-1还通过内皮细胞之间、内皮细胞与血管周围细胞之间的连接来维持内皮细胞的静息状态和血管结构的稳定性及渗透性,并促进新生血管成熟化。Zhang等通过RT-PCR法检测38个患者的肝癌组织和癌旁组织中Ang-1、Ang-2、Tie-2、VEGF mRNA的表达情况以及与临床的关系,结果显示,Ang-2在肝癌中的表达水平明显高于癌旁组织中,有统计学意义;Ang-1与Tie-2 mRNA在肝癌组织和癌旁组织中的表达水平无统计学差异:Ang-2、VEGF、Ang-2/Ang-1与除组织学分级外的临床病理参数相关。

(二) RhoC基因

RhoC是GTPase的Ras超家族成员之一,参与细胞骨架重建,Rho蛋白导致肌动蛋白和肌球蛋白聚集在黏着斑复合体,导致细胞极性丧失,增加细胞的移动性,参与肿瘤的转移。RhoC在许多恶性肿瘤中高表达,特别是在转移性肿瘤中表达异常增高。在肿瘤细胞中RhoC的表达显著高于正常细胞,在有淋巴结转移的癌中RhoC的表达显著高于没有淋巴结转移的癌,在有多个淋巴结转移的原发癌中RhoC的表达也显著高于较少淋巴结转移的癌细胞,表明RhoC的过表达与肿瘤细胞的高度浸润相关,提示RhoC可作为癌症患者临床预后的重要指标。在肝癌中RhoC mRNA和蛋白质表达水平在转移病灶和肿瘤血栓处高于原发灶,参与肝癌的血管侵入。

(三) RhoA

Rho蛋白为GTP酶,分子质量为20~25kDa,能结合并水解鸟苷酸,使其在活性型(GTP结合)与失活型(GDP结合)之间循环。RhoA是Rho基因家族中研究较多的重要成员之一。有研究发现,RhoA在人类多种恶性肿瘤中异常表达,并在其发生、发展和侵袭转移中发挥重要作用,RhoA的表达水平与肿瘤分期显著正相关并与组织分化程度负相关,它可以调节多种转录因子的活性,包括SRF、Stat5、Stat3、NF-κB、E2F、ATF2、MEF2A、FHL2和c-Myc,其中大多数因子参与肿瘤的形态学发展,能够调节张力丝和黏着斑的形成。大量体外研究发现,RhoA参与肿瘤细胞的黏附、收缩和移动、黏附结合的解除、基质的降解及对血管和淋巴脉管系统侵入等过程的调控,涉及肿瘤侵袭和转移的各个环节。大量数据已表明,在肿瘤组织中

RhoA、RhoC、ROCK(Rho-kinase)蛋白水平高,在低分化肿瘤组织和转移的淋巴结中表达更高。这些数据说明 Rho 细胞内信号途径可能决定了恶性肿瘤的转移潜能,RhoA/ROCK 途径介导的细胞浸润。在 PHC 组织中,RhoA 在 mRNA 和蛋白质水平均过量表达,并与其临床特征密切相关,提示 RhoA 在 PHC 的侵袭和转移中可能发挥着重要的作用。RhoA 可能作为反映 PHC 侵袭和转移能力的新指标,并且随着该基因在 PHC 中作用机制的进一步阐明,有望成为人类肝癌治疗的新的靶点。

(四) nm23 基因

nm23 基因是 Steeg 等用消减杂交分离方法,从不同转移潜能的鼠黑色素 K-1735 细胞株中克隆的一种肿瘤转移抑制基因。人的 nm23 家族包括 8 个相关基因,表达 nm23-H1-H8 蛋白,nm23 基因家族中有两个密切相关的家族成员 nm23-H1(NME1)和 nm23-H2(NME2),在人类基因组中这两种基因在染色体上定位于 17q22 上。nm23 具有 NDP 激酶活性,它使 NDP 变成 NTP,而 nm23 磷酸酯酶可使 NTP 还原成 NDP。有人认为 nm23 基因编码的产物就是 NDPK,其中 nm23-H1 编码 NDPK 的 A 亚基,而 nm23-H2 编码 NDPK 的 B 亚基。当 nm23 蛋白缺失或结构改变时,GTP 共给不足,即可引起微管的聚合异常,纺锤体减数分裂障碍,导致癌细胞异倍体增加,促进肿瘤发展,又可通过影响细胞而引起细胞运动,促进肿瘤的浸润转移。另据报道 nm23-H2 反向激活 c-myc 基因,并可调节人的端粒酶反转录酶(telomerase reverse transcriptase,TERT)。

(五) KAI1 基因

KAI1 基因是一种新的转移瘤抑制基因,表达一种包含 4 个跨膜区域和一个大的 N-糖基化的细胞外区域的重要的膜蛋白。这个基因属于膜糖蛋白的结构区分家家族(TM4 家族)。这个基因家族的成员能够影响癌细胞的生长行为,KAI1 基因转录水平与许多肿瘤(如前列腺癌、胰腺癌等)的转移有关。目前研究已证实,在人多数肝细胞癌患者癌组织中存在 KAI1 表达,而所有正常肝细胞均有中等到增强表达的 KAI1 mRNA。KAI1 mRNA 表达在 HCC 癌组织中与在正常肝脏组织中相比明显减低;而且肝内有转移的 KAI1 表达水平较肝内无转移的明显为低($P<0.05$),远处转移性肝癌组织中 KAI1 mRNA 水平较未发现转移者也明显为低。总之,HCC 癌组织中 KAI1 mRNA 表达的降低与癌细胞和转移相关。

(六) Hpa 基因

乙酰肝素酶(heparanase,Hpa)是一种内切糖苷酶,其基因定位于人类染色体 4q21.3,分子质量为 52 000Da,是体内唯一能特异性地降解硫酸乙酰肝素蛋白多糖(heparin sulfate proteoglycans,HSPGS)的葡萄糖醛酸核苷酶,在多数恶性肿瘤中高表达,促进肿瘤转移和血管生成。Hpa 的主要是生物学功能是:降解基底膜(basement membrane,BM)和细胞外基质(extraeellular matrix,ECM)的主要成分——HSPGS,破坏细胞微环境的屏障。促进肿瘤的浸润和转移;释放和激活结合在 HSPGS 上的生物分子,使其与肿瘤细胞表面受体结合刺激细胞生成、抗凋亡及血管生成等恶性转化特质。Hpa 在原发性肝癌中的阳性表达与有无肝内或淋巴结转移、有无门静脉或胆管癌栓形成以及肝癌的不同分化程度密切相关,可能是原发性 HCC 的生物行为和预后的重要标记物。

（七）CD34 基因

CD34 是一种重糖基化唾液黏蛋白，基因定位于 1q32。选择性的表达于造血祖细胞和血管内皮细胞上，并随细胞的成熟逐渐减弱至消失。CD34 是血管源性肿瘤的特异性标志物之一。HCC 是一个典型的多血管肿瘤，肿瘤血管与 HCC 的发生、浸润、转移密切相系。CD34 显示血管内皮细胞的特异性最高，它在正常肝窦内皮细胞中不表达，但可作为微血管标志，反映肝窦毛细血管化。肝窦毛细血管化可能参与肝细胞癌病变的形成过程，在一定程度上可以反映肝病的严重程度。研究发现，在慢性肝炎、肝硬化、低度及高度异性增生结节以及 HCC 中 CD34 的表达依次增强。提示 CD34 是慢性肝病、肝癌临床病理评价的指标之一。

五、肿瘤生长相关基因

（一）TGF-β 基因

TGF-β 基因表达转化生长因子 β（transforming growth factor，TGF-β），它能调节细胞增殖和分化，参与胚胎发育调节，促进细胞外基质形成和抑制免疫等。在肿瘤发生初期，它通过诱导生长抑制途径，起着抑制因子的作用，然而在肿瘤发生后期，TGF-β 起着促进肿瘤血管生成，促进肿瘤细胞浸润、侵入、转移和免疫抑制的作用。人们逐渐认识到肿瘤是一类细胞周期病，而正常的自我更新的细胞是否进入细胞周期进行分裂主要依赖于微环境中的激活因子和抑制因子的平衡，TGF-β 在这一过程中起着重要的调节作用，使细胞停止在 G_1 期，或延长 G_1 期，进而抑制细胞增殖，诱导细胞分化或凋亡。TGF-β/Smads 信号通路与肿瘤的发生、发展有着密切的关系。TGF-β 在细胞生长和分化调控、血管生成、免疫抑制、细胞外基质形成和癌变等方面起着重要作用。正常情况下，TGF-β 可控制 c-myc 基因表达及 RB 磷酸化，诱导细胞凋亡，当 TGF-β 介导的 Smad7 表达上调，引起抗凋亡因子 NF-κB 活化，信号通路组成成分发生改变，导致细胞对 TGF-β 耐受，c-myc 过表达，RB 抑制作用解除，从而使细胞无限制增殖，导致肿瘤发生。TGF-β 能够促进肝癌细胞的转移、免疫逃逸、血管生长。

（二）IGF-Ⅱ基因

IGF-Ⅱ是与胰岛素相关的促有丝分裂多肽，在人肝癌组织中高度表达。肝癌被看成是血管多分布肿瘤，IGF-Ⅱ可能是低氧诱导的血管源性生长因子，在低氧环境中诱导 VEGF 增长，在人类肝癌细胞中呈时间依赖的方式增加 VEGF mRNA 和其蛋白质水平，所以 IGF-Ⅱ可能在肝癌的新生血管形成中起着重要作用。IGF-Ⅱ中 P4 活化与 HBV 基因产物之间的关系证实 HBV-Ⅹ蛋白增加，导致内皮性 IGF-Ⅱ表达增加且病毒复制，使胚胎型 IGF-Ⅱ基因活化，使 IGF-Ⅱ呈高水平状态，IGF-Ⅱ mRNA 在外周血中的表达与肿瘤分级有关；肝外转移患者血清中 IGF-Ⅱ mRNA 100% 表达，AFP 阴性肝癌中有 35% 表达 IGF-Ⅱ mRNA。

尽管关于肝癌相关肿瘤基因的研究取得了一定的进展，但还存在很多问题需要进一步研究，如部分基因与肿瘤的关系存在一定的争议，大多数基因的检测方法复杂、费用昂贵等都是现实中存在的问题。肝癌的发生、发展、复发与转移是一个多基因、多途径长期相互作用的复杂过程。应该努力通过多方面、多领域的深入研究，力争在肝癌的基因诊断、基因治疗方面获得突破。

（孟一星）

参考文献

Ahmad T, Gore M. 2004. Review of the use of topotecan in ovarian carcinoma. Expert Opin Pharmacother, 5(11): 2333-2340.

Bose S, Sakhuja P, Bezawada L, et al. 2011. Hepatocellular carcinoma with persistent hepatitis B virus infection shows unusual downregulation of Ras expression and differential response to Ras mediated signaling. J Gastroenterol Hepatol, 26(1):135-144.

Bruix J, Sherman M, Llovet JM, et al. 2001. Clinical management of hepatocellular carcinoma. Conclusions of the Barcelona-2000 EASL conference. European Association for the Study of the Liver. J Hepatol, 35(3):421-430.

Carlberg K. 1994. The effect of activating mutations on dimerization, tyrosine phosphorylation and internalization of the macrophage colony stimulating factor receptor. Moi Biol Cell, 5(1):81-95.

Chan WC. 2006. Bionanotechnology progress and advances. Biol Blood Marrow Transplant, 12(Suppl 1):87-91.

Chen CJ, Liang KY, Chang AS, et al. 1991. Effects of hepatitis B virus, alcohol drinking, cigarette smoking and familial tendency on hepatocellular carcinoma. Hepatology, 13(3):398-406.

Chen PL, Scully P, Shew JY, et al. 1989. Phosphorylation of the retinoblastoma gene product is modulated during the cell cycle and cellular differentiation. Cell, 58(6):1193-1198.

CheungTK, Lai CL, Wong BC, et al. 2006. Clinical features, biochemical parameters, and virological profiles of patients with hepatocellular carcinoma in Hong Kong. Alimentary Pharmacology &Therapeutics, 24: 573-583.

Chu NS, Hung TP. 1993. Geographic variations in Wilson's disease. J Neurol Sci, 117(1-2):1-7.

Chung TW, Lee YC, Ko JH, et al. 2003. Hepatitis B Virus X protein modulates the expression of PTEN by inhibiting the function of p53, a transcriptional activator in liver cells. Cancer Res, 63(13):3453-3458.

Di Bisceglie AM. 2002. Epidemiology and clinical presentation of hepatocellular carcinoma . J Vasc Interv Radiol, 13(92): S169-171.

El-Serag HB. 2002. Hepatocellular carcinoma: an epidemiologic view. J Clin Gastroenterol, 35(5 Suppl 2):S72-78.

Gangaidzo IT, Gordeuk VR. 1995. Hepatocellular carcinoma and African iron overload. Gut, 37(5):727-730.

Hermeking H. 2003. The MYC oncogene as a cancer drug target. Curr Cancer Drug Targets, 3(3):163-175.

Johnson FL, Lerner KG, Siegel M, et al. 1972. Association of androgenic-anabolic steroid therapy with development of hepatocellular carcinoma. Lancet, 2(7790):1273-1276.

Kaplan DE, Reddy KR. 2003. Rising incidence of hepatocellular carcinoma: the role of hepatitis B and C; the impact on transplantation and outcomes. Clin Liver Dis, 7(3):683-714.

Kelekis NL, Semelka RC, Worawattanakul S, et al. 1998. Hepatocellular carcinoma in North America: a multiinstitutional study of appearance on T1-weighted, T2-weighted, and serial gadolinium-enhanced gradient-echo images. AJR Am J Roentgenol, 170(4):1005-1013.

Lacombe ML, Milon L, Munier A, et al. 2000. The human Nm23/nucleoside diphosphate kinases. J Bioenerg Biomembr, 32(3):247-258.

Lam SH, Gong Z. 2006. Modeling liver cancer using zebrafish: a comparative oncogenomics approach. Cell Cycle, 5(6): 573-577.

Makimoto K, Higuchi S. 1999. Alcohol consumption as a major risk factor for the rise in liver cancer mortality rates in Japanese men. Int J Epidemiol, 28(1):30-34.

Maulik G, Shrikhande A, Kijima T, et al. 2002. Role of the hepatocyte growth factor receptor, c-Met, in oncogenesis and potential for therapeutic inhibition. Cytokine Growth Factor Rev, 13(1): 41-59.

Moriya K, Fujie H, Shintani Y, et al. 1998. The core protein of hepatitis C virus induces hepatocellular carcinoma in transgenic mice. Nat Med, 4(9): 1065-1067.

Motoo Y , Mahmoudi M, Osteher K, et al. 1986. Oncogene expression in human hepatoma cells PLC/PRF/5. Biochem Biophys

Res Commun, 135(1):262-268.

Neaud V, Faouzi S, Guirouih J, et al. 1997. Human hepatic myofibroblasts increase invasiveness of hepatocellular carcinoma cells: evidence for a role of hepatocyte growth factor. Hepatology, 26(6):1458-1466.

Nevins JR. 2001. The RB/E2F pathway and cancer. Hnm Mol Genet, 10(7):699-703.

Ng IO, Liang ZD, Cao L, et al. 2000. DLC-1 is deleted in primary hepatocellular carcinoma and exerts inhibitory effects on the proliferation of hepatoma cell lines with deleted DLC-1. Cancer Res, 60(23):6581-6584.

Ogden SK, Lee KC, Barton MC. 2000. Hepatitis B viral transactivator HBx alleviates p53-mediated repression of alpha-fetoprotein gene expression. J Biol Chem, 275(36):27806-27814.

Ohtani N, Yamakoshi K, Takahashi A, et al. 2004. The p16INK4a-RB pathway: molecular link between cellular senescence and tumor suppression. J Med Invest, 51(3-4):146-153.

Pakin DM, Bray F, Ferlay J, et al. 2005. Global cancer statistics. CA Cancer JClin, 55(2):74-108.

Parsons R. 2004. Human cancer, PTEN and the PI-3 kinase pathway. Semin Cell Dev Biof, 15:171-176.

Purtilo DT, Gottlieb LS. 1973. Cirrhosis and hepatoma occurring at Boston City Hospital (1917-1968). Cancer, 32(2): 458-462.

Rohrschneider LR, Bourette RP, Lioubin MN, et al. 1997. Growth and differentiation signals regulated by the M-CSF receptor. Mol Reprod Dev, 46(1):96-103.

Santoni-Rugiu E, Nagy P, Jensen MR, et al. 1996. Evolution of neoplastic development in the liver of transgenic mice co-expressing c-myc and transforming growth factor-alpha. Am J Pathoi, 149(2): 407-428.

Shen YH, Zhang L, Gan Y, et al. 2006. Up-regulation of PTEN (phosphatase and tensin homolog deleted on chromosome ten) mediates p38 MAPK stress signal-induced inhibition of insulin signaling. A cross-talk between stress signaling and insulin signaling in resistin-treated human endothelial cells. J Biol Chem, 281(12):7727-7736.

Tanaka K, Hara M, Sakamoto T, et al. 2007. Inverse association between coffee drinking and the risk of hepatocellular carcinoma: a case-control study in Japan. Cancer Sci, 98(2):214-218.

Thomas MB, Abbruzzese JL. 2005. Hepatocellular carcinoma: the need for progress. J Clin Oncol, 23: 8093-8108.

Ueki T, Fujimoto J, Suzuki T, et al. 1997. Expression of hepatocyte growth factor and its receptor c-met proto-oncogene in hepatocellular carcinoma. Hepatology, 25(4):862-866.

Vazq uez F, Devreotes P. 2006. Regulation of PTEN function as a PIP3 gatekeeper through membrane interaction. Cell Cycle, 5 (14):1523-1527.

Wang W, Yang LY, Yang ZL, et al. 2003. Expression and significance of RhoC gene in hepatocellular carcinoma. World J Gastroenterol, 9(9):1950-1953.

Wong CM, Lee JM, Ching YP, et al. 2003. Genetic and epigenetic alterations of DLC-1 gene in hepatocellular carcinoma. Cancer Res, 22(63):7646-7651.

Yin ZH, Huang ZX, Liu TF, et al. 2004. Exploration of multigene, multistep and multipathway model of nasopharyngeal and colorectal carcinogenesis. Chinese Joural of Oncology, 26(3):135-138.

Yu MW, Chen CJ. 1993. Elevated serum testosterone levels and risk of hepatocellular carcinoma. Cancer Res, 53(4): 790-794.

Yuen MF, Tanaka Y, Fong DY, et al. 2009. Independent risk factors and predictive score for the development of hepatocellular carcinoma in chronic hepatitis B. Journal of Hepatology, 50(1):80-88.

Zhang L, Yu Q, He J, et al. 2004. Study of the PTEN gene expression and FAK phosphorylation in human hepatocarcinoma tissues and cell lines. Mol Cell Biochem, 262(1-2):25-33.

第三十一章　结直肠癌相关癌基因

第一节　肠癌的概况

一、肠的概况

肠包括小肠及大肠。由于小肠恶性肿瘤仅占胃肠道恶性肿瘤的 1%，目前针对肠癌的相关基因研究主要集中在大肠癌，故本章主要探讨大肠癌的相关基因。

大肠(large intestine)是消化管的下段，从回盲瓣至肛管，可分为结肠、直肠和肛管。全长约 1.5m，全程围绕于空肠、回肠的周围，根据其走行和分布将结肠进一步分为盲肠(6～7cm)、升结肠(12～20cm)、横结肠(35～50cm)、降结肠(25～30cm)和乙状结肠(约 40cm)5 部分，升结肠与横结肠、横结肠与降结肠之间分别存在着肝曲和脾曲，但事实上各部分结肠间的分界并无明确标志。大肠具有 3 种特征性结构，即结肠带、结肠袋和肠脂垂，它们是鉴别大小肠的主要依据。腹膜在直肠周围返折形成直肠膀胱陷凹或直肠阴道陷凹，可借直肠指诊帮助诊断是否腹腔肿瘤种植等。大肠壁分为外膜层、肌层、黏膜下层和黏膜层。大肠的消化功能较弱，其主要功能为吸收水分、维生素和无机盐，并将食物残渣形成粪便，排出体外。

升、降结肠的后壁通常直接与后腹膜腔接触，而前壁和侧壁表面覆盖着腹膜。这些后面的连接可以阻止升、降结肠明显的移动，增加手术切除的难度。相反，横结肠完全被腹膜包绕，并由一段长的系膜支撑。随着乙状结肠远端连接直肠，腹膜覆盖相应减少。直肠 12～15cm，从直肠乙状结肠交界处延续到耻骨直肠肌环。上 1/3 的直肠前面和两侧都由腹膜覆盖。随着中 1/3 的直肠深入盆腔，只有前壁覆盖腹膜，其构成了直肠子宫陷窝或直肠膀胱陷窝的后界。下 1/3 的直肠没有腹膜覆盖，且与包括骨盆在内的周围结构关系密切。远端直肠癌没有浆膜屏障易侵入周围结构，受盆腔深处狭小空间的限制增加了切除的难度。

二、结直肠的解剖

(一) 结肠

结肠(colon)起源自末端回肠，以回盲瓣与回肠相隔，在第三骶椎上缘外结肠带逐渐消失而成直肠。包括盲肠、升结肠、横结肠、降结肠和乙状结肠 5 部分。

1. 盲肠　盲肠(cecum)为结肠的起始部，常位于右髂窝内。盲肠长为 6～7cm，粗而短，也因为如此盲肠如果发生肿瘤常不会引起梗阻，而多以贫血、乏力及排便习惯改变为症状。盲肠通常是腹膜内位，没有系膜，偶尔存在的系膜因活动度大而称为移动性盲肠。其左侧接回肠末端，开口处黏膜有部分平滑肌环形增厚形成回盲瓣(ileocecal valve)，其后内侧壁有阑尾附着(三者合称为回盲部)，上方延续于升结肠，右侧为右结肠旁沟，后面为髂腰肌，前面邻腹前壁,并常被大网膜覆盖。盲肠壁的三条结肠带下端汇聚,续于阑尾根部,是手术时寻找阑尾根部的标志。

2. 升结肠及肝曲 自盲肠向上延伸即为升结肠(ascending colon),其在肝下转向之处为肝曲(hepatic flexure),肝曲向左延伸即到达横结肠。全长为 12 ~ 20cm,一般为腹膜间位,其后借疏松结缔组织与腹后壁相贴,因此,有时升结肠病变可累及腹膜后间隙。升结肠内侧为右肠系膜窦及回肠袢,外侧右结肠旁沟,上通肝肾隐窝,下通右髂窝和盆腔,肝周脓肿可借此蔓延。毗邻右肾、右输尿管及十二指肠,有时肝曲癌可浸润十二指肠形成内瘘。

3. 横结肠 横结肠(transverse colon)位于肝曲与脾曲之间,全长为 35 ~ 50cm,属腹膜内位器官而且是结肠中游离度最大的部分。其上方与肝、胃相邻,下方与空肠、回肠相邻,因此常随肠胃的充盈变化而升降。胃充盈或直立时,横结肠大部分可降至脐下,甚至垂入盆腔。

4. 脾曲和降结肠 横结肠与降结肠(descending colon)之间的转折即为脾曲(splenic flexure),较肝曲高,相当于第 10 ~ 11 肋位置,其侧方借膈结肠韧带附于膈下,后方贴靠胰尾和左肾,前方邻胃大弯并被肋弓所遮掩,因此,脾曲肿瘤不易被扪及。降结肠自脾曲至乙状结肠,长为 25 ~ 30cm,属腹膜间位,内侧是左肠系膜窦及空肠袢,外侧是左结肠旁沟,由于左膈结肠韧带发育好,故左结肠旁沟积液只能向下流入盆腔。

5. 乙状结肠 乙状结肠(sigmoid colon)位于直肠与降结肠之间,长约 40cm。为腹膜内位器官并有系膜,因其系膜短于乙状结肠肠管,故弯曲呈"乙"字形。其横过左侧髂腰肌、髂外血管、睾丸(卵巢)血管和输尿管前方降入盆腔。

(二)直肠

直肠(rectum)位于盆腔的后部,平骶岬处上接乙状结肠,穿过盆膈转向后下,至尾骨平面与肛管相连,全长 15cm。以腹膜返折为界,上部直肠与结肠粗细相同,下部扩大成直肠壶腹,是暂存粪便的部位。上段直肠的前面和两侧有腹膜覆盖,前面的腹膜返折成直肠膀胱陷凹或直肠子宫陷凹。如果该陷凹有炎性液体或腹腔肿瘤盆底种植转移时,直肠指诊可以帮助诊断;如果有盆腔脓肿可穿刺或切开直肠前壁进行引流。下段直肠全部位于腹膜外。男性直肠下段的前方借直肠膀胱隔与膀胱底、前列腺、精囊腺、输精管壶腹及输尿管盆段相邻。女性直肠下段借直肠阴道隔与阴道后壁相邻。直肠后方是骶、尾骨和梨状肌。

三、大肠的组织结构特点及生理功能

(一)大肠的组织结构特点

盲肠、结肠、直肠的组织结构基本相同,由外到内依次为外膜、肌层、黏膜下层、黏膜层。

(1)外膜:在盲肠、横结肠、乙状结肠为浆膜,在升结肠和降结肠的前壁为浆膜,后壁为纤维膜。在直肠上 1/3 段的大部分、中 1/3 段的前壁为浆膜,其余为纤维膜。外膜结缔组织中常有脂肪细胞集聚构成的肠脂垂。

(2)肌层:由内环形和外纵向两层平滑肌组成。内环形肌节段性局部增厚,形成结肠袋;外纵向肌局部增厚形成 3 条结肠带,带间的纵向肌变薄,甚至缺如。

(3)黏膜下层:在结缔组织内有小动脉、小静脉和淋巴管,可有成群的脂肪细胞。

(4) 黏膜层:表面光滑,无绒毛;在结肠袋之间的横沟处有半月形皱襞,在直肠下段有3个横行的皱襞(直肠横襞)。上皮为单层柱状,由吸收细胞和杯状细胞组成。固有层内有稠密的大肠腺(也称为肠隐窝),呈长单管状,除含吸收细胞、大量杯状细胞外,尚有少量干细胞和内分泌细胞,分泌黏液、保护黏膜是大肠腺的重要功能。固有层内可见孤立淋巴小结。黏膜肌层由内环肌和外纵肌两层平滑肌组成。

(二) 大肠的生理功能

大肠具有消化和吸收的功能,但其消化作用较弱,主要生理功能为吸收水和电解质,参与机体对水、电解质平衡的调节,吸收由结肠内微生物合成的维生素B复合物和维生素K,完成对食物残渣的加工,并暂时储存粪便,以及将粪便排出体外。

(1) 消化功能:大肠中的消化作用较弱,主要依赖大肠中的细菌酶使植物纤维素和食物残渣进一步分解。

(2) 吸收功能:消化道大部分的水和电解质在小肠中已被吸收,进入大肠的水分为500~1500ml,经大肠吸收后,最后粪便中排出的水分为100~150ml。大肠主动通过细胞膜钠泵吸收钠,并通过钠的吸收调节水分的吸收和钾的排出。除钠和水分外,镁、钙、氨及胆汁酸等均可在大肠中被吸收。大肠内的细菌,如大肠杆菌等能利用肠内较为简单的物质合成维生素B复合物和维生素K,并在肠内被吸收而为人体所用。

(3) 储存及排便功能:大肠的袋式往返运动少而缓慢,对刺激的反应也较迟缓,这些特点有利于粪便在大肠内暂时储存。当肠蠕动将粪便推入直肠时,刺激直肠壁内感受器,诱发排便反射而使粪便排出。

第二节　肿瘤基因与肠癌

大肠癌(主要指结直肠癌)是世界上最常见的恶性肿瘤之一,在欧洲和北美洲的高发病率已持续了半个多世纪,在美国2005年预期癌症新发病例和死亡病例中,结直肠癌在男性、女性中均列第三位。在中国,结直肠癌居肿瘤发病率和病死率的第三、第四位,而且呈现发病率不断攀升和发病低龄化的特点。

结直肠癌按其发病类型可分为散发性和遗传性两种。散发性结直肠癌大约占结直肠癌的70%,既没有家族性背景也没有遗传倾向,多发生于50岁以上,可能与饮食、环境等因素有关。遗传性结直肠癌的主要表现为遗传综合征,这类患者有结直肠癌的遗传倾向和家族聚集性。其遗传综合征包括:以结肠息肉为主要表现,如家族性腺瘤性息肉病(familial adenomatous polyposis,FAP)和错构瘤息肉综合征;不以息肉为主要表现,如林奇综合征(Lynch syndrome)[原称为遗传性非息肉性结直肠癌(hereditaynonpolyposis colorectal cancer,HNPCC)],是最常见的一种遗传性结直肠癌综合征,占结直肠癌的2%~5%。但遗传性结直肠癌也有不以遗传综合征为表现的。所以还有把结直肠癌分为3类的分法,即遗传性、散发性和家族性,把不以遗传综合征为表现的结直肠癌划分为家族性。

因结直肠癌的治疗结果受到多层次因素的影响,所以针对个体肿瘤易感性、治疗预后因素、抵抗或敏感因子的基因学研究成为目前的热点方向。本节就结直肠癌相关基因学的研究做简要概述。

一、原癌基因途径激活

1. ras ras 基因是一种原癌基因,首先发现于大鼠肉瘤(rat sarcoma)病毒,调控细胞的生长和分化,其激活是人体肿瘤发生过程中最常见的基因异常。ras 基因位于 12 号染色体上。ras 家族由 H-ras、N-ras 和 K-ras 3 个成员组成,其中 K-ras 基因的突变在人类肿瘤中最常见。ras 基因的蛋白质产物为分子质量为 21kDa 的低分子蛋白 p21,该蛋白质能与 GTP /GDP 结合,并且具有 GTP 酶活性。当正常细胞受到生长因子受体刺激时,Ras 蛋白与 GDP 分离而与 GTP 结合,Ras 蛋白被活化。活化的 Ras 蛋白 p21 通过 Raf-1 和刺激 MAPK 通路将生长因子的信息传递给细胞核,随后 GTP 水解成 GDP,p21 失活。突变的 ras 基因的蛋白质产物不能将与之结合的 GTP 水解,Ras 蛋白持续处于活化状态,因而持续的刺激细胞增殖。大约 40% 结直肠癌病例发生 K-ras 癌基因点突变,这些点突变主要位于第 12 位、第 13 位和第 61 位密码子,并且以第 12 位密码子最为常见。同一肿瘤中存在不同的 ras 突变说明导致 ras 突变的条件很多。同时,突变的 ras 可下调抑癌基因 COX-2。K-ras 基因激活突变与抑癌基因 p16 启动子区甲基化高度相关。ras 基因激活后通过 Ras/Raf、Ras/PI3K 和 Ras/Ras 3 个转导途径发挥功能。

研究发现,超过 50% 结直肠癌患者都存在 K-ras 的过表达,并且突变出现在结直肠癌的早期,因此 K-ras 基因可以作为结直肠癌早期检测的标志物。Hsieh 等的研究发现,检测血清中 K-ras、结肠腺瘤性息肉病(adenomatous polyposis coli,APC)基因和 p53 蛋白的表达水平可以有效预测结直肠癌是否具有高转移倾向。血清中 K-ras 基因的表达可以反映结直肠癌肿瘤组织的 K-ras 基因突变情况,为检测肿瘤提供了良好的靶点。

结直肠癌 K-ras 基因突变率在各个国家和地区并不相同,在欧美为 30% ~ 68% ,中国台湾、新加坡和日本为 17% ~ 28% ,在中国大陆为 14% ~ 43% 。Yuan 等发现,发生点突变频率最高的序列是第12 位密码子从 G→A 的转变。K-ras 基因在第 12 位、第 13 位密码子的突变与年龄、肿瘤的位置有关。Onozato 等通过研究后发现,对经过有效治疗的年轻结直肠癌患者,K-ras 有很好的预测价值;对有 K-ras 突变的年轻结直肠癌患者,抑制 K-ras 突变可能是治疗结直肠癌患者的一个靶点。

2. BRAF BRAF 基因是 1988 年由 Ikawa 等首先在人类尤文肉瘤中发现并克隆确认的、一种能转染 NIH 3T3 细胞且有活性的 DNA 序列。BRAF 基因位于7q34,BRAF 蛋白的主要功能为有丝蛋白激酶(MAPK)通路中的丝氨酸/苏氨酸蛋白激酶,该激酶帮助信号从 Ras 转导至 MEK1/2,是 Ras-Raf-MEK-ERK-MAPK 信号通路重要的转导因子,位于 MAPK 通路入口处,它将细胞表面的受体和 Ras 蛋白通过 MEK 和 ERK 与核内的转录因子相连接,激活多种因子,包括 Cyclin D1、Cyclin D2、Cyclin D3、VEGF、c-Myc 等,参与调控细胞内多种生物学事件,如细胞的生长、分化和凋亡等。

Davies 等报道,约 15% 的结肠癌中存在体细胞 BRAF 基因错义突变。突变后持续性激活 MAPK 通路,使前有丝分裂原有效分裂能力增强,同时,通过抑制促凋亡因子 BM,导致细胞异常增殖和分化。研究发现,BRAF 基因突变参与了锯齿状成瘤途径,即“畸形隐窝灶-增生性息肉-锯齿状腺瘤-癌”途径。此途径与 CpG 岛甲基化和微卫星不稳定性均有密切关系。

3. 磷酸肌醇 3-激酶 磷酸肌醇 3-激酶(phosphoinositide 3-kinase,PI3K)是一种可使肌醇环第三位羟基磷酸化的磷脂酰肌醇激酶。组成性活化的 PI3K-AKT 信号通路在广泛的人类肿瘤谱中失调。其主要是由于 PI3KCA 基因编码的 PI3K 扩增和/或其他多种因素导致的 AKT 的过度活化,或者是该通路某些调控成分如(PTEN)的突变所导致的功能缺失。1/3 结直肠癌存在体细胞 PI3KCA 突变,编码催化的 PI3K 亚单位。可替代 PI3KCA 突变的基因改变包括 PI3K 信号通路抑制剂 PTEN,以及 PI3K 上游激活剂胰岛受体底物 2(IRS2)和 PI3K 下游介质 AKT、PAK4 的共扩增。

4. c-myc c-myc 癌基因在转录和细胞周期调节中起着十分重要的"分子开关"作用。其作为转录因子细胞周期调控因子,参与细胞的增殖、分化及凋亡,并与肿瘤的发生、发展密切相关。c-myc 突变是一个早期事件,其是腺瘤前阶段突变基因,定位在 8q24 区段。c-Myc 主要通过 C 端碱性/螺旋-环-螺旋/亮氨酸拉链区与同样含有 C 端碱性/螺旋-环-螺旋/亮氨酸拉链结构的 MAX 蛋白形成异二聚体,特异地识别其靶基因 DNA 序列中的 CACGTG 核心序列,并与之结合,调控 DNA 的复制。并且,c-myc 还可以促进染色体的不稳定性以及通过诱导活性氧簇导致基因组不稳定性,发挥转录调节作用。

家族性大肠息肉与正常肠黏膜比较,c-myc 基因表达增强,但 c-fos 基因表达下降。c-myc 被认为是腺瘤样结肠息肉基因(adenomatous polyposis coli,APC)通路上的一个靶点。Src 截短突变占被检测结直肠癌的 12%,这种突变可促进结直肠癌细胞的转移潜能。大约 70% 结直肠癌病例均呈现 c-myc 癌基因过度表达,并且在转移癌中 c-myc mRNA 的表达水平明显高于原发癌。c-myc 癌基因外显子 3 位点在 66% 结肠腺癌和 83% 转移组织中发生低甲基化,而在正常结肠黏膜中只占 9%。流行病学研究表明,c-myc 基因失活可以抑制肿瘤的发生,提示其可以作为肿瘤治疗的分子靶点。

5. bcl-2 bcl-2 基因是由 Tusjimoto 等在人类滤泡型淋巴瘤研究中首先发现而命名的;bcl-2 基因是目前公认的细胞凋亡抑制基因,其在肿瘤发病中的作用不是促进细胞增殖,而是通过抑制细胞凋亡,延长细胞寿命而导致异常细胞的积蓄。单独的 bcl-2 高表达并不能影响肿瘤的发生,但 bcl-2 可与某些癌基因和病毒产物协同作用于肿瘤的发生。有研究报道,Bcl-2 蛋白在结肠癌组织中阳性表达与 p53 蛋白表达呈正相关,提示两种凋亡相关蛋白在结肠癌的发生、发展过程中可能起着一定的协同作用。Sun 等发现,Bag-1 和 Bcl-2 在结直肠癌组织中高表达,且两者的表达呈正相关,认为其可以作为结肠癌早期诊断的分子标志物。

二、抑癌基因变异失活

1. APC 结直肠癌发生过程包括多种基因改变,但部分信号通路已被确认为肿瘤形成的关键因素。其中 Wnt 信号通路的激活被普遍认为是结直肠癌发生的初始事件。当 β-链蛋白结合到细胞核 T 细胞因子时产生基因调节的转录因子。APC 作为 β-链蛋白降解复合体的组成部分,不仅降解 β-链蛋白,而且抑制其在核定位。

APC 定位于染色体 5q21。APC 基因突变在大肠癌发生腺瘤—腺癌序列中早于 K-ras 和 p53 基因突变,被称为大肠癌发生的"门卫基因"。APC 基因突变可产生截短的无活性 APC 蛋白,截短的 APC 蛋白可以通过与野生型 APC 基因产物结合而产生一种负显性作用,使其不能正常发挥生理功能,导致细胞黏附、生长、分化、增殖、凋亡调控和细胞内信号等方面的重要改变,使细胞发生癌变。

结直肠癌最常见的突变是使编码 APC 蛋白的基因失活。在缺乏功能性 APC 的情况下,β-链蛋白-Wnt 信号通路失控并激活。生殖系统 APC 突变导致家族性多发性大肠腺瘤病。家族性多发性大肠腺瘤病是一种常染色体显性遗传病,APC 基因突变是其发生的分子遗传学基础,该病患者可产生 100 个以上的腺瘤;突变基因的携带者,40 岁后结直肠癌的发病风险几乎达到 100% 。而体细胞突变和缺失同样灭活了 APC 的表达,这出现在大多数散发性结直肠腺瘤和腺癌中。在针对野生型 APC 的肿瘤患者亚组分析中,β-链蛋白突变产生对 β-链蛋白降解复合体的抵抗,从而激活 Wnt 信号通路。

Arnold 等发现,染色体 5q 上发生 LOH 且 APC 表达降低的散发性结直肠癌病例,其 APC 启动子发生异常高甲基化的频率明显高于染色体 5q 上发生 LOH 但 APC 表达正常的病例。Deng 等发现,APC 启动子区中 CpG 位点的异常甲基化总是与 APC 功能的失活有关。Owen 等研究发现,大多数结直肠癌的早期改变都源于 APC 基因缺失,APC 基因缺失后,K-ras 基因激活可以加速肿瘤形成,促进其转移。Hsieh 等研究发现,血清 APC 表达与结直肠癌的淋巴结转移和 TNM 分级密切相关,检测血清中 APC、K-ras、p53 蛋白的表达水平,可以有效预测结直肠癌是否具有高转移倾向。

2. TP53 通过 TP53 突变灭活 p53 通路是结直肠癌发生的第二个关键基因步骤。TP53 定位于人类 17 号染色体短臂(17p13. 1)。TP53 具有进化保守性,可在 DNA 水平上调节细胞的正常生长,是细胞生长的重要负调节因子。TP53 分为野生型和突变型。野生型 p53 主要通过阻止细胞进入 S 期,从而抑制细胞的增殖而发挥抗肿瘤作用。更重要的是,野生型 p53 基因在诱发细胞凋亡中起着重要作用,而突变型 p53 则失去了对细胞周期监控的作用,导致细胞无限增殖。因而,TP53 的突变或失活是多种肿瘤发生、发展过程中的重要事件。在大多数肿瘤中,TP53 两个等位基因失活,通常一个是错义突变灭活 p53 转录活性,另一个是 17p 染色体缺失。TP53 失活常常与大腺瘤发展为侵袭性腺癌同时发生。许多结直肠癌中存在错配修复缺陷,虽然 TP53 仍为野生型,但突变的 BAX 降低了 p53 通路的活性,从而无法调节凋亡。TP53 突变是结直肠癌细胞获得浸润转移功能的重要机制。p53 mRNA 的阳性表达可作为评估结直肠癌转移和生存期限的分子生物学指标之一。p53 蛋白的异常表达是癌变细胞的标志之一。p53 蛋白表达与患者预后密切相关。Zhu 等研究表明,p53 高表达的结直肠癌患者肝转移的危险性增加。

3. TGF-β 途径 TGF-β 是一种多功能的肽类物质,因其与肿瘤关系密切,自 1978 年 Delarco 等发现以来,一直受到人们的关注。按生物学特性 TGF 分为 TGF-α、TGF-β1、TGF-βRⅠ和 TGF-βRⅡ表达。突变灭活 TGF-β 信号通路是结直肠癌发生的第 3 个重要步骤。在近 1/3 的结直肠癌患者中存在体细胞突变 TGF-βRⅡ失活。错配修复缺陷肿瘤中,TGR-βRⅡ由于移码突变而失活。在一半以上带有野生型错配修复基因的结直肠癌中,通过灭活错义突变影响 TGF-βRⅡ激酶结构域,或者更常见的是通过突变和缺失灭活 TGF-β 信号通路下游因子 Smad4 或配偶转录因子 Smad2 和 Smad3,从而终止 TGF-β 信号通路。TGF-β 信号通路灭活突变与腺瘤往高级别上皮内瘤变或癌的转变同时发生。

4. 结直肠癌缺失基因 结直肠癌缺失基因(deletion colorectal carcinomagene, DCC)首先由 Fearon 等在 1990 年确定,表达Ⅰ型跨膜糖蛋白,主要由 3 个功能区组成。研究发现,大肠癌中随着恶性程度提高,DCC 基因缺失率随之上升。它是目前测序最长的抑癌基因。DCC 的氨基酸序列与神经细胞表面受体及其他相关的细胞表面糖蛋白具有同源性,这提示 DCC 蛋白功能的丢失会降低细胞之间的相互作用和黏附力,增加肿瘤细胞的克隆性扩张,提高瘤细胞的转移能力。大约 10% 的结直肠腺瘤和 75% 的结直肠癌患者存在 18 号染色体长臂缺失,DCC 被证明位于这个区域上。DCC 在肿瘤中失活的机制主要与等位基因缺失、插入、点突变及基因的甲基化等有关。Saito 等应用 Western blot 和免疫组织化学法研究了 23 例结肠癌标本,发现肿瘤中 DCC 基因的缺失率为 66.7% ,其编码产物 DCC 蛋白在癌组织中的表达水平比在癌旁正常黏膜和腺瘤中都显著下降,并与肿瘤分化类型和远处转移相关,DCC 蛋白缺失的患者复发率更高、5 年生存率更低。多个研究发现,DCC 蛋白表达与肿瘤浸润深度、有无淋巴结转移、Dukes 分期密切相关,DCC 突变结直肠癌患者的 5 年生存率明显低于无突变者。所以对 DCC 基因的检测在研究大肠癌进展及预后方面具有重要意义。

5. p16　p16 是 1994 年发现的一种抑癌基因,也称为多肿瘤抑癌基因 1(multiple tumor suppressor 1,MTS1),直接参与调控细胞周期,负调节细胞增殖及分裂。其位于人类 9 号染色体短臂 21 上,由 3 个外显子和 2 个内含子组成,其中长度为 307bp 的外显子 2 编码相对分子质量为 16kDa 的蛋白质(p16 蛋白),即细胞周期蛋白和抑制蛋白。正常细胞在分裂增殖周期中,G_1 期→S 期和 G_2 期→M 期是两个主要的时期转换点。p16 蛋白可结合细胞周期蛋白依赖性激酶 4(CDK4)并使其失活,阻碍细胞从 G_1 期进入 S 期,从而阻止细胞的增生和增殖。一旦 p16 基因发生缺失、突变,可导致 p16 蛋白合成障碍、细胞增殖失控并可能导致恶性肿瘤发生。有研究发现,p16 基因的主要失活机制是启动子高甲基化和纯合性缺失,而基因突变比较少见。p16 基因是一种广泛的多肿瘤抑制基因,其适度表达可发挥阻抑细胞周期演进的功能。研究证实,p16 基因由于高甲基化而失活在脑部肿瘤、乳腺癌、结肠癌、头颈部肿瘤、肺癌及白血病中都有报道。p16 基因无论在体内还是体外均有抑制和调节大肠癌细胞增殖的作用。

三、与血管生成有关的基因

1. Arresten　血管生成抑制因子 Arresten,是继血管生成抑素、内皮抑素和肿瘤抑素之后,新发现的肿瘤血管生成抑制因子。体内实验证明,Arresten 通过抑制血管内皮细胞增殖和迁移并诱导内皮细胞凋亡而抑制肿瘤血管生成。Long 等将质粒 pSecTag2-arresten 转染至 LOVO 细胞中,结果显示,转染成功后 LOVO 细胞的转移率低于对照组,pSecTag2-arresten 组裸鼠形成的肿瘤结节数和肿瘤微血管密度均低于对照组。故推测,Arresten 可能通过抑制肿瘤血管生成来抑制结直肠癌的肝脏转移。

2. Canstatin　Canstatin 是最新发现的基底膜来源人Ⅳ型胶原肿瘤血管生成抑制因子。它能显著诱导内皮细胞凋亡,抑制肿瘤血管形成,并促进肿瘤细胞迅速发生凋亡和(或)坏死。Kamphaus 等发现,Canstatin 可呈剂量依赖性地抑制体外培养的牛肺主动脉内皮细胞和人脐静脉内皮细胞的增生,并抑制内皮细胞的迁移和管状结构的形成,诱导内皮细胞凋亡,抑制新生血管生成。于泳等发现,Canstatin mRNA 在结肠癌组织中低表达,且分化程度越高,Canstatin mRNA 的表达越高,故推测其低表达可能与结肠癌的发生、侵袭有关系。

四、其他基因

1. 错配修复基因　错配修复基因(mismatch repair gene,MMR 基因)包括 hMSH2、hMSH3、hMSH6、hMLH1、hPMS1、hPMS2,被认为是“看护基因”,负责基因组的稳定性;该系统基因突变即可导致所有基因,包括 APC 基因的突变率增高,最终导致结直肠癌发生。

MMR 基因突变引起的微卫星序列改变被称为微卫星不稳定(microsatellite instability, MSI)。在人类的基因组中具有许多微卫星灶,在 DNA 复制过程中,某些微卫星灶中发生的突变是由于这些重复亚单位出现错排,导致序列压缩或延长(不稳定性),通常情况下,微卫星不稳定性可被一些错配修复蛋白校正。然而,在一些肿瘤中,错配修复基因发生突变导致错配修复蛋白功能下降,会导致修复失败。遗传性非息肉性结直肠癌(HNPCC)的基因学发病基础是微卫星不稳定,即错误序列的重复出现,在 HNPCC 家族中,至少有一种已知的 MMR 基因发生突变。最常发生的是 hMLH1 与 hMSH2,这两者的突变可达 HNPCC 患者的 85%。MMR 基因突变还导致 15%~20% 的散发性结直肠癌。错配修复基因突变也可导致 Bax 的等位基因移码突变,而 Bax 基因是凋亡通路中的核心基因。细胞分裂过程中持续存在的 DNA 错误被认为与错配修复酶和错配 DNA 间的异常结合有关,同时发现错配修复蛋白之间也可以相互反应。有研究发现,某些生殖系的 hMLH1 突变会导致 hMLH1 与 hPMS2 无法直接结合。这种蛋白质与蛋白质之间相互作用的失调与 HNPCC 有关。发生在错配修复基因中的等位基因生殖系突变导致 HNPCC。很多散发性结直肠癌虽然同样存在微卫星不稳定,但拥有野生型的错配修复基因。有研究表明,尽管这些基因是野生型的,但错配修复酶的蛋白质水平是异常的。Veigl 等发现,负责修复酶表达的启动子区是甲基化的,这样会降低错配修复酶的表达。另一项研究也赞同该结果,即 HNPCC 与散发性结直肠癌的不同之处是散发性结直肠癌存在 hMLH1 启动子的高甲基化。

2. Survivin Survivin 是细胞凋亡抑制剂家族中的一员,在抗凋亡、抑制细胞周期方面发挥着重要的作用。Survivin 的过表达在越来越多的肿瘤中被发现,并且被发现与肿瘤的侵袭性行为有关。Wang 等将包含 Survivin 的腺病毒重组体转染至 SW480 细胞后,发现 Survivin mRNA 的表达明显下降;Survivin 被沉默之后,凋亡细胞所占的比例升高。由此推测,沉默 Survivin 可以抑制细胞的生长,诱导结肠癌细胞凋亡。有研究等发现 Survivin 的表达与结肠癌的肿瘤分化程度、DUCKS 分期及淋巴结转移密切相关,下调 Survivin 的表达可以增加结直肠癌细胞对化疗、放疗的敏感性。

3. CIAPIN1 CIAPIN1 基因又称为 anamorsin,是一个新近被证实与肿瘤凋亡和多药耐药相关的分子。目前,国内外的研究对 CIAPIN1 在肿瘤发生、过程中所起的作用有两种截然不同的研究结果。在 CIAPIN1 呈低表达的肿瘤细胞株中转染 CIAPIN1 后可抑制肿瘤细胞的增殖;通过小干扰 RNA 技术使 CIAPIN 呈高表达的肿瘤细胞株基因表达沉默后,可抑制肿瘤细胞株的增殖。有研究表明,CIAPIN1 在肺癌、肾脏透明细胞癌组织、食管鳞癌组织中的表达降低或缺失,在肝癌细胞中表达增多。Shi 等研究后发现,CIAPIN1 基因在结肠癌组织中的表达比在癌旁组织和正常组织中的低,并且 CIAPIN1 基因高表达的结直肠癌患者在 5 年的随访中生存时间比那些低表达者要长。

通过对结直肠癌细胞系 LOVO、HCT116、HT-29、SW480、SW620、COLO-205 从蛋白质水平和 mRNA 水平进行研究后发现,CIAPIN1 基因很可能是一个抑癌基因。然而,Katherine 等通过危险度及生存分析的方法发现 50 个基因连用可以精确地预测结直肠癌患者的预后和复发,其中 CIAPIN1 的表达水平与结肠癌预后呈负相关。所以,从目前的研究结果来看,对 CIAPIN1 基因与结肠癌的关系有不同的结论,仍需进一步探讨。

4. nm23 基因 nm23 基因具有抑制肿瘤细胞侵袭和转移表型的功能,属于肿瘤转移抑制基因(tumor metastasis suppressor gene)。nm23-H1 基因是 1988 年 Steeg 等从鼠 K-1735 黑

色素瘤的具有不同转移潜力的细胞系中,经差示杂交分离出来的。人类的 nm23 基因定位于 17 号染色体长臂上,该基因全长 8.5kb,由 5 个外显子及 4 个内含子组成。该基因主要存在于胞质和脂膜上。该基因编码一种分子质量约为 17kDa 的蛋白质,具有二磷酸核苷激酶(NDPK)活性,NDPK 的生物学功能是参与体内三磷酸核苷的生成,通过影响微管聚合状态及 G 蛋白介导的信号转导通路,而调节细胞代谢,从而对肿瘤的增殖、分化、侵袭及转移起重要作用。目前发现 5 种 nm23 基因,分别为 nm23-H1、nm23-H2、nm23-H3、nm23-H4 和 nm23-H5,研究最多的是 nm23-H1。研究发现,通过沉默结肠癌细胞株 nm23-H1 基因表达,可促进肿瘤细胞的转移、游走和侵袭。Leone 等首先报道约 22% 结肠癌中有 nm23 等位基因缺失。Berney 研究认为 nm23-H1 既具有大肠肿瘤转移抑制功能,也与肿瘤浸润发展呈负相关。

五、与结直肠肿瘤治疗相关的基因

(1) 胸苷酸合成酶(thymidylate synthetase, TS):为嘧啶核苷酸合成的限速酶,是肿瘤生长的重要因子。同时,它是氟尿嘧啶(5-FU)发挥细胞毒性作用的目标酶。多项研究显示,TS 基因的 mRNA 表达水平与 5-FU 疗效和不良反应相关。

(2) 二氢尿嘧啶脱氢酶(dehydmpyrimidine dehydrogenase, DPYD):是 5-FU 在肝脏和其他细胞中代谢失活的限速酶,约 1% 人群的 DPYD 活性完全丧失,有 3% ~ 5% 人群的部分丧失。当 DPYD 活性降低或缺失时,5-FU 的分解代谢减弱,导致其在体内清除受阻、不良反应增强;当 DPYD 活性显著增强时,5-FU 分解代谢增强、合成代谢降低,导致其合成代谢生成具有生物活性的核苷类似物的能力减弱,从而出现对 5-FU 的耐药现象。研究显示,TS 和 DPYD 基因的 mRNA 表达水平低的患者生存期明显长于 TS 高表达者。

(3) 甲基四氢叶酸还原酶(methylenetetrahydrofolatereductase, MTHFR):是叶酸代谢途径中的关键酶之一,也是影响个体对 5-FU 的敏感性和不良反应的目标酶,其多态性与表达活性显著相关。MTHFR 野生型患者 5-FU 的有效率显著高于杂合型和突变纯合型者。

(4) 错配修复基因(mismatch repir, MMR):是一种重要的 DNA 复制后修复系统,对维持基因复制的正确性、控制基因突变起重要作用。其中,hMSH2 和 hMLHl 是 MMR 家族中最重要的基因,其基因沉默或蛋白质表达缺失将造成微卫星不稳定(microsatellite instability, MSI),而 MSI 患者不仅不能从 5-FU 为基础的辅助化疗中获益,还有可能降低生存率。另有研究认为,该类患者应用伊立替康加 5-FU 和四氢叶酸(CF)的疗效明显好于应用单纯 5-FU 和 CF。

(5) 核苷酸切除修复交叉互补基因 1(excision repair cross complement 1, ERCC1):ERCC1 是核酸外切修复家族中的重要成员。参与 DNA 链的切割和损伤识别,其表达量直接影响 DNA 修复的生理过程。所有肿瘤细胞中都有 ERCC1 表达,而且表达水平差异很大。研究表明,ERCC1 参与铂类化疗耐药发生。其表达水平及基因多态性与化疗疗效和生存期相关。ERCC 基因家族中的另一个成员 ERCC2 的基因多态性也影响铂类化疗的疗效。其 751 位密码子突变的患者奥沙利铂化疗的疗效减弱。

(6) X 射线交叉互补基因组 1(X-ray cross-complementing 1, XRCC1):XRCC1 的作用是维持基因组的稳定,并通过碱基切除修复和单链断裂修复途径分别有效修复 DNA 碱基的氧化性损伤及单链断裂。研究表明,其表达水平与多种癌症铂类化疗的疗效和生存期呈负相关。目前报道了几种 XRCC1 的多态性,一项研究表明,对于接受 5-FU 加草酸铂为主要化疗方案的晚期结直肠癌(mCRC)患者,其 XRCC1 基因型为 Arg/Arg 或 Arg/Gln 患者的平均生存时间比为 Gln/Gln 基因型患者的长。提示 Gln/Gln 基因型有较大的治疗失败风险。

(7) BRCA1(breast cancer 1)是重要的抑癌基因。其编码的蛋白质在 DNA 损伤和修复中扮演着重要角色,并在基因的转录调节、细胞周期调控、细胞凋亡和中心体复制等过程中起着重要作用。铂类化合物的疗效和不良反应与肿瘤组织中的 BRCA1 基因 mRNA 表达水平密切相关,即 BRCA1 基因 mRNA 表达水平低者对铂类药物敏感,反之表现耐药。

(8) 尿苷二磷酸葡萄糖醛酸转移酶(UGT):其基因多态性与伊立替康的疗效及不良反应有关。其突变型 UGT1*28 的杂合子比野生型对 SN-38 的葡萄糖醛苷化活性低。在中国人中,野生型纯合子(6/6)、杂合子(6/7)和突变型纯合子(7/7)的发生频率分别为 70.2%、27.7% 和 2.1%。其另外两个基因多态性位点(-3156G-A、211G-A)也可以预测伊立替康的毒性。野生型 UGTlAl(6/6)在接受伊立替康治疗时产生不良反应的风险较低。而 UGTIAI*28 的突变型杂合子(6/7)其概率为 12.5%,突变型纯合子(7/7)则为 50%。

(9) 血管内皮生长因子(vascular endothelial growth factor,VEGF)及其受体(VEGFR):VEGF 的主要作用为刺激病理性血管形成,在内皮细胞的增殖、迁移和血管构建中起重要作用。约 50% 的结直肠癌有 VEGF 表达,其表达与肿瘤预后有关。VEGFR 是血管生成抑制剂的主要靶标。VEGFR2 可作为贝伐单克隆抗体治疗结直肠癌的预后指标。

(10) EGFR:也被命名为 c-eRBBl。通过介导一些通路凋节细胞增殖和分化,增加肿瘤细胞的侵袭力、促进血管生成、抑制肿瘤细胞的凋亡。65%~70% 的结肠肿瘤组织过表达 EGFR。研究发现,EGFR 的表达与肿瘤临床分期、淋巴结受累及其范围、血管浸润转移等关系密切。EGFR 与患者预后及低生存率是否密切相关仍存在争议,是结直肠癌分子靶向药物的主要基因之一。

(11) K-ras 基因:位于 12 号染色体短臂上,其调控的蛋白质为编码 p21 的 Ras 蛋白。人类 K-ras 基因有两种类型,即野生型(wild-type)和突变型(mutation)。野生型的 K-ras 基因是受上游的 EGFR 信号调控的。但在 K-ras 基因发生突变时,K-ras 蛋白处于持续活化状态,即使应用 EGFR 拮抗剂阻断了 EGFR 信号的转导,但突变的 K-ras 基因因其不受影响,仍然可以使 EGFR 下游的信号通路继续,肿瘤细胞继续增殖和生长。在很多实体恶性肿瘤中,K-ras 基因都可发生突变,在结直肠癌中的突变发生率为 40% 左右。常见的突变方式为基因点突变,发生部位在第 12 密码子和第 13 密码子(两者占 90%)及第 61 位密码子(<5%)。其中任何一点的突变都可以使 EGFR 拮抗剂治疗失败。

(12) CD117 和 CD34:胃肠道间质瘤(gastrointestinal stromal tumor,GIST)是一组独立起源于胃肠道间质干细胞的肿瘤,免疫表型表达细胞表面分化抗原 C-Kit 蛋白(CD117)和 CD34 等。

CD117 是原癌基因编码的跨膜酪氨酸激酶受体,与其配体 SCF(stem cell factor)结合后,通过多条信号转导通路,最终活化胞质内的转录因子,调节基因表达,控制细胞的生长、增殖和分化。C-Kit 基因的突变可刺激肿瘤细胞持续增殖和抗凋亡信号的失控,有利于肿瘤的恶性克隆。血小板源性生长因子受体(PDGFR-α)为一种单链跨膜糖蛋白,与 CD117 基因同属于Ⅲ型酪氨酸激酶家族。PDGFR-α 仅与配体结合形成受体配体复合物并活化 PDGFR-α,激活磷酸酰肌醇、cAMP 和多种蛋白质的磷酸化途径及其他改变,再通过信号转导通路将有丝分裂等信号传递入细胞核，诱导基因表达，促进 DNA 合成，引起细胞分裂和增殖。其基因多态性与伊马替尼的疗效相关。

CD34 是唾液酸黏蛋白样的跨膜磷酸糖蛋白，在 GIST 中有较高的表达率，70%～80% 的 GIST 患者 CD34 表达为阳性。但在内皮细胞、纤维原细胞及其他的一些肿瘤，如卡博肉瘤、纤维源性肿瘤中也有 CD34 表达。

六、总结

普遍认为结直肠癌发生为多阶段、多基因参与的过程，为癌基因、抑癌基因及其他多种基因相互作用的结果。肿瘤在发生和发展过程中受到许多基因的调控，通常表现为癌基因的增强和抑癌基因的活性下调或缺失。上述基因单独或共同发生改变可调控结直肠癌的生物学行为。

针对结直肠癌的众多分子水平研究为高危家族性遗传病患者的基因检测、为特定患者选择合适治疗药物的基因标志物及为早期癌变的分子学诊断提供了非常重要的工具。不仅一些高频率突变基因可以作为研发药物的靶点，这些突变的下游信号通路更容易成为治疗靶点。

寻找更多的与大肠癌相关的肿瘤基因，研究它们的生物学特性及具体作用机制有助于控制肿瘤转移、防止复发、改善预后。相信随着分子生物学技术的发展和对大肠癌发病机制研究的深入，将会有越来越多的与大肠癌转移密切相关的基因被发现，与其相关的生物学规律和分子调控机制被揭示，从而有助于了解大肠癌的发病机制和更加有效地对大肠癌进行早期诊断与治疗。

（李金銮　朱向高）

参考文献

Birnbaum DJ, Laibe S, Ferrari A, et al. 2012. Expression profiles in stage Ⅱ colon cancer according to APC gene status. Translational Oncology, 5:72-76.

Bordonaro M. 2009. Modular Cre/lox system and genetic therapeutics for colorectal cancer. Journal of Biomedicine &Biotechnology , 2009:12.

Capper D, Voigt A, Bozukova G, et al. 2013. BRAF V600E-specific immunohistochemistry for the exclusion of Lynch syndrome in MSI-H colorectal cancer. International Journal of Cancer Journal International du Cancer, 133:1624-1630.

Dassow H, Aigner A. 2013. MicroRNAs (miRNAs) in colorectal cancer: from aberrant expression towards therapy. Current Pharmaceutical Design, 19:1242-1252.

Deng Y, Wang J, Wang G, et al. 2013. p55PIK transcriptionally activated by MZF1 promotes colorectal cancer cell proliferation. Biomed Res Int, 2013: 868131.

Fan YS. 2013. Companion Diagnostic Testing for Targeted Cancer Therapies: An Overview. Genetic Testing and Molecular Biomarkers, 17:515-523.

Galbiati S, Damin F, Pinzani P, et al. 2013. A new microarray substrate for ultra-sensitive genotyping of KRAS and BRAF gene variants in colorectal cancer. PloS One, 8:e59939.

Gonzalez-Vallinas M, Molina S, Vicente G, et al. 2013. Antitumor effect of 5-fluorouracil is enhanced by rosemary extract in both drug sensitive and resistant colon cancer cells. Pharmacological research: the official journal of the Italian Pharmacological Society, 72:61-68.

Guedes JG, Veiga I, Rocha P, et al. 2013. High resolution melting analysis of KRAS, BRAF and PIK3CA in KRAS exon 2 wild-type metastatic colorectal cancer. BMC Cancer, 13:169.

Hagan S, Orr MC, Doyle B. 2013. Targeted therapies in colorectal cancer-an integrative view by PPPM. The EPMA Journal, 4:3.

Jiang Z, Li C, Li F, et al. 2013. EGFR gene copy number as a prognostic marker in colorectal cancer patients treated with cetuximab or panitumumab: a systematic review and meta analysis. PloS One, 8:e56205.

Ju J. 2010. miRNAs as biomarkers in colorectal cancer diagnosis and prognosis. Bioanalysis, 2:901-906.

Li Z, Liu GX, Liu YL, et al. 2013. Effect of adenovirus-mediated PTEN gene on ulcerative colitis-associated colorectal cancer. International Journal of Colorectal Disease, 28:1107-1115.

Liu X, Cheng D, Kuang Q, et al. 2013. Association between UGT1A1 * 28 polymorphisms and clinical outcomes of irinotecan-based chemotherapies in colorectal cancer: a meta-analysis in caucasians. PloS One, 8:e58489.

Lynch HT, Lynch PM, Lanspa SJ, et al. 2009. Review of the Lynch syndrome: history, molecular genetics, screening, differential diagnosis, and medicolegal ramifications. Clinical Genetics, 76:1-18.

Markowitz SD, Bertagnolli MM. 2009. Molecular origins of cancer: molecular basis of colorectal cancer. The New England Journal of Medicine, 361:2449-2460.

Martin-Lopez JV, Fishel R. 2013. The mechanism of mismatch repair and the functional analysis of mismatch repair defects in Lynch syndrome. Familial Cancer, 12:159-168.

Sinha R, Hussain S, Mehrotra R, et al. 2013. Kras gene mutation and RASSF1A, FHIT and MGMT gene promoter hypermethylation: indicators of tumor staging and metastasis in adenocarcinomatous sporadic colorectal cancer in indian population. PloS One, 8:e60142.

Stec R, Bodnar L, Charkiewicz R, et al. 2012. K-Ras gene mutation status as a prognostic and predictive factor in patients with colorectal cancer undergoing irinotecan-or oxaliplatin-based chemotherapy. Cancer Biology & Therapy, 13:1235-1243.

Veganzones-de-Castro S, Rafael-Fernandez S, Vidaurreta-Lazaro M, et al. 2012. p16 gene methylation in colorectal cancer patients with long-term follow-up. Revista Espanola de Enfermedades Digestivas: Organo Oficial de la Sociedad Espanola de Patologia Digestiva, 104:111-117.

Yuanming L, Lineng Z, Baorong S, et al. 2013. BRCA1 and ERCC1 mRNA levels are associated with lymph node metastasis in Chinese patients with colorectal cancer. BMC Cancer, 13:103.

第三十二章　肺癌相关肿瘤基因

第一节　肺 癌 概 述

一、概述

目前,肺癌已成为各种癌症死亡的首要原因,发病率和病死率呈上升趋势。吸烟已被证实为肺癌发病的主要因素。2007 年美国肺癌新发病例 213 380 例,由肺癌导致的相关死亡人数 160 390 人,分别占美国男性、女性癌症病死率的 31%、26%。2008 年美国统计肺癌新发病例 215 020 人,161 840 人死于肺癌相关疾病。估计到 2030 年,全球将有 830 万人死于与吸烟相关的疾病,其中肺癌占 3. 1%。肺癌死亡居癌症死因的首位。从中国近年来城乡前 10 位恶性肿瘤构成来看,肺癌已代替肝癌成为中国首位恶性肿瘤死亡原因, 占全部恶性肿瘤死亡的 22. 7%。且发病率和病死率仍在继续迅速上升。根据卫生部全国肿瘤防治办公室提供的资料显示,2000 ~ 2005 年,中国肺癌的发病人数估计增加了 12 万人,其中,男性肺癌患者从 2000 年的 26 万人增加到 2005 年的 33 万人,同期女性肺癌患者从 12 万人增加到 17 万人。据 2012 年发布的有关 2009 年中国肿瘤发病率和病死率的统计数据显示,中国每 1 万人中就有 4 个死于肺癌。其中,男性的肺癌发病率为 70. 4/100 000,病死率为 61. 0/100 000,发病率和病死率分列男性肿瘤首位;女性的肺癌发病率为 36. 34/100 000,病死率为 29. 77/100 000,发病率和病死率分别列女性肿瘤第二位和第一位。目前中国肺癌发病率每年增长 26. 9%,如不及时采取有效控制措施,预计到 2025 年,中国肺癌患者将达到 100 万,成为世界肺癌大国之一。

二、流行病学特征

(一) 性别因素

近年来,在一些发达国家,女性肺癌发病率的上升超过了男性,美国女性肺癌病死率从 1930 ~ 1997 年上升了 600%,1987 年首次超过乳腺癌,成为美国女性恶性肿瘤的首位死因, 2004 年占所有女性肿瘤死亡的 25%。吸烟被公认为是肺癌的最主要致病因素,吸烟同样增加了女性患肺癌的风险。Aqudo 等报道了在欧洲 6 个国家 9 个肿瘤中心进行的一项病例对照研究,该研究纳入了 1556 例年龄小于 75 岁的明确诊断的女性原发性肺癌患者和 2450 例相同年龄分布的非肿瘤女性对照,发现有吸烟史的女性增加了肺癌的发病率,相对危险度(OR)为 5. 21,95% CI:4. 49 ~ 6. 05;而仍在吸烟的女性其肺癌的发生率更高,OR 为 8. 90, 95% CI:7. 54 ~ 10. 6。肺癌的发病与吸烟呈剂量正相关,每年 10 包可增加 70% 的肺癌风险,戒烟 10 年后肺癌的风险下降 20%。与吸烟最密切的病理类型为小细胞肺癌,其次是鳞癌。文献提示,中国女性肺癌危险性的增加与室内烹调油烟的空气污染有关,特别是菜子油、生物燃料、二手烟的污染，来自中国台湾的一项研究认为，烹调中不使用排风装置的妇女增加肺癌风险 3.2 ~ 12.2 倍。

女性肺癌患者在发生率、病理组织学类型及治疗预后方面与男性存在差异，女性肺癌发生率增加与吸烟、被动吸烟及暴露于室内烹调油烟等因素相关。女性肺癌病理类型以腺癌居多，男性吸烟者以鳞癌居多。塞尔维亚在 1990 年和 2003 年的肺癌流行病学资料分析结果显示，13 年间肺癌的总发病数上升了 64.83%，女性肺癌患病率显著升高，男女性别比 1990 年为 4.6 : 1，2003 年为 3.7 : 1；组织学分类，2003 年肺腺癌发病率比 1990 年明显升高（分别为 23.09% 和 13.3%，$P<0.004$，其中女性 1990 年为 25%、2003 年为 36.49%（$P<0.001$），男性腺癌发病率也有所增高（19.51% 和 10.66%），但幅度小于女性。

（二）年龄因素

不同年龄组肺癌发生情况显著不同。肺癌的发病率随年龄的增加而上升，有研究显示，发达国家肺癌发生的年龄段有下移趋势，美国加利福尼亚州大学洛杉矶分校的一项研究显示，因为过去年发达国家青少年吸烟率上升 2 倍和人口老年化，50 岁以前和 80 岁以后的肺癌诊断率上升。女性肺癌发生率随着年龄的增长有所上升，80 岁以上男性肺癌发病率也相对有所增加。

（三）病理组织学类型

肺癌的不同组织学类型在不同性别和不同国家之间随着时间的变化有相当大的变化。这归因于许多因素，包括基因易感性，但更可能是由所吸入的香烟烟雾中的不同烟草化学物所致。目前，在男性吸烟率仍较高的地方，已经发现占有优势的鳞癌向腺癌转移的趋势。

三、危险因素

（一）吸烟因素

在过去 50 年或更长的时间已经明确吸烟可导致肺癌，在美国，大约 85% 的肺癌患者吸烟或被动吸烟。一项 Meta 分析结果显示，被动吸烟人群患肺癌的相对危险度是 1.14 ~ 5.20。最近一项研究报道，从未成年开始被动吸烟者，成年后患肺癌的危险度增加 3.6 倍。一篇综述了全球 13 项研究的文章得出了类似的吸烟致肺癌的相对危险性为 15 ~ 30 的结论。

尽管吸烟者的数量在美国等其他发达国家已达到峰值并有下降的趋势，然而在过去中国及其他发展中国家仍持急剧上升趋势。中国人群 2002 年吸烟和被动吸烟的现况调查显示，2002 年中国男性、女性的吸烟率分别为 66.0%、3.08%，被动吸烟率为 52%。中国是世界上最大的烟草生产国，目前年生产 17 000 亿支香烟，是世界第二烟草生产国——美国的 2.5 倍。同时中国也是世界上最大的烟草消费国，目前全球一共有 11 亿烟民。中国占了 3.5 亿；当然中国也是世界上最大的烟草受害国，每年约有 100 万人死于与烟草相关的疾病。如果现在的吸烟模式不变，控烟工作还不努力，估计到 2025 年，中国每年约有 200 万人死于与烟草相关的疾病。到 21 世纪中叶，估计每年将有 300 万人死于与烟草相关的疾病。

（二）饮食营养

水果和蔬菜的高摄入与肺癌危险度降低相关，其缘由是维生素的抗氧化性、其他微量元素调节细胞生长分化的能力，特别是β-胡萝卜素。最近其他微量营养素，如维生素C、维生素E、硒等均被认为能够降低肺癌危险度。越来越多的研究提示，绿茶中的茶多酚可能对NSCLC具有预防作用。另外，在烹饪方面防癌也有关注。高温条件下烹饪肉类会产生杂环胺，已经发现其摄入过多会增加肺癌危险度。

（三）环境污染

大气污染、职业暴露是导致肺癌发生的另外一个重要因素。城市中汽车尾气、工业加工、石棉、放射性核素、芳香化合物、橡胶和塑料制造业排放的有害气体导致城市大气污染相比乡村严重，严重的大气污染导致肺癌高发。中国云南锡矿工人队列研究显示，锡矿工人肺癌发病率异常增高主要与职业暴露有关，如暴露于氡子体、砷和粉尘等，并与职业因素系统作用，如吸烟、慢性支气管炎、受教育年限的等因素相关。云南锡矿工人肺癌发病相对危险性随工作年限和职业暴露年限的增加而增加，高水平氡暴露的肺癌危险性是低水平暴露的3.90倍。

（四）遗传因素

所有组织学类型肺癌的发生都与多步骤累积的遗传学改变有关。这些遗传学改变包括：等位基因缺失（杂合性丢失）、染色体不稳定和失衡、癌基因和抑癌基因突变、通过启动子超甲基化所致的表观遗传性基因沉默和控制细胞增殖基因的异常表达等。最频发的一个是抑癌基因p53的突变，它编码的p53蛋白发挥多种抗增殖作用，特别是对具基因毒性的应激反应。抑癌基因p53位于17p13，编码调控细胞周期的关键蛋白质。据文献报道，50%非小细胞肺癌以及≥70%小细胞肺癌病例中能够检测到p53突变失活，多数是错义突变，突变热点：G-C颠换为T-A是吸烟相关性肺癌的特征性改变。吕嘉春等应用RT-PCR和免疫组织化学技术检测了150例不同肺组织中ERCC1基因的表达，发现人群发生肺癌的可能与ERCC1基因表达低存在一定的关联，吸烟可能是导致ERCC1表达低的重要因素。研究显示，在肺腺癌患者中，EGFR激酶通路体细胞突变率大约为美国10%、亚洲人群30%～50%。在非小细胞肺癌患者中EGFR突变与预后良好相关。EGFR增殖异常与吸烟人群痰细胞学检测危险度、预后差及EGFR抑制剂敏感性相关。

第二节　肺癌相关肿瘤基因

一、概述

肺癌不仅是最常见的肿瘤之一，而且是所有恶性肿瘤中发病率和病死率最高的肿瘤。根据病理和临床特征，可以将肺癌分为小细胞肺癌（SCLC）和非小细胞肺癌（NSCLC）两大类。其中SCLC约占肺癌发病总数的16.8%，而NSCLC约占80.4%。肺癌的产生是一个多基因参与、逐步发展的复杂过程，其中包括原癌基因的活化、抑癌基因的失活、miRNA表达谱的改变等诸多方面。随着肿瘤分子生物学研究的进步，对肺癌相关基因的研究也日渐深入，确定了许多与肺癌形成的有关基因。随着肺癌基础研究的开展，尤其是近年来蛋白质组学、转录本组学、miRNA 表达谱的广泛应用，使对肺癌的发生和发展过程的了解更加全面深入。目前已经发现，肿瘤细胞中基因的表达具有一定的特点，如凋亡抑制蛋白(inhibitor of apoptosis protein, IAP)过量表达、抑癌基因 p53 的突变或缺失、血管内皮细胞生长因子(vascular endothelial growth factor, VEGF)表达水平增高、miRNA let-7 家族表达水平下调、miR-17-92 表达增加等。其中，在生物体内，原癌基因 ras、myc、eRB B 基因家族与重要的抑癌基因 p53、RB、Chr3p、5p、9p 等之间的生物学功能相抵抗，是有机体细胞在细胞增殖、分化、凋亡等生命过程中的正、负两类调控信号，癌基因的调控属正信号，而抑癌基因的调控属负信号。其中，p53、ras 基因频发点突变，在肺癌基因诊断中具有非常重要的作用。

二、肺癌的原癌基因

(一) ras 基因

ras 基因首先在 Harvery 鼠肉瘤病毒(Ha-sarcoma virus, MSV) 和 Kirsten 鼠肉瘤病毒(Ki-sarcoma virus, MSV) 的子代基因中被发现，在这种子代病毒中发现含有来源于宿主细胞基因组的新基因序列，此后人们将这种宿主细胞基因称为 ras 基因。1982 年，Weinberg 和 BaRBacid 首先从人膀胱癌细胞系中分离出一种转化基因，可使 NIH 3T3 细胞发生恶性转化，而从正常人组织中提取的 DNA 则无此种作用。随后，Santos 与 Parada 发现上述转化基因并非新型基因，而是 Harvery 鼠肉瘤病毒 ras 基因的人类同源基因，命名为 H-ras。同年，Krontiris 在人肺癌细胞中发现 Kirsten 鼠肉瘤病毒基因的同系物，称为 K-ras。另一种相似的基因是在人神经母细胞瘤 DNA 感染 NIH 3T3 细胞时发现的与 ras 类似的基因，称为 N-ras，此种基因与病毒无关。ras 基因在进化中非常保守，广泛存在于目前研究的各种真核生物，如哺乳动物、果蝇、真菌、线虫及酵母中，提示它具有重要的生理功能。哺乳动物的 ras 基因家族有 3 个成员，分别为 H-ras、K-ras、N-ras，其中 K-ras 的外显子 4 有 A、B 两种变异体。各种 ras 基因具有相似的结构，均由 4 个外显子组成，分布于全长约 30kb 的 DNA 上。它们的编码产物为相对分子质量 2.1 万的蛋白质，故称为 p21 蛋白。

ras 基因的突变在一些肿瘤(包括肺癌)中经常出现。在肺癌的 ras 基因家族点突变中 90% 为 K-ras，约 20% 的 NSCLC 患者中可发现 K-ras 基因突变，但是 K-ras 基因突变很少出现在 SCLC 患者中。ras 基因通常在第 12 位、13 位或 61 位密码子处发生点突变，其中 85% 涉及第 12 位密码子。绝大部分 K-ras 基因突变发现在肺腺癌中，肺癌 K-ras 基因突变与吸烟之间存在明显的相关性。研究表明，近期吸烟和曾有吸烟史的肺腺癌患者 K-ras 的点突变率分别为 32% 和 30%，明显高于未吸烟者(7%)。通常肺癌患者临床诊断前数月就能探查到血清中的 K-ras 突变。Westra 等的研究发现，在微灶性肺泡不典型增生中发现有 K-ras 基因的突变，而微灶性肺泡不典型增生被认为是肺腺癌的癌前病变。这提示 K-ras 基因突变是肺腺癌发生的早期事件。

(二) myc 家族

20 多年前，c-myc 作为鸡反转录病毒 myc 癌基因的同系物被发现。人 c-myc 基因定位于8号染色体上，由3个外显子和2个内含子组成。外显子1无编码序列，是只起调节作用的转录控制区，外显子2和外显子3是转译区，其转录产物是一种与DNA结合的核蛋白。c-myc基因基本序列结构中的氨基末端存在一个潜在的激活区，其羧基末端有一个含螺旋-环-螺旋亮氨酸拉链的二聚化结构域。在多种癌（如肺癌和乳腺癌等）细胞中c-myc过度表达。c-myc对细胞具有双重作用，既可刺激细胞增殖，也可促进细胞凋亡。c-myc是刺激细胞增殖还是促进细胞凋亡受到多种因素的影响。在以c-myc为靶点治疗癌症时可以应用这些影响因素，使其发挥促进细胞凋亡的作用。

c-myc癌基因产物是一个与细胞增殖有关的核蛋白。来源于SCLC患者细胞株的分析表明，有些患者，尤其是伴有神经内分泌功能异常或变型细胞株的患者常有c-myc的扩增，偶尔有N-myc或L-myc的扩增。有这些基因扩增的细胞株一般来说增殖更快，而且对化疗和放疗更具抵抗力。Johnson等报道有myc基因扩增的患者，其预后比没有这些基因异常的患者更差。近年来Noguchi等对47例SCLC患者的肿瘤组织进行了观察，结果发现其中11例肿瘤有myc家族基因的扩增，占全部病例数的23%。而在这些有myc扩增的患者中，有的myc扩增只见于转移的肿瘤组织，原发癌组织则无扩增。这些资料提示，myc扩增在肿瘤发展过程中有重要作用，而不是在肿瘤发生过程。另外，有人发现，肿瘤组织myc扩增超过10倍的患者，其生存期明显短于无myc扩增者。正如人们预料的那样，myc扩增在细胞株中更为常见，在患者的肿瘤组织中较少见，而且在转移癌组织中的myc扩增频率要比在原发癌中的高。

（三）mdm2

双微体（murine double mimute 2，mdm2）基因最初是从一含有双微体的自发转化的BALB/3T3DM细胞中克隆出来的一个高度扩增的基因，在种自发转化的细胞中，每个细胞平均含有25～30DM，这些DM经重组转染后，可以引起基因扩增，扩增程度是对照组的25倍。这些与双微体有关的DNA扩增基因位于小鼠10号染色体的C1～C3区，称为mdm2基因，该基因在进化上比较保守，在许多动物细胞的染色体上都有同源序列。它的核苷酸序列已测定出来，全长由2372个碱基组成（2.372kb），在3′端和5′端各有数百个碱基组成的非编码区，起始密码ATG从第311个碱基处开始，编码区全长1473个碱基，编码一个长度为491个氨基酸的蛋白质。1992年，Momand等首次分离和证明了大鼠的mdm2基因产物是分子质量为90kDa的蛋白质，同年Baraby等测定其的分子质量约为95kDa，因该蛋白质的分子质量为90kDa或95kDa，故称为p90或p95。p90是一种高度酸性的蛋白质，等电点非常低，其一级结构已根据mdm2基因的核苷酸序列推测出来，但对其高级的分子结构的研究目前尚未见报道。从它的氨基酸序列分析发现，其具有一个核定位信号和两个锌指蛋白，提示它是一种DNA结合蛋白，可能具有转录调节作用。

mdm2主要通过与p53结合抑制p53的功能，对p53起负调节作用。除抑制p53的功能外，mdm2尚能抑制另一个肿瘤抑制基因RB。Eymin等对192例肺癌组织进行了检测，发现有60例mdm2过度表达，阳性率为31%；对其中28例组织进行了Western blot检测，发现了不同mdm2异构体的存在，其中p85/90阳性率为18%、p74/76阳性率为25%、p57阳性率为39%，至少表达一种异构体的占50%，表达两种以上异构体的占25%。Aikawa等对112例NSCLC手术标本进行检测，mdm2阳性率为45%，且进展期肺癌mdm2阳性率较早期高，认为 mdm2 的表达与肺癌的发展有关。

(四) MTAP 基因

TAP 在正常细胞中是一个管家基因,是甲硫氨酸和嘌呤合成补救途径中的一个关键酶 J,它催化多胺代谢的副产物甲硫腺苷(methylthioadenosine,MTA),最终生成 ATP、dAMP 和甲硫氨酸,参与细胞的能量合成、DNA 合成和蛋白质合成,对维持正常细胞的功能有非常重要的作用。MTAP 基因最初被定位在人类染色体 9p 区,后来该基因被精确定位到 9p21 区,并克隆出 MTAP 的 2.5kb cDNA 片段,该基因含有 8 个外显子和 7 个内含子。在人类基因组上,MTAP 与 p15、p16、p14 和 IFNA 基因簇连锁,其排序在 9p 上由中心粒到端粒依次为 p15、p16、MTAP、IFNA。国外文献报道主要集中于 MTAP 与 p16、p14(ARF)和 p15 在肿瘤中的共缺失研究,但由于它并不参与细胞的增殖调控,所以并未受到重视。正常情况下,MTAP 基因广泛表达于所有正常组织中。

甲硫腺苷磷酸化酶(MTAP)基因定位于人类基因组的 9p21,是一个管家基因,含有 8 个外显子和 7 个内含子。在人类, MTAP 基因与 p15、p16、p14 和干扰素-A(IFNA)基因簇连锁, 其排序在 9p 上由中心粒到端粒依次为 p15、p16、MTAP、IFNA。它编码的蛋白质是嘌呤和甲硫氨酸代谢补救途径中的第一个酶。该酶催化多胺代谢的副产物甲硫腺苷(MTA) 生成腺嘌呤等, 最终生成 ATP、dAMP 和甲硫氨酸, 分别进入能量合成、DNA 合成和蛋白质合成系统, 对维持正常细胞的功能有重要作用。MTAP 基因与肺癌 MTAP 在正常细胞和组织中表达丰富, 但是在人的多种恶性细胞系和人类多种肿瘤(如肺癌细胞)中表达丧失或降低。戴为民等观察了 15 例原发性 NSCLC 标本的 MTAP 表达, RT-PCR 分析结果表明, 73.13% (11/15)的癌标本中 MTAP 的表达明显低于癌旁组织。进一步用 Western 印迹法验证, 其结果与 RT-PCR 一致。对细胞模型 BEP2D(人支气管上皮经 H PV18 转染的永生化细胞系) 诱发致肺癌的分析发现,BEP2D 细胞经 A 粒子照射后多种蛋白质的表达水平发生改变, 其中 MTAP 在恶性转化细胞中的表达水平显著降低,在恶性转化细胞中 MTAP 的 mRNA 水平降低。这些结果表明,MTAP 与细胞的恶性转化有关。MTAP 在肺癌组织中的表达变化以及 MTAP 在中/低分化肿瘤的低表达频率显著高于高分化组, 提示 MTAP 基因的低表达可能与肿瘤的恶性程度相关。

(五) 肺癌中 p73 基因异常

作为第一个被发现的 p53 基因家族的成员——p73 基因与 p53 基因共同组成了一个抑癌基因家族,自 1997 年被发现以来,作为候选的抑癌基因备受研究者的关注。p73 基因是 Kaghad 等在 COS 细胞 cDNA 文库中利用 TRS21 结合区和互补寡核苷酸杂交时偶然发现的,定位于人染色体 1p36.22—p36.3,由 13 个外显子和 12 个内含子组成,具有 5 个同源异构体,分别为 α、β、γ、δ 和 ε。其中,p73α 是全长 mRNA 形式,β 缺少外显子 13,γ 缺少外显子 11,δ 缺少外显子 11、12、13 的剪切异构体。p73 蛋白与 p53 蛋白相似,由 1 ~ 54 位、131 ~ 310 位、345 ~ 380 位氨基酸依次组成 N2 端转录激活区、核心 DNA 结合区、C2 端寡聚体化区和 C2 端非特异结合区。分别与 p53 的 4 个氨基酸序列有 29% 、63% 、38% 和 33% 的同源性。p73 中存在与 p53 的 MDM22 结合区类似的顺序,与 MDM22 和 MDM2X 结合可使其结构稳定而不像 p53 一样被降解。以上特点表明,p73 与 p53 在靶 DNA 结合方面具有高度同源性;p73 和 p53 的转录激活功能相似,但 p73 和 p53 可能存在不同的调控方式。

p73 基因定位于人染色体 1p36.33,该部位是人类多种肿瘤经常发生缺失的区域。p73 基因表达产物 p73 蛋白定位于细胞核内,人的 p73 蛋白由两个亚单位,即 p73A 和 p73B 组成。研究发现,p73 与 p53 在基因水平及蛋白质水平上存在着很高的同源性,这表明二者在细胞功能上发挥着相似的作用,特别是 DNA 结合区具有较高的同源性。肺癌组织中 p73 蛋白阳性表达率明显高于癌旁组织和正常肺组织,提示其的正常存在并没有能够阻止肺癌的发生及恶化,所以在肺癌发生中 p73 可能不起主要抑癌基因的作用,这似乎预示了一个论点,即 p73 作为抑癌基因发挥抑癌作用,或许具有组织特异性。也可以推测,对正常肺组织而言,p73 基因是一种肿瘤防御或应激基因,只有当组织发生癌变时才能触发 p73 基因应激性地增强表达,执行其防御功能,这有利于解释 p73 基因的表达特点与其功能的关系。然而,最近的研究发现了多个 p73 蛋白氨基端缺失的同形异构体,它们发挥着截然不同的癌基因功能。例如,一个日本的研究小组对该多态性和多种肿瘤(包括消化道肿瘤、肺癌、乳腺癌和宫颈癌)的关联进行了一些较小样本的病例对照分析,但结论并不一致,尤其是这 4 项研究的各对照组间基因型频率并不均衡可比,提示选择偏倚可能存在 15 ~ 82。总之,p73 基因在肺癌组织中的表达及其调控机制有待于进一步探讨。

(六) PTEN 基因

PTEN 定位于染色体 10q23.3 上,基因全长 200kb,编码 5.5kb 的 mRNA,共 403 个氨基酸,由 N 端 180 个氨基酸的催化区、中部 165 个氨基酸的 C2 区和 C 端 50 个氨基酸的尾区组成。在 N 端催化区内有与 PIP2 结合的结构域,在 C 端尾区内含有 1 个 PDZ 结构域和 2 个可能是 PEST 的序列及多个磷酸化位点。N 端与磷酸化酶功能相关,包括对磷脂及蛋白质的脱磷酸化;C2 区与质膜相结合;C 端的尾区参与 PTEN 稳定性的调节;尾区内的 PDZ 结构域可以调节 PTEN 与质膜的结合。

PTEN 的结构和功能异常在多种肿瘤组织中均有不同程度的存在,参与了细胞生长的调节,并在肿瘤细胞浸润、血管形成与肿瘤转移中起一定作用。临床研究发现,PTEN 缺失、表达与部分 SCLC 的发生、发展有关。PTEN 缺失率与临床 TNM 分期有密切关系,临床分期越晚的 SCLC 组织 PTEN 蛋白的缺失率越高。因此,推测在 SCLC 中 PTEN 蛋白丢失的程度与肿瘤的进展呈正相关。Hong 等建立具有不同侵袭和转移能力的人类肺癌细胞模型,检测 PTEN 在这些细胞系中的表达,发现外显子 5 的纯合子缺失与高侵袭力有关。在具有高侵袭力的细胞株 CL 中建立组成稳定的可诱导的野生型 PTEN 转染体,发现 PTEN 过表达可抑制肺癌细胞的侵袭力。正常肺组织和癌旁组织中 PTEN 蛋白阳性表达率明显高于肺癌组织,提示 PTEN 基因的表达缺失在肺癌的发生、发展过程中可能具有重要的作用。

(七) FHIT 基因

脆性组氨酸三联体(fragile histidine triad, FHIT)基因是抑癌基因,编码序列含组氨酸三联体。FHIT 基因全长约 500kb,其 cDNA 长 1095bp,由 10 个外显子组成,其中外显子 5 ~ 外显子 9 组成长约 500bp 的 ORF。FHIT 基因在结构上含有 t(3;8)染色体交叉易位断裂点和脆性位点 FRA3B 两大特点。FHIT 基因抑制细胞增殖的机制有以下 3 种可能:①参与微管形成。Chaudhuri 等检测了野生型 FHIT 蛋白和突变型 FHIT 蛋白(FHIT H96N)与微管蛋白在体外的相互作用。结果发现,野生型 FHIT 蛋白和突变型 FHIT 蛋白都可以与微管蛋白特异性结合。②诱导细胞凋亡。Askari 等将罗丹明 123 掺入线粒体内膜,用荧光显微镜直接观察线粒体内膜的改变。结果发现,与 FHIT 蛋白阴性细胞相比,有 FHIT 蛋白表达细胞的线粒体内膜的断裂增多,在有凋亡抑制剂 Cyclosporin A 存在时线粒体内膜的断裂被抑制。③以 FHIT-ApnA 复合物为活性形式,FHIT 蛋白是一种典型的 ApnA 水解酶,而 ApnA 是参与细胞内增殖和凋亡信号转导的重要因子。FHIT 基因的失活方式与经典的抑癌基因不同。FHIT 基因失活以纯合性缺失和异常转录为主,在 FHIT 基因位点上两个等位基因缺失是相互独立的,常位于不同的区域,在肿瘤细胞中常可同时检测到正常及异常转录产物。镇鸿燕等的研究表明,肺癌组织中 FHIT 基因的表达水平显著低于非良性病变肺组织,这从蛋白质水平进一步证实了 FHIT 基因的异常改变,认为 FHIT 基因表达下降与肺癌发生相关,肺癌中 FHIT 基因表达下降可抑制肿瘤细胞的凋亡,促进肿瘤生长。还有研究显示,FHIT 蛋白不仅在大多数肺癌组织中出现异常,而且在非小细胞癌和小细胞癌、NSCLC 中腺癌和鳞癌间也存在明显差异。肺癌患者中 FHIT 基因表达的异常与吸烟有关,吸烟者肺癌组织中 FHIT 基因异常的频率较高。

(八) p16 基因

p16 基因又称为多肿瘤抑制基因(multiple tumor supresser gene, MTS1),具有调节细胞周期的作用,其发生突变或缺失时可导致细胞发生癌变。p16 基因位于人类染色体 9p21 上,全长 8. 5kb,由 2 个内含子和 3 个外显子组成。p16 基因失活的机制主要有 4 个途径:9p21 杂合丢失、纯合缺失、基因突变、CpG 岛甲基化。CpG 是位于核苷酸链上的一个胞嘧啶鸟嘌呤二核苷酸位点,常见于基因启动子区域的富含 CpG 的 CpG 岛。甲基化伴随着局部组蛋白和染色质结构的改变,这种改变使启动子被抑制,从而导致基因转录受抑,进而产生基因沉默,加上基因点突变和缺失的共同作用,最终便导致相关的肿瘤抑制基因的失活。

p16 基因是肺癌中最易发生甲基化的抑癌基因,基因产物为 p16 蛋白,是细胞周期素(Cyclin)依赖性激酶 4(CDK4)的抑制蛋白,能够和 CyclinD1 竞争性的结合 CDK4,抑制 Cyclin D1/CDK4 活性,从而抑制增殖、分化。p16 低表达能缩短 G_1 期,促进细胞提前进入 S 期,引起细胞的生长失控、转化和癌变。Kratzke 等发现,NSCLC 中 p16 表达呈下调状态。研究表明,p16 缺失对早期肺癌有明显影响,与肿瘤的发展有关,对肺癌淋巴结转移有显著影响,是影响肺癌患者预后的原因之一,可作为判断预后的重要因素。

(九) 生存素基因

生存素(survivin)是一种细胞凋亡抑制基因,1997 年由美国耶鲁大学的 Ambrosini 等利用效应细胞蛋白酶受体-1(EPR-1)cDNA 在人类基因组库中筛选出来的。生存素基因定位于染色体的 17q25 区,cDNA 全长约为 116kb,有 4 个外显子和 3 个内含子,在 2811 处有一个 ORF,无 TATA 启动子结构,其编码产生由 142 个氨基酸组成的分子质量约为 1612kDa 的胞质蛋白。凋亡抑制蛋白(inhibitor of apoptosis protein, IAP)一般包含 2 个或 3 个串联的含有半胱氨酸/组氨酸的杆状病毒 IAP 重复序列(BIR),与此相邻的羧基末端含有 1 个环指结构。而生存素结构较为独特,仅含有 1 个 BIR 功能区,羧基末端没有环指结构,代以交织螺旋结构。

Suvivin 基因是最近克隆的凋亡抑制基因,其表达产物生存素是迄今发现的功能最强的凋亡抑制蛋白,在正常分化组织中几乎不表达,而在人类各种肿瘤组织中可特异性表达,这一特点为肿瘤的诊断和治疗提供了新的思路。生存素是迄今为止克隆出的分子最小的细胞 IAP 家族成员,与凋亡抑制因子 Bcl-2 蛋白不同,其仅由阻断凋亡的分子组成,抑制细胞凋亡的作用大大超过 Bcl-2 家族。生存素的抗凋亡作用已被研究证实,它不仅通过阻断线粒体细胞色素 c 释放,与下游凋亡效应因子 Caspase-3 和 Caspase-7 结合对其活性产生直接抑制效应,还通过与纺锤体纤维结合,间接抑制 Caspase 对纺锤体的水解作用,有利于保护有丝分裂细胞器的完整性, 抑制细胞凋亡。

生存素在胚胎和发育的胎儿组织中表达,而在正常成人的终末分化组织(胸腺和生殖腺除外)中不表达,在人类分化组织和大多数肿瘤组织(如肺癌)中表达。生存素是迄今发现的最强的凋亡抑制因子,生存素在细胞周期 G_2/M 期通过其羧基末端与有丝分裂纺锤体微管蛋白连接,使位于纺锤体微丝上的效应半胱氨酸天冬氨酸蛋白酶(Caspase) 处于隔绝的抑制状态。Li 等的研究表明,生存素不仅具有抗凋亡作用,而且在细胞胞质分裂时具有明显的促细胞质分裂作用。85. 5% 的 NSCLC 组织中有生存素基因表达,而组织病理学正常的对照组只有 12% 表达。生存素基因在绝大多数肿瘤组织中表达,而在非肿瘤组织中不表达,它不仅仅是胚胎系细胞的残片,在 NSCLC 中再次被活化,生存素表达与否还影响 NSCLC 临床结局,生存素阳性患者的生存率明显低于生存素阴性患者。Rohayem 等用 ELISA 法检测了 51 例肺癌患者外周血血清中的生存素抗体,以高于对照组平均效价 3 个标准差为阳性,结果 21. 6% 的肺癌患者血清抗生存素抗体阳性,健康供血者全部阴性。VEGF 在肺癌发展中具有明显的促进作用,研究表明生存素参与了血管的形成过程。VEGF、血管形成素-1 (Ang-1)分别以细胞周期依赖方式和非依赖方式通过 PI3K/AKT 途径上调生存素的表达,生存素则反作用于 VEGF 和 Ang-1。此外,Altieri 等研究发现,生存素表达上调有利于 Ang-1 作用的发挥。生存素调节细胞凋亡的机制提示,可以使用药物间接灭活该蛋白,因此生存素有望成为肿瘤治疗的新靶点。有 80 例患者的生存素 mRNA 表达上调,可具有诊断价值。生存素基因的表达与肺癌病理类型及有无淋巴结转移无明显关系,但与肺癌分化程度有关,分化程度越低,其表达率越高,抑制细胞凋亡作用越强。生存素基因高表达预示肺癌有较高的浸润性和不良预后。因此,生存素基因在 NSCLC 组织中表达上调,对肺癌的发生、发展起重要作用,具有早期诊断的价值;生存素在肺癌细胞中高表达,在正常上皮细胞中低表达,如果单独封闭生存素基因可充分介导细胞凋亡,则表明其具有较好的靶向特异性,可作为抗肿瘤治疗的新途径。

(十) 垂体瘤转化基因与肺癌

1997 年,Pei 等将从大鼠垂体肿瘤细胞系 GH4 中分离出的 mRNA,构建了一个 cDNA 文库,用 396bp DNA 片段作为探针,从 cDNA 文库中分离出一条长约 974bp 的 cDNA 克隆,命名为 PTTG。该片段编码由 199 个氨基酸组成的相对分子质量为 25 000 的蛋白质。随后,从人 T 细胞淋巴瘤瘤细胞系 Jurkat 细胞、人胚胎肝细胞中克隆出了大鼠 PTTG 相应的 cDNA,称为人 PTTG(hPTTG)。Bezant 和 Chen 等进一步研究证明 hPTTG 是一个至少含有 3 个成员的基因家族。该基因位于 5 号染色体长臂 5q33,5q 区与多种复发性肿瘤异常有关。大多数正常成人组织中,PTTG 只有弱表达甚至检测不到,而在所有被研究的肿瘤细胞(包括肺癌、乳腺癌、肝癌、垂体肿瘤等）和肿瘤细胞系（包括淋巴细胞系、骨髓细胞系、上皮细胞系等）中都有高表达。且研究发现，在多种正常增生性组织和肿瘤组织中存在 hPTTG1、hPTTG2 及 hPTTG3 差异性表达，肿瘤组织以 hPTTG1 表达增加为主，hPTTG1 在肿瘤的发生、发展中起着关键性作用。hPTTG 蛋白是一种细胞周期依赖性癌基因，在有丝分裂期 hPTTG 表达水平最高。采用 Western blot、原位杂交、免疫组织化学等技术进一步研究 PTTG 在细胞内的分布，发现 PTTG 主要定位于细胞质，但也有部分定位于细胞核。

恶性肿瘤细胞系中，PTTG cDNA 的序列分析未发现有活性突变，对正常结肠和结肠肿瘤中 PTTG 全部编码区进行序列分析，显示其与野生型 PTTG 序列无差别，说明 PTTG 是通过提高表达水平而产生致瘤作用。据推测可能是基因调控区的突变而引起对 PTTG 调控失常，从而导致 PTTG 高表达。在 PTTG 的 5′端区存在调控序列，包括 1 个 cAMP 反应元件（CRE ）和 1 个 PEA3 结合区、3 个 SP-GC 盒结合区序列、3 个 AP1 和 1 个 AP2 结合序列及 1 个胰岛素反应元件（NFI）序列 PEA3 具有强烈增强致癌物佛波醇酯的功能。Sp1 是一个普遍存在的与 GC 盒序列结合的反式激活子，并能调控一系列看家基因转录，在缺乏 TATA 盒启动子的模型中，Sp1 已被证实能通过影响一种有活性的转录起始复合物合成来介导转录起始，因此，Sp1 结合位点在调控 PTTG 中发挥着很重要的作用。Clem 等进一步的研究也表明 Sp1 对肿瘤中 PTTG 表达的转录调节具有重要作用。

自 PTTG 发现以来，有关 PTTG 与肿瘤的研究日益增多。众多研究结果显示，PTTG 在垂体瘤、肺癌、乳腺癌、甲状腺癌及其他消化道肿瘤等肿瘤组织中均有较高的表达，且与肿瘤的发生发展、关系密切，并可能具有预后判断和指导辅助治疗的作用。

Honda 等对已知 p53 状况的原发性 NSCLC 中 PTTG 与抑制染色体分离及影响 bFGF 表达的因素进行了研究，结果显示，肺癌组织中的 PTTG mRNA 平均相对值为 1.46，明显高于正常肺组织的平均相对值（0.88），差异具有统计学意义。无论 p53 状况如何，PTTG 平均相对值与 tCIN 或 bFGF 的免疫反应性均无关。尽管 PTTG 并不是 tCIN 和 bFGF 产生的唯一因素，但证据表明，过度表达的 PTTG 在原发性 NSCLC 的发生、发展中起着重要作用。孙少萍等的研究显示，PTTG 与 c-myc 在肺癌中的表达呈明显正相关，提示两者在肺癌的发生、发展中可能存在协同作用，但其详细机制还需进一步研究。邓国敏等的研究证实，PTTG 在肺癌组织，尤其在肺腺癌中表达上调，提示该基因对肺癌的发生、发展起重要作用，同时认为 PTTG 基因有望成为肺癌基因治疗新的靶位点。

Mu 等应用从人垂体肿瘤中克隆出的 hPTTG 稳定转染 HeLa 细胞和肺癌 A549 细胞系进行体外放射性核素标记，结果显示，hPTTG 的过表达显著抑制两种细胞系的由黏附细胞生长特性所决定的克隆的形成，其对 A549 细胞系生长的抑制效应与 p21 的激活关系密切，而对 HeLa 细胞则未发现这一表现。这些结果显示，过度表达的 hPTTG 抑制细胞生长是通过 p21 依赖及 p21 非依赖等不同机制实现的。最近，Rehfeld 等用免疫组织化学方法检测了与肺癌组织学亚型相关的 PTTG1 表达的作用，结果显示，SCLC 中 PTTG1 的高表达与患者改善预后有关，而在 NSCLC 中 PTTG1 的高表达与明显缩短的生存期、晚期淋巴结转移及远处转移有关。这些结果强调，PTTG1 高表达在肺癌的生物学中有重要作用，其作用在 SCLC 与 NSCLC 中不同。因此，尚需要进一步研究了解 PTTG1 在不同肺癌亚型中的不同作用途径。

为了更好地理解 PTTG 在维持肺癌表型中的作用，Karkar 等应用 RNA 干扰直接抑制 PTTG，他们以 PTTG siRNA 转染 H1299 细胞后发现，与未转染细胞或转染对照 siRNA 的细胞相比,前者的 PTTG mRNA 在 24 ~48h 内几乎完全缺失。蛋白质印迹分析显示,转染组中 PTTG 蛋白在 48h 内减少了几乎 60% 。进一步的体内外实验表明,转染组中集落形成明显减少,将 PTTG siRNA 转染的 H1299 细胞注入小鼠体内后肿瘤的生长明显受到了抑制。转染组的 H1299 肿瘤中可以见到 PTTG 与 Ki67、bFGF、CD34 一样受到抑制。因此,他们得出结论,通过 PTTG siRNA 减少 PTTG 表达可抑制体内外肿瘤的生长。

PTTG 基因是一种强有力的肿瘤转化基因,与大多数肿瘤的发生有密切的关系,然而 PTTG 基因的研究中仍有许多问题需要解决,其高表达与肺癌的关系还有待更深入的研究。

陈刚等将重组体 pcDNA3. 1-PTTG 片段作为一种新的工具,并提供一种可选择的以 PTTG 为靶点的反义基因疗法。而窦国睿等利用反义 PTTG cDNA 转染增加了胆囊癌对化疗的敏感性,为改善胆囊癌化疗疗效提供了新的途径。因而 PTTG 可能成为肿瘤基因治疗的新靶点。

(十一) HTERT 基因

近年来的研究表明,人端粒酶由 3 部分组成: RNA 亚单位(human telomerase RNA, hTR)、蛋白质亚单位(human telomerase associated protein 1, hTEP 1)和 hTERT。其中 hTERT 被认为是决定端粒酶活性的重要部分。在以上 3 个亚单位中,hTR 和 hTEP 1 在肿瘤和正常组织中均广泛表达,而 hTERT 的表达却大多分布在恶性肿瘤组织中,在正常组织中少见。Koga 等和 Gu 等构建了由 hTERT 启动子调控的、携带有胱天蛋白酶和 Bax 等凋亡诱导基因的靶向基因治疗载体,可诱导端粒酶表达阳性的肿瘤细胞发生凋亡,凋亡率可达到 40% ~84% ,而对正常人体细胞几乎没有影响。Liu 等也发现利用 hTERT 启动子诱导 CD 基因可特异性杀伤大肠癌细胞,并增强其前体药物 5-FU 对大肠癌细胞的敏感性。因此,利用端粒酶反转录酶启动子构建癌细胞特异性表达载体用于基因治疗是一种较理想的选择。

HTERT 基因由 16 个外显子和 15 个内含子组成,定位于 5 号染色体短臂(5p15. 33)。HTERT 启动子序列有大量的 GC 区而无 TATA 或 CAAT 盒,富含 GC 区域形成大量的 CpG 岛。Horikawa 等发现该核心区对 HTERT 的转录活性而言是必需的。在核心区以外的富含 GC 区也有上述转录因子结合区。所以,HTERT 表达调控可能在不同的细胞间通过不同的因子受到多个水平的调控,是一个错综复杂的过程。HTERT 基因转录水平调控的研究包括转录、转录后等方面。通过对其启动子的调节而对 HTERT 的转录进行调节是主要的调节方式。HTERT 转录水平的调控包括遗传调控和遗传外调控,并且两者间存在关联。研究最多的有 c-Myc/Max /Mad 网络、Sp1 与 c-Myc 及 p53。研究发现,当 HTERT 启动子上的某些转录因子(c-Myc、E2F、NF-κB 和 CREB ATF) 结合位点对甲基化敏感时,甲基化可能对某些细胞类型的 HTERT 基因表达调控有促进作用。一般情况下, HTERT 表达与端粒酶活性和癌的发生、发展密切相关。研究表明,HTERT 基因经常在人肿瘤细胞系扩增,暗示 HTERT 基因增加的拷贝数也许在永生化细胞中可以促进端粒酶表达的上调。

端粒酶活性是细胞永生化的关键步骤,人体绝大多数恶性肿瘤中平均 85% 以上存在端粒酶活性,在肺癌中则高达 80% 以上,而在正常组织中无端粒酶活性。Chen 等对 68 例肺癌组织和 68 例病灶旁非癌肺组织的端粒酶、HTR 和 HTERT 的测定发现,前者的 3 项指标分别为 79% 、98. 5% 和 91. 2% ,而后者的端粒酶却是阴性。Fujita 等用原位杂交法测定 146 例 NSCLC 患者样本的 HTERT mRNA 表达,发现 HTERT mRNA 的表达率为 100% ,但是在正常的肺组织中却检测不到。HTERT 基因在绝大多数恶性肿瘤和正常体细胞中表达不同,因此成为肿瘤基因治疗的理想靶点。可通过 HTERT 抑制端粒酶活性或通过 HTERT 启动子导入抗肿瘤基因。HTERT 基因的表达不仅有助于肺癌的诊断,而且是肺癌恶性程度的一个重要标志,与肺癌的进展和预后不良有关。随着对 HTERT 基因的深入研究,利用现代分子生物学技术改变 HTERT 及其转录因子的基因表达水平,将对人类疾病的控制、肿瘤的诊断和治疗有深远的意义。

综上所述,肺癌的发病机制非常复杂,涉及多种遗传因素的改变,各类相关基因并非各自独立地发生作用,而是互相配合、互相调控,构成错综复杂的网络,肺癌的发生是累积性基因损伤在转化表型方面达到顶点的最终结果。随着分子生物技术的不断发展,人们对肺癌发病机制、肺癌早期分子事件的深入研究必将对肺癌的早期诊断、早期治疗及预后和 5 年存活率产生深远影响。

(王　宇)

参考文献

高国福,姚树详,孙秀娣,等. 2002. 云南锡矿工肺癌的队列研究. 中国肺癌杂志, 5(2):81-91.

杨功焕,马杰民,刘娜,等. 2004. 中国人群 2002 年吸烟和被动吸烟的现况调查. 中华流行病学杂志, 25(10):837-840.

杨玲, 李连弟, 陈育德. 2005. 中国肺癌死亡趋势分析及发病、死亡的估计与预测. 中国肺癌杂志, 8(4): 274-278.

朱文, 周清华. 2004. 肺癌筛查中的分子标志物. 中国肺癌杂志, 7(6):538-541.

Aikawa H, Sato M, Fujimura S, et al. 2000. MDM2 expression is associated with progress of disease and WAF1 expression in resected lung cancer. Int J Mol Med, 5(6):63.

Aqudo A, Ahrens W, Benhamon E, et al. 2000. Lung cancer and cigarette smoking. Cancer, 88(5):820-827.

Boelaert K, McCabe CJ, Tannahill LA, et al. 2003. Pituitary tumor transforming gene and fibroblast growth factor-2 expression: potential prognostic indicators in differentiated thyroid cancer. J Clin Endocrinol Metab, 88(5): 2341-2347.

Centers for Disease Control and Prevention. 2006. Tobacco use among adults—United States, 2005. MMWR, 55(42): 1145-1148.

Chen G, Li J, Li Fujun, et al. 2004. Inhibitory effects of anti-sense PTTG on malignant phenotype of human ovarian carcinoma cell line SK-OV-3. J Huazhong Univ Sci Technolog Med Sci, 24(4):369-372.

Ciardiello F, Torrora G. 2008. EGFR antagonists in cancer treatment. N Engl J Med, 358(11):1160-1174.

Clem AL, Hamid T, Kakar SS. 2003. Characterization of the role of Sp1 and NF-Y in differential regulation of PTTG/securin expression in tumor cells. Gene, 322:113-121.

Essary LR, Vargas SO, Fletcher CD. 2002. Primary pleuropulmonary synovial sarcoma: reappraisal of a recently described anatomic subset. Cancer, 94(2):459-469.

Eymin B, Gezzen S, Brambilla C, et al. 2002. Mdm2 overexpression and p14(ARF) inactivation are two mutually exclusive events in primary human lung tumors. Oncogene, 21(17):2750.

Hainaut P, Olivier M, Pfeifer GP. 2001. TP53 mutation spectrum in lung cancers and mutagenic signature of components of tobacco smoke: Lessons from the IARC TP53 mutation database. Mutagenesis, 16(6):551-553.

Hayashita Y, Osada H, Tatematsu Y, et al. 2005. A polycistronic microRNA cluster, miR-17-92, is overexpressed in human lung cancers and enhances cell proliferation. Cancer Res, 65(21): 9628-9632.

Hirscha FR, HeRBst RS, Olsen C, et al. 2008. Increased EGFR gene copy number detected by fluorescent in situ hybridization predicts outcome in nonsmall-cell lung cancer patients treated with cetuximab and chemotherapy. J Clin Oncol, 26(20): 3351-3357.

Honda S, Hayashi M, Kobayashi Y, et al. 2003. A role for the pituitary tumor-transforming gene in the genesis and progression of non-small cell lung carcinomas. Anticancer Res, 23(5A):3775-3782.

Huang CL, Yokomise H, Miyatake A. 2007. Clinical significance of the p53 pathway and associated gene therapy in non-small cell lung cancers. Future Oncol, 3(1): 83-93.

Jemal A,Tiwari, Murray T, et al. 2004. Cancer statistics. CA Cancer J Clin, 54:8-29.

Jenal A,Siegel R, Ward E,et al. 2008. Cancer statistice. CA cancer J Clin, 58(2):71-96.

Johnson SM, Grosshans H, Shingara J, et al. 2005. RAS is regulated by the let-7 microRNA family. Cell, 120(5): 635-647.

Jovanovic D, Popevic S, Stevic R, et al. 2005. Changes in lung cancer presentation in 13 year interval (comparison of data bases from 1990 and 2003). Lung Cancer, 49(Suppl 2):S191.

Karkar SS,Malik MT. 2006. Suppression of lung cancer with siRNA targeting PTTG. Int J Oncol, 29(2):387-395.

Keith WN, Bilsland A, Evans TR, et al. 2002. Telomerasedirected molecular therapeutics. Expert Rev Mol Med, 2002:1-25.

Metayer C, Wang Z, Kleinerman RA,et al. 2002. Cooking oil fume and risk of lung cancer in women in rural Gansu, China. Lung Cancer, 35:111-117.

Mills CA, Potrer MM. 1950. Tobacco smoking habits and cancer of the mouth and respiratory system. Cancer Res, 10(9): 539-542.

O'Conner DS,Grossman D,Plescia J, et al. 2000. Regulation of apoptosis at cell division by p34cdc2 phosphorylation of survivin. Proe Natl Acad Sci USA, 97(24):13013-13107.

Olopade OI,Pomykala HM,Hagos F, et al. 1995. Construction of a 2. 8-megabase yeast artificial chromosome contig and cloning of the human methylthioademosine phosphorylase gene from the tumor suppressor region on 9p21. Proc Natl Acad Sci USA, 92 (14):6489-6493.

Polic-Vizntin M, Tripkovic I, Kukulj S,et al. 2005. The epidemiology of tracheal, bronchial and lung cancer in Croatia. Lung Cancer,49(Suppl 2):S196.

Rehfeld N, Geddert H, Atamna A, et al. 2006. The influence of the pituitary tumor transforming gene-1 (PTTG-1) on survival of patients with small cell lung cancer and non-small cell lung cancer. J Carcinog, 5(1):4.

Schmaie H, Bamberger C. 1997. A novai protein with strong homoiogyto the tumor suppressor p53 . Oncogene, 15 (11): 1363-1367.

Schuller HM, Porter B, Riechert A, et al. 2004. Neuroendocrine lung carcinogenesis in hamsters is inhibited by green tea theophylline while the development of adenocarcinomas is promoted: implications for chemoprevention in smokers. Lung Cancer, 45 (1): 11-18.

Sequist LV, Bell DW, Lynch TJ, et al. 2007. Molecular predictors of response to epidermal growth factor receptor antagonists in non-small lung cancer. J Clin Oncol, 25(5):587-595.

Sinha R, Kulldorff M,Swanson CA,et al. 2000. Dietary heterosyslic amines and the risk of lung cancer among Missouri women . Cancer Res, 60(14):81-91.

Soria JC,Lee HY,Lee JI, et al. 2002. Lack of PTEN expression in non-small cell lung cancer could be related to promoter methylation. Clin Cancer Res, 8(5):1178-1184.

Travis WD, Travis LB, Devesa SS. 1995. Lung cancer. Cancer, 75(1 Suppl): 191-202.

Ulahannan SV, Brahmer JR. 2011. Antiangiogenic agents in combination with chemotherapy in patients with advanced non-small cell lung cancer. Cancer Invest, 29(4): 325-337.

Ushijima T, Nakajima T, Maekita T. 2006. DNA methylation as a marker for the past and future. J Gastroenterol, 41(5): 401-407.

Vineis P, Airoldi L, Veglia F, et al. 2005. Environmental tobacco smoke and risk of respiratory cancer and chronic obstructive pulmonary disease in former smokers and never smokers in the EPIC prospective study. BMJ, 2330(7486):265-266.

Vineis P, Alavanja M, Buffler P, et al. 2004. Tobacco and cancer: recent epidemiological evidence. JNCI, 96(2):99-106.

Vucic D, Stennicke HR, Pisabarro MT, et al. 2000. ML-IAP, a novel inhibitor of apoptosis that is preferentially expressed in human melanomas. Curr Biol, 10(21): 1359-1366.

Wen W, Shu XO, Gao YT,et al. 2006. Environmental tobacco smoke and mortality in Chinese women who have never smoked: prospective cohort study. BMJ, 333(7564): 376-380.

Westra WH, Baas IO, Hruban RH, et al. 1996. K-ras oncogene acrivation in atypical alvedar hyperplasias of the human lung. Cancer Res, 56(9): 2224-2228.

Yang P, Williams B, Adjei A, et al. 2005. Characteristics of lung cancer patients who were diagnosed younger than 50 or older than 80 years of age. Lung Cancer, 49(Suppl 2): S22.

Yohena T, Yoshino I, Takenaka T, et al. 2007. Relationship between theless of heterozygosity and tobacco smoking in pulmonary adenocarcinoma. Oncol Res, 16(7): 333-339.

Yoshiji H, Kuriyama S, Hicklin DJ, et al. 1999. KDR/Flk-1 is a major regulator of vascular endothelial growth factor-induced tumor development and angiogenesis in murine hepatocellular carcinoma cells. Hepatology, 30(5): 1179-1186.

Yoshimi I, Ohshima A, Ajiki W, et al. 2003. A comparison of trends in the incidence rate of lung cancer by histological type in the Osaka Cancer Registry, Japan and in the surveillance, Epidemiology and End Results Program, USA. Jpn J Clin Oncol, 33(2): 98-104.

第三十三章　神经胶质瘤相关肿瘤基因

第一节　神经胶质瘤的概况

脑瘤的发病率在人体十大常见肿瘤中排第 9 位、第 10 位，但其病死率却在青壮年中排第 2 位(男性)和第 4 位(女性)。在儿童中，脑瘤发病仅次于白血病，为第二大常见肿瘤。

脑瘤中，近半数是神经来源的肿瘤，称为胶质瘤。胶质瘤是脑内最常见的肿瘤，据美国 1990～1994 年统计显示，发病率占所有原发性中枢神经系统肿瘤的 43%～51%。大多数胶质瘤属恶性，预后差，5 年生存率约为 25%，其中多形胶质母细胞瘤(glioblastoma multiform, GBM)只有 3% 左右。以多形性胶质母细胞瘤为代表的恶性胶质瘤被公认为肿瘤治疗领域五大难以治愈的肿瘤之一。其具有难治性、易局部播散和复发等特点，严重影响胶质瘤患者的预后。因此长期以来脑胶质瘤被认为是不治之症。近 30 年来，随着科学技术的发展，脑胶质瘤的诊治虽然没有突破性进展，但却取得了很大的进步，分子生物学研究和遗传学研究明确了少数胶质瘤的性质和生物学行为属良性，如纤毛型星形细胞瘤，预后好；发现恶性胶质瘤中对放疗、化疗敏感的生物学标志，如 MGMT 基因启动子甲基化，染色体 1p、19q 杂合子丢失等。癌基因谱(TCGA)发现 GBM 多达 47 个突变基因，为 GBM 的分型和治疗提供了新思路和靶点。

2007 年，世界卫生组织(World Health Organization, WHO)对中枢系统肿瘤进行了组织学分类，分类如下所述。

1. 神经上皮组织肿瘤

(1) 星形细胞来源的肿瘤：①星形细胞瘤(纤维型、原浆型、肥胖细胞型)；②间变性星形细胞瘤(恶性)；③胶质母细胞瘤(高度恶性，包括巨细胞型胶质母细胞瘤及胶质肉瘤)；④毛细胞型星形细胞瘤；⑤多形性黄色星形细胞瘤；⑥室管膜下巨细胞型星形细胞瘤(常伴结节性钙化)。

(2) 少突胶质细胞来源的肿瘤：①少突胶质细胞瘤；②间变性少突胶质细胞瘤(恶性)。

(3) 室管膜细胞来源的肿瘤：①室管膜细胞瘤(细胞型室管膜细胞瘤、乳头状室管膜细胞瘤、透明细胞型室管膜细胞瘤)；②间变性室管膜细胞瘤(恶性)；③黏液乳头状室管膜细胞瘤；④亚室管膜细胞瘤(室管膜下室管膜细胞瘤)。

(4) 混合性胶质瘤：①混合性少突-星形细胞瘤；②间变性少突-星形细胞瘤(恶性)；③其他。

(5) 脉络丛肿瘤：①脉络丛乳头状瘤；②脉络丛乳头状癌。

(6) 来源不明的神经上皮肿瘤：①星形母细胞瘤；②极性海绵胶质母细胞瘤；③大脑胶质瘤病。

(7) 神经元性肿瘤及神经元-神经胶质细胞混合瘤：①神经节细胞瘤；②小脑发育不良性神经节细胞瘤(Lhermitte-Duclos 病或瘤)；③婴儿促结缔组织增生神经节胶质细胞瘤；

④胚胎发育不良性神经上皮瘤；⑤神经节胶质瘤；⑥间变性神经节胶质瘤（恶性）；⑦中央性神经细胞瘤；⑧终丝副神经节瘤；⑨嗅神经母细胞瘤（感觉性神经母细胞瘤）；⑩嗅神经上皮瘤。

（8）松果体实质肿瘤：①松果体细胞瘤；②松果体母细胞瘤；③松果体细胞及松果体母细胞混合瘤（或称为过渡型松果体细胞瘤）。

（9）胚胎性肿瘤：①髓上皮瘤；②神经母细胞瘤（神经节神经母细胞瘤）；③室管膜母细胞瘤；④原始神经外胚层肿瘤（PNET）（髓母细胞瘤：促结缔组织增生型髓母细胞瘤、髓母肌母细胞瘤、黑色素髓母细胞瘤）。

2. 颅神经和脊神经肿瘤

（1）施万细胞瘤（神经鞘瘤：细胞型、丛状型、黑色素型）。

（2）神经纤维瘤（局限型、丛状型）。

（3）恶性周围神经鞘肿瘤（MPNST）（神经原性肉瘤、间变性神经纤维瘤、恶性施万细胞瘤）（上皮样型-恶性周围神经鞘瘤伴间质和/或上皮分化充填、黑色素型）。

3. 脑膜肿瘤

（1）脑膜内皮细胞肿瘤：①脑膜瘤（脑膜内皮型、纤维型、过渡型、砂粒体型、血管瘤型、微囊肿型、分泌型、透明细胞型、脊索样形、富含淋巴浆细胞型、组织化生型）；②不典型脑膜瘤；③乳头状脑膜瘤；④间变性脑膜瘤（恶性）。

（2）间充质（间叶性）、非脑膜内皮型肿瘤：①良性肿瘤（骨软骨瘤、脂肪瘤、纤维组织细胞瘤、其他）；②恶性肿瘤（血管外皮细胞瘤、软骨肉瘤、恶性纤维组织细胞瘤、横纹肌肉瘤、脑膜肉瘤病、其他）。

（3）原发性黑色素细胞源性病变：①弥漫性黑变病；②黑色素细胞瘤；③恶性黑素瘤，脑膜黑素瘤病。

（4）组织起源不明的肿瘤：血管母细胞瘤（毛细血管性血管母细胞瘤）。

4. 淋巴瘤和造血组织来源的肿瘤

（1）恶性淋巴瘤。

（2）浆细胞瘤。

（3）颗粒细胞肉瘤。

（4）其他。

5. 生殖细胞来源的肿瘤

（1）生殖细胞瘤。

（2）胚胎癌。

（3）卵黄囊瘤（内胚窦瘤）。

（4）绒毛膜癌。

（5）畸胎瘤（未成熟型、成熟型、畸胎瘤伴恶性变）。

（6）混合性生殖细胞肿瘤。

6. 囊肿和肿瘤样病变

（1）Rathke 裂囊肿。

（2）上皮样囊肿。

（3）皮样囊肿。

(4) 第三脑室胶样囊肿。

(5) 肠源性囊肿。

(6) 神经胶质囊肿。

(7) 颗粒细胞肿瘤(迷芽瘤、神经垂体细胞瘤)。

(8) 下丘脑神经元错构瘤。

(9) 鼻腔神经胶质异位。

(10) 浆细胞肉芽肿。

7. 鞍区肿瘤

(1) 垂体腺瘤。

(2) 垂体癌。

(3) 颅咽管瘤(牙釉质型、乳头状型)。

8. 区域性肿瘤的局限性延伸

(1) 副神经节瘤(化学感受器瘤)。

(2) 脊索瘤。

(3) 软骨瘤、软骨肉瘤。

(4) 癌。

9. 转移性肿瘤

10. 未分类肿瘤

第二节　肿瘤基因与神经胶质瘤

随着分子遗传学和分子生物学在肿瘤研究中的应用,脑胶质瘤的分子发病机制已得到部分澄清。欧美的许多学者认为脑胶质母细胞瘤(glioblastoma multiforme, GB)可分为原发和继发两类。特征性分子遗传学改变为p53基因突变和染色体17p杂合性缺失,多伴有10q、19q杂合性缺失。在由低恶性进展为高恶性胶质瘤(继发性胶质母细胞瘤)中p53基因突变是早期事件,在低恶性与高恶性星形细胞瘤中,p53基因突变率差异无统计学意义。有文献报道,有25%~30% GB中存在p53基因变异,在原发GB中其变异低于10%,在继发GB中则超过65%,而p53蛋白积聚较p53突变更常见,并且同样在继发GB(>90%)中较原发GB(<35%)中更多见。

近年来的研究发现,大量肿瘤抑制基因、细胞周期调控基因、DNA损伤修复基因、肿瘤侵袭相关基因等的改变均与肿瘤的发生有着密切关系。

一、癌基因及抑癌基因

(一) p53

p53基因全长约20kb,定位于人类17号染色体的短臂上,编码一个53kDa的核内磷酸化蛋白,与细胞周期的调控、DNA修复、细胞分化及凋亡等重要生物学功能有关。p53基因的功能主要是保持基因组的稳定性,特别是当人类基因组受到致癌基因、放射线损伤时,p53基因具有修复、稳定基因组的作用。野生型p53基因是抑癌基因,但是当p53在高度保守区发生变异,不仅会失去抑癌基因的功能,而且其蛋白质产物还是一种致瘤因子。在不同类型的人类肿瘤中,p53 变异可以表现为多种形式,如等位基因缺失、点突变、插入突变、移码突变和基因重排等。p53 基因突变可发生在不同级别胶质瘤中,如从低级别的星形细胞瘤到间变胶质细胞瘤,再到多形性胶质母细胞瘤,这一结果说明 p53 基因突变是胶质瘤发生、发展中的早期事件。而继发性多形性胶质母细胞瘤,是由于突变的 p53 基因随着癌细胞的不断扩增而不断累积,使肿瘤细胞发生选择性生长优势的结果。p53 基因在肿瘤的复发中也起着关键的作用。这些结果说明,一个有意义的单基因突变在复杂表现型完全出现之前,常常有一个延迟的时间间隔。在此期间,复杂表现型的完全出现常常需要其他突变的积累。胶质瘤中 p53 基因突变常常伴有 17p 染色体杂合子的丢失。p53 突变多发生在高度保守的密码子区,如 175(7.5%)、248(17.5%)、273(7.5%)等不同区域。p53 基因突变在星形细胞瘤中的转换型为:G-A,38%;C-T,18%;G-A,18%。目前临床上检测的 p53 多是突变型,多发生于 18~45 岁年龄段。肿瘤标本伴有 p53 突变且年龄大于 45 岁的胶质瘤患者预后差,对放疗、化疗均有抵抗。

(二) 10 号染色体缺失的磷酸酶

10 号染色体缺失的磷酸酶(phosphatase and tensin homologue deleted from chromosome, PTEN)为基因抑癌基因,其与 tesin 同源,位于 10q23.3。PTEN 基因包括 9 个外显子和 8 个内含子,其 mRNA 长度为 5.5kb。PTEN 通过抑制磷酸酰肌醇-3-激酶(PI3K)的产物,使磷酸酰肌醇 3,4,5-三磷酸(PIP3)磷酸化,在 1-磷酸酰肌醇-3-激酶信号转导通路中起负性调节作用。其结果是抑制蛋白激酶 B(AKT 或 PKB)激活引起的细胞存活和细胞增殖。PTEN 还可通过直接的去磷酸化和抑制局部黏附激酶(FAK),负性调节局部因子,调节细胞的迁移和侵蚀。PTEN 突变主要发生在高度恶性的胶质瘤中,是间变星形细胞瘤向胶质母细胞瘤转化的关键基因,对 674 例多形胶质母细胞瘤或间变星形细胞瘤的研究结果显示,24% 的患者存在 PTEN 的突变,而在其他类别胶质瘤中 PTEN 的突变率仅占 2%。如果临床病理诊断为胶质母细胞瘤,野生型 PTEN 染色阳性,则提示患者如果进行恰当治疗会延长存活期;如果 PTEN 染色阴性,则提示患者对放疗、化疗敏感性差,存活期短。间变星形细胞瘤中存在 PTEN 突变同样提示患者预后不好。

二、生长因子及生长因子受体

(一) EGFR

EGFR 属酪氨酸激酶受体家族的一员,基因定位于 7 号染色体短臂上,分子质量为 170kDa。EGFR 的配体包括 EGF、TGF-α 双调蛋白和肝素结合 EGF 样生长因子。EGFR 与配体结合后,经跨膜部,激活胞内一系列蛋白质分子(第二信使),将信号传递到细胞核,引起基因转录,编码细胞生长、繁殖和分化所必需的蛋白质,最终调节细胞的生长与分裂。EGFR 倍增是原发胶质母细胞瘤发生的关键基因,近 2/3 的胶质母细胞瘤中有 EGFR 基因扩增。EGFR 的扩增在大多数胶质母细胞瘤中总是伴随着大量 EGFR 碎片出现,而这种碎片 EGFR 也具有 EGFR 扩增的功能,同时也会伴随配体的增多,如 EGF、TGF-α,受体的扩增与过表达都促进肿瘤的生长。在胶质母细胞瘤中,扩增的 EGFR 基因将发生重新排列,出现外显子2～7的丢失。这种新转录子的产物,将出现在N端丢失267个氨基酸的新受体。这种新受体虽然失去了配体结合的活性,但可以表现出不依赖配体的独立活性,其原因是由于酪氨酸的残基发生了磷酸化,可以在配体缺乏的情况下单独促进细胞生长。

在胶质瘤中,EGFR对胶质瘤的生长、恶性转变起着重要作用,胶质母细胞瘤中EGFR扩增率为40%～50%,而间变性星形细胞瘤的发生率较低,仅为7%,这种现象提示EGFR的激活可能是肿瘤细胞向胶质母细胞瘤转化的原因。胶质母细胞瘤中,EGFR基因的扩增和突变的EGFR基因可以同时检测到,这意味着胶质瘤恶性程度的增加。需要说明的是,胶质瘤中EGFR基因的扩增与突变EGFR基因的出现,二者产生的功能是不一样的,前者是的正常EGFR的过表达、与配体的结合,而后者是不依赖于配体、具有独立促进胶质瘤发生的能力。

原发胶质母细胞瘤和继发胶质母细胞瘤在组织学上难以区分,但可以通过肿瘤细胞的分子遗传学特征确定。一般患原发性胶质母细胞瘤的患者年龄较大,多伴有EGFR的扩增而不伴p53的突变。组织学上表现为小细胞(small cell, SC)的胶质母细胞瘤与EGFR基因扩增具有显著相关性;这种组织学类型也与肿瘤广泛坏死、高龄患病、病程长等特点相关。对胶质母细胞瘤,尤其是小细胞胶质母细胞瘤来说,尽管EGFR扩增有助于将其与间变性少枝胶质细胞瘤鉴别,但目前尚未确定其与预后及治疗的相关性。有p53突变的年轻患者同时伴有EGFR高表达,预后不佳。在部分胶质母细胞瘤中,EGFR的过表达与该肿瘤的放射抗性相关。EGFR表达越高,放射治疗反应越差;患者对放疗、化疗的不良反应重,可给予放疗增敏剂,同时给予脑保护剂。目前针对封闭细胞内与细胞外的EGFR治疗策略已在体部肿瘤中得到广泛应用,并取得了较好的临床效果,但对胶质瘤的治疗效果并不显著。

(二) VEGF

VEGF是一种肝素亲和的外分泌二聚体糖蛋白,分子质量为34～42kDa,是一种高度特异的内皮细胞有丝分裂素,与血管内皮细胞表面特异性受体结合后可产生多种生物学功能。目前认为VEGF与肿瘤在脑内的转移有关,这是因为脑肿瘤的转移必须有新生血管的参与,VEGF在血管生成中的中心作用已经被充分证据证实。在正常脑组织中,VEGF mRNA的表达水平相对较低,在低级别胶质瘤中表达上调,在胶质母细胞瘤中高表达,可达到在正常脑组织中表达的50倍。胶质瘤细胞可以产生VEGF,VEGF通过与高亲和力的相应受体相互作用结合于内皮细胞,几乎在所有的内皮细胞上都发现了这些VEGF的受体。在病理上,坏死灶的出现和血管结构的增殖是胶质母细胞瘤与低级别胶质瘤的特征性区别之一。脑转移灶的生长经常包含有非芽生血管生成形成的粗大血管。在动物模型上,VEGF过表达可以刺激非芽生血管生成发生黑色素瘤和肺腺癌脑转移,肿瘤内可见增粗的血管,并且降低EGFR表达可以抑制增粗血管的形成。临床上,有使用贝伐单抗(VEGF单克隆抗体)及伊立替康联合治疗复发恶性胶质瘤的Ⅱ期临床试验,其中63%的患者肿瘤出现了客观的影像学改善,但患者的生存时间、无进展生存时间并未明显提高(复发胶母的中位无进展生存时间为20周、中位生存时间为10个月、Ⅲ级复发胶质瘤的中位无进展生存时间为30周)。因此,这种客观的影像学改善是由于血管渗透性的改善,还是肿瘤真正的减小有待进一步确定。

(三)胰岛素样生长因子结合蛋白2

胰岛素样生长因子结合蛋白2(insulin-like growth factor binding protein-2, IGFBP-2)是类胰岛素样生长因子(IGF)系列中的一员,基因位于2q35上。成熟的IGFBP-2含有289个氨基酸,其分子质量约为31.2kDa。IGFBP-2可由多种神经组织合成,是脑脊液中含量最丰富的IGFBP。IGFBP-2在脑中的合成部位主要为脉络丛和软脑膜,与大脑发育有关。胎儿期的脉络丛、脑膜、基板、漏斗板和发育中的胶质细胞都可检测到IGFBP-2 mRNA。脑中IGFBP-2的表达水平在一些急、慢性非生理状态下会升高,如外伤、缺氧、细胞再生等,而升高的IGFBP-2来源于活化星形细胞及微胶质细胞。有研究采用半定量技术发现分化期和增殖期星形细胞分泌IGFBP-2明显增加,推测活化后的星形细胞通过翻译水平分泌大量IGFBP-2。

脑肿瘤患者的脑脊液中IGFBP-2浓度升高,通过cDNA微阵列及基因芯片技术,发现各级胶质瘤表达IGF、IGFBP-1、IGFBP-3的水平相同,而在高度恶性的胶质母细胞瘤中IGFBP-2高表达,IGFBP-2表达越高,患者预后越差。有研究发现,表达大量IGFBP-2的细胞常聚集于肿瘤坏死灶附近,表明IGFBP-2与GBM的形成和进展密切相关。

三、肿瘤侵袭因子检测

侵袭是肿瘤转移形成的重要环节之一。在侵袭的过程中,肿瘤必须具有水解细胞外基质的能力才能穿过细胞外基质进入新的种植区。MMP-2和MMP-9是水解胶原最重要的酶系。MMP-2和MMP-9的酶解活性不仅与其产生量有关,还与其特异性抑制物(TIMP-2和TIMP-1)及酶活化物(MT-MMP-1)的产生有关。多种MMP协同作用可降解所有细胞外基质成分。体内和体外试验研究证明,胶质瘤的侵袭性与MMP的表达和活化有密切关系,具有侵袭能力的胶质瘤细胞分泌大量的MMP-2,其侵袭力与MMP-2有密切关系,编码MMP-9及MT-MMP的mRNA水平明显升高。应用Northern blotting和免疫组织化学技术对临床组织标本进行检测,结果显示,胶质瘤细胞中的MMP-2、MMP-9及MT-MMP随胶质瘤恶性程度的升高,其转录和表达也增加,活化的MMP-2,MMP-9及MT-MMP也增加。有文献报道,MMP-2、MMP-9是胶质瘤细胞侵袭性生长的最佳预测因子。TIMP是MMP的特异性抑制因子,体外试验证明,其具有抑制胶质瘤细胞侵袭性的作用,这一作用正是通过抑制MMP来实现的。TIMP-1和TIMP-2这两个天然的MMP抑制因子口服不能吸收,组织穿透性也很有限,因此人工合成的Marimastat及Prinomastaat(AG3340)等新型药物已经进入临床试验阶段。

四、化疗耐药相关基因

(一)O^6-甲基鸟嘌呤-DNA-甲基转移酶

O^6-甲基鸟嘌呤-DNA-甲基转移酶(MGMT)是一种普遍存在的DNA修复酶,可保护染色体免受烷化剂的致突变、致癌和细胞毒作用的损伤。烷化剂是一类自然界中普遍存在的重要诱变剂和致癌物质,主要造成DNA碱基的烷基化损伤(如甲基化或乙基化),而以形成O^6-甲基鸟嘌呤(O^6-mG)对细胞危害最大,造成碱基错误配对,即G-C→A-T,从而引起致癌、细胞毒和骨髓抑制作用。MGMT 是唯一能将 O^6-鸟嘌呤复合物从 DNA 上移除的蛋白质,可在突变发生前中和这种损伤作用。MGMT 主要通过不可逆的将烷化基团从 O^6-mG 转移到 MGMT 蛋白 145 位的半胱氨酸残基上,从而保护细胞免受烷化剂的损伤。这一过程中 MGMT 不需要辅助因子和其他蛋白质的参与,同一蛋白质既作为甲基转移酶,又可作为甲基受体蛋白。同时,MGMT 蛋白反应位点被烷化基团不可逆结合而失活,故该反应又称为自杀反应。细胞对 DNA 鸟嘌呤 O^6 位上烷化基团的修复能力取决于 MGMT 在细胞内的含量和合成速率。

MGMT 基因启动子甲基化与 MGMT 蛋白的表达:肿瘤抑制基因和其他一些肿瘤相关基因的启动子或 5′端内高度甲基化是人类肿瘤的一个共同特点,并且常常导致基因转录终止和相关蛋白质丢失。MGMT 基因启动子甲基化与 MGMT 蛋白的表达关系密切,启动子甲基化是 MGMT 最常见的异常,多发生于 MGMT 基因启动子 CpG 岛,导致该基因转录停止,蛋白质表达减少。Esteller 等的研究发现,MGMT 基因启动子甲基化率在Ⅲ、Ⅳ级胶质瘤中分别为 38% (7/18)、41% (12/29)。Nakamura 等报道,MGMT 启动子在低级弥散星型细胞瘤、初级成胶质细胞瘤和次级成胶质细胞瘤中的甲基化率为 48% (26/54)、36% 和 75% (12/16)。Mollemann 等报道,少突胶质细胞瘤中 MGMT 基因 25 个 CpG 岛位点的甲基化率为 88% (46/53)。以上研究表明,在胶质瘤中 MGMT 的甲基化率与组织类型及病理分级密切相关,胶质瘤恶性程度越高,MGMT 的甲基化率越高,因此检测 MGMT 的甲基化程度具有一定的病理诊断意义。MGMT 基因也是一个耐药基因,因为其编码的 MGMT 能清除烷化剂对基因组的毒性,从而起到抑制烷化剂对胶质瘤的杀伤作用。MGMT 未甲基化的胶质瘤能对氯化亚硝脲(BCNU)、替莫唑胺(temozolomide)等产生耐药,降低烷化剂的治疗效果;而 MGMT 甲基化的胶质瘤不会产生耐药,不影响药物治疗效果。Balan 等和 Hegi 等分别对 28 例和 38 例胶质瘤术后患者给予替莫哇胺治疗,结果发现 MGMT 甲基化患者的化疗效果要明显优于 MGMT 未甲基化患者,生存期明显延长,因而认为 MGMT 基因甲基化对胶质瘤术后患者的化疗和预后判断具有一定的指导意义。

(二) MGMT 与胶质瘤患者临床特征间的关系

1. MGMT 与患者的年龄、性别　MGMT 基因表达与患者的年龄呈负相关,男性肿瘤患者较女性肿瘤患者 MGMT mRNA 含量高。

2. MGMT 与胶质瘤的病理类型　在不同类型胶质瘤中,MGMT 对化疗效果的影响不同。在多形性胶质母细胞瘤中,MGMT 阳性的患者对以卡莫司汀为主的化疗效果明显比 MGMT 阴性的患者化疗效果差。但在间变性星形细胞瘤中,MGMT 表达与化疗效果的关系不密切。在成人胶质瘤 MGMT 活性检测中,少枝胶质瘤的 MGMT 活性明显低于星形细胞瘤。

3. MGMT 与胶质瘤的恶性程度　MGMT 基因启动子甲基化发生率越高,MGMT 含量越低,肿瘤恶性程度就越高。

(三) p170(MDR-1)肿瘤细胞的耐药性

p170(MDR-1)肿瘤细胞的耐药性以多药耐药最常见。肿瘤细胞的多药耐药性(multidrug resistence, MDR)是指对所应用的一种化疗药物耐药,同时对另外一些与之化学结构、作用机制完全不同的化疗药物的交叉耐药。与 MDR 相关的基因称为 MDR 基因。耐药相关标志蛋白主要是指 P-糖蛋白(P-glycoprotein, P-gp, p170),它是多药耐药基因 MDR-1 的产物。目前已经发现多种 p170 耐药机制,其中 p170 基因的过表达是导致肿瘤细胞对疏水性天然药物产生多药耐药的主要机制之一。p170 基因位于人染色体 7q21.1,因其编码的蛋白质含量和细胞内药物浓度及耐药性直接相关,故称之为通透性糖蛋白。p170 是一种 ATP 依赖型跨膜药物外排泵,对各种药物进入细胞内和从细胞内清除起着重要作用,能减少细胞内药物的积聚,降低细胞内药物的浓度,从而降低药物杀伤肿瘤细胞的效果。p170 在肿瘤细胞中的过表达是产生肿瘤耐药的机制之一。对 p170 表达阳性的胶质瘤患者应避免再应用长春新碱等花碱类药物。

(四) Topo Ⅱ

Topo Ⅱ是肿瘤化疗的重要靶点,主要介导 DNA 的断裂反应并形成 DNA-酶复合物,但此反应是可逆的,且趋向于断裂的 DNA 再连接。抗癌药物可通过上述复合物的稳定性影响癌细胞的增殖。胶质瘤中 Topo Ⅱ的表达与患者的性别、年龄及肿瘤的大小无关,而与肿瘤的恶性程度有关。Topo Ⅱ测定可作为判断胶质瘤恶性程度分级的一个辅助检查指标,并对胶质瘤的复发有预测价值。进行肿瘤的 Topo Ⅱ测定,可以预测患者对化疗药物的敏感性,从而有助于正确选择以 DNA Topo Ⅱ为靶点的化疗药物,以便合理选择药物。恶性程度相同的胶质瘤患者,复发者 Topo Ⅱ含量较初发者明显降低,提示这种多耐药的原因可能是由于 Topo Ⅱ数量的减少和/或活性降低造成的。在胶质瘤化疗初期,正确选择化疗药物,实施联合大剂量突击化疗,有利于预防和延缓临床耐药的发生。作为 Topo Ⅱ的抑制剂,VM-26 通过干扰肿瘤细胞的有丝分裂,破坏 DNA 结构,发挥抗肿瘤作用。

(五) GST-π

GST-π 属于谷胱甘肽-*S*-转移酶(GST)亚型,谷胱甘肽-*S*-转移酶是一种多功能代谢Ⅱ项酶。研究表明,谷胱甘肽转移酶是肿瘤产生多耐药(MDR)的重要因素之一,其主要与化疗药物结合,参与生理解毒,降低化疗药物的毒性,导致肿瘤细胞产生耐药性。GST-π 在胶质瘤细胞中的表达水平与其病理分化程度呈正相关,高级别(Ⅲ ~ Ⅳ级)胶质瘤 GST-π 的表达水平较低级别(Ⅰ ~ Ⅱ级)的显著增高,因而对有关的化疗药物更容易耐受,化疗效果差,肿瘤较易复发,说明 GST-π 在胶质瘤中的高表达可能是胶质瘤 MDR 的另一个重要机制。而且由于正常脑组织中无 GST-π 表达,说明 GST-π 在胶质瘤细胞中的表达可能与肿瘤恶变有关,可能是胶质瘤恶变过程中癌基因被激活的同时,GST-π 基因也被激活而使 GST-π 表达增强,但其机制仍需进一步研究。临床上通过检测胶质瘤细胞中 GST-π 的表达水平可预测胶质瘤的相关耐药程度及肿瘤的病理分化程度。GST-π 与顺铂的耐药有关,其高表达提示顺铂耐药。此外,谷胱甘肽过氧化酶能将有潜在毒性的过氧化物还原为毒性较低的醇化合物,此酶在 MDR 细胞中活性增强,还与长春新碱、丝裂霉素及阿霉素的耐药有关。对 GST-π 低水平表达者应避免使用针对 GST-π 的抗癌药物,同时若能降低胶质瘤细胞中 GST-π 的表达水平,可使部分胶质瘤 MDR 逆转。在初治胶质瘤的化疗药物选择时,检测 GST-π 的表达可预示不同的化疗敏感性及肿瘤的恶性程度,有利于指导临床更加合理地选择化疗方案。

五、胶质瘤相关信号通路

（一）EGFR/PTEN/AKT 信号通路

1. EGFR/AKT 信号通路　人的 EGFR 突变、扩增及过表达是恶性胶质瘤，尤其是原发性胶质母细胞瘤的早期和主要分子事件。当 EGFR 与其配体结合而被激活或 EGFR 胞外区缺失突变、无需与配体结合而持续激活，则细胞内区的酪氨酸残基自磷酸化转化为活性形式而诱导激酶级联反应，EGFR 可通过多途径造成细胞无控性增殖及恶性转化。EGFR 下游的作用靶通路之一即通过细胞膜上的磷酸磷脂酰肌醇-3-羟基激酶（phosphatidylinositol 3-kinase，PI3K）上调 PI3K 通路的活性。PI3K 在功能上是承上启下的桥梁，负责将生长因子等刺激性信号由细胞膜转至细胞质。1 型 PI3K 可以诱导 PIP2 向 PIP3 转化，而后者作为第二信使可以促进细胞的生长和增殖。它的累积增强了 AKT1、AKT2、AKT3 和 PDK 等蛋白质亚群向细胞膜转移的能力。PDK1 和 mTOR 激酶复合体 2 可使 AKT 相应位点发生磷酸化，蛋白磷酸酶使相应位点脱去磷酸基导致 AKT 的激活，活化的 AKT 可使 MDM2、GSK3、FOXO 和 p27 等活化，从而促进细胞的存活、增殖、生长、转移和血管生成。

2. PTEN/AKT 信号通路　在多形性胶质母细胞瘤细胞中有近 1/3 ~ 1/2 的细胞存在 PTEN 突变，而多形性胶质母细胞瘤来源的细胞系中半数以上的细胞存在 PTEN 的缺失突变。PTEN 是 PI3K/AKT 信号通路的一个重要负调控基因，可以拮抗 PI3K 的作用，使其底物去磷酸化，水解 PIP3 并形成 PIP2，抑制 PIP3 所介导的下游 PI3K/AKT 信号的表达，从而实现 PI3K/AKT 信号通路的负性调节，抑制细胞增殖和促进细胞凋亡。

（二）Ras/Raf/MAPK 信号通路

Ras 定位于人类染色体 6p21.1 上，编码 495 个氨基酸的蛋白质，称为 p21Ras，是谷氨酰转酞酶（GTP）结合蛋白家族的代表，有“分子开关”的作用。当表皮生长因子等生长信号与细胞膜受体结合后激活受体酪氨酸蛋白激酶，进而通过一系列酶促反应催化膜上底物 Ras 蛋白由无活性的 GDP 结合状态转变为有活性的 Ras-GTP 形式。Ras 蛋白主要以 GTP 依赖性方式与丝氨酸和/或苏氨酸蛋白激酶 Raf-1 相互作用激活丝裂原活化蛋白激酶（mitogen-activated protein kinases，MAPK）通路。其中 c-Raf-1 承担了 MAPK 激酶的激酶功能，是 Ras 信号进入 MAPK 通路的桥梁。

在对多形性胶质母细胞瘤转化实验中发现，在 hTERT 联合 Ras 共转化的间变性星形细胞瘤的基础上再次进行 AKT 的转染后并不能增加转染肿瘤细胞在软琼脂上的集落形成能力，也没有增加裸鼠的致瘤性，但裸鼠实验中后者形成的肿瘤体积较前者大 4 ~ 6 倍，病理学检查发现，肿瘤细胞多形性增加、肿瘤内坏死区域增大，与人多形性胶质母细胞瘤相似。颅内种植 28 天后后者几乎占据大鼠的整个大脑半球，而 hTERT 联合 Ras 共转化鼠所形成的肿瘤相对较小，并未对大鼠的生存构成威胁。

（三）TP53/MDM2/MDM4/p14ARF 信号通路

TP53 基因编码的蛋白质在细胞周期、DNA 损伤的反应、细胞死亡和增殖中起着重要的作用。当 DNA 损伤时，造成 TP53 的活化和 p21 等基因的转录。野生型 TP53 诱导活化了

MDM2，它能与突变的或野生型的 TP53 相结合，从而抑制 TP53 的转录活性，p14ARF 能够与 MDM2 结合，减弱了 MDM2 对 p53 的抑制功能，但同时 TP53 能够负调控 p14ARF。MDM4 也能调控 TP53 的活性，因此，TP53 功能的丢失可能是由于 TP53、MDM2、MDM4 或 p14ARF 等因子的相互作用。与原发胶质母细胞瘤相比，继发性胶质母细胞瘤中 TP53 的突变更为显著，原发胶质母细胞瘤为 28%，而继发胶质母细胞瘤为 65%。

（四）Wnt 信号通路

Wnt 家族包括 19 个分泌型糖蛋白，涉及的蛋白质或超过 50 个，调控包括细胞分化、增殖、极性及迁移等多项生物学过程。Wnt 信号转导通路至少包括 3 条途径，1 条经典通路（Wnt/β-catenin 通路）、2 条非经典通路，其中经典通路在肿瘤学的研究中尤为重要。经典的 Wnt 通路激活以 β-catenin 在细胞质中聚集为代表，当该通路静息时，β-catenin 维持在较低水平，当 Wnt 通路激活时，Wnt 和位于细胞膜的卷曲蛋白及低密度脂蛋白受体相关蛋白家族中的 LRP-5 或 LRP-6 结合后，激活了位于胞内的散乱蛋白，散乱蛋白使 GSK3β 磷酸化，导致 β-catenin 在细胞质内聚集并移向细胞核与 T 细胞因子和/或淋巴细胞增强子相结合，激活包括 c-myc 和 Cyclin D 在内的多种目的基因的转录，进而在细胞增殖、分化、生存和凋亡中起重要作用。

（五）Notch 信号通路

Notch 信号转导通路由 Notch 受体、Notch 配体和 CSL-DNA 结合蛋白 3 部分组成。哺乳动物有 Notch1、Notch2、Notch3、Notch4 4 个异构体。Notch 其胞外部分有 29 ~ 36 个表皮生长因子样重复区（EGF）和 3 个富含半胱氨酸的 Lin12 重复区。每一个表皮生长因子样重复区内有 6 个高度保守的半胱氨酸残基，其所形成的二硫键参与空间构象的形成和维持。Notch 受体的细胞质部分（NIC）由 4 个保守区域组成，在锚蛋白的两端各有一个核定为信号。Notch 信号转导通路在生物学进程中涉及造血系统、神经系统、肌肉系统、血管系统生成、皮肤分化及免疫反应等方面，在细胞调控方面对细胞的增殖、分化和凋亡等起着重要作用。针对 Notch 信号通路的研究大多集中在髓母细胞瘤，在对胶质瘤的研究中，应用定量 RT-PCR 检测发现，Notch 表达在 51 例各级别胶质瘤患者脑组织中的表达均高于在正常脑组织中的。国内浦佩玉等采用免疫组织化学方法检测了 Notch1、Notch2、Notch3、Notch4 在胶质瘤组织中的表达，结果显示，Notch1、Notch2、Notch3、Notch4 在正常脑组织中不表达，Notch2 在胶质瘤中不表达，Notch1、Notch3、Notch4 高表达，其中 Notch1 的表达与胶质瘤级别相关。进一步在胶质瘤细胞中用 RNAi 的方法敲除 Notch1，发现胶质瘤细胞生长抑制、侵袭能力下降、凋亡增多，并伴随 EGFR、PI3K、p-AKT、K-Ras 表达下降。定量分析发现，原发性恶性胶质瘤标本中 Notch1 与 EGFR mRNA 的表达水平呈正相关，在胶质瘤细胞中用 RNAi 的方法敲除 Notch1 后基因芯片分析结果显示胶质瘤细胞 EGFR 的表达水平也下降，其中的交互作用节点为 p53。每一条信号通路都不是孤立存在的，其必然通过多种交互作用等机制参与其他信号通路的调节。

六、胶质瘤相关基因 RNAi

（一）胶质瘤凋亡相关基因 RNAi

越来越多的研究资料表明，细胞凋亡过程的异常在大多数恶性肿瘤的发病学上占有重要地位。通过 RNAi 抗凋亡基因,如 Bcl-2、livin 和 Survivin 可以增加肿瘤细胞凋亡敏感性,从而达到抑制肿瘤生长的目的。Uchida 等用腺病毒转运靶向 Survivin 的 siRNA,成功地抑制了体内外 U251 系胶质瘤的生长。野生型 p53 基因突变、缺失和失活均可导致细胞无限增殖和凋亡抑制并形成肿瘤。通过点突变靶向型 siRNA 可恢复野生型 p53 的活性,抑制突变型 p53 蛋白的表达,从而抑制肿瘤形成。

(二) 胶质瘤的 EGFR RNAi

临床研究显示,许多上皮来源的肿瘤细胞(包括脑胶质瘤)都存在 EGF 过表达,在 50% 以上的胶质瘤中可检测到 EGFR 突变,EGFR 突变或过表达能够抑制肿瘤细胞凋亡,促进肿瘤细胞生长、增殖、转移和恶性转变。EGFR 缺失突变在正常组织中并不出现,因此可以作为肿瘤基因治疗的靶点之一。Kang 等在体外用质粒转运 siRNA,靶向恶性胶质瘤 TJ905 细胞的 EGFR,特异性抑制了 EGFR 的表达,诱导细胞周期停滞,抑制了 TJ905 细胞的生长和浸润。

(三) 免疫调节剂 RNAi

细胞因子是关键的免疫调控剂,应用各种细胞因子转染肿瘤细胞或免疫效应细胞,提高肿瘤的免疫原性或增强免疫细胞的活性,能够促进肿瘤细胞凋亡,抑制新生血管形成,达到治疗肿瘤的目的。研究较多的细胞因子有 IL-2、IL-4 和 IL-12,干扰素 IFN-α、IFN-β 和 IFN-γ,肿瘤坏死因子 α 和粒细胞-巨噬细胞集落刺激因子。但由于半衰期短、毒性大等限制了其全身直接给药。Friese 等用 RNAi 技术调控免疫抑制剂的活性,成功抑制了胶质瘤细胞的迁移、浸润。

(四) 人端粒酶催化亚单位 RNAi

端粒酶是一个以自身 RNA 为模板的反转录酶,在正常组织中没有活性或活性很低,而在 85% 以上的肿瘤细胞及组织中表达,在恶性胶质瘤细胞中表达更高。端粒酶的激活使癌细胞染色体端粒维持在一定长度,一方面使细胞获得无限增殖能力而避免死亡,另一方面使细胞周期缩短、生长变快。Sundararaj 等应用 RNAi 技术来快速缩短肿瘤端粒的长度,结果显示,其有明显的抗肿瘤生长作用。人端粒酶由 RNA 成分及人端粒酶催化亚单位(human telomerase reverse transcriptase, hTERT)组成,其中 hTERT 是决定端粒酶活性的关键因素。恶性胶质瘤中 hTERT 高度表达,在端粒酶激活过程中发挥了限速作用,抑制 hTERT 的表达可抑制端粒酶活性,因此,hTERT 可作为肿瘤基因治疗的靶点。运用 RNAi 技术靶向 hTERT,抑制人恶性胶质瘤系 TB10 和 U87,发现尽管端粒酶活性在体外没有明显降低,但在裸鼠皮下及颅内种植的胶质瘤的生长明显得到抑制。

(王艳斌)

参考文献

江涛. 2011. 脑胶质瘤治疗技术与进展. 北京:人民卫生出版社,48-58.

Brat DJ, ParisiJE, Kleinschmidt-DeMasters BK, et al. 2008. Surgical neuropathology update: a review of changes introduced by the WHO classification of tumours of the central nervous system. Arch Pathol Lab Med, 132:993-1007.

Brat DJ, Scheithauer BW, Fuller GN, et al. 2007. Newly codified glial neoplasms of the 2007 WHO Classification of Tumours of the Central Nervous System: angiocentricglioma, pilomyxoid astrocytoma and pituicytoma. Brain Pathol, 17:319-324.

Chesik D, Kühl NM, Wilczak N, et al. 2004. Enhanced production and proteolytic degradation of insulin-like growth factor binding protein-2 in proliferating rat astrocytes. J Neurosci Res, 77:354-362.

Cunliffe CH, Fischer I, Parag Y, et al. 2010. State-of-the-art pathology: new WHO classification, implications, and new developments. Neuroimaging Clin N Am, 20:259-271.

Elmlinger MW, Deininger MH, Schuett BS, et al. 2001. In vivo expression of insulin-like growth factor-binding protein-2 in human gliomas increases with the tumor grade. Endocrinology, 142:1652-1658.

Esteller M, Hamilton SR, Burger PC, et al. 1999. Inactivation of the DNA repair gene O6-methylguanine-DNA methyltransferase by promoter hypermethylation is a common event in primary human neoplasia. Cancer Res, 59:793-797.

Esteller M, Herman JG. 2004. Generating mutations but providing chemosensitivity: the role of O6-methylguanine DNA methyltransferase in human cancer. Oncogene, 23:1-8.

Forsyth PA, Wong H, Laing TD, et al. 1999. Gelatinase-A (MMP-2), gelatinase-B (MMP-9) and membrane type matrix metalloproteinase-1 (MT1-MMP) are involved in different aspects of the pathophysiology of malignant gliomas. Br J Cancer, 79: 1828-1835.

Friese MA, Wischhusen J, Wick W, et al. 2004. RNA interference targeting transforming growth factor-beta enhances NKG2D-mediated antiglioma immune response, inhibits glioma cell migration and invasiveness, and abrogates tumorigenicity *in vivo*. Cancer Res, 64:7596-7603.

Fuller GN, Scheithauer BW. 2007. The 2007 Revised World Health Organization (WHO) Classification of Tumours of the Central Nervous System: newly codified entities. Brain Pathol, 17:304-307.

Fuller GN. 2008. The WHO classification of tumours of the central nervous system, 4th edition. Arch Pathol Lab Med, 132:906.

Heimberger AB, Suki D, Yang D, et al. 2005. The natural history of EGFR and EGFRvⅢ in glioblastoma patients. J Transl Med, 3:38.

Jeuken JW, Nelen MR, Vermeer H, et al. 2000. PTEN mutation analysis in two genetic subtypes of high-grade oligodendroglial tumors. PTEN is only occasionally mutated in one of the two genetic subtypes. Cancer Genet Cytogenet, 119:42-47.

Kang CS, Pu PY, Li YH, et al. 2005. An *in vitro* study on the suppressive effect of glioma cell growth induced by plasmid-based small interference RNA (siRNA) targeting human epidermal growth factor receptor. J Neurooncol, 74:267-273.

Nakamura M, Watanabe T, Yonekawa Y, et al. 2001. Promoter methylation of the DNA repair gene MGMT in astrocytomas is frequently associated with G:C→A:T mutations of the TP53 tumor suppressor gene. Carcinogenesis, 22(10):1715-1719.

Pallini R, Sorrentino A, Pierconti F, et al. 2006. Telomerase inhibition by stable RNA interference impairs tumor growth and angiogenesis in glioblastoma xenografts. Int J Cancer, 118:2158-2167.

Sasaki H, Zlatescu MC, Betensky RA, et al. 2001. PTEN is a target of chromosome 10q loss in anaplastic oligodendrogliomas and PTEN alterations are associated with poor prognosis. Am J Pathol, 159:359-367.

Sundararaj KP, Wood RE, Ponnusamy S, et al. 2004. Rapid shortening of telomere length in response to ceramide involves the inhibition of telomere binding activity of nuclear glyceraldehyde-3-phosphate dehydrogenase. J Biol Chem, 279:6152-6162.

Uchida H, Tanaka T, Sasaki K, et al. 2004. Adenovirus-mediated transfer of siRNA against survivin induced apoptosis and attenuated tumor cell growth *in vitro* and *in vivo*. Mol Ther, 10:162-171.

Vredenburgh JJ, Desjardins A, Herndon JE, et al. 2010. Phase II trial of bevacizumab and irinotecan in recurrent malignant glioma. Clin Cancer Res, 13:1253-1259.

第三十四章　髓母细胞瘤相关肿瘤基因

第一节　髓母细胞瘤的概况

一、概述

髓母细胞瘤(medulloblastoma,MB)是一种好发于儿童后颅窝的恶性胶质瘤。因其细胞形态与胚胎期髓母细胞相似而得名,最早由 Bailey 和 Cushing 命名。髓母细胞瘤属神经上皮组织肿瘤中的胚胎细胞肿瘤,为 WHO Ⅳ级肿瘤,发生于小脑。其为一种原始的无极细胞。在人胚胎中仅见于后髓帆,这点与髓母细胞瘤好发于小脑下蚓部相符合。髓母细胞瘤是颅内恶性程度极高的胶质瘤。其恶性程度高主要表现在 3 个方面:①生长极其迅速;②手术不易全部切除;③肿瘤细胞有沿脑脊液产生播散性种植的倾向。其主要发生于 14 岁以下的儿童,少数见于 20 岁以上者。国外有报道髓母细胞瘤的发病率仅次于小脑星形细胞瘤而居儿童后颅窝肿瘤的第二位,在儿童中占神经胶质瘤的 10.7%、占颅内肿瘤的 7.6%。平均年龄 14 岁、12 岁以下的儿童占本肿瘤患者总数的 69%,男女所占比例为 2∶1。在儿童中髓母细胞瘤几乎均位于小脑蚓部,突入第四脑室,甚至充满小脑延髓池,偶见于小脑半球。在成人也多见于小脑半球。

目前,髓母细胞瘤的治疗方案包括手术、放疗及化疗等,这些综合的治疗方法大大改善了患者的预后,但是,部分肿瘤切除困难,对放疗、化疗不敏感,而且容易早期转移播散,其生存率低,复发、病死率高的特点仍然是神经外科的一大难题。

二、病理特点

髓母细胞瘤组织是柔软易碎、实质性、边界可辨认的肿瘤。切面呈紫红色或灰红色。较大肿瘤块的中央可发生坏死,囊性变和钙化极少见。肿瘤主要位于小脑蚓部,突入第四脑室内,并常侵犯第四脑室底,从第四脑室,肿瘤向上可阻塞导水管、向下可阻塞正中孔,并可长入小脑延髓池中,小脑脚可被侵犯。文献及资料均显示大龄组肿瘤发生于小脑半球者明显多于年龄小的病例。有人认为,这种差别的原因是小龄儿童髓母细胞瘤来源于髓帆增殖中心的胚胎残余细胞,而大龄儿童或成人的肿瘤则可能来源于小脑胚胎的外颗粒细胞层,这层细胞位于软膜下小脑分子层的表面,通常在出生后 1.5 年内逐渐消失。髓母细胞瘤有沿蛛网膜下腔弥漫和播散转移的倾向,肿瘤邻近的软脑膜常被浸润,在脑表面形成一层乳白色胶样组织。髓母细胞瘤沿蛛网膜下腔播散,肿瘤科转移到椎管内和大脑表面;或沿脑室播散到第三脑室。后一种情况少见。个别的向颅外转移至肺、骨及淋巴腺等。

组织学上髓母细胞瘤分为 3 型。①经典型:占>80%,肿瘤由致密成群、核染色质丰富而缺乏胞质的细胞构成,可见假菊形团和假栅栏状坏死。②促纤维增生型:占 10%~12%,其肿瘤细胞被纤细的纤维组织所围绕形成结节状,网状纤维染色显示双向分化,无网织纤维区(白岛)和纤维增生区。无网织纤维区内的肿瘤细胞密度低,核大小一致,部分病例还具有明显的神经无性分化;而纤维增生区的肿瘤细胞密度高,核不规则。③大细胞型或间变型:是该肿瘤的另一个亚型,占4%。肿瘤细胞体积较大,胞质丰富,核大并具有异型性,核仁明显,有活跃的核分裂现象。大片的凋亡小体及大片坏死灶是该型肿瘤常见的组织学表现。临床上,髓母细胞瘤为高度恶性肿瘤,具有不良的生物学行为,易通过脑脊液播散,预后较差。目前,多种方案(包括手术、放疗及化疗等)被广泛用于临床,已大大提高了疗效。为了进一步提高患者的生存率,大量的研究已进入分子生物学和遗传学水平,以探索该肿瘤的发病机制。

镜检显示髓母细胞瘤细胞极为丰富,体积小,细胞膜不清。瘤细胞圆形、椭圆形、长椭圆形和胡萝卜形,排列密集。细胞质极少,大多数细胞几乎看不到胞质而显示裸核外形。细胞核圆形或卵圆形,大小不等,染色很深。分裂相多。大部分肿瘤无特殊的细胞排列形式,瘤细胞不规则地聚集成堆;少部分则形成假菊花样,其横切面如腺泡,纵切面如腺管,但无腺腔,这种现象表明瘤细胞向神经母细胞分化。间质很少,血管细小。在少数肿瘤中可见交织的双极细胞核神经胶质纤维,表明向成胶质细胞分化。在组织学上,成年人的髓母细胞瘤与儿童的无异,但预后较好。

促结缔组织增生型髓母细胞瘤与预后关系不大,而大细胞型髓母细胞瘤常常有脑脊液播散,预后差。对突触素(synaptophysin)的免疫反应性是髓母细胞瘤的典型特征。巢蛋白(nestin)、波形蛋白(vimentin)及神经胶质的原纤维酸性蛋白(glial fibrillary acid protein, GFAP)表达也可见。有典型的视紫质和视网膜的S2抗原的集中表达,但不是髓母细胞瘤的常规特征。

三、分期及预后

髓母细胞瘤是脑肿瘤沿神经轴传播的典型例子。其恶性程度高,极易发生转移,最常见的转移部位是骨、骨髓、肝脏和淋巴结,有1%~2%的病例以转移的病灶为首发表现。髓母细胞瘤分期包括手术后72h做脑MRI以评价手术切除程度,以及手术2周后脊髓MRI和腰穿脑脊液细胞学分析。在MRI和CT出现前,髓母细胞瘤的分期主要依靠外科发现。1969年Chang等报道了手术的分期系统。其中T1到T3a均被认为是早期,而T3b和T4期病变被认为是高T期肿瘤。在当今影像学的年代,Langston建议修改Chang的分期系统,主要区别在T期,Langston没有依据脑积水和被侵犯结构的数量。脑干的侵袭是根据手术中所见。没有发现T期有明确的变量与肿瘤复发和无瘤生存时间相关,但M期却与肿瘤的复发和无瘤生存时间相关。对于小于3岁的儿童,M1期较大于或等于M2期的病例有较好的预后。现在一般将大于或等于3岁的儿童分为2组。一般或平均危险组:没有播散(M0),手术后MRI或CT提示肿瘤残余小于1.5cm;高危组:有播散(大于或等于M1),手术后MRI或CT提示肿瘤残余大于1.5cm。手术后MRI或CT对肿瘤残余的判断较外科医师的估计更有价值。

髓母细胞瘤的分级、分期及临床预后因素:2000年WHO分型把髓母细胞瘤分为五型,分别为经典型、促纤维增生型、伴大量结节形成型、间变型和大细胞型。国际上惯用分级方法是:把儿童MB分为高危组和低危组。分级的依据主要是:①有蛛网膜下腔转移者为高危组,无蛛网膜下腔转移者为低危组。②患者的年龄小于3岁者为高危组,大于3岁者为低危组。③术后残留的大小:术后残留大于 $15cm^3$ 者为高危组,术后残留小于 $15cm^3$ 者为低危组。事实上,最常用的儿童 MB 分级法是 Chang 后颅窝 MB 分期系统:无蛛网膜下腔转移证据的为 M0 期;脑脊液细胞学检查发现肿瘤细胞的为 M1 期;在脑部蛛网膜下腔或侧脑室、三脑室发现结节转移灶的为 M2 期;在脊髓蛛网膜下腔发现结节性转移灶的为 M3 期;神经系统外转移为 M4 期。M0 期为低危组,M1 ~ M4 期为高危组。

通常文献支持手术切除肿瘤的程度与预后密切相关,而术后放疗是延长生存期的重要手段。研究还发现,手术与放疗间隔时间对 MB 的生存率存在重要影响。而年龄、性别对生存率的影响一直存在争议。有研究认为,小于 3 岁儿童的预后要差于年长儿童,然而这也可能与放疗剂量、化疗方案把握不当,疗程不足有关,倘若给予合理治疗这种差异可能消失。

肿瘤的分期、手术后肿瘤的残留等对预后的影响是明确的。年龄和性别也是决定预后的因素。20% ~ 35% 的髓母细胞瘤患者小于或等于 3 岁。美国国家癌症研究所的治疗显示,2 岁前诊断髓母细胞瘤的患儿 1 年生存率为 32% 、5 年生存率为 12% 。有研究显示,婴幼儿肿瘤的生物学特性与儿童不同,其侵袭性更强。其沿神经轴传播的比例更高。发病年龄小于 4 岁脑脊液播散的发生率为 34% ,而大于或等于 4 岁则仅为 14% 。另外,年龄较小的儿童,肿瘤常常巨大且难以全切。其他易混淆的影响预后的因素是年龄小的儿童,标准全脑脊髓轴放疗的神经毒性大。许多年龄小的患儿仅接受小剂量的神经轴和后颅窝的放疗,或在手术后仅接受后颅窝的放疗辅助化疗。有学者认为,成人髓母细胞瘤的预后较儿童好,但也有学者认为两者没有差异,甚至更差。有研究表明,成人接受外科手术、全神经轴放疗和化疗后较儿童有更短的中位期生存率、更大的神经毒性。成人髓母细胞瘤更易向小脑半球发展,且有促结缔组织增生的因子。其较儿童髓母细胞瘤有更高的增殖潜能。有报道认为女性较男性有更好的生存预后,其原因不详,有学者认为这与男性在诊断前时间较长有关。总体来说,髓母细胞瘤的治疗为手术加手术后放射治疗和化疗。进一步提高疗效以及如何提高患者的生存质量也是研究的方向。而对小于 3 岁的患儿是否放疗需要慎重考虑,先进行化疗,等小儿 3 岁后再放疗可能是明智的选择。

Laetitia 等统计了 1975 ~ 2004 年,在法国 13 个医疗中心就诊的 253 名年龄大于 18 岁的成人髓母细胞瘤患者的临床资料,并对其预后因素进行了多因素分析。所有的患者在手术后接受全脑全脊髓放疗 35Gy,并对颅后窝加量 54Gy。146 名患者接受了辅助化疗。该研究的中位随访时间是 7 年,5 年和 10 年的总生存率分别为 72% 和 55% ,5 年和 10 年的无病生存率分别为 65% 和 55% 。这与其他大样本的成人髓母细胞瘤的生存率情况相仿。多因素分析显示,脑干是否累及、第四脑室是否累及、后颅窝的剂量小于 50Gy 与预后有关。分层分析发现,全脑全脊髓照射剂量大于或等于 34Gy 组和剂量小于 34Gy 联合化疗组的总生存率没有统计学差异。

综上所述,髓母细胞瘤的预后受许多因素的影响,其中包括肿瘤的部位及大小,手术切除率,手术后是否及时(手术后 25 天内,只要伤口愈合即应尽早开始)进行正规放疗、化疗,是否解决了脑脊液梗阻。无疑,彻底地切除病灶,术后及时辅以合理、足够剂量的放疗(最好进行全中枢神经系统放疗)、有条件配合化疗等综合治疗措施,可能会大大延长患者的生存期和改善患者的生活质量。而目前在髓母细胞瘤分子和细胞遗传学方面研究的飞速发展,让我们看到了提高疗效、改善预后的光辉前景。

第二节 肿瘤基因与髓母细胞瘤

一、概述

髓母细胞瘤是儿童最常见的恶性脑肿瘤,目前的治疗方法尚不能获得满意的疗效,预后差,寻求有效的治疗措施势在必行,而阐明其发生机制及分子遗传学改变是探索有效治疗途径的关键问题。

二、遗传学变化

髓母细胞瘤最常见的遗传学异常出现在17q的等臂染色体,可见于约50%的肿瘤中。随着比较基因组杂交(comparative genetic hybridization,CGH)技术的开展应用,髓母细胞瘤的更多遗传学改变被发现。目前的相关研究显示,17p的丢失和17q的获得仍是最常见的,在其他非随机改变中,最常见的是8p、10q、16q、11号染色体的丢失以及14q、7q、1q、4q、12q的获得。

研究证实,髓母细胞瘤最突出的遗传学改变是17p的丢失、17q的获得及17q等臂染色体的形成。而有研究报道,髓母细胞瘤17q的获得也并不全是由于17q等臂染色体的形成,17q等臂染色体所导致的17p的丢失和17q的获得是可以单独存在的。Tong等的array-CGH分析中,提示髓母细胞瘤的17q上存在D17S1670(61.5%)和eRB B-2(38.5%)两个位点的扩增。而殷晓璐等应用荧光原位杂交方法,证实44.5%的髓母细胞瘤中存在eRB B-2基因的扩增,免疫组织化学显示eRB B-2蛋白也相应有较高水平的表达。进一步研究显示,在染色体17q特异性位点上eRB B-2基因的异常改变很可能在髓母细胞瘤的发病机制中起着重要的作用,其过表达与患者的预后密切相关。

而在初发的肿瘤中,myc基因的扩增也较常见的,这预示着myc可能促进肿瘤的生长。C-myc基因的获得最常见的是染色体8q24,在初发的髓母细胞瘤中通过Southern blot、FISH和CGH等方法可以验证,其扩增的频率为4%~17%。C-myc或N-myc的扩增及侵袭性的大细胞肿瘤亚型与不良临床预后相关。

通过限制性片段长度多态性和微卫星分析,以及荧光免疫原位杂交分析研究的杂合性丢失,揭示了在38%~54%的髓母细胞瘤病例中存在着17p染色体臂的丢失或重组。在大部分病例中,绝大部分的染色体短臂丢失,断点在17p11.2区域。少数病例中观察到17p部分丢失与17p13.3有少量的重叠。由于TP53位于17p13并且在多种人类肿瘤中有突变,所以最初被认为其是获选致病基因。在少部分(5%~10%)的髓母细胞瘤中发现有TP53基因的突变,但是p53旁路在21%的病例中可以通过其他机制被改变,如INK4A/ARF的丢失。由于TP53基因突变发生率较低,而且染色体缺失与17p13.3较远(在17p13.1的TP53远端),所以认为TP53不是17p缺失的主要靶基因。在以前应用传统的核型分析技术的报道中,髓母细胞瘤8号染色体结构或数量的改变并不常见,而应用CGH或全基因组等位基因型分析等敏感性更高的研究方法时,8p上遗传物质的丢失非常常见。在10q染色体上有两个获选基因,PTEN和DMBT1。在肿瘤中,在10q23上编码双特异性磷酸酶的肿瘤抑制基因PTEN经常是丢失的。大部分的髓母细胞瘤研究很少能检测出PTEN的丢失,但是在一项研究中，通过差别 PCR 检测到了 30% 的病例有 PTEN 纯合性的丢失。PTEN 的甲基化是肿瘤抑制因子下调的常见机制。应用代表性差异分析在髓母细胞瘤细胞系中发现 10q25.3—q26.1 有一个纯合性丢失，DMBT1 跨越了这个缺失位点。DMBT1 基因富含于半胱氨酸的清道夫受体基因超家族，但它在肿瘤发病机制中所起的作用仍不清楚。

三、髓母细胞瘤相关信号通路的改变

近年来的众多研究还发现了多种信号通路和髓母细胞瘤的发生、发展密切相关。而信号通路的引入为髓母细胞瘤的个体化生物治疗提供了一条崭新的思路。

目前，对髓母细胞瘤信号通路研究最多的是 SonicHedgehog 信号通路（sonic hedgehog pathway，Shh）和 Wingless 信号通路（wingless pathway，Wnt）。自然状况下，这两条信号通路在神经系统的胚胎发育中均发挥着重要作用。例如，Shh 作为信号通路配体由浦肯野细胞分泌，对小脑颗粒细胞祖细胞的分裂起促进作用；而 Wnt 属于生长因子受体家族，通过基因调控和细胞之间的调控机制来影响胚胎发育，同时又参与细胞周期相关控制基因的转录调控，包括 Myc、N-Myc 等。Wnt 细胞信号通路异常导致髓母细胞瘤发生的主要机制是，由于该信号通路的关键调控蛋白 CTNNB1 基因激活突变引起一系列反应，最终导致肿瘤发生；而 Shh 通路异常则由于调控因子 PTCH1 突变导致通路激活，而致肿瘤形成。进一步的研究发现，Shh 和 Wnt 这两种信号通路还与髓母细胞瘤细胞分化调控有关，在这两种细胞信号通路下产生的髓母细胞瘤，其组织学类型、肿瘤的生物学行为截然不同。Wnt 通路激活所致肿瘤，常见于年龄较大的儿童，瘤细胞的组织学亚型多可归为典型髓母细胞瘤（classic medulloblastoma，CMB），患者一般对常规的治疗方法反应较好，预后满意。Shh 通路激活所致肿瘤则与前者完全不同，此类肿瘤通常在年幼的儿童中发生，而病理亚型多为促纤维增生型/结节型髓母细胞瘤（desmoplastic/nodular medulloblastoma，DNMB）和大细胞型髓母细胞瘤（large cell medulloblastoma，LCMB）/未分化型髓母细胞瘤（anaplastic medulloblastoma，AMB）（LCMB/AMB）型，并且对常规的治疗方法反应欠佳，预后极差。与 Shh 及 Wnt 一样，Notch 在神经系统的发育中起着重要的作用，像脑及神经干细胞的调控。在小脑中，Notch2 促进了外周颗粒层细胞组细胞的增生。在人的髓母及髓母细胞系中，Notch 信号水平是升高的。Fan 等发现，在髓母细胞瘤及原始神经外胚叶肿瘤中 Notch2 呈高表达，而 Notch1 表达低或缺失；还发现，转染 Notch2 于髓母细胞瘤细胞株可促进肿瘤细胞增殖，导入外源性 Notch1 则可抑制肿瘤生长；说明在髓母细胞瘤中 Notch1 与 Notch2 起着截然相反的作用。上述研究证实了髓母细胞瘤信号通路的类型，对于后期的化疗及放疗来说有着非常个体化的、特异性的差别。而上述研究发现，本章在后文还有具体的撰述。

四、细胞遗传学和分子遗传学

在信号通路的研究开展之前，髓母细胞瘤的细胞遗传学和分子遗传学方面的单个基因表型异常往往是人们研究的热点，进一步的研究发现不同亚型的髓母细胞瘤遗传学改变有其各自的特异性，并且其临床生物学行为也不尽相同。据此人们推测，不同亚型的髓母细胞瘤有不同的组织学起源。CGH 及 FISH 检测发现，大细胞型、间变型髓母细胞瘤的遗传学改变与其他两种类型的髓母细胞瘤相比最明显的区别是存在高比率的 8q24，即 c-myc 的扩增。Stearns 等通过体外实验证实了 c-myc 的扩增是导致发生大细胞型髓母细胞瘤的原因之一。目前大量的研究显示，大细胞型或间变型的髓母细胞瘤生物学行为具有高侵袭性，常伴有 CSF 播散和中枢神经系统外转移，具有这种亚型的儿童患者生存期非常短。Hedgehog 信号转导通路的改变，在促纤维增生型髓母细胞瘤中较其他亚型更为普遍。这条通路中的 PrCHI 基因的胚系突变是家族性基底细胞癌综合征（NBCCS）发生的原因，而促纤维增生型髓母细胞瘤正是 NBCCS 的中枢神经系统表现。据报道，在散发促纤维增生型髓母细胞瘤中 9q22.3—q31（PTCH1 基因位点）的杂合性缺失的比率高达 50%，但在经典型髓母细胞瘤中却没有相应发现。这条信号通路的改变可能与该亚型髓母细胞瘤患者对某些化疗药物的敏感性有关，并且可作为新的肿瘤靶向治疗位点。以前人们普遍认为，促纤维生成型髓母细胞瘤由于肿瘤细胞周围存在大量的增生结缔组织，可能会阻止肿瘤细胞的扩散，因此患者的预后较好，生存期相对较长。但以前的报道却显示，临床患者预后的实际情况差异较大。近年来随着诊断标准的统一，即只有纤维增多而没有结节形成的髓母细胞瘤不能归入促纤维增生型髓母细胞瘤，所报道的患者预后情况基本符合了人们的设想。长期以来，对髓母细胞瘤的起源一直存在争议。Hedgehog 信号通路在促纤维增生型髓母细胞瘤中的改变促使人们认为，该亚型的髓母细胞瘤起源于小脑的外颗粒层，因为小脑外颗粒层前体神经元的生长受控于 Heagehog 信号。而有关钙结合蛋白 D28K 和Ⅲ型 8 管蛋白的免疫组织化学研究提示，经典型髓母细胞瘤起源于脑室基质/髓帆。不同亚型的髓母细胞瘤是否有不同的起源，有待更多的证据证实。因此，人们认为 3 种不同亚型的髓母细胞瘤可能经历了不同的肿瘤发病机制及遗传学改变，从而导致其不同的生物学行为及临床预后。

陈礼刚等采用 mRNA 原位杂交、原位细胞凋亡检测及免疫组织化学染色方法观察了 84 例儿童髓母细胞瘤组织的 bcl-2 基因表达状况、恶性程度、肿瘤细胞增殖及凋亡程度，得出 bcl-2 基因表达异常增加可抑制儿童髓母细胞瘤细胞凋亡，抑制强度随肿瘤细胞 bcl-2 基因表达水平升高而相应增加，细胞增殖和凋亡失衡可能是儿童髓母细胞瘤发生、发展的重要环节。随后，王新军等应用免疫组织化学染色和原位杂交方法对 41 例儿童髓母细胞瘤（其中复发性肿瘤 11 例）和 20 例正常人脑组织中 Bcl-xL 蛋白和 bcl-xL mRNA 的表达水平进行了检测，并与临床资料和预后进行比较（bcl-xL 基因是 bcl-2 基因家族的一个重要的凋亡抑制基因，位于细胞线粒体膜上，主要通过稳定线粒体膜电位、阻止细胞色素 c 和凋亡抑制因子释放、阻断 Caspase 酶活化的上游信号传递通路等作用，打破细胞的自稳平衡机制，使受损或突变细胞不能得到及时清除，并在增生基因和生长抑制基因的协同作用下导致细胞恶变，最终发展为肿瘤）。结果显示，儿童髓母细胞瘤组织免疫组织化学染色 90.2%（37/41）表达 Bcl-xL 蛋白；原位杂交显示 95.1%（39/41）表达 bcl-xL mRNA，两者呈正相关。正常人脑组织中 Bcl-xL 的表达水平和强度显著低于髓母细胞瘤。复发性肿瘤中 Bcl-xL 的表达水平和强度显著高于非复发肿瘤，且 98% 复发性肿瘤在首次治疗时均有肿瘤在第四脑室底浸润。进一步验证了凋亡抑制基因 bcl-xL 在儿童髓母细胞瘤的恶性进展中发挥重要作用。Bcl-xL 表达水平和强度及首次发病时肿瘤在第四脑室底的浸润是影响儿童髓母细胞瘤预后的重要因素。此外，髓母细胞瘤组织中普遍存在基因转录水平和蛋白质翻译水平上 Bcl-xL 的一致性过表达，表明 Bcl-xL 能通过一定机制抑制髓母细胞瘤细胞凋亡，进一步研究有可能通过调节 Bcl-xL 的表达来促进髓母细胞瘤的细胞凋亡，克服化疗耐药，提高放疗敏感性，从而达到治疗肿瘤目的，为小儿髓母细胞瘤的临床治疗开辟新途径。此外，陈礼刚等的研究也证实,VEGF 和增殖细胞核抗原(PCNA)可作为反映儿童髓母细胞瘤预后的生物学行为指标。

如前所述,Fan 等在髓母细胞瘤的研究中分别观察到 Notch2 和 Hes-5 呈高表达,而 Notch1 呈低表达或检测不到。用可溶性的 Delta 配体或分泌酶抑制剂 DAPT 处理可以使髓母细胞瘤细胞增殖减少,凋亡增加。Notch1 和 Notch2 对髓母细胞瘤细胞生长有相反的作用,Notch2 促进细胞增殖,而 Notch1 抑制细胞增殖。说明 Notch2 可能作为一种癌基因调节髓母细胞瘤细胞的发生,而 Notch1 则可能是抑癌基因,因其失活而促进髓母细胞瘤的发生。另有研究者提出,可能是由于 Notch 处于多种信号网络的中间环节,Notch 信号可以与影响中枢神经干细胞进化的 Wnt 和 Shh 信号通路相互作用,间接影响这些肿瘤的发生。但是,Fujimori 等在髓母细胞瘤细胞系 TE671 中却观察到 Hes-1 和 Notch1 呈高表达。Yokota 等也发现髓母细胞瘤细胞系 TE671 中 Hes-1 及 Mash-1 的高表达,在 6 例髓母细胞瘤临床手术标本中发现 4 例 Mash-1 的表达增加,并在所研究的髓母细胞瘤细胞株及 6 例髓母细胞瘤临床标本中均发现 Numb 蛋白(Notch1 的拮抗物)的表达。但该研究结果与人们普遍所认同的 Hes-1 与 Mash-1 的表达是负性关系、Hes-1 抑制 Mash-1 表达的理论相悖。但不管怎样,这些证据都说明了在髓母细胞瘤中存在 Notch 信号通路的失调,需要更为详尽的研究来阐明它们之间的关系。

李元洋等采用免疫组织化学法测定了 c-Jun 和 c-Fos 蛋白在 70 例髓母细胞瘤组织、10 例正常小脑组织中的表达及其与临床预后的关系。结果提示,c-Jun 和 c-Fos 蛋白的表达呈正相关,且 c-Jun 和 c-Fos 的表达强度越高,患者的生存率就越低,生存时间就越短。在 70 例髓母细胞瘤中 c-Jun 阳性表达率为 80%,c-Fos 为 77%。而在 10 例正常小脑组织中它们的表达全部为阴性。结果还显示,c-Jun 和 c-Fos 在髓母细胞瘤中可以单独表达,但大多数情况下二者是相互协同表达的。这项研究表明,c-Jun 和 c-Fos 的高表达是影响髓母细胞瘤患者生存时间的两个高危险因素,髓母细胞瘤中 c-Jun 和 c-Fos 的表达水平可以作为判断预后的指标之一,尤其是二者共同表达时,临床意义较大,这为今后髓母细胞瘤的基因诊断、治疗及判断预后提供了崭新的依据。王亚明等对 69 例不同类型胶质瘤进行 PTEN 和 P-Tyr 免疫组织化学染色,测算不同类型胶质瘤 PTEN 阳性表达率,并半定量测定比较其 IS 染色强度(intensity score,IS)。结果显示,正常皮质对照组均可见皮质锥体细胞胞质内 PTEN 阳性颗粒沉着。间变星形细胞瘤、胶母细胞瘤、髓母细胞瘤、恶性室管膜瘤的 PTEN 蛋白阳性表达率和 IS 均显著低于低级别星形细胞瘤(毛细胞型、纤维型),这从一个方面反映了 PTEN 在胶质瘤恶性转化中所起的作用。进一步的研究结果显示,在所有肿瘤中 PTEN 和 P-Tyr 的 IS 呈负相关。PTEN 的变异和失活是胶质瘤(尤其是髓母细胞瘤)发生及恶性转化过程中多因素相互作用中的一个重要组成部分,这为理解胶质瘤(尤其是髓母细胞瘤)发生恶性转化机制、寻找新的肿瘤治疗靶点提供了新的思路。

常青等使用甲基化特异 PCR(MSP)法检测 25 例髓母细胞瘤的甲基化水平,用 RT-PCR 方法检测髓母细胞瘤细胞中 TIG1 的转录水平,并用去甲基化试剂处理髓母细胞瘤细胞,观察基因转录水平与甲基化状态之间的关系。结果得出髓母细胞瘤中 TIG1 启动子的异常甲基化率为 40%。TIG1 在髓母细胞瘤中的甲基化异常是肿瘤特异性的。TIG1 的表达水平与启动子甲基化状态呈明显负相关。并且,这种相关性得到去甲基化试剂处理实验的支持。经去甲基化试剂 5-aza-2-deoxycytidine 处理的全部细胞中 TIG1 的表达都得到了恢复。提示大部分髓母细胞瘤细胞中都有 TIG1 表达的减少和缺失,且该基因缺失与启动子高甲基化密切相关。因此,TIG1 在髓母细胞瘤发生中可能起着重要作用。在验证了上述观点的同时,进一步表明,由启动子甲基化引起的 TIG1 基因沉默是可重复的,这预示着去甲基化试剂作为髓母细胞瘤辅助治疗手段的可能性,具有一定的临床应用前景。

殷晓璐等应用比较基因组杂交技术检测 14 例髓母细胞瘤全基因组的遗传学改变;同时,在扩大系列的 29 例髓母细胞瘤中,应用荧光原位杂交和免疫组织化学染色分别检测 eRB B-2 在基因水平和蛋白质水平的表达。结果显示,在所有 14 例髓母细胞瘤标本中,每一条染色体臂上都检测到了染色体的失衡(获得或丢失),最常见的染色体异常为 17q(85.7%)和 7q(35.7%)的获得,以及 8p(50%)、16q(28.6%)和 17p(35.7%)的丢失;44.5%(13/29 例)的肿瘤细胞有 eRB B-2 基因的异常表达;免疫组织化学结果显示,37.9%(11/29 例)的病例有抗体 c-eRB B-2 的阳性表达;在预后较差的 16 例患者中,56%(9/16 例)的病例有 eRB B-2 的过表达。结果提示了髓母细胞瘤全基因组的染色体失衡。在染色体 17q 特异性位点上 eRB B-2 基因的异常改变很可能在髓母细胞瘤的发病机制中起着重要的作用,其过度表达与患者的预后密切相关。而殷晓璐等在以前的研究中还发现了另一些与髓母细胞瘤发病有关的抑癌基因丢失位点,如染色体 16q、11p、10q 和 8p 上特异性位点的杂合性丢失。这些染色体的特异性失衡均为髓母细胞瘤的基因研究拓宽了领域。孙雅静等用比较基因组杂交方法对 16 例髓母细胞瘤染色体基因组 DNA 的获得和丢失进行检测,并分析其与患者年龄、性别之间的关系。结果显示,16 例髓母细胞瘤中,共有 15 例(15/16)检测到 DNA 的获得和/或丢失。有获得者 10 例(10/16)、有丢失者 11 例(11/16),二者的差异无统计学意义;获得和丢失例数的性别及年龄差异也无统计学意义。出现单染色体、双染色体、三染色体及多染色体获得和/或丢失者分别为 3 例(3/15)、4 例(4/15)、1 例(1/15)和 7 例(7/15)。该组病例共检测到 11 例有 DNA 获得(+5q、+6q、+7q、+11q、+15q、+17p、+17q、+19q、+20q、+21q、+Xp)和 25 例有 DNA 丢失(-1p、-1q、-2p、-2q、-3q、-4p、-6p、-6q、-8p、-8q、-10p、-10q、-11p、-14q、-16p、-16q、-17p、-18p、-18q、-19p、-19q、-20p、-20q、-Xp、-Xq)的染色体区带;而以+7q(6/16)、+17q(6/16)、-14q(5/16)和-10q(3/16)最常见;且-14q 均发生在大于 10 岁组。从该研究中可以推断出,大多数髓母细胞瘤有不同程度的染色体基因组 DNA 失衡,常见失衡区带主要位于染色体长臂,+7q、+17q、-14q 和-10q 与该肿瘤的发生密切相关,-14q 是导致大于 10 岁组髓母细胞瘤发生的重要因素。另外,欧美的文献报道,髓母细胞瘤常见于-6q(57.9%),并常有 17p 全长丢失合并 17q 全长获得形成的 17q 等臂染色体(isochromosome 17q)。16 例髓母细胞瘤中仅 2 例有-6q,且均未检测到 17q 等臂染色体,说明中国人髓母细胞瘤的染色体基因组 DNA 失衡谱与欧美人群有一定差异。由此可得出髓母细胞瘤存在不同的分子遗传学亚型,为分子遗传学分类提供了依据,并为进一步的基因治疗靶点优选提供了重要的个体化研究依据。

唐晓平等应用免疫组织化学方法并用图像分析系统测定染色的积分吸光度(IOD),检测 Cyclin D1 和 p16 在髓母细胞瘤和正常小脑组织中的表达情况;应用统计学方法分析它们与临床病理特点的相互关系,以及 Cyclin D1 和 p16 之间的相互关系。结果显示,正常小脑组织中 Cyclin D1 表达较低,髓母细胞瘤中表达较高(IOD 值分别为 0.2931、1.0712);p16 在正常小脑组织中则呈现高表达,而在髓母细胞瘤中出现降低(IOD 值分别为 1.6815、1.0109);髓母细胞瘤中 Cyclin D1 和 p16 的表达情况与肿瘤年龄、部位、病理类型、是否伴坏死、分化程度及分化方向有关;在纤维增生型髓母细胞瘤中 Cyclin D1 和 p16 呈正相关,而在经典型髓母细胞瘤中呈负相关。结果提示,导致髓母细胞瘤临床病理特点不同的更深层次的原因之一是肿瘤细胞 Cyclin D1 和 p16 发生了不同变化,从而导致肿瘤细胞形成各自不同的细胞周期改变。以前已有研究证实,Cyclin D1 和 p16 蛋白与细胞增殖活性及细胞周期长短有关,它们从正、负两个方向调节细胞周期的进程。唐晓平等的研究结果显示,髓母细胞瘤中细胞增殖活性和细胞周期活性发生了改变,并且不同的临床病理特点,Cyclin D1 和 p16 蛋白表达是有差异的,它们影响肿瘤细胞增殖的速率和细胞周期的长短,与肿瘤的生长和浸润直接或间接相关,可能影响患者的预后。在髓母细胞瘤的发生、发展过程中,当正常小脑细胞出现恶性转化时,Cyclin D1 出现高表达,开始时 p16 能代偿性增加,抑制 Cyclin D1 正性调控作用,在一定程度上抑制肿瘤生长,临床表现为纤维增生型髓母细胞瘤。随着病情的进展,这种平衡被打破,Cyclin D1 与 p16 在量的差异上逐渐增大,或出现其他的机制使 Cyclin D1 表达增强,同时抑制 p16 蛋白的表达,致使细胞周期调控严重失衡,肿瘤细胞呈现更恶性转化,临床表现为经典型髓母细胞瘤。由此可以推断出 p16 蛋白减少或缺失,在髓母细胞瘤的演变过程中是一个较晚期事件,直接影响患者的预后。这为我们研究髓母细胞的临床分型及判断预后提供了重要依据。

也有资料报道包括髓母细胞瘤等多种颅脑恶性肿瘤的生长中都存在着 IGF-1R 蛋白的过表达,且髓母细胞瘤的 IGF-1R 表达程度可作为其预后的分子标志。周辉等应用不同浓度的特异性 IGF-1R 阻滞剂(NV-ADW742)抑制体外培养的髓母细胞瘤细胞的 IGF-1R 表达,应用 PCR 芯片和 Western blotting 观察髓母细胞瘤中 IGF-1R 信号通路的差异性基因表达。结果显示,在对应浓度的 NVP-ADW742 作用下,Doay 细胞的存活率分别为和凋亡率呈剂量依赖性,其浓度越高,抑制和促凋亡作用越强;PCR 芯片检测有 14 个差异表达基因;Western blot 检测表明在 2μmol/L 的 NVP-ADW742 作用下,随时间延长,PI3K、AKT、p38、GSK-3B 和 Bcl-2 蛋白表达逐渐下调。结果提示,IGF-1R 所激活的 Ras/MAPK 信号转导通路与髓母细胞瘤细胞的生长和增殖密切相关。整个 Ras/MAPK 信号通路是细胞内信号转导的一条重要途径,包括了一系列蛋白激酶的级联反应,在细胞的分化、增殖、死亡等生物学过程中具有重要的调节作用,与肿瘤的发生密切相关。最终,研究结果表明,特异性抑制髓母细胞瘤的 IGF-1R 信号转导通路后可以影响多个与细胞生长、增殖、分化调节相关的信号转导通路。IGF-1R 不仅在正常的细胞增殖、凋亡、机体生长发育中,而且在髓母细胞瘤的细胞恶性表型的形成和维持上起着关键作用。

对髓母细胞瘤分子生物学及遗传学的研究还有较多未知领域,需要我们进一步地去探索。关庆凯等运用 RT-PCR 和免疫组织化学检测中国人群髓母细胞瘤中肿瘤-睾丸(cancer-testis,CT)基因和蛋白质的表达情况,并结合分型进行分析。结果显示,肿瘤分型之间的 non X-CT 抗原差异具有统计学意义。25 例病例至少表达 1 个 CT 基因。GAGE 是最常表达的 CT 基因,25 例病例中有 17 例(68%)存在。19/20(95%)的病例中发现存在 X-CT 基因的共表达,而只有 1/18(5.6%)的病例存在 nonX-CT 基因的共表达。所有病例中单克隆抗体 CT7-33(MAGEC1)是染色阳性反应最多的蛋白质。对 CT 基因 mRNA 的表达和患者的临床参数(如年龄及临床结果)进行了统计学分析,发现两者之间无显著相关性。也就是说,CT 基因作为诊断髓母细胞瘤,仅仅提供诊断依据,能否作为确定基因,还需进一步研究论证。

近年来,miRNA 作为一种新基因也正逐渐成为髓母细胞瘤的研究热点。刘巍等应用微阵列芯片分析人髓母细胞瘤及瘤旁组织 miRNA 表达谱的差异情况，结果筛选出 9 个髓母细胞瘤的相关 miRNA，其中表达上调 4 个、表达下调 5 个。其中 miR-17、miR-100、miR-106b 和 miR-218 的差异表达情况得到定量 RT-PCR 的证实。因此，筛选出的差异表达 miRNA 很可能均参与了髓母细胞瘤发病，但尚需进一步的研究证实。而 Ferrettit 等采用实时 real-time PCR 技术对 14 个髓母细胞瘤样本的 248 个 miRNA 进行检测，发现与对照组相比，肿瘤组中 miRNA 多数表达下调，选择表达下调的 miR-9 和 miR-125a 作进一步功能分析，发现 miR-9 和 miR-125a 的表达下调减缓了髓母细胞瘤细胞的生长，说明 miR-9 在髓母细胞瘤发生、发展中可能扮演癌基因的角色。Pierson 等发现，与对照组相比髓母细胞瘤中 miR-124a 的表达显著下调，miR-124a 的异位表达降低了 CDK6 蛋白的表达水平，并且减缓了 DAOY 细胞及 D283 细胞系的生长。以上研究均表明，在髓母细胞瘤中 miRNA 的差异表达调控着一些关键基因的表达水平从而参与肿瘤的发生。除一些重要的癌基因外，细胞信号通路在肿瘤发生中也是不可或缺的。人体中的细胞信号转导通路构成了一个极为复杂的网络系统，而 miRNA 则对该网络系统起着重要的调控作用。miRNA 可以通过调节信号转导通路中的重要分子(如 TGF-β、Wnt、Notch 及表皮生长因子等)来影响肿瘤发生。也有研究表明，某些肿瘤相关信号通路可以直接调节 miRNA 的表达。目前髓母细胞瘤中研究较多的信号通路包括 Shh 通路及 Notch 通路等。Shh 信号通路是一种信号级联放大系统，该通路控制了小脑神经胶质细胞祖细胞的发育，如果该通路异常，将会使细胞发生致瘤性转化，在胚胎发育及肿瘤的发生、发展中具有重要意义，它的异常激活会导致肿瘤的发生。Ferretti 等的研究发现，miR-125b、miR-326 和 miR-324-5p 过表达会引起 Shh 信号通路的靶基因表达显著减少，促进细胞的分化、成熟，并抑制细胞的生长，提示这 3 种 miRNA 通过调控 Shh 信号通路影响肿瘤的发生。Gokhale 等发现，在髓母细胞瘤中当 Wnt 信号通路活化导致肿瘤发生时 miR-193a 等 miRNA 表达上调，从而抑制肿瘤细胞增殖，提高了髓母细胞瘤对辐射的敏感性并减少了肿瘤细胞的非停泊性生长(anchorage-independent growth)。研究发现，在人类原发性髓母细胞瘤细胞系中 miR-199b-5p 表达下调，miR-17/92、miR-30b、miR-30d 则表达上调，其中 miR-199b-5p 可能作用于 Notch 的影响因子 HESl。以上这些研究都表明 miRNA 在髓母细胞瘤的发生、发展中发挥着重要作用。

五、小结

现阶段，对髓母细胞瘤的研究已经从临床—组织病理—基因分子层面多方面综合发展。经过前人多年的研究、努力，髓母细胞瘤在前两个层面的研究已经上升到了一定的高度，并且在实际的临床工作中已得到了较为成熟且有效的应用。而在基因分子生物学或遗传学层面，虽然目前仍在不断探索的道路上，并且在实际的临床工作中还处于试验阶段，但仍不能否定目前的发展仍然是卓有成效的。正如本章前面所撰述的那些研究成果一样，均为进一步探索髓母细胞瘤相关基因的研究拓展了新的思路和方向，为今后对髓母细胞瘤更为深入的研究铺平了前进的道路。

(王清河　梁　博)

参考文献

常青,吴浩强.2006. 颅内原始神经外胚叶肿瘤中 TIG1 启动子的高甲基化.临床与实验病理学杂志,22:468-472.

陈礼刚,林永旭,张伶俐,等.2000. 儿童髓母细胞瘤的生物学特性.第四军医大学学报,21:1146-1147.

陈礼刚,张伶俐,秦山,等.2001. Bcl-2 基因在儿童髓母细胞瘤中表达的研究.西南国防医药,6:394-396.

关庆凯,张彩凤,夏永华,等.2012. 肿瘤-睾丸基因在中国人群髓母细胞瘤中的表达.重庆医科大学学报,5:385-389.

李元洋,毛伯镛,董小红.2004. 癌基因产物 c-Jun 和 c-Fos 在髓母细胞瘤中的表达及临床意义.中华外科杂志,4:213-215.

刘巍,晁腾飞,龚燕华,等.2009. 应用微阵列芯片分析人髓母细胞瘤及瘤旁组织 miRNA 表达谱差异.首都医科大学学报,3:355-359.

孙雅静,于士柱,孙翠云,等.2000. 髓母细胞瘤染色体 DNA 失衡的比较基因组杂交研.中华病理学杂志,39:606-610.

孙雅静,于士柱,孙翠云,等.2010 髓母细胞瘤染色体 DNA 失衡的比较基因组杂交研究.中华病理学杂志,39:606-610.

唐晓平,毛伯镛,冯凌,等.2004. 髓母细胞瘤周期蛋白基因 D1、p16 的表达及其与临床病理特点的关系.中华实验外科杂志,21:728-729.

王新军,赵忠伟,寿纪新,等.2006. 髓母细胞瘤组织 Bcl-xL 和蛋白表达及临床意义.实用儿科临床杂志,21(23):1615-1616.

王亚明,田增民.2008. 不同类型胶质瘤 PTEN、磷酸酪氨酸蛋白表达差异及其临床意义.海军总医院学报,2:65-68.

吴易阳,李岭.2007. MicroRNA 与肿瘤相关的信号转导通路.分子遗传学杂志,29:1419-1428.

肖永祺,樊志勇.2006. 应用 Amplatzer 法行室间隔缺损封堵的临床应用.心血管病学进展,27:312-314.

谢育梅,张智伟,李渝芬,等.2005. 经导管封堵小儿室间隔缺损围术期心律失常的处理.中华心血管病杂志,33:1092-1094.

殷晓璐,吴浩强.2001. 髓母细胞瘤分子遗传学研究的回顾与新进展.临床与实验病理学杂志,17:427-431.

殷晓璐,许雁萍,吴浩强.2005. 髓母细胞瘤比较基因组杂交分析及 ERBB-2 异常表达的意义.临床与实验病理学杂志,20:390-394.

张世蕾,殷晓璐,邱永明.2008. 髓母细胞瘤的分子遗传学研究.诊断病理学杂志,15:333-336.

周辉,饶竞,林坚,等.2010. 特异性抑制髓母细胞瘤 1 型胰岛素生长因子受体信号通路后的差异性基因表达.中华实验外科杂志,27:1396-1399.

Abe M, Tokumaru S, Tabuchi K, et al. 2003. Stereotactic radiation therapy withchemotherapy in the management of recurrent medulloblastomas. PediatrNeurosurg, 42: 81-88.

Bouffet E, Bernard JL, Frappaz D, et al. 1992. M4 protocol for cerebellarmedulloblastoma: supratentorial radiotherapymay not be avoided. Int J Padiat Oncol Biol Phys, 24: 79-85.

Bunin GR, Feuer EJ, Witman PA, et al. 1996. Increasing incidence of childhood cancer. report of 20 years experience from the greater Delaware Valley Pediatric TumorRegistry. Paediatr Perinat Epidemiol, 10: 319-321.

Chan AW, TaRBell NJ, Black PM, et al. 2000. Adult medulloblastoma: prognosticfactors and patterns of relapse. Neurosurgery, 47: 623-631.

Chan MY, Teo WY, Seow, et al. 2007. Epidemiology, managementand treatment outcome of medulloblastoma in Singapore. AnnAcad Med Singapore, 36: 314-318.

Del Valle L, Enam S, Lassak A, et al. 2002. Insulin-like growth factor I receptoractivity in human medulloblastomas. Clinical Cancer Research, 8: 1822.

DiMareotullio L, Ferretti E, De Smaele E, et al. 2004. REN(KCTD11) isa suppressor of Hedgehog signaling and is deleted in humanmedulloblastoma. Proc Nail Acad Sci USA, 101: 10833-10838.

Doxey D, Bruce D, Sklar F, et al. 1999. Posterior fossa syndrome: Identifiable risk factorsand irreversible comp lications. Pediatr Neurosurg, 31: 131-136.

Ehrbrecht A, Muller U, Wolter M, et al. 2006. Comprehensive genomic analysis of desmoplastic medulloblastomas: identification of novelamplified genes and separate evaluation of the different histological components. J Pathol, 208: 554-563.

EllisonD W, OniludeOE, J CLindseyJ C, et al. 2005. beta -Catenin status predicts a favorable outcome in childhoodmedulloblastoma:

the United Kingdom Children's CancerStudy Group Brain Tumour Committee. J Clin Oncol,23:7951-7957.

Evans A E,Jenkin R D,Sposto R,et al. 1990. The treatment of medulloblastoma. Resultsof a prospective randomized trial of radiation therapy with and withoutCCNU,vincristine,and prednisone. J Neurosurg,72:572-582.

Fan X,Mikolaenko I,Elhassan I,et al. 2004. Notch 1 and notch 2 have opposite effects on embryonal brain tumor growth. CancerRes, 64(21):7787-7793.

FerrettE,De Smaele E,Miele E. 2008. Concerted microRNA control of Heogehogsignalling in cerebellar neuronal progenitor and tumour cells. EMBO J,27:2616-2627.

Ferretti E,De Smaele E,Po A,et al. 2009. MicroRNA profiling in humanmedulloblastoma. Int J Cancer,124(3):568-577.

Freeman CR,Taylor RE,Kortmann RD,et al. 2201. Radiotherapy for medulloblastomain children:a perspective on current international clinical research efforts. Med PediatrOncol,39:99-108.

Frost PJ,Laperriere NJ,Wong CS,et al. 1995. Medulloblastoma in adults. Int JRadiat Oncol Biol Phys,32:951-957.

FujimoK,Kadoyama K,Urade Y. 2005. Protein kinase C activateshuman lipocalin-type prostaglandin D synthase gene expressionthrough de-repression of notch-HES Signaling and enhancementof AP-2 beta function in brain-derived TE6 7 1 cells. J Biol Chem,280:18452-18461.

Gajjar A,Chintagumpala M,Ashley D,et al. 2006. Risk-adapted craniospinal radiotherapy followed by high-dose chemotherapy and stem-cell rescue in children with newly diagnosed medulloblastoma(St Jude Medulloblastoma-96):long-term results from a prospective,multicentre trial. Lancet Oncol,7(10):813-820.

Gokhale A,Kunder R,Goel A,et al. 2010. Distinctive microRNA signature ofmedulloblastomas associated with the WNT signaling pathway. J Cancer Res Ther,6:521-529.

Greenberg HS,Chamberlain MC,Glantz MJ,et al. 2001. Adult medulloblastoma:multiagent chemotherapy. Neuro-oncol,3:29-34.

Gualco E,Wang JY,Del Valle L,et al. 2009. IGF-1Rin neuroproteefion andbrain tumors. Front Biosci,14:352-375.

Guessous F,Li Y,Abounader R. 2008. Signaling pathways in medulloblastoma. J Cell Physiol,2l7:577-583.

Haberler C,Slavc I,Czech T,et al. 2006. Histopathological prognosticfactors in medulloblastoma:high expression of survivinis related to unfavourable outcome. Eur J Cancer,42:2996-3003.

Halperin EC, Constine LS, TaRBell NJ, et al. 1999. Tumors of the posteriorfossa and the sp inal cana. Pediatric radiation oncology. Philadelphia:Lipp incott,William&Wilkins,80-125.

Halperin EC,Watson DM,George SL. 2001. Duration of symptoms prior to diagnosis isrelated inversely to p resenting disease stage in children with medulloblastoma. Cancer,91:1144-1150.

Hartmann C,Digon -Sontgerath B,Koch A,et al. 2006. Phosphatidylinositol 3'-kinase/AKT signaling is actived in medulloblastomacell proliferation and is associated with reduced expressingof PTEN. Clin Cancer Res,12:3019-3027.

Hartsell WF,Montag AG,Lydon J,et al. 1992. Treatment of medulloblastoma in adults. Am JClin Oncol,15:207-W211.

Hui AB,Takano H,Lo KW,et al. 2005. Identification of a novelhomozygous deletion region at 6q23. 1 in medulloblastomas usinghigh-resolution array comparative genomie hybridization analysis. Clin Cancer Res,11:4707-4716.

Inda MM,Mercapide J,Munoz J,et al. 2004. PTEN and DMBT1homozygous deletion and expression in medulloblatomas and supratentorialprimative neuroectodermal tumors. Onvol Rep,12:1341-1347.

Inui M,Martello G,Piccolo S. 2010. MicroRNA control of signal transduction. Nat Rev Mol Cell Biol,11:252-263.

Jacks T,Weinberg RA. 1996. Cell-cycle control and its watchman. Nature,381:643-644.

Jakacki R I,Feldman H,Jamison C,et al. 2004. A pilot study of preirradiationchemotherapy and 1800 cGy craniospinal irradiation in young children withmedulloblastoma. Int J Radiat Oncol Biol Phys,60:531-536.

Jenkin D,Greenberg M,Hoffman H,et al. 1995. Brain tumors in children:long-termsurvival after radiation treatment. Int J Radiat Oncol Biol Phys,31:445-451.

Kleihues P,Cavenee WK. 2000. WHO classification of tumor. Pathology and genetics of tumors of the nervous system. Lyon:LARC Press,2000:123-140.

Kool M,Koster J,Bunt J,et al. 2008. Integrated genomics identifies five medulloblastoma subtypes with distinct genetic profiles, pathway signatures and clinicopathological features. PLoS One. 3(8):e3088.

Laetitia P,Marie P S,David P,et al. 2007. Common strategy for adult and pediatricmedulloblastoma:a multicenter series of 253 adults. Int J Radiation OncologyBiolPhys,68:433-440.

Lenard JR, Cai DX, Rivet DJ, et al. 2001. Large cell/anaplastic medulloblastomas and medullomyoblastomas: clinicopathological and genetic features. J Neurosurg,95:82-88.

Lo KC, Rossi MR, Eberban CG, et al. 2007. Genome wide copynumber abnormalities in pediatric medulloblastomas as assessed byarray comparative genome hybridization. Brain Pathol,17:282-296.

Lu Y, Ryan SL, Elliott DJ, et al. 2009. Amplification and overexpression of Hsa-miR-30b, Hsa-miR-30d and KHDRBS3 at 8q24. 22-q24. 23 in medulloblastoma. PLoS One. 4(7):e6159.

McCabe MG, Ichimura K, Liu L, et al. 2006. High resolution arraybased comparative genomic hybridization of medulloblastomasand supratentorial primitive neuroectodermal tumors. Neuropathol Exp Neurol,65:549-561.

McManamy CS, Pears J, Weston CL, et al. 2007. Nodule formation anddesmoplasia in medulloblastomas-defining the nodular/desmoplasdcvariant and its biological behavior. Brain Pathol,17:151-164.

Michiels EM, Weiss MM, Hoovers IM, et al. 2002. Genetic alterationsin childhood medulloblastoma analyzed by comparative genomichybridization. J Pediatr Hematol Oncol,24:205-201.

Northcott PA, Fernandez LA, Hagan JP, et al. 2009. The miR-17/92 polycistron isupregulated in sonic hedgehog driven medulloblastomas and induced by N-myc in sonichedgehog-treated cerebellar neural precursors. Cancer Res,69:3249-3255.

Oyharcabal- Bourden V, Kalifa C, Gentet J C, et al. 2005. Standard-risk medulloblastoma treated by adjuvantchemotherapy followed by reduced-dosecraniospinal radiation therapy: a French Society of Pediatric Oncology Study. JClin Oncol,23:4726-4734.

Packer R J, Cogen P, Vezina G, et al. 1999. Medulloblastoma: clinical and biologicaspects. Neurooncology,1:232-250.

Packer R J, Gajjar A, Vezina G, et al. 2006. Phase Ⅲ study of craniospinal radiationtherapy followed by adjuvant chemotherapy for newly diagnosed average-riskmedulloblastoma. J Clin Oncol,24:4202-4208.

Packer R J, Sutton L N, Elterman R, et al. 1994. Outcome for children with medulloblastoma treated with radiation and cisplatin, CCNU, and vincristinechemotherapy. J Neurosurg,81:690-698.

Pfister S, Remke M, Benner A, et al. 2009. Outcome prediction inpediatric medulloblastoma based on DNA copy-number aberrationsof chromosomes 6q and 17q and the MYC and MYCN loci. J ClinOncol,27:1627-1636.

Pierson J, Hostager B, Fan R, et al. 2008. Regulation of eyclin dependent kinase 6by microRNA 124 in medulloblastoma. J Neurooncol,90:1-7.

Ris M D, Packer R, Goldwein J, et al. 2001. Intellectual outcome after reduced-doseradiation therapy plus adjuvant chemotherapy for medulloblastoma: a Children'sCancer Group study. J Clin Oncol,19:3470-3476.

Shay T, Lambiv WL, Reiner-Benaim A, et al. 2009. Combining chromosomal arm status and significantly aberrant genomic locations reveals new cancer subtypes. Cancer Inform,7:91-104.

Steams D, Chaudhry A, Abel TW, et al. 2006. C-myc overexpression cause anaplasia in medulloblastoma. Cancer Res,66:673-681.

Stefan R, Katja von H, Angela E, et al. 2010. Survival and prognostic factors of early childhood medulloblastoma: an international meta - analysis. JCO November,28:4961-4968.

Tatevossian R, Lawson A, Forsbew T, et al. 2010. MAPK pathway activationand the origins of pediatric low-grade astroeytomas. Journal of CellularPhysiology,222:509-514.

Taylor RE, Bailey CC, Robinson K, et al. 2003. Results of a randomized study ofpreradiation chemotherapy versus radiotherapy alone for nonmetastaticmedulloblastoma: The International Society of Paediatric Oncology/UnitedKingdom Children's Cancer Study Group PNET-3 Study. J Clin Oncol,21:1581-1591.

Thomas P R, Deutsch M, Kepner J L, et al. 2000. Low- stage medulloblastoma: finalanalysis of trial comparing standard - dose with reduced-dose neuraxisirradiation. J Clin Oncol,18:3004-3011.

Thompson MC, Fuller C, Hogg TL, et al. 2006. Genomics identifies medulloblastoma subgroups that are enriched for specific genetic alterations. Journal of Clinical Oncology: Official Journal of the American Society of Clinical Oncology,24(12):1924-1931.

Tong CY, Hui AB, Yin XL, et al. 2004. Detection of oncogene amplificationsin medulloblastomas by comparative genomic hybridizationand array -based comparative genomic hybridization. Neurosurg,100:187-193.

Vita R, Jacques G, Francois D, et al. 2007. High-dose chemotherapy with autologousstem cell rescue followed by posterior fossa irradiation for local medulloblastoma recurrence or progression after conventional chemotherapy. Cancer,110:156-161.

Walter A W, Mulhern R K, Gajjar A, et al. 1999. Survival and neurodevelopment aloutcome of young children with medulloblastoma at St Jude Children's Research Hospital. J Clin Oncol, 17:3720-3728.

Wong G T, Manfra D, Poulet F M, et al. 2004. Chro nic treatmentwith the gamma secretase inhibitor LY 411,575 inhibits beta-amyloid peptide production and alters lymphopiesis and intesti-nal cell differentiation. J Biol Chem, 279:12876-12882.

Yin XL, Pang JC, Liu YH, et al. 2001. Analysis of loss of heterozygosity on chromosomes 10q, 11 and 16 in medulloblastomas. J Neurosurg, 94:799-805.

Yin XL, Pang JC, Ng HK. 2002. Identification of a region of homozygous deletion on 8p22—23. 1 in medulloblastomas. Oncogene, 21:1461-1468.

Yokota N, Mainprize TG, Taylor MD, et al. 2004. 1dentification ofdifferentially expressed and developmentally regulated genes in-medulloblastoma using suppression subtraction hybridization. Oncogene, 23:3444-3453.

Zeltzer PM, Boyett JM, Finlay JL, et al. 1999. Metastasis stage, adjuvant treatment, andresidual tumor are p rognostic factors formedulloblastoma in. children: Conclusions from the Children's Cancer Group 921 Randomized Phase Ⅲ Study, 17:832-845.

第三十五章　甲状腺癌相关肿瘤基因

甲状腺癌(thyroid cancer)即甲状腺组织的癌变,是内分泌系统最常见的恶性肿瘤。近年来发病率增长较快,目前已经成为女性的第5位常见肿瘤。甲状腺含有两种特殊的细胞,即滤泡细胞和C细胞,95%的甲状腺癌来源于滤泡上皮细胞。甲状腺癌可分为4种主要的病理类型,包括分化较好的乳头状癌(papillary thyroid cancer,PTC)、滤泡状癌(follicular thyroid cancer,FTC)、低分化的髓样癌(medullary thyroid cancer,MTC)和未分化型癌(anaplastic thyroid cancer,ATC),其中髓样癌来源于产生降钙素的C细胞。乳头状癌和滤泡状癌是最常见的甲状腺癌类型,其中乳头状癌约占甲状腺肿瘤的90%、甲状腺滤泡状癌约占5%、甲状腺髓样癌约占4%。甲状腺癌的病因尚不十分清楚,可能与饮食因素(高碘或缺碘饮食)、放射线暴露史、雌激素分泌增加和遗传因素有关,部分是由甲状腺良性疾病,如结节性甲状腺肿、慢性淋巴细胞性甲状腺炎和甲状腺腺瘤演变而来。像多数其他人类癌症一样,基因改变是甲状腺的肿瘤发生和病理机制的驱动力,尤其是发生在那些主要信号通路的关键角色中的基因编码的改变。在甲状腺癌的发生和发展过程中涉及多个原癌基因激活和/或抑癌基因的失活,并且不同的病理类型有其相对特异性的基因改变。

第一节　甲状腺癌相关癌基因

一、鼠类滤过性肉瘤病毒癌基因同源体B1基因

鼠类滤过性肉瘤病毒癌基因同源体B1(v-raf murine sarcoma viral oncogene homolog B1,BRAF)基因,属于RAF基因家族,位于7q34上,是Ret和Ras的下游信号分子,编码一种有丝分裂原激活的蛋白激酶依赖性激酶的激酶,是Ras-RAF有丝分裂原激活蛋白/细胞外信号调节激酶-丝裂原激活蛋白激酶信号通路(Ras-RAF-MEK信号通路)的重要转导因子。在2002年应用基因组技术和癌基因筛查,发现BRAF癌基因突变在黑色素瘤中高度表达。其后也在结肠癌、神经胶质瘤等其他多种人体肿瘤中发现存在BRAF基因突变。体内、外的研究已经证实,BRAF基因突变诱发恶性肿瘤发生、发展、转移等肿瘤生物学行为。近年来的研究显示,Ras-RAF-MEK级联过程的异常信号转导是甲状腺癌发生的关键,BRAF及其他RAF激酶经常被其他甲状腺癌基因激活,是诱导细胞分化和增殖等生物效应的重要介质(图35-1)。80%以上的BRAF基因突变是外显子11和外显子15上第1799位核苷酸的胸腺嘧啶变异为腺嘌呤(T1799A),导致BRAF蛋白产物中的缬氨酸被谷氨酸替代(V600E),BRAF激酶激活。在乳头状甲状腺癌的病例中,这个级联中细胞表面受体或信号分子的突变和/或重排发生率大约为70%。研究发现,该突变仅存在于乳头状癌和未分化型甲状腺癌,且与其他甲状腺癌相关基因突变不相互并存。

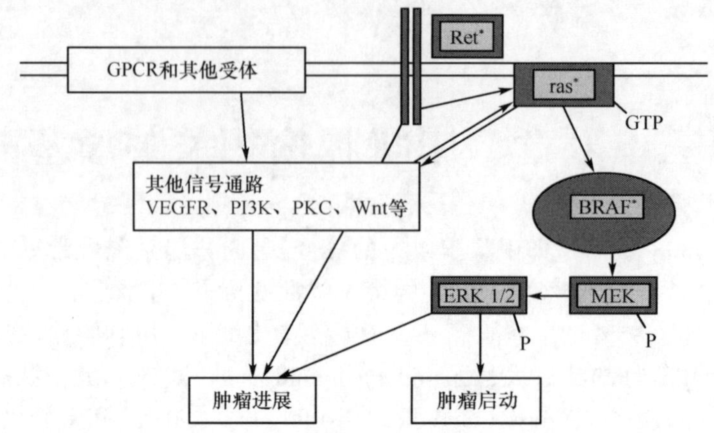

图 35-1 甲状腺癌中 Ras-RAF-MEK 通路的激活(通过 Ret、Ras 和 BRAF 的基因突变或重排导致本质性的激活是甲状腺癌发生的主要启动子)

GPCR. G 蛋白偶联受体类;VEGFR. 血管内皮生长因子受体;PI3K. 磷脂酰肌醇 3 激酶;PKC. 蛋白激酶 C;Wnt. Wnt 信号通路;Ret. 转染重排基因;ras. ras 癌基因;GTP. 三磷酸鸟苷;BRAF. 鼠类滤过性肉瘤病毒癌基因同源体;MEK. 丝裂原激活蛋白激酶;ERK1/2. 细胞外调节蛋白激酶 1/2;P. 磷酸

(一) 恶性乳头状甲状腺癌中的 BRAF 突变

BRAF(V600E)突变与肿瘤恶性行为之间的关系仍然存在争议。在多个研究中发现,BRAF(V600E)突变与肿瘤的恶性临床过程相关。Liu 等的研究显示,BRAF(V600E)不仅是乳头状癌的启动者,而且还是乳头状癌细胞增殖、分化的维护者,乳头状癌来源细胞的生长也要依赖它,提示其参与乳头状癌进展的调节。Rodolico 等对 214 例微小乳头状癌(≤1cm)的研究提示,存在 BRAF(V600E)突变的淋巴转移患者中,最大转移区域直径更大,累计淋巴结数目更多,癌细胞向淋巴结囊外蔓延的概率也更高。Kim 等也证实,BRAF(V600E)突变是乳头状癌转移的重要危险因素。这些研究认为,BRAF(V600E)可以启动乳头状癌的形成,从微小癌发展到未分化型癌的各个阶段均可检测到这种突变。然而,多个其他研究并不支持这个结果,这种差异可能与研究样本的大小、随访的期限、肿瘤的组织学名称的差异和分析的特定人群不同有关。此外,在多个研究中,BRAF(V600E)突变的发生率在未分化型甲状腺癌和分化较好的早期肿瘤中是相似的,提示部分未分化型甲状腺癌是由较典型的乳头状甲状腺癌演化而来,说明 BRAF 信号转导可能在未分化型甲状腺癌中具有重要的功能。上述资料也提示,BRAF 突变不足以独立地诱导细胞分化。最近发表的关于 BRAF 突变在乳头状甲状腺癌中作用的 meta 分析提示,BRAF 突变在乳头状甲状腺癌中的流行率为 45%,该突变与疾病复发率、淋巴结转移、甲状腺外扩散和疾病晚期分期的风险增加有关。由此可见,BRAF 基因突变是乳头状癌最普遍存在的遗传学改变,具有较好的特异性和敏感性,可以作为一个很有发展前景的诊断标志物,而快速检测针吸标本中 BRAF 突变的方法已经开发出来。该基因突变的检测与甲状腺细针穿刺活检相结合可以帮助诊断,并且可以对乳头状癌进行术前分层以便采用更加积极的初始治疗。

BRAF 突变能够预测乳头状甲状腺癌的恶性过程和对标准治疗较差的反应,但其可能的机制尚未确定。在甲状腺细胞的体外研究中,BRAF(V600E)突变通过增加基质金属蛋白酶(MMP12)的表达诱导侵袭,降低负责甲状腺细胞摄碘的 Na-I 协同转运载体的表达和膜定位。在甲状腺特异性 BRAF(V600E)小鼠模型研究中,可发生侵袭的和低分化的甲状腺癌,显著的局部侵袭是肿瘤恶性行为的标志。近年来的研究显示在人类甲状腺癌中,BRAF(V600E)突变与 VEGF 的过表达和 NIS 的膜表达降低程度相关,VEGF 的过表达与肿瘤分期和侵袭力增加有关。因此,将包含 BRAF 突变在内的多种肿瘤恶性行为的标志物组合起来,可能对提高预测肿瘤恶性行为的能力有利。然而,尚不清楚哪些标志物比目前使用的临床分级系统更加准确。

(二) BRAF 突变作为乳头状癌的治疗靶点

BRAF(V600E)的表达在乳头状癌中极为常见,提示它可能成为今后乳头状癌治疗的重要靶点。这种可能性并不局限于 BRAF 的激活突变,因为在乳头状癌和滤泡状癌中,BRAF 及整个 RAF 激酶家族都被甲状腺癌发育过程中涉及的其他癌基因所激活。已经设计出了一些具有特异性针对 RAF 激酶为靶向的化合物,并且已经在体外甲状腺癌模型中进行了实验。使用 siRNA 进行 BRAF 特异性分子抑制,已经显示出对多种表达 BRAF(V600E)的低分化甲状腺癌细胞系具有抑制增殖的作用。这些数据与上述 BRAF(V600E)在增加甲状腺细胞增殖和 DNA 不稳定中的作用,与 BRAF 作为 RET/PTC 诱导甲状腺细胞增殖中的关键信号节点的中心角色一致,都预示 BRAF 是合适的甲状腺癌的治疗靶点。迄今为止,仅有极少量关于碘无应答甲状腺癌的临床试验研究。然而,随着激酶抑制剂的不断研发,以及用于其他形式癌症的靶向治疗的成功,甲状腺癌的治疗已经成为药物开发目标。临床前研究提示酪氨酸激酶抑制剂也能阻断 RAF 的活化,这可能对甲状腺癌患者是有用的。索拉非尼(Sorafenib)作为一种 BRAF 靶向制剂,在美国已经批准用于治疗甲状腺癌的临床评价试验,已经显示出部分疗效。

总之,BRAF(V600E)基因突变以及通过 RAF 激酶的基本信号传递,是甲状腺癌发育中的普遍事件。BRAF(V600E)基因突变可能与甲状腺癌的演进有关,已经被实验证实其是甲状腺的癌基因,并且在某种程度上是肿瘤分化和对标准治疗(如 TSH 抑制和放射性碘治疗)缺乏应答的原因。BRAF 及其下游信号通路是一个极具潜力的治疗靶点,是甲状腺癌治疗研究的热点。

二、感染期间发生重排的基因

感染期间发生重排的基因(rearranged during transfection,Ret)位于染色体 10q11,编码一种属于酪氨酸激酶受体超家族的跨膜蛋白。首先在小鼠 NIH 3T3 细胞中发现,因能与其他基因重排激活而被称为 Ret 原癌基因。RET 受体在神经内分泌细胞和神经细胞中表达。Ret 基因编码的酪氨酸激酶受体可以调节细胞的生长和分化,其配体为胶质细胞衍生的神经营养因子家族。RET 蛋白由 1 个 N 端信号肽、1 个膜外区(4 个钙黏蛋白重复区、1 个钙结合位点和 1 个半胱氨酸富集区)、1 个跨膜区和 2 个细胞内酪氨酸蛋白激酶功能区组成,细胞外的钙黏蛋白区对细胞间的信号转导很重要,半胱氨酸富集区对受体聚合区十分重要。神经营养因子等配体通过糖基化的磷脂酰锚定蛋白与 RET 蛋白结合并形成二聚体,RET 蛋白的酪氨酸激酶功能区发生自动磷酸化,然后使底物分子磷酸化,从而将信号转导至下游,下游信号可通过不同的途径继续转导,包括 Ras 系统激活丝裂原活化蛋白激酶途径、磷脂酰肌醇-3-激酶途径、通过 Y1015 与磷脂酰 C-γ 结合,后者是其致癌性的必要条件。Ret 原癌基因突变导致胞外半胱氨酸残基磷酸化,激活下游信号途径;或突变使胞内酪氨酸激酶区的底物特异性发生改变,使 RET 蛋白在不与配体结合的情况下即可被激活,并具有更强的转导能力;下游信号的激活启动了一系列级联反应,使细胞过度增殖分化,形成肿瘤。Ret 基因变异与不同类型的甲状腺癌的发病机制有关,如起源于甲状腺滤泡细胞的甲状腺乳头状癌和起源于滤泡旁细胞的甲状腺髓样癌。在乳头状癌患者体细胞内存在 Ret 基因与其他基因的重排现象,部分患者存在 Ret 基因的点突变,二者都可以使其编码的 RET 蛋白活化。Ret 基因重排与乳头状癌的关系最为密切,Ret 基因点突变则与髓样癌关系密切,而在滤泡样癌和未分化癌中很少发现。迄今为止,Ret 原癌基因的活化在体内仅在甲状腺癌中发现,且限于乳头状癌。提示 Ret 原癌基因变异可能与乳头状癌和髓样癌的发生、发展和演变有关,在乳头状癌和髓样癌的诊断中具有特定的意义。RET 已经成为肿瘤治疗的一个重要靶点,已经出现了针对 RET 有关的酪氨酸激酶抑制剂、单克隆抗体和基因治疗。

(一) Ret 基因重排与甲状腺癌

基因重排是指一个基因与其他基因核苷酸序列的重排或倒置重排,形成一段新的融合转录子或融合蛋白。迄今为止,已经发现至少 10 余种与乳头状癌相关的 Ret 重排,所有重排都是由 DNA 损伤导致的 Ret 基因酪氨酸激酶域与不同基因的 5′端融合而成的。Ret 基因与 H4 基因和 ELE1 基因的重排最为常见,分别形成 Ret/PTC1、Ret/PTC3 重排基因,约占所有重组基因的 90%,且前者更为多见。这些重组基因编码的 RET 蛋白的跨膜区和胞外区的部分片段缺失,同时 5′端(编码酪氨酸激酶的部分区域)被 ELE1 等其他基因的片段置换,致使酪氨酸激酶的活性大大提高。

目前普遍认为乳头状癌细胞表达 Ret 基因,而在正常及其他甲状腺肿瘤中不表达,因此可以将 RET/PTC 作为较为特异的诊断标志,但阴性表达并不能排除乳头状癌诊断。日本学者对 215 例日本甲状腺癌组织样本中 Ret 基因重组的测定发现,Ret/PTC 对乳头状癌具有高度特异性(100%),但在所有乳头状癌中的表达率仅为 28.4%。此外,Ret/PTC 重排在甲状腺癌的发生率存在较大的地区差异,在美国的发生率大约为 35%。乳头状微腺癌(直径≤1cm)在甲状腺癌中很常见,RET 重排在乳头状微腺癌中的发生率明显高于典型乳头状癌,说明 RET 基因重排在甲状腺癌的启示阶段发挥一定作用。另有研究指出,尽管 BRAF 基因突变和 Ret 基因重组在乳头状癌中常见且互不重叠,但 BRAF 却是 Ret/PTC 介导的丝裂原活化蛋白激酶途径激活的必要条件。

Ret/PTC 重排与放射因素导致的甲状腺癌有关。放射性碘可使 DNA 双链断裂而发生 Ret 重排。切尔诺贝利核事故使污染区儿童的乳头状癌发病率明显升高,这些乳头状癌患者中 Ret/PTC 重排率高达 60% 以上。放射相关的 Ret 重排不仅表现在染色体内畸变,部分患者还表现为 7 号染色体长臂发生同臂到位,形成 AKAP6-BRAF 融合基因,更加证实了放射暴露与乳头状癌基因重排密切相关,而融合基因在调节肿瘤发展过程中起着决定性的作用。

Ret/PTC 重排与促炎反应有关。肿瘤组织中的炎症细胞及其细胞因子可能促进肿瘤的生长、分化和免疫抑制。研究显示,酪氨酸的 1024 位点及其下游串联信号在 RET/PTC 介导的炎症反应中起着重要作用,RET/PTC 引发促炎症反应转录程序的表达。这种程序包括多种细胞因子(粒-巨细胞集落刺激因子、巨噬细胞集落刺激因子、白细胞介素1、白细胞介素6、白细胞介素24等)或多种激酶(基质细胞趋化因子1、基质细胞趋化因子8、基质细胞趋化因子10、基质细胞趋化因子12)的表达上调。炎症反应是RET/PTC导致甲状腺肿瘤的原因之一,同时也可以解释为什么这类肿瘤会以慢性炎症反应为特征。

在甲状腺乳头状癌中,RET/PTC的出现并不意味着肿瘤恶性程度的增加。Ret癌基因的表达只是代表一个早期事件。此时,肿瘤体积小,增殖活性低,容易发生淋巴结转移,但不发生远处转移,预后较好。然而,高分化肿瘤(包括乳头状癌)很可能会向低分化肿瘤或未分化癌逐渐发展。Ret/PTC重排也已经在一些分化不良及未分化型癌中被发现。因此,Ret/PTC重排可能是甲状腺进行性肿瘤的一种诱发因素,有待进一步研究证实。

(二) Ret基因点突变与甲状腺癌

Ret基因突变与多发性内分泌腺肿综合征Ⅱ型(MEN2A)和髓样癌的关系密切。检测Ret点突变可用于髓样癌的筛查,尤其是作为遗传性髓样癌的重要分子诊断工具。Ret基因在细胞外区域的突变,可以引起RET蛋白分子内二硫键的缺失,致使两个突变的RET单体之间形成分子间二硫键,而使受体激活。而细胞内酪氨酸激酶区突变不仅表现为酶催化活性的改变,同时也引起底物特异性的改变。

遗传性髓样癌是Ret癌基因突变导致的常染色体显性遗传病,特异的Ret突变与髓样癌侵袭力的关系已得到很好的证实。定位于富含半胱氨酸或酪氨酸激酶功能域的6个外显子(10、11、13、14、15和16)的突变,导致3种不同的临床类型,即家族性髓样癌、MEN2A和MEN2B。MEN2A的标志性改变包括髓样癌、嗜铬细胞瘤和甲状旁腺功能亢进。MEN2B与早发的髓样癌和嗜铬细胞瘤有关,没有甲状旁腺功能亢进,具有显著的皮肤红斑。家族性髓样癌不伴有其他内分泌系统肿瘤。导致RET蛋白失活的生殖细胞Ret突变与巨结肠症有关,引起RET蛋白激活的Ret癌基因突变与肿瘤的发生有关。因为Ret是原癌基因,等位基因上单一的活化点突变就足以导致肿瘤转化。95%的MEN2家族中具有Ret癌基因突变,MEN2的生殖细胞突变位于RET蛋白的细胞外半胱氨酸富集区(外显子10和外显子11)或细胞内酪氨酸激酶区(外显子13~16),前者导致RET受体相互聚合而活化,后者激活RET激酶的催化位点和改变了底物的特异性。对遗传性髓样癌患者及家族成员检测RET突变具有重要的临床实践意义,对携带突变Ret基因的家族成员可以摘除甲状腺。

体细胞在密码子608位、611位、618位、629位、630位、634位、639位、641位、918位或922位的突变,见于大约25%的散发性髓样癌患者,并且密码子918位突变最为常见,体细胞918位突变与髓样癌的侵袭行为有关。对成人髓样癌的研究显示,40%~50%的髓样癌肿瘤组织中存在Ret突变,频率最高的突变为外显子16的M918T突变。体细胞Ret突变在较大或存在淋巴结和远隔转移的髓样癌中发生率更高,且存在Ret突变的髓样癌患者的生存率显著下降,提示Ret基因点突变与髓样癌的不良预后密切相关。当部分生殖细胞的活化Ret突变仅以纯合子状态存在时才与髓样癌有关,提示这些Ret突变可能表达较低的转化活性。通过转基因小鼠研究证实,Ret基因点突变联合细胞周期抑制基因p18的缺失不仅增加了髓样癌发生的风险还加强了髓样癌的进展,二者有协同效应。

三、ras 基因

ras 癌基因(包括 H-ras、K-ras 和 N-ras 3 种分型)编码 p21 蛋白,p21 蛋白位于细胞膜内侧,是一群能够水解 GTP 的小鸟苷磷酸酶(GTPase),Ras 是连接信号转导通路中酪氨酸激酶和丝裂原活化蛋白激酶的中介。当 Ras 被输入信号"开启",便随后开启其他蛋白质,最终开启与细胞生长、分化和存活相关的基因。ras 基因突变可导致其 GTP 活性的丧失,造成细胞内信号转导失去控制和过度活化,引起细胞生长和分化,最终导致肿瘤。已经在甲状腺癌及其他癌症中发现体细胞的 ras 基因点突变。

相对于 PPARγ、Ret 和 NTRK1 等甲状腺特异性基因重排,ras 突变在滤泡状癌中比在乳头状癌和 Hurthle 细胞瘤中更为常见,在 20%～50% 的滤泡腺瘤和滤泡腺癌中可以检测到。在滤泡腺瘤和滤泡腺癌中存在 ras 突变,这与许多 ras 启动的从腺瘤前体而来的滤泡癌模型是一致的。实验模型支持突变的 ras 不足以诱导出体外所有转化表现型或体内的滤泡癌。N-ras 突变在滤泡癌的出现率显著多于 K-ras 和 H-ras,并且 N-ras 的第 61 位密码子的突变可能最为流行。K-ras 突变可能在乳头状癌中比在滤泡癌、放射相关癌和侵袭性甲状腺癌中更为多见,这需要进一步的研究,特别是鉴于 K-ras 突变在侵袭力极高的胰管癌中的主要作用。

ras 突变状况与临床和病理特点的相关性的研究显示,具有 ras 突变的甲状腺癌可能出现在较大肿瘤的老年患者中,可能更多见于低分化和晚期癌症中。对滤泡变异型乳头状癌进行详细病理评价已经证明其可作为更有意义的方式。滤泡变异型似乎含有更高的 N-ras(75%)和 H-ras(25%)突变,如果有任何 Ret 重排时则上述突变较少。反之,经典的乳头状癌似乎含有较高的 Rer 重排(30%～35%),如果有任何 ras 突变时则 Ret 重排较少。与经典的乳头状癌相比,滤泡变异型乳头状癌也具有较低比例的淋巴结转移和较高比例的肿瘤包膜及血管侵入(滤泡癌缺乏这样的特点)。因此,存在形态上和分了上具有乳头状癌和滤泡状癌特点的"杂合"的甲状腺癌,必须进一步探索。小鼠模型实验已经证明 ras 突变对肿瘤的发生和肿瘤维持具有重要作用,而且 Ras 蛋白转导来自甲状腺滤泡细胞表面的多种刺激。

ras 基因突变在乳头状癌中罕见,仅仅在恶性度高的乳头状癌亚型和滤泡状乳头状癌变异体中见到。而在滤泡状癌中,有 20%～50% 的患者存在 ras 突变,其中 N-ras 的第 61 位密码子突变是滤泡状癌中最为常见的 ras 突变。近 50% 的微滤泡腺瘤中存在 N-ras 的第 61 位密码子突变,支持 ras 原癌基因的激活是滤泡甲状腺肿瘤发生的早期事件。随后关于甲状腺肿瘤中 ras 原癌基因的研究中,关于突变的发生率、ras 的异构体(H-ras、K-ras 或 N-ras)和突变与组织学的关系等报道迥然不同。ras 原癌基因突变的发生率,在乳头状甲状腺癌中为 0%～50%,在腺瘤中为 0%～85%,在滤泡状癌中为 14%～62%,在未分化癌中为 0%～60%。ras 原癌基因的突变与肿瘤病理学未发现相关性。

四、原肌球蛋白受体酪氨酸激酶癌基因

原肌球蛋白受体激酶基因(tropomyosin receptor kinase,trk)癌基因定位于染色体 1q21—q22,编码一种含酪氨酸激酶的受体,其配体为对应的特异性的神经生长因子

(neurotrophin)。Trk 与神经生长因子结合后,激活信号级联系统,引起促进中枢神经系统的神经元和神经嵴来源细胞的生长、存活和分化。存在 3 种最常见的 Trk 受体,即 TrkA、TrkB 和 TrkC。TrkA 与神经生长因子(nerve growth factor,NGF)的亲和力最强,其首先在结肠癌中被检测到,在乳头状癌中发生率大约为 25%。这是由 TrkA/NGF 受体基因的 3′端与多种活化基因(如 TPM3、TPR 和 TFG)的 5′端相互融合而成的。trk 癌基因蛋白显示出基本的酪氨酸激酶活性,导致体内外信号的转导。trk 癌基因的表达同样局限于甲状腺乳头状癌,尚未发现表达 Ret/PTC 的乳头状癌的病理学特征与表达 trk 癌基因的乳头状癌有何差异。在 Ret/PTC 表达(-)的甲状腺乳头状腺癌中,TRK 可以引起与 Ret/PTC 突变相同的胞核结构和形态变化。在波兰的研究发现,TRK-T1 与 TRK(TPM3)基因重排在乳头状癌中的发生率为 12%,而在相同样本中 Ret/PTC(Ret/PTC1、Ret/PTC2 和 Ret/PTC3)的发生率为 21%,且二者的表达并无重叠。但这些基因变异与乳头状癌临床转归的关系尚待进一步研究。

五、过氧化物酶体增殖物激活受体融合基因

在甲状腺癌中已经发现了编码过氧化物酶体增殖物激活受体(peroxisome proliferator-activated receptor,PPAR)γ 的基因重排。在甲状腺滤泡状癌中发现由 t(2;3)(q13;25)染色体易位而造成的 PPARγ 基因重排。t(2;3)重排使 2 号染色体上甲状腺特异性转录因子(PAX8)基因的启动域和 5′端编码序列与 3 号染色体上 PPARγ 基因的编码序列并列,导致嵌合型 PAX8-PPARγ 转录子的表达,表达一种包含 PAX8 的前 8 个外显子和全长 PPARγ 基因在内的融合蛋白(PAX8-PPARγ)。PAX8-PPARγ 是甲状腺特异的突变和滤泡状甲状腺癌中 PPARγ 重排的一种,是滤泡状癌最重要的易感基因,未在滤泡状甲状腺瘤、乳头状甲状腺癌、结节性甲状腺肿中出现。

另外,一种甲状腺滤泡状癌的易位突变是(t3;7)(p25;q31),是将 7 号染色体上一种转录因子 CREB3L2 或 BBF2H7 的启动子和 5′编码序列与 PPARγ 的大部分编码序列融合。PAX8-PPARγ 和 CREB3L2-PPARγ 融合基因中含有 PPARγ 的特定序列,包括野生型 PPARγ 的 DNA 结合、配体结合、RXR 二聚和反式激活区。此外,已经有其他类型的 PPARγ 重排在甲状腺滤泡状癌中发现。

在确诊的滤泡状甲状腺癌(medullary thyroid carcinoma,MTC)的病理组织中,PPARγ 重排的发生率为 25%~35%。PPARγ 重排和 ras 基因点突变不能同时在 MTC 的早期阶段检测到,提示甲状腺滤泡状癌的肿瘤发生存在亚路径。通过与 ras 突变阳性 MTC 的比较、PPARγ 重排的 HBME-1 蛋白和半乳凝集素-3 的表达有不同的方式,以及与具有 3p25 异倍体的 MTC 中的其他基因亚型的比较,进一步支持上述观点。

通过 PPARγ 重排使甲状腺细胞生长失控的机制正在研究中,并且可能涉及转录和其他细胞功能方面的异常。PAX8-PPARγ 刺激增殖、抑制凋亡、诱导人类甲状腺细胞的锚定非依赖性生长,这些都支持 PAX8-PPARγ 在滤泡细胞转化中的基本作用。在克隆分析中,PAX8-PPARγ 也能使 NIH 3T3 鼠成纤维细胞转化,证明 PAX8-PPARγ 能够改变甲状腺细胞和非甲状腺细胞的生长功能。在体外,PAX8-PPARγ 也具有较小的能力刺激 PPARγ 反应元件的转录,并且也能抑制野生型 PAX8-PPARγ 介导的转录,这种作用很好地适应了已知的野生型 PAX8-PPARγ 在多种上皮细胞中的肿瘤抑制样效应。

六、甲状腺刺激激素受体和 G 蛋白突变

甲状腺滤泡上皮细胞内碘的摄取、甲状腺素的生物合成及代谢与增殖均处于严格调控之下。这些不同的甲状腺功能受到甲状腺刺激激素受体(thyroid stimulating hormone receptor,TSHR)和其下游信号转导分子(如 cAMP 和磷脂酶 C)的控制。在 60% 或更多的良性 TSH-非依赖性(高功能/自主的)甲状腺结节中,检测到 TSHR 通路中分子成分的体细胞突变。推测剩余的 40% 的自主性结节含有未确定的 TSHR 系统内改变。大约 90% 的 TSHR 突变,涉及这个 7 次跨膜受体的第 3 个细胞内环或跨膜区;5% ~ 10% 的突变涉及由 TSHR 配体激活的 G 蛋白亚单位 Gsα/gsp。因此,TSHR 通路的持续刺激是多数自主性甲状腺肿瘤的基础。

自主性甲状腺肿瘤经常表现为增生的形态学特征,并且具有活化 TSHR-Gsα/gsp-cAMP 轴的转基因小鼠和其他动物模型能够发生滤泡增生和高功能甲状腺肿瘤,这支持 TSHR 系统的基础作用。然而,非自身免疫性的常染色体显性甲亢和 McCune-Albright 综合征的结节性甲状腺功能亢进症与 TSHR-Gsα/gsp 轴的生殖细胞突变有关。由于 TSHR 通路的慢性刺激促进良性甲状腺结节的形成,这似乎很少增加甲状腺癌的风险。

第二节　甲状腺癌相关抑癌基因

一、p53 基因

p53 为抑癌基因,其生物学作用为细胞周期 G_1 期 DNA 损伤的监控点,在维持细胞正常生长、抑制恶性增殖过程中起着重要作用,其突变及失活是众多肿瘤的启动因素。p53 的突变主要存在于未分化型甲状腺癌及部分低分化的乳头状癌中,在乳头状癌由分化型向未分化型转化的过程中起关键作用,说明 p53 突变是甲状腺肿瘤发生中的晚期事件,其的存在常提示预后不良。p53 的失活将导致细胞增殖周期失去控制,或同时引起其他肿瘤抑制因子的缺失及癌基因的激活,从而引发肿瘤。有报道指出,因 p53 更倾向于在携带有 Ret/PTC 的乳头状癌中表达,其活性能调节 $Ret/PTC^{(+)}$ 的乳头状癌的生物学行为,故而用免疫组织化学的方法同时测定 p53 和 Ret/PTC 对评估乳头状癌是否存在甲状腺外扩散具有意义。还有报道 p53 与另一种抑癌基因 FHIF 有关,$p53^{(-)}/FHIT^{(-)}$ 的滤泡状癌生长比 $p53^{(+)}/FHIT^{(+)}$ 的更快,提示二者与甲状腺肿瘤的细胞低凋亡率和恶性度有关。

二、PTEN 基因

10 号染色体缺失的磷酸酶(phosphatase and tensin homolog deleted on chromosome ten, PTEN)是目前发现的第一个具有双特异性磷酸酶活性的抑癌基因,在多种进展期肿瘤组织(包括甲状腺癌)中存在着不同程度的 PTEN 基因突变或丢失,它是人类肿瘤中突变率最高的基因之一。PTEN 基因的 cDNA 5′端存在着由 804 个核苷酸组成的非翻译区,并含有许多基因启动子区域 CpG 岛结构,可为其发生 DNA 甲基化提供可能。PTEN 高甲基化在甲状腺癌,尤其是滤泡状癌的发生过程中起着较大作用。越来越多的证据表明,在甲状腺癌的形成

过程中,除经典的丝裂原活化蛋白激酶信号通路外,PI3K(磷酯酰肌醇-3-激酶)/AKT 信号途径也扮演着重要的角色,而引起该途径效应子激活的基因变异则在以滤泡状癌和未分化型癌为主的甲状腺癌中最为常见。目前认为,PTEN 蛋白主要依靠酪氨酸磷酸酯酶活性调控 PI3K 和蛋白激酶 B 来发挥作用。PTEN 作为 PIP3 的磷酸酶,可使 PIP2 和 PIP3 的转化发生逆转,从而抑制 PI3K 的磷酸化作用,阻断 AKT 及其下游激酶的活性,使细胞周期阻滞在 G_1 期或使细胞凋亡,对细胞的生长起负调节作用。当 PTEN 基因发生突变或丢失而失活时,细胞内 PIP3 的表达水平增高,PI3K/AKT 的信号转导加强,细胞无限制增殖形成肿瘤。Wang 等研究了 125 例中国乳头状癌患者,9.6% 的患者中存在 H4-PTEN(一种新确定的基因重组),其中 BRAF 突变和/或 Ret/PTC 的表达率非常高(75%)。

第三节 其他基因

目前,c-eRB B2 基因、bcl-2 族基因、Gadd45γ 基因、EGF 受体基因等癌基因,以及 p27 基因、视网膜母细胞瘤(RB)基因等抑制癌基因被证明与甲状腺癌的发生、发展、转归有不同程度的关联。近年来还发现,DUSP62 基因在未分化型甲状腺癌中过表达,通过抑制 p38 介导的凋亡过程促进肿瘤的生长。maspin 基因编码的蛋白质产物在乳头状癌中有高表达率,且其调节途径依赖于 p53。TC-1(thyroid cancer-1)基因被认为在甲状腺肿和甲状腺癌的鉴别诊断中有一定价值。NAMA 作为一种新型的不参与蛋白质编码的 RNA 基因,与肿瘤生长遏制有关,在携带 BRAF 突变的乳头状癌中表达下调。Akaishi 等还首次报道了 TCEAL4 基因改变在人类恶性肿瘤中的表达,并认为该基因的缺失与分化型甲状腺癌到未分化型癌的转化过程有关。此外,一些细胞周期调节基因和细胞侵袭、转移调节基因与甲状腺癌的关系也在积极探讨中。

第四节 展 望

随着研究的深入,关于控制甲状腺肿瘤发生的分子机制的知识显著增加,关键性的基因改变和致癌途径已经被发现。与急性髓系白血病中分子遗传学异常类似,甲状腺癌的分子遗传学异常具有显著的意义。对组织标本进行甲状腺癌相关基因异常的直接检测,有助于提高诊断的准确性和对肿瘤的恶性生物学特征进行预测,为肿瘤分期、预后判断、治疗手段的选择和靶点治疗提供依据。甲状腺癌相关基因的研究是进行基因治疗的基础,而且已经取得了一定的效果,是甲状腺癌治疗领域具有良好前景的方向。

参 考 文 献

陈小丽,杨刚毅. 2011. 甲状腺癌相关基因 BRAF 的临床研究新进展. 临床医学工程,18:W1987-W1989.

傅锦业,吴毅. 2005. 甲状腺乳头状癌基因研究的现状. 外科理论与实践,10:W572-W574.

顾丽群,赵咏桔,马晓英,等. 2004. 甲状腺髓样癌患者 RET 原癌基因突变的研究. 中华内分泌代谢杂志,20:W287-W288.

李田军,林岩松,梁军,等. 2011. 分化型甲状腺癌相关基因的研究进展. 中华肿瘤防治杂志,18:W896-W900.

唐波,姜军. 2004. RET 原癌基因与分化性甲状腺癌关系的研究进展. 中国普外基础与临床杂志,11:W89-W91.

唐颖. 2010. 甲状腺癌相关基因研究进展. 诊断病理学杂志,17:W386-W389.

王萍，赵世华，王颜刚. 2008. RET 原癌基因与甲状腺乳头状癌的研究进展. 医学综述，14：W854-W856.

朱晓丽，朱雄增. 2004. 原癌基因 RET 与甲状腺乳头状癌关系的研究进展. 中华病理学杂志，33：W374-W377.

Ainahi A, Kebbou M, Timinouni M, et al. 2006. Study of the RET gene and his implication in thyroid cancer: Morocco case family. Indian J Cancer, 43: 122-126.

Akeno-Stuart N, Croyle M, Knauf JA, et al. 2007. The RET kinase inhibitor NVP-AST487 blocks growth and calcitonin gene expression through distinct mechanisms in medullary thyroid cancer cells. Cancer Res, 67: W6956-W6964.

Ciampi R, Mian C, Fugazzola L, et al. 2013. Evidence of a low prevalence of RAS mutations in a large medullary thyroid cancer series. Thyroid, 23: W50-W57.

Eberhardt NL, Grebe SK, McIver B, et al. 2010. The role of the PAX8/PPARgamma fusion oncogene in the pathogenesis of follicularthyroid cancer. Mol Cell Endocrinol, 321: W50-W56.

Khan MS, Pandith AA, Ul HM, et al. 2013. Lack of mutational events of RAS genes in sporadic thyroid cancer but high risk associated with HRAS T81C single nucleotide polymorphism (case-control study). Tumour Biol, 34: W521-W529.

Lindsey SC, Kunii IS, Germano-Neto F, et al. 2012. Extended RET gene analysis in patients with apparently sporadic medullary thyroid cancer: clinical benefits and cost. Horm Cancer, 3: W181-W186.

Malaguarnera R, Vella V, Vigneri R, et al. 2007. p53 family proteins in thyroid cancer. Endocr Relat Cancer, 14: W43-W60.

Marotta V, Guerra A, Sapio MR, et al. 2011. RET/PTC rearrangement in benign and malignant thyroid diseases: a clinical standpoint. Eur J Endocrinol, 165: W499-W507.

Melck AL, Yip L, Carty SE. 2010. The utility of BRAF testing in the management of papillary thyroid cancer. Oncologist, 15: W1285-W1293.

Nikiforov YE. 2011. Molecular analysis of thyroid tumors. Mod Pathol, 24 (Suppl 2): W34-W43.

Nucera C, Lawler J, Parangi S. 2011. BRAF(V600E) and microenvironment in thyroid cancer: a functional link to drive cancer progression. Cancer Res, 71: W2417-W2422.

Romei C, Cosci B, Renzini G, et al. 2011. RET genetic screening of sporadic medullary thyroid cancer (MTC) allows the preclinical diagnosis of unsuspected gene carriers and the identification of a relevant percentage of hidden familial MTC (FMTC). Clin Endocrinol (Oxf), 74: W241-W247.

Thiele CJ, Li Z, McKee AE. 2009. On Trk—the TrkB signal transduction pathway is an increasingly important target in cancer biology. Clin Cancer Res, 15: W5962-W5967.

Tufano RP, Teixeira GV, Bishop J, et al. 2012. BRAF mutation in papillary thyroid cancer and its value in tailoring initial treatment: a systematic review and meta-analysis. Medicine (Baltimore), 91: W274-W286.

Wagner SM, Zhu S, Nicolescu AC, et al. 2012. Molecular mechanisms of RET receptor-mediated oncogenesis in multiple endocrine neoplasia 2. Clinics (Sao Paulo), 67 (Suppl 1): W77-W84.

Xing M. 2007. BRAF mutation in papillary thyroid cancer: pathogenic role, molecular bases, and clinical implications. Endocr Rev, 28: W742-W762.

Xing M. 2010. Genetic alterations in the phosphatidylinositol-3 kinase/Akt pathway in thyroid cancer. Thyroid, 20: W697-W706.

第三十六章　眼部肿瘤相关基因

肿瘤是一类全身性疾病，涉及多个阶段(multiple stage)、多条通路(multiplepath)和多个基因(multiple gene)的病理过程。恶性肿瘤的发生是一个多阶段逐步演变的过程，大致可分为激发、促进、进展和转移等几个阶段。在癌变多阶段性演变过程中，常积累了一系列基因的突变，可涉及不同染色体上多种基因的变化，包括癌基因、抑癌基因、损伤修复相关基因、细胞周期调控基因等。同时各种细胞信号转导通路的阐明极大地丰富了对细胞癌变机制的认识：肿瘤是一类信号转导异常性疾病，涉及增殖失控、凋亡受阻侵袭和转移等多条通路的异常。

眼部肿瘤种类繁多，常见的包括眼睑恶性肿瘤中基底细胞癌(BCC)、鳞状细胞癌(SCC)及皮脂腺癌、视网膜母细胞瘤(RB)、脉络膜黑色素瘤、视网膜血管瘤(von Hippel-Lindau)等。这些肿瘤不仅影响美观，导致失明，严重者甚至危及生命，阐明眼部肿瘤的发病机制，以期早期诊断和治疗是一项非常重要的科研与临床任务。与眼部肿瘤发病有关的癌基因、抑癌基因、细胞凋亡相关基因、细胞增殖相关因子、黏附因子、基底膜蛋白、端粒酶等的变异与肿瘤的分化程度、浸润转移、预后等密切相关。本章将从以下几个方面阐述其发生、发展机制，浸润转移、复发的机制。

一、癌基因、抑癌基因与眼部恶性肿瘤

(一) p16 基因

p16 基因定位于 9p21，全长 8.5kb，由 2 个内含子和 3 个外显子组成。p16 基因是一种抑癌基因，已发现在多种人体肿瘤中存在 p16 基因的频发改变，其基因改变率高于目前已发现的其他抑癌基因，在细胞增殖和分化中起着重要作用，其表达异常或变异可导致细胞恶变，促使恶性肿瘤的发生。研究表明，约 75% 的癌细胞株有 p16 基因的缺失和突变，其翻译产物 p16 蛋白可直接抑制细胞周期的关键环节，对细胞的增殖起负调节作用。p16 蛋白是细胞周期素依赖激酶(CDK4)的抑制因子，主要功能是与细胞周期蛋白 D1(Cyclin D1)竞争性结合 CDK4，抑制 CDK4-Cyclin D1 复合物的催化活性，阻止细胞 G_1/S 期的转变和 DNA 合成的启动，对细胞增殖起负调节作用，从而抑制细胞增生和恶性转化。为了研究眼睑恶性肿瘤与 p16 基因的关系，牛膺筠等用 PCR 和免疫组织化学检测患者石蜡标本显示 p16 基因失活与眼睑恶性肿瘤某些组织学类型发生有关，而且 p16 蛋白表达与眼睑恶性肿瘤的分化程度呈负相关。胡军等的实验结果表明，p16 在视网膜母细胞瘤组织中的表达阳性率低于正常视网膜组织，提示视网膜母细胞瘤发生的分子机制涉及 p16 的表达缺失或失活。

(二) p53 基因

p53 肿瘤抑制基因是迄今发现与人类肿瘤相关性最高的基因，一直是当前肿瘤分子生物学研究的热点。p53 基因分野生型及突变型，野生型 p53 基因是一个重要的抗癌基因，野

生型 p53(wild-type p53,WT p53)基因具有负调节细胞增殖、监控 DNA 损伤、诱导细胞凋亡等功能,对其的研究在肿瘤的发生、恶性转化、病理分型及预后、防治等方面有重要的理论指导意义。突变型 p53 则功能失活,成为致癌基因。国内外学者对 p53 基因结构、功能及在人类肿瘤中的表达进行了大量的实验研究及临床资料分析,结果表明大多数散发性和遗传性人类恶性肿瘤中存在 p53 基因突变及 p53 蛋白的过表达。在皮肤肿瘤的动物实验中发现 p53 基因突变出现在肿瘤发展的早期阶段,对肿瘤的恶性进展有重要作用。牛膺筠等用免疫组织化学的链霉亲和素生物素(LSAB)法检测了 102 例眼睑恶性肿瘤组织中 p53 蛋白的表达,结果发现在鳞状上皮细胞癌旁正常及轻度不典型增生上皮未见 p53 蛋白过表达,而中、重度不典型增生,原位癌,浸润癌 p53 蛋白阳性表达率逐渐增高,推测 p53 基因突变对病变从良性进展为恶性起着重要的作用,认为 p53 阳性染色的不典型增生,原位癌可能处于更不稳定的不良状态,更容易进展为浸润癌,p53 蛋白过表达与眼睑恶性肿瘤的恶性进展及恶性程度呈正相关。孔令非等用免疫组织化学(S-P)方法检测了 45 例视网膜母细胞瘤及 12 例正常视网膜组织中 p53 蛋白的表达。结果 p53 在视网膜母细胞瘤中的表达较强,而在正常视网膜组织中的表达极弱,差异极显著($P<0.01$),表明在视网膜母细胞瘤中存在大量 p53 蛋白,其诱导细胞凋亡的作用发生严重障碍与肿瘤的发生有密切关系。

(三) 视网膜母细胞瘤基因

视网膜母细胞瘤是婴幼儿最常见的眼内恶性肿瘤,通过对 RB 遗传学的研究,发现了人类第一个肿瘤抑制基因——RB 基因。20 世纪 70 年代,Knudson 首次提出视网膜母细胞瘤发生的“二次突变学说”,即一个正常的视网膜母细胞瘤变成肿瘤细胞需发生两次突变。直到 1978 年 Francke 发现某些遗传型视网膜母细胞瘤患者全身体细胞中 13q14 有缺失。80 年代,RB 基因的位置和作用方式已基本了解。多位学者对视网膜母细胞瘤肿瘤细胞内 RB 基因及产物进行了详细分析:①在 DNA 分子水平,15%~30% 的 RB 肿瘤显示 RB 基因结构异常,主要限于显示大的缺失、易位、重组以及影响限制性酶切位点的点突变;②在 mRNA 表达水平,更多的视网膜母细胞瘤肿瘤表现出低于正常胎儿视网膜或分子质量大小异常。RB 的 mRNA 异常被认为是由于不同的 RB 基因点突变对 mRNA 稳定性——转录及剪接影响所致;③在蛋白质水平,绝大多数 RB 肿瘤或缺失 RB 蛋白质,或仅表达少量的或分子质量异常的 RB 蛋白。其中 Friend 等根据适当的染色体定位和基因突变的隐性行为,分离出 13q14 区域的 DNA 探针,并首先利用 H3-8 探针克隆出一个可能的 RB 候选基因。Fung 等利用同样的探针也分离获得了两个有重叠的 cDNA 克隆,RB1 与 RB2。因此克隆的 RB 基因可在正常组织和不相关肿瘤中表达,而在所有被检测的视网膜母细胞瘤细胞系中不表达或改变了表达形式,因此这些结果符合遗传学标准。RB 基因的筛选、克隆、检测过程为证明它是一种肿瘤抑制基因提供了直接证据。视网膜母细胞瘤的发病机制明显区别于其他恶性肿瘤,它不是由于基因的突变或扩增造成的基因产物过度表达所致,而是由于基因的缺失或突变造成的基因产物失活诱导。实验结果表明,视网膜母细胞瘤在视网膜母细胞瘤组织中的表达阳性率低于正常视网膜组织,提示视网膜母细胞瘤发生的分子机制涉及 RB 基因的表达缺失或失活。检测 RB 基因突变将对 RB 家族成员的筛选、产前诊断及婴幼儿早期诊断都具有重要意义。RB 基因突变的类型:①大片段缺失,即大片段(全部或部分)RB 基因缺失,缺失断裂点可出现于整个 RB 基因范围内(外显子 13~17 区域内)。②在基因编码序列中缺失或插入几个碱基,引起阅读框架移位。目前认为大约 10% 的 RB 基因突变累及剪接位点,从而影响 RB mRNA 剪接过程,因此 DNA 序列检测发现的突变,其结果并不显而易见。发生这种突变,有的会生成终止密码子使翻译提前终止,有的 RB 蛋白的氨基酸序列完全改变,形成无功能的或不稳定的蛋白质。③点突变,按其性质可分为两类。第一类为错义突变,基因结构中某个碱基为另一种碱基所取代,导致蛋白质分子中相应位置的氨基酸序列改变。此种突变的后果严重与否取决于突变的位置和对蛋白质功能影响的程度。第二类为无能突变,在基因编码区发生点突变后形成终止密码,使翻译过程提前终止,导致合成肽链变短。这种点突变往往产生严重的病情。此外,最近的资料表明,在视网膜母细胞瘤肿瘤细胞内两个 RB 等位基因失活是 RB 的共同特征。涉及诱导肿瘤发生的第二次事件可以是独立发生的点突变,但杂合子丧失更常见;在已检测的携带 RB 基因生殖细胞突变的个体中,属于家族性视网膜母细胞瘤的仅占少数,大多数是新产生的生殖细胞突变,提示在视网膜母细胞瘤患者家庭成员中广泛开展基因诊断及遗传咨询的重要性。

(四) 磷酸酶基因及张力蛋白同源物

磷酸酶基因及张力蛋白同源物(phosphatase and tension homolog deleted on chromosome, PTEN)基因又称为多发性进展突变基因,是迄今发现的第一个具有双重磷酸酶活性(脂质磷酸酶、蛋白磷酸酶)的抑癌基因。PTEN 基因突变使其蛋白质表达缺失,丧失抑制细胞增生功能,促进细胞恶性转化。张杰等的研究显示,PTEN 在正常视网膜组织中的阳性表达率为 100%,显著高于 RB 的 55% ($P<0.01$);PTEN 蛋白的阳性表达率与临床分期、病理分型以及是否伴有视神经浸润有关($P<0.05$);与性别差异无关。提示 PTEN 可作为判断 RB 恶性程度和预后的指标。PTEN 可作为 RB 早期诊断的分子标记物之一。

(五) ras 基因

ras 基因是一个常见的癌基因家族,有 K-ras、H-ras、N-ras 3 种功能性基因,每一种基因都编码一个高度相近的分子质量为 21 000Da 的 ras 蛋白质(p21Ras)。p21 蛋白位于细胞质膜内表面,是一种 GDP 结合蛋白,与细胞的生长、分化密切相关,是细胞跨膜信号传递的主要物质,生长刺激信号由它传递。ras 族癌基因的突变广泛存在于人类多种组织来源的肿瘤中,当 ras 基因发生突变,其编码的变异 p21Ras 虽仍能与 GDP 结合,但失去了降解 GTP 的作用,持续处于活化状态,不断将信号传出,刺激生长和分化,从而引起细胞异常增殖和活化,最终导致细胞癌变。另外,ras 激活后可与其他癌基因相互作用而导致细胞恶性增殖。ras 突变及产物过量表达被认为是肿瘤发生的重要原因之一。正常组织中存在极微量的 p21Ras 蛋白,并维持细胞正常分化。ras 突变激活后可导致 p21Ras 蛋白过度表达,用常规免疫组织化学方法可检测到,因此,p21Ras 阳性表达可反映细胞的异常增殖分化状态。研究发现眼睑恶性肿瘤 p21Ras 表达率为 59.2%,而在正常组织未检测到 p21Ras 的表达,说明眼睑恶性肿瘤中存在 ras 基因突变,且突变率较高。

二、细胞凋亡相关基因与眼部恶性肿瘤

(一) 抗凋亡基因 bcl-2

bcl-2(B cell lymphoma/leukaemia-2)基因定位于人染色体 18q21,长约 230kb。它通过

染色体内的转位活化而致其编码的蛋白质产物过度表达，从而通过抑制细胞凋亡打乱正常情况下细胞增殖与死亡的平衡而参与肿瘤的发生。Bcl-2 蛋白是一种跨膜蛋白，在核膜、内质网和线粒体膜呈斑片状分布。在成人组织内 Bcl-2 的表达仅限于一些能够连续不断自我更新组织内的少数不成熟细胞，如皮肤的基底细胞、骨髓的造血细胞及小肠黏膜细胞等。研究还发现，人胎儿皮肤参与构建毛囊的基底细胞和形成中的乳腺胚芽细胞有大量 Bcl-2 蛋白聚集，提示 Bcl-2 参与了上皮细胞的分化过程。BCC 是一种很少发生转移的肿瘤，对其发生机制不少学者进行了研究。一些研究结果表明，BCC 存在有突变型 p53 基因的表达、bcl- 2 基因表达增强、无 fas 基因的表达等，故推测 BCC 是由于细胞生存时间过度延长造成细胞聚集形成的肿瘤。研究还发现，Bcl-2 蛋白在 BCC 中普遍的过表达，表明 BCC 中普遍存在肿瘤细胞凋亡抑制，这使得肿瘤细胞因寿命延长而过度积聚，使肿瘤组织不断发展、扩大，提示凋亡抑制作用可能是 BCC 发病的分子生物学机制之一；结合 p16 蛋白阳性高表达，说明 Bcl-2 蛋白过度表达而导致的细胞凋亡抑制和低增殖活性可能是 BCC 临床生长缓慢且极少转移等生物学行为的分子病理学基础之一。此外，也有研究利用免疫组织化学法对 46 例眼视网膜母细胞瘤组织标本中 p53、bcl-2 和 PCNA 的表达进行观察，发现视网膜母细胞瘤细胞中 bcl-2 高表达，提示其在视网膜母细胞瘤的发展过程中起重要作用。

（二）c-myc 基因

c-myc 被认为能控制正常细胞的分化和增殖，尤其是在介导细胞从静止到合成期的转变中发挥作用。c-Myc 蛋白具有转录调节因子所需的所有结构，包括蛋白质的二聚体、转录活性区和 DNA 连接区域，具有调节细胞内其他基因表达的功能，是一种反式激活因子。其生物学功能包括：①促进细胞周期进行，加速细胞增殖；②抑制细胞向终末分化；③活化缺乏生长因子状态下的细胞凋亡。其发挥何种作用与生长因子是否存在有关，当生长因子存在时，c-Myc 表达促进细胞增殖，而生长因子缺乏时，c-Myc 表达促进凋亡。在正常情况下，c-myc 基因不表达或只有低水平表达，当 c-Myc 蛋白不受调节过度表达时，单独或与其他因素协同作用，即可引起细胞恶性转化。眼睑皮脂腺癌在眼睑恶性肿瘤中位居第 2 位，其恶性程度高，容易侵袭、复发和转移，临床预后差。研究结果显示，c-Myc 蛋白在眼睑皮脂腺癌的阳性表达率为 73. 1%，而正常睑板腺及霰粒肿 c-Myc 蛋白不表达，提示 c-Myc 蛋白异常表达可用于临床上协助眼睑皮脂腺癌和霰粒肿的鉴别诊断。同时 c-Myc 蛋白强阳性染色在低分化癌组织中比在高分化癌组织中更为多见，由此推测 c-Myc 蛋白更易在较幼稚的原始细胞中堆积，不同分化程度的眼睑皮脂腺癌与 c-Myc 蛋白阳性染色强度有显著性差异，c-Myc 可用于评价肿瘤的预后。

（三）HIF

当肿瘤的直径超过 1 ~2mm 时，肿瘤的生长就需要新生血管提供氧气及营养来维持其生长，否则肿瘤细胞将凋亡。现在认为缺氧等因素刺激了肿瘤血管的发生，这个过程由肿瘤或宿主细胞释放的各种正、反向调节因子介导调控，而血管生成则是肿瘤继续生长、转移及复发的先决条件。HIF-1 是在缺氧条件下广泛存在于哺乳动物和人体内的一种转录因子，它可以调控如 VEGF 等多种缺氧相关靶基因的表达，促使机体产生一系列缺氧适应反应。HIF-1 主要由 HIF-1α 和 HIF-β 两个亚单位组成，其中 HIF-1α 是主要的氧调节亚基和功能亚基,它决定 HIF 的活性。人类 HIF-1α 基因定位于 14 号染色体(14q21—q24),其 cDNA 全长 3 ~720bp,编码 826 个氨基酸。机体在缺氧状态下 HIF-1α 可上调其下游靶基因 VEGF 和糖酵解酶等表达,VEGF 可促进肿瘤血管的生成,增加肿瘤的侵袭性和转移率,糖酵解酶可影响细胞的能量代谢。目前已经发现 HIF-1α 的靶基因多达 40 余种,这些 HIF-1α 的靶基因产物在肿瘤的细胞代谢、新生血管生成、肿瘤增殖、侵袭和转移中也具有重要的作用,VEGF 即是其中的一个靶基因。HIF-1α 可诱导 VEGF 的表达,促进新生血管形成,为肿瘤细胞的侵袭和转移创造条件。多数肿瘤组织具有缺氧的微环境,在氧感受和缺氧信号转导中处于关键地位的 HIF-1α 及表达受其调控的 VEGF 也因在肿瘤发展过程起着重要的作用而逐渐成为肿瘤研究的热点之一。视网膜母细胞瘤是婴幼儿较为常见的眼内恶性肿瘤,恶性度高,严重危害患者的视力和生命,在肿瘤组织适应缺氧的微环境及肿瘤发生、浸润和转移中起重要作用的 HIF-1α 在视网膜母细胞瘤中的作用也逐渐受到人们的关注,目前相关研究较少。已发现脑肿瘤及乳腺癌中 HIF-1α 的过表达与肿瘤微血管密度密切相关,HIF-1α 的过表达有助于血管形成,且被认为是乳腺癌、早期宫颈癌、早期食管癌等高度恶性、侵袭性的标志物。有实验结果显示,正常视网膜组织中无 HIF-1α 表达,而在视网膜母细胞瘤中 HIF-1α 呈阳性表达且与临床分期明显相关,HIF-1α 高表达可以作为判断视网膜母细胞瘤浸润转移等生物学行为的重要指标。

三、黏附因子与眼部恶性肿瘤

细胞黏附分子 CD44(cluster of differ entiation 44,CD44)是一种跨膜糖蛋白分子,属于细胞表面的黏附分子中的一类,在细胞间或细胞与基质间的相互作用中起着重要作用。当肿瘤细胞中出现 CD44 的变异表达后,某种黏附特性的丧失或改变,即可能成为诱发癌细胞脱离原发癌灶向周围组织浸润或出现转移的一种因素。近年来的研究发现,CD44 变异体(CD44V6)与肿瘤的转移和较差的预后有着密切关系,在浸润和转移的肿瘤中呈强阳性表达,CD44V6 的异常高表达与淋巴结转移有明显的相关性,可作为肿瘤早期诊断、转移及复发的生物学标志物。Chuang 等发现 CD44V6 仅在转移细胞株中表达,而非转移细胞株不表达,将 CD44V6 转染到非转移肿瘤细胞株中,后者具有转移特性。在 35 例眼部鳞状细胞癌的研究中发现,CD44V6 分子参与眼部鳞状细胞癌的发生,并可能与眼部鳞状细胞癌的恶性表型及浸润、转移密切相关;CD44V6 高表达者较无表达或低表达者易发生淋巴结转移;对患者的预后估计具有临床参考价值。

四、基底膜蛋白与恶性肿瘤

众所周知,正常机体是由一系列实质细胞组成的,而细胞外间质,如基底膜(basal membrane,BM),则如同一种分界线将各类实质细胞分隔开。相反,恶性肿瘤细胞则缺乏这种分界线,极易侵袭或转移到其他部位。肿瘤侵袭和转移的先决条件是肿瘤细胞必须具备降解细胞外基质屏障的能力,使其完整性受到破坏,可以说 BM 是肿瘤细胞在转移中的第一道屏障。而且某些 BM 成分,如Ⅳ型胶原(CoIⅣ)、层粘连蛋白(laminin,LN)、纤维粘连蛋白(fibronectin,FN)与肿瘤的侵袭和转移有着密切的关系,认为 CoI Ⅳ、LN 染色阳性的瘤组织具有较强的转移倾向,而 FN 则与肿瘤的侵袭和局部生长有关。许多学者使用 BM 成分的免疫组织化学染色技术可在正常组织，如乳腺、呼吸道、消化道、内外分泌腺、皮肤、血管和胎盘中染出连续的、完整的线型 BM，相同的方法在多种恶性肿瘤组织中显示出完整的 BM 或部分 BM 片段，并广泛应用于临床肿瘤学的研究。对眼睑恶性肿瘤的研究结果提示，基底膜 CoI Ⅳ、LN 与 FN 蛋白在眼睑恶性肿瘤中的表达分布高度一致，三者的缺失均可作为肿瘤分化不良、侵袭性强、易于复发的判断指标，对临床发现早期肿瘤浸润、指导治疗及推测预后具有重要价值。基质金属蛋白酶-1（matrix metalloproteinase-1，MMP）是一类降解细胞外基质（extracellularmatrix，ECM）的重要酶系。MMP 从 20 世纪 60 年代被发现以来新成员不断出现，目前有 20 余种。它是中性内肽酶，其活性需 Zn^{2+}、Ca^{2+}存在。MMP-1 为其中一种，在体外可由许多正常细胞（如巨噬细胞等）产生，与其他多种 MMP 一样，在正常休眠组织中 MMP-1 水平极低，一般难以检测。当机体出现某些病理条件下，其可广泛发挥生物学功能，如降解胶原组织，促进血管生成。在肿瘤组织中，其主要表现为强大的降解间质胶原作用，促进了间质的破坏及加速癌细胞的转移。在肿瘤的生长中，基膜是肿瘤细胞浸润扩散过程中的一道天然屏障。由肿瘤细胞和支持细胞产生的 MMP-1 可特异性地降解基质膜中的Ⅰ、Ⅱ、Ⅲ型胶原，使宿主基质膜丧失完整性。研究证实，MMP 的表达水平与癌的分期、淋巴结转移、预后等密切相关，其活化形式与癌细胞的侵袭性密切相关，MMP-1 的表达水平与淋巴结转移也有明显的相关性。有研究采用免疫组织化学方法检测了 31 例视网膜母细胞瘤组织 MMP-1 的表达，正常组中 MMP-1 低表达，而肿瘤细胞则呈高表达。与此同时，在有视神经浸润的视网膜母细胞瘤组织中，MMP-1 阳性表达率明显高于无神经浸润者，这一结果与以往的研究相似，反映了 MMP-1 表达水平与视网膜母细胞瘤的恶性程度密切相关。

五、端粒酶与眼睑恶性肿瘤

端粒酶（telomerase）是一种核糖核蛋白，能以自身的 RNA 组分为模板从头合成端粒 DNA 以补偿细胞分裂时所丢失的部分，以维持端粒长度。端粒酶在大多数正常人体细胞中没有活性表达，而在肿瘤细胞中端粒酶都特异性地表达，因此，近年来检测组织中的端粒酶活性作为肿瘤诊断的生物标记及预后指标。研究表明，端粒酶活性的高低与肿瘤的临床病理分期、淋巴转移、增殖密切相关，端粒酶活性的高低可反映肿瘤的病程及进展，对判断肿瘤的预后具有参考价值。李宁东等采用端粒酶重复扩增技术法检测了睑板腺癌中端粒酶的活性，用原位杂交法检测了睑板腺癌中端粒酶 RNA（human telomer ase RNA，hTR）与端粒酶催化亚单位基因 hTRT，用 K-i 67 免疫组织化学染色结果表示睑板腺癌增殖状态，探讨了端粒酶与 hTR 在睑板腺癌中的表达及其与肿瘤生物学行为的关系，发现在睑板腺癌中可检测出端粒酶活性，hTR 与睑板腺癌的分化有关，hTRT 与睑板腺癌的增殖有关。

六、细胞周期调控相关基因——PAX6 基因

对在视网膜母细胞瘤的研究中，发现细胞周期相关的调控蛋白表达异常，说明视网膜母细胞瘤的发生与细胞周期的异常调控有关。PAX6 基因在脊椎动物的眼发育过程中起着重要的调控作用。王慧娟等的研究证实，在人眼的视网膜母细胞瘤组织中，眼发育调控基因 PAX6 在 mRNA 水平和蛋白质水平表达增高，提示 PAX6 基因异常表达可能参与了人眼视网膜母细胞瘤的形成。Bai 等发现，PAX6 基因具有促进或维持视网膜母细胞瘤细胞增殖和

分裂的作用。而 Zhou 等在恶性胶质瘤的研究中发现,PAX6 基因还具有促进肿瘤细胞分化的作用。所以 PAX6 基因具有促进肿瘤细胞增殖和促进肿瘤分化的双重作用。

七、小结

眼睑恶性肿瘤的发病过程及发病机制是极其复杂的,癌基因、抑癌基因、细胞凋亡相关基因、黏附分子、基底膜蛋白等均参与了此过程,且彼此间相互作用。随着研究的深入,从多角度、多方面了解眼睑恶性肿瘤发病中多因素调节使我们对眼睑恶性肿瘤的发病机制有了新的认识,对协助眼睑恶性肿瘤的诊断,指导临床治疗和随诊及预后的预测提供了理论依据,有助于提高患者的生存率及生活质量。随着肿瘤分子遗传学方法的日臻完善,如生物芯片技术已使大规模分析肿瘤相关基因的突变、表达及相互作用成为可能,眼睑恶性肿瘤的发病机制必将更为明晰,并将为眼科肿瘤的基因治疗和防治开辟新的前景。

（李　丹　孙挥宇）

参考文献

胡军,赖巧红,项楠. 2007. Cyclin D1、p16 及 RB 在视网膜母细胞瘤中的表达及其相关性. 华中科技大学学报,36:747-750.

游志鹏,宋华,菊莲. 2009. HIF-1α 在视网膜母细胞瘤中的表达及意义. 中国现代医学杂志,19:2844-2846.

于汀,孙海涛,张艺,等. 2007. p53' bcl-2 及增殖细胞核抗原在视网膜母细胞瘤中表达. 航空航天医药,18:207-208.

Harad Y, Shirouzu K. 2001. Expression of Vascular endothelial growth factor and it's receptorKDR/FLK-l(FETAL LIVER KI-NASE-1) as prognostic factors in human colorectal cancer. Int J Clin Onco,16:221-228.

第三十七章 喉癌相关肿瘤基因

第一节 喉癌的概况

喉部恶性肿瘤约为全身癌肿的5.7%～7.6%，在耳鼻咽喉上皮来源的恶性肿瘤中仅次于鼻咽癌，在中国北方发病率高于南方。近年来，喉癌的发病率有增多的趋势，这除与诊断技术的改进、平均寿命增加等因素有关外，可能还与空气污染、吸烟、某些职业长期接触致癌物质有关。目前发现喉癌的发病率城市高于农村，空气污染重的重工业城市高于污染轻的城市。喉癌的发生男性较女性多见，为7∶1～10∶1，以40～60岁最多。病理类型以鳞状细胞癌最为多见，占90%以上。按照发病部位分为声门上型、声门型、声门下型及跨声门型。可有3种扩散转移方式：直接扩散、颈淋巴结转移和血行转移。目前，国内外喉癌基础研究主要集中在病因学及发病机制上。

一、病因

喉癌的病因尚不明确，可能为多种因素综合作用所致。

（一）吸烟和酗酒

目前认为喉癌的主要危险因素是吸烟和酗酒。其中，吸烟与喉癌发生关系更为密切。烟草燃烧所产生的烟草焦油中苯并芘有致癌作用，烟草烟使黏膜充血、水肿、上皮增生和鳞状化生，纤毛运动停止或迟缓，成为致癌的基础。声门上型喉癌可能与饮酒有关。重度吸烟并饮酒者患喉癌的危险性将明显提高，两者呈协同作用。但世界各地抵制吸烟、酗酒后，头颈部肿瘤的发病率并无明显下降，表明还有其他因素参与喉癌的发生、发展。

（二）人类乳头瘤病毒感染

到目前为止，已发现的人类乳头瘤病毒（HPV）已超过100种，根据其与肿瘤发生的相关性，大致分为高度（HPV16、HPV18等）、中度及低度危险相关三类。HPV E6、E7蛋白通过对p53及RB通路产生作用，促进肿瘤发生。HPV阳性肿瘤患者与HPV阴性相比较，有其独特的分子生物学、组织病理学及临床特征。喉癌患者中HPV总阳性率为8%～54%，除HPV16和HPV18，最近发现在早期喉癌患者中可以检测到HPV26。

（三）喉咽反流及胃食管反流疾病

反流疾病是引起黏膜慢性炎性反应及肿瘤发生的内源性因素之一。胃食管反流对喉黏膜有影响，但喉腔存在结构性保护机制。一方面通过碳酸酐金属酶的作用，使细胞外液分泌碳酸氢盐增多，导致细胞内质子崩解；另一方面，碳酸酐化对喉黏膜影响存在结构性差异，表现为喉后部的碳酸酐化表达明显高于声门前部及声门上区，这也许是喉癌好发部位不同的原因之一。

（四）其他因素

（1）空气污染：生产性粉尘或废气，如二氧化硫、铬、砷等的长期吸入可导致呼吸道肿瘤。

（2）职业因素：长期接触石棉、芥子气、镍等可能导致喉癌。

（3）性激素及其受体：喉是第二性征器官，喉癌患者男性显著多于女性，喉癌患者其血清睾丸酮水平明显高于正常人。

（4）癌前期病变：喉角化症（包括白斑病和厚皮病）、慢性增生性喉炎及成人喉乳头状瘤等。由于长期的上呼吸道感染、吸烟、有害气体的刺激，导致上皮细胞的异常增生和不典型增生，往往最后发生癌变。

（5）放射线：小剂量的放疗可引起肿瘤，目前已发现有由放疗所致的喉鳞状细胞癌。

二、喉癌相关基因研究

喉癌的发生和进展是一个包括多种遗传变化的多步骤过程，其中一条重要的途径就是癌基因的激活和抑癌基因的失活。目前，应用先进的分子细胞遗传学技术寻找肿瘤相关的癌基因和抑癌基因并研究这些基因在肿瘤形成过程中的变化，是当前恶性肿瘤研究的重要领域，对揭示肿瘤的发生、发展机制具有重要意义。当前喉癌相关基因研究很多，包括癌基因激活、抑癌基因失活、转移相关基因、肿瘤耐药基因等领域，以及内在的机制研究、与喉癌临床相关性研究等。

三、治疗

喉癌的传统治疗方法包括手术、放疗、化疗、免疫治疗等，多主张手术加放疗的综合疗法。随着治疗手段的进步，喉癌患者手术后生活质量不断改善，但近 30 年喉癌手术后患者 5 年生存率没有明显提高，仍有 30%～40% 的患者，虽经根治手术和放化疗，因复发或转移而难以救治以致死亡。当患者手术后复发和/或出现远处转移时，肿瘤对放疗化疗多不敏感，导致预后尤其差，此类患者 3 年生存率约为 10% 。随着对肿瘤发生、发展分子机制认识的深入，人们已经意识到肿瘤是一种基因病，纠正发生缺陷的基因可为肿瘤的治疗提供新的希望。

第二节　肿瘤相关基因与喉癌

喉癌（laryngeal carcinoma）是一种常见的上呼吸道恶性肿瘤。肿瘤的发生是一个多因素参与的复杂过程。目前已知，在喉癌的发生演进过程中，除致癌环境这一外源性因素外，原癌基因的扩增、抑癌基因的失活或突变、错配修复基因的功能丧失等也起着重要的作用。

一、喉癌相关基因的筛查

在全球范围内,头颈部鳞癌(squamous cell carcinomas of the head and neck,HNSCC)是第6位常见的恶性肿瘤类型,每年有60多万的新发病例。通常意义上的头颈部鳞癌是指发生于口腔、咽部(鼻咽、口咽、下咽)及喉部的由鳞状上皮覆盖的恶性肿瘤。除了非角化型鼻咽癌以外,烟草和酒精是头颈部鳞癌的最主要发病因素。近年来的研究发现,HPV与某些头颈部鳞癌,特别是口咽癌的发生也有着直接关系。目前对头颈部鳞癌患者的治疗早期阶段主要是采取手术或放疗,晚期患者则主要是接受化疗结合局部放疗。尽管如此,也只有40%~50%的患者能够维持5年的生存期。染色体研究结果显示,近年来利用杂合性丢失分析、比较基因组杂交、cDNA代表性差异分析和cDNA微阵列技术等,发现有多条染色体区带上出现特异的扩增或丢失,特别是1p13—p21、3p21—p23、5p21—p22、9p12—pter和13q21—q31的拷贝数增加明显,而1q11—q21、3q15—q21、8p22—p24、11q12—q13、15q21—q23和18p11区域的丢失为喉癌的特征性变化。为克隆更多喉癌相关基因提供了线索。

基因芯片是近年来发展起来、应用生物信号平行分析原理的一项技术,它将成千上万的靶基因或部分片段有序地、高密度地集中于一个固相载体上(玻璃、尼龙膜等)构成cDNA矩阵(cDNA array),用以检测各种细胞、组织的mRNA表达谱从而实现表达谱的高效分析。通过比较不同癌细胞和正常细胞的基因组,获得癌细胞中发生突变的基因,同时也可以了解这些突变发生的先后顺序,并结合演化的观点更为直接地推断肿瘤的演化过程,并为临床诊断及探索喉鳞癌基因治疗提供新途径和方法。

美国约翰霍普斯金大学医学院的Agrawal等利用全外显子组测序及基因拷贝数分析的方法对32个原发性头颈部鳞癌样品进行了分析,发现了6个与头颈部鳞癌发生相关的基因突变,除了以前已知的TP53、CDKN2A、PIK3CA和HRAS之外,FBXW7和NOTCH1为此次发现的新基因突变。在另一组的88个头颈部鳞癌样品中Agrawal等再次重复验证了这一结果。美国哈佛-麻省理工博德研究所(Broad Institute of MIT and Harvard)的Stransky等对74组头颈部鳞癌与健康组织的样品进行了全外显子组测序分析,除TP53、CDKN2A、PIK3CA、PTEN和HRAS基因之外,研究人员还发现了大量与头颈部鳞癌相关的新基因。研究人员证实有30%的肿瘤样品中的突变基因参与调控了上皮细胞鳞状分化,其中包括NOTCH1、IRF6和TP63等。在这两项研究中,研究人员均证实NOTCH1基因与头颈部鳞癌密切相关——在10%~15%的肿瘤中均存在NOTCH1基因的失活性突变,这是仅次于TP53基因在肿瘤中发现的第二高频率突变基因。

刘业海等采用微阵列分析技术一次性分析了11 431个单基因(或EST),发现5256个有效基因(或EST),其中有35个表达差异在3倍以上、7个在5倍以上。所有表达差异在5倍以上的7个基因(包括EMP-1)都为低表达。王斌全等研究复发性喉鳞癌重复出现且差异表达的基因共218个,其中喉癌组织表达上调的基因137种、表达下调的有81种;其中差异表达相差10倍以上的基因有4个,分别为U02570(ARHGAP1)、AW863712(HAAF000381)、NM-014381(MLH3)、AA523939(Ests)。其中U02570基因与GTP酶活化蛋白有关,AW863712与无功能叶酸结合蛋白相关,NM-014381与DNA错配修复有关,AA523939则为未知功能的新基因。

二、喉癌相关基因

(一) 癌基因的激活

由内源性突变、环境中致癌物、病毒、化学物质等因素引起的原癌基因过度表达是肿瘤发生的机制之一。原癌基因 mRNA 在结构或数量上的改变将导致异常蛋白质的产生或正常蛋白质的减少,从而使细胞表现出的恶性表型包括异常增殖、浸润、转移、放疗抵抗性、基因不稳定性等。

1. PIK3CA 近年来出现的肿瘤分子靶向治疗显示出很好的前景,在头颈鳞状细胞癌中较为有效的是表皮生长因子受体(EGFR)单克隆抗体,即西妥昔单抗(cetuximab),然而,由于 EGFR 处于信号通路顶端,对下游分子异常引起的病变无能为力,这可能是西妥昔单抗效果有限的原因。

PIK3CA 是 EGFR 信号通路下游的一个重要癌基因,它是磷脂酰肌醇-3-激酶(phosphatidylinositol 3-kinases,PI3K)的催化亚基 p110α 的编码基因,当其突变或拷贝数增加时,可不依赖生长因子的存在而使 PI3K 异常激活。位于 3926.32 位点,大小为 34kb,含 20 个外显子。它是 PI3K 家族 16 个成员激酶区的编码基因中唯一可能发生体细胞突变的基因,与很多肿瘤关系密切。这类肿瘤细胞往往对放疗、化疗及靶向治疗不敏感。PIK3CA 基因突变存在于超过 30% 的人类实体瘤中,与 K-ras 基因一起,成为突变频率最高的癌基因,而其拷贝数变异是肿瘤中更普遍的事件。

PIK3CA 基因主要通过两种方式激活 PI3K,即拷贝数增加[增益(gains)或扩增(amplification)]和突变,前者是肿瘤发生、发展的早期事件,而后者对肿瘤进展起重要作用。Fenic 等在 36.4% 的头颈鳞癌中检测到 PIK3CA 基因拷贝数增加。Qiu 等在 2008 年报告咽部鳞癌中该基因突变率高达 20.8%。Murugan 等从头颈鳞癌中检测出该基因的 5 个突变位点(E545K、H1047R、E545G、M1043V、3191_2inA),发现这些突变均可使 PI3K 活性明显提高,使 SaOS-2 细胞增殖和侵袭转移能力明显增强,作用与加入生长因子刺激相当。王生才等在 2009 年以表达 PIK3CA-shRNA 的慢病毒载体转染 HepG2 细胞,使 PIK3CA 基因的 mRNA 和蛋白质水平下调均达 70% 以上,显著抑制了 HepG2 细胞的增殖和侵袭力。

2. VEGF 血管内皮生长因子(vascular endothelial growth factor,VEGF)的重要功能是促进血管通透性增加,无论是生理状态下或病理状态下,以旁分泌方式促进血管通透性增加,增强刺激因素对内皮细胞的作用,促进血浆蛋白的外渗,形成新生血管的临时基质,有利于血管生成。大量研究表明,在胰腺癌、肺癌、乳腺癌、结直肠癌、黑色素瘤、前列腺癌等肿瘤中及其受体中高表达,它们能刺激血管内皮细胞增生,诱导新生血管形成,为肿瘤的生长提供血供,促进肿瘤细胞的失控增殖。

Neuchrist 等报道,喉鳞状细胞癌中 VEGF 阳性表达率约为 80%,其表达与微血管密度及病理分级呈正相关,VEGF 高表达者复发率高、生存期短。徐志华等利用 Meta 分析来评价 VEGF 表达与喉癌的关系,结果显示 VEGF 高表达与喉癌之间存在正相关,正常喉黏膜及声带息肉中 VEGF 的表达阳性率显著低于喉癌组织,VEGF 高表达率与喉癌患者的年龄、性别及分型无相关性,而 T3-T4 期、低分化、有淋巴结转移喉癌组的 VEGF 表达明显增高,并且 VEGF 高表达的喉癌患者 5 年生存率显著降低,表明在喉癌的发生、发展过程中伴随有

VEGF 高表达。

陈广理等的实验结果证明,VEGF mRNA 在 HepG2 细胞中高表达,在 Hacat 细胞中低表达,其差异有统计学意义。检测 Flt-1 mRNA 和 KDR mRNA 的结果表明,在 Hep-2 细胞中有 Flt-1 mRNA 表达,而无 KDR mRNA 的表达。这些结果说明,喉癌细胞 Hep-2 的失控增殖能力与 VEGF 受体的高表达有密切关系,其机制可能是喉癌细胞中高表达的 VEGF 与受体结合后,受体发生自身磷酸化,诱导一系列信号转导机制刺激喉癌细胞无限制增生。因此,陈广理等研究表明 VEGF 及受体影响喉癌的新生血管的形成,它们在促进喉癌快速生长的过程中发挥重要的作用,从而进一步说明肿瘤细胞的生长与新生血管间的相互依赖关系。大量研究表明,作为主要的血管生长因子,VEGF 的高表达促进了肿瘤细胞的浸润和转移。其机制可能是在 Hep-2 细胞中高表达的 VEGF 与 Flt-1 受体结合,使 VEGF 发生自身磷酸化,诱导蛋白质水解酶形成,降解细胞外基质,促进 Hep-2 细胞的浸润和转移,促进新生血管形成,为转移灶的形成提供必要的途径。通过检测 VEGF 及受体 Flt-1 和 KDR 在喉癌细胞 Hep-2 中的表达,阐明了 VEGF 及受体与喉癌的生长、浸润及转移有密切关系,因而通过抑制或阻断 VEGF 及受体在喉癌组织中的表达可能对抑制肿瘤的生长、浸润及转移有重要价值。

Neuropilin-1(NRP-1)是血管内皮生长因子(VEGF)的新型受体,并具有不依赖 VEGF 的促瘤作用及存在多个生长因子配体。NRP-1 是染色体 10p12 基因编码的 I 型跨膜糖蛋白,表达于血管内皮细胞表面的 NRP-1 能促进血管内皮细胞的迁移及增殖能力,在肿瘤的新生血管生成及肿瘤远处转移中起着重要作用。张甦琳等的研究提示,在蛋白质水平,NRP-1 在多数癌组织中表达,而相应的癌旁组织无表达;在核酸水平,NRP-1 在多数癌组织和 Hep-2 喉癌细胞系中表达,在癌旁组织无表达,具有高度的肿瘤特异性。NRP-1 可能在肿瘤的发展、浸润过程中起着重要作用。NRP-1 作为 VEGF 共受体且可不依赖于 VEGF 而促进肿瘤生长,定量检测其在喉癌组织中的表达,有望作为一个新的判断预后的指标。龚宇等在 2008 年的研究表明,NRP-1 抗体有效抑制了喉癌 Hep-2 细胞株的增殖、黏附、迁移、侵袭能力及癌细胞促体外血管形成的能力,证实 NRP-1 不仅在肿瘤血管生成中起着重要作用,其对癌细胞自身增殖及迁移也有显著影响,提示 NRP-1 在喉癌发生、发展过程中起着重要作用,拮抗 NRP-1 可能成为肿瘤治疗的新途径。

3. EGFR 受体家族 癌基因 neu 与 EGFR 基因部分同源,故将 EGFR 基因命名为 c-eRB B-1(HER-1),而将 neu 命名为 c-eRB B-2(HER-2)。近年来,又陆续发现了 c-eRB B-3(HER-3)、c-eRB B-4(HER-4),它们共同组成了 EGFR 表皮生长受体家族。

癌基因 c-eRB B1(HER-1)编码 EGFR。人 EGFR 基因位于 7p12,其异常扩增在各类肿瘤中广泛存在。EGFR 的过度表达能促进肿瘤细胞的生长和局部浸润,增强转移趋势。喉癌组织中 EGFR 阳性表达与 TNM 分期、组织分化程度有明显的相关性,其高表达提示预后不良和较高的复发及转移风险。但 Koynova 等利用组织芯片研究 1385 例喉癌活检标本时发现,EGFR 增多是喉癌的一种相对稀少事件。

癌基因 neu 是一种细胞癌基因,又称为 ceRB B2 和 HER-2,定位于 17q21,p185 蛋白是 neu 癌基因编码的由 1255 个氨基酸组成的跨膜糖蛋白受体多肽,包括 3 个区域,相对分子质量为 185kDa,具有酪氨酸激酶活性。其基因异常激活主要表现在基因扩增导致的蛋白质产物过度表达。neu 基因扩增与 p185 蛋白过度表达通常相互关联,激活后的 neu 癌基因仅仅表现为数量上的扩增而并无基因的突变。neu 扩增或超表达能阻止肿瘤细胞凋亡并促进其生长，其机制为 p185 酪氨酸激酶使 p34Cdc2 磷酸化（可使 G_2 期 DNA 修复时间延长）或增强 DNA 修复酶的活性，能高效地进行 DNA 修复，使肿瘤细胞得以进入细胞周期下一个阶段（S 期或 M 期）而逃避凋亡，最终导致细胞的增殖、分裂活动的紊乱乃至癌变。目前大多数研究显示 neu 基因及其蛋白质与肿瘤细胞异型性有关，与多种恶性肿瘤的细胞侵袭力有关，即 p185 过度表达的恶性肿瘤具有更强的侵袭、转移能力，预后也较差。

neu 基因已证实与腺体类肿瘤发生及预后的关系密切，但对其在头颈部鳞癌中的作用报道差异较大。自 1977 年开始，相关学者做了大量的实验，但对 neu 癌基因及其编码蛋白质在头颈部鳞癌中的表达情况及意义的研究仍未达成一致看法。王晓茜的研究显示，p185 在喉癌淋巴结转移组与非转移组之间的表达存在显著差异，p185 在喉癌病理分级Ⅰ、Ⅱ、Ⅲ组之间存在显著差异，提示 p185 与喉癌细胞恶变的程度及肿瘤细胞的分化程度有关，p185 表达阳性的喉癌比 p185 表达阴性的喉癌其恶性程度更高、淋巴结转移率更高，相对来说预后也较差，且 p185 与 CD44V6 在喉癌组织中的表达存在明显的相关性，两者在喉癌的发展中并非独立事件，其中 p185 与肿瘤的发展、肿瘤细胞的恶性程度及有无淋巴结转移密切相关，相对于 CD44V6 来讲其在喉癌的淋巴结转移及预后方面更具有意义，可作为临床预测喉癌颈部淋巴结转移趋势和估计预后的主要参考指标之一。对 p185 高表达的喉癌患者手术中预防性颈淋巴清扫及手术后放化疗等综合治疗可能是必要的。

4. Ras　ras 基因包括 H-ras、K-ras、N-ras，在人类许多肿瘤中都发现了 ras 基因，ras 基因编码一种 21kDa 的蛋白质与 G 蛋白有关，具有与鸟氨酸结合的能力及 GTP 酶活性。ras 基因的扩增或突变可使其功能蛋白 p21 发生量和质的改变，引起细胞膜信息转导功能紊乱，导致细胞恶性增生。陈雄等在 2005 年的研究发现，人喉鳞癌细胞株 Hep-2 中 K-ras 基因表达强阳性，推测喉鳞癌的发生与 K-ras 基因突变激活有关。喉癌组织 ras 基因产物 p21 表达水平较癌旁正常组织及喉乳头状瘤显著增高，且 H-ras、K-ras、N-ras 的高表达与基因突变检测缺失相关。对喉癌行 DNA PCR 产物斑点杂交试验表明，H-ras 基因第 12 位密码子 G-T 突变率为 30%，均为 Jakobsson 恶性分级高分组的患者。ras 基因突变与肿瘤大小、组织类型及转移无关，而 p21 蛋白的表达随分化程度的降低而降低。上调基因 RAN 为 ras 癌基因家族成员，编码的 RAN 蛋白的功能主要包括：通过调节核质物质转运而调控细胞周期调控因子的定位、调控核膜装配、调控 DNA 复制、调控纺锤体组装等。此外，RAN 还参与细胞核结构的维持、mRNA 转录和剪接、RNA 由核内向胞质中转运等。RAN 基因的高表达常与组织的低分化并存，在包括喉癌的大多数癌组织中均表达上调。

5. AKT　AKT 是一种丝氨酸/苏氨酸蛋白激酶（serine-threonine protein kinase），因与蛋白激酶 A、蛋白激酶 C 高度同源，又名蛋白激酶 B（proteinkinase B）。该激酶在肿瘤细胞的增殖、分化、凋亡、侵袭、代谢等中起着重要作用。AKT2 是 AKT 的重要亚型之一，可引起细胞的恶性转化，已被定为癌基因，在多种肿瘤，如卵巢癌、肝癌、胰腺癌、肺癌等组织中都存在 AKT2 的过度表达或活化，并且与肿瘤增殖、侵袭转移及预后密切相关。

PI3K/AKT 信号转导通路（又称为 AKT 通路）被视为癌细胞存活的重要通路。AKT 处于该信号通路的枢纽部位，其功能除了涉及细胞周期调控、凋亡启动等细胞生存调节外，还参与血管生成、端粒酶活性和细胞侵袭性等诸多重要的生理及病理过程，因而 AKT 是肿瘤发生的重要信号分子。AKT2 定位于人类染色体的 19q13.1—q13.2，是 AKT 的重要亚型之一,在多种肿瘤组织中都有 AKT2 的过度表达或活化,PI3K/AKT2 通路(AKT2 通路)被证实参与了多种肿瘤的发生和发展。

陈应超等的研究显示,AKT2 阳性表达率在 LSCC 组织中为 56.7%,显著高于癌旁组织(14.3%)及正常喉黏膜组织(未见表达)(均 $P<0.05$),提示 AKT2 的表达可能与 LSCC 癌变的发生有关。AKT2 表达与 LSCC 组织分化程度密切相关,组织分化程度高,恶性程度低,其蛋白质低表达;表达或表达强者多见于组织分化程度低、恶性程度高的 LSCC,提示 AKT2 在诱导肿瘤分化过程中起着重要作用。AKT2 表达与 LSCC 的淋巴结转移及 TNM 分期相关,随着淋巴结转移及临床分期的增加,AKT2 阳性表达率逐渐升高,提示 AKT2 在肿瘤的发展、侵袭转移过程起着重要作用。AKT2 的致癌活性可能与 AKT2 对细胞增殖的异常调节有关。研究表明,在胰腺癌细胞中,AKT2 蛋白水平在有丝分裂期是分裂间期的 3 ~ 5 倍,AKT mRNA 在有丝分裂期表达最高,说明 AKT2 对细胞周期进程、细胞增殖有着重要作用,其机制可能与 AKT2 能够促进蛋白质合成、上调 Cyclin D1 和 c-Myc、下调 p27 等表达、磷酸化 p21 阻止 p21 与 PCNA 复合物形成、促进 DNA 复制等有关。

6. STK15 STK15 基因(丝氨酸/苏氨酸激酶 15 基因,又称为 BTAK 或 aurora2 基因)定位于 20q13.2,cDNA 全长约 2.2kb,有 9 个外显子,编码一种分子质量为 46kDa、403 个氨基酸组成的中心体相关激酶。它在中心体的成熟、纺锤体的建立及染色体的正常分离过程中起着重要的调控作用。目前,在多种肿瘤中发现了 STK15 基因扩增和表达增高,如肝癌、乳腺癌、卵巢癌、膀胱癌等,同时在大部分肿瘤组织中都发现了 STK15 mRNA 和蛋白质表达的增高,这说明 STK15 基因在许多肿瘤的发生中都起着一定的作用。Katayama 等的研究表明,STK15 是 p53 通路的一个关键调节因子,它的过表达会引起 p53 降解增加,使信号通路的反应性下调,将促进细胞的恶性转化。

李英慧等的研究发现,STK15 基因在喉癌中表达增高,它可能通过中心体异常而引起染色体不稳定,在喉癌的发生、发展中发挥一定作用。当中心体结构或功能紊乱时将会引起纺锤体的异常:中心体过度复制会形成多极纺锤体,后者使复制后的两套染色体分配到两个以上的子细胞中去,而且多极纺锤体施加在单个染色体上的多方向的力会引起染色体断裂;中心体复制或分裂失败形成单极纺锤体,从而引起染色体不分离,导致细胞分裂阻滞。在上述情况下,子细胞都会得到异常数目的染色体而形成异倍体。异倍体反过来引起抑癌基因的缺失或癌基因的获得或激活,从而导致肿瘤的发生。

7. c-myc myc 是较早发现的一组癌基因,包括 c-myc、N-myc 和 L-myc,三者都编码一种分子质量为 62kDa 的核内 DNA 结合蛋白,调控细胞外调节信号引起的表达,促进细胞增殖、永生化、去分化和转化等,在多种肿瘤形成中起着重要作用。c-myc 定位于 8q24,是一种细胞周期依赖性癌基因,它的扩增可导致其产物 p62 的过表达。作为一种原癌蛋白,p62 起着推进细胞周期、促进细胞分化、抑制细胞凋亡的作用。在喉癌中 c-myc 基因以扩增形式被激活,扩增水平常与 TNM 分期和预后有关。Volling 等在 1998 年发现,c-myc 基因扩增水平与头颈部癌的发展和浸润性有关,其中 15% 具有 c-myc 基因扩增的患者均有淋巴结转移。郭睿等在 2003 年对 574 例喉癌组织及 39 例正常喉组织中 c-myc 基因和 c-myc 蛋白的表达进行了测定,其中 c-myc 在喉癌复发组的表达明显增强,与未复发组的表达差异有极显著性意义。但也有报道显示,在喉鳞状细胞癌中检测到 c-myc 基因的扩增,但并未发现 mRNA 的过表达,认为 c-myc 在喉癌发生、发展过程中并不占主要地位。

8. Cyclin D1　Cyclin D1 由人染色体 11q13 的 cc-ND1 基因编码，在近 1/3 头颈部肿瘤中显示扩增的迹象。哺乳动物的细胞周期受控于细胞周期蛋白（cyclin），在正常的细胞周期中，G_1/S 期是最重要的限制点。在此限制点上，Cyclin D1 通过激活 CDK4 使细胞由 G_1 期进入 S 期，进行 DNA 合成并开始增殖。目前认为 Cyclin D1 的作用机制与 RB 蛋白密切相关。Cyclin D1 与 CDK4 结合可使 RB 发生磷酸化，因构象改变而释放 E2F，使其发挥转录因子的效应，使细胞持续增殖。

研究表明，Cyclin D1 在正常组织中表达量很少甚至不表达，而在乳腺癌、前列腺癌及头颈部鳞癌等许多恶性肿瘤中存在蛋白质的过表达，是预示肿瘤进展及患者预后的重要指标之一。何国庆等的研究发现，喉癌和下咽癌组织中 Cyclin D1 的阳性表达率为 61.67%，而在喉黏膜正常组织中的表达量很少或未见表达，提示在喉癌和下咽癌中存在 Cyclin D1 的某些失调机制使其表达上升，随着肿瘤病理分化程度的降低，Cyclin D1 表达率增高，说明 Cyclin D1 表达上调与喉癌和下咽癌的恶性程度有关，Cyclin D1 在喉癌和下咽癌组织中表达率增加，并与肿瘤的病理分化程度、颈淋巴结转移及预后有关，提示 Cyclin D1 的表达可作为临床判定喉癌和下咽癌恶性程度、颈淋巴结转移及预后的一个生物学指标。喉癌组织中 Cyclin D1 的表达增高与扩增密切相关，高达 30%～50%。Cyclin D1 与 CDK4 表达同时增高预示喉癌患者预后很差。随着喉癌的演变，Cyclin D1 阳性表达率逐渐升高，预示 Cyclin D1 阳性表达是喉癌发生的早期事件。

9. Cyclin E　Cyclin E 在喉癌尤其是声门上型细胞中过表达，并与组织分化程度、局部浸润、淋巴结转移和病理分期密切相关。

10. 病毒癌基因

（1）HPV 与喉癌：HPV 属乳头状瘤病毒科，为 8000bp 环状小 DNA 病毒，广泛分布于脊椎动物，主要感染人体基底上皮细胞或黏膜细胞。根据 HPV 对感染细胞转化能力的不同，把 HPV 病毒分为高危型、低危型和其他型别。高危型与黏膜恶性病变关系密切，其中 HPV16 和 HPV18 能引起上呼吸道上皮细胞发生恶性转化，同时 96% 的 HPV 阳性 HNSCC 中检测到这两种分型，因而认为它们是诱发 HNSCC 的主要类型。HPV 在喉癌中的表达率与人口因素有关，喉癌中的检出率一般为 20%～81%。Torrente 等报道喉癌 HPV 感染率为 32%，大多数为 HPV16 阳性。

HPV16/18 是一种明确的致癌病毒基因，参与细胞转化并起主要作用的是高危型 HPV E6、E7 基因片段。E6 蛋白能结合野生型 p53 蛋白，并通过泛素依赖的蛋白质裂解途径促进 p53 降解，使细胞周期由 G_1 期向 S 期发展，E6 蛋白还能活化端粒酶，DNA 合成增加致细胞永生化；E7 蛋白与具有细胞生长负调节功能的 RB 基因家族中的 pRB1、p107 和 p130 形成复合体，释放细胞中的 E2F 转录因子，进而激活细胞周期进程中某些宿主基因表达，致细胞生长失控。p53 和 RB 的失活降解，使细胞无控制生长导致恶性转化。此外，HPV 相关的肿瘤存在 p16 蛋白的过表达。

在组织学方面，HPV 感染的肿瘤通常具有分化差、非角化基底细胞样的特点。在疾病预后方面，大多数研究显示 HPV 阳性的 HNSCC 患者预后更好，死亡风险降低 60%～80%。Farole 等对 96 例Ⅲ期或Ⅳ期的口咽或喉癌患者的前瞻性研究显示，接受相同周期化疗和标准剂量放疗的患者，HPV 阳性者对诱导化疗和放化疗疗效优于 HPV 阴性患者。平均随访 39.1 个月后，HPV 阳性者比 HPV 阴性者疾病进展风险降低了 72%，死亡风险则降低了 79%。

HPV 靶向性疫苗:HPV 感染和肿瘤之间的密切关系,提示 HPV 疫苗治疗可能是预防和治疗 HNSCC 的主要手段。HPV 相关的 HNSCC 主要由 HPV16 和 HPV18 感染所致,可借鉴宫颈癌 HPV 预防性疫苗的经验,评价这些疫苗对防治喉鳞状细胞癌的风险、花费和获益,将来也可能用于临床。

(2) EB 病毒与喉癌:EB 病毒是人类疱疹病毒科 γ 亚科中唯一能引起人类感染的淋巴滤泡病毒,是在全球广泛分布的双链 DNA 病毒。EB 病毒被公认为是多种恶性肿瘤的病因之一,如 Burkitt 淋巴瘤、鼻咽癌等。EB 病毒长期潜伏在淋巴细胞内,以环状 DNA 形式游离在胞质中并整合在染色体内。EB 病毒在人群中广泛感染,根据血清学调查,中国 3 ~ 5 岁儿童 EB 病毒 vca-IgG 抗体阳性率达 90% 以上。刘振声等发现,EB 病毒不仅存在于低分化喉鳞癌细胞中,也存在于高分化喉鳞癌细胞中,以低、中分化鳞癌细胞为多。1997 年,刘克拉等用原位杂交和免疫组织化学方法检测了 29 例不同分化类型的喉鳞癌组织中的 EBER、LMP1、EBNA1 等 EB 病毒基因表达产物,结果显示,各基因表达产物在各种组织类型的喉癌中均有一定的阳性检出率,并且病毒表达阳性率随肿瘤分化程度降低而升高。金德均等的实验提示,喉鳞癌患者癌旁间质组织淋巴细胞中存在较高的 EB 病毒感染率,喉黏膜上皮癌变可能与 EB 病毒感染有关,EB 病毒表达程度与宿主癌细胞的分化状态和增殖活性有关,这种相关性很可能取决于 EB 病毒基因产物对宿主细胞生长的影响和宿主细胞耐 EB 病毒基因表达的调控两个方面。EB 病毒通过其基因产物的生物学作用诱导喉组织细胞癌变。被 EB 病毒感染的细胞中突变型 p53 表达明显增强,能介导内源性 bcl-2 的表达,产生抑制凋亡的作用,并能使 c-myc 在无生长因子存在条件下持续表达。EB 病毒在致喉癌发生过程中,与 bcl-2 基因和 p53 基因有协同作用。

(二) 抑癌基因的失活

1. p53 基因家族 p53 基因定位于 17 号染色体的短臂上,由 11 个外显子和 10 个内含子组成。一般认为,p53 可将细胞阻止在 G_1/S 期调控点,监控 DNA 的完整性,DNA 损伤时使细胞分裂停滞于 G_1/S 期,故有"分子警察"之称。p53 基因是已知涉及人类肿瘤最广泛的肿瘤抑制基因,也是头颈部肿瘤中被确定最多的抑癌基因,在喉癌中的突变率超过 50% 以上,是与喉癌发生关系最密切的基因,被认为是喉上皮肿瘤转化的重要因素。在喉癌组织中,p53 蛋白的表达主要定位于细胞核中,阳性细胞主要见于癌变区域,常集中在癌巢边缘,在癌旁不典型增生上皮中也可见阳性细胞,而喉良性病变中只偶尔见弱阳性反应。关于 p53 基因与喉癌的病理分级、临床分期、颈淋巴结转移及预后等的关系,近年来的研究颇多,但各学者意见不一。通常认为 p53 基因的改变出现在肿瘤晚期,在浸润及转移性肿瘤中突变率较高。然而,也有人认为 p53 的改变是肿瘤形成的早期事件,是喉癌前病变向喉癌转变的一个高危因素,在肿瘤的发展和演进中不起重要作用,与喉癌的生物学行为无关。

p63 基因于 1997 年和 1998 年被不同的研究小组发现,又称为 p40、p51、p73L 及 CUSP。作为 p53 基因家族的一个新成员,定位于 3q27—q29,p63 与 p53 蛋白具有非常相似的结构和功能,曾被认为是候选的肿瘤抑制基因。p63 主要表达于鳞状上皮源性的恶性肿瘤,而在腺癌中几乎不表达,它不仅参与调节正常鳞状细胞的生长和分化,并在鳞癌的发生和发展中发挥作用。在头颈部恶性肿瘤中以鳞癌为主,喉鳞癌约占 90%,研究 p63 在头颈部肿瘤中的表达有重要意义。梁晓东等的研究认为,喉鳞状细胞癌在发生过程中从"正常"到增生、非典型增生、癌变不同阶段 p63 mRNA 表达逐渐增强。提示喉鳞状细胞癌组织中存在 p63 基因的过表达,可能参与了调控喉鳞状细胞癌的发生过程。其的存在并未阻止喉鳞状细胞癌的进展,在喉鳞状细胞癌发生、发展中可能没有担当起主要的抑癌作用。戚颖等的研究认为,p63 在喉鳞癌细胞中呈过表达,并且是喉鳞癌发生中的早期事件;p63 与喉鳞癌的分化程度有关;p63 基因的表达在喉鳞癌进展的过程中无变化。因此认为 p63 起着癌基因作用,而不是经典的抑癌基因。由于 p63 基因有两个启动子和选择性剪切的不同,p63 的蛋白质表达产物主要分为 TAp63 和 ΔNp63 两种异构体,它们在功能上存在明显差异。全长表达的 TAp63 功能与 p53 类似,能够反式激活 p53 的靶基因,引起细胞周期阻滞和诱导细胞凋亡,因此认为 TAp63 可能是一个候选的抑癌基因。而 ΔNp63(N 端转录活化区缺失)可以以显性失活(dominant negative)的方式抑制 TAp63 和 p53 的功能而具有潜在癌基因的功能。目前的研究发现,ΔNp63a 在上皮层的表达可以维持基细胞的增生能力,阻滞 p53 不恰当的活化,ΔNp63a 很有可能简化 p53 的转录作用。在头颈鳞癌、未分化的鼻咽癌中 ΔNp63a 高表达,TAp63 较正常组织低表达,且 TAp63 表达的减少与肿瘤的分期和分级相关。简而言之,p63 主要在上皮性细胞内表达,ΔNp63 可拮抗 p53 的功能,TAp63 可协同 p53 蛋白的功能,不同异构体蛋白之间还存在着不同的相互作用。

p73 由于其具有与 p53 高度同源的 DNA 结合域而被归入 p53 家族,p73 与 p53 的产物具有非常相似的结构和功能,p73 过度表达时可激活 p53,引起细胞生长抑制,并诱发细胞凋亡。有报道指出,喉癌中 p73 基因过度表达与 TNM 分期明显相关,Ⅰ期、Ⅱ期患者阳性表达率较Ⅲ期、Ⅳ期低。然而近年来国内有研究结果提示,p73 可能并非喉癌的靶基因,在喉癌的发展中并不起主要的抑癌作用。

2. RB 基因 RB 基因定位于 13q14,是第一个被发现和鉴定的抑癌基因,含有 27 个外显子,转录 4.7kb 的 mRNA,编码的 RB 蛋白含有 925 个氨基酸。其表达产物 RB 蛋白能通过磷酸化和去磷酸化机制调节转录因子 E2F 的活性,从而控制细胞的生长,是控制细胞生长和分化的中心环节。目前已在 60% 头颈部肿瘤中发现 13q 的杂合性丢失,但 Yoo 等发现这一改变并不伴随 RB 蛋白的改变,提示该位点附近可能存在其他抑癌基因。王斌全等检测发现,在 90 例喉癌中 RB 的总突变率为 15.5%,表明喉癌组织中 RB 基因结构改变较常见,在喉癌的发生、发展中起着一定的作用,但与喉癌病程无关。吴先光等认为喉癌生长到晚期,RB 蛋白的表达呈下降趋势。

3. PTEN 基因 抑癌基因 PTEN 又称为 MMAC1,是 1997 年发现的第一个具有磷酸酶活性的抑癌基因,定位于染色体 10q23.3,在酪氨酸磷酸酶和丝氨酸/苏氨酸磷酸酶信号转导过程中具有重要作用,调控细胞的生长、凋亡、黏附和迁移。目前,PTEN 抑制 PI3K/AKT 信号途径的作用已经得到各方学者的广泛认同。此外,PTEN 还能促使 FAK 及 P130cas 去磷酸化从而抑制肿瘤转移、调节有丝分裂原激活蛋白激酶(MAPK)通路、抑制组织缺氧诱导因子-1a(HIF-1a)和 VEGF 抑制肿瘤血管形成等。

PTEN 作为一种重要的抑癌基因,在喉鳞癌中的作用仍然存在争议。邱晓霞等的研究发现,喉癌组织中 PTEN 的表达率明显低于癌旁组织;张振新等的研究得出,PTEN 的表达与喉鳞癌的分化程度、浸润程度、淋巴结转移及临床分期关系密切,表明 PTEN 基因可能参与了喉鳞癌细胞的分化、浸润和淋巴结转移的调节。白伟良等在 2000 年发现,在喉癌组织中 PTEN 的外显子 5、8 存在插入及缺失突变，二者均发生在Ⅲ期、Ⅳ期，提示 PTEN 可能在喉癌晚期演进中起作用。进一步的研究发现，PTEN 基因启动子过甲基化是该基因在喉癌中失活的原因之一。但 Hendeson 等在 1998 年的研究中没有发现 HNSCC 中 PETN 突变，Pedrero 等在 2005 年的研究认为 PTEN 的作用机制也存在争议。

4. FHIT FHIT(fragile histidine triad)基因是 1996 年由 Ohta 等克隆的一个抑癌基因，包含脆性位点 FRA3B，具有编码组氨酸三联体功能，定位于染色体 3p14.2 区，在多种人类肿瘤组织中 FHIT 基因呈现高频率纯合性缺失和异常转录，而且它常常是环境致癌的靶位点。其抑癌作用可能与调控细胞周期、诱导细胞凋亡、参与微管形成等有关。①FHIT 与喉癌：Yuge 等发现 42% 的喉癌标本中 FHIT 表达降低，23% 的癌前病变标本中 FHIT 表达降低；Fu 等发现，在 HepG2 细胞系和 70% 的原发性喉癌中都出现 FHIT 基因的转录异常；Wu 等发现，FHIT 在喉癌的转移中同样起着非常重要的作用。喉癌中 FHIT 的改变主要包括纯合性缺失、微卫星不稳定(MSI)、杂合性缺失(LOH)及启动子甲基化。纯合性缺失主要是 FHIT 外显子 5、8 的缺失，引起 FHIT 蛋白产物缺失或功能降低，从而失去其抑癌功能，导致肿瘤发生。Yin 等发现，喉鳞癌中外显子 5、8 纯合性缺失率分别为 26.8% 和 29.3%，而正常喉黏膜中无 1 例发生纯合性缺失。微卫星不稳定性(microsatellite instability，MSI)是指肿瘤基因组特定的微卫星位点与其对应的非肿瘤基因组相比，因基因缺失或插入而造成的结构性等位基因的大小发生改变。Yin 等在测定喉癌 FHIT 的 D3S1234 和 D3S1300 的 MSI 时发现，在早期喉癌病例中，其 MSI 发生率为 39.1%。Gao 等发现，MSI 的发生与年龄、性别、吸烟史、肿瘤部位、肿瘤分化、TNM 分期无关，但与肿瘤复发有关。杂合性丢失(loss of heterozygosity，LOH)是指来自父方或母方的等位基因丢失，如果某一肿瘤在某染色体上的同一位点频发杂合性丢失，那么丢失的部位往往存在着抑癌基因。Pavelic 等测定头颈部鳞癌组织中的 FHIT 基因的 D3S4103 和 D3S1300 的 LOH 中发现，该位点 LOH 阳性者平均生存期为 30.86 个月，而 LOH 阴性者为 64.04 个月；Yin 等还发现，在喉鳞状细胞癌不同病理分级中，随着分级的增高，LOH 发生率明显下降，同时在淋巴结转移组和非转移组，以及有无复发的病例中，LOH 发生率也有明显差异，因此 FHIT 基因的 LOH 可以反映喉鳞状细胞癌的恶性程度，可能用于肿瘤的早期诊断及预后判定。在喉鳞状细胞癌中，FHIT 基因启动子甲基化与蛋白质表达有明显的相关性，这可能是导致 FHIT 蛋白不表达的重要机制之一。甲基化可能导致基因转录抑制，引起基因表达异常，最终导致基因组不稳定而引发肿瘤。②FHIT 基因与吸烟：长期以来认为吸烟是喉声门型癌重要而特殊的致病因素。临床统计显示大多数喉肿瘤患者有长期吸烟史。纸烟燃烧时产生的苯丙芘、尼古丁等 3000 多种化学物质，绝大部分具有致癌性。脆性位点是染色体的裂隙或不连续的间断区，是许多致癌物和致突变物作用的靶点。Wu 等对 66 例喉声门型癌进行研究时发现，吸烟组喉鳞状细胞癌组织 FHIT 蛋白表达(24.5%)比非吸烟组(58.8%)明显降低。提示苯丙芘、尼古丁等致癌物可以通过诱发 FHIT 断裂和缺失，导致 FHIT 发生改变，从而引起细胞的增殖失控而形成肿瘤。

5. p15/MTS2 p15 又称为 MTS2，定位于 9p2，与 p16 基因毗邻。二者的产物均属于细胞周期蛋白依赖性激酶抑制因子(CDKI)，在结构和功能上高度同源。其异常或失活可导致细胞的增殖分化失控，增加细胞恶性转化的可能性，与多种肿瘤的发生、发展相关。在喉癌中已发现 p15 和 p16 的纯合性缺失。另外，两者的共同缺失也被证实与喉癌的发生和恶性进展相关。

6. p16/MTS1　p16 又称多肿瘤抑制因子 1（multiple tumor suppressorl, MTS1）或 CDKN2 基因，定位于 9p21。p16 通过与 CDK4、CDK6 的特异性结合，阻止蛋白质的磷酸化，最终使细胞分裂停滞在 G_1 期，抑制细胞的 G_1/S 期转变。由于 CDK4 是调节细胞生长的关键，p16 的失活可导致细胞生长失控并最终发生肿瘤。p16 失活的机制主要包括点突变、移码突变、插入、启动子区域过甲基化、纯合性缺失和杂和性丢失等。在许多人类肿瘤中都发现该基因的改变，在头颈部肿瘤中失活率高达 70%。

p16、Cyclin D1、CDK4、RB 构成一个调节细胞周期的负反馈环，p16 蛋白为 CDK4 抑制因子，当其功能正常时，与 Cyclin D1 竞争结合 CDK4/6，抑制 pRB 磷酸化，从而抑制细胞增殖，当 p16 基因失活或 Cyclin D1 激活时，细胞异常增殖导致肿瘤形成。

目前普遍认为喉癌中 p16 基因失活，尤其是 LOH 及高甲基化是喉鳞癌形成过程中的常见事件。p16 与喉癌的临床特点之间的相关性还存在争议。Bazan 等于 2002 年对 64 例喉癌的研究结果表明，组织学分级（G3）和 p16 点突变与喉癌的复发和死亡独立相关，认为 p16 点突变是喉癌重要的分子生物学指标。但 Danahey 等在 1999 的研究认为，p16 基因突变与头颈肿瘤预后无关，只是 p16 基因改变者更易局部复发。

7. p21　p21 基因又称为周期素依赖激酶相互作用蛋白-1（CIP1）基因、衰老细胞来源抑制基因 1（SDI1）基因及野生型 p53 激活片段（WAF1）基因，属于 CDK 抑制因子，定位于 6p21.2。p21 通过抑制 Cyclin-CDK 复合物活性，充当协调细胞周期转换，核查控制的内部定时机制，而外部生长控制信号通过影响 p21 功能来控制细胞周期。一旦 p21 功能丧失，无论是由于基因突变还是表达的改变，均可导致在负生长信号存在时细胞继续增殖，导致正常的周期调控能力丧失。研究发现，p21 蛋白低表达与喉癌低分化及淋巴结转移相关，p21 蛋白表达与 p53 基因水平无关，而与 Cyclin D1 负相关。

8. p27　p27 是细胞周期蛋白依赖激酶抑制因子（cyclin-dependent kinase inhibitor, CKI）调控网络中 CIP-KIP 家族的成员，基因定位于人 12 号染色体的 12p12.0—p13.1 交界处，含有两个参与编码的外显子，能编码一个 198 个氨基酸的多肽，p27 mRNA 的长度为 2.5kb。p27 蛋白具有限制性调节细胞周期进程的作用，主要抑制 Cyclin E-CDK2 复合物的活性，使细胞周期不能通过 G_1-S 点，从而抑制细胞增殖。p27 对 CDK 的抑制主要有两个方面，一方面通过其 C 端抑制 CDK2-Thr160 的磷酸化，从而抑制细胞周期蛋白 CDK2 前活性状态复合物的激活过程。另一方面通过直接与细胞周期蛋白 CDK 结合抑制已激活的复合物的激酶活性。

p27 蛋白低表达与喉癌的病理分级、生存期预后有显著相关性，而与临床分期、淋巴结转移无关。p27 蛋白低表达与喉癌扩散及晚期进展相关，p27 蛋白表达与 p53 基因水平无关，而与 Cyclin D1 负相关，Cyclin D1 阳性或 p27 蛋白阴性患者预后极差，因此 p27 蛋白表达水平是喉癌预后的一个重要指标。

9. Mus81　加拿大科学家通过基因敲除试验发现：缺少一个 Mus81 副本的实验鼠患癌率近 50%，而缺少两个副本的实验鼠患癌率更高达 75%，所有患鼠体内都有大量的肿瘤，尤其是淋巴瘤。由此可以推测，Mus81 具有极强的肿瘤抑制能力。

人类的 Mus81 基因是由 Chen 等于 2001 年克隆的。该基因含 16 个外显子和 15 个内含子，编码 551 个氨基酸，相对分子质量为 61 094，通过荧光原位杂交将其定位于 11q13。Northern blotting 分析表明 Mus81 mRNA 在多种人类细胞及细胞系中都有广泛的表达。通过亚细胞定位证明 Mus81 主要在细胞核中表达。人类 Mus81 编码的内切核酸酶可能参与分解各种损伤或核苷酸缺失而导致 DNA 复制受阻时产生 Holliday 连接体。Mus81 编码的内切核酸酶可修复 DNA 代谢过程中产生的断裂双链及暴露于某种化学试剂和放射线产生断裂的双链。也可以修复 DNA 复制过程中产生的受阻复制叉及受损复制叉。DNA 损伤的修复可保护细胞的基因免遭致癌因素的侵害,从而维持细胞中基因组的完整性。因此,当 Mus81 基因发生突变和/或表达异常引起基因组不稳定时,会使个体癌症的易感性增加。李婵媛等的研究发现,Mus81 基因突变较集中发生在外显子 9、10 编码区位点(nt920、ntl016、ntl017),认为这可能是喉癌中的突变热点。

(三) 肿瘤耐药基因 MDR1

在喉癌综合治疗中,化疗对喉功能保全、预防复发及治疗转移等方面都有一定的意义。但喉癌细胞对化疗药物的耐药性是影响其疗效的重要原因,一直困扰着临床医师。多药耐药是指肿瘤细胞对一种化疗药物产生耐药的同时,对其他结构和作用机制不同的化疗药物也产生交叉耐药的现象,其机制十分复杂。其中,MDR1、MRP 的过表达是重要的原因。MDR1 基因和 MRP 基因是被发现较早也是被研究的较为深入的两个基因。

MDR1 基因位于 7q21.1,其编码的 P-gp 由 1280 个氨基酸组成,分子质量为 170kDa,为依赖 ATP 的药物外流泵,属于 ATP 结合盒超家族。P-gp 主要位于质膜,能够将多种结构、作用机制不同的药物(紫杉醇、长春新碱、多柔比星等)排至细胞胞外,减少细胞质中药物蓄积浓度,使药物发生耐药。P-gp 底物十分广泛,包括药物、抗生素、染料及亲脂性复合物等。对 P-gp 的表达和功能的抑制,可以恢复 MDR 细胞对化疗药物的敏感性,在以前的研究中往往采用药物、单克隆抗体、反义寡聚核苷酸、锤头状核酶或信号转导抑制剂等方法。但是,其效果不十分理想。钟琦等在 2010 年设计并合成了表达 MDR1shRNA 的慢病毒载体,并成功地感染了喉癌耐药细胞系 LSC-1/TAX,经过蛋白质、mRNA 及生物学特性等方面的检测,发现 MDR1shRNA 慢病毒可以稳定地在转录后沉默 MDR1 基因的表达,减少细胞中 P-gp 蛋白,逆转目的细胞的 MDR 表型。而且在体外及体内荷瘤试验中检测到 LSC-1/TAX 细胞恢复了 TAX 的敏感性。

MRP 是由 Cole 等在人类多药耐药的肺癌细胞系中分离鉴定出来的。MRP 基因的染色体位点是 16p13.1,编码分子质量为 19kDa 的 MRP 蛋白。MRP 的作用机制与 MDR1 相似。

(四) 肿瘤转移相关基因

1. MTA1 肿瘤转移相关基因(metastasis-associated gene,MTA1)属于肿瘤转移相关基因(MTA)家族中第一个被发现的基因,定位于染色体 14q32.3,该基因全长为 2.2kb,其蛋白质定位于细胞核内。在具有浸润性的细胞株中其表达水平是不具有浸润性的细胞株的 2 倍,唐桥斐等发现,MTA1 基因的表达差异与肿瘤淋巴结转移显著相关,该基因在喉癌组织中的表达尤其明显。王会河等发现,MTA1 在喉癌原发灶中的高表达率为 43.3%,MTA1 mRNA 表达水平的由低到高为:喉部正常组织、无转移喉癌原发灶、无癌转移淋巴结、有转移喉癌原发灶、有癌转移淋巴结。MTA1 基因产物可能通过调节细胞转录水平来参与肿瘤的侵袭和转移,MTA1 促进肿瘤细胞发生转移的另一种可能机制是通过基因表达的改变使细胞间连接发生缺失。同时,基因表达的改变或基因突变使肿瘤细胞的恶性程度发生改变,演变为具有侵袭和转移能力的状态,使肿瘤细胞易发生转移。但到目前为止,MTA1 基因参与转移过程的确切机制尚未研究清楚。

2. CD44 黏附分子 CD44 是由单一基因编码的一类具有高度特异性的单链跨膜糖蛋白,CD44 基因定位于人 11 号染色体短臂基因组中,介导细胞与细胞、细胞与基质之间的相互作用,是一种肿瘤转移相关基因。CD44 蛋白的主要功能可归纳为:①介导淋巴细胞与毛细血管后小静脉中的高柱状内皮细胞结合,使淋巴细胞穿过血管壁回到淋巴组织;②参与淋巴细胞的激活过程;③与细胞外基质中的透明质酸、层粘连蛋白等基质分子结合;④能与细胞骨架蛋白结合,参与细胞伪足形成,并与细胞的迁移运动有关。Tanabe 等认为,CD44 高表达相当于给肿瘤细胞一个特异的“邮政编码”,为其在转移中的识别迁移和定居方向发出指令,使之易于穿越淋巴结,发生远处转移。颈淋巴结转移是影响喉癌患者预后的重要因素,CD44 蛋白又称为淋巴细胞归巢受体,CD44 阳性细胞像淋巴归巢一样模拟淋巴细胞的行为向淋巴结转移。

CD44 与肿瘤浸润转移关系的研究已有大量报道。已在人类各种恶性肿瘤的研究中发现 CD44S 普遍存在,CD44V 在恶性肿瘤组织中的阳性表达率高低不一,但阳性表达者较易发生脉管浸润和远处转移,阳性表达者无瘤生存期短、生存率低、预后差。赵舒薇等的研究结果表明,喉癌的发生、发展及患者预后与 CD44 表达有一定相关性。喉鳞癌多以颈淋巴结转移为主,血行转移少见,这可能由于喉鳞癌细胞通过某些因子修饰后,在淋巴细胞内获得了生长优势。张欣欣等发现,CD44V6 阳性表达率,在淋巴结转移组及无淋巴结转移组分别为 88.24% 和 59.09%,在鳞癌Ⅲ级及鳞癌Ⅰ、Ⅱ级分别为 84% 和 50%,两组间比较均有显著的统计学意义。表明 CD44V6 与喉鳞癌的转移、喉鳞癌的低分化性、高浸润性密切相关。对 CD44V6 与癌症生长及转移的关系也有相反的报道。

3. nm23 nm23 有两个亚型 nm23-H1 和 nm23-H2,均位于 17q21.3,分别编码 18.5kDa 和 17kDa 两种蛋白质,其中 nm23-H1 与肿瘤关系最为密切。作为一种肿瘤转移抑制基因,nm23 在多种肿瘤中有异常表达,与许多肿瘤的淋巴结转移有关。nm23 基因被认为是最有前途的能抑制肿瘤转移的基因之一,它通过微管聚合、信号转导、转录调节和细胞黏附等几种细胞间功能影响转移进程,nm23 参与 G 蛋白介导的信号传递,影响细胞的活动和粘连,具有生长抑制等负调节功能。nm23 在多种啮齿动物和人类乳腺、结肠和肺癌等高转移潜能的肿瘤细胞中呈低表达。关于 nm23 与喉癌的相关性目前尚未形成共识。Gunduz 等的检测发现,nm23 蛋白在低分化癌、伴远处转移癌或复发癌中表达降低,因而认为 nm23 蛋白低表达与喉癌转移及复发有关。而 Pavelic 等认为 nm23 阳性表达与喉鳞癌颈淋巴结转移呈负相关。

4. KAI1/CD82 KAI1 基因(Kang Ail)是 Dong 等于 1995 年在研究前列腺癌时发现的一个肿瘤转移抑制基因。该基因位于人类染色体 11p11.2 上,其表达产物 CD82 为细胞膜糖蛋白,属四跨膜超家族(TM4SF)的成员。在大多数上皮组织中,KAI1 mRNA 均有丰富的表达。KAI1/CD82 基因是最近发现的肿瘤转移抑制基因,在鳞癌组织中的表达普遍下调。吴祖良等于 2003 年的研究中发现 KAI1 在喉癌中普遍低表达,白良伟等发现 KAI1 mRNA 表达下降可能与喉鳞癌的病理低分化和淋巴结转移有关。舒艳等发现喉癌组织中 KAI1/CD82 的表达水平明显低于癌旁组织,KAI1/CD82 对抑制喉癌转移具有一定作用,并提示 KAI1/CD82 表达降低提高了喉癌的转移潜能。王洪鹏等通过腺病毒介导,将携带 KAI1 基因的重组腺病毒(rAd-KAI1)成功的转入人喉癌 Hep-2 细胞株中,发现 KAI1/CD82 对喉癌细胞株体外增殖能力具有抑制作用。

已有研究表明,KAI1 基因表达下降与基因突变、等位基因缺失、启动子甲基化及 p53 调控无关。KAI1 基因可能从多个方面抑制肿瘤转移,KAI1 基因可通过减少细胞转移的分子开关 p130CAS-CrkII 复合体形成,使细胞移动下降;另外,KAI1 基因可通过 Src 依赖性通路诱导同类细胞聚集,从而抑制肿瘤转移。Odintsova 等的研究发现,KAI1 基因能降低 EGFR 的信号转导,胡苹等和许良中等报道,EGFR 表达不仅是某些肿瘤恶性程度的客观指标,还与肿瘤淋巴结转移有关,因此,KAI1 基因可能通过控制 EGFR 作用抑制肿瘤的转移。

5. MGMT O^6-甲基鸟嘌呤-DNA 甲基转移酶(O^6-methylguanine-DNA methyltransferase,MGMT)是人类细胞中唯一已知能够直接高效修复该种 DNA 损伤的甲基转移酶,可以保护染色体免受烷化剂及其他致癌物和细胞毒性物质的损伤。研究表明,MGMT 基因表达很少是因为缺失、突变、重排或 mRNA 不稳定所致,所有正常组织和表达 MGMT 的细胞株均无 CpG 岛甲基化,而不表达 MGMT 的细胞株均有 CpG 岛过甲基化。国内也有报道证实喉癌中启动子区域过甲基化是 MGMT 基因转录失活的主要原因,MGMT 的高表达除在保护正常组织免受烷化剂损伤中起作用外,还是肿瘤组织产生抗药性的原因。

(五) DNA 甲基化与喉癌相关性

DNA 甲基化被认为是除缺失与突变之外导致抑癌基因表达失活的第三种机制,其与喉癌发生、发展的相关性日益受到重视。

1. DNA 甲基化在喉癌中的表达 近年来,DNA 甲基化与喉癌关系的研究取得了一些进展,人们普遍认为喉癌发生过程中某些抑癌基因启动子 CpG 岛的高甲基化,可导致基因转录抑制,引起基因表达异常,最终导致基因组不稳定而引发喉癌。p16、脆性组氨酸三联体(FHIT)、PTEN、Ras 相关区域家族 1A(RASSF1A)、凋亡相关蛋白激酶(DAPK)、RUNT 相关转录因 3(RUNX3)、上皮钙黏附素(E-cad)、O^6-甲基鸟嘌呤-DNA 甲基转移酶(MGMT)等基因在喉癌组织中存在甲基化现象。①p16 基因:是直接参与细胞周期调控的因子,其编码的 p16 蛋白可与周期素依赖性 4(CDK4)结合,拮抗 CDK4 的作用,阻止细胞由 G_1 期进入 S 期(DNA 合成期)。p16 基因一旦失活,可导致细胞周期加速,细胞过度增殖,与肿瘤的发生和演变密切相关。多数研究表明,除纯合性缺失和突变外,p16 基因启动子区域 5′端 CpG 岛的异常甲基化也是基因失活的主要机制。Smigie 等的研究发现,62 例喉癌中 37.5% 的患者出现 p16 基因启动子甲基化,45% 的患者 p16 蛋白表达下降,在 p16 蛋白表达下降的患者中 80.95% 存在 p16 基因启动子甲基化。Stephane 等用咽食管刷收集 33 例声门上或咽早期鳞状细胞癌(T1-T2)的脱落细胞。同时取活检组织,用甲基化检测术(MSP)方法检测发现其中 14 例肿瘤组织存在 p16 基因启动子甲基化,有 8 例脱落细胞同时存在 p16 基因启动子甲基化。朱莉等采用 MSP 方法检测 30 例喉鳞状细胞癌及 15 例正常喉黏膜中 p16 基因启动子的甲基化状况。并应用免疫组织化学法检测 p16 蛋白的表达情况。结果显示 23 例出现 p16 基因启动子甲基化,其相应蛋白质表达有 28 例阴性,而正常喉黏膜中未检测到 p16 基因启动子甲基化,其相应蛋白质表达均为阳性。这提示喉鳞状细胞癌中高频率的 p16 基因启动子区 CpG 岛甲基化会抑制基因转录的表达,可能在喉癌的发生、发展中扮演着重要角色,且可能是一个早期事件,其在早期诊断和基因治疗上的意义均值得进一步深入探讨。②FHIT 基因:FHIT 基因是位于3p14.2区域的候选抑癌基因,FHIT基因表达可诱导肿瘤细胞凋亡,改变细胞周期,使凋亡细胞增多,停滞在S期细胞数量增多,肿瘤的生长被抑制,从而防止肿瘤的产生。FHIT基因表达缺失对许多恶性肿瘤的发生、发展和预后起着重要作用,FHIT基因启动子CpG岛的甲基化与FHIT基因的表达缺失有关。殷德涛和董明敏采用PCR-based酶切甲基化及免疫组织化学技术,对41例喉癌组织及其相对应的喉正常黏膜组织中FHIT启动子甲基化及蛋白质表达进行了检测。结果显示,正常喉黏膜组织中未出现FHIT基因启动子甲基化,而在喉癌组织中,有10例出现甲基化,且甲基化状态与病理分级、TNM分期及淋巴结转移有关,提示FHIT基因启动子甲基化是其基因失活的重要机制之一。③PTEN基因:PTEN基因位于人类染色体10q23.3,具有磷酸酪氨磷酸酶(PTP)和双重特异性磷酶(DSP)的结构模体,PTEN的DSP参与整合蛋白介导的跨膜信号转导及下调聚集黏附的FAK磷酸化水平,对细胞生长迁移、铺展和聚集黏附均有抑制作用。PTEN可通过促进细胞凋亡和抑制肿瘤细胞浸润等多种途径发挥抗癌作用,其甲基化与人类许多恶性肿瘤有关。白伟良等采用MSP方法检测了喉癌中PTEN启动子的甲基化状态,发现40%喉癌组织中存在甲基化现象,喉正常组织中未发现甲基化,喉癌中PTEN基因启动子甲基化可导致其mRNA表达水平下降,PTEN基因表达水平降低也与喉鳞癌淋巴结转移及低分化有关,因此认为PTEN基因启动子甲基化在喉癌发生、发展中起着重要作用。④RASSF1A基因:RASSFlA基因是2000年从3号染色体短臂(3p21.3)上克隆的抑癌基因。RASSF1A是Ras效应蛋白家族中的一员,Ras/RASSF1/ERK通路将信号由细胞外传递到细胞内,介导细胞分化、增殖、存活及原癌基因转化。RASSFlA的失活使Ras/RASSF1/ERK通路无法正常进行信号转导,引起细胞异常增殖,组织发生癌变。目前发现该基因很少发生突变,等位基因的杂合性丢失和启动子区的甲基化是RASSFlA基因失活的主要原因。许承弼等在2006年的研究认为,RASSF1A的启动子在喉鳞状细胞癌中处于高甲基化状态(70.83%),RASSF1A的蛋白质表达水平降低。杨静等在2011的研究中应用5-Aza-dC及TSA能够通过逆转抑癌基因RASSF1A的DNA甲基化水平和组蛋白去乙酰化水平从而使其表达得到了增强。⑤DAPK基因:DAPK基因定位于人类染色体9q34.1,是一种钙离子/钙调蛋白调节的丝氨酸/苏氨酸蛋白激酶,作为细胞凋亡的正调控因子,可通过p19ARF/p53等多条途径诱导细胞凋亡。DAPK基因启动子区CpG岛的甲基化,会导致DAPK表达的沉默,使一些凋亡信号不能通过DAPK诱导细胞凋亡,而使细胞有发展成为肿瘤的可能性,被认为是肿瘤发生的早期事件。张松等在2004的研究中应用MSP方法分析喉癌患者及正常对照喉组织中的DAPK基因启动子甲基化表达情况,结果显示67.2%喉癌组织中DAPK基因过甲基化,而正常喉部组织均无甲基化。所有甲基化的喉癌组织中均无DAPK mRNA表达,而喉部正常组织、非甲基化的喉癌组织和癌旁组织中均有其表达,提示喉癌中DAPK基因启动子区过甲基化与其mRNA不表达有关,这可能是喉癌发生、发展的原因之一,可作为喉癌诊断和预后分析的检测指标。⑥Runx3基因:Runx3基因定位于人染色体lq36.1上,RUNX3蛋白是转化生长因子TGF-β信号通路中一个非常重要的调节因子,可介导TGF-β信号转导过程中激活的Smad复合物从细胞质内转入细胞核内的特定靶位点,加强Smad复合物与靶位点的结合强度并激活靶基因,从而对细胞的分化、细胞周期调控、凋亡和恶性转化起作用。Runx3表达缺失将直接导致Smad蛋白功能的限制,进而影响TGF-β信号通路的生物活性,导致肿瘤的发生、发展。目前的研究表明,Runx3基因CpG岛甲基化是其表达缺失的主要机制。Kim等研究多种癌组织中 Runx3 基因的甲基化,其中喉癌 62%、乳腺癌 25%、前列腺癌 23%、子宫内膜癌 12.5%、子宫颈癌 2.5% 的组织存在着 Runx3 基因启动子区域 CpG 岛甲基化,表明 Runx3 基因启动子区域 CpG 岛甲基化对喉癌的发生起着重要作用。肖栋等采用 MSP 方法检测 55 例喉癌组织及相应癌旁正常黏膜组织中 Runx3 基因启动子甲基化情况,结果显示癌旁正常黏膜组织中无 Runx3 基因启动子甲基化,而在喉癌组织中有 58.2% 检测到甲基化存在,这与 Kim 等的研究结果接近,且 Runx3 基因启动子甲基化阳性大多伴随 RUNX3 蛋白阴性,两者呈明显负相关,提示 Runx3 基因启动子区域的高甲基化(CpG 岛甲基化)可能是导致基因转录失活及其表达下调的主要原因。Runx3 基因有望成为喉癌诊断的标志物和基因治疗靶点。⑦E-cad 基因:E-cad 基因定位于 16q22.1,可使瘤细胞保持密切接触,难以脱离原发部位进入周围组织和脉管,具有肿瘤转移抑制作用,是重要的肿瘤转移抑制基因。E-cad 表达缺失或下降将导致细胞分化丧失和具有侵袭性,并容易脱落向局部淋巴结或远处转移。Dikshit 等收集了 235 例喉癌及下咽癌组织,采用 MSP 方法检测了 p16、MGMT、DAPK、E-cad 的表达,其中 44% 的病例表达 p16、27% 的病例表达 MGMT、42% 的病例表达 DAPK、43% 的病例表达 E-cad。因此得出结论,E-cad 甲基化在喉癌的出现频率较高。⑧MGMT 基因:MGMT 是一种普遍存在的 DNA 修复酶,基因定位于 10q26。MGMT 基因的作用是将鸟嘌呤 O^6 位上的甲基转移至自身的半胱氨酸残基上,形成不可逆性的甲基化酶而导致自身失活,起到对抗烷化剂造成的 DNA 损伤,特别是对 G-C→A-T 的基因突变有保护作用。MGMT 基因启动子 CpG 岛异常高甲基化,可导致基因转录静止,MGMT 蛋白表达减少或缺失,使细胞对抗烷化剂损伤的能力降低甚至丧失,导致癌基因激活和抑癌基因失活。张松等在 2004 的研究中采用 MSP 及 RT-PCR 方法检测 MGMT 基因在 46 例喉癌组织、癌旁组织及正常喉黏膜组织启动子区的甲基化情况,喉癌组织中有 16 例发生了甲基化,甲基化表达在各病理分级、临床分期之间差异无统计学意义;癌旁组织及正常喉黏膜组织均未检测出甲基化表达。RT-PCR 方法检测各组的 MGMT mRNA 与上述结果一致,提示 MGMT 甲基化与喉癌有一定的相关性。⑨CHFR 基因是 Scolnick 等于 2000 年发现的一个有丝分裂前期检查点基因,定位于 12q24.3,其编码产物为 664 个氨基酸的蛋白质。CHFR 是有丝分裂早期稽查点,在正常组织中广泛表达,位于纺锤体组装稽查点的上游。当存在有丝分裂应力时,CHFR 通路激活,通过泛素化降解 PLK1,抑制 CDC2 的活性,从而延迟染色体凝集,使细胞周期停滞于有丝分裂早期,纺锤体不能形成,直至错误被纠正。CHFR 在喉癌组织中表达下调或缺失。何丽霞等在 2012 年的实验中证实,人喉癌细胞系 HepG2 中导致 CHFR 基因表达下调的主要原因为 DNA 甲基化,应用 5-Aza-dC 作用于存在 CHFR 基因甲基化的 HepG2 细胞系,发现该药物能成功逆转此基因启动子的甲基化状态,使该基因表达上调。⑩其他基因:其他抑癌基因包括 p14、CDH1、ADAM23、TSLC1、Apaf-I 等,在喉癌组织中也有异常甲基化的研究报道。而转移抑制基因 KAI1 与谷胱甘肽-S-转移酶 P1(GSTP1)被证明与甲基化无关。

2. DNA 甲基化检测对喉癌诊断和预后的评估 DNA 甲基化异常是肿瘤形成过程中的一个早期频发事件,已有报道喉癌组织、血清、唾液等中存在基因启动子的甲基化,因此多个抑癌基因异常甲基化的组合有望作为敏感生物标志物。为喉癌的早期诊断、疗效观察及预后判断提供有价值的信息。

Wong 等用 MSP 方法检测了 73 例头颈部鳞癌患者(其中喉癌Ⅱ例)中 p16 和 p15 基因

甲基化改变,结果显示肿瘤组织中 p16 和 p15 基因发生甲基化的比率分别为 49% 和 60%,而中血清中甲基化的比率分别为 65% 和 60%,两者检出率相当。Sanchez 和 Cespedes 用甲基化特异性 PCR 检测了 95 例头颈部肿瘤患者(其中喉癌 17 例)p16、DAPK、GSTPl 和 MGMT 的甲基化程度。检测到头颈部肿瘤患者的瘤组织中有异常高甲基化的占 55%,其中在 42% 的患者血清中能检测到相应异常。在 5 例发生远处转移患者的 4 例血清中检测到异常高的甲基化,提示血清中基因的甲基化状况可能有助于喉癌的早期发现或预后评估。Righini 应用 MSP 技术对 90 例头颈部肿瘤患者(其中喉癌 11 例)唾液中的 11 个基因甲基化表达情况进行了分析,发现 TIMP3、E-cad、p16、MGMT、DAPK 和 RASSF1 甲基化在肿瘤中最常见,约大于 75% 的病例中有甲基化。因此认为上述基因的异常甲基化可为喉癌的检测和随访提供分子标志物。Roses 等用 MSP 方法同时检测了 30 例头颈部肿瘤及其唾液样本(其中喉癌 4 例)的 p16、MGMT 和 DAPK 基因的启动子甲基化状态。发现 65% 甲基化异常的原发肿瘤组织能在相应的唾液中检测出相同的甲基化异常结果。说明对唾液的甲基化检测为喉癌的早期诊断提供了新的方法,也可用于监测喉癌的复发。

3. DNA 甲基化抑制剂对喉癌的治疗　由于 CpG 岛甲基化导致抑癌基因沉默是一个可以逆转的基因修饰过程,且 CpG 岛去甲基化可直接恢复抑癌基因功能。因此,通过逆转并恢复 DNA 的正常甲基化状态对喉癌进行治疗值得期待。目前研究最多的 DNA 甲基化抑制剂是胞嘧啶类似物,如 5-杂氮-2′-脱氧胞苷(5-aza-2′-deoxycitydine,5-aza-2dC)。5-aza-2dC 是一种特异性 DNA 甲基转移酶抑制剂,主要通过与 DNA 甲基转移酶共价结合使其失活,能部分去除肿瘤细胞中的甲基化并抑制组蛋白脱乙酰酶的活性,重新激活甲基化的基因。

张松等建立喉癌裸鼠移植瘤模型,用 5-aza-2dC 处理裸鼠,观察移植瘤的生长情况并绘制生长曲线。结果发现,5-aza-2dC 对人喉癌裸鼠移植瘤处理后,用药组移植瘤的体积较对照组明显减小,提示 5-aza-2dC 在体内能使因甲基化而失活的抑癌基因再转录,诱导其表达,进而抑制喉癌移植瘤的生长。杨静等在 2011 年应用 5-aza-dC 及 TSA 能够通过逆转抑癌基因 RASSF1A 的 DNA 甲基化水平和组蛋白去乙酰化水平从而使其表达得到增强。

(六) 喉癌相关基因与 miRNA 的调节

miRNA 是一类广泛分布于动物、植物的非编码小 RNA,通过与 mRNA 互补结合转录后抑制靶基因的表达,可调控人类约 30% 的基因表达,占整个基因组的 2%。miRNA 的差异性表达参与了多种疾病(包括肿瘤)的发生、发展。miRNA 是进化上保守、内生、小的非编码的长度约 22 个核苷酸的 RNA 分子,有转录后降解或抑制 mRNA 的作用。近年来的研究提示,miRNA 可能作为癌基因或抑癌基因在多种肿瘤的发生、发展、侵袭、转移和血管生成的基因调控中扮演重要角色,并可能与喉癌等头颈肿瘤的发生、发展相关,提示 miRNA 可能作为喉癌的生物标记物或治疗靶标在喉癌的早期诊断、治疗、预后等方面具有潜在的临床价值。其作用机制与 DNA 甲基化和组蛋白乙酰化有关。

1. miRNA 在喉癌中的异常表达　Li 等采用 RNA 探针技术发现喉癌组织中多个差异表达的 miRNA 包括 miR-23a、miR-28-5p、miR-15a、miR-16、miR-425,认为以上 miRNA 有可能成为新的喉癌标志物及预测喉癌发展的标志。钟琦等在 2010 的研究中发现,与对照组相比,喉鳞状细胞癌组织中表达上调的有 miR-200b、miR-21、let-7i、let-7c、miR-93、miR-19a、miR-106b 和 miR-19b-2;下调的有 miR-543、miR-520h、miR-582-3p、miR-1305 和 miR-203。未

见或很少见报道的有 miR-1305、miR-203、miR-19a 和 miR-19b-2。Wang 等共发现 47 种不同的 miRNA 在喉癌组织中表达，其中有 23 种表达上调、24 种表达下调、miR-1、miR-486-5p、miR-206、miR-487a、miR-375、miR-422a、miR-144、miR-384、miR-378、miR-133a 下调了 5 倍，miR-93、miR-31、miR-20b 上调了 3 倍。Hui 等的研究也发现 miR-21、miR-155、let-7i、miR-142-3p 的过表达以及 miR-125b 和 miR-375 下调表达，表明不同的 miRNA 在喉癌组织中有不同的作用。

2. miRNA 的促癌作用　miRNA 对喉癌的作用还体现在其对肿瘤细胞周期的调节。研究发现 miR-21 在喉癌组织中过表达，通过调节 Ras 促进肿瘤细胞增殖和侵袭能力，通过抑制抑癌基因 BTG2 失去对细胞周期 G_1/S 期转换的调控，使喉癌细胞的增殖能力增强。miR-21 的靶基因还包括 PDCD4、TPM1 和 maspin 等。miR-106b 通过靶作用于 RB 而诱导细胞周期停滞在 G_0/G_1 期；miR-16 在喉癌中高表达通过抑制抑癌基因 zyxin 来提高细胞的迁移能力，促进了肿瘤的侵袭。

3. miRNA 的抑癌作用　研究显示，miR-34c 的表达下调与喉癌肿瘤形成有关，具有抑癌基因的功能，主要通过抑制 HGFRc-Met 起作用；miR-34a 和 miR-203 则通过减少生存素的表达而抑制细胞增殖；miR-1 通过负调节 FN1 抑制喉癌细胞 Hep-2 细胞的生长、逃逸和侵袭；miR-7 靶作用于 EGFR，增强了喉癌细胞 SQ20B 对放疗的敏感性。张思毅等首次通过基因芯片和 qRT-PCR 技术发现了癌组织中的 let-7f-5p、miR-10a-5p、miR-125a-5p、miR-14-3p、miR-195-5p、miR-203 6 个 miRNA 在基因芯片以及 qRT-PCR 中表达均显著下调。与对照组相比，转染 miR-125a-mimics 组的喉癌 Hep-2 细胞增殖能力受到抑制，而转染 miR-125a-inhibitor 组的喉癌 Hep-2 细胞增殖能力增强。故此认为，喉癌与正常喉黏膜之间存在明显的 miRNA 差异性表达，这些 miRNA 的差异性表达可能与喉癌的发病、侵袭等相关。

（七）肿瘤相关基因与细胞凋亡

1. Bcl-2　在细胞凋亡过程中，Bcl-2 家族成员起着至关重要的作用。它们具有较高的同源性，而且还有 BH1、BH2、BH3、BH4 等保守结构域。Bcl-2 家族可以分为两大类，一类是抗凋亡的，主要有 Bcl-2、Bcl-xL、Bcl-W、Mcl-1、CED9 等；另一类是促细胞死亡的，主要包括 Bax、Bak、Bcl-xS、Bad、Bik、Bid 等。bcl-2 基因位于 18q21，Bax 基因定位于染色体 19q13. 3—q13. 4。Bcl-2、Bcl-xL、Mcl-1 等是细胞死亡的负调节因子，在许多类型的细胞受到外界刺激时能保护细胞免于凋亡。它们主要定位在核膜的胞质面、内质网及线粒体外膜上。线粒体膜上的 Bcl-2 至少在 3 个水平上发挥功能来抑制凋亡。①Bcl-2 能改变线粒体巯基的氧化还原状态来控制其膜电位从而调控细胞凋亡。在细胞凋亡中，线粒体的巯基可能组成了胞内氧化还原电位的传感器，Bcl-2 可能是通过抑制谷胱甘肽（GSH）的外泄，降低胞内的氧化还原电位，来抑制细胞凋亡的。②Bcl-2 能调节线粒体膜对一些凋亡蛋白前体的通透性。Bcl-2 蛋白可能是线粒体通透转运孔道的组成成分，它在较高 pH 的条件下能形成离子通道，而 Bax 则能在较为广泛的 pH 范围内形成孔道。Bax 能允许一些离子和小分子（如细胞色素 c 等）穿过线粒体膜，进入细胞质，从而引起细胞凋亡，而 Bcl-2 的作用正好相反，它能封闭 Bax 形成孔道的活性，使一些小分子不能自由通透，从而保护细胞凋亡。③Bcl-2 能将凋亡蛋白前体 Apaf-1 等定位至线粒体膜上，使其不能发挥凋亡作用。实验证明，尽管 Bcl-2 与胱冬肽酶之间无亲和力，但当二者在细胞中同时表达时却发现它们之间有相互作用。这种作用可能是间接的，是通过第三者 CED-4 来实现的。Bcl-2 能与线虫中的 CED-4 结合并抑制其功能，而 Apaf-1 具有与胱冬肽酶结合的功能域，能参与细胞色素 c 依赖的胱冬肽酶激活。这表明 Apaf-1 就像线虫中 CED-4 一样，一方面能激活胱冬肽酶引起凋亡；另一方面又作为接头蛋白能把 Bcl-2 相关蛋白与胱冬肽酶聚集在一起，并使胱冬肽酶失活，从而保护细胞凋亡。

Bcl-2 是线粒体膜的膜结合蛋白，与喉癌的预后有矛盾的结果，Bcl-2 蛋白可以作为标志物监测头颈部鳞癌患者以铂氟尿嘧啶为主的化疗效果。

2. 生存素　生存素作为一种肿瘤相关蛋白，已在多种恶性肿瘤中发现它的表达异常。生存素在 G_2/M 期表达，通过与细胞有丝分裂相关蛋白相互作用行使其抗细胞凋亡的作用。Dong 等对 102 例喉癌的组织样本进行免疫组织化学分析，发现其中 67 例（65.7%）存在生存素的表达。结合以前的研究，推测生存素可能存在经常性的表达失控，推动喉鳞状上皮的恶性转化并可能与肿瘤较强的侵袭力相关。同时，生存素高表达也伴随着细胞增殖核抗原（proliferating cell nuclear antigen，PCNA）系数的上升，表明生存素表达水平的高低与喉癌中肿瘤细胞的增殖比率的强弱相关。通过 Kaplan-meier 方法进行分析，发现生存素的表达水平与患者的无病生存期（disease-free survival）和总生存期（overall survival）呈负相关；生存素阳性的临床晚期患者预后极差。进一步分析其中 33 例早期（Ⅰ ~ Ⅱ期）患者，也证实了该发现。因此，生存素可作为一个有力的预后决定因子在喉癌的基础研究和临床诊断治疗方面发挥作用。

3. β-catenin　β-catenin 又称为 β-环蛋白，被认为是一种癌基因，定位于 3p21.3—p22，全长 23.2kb，β-catenin 最早作为一种黏附因子被发现，后来人们发现 β-catenin 还是一种多功能的蛋白质。β-catenin 主要位于细胞膜，在细胞质中游离量较少。β-catenin 的功能主要为介导细胞间黏附和参与基因的表达。β-catenin 作为一种多功能的蛋白质，广泛存在于各种类型的细胞，如内皮细胞、成纤维细胞、成骨细胞中，在参与这些细胞的增殖、分化和凋亡等方面发挥着重要的调节作用。田秀芬等的研究表明，β-catenin 在喉癌组正常表达率明显低于对照组。喉癌 β-catenin 基因的正常表达与病理分级、T 分期、淋巴结转移呈负相关，提示 β-catenin 在喉癌的发生中起着重要作用，β-catenin 基因异常表达可能是喉癌发生、发展和颈淋巴结转移的相关因素。

（房高丽）

参 考 文 献

陈雄，孔维佳，蔡广莲，等. 2005. K-ras 基因在人喉鳞状细胞癌细胞株 Hep-2 中的表达及其意义. 临床耳鼻咽喉科杂志，19：417-419.

韩德民，黄志刚，张伟，等. 2003. 重组人 p53 腺病毒注射液治疗喉癌的Ⅰ期临床试验及追踪观察. 中华医学杂志，83：2029-2032.

利显民，杨成章，苏治联. 2001. 喉癌组织多药耐药表型与肿瘤化疗反应的关系. 临床耳鼻咽喉科杂志，15：401-404.

刘克拉，宗永生. 1998. EB 病毒基因在喉鳞状细胞癌中的表达. 癌症，17（1）：10-12.

刘世喜，唐嗣泉，梁传余. 2003. p16 基因治疗喉鳞状细胞癌的实验研究. 中华耳鼻咽喉科杂志，38：35-38.

刘勇智，彭师东，冀文茹. 2004. p27 和 Cyclin D1 及增殖细胞核抗原在喉癌组织中的表达及其意义. 中华耳鼻咽喉科杂志，39：756-757.

尚超,富伟能,徐振明,等. 2004. 喉癌的比较基因组杂交研究. 遗传学报,31(6):539-544.

吴先光,何淑华,吴名耀,等. 2005. 6 种基因蛋白在喉鳞状细胞癌中的表达及意义. 临床耳鼻咽喉科杂志,19:648-651.

徐志华,王继群,张涛,等. 2008. 国内关于 VEGF 与喉癌关系的 Meta 分析. 中国肿瘤,17,12:1073-1075.

杨征,黄志刚,钟琦,等. 2008. 喉癌中 p53 与 MDR1 及 MRP 表达的相关性研究. 中国耳鼻咽喉头颈外科,15:289-292.

钟琦,黄志刚,房居高,等. 2007. 逆转 MDR-1 小干扰 RNA 慢病毒载体系统的构建和鉴定. 中国耳鼻咽喉头颈外科,14:505-509.

Almadori G, Bussu F, Cadoni G, et al. 2005. Molecular markers in laryngeal squamous cell carcinoma: towards an integrated clinicobiological approach. Eur J Cancer, 41:683-693.

Almadori G, Cadoni G, Galli J, et al. 1999. Epidermal growth factor receptor expression in primary laryngeal cancer: an independent prognostic factor of neck node relapse. Int J Cancer, 84:188-191.

Bush JA, Li G. 2002. Cancer chemoresistance: the relationship between p53 and multidrug transportem. Int J Cancer, 98:323-330.

Cai KM, Bao XL, Kong XH, et al. 2010. Hsa-miR-34csupreses growth and invasion of human laryngeal carcinoma cells via targetingc-Met. Int JMol Med, 25(4):565-571.

Capaccio P, Pruneri G, CaRBoni N, et al. 1997. Cyclin D1 protein expression is related to clinical progression in laryngeal squamous cell carcinomas. J Laryngol Otol, 111:622-626.

Dolcetti R, Pelucchi S, Maestro R, et al. 1991. Proto-oncogene allelic variations in human squamous cell carcinomas of the larynx. Eur Arch Otorhinolaryngol, 248:279-285.

Dong Y, Sui L, Sugimoto K, et al. 2001. Cyclin D1-CDK4 complex, a possible critical factor for cell proliferation and prognosis in laryngeal squamous cell carcinomas. Int J Cancer, 95:209-215.

Dong Y, Sui L, Watanabe Y, et al. 2002. Survivin expression in laryngeal squamous cell carcinoma and its prognostic implications. Anticancer Res, 22:2377-2384.

Fenic I, Steger K, Gruber C, et al. 2007. Analysis of PIK3CA and Akt/protein kinase B in head and neck squamous cell carcinoma. Oncol Rep, 18:253-259.

Fouret P, Temam S, Charlotte F, et al. 2002. Tumour stage, node stage, p53 gene status, and bcl-2 protein expression as predictors of tumour response to platin-fluorouracil chemotherapy in patients with squamous-cell carcinoma of the head and neck. Br J Cancer, 87:1390-1395.

Gao H, Hmmg Z, Han D, et al. 2006. Micresatellite instability and abnorreal mismatch repair in laryngeal squamous cell carcinoma. J Clin Otorhinolaryngol Head Meek Sur, 13(2):130-135.

Irish JC, Bernstein A. 1993. Oncogenes in head and neck cancer. Laryngoscope, 103:42-52.

Koufman JA. 1991. The otolaryngologic manifestations of gastroesophageal reflux disease (GERD): a clinical investigation of 225 patients using ambulatory 24-hour pH monitoring and an experimental investigation of the role of acid and pepsin in the development of laryngeal injury. Laryngoscope, 101(4 Pt 2 Suppl 53):1-78.

Koynova DK, Tsenova VS, Jankova RS, et al. 2005. Tissue microarray analysis of EGFR and HER2 oncogene copy number alterations in squamous cell carcinoma of the larynx. J Cancer Res Clin Oncol, 131(3):199-203.

Kudo Y, Kitajima S, Ogawa I, et al. 2005. Small interfering RNA targeting of S phase kinase—interacting protein 2 inhibits cell growth of oral cancer cells by inhibiting p27 degradation. Mol Cancer Ther, 4:471-476.

Perez-Ayala M, Ruiz-Cabello F, Esteban F, et al. 1990. Presence of HPV 16 sequences in laryngeal carcinomas. Int J Cancer, 46:8-11.

Qiu W, Tong GX, Manolidis S, et al. 2008. Novel mutant-enriched sequencing identified high frequency of PIK3CA mutations in pharyngeal cancer. Int J Cancer, 122:1189-1194.

Samuels Y, Ericson K. 2006. Oncogenic PI3K and its role in cancer. Curr Opin Oncol, 18:77-82.

Scheffner M, Huibregtse JM, Vierstra RD, et al. 1993. The HPV-16 E6 and E6-AP complex functions as a ubiquitinprotein ligase in the ubiquitination of p53. Cell, 75:495-505.

Schottenfeld D, Fraumeni Jr. 2006. Cancer Epidemiology and Prevention. 3rd ed. New York: Oxford University Press, 674-696.

Shin S, Sung BJ, Cho YS, et al. 2001. Ananti—apoptoticproteinhuman Survivin is adirectinhibitor of Caspase-3 and 7. Biochemistry, 40:1117-1123.

Sparreboom A, Danesi R, Ando Y, et al. 2003. Pharmacogenomics of ABC transporters and its role in cancer chemotherapy. Drug Resist Updat, 6:71-84.

Wang Y, Tao ZZ, Chen SM, et al. 2008. Application of combination of short hairpin RNA segments for silencing VEGF, TERT and Bcl-xl expression in laryngeal squamous carcinoma. Cancer Biol Ther, 7:896-901.

Wilson GD, Saunders MI, Dische S, et al. 2001. bcl-2 expression in head and neck cancer: an enigmatic prognostic marker. Int J Radiat Oncol Biol Phys, 49:435-441.

Won KA, Xiong Y, Beach D, et al. 1992. Growth-regulated expression of D-type Cyclin genes in human diploid fibroblasts. Proc Nat Acad Sci USA, 89:9910-9914.

Wu H, Luan X, Zhou W, et al. 2006. The mlationshipbetween expression of FHIT and biological behaviors of hypopharyngeal carcinoma. J Clin Otorhinolaryngol, 20(6):249-250.

YaRBrough WG, Shores C, Witsell DL, et al. 1994. ras mutations and expression in head and neck squamous cell carcinomas. Laryngoscope, 104:1337-1347.

第三十八章　鼻咽癌相关肿瘤基因

第一节　鼻咽癌的概况

鼻咽癌(nasopharyngeal carcinoma,NPC)是一种特殊的头颈肿瘤,它是一种非淋巴瘤性的非角质化的鳞状上皮恶性肿瘤,也是一种局部侵袭和早期转移的高度恶性肿瘤。它在流行病学、病理学、临床表现和治疗效果方面均有别于其他呼吸消化道的恶性肿瘤。它的发病过程涉及 EB 病毒慢性感染、环境致癌因素及宿主基因之间的相互作用。基因倾向性、地方环境因素和 EBV 感染是其主要发病因素。

一、流行病学特征

中国 NPC 患者的人数占全世界 NPC 患者总数的 80% ,中国 NPC 高发地区是广东、广西、福建、台湾和湖南等 7 省。尤其在广东省,NPC 患者大约占全部恶性肿瘤患者的 32% 。NPC 在中国南方和东南亚地区的发病率几乎高于欧洲 100 倍。据最新的报告,香港男性和女性 NPC 的发病率分别是 20 ~ 30/100 000 和 15 ~ 20/100 000。在南非的发病率也在增加。但总的来说,除了高发地区(如东南亚),这种肿瘤比较少见,发病率低于 1/100 000。移民至亚洲或北美洲其他地方的中国人 NPC 的发病率仍维持较高。出生于北美洲的华裔发病率则较中国南方低。以上提示,基因、种族和环境是 NPC 发病的影响因素。

二、病理学特征

除了地域分布和种族背景外,NPC 组织中还可以持续检测到 EB 病毒(Epstein-Barr virus,EBV)。世界卫生组织根据 NPC 的不同程度,将其分为三类。WHO Ⅰ型,上皮细胞高分化;WHO Ⅱ型,保持上皮细胞形态;WHO Ⅲ型,为低分化型。近年来,NPC 被简化分成两种组织类型,鳞状细胞癌(squamous cell carcinomas,SCC)和未分化 NPC(undifferentiated carcinomas of the nasopharyngeal type,UCNT)。SCC 所含的 EBV 水平较低,UCNT 的 EBV 滴定浓度较高。这种分类更符合流行病学研究发现,可以反映预后情况。UCNT 具有较高的远处转移发生率,经过治疗的局部肿瘤控制率较高。在北美洲,肿瘤的组织类型 25% 是Ⅰ型、12% 是Ⅱ型、63% 是Ⅲ型。在中国南方,比例分别是 2% 、3% 和 95% 。与其他头颈肿瘤不同,NPC 的癌前病变(如原位癌)并不常见。临床上其他头颈肿瘤的原位病变通常持续很多年,NPC 的细胞癌变侵袭过程则非常迅速。

三、EBV 的感染机制

EBV 主要通过唾液传播,全世界 95% 以上的成人曾感染 EB 病毒,且终身带毒。EBV

和 NPC 的发病有明确联系。无论肿瘤组织情况、疾病轻重程度如何,还是患者来自何地域,所有 NPC 的细胞内总能发现 EBV 存在。高发地区人群中 30 岁以上约 2.5% 的人为 EB 病毒壳抗原 IgA 抗体(EBV IgA/VCA)阳性;其中约 3% 的 EBV IgA/VCA 阳性者发展为 NPC;95% 以上的 NPC 患者 EBV IgA/VCA 抗体阳性。目前公认血液中 EBV DNA 含量可以推测疗效和预后。在所有鼻咽低分化鳞癌的癌组织中,可找到 EBV 的 DNA 和 EBV 核抗原(EB-NA),癌前病变和癌组织中高表达人潜伏膜蛋白(latent membrane protein-1,LMP1)和 LMP2A,用人 NPC 活检组织的 DNA(EBV 基因组阳性)转染正常 Rat-1 细胞可使其发生恶性变。LMP1 是 EBV 基因组编码并在 NPC 组织中表达的与细胞转化有关的少数几个蛋白质之一,可以在所有早期 NPC 肿瘤中发现,在 EBV 致癌过程中起着重要作用。所以,EBV 的感染是在 NPC 早期发生的。EBV 可能是利用它的病毒解码 miRNA(virus-encoded miRNA,svmiRNA)通过减慢复制循环,如通过右向转录产物(BamHI-A rightward transcripts 2-5p,BART2-5p)下调 BALF5 和逃逸自然杀伤细胞的杀伤(如 MICB)促进其在宿主细胞内的潜伏。一旦成功进驻上皮细胞,病毒的侵犯感染活动程序化启动。病毒选择性的开始表达肿瘤基因和几个肿瘤 mRNA(如 LMP1/2 和 BART miRNA,与多种转导途径的关键调节分子发生联系,如 β-catenin、NF-κB、ERK、c-myc 等),肿瘤基因表达的致瘤作用使鼻咽部形成肿瘤微环境,导致其失去控制的增殖(如 PIK1、Cyclin D 和 Cyclin E)和抗凋亡进程(如 p53-up-regulatedmodulatorof apoptosis,PUMA)。EBV 甚至可以释放致肿瘤基因的外切酶复合体来输送过多的病毒和细胞内产物至体液,以制造适合肿瘤细胞侵袭和远处转移的合适环境。也有可能是细胞首先发生某些基因改变,侵入的病毒感染高表达 LMP1 和 LMP2 显著影响细胞生长,如 p16 肿瘤抑制基因的缺失和 EBV 蛋白的表达,共同使肿瘤迅速发展和扩散。

四、鼻咽癌的治疗

NPC 根据其肿瘤 TNM 分期进行治疗十分必要。如果诊断时肿瘤局限在鼻咽部较容易治愈,Ⅰ期、Ⅱ期患者单纯放疗的治愈率非常高。大约 70% 的患者首次诊断时是局部侵犯不伴远处转移的Ⅲ期或Ⅳ期患者,此类患者,手术治疗效果有限,标准治疗是放疗联合化疗。但遗憾的是,30%~40% 的 NPC 患者诊断时已经进入进展期,表现为远距离转移及手术后 4 年内复发,这类患者预后很差。目前应用的联合化疗药物主要包括铂、5-氟尿嘧啶、氨甲蝶呤、紫杉烷,它们可以通过抑制某些细胞因子起到治疗作用。细胞毒性药物是复发性或转移性 NPC 的一线用药,耐铂患者单独使用细胞毒药物有效率为 34%,铂敏感患者联合使用顺铂和细胞毒药物有效率为 64%,1 年生存率为 48% 和 69%。

NPC 细胞表达的两种不同的 EBV 膜蛋白 LMP-1 和 LMP-2 已成为免疫治疗选择的靶点。EBV 特异的细胞毒淋巴细胞(HLA class I-restricted cytotoxic T lymphocyte,CTL)被应用于 EBV 阳性早期 NPC 患者。CTL 被培养后输入 10 名患者体内,4 名患者注射后获得 19~27 个月的完全缓解;6 名耐受性患者中 2 名完全缓解、1 名部分缓解、1 名病情持续、2 名无缓解。这说明 CTL 可以被较好耐受,并具有较好的抗肿瘤作用。有关 CTL 的研究有待进一步深入。NPC 的基因治疗见本章第二节。

第二节　肿瘤相关基因与 NPC

一、NPC 的相关基因

(一) EBV 基因

EBV 的小核 RNA 编码合成的膜蛋白 LMP1 和 LMP2 是重要的病毒致瘤蛋白,其在 NPC 组织中丰富表达。LMP1 在 EBV 的Ⅱ型和Ⅲ型潜伏期产生,LMP1 上调代谢过程中的每一步。包括调控 NF-κB 信号转导通路,减少细胞黏附,降解间隙基质和基膜;上调肿瘤细胞运动性,促进血管生成。LMP1 可通过 NF-κB 途径激活 miR-146a 的启动子,诱导宿主细胞中 miR-146a 的表达;miR-146a 对诱导或维持 EBV 的潜伏感染状态有重要作用,可调节 EBV 对宿主细胞的固有免疫反应;LMP1 也可通过激活 NF-κB 途径来反式激活 miR-155 的转录,上调 miR-155 的表达;LMP1 作为一种促使 NPC 转移的关键调节因子,可诱导转录因子 Twist 的表达,上调相应的 miR-10b 表达,从而促使 NPC 转移。LMP1 的作用符合 NPC 形成早期的高合成代谢特征,临床表现为颈部肿块。LMP2 的作用尚不清楚。

BART 是 EBV 的一组选择性剪接转录产物。它在多种与 EBV 相关的恶性肿瘤中都有表达,并且在 NPC 中的表达比在 B 细胞系中的表达更丰富。此外 BART 存在于 EBV 的所有潜伏状态,推测 BART 在 NPC 的发生、发展中起着重要作用。

(二) 肿瘤增殖基因

现代研究表明,当癌基因被激活,即具有使细胞癌变的能力,癌基因产生蛋白质作用于细胞,使细胞代谢异常而导致癌变。癌基因产物多种多样,有的是磷酸化蛋白激酶、核蛋白、糖蛋白、膜受体,有的则与生长因子(PDGF、TGF、EGF)等有关,可能从细胞核到膜表面,形成对细胞生长、分化、分裂的网状调节结构。NPC 中存在多个癌基因的异常表达,如 bcl-2、Cyclin D1、ras 和 c-met 等的过表达,这些癌基因的过表达可能是由于某些细胞或病毒基因产物对这些癌基因的转录异常激活所致。

Ha-ras 基因已被证明在 NPC 中过表达,p21 蛋白是 Ha-ras 编码的基因产物。其分子质量为 21kDa,此蛋白质具有 GTP 酶活性,可特异地与 GDP 或 GTP 结合而引起自身的苏氨酸残基磷酸化。当 Ha-ras 基因的某些位点发生突变时,激活的 ras 基因即具有使细胞癌变的能力。当点突变的 ras 基因被激活,表达增加,基因产物蛋白质量增加。ras 基因的点突变,未影响与 GTP 的结合能力,使蛋白质能增强和持续向细胞内传送信号,而导致细胞癌变。这种突变是 ras 癌基因激活的主要方式。

(三) 肿瘤抑制基因

像其他肿瘤一样,NPC 也表现为肿瘤抑制基因的缺失,但是又有其特殊之处。

1. p53　p53 是标志性的肿瘤抑制物,它可以中断 DNA 损伤细胞的细胞循环。野生型 p53 基因参与细胞周期的调控,阻止细胞从 G_1 期进入 S 期;对细胞分裂和增殖起负调节作用,同时还能够诱导细胞出现凋亡,监视着细胞 DNA 的完整性。多数头颈肿瘤的 p53 是通过基因突变途径表现为表达水平下降,但是 NPC 不同,NPC 的 p53 表达是增加的。NPC 大量表达的p53主要是突变型p53。突变型p53基因不但丧失了抑癌活性,反而具有促进恶性转化的功能,导入突变型p53基因小鼠为高度肿瘤易感性,约有20%小鼠诱发肿瘤。通过p14的减少和DN-p63的增加,突变型的p53失去了增强细胞凋亡的作用。p14通过抑制p53水解,维持p53的稳定性。在NPC,由于加强的甲基化,低水平的p14使更多的有效地p53降解。p56是p53的同源体,具有与p53类似的基因序列。NPC中存在一种基因突变的p63,被称为DN-p63,它缺少可以触发凋亡的N端区域。DN-p63可以与DNA结合,从而阻止p63或p53与DNA的结合,阻止凋亡的发生。NPC中,高表达水平p53的原因尚不清楚。高表达水平野生型p53可能是对EBV感染的自然反应。由此可见,应该还有其他的肿瘤抑制基因失去活性从而导致NPC的发生。

2. p16　p16是一种细胞周期激酶抑制性蛋白。p16的正常功能是抑制CDK4,CDK4可以通过负调控细胞周期D1的活动,从而控制G_1/S节点。因此,p16的减少可以引起细胞周期D1的活动增强,从而加强G_1/S期的转换。在头颈肿瘤中,包括NPC,均表现为p16的降低和高水平的pRB。HNSCC中最常见的p16失活机制是甲基化后的纯合子删除。与之相似的是,NPC的p16下降也是由于p16的甲基化,需要通过LMP1参与合成的c-Jun/和Jun/B二聚体介导。而且,p16的失活必须通过LMP1介导的E2F4/5和Ets2在细胞质内的累积,这类核蛋白需要正常p16的激活。Ets2是p16合成的一种重要的转运因子。LMP1可以使其直接从核内转移到胞质中。E2F4/5需要p16活化,它们的核内定位依赖于与核pRB的结合。LMP1通过促使E2F4/5与pRB的解离,介导E2F4/5由核内转移至胞质内。大约2/3的NPC表现为p16表达下调,说明p16的下调非常重要,但不是NPC进展的关键因素。低p16的NPC患者由于对放疗的低敏感性和肿瘤的高复发率,意味着更差的预后。原因可能是细胞的放疗敏感期是DNA合成之前,低p16则增加了处于S期的细胞数量。有实验表明,在放疗之前给予p16基因治疗可以改善预后。原因可能是正常水平的p16,可以在G_1/S节点处减慢细胞周期,使处于G_1期的细胞数量增加。然而,需要进一步的临床试验对此治疗的疗效进行评估。

3. nm23　肿瘤细胞转移受转移相关基因和转移抑制相关基因的调控。人类的nm23基因有两个亚型:nm23-H1基因定位于17号染色体的长臂(17q22),该基因编码区由533个核苷酸组成,产生的蛋白质含有152个氨基酸;nm23蛋白显示二磷酸核苷激酶(NDPK)活性,而NDPK有多种生物学功能,涉及依赖于三磷酸核苷细胞的活动过程,如G蛋白介导的信号传递、微管的集聚、DNA合成,从而对细胞的分化和癌基因的转化产生作用。另外,可通过细胞骨架及对细胞素等信号反应性的改变,引起细胞的运动。研究发现nm23-H1表达阴性与NPC的淋巴结转移具有显著的相关性。

研究发现,NPC标本中以下受体表达或过表达:表皮生长因子(EGFR)、血管内皮生长因子(VEGF)、c-Kit和c-eRB B2(HER-2)。尚没有关于这些分子靶点的基因突变分析文献发表,但是未来的研究方向之一。

二、鼻咽癌的基因治疗

对于复发或转移的NPC患者,除了放疗、化疗以外,常辅以具有抗肿瘤活性作用的细胞毒性化学治疗药物,即分子靶向治疗。

(一) 抗 EBV 的基因治疗

CpG 甲基化在 NPC 的发病过程中有重要作用,包括基因沉默 TSG 和 EBV 的显性免疫抗原(EBVA2、3A、3C),同时抑制 LMP1、病毒激酶,从而调控病毒的生命周期和在肿瘤细胞内的潜伏。去甲基化表观遗传制剂可使 CpG 甲基化过程逆转。所以表观遗传治疗可以作为一种有效的治疗策略或联合治疗,成为下一步的研究方向。细胞基因的甲基化和沉默的作用包括对正常细胞的生长调控、引导肿瘤细胞凋亡或引导细胞免疫。去甲基化也可以通过早期引起 EBV 活跃使被感染的肿瘤细胞发生自溶从而进一步促进肿瘤细胞的死亡。更进一步的是,由于自溶循环病毒激酶也参与更昔洛韦等核旁抗病毒药物的磷酸化过程,所以更具治疗价值。表观遗传学的制剂包括 DNA 甲基转移酶抑制物及多种组胺脱乙酰酶抑制剂(TSA、SAHA 和 PXD101)。早期临床试验中曾对患有直肠、头、颈、肺和肾癌的患者应用该类制剂,只有少部分有一定效果。在近期的试验中,对 NPC 和 EBV 阳性的艾滋病相关的淋巴瘤患者使用阿扎胞苷,所有的治疗后的肿瘤标本显示显著地去甲基化,免疫染色中检测到病毒抗原显著表达。试验证实了表观遗传治疗的应用前景。

另外,EBV 作为特异性靶点输送细胞毒性蛋白,已经成为 NPC 治疗的策略之一。EBVC 已经被用来加强自杀基因(thymidine kinase)的表达。进一步,通过 EBV oriP 加强 p53 或在复制缺损的腺病毒内形成 FasL 的不可分裂的突变体的研究也在进行中。EB 病毒本身也可以用来作为基因治疗的载体。将治疗基因插入删除了转运基因(如 EBVA2 和 LMP1)的转运缺损的 EBV 内。目前基因治疗的主要问题是,尽管活化 EBV 激酶或输送胸腺激酶结合抗病毒药物可以杀死周边的部分肿瘤细胞,但尚不能精确定位每个独立的肿瘤细胞。

(二) 调控细胞周期

p16 基因是定位于 9q21 的一种周期素依赖性激酶抑制子,它所编码的 p16 蛋白与周期素 D 竞争同 CDK4 或 CDK6 的结合,抑制 CDK4 或 CDK6 这两种激酶的活性,从而导致细胞停滞在 G_1 期。研究发现,p16 基因在 NPC 中存在高频率的失活,上调 p16 基因的表达能有效阻止 NPC 细胞系 HNE1 的生长,延长其倍增时间,使大部分癌细胞停滞在 G_1 期。同时具有 p16 基因表达上调的 NPC 转染细胞系在裸鼠体内成瘤的潜伏期比无 p16 基因表达上调的细胞系延长。但肿瘤的发生是一个多基因改变多阶段的过程,p16 基因很可能在 NPC 发生的早期起作用,因此,单纯上调 p16 基因的表达并不能完全逆转 NPC 细胞的恶性表型,表现在肿瘤细胞在裸鼠皮下仍能形成肿瘤,且肿瘤的生长速率与对照组没有明显区别。

(三) 抑制血管生长

Folkman 在 1971 年提出实体瘤生长依赖血管生成的假说:当实体瘤生长至 $1mm^3$ 以上就需要瘤内血管的生成,否则肿瘤将停滞于休眠状态,也不发生转移;一旦新生血管形成,肿瘤就继续增长,并可能出现转移。新血管的生长、成熟是一个高度复杂、协调运作的过程,要求一系列受体和配体依序激活;VEGF 的调控,不仅在生理性的血管生成中起着关键的限速作用,而且在与肿瘤相关的病理性血管生成过程中具有关键作用。13-VEGF 是目前所知作用最强的促进血管内皮生长的细胞因子。VEGF 又称为血管通透性因子,是一种功能强大能产生多种效应的细胞因子,它以旁分泌或自分泌的方式与血管内皮细胞上的受体结合,具有扩张血管、增加微血管通透性,促进不同来源内皮细胞的分裂和迁移等多种作用。Krishna 等在 2006 年报道,通过观察 103 例 NPC 和 26 例良性病变的 VEGF 表达发现,VEGF 在 67% 的 NPC 患者中过表达,并且 VEGF 在 EBV 阳性肿瘤的高表达与肿瘤的高复发率及患者的生存期显著相关。因而在 NPC 的生物治疗中,VEGF 也成为靶标之一。

(四) 促进肿瘤细胞凋亡

凋亡与肿瘤的发生、发展有密切的关系。bcl-2 是一个重要抑凋亡基因家族,最新研究表明,利用反义核酸技术特异性地封闭 NPC 基因的表达,可增强肿瘤细胞对化疗药物诱导细胞凋亡的敏感性。提示 NPC 的发生有可能与抑制凋亡基因的高表达有关。有研究利用 bcl-2 反义寡核苷酸处理 NPC 细胞后,可以增加对细胞的增殖抑制率,并可诱导细胞凋亡,因此,bcl-2 有可能作为新的靶分子而用于基因治疗或设计新的核酸药物用于 NPC 的治疗。

也有研究表明,Caspase-3 基因对 NPC 细胞等具有明显的促凋亡作用。Caspase,即天冬氨酸特异性半胱氨酸蛋白酶(cysteinyl aspartaye-specific protease),是一类在细胞凋亡中起关键作用的蛋白酶家族,Caspase-3 被激活后,使细胞发生凋亡,活化后的 Caspase-3 识别底物蛋白特异的四肽序列,并在天冬氨酸羧基侧切割蛋白质,从而导致多种细胞结构及功能蛋白失活,或促凋亡蛋白活化,使细胞走向凋亡。转染 Caspase-3 后抑制了细胞的生长表明,重构型 Caspase-3 基因的表达可以通过诱发细胞凋亡的途径抑制 NPC 细胞及 CNE2 细胞生长增殖,甚至导致大量细胞死亡,验证了重构型 Caspase-3 在癌细胞中的凋亡诱导活性。重组型 Caspase-3 的促凋亡活性有希望使其成为 NPC 基因治疗中的新型效应分子。

端粒酶(telomerase)是用于基因治疗、开发新型抗肿瘤药物的理想靶点。端粒酶可以延长端粒的长度,维持染色体的稳定,赋予肿瘤细胞“永生化”的特性。随着人们对肿瘤发生、发展机制的深入研究,已经证实多数恶性肿瘤均有明显异常的端粒酶活性,且端粒酶活性与肿瘤的恶性程度、预后和生存期密切相关。hTERTC27 是人端粒酶反转录酶(hTERT)C 端相对分子质量为 27kDa 的多肽,已有研究表明,该多肽能够引起端粒功能紊乱,诱导细胞出现衰老样生长停止和凋亡,抑制肿瘤细胞(如宫颈癌和恶性胶质瘤细胞)的增殖。实验表明,hTERTC27 可以抑制 NPC 肿瘤细胞系和实验动物肿瘤的生长及代谢。有报道将脂质体 pcDNA3-hTERTC27 转染至 C666-1 细胞株中,发现在脂质体转染 24h 后,C666-1 细胞株外源性 hTERTC27 出现高表达。过量表达 hTERTC27 的 C666-1 细胞增殖能力明显减缓($P<0.01$),提示外源性的 hTERTC27 表达可以抑制 NPCC666-1 的增殖。有文献报道,5-FU 活化的 Egr-1 启动子引起的 hTERTC27 高表达与 5-FU 协同可以抑制肿瘤细胞 20.41% 的增殖,动物实验中可以减少瘤体的体积。综上所述,hTERTC27 作为靶向端粒的一种新型抗肿瘤多肽,对 NPC 具有良好的抑瘤效应,具有潜在的临床应用价值。

(五) 放疗增敏作用

基因-放射治疗是将经射线诱导表达并对肿瘤具有杀伤作用的基因转入肿瘤细胞,然后对肿瘤实施局部放疗,诱导基因表达,通过射线和基因的双重作用杀伤肿瘤,更重要的是通过靶基因增加肿瘤的放射敏感性。NPC 目前的主要治疗手段为放射治疗,增强 NPC 对放疗的敏感性对临床治疗效果有重要的意义。目前已用于增加放射治疗效果的靶基因主要集中于 p53、Survivin、sKDR、mda2 ~7、94/gp96TRA IL、VEGF 及自杀基因 CD/TK 等。张俊毅等的研究证明,yCDglyTK/5-FC 自杀基因前药系统联合放射线对 NPCCNE-2 细胞具有明显杀伤及协同杀伤作用。

miRNA 是一族由 22 ~ 25 个核苷酸组成的非编码 RNA 小分子,它通过与靶 mRNA 的非编码区以碱基互补配对的方式结合,实现对靶基因转录后水平的降解或抑制。miRNA 可通过指导其靶向的 mRNA 快速脱腺苷化,进而导致 mRNA 的快速衰减和表达水平的降低。目前基础实验中已经以慢病毒作为载体将 miRNA 转染到 NPC 肿瘤细胞核中以治疗 NPC。2009 年,Qu 等发现通过 miR-155 沉默耐放射锰超氧歧化酶 SOD2,可以降低 NPC 对离子放射的抵抗和耐受性。Li 等应用慢病毒表达 miR-155,基因沉默 NPC C666-1 内 cyclooxygenase-2 的表达。发现 miR-155 可以抑制 COX-2 的表达。他们的结果显示,通过 miR-155 下调 65% 的 mRNA 和 80% 的 SOD2 可以明显降低肿瘤细胞放疗后的存活率,显示应用 miR-155 可以增强放射治疗疗效。He 等发现,miR-26a 可以显著抑制裸鼠体内的 NPC 肿瘤细胞的肿瘤形成。

(六) 增强免疫防御

干扰素能够抑制某些肿瘤的增殖,在肿瘤的治疗中起着一定的作用。将这种细胞因子的基因导入肿瘤细胞内,可提高肿瘤细胞表面抗原的表达和激发宿主抗肿瘤免疫应答反应,在肿瘤的基因治疗中占有重要的地位。但为维持其作用效果,需反复注射给药。如果通过基因治疗把细胞因子基因直接导入肿瘤细胞可获得较长时间的表达与维持,经质粒转染的自分泌细胞因子比外源性细胞因子有着更好的局部亲和力,而且可持续分泌 IFN-γ。转入的 IFN-γ 基因可有效地表达肿瘤细胞表面 MHCⅠ类和抗原分子,有增强抗原提呈和免疫应答的作用;可以促进 T 细胞和 B 细胞的分化,诱导 CTL 细胞的产生,激活单核巨噬细胞,使其表达的 B7 分子水平升高;IFN-γ 是 NK 细胞最强的活性激活剂,既可促进 NK 前体细胞的发育分化,又能活化 NK 细胞的细胞毒活性,降低癌细胞的黏附性和浸润性。有研究发现,IRF8 是干扰素 IFN 家族的调节因子,调节多种免疫防御、细胞生长和分化,是重要的肿瘤抑制剂。IRF8 在 NPC 中 100% 表现为其启动子甲基化,对 IFN-γ 的刺激失去反应。有文献认为,NPC Ⅱ和 NPC Ⅲ病理分型不是源于不同的上皮细胞形式,而是由于组织对 EBV 感染后,包括 IFN-γ 在内的不同的抗病毒反应的结果。有报道 DNA3-IFN-γ 质粒能成功完成转染,并表达出有效治疗浓度的血清 h-IFN-γ 水平,与细胞因子自分泌或旁分泌抗 NPC 肿瘤的免疫保护作用的生理模式是十分接近的;而且导入的细胞因子基因在局部肿瘤灶内的长时间表达释放,避免了全身性应用可能引发的严重毒副反应。因此,IFN-γ 基因治疗在 NPC 的抗肿瘤应用方面具有一定前景。

总之,NPC 作为一种特殊的头颈肿瘤,它的发生、发展涉及了多个癌基因与抑癌基因的共同参与,这些癌基因的激活与抑癌基因的失活以及它们之间相互作用的失衡是 NPC 发生、发展的分子基础。其基因学的研究不仅可以应用肿瘤生物标记来筛查高危人群,也可以作为 NPC 治疗靶点,提高放疗、化疗敏感性,减少复发和耐药。

参考文献

蔡鑫章,危维,赵素萍,等 . 2010. microRNA 抑制鼻咽癌 VEGF 基因表达的实验研究 . 临床耳鼻咽喉头颈外科杂志,8:703-707.

崔纯莹,赵明,崔国辉,等 . 2008. 亚裔高发鼻咽癌的遗传学特征与华人易感性解析 . 中国新药杂志,17:186-198.

郭翔,闵华庆,邵建永,等. 1997. nm23-H1 基因产物在人鼻咽癌中的表达及其临床意义. 癌症,16:119-121.

李兵. 2007. Bcl-2 与鼻咽癌基因治疗研究进展. 重庆医学,2:220-221.

李锦添,黄宝珍,罗天锡等. 1993. EB 病毒 DNA 在鼻咽病变中的表现. 癌症,12:36.

林桂淼,王晓梅,林苏霞,等. 2013. hTERTC27 过表达对鼻咽癌 C666-1 细胞株增殖和凋亡的影响. 肿瘤防治研究,40:28-31.

张俊毅,赵素萍,肖健云,等. 2005. yCDglyTK 融合自杀基因前药系统对鼻咽癌 CNE-2 细胞株放射增敏作用的研究. 中国耳鼻咽喉颅底外科杂志,11:24-27.

卓缨,易红,顾焕华,等. 1999. p16 基因的表达上调对鼻咽癌细胞恶性表型的影响. 癌症,18:499-503.

Agulnik M, Siu LL. 2005. State of the art management of nasopharyngeal carcinoma: current and future directions. British Journal of Cancer, 92:799-806.

Ambinder RF, Robertson KD, Tao Q, et al. 1999. DNA methylation and the Epdtein-Barr virus. Semin Cancer Biol, 9:369-375.

Blocksom JM, Huang J, Kerkar S, et al. 2004. Endothelial cells protectagainst lipopolysaccharide induced Caspase-3 mediated pericyteapoptosis in a coculture system. Surgeon, 136:317-322.

Chen MK, Lee HS, Chang JH, et al. 2004. Expression of p53 proteinand primary tumour volume in patients with nasopharyngeal carcinoma. J Otolaryngol, 33:304-307.

Chew MM, Gan SY, Khoo AS, et al. 2010. Interleukins, laminin and Epstein-Barr virus latent membrane protein 1 (EBV LMP1) promotemetastatic phenotype in nasopharyngeal carcinoma. BMC Cancer, 10:574.

Chia MC, Shi W, Li JH, et al. 2004. A conditionally replicating adenovirus for nasopharyngeal carcinoma gene therapy. Mol Ther, 9: 804-817.

Choi BT, Cheong J, Choi YN. 2003. Beta-lapachone-induced apoptosis isassociated with activation of Caspase-3 and inactivation ofNF-KappaB in human colon cancer HCT-116 cells. Anticancer Drugs, 14:845-850.

Chua D, Huang J, Zheng B, et al. 2001. Adoptive transfer of autologous Epstein-Barr virus-specific cytotoxic T cells for nasopharyngeal carcinoma. Int J Cancer, 94:73-80.

Crook T, Nicholls JM, Brooks L, et al. 2000. High levelexpression of deltaN-p63: a mechanism for the inactivation of p53 inundifferentiated nasopharyngeal carcinoma (NPC). Oncogene, 19:3439-3444.

Delecluse HJ, Hammerschmidt W. 2000. The genetic approach to the Epstein-barr virus: from basic virology to gene therapy. Mol Pathol, 53:217-226.

Deng H, Zeng Y, Lei Y, et al. 1995. Serological survey of nasopharyngeal carcinomain 21 cities of south China. Chin Med J (Engl), 108:300-303.

DicksonRI, Flores AD. 1985. Nasopharyngeal carcinoma: an evaluation of134 patients treated between 1971-1980. Laryngoscope, 95:276 – 283.

El-Naggar AK, Lai S, Clayman GL, et al. 1999. Expression of p16, RB, and Cyclin D1 gene products in oral and laryngeal squamous carcinoma: biological and clinical implications. Hum Pathol, 30:1013 1018.

Fedorov SN, Bode AM, Stonik VA, et al. 2004. Marine alkaloid polycarpineand its synthetic derivative dimethylpolycarpine induce apoptosis inJB6 cells through p53 and Caspase-3 dependent pathways. Pham Res, 21:2307-2319.

Folkman J. 1990. What is the evidence that tumors areangiogenesis dependent. Cancer Inst, 82:4-6.

Franken M, Estabrooks A, Cavacini L, et al. 1996. Epstein-Barr virus-driven gene therapy for EBV-related lymphomas. Nat Med, 2: 1379-1382.

Gasco M, Crook T. 2003. The p53 network in head and neck cancer. Oral Oncol, 39:222-231.

Hariwiyanto B, Sastrowiyoto S, Mubarika S, et al. 2010. LMP1 and LMP2 may be prognostic factors for outcome of therapy in nasopharyngealcancers in Indonesia. Asian Pac J Cancer Prev, 11:763-766.

He ML, Luo MXM, Lin MC, et al. 2012. MicroRNAs: Potential diagnostic markers and therapeutic targets for EBV-associatednasopharyngeal carcinoma. Biochimica et Biophysica Acta, 1825(1):1-10.

Huang JJ. 2003. A human TERT C-terminal polypeptide sensitizes HeLa cellsto H_2O_2-induced senescence without affecting telomeraseenzymatic activity. Biochemical and Biophysical Research Communications, 301:627 – 632.

Hwang CF, Cho CL, Huang CC, et al. 2002. Lossof Cyclin D1 and p16 expression correlates with local recurrence innasopharyngeal carcinoma following radiotherapy. Ann Oncol, 13:1246-1251.

Jayasurya R, Francis G, Kannan S, et al. 2004. p53, p16 and Cyclin D: m olecular determinants of radiotherapy treatmentresponse in oral carcinoma. Int J Cancer, 109: 710-716.

Karran L, Gao Y, Smith PR, et al. 1992. Expression of a family ofcomplementary-strand transcripts in Epstein-Barr virus-infected-cells. Proc Natl Acad Sci USA, 89: 8058-8062.

Kimura Y, Suzuki D, Tokunaga T, et al. 2010. Epidemiological analysis of nasopharyngeal carcinomain the central region of Japan during the period from 1996 to 2005. Auris Nasus Larynx, 38(2): 244-9.

Lai JP, Tong CL, Hong C, et al. 2002. Association between high initialtissue levels of Cyclin D1 and recurrence of nasopharyngeal-carcinoma. Laryngoscope, 112: 402-408.

Lee KY. 2008. Epigenetic disruption of interferon-γ response through silencing the tumorsuppressor interferon regulatory factor 8 in nasopharyngeal, esophagealand multiple other carcinomas. Oncogene, 27: 5267-5276.

Leone A, Flatow V, King CR, et al. 1991. Reduced tumorincidence, metastatic potential and cytokine responsiveness of nm23-transfected melanoma cells. Cell, 65: 25-35.

Li JH, Chia M, Shi W, et al. 2002. Tumor-targeted gene therapy for nasopharyngeal carcinoma. Cancer Res, 62: 171-178.

Lin G, Lin MC, Lin S, et al. 2012. Early growth response protein-1 promoter-mediated synergistic antitumor effect of hTERTC27 gene therapyand 5-flurorouracil on nasopharyngeal carcinoma. Cancer Biotherapy and Radiopharmaceuticals, 27: 434-441.

Liu X, Li XP, Peng Y, et al. 2012. Suppressing tumor growth of nasopharyngeal carcinoma byh TERTC27 polypeptide delivered through adeno-associatedvirus plus adenovirus vector cocktail. Chinese Journal of Cancer, 31: 588-597.

Lu QL, Elia G, Lucas S, et al. 1993. Bcl2 proto-oncogene expression inEpstein-Barr virus-associated nasopharyngeal carcinoma. Int J Cancer, 53: 29-35.

Micheau C, Rilke F, Pilotti S. 1978. Proposal for a new histopathologicalclassification of the carcinomas of the nasopharynx. Tumori, 64: 513 - 518.

Middeldorp JM, Pegtel DM. 2008. Multiple roles of LMP1 in Epstein-Barr virus induced immune escape. Semin Cancer Biol, 18: 388-396.

Moore SM, Cannon JS, Tanhehco YC, et al. 2001. Induction of Epstein-Barr virus kinases to sensitize tumor cells to nucleoside analogues. Antimicrob Agents Chemother, 45: 2082-2091.

Murono S, Yoshizaki T, Park CS, et al. 1999. Association ofEpstein-Barr virus infection with p53 protein accumulation but notbcl-2 protein in nasopharyngeal carcinoma. Histopathology, 34: 432-438.

Murono S, Yoshizaki T, Tanaka S, et al. 1997. Detection of Epstein-Barrvirus in nasopharyngealcarcinoma by in situhybridization and polymerase chain reaction. Laryngoscope, 107: 523-526.

Natalie M, Thorsten P, Jan M, et al. 2007. Epstein-Barr virus-encoded latent membrane protein 1 (LMP1) induces the expression of the cellularmicroRNA miR-146a. RNA Biol, 4: 131-137.

Nicholls JM. 1997. Nasopharyngealcarcinoma: classification and histological appearances. Adv Anat Pathol, 4: 71 - 84.

Nielsen NH, Mikkelsen F, Hansen JP. 1977. Nasopharyngeal cancer in greenland. theincidenceinan Arctic eskimopopulation. Acta Pathol Microbiol Scand A, 85: 850 - 858.

Ohtani N, Brennan P, Gaubatz S, et al. 2003. Epstein-Barr virus LMP1 blocks p16INK4a-RB pathway bypromoting nuclear export of E2F4/5. J Cell Biol, 162: 173-183.

Parkin DM, Bray F, Ferlay J, et al. 2005. Global cancer statistics 2002. CA Cancer J Clin, 55: 74 - 108.

Parkin DM, Muir CS. 1992. Cancer incidence in five continents. IARC Scientific, Publications, 120: 45-173.

Pegtel DM, Subramanian A, Meritt D, et al. 2007. IFNγ - stimulated genes and Epstein-Barr virus gene expression distinguish WHO type Ⅱ and Ⅲ nasopharyngeal carcinomas. Thorley-Lawson1 Cancer Res, 67: 474-481.

Philchenkov AA. 2003. Caspase-as regulators of apoptosis and other cellfunction. Biochemistry, 68: 365-376.

Porter MJ, Field JK, Leung SF, et al. 1993. The detection of the c-mycand ras oncogenes in nasopharyngeal carcinoma byimmunohistochemistry. Acta Otolaryngol, 114: 105-109.

Qian C N, Guo X, Cao B, et al. 2002. Met protein expression levelcorrelates with survival in patients with late-stage nasopharyngeal-carcinoma. Cancer Res, 62: 589-596.

Qian T, Chan AT. 2007. Nasopharygeal carcinoma: therapeutic developments. Expert Reviews in Molecular Medicine, 9: 1-24.

Raab-Traub N, Flynn K, Pearson G, et al. 1987. The differentiated form of nasopharyngeal carcinoma containsEpstein-Barr virus DNA. Int J Cancer, 39: 25 – 29.

Rayman JB, Takahashi Y, Indjeian VB, et al. 2002. E2F mediates cell cycle-dependent transcriptionalrepression in vivo by recruitment of an HDAC1/mSin3B corepressorcomplex. Genes Dev, 16: 933-947.

Razak AR, Siu LL, Liu FF, et al. 2010. Nasopharyngeal carcinoma: the next challenges. Eur J Cancer, 46: 1967-1978.

Reddy SP, Raslan WF, Gooneratne S, et al. 1995. Prognos-tic significance of keratinization in nasopharyngeal carcinoma. Am JOtolaryngol, 16: 103 – 108.

Reed AL, Califano J, Cairns P, et al. 1996. Highfrequency ofp16 (CDKN2/MTS-1/INK4A) inactivationin headand neck squamous cell carcinoma. Cancer Res, 56: 3630-3633.

Sam CK, Brooks LA, Niedobitek G, et al. 1993. Analysis ofEpstein-Barr virus infection in nasopharyngeal biopsies from agroup at high risk of nasopharyngeal carcinoma. Int J Cancer, 53: 957-962.

Serrano M, Hannon GJ, Beach D. 1993. A new regulatory motif incell cycle-control causing specific inhibition of CyclinD/CDK4. Nature, 366: 704-707.

Shanmugaratnam K. 1978. Histological typing of nasopharyngeal carcinoma. IARC Sci Publ, 20: 3 – 12.

Sheu LF, Chen A, Lee HS, et al. 2004. Cooperative interactions among p53, bcl-2 and Epstein-Barr virus latent membrane protein 1 in nasopharyngeal carcinoma cells, Pathol Int, 54: 475-485.

Smith P. 2001. Epstein-Barr virus complementary strand transcripts (CSTs/BARTs) and cancer. Semin Cancer Biol, 11: 469-476.

Song X, Tao YG, Deng XY, et al. 2004. Heterodimern formation between c-Jun and JunB proteins mediated by Epstein-Barr virus encoded latent membrane protein 1. Cell Signal, 16: 1153-1162.

Straathof KC, Bollard CM, Popat U, et al. 2005. Treatment of nasopharyngeal carcinoma with Epstein-Barr virus-specific T lymphocytes. Blood, 105: 1898-1904.

Tang KF, Chan SH, Loh KS, et al. 1999. Increased production of interferon-γby tumour insultrating Tlymphocytes in nasopharyngeal carcinoma: indicative of anactivated status. Cancer Letters, 140: 93-98.

Tang KF, Tan SY, Chan SH, et al. 2001. Macrophages in nasopharyngeal carcinoma: implication for the intense tumor infiltration by T lymphocytesand macrophages. Phdhuman Pathology, 32: 42-49.

Tao Q, Robertson KD. 2003. Stealth technology: how Epistein-Barr virus utilizes DNA methylation to cloak itself from immune detection. Clin Immunol, 109: 53-63.

ThompsonL. 2006. World Health Organization classification of tumours: pathologyand genetics of head and neck tumours. Ear Nose Throat J, 85: 74.

Varasco L, Caligo MA, Simi P, et al. 1992. The nm23gene maps to human chromosome band 17q22 andshows a restriction fragment length polymorphismwith Bg. Genes Chrom Cancer, 4: 84-88.

Wang GL, Lo KW, Tsang KS, et al. 1999. Inhibiting tumorigenic potential by restoration of p16 in nasopharyngeal carcinoma. Br J Cancer, 81: 1122-1126.

Weinberg RA. 1995. The retinoblastoma protein and cell cycle control. Cell, 81: 323-330.

Wu L, Fan J, Belasco JG. 2006. MicroRNAs directrapid deadenylation of mRNA. Proc Natl Acad Sci USA, 103: 4034-4039.

Yoshizaki T, Ito M, Murono S, et al. 2011. Current understanding and management of nasopharyngeal carcinoma. Auris Nasus Larynx, 3: 1-8.

Yoshizaki T, Wakisaka N, Pagano JS. 2005. Epstein-Barrvirusinvasionandmetastasis. United Kingdom Caister Academic Pres, 171-196.

Zeng Y, Zhong JM, Li LY, et al. 1983. Follow-up studies on Epstein Barr virus IgA/VCA antibody-positive persons in Zangwu County China. Intervirology, 20: 190-194.

Zhang Y, Xiong Y, YaRBrough WG. 1998. ARF promotes MDM2 degradationandstabilizesp53: ARF-INK4 alocusdeletion impairs both the RB and p53 tumor suppression pathways. Cell, 92: 725-734.

Zong YS, Sham JS, Ng MH, et al. 1992. Immunoglobulin A against viral capsid antigenof Epstein-Barr virus and indirect mirror examination of the nasopharynxin the detection of asymptomatic nasopharyngeal carcinoma. Cancer, 69: 3-7.

第三十九章　肾癌相关肿瘤基因

第一节　肾癌的概况

肾肿瘤分为良性肿瘤和恶性肿瘤。其中恶性肿瘤占绝大多数,主要的恶性肿瘤有肾细胞癌、肾肉瘤、肾母细胞瘤和肾转移瘤。肾癌(肾细胞癌)是泌尿生殖系统常见的恶性肿瘤,其患病率占全身恶性肿瘤的 3%,占肾肿瘤的 85% 以上。约 25% 的肾癌患者存在肿瘤转移。

一、流行病学

肾癌是最常见的肾实质性恶性肿瘤,其高发年龄为 40～60 岁,儿童少见,男性多于女性。肾癌可发生在肾脏的任何部位,以发生在肾上极者居多,常为单个生长,生长快慢不一,肿块大小不一。由于平均寿命延长和医学影像学的发展,肾癌的发病率较以往增加。随着医疗资源的普及,体检时偶然发现的肾癌日渐增多。

二、病因

肾癌的确切病因尚不清楚,有流行病学专家曾进行过大量调查,吸烟、肥胖、职业、经济文化背景、高血压、输血史、糖尿病、放射、药物、利尿剂、饮酒、食物、家族史等可能是肾癌发生的危险因素。有些化学物质,如二甲苯胺、铅、镉等可使动物发生肾癌,能否使人发生肾癌尚未证实。肾癌也有家族发病倾向,已发现有视网膜血管瘤家族性肾癌染色体异常,尤其是 3 号、11 号染色体异常家族性肾癌。

三、病理

肾癌常为单侧,有 1%～2% 同时或先后发生双肾癌,肾癌从肾小管上皮细胞发生,外有假包膜,肉眼观可有不同的改变。有些肿瘤切面呈橘黄色、棕色;有些可先出血,坏死,钙化和纤维化斑块。肿瘤细胞穿透假包膜后可经血液和淋巴转移。肿瘤可破坏全部肾并可侵犯邻近脂肪、肌组织、血管、淋巴管等。肾癌容易向静脉内扩展形成癌栓,可以延伸进入肾静脉,甚至右心房,远处转移常见部位为肺、脑、骨、肝等。淋巴转移最先到肾蒂淋巴结。

肾癌分 11 个亚型,以肾透明细胞癌、乳头状肾细胞癌、肾嫌色细胞癌和多房囊性肾细胞癌最常见。其中肾透明细胞癌最常见约占 70%,其次乳突状癌占 5%～10%,嫌色细胞癌约占 5%,多房囊性细胞癌占 1%～4%。

四、临床表现

肾癌临床表现很不一致,常误诊为其他疾病。无痛性肉眼血尿和镜下血尿最常见,已穿透肾盂、肾盏,腰痛是另一常见症状,多为钝痛或隐痛,疼痛常因肿块增大,膨胀肾包膜引起;血块通过输尿管时也引起绞痛。有 1/4 ~ 1/3 肾癌患者就诊时发现肿大的肾。血尿、疼痛、肿块典型“三联征”俱全者仅占 10% 左右,而这些患者中 50% 以上都有肿瘤转移。

除以上症状外,尚可出现如下全身症状:①发热,多为低热,持续或间歇出现,可能因肿瘤坏死、出血、毒性物质吸收或癌组织内致热原引起;②贫血,1/3 ~ 1/2 患者有贫血,血尿可能是贫血的原因,但临床上也常见无血尿肾癌患者出现贫血;③红细胞增多症,可能为肿瘤促红细胞生成素增加所致,患者常易发生血栓性静脉炎;④高血压,为肿瘤产生过多肾素引起,也可能是肿瘤压迫动脉造成狭窄或肿瘤内动静脉短路所引起;⑤肝功能异常,血 ALT 升高,凝血酶原时间延长;⑥高血钙,可能为肿瘤分泌甲状旁腺素样物质引起,而并非骨转移引起广泛骨溶解所致;⑦血沉增快,有 50% 以上的肾癌患者血沉增快,如同时出现发热和血沉增快者,多数预后较差;⑧精索静脉曲张,如左侧深静脉内有癌栓形成时,可出现左侧精索静脉曲张。晚期肾癌可出现消瘦、贫血、虚弱等恶病质改变。

在临床工作中,上述症状同时出现或典型临床表现者相对少见,不同年龄阶段肾内外表现也有所侧重。有资料曾对比分析青年与老年肾癌患者临床表现的异同,未见明显差异。是否如此仍待更大样本量资料总结分析。

五、诊断

肾癌症状多变,早期诊断往往很难。血尿、疼痛和肿块仍然是肾癌的主要症状,如此“三联征”俱全者已进入晚期。因此其中任何一个症状出现都应引起重视。有时也会因肺转移灶引起咳嗽、咯血,脊椎转移引起腰背痛等转移症状就医。故临床工作中必要时需辅以影像学检查帮助诊断。

(一) B 超

B 超是简单、无创、快捷、经济的影像检查方法,能查出肾内直径 1cm 以上的肿瘤,因此大多数无症状的肾癌可由 B 超发现。它能准确地鉴别肾肿块是囊性还是实质性的,还可以鉴别诊断肾癌和肾血管平滑肌脂肪瘤。

(二) X 射线检查

X 射线平片可见肾外形增大,轮廓改变,肿瘤内偶见钙化。如果肿瘤较大挤压肾盏、肾盂,通过静脉尿路造影检查可发现肾盏、肾盂不规则变形、狭窄拉长或充盈缺损。静脉尿路造影可了解双侧肾功能的情况。

(三) CT

CT 对肾癌的诊断有重要价值,特别是检出和定性诊断小肾癌并准确分期。典型肾癌 CT 上表现为肾实质内圆形、类圆形或分页状肿块,平扫时密度不均匀,大多数情况下与周围实质分界不清,直径小于 3cm 的肾癌与周围肾实质的分界比较明显。平扫时,肾癌的密度略低于肾实质,但是很接近,因此平扫容易漏诊较小的肿瘤病灶,增强扫描时,肾癌的密度轻度增强,二者形成对比,病灶得以显示。肾癌侵犯肾脏周围组织时,CT 表现为肾表面毛糙不平整,肾周脂肪囊模糊或消失,肿物影与腰大肌、膈肌脚或周围脏器影相连。当肾癌累及患者侧肾静脉时,表现为肾静脉的不规则增粗,而当肾静脉或下腔静脉内发生癌栓时,则在静脉中可见低密度区,增强扫描时可见管腔中断或腔内有充盈缺损区。有资料也提示,CT 对肾癌的分期有参考意义,对指导临床手术治疗也具有重要指导意义。

(四) MRI

MRI 对小肾癌的诊断并不优于 CT 检查,但没有 X 射线辐射及增强对比剂过敏,对软组织的分辨率较高,可鉴别高密度囊肿与肾癌,对病理组织学亚型的定性有一定优势,因此是肾功能不全、造影剂过敏患者可选择的影像学诊断手段。对 CT 增强难以诊断的小肾肿块,应用更敏感的脂肪抑制动态增强 MRI 具有鉴别诊断价值。

(五) 血管造影

血管造影主要用于疑难病例的诊断。肾癌在动脉期表现为多血管性占位病变,可见增粗、增多和紊乱的肿瘤血管,或由于动、静脉瘘伴有肾静脉早期显影。

六、治疗

治疗主要以手术切除为主,可采取开放式手术或腹腔镜手术行肾癌根治性肾切除术,手术范围包括肾周筋膜、肾周脂肪、肾和同侧肾上腺,并作区域淋巴结清扫。如果是双侧肾癌或孤立肾肾癌可作保留肾组织的肾癌手术。由于肾细胞癌对细胞毒药物有多重耐药性,因此化疗效果较差。免疫治疗,如白细胞介素-2(IL-2)和干扰素(IFN-α)对治疗晚期肾癌均有一定疗效。肾母细胞癌对放疗不敏感,但也可作为术前和术后的辅助治疗,尤其是对骨转移可进行姑息性放疗。射频消融技术或冷冻消融术可用于无法切除的肾细胞癌治疗。

七、预后

肾癌未能手术切除者 3 年生存率不足 5% ,5 年生存率在 2% 以下。根治手术后 5 年生存率:早期局限性肾内肿瘤可达 60% ~ 90% ;未侵犯肾周筋膜者 40% ~ 80% ;肿瘤超出者仅 2% ~ 20% 。偶见原发肾肿瘤切除后转移灶自发消退者。

第二节 肾癌相关基因

肾癌是泌尿系常见的恶性肿瘤,在中国的发病率和死亡率仅次于膀胱癌,居泌尿系统肿瘤的第二位,国内外的流行病学资料显示,肾癌的发病率和死亡率均有增高的趋势。50% 的肾癌患者在确诊时已为晚期,50% 手术后复发或发生远处转移。目前在治疗上仍以手术为主,放疗、化疗效果均不佳,生物治疗逐渐崭露优势,新的肾癌基因不断被发现,基因治疗成为近年来研究的热点。

肿瘤相关基因包括癌基因、原癌基因、病毒癌基因、肿瘤抑制基因、肿瘤转移相关基因和肿瘤耐药基因等。

正常细胞转化成为恶性肿瘤(tumor)细胞是一个复杂而漫长的过程。从分子生物学角度来看,这是细胞分子生物学调控机制从量变到质变,长期积累的后果。原癌基因(protooncogene)的激活、癌基因(oncogene)的异常表达、肿瘤药物抗性基因(drug-resistant gene)和肿瘤转移相关基因(metastasis-related gene)的激活与表达,都与肿瘤的形成、转移及耐药性有关。这些与肿瘤有关的基因统称为肿瘤相关基因(tumor-related gene)。肿瘤相关基因的研究在肿瘤形成机制和探讨抗肿瘤新的治疗方法中均有十分重要的意义。

肿瘤相关基因的种类是多种多样的。从其功能角度可以分为生长因子、生长因子受体、具有催化活性的信号转导蛋白、不具备催化活性的信号转导蛋白、核转录因子等。因此肿瘤相关基因的生物学功能是多种多样的。

大多数肿瘤细胞中抑癌基因和细胞周期相关基因的表达都有异常变化。其在肾癌中的变化有助于肾癌的早期诊断、治疗及预后的评估。因此,尽早明确癌症相关基因极为重要。

一、肾癌与原癌基因

myc 基因家族属核蛋白类,目前发现 myc 家族至少由 c-myc(cell-myc)、n-myc(human-myc)和 l-myc(myc-related-gene)3 个成员组成,c-myc 是骨髓细胞性白血病病毒 v-myc 的同源物,可促进细胞增殖、去分化和转化等,与多种肿瘤形成有关。c-myc 有诱导细胞表型改变的作用。Yao 等发现,c-myc 蛋白在肾癌中表达明显增高。也有学者发现,VHL 基因缺失可使 RCC 细胞株中 c-myc 基因转录活性增高且细胞增殖明显。姜艳芳等用 PCR 的方法检测 RCC 和正常组织中 c-myc 的表达,结果发现,RCC 中 c-myc 表达明显高于正常组织。王子明等发现,c-myc 反义寡核苷酸能特异性地抑制肾癌细胞生长。最近 Dormoy 等发现,转录因子 Liml 可能是 RCC 中一种新的原癌基因,它可通过激活 PI3K/AKT 和 NF-κB 通路从而促进 RCC 细胞生长,而且干扰 Liml 表达后能阻断裸鼠移植瘤(移植人 RCC)的发生。

二、肾癌与抑癌基因

抑癌基因是正常细胞内存在的、能抑制细胞转化和肿瘤发生的一类基因群。细胞内存在的癌基因和抑癌基因对细胞的生长、发育和终末分化起着正、负调控作用。在体内外各种因素作用下,抑癌基因点突变、DNA 片段缺失、移位突变而失活,癌基因才发挥其作用而导致细胞持续增长和分化失控,引起癌变。

目前报道较多的与肾癌有关的抑癌基因有 VHL(von Hippel-Lindau)基因、p53、p16、p21 等。VHL 基因是由 Latif 等于 1993 年发现并确定其位置和结构的,VHL 基因定位于 3p25-p26 区域,含有 14 543bp,包含 3 个外显子和 2 个内含子,转录的 mRNA 长度为 4859bp,包括 5′端和 3′端的非翻译区含 3 个外显子。VHL 基因与 Wnt/β-catenin 致癌信号通路有着密切的联系,Wnt 由一系列保守的分泌型糖蛋白家族构成,Wnt/β-catenin 信号转导通路的激活可以促进癌症的发生、发展。在 Wnt 配体存在的情况下,β-catenin 的磷酸化和泛素化会受到抑制,β-catenin 的表达水平会升高。β-catenin 进而被转移到核内,与 LEF-TCF 家族转录因子结合,激活 β-catenin 靶基因,促进细胞的分化增殖、转移。pVHL 与 Wnt/β-catenin 信号转导通路通过 Jade-1 的作用连接起来,Jade-1 是一种广泛存在肾细胞中、易降解的转录因子,通过与 pVHL 相互作用而使自身的稳定性得到提高,它可以抑制裸鼠体内肿瘤细胞的生长、促进细胞凋亡并下调癌细胞内的抗凋亡因子(如 Bcl-2)。pVHL 对 Jade-1 的稳定性起促进作用,Jade-1 可以通过泛素化作用降解 β-catenin,从而使 Wnt/β-catenin 致癌信号通路受到抑制。另外,β-catenin 可以促进肝细胞生长因子(hepatocyte growth factor,HGF)的转录和表达,肝细胞生长因子在保持肾稳态的过程中起着重要的调节作用,除此之外,HGF 还可以增强细胞的侵染能力。在肾透明细胞癌中,由于 VHL 基因的失活,pVHL 表达量降低,导致 β-catenin 在细胞内积累,而 β-catenin 的积累导致 HGF 的转录加强,提高了细胞内 HGF 的含量,从而提高肾癌细胞的侵染能力。因此,β-catenin 可以作为肾透明细胞癌诊断与预后的一个分子标志物,也可以作为治疗肾透明细胞癌的靶点。VHL 基因通过介导缺氧诱导因子(hypoxia inducible factor,HIF)的降解来调控细胞因子转录的分子机制已被研究证实。pVHL 首先与 E long inB、E long inC、Cul2 及 RBx1 组成 E-3 泛素连接酶复合体,然后再与 HIF-A 结合,在常氧状态下,HIF 的 A 亚单位可以被 3 个不同的脯氨酰羟化酶羟基化,进而被 E-3 泛素连接酶复合体泛素化,在含氧量正常的情况下通过泛素-蛋白酶体途径降解。相反,在缺氧状态下,低氧阻止羟基化的发生,HIF 的 A 亚单位被转移至核内,与组成性表达的 B 亚单位结合,进而诱导一些包含缺氧反应元件(hypoxia-responsive element,HRE)的基因表达。血管内皮生长因子(vascular endothelial growth factor,VEGF)、葡萄糖转运因子-1(glucose transporter,GLUT-1)、转化生长因子-A(transforming growth factor-A,TGF-A)等基因的调节区域中均存在与 HRE 类似的 HIF 结合位点。在 VHL 基因失活的情况下,pVHL 不能正常表达,因而不能形成 E-3 泛素连接酶复合体,导致 HIF 的含量增加,从而使 VEGF、GLUT-1、TGF-A 等细胞因子表达,这些细胞因子广泛参与细胞内的能量代谢、血管生长、细胞周期、细胞凋亡等生理过程,与肿瘤的发生、发展密切相关。Derek 等分析了 99 例肾透明细胞癌患者的内皮生长因子受体(epidermal growth factor receptor,EGFR)和转化生长因子(TGF-A)的表达情况,发现在 VHL 基因突变的患者中 EGFR 和 TGF-A 的表达量较高。TGF-A 的高表达会引起肾透明细胞癌中的 EGFR/PI3K/AKT/IKKA/NF-κB 这一信号级联反应,激活转录因子 NF-JB、NF-κB 与癌细胞的增殖、侵袭、抗药性、抗凋亡有着密切的关系。因此,VHL 基因可以通过调控 HIF 的降解与多个相关的细胞因子转录来调节肾透明细胞癌细胞的生长。目前认为 VHL 基因产物(pVHL)有 4 种明确的功能:调节缺氧诱导的 mRNA 的产生;正确组装细胞间纤维素;调控细胞增殖过程;调节碳酸酐酶 9、碳酸酐酶 12 的表达。VHL 基因是肿瘤抑制基因,约占 80% 散发型肾透明细胞癌患者出现体细胞 VHL 基因等位突变。Linchan 等和 Morris 等分别发现,VHL 基可以调节低氧诱导因子 1(the hypoxia inducible factor 1,HIF-1)和 HIF-2 的表达。VHL 肿瘤抑制基因失活可以导致 HIF-1 和 HIF-2 过度表达。Walthcr 等发现,VHL 基因位于 3 号染色体短臂,分子生物学研究证明,不仅是 VHL 综合征患者的遗传性肾肿瘤(VHL-RCC)的发生,而且大多数散发性肾细胞癌(RCC)的发生也与 VHL 基因的突变有关。据国外资料显示,体细胞 VHL 基因突变可见于 33% ~ 57% 的肾透明细胞癌患者,另有 20% 的患者则表现为 VHL 基因的甲基化。国外有学者将 VHL 基因通过腺病毒导入动脉内皮细胞,有效抑制了动脉内皮细胞的增殖。此为可通过抑制肿瘤血管生成达到抗肿瘤目的。正常的 VHL 蛋白具有抑制肿瘤生长及浸润的作用。

野生型 p53 蛋白是由 p53 基因表达的蛋白质分子。其主要功能是控制细胞周期,p53 在细胞周期的多个环节均起重要作用,在有 DNA 损伤的情况下,可通过促进 p21Waf1/Cip1 的表达抑制 CDK 活性,使细胞停止于某一周期时相进行 DNA 修复;严重 DNA 损伤时,它启动凋亡途径;p53 对 G_2 期进入 M(有丝分裂)期及 M 中期和晚期也有调控作用,以保证细胞基因组的稳定性。基因突变或蛋白质功能异常中 p53 最常见,占所有肿瘤的 50% 以上。是目前发生的最广泛抑癌基因突变。p53 蛋白的聚积被认为是基因突变或与其他蛋白质结合的结果。国外学者认为肾癌组织中 p53 基因突变和染色阳性比例均较低,国内学者报道肾癌标本 p53 基因核染色阳性率为 26.5%,而且显示在有淋巴结转移和远处转移的患者中,p53 阳性的比例明显增多,提示 p53 基因的突变或蛋白质的聚积可促使肾癌细胞向外侵袭和转移。

p27 基因是一种多重肿瘤抑制基因,其表达产物为 27kDa 的热稳定蛋白。它具有抑制 Cyclin E-CDK2 复合物的活性,对细胞周期具有负调控作用。在人类多种肿瘤细胞中 p27 基因的缺失和突变很少发生,但其蛋白质表达水平与恶性肿瘤的形成、恶性程度、侵袭性的强弱及预后有关。在多种人肿瘤细胞系和原发癌细胞中,p27 蛋白表达水平与恶性肿瘤的恶性程度、侵袭性的强弱及预后有明显的关系。曾有学者将 p27 cDNA 转染到肾癌 GRC-1 细胞系中,结果显示,转染 p27 基因的肾癌细胞生长受到抑制,其在软琼脂上克隆形成能力降低了大约 1/4。这一研究从分子生物水平上为肾癌的基因治疗提供了实验依据。

p16 基因是 1994 年发现的新抗癌基因,它直接参与细胞周期的调控,部分肿瘤细胞株发现有纯合子缺失和突变。

三、肾癌与自杀基因

肿瘤的自杀基因疗法是近年来肿瘤基因治疗的研究热点,是一种具有潜在临床应用前景的新的肿瘤基因治疗策略。①肿瘤的自杀基因,就是向肿瘤细胞中转入药物敏感基因,这些基因所编码的酶能催化一些对分裂细胞无毒的化合物(药物前体)转变成为对分裂细胞有毒的化合物,选择性地杀伤分裂细胞。其中单纯疱疹病毒胸腺激酶(herpes simplex virus thymidine kinase,HSV-TK)基因/更昔洛韦(gancyclovir,GCV)系统与大肠杆菌胞嘧啶脱氨酶(escher ichia coli cytosine deaminase,Ec-CD)基因/5-氟胞嘧啶(5-FC)系统是目前研究最深入、应用最早、最广泛的自杀基因系统。除了上面两个常用的自杀基因治疗系统,羧酸酯酶/依立替康、细胞色素 P450/环磷酰胺、2-氨基蒽、脱氧胞苷激酶/阿糖胞苷、硝基还原酶/2-硝基苯氮丙啶类化合物、水痘疱疹病毒胸苷激酶/6-甲羟嘌呤等系统也被用于自杀基因治疗。近年来也出现了一些新型自杀基因系统,如亚麻苦苷水解酶/亚麻苦苷(linamarase/linamarin,lis/lin)、嘌呤核苷酸磷化酶/氟拉达滨(purine nucleoside phosphorylase,PNP/fludarabine),源自热带植物木薯的亚麻苦苷水解酶/亚麻苦苷系统也是一种新型自杀基因系统。②融合自杀基因,就是利用基因工程技术将两种或多种自杀基因连接在一起,或将自杀基因与免疫基因联合应用。自杀基因疗法作用直接、合理、有效,故值得进一步探讨,但还有许多技术问题需要解决,如自杀基因在肿瘤细胞的高效表达,寻找更多更有效的自杀基因也是人们努力的一个方向。

四、肾癌与细胞因子基因

细胞因子是细胞分泌的具有生物活性的小分子蛋白质的统称。20 世纪 80 年代,随着分子生物学和分子免疫学的迅速发展和交叉渗透,人们对肿瘤抗原的性质、MHC 分子在肿瘤抗原和提呈中的作用、T 细胞活化和杀伤机制等机体抗肿瘤免疫应答内容有了更深入的了解,制备了可供大量应用的基因工程型细胞因子和抗体,为肿瘤免疫治疗增添了新的手段。IL-2 为 T 细胞的生长因子，对癌细胞并无直接的抗肿瘤细胞毒性作用，但可促进 T 细胞增殖，刺激活化 T 细胞增长，增强患者的免疫反应，从而抑制肿瘤生长。IL-2 是公认的治疗转移肾癌的标准制剂，在美国 IL-2 是唯一被批准应用于临床治疗肾癌的药物。

内皮抑素（endostatin）是目前作用最强、实验效果最好的肿瘤血管生成抑制剂，近年来备受关注，目前在美国已进行 Ⅰ 期和 Ⅱ 期临床试验，并有可能成为新一代抗肿瘤药物。内皮抑素是 1997 年 O'Reilly 等从培养的小鼠内皮细胞瘤（EOMA）上清液中分离纯化的一种内源性血管生成抑制剂，分子质量为 20kDa 蛋白质。其生物学功能体现在：①对血管内皮细胞的抑制作用；②对血管生成的抑制作用；③对肿瘤生长和转移的抑制作用；④内皮抑素的作用机制。目前，内皮抑素抗血管生成治疗已经取得惊人的效果，但其作用机制尚未完全阐明，其可能的作用机制主要有：①通过下调 β-连环素（β-catenin）的转录活性，抑制周期蛋白 D1 的表达，引起内皮细胞 G_1 期阻滞；②下调抗凋亡蛋白 Bcl-2 和 Bcl-xL 的表达，诱导内皮细胞凋亡；③与基质金属蛋白酶 2 前体蛋白（pro-MMP2）结合形成稳定复合体，阻止 pro-MMP2 的激活，并抑制 MMP2 和 MMP1 的催化活性，从而抑制内皮细胞的迁移；④与原肌球蛋白结合，破坏微丝结构的完整性，使细胞运动功能丧失，诱导凋亡；⑤抑制 c-myc 表达而抑制内皮细胞迁移；⑥通过肝素结合位点与内皮细胞表面的接头蛋白 Shb 受体的 SH2 区域结合，激活酪氨酸激酶信号转导系统，导致内皮细胞 G_1 期阻滞，诱导内皮细胞凋亡；⑦整合素 α5β1 在调节 bFGF 诱导的血管生成中起着重要作用，内皮抑素可以和整合素 α5β1 直接结合，影响内皮细胞同细胞外基质的黏附，抑制内皮细胞的迁移和生长；⑧抑制 VEGF 受体 KDR/Flk-1 酪氨酸磷酸化，从而抑制 VEGF 与内皮细胞的结合，抑制 VEGF 诱导的细胞外信号调节激酶 ERK 的活性。

IFN 通过多方面生物学活性达到抗肿瘤作用。①参与免疫调节：激活 NK、CTL、T 淋巴细胞，激活单核细胞及巨噬细胞，刺激 B 细胞增殖和分化并调节抗体产生，诱导 MHCⅠ/Ⅱ类抗原产生，调节 Th1/Th2 之间的平衡；②抗细胞增殖；③抗新血管形成；④调节细胞分化；⑤抑制肿瘤基因表达；⑥与细胞因子相互作用。此外，其他免疫调节基因 IL-4、IL-12、GM-CSF、人类白细胞抗原-B7、血管内皮生长因子（VEGF）也相继在动物试验中被发现具有明显的抗肿瘤作用。

五、肾癌与肿瘤疫苗

肿瘤疫苗，是指给机体输入具有抗原性的瘤苗，刺激机体免疫系统产生抗肿瘤免疫效应。瘤苗主要有活瘤苗、减毒或灭活的瘤苗、异构的瘤苗、基因修饰的瘤苗、抗独特型抗体瘤苗、分子瘤苗等种类。在肾癌治疗中，多应用的是基因修饰的瘤苗。Dillman 等用短期培养的自身肾癌细胞株作为疫苗治疗肾癌患者；Tani 等将 GM-CSF 基因转入自体来源肾肿瘤细胞，以此基因修饰的肿瘤细胞作为疫苗来治疗临床肾癌患者；Zhou 等临床试验用 GM-CSF 修饰的自体肿瘤瘤苗治疗过两例转移性肾癌患者。国内外有研究人员尝试用 GPI 锚定蛋白（glycosylphosphatidy-linositol-anchored），或利用细胞膜表面易生物素化和生物素与链亲和素高效而强有力结合特性，从而将目标蛋白或细胞因子锚定在细胞膜上，原位修饰后的肿瘤组织，通过增强肿瘤的免疫原性、直接激活免疫活性细胞、改善肿瘤局部的微环境等机制可诱发机体的主动抗肿瘤免疫反应，具有治疗肿瘤和防治同一肿瘤复发和转移的疗效，而无全身毒副作用。树突状细胞（DC）是目前认为在肿瘤免疫中最为重要的一种抗原提呈细胞，通过摄取肿瘤抗原，提呈抗原给 T 淋巴细胞，诱导、激活、增殖细胞毒性 T 淋巴细胞（CTL），介导强大的特异性抗肿瘤细胞免疫。Barbuto 等将 DC 和肿瘤细胞杂交融合制成疫苗,接种 22 例转移性肾癌和 13 例黑色素瘤患者,取得了良好效果。Kurokawa 等用肾癌肿瘤凋亡细胞致敏 DC 制成疫苗,体外实验证明该疫苗能产生强大的 CTL 效应,并与肿瘤裂解物刺激 DC 产生 CTL 的效能作比较,结果两者无差异,但毒副作用较小,目前主要处于体外试验阶段,在肾癌的临床治疗中报道较少。

随着分子生物学技术的发展,人们对肾癌的发病机制不断在深入探讨,由于肾癌对放疗、化疗均不敏感,为肾癌相关基因的研究提供了新的契机。

参考文献

张运涛,刘凡,姜茹,等 . 2001. 抑癌基因 p27 对肾癌细胞系 GRC-1 生长的抑制作用,第四军医大学学报,22(17), 1566-1568.

Arguelles Salido E, Medina Lopez RA, Congregado Ruiz C B, et al. 2004. Analysis of renal neoplasma in adult patients under 40. Actas Urol Esp, 28:335-340.

Chitalia VC, Foy RL, Bachschmid MM, et al. 2008. Jade-1 inhibitsWnt signalling by ubiquitylating β-catenin and med iates Wnt pathway inhibition by pVHL. Nature Cell Biology, 10:1208-1216.

Clark JI, Atkins MB, Urba WJ, et al. 2003. Adjuvant high-dose bolus in terleukin-2 for patientswith high-risk renal cell carcinoma: a cytokine working group randomizedtrial. J Clin Onco, 21(16):3133-3140.

Latif F, Tory K, Gnarra J, et al. 1993. Identificat ion of the von H ippe-lL indaudisease tumor suppressor gene. Science, 260: 1317-1320.

LinehanaWM, Jeffrey S, Donald PB, et al. 2009. VHL loss of function and its impact on oncogenic signaling networks in clear cell renal cell carcinoma. Int J Biochem Cell B, 41:753-756.

Peruzzi B, Athauda G, Bottaro DP. 2006. The von H ippe-lL indautumor suppressor gene product represses oncogen ic beta-catenin signaling in renal carcinom a cells. Proc Natl Acad Sci USA, 103:14531-14536.

Testori A, Richards J, Whitman E, et al. 2008. Phase Ⅰ comparison of vitespen, an autologous tumor-derived heat shock protein gp96 peptide complex vaccine, with physician's choice of treatment for stage Ⅳ melanoma: the C-100-21 Study Group. J Clin Oncol, 26(6):955.

Yang JC, Sherry RM, Steinberg SM, et al. 2003. Randomized study of high-dose and low-dose interleukin-2 in patients with metastatic renal cancer. J Clin Onco, 21:3127-3132.

Zhou MI, Foy RL, Chitalia VC, et al. 2005. Jade-1, a candidate renal tumor suppressor that promotes apoptosis. Proc Natl Acad Sci USA, 102:11035-11040.

第四十章　膀胱癌相关肿瘤基因

第一节　膀胱癌的概况

一、膀胱癌流行病学及相关因素

膀胱癌是最常见的癌症，位居世界肿瘤第 7 位，估计全球每年新增 260 000 名男性患者，76 000 名女性患者。膀胱癌的发病率随着年龄的增长而升高，其峰值为 50 ~ 70 岁，并且男性的发病率是女性的 3 倍。在男性中，膀胱癌占所有恶性肿瘤的 6. 6% 左右，是继前列腺癌、肺癌、直肠癌之后的第 4 位常发肿瘤。在女性中，膀胱癌占所有恶性肿瘤的 2. 4%，在常发的肿瘤中位列第 9。1985 ~ 2005 年，美国每年诊断患膀胱癌患者的数目上升超过 50%，其中男性患者数量的增加比女性患者增加要快 25%。据北京大学泌尿外科研究所统计，近 50 年来，膀胱癌患者占其所有泌尿男生殖系统肿瘤住院患者的比例始终在 40% ~ 50%。膀胱癌可以发生在任何年龄，甚至在儿童中也会发生。但是通常发生在中老年人群，其中位诊断时间男性一般在 69 岁，女性在 71 岁。与其他恶性肿瘤不同，膀胱癌几乎很少在尸检中发现，这与前列腺癌、肾癌及其他部位肿瘤存在明显不同，这些肿瘤的尸检率其实比临床诊断还要常见。这提示膀胱癌的临床潜伏期可能比较短，早期干预的策略将更有意义。

膀胱癌主要发生在白人男性中，除埃及外，世界各地男性膀胱癌的发病率是女性的 2 ~ 5 倍，这种差异部分是由于吸烟及职业因素造成的。

膀胱癌发生、发展的相关因素主要可以归纳为以下 3 个方面：遗传与分子生物学方面的异常、化学物质和环境暴露以及慢性炎症刺激。遗传与分子生物学方面包括癌基因，如 TP63、EGFR 和 Rasp21 蛋白。抑癌基因包括 TP53 和 RB1。还有细胞周期调控蛋白，如 Ki67 和 Cyclin D1 等也参加肿瘤的发生、发展。化学和环境暴露包括芳香胺类、苯胺、亚硝酸盐类、硝酸盐类等。但是最主要的环境因素是吸烟。大约男性患者的 1/2 及女性患者的 1/3 是由于吸烟引起的。吸烟者患膀胱癌的机会是不吸烟者的 2 ~ 5 倍，而且这种危险看起来是与吸烟量直接相关，只有长期吸烟的人才会增加危险（如 20 年以上）。虽然对戒烟后膀胱癌的发生率能否降到正常水平尚存争议，但患病危险性在戒烟数年后还是显著降低了。其他发病原因包括慢性炎症刺激、长期留置导尿、血吸虫感染和盆腔受到照射。

二、病理

超过 90% 的膀胱癌都是移形细胞癌，5% 是鳞状细胞癌，还有少于 2% 为腺癌。泌尿系肿瘤生长方式多样，如乳头状、无蒂的侵袭性结节、混合性的或原位癌。泌尿系肿瘤有很强的化生性，因此泌尿系上皮肿瘤可能含有梭形细胞、鳞癌或腺癌成分。这些成分在大约 1/3 的肌层侵袭性肿瘤中可见表达，并且其中一些可能表现为单一癌，大约 70% 的膀胱癌呈乳头状、10% 为结节样、20% 为混合型。1973 年 WHO 将膀胱癌分为 G1 ~ G3 级，但到 1998 年

WHO 和国际泌尿病理联合会将尿路上皮分为 4 类:乳头状瘤、低度恶性倾向尿路上皮乳头状瘤、低分级乳头状尿路上皮癌和高分级乳头状尿路上皮癌。

目前有两种分期法:一种为美国的 Jewett-Strong-Marshall 分期法,另一种为国际抗癌联盟(UICC)的 TNM 分期法。现普遍采用国际抗癌协会的2002 年第6 版 TNM 分期法(表40-1)。

表 40-1　膀胱癌 TNM 分期

分期	分期标准
Ta	固定的黏膜上皮乳头状癌
Tis	平坦的原位癌
T1	黏膜下层侵袭
T2a	表面肌层侵袭
T2b	深层肌层侵袭
T3a	显微镜下可见膀胱周围脂肪组织侵袭
T3b	肉眼可见膀胱周围脂肪组织侵袭
T4a	肿瘤侵犯盆腔内(如前列腺间质、阴道壁、直肠、子宫)
T4b	肿瘤穿过盆壁、腹壁或骨盆。
N0	无组织学上的盆腔淋巴结转移
N1	髂动脉处直径小于2cm 的单个淋巴结发现转移
N2	多个淋巴结阳性或单个淋巴结直径为2~5cm
N3	阳性淋巴结直径大于5cm
NX	淋巴结情况未知
M0	无远处转移
M1	发现远处转移
Mx	未确定是否发生远处转移

新发膀胱癌病例中有近70% 是非浸润性肿瘤(Ta、T1 或 Tis),但是有 50%~70% 的非浸润性肿瘤将复发,而且有 10%~20% 的将进展为浸润性膀胱癌(T2~T4)。预言哪个非浸润性肿瘤的患者会最终转变成浸润性肿瘤仍然是个挑战。低级别 Ta 的患者 15 年的无疾病进展的存活率为 95%,并且没有肿瘤相关的死亡率。高级别 Ta 的无疾病进展的存活率为 61%,肿瘤相关的死亡率为 74%。而 T1 期的肿瘤以上两点则分别为 44% 和 62%,这说明浸润黏膜固有层预示着预后相对较差。

三、膀胱癌的病程

膀胱癌中 55%~60% 新诊断的膀胱癌患者是分化良好或中度分化、表浅的(局限于尿路上皮或黏膜固有层)乳头状癌。大多数患者在径内镜切除后会出现肿瘤复发,16%~25% 肿瘤级别升高。10%~20% 的浅表性乳头状瘤的患者最终会发展为侵袭性癌或转移性癌。晚期和侵袭性复发在很长一段时间无瘤期后(5 年以上)再次出现不是没有听说过的,甚至是在那些分化良好和表浅的肿瘤中。有学者对尿路上皮永生化细胞系 SV-HUC-1 进行研究后提出膀胱癌的发生有两种途径,其一为不死的干细胞的转化,其二为病毒感染后基底层细胞

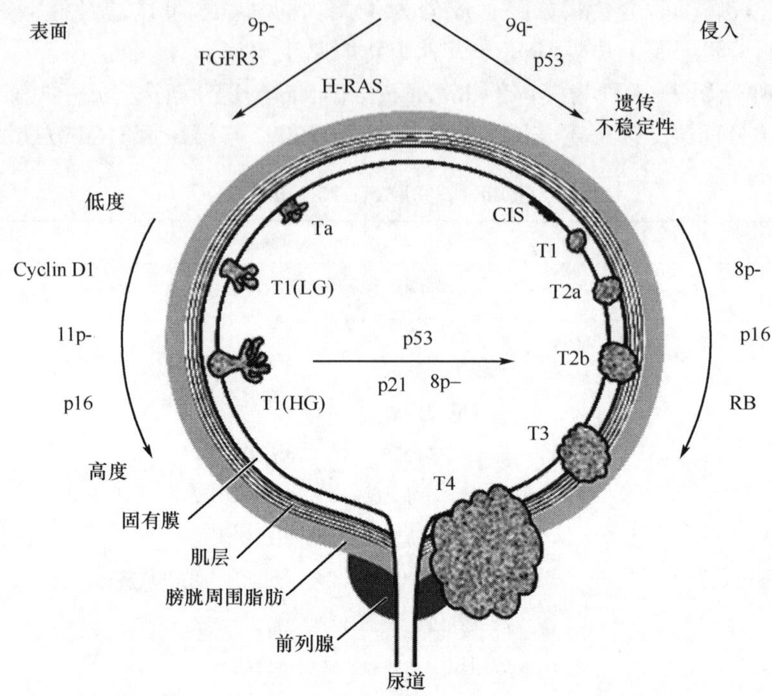

图 40-1　膀胱肿瘤的临床分期及肿瘤形成的可能途径

转变为永生化癌细胞(图 40-1)。这两种途径都包括由浅表性至浸润性最后出现转移的过程,在不同的发展阶段有不同的基因突变在起作用。所以下面主要讨论肿瘤的演变过程。

(一) 非肌肉侵袭性膀胱癌(Ta、T1 和 CIS)

约有 70% 的膀胱肿瘤为非肌肉侵袭性的,其中又有 70% 为 Ta 期肿瘤、20% 为 T1 期肿瘤、10% 为 CIS 期肿瘤,并且大多数为 G1 和 G2。70% ~ 80% 这类疾病的自然病程是一个多中心、浅表性复发过程,只有少部分(10% ~ 15%)会发展到侵犯肌层或转移。

(二) 肿瘤的复发

大部分的浅表性膀胱肿瘤患者会遇到复发问题,一些临床和病理方面的指标能够预示肿瘤复发的危险性,其中包括肿瘤的分级、肿瘤浸润的深度(分期)、淋巴侵袭、肿瘤大小、尿路上皮异形性或邻近或远端区域的原位癌、乳头状或实质肿瘤的结构、多灶性和以前肿瘤复发的频率等。它们中最重要的是分级、分期和原位癌的存在。

浅表性膀胱肿瘤有一种令人不安的发展倾向,即低级别的肿瘤复发向高级别转化,这时肿瘤的恶性度和患者的死亡率都会增加。Prout 等对一组 122 例 Ta 期 G1 膀胱癌患者进行了 1 ~ 10 年的追踪研究(平均 58 个月),期间 109 例出现复发,每例平均复发 4 次,其中 29 例分级增加(G2 级 24 例、G3 级 5 例),多发性肿瘤患者复发时分级更易增加。Heney 等在一组 35 例 Ta 期 G1 膀胱癌患者中发现,平均随访 34. 8 个月,有 6 例肿瘤复发后发展为 G2。动物实验结果与上述临床所见相符。在用化学剂诱导的大鼠膀胱癌模型中,无论是病程自然发展还是加强致癌剂的作用,浅表性、低分级膀胱肿瘤都可向浸润性、高分级肿瘤发展,而且这种变化是有序的和逐步演变而成的。

（三）肿瘤的多中心性

泌尿上皮细胞癌被认为是泌尿系上皮中不同时间和部位发生的区域性病变，肿瘤的多中心性是膀胱癌的特点之一。在临床症状出现之前，膀胱肿瘤经常会多点同时发生。这些不同的瘤体可能具有或不具有同样的组织学特点。现在有两种理论解释这个原因：第一种理论是单中心理论，认为多点肿瘤是由一个瘤点增殖和迁徙而来，不论是腔内种植还是通过上皮的迁移途径。在膀胱癌电切除后立即进行化疗药物灌注预防复发的方法无疑是非常成功治疗，这就意味着单中心学说是复发的主要机制。第二种理论是膀胱黏膜受区域影响的结果，这一概念来源于以下事实：膀胱癌往往是多发的，TIS、黏膜异常与表浅性肿瘤、浸润性癌共存，这些 TIS 与肿瘤的复发、恶化及最终患者的死亡都有密不可分的关系。包括 TIS 在内的黏膜异常不仅存在于膀胱，还见于输尿管、尿道及尿道旁前列腺导管内。所有这些现象都支持膀胱的多发性肿瘤来自区域变化影响下的多个克隆。反之，如果认为多发性或复发性膀胱肿瘤发自同一克隆，最可能的机制就是肿瘤细胞在黏膜内的种植或蔓延。

早期对 X 染色体失活及 9q 等位基因缺失情况进行过分析，发现来自同一患者的全部肿瘤都有同样的 X 染色体失活和 9q 等位基因缺失，有力地支持了同期（甚至不同期）生长的多发性膀胱肿瘤来源于同一个前体细胞的观点。最近运用显微切割法和 X 染色体抑制法来研究肌肉侵袭性肿瘤的克隆特点，发现许多单独存在的膀胱癌都是多克隆性的。不过应该指出的是，这两项结果均出自高分化肿瘤而不是更为常见的低分化肿瘤。

（四）肌层浸润性膀胱癌（T2 以上）

以前人们一直认为浸润性膀胱癌是浅表性肿瘤复发、恶变后进展的结果，在化学剂诱导的大鼠膀胱癌模型中可以观察到这一现象，推测人类膀胱癌的演变也遵循同样的过程。然而越来越多的证据表明，大多数浸润性膀胱肿瘤患者并没有乳头状肿瘤的病史或形态学上的乳头样结构。

10%～20% 的浅表性乳头状瘤的患者最终会发展为侵袭性或转移性癌。40%～45% 新诊断的膀胱癌是高级别的损伤，它们超过一半在诊断时已经侵袭肌肉或更广泛。有研究分析了 104 例高级别的浸润性膀胱癌病例，发现其中只有 20 例有乳头状癌病史，在 84 例没有乳头状肿瘤病史的患者中有 22 例在 2 月到 8 年之前曾行膀胱颈检查，未发现有膀胱肿瘤，因此认为乳头状肿瘤可能不全是浸润性癌的最直接原因。对 10 例有乳头状肿瘤病史的浸润性癌病例进行研究，发现其中 5 例的浸润性肿瘤生长在以前未生长过乳头状肿瘤的部位。

不论早期病变如何，肌层浸润性膀胱癌主要与肿瘤的分期有关，这类肿瘤患者的 5 年生存率为 40%～60%，中位生存期为 23 个月。当肿瘤侵犯膀胱以外的组织后，5 年生存率降至 20%～30%，出现远处转移后则更差。淋巴结转移见于 25% 的侵犯肌层的病变，长期生存率几乎为 0，常见的转移部位为肺、肝脏和骨骼。

（五）原位癌

原位癌有时会被误认为是“恶变前期（状态）”，但它实际是一种向周围扩展的、非侵袭性的、被定为是属高度恶性的膀胱癌。尽管原位癌像 Ta 期肿瘤一样局限于膀胱上皮层以内,但它仍然被视为是一种高度恶性侵袭性癌的前期病损。原位癌可以与浅表性和浸润性癌伴生。但当它单独发生时,病变范围往往是广泛的,可累及输尿管和尿道,有研究表明,原位癌患者的病变范围超过了黏膜面积的25%。如果未经治疗,40%~83%的原位癌患者将发展成为肌肉侵袭性肿瘤,尤以伴发乳头状瘤者为甚。在仅患有原位癌并行膀胱切除手术治疗的患者中,多达20%的病例在病理检查中发现有肌层侵犯。在最近的一项调查中发现,因T1期肿瘤而行膀胱切除手术的标本中,在有原位癌的病例中有55%的临床分级为高度恶性,而在没有原位癌的病例中只有6%。一项对1500名患者的调查显示,原位癌是继病理分级之后第二重要的预后判断因子。多中心性是原位癌的另一个恶性特征。刺激性排尿症状曾被认为与肿瘤弥散、组织侵犯和预后不良有关,但至今仍未在文献中获得统一认识。

第二节　肿瘤相关基因与膀胱癌

一、ras 基因

ras癌基因是应用肿瘤细胞基因组转导小鼠成纤维细胞并使其在裸小鼠体内形成瘤灶筛选策略克隆的癌基因家族之一。在哺乳动物细胞中,ras癌基因家族有3个结构类似的成员,即H-ras(Harvey-ras或Ha-ras)、K-ras(Kirstein-ras或Ki-ras)及N-ras。这3种癌基因的编码产物,分子质量都是21 000Da,因此又称其为p21蛋白。从功能上来说,Ras蛋白是一种膜相关的G结合类癌基因。3种Ras蛋白的一级结构的氨基末端序列是高度一致的,其区别主要是指羧基末端的20个氨基酸残基序列。近年来,关于Ras蛋白与细胞周期及细胞程序化死亡(programmed cell death,PCD)调节因子之间相互作用的发现和研究,对激活的ras癌基因的恶性转化机制有了较为深入而系统的认识。

人类的ras基因家族是细胞转化过程中的癌基因,在人类诸如胰腺癌、结肠癌和肺癌等肿瘤中主要是K-ras的突变明显不同,而血液系统肿瘤中以N-ras突变为主,H-ras基因的突变能够增加膀胱癌的发病率。当H-ras在第12、第13和第61位点上发生点突变时就具有致癌能力。目前有两种基因转变说法:突变影响编码Ras蛋白活性的酶及内部剪切最后的内含子。有报道称,有近50%的膀胱癌中都存在Ras突变,但也有报道认为其突变率低于50%。在持续活化H-ras的转基因小鼠中,所有的小鼠均出现尿路上皮的增生,而60%的10个月小鼠最终出现低级别非浸润性膀胱癌,这一过程与人类的相似。值得注意的是,长期观察发现,活化的H-ras常常诱发低级别、非浸润性膀胱肿瘤。另一项关于人类的研究支持活化的Ras通路诱发尿路上皮肿瘤。最近发现的Costello综合征是一种表现为骨骼肌和神经系统畸形的疾病,它是由H-ras基因突变引起的。这种患者在青少年期就开始出现尿路上皮肿瘤,且表现为低级别、多中心和复发的特性,这与散在的成人H-ras基因突变所导致的尿路上皮肿瘤症状相似。

二、p53 基因

p53基因定位于人染色体17p13.1,长约20kb,含有11个外显子、10个内含子,有野生型(wild type)和突变型(mutant type)之分。野生型p53(wp53)基因为抑癌基因,突变型p53

基因为癌基因。野生型 p53 调节 G_1 期细胞进入 S 期,如果 DNA 受损可使细胞停留在 G_1 期,抑制细胞的生长和分裂。当 p53 缺失或突变后,失去对细胞的监控作用,细胞带着受损的 DNA 进入 S 期,发生突变和染色体畸形,导致细胞癌变。因此 p53 被誉为"管家基因",它调节细胞生长,监护细胞 DNA 完整性,诱导 DNA 损伤且不能修复的细胞发生凋亡而发挥抑癌作用。被认为是与人类肿瘤相关性最高的基因,也是发现较早的抗癌基因之一,在肿瘤的发生、发展中起着重要作用。Wang 等报道,p53 过度表达在病理分级 G1、G2、G3 中分别是 6%、28%、71%,Tis 期表浅膀胱癌的表达率为 19%,T2 ~ T4 期表达率为 59%。实验表明,p53 基因与膀胱肿瘤预后差的临床病理因素密切相关,并与 TMN 分期、组织学分级呈正相关,与肿瘤的数目、淋巴结转移关系密切。

三、基质金属蛋白酶基因

大量实验表明,膀胱癌细胞的分化、浸润及转移与其诱导产生基质金属蛋白酶(matrix metalloproteinases,MMP)的能力密切相关。MMP 是细胞外基质(ECM)的重要降解酶,它是一个锌依赖的内肽酶家族。目前已发现的 MMP 家族成员已达 20 多种。MMP 的主要作用底物是细胞外基质中的基底膜(basement membrane,BM),血管平滑肌的增生、迁移在内膜最显著,血管外膜也发现了平滑肌细胞的增生和迁移,而这种增生过程与 MMP 表达呈正相关。血管平滑肌增生和迁移分泌大量细胞外基质,而 MMP 又不断降解,屏障作用减弱,促进了平滑肌的增生和迁移。因此,MMP 活性可促进肿瘤的浸润和转移。

MMP 家族中的 MMP-2 和 MMP-9 属于Ⅳ型胶原酶,它们参与降解细胞外基质和基底膜的主要成分Ⅳ型胶原,它们是最为重要的两种水解蛋白,在癌细胞的侵袭和转移过程中有着重要的作用。肿瘤细胞与基质细胞相互作用产生 MMP 在肿瘤的发展过程中是必需的。MMP-2、MMP-9 在膀胱肿瘤的侵袭转移中起着重要作用。细胞外基质是细胞生存的重要内环境,其不仅由胶原糖蛋白、蛋白多糖等构成,而且含有大量的蛋白酶、细胞因子、黏附分子。细胞外基质,尤其是其中的基底膜,是肿瘤转移过程中必须克服的生理屏障。大量研究证实,MMP-2、MMP-9 是降解细胞外基质最重要的酶类。金属蛋白酶组织抑制剂(TIMP)是重要的调节剂,其中 TIMP-2 可介导 MMP 在细胞表面激活前 MMP-2,在膀胱癌细胞移行过程中这种局部细胞基质降解机制可能有着重要意义。国内研究也表明,转移性强的肿瘤细胞株具有较强的产生活性 MMP-2 的能力。MMP-2、MMP-9 在肿瘤新生血管形成中的作用提示,不仅在肿瘤转移中,而且在肿瘤的生长过程中,MMP-2、MMP-9 均起着重要的推进作用。实验证明,MMP-2 外源性抑制或反核酶均能导致肿瘤蛋白水解能力及新生血管能力的丧失,可见 TIMP 及 MMP-2 在膀胱癌新生血管形成中起着重要作用。多年来,人们对 MMP-2、MMP-9 与膀胱肿瘤的关系进行了大量的研究。免疫组织化学和原位杂交研究证明,肿瘤组织与间质细胞中均表达 MMP,但以肿瘤组织表达的量相对较高,而间质细胞中主要是纤维细胞、淋巴细胞、巨噬细胞和嗜酸性粒细胞等表达 MMP。

MMP-2、MMP-9 在膀胱肿瘤中的表达有不同程度的增加,并与肿瘤进展及预后相关,这为临床上对膀胱癌的分期、分级提供了理论依据。同时研究还发现,MMP-2、MMP-9 在尿液中的含量与膀胱肿瘤的性质相关,这为膀胱癌的临床诊断提供了一条新的思路。MMP-2、MMP-9 在膀胱肿瘤侵袭和转移过程中的重要作用也为抗肿瘤转移治疗提供了一个重要靶点。

四、10 号染色体同源缺失的磷酸酶-张力蛋白基因

近年来,有关膀胱癌相关基因的研究取得了很大的进展。10 号染色体同源缺失的磷酸酶-张力蛋白基因(phosphatase and tensin homology deleted on chromosome ten, PTEN)为近年来新发现的一种抑癌基因,现已证实该基因的突变、失活与多种肿瘤的发生、发展密切相关,是迄今发现的第一个具有磷酸酶活性的抑癌基因。PTEN 是 1997 年由 Stock 等研究小组先后发现的一个具有双重特异磷酸酶活性的抑癌基因,可以多途径地抑制肿瘤的浸润和转移。该基因定位于人类染色体的 10q23,有 9 个外显子和 8 个内含子,全长 200kb。PTEN 是一种多功能蛋白质,具有脂质磷酸酶和蛋白磷酸酶两种活性,可通过使 3,4,5-三磷酸酰肌醇(PIP3)和局部黏附激酶(FAK)去磷酸化,而诱导细胞凋亡。目前已证实 PTEN 是与膀胱癌相关的抑癌基因,对膀胱癌的侵袭起抑制作用。有研究表明,PTEN 基因在膀胱癌中的丢失或灭活与肿瘤的级别有关。PTEN 基因参与膀胱癌的机制可能为:PTEN 通过编码磷脂酰肌醇磷酸化酶,在 PI3K 介导的信号转导系统中起着重要作用,PTEN 基因的丢失可降低 AKT/PKB 的活性,而 AKT/PKB 作为一种丝氨酸/酪氨酸激酶,参与依赖 PI3K 信号转导途径的代谢增殖活动和抗凋亡途径。进一步研究 PTEN 基因在膀胱癌的发生、发展过程中的作用及其机制以及与 MMP 的相互作用,对膀胱癌的诊断、治疗及预后判断具有重要的临床意义。

五、Livin 基因

目前普遍认为肿瘤的发生是由细胞增殖与细胞凋亡失衡所致。凋亡蛋白抑制因子(inhibitor of apoptosis protein, IAP)是一类重要的抗细胞凋亡因子,其过度表达抑制细胞凋亡,在肿瘤的发病机制中起着重要作用。人类 IAP 已发现有 8 个成员。Livin 是新发现的一个 IAP 家族成员,它是 2000 年由 3 个不同实验小组在同一时期发现的。Livin 基因位于人染色体 20q13.3,全长 46kb,包含 7 个外显子、6 个内含子。其在大多数正常人组织中不表达或低表达,但在很多人类恶性肿瘤中高表达,提示该基因可能在肿瘤的发生、发展中起着重要作用。细胞凋亡受抑制是肿瘤形成的一个重要基础。而 Livin 具有明显的抗细胞凋亡作用。最初在黑色素瘤细胞株中发现 Livin 过表达,Ashhab 等用 RT-PCR 法检测发现 Livin 在肿瘤细胞系中普遍表达,特别是在黑色素瘤细胞系、结肠癌细胞系、前列腺癌细胞系及白血病瘤株中发现 Livin 两种异构体均高表达。研究结果提示,Livin 的高表达可能与人类某些类型肿瘤的形成存在密切关系。Gazzaniga 等用 RT-PCR 对 30 例浅表性膀胱癌标本和 24 例正常膀胱组织进行检测,并对膀胱癌患者进行术后随访,结果显示 Livin-α 和 Livin-β 在所有正常膀胱组织中均无表达,Livin-β 在膀胱癌组织中也无表达,而 Livin-α 表达阳性率为 23%。进一步分析显示,Livin-α 表达阳性的患者手术后肿瘤平均复发时间为 3.5 个月,而 Livin-α 表达阴性的患者手术后平均复发时间为 27.2 个月。因此,Livin 与膀胱肿瘤的发生、发展密切相关,并有可能成为检测肿瘤复发的早期指标之一。目前,在恶性肿瘤的治疗中,除了传统的手术治疗、放疗和化疗外,人们更多地把目光投向了基因治疗和免疫治疗。如何抑制特殊抗凋亡因子的作用成为了研究热点,以 Livin 作为促凋亡治疗靶点的研究也已开展,针对 Livin 基因序列设计的特异性小干涉 RNA(siRNA)和反义核酸序列可以阻断肿瘤细胞中 Livin mRNA 的表达,从而促进肿瘤细胞凋亡,增加肿瘤细胞对凋亡诱导剂的敏感性。所以,

Livin 可作为肿瘤细胞诱导凋亡治疗的新靶点。

六、生存素基因

细胞生长的失控及对凋亡信号的拮抗是恶性肿瘤发生、发展的标志,生存素(survivin)属于 IAP 的成员,在人体的多数肿瘤组织中均有大量表达,而在大多数正常终末分化组织中无表达;其不仅具有细胞凋亡抑制作用,而且对细胞有丝分裂、细胞周期调节和肿瘤血管生成起着重要作用。

临床上膀胱癌的诊断主要依赖尿脱落细胞学、膀胱镜病理学检查。寻找对膀胱癌诊断敏感性高、特异性强、方便快捷、经济的非侵入性新瘤标志是重要研究方向。Smith 等研究表明,在肿瘤组织中生存素表达的量随肿瘤的分级(期)的增加而增加,这表明生存素与膀胱癌的病理恶性程度呈正相关。生存素通过直接或间接抑制 Caspase 的活性,在抑制凋亡发生过程中起着非常重要的作用。生存素是一些恶性肿瘤有潜在价值的诊断指标和预后因子,而在膀胱癌诊断中,尿生存素检测比尿脱落细胞学检查具有更高的敏感性和特异性。检测尿脱落细胞中生存素的表达有望成为临床诊断、筛选膀胱癌的较可靠方法。生存素在膀胱癌的演进过程中可能起着重要作用,可望作为检测膀胱癌恶化进展的指标。

近年来,大量的研究证明,生存素作为新的治疗癌症靶点,可采取抑制其表达或干扰其作用的策略来治疗肿瘤。生存素在膀胱癌组织中表达而在正常膀胱组织中不表达,是较为合理的膀胱癌治疗潜在靶点,应用 RNA 干扰技术、核酶技术、反义核苷酸技术和生存素显性失活突变体技术等靶向生存素的基因治疗实验以及以生存素为靶向的药物治疗实验取得了可喜的成果。Wang 等利用 RNA 干扰技术(siRNA)介导生存素下调,使鼠膀胱癌 T24 细胞株的存活能力下降,凋亡增加。体外实验研究发现生存素反义寡核苷酸(ASODN)能加强紫杉醇诱导的膀胱癌细胞凋亡,该实验为将来膀胱癌生物疗法奠定了基础。Singh 等将人膀胱移行细胞乳突状瘤 RT4 细胞注入小鼠体内,实验研究证实口服制剂抗癌抗生素水飞蓟宾(silibinin)可通过下调生存素并增加 p53 表达加强细胞凋亡,抑制膀胱癌细胞生长。Tian 等利用小鼠膀胱癌模型研究 Curcumin 治疗膀胱癌,研究表明,Curcumin 抑制抗凋亡 Bcl-2 和生存素蛋白表达的同时加强 Bax 和 p53 的表达,并发现 Curcumin 比顺铂的抗癌能力强。另一项研究发现,腺病毒介导的抑癌基因 PTEN 通过抑制生存素抗细胞凋亡功能和激活 Caspase 级联反应来阻止膀胱癌细胞增殖,是一个有潜力的膀胱癌治疗方法。另外,Idenoue 等通过生存素-2B 8088(AYACNTSTL)肽作为抗原,诱导人 HLA-A24$^{(+)}$乳腺癌、结直肠癌及胃癌的特异性自发性细胞毒 T 细胞(CTL)反应,以识别和杀伤肿瘤细胞,从而提出 AYACNTSTL 肽可能成为 HLA-A24$^{(+)}$肿瘤的疫苗,为进行膀胱癌及其他肿瘤的免疫治疗提供了基础。生存素是膀胱癌靶向治疗的一个理想的靶蛋白/靶基因,已经成为肿瘤治疗研究的热点和焦点,以生存素为靶向的肿瘤治疗尚处于探索阶段,随着对肿瘤发生机制认识的不断深入,基因治疗的日渐成熟,生存素越来越受到关注。抑制细胞凋亡、调节细胞周期、参与肿瘤血管形成以及特异的组织分布等诸多功能,使生存素在肿瘤诊断、治疗、评价预后方面的优势逐渐明显。

七、nm23 基因

nm23 是 Steeg 等于 1988 年发现的肿瘤转移抑制基因,定位于染色体 17q21.3 上,包括

H1、H2 两种不同类型。肿瘤的浸润和转移是很复杂的病程演变过程，涉及多个癌基因及抑癌基因的表达与调控。由于 nm23 基因是一种抑制肿瘤转移相关的基因，所以 nm23 在肿瘤中的阳性表达对抑制肿瘤生长、浸润、转移有着重要意义，对人体多种肿瘤的研究表明，nm23 的低表达与肿瘤的淋巴结转移、高复发率、患者预后及低生存率显著相关，Suzuki 等研究发现了结肠癌细胞中 nm23-H1 能通过调节肌球蛋白轻链磷酸化程度降低细胞体外迁徙能力和肝脏转移潜力，这可能是 nm23 调控结肠癌转移的机制之一。Hussein 等分别采用免疫组织化学和 RT-PCR 检测膀胱癌组织中 nm23-H1 蛋白及 RNA 的表达，发现随着肿瘤的病理分级及临床分期增高，表达呈不同程度的降低甚至缺失，尤其在淋巴结转移组两者的表达均有显著性差异，表明 nm23-H1 在膀胱癌的转移过程中起重要的抑制作用，可作为评价肿瘤生物学的客观指标。

八、CD44 基因

CD44 是一组细胞表面糖蛋白，是细胞-细胞、细胞-间质之间的黏附因子，包括标准型 CD44（CD44 standard，CD44S）和变异型 CD44（CD44 variant，CD44V）。其中 CD44V 与肿瘤的转移有密切关系，可降低细胞之间的黏附力，而促进肿瘤细胞离开原发部位发生转移。近年来越来越多的研究表明，CD44V 与癌细胞的侵袭转移行为有着密不可分的关系。CD44V 通过 V 区外显子选择剪接产生多种不同的变异体，与许多恶性肿瘤的浸润和转移密切相关，尤其异构体 CD44V6 仅为新发现的一种提示肿瘤浸润和转移的指标，可用于临床诊断、监测转移等。Kuncov 等通过对 HTI197 和 HTI5637 两株尿路上皮细胞癌细胞株的研究表明，CD44V6 在膀胱癌的表达与两株细胞高度增殖活性、干细胞样表型、细胞异型度有关。在膀胱癌细胞中，CD44V6 可能是一种潜在的转移抑制因子，膀胱癌 CD44V6 表达缺失与预后差可能有关。CD44 分子是研究黏附分子与肿瘤侵袭和转移关系中的热点，但许多研究仍处于初始阶段，其具体机制还有待于进一步研究。

九、bcl-2 基因

bcl-2 基因是从 B 细胞淋巴瘤白血病的 18 号染色体上分离出来的，也是所发现的第一个凋亡抑制基因，基因的蛋白产物定位于线粒体膜、核膜和内质网上，可与 bax 形成异源性二聚体，从而加强细胞凋亡的发生。Bcl-2 表达可抑制细胞凋亡，延长细胞寿命，增加细胞其他基因突变机会或使突变基因在细胞内积聚，导致细胞恶性转化，其编码的 Bcl-2 蛋白可使细胞对多种因素介导的凋亡产生抗性，增加肿瘤细胞数，导致肿瘤的发生和发展。在淋巴瘤、乳腺癌、神经母细胞瘤等多种肿瘤中均发现 Bcl-2 呈高表达。Chen 等研究发现下调抗凋亡基因 bcl-2、bcl-xL、生存素和细胞周期调节基因 Cyclin Dl 水平与细胞生长抑制和凋亡密切相关。

十、c-myc 基因

c-myc 基因位于人染色体 8q24，编码为 p62 的核内蛋白，是 myc 癌基因家族中最重要的成员，c-myc 基因与正常细胞的生长和分化密切相关，在生长因子刺激成纤维细胞时，其表达增强，反之则表达降低。其在细胞静止期几乎不表达，在细胞 G_0 期至 S 期进程中起作用，其表达产物参与细胞的生长调节、分化或恶性转化。其在细胞质内合成并与相关蛋白质结合后形成寡聚体而移至细胞核内，再与 DNA 特异性结合，参与 DNA 复制，激活和抑制靶基因的转录，促进细胞的生长和分化改变，抑制细胞的凋亡。近年来的研究发现，Myc 蛋白可与一种结构相似的 Max 蛋白形成异二聚体，结合到 DNA 复制起始位点，激活靶基因；不饱和脂肪酸可以阻止此二聚体与基因的形成。研究表明，c-myc 的表达与肿瘤的分期、分级及浸润和多发等密切相关。膀胱移行细胞癌患者血细胞的 c-myc mRNA 阳性表达率为 51.7%，对照组为 33.3%，组间比较不具有显著性差异。

十一、表皮生长因子受体

表皮生长因子受体(EGFR)是酪氨酸激酶生长因子受体家族成员，是跨膜蛋白，控制细胞的生长、运动、分化和存活。在膀胱癌中高表达 EGFR，与高分期、分级肿瘤，进展期肿瘤及低预后相关。肿瘤特异性存活率特别差的膀胱癌患者中 EGFR 高表达。抑制 EGFR 介导的通路来治疗膀胱癌似乎可行。目前已有多种药临床试验项目，如西妥昔单抗、曲妥珠单抗在进行，以及通过小分子抑制胞内的酪氨酸激酶区域的吉非替尼、埃罗替尼。

十二、E-黏附素

黏附素(E-cadherin)是钙离子依赖的跨膜糖蛋白，作为维持细胞连接的固着物，其主要功能为参与细胞与细胞之间及细胞与细胞外介质之间的黏附。癌细胞只有失去黏附功能，才能离开其原来位置而向外移动，使其发生侵袭及转移。可溶性 E-黏附素(soluble E-eadherin，sE-cadherin)为 E-黏附素肽链在细胞表面的水解产物。有学者发现，在膀胱移行细胞癌患者的血浆及尿液中 sE-cadherin 表达水平明显增高。Shabrokh 等用 ELISA 法定量检测尿中 sE-cadherin 的表达水平后发现，尿中 sE-cadherin 表达水平的升高与肿瘤细胞肌层浸润相关。尿 sE-cadherin 比细胞学检查更为敏感(71.3% 比 53.8%)，但特异度低(65.0% 比 89.8%)。联合应用尿 sE-cadherin 与细胞学检查敏感度为 77.4%，敏感度优于细胞学检查。尿 sE-cadherin 与膀胱癌发生侵袭和转移的相关性有待于进一步研究。

十三、血管内皮生长因子

血管内皮细胞生长因子(VEGF)基因位于人染色体 6p12 处，是血管生成诱导物，通过刺激内皮细胞增殖和迁移而促进血管生成，同时血管通透性增加，使肿瘤细胞外渗而发生转移，还可改变细胞外基质和基因的表达以及机体的免疫功能，使肿瘤细胞得以逃脱机体免疫监视而扩散和转移。在正常组织和肿瘤组织中都存在 VEGF 表达，在膀胱癌 T1 期中就已呈高表达。VEGF 基因表达水平及其阳性率在膀胱移行细胞癌中随临床分期的升高而显著升高。VEGF 高表达患者膀胱癌复发率亦高。

十四、COX-2 基因

环氧化酶(cyclooxygenase，COX)又称为前列腺素(prostaglandin，PG)内过氧化合成酶，是人体内催化花生四烯酸(AA)转变为前列腺素的限速酶。COX 有 3 个亚型，即 COX-1、COX-2、COX-3，均具有催化 AA 转变为 PG 的酶活性，但它们在体内的分布与生理作用不同。

COX-2 参与肿瘤发生、发展的具体作用机制目前尚不十分明确。其参与不同肿瘤发生、发展的可能机制可归纳为:①细胞增殖和凋亡失衡。COX-2 的过度表达可促进细胞增殖,抑制细胞凋亡。COX-2 衍生的前列腺素 E_2(PGE_2)可促进肿瘤细胞增殖并抵抗凋亡。COX-2 抑制细胞凋亡的机制还包括增加 Bcl-2 表达。Bcl-2 是主要的抗凋亡和抗氧化蛋白,而 COX-2 可上调 Bcl-2 蛋白表达,同时下调凋亡蛋白 Bax 和 Bcl-xL 的表达。②抑制机体的免疫反应。PGE2 可抑制肿瘤坏死因子(TNF-α)的产生,从而诱导有免疫抑制功能的 IL-10 的产生。③增加肿瘤细胞侵袭、转移的潜能。Koenig 等发现,在胰腺癌细胞中 COX-2 诱导肿瘤产生细胞外基质成分,通过减少上皮型钙黏素(E-cad)介导的细胞之间的黏附和促进胰腺癌细胞的增殖,有助于肿瘤侵犯和转移。Symowicz 等的研究发现,在卵巢癌中,溶血磷脂酸(LPA)通过激活 Edg/LPA 受体和转活受 LPA 介导的表皮生长因子受体,活化的 Ras/Mitogen 蛋白激酶途径能增加 COX-2 表达,促进 proMMP-2 的激活和基质蛋白酶-2(MMP-2)依赖的转移。COX-2 特异性抑制剂 NS-398 能减少 LPA 诱导的 proMMP-2 蛋白的表达和活性,并阻滞 MMP-2 依赖的转移和侵犯活性。④参与致癌物的代谢。COX-2 具有过氧化酶的活性,在催化前列腺素形成的反应过程中可产生较多的氧自由基,可使一些芳香胺(2-苯胺等)和其他化学物质发生共氧化反应而生成致癌物。此外,前列腺素 H2 向其他类型前列腺素的转化过程也可能被打断,形成具有诱变作用的丙二醛,直接激活癌基因或引起 p53 等抑癌基因突变。⑤促进肿瘤血管形成。COX-2 在诱导前列腺素合酶(PG)生成上,通过作用于其表面的前列腺素受体 EP2,增加细胞内 cAMP 的产生,诱导生成 VEGF,促进血管生成,且 PGE_2、PGF 可以促进内皮细胞的迁移及管样结构的形成,而 PGE_2 可以增加血管的通透性,增加已形成血管的血流量,进一步促进血管生成。

COX-2 的表达与预后不良有关,包括肿瘤进展、复发可能、转移、膀胱癌病死率,但在多变量分析中发现,COX-2 的表达不能作为一个独立的预测因素。Margulis 等通过免疫组织化学分析描述了 COX-2 在正常膀胱组织和原发性移行细胞癌及局部转移的 TCC 中的差异性表达,发现在正常组织中 COX-2 表达水平很低,但在 TCC 中和在 TCC 邻近的组织(癌旁组织)中过表达。这一结果在以后的一些 TCC 实验动物和临床标本分析中得到认同。但 Hilmy 等在一项对 103 例膀胱移行细胞癌患者的全身炎症反应、肿瘤的增殖活动、T 淋巴细胞的浸润和 COX-2 的表达及生存率的研究中发现,全身因素(如 C 反应性蛋白)相对于肿瘤的基本因素(如分级)、COX-2 的表达和 T 淋巴细胞的浸润对生存率的影响要重要得多。

近年来的研究发现,COX-2 抑制剂通过减少前列腺素的合成,下调生存素表达、上调 Smad2 基因表达来诱导膀胱癌细胞系(UM-UC-1、UM-UC-3、RT4、5637 和 T24)的凋亡,抑制肿瘤细胞的生长增殖,而且选择性 COX-2 抑制剂[SC-58125、塞来昔布(celecoxib)]和非选择性 COX-2 抑制剂[吲哚美辛(indomethacin)]均可抑制膀胱癌细胞 T24 的增殖。由于非选择性 COX-2 抑制剂能引起包括胃溃疡、肾毒性的不良反应,而 COX-2 特异性抑制剂(如罗非考昔)的应用有可能导致心血管疾病的发病率升高,因此,通过全身应用 COX-2 抑制剂的方法来治疗肿瘤未能进入临床实用。但是,膀胱是一个特殊器官,可通过膀胱灌注的方法进行治疗,而且 COX-2 在正常的膀胱上皮中不表达,显示膀胱灌注 COX-2 抑制剂对膀胱肿瘤的治疗具有很好的靶向性。

十五、ki-67 基因

免疫组织化学染色时发现的 Ki-67 抗原，又称为 Ki-67 蛋白，其最早由 Gerdes 等于 1983 年描述。他们在研究霍奇金淋巴瘤 L428 细胞系时，发现免疫小鼠产生的单克隆抗体能特异性的与一种核增殖抗原结合，该抗原就是 Ki-67 抗原。研究表明，Ki-67 抗原在所有增殖细胞中均有表达（包括正常细胞和肿瘤细胞），但在静止细胞中无法检测到其表达。正常人体组织细胞中仅有甲状腺细胞、胸腺内皮细胞和未分化的精原细胞有 Ki-67 的表达，其他组织几乎无表达。Ki-67 在除 G_0 期以外的各有丝分裂周期中均有表达，M 期达高峰，有丝分裂后表达迅速下降，其半衰期不到 1h，其基因定位于第 10 号染色体长臂，共有 15 个外显子和 14 个内含子。

一项来自欧洲的研究报道了膀胱癌组织中 Ki-67 蛋白的表达与患者尿中特异性 Ki-67 RNA 聚集的关系。在对 64 例对象（26 例膀胱癌患者、28 例尿路感染患者、14 例健康者）的尿液检测中发现，健康者和尿路感染者 Ki-67 RNA 表达的中位数分别是 0 拷贝/ml 和 56 拷贝/ml。而膀胱癌患者 G1、G2、G3 级的 Ki-67 RNA 中位数分别为 32 拷贝/ml、297 拷贝/ml 和 263 拷贝/ml。分级为 G2、G3 的患者尿液 Ki-67 RNA 的聚集值明显高于健康者和其他病例，但 G2、G3 之间没有显著差异，并且膀胱癌患者尿液的 Ki-67 RNA 与癌组织中的 Ki-67 呈明显正相关（$P=0.009$）。通过检测患者尿液 Ki-67 RNA 这一无创性的检查来初步判断癌细胞增殖活性，显然要比检测癌组织中的 Ki-67 要简单和易于临床应用，从而提供了新的思路和方法。膀胱原位癌是一种高危的肿瘤，容易进展和复发，但诊断上常与非肿瘤性的尿路上皮难以鉴别。Yin 等通过对 Ki-67 和 CK20 的检测可很好的鉴别 CIS 及非肿瘤性增生的尿路上皮。其对 26 例 CIS 和 23 例非肿瘤性尿路上皮（包括非典型增生、增生和正常的尿路上皮患者的 Ki-67 和 CK20 检测结果发现 CIS 的 Ki-67）、CK20 无论在表达强度和位置上都与非肿瘤性尿路上皮明显不同。所有 CIS 的 Ki-67 阳性表达率都大于 10%，平均为 53.3%，Ki-67 表达阳性的细胞遍布尿路上皮各层，而非肿瘤性尿路上皮中 Ki-67 平均为 3.7%，明显低于 CIS，并且仅局限于基底层。日本的一项研究观察了 Bax/Bcl-2 和 Ki-67 在膀胱癌放疗、化疗患者中的表达情况。62 例患者（T1G3-T4Mo）都接受了手术前放疗化疗治疗，中位随访 34 个月，发现 Ki-67 阳性患者的病因特异性生存率明显低于阴性患者，而 Bax、Bcl-2 与病因特异性生存率无关。Ki-67 是预测肿瘤特异性生存期的独立因子，可以利用 Ki-67 对接受放疗、化疗的患者进行预后评价，从而指导治疗方案的制订。

膀胱癌的分子生物学研究虽然取得了一定的进展，但还不够深入。由于实验方法不同，实验结果也不尽相同，结论还不够明确，其分子生物学特征还不完全清楚。膀胱癌的发生、发展是多基因协调、多因素参与、多阶段发展的综合过程，其内在关联性及分子生物学机制尚未完全清楚，仍有待于进一步的研究加以阐明。相信随着膀胱癌分子生物学研究的不断深入，膀胱癌发生、发展的机制将更加明确，其分子生物学标记物将在分子水平为临床提供信息，可用于膀胱癌的早期诊断、监测、判断预后及基因治疗，具有十分重要的意义。

（赵玉千）

参考文献

汤尧,王建. 2011. 膀胱癌相关因子研究进展. 中国现代医生,49(9):12-14.

张旗,吴奎. 2010. 膀胱癌分子生物学的研究进展. 国际泌尿系统杂志,30(2):194-198.

Aoki Y, Niihori T, Kawame H, et al. 2005. Germline mutations in HRAS proto-oncogene cause Costello syndrome. Nat Genet, 37 (10):1038-1040.

Bos JL. 1989. ras oncogenes in human cancer: a review. Cancer Res, 49(17):4682-4689.

Chow NH, Chan SH, Tzai TS, et al. 2001. Expression profiles of ERBB family receptors and prognosis in primary transitional cell carcinoma of the urinary bladder. Clin Cancer Res, 7(7):1957-1962.

Cohen SM, Murasaki G, Fukushima S, et al. 1982. Effect of regenerative hyperplasia on the urinary bladder: carcinogenicity of sodium saccharin and N-[4-(5-nitro-2-furyl)-2-thiazolyl]formamide. Cancer Res, 42(1):65-71.

Colquhoun AJ, Mchugh LA, Tulchinsky E, et al. 2007. Combination treatment with ionising radiation and gefitinib ('Iressa', ZD1839), an epidermal growth factor receptor (EGFR) inhibitor, significantly inhibits bladder cancer cell growth in vitro and in vivo. J Radiat Res (Tokyo), 48(5):351-360.

Cormio L, Tolve I, Annese P, et al. 2010. Retinoblastoma protein expression predicts response to bacillus Calmette-Guerin immunotherapy in patients with T1G3 bladder cancer. Urol Oncol, 28(3):285-289.

Crawford JM. 2008. The origins of bladder cancer. Lab Invest, 88(7):686-693.

Cully M, You H, Levine AJ, et al. 2006. Beyond PTEN mutations: the PI3K pathway as an integrator of multiple inputs during tumorigenesis. Nat Rev Cancer, 6(3):184-192.

Diamantopoulou K, Lazaris A, Mylona E, et al. 2005. Cyclooxygenase-2 protein expression in relation to apoptotic potential and its prognostic significance in bladder urothelial carcinoma. Anticancer Res, 25(6C):4543-4549.

Gallucci M, Guadagni F, Marzano R, et al. 2005. Status of the p53, p16, RB1, and HER-2 genes and chromosomes 3, 7, 9, and 17 in advanced bladder cancer: correlation with adjacent mucosa and pathological parameters. J Clin Pathol, 58(4):367-371.

Gee J, Lee IL, Jendiroba D, et al. 2006. Selective cyclooxygenase-2 inhibitors inhibit growth and induce apoptosis of bladder cancer. Oncol Rep, 15(2):471-477.

George B, Datar RH, Wu L, et al. 2007. p53 gene and protein status: the role of p53 alterations in predicting outcome in patients with bladder cancer. J Clin Oncol, 25(34):5352-5358.

Gripp KW, Scott CI Jr, Nicholson L, et al. 2000. Second case of bladder carcinoma in a patient with Costello syndrome. Am J Med Genet, 90(3):256-259.

Habuchi T, MaRBerger M, Droller MJ, et al. 2005. Prognostic markers for bladder cancer: International Consensus Panel on bladder tumor markers. Urology, 66(6 Suppl 1):64-74.

Hilmy M, Bartlett JM, Underwood MA, et al. 2005. The relationship between the systemic inflammatory response and survival in patients with transitional cell carcinoma of the urinary bladder. Br J Cancer, 92(4):625-627.

Hilmy M, Campbell R, Bartlett JM, et al. 2006. The relationship between the systemic inflammatory response, tumour proliferative activity, T-lymphocytic infiltration and COX-2 expression and survival in patients with transitional cell carcinoma of the urinary bladder. Br J Cancer, 95(9):1234-1238.

Hitchings AW, Kumar M, Jordan S, et al. 2004. Prediction of progression in pTa and pT1 bladder carcinomas with p53, p16 and pRB. Br J Cancer, 91(3):552-557.

Hussain SP, Hollstein MH, Harris CC. 2000. p53 tumor suppressor gene: at the crossroads of molecular carcinogenesis, molecular epidemiology, and human risk assessment. Ann N Y Acad Sci, 919:79-85.

Inoue K, Slaton JW, Kim SJ, et al. 2000. Interleukin 8 expression regulates tumorigenicity and metastasis in human bladder cancer. Cancer Res, 60(8):2290-2299.

Jemal A, Siegel R, Ward E, et al. 2009. Cancer statistics, 2009. CA Cancer J Clin, 59(4):225-249.

Junttila TT, Laato M, Vahlberg T, et al. 2003. Identification of patients with transitional cell carcinoma of the bladder over expressing ERBB2, ERBB3, or specific ERBB4 isoforms: real-time reverse transcription-PCR analysis in estimation of ERBB receptor status from cancer patients. Clin Cancer Res, 9(14):5346-5357.

Kramer C, Klasmeyer K, Bojar H, et al. 2007. Heparin-binding epidermal growth factor-like growth factor isoforms and epidermal growth factor receptor/ERBB1 expression in bladder cancer and their relation to clinical outcome. Cancer, 109(10):2016-2024.

Lamm SH, Engel A, Penn CA, et al. 2006. Arsenic cancer risk confounder in southwest Taiwan data set. Environ Health Perspect, 114(7):1077-1082.

Lopez-Beltran A, Montironi R. 2004. Non-invasive urothelial neoplasms: according to the most recent WHO classification. Eur Urol, 46(2):170-176.

Majewski T, Lee S, Jeong J, et al. 2008. Understanding the development of human bladder cancer by using a whole-organ genomic mapping strategy. Lab Invest, 88(7):694-721.

Margulis V, Shariat SF, Ashfaq R, et al. 2007. Expression of cyclooxygenase-2 in normal urothelium, and superficial and advanced transitional cell carcinoma of bladder. J Urol, 177(3):1163-1168.

Masood S, Sriprasad S, Palmer JH, et al. 2004. T1G3 bladder cancer——indications for early cystectomy. Int Urol Nephrol, 36(1):41-44.

Michaud DS. 2007. Chronic inflammation and bladder cancer. Urol Oncol, 25(3):260-268.

Millan-Rodriguez F, Chechile-Toniolo G, Salvador-Bayarri J, et al. 2000. Multivariate analysis of the prognostic factors of primary superficial bladder cancer. J Urol. 163(1):73-78.

Mitra AP, Birkhahn M, Cote RJ. 2007. p53 and retinoblastoma pathways in bladder cancer. World J Urol, 25(6):563-571.

Mo L, Zheng X, Huang HY, et al. 2007. Hyperactivation of Ha-ras oncogene, but not Ink4a/Arf deficiency, triggers bladder tumorigenesis. J Clin Invest, 117(2):314-325.

Moussa M, Omran Z, Nosseir M, et al. 2009. Cyclooxygenase-2 expression on urothelial and inflammatory cells of cystoscopic biopsies and urine cytology as a possible predictive marker for bladder carcinoma. APMIS, 117(1):45-52.

O-charoenrat P, Modjtahedi H, Rhys-Evans P, et al. 2000. Epidermal growth factor-like ligands differentially up-regulate matrix metalloproteinase 9 in head and neck squamous carcinoma cells. Cancer Res, 60(4):1121-1128.

Politi EN, Lazaris AC, Lambropoulou S, et al. 2005. Epidermal growth factor receptor and proliferating cell nuclear antigen expression in urine ThinPrep specimens. Cytopathology, 16(6):303-308.

Puzio-Kuter AM, Castillo-Martin M, Kinkade CW, et al. 2009. Inactivation of p53 and Pten promotes invasive bladder cancer. Genes Dev, 23(6):675-680.

Rotterud R, Nesland JM, Berner A, et al. 2005. Expression of the epidermal growth factor receptor family in normal and malignant urothelium. BJU Int, 95(9):1344-1350.

Salinas-Sanchez AS, Atienzar-Tobarra M, Lorenzo-Romero JG, et al. 2007. Sensitivity and specificity of p53 protein detection by immunohistochemistry in patients with urothelial bladder carcinoma. Urol Int, 79(4):321-327.

Salinas-Sanchez AS, Lorenzo-Romero JG, Gimenez-Bachs JM, et al. 2008. Implications of p53 gene mutations on patient survival in transitional cell carcinoma of the bladder: a long-term study. Urol Oncol, 26(6):620-626.

Santos LL, Amaro T, Pereira SA, et al. 2003. Expression of cell-cycle regulatory proteins and their prognostic value in superficial low-grade urothelial cell carcinoma of the bladder. Eur J Surg Oncol, 29(1):74-80.

Schlichtholz B, Presler M, Matuszewski M. 2004. Clinical implications of p53 mutation analysis in bladder cancer tissue and urinesediment by functional assay in yeast. Carcinogenesis, 25(12):2319-2323.

Sgambato A, Migaldi M, Faraglia B, et al. 2002. Cyclin D1 expression in papillary superficial bladder cancer: its association with other cell cycle-associated proteins, cell proliferation and clinical outcome. Int J Cancer, 97(5):671-678.

Shariat SF, Karakiewicz PI, Ashfaq R, et al. 2008. Multiple biomarkers improve prediction of bladder cancer recurrence and mortality in patients undergoing cystectomy. Cancer, 112(2):315-325.

Shinohara N, Koyanagi T. 2002. Ras signal transduction in carcinogenesis and progression of bladder cancer: molecular target for treatment. Urol Res, 30(5):273-281.

Silverman DT, Hartge P, Morrison AS, et al. 1992. Epidemiology of bladder cancer. Hematol Oncol Clin North Am, 6(1):1-30.

Urakami S, Igawa M, Shiina H, et al. 2002. Recurrent transitional cell carcinoma in a child with the Costello syndrome. J Urol, 168(3):1133-1134.

Urist MJ, Di CCJ, Lu ML, et al. 2002. Loss of p63 expression is associated with tumor progression in bladder cancer. Am J Pathol,

161(4):1199-1206.

Villares GJ, Zigler M, Blehm K, et al. 2007. Targeting EGFR in bladder cancer. World J Urol, 25(6):573-579.

Wadhwa P, Goswami AK, Joshi K, et al. 2005. Cyclooxygenase-2 expression increases with the stage and grade in transitional cell carcinoma of the urinary bladder. Int Urol Nephrol, 37(1):47-53.

Wallerand H, Reiter RR, Ravaud A. 2008. Molecular targeting in the treatment of either advanced or metastatic bladder cancer or both according to the signalling pathways. Curr Opin Urol, 18(5):524-532.

Youssef RF, Mitra AP, Bartsch G Jr, et al. 2009. Molecular targets and targeted therapies in bladder cancer management. World J Urol, 27(1):9-20.

Zhang ZT, Pak J, Huang HY, et al. 2001. Role of Ha-ras activation in superficial papillary pathway of urothelial tumor formation. Oncogene, 20(16):1973-1980.

第四十一章　前列腺癌相关肿瘤基因

第一节　前列腺的概况

前列腺(prostate)是男性特有的性腺器官,为不成对的实质性器官,由腺组织和肌组织构成。前列腺如栗子形,底朝上,与膀胱相贴,尖朝下,抵泌尿生殖膈,前面贴耻骨联合,后面依直肠,所以有前列腺肿大时,可做直肠指诊,触知前列腺的背面。前列腺腺体的中间有尿道穿过,可以这样说,前列腺"扼守"着尿道上口,所以,前列腺有病理性改变时,排尿功能首先受到影响。前列腺是人体非常少有的,具有内、外双重分泌功能的性分泌腺。作为外分泌腺,前列腺每天分泌约 2ml 前列腺液,是构成精液的主要成分;作为内分泌腺,前列腺分泌的激素称为"前列腺素"。

一、前列腺解剖

前列腺为男性生殖器附属腺中最大的实质性器官,仅有一个,由腺体组织和肌性组织组成。尿道的前列腺部穿行于前列腺的实质内。前列腺的分泌物是精液的一种主要成分,有营养和增加精子活动的作用。

前列腺呈前后稍扁的栗子形,质韧,淡红色且稍带灰白色。近端宽大称为前列腺底,又名前列腺膀胱面。此面为前列腺最宽大的部分,向上邻底的前部接膀胱颈并有尿道在其中穿过;后部有左、右射精管贯穿其中。下端尖细,朝向前下方,位于尿生殖膈上,称为前列腺尖。底部与尖之间的部分称为前列腺体。前列腺体部前面隆凸,后面平坦体,朝向后下方,延后部正中线上有一纵行浅沟,称为前列腺沟或中央沟,此沟上端与前列腺底部相交叉,并稍凹陷,称为前列腺切迹。

前列腺底部宽 3.5cm,前后径和上下径约为 2.5cm。前列腺前侧近邻耻骨后间隙,并有耻骨前列腺韧带与耻骨下方相连。前列腺的外下侧被肛提肌托起,后侧近邻直肠下段的前壁并隔有直肠膀胱筋膜(Denonvillier' sfascia)。男性尿道在腺底近前缘处穿入前列腺,经腺实质前部,由前列腺尖穿出。射精管从前列腺的后方邻近膀胱处穿入其中,并斜行通过腺体约 2cm,最后开口于精阜中央的前列腺小囊两侧。前列腺的底部与膀胱颈、精囊腺及输精管壶腹相连,前列腺尖部向前下方与尿生殖膈上筋膜相连,前列腺前面距耻骨联合下缘 2cm 处有阴部静脉丛、脂肪和疏松结缔组织。前列腺的尖部与尿道相移行,后面借疏松结缔组织和直肠膀胱筋膜与直肠接触。前列腺的下外面与肛提肌前部接触,并有前列腺静脉丛包绕。

前列腺的表面包有由结缔组织和平滑肌构成的被膜,为前列腺的固有囊。其内有较多的弹性纤维和平滑肌,这些成分可伸入腺内,组成前列腺的支架,前列腺的实质由 30 ~ 50 个复管泡状腺组成,共有 15 ~ 30 条导管开口于尿道精阜的两侧,按腺体的分布,可分成黏膜腺、膜下腺和主腺。在前列腺固有囊的外面还包着盆内筋膜脏层,称为前列腺囊或通常所指的前列腺包膜(prostatic capsule)。前列腺囊和固有囊之间有前列腺静脉丛。前列腺囊向前借耻骨前列腺韧带与耻骨联合相连接,前列腺囊的下方与尿生殖膈上筋膜相交织,前列腺囊的后壁即为直肠膀胱筋膜,囊的两侧与膀胱后韧带相连续。肛提肌的前部肌束由耻骨向后附于前列腺囊的两侧,称为前列腺提肌。以上这些结构对前列腺的固定均起着很重要的作用。

二、前列腺的组织结构特点和生理功能

1. 前列腺的组织结构特点

(1) 腺泡上皮为单层立方、单层柱状或假复层柱状;

(2) 形态不一,腺腔不规则;

(3) 间质较多,除结缔组织外,富含弹性纤维和平滑肌;

(4) 腺泡腔内常见的凝固体由皮细胞的分泌物浓缩而成。

2. 前列腺的生理功能 分泌物参与构成精液,分泌活动受雄性激素调控。

(1) 具有外分泌功能。前列腺是男性最大的附属性腺,也属于人体外分泌腺之一。它可分泌前列腺液,是精液的重要组成成分,对精子的正常功能具有重要作用,对生育非常重要。前列腺液的分泌受雄性激素的调控。

(2) 具有内分泌功能。前列腺内含有丰富的5α-还原酶,可将睾酮转化为更有生理活性的双氢睾酮。双氢睾酮在良性前列腺增生症的发病过程中起着重要作用。通过阻断5α-还原酶,可减少双氢睾酮的产生,从而使增生的前列腺组织萎缩。

(3) 具有控制排尿功能。前列腺包绕尿道,与膀胱颈贴近,构成了近端尿道壁,其环状平滑肌纤维围绕尿道前列腺部,参与构成尿道内括约肌。发生排尿冲动时,伴随着逼尿肌的收缩,内括约肌则松弛,使排尿顺利进行。

(4) 具有运输功能。前列腺实质内有尿道和两条射精管穿过,当射精时,前列腺和精囊腺的肌肉收缩,可将输精管和精囊腺中的内容物经射精管压入后尿道,进而排出体外。

第二节 肿瘤相关基因与前列腺癌

一、前列腺癌概况

(一) 前列腺癌的流行病学

前列腺癌的发病率和病死率因地区、人种而异。发病率最高的为黑种人(149/100 000 · 年),其次为美国白种人(107/100 000 · 年),最低为东方人(日本人为39/100 000 · 年;中国人为28/100 000 · 年)。尽管发病率还在增长,但这种差异仍然存在。前列腺癌在50岁以下的人中是罕见的,但随着年龄的增长而增加,目前随着人口老化、广泛应用经尿道前列腺切除术后检出潜伏癌以及超声诊断和活检技术的改进,发病率呈明显上升趋。现已证实,20世纪90年代开始广泛使用的前列腺特异性抗原(prostate specific antigen,PSA)普查,也是该病发病率上升的一个原因。前列腺癌的病死率也在增加,可能与患者寿命延长而心血管疾病的病死率下降有关。

（二）前列腺癌的症状

（1）前列腺癌症状的全身表现：全身症状表现为消瘦乏力、低热、进行性贫血、恶病质或肾功能衰竭。

（2）梗阻症状：前列腺癌的膀胱颈部阻塞症状与良性前列腺增生几乎无差别，表现为尿流缓慢、尿急、尿流中断、排尿不尽、尿频，严重时可以引起排尿滴沥及尿潴留。其阻塞过程中有两点具有临床意义：①病程不断进展，与前列腺增生时病情进展缓慢不同。②血尿并不常见。值得注意的是，前列腺癌的最先症状通常并不是尿道阻塞，更为常见的却是局部扩散和骨转移症状。仅在晚期，癌才侵犯尿道周围腺体引起梗阻症状。

（3）转移症状：当肿瘤侵犯到包膜及其附近的神经周围淋巴管时，可出现会阴部疼痛及坐骨神经痛。骨痛是常见的 D 期症状，表现为腰骶部及骨盆的持续性疼痛，卧床时更为剧烈；直肠受累时可表现为排便困难或结肠梗阻；当前列腺癌侵犯尿道膜部时可发生尿失禁；其他转移症状有下肢水肿、淋巴结肿大、皮下转移结节、病理性骨折等。

（三）前列腺癌的临床诊断

（1）直肠指检，发现坚硬结节，准确率达 80%；

（2）经直肠穿刺或经会阴切开前列腺活检更为准确；

（3）测定血清酸性磷酸酶，其明显升高；

（4）B 超、放射性核素扫描，前列腺均有改变；

（5）X 射线、尿道造影后尿道膀胱颈移位；脊椎、骨盆、股骨、胸骨摄片，见有转移性骨质破坏病灶。

二、前列腺癌的肿瘤相关基因

对于在分子水平上前列腺上皮怎样能转化为恶性肿瘤的研究在近年已取得了长足的进展，但也只在近年才开始确定一些引起前列腺癌的致癌基因（oncogene）和抑癌基因（tumor suppressor gene）。在所有的实体肿瘤中，前列腺癌是独特的，具有两种表达形式，一种是组织学或潜在性前列腺癌，这种类型占 50 岁以上男性前列腺癌的 30% 左右，而占 80 岁以上男性前列腺癌的 60% ~ 70%。另一种类型为临床表现型前列腺癌占欧美男性前列腺癌的 16.7%。

前列腺癌的生长取决于细胞的增生率和病死率之间的平衡，正常前列腺上皮的增生率和病死率均很低，并且是平衡的，没有净生长，但当上皮细胞转化为高分级前列腺上皮内瘤（high grade prostatic intraepithelial neoplasia，HGPIN）时，细胞的增殖已超过细胞死亡，前列腺癌早期细胞的增殖是因为凋亡受抑制而不是因为增加细胞分裂，进一步导致基因异化危险性的增加。前列腺癌前期病变和癌细胞中 Cdc37 基因表达增加，可能是癌变开始的重要步骤。

现在已知前列腺癌成癌机制的几个重要步骤。大约 9% 前列腺癌和 45% 发生于 55 岁以下的前列腺癌是由于一种遗传的致癌基因所致。弄清楚这些基因无疑对前列腺癌成癌原理的理解极为有用。最近美国 Ohio 的报道发现 16 号染色体长臂 23.2 区段的等位基因不平衡可能是家族遗传性前列腺癌的抑癌基因。另有一个设想是，上皮细胞雄激素受体对雄激素反应的强度,与该受体基因5′启动子助催化器区域的CAG微小重复区(micro satellite)的长度成反比,长度越短,细胞对雄激素的反应就越强,细胞生长就越快。CAG的长度在黑人和患癌的白人中均较对照组短。显然,雄激素受体CAG微小重复区的长度与前列腺癌的发展有潜在关系。

实体肿瘤生长的早期均有DNA甲基化(methylation)的改变,前列腺癌也不例外,DNA的高度甲基化可导致许多肿瘤抑制基因的失活。例如,17号染色体短臂的高甲基化(hyper-methylation)失活,该区的肿瘤抑制基因有可能导致前列腺癌的发生。但有报道甲基乙二醛(aucttylglqoxal)能阻断G_1期细胞周期,从而引起前列腺癌细胞发生凋亡,具有潜在的治疗作用。

现已知丧失几个潜在的抑癌基因只是发生在前列腺细胞癌性转化的后期。杂合性丢失(loss of heterozygositz,LOH)杂合性缺失的研究表明,始终一致的染色体区域的丧失与抑癌基因的丧失有关,尤其是在下列染色体区域中:6号染色体长臂、8号染色体短臂、10号染色体长臂、13号染色体长臂、16号染色体长臂、17号染色体短臂和18号染色体长臂。据报道大约70%的临床局限性前列腺癌病例均有8号染色体短臂第22号区段的丧失。另外,增加7号染色体长臂或8号染色体长臂与远处癌肿转移有关,提示不良预后。这一相关性在统计学上具有显著性差异($P<0.01$)。在17号染色体短臂的p53抑癌基因的异化(mutation)显然不常发生于低度局限性肿瘤,但发生在50%以上的高度转移性肿瘤,以及那些对激素疗法不敏感的肿瘤。最近有报道,2号染色体短臂中有一个抑制肿瘤转移的基因,这个基因在前列腺癌细胞中丧失,所以前列腺癌很容易发生转移,12号染色体短臂的第12~13区段中一个专管基因的丧失也与前列腺癌转移有重要的关系。相比而言,对致癌基因的研究还不广泛,只是有报道认为大约25%的日本男性前列腺癌与ras致癌基因的激活有关,也有报道位于13号染色体长臂上的视网膜神经母细胞瘤(retinoblastoma,RB)基因的丧失表现在大约25%的病例中。可以预计未来的一段时间内这一领域的研究会很活跃。

雄激素受体的异化已在大约50%的转移性雄激素非依赖性前列腺癌的骨髓细胞中发现。因此有人推测雄激素受体基因异化可使雄激素受体对其生长因子起反应,如胰岛素样生长因子I或角化细胞生长因子等。这些生长因子在肿瘤细胞中与雄激素受体结合而激活导致肿瘤生长。雄激素促进前列腺癌生长是经过一个雄激素受体介导的机制增进了内源性基因变异的致癌物的活性,如雌激素代谢产物、雌激素引起的氧化物、前列腺癌产生的氧化物和脂肪等物质。此外,雄激素受体的甲基化与晚期对激素疗法不敏感的前列腺癌有关。

生长因子与表皮基质相互作用也与前列腺癌的发生有关。已表明转化生长因子β、表皮生长因子、血小板衍生的生长因子及神经内分泌肽等均与前列腺上皮的增生、分化和浸润等有关。这些由上皮所产生的生长因子与组织基质相互作用,使基质细胞产生生长因子,后者再作用于上皮细胞。例如,以表明骨细胞分泌能刺激前列腺上皮生长的生长因子,而前列腺上皮也产生能刺激骨形成的生长因子。这就解释了为什么前列腺癌肿能选择性的转移到骨髓上。

(一)核转录因子κB与前列腺癌

核转录因子κB(nuclear factor of kappa B,NF-κB)是一种能与免疫球蛋白K轻链基因的增强子KB序列(GGGACITCC)特异性结合的核蛋白因子,其广泛存在于几乎所有的组织细胞质中,有一个复杂的体系,参与多种生理和病理过程的基因调控。

1. NF-κB 调控的前列腺癌相关基因的表达及调控　NF-κB 在激素不敏感前列腺癌细胞系 PC-3、DU145 中可以被持续激活表达,但是在激素敏感前列腺癌细胞系 LNCaP 中则不能被激活。雄激素可以抑制 NF-κB 的激活,但雄激素对细胞凋亡的作用并不是由 NF-κB 途径来调节的,而是抑制 Caspase 活性保护前列腺癌细胞在各种刺激下的抗凋亡作用。前列腺特异性抗原(PSA)是前列腺癌发生、发展及治疗的标志物。研究证实,在 PSA 核心增强子中有 4 个 NF-κB 的作用位点,而且雄激素非依赖性前列腺癌较雄激素依赖性前列腺癌有更多的 NF-κB 作用位点,表明通过激活 NF-κB 可上调 PSA 的表达,NF-κB 在前列腺癌雄激素非依赖性的转化进展方面起非常重要的作用。DR6 是最近发现的 TNF 受体家族成员之一,它的外源基因表达能诱导未恶变细胞或肿瘤驱动细胞的凋亡,并能被 Bcl-2、Bcl-xL 或凋亡抑制物(survivin)的协同表达所抑制,DR6 介导细胞凋亡是通过依赖于 Fas 相关死亡区(FADD)的机制,但 TNFcc 可通过 NF-κB 的激活来诱导其自身受体家族成员的表达。另外,在早期前列腺癌细胞中,711NF 受体的配体(TRAL)可以通过 Caspase 的激活来诱发细胞凋亡,这一作用可能不受 TNF-α 介导机制的影响。研究证实 NF-κB 位于 bcl-2 的 P2 启动子上,在 LNCaP 细胞中当激素缺失时用 TNF-α 刺激后其启动活性增加 40 倍。这为 NF-κB 转录调节 bcl-2 基因以及在人前列腺癌细胞中 TNF-α 和 NF-κB 信号途径与 bcl-2 的直接联系提供了依据。

2. NF-κB 与前列腺癌浸润与转移　Huang 等的研究显示,NF-κB 的抑制信号能有效的抑制高转移性前列腺癌细胞 PC-3 的血管内皮生长因子(vascularendothelialgrowthfactor,VEGF)、IL-8 和细胞外基质金属蛋白酶 9(matrix metalloproteinase,MMP-9)3 种主要前肛管生成分子的表达,同时减少肿瘤血管的生成,抑制肿瘤的侵袭、转移。Lindhohn 等的研究也证实 NF-κB 活性的增加可以直接影响高侵袭性前列腺癌 PC-3 细胞的侵袭能力。细胞黏附分子(cell adhesion molecule,CAM)可以通过癌细胞与内皮细胞黏附,在前列腺癌浸润、转移中起重要作用。近年来的研究证实,CAM 和细胞外基质蛋白水解酶基因上都存在 NF-κB 的识别位点,NF-κB 的活化能上调这两种蛋白质的表达。但 NF-κB 的信号途径没有被激活时 CAM 基因是不会被直接诱导的,可能在这些细胞中还有其他的转录因子作用,并且 NF-κB 的信号途径在前列腺癌的癌变过程中可以被持续激活。

(二) TRPM8 与前列腺癌

1. 钙离子通道 TRPM8　细胞的许多重要生理代谢活动都与胞内钙离子浓度有关,胞内、外存在巨大的钙离子浓度梯度,胞内钙离子浓度提高通常是一种生理信号,介导许多重要的生理反应,此即钙离子的第二信使作用。钙离子作为第二信使,介导的生理反应很多且很重要,与细胞的许多功能相关,如细胞增殖、分裂、运动、分泌、形态发生、能量代谢、氧代谢、糖代谢等。因此细胞内钙离子浓度处于严格的调节控制之中。正常情况下,严格的钙稳态调节机制维持着胞内、外巨大的钙离子浓度梯度,这种巨大的钙离子浓度梯度也使细胞处于一种危险境地,易于受许多因素的影响。如果影响了钙信号机制,会导致细胞发生错误反应,严重时可诱导细胞损伤。人们还发现钙离子可引发细胞凋亡。钙离子在维持细胞的稳定和正常生理活动中起着非常重要的作用。细胞膜上有很多钙离子通道来调节细胞内的钙离子平衡。很多研究表明前列腺癌的发生与钙离子有关。而钙离子通道直接影响细胞中的钙浓度。

TRPM8 是钙离子通道家族中的一员。TRPM8 属于 TRP 蛋白的 TRPM 亚族。其他两个亚族是 TRPC 和 TRPV 家族。TRPM8 在神经细胞中表达,可感受冷刺激。虽然有证据表明 TRPM8 与感觉神经的热觉和痛觉有关,但是关于 TRPM8 在其他一些细胞,包括前列腺癌细胞中的作用还很有限。TRPM8 存在于正常泌尿生殖器官,在前列腺癌细胞和其他细胞中的过量表达表明钙离子渗透性也许在不同组织中有不同的作用。TRPM8 是两种感受冷刺激的温敏 TRP 通道之一,另一种是 TRPA1。相对的 TRPV 亚族的一些成员,TRPV1、TRPV2、TRPV3 和 TRPV4 能感受热刺激。除了正常的前列腺上皮细胞外,TRPM8 在一些泌尿生殖组织中也被发现,如睾丸、输精管、阴囊皮肤、尿道上皮等,在这些系统的表达暗示 TRPM8 可能还在生殖方面起作用。

2. TRPM8 在前列腺癌细胞中的功能 Tsavaler 等发现,在前列腺肥大和前列腺癌细胞中 TRPM8 的表达水平较高,而在正常的前列腺上皮细胞中表达水平较低。Henshall 等认为经过抗雄性激素的治疗,TRPM8 的表达明显减少。他们还发现 TRPM8 的表达在不依赖雄性激素的前列腺癌细胞中减少,这表明 TRPM8 受雄性激素的调控。Kiessling 等检测了 33 位前列腺癌患者,发现他们在正常组织和癌组织中的 TRPM8 mRNA 的表达存在着差异。根据统计学分析证明,TRPM8 的表达在癌变细胞中比在正常细胞中要多。Kiessling 等还识别了一种 TRPM8 肽(GLMKYIGEV),它可以到血液中激活 T 淋巴细胞。这为基于将 TRPM8 肽作为靶点通过免疫学治疗杀死前列腺癌细胞提供了可能。Fueasel 等根据 mRNA 的数量研究了 TRPM8 的表达与前列腺癌的关系。他们发现在恶性和非恶性组织样本中,前列腺特异性抗原(PSA)高水平表达,人类腺激肽释放酶(hK2)和 TRPM8 也被高水平表达,而前列腺干细胞中的抗原则很低。TRPM8 mRNA 的表达水平在恶性癌组织中要比在非恶性组织中明显高很多。在前列腺癌组织样本中,这种 TRPM8 表达量上的区别更为明显。

在来自总 PSA 血清浓度处于灰色区域(4 ~ 10ng/ml)的患者的恶性病变组织样本中,TRPM8 mRNA 要明显高很多,因此对 TRPM8 的监测可能会很有用,在对前列腺癌的活,在对恶性的和非恶性的前列腺癌组织的活组织镜检时发现,只有 TRPM8 的表达有明显的区别,而其他前列腺癌标记检测则没有发现明显的区别,包括 PSA。总的来说,相对于其他标记(PSA、hK2 和 PSCA),TRPM8 是一种更精确的前列腺癌的检测指标和潜在的基因治疗的候选靶标。

在 LNCaP 细胞中,生长率的上升与细胞内钙离子的储量增加有关。可能细胞膜上 TRPM8 同内质网上的钙离子库共同调节细胞内的钙离子浓度,从而调节细胞的生长和增殖。TRPM8 在前列腺中被认为是一种冷感受器,这种作用最近也在膀胱的 TRPM8 中被发现。基于 TRPM8 在前列腺癌细胞中和其他一些类型的癌细胞中的表达不受调控,推断 TRPM8 可能是一种致癌基因。TRPM8 可能通过扰乱癌前期细胞的胞内钙离子的平衡来使癌变发生、发展和扩散。据报道,癌前期细胞对细胞凋亡十分敏感,但是后期则具有较高的抗性,而钙离子对细胞凋亡起着重要作用。有很多假设来解释细胞对凋亡的抗性,其中有一种关于钙离子信号的机制,在凋亡中的癌前期细胞中观测到内质网中钙离子减少而在后期的癌前细胞中钙离子的储量水平较高。TRPM8 通道的过量表达或失控可能导致细胞内钙离子的增加和内质网中钙离子的过载,这种钙离子平衡的改变可能使前癌细胞对细胞凋亡更具抗性而后使细胞癌变。

3. TRPM8 在前列腺癌早期诊断和治疗中的意义 TRPM8 与细胞的生长和癌变的调

控有关，是前列腺癌的生物标记，在前列腺上皮细胞中起重要的病理生理作用。它在前列腺癌细胞中表达，与这些细胞的病变、癌的升级和转移有关，但它的生理或病理作用并没有完全研究清楚。在分子方面，对 TRPM8 激活的机制已经有所了解，这与膜电位、PIP2、细胞内钙离子浓度有关。TRPM8 控制的冷感受器可能是生殖管道更复杂的感受网的一部分。TRPM8 是一个潜在的有价值的前列腺癌的早期诊断标记，但还需要更多的试验在可能性和精确性方面把它与其他标志物进行比较。雄性激素对 TRPM8 表达的调控十分重要。进一步的研究可以直接针对基因内的雄性激素敏感区域和其他一些可能的激素响应区域，包括调控序列。TRPM8 还可作为一种潜在的前列腺癌的药物或基因治疗的靶点。

（三）DD3 基因表达与前列腺癌

1. DD3 基因的分子生物学特性　DD3 基因定位于人类染色体 9q21—q22，全长约 25kb，目前还没有发现它的同源基因。DD3 基因由 4 个外显子和 3 个内含子组成。内含子 1 最大，长约 20kb；内含子 2 和内含子 3 较小，分别为 873bp 和 227bp。现较多学者认为 DD3 的特异性区域位于外显子 4 中，国外研究表明 DD3 的特异区域位于外显子 4 中，而陈占国等的研究认为外显子 3 也是 DD3 基因的特异性区域。

DD3 开放阅读框架（open reading frame，ORF）分析显示，DD3 序列中含有高密度的终止密码子，目前认为 DD3 表达非编码 mRNA，但其蛋白质产物非常少。通过 Grail 软件探测编码区发现，DD3 基因中分布着数个小的 ORF。外显子 2 的交替拼接或使用 CTG、ACG 作为翻译的启动密码子并不能明显加长任何开放阅读框架。DD3 被表达为接合和多聚腺苷酸化的 RNA 分子，表明 DD3 不可能是一种假基因。

目前 DD3 基因的功能尚未明确。Bussemakers 等认为其可能有小分子的蛋白质产物，也可能 RNA 就是最后的功能性产物。Schalken 等则指出，可能还没有探究到 DD3 产生作用的机制和形式。

2. DD3 基因表达的组织特异性　DD3 在正常前列腺组织中表达水平较低，在其他正常组织、血液或其他肿瘤标本中不表达。Bussemarkers 等发现，在动脉、脑、脊髓、膀胱、结肠、睾丸、乳腺、心脏、肺、脾脏、皮肤、卵巢组织中均未发现 DD3 基因表达；de Kok 等仅检测到肾脏中有 DD3 基因低水平表达。Schalken 等报道 DD3 基因在胃肠、乳腺、膀胱、睾丸、肌骨骼组织中不表达，在正常前列腺组织中仅低水平表达，肾脏组织中有极低水平的表达。表明 DD3 基因的表达仅限于前列腺组织，具有良好的组织特异性。

3. DD3 基因表达的肿瘤特异性　Bussemarkers 等发现，乳腺、子宫内膜、宫颈、卵巢、睾丸等器官原发肿瘤中均未发现 DD3 的扩增产物，表明 DD3 基因表达有前列腺癌组织特异性。RNA 印迹（Northern blotting）分析显示，56 例前列腺癌根治术手术切除前列腺癌组织标本中 53 例高水平表达 DD3 mRNA，并且发现在同一标本内肿瘤区域的 DD3 mRNA 的表达水平是邻近良性组织的 10～100 倍。Landera 等用实时定量 RT-PCR 定量检测前列腺癌组织中的 DD3 mRNA，证实前列腺癌组织中的 DD3 的表达水平是良性前列腺增生组织中的 140 倍。Hessels 等同样证实前列腺癌区域 DD3 的表达水平是邻近良性组织的 6～1500 倍。Thelen 等对激光显微解剖分离的前列腺正常组织和前列腺癌组织进行了 cDNA 微阵列分析，结果证实 DD3 基因在所有病例的癌组织中均表达。

国内陶志华等的研究发现，前列腺癌组织 DD3 的表达量较良性前列腺增生组织和正常前列腺组织显著增加($P<0.01$),而良性前列腺增生组织和正常前列腺组织比较无显著差异($P>0.05$)。用 ROC 曲线对 DD3 mRNA 诊断前列腺癌的能力进行了分析,结果显示其灵敏度、特异度、准确度、阳性预测值(PPV)、阴性预测值(NPV)、阳性拟然比(+LR)、阴性拟然比(-LR)分别为 90.5%、85.0%、86.7%、76.0%、94.3%、6.03 和 0.11。

4. DD3 基因在外周血中的表达 前列腺癌患者外周血中 DD3 基因的表达明显升高,且升高程度较大。de Kok 等应用实时定量 RT-PCR 技术比较了前列腺癌患者外周血中 DD3 和 hTERT 的表达情况,结果显示前列腺癌患者外周血 DD3 的基因表达水平较正常对照组升高了 34 倍,而 hTERT 只升高了 6 倍。也有学者报道健康男性志愿者外周血 DD3 mRNA 均为阴性;前列腺癌患者外周血中 DD3 mRNA 阳性表达率为 67%。

5. DD3 基因在尿液中的表达 Marks 等对 223 例血清 PSA 持续高于 2.5ng/ml 且曾有过穿刺活检阴性经历的男性进行直肠指诊后尿液 DD3 mRNA 表达评分,以 35 分作为诊断阈值则敏感度和特异度分别为 58% 和 72%,比值比为 3.6。罗振国等的研究发现前列腺癌患者尿液 DD3 基因表达呈阳性,前列腺增生患者为阴性。根据血清 PSA 水平将前列腺癌和良性前列腺增生患者分成 4 组。血清 PSA>10ng/ml 组 DD3 基因和 PSA 诊断前列腺癌的敏感性差异不大;血清 PSA 4~10ng/ml 组尿液 DD3 基因诊断前列腺癌的敏感性高于 PSA。

6. DD3 基因表达检测在前列腺癌早期诊断和治疗中的意义 临床上约 50% 前列腺癌患者在确诊时就已经发生远处转移,另外 50% 的患者中又有约 1/3 的比例被认为是局限癌,但病检时发现癌细胞已经扩散。早期诊断可明显提高前列腺癌患者的生存率。Gandini 等的研究发现,DD3 mRNA 在前列腺癌发生早期呈明显的高表达。陶志华等应用荧光定量 RT-PCR 方法研究发现,早期前列腺癌组织 DD3 的表达量与良性前列腺增生组织相比显著增加。测定 DD3 mRNA 有可能在大量正常前列腺细胞存在的背景下检测出少量癌细胞,这与文献报道结果一致。表明检测前列腺组织中的 DD3 基因有助于前列腺癌的早期诊断,DD3 基因在前列腺癌中的特异性表达,使其成为一个前景广阔的前列腺癌标志物,在前列腺癌早期诊断、判断预后方面有良好的应用前景。

(四) 前列腺特异性膜抗原与前列腺癌

1. 前列腺特异性膜抗原的结构、表达及功能特点 前列腺特异性膜抗原(PSMA)是一种前列腺细胞膜上的Ⅱ型跨膜糖蛋白,相对分子质量为 100 000,由 3 个结构域组成,其氨基端位于细胞膜内,共含 750 个氨基酸,其中胞内段 19 个、跨膜段 24 个、胞外段 707 个,其胞内段和胞外段有多个抗原表位,与多种蛋白质有着密切联系。最初,研究者发现 PSMA 存在于前列腺癌细胞系(LNCaP)细胞膜中,能被单克隆抗体 7E11-C5 识别,但仅能识别 PSMA 的胞内段;后来 Liu 等研制出 4 种不同的抗 PSMA 单克隆抗体(J591、J533、J415 和 E99),它们可以结合 PSMA 胞外的结构域。

免疫组织化学显示:PSMA 在前列腺的正常组织、良性增生组织、上皮内增生(PIN)、癌组织中均有表达,且表达强度依次上升,在 PCa 中表达强度最高;在 PCa 淋巴结转移灶、骨转移灶中表达也呈阳性。Western blotting 法发现,前列腺、PCa 组织提取液及精液中含有 PSMA,大部分非前列腺组织不含有 PSMA,只在脑、唾液腺、小肠中有少量表达;在多种非前列腺的恶性肿瘤中也有一定的表达,这些肿瘤主要包括肾透明细胞癌、膀胱移行细胞癌、结肠腺癌、胰导管癌、非小细胞肺癌、软组织肉瘤、乳腺癌等。

在非前列腺部位的 PSMA 具有蛋白酶活性，在中枢神经系统中参与天冬氨酸谷氨酸（NAAG）代谢，在近端小肠中能从多聚 γ 谷氨酸叶酸盐水解末端的谷氨酸。同其他许多膜表面受体一样，PSMA 可通过受体介导的内化作用参与营养物质转运和跨膜信号转导。

2. PSMA 基因的表达及调控　PSMA 基因定位于 11p11—p12，序列全长 93 525bp，其中主要功能序列为 62 035bp，cDNA 长 2.65kb，其中 1250～1700bp 核苷酸编码区有 54% 与人的转铁蛋白受体 mRNA 编码区同源。研究证实，PSMA 基因序列由 19 个外显子和 18 个内含子组成，PSMA 特异性启动子定位于转录启动位点上游 166bp 处，全长 1244bp。PSMA 增强子（prostate-specific membrane antigen enhancer，PSME）定位于 3 内含子 3 序列内，大约 2000bp。

3. 血清 PSMA 检测　PSMA 是一种前列腺肿瘤细胞的膜蛋白，较少脱落入血，故从患者血清中不易检测到。血清 PSMA 检测通常有两种方法，一种是竞争性 ELISA 法，另一种是 Western blotting 分析。第一代的 ELISA 法使用了两个单克隆抗体 7E11-C5 和 9H10-A5，通过比较血清样品和 LNCaP 细胞与特异性抗体反应的能力，得到相对抑制率，两者的比较可提示血清 PSMA 有否增加。Western blotting 方法较以上的 ELISA 法更加直观，而且可进行半定量检测。Murphy 等对 153 例前列腺根治术后及 31 例无发生转移的患者行动态的血清 Western blotting 分析，表明 PSMA 的增加与肿瘤的术后复发、发生雄激素抵抗及较差的预后呈正相关，但与肿瘤本身大小无关。

4. PSMA 在前列腺癌组织中的表达　应用免疫组织化学染色可检测 PCa 组织中 PSMA 的表达，并可观察 PSMA 在不同前列腺病变组织的染色强度和染色范围，对 PCa 的诊断具有重要的意义。Bostwick 等对 184 例根治切除的前列腺标本进行 PSMA 的免疫组织化学检测显示，前列腺良性组织、内皮瘤（PIN）、癌组织中 PSMA 均有表达，表达率分别为 69.5%、77.9% 和 80.2%，而 PSA 的表达率分别为 81.2%、64.8% 和 74.2%，说明 PSMA 作为一种确定高分级的 PIN 和 PCa 的指标，优于 PSA。

曾浩等为探讨 PSMA 在 PCa 组织中的表达与肿瘤病理分级之间的关系，对 20 例 BPH、21 例前列腺高分级 PIN、70 例 PCa 标本采用免疫组织化学染色进行分析，结果显示，3 种组织平均染色密度分别为 17.44%、23.95%、35.81%；PCa 组织中 PSMA 染色强度和染色密度之间存在正相关。PSMA 表达与 PCa 的 Gleason 分级之间存在负相关，并认为这种负相关是一种高表达水平上的负性关系。

最近，Mhaweeh-Fauceglia 等对 3161 例良性、恶性肿瘤组织中 PSMA 的表达进行了检测，结果显示，141 例 PCa 组织中有 93 例 PSMA 阳性表达，表达率为 66%；2174 例其他不同的肿瘤组织中有 154 例 PSMA 表达阳性，其中包括 346 例膀胱尿路上皮癌中的 59 例 PSMA 阳性表达者；在 846 例良性肿瘤组织中 PSMA 均为阴性表达。统计分析显示，PSMA 在鉴别 PCa 和其他恶性肿瘤时，敏感度和特异度分别为 65.9%、94.5%；而在鉴别 PCa 和其他尿路上皮癌时的敏感度和特异度分别为 65.9%、82.9%。认为虽然多种恶性肿瘤中也可能有 PSMA 的表达，但 PSMA 在 PCa 诊断中仍具有相当的敏感度和较高的特异度。

（五）肿瘤相关性胰蛋白酶与前列腺癌

肿瘤相关性胰蛋白酶（TAT）主要是由胰腺分泌的，它们以酶原的形式分泌到胰液中，并且在肠内被肠激酶激活，变成高活性的其他消化酶的激活剂，从而促进细胞的新陈代谢，维持细胞的生长发育。然而在胃肠外也可发现 TAT。

有学者发现 TAT1 和 TAT2 在人类精浆中浓度较高,并且它们可以从人的附属性腺(包括前列腺)的分泌上皮中分离出来,在目前的研究中已经证明 TAT 在良性、恶性前列腺组织中均有不同程度的表达,使用戊二醛优化组织固定和在免疫组织化学技术(IHC)中应用胃蛋白酶修复抗原,能够证明 TAT 的表达不仅在分泌上皮而且在基质细胞中也有。分泌细胞在分泌腺体中表现出较强的免疫活性,这在戊二醛固定的标本中可以清楚地观察到,这些发现提示 TAT 作为良性前列腺上皮分泌产物的功能性作用,而且它们同时也被上皮起源的前列腺恶性细胞所分泌,这可能促进肿瘤的生长和浸润。前列腺肿瘤标本的微排序染色表明,TAT 的免疫染色强度有加强,随 Gleason 评分的升高,TAT 的染色强度也呈加强趋势,在 Gleason 10 分或有转移者中 TAT 染色全部为强阳性,这进一步支持了 TAT 在组织上的保留表达对肿瘤的浸润和转移是比较重要的。

有研究证实 TAT 在组织重建和肿瘤浸润中是起作用的。TAT 在精氨酸和赖氨酸残基的羧基侧水解肽腱,并且它有效地激活了不同的丝氨酸和金属蛋白酶,包括前列腺蛋白酶,后者可能裂解特定的细胞基质,这就影响了细胞的生长及转移的侵犯程度。这些细胞基质被证明可能含有信号转变和基因转录、生长因子原型等。TAT 能够激活蛋白酶激活受体(PAR-2),后者出现在不同的肿瘤细胞中,也出现在那些形成肿瘤微环境的细胞上,如血管内皮细胞、平滑肌细胞、巨噬细胞等,从而促进肿瘤的生长发育。最近有研究证实,TAT 通过 LNCaP 细胞的 PAR-2 诱导细胞信号,导致微小 GTP 酶家族的 RhoA 和其他成员的激活,从而增加压力性纤维和伪足数目,这些细胞结构的变化对肿瘤的生长和转移是至关重要的。研究结果显示,TAT 在中国人 PCa 和转移中有强烈表达,而且在肿瘤侵犯组织也有较强表达。作为一种高效蛋白酶,TAT 可能通过加强和下降其他蛋白酶来提高 PCa 的侵犯和浸润。对 TAT 的研究与开发可能为 PCa 的预后诊断或基因治疗具有潜在的应用价值。

(六) 原癌基因的形成、激活与前列腺癌

原癌基因是指调控细胞生长和增殖的正常基因,由于多种原因发生突变后转化为致癌的基因。上述正常基因是维持机体正常生命活动所必需的,稳定性高。当原癌基因的相关区域发生变异,基因产物增多或活性增强时,可使细胞过度增殖,从而形成肿瘤。

1. bcl-2 bcl-2 基因抑制应激状态下细胞凋亡的发生,而促进相应细胞的存活。bcl-2 常表达在造血细胞的前体细胞中,而在细胞分化过程中及终末细胞中不再表达。bcl-2 见于多种分化的上皮细胞中,且都集中在细胞及细胞增殖区表达。Bcl-2 蛋白的两个定点突变区 BH1 和 BH2 对 Bcl-2 与 Bax 的结合十分重要,而 Bax 是 Bcl-2 家族的一员,它能促进细胞死亡,并且它与 Bcl-2 的相互作用对调节细胞凋亡也是必需的。bcl-2 基因的过表达会导致前列腺癌患者短生存期的缩短。而进一步的研究表明,雄激素阻断治疗可以导致前列腺癌中 bcl-2 基因的增强表达。

2. met 基因 met 基因是用化学致癌剂甲基硝基亚硝基胍处理人成骨肉瘤细胞系所激活的一种原癌基因。met 具有经典的信号肽序列,编码一种受体样的蛋白质分子,包括 3 个具有酪氨酸激酶位点的结构域:细胞内、细胞外和跨膜的结构域。有研究表明,met 基因的表达水平随着前列腺癌的临床进展而逐渐升高,在前列腺癌的上皮内瘤、潜伏期、临床期及转移期中的表达水平分别为 36% (8p22)、33% (5p15)、81% (17p21) 和 100% (7p7)。同

时，较前列腺癌伴淋巴结转移者、前列腺癌伴骨转移者的 met 基因表达水平明显升高。因此，抑制 met 基因的表达可能是治疗前列腺癌的一种可行方法。进行体外及动物实验后发现，转染表达 met 基因核酸酶的腺病毒后，PC32LN4 前列腺癌细胞系的 met 表达水平明显下降，接种裸鼠后肿瘤生长和淋巴结转移受到显著抑制。

3. ras 基因　ras 基因是应用肿瘤细胞基因组转导小鼠成纤维细胞并使其在裸小鼠体内形成瘤灶而筛选克隆出的原癌基因。作为一种 G 结合蛋白，Ras 蛋白在正常细胞恶性转化过程中的作用机制非常复杂。ras 基因的突变及其编码产物，可以抑制细胞程序化死亡，诱导生长因子促进细胞分裂增殖。Ras 蛋白各类型突变分子之间的相互作用，也是诱导正常细胞发生恶变的重要机制。Ras 蛋白的表达水平受各种因素调节，血清生长因子是其中一种重要的因素。有文献表明，Ras 在前列腺癌组织中的表达水平明显高于在前列腺增生组织中的，并且 Ras 的表达水平越高，前列腺癌组织分化越差，5 年生存率也越低。

4. fos 基因　fos 基因编码的蛋白质借助其蛋白质分子结构中的亮氨酸拉链结构形成二聚体形式，即转录激活因子蛋白。而转录激活因子蛋白的活性与肿瘤的发生、发展有密切关系，肿瘤细胞中转录激活因子蛋白水平较正常细胞显著升高。在正常前列腺组织、前列腺增生组织及进展期前列腺癌组织中，fos 基因的表达水平依次增高。用上皮生长因子处理雄激素受体（androgen receptor，AR）阳性的前列腺癌细胞系 LNCaP 后，fos 基因的表达水平升高，再加入簇集蛋白后，Fos 蛋白水平显著下调，这提示簇集蛋白对 LNCaP 细胞系的抗增殖作用可能是通过下调 fos 基因的表达水平实现的。

5. myc 基因　myc 基因参与调控正常细胞的增殖、转化及分化。它在非转化正常细胞中的表达依赖于生长因子，是调节细胞周期变化的关键因素。有报道认为，实体瘤中 myc 基因的扩增与过度表达，以及同时伴有的人类表皮生长因子受体 22 的产生与预后不良密切相关。在随访中发展为前列腺癌的前列腺上皮内瘤其 myc 基因的表达阳性率为 69%，而没有发展为前列腺癌的前列腺上皮内瘤其 myc 基因的表达阳性率只有 36%。在雄激素依赖性和非依赖性前列腺癌中，myc 基因表达水平的升高都能促进肿瘤的生长。相反，Myc AVI-4126 在动物体内可显著抑制肿瘤生长、促进前列腺癌细胞凋亡，并证明在临床 Ⅰ Ⅱ 期试验中其没有严重的毒性反应。

除上述 5 种前列腺癌原癌基因以外，原癌基因 ERG、ETV21、LRP16、Sis、Neu、c-met、c-myc 和 PTI21 等可能在前列腺癌的发生、发展中发挥一定的作用。

（七）抑癌基因的失活与前列腺癌

抑癌基因是一类调控细胞生长、抑制肿瘤表型表达的基因，编码对肿瘤形成起抑制作用的蛋白质，正常情况下负责控制细胞的生长和增殖，而当这些基因不能表达，或当其产物失去活性时，可导致细胞癌变。

1. p53 基因　p53 基因通过特定的转录调节作用，抑制细胞增殖从而促进其凋亡，主要通过转录 p21 等基因而起作用。p21 对多种细胞周期素依赖的细胞周期依赖性激酶（CDK）均有抑制作用，而 CDK 被抑制就不能使视网膜母细胞瘤（retinoblastoma，RB）基因蛋白磷酸化，从而使细胞周期抑制在 G_1 期。p53 基因的错义突变是导致其功能丧失的主要原因。Downing 等发现，在局限于前列腺的 T1 和 T2 级前列腺癌临床标本中有 32% 的 p53 基因突变，在 T1～T3 级前列腺癌临床标本中有 30%～35% 的 p53 基因畸变，而在发生骨转移的前列腺癌临床标本中有 70% 的 p53 基因突变。这些结果表明,p53 基因的突变在前列腺癌的发展后期也起了重要作用。除突变外,p53 基因功能失活的原因还有许多,相关机制需要进一步研究。

2. RB 蛋白 RB 与转录因子 E2F 结合,通过抑制其活性而使细胞停滞在 G_1 期,达到抑制细胞增殖和诱导细胞凋亡的效果。而 Rb 基因的磷酸化,使转录因子 E2F 解离下来,促使 DNA 合成相关酶的转录启动,使细胞从 G_1 期进入 S 期,引起细胞增殖。有研究表明,从雄激素阻断治疗前到治疗后复发的过程中,Rb 基因功能的丧失比例从 13% 上升到 36% 。

3. CDKN2 基因 通过调节 RB 蛋白磷酸化状态,CDKN2 基因编码细胞周期素依赖性激酶抑制物 CDKN2。CDKN2 通过降低 RB 蛋白的磷酸化程度,使细胞在增殖过程的 G_1 检测点滞留,从而抑制细胞增殖。与正常组织相似,在前列腺良性增生组织中没有 CDKN2D mRNA 表达下降,但在没有治疗的前列腺癌组织中却有 43% 的 CDKN2D mRNA 显著下降。

4. 细胞凋亡抑制因子 细胞凋亡抑制因子是凋亡的诱导因子。Diaz 等分别研究了 10 例前列腺良性增生和局限于前列腺的高低病级前列腺癌标本,以及 6 例已发生转移的前列腺癌标本,结果表明,细胞凋亡抑制因子蛋白在所有的局限于前列腺的前列腺癌标本中有表达,但表达水平与病理级别呈负相关。与前列腺良性增生相比,已转移的前列腺癌标本中,细胞凋亡抑制因子的表达水平显著下降。

5. 其他基因 有报道指出,在局部前列腺癌中四硝酸戊四醇(酯)的失活与肿瘤血管生成有关。另外,对于早期被发现的肿瘤转移抑制基因 KAl1,可以在雄激素非依赖性表型的患者中观察到相关蛋白质的表达下调。对于另一个重要的肿瘤转移抑制基因 CD44,随着前列腺癌的发展,可以发现其蛋白质表达水平下降。最近在 12 号染色体上又发现了一个新的肿瘤转移抑制基因。①AR 基因的影响:AR 基因位于 Xq11—q12,是细胞核受体超家族中的成员之一,其编码蛋白质是一个配体激活的转录因子。其在外显子 1 上有一个三核苷酸重复序列,长的三核苷酸重复序列的作用是抑制 AR 的转录激活作用。在前列腺癌组织中,有报道发现 AR 基因发生了多种异常,包括基因突变、基因扩增、蛋白质过表达及功能异常等。几乎所有临床前列腺癌标本中都有 AR 蛋白表达,虽然未发现血清雄激素水平与疾病的发病率有相关性,但与原发癌相比,晚期激素非依赖型癌标本中 AR 表达水平更高。目前,虽然在体细胞中雄激素导致的 AR 转录激活的精确机制仍未完全清楚,但相关研究表明 AR 有望成为前列腺癌治疗的新靶点。②端粒酶的激活:端粒酶的激活在前列腺癌发生中起着重要作用,其激活时间越晚将会引起越多染色体和基因的变异,导致恶性程度越高的肿瘤表型出现。因为在体细胞中单独激活端粒酶不能引起细胞转化,所以端粒酶本身不是原癌基因,只有同时导入端粒酶、H-ras、SV40 的 T 抗原时,才能使细胞发生转化形成肿瘤。Kim 等发现,在正常前列腺、前列腺癌旁的正常前列腺、前列腺良性增生、前列腺上皮细胞内瘤和前列腺癌中,有端粒酶活性的比率分别为 4% 、18% 、32% 、46% 、81% 。③维生素 D 的抑制作用:维生素 D 在体外可以显著抑制前列腺癌细胞系 LNCaP 的生长,对 PC3 细胞系的生长有中等程度的抑制。其相关机制可解释为:当维生素 D 与核受体结合后形成维生素 D 受体,通过一定作用启动或抑制靶基因的转录。

（韩志兴）

参考文献

范志强,棘勇. 2005. 前列腺癌基因治疗研究进展. 国外医学·泌尿系统分册,25(3):317-320.

李汉林,张志根,顾苗根. 2001. PSA 水平测定对前列腺增生和前列腺癌的临床应用价值. 浙江临床医学,3(11):790-791.

李鸣,张思维,马建辉,等. 2009. 中国部分市县前列腺癌发病趋势比较研究. 中华泌尿外科杂志,30(2):368-370.

罗振国,蒲永昌,王天喜,等. 2010. 尿液 PCA3 基因检测在前列腺癌诊断中的意义. 黑龙江医药科学. 33(3):58-59.

任加强,郑莉,陈琦,等. 2005. 表达前列腺特异性膜抗原的 DNA 疫苗对肿瘤细胞的抑制作用. 中华微生物学和免疫学杂志,25(7):570-573.

陶志华,毛晓露,王彩虹,等. 2007. DD3mRNA 在前列腺癌组织中定量表达分析. 中华男科学杂志,13(2):130-133.

王国民,武睿毅. 2005. 我国前列腺癌实验研究的现状和展望. 中华实验外科杂志,22(9):1031-1034.

王志刚,沈瑞林,毕平安. 2002. 前列腺特异性抗原的表达及临床应用. 国外医学·临床生物化学与检验学分册,23(5):285.

吴阶平. 2004. 吴阶平泌尿外科学. 济南:山东科学技术出版社.

徐鸿绪,王晓波,曾文涛,等. 2005. 抗 PSMA 单克隆抗体在荷兰人前列腺癌裸鼠体内放射免疫显像实验研究. 中国医师杂志,7(6):721-723.

殷缨,路凡,苏明权,等. PSMA-IRES. 2005. FCYl-TK 真核表达载体的构建及在前列腺癌细胞中的表达. 第四军医大学学报,26(12):1112-1115.

曾浩,李虹,李响,等. 2005. 前列腺特异性膜抗原启动子增强子调控重组质粒的构建及鉴定. 中华泌尿外科杂志,26(6):371-374.

赵雪倍. 2005. 正确理解美周斯坦福大学经验尽快应用前列腺特异性抗原开展前列腺癌普查. 中华医学杂志,85(47):3313.

Agnantis NJ, Constantinidou AE, Papaevagelou M, et al. 1994. Comparative immunohistochemical study of ras-p2l oncoprotein in adenomatous hyperplasia and adenoearcinoma of the prostate gland. Anticancer Res, 14(5B):2135-2140.

Andersson DA, Chase HW, Bevan S. 2004. TRPM8 activation by menthol, ieilin, and cold is differentially modulated by intracellular PH. J Neurosci, 24:5364-5369.

Baritt G, Ryehkov G. 2005. TRPs as mechanosensitive channels. Nature(Cell Biol), 7(2):105-107.

Chen CD, Sawyers CL. 2002. NF-kappa B activates prostate-specific antigen expression and is upregulated in androgen-independent prostate cancer. Mol Cell Biol, 22(8):2862-2870.

Hessels D, Klein-Gunnewiek JM, van Oort I, et al. 2003. DD3(PCA3)-based molecular urine analysis for the diagnosis of prostate cancer. Eur Urol, 44(1):8-15.

Ikegam S, Tadakuma T, Ono T, et al. 2004. Treatment efficiency of a suicide gene therapy using prostate—specific membrane antigenpromoter/enhancer in a castrated mouse model of prostate cancer. Cancer Sci, 95(4):367-370.

Jemal A, Siegel R, Ward E, et al. 2008. Cancer statistics. CA Cancer J Clin, 58(2):71-96.

Kim SJ, Johnson M, KoteRBa K, et al. 2003. Reduced c-Met expression by an adenovirus expressing a c-Met ribozyme inhibits tumorigenic growth and lymph node metastases of PC3-LN4 prostate tumor cells in an orthotopic nude mouse model. Clin Cancer Res, 9(14):5161-5170.

Kimura K, Markowski M, Bowen C, et al. 2001. Androgen blocks apoptosis of homrone-dependent prostate cancer cells. Cancer Res, 61(14):5611-5618.

Marks LS, Fradet Y, Deras IL, et al. 2007. PCA3 molecular urinaasay for prostate cancer in men undergoing repeat biopsy. Urology, 69(3):532-535.

Merz VW. Arnold AM. Studer U E. 1994. Differential expression of tranforming growth factor beta l and beta 3 as well as c-fos mRNA in normal human prostate, benign prostatic hyperplasia and prostatic cancer. World J Urol, 12(2):96-98.

Palayoor ST, Youmell MY, Caldcnwood SK, el al. 1999. Constitutive aetivation of I kappa B kinase alpha and NF-kappa B in prostate cancer cells is inhibited by ibuprofen. Oncogcnc, 18(51):7389-7394.

Shaw G, Purkiss T, Oliver R T, et al. 2007. Interview with Jack Sehalken: PCA3 and its use as a diagnostic test in prostate cancer. Eur Urol, 51(3): 860-862.

Thomas LN, Douglas RC, Lazier CB, et al. 2008. Levels of 5 alpha-reduce-tase type 1 and type 2 are increased in localized high grade compared to low grade prostate cancer. Urology, 179(3): 147-151.

Wang CY, Guttridge DC, Mayo MW, et al. 1999. NF-kaplm B induces expression of the Bcl-2 homologue AL/Bfl-l to preferentially suppress chemotherapy-induced apoptosis. Mol Cell Biol, 19(6): 5923-5929.

Wang CY, Mayo MW, Komeluk RG, et al. 1999. NF-kappa B anti-apoptosis: induction of TRAFl and TRAF2 and c-IAP1 and c-IAP2 to suppress Caspase-8 activation. Science, 281(28): 1680-1683.

Yu R, Mandlekar S, Ruben S, et al. 2000. Tumor necrosis factor-related apoptosis-inducing ligand-mediated apoptosis in androgen-in-dependent prostate cancer cells. Cancer Res, 60(9): 2384-2389.

Zhang L, Banitt GJ. 2004. Evidence that THPM8 is an androgen-dependent Ca^{2+} channel required for the survival of prostate cancer cell. Cancer Res, 64: 8365-8373.

第四十二章　乳腺癌相关基因

乳腺癌(breast cancer)是女性最常见的恶性肿瘤之一。在女性恶性肿瘤病死率中位居第二,仅次于肺癌。据统计,全球每年有120余万妇女患乳腺癌,50万妇女死于乳腺癌。无论在高发区还是低发区,乳腺癌发病率均以5%~20%的速率上升。在欧美发达国家,乳腺癌的发病率占妇女恶性肿瘤之首。在中国,随着生活水平的提高发病率呈逐年递增趋势,在许多大中城市,乳腺癌已位居女性恶性肿瘤发病率的首位,严重威胁着妇女的健康。随着细胞生物学和分子生物学技术的发展,人们对乳腺癌的发病机制有了广泛而深入的研究,认识到乳腺癌的发生是因为原癌基因的激活和抑癌基因的功能丧失,其发展是一个多因素多阶段的过程,往往涉及多个基因的改变。

第一节　癌基因的激活

癌基因(oncogene)在正常细胞中以非激活的形式存在,参与细胞的生长、分裂和分化,控制正常的细胞功能,称为原癌基因。当原癌基因受到多种因素的作用使其结构发生改变时,激活成为癌基因。原癌基因的激活方式多种多样,概括为:是基因本身或其调控区发生了变异,导致基因的过表达或产物蛋白质活性增强,使细胞具有恶性转化的能力而过度增殖,形成肿瘤。

一、c-eRB B2 基因

原癌基因 c-eRB B2 又称为 HER2 或 HER2/neu,是从化学致癌物诱导新生大鼠的神经胶质母细胞瘤中提取 DNA 进行转化实验而分离鉴定出来的,属于 EGFR 家族成员,该家族包括4个成员,分别是 eRB B1、eRB B2、eRB B3、eRB B4。c-eRB B2 位于人染色体 17q21,其表达产物为 HER-2 蛋白,相对分子质量为 185 000,与表皮生长因子受体(epidermal growth factor receptor,EGFR)有高度同源性,它属于酪氨酸激酶 I 型受体家族,是一种跨膜蛋白,由细胞外结合功能域、亲脂性的跨膜功能域、细胞内酪氨酸激酶功能域和一段调节性羧基末端构成。c-eRB B2 参与正常乳腺组织生长与发育的调节,正常情况下不会引起乳腺细胞癌变,当其发生点突变时被激活,主要表现为基因扩增及 mRNA 和蛋白质的过表达。c-eRB B2 受体表达增多,细胞内酪氨酸激酶的蛋白质活化增强,酪氨酸激酶自身磷酸化,信息经细胞膜和细胞间质传至细胞核激活基因,加速了细胞的增殖,细胞过度增殖导致肿瘤形成和增长加快。目前发现该蛋白可激活 c-src 前癌基因,并在 c-eRB B2 诱导的肿瘤形成通路中起重要作用。c-eRB B2 的细胞内信号转导通路与细胞内的 Ras-MAPK 通路、MAPK 依赖性 S6 激酶通路和磷酸化酶 C 的 γ 信号转导通路密切相关。Slamon 等的研究发现,乳腺癌中 c-eRB B2 的阳性表达较其他恶性肿瘤高 3~4 倍。c-eRB B2 在乳腺癌标本中的阳性率为 20%~30%,其中恶性程度较高的浸润性导管癌表达率较平均高。c-eRB B2 在乳腺瘤中的表达与临床分期及病理类型呈正相关,因此 c-eRB B2 可作为一种判断乳腺癌临床预后的重要指标。目前临床乳腺癌诊治中已对乳腺癌标本常规进行 Her-2/neu 检测,以确定药物的使用和评估预后,并作为评价预后和临床治疗直接相关指标,trastuzumab(herceptin,her-2 单克隆抗体)作为分子靶向治疗药物已应用于临床。

二、c-myc 基因

c-myc 基因是一种与细胞周期关系密切的核癌基因,定位于人染色体 8p24,编码一种 439 个氨基酸组成的 62kDa 核内磷酸化蛋白,其亮氨酸拉链区介导各种转录因子的二聚作用,产生活化转录及细胞增殖的作用。该基因可通过染色体易位而活化,在细胞生长调控中具有重要作用,其表达可调节细胞生长、增殖、分化、凋亡和细胞周期的进程。该基因的激活方式主要是基因扩增、重排或过表达,激活的 c-myc 可在 ras 基因协同作用下,通过抑制 p15、p21 等的表达,从而使细胞无限增殖,获得恶性表型。在乳腺癌中 c-myc 基因的扩增率为 30%,其高表达与肿瘤的分化程度、浸润深度及预后密切相关。John 等的研究发现,在肿瘤的生成过程中,c-myc 基因参与了肿瘤的血管新生,能够调控许多血管生长因子及微血管生长因子。

三、ras 基因

ras 基因家族包括 H-ras、K-ras 和 N-ras,其中 H-ras 基因是乳腺癌主要转化基因之一。ras 基因含有 4 个编码的外显子和 1 个 5′端非编码外显子,是目前所知最保守的一族癌基因,在细胞生长、增殖、分化、调控以及细胞恶性转化方面起着重要作用。ras 基因的激活方式主要是点突变,多发生在外显子 1 的 12 位点、13 位点和外显子 2 的 61 位点上,这些位点对维持 Ras 蛋白的空间构型和转化功能是非常重要的。ras 基因的表达产物是 p21 蛋白,其分布于细胞膜内侧面,与调控腺苷酸环化酶有关。p21 与 GTP 结合,并具有 GTPase 酶活性,将细胞外信号传递给胞质内效应物,从而控制细胞生长。H-ras 基因突变及其蛋白质表达与癌变早期有关,在细胞过度增殖及癌变早期起引发作用,其蛋白质表达水平与肿瘤分期有关。p21 在正常细胞中表达水平很低,周恩相用免疫组织化学法检测 ras 基因,发现在正常乳腺中 ras 表达阳性率为 10%,在良性乳腺肿瘤中为 8%,而在乳腺癌中 ras 基因阳性率为 70.3%,且在浸润性导管癌中阳性率最高。Ras 蛋白表达水平随肿瘤体积、局部浸润和淋巴结转移的扩展而升高,提示 ras 癌基因可能在乳腺癌的发生、发展中持续起作用。目前研究表明,Ras 蛋白与 ER 表达呈正相关。Theillet 报道,70% 的原发乳腺癌 H-ras mRNA 表达水平增高,而 N-ras mRNA 表达水平很低,K-ras mRNA 未测到,提示 H-ras mRNA 癌基因是 ras 族中与乳腺癌关系最密切的成员。

四、int-2 基因

int-2 基因定位于人染色体 11q13,编码的产物类似于成纤维细胞生长因子。int-2 癌基因在部分乳腺肿瘤中扩增,扩增率为 4%~23%。其扩增率不一:一方面,与所研究的样本数量有关,另一方面,制定扩增的标准不一或肿瘤组织中的成分多样化也可以导致这种差异。肿瘤间质细胞及淋巴细胞核能够稀释瘤细胞的数量,导致基因扩增降低。int-2 癌基因扩增与乳腺癌的某些临床病理特点有关。int-2 基因扩增在淋巴结转移及雌激素受体阳性乳腺癌患者中比率高,乳腺癌无淋巴结转移的预后良好。

五、bcl-2 基因

bcl-2 基因家族包括抑制凋亡的 bcl-2 基因及促进凋亡的 bax、bak 等基因,bcl-2 基因定位于人染色体 18q21.3,其阻止 Caspase-9 的活化而抑制凋亡,另外其与 p53-Bp2 结合而抑制 p53 向核内转移。其调节基因转录的水平与 c-myc 相同,受活化的 AKT 激活,其凋亡控制失调是乳腺癌形成的一个重要机制。乳腺癌中约 60% 有 bcl-2 基因表达,并受雌激素的调节,与 ER、PR 的表达水平呈正相关,与表皮生长因子受体、Her-2、p53 基因的表达水平呈明显负相关。其高表达与乳腺癌细胞耐药性密切相关,其具体机制尚不明确。Rudin 等认为 bcl-2 基因高表达引起乳腺癌细胞顺铂耐药性的产生可能与 bcl-2 引起细胞内谷胱苷肽及其相关产物水平增加有关。研究表明,血管内皮生长因子(vascular endothelial growth factor,VEGF)能上调 Bcl-2 表达。Bcl-2 蛋白是乳腺癌预后的独立因素,特别是在乳腺癌诊断后的 5 年内更有意义。

六、Cyclin D1 基因

细胞周期受一系列因子的共同调控,其中最主要的正调因子是一组细胞周期(cyclin)蛋白,它们与周期蛋白依赖性激酶(CDK)相结合而对细胞周期一系列控制点发挥调节作用。当细胞受刺激进入周期后最早表达的是 Cyclin D,包括 Cyclin D1、Cyclin D2、Cyclin D3 3 种类型。细胞周期素 D1(Cyclin D1)基因位于人染色体 11q13,编码区内 G、C 含量较高,末端具有 poly A。Cyclin D1 蛋白包含 295 个氨基酸,是一种 G_1 期细胞周期素,在 G_1 期到 S 期的转变中起正向调节作用,调控细胞的分裂及增殖。Cyclin D1 的作用机制主要是通过结合细胞周期依赖性激酶(CDK)使 RB 蛋白发生磷酸化,从而使构象发生改变的 RB 蛋白与转录因子 E2F 分离,被释放的 E2F 激活 DNA 转录酶、胸腺嘧啶激酶从而促进细胞周期。Cyclin D1 基因在乳腺癌中的表达水平高达 71.4%,其过表达与乳腺癌的发生密切相关,且其表达状态在乳腺癌进程中有稳定保持的趋势。Cyclin D1 的表达与乳腺癌的病理组织学分型、组织学分级无关。

第二节　抑癌基因的失活

抑癌基因又称为肿瘤抑制基因,存在于正常细胞中,具有与癌基因相拮抗、抑制细胞增殖和肿瘤发生的作用,其缺失或突变常引起细胞过快增殖从而导致恶性肿瘤的发生。

一、BRCA1 基因与 BRCA2 基因

抑癌基因 BRCA1 和 BRCA2 是乳腺癌易感基因,通过 Rad51 结合区域参与细胞周期调控、信号转导和 DNA 修复等过程。在遗传性乳腺癌的发病中起着非常重要的作用。BRCA1 和 BRCA2 的遗传性突变携带者一生中有高达 90% 的乳腺癌患病风险。

自从 1994 年 Miki 等报道了与家族性乳腺癌和卵巢癌相关的易感基因 BRCA1 以来,科

学家们对其进行了大量的研究。该基因位于17q21，约117kb，包含22个外显子，其中外显子11较大，长3.4kb，占整个编码区的61%，大约55%的BRCA1基因突变发生在外显子11。BRCA1基因是目前所发现的最重要的乳腺癌易感基因之一，其突变形式主要为终止码突变、错意突变和移码突变，突变率在遗传性乳腺癌家系中约占45%。BRCA1基因编码由1863个氨基酸组成的220kDa的蛋白质，其氨基端的锌指结构和羧基端的转录激活结构域在乳腺癌中起着重要的抑制功能，许多乳腺癌易感基因突变发生在这两个结构域。

BRCA1在DNA损伤修复和转录调节、细胞周期调控及诱导肿瘤细胞凋亡方面发挥着重要作用。BRCA1的磷酸化是稳定的G_2/M期和S期检控点所必需的，BRCA1基因突变时，G_2/M期停止。BRCA1还通过调节p21和p27KIP1而调控G_1期。研究表明，BRCA1在人类乳腺癌管形成和细胞分化中起着重要作用。BRCA1基因可发生多形式多位点的突变，目前为止，已发现500多种的BRCA1突变，突变位点几乎遍布BRCA1的整个编码区，不存在明显的突变热点。有研究显示BRCA1突变与p53基因突变有相关性，认为BRCA1突变为p53基因突变的一个步骤。BRCA1表达与雌激素及其受体有着密切关系，与乳腺癌组织学分级、淋巴结转移程度呈正相关，与患者年龄、ER、PR呈负相关。在散发性乳腺癌中BRCA1除基因突变和杂合性丢失（loss ofheterozygosity，LOH）外，DNA甲基化可能是BRCA1在散发性乳腺癌中表达下降或缺失的一种机制。BRCA1基因启动子甲基化使该基因失活，导致乳腺癌患者恶性程度高。此外，由于甲基化的胞嘧啶可自发的脱氨基而突变为胸腺嘧啶，因此异常甲基化是家族性乳腺癌中BRCA1突变的重要机制。

BRCA2基因定位于人染色体13q12—q13，由3个序列拼接而成，含27个外显子，编码由3418个氨基酸构成的蛋白质。在家族性乳腺癌中该基因的突变率约为35%，且与男性乳腺癌有关。BRCA2对细胞生长的调节有重要作用，在G_0期和G_1期表达水平较低，在由G_1期到S期分界时达到高峰，表现出细胞周期依赖性。另外，BRCA2相关因子35（BRAF35）对BRCA2介入G_2/M期的调控具有重要作用。该基因的表达与雌激素水平有关，在青春期和妊娠期可被诱导。

二、p53基因

p53基因是重要的抑癌基因，定位于13p13.3，长16～20kb，含11个外显子，编码由393个氨基酸组成的53kDa磷酸化蛋白。该基因是细胞生长周期中的负调节因子，与细胞周期的调控、DNA修复、细胞分化、细胞凋亡等重要的生物学功能有关。ATM、DNA-PK和ATR等将DNA损伤信号传递给p53，诱导细胞凋亡，其主要是作用于G_1期、G_2/M期等检控点，通过促进细胞周期抑癌蛋白p21等的表达进而抑制Cyclin E-CDK2复合物活性，使RB发生去磷酸化，细胞不能进入S期而停滞于G_1期。p53基因分突变型和野生型两种，野生型p53基因在维持细胞正常生长、抑制细胞恶性增殖、诱导细胞凋亡和维持基因组稳定性方面起着重要作用，是某些抑制细胞增殖基因的反式激活因子，可对细胞分裂进行负调控。p53基因失活的主要机制是点突变，在乳腺癌中的突变率为17%～40%，主要分布在外显子5～8，多为错义突变。p53基因过表达与乳腺癌的组织分级、浸润性生长、淋巴结转移、预后显著相关，是判断乳腺癌患者预后的有效指标。Rohan等的研究发现，乳腺不典型增生组织内存在p53基因突变，说明p53基因突变是乳腺癌发生、发展过程中的早期事件，良性组织内p53基因突变与乳腺癌的发生密切相关。

三、p16 基因

p16(CDK N2/MTS1)基因最早由 Beach 等在黑素瘤患者中发现,位于人 9 号染色体的 p21 区域,全长 8.5kb,由 2 个内含子和 3 个外显子构成。该基因编码一种由 307 个氨基酸组成的 16kDa 的蛋白质,通过抑制细胞周期依赖性激酶 CDK4 活性,抑制 Cyclin D/CDK 复合物的形成,从而阻止细胞进入 S 期。p16 基因发生结构突变和功能缺失,则细胞分裂失去控制。p16 基因失活的主要机制是基因纯合子缺失和基因高度甲基化,60% 的乳腺癌细胞系存在 p16 基因纯合子缺失,p16 基因可作为检测肿瘤的预后指标。

四、p21 基因

p21 基因定位于人染色体 6p21.2,含 3 个外显子,编码一种由 164 个氨基酸组成的分子质量为 21kDa 的核磷酸蛋白,该蛋白能够抑制细胞周期依赖性激酶(cCDK),是调控细胞周期的关键基因。p21 还参与由 p53 介导的细胞 DNA 损伤反应。p21 一般表现为点突变或基因变化多态性,阳性率在乳腺癌患者中达到 90% 。p21 基因异常与乳腺癌的病理组织类型有一定相关性,与乳腺癌的恶性进程密切相关。

五、PTEN 基因

PTEN 基因定位于人类染色体 10q23.3,全长 200kb,有 9 个外显子和 8 个内含子,又称为 MMAC1 和 TEP1。PTEN 开放阅读框(open reading frame,ORF)长 1029 个核苷酸,编码一个含 403 个氨基酸的蛋白质,产物的分子质量为 56kDa,分布于胞质中,是第一个被发现的呈双重特异性磷酸酶(dual specificphosphatase,DSP)活性的抑癌基因。PTEN 蛋白具有蛋白磷酸酶和脂质磷酸酶活性,能使某些磷脂或蛋白激酶相应位点去磷酸化,抑制细胞周期的运行,介导细胞凋亡,并调控细胞的黏附、迁移和分化。PTEN 的磷酸酶活性中心有 3 个碱性氨基酸,磷酸酶活性使第二信使 3,4,5-三磷酸酯酰肌醇(phosphatidylinositol-3,4,5-trisphosphate,PIP3)去磷酸化,具有维持正常发育和抑癌作用。若发生突变则失去脂质磷酸酶活性,失去大部分肿瘤抑制功能,但不影响其蛋白磷酸酶活性。由此认为,PTEN 的肿瘤抑制作用主要依赖其脂质磷酸酶活性,但其蛋白磷酸酶活性仍可以影响细胞增殖、黏附和迁移。PTEN 变异导致乳腺过度发育并较早发生肿瘤,而野生型 PTEN 过表达则抑制乳腺发育。研究表明,PTEN 变异只发生在一小部分原发性散发性乳腺癌中,但在有 Cowden 病症的患者中发生率达 80% ,此种综合征患者大部分易发生乳腺癌。Ali 等对 116 例散发性乳腺癌患者的分析结果显示,PTEN 基因的突变率仅为 5% ,但 PTEN 基因的杂合性丢失率却相对较高。Teng 等发现在乳腺癌肿瘤标本中,杂合性丢失(LOH)的发生率为 48% 。PTEN 蛋白表达缺失在乳腺癌中较为普遍,而且 PTEN 蛋白表达缺失与不利的预后因素包括雌孕激素受体缺失、淋巴结转移及乳腺癌存活率明显相关,即 PTEN 蛋白表达缺失常与乳腺癌预后不良相关。

六、FHIT 基因

脆性组氨酸三联体(fragile histidine triad,FHIT)基因定位于 3p14.2,全长 500kb,含 10

个外显子，转录产物为 1. 1kDa 的 mRNA，编码含 147 个氨基酸的蛋白质 FHIT 通过调控细胞周期、诱导细胞凋亡、与 Ap3A 形成复合物等机制抑制肿瘤的产生。Gatalica 等对 50 例标本的分析发现，在乳腺癌发生过程的不同阶段 FHIT 蛋白的表达量为正常上皮>增生>不典型增生>原位癌>浸润性肿瘤，表明 FHIT 基因作为抑癌基因在乳腺癌中起着重要作用。乳腺癌中 FHIT 基因的改变以杂合性缺失（LOH）最为常见。Anirban 等对 45 例浸润性乳腺癌的研究发现 45% 的 3p14. 2 位点上发生了 LOH，而且与 FHIT 蛋白表达明显相关。Ingvarsson 等对 239 例乳腺癌 FHIT 的 LOH 与临床病理学因素的分析发现，FHIT 的 LOH 与雌、孕激素受体阴性和降低生存率有关。Silva 等对 72 例患者的基因分析发现，FHIT 与 BRCA1 共同发生 LOH 时，乳腺癌的恶性程度更高。

七、ATM 基因

共济失调毛细血管扩张突变基因（ataxia-telangiectasia mutated gene，ATM 基因）是共济失调毛细血管扩张症的致病基因，它被认为是继 BRCA1/2 之后与乳腺癌有较高相关性的基因。ATM 基因位于人类染色体的 11q22—q23，该基因全长 150kb，有 66 个外显子，在许多组织中都表达一个 13kb 的转录本。整个基因编码一个 350kDa 的蛋白质，包含 3056 个氨基酸。ATM 基因为核内表达，ATM 最主要的功能区为磷脂酰肌醇-3-激酶（PI3K），作为抑癌基因，主要参与 DNA 损伤识别和修复，参与多个复杂的细胞周期关卡（G_1/S 期、S 期和 G_2/M 期），通过相应的信号转导途径，介导特定的分子间相互作用，激活或抑制相应的细胞因子，起到调节细胞周期的作用，其突变在乳腺癌的发生、发展中有重要的作用。ATM 基因突变后引起的肿瘤易感性增加可能是由于细胞周期检测点和 DNA 修复两个过程均有缺陷的联合作用所致。

在正常乳腺组织的上皮细胞中，ATM 在乳腺导管上皮细胞表达，而肌上皮细胞几乎不表达。乳腺硬化性腺病为一种乳腺良性损害，这种乳腺增生性疾病表现为广泛纤维化、乳腺增生、肌上皮细胞增生。在这种疾病中，ATM 蛋白在乳腺导管上皮细胞和肌上皮细胞中均表达。而在 30%～50% 的浸润性乳腺癌肿瘤上皮细胞中 ATM 表达下降或缺失。研究发现，在 40% 以上的散发性早期乳腺肿瘤中可检测到 ATM 基因所在的染色体 11q22—q23 区杂合性丢失（LOH），在癌旁组织的正常导管小叶单元末端也有发现。并且，该区域的杂合性丢失率在相关人群中 50 岁以上的比 50 岁以下的高。现在发现的 ATM 序列变异不但与乳腺癌患病风险改变有关，还可能参与调节肿瘤发生或影响肿瘤的预后。Brennan 等的研究表明，白细胞（WBC）内 ATM 的 DNA 甲基化水平可能是乳腺癌的一个标志，检测 ATM 基因甲基化可以预测女性未来患癌症的风险。ATM 基因高甲基化水平的女性发生乳腺癌的风险是低甲基化水平的 2 倍，这个导致乳腺癌患病风险的链式关系在 60 岁以上的女性中表现的更明显。

八、CHEK2 基因

细胞周期检查点激酶 2（cell-cycle checkpointkinase 2，CHEK2）基因是继 BRCA1、BRCA2 后发现的另一个重要的乳腺癌易感基因。CHEK2 基因是一种肿瘤抑制基因，包含 14 个外显子，其编码的蛋白质由 543 个氨基酸构成，包括 3 个结构域，分别为 N 端的丝氨酸-谷氨酸/丝氨酸-谷氨酰胺氨基酸对富含区、叉头相关区域(forkhead-associated,FHA)和C端的激酶活性区(kinase domain,KD)。CHEK2基因编码的蛋白质是DNA双链断裂损伤中重要的信号转导蛋白,参与细胞周期G_1期、S期或G_2/M期的阻滞,促进细胞对损伤进行修复。

研究发现,CHEK2外显子10上的移码突变1100delC(即1100位的单个胞嘧啶碱基缺失)可以导致CHEK2蛋白激酶活性的丧失,引起细胞DNA损伤修复的下降。研究发现,无BRCA1、BRCA2基因突变的妇女携带CHEK2 1100delC突变可以使乳腺癌发病风险比一般人群升高2倍。由于BRCA1、BRCA2和CHEK2是在同一条通路中发挥作用,如果BRCA1和BRCA2已经发生了突变,CHEK2基因突变不会再增加乳腺癌患病风险。不同人群中CHEK2 1100delC的突变率存在明显差异,在北欧和东欧人群中其突变率较高,然而在北美洲则突变率较低。一项针对北欧人群的研究表明,CHEK2 1100delC突变在对照人群中为1.1%,在乳腺癌人群中为1.4%,在无BRCA1、BRCA2突变的家族性乳腺癌中,突变率增加到5.1%。荷兰的Schmidt等在1479例小于50岁的浸润性乳腺癌中检测到3.7% CHEK2 1100delC的突变,10年的临床随访发现,携带该位点突变人群乳腺第二原发癌和同侧乳腺局部复发的风险较非携带者都高2倍。亚洲的研究中没有发现类似结果。中国的相关研究也没有发现CHEK2 1100delC与国人乳腺癌遗传易感性的关联。CHEK2突变与激素受体状态、病理类型及淋巴结状态等无显著相关性,但CHEK2基因突变的患者双侧乳腺癌的发病率较高,组织学分级高,同时肿瘤体积也较无突变者大。

九、其他抑癌基因

视网膜母细胞瘤基因(RB)是第一个被克隆的抑癌基因,定位于13q14,全长200kb,含27个外显子、26个内含子,编码816个氨基酸残基的105kDa核内磷酸蛋白。RB具有DNA结合活性,参与某些基因的调节,有调控细胞增殖、细胞周期的作用,其磷酸化状态为其调节细胞生长分化的主要形式,非磷酸化RB主要通过结合E2F蛋白并抑制其活性来抑制细胞增殖和细胞转化。RB基因失活的主要机制是缺失或突变,大约25%的乳腺癌存在RB基因的杂合性丢失(LOH)及基因结构的异常,RB基因表达与乳腺癌的组织分级呈负相关。

mdm2(murine double minute)最初是在自发转化的成纤维细胞中发现的,mdm2位于12q13—q14,其基因产物是蛋白质p90,可以与野生型p53蛋白形成复合体,对p53起负调控,抑制p53介导的转录活性和阻止p53诱导凋亡的作用,引起肿瘤发生。人体许多肿瘤中都存在mdm2基因的扩增表达,且表达程度往往与肿瘤的临床分级、病理分期、是否转移有关。目前已证实mdm2基因加速乳腺癌恶性转化,研究结果表明,乳腺癌的疗效与MDM2蛋白的表达程度有关。

第三节　乳腺癌转移抑制基因

转移抑制基因是影响肿瘤侵袭和转移过程的相关分子的编码基因,涉及细胞黏附、蛋白质水解酶类、细胞运动和血管生成等有关分子的编码基因,某些癌基因或抑癌基因在肿瘤发生和进展中也对肿瘤的转移起着各自一定的重要作用。

一、乳腺癌转移抑制基因 1

2000 年 Seraj 等将新霉素标记的人正常 11 号染色体导入人乳腺癌细胞 MDA-MB-435 中，发现了一种新的癌转移抑制基因，被命名为乳腺癌转移抑制基因 1(breast cancer metastasis suppressor 1，BRMS1)。BRMS1 分子质量为 10kb，有 10 个外显子、9 个内含子，相对分子质量为 28 500。位于人染色体 11q13.1—q13.2，编码 264 个氨基酸组成的蛋白质，其中外显子 1 不翻译。

BRMS1 对乳腺癌的转移抑制作用在其发现之时就已经明确，其 mRNA 表达下降或缺失可参与乳腺癌的转移过程，但并不影响原发肿瘤的生长过程。Seraj 等报道将 BRMS1 转染到高转移性乳腺癌细胞 MDA-MB-435 中，其转移潜能降低 70%~90%。同时研究发现，将稳定转染 BRMS1 基因的乳腺癌细胞 MDA-MB-435 和 MDA-MB-231 注入裸鼠乳腺脂肪垫下，其肺部和局域淋巴结转移与对照组相比明显减少。实验表明，BRMS1 mRNA 表达水平下降，与乳腺癌远处转移有关，同时也证明 BRMS1 对乳腺癌的生长没有影响，不是肿瘤抑制基因，而是一种肿瘤转移抑制基因。Samant 等的研究发现，BRMSl 通过控制 NF-κB 的活性来调整 OPN(Osleopontin 是一种癌转移激活物，与肿瘤进展和浸润癌有关)，抑制 OPN 可能是 BRMS 1 抑制肿瘤转移的潜在机制之一。但是，Kelly 等则报道 BRMS1 的表达与乳腺癌淋巴结的转移无相关性，BRMS1 mRNA 在人正常乳腺组织、纤维瘤、原发乳腺癌及合并腋窝淋巴结转移的患者中表达无显著差异，且表达水平不依赖于肿瘤大小、分级、腋窝淋巴结转移情况和性激素受体状态，故 BRMS1 对乳腺癌的局部淋巴结转移抑制作用需进一步研究明确。

二、nm23 基因

nm23 基因是 1988 年美国国立癌症研究所的 Steeg 等用消减杂交法在 K-1735 鼠黑色素瘤细胞株中分离出来的一种与恶性肿瘤转移有关的基因。该基因定位于人染色体 17q22，编码由 152 个氨基酸组成的 17kDa 核内及胞质蛋白，与二磷酸核苷激酶(nucleoside diphosphokinase，NDPK)的氨基酸序列具有高度同源性。人类 nm23 基因有两个亚型，即 nm23-H1 和 nm23-H2，两者编码蛋白的氨基酸有 88% 的同源性。nm23 蛋白在肿瘤的发生和发展过程中参与了微管的聚合/解聚和 G 蛋白介导的信号转导。nm23-H1 基因在肿瘤侵袭转移的可能分子基础包括：①nm23-H1 基因可上调 β-连环蛋白(β-catenin)、E-钙黏附分子等转移抑制相关基因产物的表达，同时可下调基质 MMP-2、CD44V6 和 VEGF 等转移促进相关基因产物的表达。②nm23-H1 蛋白抑制肿瘤转移相关的信号转导通路中某些重要激酶的活性，包括有丝裂原活化蛋白激酶(MAPK)/细胞外信号调节激酶(ERK)、蛋白激酶 A(PKA)、Wnt、蛋白激酶 C(PKC)通路等。③nm23-H1 基因蛋白对微管蛋白的组装有调节作用：细胞内微管蛋白与 GDP 结合，利于微管聚合，维持细胞正常形态。具有核苷二磷酸激酶(NDPK)活性的 nm23-H1 基因产物能将微管蛋白(tubulin)上的 GDP 转化为 GTP，则容易出现微管解聚从而引起细胞运动，进而出现肿瘤细胞的浸润和转移。nm23 基因表达水平与乳腺癌淋巴结转移呈负相关，而与乳腺癌的组织学类型和大小无关。nm23 表达程度对判断淋巴结转移及预测预后具有积极的临床意义。

第四节　乳腺癌耐药相关基因

一、多药耐药基因 1

1976 年,Juliano 等揭示了多药耐药基因(multiple drug resistance,MDR)与细胞内药物浓度降低有关,并进一步证实 MDR 细胞中存在一种分子质量为 170kDa 的细胞膜糖蛋白(permeability-glycoprot,P-gp)与耐药有关。MDR1 基因位于 7q21.1,含有 28 个外显子,全长 4.5kb,仅有一个开放阅读框,属于 ATP 结合盒(ABC)型膜载体蛋白家族,由 1280 个氨基酸组成,是一种跨膜蛋白质,可分为氨基酸序列几乎相等的两部分。每一部分含 6 个疏水跨膜区和 1 个 ATP 结合位点,其编码的 P-gp 分子的 N 侧 ATP 酶具有药物结合的特殊功能,C 侧 ATP 与药物泵出有关,两侧 ATP 结合位点只有按照正确顺序排列才能发生耐药。

MDR1 表达对肿瘤患者化疗及预后的判断具有重要的临床意义。由多药耐药基因 MDR1 编码的 P-gp 高表达是产生 MDR 的主要原因之一,是目前研究最为广泛、深入且在临床实践中唯一得到证实的耐药机制,因此成为研究逆转 MDR 的主要靶点。P-gp 是多药耐药基因产物,作为“药泵”功能引起癌细胞产生耐药而参与多种肿瘤的多药耐药机制。研究发现,P-gp 在化疗前乳腺癌组织中有一定的表达,说明其在乳腺癌的原发耐药中也有重要作用。目前倾向认为 P-gp 表达是不依赖于肿瘤细胞增殖的独立指标,P-gp 表达与化疗敏感性有密切关系。Verrelle 等检测原发性乳腺癌化疗前的 P-gp 水平,并随访其化疗疗效,发现两者明显呈负相关,说明 P-gp 可以作为预测乳腺癌化疗疗效的分子生物学指标。研究还发现 P-gp 在乳腺癌中的表达与腋淋巴结转移有关,对判断预后有参考价值。

二、肺耐药蛋白基因

肺耐药蛋白(lung resistance protein,LRP)基因定位于 16p11.2,编码由 896 个氨基酸组成的蛋白质 LRP,cDNA 全长 2688bp,相对分子质量为 110 000,又称为 110 蛋白。LRP 在肿瘤中也广泛存在,其与 P-gp 相似,分布具有组织特异性,尤其在接触外部慢性毒物或微生物的组织细胞。LRP 虽然与 P-gp 一样也是一种具有药物流出泵功能的蛋白质,但不属于 ABC 转运蛋白家族成员,而且其介导的 MDR 与 P-gp 介导的 MDR 作用机制也不同。LRP 主要介导顺铂和烷化剂等药物耐药,可表达于许多肿瘤组织中,其表达程度的强弱反映不同癌组织的化疗敏感性。有文献报道,单一 LRP 基因的导入并不产生 MDR 基因表型,LRP 完成耐药机制可能与其他成分有关。研究表明,LRP 表达与乳腺癌腋淋巴结转移有关,提示 LRP 高表达的乳腺癌细胞更容易发生淋巴结转移,可成为乳腺癌的预后指标。

三、乳腺癌耐药蛋白基因

1998 年 Doyle 等分离出一种新的 ABC 转运蛋白,该蛋白含有 633 个氨基酸残基,是分子质量为 72.6kDa 的跨膜转运蛋白,乳腺癌耐药蛋白(breast cancer resistance protein,BCRP)基因定位于 4q22.23,全长 66kb,由 16 个外显子和 15 个内含子组成,外显子长 60 ~ 332bp。序列分析表明,其肽链与 P-gp 分子有一半相同,与典型的 ABC 转运蛋白不同的是 BCRP 只含有一个 ATP 结合结构域和一个疏水性的跨膜结构,称其为半转运蛋白。因该蛋白首先从乳腺细胞中被发现,故又被称为乳腺癌耐药蛋白。BCRP 广泛存在于正常组织中,其耐药机制与 P-gp 相似,通过将药物转运出胞外,降低胞内药物浓度导致细胞耐药。有研究表明,BCRP 基因在乳腺癌组织中的阳性表达率、表达水平均显著高于癌旁组织,BCRP 基因的表达水平与患者的年龄、病理类型、临床分级及淋巴结转移无关,而与患者体内雌激素水平、ERα 及 Her-2 强度呈正相关,其过表达可能在乳腺癌的多药耐药中起着较重要的作用。有淋巴结转移者 BCRP 基因表达水平显著高于无淋巴结转移者。石晶等的研究表明,BCRP 表达阳性是接受以蒽环类化疗药为主的辅助化疗的乳腺癌患者的预后不良指标,与无病生存期有负相关趋势。BCRP 的表达可以指导乳腺癌的化疗。

四、GST-π 基因

谷胱甘肽-*S*-转移酶 π 亚型(GST-π)是 GST 超基因家族中的一种亚基,是同工酶中表达最高的一种,可催化亲电物质(如抗癌药物)与谷胱甘肽(GSH)结合,将抗癌药物排出细胞,使肿瘤细胞对抗癌药物的代谢和运输能力增强,从而产生耐药;GST-π 本身还可以与亲脂性细胞毒性药物结合增加其水溶性,促进药物代谢,降低抗癌药物的细胞毒性作用,导致耐药。在正常乳腺组织中几乎检测不到 GST-π 蛋白表达,乳腺癌组织 GST-π 蛋白的表达较乳腺正常组织显著增加,这种高表达可能是一种诱导表达的结果,可能是抗药性的标志之一。Huang 等发现,GST-π 与任何临床病理因素均无关,但 GST-π 阳性肿瘤更具侵袭性,患者无瘤生存期短、预后差,提示 GST-π 表达是乳腺癌预后不良的指征。GST-π 所介导的抗癌药物主要是顺铂、5-FU 等。GST-π 被认为是典型的癌前病变标志酶,与肿瘤的诊断、预后和肿瘤耐药等密切相关。

五、其他耐药基因

目前研究发现的乳腺癌耐药相关基因还包括 DNA 拓扑异构酶Ⅱ(TopoⅡ)、细胞周期素 D1(Cyclin D1)、Her-2、切除修复交叉互补群 1(ERCC1)、乳腺癌扩增 1(AIB-1)等。TopoⅡ是许多化疗药物(如多柔比星、米托蒽醌、VP-16、氟尿嘧啶等)的重要靶酶,TopoⅡ活性降低、表达缺失或基因突变,都会使抗癌药的靶点减少或丧失,从而产生耐药,而 TopoⅡ高水平表达则认为对肿瘤 TopoⅡ抑制剂敏感。

第五节　乳腺癌相关 miRNA

miRNA 是近年来发现的具有多基因调控功能的一类非编码小分子 RNA,在肿瘤的发生和发展中起着至关重要的作用。一项大型研究发现,186 例 miRNA 基因中有 52.5% 位于肿瘤相关基因区域或脆弱位点。其中有 15 个 miRNA 定位于 10 个缺失区(deleted region),与人类乳腺癌有关。Iorio 等运用 microarray 及 Northern blotting 等实验方法分析 76 例乳腺癌标本和 10 例正常的乳腺标本,分离出 29 种 miRNA 的表达有显著改变,其中有 15 种 miRNA 可以十分正确地推测样本的性质(如肿瘤还是正常乳腺组织),其中 miR-10b、miR-125b 和 miR-145 高表达,而 miR-21 和 miR-155 低表达。这些 miRNA 与肿瘤的分期和雌、孕激素的表达,血管侵袭性及肿瘤细胞增殖均有相关。miR-145 和 miR-21 的表达能够区分肿瘤和正常组织,且发现 miR-145 从正常乳腺组织到高增殖指数的癌症逐步下降,而 miR-21 则从正常乳腺组织到高肿瘤级别的癌症渐进升高,提示 miR-145 和 miR-21 失调可能是影响肿瘤增殖的关键分子事件。

Kondo 等的研究发现,miR-206 在 ERα 阳性的乳腺癌中表达显著减少,提示 miR-206 可能成为诊断乳腺癌的指标之一。Zhu 等的研究显示,miR-22 可能通过直接调控 ERα 而在乳腺癌发病过程中扮演了关键的角色。此外,Sempere 等用原位杂交法对 100 多份乳腺癌标本在细胞经历恶性转化过程中 miRNA 的表达情况进行了分析。结果显示,miR-145 和 miR-205 仅在正常乳房导管和小叶的肌上皮及基底细胞层表达,而在与之配对的肿瘤标本中表达降低或完全不表达;miR-21 在肿瘤中表达增加,而 let-7a 在肿瘤中表达减少,miR-145 在非典型性增生和肿瘤原处损害处明显表达异常,提示 miR-145 可能作为一种新的乳腺癌早期诊断标志物。

Ma 等发现在转移性乳腺癌细胞中 miR-10b 高表达,将 miR-10b 导入非转移性乳腺癌细胞后,这些癌细胞变得极富侵袭性和转移能力,将它们移植到幼年雌鼠的乳腺区域,6 周后就可在雌鼠的其他部位发现转移瘤。表明 miR-10b 能促进肿瘤细胞的转移和浸润。

HMGA2 属于高迁移率蛋白 I 家族一员,在基因的表达调控及细胞增殖的核分化方面均起着重要作用。Rogalla 等的研究发现,HMGA2 与乳腺癌的病理分级呈正相关,可作为乳腺癌的预后指标。正常细胞中,let-7 miRNA 会结合 HMGA2 mRNA 转录产物的 3′端,并抑制该基因在细胞胞质中的表达。通过缩短 HMGA2 转录产物的 3′端来阻止 let-7 的结合,结果导致 HMGA2 的过量表达,引起肿瘤的发生。

P450 1B1(CYP1B1)属于药物代谢酶家族成员,在导致癌变的雌激素代谢和激活芳香烃化合物致癌中起着重要作用。Tsuchiya 等发现,miR-27b 与人类 CYP1B1 3′-UTR 序列相匹配,24 例乳腺癌患者的肿瘤组织和癌旁组织中,癌组织都低表达 miR-27b、高表达 CYP1B1;将带有 miR-27b 识别元件的质粒导入 miR-27b 阳性的 MCF-7 细胞株中,miR-27b 表达则降低。这说明 miR-27b 在转录后水平负调控 CYP1B1 的表达,miR-27b 也可能成为肿瘤治疗的一个新靶点。

第六节 端 粒 酶

20 世纪 30 年代,McClintock 和 Muller 发现了端粒。端粒是位于真核细胞内染色体末端的具有能稳定染色体结构和功能的特殊成分。端粒酶活性在乳腺癌组织中呈高表达,而正常乳腺组织及良性乳腺病变中大多为阴性。Shay 等报道 2031 例原发肿瘤中端粒酶阳性率为 85%,相应癌旁组织为 11%,其中乳腺癌为 79%~97%。Hiyama 等报道乳腺癌组织中端粒酶阳性率为 93%,相应癌旁组织中阳性率为 3.6%,表明端粒酶激活在乳腺癌的发生、发展过程中起着重要作用。但在良性乳腺病变中,乳腺纤维腺瘤端粒酶活性与其他良性病变不同。Hiyama 等在 20 例乳腺纤维腺瘤中检测出 9 例(45%)端粒酶阳性。Nawaz 等认为在乳腺纤维腺瘤形成过程中可能有端粒酶的短暂激活,这种激活可能受雌激素的调节,具有可逆性。乳腺癌细针穿刺细胞端粒酶活性呈高表达,说明端粒酶活性检测是鉴别乳腺良性、恶性肿瘤的一个敏感指标,在乳腺癌诊断中具有很好的临床应用价值。

乳腺癌组织端粒酶活性与临床病理等资料的相关性,各家报道不尽相同。Hiyama 等的研究发现,乳腺癌患者各分期中端粒酶阳性率为:Ⅰ期 68%、Ⅱ期 98%、Ⅲ期 96%、Ⅳ期 100%,且端粒酶阳性率与肿块大小及淋巴结的转移也有相关性,肿块>2cm 者端粒酶阳性率为 98%,而肿块<2cm 者为 73%;有淋巴结转移者端粒酶阳性率为 97%,而无淋巴结转移者则为 81%。Hools 等的研究发现乳腺癌患者中,肿块<5cm 者端粒酶活性明显低于较晚期者,乳腺癌细胞端粒酶活性的高低能反映出乳腺癌恶性程度及侵袭能力的高低。但也有多篇报道发现端粒酶活性与临床、病理等资料无相关性。出现不同的研究结果可能与实验操作以及标本取材的异质性有关,有待于进一步探讨。

第七节 结 论

细胞癌变的多基因协同作用学说指出,至少有两个或两个以上功能不同的癌基因的激活才有可能引起细胞的癌变,不同的癌基因可能只在癌变的某个阶段起作用。乳腺癌的发生、发展是一个多因素多步骤逐渐累积的过程,其中涉及的多个癌基因、抑癌基因形成一个网络,在乳腺癌的发展进程中相互作用、相互协同,因此应该在对某单一基因进行研究的基础上来进行多个基因之间相互联系的研究,更好地从分子水平上阐述它们之间的联系,阐述肿瘤发生的机制,这样对乳腺癌的发生、发展及预后会有更深层的认知。

(李勤涛 蒋 力)

参考文献

韩晶,金宗浩,党云文. 2003. p53、bcl-2 基因和雌孕激素受体在乳腺癌表达的临床意义. 上海医学,S1:13-15.

黄健,侯巧燕,胡春萍,等. 2001. 乳腺癌中 P16 及 P21 基因的初步研究. 华夏医学,14(2):124-125.

刘锦平,杨红,周蕾蕾,等. 2003. 乳腺癌易感基因蛋白在乳腺癌组织中的表达及其与临床病理关系. 中国癌症杂志,13(1):31-35.

石晶,滕月娥,张敬东,等. 2008. 乳腺癌组织中 ABCG2 和 HIF-1α 的表达及临床意义. 中国医科大学学报,37(5):697-700.

叶苏娟,朱文. 2009. nm23H1 调控肿瘤侵袭转移分子机制研究进展. 生命科学,21(1):107-111.

Ateş NA, Tamer L, Ateş C, et al. 2005. Glutathione S-transferase M1, T1, P1 genotypes and risk for development of colorectal cancer. Boichem Genet, 43(3-4):149-163.

Baselga J. 2000. Clinical trials of single-agent trastuzumab (Herceptin). Semin Oncol, 27(5 Suppl 9):20-26.

Baudino TA, McKay C, Pendeville-Samain H, et al. 2002. c-Myc is essential for vasculogenesis and angiogenesis during development and tumorprogression. Genes Dev, 16(19):2530-2543.

Borg A, Zhang QX, Alm P, et al. 1992. The retinoblastoma gene in breast cancer: allele loss is not correlated with loss of geneprotein expression. Cancer Res, 52(10):2991-2994.

Brennan K, Garcia-Closas M, Orr N, et al. 2012. Intragenic ATM methylation in peripheral blood DNA as a biomarker of breast cancer risk. Cancer Res, 72(9):2304-2313.

Callagy GM, Pharoah PD, Pinder SE, et al. 2006. Bcl-2 is a prognostic marker in breast cancer independently of the Nottingham Prognostic Index. Clin Cancer Res, 12(8):2468-2475.

Copson ER, White HE, Blaydes JP, et al. 2006. Influence of the MDM2 single nucleotidepolymorphism SNP309 on tumour development in BRCA1 mutation carriers. BMC Cancer, 6:80.

Gatalica Z, Lele SM, Rampy BA, et al. 2000. The expression of Fhit protein is related inversely to disease progression in patients with breast carcinoma. Cancer, 88(6):1378-1383.

Gosse-Brun S, Sauvaigo S, Daver A, et al. 1999. Specific H-Ras Minisatellite alleles in breast cancer susceptibility. Anticancer Res, 19(6B):5191-5196.

Hennessy C, Henry JA, May FE, et al. 1991. Expression of the antimetastatic gene nm23 in human breast cancer: an association with good prognosis. J Natl Cancer Inst, 83(4):281-285.

Henry JA, Hennessy C, Levett DL, et al. 1993. int-2 amplification in breast cancer: association with decreased survival and relationship to amplification of c-eRBB-2 and c-myc. Int J Cancer, 53(5):774-780.

Hoos A, Hepp HH, Kaul S, et al. 1998. Telomerase activity correlates with tumor aggressivencess and reflectstherapy effect in breast cancer. Int J Cancer, 79(1):8-12.

Huang J, Tan PH, Thiyagarajan J, et al. 2003. Prognostic significance of glutathione S-transferase-pi in invasive breast cancer. Mod Pathol, 16(6):558-565.

Ingvarsson S, Sigbjornsdottir BI, Huiping C, et al. 2001. Alterations of the FHIT gene in breast cancer: association with tumorprogression and patient survival. Cancer Detect Prev, 25(3):292-298.

Iorio MV, Ferracin M, Liu CG, et al. 2005. MicroRNA gene expression deregulation in human breast cancer. Cancer Res, 65(16): 7065-7070.

Kelly LM, Buggy Y, Hill A, et al. 2005. Expression of thebreast cancer metastasis suppressor gene, BRMS1, in human breast carcinoma: lack of correlation with metastasisto axillary lymph nodes. Tumour Biol, 26(4):213-216.

Kilpivaara O, Bartkova J, Eerola H, et al. 2005. Correlation of CHEK2protein expression and c. 1100delC mutation status with tumor characteristicsamong unselected breast Cancer patients. Int J Cancer, 113(4):575-580.

Linderholm B, Andersson J, Lindh B, et al. 2004. Overexpression of c-eRBB-2 is related to a higher expression of vascular endothelial growthfactor(VEGF) and constitutes an independent prognostic factor in primary node-positivebreast cancer after adjuvant systemic treatment. Eur J Cancer, 40(1):33-42.

Ma L, Teruya-Feldstein J, Weinberg RA. 2007. Tumour invasion and metastasisinitiated by microRNA-10b in breast cancer. Nature, 449(7163):682-688.

Magdinier F, Dalla Venezia N, et al. 1999. BRCA1 expression during prenatal development of the human mammarygland. Oncogene, 18(27):4039-4043.

Maitra A, Wistuba II, Washington C, et al. 2001. High-resolution chromosome 3p ailelotyping of breastcarcinomas and precursor lesions demonstrates frequent loss of heterozygosity and a discontinuous pattern of alleleloss. Am J Pathol, 159(1):119-130.

Mechetner E, Kyshtoobayeva A, Zonis S, et al. 1998. Levels of multidrug resistance(MDR1) P-glycoprotein expression by human breast cancer correlate with in vitro resistance to taxol and doxorubicin. Clin Cancer Res, 9(2):4(2):389-398.

Meijers-Heijboer H, van den Ouweland A, Klijn J, et al. 2002. Low-penetrance susceptibility to breast cancer due to CHEK2(*) 1100delC innoncarriers of BRCAl or BRCA2 mutations. Nat Genet, 31(1):55-59.

Nawaz S, Hashizumi TL, Markham NE, et al. 1997. Telomerase expression in human breast cancer with and without lymphnode metastases. Am J Clin Pathol, 107(5):542-547.

Niwa Y, Oyama T, Nakajima T. 2000. BRCA1 expression status inrelation to DNA methylation of the BRCA1 promoter region insporadic breast cancers. Jpn J Cancer Res, 91(5):519-526.

Nunes RA, Harris LN. 2002. The HER2 extracellular domain as a prognostic and predictive factor in breast cancer. Clin Breast Cancer, 3(2):125-135.

O'Day E, Lal A. 2010. MicroRNAs and their target gene networks in breast cancer. Breast Cancer Res, 12(2):201.

Pidgeon GP, Barr MP, Harmey JH, et al. 2004. Vascular endothelial growth factor(VEGF) upregulates BCL-2 and inhibits apoptosis in human and murine mammary adenocarcinoma cells. Br J Cancer, 85(2):273-278.

Rajan JV, Marquis ST, Gardner HP, et al. 1997. Developmental expression of BRCA2 colocalizes with BRCA1 and isassociated with proliferation and differentiation in multiple tissues. Dev Biol, 184(2):385-401.

Rogalla P, Drechsler K, Kazmierczak B, et al. 1997. Expression of HMGI-C, a member of the high mobility group protein family, in asubset of breast cancers: relationship to histologic gade. Mol Carcinog, 19(3):153-156.

Rohan TE, Hartwick W, Miller AB, et al. 1998. Immunohistochemical detection of c-eRBB-2 and p53 in benign breast disease and breastcancer risk. J Natl Cancer Inst, 90(17):1262-1269.

Rohan TE, Li SQ, Hartwick R, et al. 2006. p53 Alterations and protein accumulation in benign breast tissue and breast cancer risk: acohort study. Cancer Epidemiol Biomarkers Prev, 15(7): 1316-1323.

Rudin CM, Yang Z, Schumaker LM, et al. 2003. Inhibition of glutathione synthesis reverses Bcl-2-mediated cisplatin resistance. Cancer Res, 63(2): 312-318.

Samant RS, Clark DW, Fillmore RA, et al. 2007. Breast cancermetastasis suppressor 1(BRMS1) inhibits osteopontintranscription by abrogating NF-κB activation. Mol Cancer, 6: 6.

Schmidt MK, Tollenaar RA, de Kemp SR, et al. 2007. Breast cancer surrivaland tumor characteristics in premenopausal women carrying theCHEK2 · 1100delC germline mutation. J Clin Oncol, 25(1): 64-69.

Schneider J, Gonzalez-Roces S, Pollán M, et al. 2001. Expression of LRP and MDR1 in locally advanced breast cancer predicts axillary node invasion at the time of rescue mastectomy after induction chemotherapy. Breast Cancer Res, 3(3): 183-191.

Sempere LF, Christensen M, Silahtaroglu A, et al. 2007. Altered microRNA expression confined to specific epithelial cell subpopulations in breast cancer. Cancer Res, 67(24): 11612-11620.

Seraj MJ, Samant RS, Verderame MF, et al. 2000. Functionalevidence for a novel human breast carcinoma metastasissuppressor, BRMS1, encoded at chromosome 11q13. Cancer Res, 60(11): 2764-2769.

Shay JW, Wright WE, WeRBin H. 1993. Toward a molecular understanding of human breast cancer: a hypothesis. Breast Cancer Res Treat, 25(1): 83-94.

Silva Soares EW, de Lima Santos SC, Bueno AG, et al. 2010. Concomitant loss of heterozygosity at the BRCA1 and FHIT genes as aprognostic factor in sporadic breast cancer. Cancer Genet Cytogenet, 199(1): 24-30.

Slamon DJ, Godolphin W, Jones LA, et al. 1989. Studies of the HER-2/neu proto-oncogene in human breast and ovarian cancer. Science, 244(4905): 707-712.

Teng DH, Hu R, Lin H, et al. 1997. MMAC1/PTEN mutations in primary tumor specimens and tumor cell lines. Cancer Res, 57(23): 5221-5225.

Theillet M, Pellefrini C, Wiechmann RJ, et al. 1993. Expression of ras gene family mRNA in breast cancer. Eksp Onkol, 15: 301.

Tsuchiya Y, Nakajima M, Takagi S, et al. 2006. MicroRNA regulates theexpression of human cytochrome P450 1B1. Cancer Res, 66(18): 9090-9098.

Verrelle P, Meissonnier F, Fonck Y, et al. 1991. Clinical relevance of immunohistochemical detection of multidrugresistance P-glycoprotein in breast carcinoma. J Natl Cancer Inst, 83(2): 111-116.

Wong SC, Chan JK, Lee KC, et al. 2001. Differential expression of p16/p21/p27 and Cyclin D1/D3, and their relationships to cell proliferation, apoptosis, and tumour progression in invasive ductal carcinoma of the breast. J Pathol, 194(1): 35-42.

Xiao B, Spencer J, Clements A, et al. 2003. Crystal structure of the retinoblastoma tumor suppressor protein bound to E2F and the molecular basis of its regulation. Proc Natl Acad Sci USA, 100(5): 2363-2368.

Xu L, Sgroi D, Sterner CJ, et al. 1994. Mutational analysis of CDKN2(MTS1/p16ink4) in human breast carcinomas. Cancer Res, 54(20): 5262-5264.

Zhu S, Si ML, Wu H, et al. 2007. MicroRNA-21 targets the tumor suppressor gene tropomyosin 1(TPM1). J Biol Chem, 282(19): 14328-14336.

第四十三章　卵巢癌相关肿瘤基因

卵巢癌是妇科肿瘤中致死率最高的肿瘤，其发病率居妇女所有恶性肿瘤的第八位。卵巢组织成分非常复杂，是全身各脏器原发肿瘤类型最多的器官。卵巢肿瘤位于盆腔深部，早期病变发现不易，一旦发现多属晚期。近20年来，由于有效化疗方案的应用，卵巢恶性生殖细胞肿瘤死亡率由90%下降到10%，但卵巢恶性上皮性肿瘤的发病率、病死率未能改善，5年生存率仅为30%～40%，其主要原因是缺乏有效的早期诊断手段。随着分子生物学的发展，卵巢癌基因的研究对临床诊断和治疗正起着越来越重要的作用。人们研究发现，卵巢癌的发生与致癌基因的扩增和抑癌基因的缺失有关，本章将对卵巢癌相关肿瘤基因在卵巢癌的发生、发展中的作用进行较详细的阐述。

第一节　卵巢癌相关致癌基因

已发现卵巢癌相关的致癌基因很多，包括 HER-2/neu 基因、c-myc 基因、bcl-2 基因和 bax 基因、survivin、K-ras 基因、mdm2 基因、KLK15 基因、FGFR、ILGFR1、FGF-3、TGF-α、c-fms、c-fos 等。

一、HER-2/neu 基因

HER-2/neu(c-eRB B2)是一种原癌基因，位于染色体 17p21 上，编码一大小为 185kDa、固有酪氨酸激酶活性的转膜糖蛋白，类似上皮生长因子，对刺激细胞生长的信号转导起着主要作用。在正常情况下处于非激活状态，参与细胞生长、分化的调节，当受到某些致癌因素作用后，主要以基因扩增和过度表达的形式被激活，变为活化的癌基因，可促进细胞癌变和癌细胞生长增殖。1989 年 Slamon 等最先检测到卵巢癌组织中 HER-2/neu 的扩增现象，并认为可导致 HER-2/neu 的过度表达，与患者预后不良有关。随后 HER-2/neu 基因的研究较为广泛，HER-2 蛋白的异常超表达常发生在来自卵巢、子宫、乳腺、输尿管和宫颈的妇科腺癌，也可发生在膀胱癌、结肠癌、肺癌和胃癌。研究结果表明，HER-2 基因扩增和蛋白质高表达常发生在病理分化差和晚期上皮性卵巢癌、子宫内膜癌、乳腺癌的患者中，而较少发生在早期上皮性卵巢癌和交界性卵巢肿瘤中，很少发生在正常卵巢组织中，与卵巢癌预后不良相关。初步研究认为 HER-2/neu 能作为以上几种肿瘤患者的肿瘤标记物，测定血清中 HER-2/neu 水平能了解肿瘤恶性度及其预后。有关靶受体基因治疗法，包括受体抗体的应用、载肢体递送的抗敏 DNA、抗原活跃细胞毒性淋巴细胞和腺病毒介导的 EIA 递送到高表达肿瘤细胞现正在进行研究。

二、c-myc 基因

c-myc 基因属于 myc 家族，定位于染色体 8 号长臂(8q24)上，全长 6～7kb，含 3 个外显子,编码蛋白质含49个氨基酸残基,分子质量为64~67kDa。c-myc基因属核转录因子类癌基因,其编码的蛋白质在核内结合于DNA链上,对转录过程实施调控。c-myc诱导化的形式为基因的大量扩增,其需要通过其他基因和旁路系统影响细胞的增殖、转化,有直接调节其他基因的转录作用。国内研究表明,c-Myc蛋白在卵巢上皮性癌组织中的表达显著高于卵巢上皮性良性肿瘤,并随临床分期进展及细胞分化程度下降c-Myc蛋白表达率逐渐增高。当c-myc活化后,能增强其他基因的转录效率,c-myc能增强K-ras基因的功能,在卵巢癌的发生、发展中,c-myc基因起协同K-ras基因致癌的作用。Jones等认为,c-Myc蛋白过表达可以使细胞永生化,降低它们的生长因子需求,促进细胞循环进展,c-myc或许也促进染色体组不稳定因而导致恶性肿瘤。多项研究认为,c-Myc也可作为一种独立的重要的细胞周期调节因子而参与卵巢癌的发生、发展。

三、bcl-2基因与bax基因

bcl-2基因是一种广泛性抗凋亡基因,可抑制许多因素引起的细胞凋亡,导致各种肿瘤的发生。bcl-2最初克隆于滤泡性非霍奇金B细胞淋巴瘤患者染色体14和18异位断裂点t(14;18)(q32;q21)上,有3个外显子,通过不同的RNA剪接产生两个开放读码框架,编码由239个氨基酸组成的分子质量为26kDa的Bcl-2α蛋白及205个氨基酸组成的分子质量为22kDa的Bcl-2β蛋白。Bcl-2蛋白位于核膜、内质网及线粒体膜上。bcl-2是一种原癌基因,通过转基因动物和基因转染实验研究发现,bcl-2基因产物可抵抗细胞程序性死亡,延长细胞寿命,导致细胞数目增多,从而增加了肿瘤的发生机会。bcl-2基因是如何抑制凋亡的,目前尚未完全阐明,一些研究提示,可能与以下几种方式有关。①在WHb12和WHb13两种细胞株中,经钙泵特异性抑制剂Lbagaigakgin(TG)处理后,细胞质钙的浓度明显增高,并引发细胞凋亡。细胞凋亡中DNA的消化需要相关的Ca^{2+}核酸内切酶的参与,而bcl-2基因可以阻断Ca^{2+}从内质网释出,使依赖于Ca^{2+}的内切核酸酶活性降低,从而阻断细胞凋亡。②在去除生长因子诱发的细胞凋亡中,反应性氧自由基损伤(ROS)是促发细胞死亡的主要环节,bcl-2能阻断氧自由基损伤引起的细胞凋亡,起一种抗氧化的作用。③在研究蟾蜍灵介导U937细胞的凋亡过程中发现,凋亡发生是由分裂活化蛋白激酶(MAPK)异常活化引起的,在Bcl-2蛋白高表达的U937细胞中MAPK活性下降,可见Bcl-2蛋白抑制凋亡的机制是阻止MAPK的活化。④另外有研究发现,影响微管蛋白完整性的化疗药物,必须首先引起Bcl-2蛋白的磷酸化,否则便丧失了抗癌效应,故认为Bcl-2蛋白是微管蛋白完整性的保护者,Bcl-2蛋白被磷酸化表现为抗凋亡功能障碍。⑤Bcl-2蛋白可能作用于线粒体与核孔复合体上的信号分子,控制细胞信号转导来延长细胞生存。

bax基因是凋亡促进基因,属bcl-2家族中的成员。bax蛋白与Bcl-2蛋白具有20.8%的同源性及43.2%的相似性,某些同源性可存在于整个分子中,其作用不但拮抗bcl-2的抑制凋亡作用,而且有直接促进细胞凋亡的功能。

bcl-2和bax是一对正、负调节基因,当bcl-2基因过量表达时,则与bax基因形成异二聚体,抑制凋亡,细胞继续存活;当bax过量表达时,自身形成同源二聚体,促进凋亡发生。故有人认为bcl-2/bax的比例决定了细胞对凋亡刺激的敏感性。而bcl-2/bax的比例降低本身不足以引起细胞凋亡,但可使其对凋亡诱导剂的敏感性明显提高,对决定细胞接受刺激信号后存活与否起关键作用。

bcl-2 和 bax 在卵巢肿瘤的发生、发展和分化中起着一定的作用。bcl-2 在卵巢肿瘤的发生、发展中起抑制作用，并在卵巢肿瘤的早期发生、发展中伴随着上皮 Fas、FasL 和 Bcl-2 蛋白表达水平的提高，而 p53 蛋白则仅在肿瘤晚期能检测到。有研究发现，凋亡指数(AI)与 Bcl-2 蛋白在卵巢癌中的表达呈负相关($P=0.007$)，指出 bcl-2 是卵巢癌中重要的调节因子。在转基因动物卵巢中发现 bcl-2 过表达导致卵巢细胞凋亡减少、增强卵泡期增殖、增加卵巢起源细胞癌基因的敏感性，并提出 bcl-2 在上皮性卵巢癌中有高表达，但 bcl-2 表达与卵巢肿瘤的良恶性和临床分期无关。bcl-2 染色阳性与卵巢浆液性肿瘤类型有联系，与生存率无关，bax 阳性与年龄及更长生存率有关。Schuyer 等报道，bax 表达与卵巢癌自然发展过程和总生存率有关。同时表达 bax 和 bcl-2 的患者比不表达 bcl-2 的肿瘤患者的自然进程总生存期更长。

bcl-2 和 bax 的表达与卵巢癌患者对化疗敏感性及预后密切相关。Baekelandt 等发现，bcl-2 与下列因素密切相关，与 FIGO 的卵巢癌分期、总生存率($P=0.01$)、对化疗的原发抗药性密切相关，并预测 bcl-2 对卵巢上皮性肿瘤有抗铂类作用，且 bcl-2 在晚期卵巢癌患者中可作为化疗敏感性及预后指标，这将有助于选择抗 bcl-2 基因治疗。有人在已建立的细胞系和原发卵巢癌细胞中发现 bax 基因过表达将增强化疗诱导细胞毒作用，提出在卵巢上皮性肿瘤患者中 bax 基因与化疗药物耐药性及预后有关。Lohmann 等研究证实 bcl-2/bax 值决定肿瘤对治疗的反应及预后，且 bcl-2/bax 比例失衡通过下调细胞的凋亡和改变化疗敏感性而影响其临床过程。bcl-2 表达与良好的预后密切相关，bax 表达则与临床上不良预后相关，尤其是在不伴 bcl-2 表达的病例中。Marx 等对 215 个卵巢癌患者进行免疫组织化学分析，检测肿瘤组织中 bax 和 bcl-2 的表达，得出与上述一致的结论。bcl-2 表达阳性和 bax 表达阴性的肿瘤患者总生存率长于两者为阴性的肿瘤患者，不伴有 bcl-2 表达只有 bax 表达与不良临床后果有关；bax 表达阳性和 bcl-2 表达阴性的患者与 bcl-2 表达阳性和 bax 表达阴性的肿瘤患者的总生存率有明显不同，认为 bax 表达的强弱是检测卵巢癌预后的一项有用指标。

四、生存素基因

生存素(survivin)是凋亡抑制蛋白(inhibitor of apoptosis，IAP)家族的新成员，是目前发现的最强凋亡抑制因子。生存素基因定位于 17q25，全长 15kb，由 4 个外显子和 3 个内含子组成，该基因编码产物是由 142 个氨基酸组成的蛋白质，分子质量为 16.2kDa。人、鼠蛋白质同源性为 84.3%。生存素主要分布于胚胎及分化未成熟的组织中，在成人体内除胸腺及胎盘中有微量表达外，所有分化成熟的组织，包括外周血白细胞、淋巴结、脾、胰、肾、骨骼肌、心、肝、肺、脑组织中均检测不到生物素的表达，这与凋亡抑制蛋白家族在正常人组织中广泛分布的模式相反，而在常见的肿瘤组织内则高表达，且表达具有肿瘤细胞依赖性，如在肺癌、直肠癌、乳腺癌、胃癌、50% 以上的高分化淋巴瘤、宫颈癌、子宫内膜癌、卵巢癌中表达异常增高。说明生存素基因的表达出现在恶性转化前期，并可能具有促进这些损伤恶性转化的作用。

生存素的主要生物学功能是抗凋亡，它是目前已知作用最强的凋亡抑制蛋白。在抑制细胞凋亡的过程中，生存素通过阻断线粒体细胞色素 c 释放，直接抑制下游凋亡效应因子 Caspase-3 和 Caspase-7 而起作用。生存素与细胞周期调控因子 CDK4 形成生存素-CDK4 复合体，将 p21 从 CDK4 的复合体中释放出来与线粒体 Caspase-3 结合，经过与纺锤体纤维的结合，间接抑制 Caspase 对纺锤体的水解作用，有利于保护有丝分裂细胞的完整性，抑制细胞凋亡。

Sui 用免疫组织化学研究了卵巢上皮癌中生物素的表达，结果显示，生物素表达的阳性率在恶性和交界性肿瘤中分别为 51.1% 和 47.8%，显著高于在良性肿瘤中的表达（21.2%），并且发现生存素表达率的高低与肿瘤的大小密切相关，生存素过高表达的患者生存期明显缩短，通过 PCNA 指数测定提示，生存素的表达与肿瘤细胞的增殖活性呈正相关。所以认为生存素过高表达在卵巢肿瘤的发展过程中可能起着重要作用。Takai 等用免疫荧光技术研究了 26 例卵巢癌和 10 例卵巢良性囊腺瘤中生存素的表达，发现在卵巢良性囊腺瘤组织中生存素的表达极低或不表达，而在卵巢癌组织中却大量表达。Hattori 等发现，卵巢癌中有脱甲基酶表达，而其表达与 c-eRB B-2 启动子及生存素外显子 1 的脱甲基化有关，这种相关性表明两者可能是脱甲基酶作用的靶点。研究显示，其表达与标记指数（PCNA）、临床分期，组织学分级、预后及生存率有显著的相关性，从而指出生存素蛋白是一个诊断卵巢癌的标记物，并且可以对预后进行判断。

五、K-ras 基因

K-ras 基因是 ras 原癌基因家族的成员之一，定位于 12 号染色体，编码由 188～189 个氨基酸残基组成，分子质量为 21kDa 的 p21Ras 蛋白，是一种 GTP 结合蛋白，参与丝氨酸/苏氨酸激酶激活的细胞内信号转导异常，常通过点突变被激活，与 GTP 发生持续性结合，使细胞内信号转导异常、细胞旺盛增殖而导致肿瘤发生。K-ras 在卵巢癌中检出率可高达 71.4%，K-ras 基因能使正常卵巢增殖加快，细胞生长调节失控，赋予了正常细胞恶性转化的能力和侵袭力。研究显示，K-ras 基因点突变在卵巢浆液性癌及其交界性病变中突变率较低，检出的病例多为低分级浆液性癌，提示这一基因异常主要发生在低分级浆液性癌中。因此，K-ras 基因的突变可能是卵巢癌发生的原因之一。

六、mdm 基因

mdm2 基因是 1987 年 Cahily-Snyder 等首次从一个含有双微体的自发转化的 BALB/3T3 细胞中克隆出来的一个高度扩增的基因。Fakharzadeh 等相继克隆到该基因，并发现其的高度扩增与细胞成瘤倾向有关。1992 年 Oliner 等克隆出人类 mdm2 基因位于染色体 12q13—q14 上，其转录产物为 5.5kb 的 mRNA，广泛存在于人体正常的组织器官中，骨骼肌中最多，其次为肝、肺等，与细胞基本生理活动有关，在人类许多肿瘤中都有 mdm2 基因的扩增表达。

Courjal 等发现，在 179 例卵巢癌患者中，3.8% 检测出 mdm2 基因扩增改变。mdm2 基因扩增改变认为与 c-eRB B2 的扩增有联系，二者均发生在晚期和侵犯性强的卵巢癌中。Harlozinsak 等用免疫组织化学法对卵巢上皮性良性肿瘤、交界性上皮性肿瘤和癌进行了检测，阳性率分别为 41.7%、37.5%、25.0%，表明卵巢癌中 mdm2 蛋白呈低水平表达。Tanner 等利用核酸酶 S1 保护法检测发现，mdm2 mRNA 表达阴性的卵巢癌患者生存期明显短于表达阳性的患者，提示 mdm2 mRNA 的表达水平与卵巢癌患者的生存期有关。

七、KLK15 基因

KLK15 基因属于新克隆的激肽释放酶基因，很多激肽释放酶被发现在卵巢癌和其他恶性肿瘤中有不同表达。像其他激肽释放酶一样，KLK15 被癌细胞中的激素调节，它主要由雄激素上调表达，较少由雌激素调节，RT-PCR 研究 KLK15 在 168 例上皮性卵巢癌的表达发现，KLK15 在卵巢癌中的表达水平明显高于在正常组织中，且 KLK15 的超表达是一个独立的显示预后不良的标记物。

八、其他卵巢癌相关致癌基因

FGFR 和 ILGFR 的高表达常发生在复发性卵巢癌和对卵巢癌耐药的患者中。FGF-3 癌基因的扩增程度与手术前血中 CA-125 的表达水平明显相关，且与卵巢癌分期有关，说明 FGF-3 可作为卵巢癌侵犯程度的指示物。TGF-α 在卵巢癌组织中的表达明显高于在非恶性组织中的表达，而其不表达或低表达的卵巢癌患者对化疗不敏感，高表达的卵巢癌患者对化疗敏感。c-fms 和 c-fos 原癌基因也显示在卵巢癌患者中高表达，但其作用机制尚待进一步探讨。

第二节　卵巢癌相关抑癌基因

卵巢癌相关抑癌基因包括 ARHI、Beclin1、p53、p27、BRCA1 等，现分别叙述如下。

一、ARHI 基因

人类 ARHI 基因是小 GTP 结合蛋白中 Ras 亚家族的一个成员，是 ras 超家族中第一个被报道的肿瘤抑制基因。1999 年由美国德克萨斯大学 Anderson 癌症中心利用差异展示 PCR(differential display PCR)发现的，又名 NOEY2 或 ras 同源基因家族成员 I(ras homolog gene, member I)。人 ARHI 基因定位于 1p31，总长约为 8kb，由 2 个外显子和 1 个内含子组成。外显子 1 为 81 个未编码的核苷酸，外显子 2 则包括整个蛋白质的编码区。表达产物为 229 个氨基酸组成的蛋白质，分子质量约为 26kDa。ARHI 的 N 端包含 34 个氨基酸残基的独特延伸结构，但从第 35 个氨基酸开始，与 ras、rap 基因有着 50%～60% 的同源性。ARHI 为母系印记基因，在 60% 的卵巢癌和乳腺癌中表达下调。在多种卵巢癌细胞株中再表达 ARHI 可以阻断 PI3K 和抑制 mTOR 通路，上调 ATG4，与断裂的 LC3 结合并定位于自噬体上而发生自噬。ARHI 在正常细胞和恶性细胞发生自发性或雷帕霉素诱导的自噬中均是必需的。在卵巢癌细胞株 SKOv3 体外培养时，ARHI 再表达可以诱导自噬性细胞死亡，但当其在老鼠体内成瘤时，自噬似乎可以使细胞保持静息状态，当 ARHI 表达水平下降时，肿瘤迅速再增长，使用自噬抑制剂氯喹可以明显减少肿瘤再生长。使用老鼠瘤体内存在的 IGF-1、M-CSF 、VEGF、IL-8 等因子可以使 ARHI 再表达的卵巢癌细胞株自噬性细胞死亡减少。ARHI 在卵巢癌中诱导的自噬既可能导致肿瘤细胞的自噬性坏死，又可能成为卵巢癌复发的根源。

二、beclin1 基因

Beclin1 是酵母 Atg6/Vps30 基因在哺乳动物中的同源物，位于人类染色体 17q21 上，大约有 150kb，通过与 Class Ⅲ PI3K 形成复合物参与自噬体的形成。最初发现在卵巢癌中染色体 17q21 的等位基因缺失高达 75%，乳腺癌为 50%，前列腺癌为 40%。一个明确的抑癌基因 BRCA1 位于染色体 17q21，在家族性的卵巢癌和乳腺癌患者中存在该基因的突变，但在家族性卵巢癌患者中，BRCA1 的突变仅占 5%，而 BRCA1 的突变在散发的乳腺癌和卵巢癌患者中也很罕见，提示 BRCA1 突变在大多数非家族性乳腺癌和卵巢癌的发生中不是关键因素。因此推测在 17q21 上有其他抑癌基因。后来 Liang 等进一步研究证实自噬基因 beclin1 也位于 17q21 上，是酵母 Atg6/Vps30 的基因类似物。并发现该基因在正常乳腺上皮组织中均有高水平表达，但在乳腺癌组织中表达水平降低或无表达。将 beclin1 转染人乳腺癌细胞株 MCF7 后，抑制 MCF7 细胞在体外的增殖，并抑制其成瘤性。另外，用 beclin1 基因敲除小鼠的研究发现，$Beclin1^{+/-}$ 小鼠不仅自发肿瘤形成率（59%）远高于野生型小鼠（14%），其肿瘤发生时间也远远早于后者。而且，与后者形成的单一肿瘤类型（淋巴瘤）相比，前者形成了包括肝细胞癌、B 细胞淋巴瘤、淋巴母细胞瘤等多种肿瘤，并且其肿瘤发生率与 beclin1 基因表达下降呈正相关。而应用 $Beclin1^{+/-}$ 胚胎细胞的研究发现，基因敲除细胞虽凋亡机制正常但自噬能力显著下降，证实 beclin1 是一种单倍剂量不足的肿瘤抑制基因，其缺失导致的细胞自噬能力下降是肿瘤发生的重要原因。在卵巢肿瘤中，Beclin1 蛋白在正常卵巢组织、交界性卵巢癌组织及上皮性卵巢癌组织中的表达逐渐下降。卵巢癌细胞株 SKOV3 转染 beclin1 基因后，其在体外的增殖受到抑制。不仅如此，Beclin1 蛋白的表达与卵巢癌 FIGO 分期相关，即分期越高，Beclin1 蛋白表达越弱，提示自噬与卵巢癌的发生、发展有一定关系。

三、p53 基因

p53 基因定位于人染色体 17p13.1，全长为 16～20kb，基因组由 11 个外显子和 10 个内含子组成，编码含 393 个氨基酸组成的相对分子质量为 53 000 的核磷酸蛋白，具有转录因子的作用。其编码蛋白质在功能上分为 N 端的酸性转录活化区、信号区、中央核 DNA 连接区、同源寡聚区、C 端的非专一 DNA 连接区，这些结构区在 p53 转录活化靶基因的过程中起着重要的作用。p53 基因分为野生型（Wtp53）和突变型（Mtp53）。野生型 p53 是抑癌基因，参与细胞周期调控、DNA 损伤的修复、诱导细胞凋亡。p53 蛋白在细胞生长增殖过程中起着“分子警察”的作用，当 DNA 损伤时，野生型 53 表达迅速增加，激活靶基因 p21Waf1/CIP1 并与细胞周期蛋白（RB 蛋白）结合形成复合体，抑制依赖细胞周期蛋白的激酶（CDK）活性，阻止 CDK 对 RB 蛋白磷酸化，使细胞周期减缓或停滞在 G_1 期；并通过 14-3-3sigma 抑癌基因抑制 Cdc25c 参与 G_2/M 关卡的调控，抑制细胞生长，使细胞周期停滞，诱导细胞凋亡。野生型 53 也可通过上调凋亡促进基因 bax 基因，下调凋亡抑制基因 bcl-2 基因，使 bax/bcl-2 比例失调，促进细胞凋亡。同时，p53 诱导 mdm2 基因表达 MDM2 蛋白，修补损伤的 DNA，让细胞有更多的时间修复损伤而恢复正常。如果损伤严重不能修复，则启动细胞程序性死亡过程，诱导细胞凋亡，阻止突变的细胞不再存活下去，从而抑制了细胞的癌变。它对维持细胞基因组的稳定性、调节细胞的分化、保证细胞周期的正常运行起着重要作用，对细胞的增殖起负性调控作用。另外，野生型 p53 基因可提高肿瘤细胞对放疗、化疗的敏感性，诱导肿瘤细胞局部产生 TNF 和 IL-6 等炎性细胞因子，抑制肿瘤新生血管形成。当野生型 53 发生突变时，野生型 53 蛋白失去抑癌功能，不能诱导细胞凋亡，从而引起细胞恶性增殖，导致肿瘤发生。同时引起肿瘤对放疗、化疗的不敏感，从而间接参与肿瘤细胞耐药复发。

p53 的缺失和突变导致其抑癌功能在多种肿瘤中丧失或下降，染色体 17 p1 3. 1 的异常改变常发生在卵巢癌，40% ~ 50% 的Ⅲ期和Ⅳ期卵巢癌患者显现 p53 的超表达，而仅 10% ~ 15% 发生在早期患者中，1/3 的卵巢癌患者出现 p53 的异常改变，36% 的卵巢癌患者出现 p53 的突变，如果已发生转移，在原发灶和转移灶中均可观察到同样的情形，卵巢癌患者常发生较高的野生型 p53 表达。PCR 及免疫组织化学分析 p53 在卵巢子宫内膜样癌和透明细胞癌的扩增和表达显示，p53 突变和高表达被发现在卵巢子宫内膜样癌，而非卵巢透明细胞癌，在卵巢子宫内膜样癌患者中，p53 的高表达与预后不良有关。

四、p27 基因

p27 基因是 Polyak 等于 1994 年发现的一种抑癌基因，定位于染色体 12p13 处。p27 蛋白是一种广谱 CDK 抑制剂，在静止细胞和 G_1 期细胞中可发挥重要作用，它与 Cyclin D/CDK4 或 Cyclin E/CDK2 复合物结合，分别抑制 CDK4 的第 172 位氨基酸和 CDK2 的第 160 位氨基酸的磷酸化，从而抑制这些复合物的活性，并在 G_1 期阻断细胞周期。p27 基因突变在人类肿瘤中属罕见事件，但在恶性肿瘤中却广泛存在 p27 表达异常。实验证明，人类的很多恶性肿瘤，如乳腺癌、胃癌、卵巢癌等中均存在 p27 蛋白水平的表达下降或缺失，表明 p27 可能在这些肿瘤的形成中起着重要作用，具有潜在的诊断用途。St Croix 等在对 p27 肿瘤细胞的黏附和转移研究中发现，上皮钙黏附素对肿瘤细胞脱离和再附着的影响作用是由 p27 介导的，p27 表达缺失可以引起肿瘤细胞球分子间黏附的下降，从而提示 p27 的缺失影响黏附的改变，与肿瘤的浸润和转移有关。

p27 也是近年来发现的参与卵巢癌细胞增殖、分化、细胞周期调控和耐药的分子之一。免疫组织化学检测和 Western blotting 分析发现，在正常卵巢和卵巢恶性肿瘤中均有 p27 表达，但卵巢癌中 p27 的表达明显低于在正常卵巢、卵巢良性肿瘤和交界性肿瘤中，提示 p27 蛋白与卵巢癌的发生有关。

多数学者认为，p27 在卵巢癌中是有独立的预后作用，并且可能与卵巢癌的黏附依赖性耐药和多药耐药有关，降低 p27 可使肿瘤细胞进入增殖周期，从而对化疗药物敏感，可能成为新的逆转耐药策略，利用反义寡苷酸治疗逆转卵巢癌耐药，推动卵巢癌治疗的发展有望成为卵巢癌的突破口。

五、BRCA1 基因

BRCA1 基因最早发现于 1990 年，它位于 17q12—q21，基因组 DNA 全长 100kb，由 22 个编码外显子和 2 个非编码外显子构成，转录产物为 7. 8kb mRNA，蛋白质由 1863 个氨基酸组成。

大量病例对照研究及临床报告资料显示，卵巢癌家族史是卵巢癌发病最重要的危险因素。遗传性卵巢癌综合征包括，遗传性乳腺-卵巢癌综合征、遗传性非息肉性结直肠癌综合征和遗传性位点特异性卵巢癌。BRCA1 基因就是一个已发现的与遗传性卵巢癌关系极为密切的基因。

BRCA1 基因突变为生殖细胞突变，按照常染色体显性遗传的方式在家族中传递，在遗传性乳腺癌、卵巢癌患者中 BRCA1 基因的突变率最高为 50%～100%，在卵巢癌和/或乳腺癌患者中的 1～3 级亲属中突变携带率为 10%～30%，在普通人群中仅不到 0.1%。BRCA1 基因突变的外显率无论在卵巢癌或乳腺癌中估计可达 95，到 70 岁时发生卵巢癌的累积风险达 63%。据调查，乳腺癌-卵巢癌家族中约 81% 是由 BRCA1 基因突变导致的，携带 BRCA1 基因突变的妇女，一生中患卵巢癌的风险超过 65%。

遗传性卵巢癌的一个明显特征就是发病年龄早，但预后较散发性卵巢癌好。散发性卵巢癌患者中仅有 10%～20% 为 BRCA1 基因突变携带者，但无论遗传性还是散发性卵巢癌患者中，约有 90% 患者其癌组织的 BRCA1 mRNA 及蛋白质的表达下降。

目前，卵巢癌的具体病因尚不明确，但卵巢癌的发生同样是与细胞增殖分化相关的癌基因和抑癌基因多阶段相互作用的结果，随着人们对卵巢癌相关基因的关注和不断深入的研究，人们对卵巢癌的发生、发展认识将更为深入，相信卵巢癌的基因治疗将成为卵巢癌十分有效的治疗措施。

（易　为）

参考文献

白月，梁山中. 2007. K-ras 基因突变和 p53、p21 蛋白的表达. 现代实用医学，19(7)：518-520.

段振玲，彭芝兰，王赞宏，等. 2007. 自噬基因 Beclin1 与上皮性卵巢癌发生、发展的相关性研究. 癌症，26：258-263.

林卫，彭芝兰. 1999. c-myc 在卵巢癌上皮性肿瘤中的表达及意义. 中国修复重建外科杂志，13(5)：299-304.

沈扬，梁立治，洪明晃，等. 2008. 微管相关蛋白 LC3 和自噬基因 Beclin1 在上皮性卵巢癌中的表达及其意义. 癌症，27：595-599.

姚德生，李力. 2006. 癌基因 c-myc 和 K-ras 在卵巢癌发生发展中的作用. 广西医科大学学报，23(3)：371-374.

Albrechtsen N, Dornreiter I, Grosse F, et al. 2001. Extra c-myc oncogene copies in high risk cutaneous malignant melanoma and melanoma metastases. British J Cancer, 84(1): 72-79.

Baekelandt M, Kristensen GB, Nesland JM, et al. 1999. Clinical significance of apoptosis-related factors p53, Mdm2, and Bcl-2 in advanced ovarian cancer. J Clin Oncol, 17(7): 2061-2064.

Ben-Hur H, Gurevich P, Huszar M, et al. 1999. Apoptosis and apoptosis-related proteins in the epithelium of human ovarian tumors: immunohistochemical and morphometric studies. Eur J Gynaecol Oncol, 20(4): 249-253.

Borresen AL. 1992. Oncogenesis in ovarian cancer. Acts Obstet Gynecol Scand Suppl, 155: 25-30.

Bunknecht T, Angel P, Kohler M, et al. 1993. Gene structure and expression analysis of the epidermal growth factor receptor, transforming growth factor-alpha, myc, jun, and metallothinnein in human ovarian carcinomas. Classification of maglignant phenotypes. Cancer, 71(2): 419-429.

Cahily-Snyder L, Yang-Feng T, Francke U, et al. 1987. Molecular analysis and chromosomal mapping of amplified genes isolated from a transformed mouse 3T3 cell line. Somet Cell Mol Genet, 13(1): 235-244.

Cannistra SA. 1993. Cancer of the ovary. New England Journal of Medicine, 329: 1550-1559.

Cirisuno FD, Karlan BY. 1996. The role of the HER-2/neu oncogene in gynecologic cancers. J Soc Gynecol Investig, 1996(3): 99-105.

Courjal F, Cuny M, Rodriguez C, et al. 1996. DNA amplification at 20q13 and MDM2 define distinct subsets of evolved breast and ovarian tumours. Br J Cancer,74(12):1984-1989.

Csokay B,Papp J,Besznyak I,et al. 1993,Oncogene patterns in breast and ovarian carcinomas. Eur J Surg Oncol,19(6):593-599.

Dunfield LD,Nachtigal MW. 2003. Inhibition of the antiproliferative effect of TGF-beta by EGF in primary human ovarian cancer cells. Oncogene,22(30):4745-4751.

Fan OB,Biun ML, Huang SZ, et al. 1994. Amplification of c-eRBB-2(HER-2/neu) proto-oncogene in ovarian carcinomas. Chin Med J(Engl),107(8):589-593.

Friedman LS,Ostermeyer EA,Lynch ED,et al. 1994. The search for BRCA1. Cancer Res,15:6374-6382.

Futreal PA,Liu Q, Shattuck-Eidens D, et al. 1994. BRCA1 mutations in primary breast and ovarian carcinomas. Science,266:120-122.

Harlozinsak A,Bar J,Montenarh M. 2000. Analysis of the immunoreactivity of three anti-p53 antibodies and estimation of the ralations between p53 status and MDM2 protein expression in ovarian carcinomas. Anticancer Res,20(2A):1049-1056.

Hass CJ,Diehold J,Hirschmamn A,et al. 2003. In serous ovarian Neoplasms the frequency of K-ras mutations correlates with their malignant potential. Virchhow Archir,434(2):117-120.

Hattori M,Sakamoto H,Satoh K,et al. 2001. DNA demethylase is expressed in ovarian cancers and the expression correlaters with demethylation of CpG sites in the promoter region of CeRBB-2 and survivin genes. Cancer Lett,169:155-164.

Katsaros D,Theillet C,Zola P,et al. 1995. Concurrent abnormal expression of eRBB-2,myc and ras genes is associated with poor outcome of ovarian cancer patients. Anticancer Res,15(4):1501-1510.

Li Si,Massaki T,Masayuki O,et al. 1999. The concurrent expression of p27 and CyclinD1 in epithelial ovarian tumors. Gynecol Oncol,73:202-209.

Liang XH,Jackson S, Seaman M, et al. 1999. Induction of autophagy and inhibition of tumorigenesis by beclin 1. Nature,402:672-676.

Lohmann CM,League AA,Clark WS,et al. 2000. Bcl-2:bax and bcl-2:Bcl-x ratios by image cytometric quantitation of immunohistochemical expression in ovarian carcinoma:correlation with prognosis. Cytometry,42(1):61-66.

Lu Z,Luo RZ,Lu Y,et al. 2008. The tumor suppressor gene ARHI regulates autophagy and tumor dormancy in human ovarian cancer cells. J Clin Invest,118:3917-3929.

Marx D,Binder C, Meden H, et al. 1997. Differential expression of apoptosis associated genes bax and bcl-2 in ovarian cancer. Anticancer Res,17(3C):2233-2240.

Meijer AJ,Codogno P. 2004. Regulation and role of autophagy in mammalian cells. Int J Biochem Cell Biol,36:2445-2462.

Okuda T,Otsuka J,Sekizaws A,et al. 2003. P53 mutations and overexpression affect prognosis of ovarian endometrioid cancer but not clear cell cancer. Gynecol Oncol,22(3):318-325.

Oliner J D, Kinzler K W, Meltzer P S, et al. 1992. Amplification of a gene encoding a p53-associated protein in human sarcomas. Nature,358(2):80 81.

Oster SK,Mao DY,Kennedy J,et al. 2003. Functional analysis of the N-terminal domain of the Myc oncopretein. Oncogene,22(13):1998-2010.

Prefumn F,Venturini PL,Fulcheri E. 2003. Analysis of p53 and c-eRB-2 expression in ovarian endometrioid carcinomas arising in endometriosis. Int J Gynecol Pathol,22(1):83-88.

Qu X,Yu J,Bhagat G,et al. 2003. Promotion of tumorigenesis by heterozygous disruption of the beclin 1 autophagy gene. J Clin Invest,112:1809-1820.

Rerter CW,Morgan MA,Bergman L. 2000. Targeting the Ras signaling pathway:a tational mechanism based treatment forhema tologic malignancies. Blood,96(5):1655-1669.

Rosen A,Sevelda P,Klein M,et al. 1993. First expression with FGF-3(INT-2) amplification in women with epithelial ovarian cancer. Br J Cancer,67(5):1122-1125.

Russell PA, Pharoah PDD, Foy KD, et al. 2000. Frequent loss of BRCA1 mRNA and protein expression in sporadic ovarian cancers. Cancer,87(3):317-321.

Schmidt EV. 2004. The role of c-myc in regulation of translation. Oncogene,23(18):3217-3221.

Schmitt JF,Susil BJ,Hearn MT. 1996. Aberrant FGF-2,FGF-3,FGF-4 and C-eRB-B2 gene copy number in human ovarian,breast and endometrial tumors. Growth Factors, 13(1-2): 19-35.

Schuyer M, van der Burg ME, Henzen-Logmans SC, et al. 2001. Reduced expression of BAX is associated with poor prognosis in patients with epithelial ovarian cancer: a multifactorial analysis of TP53, p21, BAX and BCL-2. Br. J Cancer, 85(9): 1359-1367.

Sherhet GV, PatilD. 2003. Genetic abnormalities of cell proliferation, invasion and metastasis, with special reference to gynaecological cancers. Anticancer Res, 23(2B): 1357-1371.

Skirnisdóttir I, SoRBe B, Seidal T. 2001. P53, bcl-2, and bax: their relationship and effect on prognosis in early stage epithelial ovarian carcinoma. Int J Gynecol Cancer, 11(2): 147-158.

Slamon DJ, Godolphin W, Jones LA, et al. 1989. Studies of the HER-2/neu proto-oncogene in human breast and ovarian cancer. Science, 244(4905): 707-712.

St Croix B, Sheehan C, Rak JW, et al. 1998. E-Caderin-dependant growth suppression is mediated by the Cyclin-dependent kinase inhibitor p27, J Cell Biol, 142: 557-571.

Sui L, Dong Y, Watanabe Y, et al. 2006. Alteration and clinical relevance of PTEN expression and its correlation with survivin expression in epithelial ovarian tumors. Oncol Rep, 15: 773-778.

Takai N, Miyazaki T, Nishida M, et al. 2002. Expression of survivin is associated with malignant potential inepithelial ovarian carcinoma. Int J Mol Med, 10: 211-216.

Tanner B, Hengstler J G, Laubscher S, et al. 1997. MDM2 mRNA expression is associate d with survival in ovarian cancer. Int J Cancer, 74(4): 438-442.

Valeria M, Alessandro S, Carmen P, et al. 1999. A Frequent loss of expression of the Cyclin-depend kinase inhibitor p27 in epithelial ovarian cancer. Cancer Res, 59: 3790-3794.

van Dam PA, Vergote IB, Lowe DC, et al. 1994. Expression of c-eRBB-2, c-myc, and c-ras oncoproteins, insulin-like growth factor receptor 1, and epidermaBl growth factor receptor in ovarian carcinoma. J Clin Pathol, 47(10): 914-919.

Xiang J, Gómez-Navarro J, Arafat W, et al. 2000. Pro-apoptotic treatment with an adenovirus encoding Bax enhances the effect of chemotherapy in ovarian cancer. J Gene Med, 2(2): 97-106.

Yousef GM, Scorilas A, Katsaros D, et al. 2003. Prognostic value of the human kallikrein gene 15 expression in ovarian cancer. J Clin Oncol, 21(16): 3119-3126.

Yu Y, Xu F, Peng H, et al. 1996, NOEY2(ARHI), an imprinted putative tumor suppressor gene in ovarian and breast carcinomas. Proc Natl Acad Sci, 96: 214-219.

Yue Z, Jin S, Yang C, et al. 2003. Beclin 1, an autophagy gene essential for early embryonic development, is a haploinsufficient tumor suppressor. Proc Natl Acad Sci USA, 100: 15077-15082.

Zheng JP, Robinson WR, Ehlen T, et al. 1991. Distinction of low grade from high grade human ovarian carcinomas on the basis of loses of heteroxygosity on chromosomes3, 6, and 11 and HER-2/neu gene amplification. Cancer Res, 51(15): 4045-4051.

第四十四章　宫颈癌相关肿瘤基因

第一节　宫颈癌概况

一、病因

宫颈癌又称为宫颈浸润癌，是常见女性生殖道恶性肿瘤。目前认为宫颈癌的病因与高危型人乳头瘤病毒(human papilloma viruses,HPV)的持续感染密切相关。

HPV 主要感染皮肤、黏膜，导致不同病变。根据其与宫颈癌的关系分为高危型和低危型。高危型与宫颈癌发生相关，常见高危型有 HPV16、HPV18、HPV31、HPV33、HPV35、HPV51、HPV52、HPV56、HPV58 等。低危型与生殖道疣相关，常见低危型有 HPV6、HPV11、HPV42、HPV43、HPV44 等。

HPV 感染是宫颈癌的基本病因。据报道，98%～99% 的宫颈癌患者存在 HPV 感染，没有 HPV 感染的宫颈癌极为少见。HPV 的传播途径为性传播。HPV 感染在妇女有性生活后非常常见，妇女一生中有 80% 的概率可感染 HPV，但大多数妇女感染后并不引发癌症。HPV 感染多数是一过性，只有少数(约 5%)妇女呈持续感染状态，而最终只有极少数(约 0.5%)妇女会继续发展至癌前病变和宫颈浸润癌。研究发现，HPV 在持续感染状态并进展至癌的进程中可能与以下因素相关，包括 HPV 病毒类型及种类、病毒数量、宿主免疫状态、合并其他感染(HSV-2、HIV)等。

二、高危因素

与宫颈癌相关的其他高危因素包括以下几种：

1. 性行为　宫颈癌发生与过早开始性生活、多个性伴所致的感染有关。性生活过早(一般指 18 岁前即有性生活)的妇女，其宫颈癌发病率较 18 岁以后开始性生活的妇女高数倍，并且性生活开始过早容易患性传播疾病，这可能由于青春期前女性下生殖道尚未成熟，对病毒、细菌的刺激敏感，容易被病毒、细菌感染，引发宫颈癌。研究表明，宫颈癌的发生与多性伴密切相关。这可能是因为精子进入阴道后产生一种精子抗体，如果性伴多，性交过频，则会产生多种抗体(异性蛋白)，易引发宫颈癌。还有学者认为精子头部所含组蛋白和精蛋白以及包皮垢中的胆固醇均可转变为致癌物质。这些都是导致宫颈癌的重要诱因。此外，丈夫患阴茎癌或前列腺癌或其前妻患宫颈癌，以及丈夫有多个性伴，均为高危因素，其妻子患宫颈癌的机会增多。

2. 月经、妊娠、分娩　经期卫生不良，早婚、早育、多产等均为宫颈癌高危因素。经期卫生不良、经期延长可增加病毒、细菌感染概率。北京市宫颈癌防治协作组报告提示，20 岁前结婚的妇女患宫颈癌的概率比 21～25 岁结婚者高 3 倍，比 26 岁以后结婚者高 7 倍。同时宫颈癌的发生率随产次增加而递增，据报道 7 胎以上比 1 胎或 2 胎的妇女高 10 倍以上。外来致癌因素刺激,或多次妊娠导致宫颈鳞-柱交界反复移动,鳞化活跃的宫颈上皮对宫颈起诱变作用,容易导致恶变,引发宫颈癌。

3. 年龄 据报道全球每年有20多万女性死于宫颈癌。以前20岁以前的女性患宫颈癌的概率较低,20～50岁高发,50岁以后发病率下降。但近年来宫颈癌发病有年轻化趋势,20～30岁女性患宫颈癌的人数增多。癌症的年轻化可能与初次性行为发生时间过早以及性行为不洁相关。因为少女宫颈组织细胞尚未完全成熟,抗病能力差,对外来致癌因素刺激敏感而导致发病。

4. 性传播疾病及宫颈炎症 由于宫颈生理和解剖的缘故,易遭各种物理、化学和生物等因素刺激,包括创伤、激素和病毒等。性传播疾病导致的宫颈炎症对宫颈长期刺激。宫颈炎与宫颈癌的发生有一定关系。宫颈炎症、裂伤时,移行带区活跃的未成熟细胞或增生的鳞状上皮可向非典型方向发展形成宫颈上皮内瘤样病变,并继续发展成为镜下早期浸润癌和浸润癌。有研究提示,宫颈不典型增生合并滴虫性阴道炎者,其转化为浸润癌的机会增加。还有学者认为梅毒患者宫颈癌发生率高。此外,HIV感染患者发生宫颈癌的几率也较未感染HIV的人群高。

5. 宫颈不典型增生 宫颈不典型增生患者,特别是中度、重度不典型增生患者,若不积极治疗,也可能转变成为宫颈癌。

6. 社会经济地位低下、营养不足 宫颈癌在社会经济地位低下的妇女中发病率较高,这可能与其营养不足、免疫功能低下、不良精神因素等影响宫颈防御能力有关。此外,不同地区不同生活习惯、卫生条件、普查条件也可能影响宫颈癌的发病率。中国内地宫颈癌发病率西部高于东部。西部和山区、贫困地区因经济原因一些妇女未能定期检查;妇女自身缺乏卫生知识,生活方式不健康;宫颈癌早诊早治费用不足等均是这些地区宫颈癌高发的原因。

7. 其他病原微生物感染

(1) 其他病毒感染:至今认为有3种病毒可能与宫颈癌的发生有关:单纯疱疹病毒2型(HSV-2)、巨细胞病毒(CMV)、人乳头瘤病毒(HPV)。单纯疱疹病毒2型:单纯疱疹病毒2型与宫颈癌的联系不能排除。80%～100%的浸润性宫颈癌患者血清中HSV-2抗体呈阳性。巨细胞病毒:研究表明,宫颈癌前病变不典型增生患者血清中巨细胞病毒抗体滴度增高。人乳头瘤病毒:目前已明确人乳头瘤病毒感染是宫颈癌的基本病因。

(2) 真菌感染:真菌是宫颈炎、宫颈糜烂的诱发因素。有研究证实,其除有致癌作用外,还可产生致癌性毒素,可与二级胺、亚硝酸盐等合成致癌性亚硝酸。

8. 长期服用口服避孕药 据报道服用口服避孕药8年以上宫颈癌特别是腺癌的风险增加2倍。

9. 免疫缺陷与抑制 HIV感染导致免疫缺陷,器官移植术后长期服用免疫抑制药物导致的免疫抑制,使宫颈癌的发生率增加。

10. 吸烟 吸烟可能与宫颈癌的发生有关。吸烟摄入的尼古丁可降低机体免疫力,影响机体对人乳头瘤病毒的清除,导致宫颈癌特别是鳞癌的风险增加。据报道吸烟者患宫颈癌的概率比不吸烟者增加2倍。

三、病理

宫颈癌的病理类型为宫颈鳞状细胞癌和宫颈腺癌,常见为鳞状细胞癌。20世纪60年代宫颈鳞癌占 90%~95%、宫颈腺癌占 5%~10%，但近年来宫颈腺癌的发病率上升。

宫颈鳞状细胞癌的好发部位是宫颈阴道部鳞状上皮与宫颈管柱状上皮交界处（鳞-柱交界）。正常情况下，鳞-柱交界随体内雌激素水平变化而移动。雌激素水平高时，柱状上皮向外移行，占据一部分宫颈阴道部；雌激素水平低时，柱状上皮移行至宫颈管，这一鳞-柱上下移动的区域称为移行带。移行带形成中，表面被覆的柱状上皮被鳞状上皮代替。鳞状上皮代替柱状上皮的机制有两种，即鳞状上皮化生（squamous metaplasia）和鳞状上皮化（squamous epithelization）。鳞状上皮化生是指当鳞-柱交界位于宫颈阴道部时，暴露于阴道的柱状上皮下未分化的储备细胞开始增生，并逐渐转化为鳞状上皮，柱状上皮随之脱落，而被复层鳞状细胞替代。鳞状上皮化是指宫颈阴道部鳞状上皮直接长入柱状上皮与其基底膜之间，柱状上皮完全脱落而被鳞状上皮替代。若外来致癌因素刺激导致宫颈鳞-柱交界反复移动，移行带区活跃的未成熟细胞或增生的鳞状上皮可向非典型方向发展形成宫颈上皮内瘤样病变，并继续发展成为镜下早期浸润癌和浸润癌。

1. 宫颈上皮内瘤变　宫颈上皮内瘤变（cervical intraepithelial neoplasia，CIN）包括宫颈不典型增生和宫颈原位癌，为宫颈浸润癌的癌前病变。CIN 通常分为 3 级：CIN Ⅰ、CIN Ⅱ和 CIN Ⅲ。CIN Ⅰ指轻度不典型增生；CIN Ⅱ指中度不典型增生，CIN Ⅲ指重度不典型增生及宫颈原位癌。①宫颈不典型增生：宫颈细胞不典型增生电子显微镜下可见宫颈底层细胞增生，从 1 ~2 层增至多层，甚至占据大部分上皮组织，具有细胞排列紊乱，核增大深染、多核、染色质分布不均等核异质改变。根据异常细胞侵犯上皮组织的程度，宫颈不典型增生分为轻度、中度、重度。轻度不典型增生异型细胞局限于上皮层下 1/3，细胞异型性较轻，排列稍紊乱。中度不典型增生异型细胞局限于上皮层下 2/3，细胞异型性明显，排列紊乱。重度不典型增生异型细胞超过上皮层下 2/3，细胞显著异型，细胞显著异型，极性几乎消失。②宫颈原位癌：宫颈原位癌又称为上皮内癌，上皮全层极性消失，细胞显著异型，核大、深染，染色质分布不均，有核分裂相。但病变仍限于上皮层内，未穿透基底膜，无间质浸润。异型细胞可沿着宫颈腺腔开口进入腺体，致使腺体原有柱状细胞被多层异型鳞状细胞替代，但腺体基底膜未被破坏，这种情况称为宫颈原位癌累及腺体。

2. 宫颈浸润癌

（1）宫颈鳞状细胞癌：宫颈鳞状细胞癌占 80%~85%。巨检：宫颈上皮内瘤样病变、镜下早期浸润癌及极早期宫颈浸润癌，肉眼观察无明显异常，随着病变逐步发展，有 4 种类型。外生型：最常见。癌灶向外生长，赘生物向阴道突出，状似菜花又称为菜花型。组织脆，触之易出血。内生型：癌灶向宫颈深部组织浸润，使宫颈扩张。宫颈肥大而硬，整个宫颈段膨大似桶状。溃疡型：上述两型癌灶继续发展，癌组织坏死脱落形成凹陷性溃疡，形似火山口。颈管型：癌灶发生在宫颈外口内，隐蔽在宫颈管。侵入宫颈及子宫峡部供血层，转移至盆壁淋巴结，不同于内生型，后者是由特殊的浸润性生长扩散到宫颈管。

显微镜检。镜下早期浸润癌：在宫颈原位癌的基础上，镜下发现癌细胞小团似泪滴状，甚至锯齿状穿破基底膜；进而出现间质浸润，但浸润深度不超过 5mm，宽度不超过 7mm，未侵犯间质内血管。镜下早期浸润癌标准参见临床分期。宫颈浸润癌：是指癌灶侵入间质范围超出可测量的早期浸润癌，呈网状、团块状融合浸润间质。根据细胞分化程度分为角化性大细胞型、非角化性大细胞型和小细胞型，这三型分别相当于分化Ⅰ级、Ⅱ级、Ⅲ级。Ⅰ级，即角化性大细胞型：分化较好，癌巢中有多数角化现象，可见癌珠，核分裂相<2 个/高倍视野。Ⅱ级，即

非角化性大细胞型:中度分化,细胞大小不一,癌巢中无明显角化现象,核分裂相 2 ~4 个/高倍视野。Ⅲ级,即小细胞型:多为未分化小细胞,核分裂相>4 个/高倍视野。

(2) 宫颈腺癌:腺癌约占宫颈癌的 15% 。巨检:来自宫颈管,并浸润宫颈管壁。癌灶生长可突向宫颈外口,常侵犯宫旁组织。癌灶可呈乳头状、芽状、溃疡或浸润型。病灶向宫颈管内生长,宫颈外观完全正常,宫颈管膨大如桶状。显微镜检:有以下 3 种类型。黏液腺癌:最常见,来源于宫颈黏膜柱状黏液细胞。显微镜下见腺体结构,腺腔内有乳头状突起,腺上皮增生为多层,细胞低矮,异型性明显,见核分裂相,细胞内含黏液。根据腺体结构和细胞异型程度,组织学上分为高分化、中分化、低分化,即分化Ⅰ级、Ⅱ级、Ⅲ级。宫颈恶性腺瘤:又称为偏差极小的腺癌。肿瘤细胞貌似良性,腺体由柱状上皮覆盖,细胞无异型性,表皮为正常宫颈管黏膜腺体,腺体多,大小不一,形态多变,常含点状突起,浸润宫颈壁深层,并有间质反应包绕。常伴有淋巴结转移。此癌具有高度浸润的生长过程,患者预后差。鳞腺癌:来源于宫颈黏膜柱状细胞,较少见,癌细胞幼稚,同时向腺癌和鳞癌方向发展。两种上皮性癌在同一部位紧密结合,有时可见从一种上皮癌过渡到另一种癌,是储备细胞同时向腺癌和鳞癌方向发展而成,恶性程度高,预后差。

四、转移途径

宫颈癌的转移途径大致有直接蔓延、淋巴转移、血行转移,晚期病例可能几种情况同时存在。

(1) 直接蔓延:直接蔓延是宫颈癌细胞最常见的播散方式。向下侵犯阴道,向上可累及子宫下段及宫体,向两侧扩散到宫颈旁和阴道旁组织,向前、后可侵犯膀胱及直肠。癌组织自宫颈向下浸润,穹窿最易受累。穹窿受累后癌组织可侵及阴道。癌组织自宫颈向上蔓延可侵犯宫体。癌组织由宫颈两侧向宫旁组织蔓延,形成转移灶。宫颈癌转移向前侵犯膀胱,向后侵犯直肠。

(2) 淋巴转移:淋巴转移是宫颈癌转移的主要途径。最初受累的淋巴结有宫颈旁、闭孔、髂内、髂外淋巴结。继而受累的淋巴结有骶前、髂总、腹主动脉和腹股沟淋巴结。

(3) 血行转移:血行转移较少见,多发生在晚期,主要转移部位有肺、肝、骨等。

五、临床分期

根据国际妇产科联盟(FIGO,2009)修订的临床分期如下:

Ⅰ期

癌灶局限于宫颈(宫体是否受累不予考虑)。

Ⅰa 镜下早期浸润癌,肉眼未见病变,仅在显微镜可见浸润癌。

Ⅰa1 间质浸润深度<3mm,宽度<7mm。

Ⅰa2 间质浸润深度 3 ~5mm,宽度<7mm。

Ⅰb 期临床病变局限于宫颈,肉眼可见浅表浸润癌,临床前病灶范围超过Ⅰa 期。

Ⅰb1 临床可见病灶直径<4cm。

Ⅰb2 临床可见病灶直径≥4cm。

Ⅱ期

癌灶超出宫颈,但阴道浸润未达下 1/3,宫旁浸润未达盆壁。

Ⅱa 癌累及阴道为主，无明显宫旁浸润。

Ⅱa1 期：肉眼可见病灶最大径线<4cm。

Ⅱa2 期：肉眼可见病灶最大径线≥4cm。

Ⅱb 癌累宫旁为主，无明显阴道浸润。

Ⅲ期

癌灶超出宫颈，阴道浸润已达下 1/3，宫旁浸润已达盆壁，有肾盂积水或肾无功能者（非癌所致的肾盂积水或肾无功能者除外）。

Ⅲa 癌累及阴道为主，已达阴道下 1/3。

Ⅲb 癌浸润宫旁为主，已达盆壁，癌瘤与盆壁间无空隙，或有肾盂积水或肾无功能者Ⅳ期癌扩散超出真骨盆或浸润膀胱或直肠黏膜。

Ⅳ期

癌灶超出真骨盆或扩散至邻近器官，如浸润膀胱或直肠黏膜。

Ⅳa 癌浸润膀胱或直肠黏膜。

Ⅳb 癌浸润超出真骨盆，远处转移。

六、临床表现

1. 症状　宫颈癌临床症状的轻重与病情早晚有关。宫颈上皮内瘤变及镜下早期浸润癌多无症状，与慢性宫颈炎无明显区别，有时甚至见宫颈光滑。随病情进展，可出现以下症状。①阴道流血：初时表现为接触性出血，常发生在性生活、妇科检查。出血量可多可少，一般与病灶大小、侵及间质内血管情况有关。癌肿侵及间质血管时开始出现流血，表现为性生活后或妇科检查后接触性出血。以后可能出现经间期或绝经后不规则出血。晚期病灶较大，表现为大量出血，一旦侵蚀较大血管可引起大出血。一般外生型癌肿出血较早，血量较多，内生型癌肿出血较晚。②阴道排液：阴道排液增多，呈白色或血性，稀薄如水样或米汤样，有腥臭味。初时量不多，呈白色或淡黄色，无臭味。晚期因癌组织破溃，组织坏死，继发感染等，大量脓性恶臭白带排出。③晚期症状：根据病灶侵犯范围出现继发性症状。若癌组织侵犯盆腔结缔组织、骨盆壁，压迫膀胱、直肠和坐骨神经以及影响淋巴和静脉回流时，可出现尿频、尿急、肛门坠胀、便秘、里急后重、下腹痛、坐骨神经痛、下肢肿痛等。终末期因长期消耗常出现消瘦、贫血、发热及全身衰竭、恶液质。

2. 体征　①原位癌和早期浸润癌：宫颈外观及质地可无明显异常，或仅见糜烂样改变，触之易出血。②宫颈浸润癌：部分患者可见环绕宫颈外口颗粒状糜烂区或溃破面，触之易出血。外生型癌组织向外生长，开始呈息肉样或乳头状突起，逐渐形成菜花样赘生物，质脆、易出血。内生型癌组织向宫颈深部浸润生长，使宫颈逐渐增大变硬。外生型或内生型进一步发展，癌组织坏死脱落，形成凹陷性溃疡。有时宫颈为空洞所代替，状似火山口。

七、辅助检查及诊断

宫颈癌出现典型症状和体征后，一般已为浸润癌。根据过早性生活、早婚、性生活紊乱、多育、多产、慢性宫颈炎久治不愈等病史，有阴道出血、阴道分泌物增多、疼痛等症状，结合妇科检查（三合诊）、HPV 感染检测及辅助检查不难诊断，活组织病理检查可确诊。而早期宫颈癌往往无症状,体征也不明显,因而宫颈癌的早期诊断尤为重要。

1. 辅助检查

(1) 宫颈细胞学检查。宫颈细胞学检查即阴道脱落细胞涂片检查。它是筛选和早期发现宫颈癌的主要方法。该方法简便易行,准确率可达 90% ~ 95% 。近年来,利用计算机系统软件对涂片进行自动分析、读片、自动筛查,最后由细胞学专职人员做出最后诊断的计算机细胞扫描(cellular computer tomography, CCT)和薄层液基细胞学(thinprep cytologic test, TCT)检查,克服了传统直接人工读片的缺点,提高了准确率。TCT 检查采用高精密度过滤膜核心技术和微电脑自动化控制系统,其制成的细胞膜片具有传统涂片无法比拟的优点。TCT 的应用改善了制片质量、提高了阳性诊断率,在国际范围内广泛应用。目前中国正逐步推广 TBS(the bethesda system)分类法,它采用描述性诊断和引入对标本满意度的评估。2001 年的 TBS 系统分类包括:无上皮内病变或恶性病变、异常鳞状细胞、腺上皮细胞异常。

(2) 阴道镜检查。对宫颈刮片细胞学可疑或阳性而肉眼未见明显癌灶者,阴道镜可将病变放大 6 ~ 40 倍,直接观察宫颈上皮及血管的细微形态变化。但阴道镜的作用不是确诊是否患癌症,而是协助活组织检查。据统计在阴道镜协助下取活检,早期宫颈癌诊断率高达 98% 。阴道镜检查同时可进行醋白试验和碘试验,根据检查所见确定活检部位,从而提高活检准确率。①醋白试验:将 3% 乙酸涂抹宫颈后,观察宫颈上皮和血管变化,根据醋白上皮的情况选取活检部位。②碘试验:正常宫颈和阴道鳞状上皮富含糖原,可被碘液染为棕色。而宫颈管柱状上皮及异常鳞状上皮,如宫颈炎、鳞状上皮化生、宫颈癌前病变及宫颈癌均无糖原存在,不会被染色。碘试验虽然对癌无特异性,但在不着色区进行活检,可提高宫颈癌前病变及宫颈癌检出率。虽然阴道镜下多点活检诊断准确率可达 98% 左右,但阴道镜检查不能代替宫颈刮片细胞学检查和活体组织检查。

(3) 宫颈和颈管活组织检查。宫颈和颈管活组织检查是诊断宫颈癌前病变和宫颈癌的金标准。宫颈刮片细胞学检查为Ⅲ ~ Ⅳ级,但宫颈活检为阴性者,应取多处组织进行切片病理检查。一般应在阴道镜指导下,在醋白上皮和碘试验不着色区或肉眼观察到的可疑癌变部位行多点活检,送病理检查。当宫颈刮片细胞学检查可疑或阳性而活检为阴性时,应搔刮宫颈管送检。当宫颈刮片细胞学多次为阳性而活检阴性,或活检为原位癌,或微灶浸润癌而不能除外浸润癌时,应进行宫颈锥形切除。锥切术可以选择 LEEP(loop electrosurgical excisional procedure)手术或冷刀锥切。确诊宫颈癌后,根据具体情况,还可进行淋巴造影、膀胱镜、直肠镜等检查。

2. 诊断

(1) 宫颈糜烂和宫颈息肉。宫颈糜烂和宫颈息肉可出现接触性出血和白带增多,外观上有时与 CIN 或宫颈癌难以鉴别,可做宫颈刮片或活检,进行病理检查确诊。

(2) 子宫黏膜下肌瘤。子宫黏膜下肌瘤表面如有感染坏死,有时可误诊为宫颈癌。但子宫肌瘤来自宫颈或宫腔,常有蒂,可见正常的宫颈包绕肌瘤。

(3) 其他。一些少见的宫颈病变,如宫颈结核、妊娠期宫颈乳头状瘤、宫颈尖锐湿疣等也易误诊为宫颈癌,需取宫颈活组织,通过病理检查进行鉴别。

八、治疗

1. CIN 的治疗 对 CIN Ⅰ级暂按炎症处理,半年随访刮片,必要时再作活检。对 CIN Ⅱ

级，一般采用保守治疗，包括激光、微波、冷冻等方法。对 CIN Ⅲ级，多行全子宫切除术。如患者年轻有生育要求，可行宫颈锥切术。

2. 镜下早期浸润癌的治疗　Ⅰa1 期行筋膜外全子宫切除术，Ⅰa2 期行次广泛子宫切除术。

3. 宫颈浸润癌的治疗　治疗方案应根据临床期别、病灶范围、有无并发症存在、患者年龄、生育要求、一般状况，以及医疗设备条件综合考虑。常用的治疗方法为手术治疗、放射治疗及化学药物治疗。一般而言，Ⅰb～Ⅱa 期可进行手术治疗。放射治疗可适用于Ⅰb 期及以后各期患者。宫颈腺癌对放射治疗敏感度稍差，应采取手术切除加放射治疗综合治疗。①手术治疗：手术治疗适用于Ⅰb～Ⅱa 期宫颈癌，采用广泛性子宫切除术和盆腔淋巴结清除术。对Ⅰb～Ⅱa 期，一般多主张手术治疗，特别是年轻患者，要求保留卵巢功能、合并妊娠、盆腔内有炎症以及对放射治疗较不敏感的腺癌患者。对年轻需要保留生育功能的Ⅰa2 期、Ⅰb1 期癌灶<2cm、除外淋巴结转移的患者可采用广泛性宫颈切除加盆腔淋巴结清扫术。②放射治疗：放射治疗是治疗宫颈癌的主要方法，适用于Ⅰb 期及以后各期患者。放射治疗可缩小肿瘤体积。对于肿瘤较大、超越宫颈、阴道浸润已达 1/3、宫旁浸润已达盆壁的患者，不具备手术条件，可先行放射治疗，缩小肿瘤体积，再行手术切除。对于Ⅱ期及以上的患者首选放射治疗，孤立性远处转移病灶或手术后复发者应放射治疗。但对希望保留生育能力及年轻患者，肿瘤已广泛转移、已出现尿毒症的晚期患者不宜行放射治疗。常用放射治疗方法为腔内照射和腔外照射两种，两者的主要作用不同。腔内照射多用后装治疗机，放射源有铯-137、铱-192 等，主要针对宫颈原发病灶及邻近浸润区。特点是治疗距离短，在放射源周围剂量下降梯度大，因此可给予肿瘤局部高剂量，减少周围组织的受量。腔外照射采用钴-60、直线加速器等，主要针对原发灶以外的转移灶，包括盆腔淋巴结。虽提高了深部剂量，但无法达到消灭巨大原发癌灶的剂量。所以这两种方法应合理配合，同时注意避免造成组织、器官的放射损伤。③放射治疗及手术综合治疗：手术前放疗适用于原发灶较大，手术切除有困难者。手术后放疗主要适用于手术时发现盆腔淋巴结、宫旁结缔组织有转移及手术切缘有癌细胞者。④化学治疗：化学治疗是全身性治疗方法，适用于晚期病例。以前认为化疗对宫颈癌疗效不理想，缓解率低，缓解期短。但近 10 余年来，随着新型抗癌药物的不断问世、给药途径的改进、多种药物的联合应用等、宫颈癌治疗中化学治疗作为晚期或复发病例的辅助治疗，已取得一定疗效。化学治疗单独用于晚期病例或与手术治疗、放疗联合应用，也可以用于治疗复发癌。化学药物能直接作用于肿瘤，有些药物还能增强放射治疗的生物效应。

术前新辅助化疗适用于Ⅰb2～Ⅱa2 期癌灶大者，或者年轻的Ⅱb 期希望手术、保留卵巢功能的患者，缩小病灶后再行手术。术后需辅助治疗时目前也有采取化疗方法的。化疗药物主要包括顺铂、环磷酰胺、异环磷酰胺、多柔比星、博来霉素等，可应用单药治疗、联合治疗、化疗与放疗的综合治疗、化疗与手术的综合治疗等方案。

九、预后

宫颈癌预后与临床分期、组织学类型、淋巴结转移、治疗方法等有关。FIGO 资料提示宫颈癌的 5 年存活率：Ⅰ期为 75.7%，Ⅱ期为 54.6%，Ⅲ期为 30.6%，Ⅳ期为 7.2%。患者死亡原因包括肿瘤压迫双侧输尿管引起的尿毒症、癌灶侵犯大血管引起的出血、感染及恶液质等。

十、预防

HPV 感染导致宫颈上皮内瘤变(CIN),再发展为宫颈浸润性癌历时 10～20 年。如果定期进行宫颈癌筛查,及时发现 CIN 或早期癌,及时治疗,晚期宫颈癌是可以消除的。因此宫颈癌的预防显得尤为重要。

对青少年女性及早使用疫苗,可预防 HPV 感染。对妇女定期开展宫颈细胞学筛查,可及早发现宫颈癌前病变和早期宫颈癌。对发现异常结果的妇女进一步检查治疗,及早把病变阻断在癌前或癌早期。

一级预防。宫颈癌的一级预防包括消除宫颈癌可能病因和高危因素,防止宫颈癌发生。①应用 HPV 疫苗:对青少年女性、未感染 HPV 妇女及早应用疫苗,可预防 HPV 感染。目前 HPV 疫苗主要包括四价和二价两种。四价疫苗预防高危型 HPV16、HPV18 和低危型 HPV6、HPV11 感染。二价疫苗针对高危型 HPV16、HPV18。HPV 疫苗可以阻断 HPV 感染从而避免宫颈癌的发生。②开展性卫生教育与咨询,普及防癌知识。凡有性生活妇女有月经异常或性交后出血者,应警惕宫颈癌可能,及时就医。③注意性卫生和经期卫生。避免性生活紊乱。月经期和产褥期不宜性交,注意双方生殖器官的清洁卫生,减少并杜绝多个性伴。④加强婚前健康检查与指导,提倡晚婚、少育、少生、优生。推迟性生活的开始年龄,减少生育次数,均可降低宫颈癌的发病机会。⑤避免产伤、积极治疗宫颈疾病。分娩时注意避免宫颈裂伤,如有裂伤及时修补。积极防治宫颈糜烂、息肉、湿性疣等宫颈炎性疾病。⑥合理饮食,避免营养缺乏。机体抵抗力低下以及一些抗氧化营养元素的缺乏可增加宫颈癌的发生风险。⑦避免吸烟可预防宫颈癌的发生。吸烟可增加浸润性宫颈癌的发生率,尤其是鳞状细胞癌。

二级预防。宫颈癌的二级预防包括宫颈癌前病变,即不典型增生的预防和治疗。宫颈癌是病因明确、可以预防和早期治疗的癌症。因此,宫颈癌和癌前病变的早期筛查及确诊就成为研究的重要课题。宫颈癌的筛查包括以下方面。①推荐有性生活后 2 年开始筛查,每年进行 1 次;连续 2 次正常,可适当延长间隔时间。每 1～2 年进行普查,做到早发现、早诊断和早治疗。尤其对以下人群更应加强筛查。18 岁以前性生活、结婚者;早婚、多育、多产者;性生活紊乱、频繁及患有性传播疾病者;有宫颈炎症、糜烂,有产伤者;性生活后阴道出血、绝经后阴道出血、异常排液者。②积极治疗中度、重度宫颈糜烂,及时诊断和治疗 CIN,以阻断宫颈癌发生。

三级预防。宫颈癌的三级预防是指早发现、早诊断和早治疗宫颈鳞状上皮原位癌和 Ia 期宫颈鳞状细胞癌。这一组早期宫颈癌经过积极治疗,可获得较为满意的预后。

第二节　肿瘤相关基因与宫颈癌

宫颈癌相关基因的研究对从基因水平发现确切的宫颈癌发病原因和机制,对宫颈癌的预防、早期诊断和早期治疗具有重要意义。

一、人乳头瘤病毒基因

人乳头瘤病毒基因(HPV)是一群双链 DNA 病毒,感染皮肤或黏膜细胞,引起疣或表皮肿瘤。据报道,人乳头瘤病毒被鉴定有 120 个基因型,其中 20 多种与肿瘤发生、发展相关。HPV 基因组分为 3 个部分:①非编码区,含有几个顺式和反式调节元件结构区,控制病毒基因组的复制和转录活动。②早期基因编码区。③晚期基因编码区。早期基因区编码 E1、E2、E4、E5、E6 和 E7 等 6 种病毒蛋白,晚期基因区编码 L1 和 L2 两种蛋白质。两个编码区共编码 8 种病毒蛋白。

(一) HPV 持续感染是宫颈癌的主要病因

与宫颈癌和宫颈上皮内瘤变发生相关的高危型 HPV 主要包括 HPV16、HPV18、HPV31、HPV33、HPV35、HPV39、HPV45、HPV51、HPV52、HPV56、HPV58 等。与外生殖器疣等病变发生相关的低危型 HPV 主要包括 HPV6、HPV11、HPV42、HPV43、HPV44 等。针对特异性 HPV 基因疫苗的研制是宫颈癌的治疗方向之一。

(二) HPV 基因型

研究表明 95% 以上的宫颈癌由高危型 HPV 引起。Andersson 等报道,高危型 HPV 在 CIN Ⅰ、CIN Ⅱ 和 CIN Ⅲ 中的检出率分别为 36%、63% 和 83%。其中最常见亚型为 HPV16。国际癌症研究协会曾对涉及全球 9 个国家的宫颈癌病例进行对照研究,结果表明,HPV16 的感染率为 58.9%。中国内地 HPV16 的感染率为 79.6%。

国际癌症研究协会报道了 15 种最常见的 HPV 亚型包括 HPV16、HPV18、HPV45、HPV31、HPV33、HPV52、HPV58、HPV35、HPV59、HPV56、HPV39、HPV51、HPV73、HPV68、HPV66。18 亚型感染率居于第 2 位,为 12.6%~25.7%。其他常见 HPV 亚型在世界不同地区的分布有所不同。其中中国内地 HPV18 亚型居第 2 位,HPV58 亚型和 HPV52 亚型居第 3 位和第 4 位。

(三) HPV 亚型的重叠感染

多种类型 HPV 的重叠感染并不少见。通过基因芯片对 HPV 进行分型,并可同时检测多种 HPV 亚型,是检测 HPV 多重感染的有效方法。那么多重感染是否增加宫颈癌的发生?多数学者认为,多重感染并不增加宫颈癌的发生,多重感染与宫颈病变的级别无关。但也有学者认为 HPV 多重感染能促进宫颈病变的发生。

(四) HPV 亚型与宫颈病变

HPV 感染亚型和宫颈病变级别有一定的关系。一般来说,低度宫颈鳞状上皮内病变(LSIL)中低危型 HPV 多见,但也有高危型 HPV 感染。高度鳞状上皮内病变(HSIL)及宫颈癌中多数为高危型 HPV 感染。

高危型 HPV 感染与宫颈癌及癌前病变关系密切。因此针对高危型 HPV 特异性基因疫苗的研究对宫颈病变的预防和治疗有重要意义。

(五) HPV 疫苗、基因治疗

及早发现 HPV 感染就可以进行早期干预和早期治疗,有效地阻断宫颈病变发展和宫颈癌形成。

HPV 疫苗包括预防性和治疗性两种。治疗性疫苗引起细胞免疫,产生活化免疫细胞识别、攻击 HPV 感染引起的恶性肿瘤。治疗性疫苗主要针对高危型 HPV E6、E7 蛋白,主要包括肽类疫苗、嵌合型病毒样颗粒、DNA 重组疫苗、DNA 疫苗及基于细胞的疫苗等。

Garcia-hernandez 等报道应用治疗性疫苗能有效刺激免疫系统对 HPV 的反应,并使 HSIL 转归。目前已有采用抗 HPV16、HPV18 癌蛋白疫苗有效治疗转移性宫颈癌的报道。而预防性疫苗是诱导体液免疫,产生中和抗体,与病毒抗原结合,防止 HPV 感染。预防性疫苗能诱发高血清抗体滴度,有效预防宫颈高度病变的发生。目前此疫苗针对 HPV6、HPV11、HPV 16、HPV18 亚型。

(六) HPV E6、E7 蛋白

尽管 HPV 的 DNA 序列差别很大,但 HPV 基因组的 E6、E7 基因在 HPV 感染细胞的肿瘤形成过程中具有十分重要的作用。体外细胞转染实验中证实 HPV16/HPV18 E6 和 E7 蛋白对正常细胞的恶性转化作用,其中 E7 蛋白的恶性转化作用要强于 E6 蛋白。高危型 HPV 来源的 E6、E7 蛋白,能够对细胞周期进行异常调节,与肿瘤抑制蛋白 p53 和 pRB 蛋白作用并使之失活。

1. E6 蛋白 E6 蛋白是一种碱性蛋白质,主要分布于核基质及非核膜组分。高危型 HPV 感染的细胞中,可检测到几种 HPV 基因组转录的多顺反子转录物。对 E6 剪切位点的研究表明,E6 基因序列的剪切缺失,可使 E7 基因的转录及翻译效率降低。因此,对于 HPV 来说,E6 和 E7 形成融合基因是 E7 基因进行有效表达的一个重要条件,即 E6 蛋白能够加强 E7 蛋白的恶性转化作用。此外,E6 蛋白单独情况下,如果处于高水平表达也可以诱导正常细胞的恶性转化。有报道 E6 蛋白在 NIH 3T3 细胞中高水平表达时,可以使移植癌细胞的裸鼠生成肿瘤。

E6 蛋白与肿瘤抑制基因 p53 的表达产物可以结合。野生型 p53 基因的表达,可以抑制多种癌基因的转化作用,p53 基因的过表达可以在 DNA 合成之前即阻断细胞周期的进展。p53 蛋白的水平显著升高,从而诱导细胞周期的 G_1 期阻滞。野生型 p53 蛋白可与 p21 蛋白进行结合,而 p21 蛋白,作为一种细胞周期抑制蛋白,可以与细胞周期素依赖性激酶结合,抑制其活性,从而抑制细胞周期的进展。E6 蛋白与 p53 结合,促进 p53 的降解,因此表达 HPV16 E6 蛋白的细胞中 p53 蛋白水平很低。

2. E7 蛋白 HPV 的 E7 蛋白是一种小分子酸性蛋白,位于细胞核中,并与核基质结合。HPV16 E7 蛋白分为 3 个结构位点区,即保守区 1(CR1)和保守区 2(CR2),CR1 位于 E7 蛋白的氨基末端;CR2 位于 E7 蛋白的羧基末端。在体外实验中,发现 E7 蛋白的 CR1 和 CR2 两个结构位点对 E7 蛋白的恶性转化作用来说至关重要。这些结构区的突变可导致 E7 蛋白恶性转化作用的消失。

高危型 HPV 表达的 E7 蛋白具有很强的恶性转化作用。HPV16 E7 基因的表达产物可以使原代的啮齿动物细胞转变为永生的细胞系,但要使这些细胞完全转变为恶性肿瘤细胞,则还需要有第二种癌基因的存在与激活,如 ras、fos 等。

E7 蛋白的恶性转化作用与 pRB 蛋白有关。E7 CR2 位点中的 LXCXE 结构是其与 pRB 这种肿瘤抑制蛋白结合的位点区。pRB 蛋白作为一种重要肿瘤抑制基因的表达产物,其作用可以抑制细胞周期的进展。HPV16 E7 基因的突变研究表明,E7/pRB 之间的结合是 E7

蛋白体外转化过程中一个必需的步骤。E7 蛋白分子结构中 pRB 结合位点 Cys24 或 Glu26 的突变,可以阻断啮齿动物成纤维细胞在集落的形成能力,也抑制了 E7 蛋白与 ras 基因一起使原代啮齿动物发生恶性转化的能力。

低危型 HPV6 和 HPV11 的 E7 蛋白细胞转化作用效率很低。这可能是 HPV6 和 HPV 11 的 E7 蛋白与 pRB 蛋白的结合效率很低造成的。对高危型和低危型 HPV 的 E7 蛋白分子结构中的 pRB 蛋白结合位点进行比较,发现两者之间存在差别。例如,HPV16 E7 分子中 pRB 结合位点为 Asp21 形式,而 HPV6 和 HPV11 的 E7 蛋白分子中 pRB 结合位点则为 Gly22 结构形式。但如果 HPV16 E7 蛋白分子中进行 Gly22 Asp 氨基酸残基置换,则其与 pRB 蛋白结合的能力大增,与激活的 Ras 蛋白合作引起细胞发生恶性转化的能力也大幅度提高。

E7 蛋白与 pRB 相关蛋白之间也有一定相互作用。pRB、p107 和 p130 3 种蛋白质的一级结构具有广泛的同源性,而且其功能也具有一定的相似性,组成了一个蛋白质家族。p107 和 p130 过表达也引起细胞周期的阻滞。但 p107 和 p130 蛋白过表达引起的细胞周期阻滞与 pRB 过表达引起的细胞周期阻滞性质不同,表明不同的蛋白质参与不同的细胞周期检测点的调节。另外,p107 和 p130 蛋白的表达不如 pRB 那样广泛,因此只针对有限类型的组织细胞周期进行调节。HPV E7 蛋白与 p130 和 p107 两种蛋白质都能进行结合。

二、人半翼基因

研究证明 98% ~ 99% 的宫颈癌组织中可检出 HPV。目前认为 HPV 是宫颈癌的主要致病因素。人半翼(human wings apart-like,hWAPL)基因是近年来发现的一个与宫颈癌及 HPV 关系密切的基因。它是果蝇体内半翼基因在人体内的同源序列,定位于染色体 10q23. 2。

Oikawa 的研究提示,宫颈癌中 hWAPL 基因的表达水平较正常宫颈组织中的表达明显升高。HPV 阳性和阴性的宫颈癌细胞中,hWAPL 基因均为高表达,但 HPV 阳性的正常宫颈组织 hWAPL 呈低表达。可见 hWAPL 的表达与宫颈癌发生、HPV 相关。Kuroda 等的研究提示,HPV16 癌蛋白 E6 和 E7 的表达诱导 hWAPL 表达,hWAPL 的转录可能是对 E6 和 E7 导致的特殊癌前细胞周期的一种反映。

三、bcl-2 基因

bcl-2 基因定位于人染色体 18q21,cDNA 长 6kb,分子质量为 26kDa。bcl-2 主要分布于细胞核膜、线粒体膜及内质网膜。bcl-2 作为一种抗凋亡基因,可以抑制多种组织的细胞凋亡,增加细胞对多种凋亡刺激因素的抗性。

有报道宫颈癌中 bcl-2 阳性率较正常宫颈组织及宫颈炎症显著增高。虽然 bcl-2 在癌变早期显著增多,但一旦癌变后,反而随肿瘤细胞恶性程度的增高而降低,即 0 ~ Ⅲ期宫颈癌组织中 Bcl-2 蛋白的表达又依次减低。这一结果提示,bcl-2 基因的过度表达可能为肿瘤发生的早期事件。宫颈癌早期,各种致癌因子引发 bcl-2 基因活化,导致基因产物过度表达,抑制了细胞凋亡,造成细胞异常堆积,启动肿瘤生长。宫颈癌晚期涉及多个癌基因及抑癌基因的改变。bcl-2 表达下降可能是肿瘤在发生、进展中多基因、多步骤共同作用的结果,某些致癌因子可能下调了 bcl-2 的表达。但也有其他研究结果显示,CIN 中 bcl-2 表达最高,其次为宫颈癌,正常宫颈组织中不表达。

有研究提示,bcl-2 的表达与宫颈鳞癌的病理组织学分级、临床分期有关。分化程度较好、临床期别较早的宫颈鳞癌中 bcl-2 表达率较高。bcl-2 表达随着宫颈癌恶性程度的增高,表达减弱。淋巴结转移宫颈癌组织中 bcl-2 的表达率低于无淋巴结转移的组织。Bcl-2 蛋白阳性患者 5 年存活率明显高于阴性患者。可见,bcl-2 参与了宫颈癌的发生、发展和调控,可作为临床预后的指标,并有助于宫颈癌的早期诊断。

四、生存素基因

生存素(survivin)是最近发现的凋亡抑制蛋白(IAP)家族中的新成员,属于一种结构独特的哺乳类凋亡抑制蛋白。基因定位于 17q25,其编码的生存素蛋白是一种凋亡抑制因子。

大多数肿瘤组织中生存素呈高表达,并与肿瘤的病程发展、预后及复发相关。研究表明,生存素蛋白和生存素 RNA 在宫颈癌前病变和宫颈癌组织中的表达较正常组织和 CIN 增强。生存素表达与宫颈癌的临床分期、病理分级、分化程度及淋巴结转移相关。宫颈癌临床分期越晚、病理分级越高、组织分级恶性程度越高,生存素表达越强。说明生存素与宫颈癌的发生、发展密切相关。

五、p27 基因

p27 基因定位于染色体 12p13,是一个细胞负调节因子。有研究报道,65% 的宫颈癌组织中 p27 蛋白呈低表达。高分化宫颈癌中 p27 的阳性表达率明显高于低分化者;有淋巴结转移的宫颈癌中 p27 的阳性表达明显低于无淋巴结转移者。表明 p27 的表达降低与宫颈癌的恶性进程和侵袭转移相关。

六、转移抑制基因

转移抑制基因(nm23)定位于染色体 17q22,有 nm23-H1 及 nm23-H2 两种亚型,其中 nm23-H1 与肿瘤转移的关系更为密切。nm23 基因是一种具有转移抑制活性的基因,其表达与多种人类肿瘤转移相关。

有研究表明,宫颈癌中,临床分期越晚,nm23-H1 表达越低。淋巴结转移的宫颈癌组织中,nm23-H1 的阳性表达率显著低于无淋巴结转移的组织,nm23 的表达与宫颈癌的预后呈正相关,可作为评价宫颈癌预后的指标。

七、CD44 基因

研究发现 CD44 与肿瘤的发生、浸润、转移密切相关。CD44 是一种细胞黏附分子,基因位于 11 号染色体短臂,分为标准型和变异型两种类型。高表达 CD44 分子的肿瘤细胞与细胞外基质中透明质酸、血管内皮细胞黏附,增强了肿瘤细胞的侵袭和迁移能力。CD44 的变异型 CD44V6 在肿瘤转移中发挥了一定作用。

宫颈癌中 CD44V6 的表达较正常宫颈组织高,CIN 中 CD44V6 的表达居于两者之间。宫颈癌中,随分化程度的降低,CD44V6 蛋白阳性表达率逐步升高。有淋巴结转移的宫颈癌组中 CD44V6 的表达高于无淋巴结转移的宫颈癌组。临床分期越晚,CD44V6 表达率越高。

淋巴结转移癌组织中 CD44V6 的表达明显高于无淋巴结转移组织。

八、c-fos 基因

c-fos 基因编码一种核磷蛋白，能调节基因转录，诱导肿瘤发生。大多数正常细胞中 c-fos 处于低表达水平。在多种环境或遗传因素作用下，可发生突变或被激活而过表达，导致细胞恶性转化。

陈宏伟等的研究结果表明，宫颈癌中 c-fos 阳性表达率为 70%，而在正常宫颈与慢性宫颈炎中 c-fos 不表达，c-Fos 蛋白的表达与肿瘤预后相关。提示 c-Fos 蛋白有可能成为判断宫颈癌预后的指标。

九、脆性组氨酸三联体基因

脆性组氨酸三联体(fragile histidine triad three，FHIT)基因位于 3p14.2，全长约 500kb，其编码的 FHIT 蛋白是一个二腺苷三磷酸(Ap3A)水解酶，水解 Ap3A 使相关蛋白激酶活性降低，从而抑制细胞生长。

有研究表明，宫颈癌易受外界致癌物作用，致使 FHIT 基因的脆性位点发生断裂，导致 FHIT 蛋白表达降低或缺失，使细胞获得生长优势，形成癌前病变，进一步发展为浸润癌。可见，FHIT 基因作为抑癌基因在宫颈癌的发生中起着一定作用。

此外，还有研究证实抑癌基因 p53、RB，以及癌基因 c-myc、fas 基因等参与了 HPV E6、E7 的致病机制。

(刘　敏　伊　诺)

参考文献

曹泽毅. 2010. 中华妇产科学临床版. 北京：人民卫生出版社.

陈宏伟，锁爱莉，吴向陇. 1999. 原癌基因 C-fos 在宫颈癌中的表达研究. 陕西肿瘤医学，7：199-202.

成军. 2000. 肿瘤相关基因. 北京：北京医科大学出版社.

杜俊瑶，姚嘉斐，辛彦，等. 2005. Survivin 与 Fas 在宫颈不典型增生和宫颈癌中的表达及临床意义. 中国实用妇科与产科杂志，21：672-674.

范波，姚珍微. 2008. EphA2、nm23-H1 在宫颈癌中的表达及与患者预后的关系. 中国妇产科临床杂志，9：199-202.

丰有吉，沈铿. 2010. 妇产科学. 北京：人民卫生出版社.

郎景和. 2002. 迎接子宫颈癌预防的全球挑战与机遇. 中华妇产科杂志，37：1291

乐杰. 2008. 妇产科学. 北京：人民卫生出版社.

李霞. 2004. CD44V6，Bcl-2 在宫颈癌中的表达及临床意义. 西安交通大学学报(医学版)，25：97-99.

李艳红，张伟，朱少君，等. 2006. p27 和 Cyclin E 的阳性表达与宫颈癌临床病理特点的关系. 现代肿瘤医学，14：871-873.

卢博奇，蔺莉. 2009. 子宫颈癌相关基因的研究进展. 中国妇产科临床杂志，10(3)：235-236.

曲芃芃，焦书竹. 1997. CD44 基因表达与妇科肿瘤. 中华妇产科杂志，32：756-757.

杨怡卓，李亚里. 2007. HPV 检测与宫颈相关病变的诊治进展. 中华现代妇产科学杂志，4(4)：304-307.

周菊梅，吴宵林，刘凤英，等. 2005. FHIT 和 Ki-67 在 CIN、宫颈癌中的表达及意义. 实用妇产科杂志，24：557-559.

Akao Y，Otsuki Y，Kataoka S，et al. 1994，Multiple subcellular localization of bcl-2：detection in nuclear outer membrane，endoplasmic reticulum membrane，and mitochondrial membranes. Cancer Res，54：2468-2471.

An HJ，Cho NH，Lee SY，et al. 2003. Correlation of cervical carcinoma and precancerous lesions with human papillomavirus(HPV) genotypes detected with the HPV DNA chip microarray method. Cancer, 97: 1672-1680.

Andersson S, Safari H, Mints M, et al. 2005. Type distribution, viral load and integration status of high-risk human papillomaviruses in pre-stages of cervical cancer (CIN). Br J Cancer, 92: 2195-2200.

Bachtiary B, Obermair A, Dreier B, et al. 2002. Impact of multiple HPV infection on response to treatment and survival in patients receiving radical radiotherapy for cervical cancer. Int J Cancer, 102: 237-243.

Bulk S, Berkhof J, Bulkmans NW, et al. 2006. Preferential risk of HPV16 for squamous cell carcinoma and of HPV18 for adenocarcinoma of the cervix compared to women with normal cytology in The Netherlands. Br J Cancer, 94: 171-175.

Chong JM, Fukayama M, Hayashi Y, et al. 1997. Expression of CD44 variants in gastric carcinoma with or without Epstein-Barr virus. Int J Cancer, 74: 450-454.

Eliopoulos A G, Kerr DJ, Herod J, et al. 1995, The control of apoptosis and drug resistance in ovarian cancer: influence of p53 and Bcl-2. Oncogene, 11: 1217-1218.

Garcia-hernandez E, Gonzalez-Sanchez JL, Andrade-Manzano A, et al. 2006. Regression of papilloma high-grade lesions (CIN 2 and CIN 3) is stimulated by therapeutic vaccination with MVA E2 recombinant vaccine. Cancer Gene Ther, 13: 592-597.

Gemignant F, Landi S, Chabrier A, et al. 2004. Generation of a DNA microarray for determination of E6 natural variants of human papillomavirus type 16. J Virol Med, 119: 95-102.

Henriksen R, Wilander E, Oberg K, et al. 1995. Expression and prognostic significance of Bcl-2 in ovarian tumours. BrJ Cancer, 72: 1324-1329.

Kay P, Soeters R, Nevin J, et al. 2003. High prevalence of HPV 16 in South African women with cancer of the cervix and cervical intraepithelial neoplasia. J Med Virol, 71: 265-273.

Kim HS, Shiraki K, Park SH, et al. 2002. Expression of survivin in CIN and invasive squamous cell carcinoma of uterine cervix. Anticancer Res, 22: 805-808.

Kuroda M, Kiyono T, Oikawa K, et al. 2005. The human papillomavirusE6 and E7 inducible oncogene, hWAPI, exhibits potentialas a therapeutic target. Br J Cancer, 92: 290-293.

Lo WK, Wong YF, Chan MK, et al. Prevalence of human papillomavirus in cervical cancer: a multicenter study in China. 2002. Int J Cancer, 100: 327-331.

Marioni G, Bertolin A, Giacomelli L, et al. 2006. Expression of the apoptosis inhibitor protein Survivin in primary laryngeal carcinoma and cervical lymph node metastasis. AnticancerRes, 26: 3813-3817.

Min W, Wen-Li M, Bao Z, et al. 2006. Oligonucleotide microarray with RD-PCR labeling technique for detection and typing of human papillomavirus. Curr Microbiol, 52: 204-209.

Miyashita T, Krajewski S, Krajewska M, et al. 1994, Tumor suppressor p53 is a regulator of bcl-2 and bax gene expression in vitro and in vivo. Oncogene, 9: 1799-1805.

Munoz N, Bosch F X, Castellsague X, et al. 2004. Against which human papillomavirus types shall we vaccinate and screen? The international perspective. Int J Cancer, 111: 278-285.

Oikawa K, Ohbayashi T, Kiyono T, et al. 2004. Expression of a novel human gene, human wings apart-like (hWAPL), is associated with cervical carcinogenesis and tumor progression. Cancer Res, 64: 3545-3549

Semba S, Han SY, Qin HR, et al. 2006. Biological functions of mammalian Nitl。the counterpart of the invertebrate NitFhit Rosetta stone protein, a possible tumor suppressor J BiolChem, 281: 28244-28253.

Span PN, Sweep FC, Wieqerinck ET, et al. 2004. Survivin is an independent prognostic marker for risk stratification of breast cancer patients. Clin Chem, 50: 1986-1993.

Tae kim Y, Kyoung Choi E, Hoon Cho N, et al. 2000. Expression of Cyclin Eand p27 (kipl) in cervical carcinoma. Cancer Lett, 153: 41-50.

第四十五章　淋巴瘤的基因异常

恶性淋巴瘤是起源于淋巴网状系统的恶性肿瘤，可以分为霍奇金病（Hodgkin's disease，HD）和非霍奇金淋巴瘤（non-Hodgkin lymphoma，NHL）。NHL 又可分为 T 细胞 NHL 和 B 细胞 NHL 两大类，均有很强的异质性。淋巴瘤的基因异常不仅影响细胞的增殖、分化、凋亡及信号转导等基本活动，而且在淋巴瘤的发生、发展、预后评价和鉴别诊断中有重要意义。近年来，对淋巴瘤的认识随着分子生物学和分子遗传学研究的深入而深化，大多数淋巴瘤已经可以根据临床、病理形态学、免疫分型和分子基因学特征进行分类。目前可通过多种技术检测淋巴瘤的基因学改变，许多基因对淋巴瘤进一步分型、诊断、治疗有重要意义，有些特征性的分子生物学改变可能成为新的治疗靶点。

第一节　基因异常的检测方法

一、传统的细胞遗传学分析

传统的细胞遗传学分析是应用显带技术将人类染色体染色，让其显示其各自特异的带纹，来分析其异常。其优点是可分析所有染色体的各种异常，比较全面。缺点是敏感性不高，需要较大的新鲜组织，标本需要在几小时内处理，淋巴瘤细胞不易培养，耗时长，技术复杂，成功率低。另外，惰性淋巴瘤细胞在体外培养中经常不生长，所以在核型分析时只能见到正常核型。

二、荧光原位杂交

荧光原位杂交（fluorescence *in situ* hybridization，FISH）是一种重要的非放射性原位杂交技术。其基本原理是：如果被检测的染色体或 DNA 纤维切片上的靶 DNA 与所用的核酸探针是同源互补的，二者经变性-退火-复性，即可形成靶 DNA 与核酸探针的杂交体。将核酸探针的某一种核苷酸标记上报告分子，如生物素、地高辛，可利用该报告分子与荧光素标记的特异亲和素之间的免疫化学反应，经荧光检测体系在显微镜下对待测 DNA 进行定性、定量或相对定位分析。其优点是：①荧光试剂和探针经济、安全；②探针稳定，一次标记后可在两年内使用；③实验周期短、能迅速得到结果、特异性好、定位准确；④FISH 可定位长度在 1kb 左右的 DNA 序列，其灵敏度与放射性探针相当；⑤多色 FISH 通过在同一个核中显示不同的颜色可同时检测多种序列；⑥既可以在玻片上显示中期染色体数量或结构的变化，也可以在悬液中显示间期染色体 DNA 的结构。FISH 的缺点主要是只能检测特定异常，不能反映基因组全貌；另外，不能达到 100% 杂交，特别是在应用较短的 cDNA 探针时效率明显下降。

三、比较基因组杂交

比较基因组杂交(comparative genetic hybirdization,CGH)是将消减杂交、荧光原位杂交相结合,用于检测DNA序列的变化(缺失、扩增、复制),并将其定位在染色体上的方法。其优点在于不需肿瘤细胞培养和肿瘤细胞中期染色体标本制作,在不了解染色体结构及其可能存在异常的情况下,仅需微量肿瘤DNA,经一次实验就可对整个基因组中所有的遗传物质扩增或缺失异常进行分析。肿瘤细胞DNA可从新鲜标本或石蜡包埋标本,甚至福尔马林固定标本提取,既可作前瞻性研究,也可作回顾性筛选,但CGH法对缺失的检出需由其他方法加以证实,对结构重排,如倒位或平衡易位不能检出,灵敏度和分辨率有待提高。

四、单核苷酸多态性分析

单核苷酸多态性(single nucleotide polymorphism,SNP)分析主要是指在基因组水平上由单个核苷酸的变异所引起的DNA序列多态性,它是人类可遗传的变异中最常见的一种,占所有已知多态性的90%以上。SNP在人类基因组中广泛存在,平均每500~1000个碱基对中就有1个,估计其总数可达300万个甚至更多。SNP所表现的多态性只涉及单个碱基的变异,这种变异可由单个碱基的转换或颠换所引起,也可由碱基的插入或缺失所致。其特点是:①SNP数量多,分布广泛。②SNP适于快速、规模化筛查。组成DNA的碱基虽然有4种,但SNP一般只有两种碱基组成,所以它是一种二态的标记,即二等位基因。由于SNP的二态性,非此即彼,在基因组筛选中SNP往往只需"+/-"的分析,而不用分析片段的长度,这就有利于发展自动化技术筛选或检测SNP。③SNP等位基因频率容易估计。采用混和样本估算等位基因的频率是一种高效快速的策略。该策略的原理是:首先选择参考样本制作标准曲线,然后将待测的混和样本与标准曲线进行比较,根据所得信号的比例确定混和样本中各种等位基因的频率。

五、聚合酶链反应

聚合酶链反应(polymerase chain reaction,PCR)是20世纪80年代中期发展起来的体外核酸扩增技术。其具有特异、敏感、产率高、快速、简便、重复性好、易自动化等突出优点,需要样本量少,能在一个试管内将所要研究的目的基因或某一DNA片段于数小时内扩增至十万乃至百万倍,使肉眼能直接观察和判断。目前的实时定量PCR(RT-PCR)更增加了敏感性。PCR的主要缺点是:只能检测已知的基因异常,如在淋巴瘤中主要检测TCR,IgH重排,bcl-2、bcl-6等已知基因。

第二节　淋巴瘤的分子遗传学异常

人类外周B细胞和T细胞的特点是存在抗原受体基因,它们决定了免疫球蛋白(Ig)和T细胞受体(T cell receptor,TCR)的多肽亚单位的氨基酸序列。这些抗原受体基因的重排是恶性淋巴瘤最主要的分子诊断标志。

一、免疫球蛋白受体基因重排

由于B淋巴细胞产生的独特Ig的抗原特异性在其克隆性后代中保持不变,所以在一个克隆性恶性淋巴瘤细胞群中可检出特异性的Ig基因重排。Ig分子分为可变区(variable region,V区)和恒定区(constant region,C区),V区与抗原识别有关,决定抗体识别的特异性,而C区则与效应功能相关。V区的多样性决定了Ig的多样性,编码V区的基因不是连续的,在B细胞的发育过程中被组合在一起,称为基因重排。Ig重链的胚系基因包括众多的V基因片段、多个D基因片段和几个J基因片段,而Ig轻链的胚系基因仅有V基因片段和J基因片段,在人类这些基因片段的组装过程称为V-D-J再结合。这样,通过基因重排和以后受到抗原刺激后产生的体细胞超突变(somatic hypermutation,SHM),产生了抗体的多样性。

二、T细胞受体基因重排

T细胞特征性受体基因与B细胞发育及Ig受体基因重排相似,也进行V-D-J重排,但不是所有T细胞都显示D基因片段。抗原特异性的TCR是T细胞上由α链和β链组成的跨膜异二聚体,在少数病例中为γδ二聚体。

PCR针对重排片段结合部位独特的核苷酸序列,结合特异性的或统一的寡核苷酸引物对V-D-J结合区进行扩增,然后用电泳分带的方法分离扩增产物。克隆性淋巴细胞产生一条孤立的条带,而多克隆细胞则产生大小不等的几个条带。常用于鉴别良性、恶性疾病和微小残留病的监测。

三、染色体改变

随着分子生物学技术的发展进步,越来越清楚地发现多数淋巴瘤表现出与形态学和不同临床亚型联系密切的非随机染色体异常,主要包括染色体易位、缺失和突变等,其中易位最为常见。

(1)染色体易位。染色体易位是指正常染色体的DNA片段位于其他染色体上,通过影响基因及邻近断裂点的功能或结构起到致癌作用。累及Ig和TCR基因的、非随机发生的染色体易位是淋巴瘤的特征性改变。例如,t(11;18)(q21;q21)使位于18区上的MALT淋巴瘤易位基因1与位于11区上的凋亡抑制基因2(apoptosis inhibitor gene 2,API2)融合,转录翻译成融合蛋白,促进肿瘤的增殖。

(2)染色体缺失和突变。染色体缺失导致抑癌基因失活也是淋巴瘤形成的原因之一,但较少见。在肿瘤中广泛研究的p53抑癌基因的突变在滤泡淋巴瘤中与组织转化和不良预后有关,p53突变还与淋巴瘤的耐药有关。

第三节　淋巴瘤细胞常见的分子生物学改变

淋巴瘤有着多种分子生物学异常,常见的遗传学和基因见表45-1,淋巴瘤的分子学遗传信息可在以下网址查到:http://atlasgeneticsoncology. org、http://www. progenetix. net、http://www. ncbi. nlm. nih. gov/sites/qntrez。

表 45-1 非霍奇金淋巴瘤常见的基因异常

淋巴瘤类型	染色体异常及涉及的基因	发生率	意义
B 细胞性			
套细胞淋巴瘤	t(11;14)(q13;q32) CCND1-IGH	>95%	有助于诊断,11q13 上的断裂点散落在较大区域,PCR 检测不佳
	del 13q14	40%~50%	
	del 7p13,TP53	20%~45%	与前淋巴细胞表型有关?
	del 11q23,ATM	20%~60%	40%~75% 有 ATM 变异
	del9p21, CDKN2A/INK4a	20%~30%	经常是小的纯合子缺失
	四倍体	80% 的多形性和 35% 的母细胞变异	与预后不良有关
	+8q24, t(8)(24)myc	15%~35% 5%~10% 8q24 断裂	母细胞化,高 Ki67,侵袭性
滤泡淋巴瘤	t(14;18)(q32;q21) bcl-2-IGH	1/2 级:90% 3a 级:未知 3b 级:<30%	有助于诊断,大多数断裂可用多管 PCR 检出
	t(3)(q27), Bcl-6	3b 级:30%	断裂点可为 ABR 或 MBR
滤泡中心细胞性淋巴瘤	t(14;18)(q32;q21) bcl-2-IGH	100% (?)	WHO 据此诊断,但一些报道发现无此异位有类似临床表现
Burkitt 淋巴瘤	t(8;14)(q24;q32) myc-IGH; t(8;22)(q24;q11) myc-IGL; t(2;8)(p12;q24) myc-IGK	>90%	有助于诊断,断裂点可能远离 myc 基因经常与 Ig 位点共定位
	简单核型:+8,+12,1q 和 13q 改变	<20%	复杂基因学异常经常不支持 Burkitt 淋巴瘤
弥漫大 B 细胞淋巴瘤(非特指)	t(3)(q27);bcl-6	30%~40%	大部分可见 bcl-6 变异
	t(8)(q24);myc	5%~20%	>50% 有双次打击,与预后不良有关
DLBCL(ABC 型)	del 6q; del 9p21, CDKN2A, 三体 3, FOXP1; +18q21, +19q	15%~35%	三体 3 和 del 9p21 与预后不良有关
DLBCL(GCB 型)	t(14;18)(q32;q21) bcl-2-IGH		与 CD10、Bcl-2 蛋白表达有关
	del 1p, TP73; amp 2p, REL		
原发纵隔大 B 细胞淋巴瘤	+9p, JAK2/PDCD1LG2; amp 2p, REL	15%~40%	
DLBCL(腿型)	t(3)(q27), Bcl-6; t(8)(q24), MYC; +18q21; del9p21, CDKN2A	30% 至>60%	需要结合临床、形态、细胞表型诊断
DLBCL(中枢神经型)	t(3)(q27), Bcl-6; t(8)(q24), myc; +18q21; del9p21, CDKN2A;del6p21.3	15%~35%	HLA 区域的小缺失似乎是中枢神经系统和睾丸淋巴瘤的独特表现

续表

淋巴瘤类型	染色体异常及涉及的基因	发生率	意义
ALK^+的 DLBCL	t（2；17）（p23；q23），CLTR-ALK 融合	100%	大多数浆母细胞化，$CD20^-$，$CD79a^-$，$CD45^-$，$CD138^+$，$cyIg^+$，预后差
CLL/小细胞淋巴瘤	del 13q14.3，miR-16-1 和 miR-15-a	30%～50%	预后较好
	del 11q22—q23，ATM	10%～20%	
	三体 12	10%～20%	与非典型 CLL 有关
	del 17p13，TP53	10%	极端预后不良
脾边缘带淋巴瘤	del 7q31—q32，CDK6	40%	无预后意义
MALT	t（11；18）（q21；q21），API2 和 MALT1	5%～30% 胃肠 MALT 30%～50% 肺 MALT	与 HP 清除抵抗有关
	三体 3	>50% 所有 MALT	
	t(1;14)(p22;q32)，bcl-10 或 IGH	<10% 所有 MALT	
T 细胞性			
T 细胞幼稚淋巴细胞白血病	t(14;14)(q11;q32)或倒位，TCRA 和 TCL1B；t（X；14）（q28；q11），MTCP1 和 TCRA	80%～100%	
	8p11 异常和 t（8；8）（p11—p12；q12）	80%	
结外 NK/T 淋巴瘤，鼻型	del(6)(q21;q25)或 i(6)(p10)		
肝、脾 T 细胞淋巴瘤	7 号染色体异常		
血管免疫母 T 细胞淋巴瘤	三体 3，三体 5		
外周 T 细胞淋巴瘤	不平衡，包括 7q、8q、17q 扩增和 4q、5q、6q、9q、10q、12q、13q 缺失		
间变大细胞淋巴瘤，ALK^+	t(2;5)(p23;q35)，NPM 和 ALK 融合，涉及 ALK 的其他变异异位	t(2;5) 85% 变异 15%	比ALK 阴性间变大细胞淋巴瘤预后好
间变大细胞淋巴瘤，ALK^-	不涉及 ALK 的异位；许多不平衡		比ALK 阳性的间变大细胞淋巴瘤预后差

一、霍奇金淋巴瘤的基因异常

霍奇金淋巴瘤（Hodgkin lymphoma，HD）在发达国家较常见，发生率每年 3/100 000，可分为结节性淋巴细胞为主型（nodular lymphocyte-predominant，NLPHL）和经典型霍奇金淋巴瘤（classical HL，cHL），经典型霍奇金淋巴瘤又分为结节硬化型、富于淋巴细胞经典型霍奇金淋巴瘤、混合细胞型和淋巴细胞消减型 4 个亚型。实际上，HD 细胞和 RS 细胞（统称为 HRS 细胞）只占肿瘤的少部分，肿瘤中大部分是浸润的混合性细胞。近年来，越来越多的证据证明 HRS 细胞是克隆性的 B 细胞，但失去了 B 细胞表型和 B 细胞受体（B cell receptor，BCR）。正常情况下，失去 BCR 的成熟 B 细胞会发生凋亡，但是 HRS 细胞产生了逃避凋亡的机制而存活。此外，HRS 细胞还通过吸引包括免疫细胞、基质细胞等细胞构成的支持性微环境和抑制免疫来维持其生存。核转录因子-κB（NF-κB）的激活是所有 HRS 细胞的特征。

1. HRS 细胞的生存和增殖 NF-κB 是转录因子家族中的一员，在多种细胞反应中起着重要作用，包括炎症反应和决定细胞命运。这个蛋白质家族包括 5 个成员，Rel A、Rel B、c-Rel、NF-κB1（p50 及其前体 p105）和 NF-κB2（p52 及其前体 p100），形成同源二聚体或异源二聚体。在无刺激状态下，NF-κB 维持在非激活状态。在细胞受体结合后（包括肿瘤坏死因子受体家族）被激活，NF-κB 复合物与其目标 DNA 结合。正常状态下，这种激活是被严格调控。然而，在 HRS 细胞中，NF-κB 基本处于激活状态。HRS 细胞中 NF-κB 的激活有多种机制。首先，许多肿瘤坏死因子受体在 HRS 细胞中共表达，包括 CD30、CD40、CD95 等，提示其与 NF-κB 激活有关。其次，HRS 细胞周围环境可产生这些受体的配体，引起旁分泌刺激。另外，EBV 可模拟 CD40 信号，激活 NF-κB，这可能是 EBV 引起淋巴瘤的机制之一。最后，大约一半的 cHL 患者的肿瘤细胞有染色体如 c-rel 基因的扩增，引起 NF-κB 激活。最近还发现，cHL 中存在 A20 的变异或缺失，A20 负性调控 NF-κB，防止其过度或过长激活，A20 的变异或缺失也引起 NF-κB 的持续激活。

JAK-STAT 途径也与 HRS 细胞的增殖和凋亡抵抗有关。在 cHL 中，可启动 JAK-STAT 的细胞因子增多，在 HRS 细胞中，磷酸化的 STAT3、STAT5 和 STAT6 水平增高。在 cHL 中也发现有 JAK2 基因的扩增和 SOCS-1（JAK 的一种负调控因子）的变异。在 HL 中还存在其他几个信号系统的调节异常，包括 PI3K/AKT/mTOR 信号通路、MAPK/MEK/ERK 信号通路和 AP1-Jun/Fos 信号通路，它们的靶点可能包括 CD30 和半乳糖蛋白-1（galectin-1）。多种信号通路的调节紊乱使 HRS 细胞生存、增殖，形成肿瘤。

2. HRS 细胞中的基因异常 与许多非霍奇金淋巴瘤（NHL）不同，cHL 很少出现重现性的基因异常。应用比较基因组杂交（CGH）证明，在 cHL 中存在多种染色体不平衡，包括重现性的 2p（包含 Rel 原癌基因）、9p（包括 JAK2）、12p、16p、17p、17q、19p、19q、20q、21q 扩增和 1p、6q、7q、8p、11q、13q 缺失，其中 16p11.2—p13.3 扩增（多药耐药基因 ABCC1）的患者，预后较差。

利用 FISH 和荧光免疫核型分析及间期细胞遗传学技术，还发现 HL 患者在 7q22、7q23、11q23、13p11 和 14q32 存在断裂点，少部分患者有 IgH 基因（14q32）易位，与非霍奇金淋巴瘤相似，但发生率低，而在非霍奇金淋巴瘤中常见的 Ig 易位，如 Cyclin D1、bcl-2 和 myc 在 HL 中尚未见到。

二、非霍奇金淋巴瘤的常见分子生物学异常

（一）弥漫大 B 细胞淋巴瘤

弥漫大 B 细胞淋巴瘤（diffuse large B-cell lymphoma，DLBCL）是中国最常见的侵袭性淋

巴瘤类型，大约 80% 存在克隆性异常，其中 50% 左右累及 Ig 重链基因（14q32）或轻链基因（22q11 和 2p12）。t(14;18)(q32;q21)是最常见的染色体易位，见于约 30% 的 DLBCL，此易位导致 B 细胞淋巴瘤/白血病 2(B-cell lymphoma-2，bcl-2)基因在 B 细胞内过表达，通过多种形式抑制细胞凋亡，促进细胞发生恶性转化。肿瘤组织中 Bcl-2 蛋白水平表达的高低与生存率相关，高表达 Bcl-2 的 DLBCL 预后不良。Bcl-2 可用 FISH 和 PCR 技术检测。目前已有动物实验证明，采取化疗联合针对 Bcl-2 及 Bcl-xL 的靶向治疗的方法能显著提高化疗的有效率，提示 Bcl-2 可以作为治疗的靶点。

bcl-6 原癌基因位于 3q27，在生发中心的发育和 T 细胞依赖的免疫反应中发挥着重要作用。高水平表达见于生发中心来源的 B 细胞，常用于指导 DLBCL 的分型。生发中心型（GCB）DLBCL 表达 Bcl-6、C-rel、CD10、CD38，预后较好；活化 B 细胞型（ABC）DLBCL 表达细胞周期蛋白 D、IRF-4、FOX-P1、CD44，预后较差；第三型无明显特征性基因表达，预后介于两者之间。bcl-6 基因产物是一个 706 个氨基酸组成的磷蛋白，是一个序列特异性的转录抑制因子，见于大多数的 GCB 型 DLBCL 和 15% 左右的滤泡型淋巴瘤，最近的研究发现，这种突变的累积与滤泡型淋巴瘤的组织转化有关。多数研究认为 Bcl-6 高表达提示预后较好。

p53 突变与 DLBCL 研究的较大系列报道来自 2008 年发表的一项多中心研究，其报道 p53 突变组中位生存时间为 1.3 年，而非突变组为 4.5 年，提示 p53 突变预后不良。另外，10%～20% 的 DLBCL 存在 t(8;14)(q24;q32)易位，导致 c-myc 原癌基因的激活并产生相应的癌蛋白表达，使细胞发生恶变。果蝇 zesle 基因增强子（enhancer of zeste homolog 2，EZH2）是近年来发现的一种新的原癌基因，见于 21.7% 的 GCB 型 DLBCL，与肿瘤的发生、发展有关。其他少见的基因突变还包括 MEF2B 突变，见于 9% 的 DLBCL。

小分子 RNA（miRNA）是一类由内源基因编码的长度为 22 个核苷酸的非编码单链 RNA 分子，可调控细胞增殖、凋亡、分化，与肿瘤有重要关系。染色体 13q 上的 miR-17-92 基因簇扩增见于大约 12% 的 GCB-DLBCL，这种小分子可能是潜在的原癌基因，在小鼠中促进 myc 诱导的淋巴细胞增殖，还可以通过抑制 10 号染色体缺失的磷酸酶（gene of phosphate and tension homology deleted on chromsome ten，PTEN，又称为 mutated in multiple advance cancer 1，MMAC1）和前凋亡蛋白 BIM（Bcl-2 interacting mediator of cell death）起作用。10 号染色体上的 PTEN 缺失见于大约 11% 的 DLBCL 病例，可激活丝氨酸/苏氨酸蛋白激酶（AKT），在 GCB 型中更常见，可能与预后不良有关。

DLBCL 中也存在信号通路的调节异常。正常 B 细胞抗原受体（BCR）诱导的 NF-κB 激活需要 CARD11，CARD11 突变见于 10% ABC 型 DLBCL 和少部分的 GCB-DLBCL，其突变引起 NF-κB 的持续激活。其他影响 NF-κB 调节的突变包括 TRAF2（3%）、TRAF（5%）、MAP3K7（5%）和 RANK（8%）。蛋白激酶 C（PKC）信号分子是细胞生长调控信息通路的重要组成成分，参与细胞的转录调节、免疫介导、细胞生长、分化、增殖、癌变及细胞凋亡过程。PKC 基因敲除的小鼠引起 B 细胞增殖，而 PKC 抑制剂可阻止 DLCBL 的生长能力，PKC-β 在非 GCB 型 DLCBL 中的表达明显高于在 GCB 型 DLCBL 中的表达，提示其高表达可能与预后不良有关。

实际上，目前分子生物学标记在 DLBCL 的诊断中并不是必需的，但 myc 易位对预测预后有意义，myc 用 FISH 检测优于用 PCR 检测。随着研究的进展，更多基因异常的预后意义会被进一步阐明。

（二）套细胞淋巴瘤

套细胞淋巴瘤(mantle cell lymphoma,MCL)是一种有特殊临床病理表现的 B 细胞淋巴瘤,占非霍奇金淋巴瘤的 6% ,进展迅速、预后差。其特征性的基因异常是 t(11;14)(q13;q32),涉及 11 号染色体上的 CCND1 基因和 14 号染色体上的 IgH 基因,见于 90% 以上的 MCL,也见于少数慢性淋巴细胞白血病(CLL)、20% ~ 30% 的幼稚淋巴细胞性白血病。CCND1 基因产生一种细胞周期蛋白——Cyclin D1,这种蛋白质的过表达可通过免疫组织化学和 FISH 检测,比 PCR 检测更敏感。少数无 t(11;14)(q13;q32)基因异常的 MCL 病例涉及 Cyclin D2 或 Cyclin D3 的易位,但是这些细胞周期蛋白的表达不是特异性的。

在 t(11;14)基础上,MCL 常继发其他染色体异常,p53 缺失较为常见,此种染色体异常主要由 17p10 到 17p12 之间发生不平衡易位或等臂染色体所致,p53 缺失与生存期无明显相关性。但 p53 突变见于 15%~20% MCL 患者,p53 突变组患者生存期明显缩短。另外,在 20%~30% 高增殖的 MCL 中,可检测出位于染色体 9p21 的 CDKN2A 基因缺失,CDKN2A 编码两种重要的抑癌基因,INK4a 和 ARF(p53 调节子),ARF 的功能缺失既可以影响细胞周期的调控,又能使 p53 功能异常。另外,神经元转录因子 SOX11 与胚胎神经发生和组织重塑有关。近期的研究发现,SOX11 在 MCL 中高表达,并且与患者的预后较好有关。

（三）慢性淋巴细胞白血病/小淋巴细胞淋巴瘤

慢性淋巴细胞白血病/小淋巴细胞淋巴瘤(chronic lymphocytic leukemia/small lymphocytic lymphoma,CLL/SLL)是一种老年性疾病,以免疫功能不全的高分化淋巴细胞克隆性增殖为主要特征。CLL 细胞多侵犯淋巴结、脾脏,骨髓增生明显活跃,以小淋巴细胞为主,占 50% ~ 90% ,外周血淋巴细胞数明显增多,并具有较成熟的淋巴细胞表面标志。CLL 分为 B 型和 T 型,90% 的患者为 B 细胞型,10% 患者为 T 细胞型。CLL/SLL 最常见的基因改变是 13q14 缺失,发生在大约一半的病例中,可用 FISH 检测,与预后较好有关。其他基因异常包括 11q22—q23 缺失、三体 12q 缺失、17p13 缺失、6q21 缺失、17p13 缺失、11q22—q23 缺失与预后较差有关。p53 基因(TP53)位于染色体 17p13,T P53 基因变异和缺失与极差的预后和化疗耐药有关。以上异常均可用 FISH 法检测。

大概有一半的 CLL/SLL 病例在 IgH 可变区存在异常体细胞超突变(SHM),据此可将患者分为两个不同的预后组,缺乏 SHM 的患者病程进展较快,SHM 检测比较困难。后来的研究发现 ZAP-70 阳性细胞与缺乏 SHM 呈正相关,而 ZAP-70 可用流式细胞仪、免疫组织化学检测,检测相对简单了很多,用于预测 CLL 的预后。

（四）滤泡性淋巴瘤

滤泡性淋巴瘤(follicular lymphoma,FL)来源于滤泡生发中心,肿瘤细胞可表达 CD10 和 Bcl-6,一般过表达 Bcl-2。特异性的染色体异常是 t(14;18)(q32;q21),bcl-2 基因从正常的 18q21 易位到 14q32 与免疫球蛋白重链(IgH)并列形成头尾结构,这一异常融合导致淋巴瘤细胞中 Bcl-2 蛋白的过表达,见于 70%~90% 的 FL 病例。但是这种改变不是特异的,此易位也见于正常人和淋巴样增生疾病以及 30% 左右的 DLBCL。因此,这种易位可能是淋巴瘤发生中的早期事件,需要第二次打击才能致癌。t(14;18)阴性的病例倾向于更高的细胞级别(主要是3级),预后更差。染色体3q27上的bcl-6易位见于15%的FL病例,可合并或不合并bcl-2易位。PCR是检测t(14;18)异常的敏感方法,但某些隐藏的易位只能通过FISH检测。

(五) 边缘带淋巴瘤

边缘带淋巴瘤(marginal zone lymphoma,MZL)包括一组成熟B细胞肿瘤,有些来源于记忆B细胞,一般为裸表型,包括脾B细胞边缘带淋巴瘤(splenic marginal zone lymphoma,SMZL)、结内边缘带淋巴瘤(nodal marginal zone lymphoma,NMZL)和黏膜相关淋巴组织的结外边缘带B细胞淋巴瘤(extranodal marginal zone B-cell lymphomaof mucosa-associated lymphoid tissue,EMZL)。黏膜相关淋巴组织淋巴瘤(MALT淋巴瘤)表现不同的结外症状,包括胃肠道、乳腺、甲状腺、眼附件、肺和腮腺等。MALT淋巴瘤通常来自慢性抗原刺激,如幽门螺杆菌(*Hp*)、空肠弯曲菌、乙型肝炎病毒等感染,部分早期患者在清除抗原刺激后能完全消退。MALT淋巴瘤最常见的重现性基因异常是t(11;18)(q12;q21)BIRC3-MALT1,常见于肺和胃肠道MALT,而在结内MZL和脾MZL中少见。这种易位与疾病相对晚期有关,且与对*Hp*感染抗生素治疗低反应有关;在非胃肠道MALT淋巴瘤中与高复发相关。FISH和RT-PCR均可用于检测BIRC3-MALT1融合。

MALT淋巴瘤的其他基因异常包括t(14;18)(q32;q21)IgH-MALT1,见于眼附件、腮腺、肺MALT淋巴瘤;t(3;14)(p14.1;q32)FOXP1-IgH见于眼附件、甲状腺和皮肤MALT淋巴瘤;t(1;14)(p22;q32)IgH-Bcl-10很少,但见于肺、腮腺MALT淋巴瘤。应用PCR检测克隆性的IgH对诊断MZL很有帮助,但必须注意在慢性胃炎和桥本氏甲状腺炎、干燥综合征相关的腮腺炎中也可呈阳性。

(六) Burkitt淋巴瘤

Burkitt淋巴瘤(Burkitt lymphoma,BL)是一种侵袭性的淋巴瘤,分为3个临床亚型:地域型、散发型和免疫缺陷相关型。地域型主要见于中非儿童,进展迅速,以结外浸润为主要表现,可累及全身各器官。散发型可见于儿童和成人。免疫缺陷相关型多与HIV感染有关,也见于先天性免疫缺陷和长期服用免疫抑制剂的患者。EBV见于大多数地域型BL,但仅见于25%~40%的免疫缺陷型BL和5%~30%的散发型BL患者。BL典型的免疫表型是$CD10^+$、$Bcl\text{-}6^+$、$Bcl\text{-}2^-$,最重要的是Ki67指数接近100%。

涉及myc的染色体8q24易位对BL是特征性的,几乎所有BL均有myc基因的过表达,myc在细胞增殖、分化和凋亡中起重要作用。原型的易位是涉及myc和IgH的t(8;14)(q24;q32),变异型发生在少数病例中,包括myc和κ或λ轻链位点(2p12或22q11)的易位。由于断裂点很分散,使标准PCR不易检测,相反,FISH是常用的理想检测方法。

(七) 间变大细胞淋巴瘤

间变大细胞淋巴瘤(anaplastic large cell lymphoma,ALCL)也称为ki-1淋巴瘤,有特征性的马蹄形核,类似R-S细胞,有时可与霍奇金淋巴瘤和恶性组织细胞病混淆。肿瘤细胞CD30阳性,也即$ki\text{-}1^{(+)}$,常有t(2;5)染色体异常,免疫表型一般为T细胞型,TCR重排可用于诊断T细胞淋巴瘤。ALCL主要见于儿童和年轻人,临床常有皮肤侵犯,伴或不伴淋巴结及其他结外部位病变。可分为间变淋巴瘤激酶(anaplastic lymphomakinase,ALK)阳性的

ALCL 和 ALK 阴性的 ALCL。在 ALK 阳性的病例中，特征性的基因异常是 NPM1 和 ALK 易位，即 t(2;5)(p23;q35)，引起 ALK 上调，可用免疫组织化学法检测。最近发现了一些变异型，均涉及 ALK 并引起 ALK 在细胞内的不同分布，因为易位形式较多，用 FISH 标记 ALK 断裂点容易找到这些异常，优于 RT-PCR，但如果有异常 ALK 表达，免疫组织化学就足以诊断。

ALK 阴性的 ALCL 在形态上与 ALK 阳性的 ALCL 相似，但不涉及 ALK 的易位，也未发现其他重现性的基因异常。然而与 ALK 阳性 ALCL 相同，PCR 可检出 TCR 重排。最近认识到一种与隆胸有关的 ALK 阴性的 ALCL，又称为血清肿相关的 ALCL，与系统性的 ALCL 不同，经常表现为手术部位的渗出，预后较好，在假体取出后可消退，但形成巨块而不是渗出性病变的更具侵袭性，TCR 重排提示为克隆性。

（八）以异常基因为靶点的新治疗

随着淋巴瘤分子生物学研究的进展，一些新药用于淋巴瘤的治疗，部分有明确的基因或信号通路靶点。硼替佐米（bortezomib）是一种泛素-蛋白酶体抑制剂，目前美国批准用于 CLL 和 MCL 的二线治疗，通过抑制 NF-κB 通路起效。单药对 MCL 的总有效率为 36%，缓解率为 9%。另外，最近研究发现其对复发难治的 DLBCL 有效，硼替佐米可阻断磷酸化 IκB 的降解，抑制 NF-κB 活性，从而增强化疗药作用。Ruan 等报道，R-CHOP 联合硼替佐米治疗初治 DLBCL，总有效率达 88%，2 年无进展生存期 PFS 率为 64%，在生发中心型和非生发中心型 DLBCL 中无差别，提示硼替佐米的加入提高了非生发中心来源 DLBCL 的疗效。

抑制 PKC-β 或可用于难治耐药 DLBCL，PKC-β 主要在难治耐药 DLBCL 中过表达，PKC-β 可影响多个信号转导通路，包括 NF-κB，同时还可通过血管内皮生长因子（vascular endothelial growth factor，VEGF）作用于肿瘤血管生成，因此抑制 PKC-β 可能逆转难治耐药 DLBCL。Enzastaurin 是一种口服剂型的丝氨酸/羟丁氨酸激酶抑制物，可以阻断 PKC 及 B 蛋白质激酶/AKT 的信号传递，进而造成肿瘤细胞凋亡，且抑制肿瘤增生及血管新生。采用 Enzastaurin 单药治疗 55 例难治耐药 DLBCL，3 例获 CR、1 例获 SD，进一步临床研究正在进行。贝伐单抗（bevacizumab）是一种重组的人类血管内皮生长因子的单克隆抗体，通过抑制人类 VEGF 的生物学活性而起作用，VEGF 高表达的弥漫大 B 淋巴瘤患者预后差，提示贝伐单抗可能通过抑制肿瘤基质及血管新生对淋巴瘤起作用。Fostamatinib 是脾酪氨酸激酶（spleen tyrosine kinase，SYK）非受体酪氨酸激酶抑制剂 R-406 的前体药物，它在体内通过磷酸酯基水解释放出活性分子，其通过抑制 SKY 阻断 B 细胞以及其他具有 Fc 受体的细胞信号转导，因此具有抗肿瘤作用，用于 B 细胞淋巴瘤和慢性淋巴细胞性白血病。

c-myc 基因应用于靶向治疗已经有进展，Hatakeyama 等构建了用于靶向破坏 c-myc 表达的融合蛋白 Max-U，是 Max 与泛素连接酶的复合物，利用 Max 与 c-myc 的结合，使泛素连接酶靶向作用于 c-myc 基因，使其表达下调，在淋巴瘤细胞系中已经证实。另外，Bcl-6 表达于除套细胞淋巴瘤外的 B-NHL，可作为治疗的新靶点，小分子 RNA、特异性肽段或调节 Bcl-6 乙酰化的化学药物（如酰胺类似物、SA-HA 等）等均可阻断 Bcl-6 而在 NHL 治疗中发挥作用。Obatoclax（GX15-070）是一种新型的小分子 Bcl-2 抑制剂，可结合多个抗凋亡的 Bcl-2 成员，诱导肿瘤细胞的凋亡。

（刘丽辉　曾　辉）

参考文献

Barton S, Hawkes EA, Wotherspoon A. 2012. Are we ready to stratify treatment for diffuse large B-cell lymphoma using molecular hallmarks? Oncologist, 17(12): 1562-1573.

Coupland SE. 2013. Molecular pathology of lymphoma. Eye(Lond), 27(2): 180-189.

Farrell K, Jarrett RF. 2011. The Molecular pathogenesis of Hodgkin lymphoma. Histopathology, 58(1): 15-25.

Ganjoo KN, An CS, Robertson MJ, et al. 2006. Rituximab, bevacizumab and CHOP(RA-CHOP) in untreated diffuse large B-cell lymphoma: safety, biomarker and pharmacokinetic analysis. Leuk Lymphoma, 47(6): 998-1005.

Gouveia GR, Siqueira SA, Pereira J. 2012. Pathophysiology and molecular aspects of diffuse large B-cell lymphoma. Rev Bras Hematol Hemoter, 34(6): 447-451.

Goy A, Bernstein SH, Kahl BS, et al. 2009. Bortezomib in patients with relapsed or refractory mantle cell lymphoma: updated time-to-event analyses of the multicenter phase 2 PINNACLE study. Ann Oncol, 20(3): 520-525.

Hatakeyama S, Watanabe M, Fujii Y, et al. 2005. Targeted destruction of c-Myc by an engineered ubiquitin ligase suppresses cell transformation and tumor formation. Cancer Res, 65(17): 7874-7879.

Jares P, Colomer D, Campo E. 2012. Molecular pathogenesis of mantle cell lymphoma. J Clin Invest, 122(10): 3416-3423.

Küppers R. 2009. Molecular biology of Hodgkin lymphoma. Hematology Am Soc Hematol Educ Program, 491-496.

Leich E, Ott G, Rosenwald A. 2011. Pathology, pathogenesis and molecular genetics of follicular NHL. Best Pract Res ClinHaematol, 24(2): 95-109.

Ochs RC, Bagg A. 2012. Molecular geneticcharacterization of lymphoma: application to cytologydiagnosis. Diagn Cytopathol, 40(6): 542-555.

Ruan J, Martin P, Furman RR, et al. 2011. Bortezomib plus CHOP-rituximab for previously untreated diffuse large B-cell lymphoma and mantle cell lymphoma. J Clin Oncol, 29(6): 690-697.

Tiacci E, Döring C, Brune V. 2012. Analyzing primary Hodgkin and Reed-Sternberg cells to capture the molecular and cellular pathogenesis of classical Hodgkin lymphoma. Blood, 120(23): 4609-4620.

第四十六章　白血病相关肿瘤基因

第一节　白血病概述

白血病是一类造血干细胞的恶性克隆性疾病。在骨髓和其他造血组织中白血病细胞大量增生积聚并浸润其他器官和组织，同时使正常造血组织的功能受抑制。临床可见有不同程度的贫血、出血、感染发热以及肝、脾、淋巴结肿大和骨骼疼痛。

白血病发病率为2.76/100 000人口，中国各地区白血病的发病率在各种肿瘤中占第6位，是儿童和小于35岁的青年中死亡率第一的恶性肿瘤。急性淋巴细胞白血病（急淋）多见于儿童，在西方国家，急性白血病占儿童期肿瘤的30%，急性非淋巴细胞白血病（急非淋）多见于成人。慢性粒细胞白血病（慢粒）随着年龄增加而增加。

一、白血病的病因

随着分子生物学技术的发展，白血病的病因学已从群体医学、细胞生物学进入分子生物学的研究。白血病是一种克隆性恶性肿瘤，在先天遗传变化特质的基础上，环境或其他因素增加了恶性克隆产生的可能。血细胞癌变与多种因素有关，包括反转录病毒感染、放射线、化学毒物、药物（特别是烷化剂）等，遗传因素相关的染色体异常和机体免疫功能降低等共同促使了恶性克隆的产生，使白血病细胞染色体数量改变，出现特殊的染色体易位，癌基因激活及肿瘤抑制基因失活等共同促成了白血病细胞增殖失控从而形成恶性肿瘤。

二、白血病分类

根据白血病细胞的成熟程度和自然病程，白血病分为急性和慢性两大类；根据细胞类型分为淋巴、单核及粒细胞等多种类型。MICM（morphology　immunology　cytogenetics　molecular biology）分类是基于细胞免疫及分子生物学最全面实用的分类。免疫学检查一般通过以下标志界定细胞来源。髓系细胞标志：CD13 CD33 MPO；淋巴细胞标志：CD3 CD7（T）；TdT（T，B）；CD20、CD19、CD10（B）。

急性白血病分为急性髓系白血病（acute myeloid leukemia AML）和急性淋巴细胞白血病（acute lymphoblastic leukemia，ALL）两大类。

AML有M0～M7共8型；ALL根据免疫表型不同可分为B细胞和T细胞两大类。WHO将ALL分为3种亚型：①前体B细胞急性淋巴细胞白血病（B-ALL）：t（9；22）（q34；q11），（BCR/ABL）；t（4；11q23），（MLL重排）；t（1；19）（q23；p13）；（E2A/PBX1）；t（12；21）（p12；q22），（ETV/CBFα）。②前体T细胞急性淋巴细胞白血病（T-ALL）。③Burkitt细胞白血病。ALL在儿童白血病中约占75%。经积极化疗，相对成人预后良好。T-ALL是一个包括各种发育阶段的侵袭性恶性肿瘤。在儿童及成人ALL中T-ALL占15%～25%。高白细胞、纵隔肿大、多发淋巴结肿大及中枢神经系统浸润等特点在 T-ALL 中很常见。男性预后较好，经过积极治疗，70% 儿童期 T-ALL 及 40% 成人病例可以获得缓解。

慢性白血病：其特征是有功能的已分化成熟细胞的过度增生。慢性白血病常见有慢性粒细胞性白血病（chronic myelogenous leukemia，CML）、慢性淋巴细胞性白血病（chronic lymphocytic leukemia，CLL）。CML 发病率占白血病的 20%，以外周血和骨髓中恶性增殖及抗凋亡的成熟及非成熟粒细胞聚集为特征。在中国 CML 约占各类白血病的 20%，占慢性白血病的 95%。平均发病年龄为 65 岁，男性常见。90% CML 患者 Ph 染色体阳性或出现 bcr/abl 融合基因，病情进展缓慢，分 3 个时期：慢性期、加速期和急变期。CLL 是一种 B 淋巴细胞系来源的恶性肿瘤，相对少见，以 60 岁以上的人群常见。CLL 诊断标准是：外周血淋巴细胞 $\geqslant 10\times10^9$ 个/L、骨髓淋巴细胞比例 ≥30% 或出现单克隆免疫表型的淋巴细胞的恶性肿瘤。患者通常保持无症状达数月至数年。

特殊类型的白血病，包括低增生性白血病、绿色瘤或粒细胞肉瘤、嗜酸粒细胞白血病、嗜碱粒细胞白血病、肥大细胞（或组织嗜碱细胞）白血病、成人 T 细胞白血病、非霍奇金淋巴瘤细胞白血病、浆细胞白血病、急性混合细胞白血病、急性全髓细胞白血病、全髓白血病。

三、白血病的治疗

未经治疗或治疗无效的白血病患者的中位生存期只有 2 ~ 3 个月。近 10 年来，随着分子生物学、生物遗传学的进展，白血病获得缓解，长期无病生存得到改善。白血病主要包括以下几类治疗方法，即对症支持治疗、化学治疗、放射治疗、靶向治疗、中药治疗、骨髓移植。

第二节　肿瘤相关基因与白血病

白血病是一类造血干细胞的恶性克隆性疾病，其克隆中的白血病细胞增殖失控、分化障碍、凋亡受阻而停止在细胞发育的不同阶段。白血病的致病原因和病理机制十分复杂，涉及许多基因的改变，多种肿瘤相关基因，如癌基因、原癌基因、病毒癌基因、肿瘤抑制基因、肿瘤转移相关基因和肿瘤耐药基因等参与了白血病的形成及发展，参与的方式包括染色体数量改变、染色体转位、基因突变、转录物的剪切异常、基因异位表达、基因重排等多种形式。已证实白血病的发生和发展与多种相关基因表达失常或许多肿瘤抑制基因失活有关，如明确了 PML2R-ARα 基因与急性早幼粒细胞白血病发病、bcr/abl 基因与慢性粒细胞白血病发病之间的关系等。由于白血病型别较多、起源不同，不同类型白血病涉及的基因不同，形成不同的融合基因。本小节从癌基因、原癌基因、肿瘤抑制基因、肿瘤转移相关基因和肿瘤耐药基因角度对白血病肿瘤相关部分基因进行了阐述，由于篇幅限制，并未讨论病毒癌基因。

一、癌基因、原癌基因

（一）c-abl 原癌基因

原癌基因 c-abl 是病毒癌基因（viral oncogene）v-abl 的同源基因，正常细胞内 c-abl 基因编码非受体蛋白激酶。癌基因蛋白 c-Abl 是一种酪氨酸激酶，亚细胞定位于细胞质与细胞核。在正常情况下，c-Abl 蛋白分子中存在着 SH3 以及其他的位点结构，对 c-Abl 的酪氨酸蛋白激酶活性具有内源性抑制作用,使其恶性转化作用受到抑制而不表现出来。c-abl 原癌基因恶化通过突变激活。突变的 c-abl 可诱导细胞的恶性转化及白血病的形成。

Bcr 蛋白分子中含有几种显著不同的结构位点,包括氨基末端由最后一个外显子编码的新型的丝氨酸/苏氨酸蛋白激酶位点,中间部位含有一个 Rho 鸟嘌呤核苷酸交换因子同源结构区,一个钙依赖性脂质结合位点,在羧基末端还有一个 Rac GTP-结合蛋白的功能性 GTP 酶位点。

在 t(9;22)q(34;q11)位点的交互转位(reciprocal translocation)中,位于 9 号染色体的 c-abl 基因的外显子 2 ~ 11 区与 22 号染色体发生重组,形成 bcr-abl 融合基因。abl 基因与 Bcr 基因的主要断裂位点簇集区发生重组与基因重排,导致 abl 外显子 2 与 M-bcr 外显子 2、3 的头尾融合型基因,即经典费城染色体(Philadelphia chromosome,Ph),融合基因 bcr-abl 编码一种分子质量为 210kDa 的蛋白质,称为 p210。有关融合基因 bcr-abl 详见本文融合基因部分的描述。

(二) ras 癌基因

人 ras 癌基因是原位癌基因。正常状态下,ras 基因维持静止状态,由点突变方式激活,ras 突变多发生在第 12、13、59 和 61 位密码子上。基因突变抑制了 Ras 蛋白与效应物 GAP 的反应,引起 Ras 蛋白的持续活化。ras 蛋白为膜结合型的 GTP/GDP 结合蛋白,Ras 蛋白激活 Ras 和 Ras/MAPK 以及 Ras 和 JNK/SAPK 两条级联信号转导通路,引发许多生理反应,包括细胞增殖、细胞分化和应激反应等,参与多种血细胞的增生、分化过程,导致多种恶性血液病的发生。

ras 基因的突变激活及 Ras 蛋白的功能受多种因素调控。CML 患者特有的 BCR/ABL 嵌合蛋白具有较强的蛋白酪氨酸激酶(PTK)活性,可激活 Ras/MAPK、Jak-STAT、PI3K、c-Myc 等细胞内各种信号转导途径,从而促进白血病的发生。BCR/ABL 嵌合蛋白通过多种机制活化 Ras 蛋白。研究发现,接头蛋白 GRB-2、Crkl、SHC 等的 SH2 区与 BCR/ABL 嵌合蛋白中 BCR 第 177 位磷酸化的酪氨酸结合,接头蛋白又通过其 SH3 区与 SOS(Son of Sevenless)形成复合物,活化 Ras 蛋白。另外,RasGAP(Ras GTPase-activating protein)也具有调节 Ras 蛋白活性的作用,使 Ras-GTP(活化)水解成 Ras-GDP(非活化),从而使 Ras 蛋白失活。研究发现,P210BCR/ABL 嵌合蛋白可直接使底物蛋白 p62Dok 磷酸化,磷酸化的 p62Dok 抑制 RasGAP 活性,导致 Ras 蛋白激活。

ras 基因的突变激活及 Ras 蛋白在白血病的发生、发展中起着重要作用,激活 ras 基因有助于血细胞的恶化和转移。ras 基因的突变激活及 Ras 蛋白可以作为治疗效果检测、微小残留病等的特征目标。有研究者对白血病患者的 ras 基因进行追踪检查,发现 ras 随着疾病缓解而消失。在 AML、ALL、MDS 等白血病中均观察到有活化的 N-ras 基因存在。N-ras 基因突变可导致造血祖细胞的增殖优势及分化功能丧失,是 AML 最常被检测到的基因异常。在 AML 中,常见 N-ras 基因的第 13 位氨基酸由 Gly(甘氨酸)突变为 Val(缬氨酸)或 Asp(天冬氨酸),而 ALL 患者则由 Gly 转为 Cys(半胱氨酸),第 12 位突变可见于 ALL,由 Gly 突变为 Ser(丝氨酸)。N-ras 基因的活化在血液系统恶性肿瘤中非常普遍。ras 基因的突变和激活也可刺激红细胞的增生和分化。红细胞生成素(Epo)与幼红细胞表面 Epo 受体(EpoR)结合后,EpoR 形成二聚体,再通过 Jak/STAT 和 Ras/MAPK 激酶等信号转导途径调节红系的增生和分化。研究表明,激活 ras 基因的表达也能增强血管生长因子。例如,VEGF/VPF 的表达,提示 Ras 蛋白在血管生成中发挥作用,抑制 Ras 蛋白活性能抑制依赖 Ras 的肿瘤细胞增殖,也能干扰血管生成。

(三) 原癌基因 c-myc 及癌基因 c-myb

原癌基因 c-myc 是核转录因子基因,隶属于原癌基因 myc 家族。人类 c-myc 基因定位于 8q24,c-myc 编码的蛋白质含有 3 个结构域,即碱性结构域(B)、螺旋-回旋螺旋结构域(HLH)和亮氨酸拉链(LZ),其中 B 区对特异性 DNA 序列有亲和性,该亲和性对 DNA 序列的甲基化敏感;而 HLH 和 LZ 可介导蛋白质寡聚化,c-Myc 蛋白的氨基端富含谷氨酰胺和脯氨酸,为肿瘤转化所必需。磷酸化的 c-Myc 蛋白(p65)是细胞增殖信号转导的必需因子,也是 G_0/G_1 期到 S 期的启动子,因此 c-myc 的表达产物在调节细胞生长、分化或恶性转化中发挥作用。

最早发现在 Burkitt 淋巴瘤中 c-myc 基因发生易位。在 Burkitt 淋巴瘤中 myc 基因编码序列发生突变,导致 c-Myc 蛋白异常稳定,从而使得 c-myc 水平升高。c-myc 基因在各种白血病中表达异常的机制各不相同,即便同一类型白血病,可能也存在几种不同机制。

研究显示人类 ALL 中 c-myc 基因的表达上调。大约 5% 的成人 ALL 以及 2%~5% 的儿童 ALL 患者由于 t(8;14),t(8;22)及 t(2;8)位点易位而导致 c-myc 调节异常。Malempati 等发现,在人淋巴细胞白血病细胞株以及儿童 ALL 患者骨髓样本中,c-myc 基因并未发生突变,但 c-myc 基因的两个保守区域苏氨酸 58 和丝氨酸 62 发现异常磷酸化作用,导致蛋白质异常稳定,c-Myc 蛋白半衰期得到延长。有研究表明,50% 以上的人 T 细胞 ALL(T-ALL)中癌基因 Notch1 被激活,而 Notch1 直接的转录靶点是 c-myc,增加 c-myc 的表达水平而刺激白血病细胞的增殖。近期 Gutierrez 等进行基因微阵列研究,显示 c-myc 基因表达增加,且与 T-ALL 的发病机制密切相关。对 CML 的研究发现,在慢性期和急性变期 c-myc mRNA 的表达水平是增加的,随着 CML 的疾病进展,c-myc mRNA 的表达水平也是不断升高的。CML 各个时期都可发现 Bcr-Abl 激酶的表达,而它可以调节 myc 基因的表达,并且与 c-myc 共同促进疾病的转化。而 CLL 患者中无论预后好坏,c-myc 表达水平变化不大,c-myc 基因易位在 CLL 中很少见。

癌基因 c-myb 在造血细胞分化的调节中也具有重要作用。Nffoss 等应用骨髓前体细胞证明了髓白血病细胞系的增殖过程需要有癌基因 c-myb 的表达。研究发现,有丝分裂原激活蛋白激酶 MAPK,对 c-Myb 蛋白负性调节位点结构的多个位点上的磷酸化都具有促进作用。c-Myb 蛋白无论氨基末端还是羧基末端序列发生缺失突变,产生的 Myb 蛋白都可以引起 B 细胞淋巴瘤的发生。c-myb 基因第 2 ~ 7 密码子未经修饰的寡核苷酸在 10μmol/L 的浓度条件下对髓白血病细胞系的增殖具有抑制作用,且对 c-myb 癌基因表达的抑制比对 c-myc 癌基因的抑制更能阻断肿瘤细胞生长的过程。Venturelli 等对临床上 32 例白血病患者的 T 细胞白血病细胞,以 18mer 的 c-myb 的反义寡核苷酸处理以后,发现其中 20 例患者的白血病细胞的胸腺嘧啶(thymidine)掺入水平下降。

(四) TEL 基因

TEL 基因(又称为 ETV-6 基因)定位于 12p13,全长 300kb,由 8 个外显子构成,属转录因子 ETS 癌基因家族成员。该基因编码的产物有 452 个氨基酸,由羧基端的 ETSDNA 结合结构域和氨基端的 HLH 结构域组成,ETS 结构域能识别核心基元 GGAA/T,介导 TEL 基因和 DNA 的结合,HLH 结构域主要作为自身寡聚合域起作用,此外也可能介导 TEL 与其他各种不同转录因子之间的蛋白质-蛋白质的相互作用。TEL 主要通过结合至自身和/或 FLI-1 两种方式对造血细胞进行功能调控。

TEL 基因是许多染色体异常累及的靶基因,在急性白血病、慢性白血病、骨髓异常增生综合征(MDS)和恶性淋巴瘤中均受累。目前报道的 TEL 基因相关的染色体易位超过 30 种,比较重要的有 TEL-AML1t(12;21)、TEL-JAK2 t(9;12)(p24;p13)、TEL-ABL t(9;12)(q34;p13)、MN1-TELt(12;22)(p13;q11)、TEL-ARG t(1;12)(q25;p13)等。基因多种染色体易位均可导致 TEL 基因重排,而不同的 TEL 基因重排可通过不同的机制参与白血病的发生。

TEL-AML1 基因 t(12;21)是儿童 ALL 中最常见的染色体结构异常。由 12 号染色体上的 TEL 基因与 21 号染色体上的 AML1 基因融合而成,使 AML1 从转录激活因子转变成转录抑制因子。有关融合基因详见本文融合基因部分的描述。TEL-JAK2 基因是染色体 t(9;12)(p24;p13)易位 TEL 基因的 336 氨基末端融合 JAK2 的 318 羧基末端,形成 TEL-JAK2 融合基因,主要发生在儿童 T 细胞白血病。TEL-JAK2 基因编码 TEL-JAK2 蛋白,它对白细胞介素-3 依赖性 Ba/F3 造血细胞系发挥持续作用,造成该细胞系的持续增殖。TEL-ABL 基因是由染色体 t(9;12)(q34;p13)易位形成的,与急性粒细胞白血病密切相关。见于急性未分化型髓细胞白血病、非典型慢性粒细胞白血病(aCML)和 ALL。该易位使 ABL 激酶激活。TEL-ABL 融合基因也在慢性髓细胞性白血病(CML)患者中被发现。MN1-TEL 基因由 t(12;22)(p13;q11)易位形成,见于 AML-M1、AML-M4、AML-M7。基因编码的嵌合蛋白作为异常转录因子,使正常由 TEL 控制的基因出现调节异常而致细胞转化。TEL-ARG 基因由染色体 t(1;12)(q25;p13)易位形成,与急性粒细胞白血病相关,见于 AML-M3 和 AML-M4E0。染色体 t(5;12)易位见于嗜酸细胞增多型慢性粒单核细胞白血病(CMML)和 aCML。TEL-PDGFRβ 引起白血病转化的机制在于激活 PDG FRβ 激酶依赖的信号转导途径。Myc 的转录激活对 TEL-PDGFRβ 发挥细胞转化作用是必需的 t(6;12)中的 TEL-STL 和 t(12;15)(p13;q25)中的 TEL-TRKC。其他 TEL 基因易位,如 t(5;12)(q31;p13)、t(6;12;17)(p21;p13;q25)、t(7;12)(p15;p13)等易位发生较少,出现在伴有明显嗜酸性粒细胞增多的 CML、儿童 AML、MDS、ALL 等中。12p13 的断裂点多发生在 TEL 基因 5′端上游外显子编码的 HLH 结构域处。

(五) HOX11 原癌基因

HOX11 原癌基因位于 10q24,属于一种 homeobox 基因。homeobox 基因在多细胞有机体的分化途径中起着关键作用,所编码的产物均为转录因子,通过 homeobox 区与 DNA 结合发挥作用,这些基因的突变或异常表达都将引起发育缺陷。在 B 细胞 ALL、AML 或 CML 中均发现 HOX11 原癌基因的活化,伴或不伴有其他融合基因。一般认为 HOX11 基因的异常活化发生于 ALL,HOX11 基因的活化可由多种机制调节。其激活方式有:①作为 MLL 基因的靶基因而被激活表达。李志刚等的研究发现,11 例存在 HOX11 原癌基因活化的白血病标本伴有 dupMLL(11q23),因此该基因的活化很可能是 MLL 基因异常活化的结果。

②由于t(7;10)(q35;q24)或t(10;14)(q24;q11)处于TCRβ或TCRα基因的调节元件控制之下,从而发生异常表达,在T细胞白血病的发生中发挥重要作用。③有报道在T-ALL中,无论有无染色体易位发生,HOX11的表达与该基因近端启动子的广泛去甲基化相关。

(六) 癌基因

Pim-1是一种原癌基因,定位在丝氨酸/苏氨酸激酶Pim家族,Pim家族Pim-1、Pim-2和Pim-3等成员均包含一个被称为ATP锚的活化位点,在多细胞组织的进化过程中高度保守。Pim-1定位在6号染色体长臂上(6p21.1—p21.31),其产物Pim-1蛋白激酶具有丝氨酸/苏氨酸蛋白激酶活性。Pim-1激酶可能是细胞在IL-3、GM-CSF和其他类型的生长因子的刺激时,跨膜信号转导的一种重要的中间递体。Pim-1可抑制细胞凋亡,被认为与肿瘤的发生密切相关。研究显示,在大多数人类肿瘤与肿瘤细胞系中Pim-1的表达上调。在白血病、淋巴瘤的形成过程中均发现Pim-1的过表达与淋巴瘤及白血病的发生密切相关。在AML、未分化的白血病、T细胞淋巴瘤及恶性黑色素瘤等细胞中,可以发现Pim-1基因在染色体转位时被激活,在B细胞淋巴瘤细胞及红细胞白血病细胞中也检测到Pim-1基因的表达。髓白血病细胞系中髓细胞生长因子的持续表达,说明白血病细胞中髓细胞生长因子的信号转导通路被激活。Pim-1基因的激活与血液系统恶性肿瘤之间可能存在着相关性和因果关系。建立Pim-1转基因小鼠,观察到转基因小鼠可以诱发T细胞淋巴瘤,从而为Pim-1基因作为一种癌基因的作用提供了直接的证据。田荣华等采用免疫组织化学方法评估了53例初始原发性弥漫大B细胞淋巴瘤患者的Pim-1表达,分析Pim-1的表达与化疗反应性和总生存率的关系。结果显示,Pim-1蛋白高表达与弥漫大B细胞淋巴瘤的负性预后相关,且其表达与非生发中心的表型相关。Pim-1蛋白高表达患者的3年总生存率和化疗完全缓解率均较低表达者低,差异有统计学意义。Pim-1和国际预后指数的多因素分析表明,Pim-1是总生存独立的预后因素。单因素Logistic回归分析表明,Pim-1的表达与化疗的完全缓解率呈负相关,表明在弥漫大B细胞淋巴瘤患者中Pim-1的高表达可以作为临床预后不良的标志。

(七) c-kit 原癌基因

人c-kit是一种原癌基因,定位于染色体4q11—q12,基因全长约80kb,由21个外显子组成。c-kit的mRNA全长5185bp,其开放阅读框长2931bp,编码产物CD117,是一个由976个氨基酸残基组成的相对分子质量为145 000的跨膜糖蛋白,具有酪氨酸蛋白激酶活性,与血小板生长因子受体同源。C-KIT蛋白属Ⅲ型酪蛋白激酶家族,由一个含Ig样基序的胞外区(结合SCF,1～519位氨基酸)、一个较短的跨膜区(转导信号,520～543位氨基酸)和一个含酪氨酸激酶活性的胞质区(544～976位氨基酸)组成。

C-KIT蛋白的配体为干细胞因子(stem cell factor,SCF),SCF是作用于造血干/祖细胞的造血调控因子,SCF需要与其受体(C-KIT)形成配基受体二聚体复合物,促进细胞膜内酪氨酸残基的磷酸化,继而启动相应信号转导通路。SCF/C-KIT信号转导通路的异常激活与各类细胞的异常增殖有密切的关系,当SCF/C-KIT信号通路异常活化,将会导致细胞增殖和分化紊乱。研究表明,c-kit基因突变导致其活化不依赖于受体配基结合,多种白血病细胞中发现c-kit基因出现突变,其突变与白血病的发生、治疗及预后等密切相关。

在肥大细胞白血病中,c-kit的功能获得性突变是其最重要的特点之一。多种肿瘤(包括 ALL)中都有 c-kit 基因的突变。c-kit 基因突变主要存在于近膜区二聚化结构域(外显子 8 和外显子 9)及胞内的近膜结构域(外显子 11)和激酶结构域(外显子 13 和外显子 17)。不同的肿瘤中 c-kit 基因突变位点和模式不同,在白血病中,c-kit 突变主要存在于外显子 8 和外显子 17,其中外显子 8 主要表现为缺失突变,而第 419 位氨基酸的缺失(D419del)约占外显子 8 突变的 93%;而外显子 17 主要表现为置换突变,其中主要的置换突变是 D816V,约占外显子 17 突变的 90% 左右。此外,在白血病中还发现其他突变位点。研究发现,c-kit 基因突变在 t(8;22)的 M2b 或 inv(16)和 t(16;16)的 M4 型急性白血病中常见,国内外的研究发现,伴有 c-kit 突变的 AML 比 c-kit 野生的患者复发率高、生存期短。由于 t(8;22)累及的 aml1 基因又称为 cbfα,而 inv(16)和 t(16;16)累及的基因为 cbfβ,这两种白血病又被称为 cbf-aml(core binding factor leukemia)。因此,c-kit 基因突变是 cbf-aml 患者的重要预后指标。

(八) DJ-1 癌基因

人类 DJ-1 癌基因(又名 PARK7 基因)位于染色体 1p36.2—p36.3,全长约 24kb,包含 8 个外显子,外显子 2 ~7 为编码序列,包含一个约 570bp 的开放阅读框。编码 189 个氨基酸的 DJ-1 蛋白,广泛表达于人体各种组织,DJ-1 蛋白以二聚体形式参与 RNA 结合、分子伴侣等活动。大量研究证实,DJ-1 在多种肿瘤中表达异常。研究 DJ-1 的活性显示,DJ-1 可调控 PTEN 以及增殖与凋亡相关基因,与白血病发生有关。DJ-1 是 PTEN 主要的抑制因子,在许多肿瘤发生、发展的过程中负调控 PTEN。DJ-1 也可通过 p53 途径抑制凋亡,2008 年 Liu 等证明 DJ-1 在急性白血病患者标本和白血病细胞系中高表达。利用 RNAi 抑制白血病细胞株 K562 和 HL60 DJ-1 表达,发现白血病细胞对化疗药物依托泊苷的敏感性增强、分化能力受抑制。有人对维甲酸敏感白血病 NB4 细胞与抵抗 MR2 细胞的差异蛋白质进行研究分析,发现 DJ-1 蛋白的高表达与维甲酸耐药有关。沉默 DJ-1 基因可导致白血病 K562 和 HL-60 细胞增殖抑制,增强对化疗药物依托泊苷的敏感性。DJ-1 与白血病发生有关,可能是治疗白血病的靶点。

(九) 生存素基因

生存素(survivin)是凋亡抑制蛋白(inhibitor of apoptosis protein,IAP)家族成员。IAP 通过抑制 Caspase 发挥其抗凋亡作用,与白血病有着密切的联系。生存素基因位于染色体 17q25,全长 14.7kb,包含 4 个外显子和 3 个内含子,编码 142 个氨基酸组成的相对分子质量为 16.5kDa 的蛋白质。生存素蛋白 N 端仅包含一段单一的杆状病毒 IAP 重复序列而没有 C 端 RING 锌指状结构,代以交织螺旋结构。生存素具有 G_2/M 期特异性表达的特点,可克服凋亡的"关卡",通过有丝分裂促进细胞异常增殖。

生存素具有细胞周期调控和凋亡抑制双重功能,是迄今发现最强的凋亡抑制因子。生存素的作用机制:①生存素移位于细胞核后与细胞周期素依赖激酶 4(CDK4)竞争性结合,导致 CDK4/Cyclin E 激活和 RB 磷酸化,RB 磷酸化后启动细胞进入 G_1 期,加快 G_1 期向 S 期转换。②生存素与 CDK4 结合,使 p21 从 CDK4 中释放出来,游离的 p21 能直接与 Caspase-3、Caspase-7 结合,抑制细胞凋亡。③生存素直接与细胞 Caspase-3、Caspase-7 结合,抑制细胞凋亡,由于生存素缺乏环指结构,不能直接与 Caspase 结合,这一功能通过在细胞内与微管的聚合和解聚来实现。④Survivin 还可能通过抑制细胞色素 c 释放在线粒体水平参与抗凋亡。

在白血病的相关研究中发现,生存素 mRNA 在 12 个恶性血液系统细胞系中均有表达,但与细胞系种类无相关性。生存素在人类各型白血病中表达上调。

生存素与急性白血病相关。生存素在儿童 ALL 和 AML 中均有表达,但无统计学差异。高危 ALL 比标危 ALL 患儿生存素表达阳性率高,生存素表达阳性的 ALL 患儿对化疗的反应差,临床缓解率低。对 31 例 AML 患者进行研究,其中 17 例检测到生存素基因的表达,而 16 例急 ALL 的患者中有 11 例有该基因的表达,M3 型 AML 中生存素基因表达相对较低。生存素在 AML 中的表达受到细胞因子的调控,在 B-CLL 中,CD40 刺激 B-CLL 细胞可使生存素表达。生存素也是成人 T-ALL 的一项重要的判断预后指标。Kamihiora 等同时检测了生存素 mRNA 在成人 T 细胞型白血病白细胞中的表达,结果发现生存素在所有病例中均有表达,而在正常外周血单核细胞中无表达。在对初发 T 细胞白血病进行研究时发现,在 9 个 HTLV-1 阳性的 T 细胞系中均可检测到生存素转录产物的表达,且初发的 ATL 细胞中生存素表达水平很高,在慢性 ATL 或正常 PBMNC 中却检测不到该基因的表达。用生存素特异性反义寡核苷酸序列治疗后可以使细胞的生长能力降低。

在慢性髓系白血病(CML)的慢性期未检测到生存素的表达,但在 CML 患者发生急性变时,7 例患者中有 5 例检测到生存素的表达。而且有表达患者的无病生存率低于没有表达的患者。生存素在白血病中的异常表达为临床治疗提供了新的途径。

生存素在耐药细胞系中的表达明显增加,生存素阳性病例比阴性者对化疗药物的敏感性差、治疗缓解率低、生存期短。Lu 等将靶向生存素基因的 siRNA 导入人早幼粒细胞白血病 HL60(human promyelocytic leukemia cell)细胞株后发现高效诱导凋亡,并可抑制白血病细胞的生长。王天有等利用 RNA 干扰(RNAi)技术,研究生存素基因在白血病发生、发展中的作用时发现,靶向生存素的 siRNA 能特异性下调目的基因的表达,并能在体外抑制白血病细胞株的生长。生存素将成为白血病基因治疗的一个新靶点。

(十) 人类 SUZ12

人类 SUZ12(suppressor of zeste 12)为 PcG(poly-comb group)基因家族中的一员,在胚胎发育、细胞周期、细胞增殖和分化的调控中起着极其重要的作用。SUZ12 基因在慢性髓系白血病急性期患者骨髓中过表达,而在慢性髓系白血病急性变过程中与 PcG 家族基因和 Wnt 信号通路有着直接关系。利用 RNAi 方法剔除 Wnt-1、Wnt-5A 和 Wnt-11 的表达后显示,Wnt 成员能够激活 SUZ12 转录,表明 SUZ12 起着阻止细胞分化的作用。

(十一) 胚胎发育相关基因 1

胚胎发育相关基因 1(embryonic develop-associated gene 1,EDAG-1)定位于 9q22,在造血细胞中特异表达,并与造血调控关系密切。EDAG-1 基因同时在多种造血系统肿瘤(尤其是红系和巨核系白血病细胞)中高表达,该基因高表达后通过激活调节核因子 κB 调节造血细胞的增殖与分化。有研究通过检测 EDAG-1 在白血病细胞和淋巴瘤细胞中的表达和编码区基因结构,探讨 EDAG-1 与白血病和淋巴瘤发病的关系。发现红系、巨核系、Jurkat 细胞在 mRNA、蛋白质水平均高表达 EDAG-1,但其编码区结构未发现异常,也没有 EDAG-1 基因组的扩增和重排。发现 HL-60 细胞缺失 EDAG-1，HuT78 细胞 EDAG-1 发生重排。研究认为，EDAG-1 可能与红系、巨核系白血病的发病机制有关，该基因激活的机制可能与编码区突变无关。Ling 等利用 RNAi 技术的高效性和特异性，用反转录病毒载体直接在人白血病细胞株内表达特异性针对 EDAG-1 基因的 siRNA，发现沉默 EDAG-1 基因的表达可以有效抑制白血病细胞的增殖。

（十二）亲奢性病毒整合位点 1

亲奢性病毒整合位点 1（ecotropic viral integrationsite-1，Evi-1）基因定位于人类染色体 3q26，为一个原癌基因。早期研究发现，Evi-1 RNA 的表达见于 3 号染色体异常，如 t(3;3)(q21;q26)或 inv(3)(q21;q26)。近期的研究表明，无 3 号染色体异常的白血病中也有 Evi-1 的异常表达。Evi-1 基因编码的锌指蛋白是一个核转录因子，能特异性地结合基因启动子 DNA 序列，发挥转录调节作用，在造血干细胞的迁移及修复过程中起着主要作用。Evi-1 与髓性恶性血液病的发生相关。近年来的研究认为，造血系统恶性肿瘤原癌基因 Pbx1 是 Evi-1 的靶基因。

在粒系白血病中可以经常检测到 Evi-1 的异常表达，与患者的不良预后有关。Cuenco 等在动物实验中的研究结果表明，Evi-1 基因是形成 AML1/MDS1/EVI1（AME）融合基因的重要成分。有研究表明，部分 AML 患者有 Evi-1 基因的高表达，与 AML 分型无关；Evi-1 基因的表达与 CML 的病情进展或 CML 急性变有关，可看成是一个 CML 慢性期向急变期转化的预测指标。张璞等的研究发现，Evi-1 基因特异性 siRNA 可抑制 HEL 细胞增殖，促进细胞凋亡。

（十三）PNAS-2 基因

PNAS-2 基因是细胞凋亡相关蛋白的编码基因，定位于 9 号染色体，与 bcl-2 基因处于染色体的相邻位置。PNAS-2 基因长为 751bp，有加尾信号 AATAAA（702 ~ 707）和 polyA 尾巴。最长的开放阅读框在 cDNA 序列的 27 ~ 422bp，共长 396 个碱基，是与细胞凋亡密切相关的基因。能编码 131 个氨基酸序列、分子质量为 14 441.947Da 的蛋白质分子。Wang 等在白血病细胞株 NB4 和 U937 等样本中，通过 RNAi 和过表达方法研究 PNAS-2 的功能，结果表明，PNAS-2 是一个抗凋亡基因，可能参与白血病的形成。黄洪晖等认为 PNAS-2 基因可能与硫化砷诱导 APL 细胞凋亡密切相关，同时其表达有可能作为急性白血病分子生物学缓解的指标之一，认为 PNAS-2 基因的表达可能是急性白血病所特异的，可以作为急性白血病分子生物学缓解的指标之一。有研究对凋亡相关基因 PNAS-2 及其蛋白质参与的急性白血病发病机制进行了研究，发现 PNAS-2 蛋白在白血病细胞株、初发及复发急性白血病患者中的亚细胞水平的定位与 293T 细胞、缓解的白血病患者及非白血病患者明显不同。前者 PNAS-2 蛋白表达量高，且弥散分布于整个胞质；后者基本都定位于细胞核周围，有些细胞中的表达几乎都微不可见。通过 RNA 干扰技术、基因芯片检测、凋亡抗体芯片检测等技术方法，发现了 PNAS-2 基因及蛋白质参与细胞凋亡的机制，明确了其在凋亡通路中的定位：PNAS-2 蛋白通过抑制细胞溶酶体内 CatD 和 GraB 的释放从而分别抑制 AIF 介导的和 GraB-Perforin 介导的细胞凋亡。在研究中还发现，PNAS-2 通过抑制抑癌基因及 GraB-Perforin 通路参与肿瘤的发生、发展。此外，PNAS-2 高表达可能通过促使细胞快速通过 G_2/M 期而抑制白血病细胞发生凋亡。

对抗 PNAS-2 单链抗体对白血病 U937 细胞凋亡的影响进行了研究，发现抗 PNAS-2 单链抗体能有效结合 U937 细胞内的 PNAS-2 抗原并有促进 U937 细胞凋亡的作用，其促凋亡机制可能与 PNAS-2 功能位点被封闭后功能失活而无法发挥抑凋亡作用有关。

（十四）MLL 基因

MLL 基因位于 11q23，所编码的蛋白质作为一种转录因子参与调控多个控制人类发育和分化的基因活性。文献报道急性白血病有 5%～10% 可检测到 MLL 基因改变，MLL 基因重排在 ALL 及 MAL 中均可检测到。李志刚等的研究发现，30 例患者携带有 6 种 MLL 基因重排，占急性白血病的 16.6%，MLL 基因改变具有两个明显特征：显著的重组异质性及缺乏这些重组与各系的明确相关性。一般认为，涉及 MLL 基因重排的白血病治疗效果欠佳，预后不良。但近年来的研究发现，携带 t(11;19)(q23;p13.3) 的儿童 ALL 治疗效果和预后与年龄和免疫表型有关；携带 t(9;11)(p22;q23) 的儿童 AML 较携带其他 MLL 基因重排的 AML 预后好，而携带 t(9;11)(p22;q23) 的患儿形态学常为 AML-M5 亚型，并且 t(9;11) 阳性的 AML-M5 较 t(9;11) 阴性的 AML-M5 预后也要好。研究检出的 30 例 MLL 基因重排阳性的患者中，携带 t(1;11)(q21;q23)、t(6;11)(q27;q23)、t(9;11)(p22;q23)、t(10;11)(p12;q23)、t(11;19)(q23;p13.3) 的患者和携带 dupMLL(11q23) 的 AML 患者，其治疗效果不佳。但携带 dupMLL(11q23) 的 ALL 患者，则治疗效果较好，易于达到缓解。

二、肿瘤抑制基因

（一）多肿瘤抑制基因

多肿瘤抑制蛋白基因 1(multiple tumor suppressor gene 1，MTS1) 及多肿瘤抑制蛋白基因 2 (multiple tumor suppressor gene 2，MTS2) 位于人 9 号染色体的短臂 9p21—q22 区段。9 号染色体与白血病的发病率密切相关。MTS1 基因编码产物的分子质量为 16kDa，被称为 p16 蛋白，MTS2 在距离 MTS1 基因很近的区域。MTS2 基因的编码产物的分子质量为 15 000Da，也被称为 p15 蛋白。p15 蛋白及 p16 蛋白都可与细胞周期素依赖性激酶 4(cyclin-dependent kinase 4，CDK4) 结合，对 CDK4 的活性具有抑制作用。另外还存在两种蛋白质分子 p18 和 p19，p18、p19 基因处在 1p32 染色体上，与 MTS1 具有同源性，也具有多种瘤抑制蛋白的作用。这 4 种蛋白质属于多肿瘤抑制蛋白的家族。

p16 基因所表达蛋白质的基本功能为 CDK4 的抑制蛋白。Cyclin D1 与 CDK4 结合为复合物，使 CDK4 活化，活化的 CDK4 可使细胞内的另一种调节蛋白——视网膜母细胞癌蛋白 (pRB) 磷酸化，继而促进转录因子 (TF) 产生，使细胞由 G_1 期进入 S 期。p16 基因家族可特异地与 CDK4 或 Cyclin-CDK4 复合物结合，抑制 CDK4 的活性，从而抑制细胞由 G_1 期进入 S 期，对细胞增殖周期起负调节作用。p16 基因家族的功能失活方式主要包括基因的缺失、突变、重排和甲基化等。

p16 基因及 p15 基因的缺失和突变与血液肿瘤的关系密切。ALL 中存在着 p16 基因缺失突变和基因失活的现象。p16/p15 基因缺失突变与儿童急性淋巴母细胞性白血病的发生、发展之间具有显著的相关性。有研究发现，79% (81/103) 的各种 ALL 患儿中既有 p15

基因的缺失突变,又有 p16 基因的缺失突变。Rasool 等对 52 例儿童 ALL 的研究发现,31% 患者中 p15 和/或 p16 基因全部缺失,有 5 例患者仅有 p16 基因缺失。Kees 等研究了 48 例儿童,发现疾病预后与 p16INK4a 的出现和缺失有关,9 例 p16INK4a 基因完全缺失的患者中,8 例具有 ALL 的高危因素。Hoshino 等在对成人前 B-ALL 患者的研究中发现,有 p15INK4b 基因野生型表达患者的 4 年无病生存(DFS)率为 33%,而 p15INK4b 基因发生改变者的 4 年 DFS 率仅为 4%,多变量分析显示,p15INK4b 基因是延长 DFS 期一个独立且有利的预后因子。有人在对 T-ALL 研究时发现,MTS(MTS1、MTS2)位点的表达缺陷直接导致 MTS1 产物 p16INK4 肿瘤抑制蛋白的缺失,其他两种细胞周期抑制物 p19 和 p15 有相似的变化,进一步研究显示大多数 T 细胞 ALL 中,p19 失活是 MTS 位点变化的最重要的产物。

白血病发生在于 MTS 基因缺失、突变,而 MTS 基因 CpG 岛的甲基化与白血病的关系密切。因为 p16 及 p15 基因 DNA 链中富含 GC 碱基(>90%),形成 5′-CpG-3′岛,5′-CpG-3′岛上的胞嘧啶发生甲基化,抑制该基因转录,从而使 p16、p15 基因所表达的 CDK4 抑制蛋白失去功能,即失去对细胞周期的正常调控。5′-CpG 岛的高度甲基化是其在白血病中的主要失活方式,而且发生率也比较高。急性白血病患者骨髓中甲基转移酶的浓度比正常人高 4 倍,CpG 岛甲基化常发生在肿瘤抑制基因的启动子,抑制启动子功能使肿瘤抑制基因的表达被关闭,结果导致白血病发生。急性白血病 p15 基因甲基化阳性率为 62.2%,急性非淋巴细胞性白血病(acute non lymphocytic leukaemia,ANLL)和 ALL 之间的阳性率无显著差异,这表明 p15 基因甲基化是白血病等恶性血液病肿瘤细胞所特有的。

在 ALL 发生、发展过程中,p15、p16 基因失活主要是由于 p15、p16 基因甲基化所致。p16 基因家族在 ALL 中的变化通常与 p16、p15 基因失活有关,而 p18、p19 基因在 ALL 中一般不出现缺失或甲基化。AML 中 p15、p16、p18、p19 基因失活的发生率与疾病发生、发展及预后有关系。

(二) RB 基因

RB 基因是最早发现的肿瘤抑制基因,在视网膜母细胞瘤细胞中 RB 基因缺失、突变失活是很常见的。在其他类型肿瘤细胞中可检测到 RB 基因的突变失活。Tsai 等的研究指出 RB 基因的失表达在成人 ALL 中也常见,虽然 RB 基因或 p53 基因的单独突变并非独立的预后因素,但是二者的共同改变则可能预示着对治疗的反应会很差,可明显降低 ALL 患者的长期 DFS 率。尽管 RB 基因的突变并不能增加白血病的发病率,但在人白血病患者的肿瘤细胞中常可检测到 RB 基因的突变。

Willms 肿瘤抑制基因(WT-1)是一种编码锌指转录因子的肿瘤抑制基因,在 ALL 细胞中存在 WT-1 的高表达。RB 基因是 WT-1 基因作用的下游靶基因,在功能上具有肿瘤抑制活性。

(三) p53 基因

p53 是一种抑癌基因,在 DNA 损伤修复、细胞周期调节及诱导细胞凋亡中起着重要作用。p53 基因的失活主要有两种方式:一是突变,其编码产物失去抑制肿瘤的功能;另一种是 p53 基因及其编码产物尚能保持其野生型的正常结构,但是与其他不同类型的蛋白质分子结合成蛋白质复合物之后,改变了野生型 p53 蛋白的构象,使其从功能上得到改变。p53

基因突变在淋巴组织的恶性肿瘤中占 12.5%，Diccianni 等在对成人 T-ALL 的研究中发现，在 51 例第一次复发的患者中发现有 12 例存在 p53 基因突变。p53 基因突变的患者与那些没有突变的患者相比生存时间更短。p53 基因突变的患者再次诱导化疗很难获得第二次缓解。有 p53 基因突变的患者较无 p53 基因突变的患者有 3.8 倍的死亡危险。Kawamura 等在研究儿童 t(1;19)的 ALL 中指出，p53 基因突变在初诊患者中少见，但可能与其复发和进展有关。Tsai 等也指出，有复发的成人 ALL 比发生 p53 突变者更常见，也证实 p53 突变与 ALL 预后较差有关，p53 突变的患者往往呈现耐药；在预后相对较差的患者中，p53 突变率明显升高。这可能与 p53 诱导凋亡作用的缺失相关。存在 p53 基因异常的白血病患者常表现为耐药，生存期短。在 112 例 AML 患者中检测 p53 基因外显子 5～8 突变情况时发现：①p53 突变率很低，仅为 7%，且与 AML 的形态学分类无相关性；②有突变的患者疗效差，生存期短，且主要见于 65 岁以上的年老者；③突变往往伴有复杂染色体核型异常，尤其是 5 号和/或 7 号染色体单体，17p 单体患者突变率较高(45%)。还有学者的研究表明 AML 中 p53 异常存在异质性，可表现在基因结构、转录、翻译等不同阶段的异常。

（四）bcl-2 基因

bcl-2 原癌基因定位于 18q2.1，230kb，为 bcl-2 癌基因家族成员之一，是主要的凋亡抑制基因，bcl-2 基因位于氧自由基产生的部位，包括线粒体内膜、核周膜及内质网膜，可以抑制细胞凋亡。bcl-2 基因编码一个 26kDa 线粒体膜蛋白，主要功能是阻遏细胞凋亡。Bcl-2 蛋白不仅存在于 T 淋巴细胞及 B 淋巴细胞中，还存在于未成熟的造血细胞中。bcl-2 基因异常表达主要存在于淋巴瘤、多发性骨髓瘤、B 细胞性白血病、急性髓性白血病等血液系统恶性肿瘤中。

Bcl-2 蛋白的功能状态与白血病的发生及患者对药物化疗的敏感性和预后密切相关。在 ALL、AML 和 CML 中，Bcl-2 蛋白过表达。研究显示，Bcl-2 高表达者抑制细胞凋亡，白血病细胞生存时间延长，影响 ALL 疗效和预后。白血病细胞表达较高的 VEGF 水平，而 VEGF 能促使血管生成和内皮细胞增生，上调 Bcl-2 表达，使 Bcl-2 在血管生成过程中高表达。在白血病中，VEGF 表达可产生更多的 Bcl-2 蛋白，降低白血病细胞凋亡，从而增加了白血病的恶性程度。有研究表明，白血病细胞对多种化疗药物和激素诱导凋亡的耐药与 Bcl 2 表达增高有关。Kasimir 等发现 Bcl-2 在白血病中的高表达可明显对抗地塞米松、甲氨嘌呤、VP16 对其的杀灭作用，而且药物去除后增殖加快，提示 Bcl-2 高表达患者易复发。有研究用反义 Bcl-2 核苷酸成功的逆转了 Bcl-2 表达增高引起的耐药。

（五）PTEN 基因

PTEN(phosphatase and tensin hemology deleted on chromosome ten gene)基因是抑癌基因，位于 10 号染色体，隶属磷酸酶家族，与张力蛋白同源。PTEN 蛋白具有蛋白磷酸酶和脂质磷酸酶双重活性，其脂质磷酸酶活性可以将 3,4,5-三磷酸酯酰肌醇(PIP3)3 位上的磷酸基团去掉，使 PIP3 转化为 4,5-二磷酸酯酰肌醇(PIP2)，能调控细胞的增殖与凋亡。其蛋白磷酸酶活性可以抑制 MAPK、FAK 的磷酸化，调节细胞的迁移及黏附。PTEN 通过多种信号转导通路影响细胞生长、分化、黏附及细胞周期进程，抑制肿瘤细胞增殖、侵袭、转移，并促进肿瘤细胞凋亡。PTEN 基因抑制肿瘤细胞增殖、促进肿瘤细胞凋亡的作用在多种实体肿瘤细胞中已经得到证实,并与部分肿瘤的预后不良密切相关。国内外研究表明,PTEN 基因的异常可能参与了白血病的发病、多药耐药、血管新生及髓外浸润。研究表明,PTEN 基因在白血病中存在不同程度的缺失、低表达、甲基化,而突变罕见。造血细胞 PTEN 基因突变或缺失的小鼠可以转化为急性髓系或淋巴细胞白血病。PTEN 基因通过抑制 PI3K/AKT 通路,下调 VEGF 及 FLT1 表达,抑制白血病细胞侵袭及血管新生。PTEN 基因的表达水平对区分白血病干细胞和正常造血干细胞发挥了关键作用。成志勇等将腺病毒介导的 PTEN 基因转染人白血病原代细胞及 K562 细胞系,观察野生型 PTEN 对白血病细胞增殖、凋亡、侵袭、细胞周期进程、多药耐药及血管新生的影响,并检测其可能的作用机制。在 AML 细胞中 PTEN 基因低表达,并且与 VEGF 和 FLT1 基因的表达呈负相关。

三、肿瘤转移相关基因

(一) nm23 基因

nm23 基因是一种肿瘤转移抑制基因,具有抑制肿瘤转移作用,nm23 基因存在 nm23-H1 和 nm23-H2 两种亚型,二者均位于人类 17 号染色体,相距 4kb,均含有 5 个外显子。nm23 基因编码一个 17kDa 的蛋白质。两种亚型编码的蛋白质分别与核糖二磷酸激酶 NDPK 的 A、B 亚单位相对应。nm23-H1 和 nm23-H2 的一个等位基因失活可能导致 NDPK A、B 亚单位比例的失衡,可引起 NTP 产生不足,影响细胞微管聚合和细胞分裂,导致染色体畸变和非整倍体形成;还可通过 G 蛋白介导的对细胞素信号反应的变化,引起细胞运动的改变,促进浸润及转移。nm23-H2 是一个转录因子,目标之一是 c-myc 基因。Yokoy 等测了 nm23-H1、nm23-H2 和 myc 基因在人类髓性白血病中的表达,证明在 AML、CML-BC 中,nm23-H1、nm23-H2 mRNA 水平增高,在 CML-CP 则正常。应用 RNAi 技术沉默 nm23-H1 基因导致人红白血病细胞 K562 的生长和增殖受到抑制,使细胞阻滞于 G_0/G_1 期,同时导致 c-myc 的表达下调。

nm23 基因是一个与白血病预后密切相关的抑制转移基因。有研究合成了 pGCsinm23,其转染 K562 细胞后可有效抑制细胞中 nm23-H1 mRNA 及蛋白质表达水平;转染 48h 后 K562 细胞形成的克隆体积增大、数量增多,且其体外侵袭能力明显增强,提示 nm23 基因对 K562 细胞株的生长、增殖及侵袭力有明显影响。

对于白血病患者而言,nm23 基因表达可能是预后不良的因素。ALL 中低分化细胞中 nm23-H1 表达量高于相对高分化的细胞。nm233-H1 基因过表达与 AML 预后差相关:nm23-H1 和 nm23-H2 在有染色体异常 AML-M2 和 AML-M3 中的表达水平比无染色体畸变的其他 AML 亚型低。AML-M3 中 nm23 低表达与其白血病细胞分化特征相关,AML-M6 病例细胞中 nm2323 的表达水平极高。

(二) 血管内皮生长因子

血管内皮生长因子(VEGF)基因位于染色体 6p21.3,全长为 28kb。编码 VEGF 的基因长约 14kb,由 8 个外显子和 7 个内含子组成。编码产物为 34 ~ 35kDa 的同源二聚体糖蛋白。VEGF 基因经过转录,可产生 5 种不同的转录子,既 VEGF206、VEGF189、VEGF165、VEGF123、VEGF121,其中 VEGF121 和 VEGF165 为分泌型的细胞因子。VEGF 是作用于血管内皮细胞的生长因子,具有促进内皮细胞增殖、分化的作用,VEGF 的生物学效应是通过其特异的膜受体介导实现的。

VEGF 通过与 VEGFR 结合刺激血管内皮细胞的增殖和迁移,促进新生血管的生成,与白血病的发生和转移有着密切的关系。有研究构建了 VEGF 基因 shRNA 慢病毒载体,并成功将其导入 K562 细胞。结果表明,白血病 K562 细胞株 VEGF 的基因表达被 VEGF 特异 siRNA 敲除后,其增殖明显受到抑制,并能够增强细胞对 STI571 的敏感性。

恶性血液病细胞存在 VEGF/VEGFR 自分泌环,促进恶性血液细胞存活、增殖和浸润。白血病患者的 VEGF 蛋白水平升高,可作用于自身的 VEGFR,形成一个 VEGF 内自分泌环。研究证实,VEGF 与 VEGFR 结合,促进白血病细胞或细胞系自身受体 VEGFR 的磷酸化,通过 PLC-PKC-MAPK 途径、PI3K-AKT/PKB 途径、STAT 途径转导信号,引起恶性血液细胞凋亡,抑制基因表达,促其存活,增殖和浸润。同时,VEGF/VEGFR 自分泌环促进 bcl-2 凋亡抑制基因表达抑制凋亡;Pidgeon 等发现,VEGF 诱导癌细胞中 Bcl-2 蛋白的高表达,而抗 VEGF 抗体可抑制 Bcl-2 的高表达,促进肿瘤细胞的凋亡。有研究发现,VEGF165 诱导 Bcl-2 蛋白表达在 VEGF 受体阳性的白血病细胞中,促进白血病细胞存活。研究证实 VEGF 诱导的 Bcl-2 表达也与 VEGF/KDR 的自分泌作用和细胞的存活有关。

VEGF 与淋巴细胞白血病:Molica 等认为血清中 VEGF 表达水平的增加可以预示早期 CLL 疾病进展的危险性。Aguayo 等在研究中报道了 28 例儿童 ALL 患者血浆中 VEGF 的表达水平并无显著升高。VEGF 与 ANLL:测定 99 例初诊未治 AML 患者 VEGF,结果发现 VEGF 表达水平持续增高的患者缓解率降低,生存时间和无病生存期缩短。VEGF 与慢性白血病:血浆 VEGF 表达水平在 CLL 及 CML 患者中明显升高。Aguayo 等报道 CLL 患者骨髓活检标本血管密度与对照组相比并无明显增高,但在 CML 病患者中其骨髓微血管密度明显增加。

四、肿瘤耐药基因

多药耐药(multidrug resistance,MDR)是指肿瘤细胞对一种抗肿瘤药物产生抗药性,同时也对不同结构和作用机制的其他多种抗肿瘤药物产生交叉抗药性。MDR1 基因是多基因家族的一部分,产物为 P-gp。P-gp 是由多药耐药基因 MDR1 编码产生的一种糖蛋白,其为分子质量为 170kDa 的跨膜糖蛋白,是 ATP 依赖性药物外排泵,它能将抗癌药物从肿瘤细胞内泵出,使肿瘤细胞内的药物浓度降低,达不到应有的药效而导致 MDR。ALL 患者化疗耐药发生与多药耐药基因 MDR1 的高表达有关。通过实时定量 RT-PCR 检测 MDR1 基因在急性白血病患者中的表达为临床上 ALL 个体化疗方案的合理制订、化疗疗效和预后的判断及针对性逆转提供了依据。国内外对多药耐药与 ALL 患者 DFS 关系的研究不多。Casale 等在新诊断的儿童 ALL 患者中,研究了 mdr-1 基因的产物 P-gp(MDR1)并观察了 85 例患者,研究 MDR1 对完全缓解(CR)率和预后的影响。应用免疫细胞化学方法和流式细胞术(FCM)检测,40 例患者中 MDR1 有阳性表达,45 例患者中 MDR1 为阴性。在诱导治疗后,85 例患者中有 77 例获得了 CR,占 90.6% 。而未获得 CR 者 MDR1 均为阳性。复发的 29 例患者中有 17 例(58.6%)MDR1 为阳性。MDR1 阴性患者 10 年 DFS 率与 MDR1 阳性患者相比分别是 67.5% 比 46% 。魏玲等应用针对人 MDR1 基因的 RNAi 质粒 pENTRTM/U6-MDR1 转染人白血病多柔比星耐药细胞株 K562/ADM 和亲本细胞株 K562,48h 后实时荧光定量 PCR 检测 MDR1mRNA 表达，流式细胞术检测 P-gp 蛋白表达和 P-gp 功能，MTT 法检测细胞对 ADM 的耐药性。发现与未转染细胞相比，K562/ADM 耐药细胞 pENTRTM/U6-MDR1 组的 MDR1mRNA 以及 P-gp 蛋白的表达和功能均显著下降（$P<0.05$），对多柔比星的耐药性显著降低（$P<0.05$）。

五、特殊的染色体易位形成的特异性融合基因

白血病是一种造血组织的恶性疾病。染色体易位形成各种核型。例如，AML 低危核型：M3，t(15;17)(q22;q21)，PML-RARα 融合基因；M2，t(8;21)(q22;q22)；AML1-ETO 融合基因；M4E0，inv(16,16)(p13;q22)；t(16,16)(p13;q22)；CBFβ-MYH11 融合基因；中危核型、高危核型等。肿瘤相关染色体重排的结果是激活原癌基因或形成融合基因。目前已发现超过 50 种与白血病有关的融合基因异常，常见白血病融合基因见表 46-1。这些异常融合基因已成为不同类型白血病的分子生物学特异性标志，可作为临床上对白血病进行分型、预后判断和残留病追踪的依据。在基因融合过程中，由于断裂点大多处于目的基因的内含子区，融合基因的编码读框仍保留，形成的转录本编码嵌合蛋白质。这些异常的蛋白质通过转录激活或抑制以显性负的方式介导肿瘤发生。染色体易位形成某种特异的融合基因，是某些类型白血病的必要条件或特殊标志。例如，高超等对儿童急性白血病融合基因类型进行分析时发现，AML 的检出率（61.0%）高于 ALLDE 的检出率（35.5%），ALL 中常见的融合基因有 TEL-AML、E2A-PBX1、BCR-ABL 等，AML 常见的融合基因有 AML-ETO、PML-RARA 等。本段落仅就部分融合基因，如与急性早幼粒细胞白血病发病相关的 PML2R-ARα 基因、与慢性粒细胞白血病发病的 bcr/abl 基因等进行阐述。

表 46-1　主要白血病特异的融合基因

染色体易位	融合基因
t(1;19)(q23;p13)	R2A-PBX1
t(4;11)(q21;q23)	MLL-AF4
t(12;21)(p13;q22)	TEL-AML1
t(9;22)(q34;q11)	BCR-ABL m-bcr
t(9;22)(q34;q11)	BCR-ABL M-bcr
del(1)(p32;p32)	SIL-TAL1
t(15;17)(q22;q21)	PML-RARa
inv(16)(p13;q22)	CBFB-MYH11
t(8;21)(q22;q22)	AML1-ETO

（一）bcr-abl 融合基因

cbr-abl 融合基因又称为费城染色体，即 t(9;22)(q34;q11)染色体易位形成 bcr-abl 融合基因（费城染色体），C-abl 癌基因被激活。融合基因编码产生的 p210Bcr/Bal 癌蛋白，引起酪氨酸激酶活性失调，导致出现恶性表型。p210Bcr/Bbl 癌蛋白可抑制分化、抗凋亡，促进细胞增生、存活，阻止肿瘤细胞凋亡。Bcr/Abl 是引起 CML 恶性表型的分子生物学标志。95% 的 CML 患者出现费城染色体，此种易位发生在 3% ALL 患儿病例中，出现在成人 20%～30% 的 ALL 病例中，是成人 ALL 最常见的染色体异常。Ph^+ 是预后差的标志。Ph^+ 的 ALL 患者往往呈现高危状态：疾病的早期耐药和缓解持续的时间明显缩短。在 ALL 患儿中，t(9;22)易位伴有年龄较大、白细胞计数高和诊断时易发生枢神经系统白血病（centralnervous system leukemia，CNS-L），这些特征使得其预后极差，长期 DFS 率仅为 10%～30%。成人中位无病生存期平均为 7 个月，长期 DFS 率仅仅为 9.8%，患者需早期诊断，以便使用较强化疗方案。

（二）E2A-PBX1 融合基因

t(1;19)(q23;p13)染色体易位形成 E2A-PBX1 融合基因,见于 5% 儿童和 3% 成人 ALL 病例。具有这种核型变化的患者免疫表型为前 B 细胞型,普通型急性淋巴细胞性白血病抗原阳性。E2A-PBX1 是一个高度危险的分子生物学标志。ALL 患儿表达 E2A-PBX1 的病例,在诊断时白细胞计数较高,易于发生 CNS-L,预后差。研究表明,尽管此类患者可获得较高 CR 率,但绝大多数(5/7)常于标准化疗后早期复发。

（三）MLL-AF4 融合基因

t(4;11)(q21;q23)染色体易位形成 MLL-AF4 融合基因。在人类白血病细胞中,11q23 易位主要在 MLL 的 8.5kDa 区域,导致 MLL 的 N 端与许多不同基因融合,实际上有 25 种以上的交互的染色体位点参与 11q23 易位。与 t(9;22)易位类似,ALL 患者有 MLL 基因重排,预后极差,尽管采取较强的多药化疗,长期 DFS 率仍很低。已成为预后最差的 ALL 标志,无论儿童组还是成人组,该染色体异常患者均预后较差。Deangelo 的报道显示,不论是患儿还是成人患者 5 年 DFS 率仅为 20% 。与 Ph^+ALL 相似,在 CR Ⅰ期行异基因外周血造血干细胞移植(allo-HSCT)为目前首选治疗方法。

（四）TEL-AML1 融合基因

t(12;21)易位形成 TEL-AML1 融合基因。TEL-AML1 t(12;21),由 12 号染色体上的 TEL 基因与 21 号染色体上的 AML1 基因融合而成,在 TEL-AML1 融合基因形成的同时往往伴随另一个等位基因的缺失,易位和缺失使 TEL/AML1 致白血病的机制复杂化。TEL 和 AML1 的融合使 AML1 编码的 CBRa 失去与 DNA 的结合能力或不能正常转录而发挥激活靶基因的作用,即 AML1 从转录激活因子转变成转录抑制因子。此外,12p 缺失的在引起 TEL 基因缺失的同时还累及其下游的 CD-KNIB 基因,由于该基因能编码周期素依赖激酶抑制蛋白 p27,具有阻止细胞从 G_1 期进入 S 期、抑制细胞增殖的作用,故其受累加速了白血病细胞的过度生长。与 Ph 染色体一样,TEL-AML1 融合基因是决定预后的主要指标之一,是儿童 ALL 中最常见的染色体结构异常,该异常见于 20%～25% 的儿童和 1%～3% 的成人 ALL 病例。携带 TEL-AML1 融合基因的 ALL 患儿临床缓解率高,复发少见,预后较好,TEL-AML1 融合基因阳性的儿童的 5 年 DFS 率可达到 90% 。TEL-AML1 基因表达 B-ALL 的患者可以应用作用较弱的化疗方案,预后较好。

（五）AML-ETO 基因

t(8;21)(q22;q22)是 AML 中最常见的一种非随机的染色体易位。这种易位见于 10%～15% 的 AML,其中 FAB 分型 AML-M2 患者中 30%～40% 存在 t(8;21)易位。而 90% 的 t(8;21)易位发生在 FAB 分型 AML-M2 中,其余见于 M0、M1、M4 及骨髓增生异常综合征(myelodysplasticsyndromes,MDS)和治疗相关性 AML 中。断裂点通常认为在 内含子 5 的 3 个断点集丛区(breakpoint cluster regions,BCR);ETO 的易位断点分布在内含子 1a 的 1 个 BCR,及内含子 1b 的 3 个 BCR。易位后形成的 AML1-ETO 融合蛋白 N 端保留了 AML1 的启动子和 Runt 同源结构域(RHD),C 端包含几乎全长的 ETO 蛋白。因此 AML1-ETO 能与 DNA 增强子序列结合，与 CBFβ 形成异二聚体，并保留了 ETO 的多个结构功能。AML1-ETO 与野生型 AML1 相似，能够与 CBFβ 形成异二聚体 AML1-ETO/CBFβ。AML1-ETO 对 AML1 及其他转录调节因子主要发挥负性效应，并在一些有 AML1 结合位点的特定基因上发挥转录激活作用。AML1-ETO 对 PLZF 的功能具有抑制作用；AML1-ETO 可激活 bcl-2 的转录。现在的研究认为 AML1-ETO 是白血病发生的一个基础，需要两次或多次事件的共同作用才能引发白血病。多数文献报道，t(8;21)易位或 AML1-ETO 阳性为 AML 预后良好的标志，具有较高的缓解率。AML1-ETO 融合基因对有 t(8;21)易位的 AML 为一个很重要的特异性检测标志。

（六）PML-RARA 融合基因

急性早幼粒细胞白血病特有的染色体易位 t(15;17)(q22;q21)的分子生物学实质是 17 号染色体上的维甲酸受体基因 a 内含子 2(17kb)处发生断裂，15 号染色体上的 APL 基因 5′端或 3′端断裂点集中区 BCR 区断裂。易位后形成的 PML-RARA 融合基因成为急性早幼粒细胞白血病特异的分子标志，对急性早幼粒细胞白血病诊断具有高度特异性，也是其治疗的分子生物学基础。PML-RARA 融合基因用于患者缓解后的微小残留病变的检测，对监测复发及估计预后和停药时机的确定均有重要的意义。

（七）TEL-ABL 基因

TEL-ABL 基因是由 t(9;12)(q34;p13)易位产生的，是少见的白血病染色体结构畸变，见于急性未分化型髓细胞白血病，如 AML-M1、M4、M7、非典型慢性粒细胞白血病(aCML)和 ALL 及 MDS。该易位使 TEL 基因与正常位于 9q34 上的 ABL 基因发生融合，形成 TEL-ABL 嵌合基因。ABL 蛋白是一种非受体型酪氨酸蛋白激酶，由 TEL 的 HLH 结构域和 ABL 的酪氨酸蛋白激酶活性域融合而成，TEL 的 HLH 结构域促使 ABL 激酶寡聚化，从而使 ABL 激酶激活 MN1-TEL 基因，MN1-TEL 融合基因编码的嵌合蛋白作为异常转录因子，使正常由 TEL 控制的基因出现调节异常，从而导致细胞发生转化，这是白血病发生的可能原因之一。

（八）myc 基因表达异常

t(8;14)(q24;q32)易位时，位于 8 号染色体上的 myc 基因转移至 14 号染色体上的免疫球蛋白重链基因位点。myc 基因表达异常是预后恶劣的预告因子，该异常见于 3% 的 ALL 患者，特别是 85%~90% 有表面免疫球蛋白的成熟 B-ALL，少数患者有变异易位，如 t(2;8)(p12;q24)或 t(8;22)(q24;q11)见于 5% 的病例。1/3 病例合并 CNS-L 和/或脑部肿瘤，对常用化疗效果差。CR 率为 35%，长期 DFS 率为 0%~25%，预后恶劣。近年来采用大剂量环磷酰胺(CTX)和氨甲蝶呤(MTX)为主的方案，预后有明显改善，CR 率为 63%~85%，长期 DFS 率为 53%。

白血病的发生、发展涉及很多基因及多种融合基因，但每一个基因都不是单独起作用的。研究基因表达调控、机体免疫及细胞分化等证实许多相关基因在人类基因组中是成簇排列的，各基因是作为统一的整体进行调节的。当出现改变时，改变的累积最终共同造成细胞增殖失控，最终共同完成血细胞恶性转化，白血病生成。对白血病相关基因的进一步深入研究，将进一步推动基因的靶向治疗等，最终提高治疗白血病的能力。

（曾慧慧）

参考文献

陈为志,郭冬梅. 2006. 恶性血液病 RAS 基因突变激活与 Ras 蛋白法尼基化抑制剂的研究进展. 国际输血及血液学杂志,29(5):414-418.

黄洪晖,朱坚轶. 2007. 凋亡相关基因 pnas2 的表达与白血病关系. 中国实验血液学杂志,15(4):738-742.

李春蕊;刘文励;孙汉英,等. 2006. 髓系白血病中 EVI1 基因的表达及其临床意义。中国实用内科杂志,26(11):820-822.

林媛媛,杨文萍. 2012. c-myc 基因与血液细胞生成及白血病研究现状. 实验与检验医学,30(3):247-251.

宋艳斌,马文丽,冯春琼,等. 2005. Bcr-abl 基因沉默对相关基因表达的影响. 广东医学,26(6):778-780.

田荣华,应韶旭,李晓,等. 2010. Pim-1 表达与弥漫大 B 细胞淋巴瘤患者预后的关系. 中国癌症杂志,20(12):921-925.

王天有,冯顺乔,张朝霞,等. 2010. siRNA 抑制 K562 细胞生存素基因的初步研究. 中华儿科杂志,48(11):843-847.

吴枝娟,许建华,黄秀旺,等. 2009. 慢病毒介导 bcr/abl 基因 RNAi 对白血病 K562 细胞生物学特性的影响. 中国肿瘤生物治疗杂志,16(2):145-150.

徐芬. 2011. 白血病 c-kit 基因突变及其检测方法的研究进展. 实验与检验医学,29(4):383-386.

周颖,许望翔,詹毅群,等. 2004. EDAG-1 在白血病和淋巴瘤细胞株中的表达. 癌症,1:7-12.

Aggarwal BB,Ichikawa H. 2005. Molecular targets and anticancer potential of indole-3-caRBinol and its derivatives. Cell Cycle,4(9):1201-15.

Bakalova R. 2007. RNAinterference-about the reality to be exploited in cancer therapy. Methods Find Exp Clin Pharmacol,29(6):417-421.

Bernards R. 2006. Exploring the uses of RNAi-gene knockdown and the Nobel Prize. N Engl J Med,355(23):2391-2393.

Blanc-Brude OP,Mesri M,Wall NR,et al. 2003. Therapeutic targeting of the Survivin pathway in cancer:initiation of mitochondrial apoptosis and suppression of tumor-associated angiogenesis. Clin Cancer Res,9(7):2683-2692.

Dazzi F,Szydlo RM,Craddock C,et al. 2000. Comparison of single-dose and escalating-dose regimens of donor lymphocyte infusion for relapse after allografting for chronic myeloidleukemia. Blood,95(1):67-71.

Dias S,shmelkov SV,Lam G,et al. 2002. VEGF165 promotes survival of leukemic cells by Hsp90 mediated induction of Bcl-2 expression and apoptosis inhibition. Blood,99(7):25-32.

Goldberg SL,Madan RA,Rowley SD,et al. 2003. Myelodysplastic subclones in chronic myeloid leukemia:implications for imatinib mesylate therapy. Blood,101(2):781.

Gregory-Bryson E,Bartlett E,Kiupe M,et al. 2010. Canine and human gastrointestinal stromal tumors display similar mutations in c-KIT exon 11. BMC Cancer,10:559-567.

Gutierrez A,Sanda T,Ma W,et al. 2010. Inactivation of LEF1 in T-cell acute lymphoblastic leukemia. Blood,115:2845-2851.

Jiang WX,Song BG,Wang PJ. 2009. Expression of nm23,KAI1 and spi-ral computed tomography findings in primary gallbladder carcinoma. Chin Med J(Engl),122(21):2666-2668.

Jiang WX,Song BG,Wang PJ. 2009. Expression of nm23,KAI1 and spi-ral computed tomography findings in primary gallbladder carcinoma. Chin Med J(Engl),122(21):2666-2668.

Jung S, Paek YW, Moon KS, et al. 2006 Expression of Nm23 in gliomasand its effect on migration and invasion in vitro. AnticancerRes,26(1A):249-258.

Kim DH,Park JY,Sohn SK,et al. 2006. Multidrug resistance-1 gene polymorphisms associated with treatment outcomes in de novo acute myeloid leukemia. Int J Cancer,118(9):2195-2201.

Koldehoff M,Elmaagacli AH. 2009. Therapeutic targeting of gene expres-sion by siRNAs directed against BCR-ABL transcripts in a patient with imatinib-resistant chronic myeloid leukemia. Methods Mol Biol,487:451-466.

Ling B,Zhou Y,Feng D,et al. 2007. Down-regulation of EDAG expression by retrovirus-mediated small interfering RNA inhibits the growth and IL-8 production of leukemia cells. Oncol Rep,18(3):659-664.

Liu H,Wang M,Diao S,et al. 2009. siRNA-mediated down-regulation of siASPP promotes apoptosis induced by etoposide and daunorubicin in leukemia cells expressing wild-type p53. Leuk Res,33(9):1175-1177.

Liu H,Wang M,Li M,et al. 2008. Expression and role of DJ-1 in leukemia. Biochem Biophys Res Commun,375(3):477-483.

Lu YH,Luo XG,Tao X. 2007. Survivin gene RNA interference induces apoptosis in human HL60 leukemia cell lines. Cancer

BiotherRadiopharm, 22(6): 819-825.

Morris KV. 2006. Therapeutic potential of siRNAmediated transcriptional gene silencing. Biotechniques, Suppl: 7-13.

Paschka P, Marcucci G, Ruppert AS, et al. 2006. Adverse prognostic significance of KIT mutations in adult acute myeloid leukemia with inv(16) and t(8;21): a cancer and leukemia group B study. J Clin Oncol, 24(24): 3904-3911.

Patt DA, Duan Z, Fang S, et al. 2007. Acute myeloid leukemia after adjuvant breast cancer therapy in older women: understanding risk. J Clin Oncol, 25(25): 3871-3876.

Pizzatti L, Binato R, Cofre J, et al. 2010. SUZ12 is a candidate target of the non-canonical WNT pathway in the progression of chronic myeloid leukemia. Genes Chromosomes Cancer, 49(2): 107-118.

Pui CH, Evans WE. 2006. Treatment of acute lymphoblastic leukemia. N Engl J Med, 354(2): 166-178.

Pui CH. 2004. Recent advances in childhood acute lymphoblastic leukemia. J Formos Med Assoc, 103(2): 85-95.

Ruano I, Izquierdo M. 2009. Selective RNAi-mediated inhibition of muta-ted c-kit. J RNAi Gene Silencing, 5(1): 339-344.

Schmidt SM, Schag K, Müller MR, et al. 2003. Survivin is a shared tumor-associated antigen expressed in a broad variety of malignancies and recognized by specific cytotoxic T cells. Blood, 102(2): 571-576.

Segel GB, Lichtman MA. 2004. Familial (inherited) leukemia, lymphoma, and myeloma: an overview. Blood Cells Mol Dis, 32(1): 246-261.

Shen H, Xu W, Wu Z, et al. 2007. Down-regulation of WT1/+ 17AA gene expression using RNAi and modulating leukemia cell chemo-therapy resistance. Haematologica, 92(9): 1270-1272.

Shen HL, Xu W, Wu ZY, et al. 2007. Vector-based RNAi approach to isoform-specific downregulation of vascular endothelial growth factor (VEGF) 165 expression in human leukemia cells. Leuk Res, 31(4): 515-521.

Shimabe M, Goyama S, Watanabe-Okochi N, et al. 2009. Pbx1 is a down-stream target of Evi-1 in hematopoietic stem/progenitors and leuke-mic cells. Oncogene, 28(49): 4364-4374.

Talpaz M, Shah NP, Kantarjian H, et al. 2006. Dasatinib in imatinib-resistant Philadelphia chromosome-positive leukemias. N Engl J Med, 354(24): 2531-4251.

Tim E. 2010. Aetiology of childhood leukaemia cancer treatment. Cancer Treat Rev, 36(4): 286-297.

Wang HR, Gu CH, Zhu JY, et al. 2006. PNAS-2: a novel gene probably participating in leukemogenesis. Oncology, 71: 423-429.

Wang L, Chen L, Benincosa J, et al. 2005. VEGF-induced phosphorylation of Bcl-2 influences B lineage leukemic cell response to apoptotic stimuli. Leukemia, 19(3) 344-353.

Wang YY, Zhou GB, Yin T, et al. 2005. AMLl/ETO and C-KIT mutation overexpression in t(8;21) leukemia: implication in stepwise leukemo-genesis and response to Gleevec. Proc Natl Acad Sci USA, 102(4): 1104-1109.

Wei J, Li S, Wang C, et al. 2008. Inhibitory effect of Rnai on AML1-ETO fusion gene expression in leukemia cells. Chin J Hematol, 29(9): 607-610.

第四十七章 骨科肿瘤基因

第一节 骨科肿瘤的概况

原发性骨肿瘤属少见的肿瘤类型,以儿童和青少年高发,仅占人类全部肿瘤的0.2%。自1972年WHO第一版骨肿瘤组织学分类公布以来,随着免疫组织化学和分子病理技术的发展,骨肿瘤的报道逐渐增多。主要根据瘤细胞分化的类型、细胞间产物、细胞超微结构和免疫组织化学特征等因素来划分骨肿瘤。

一、WHO的骨肿瘤分类的演进

WHO骨肿瘤分类第一版于1972年由Schajowicz领衔编写。此版本以组织学为研究方法,以肿瘤细胞的形态和来源为分类依据,对骨肿瘤进行分类。在九大类型中,除真性肿瘤外,还包括类肿瘤性疾病。其中在成骨性、成软骨性和其他结缔组织肿瘤类中又分良性、恶性。脉管肿瘤在良性、恶性之间又分出了中间性。但此分类总体仍比较笼统。类肿瘤性疾病的加盟完全是为了鉴别诊断。该分类的最大贡献在于跳出了单纯形态学分类的圈子,强调了肿瘤细胞的来源。

WHO骨肿瘤分类第二版于1993年出版,仍由Schajowicz领衔编写,与第一版对照,原则上没有大的变化,但对一些瘤种进行了细化。例如,骨肉瘤,第一版仅分为原发性骨肉瘤和骨旁骨肉瘤,而在第二版出现了7个亚型,中心性(髓性)骨肉瘤4型、表面骨肉瘤3型。在定性方面,除未分化类肿瘤无所指具体肿瘤和骨巨细胞瘤无具体定性之外,其余六大类(除类肿瘤疾病外)均分为良性、恶性。中间性属性方面,在原脉管肿瘤的基础上,成骨类肿瘤类增加了侵袭性骨母细胞瘤,其他结缔组织类增加了韧带样纤维瘤。

2002年WHO的第三版分类问世,147位作者参加了相关论文的撰写,其中42位学者参加了在法国Lyon举行的工作会议,大约涉及了29个国家和地区。此分类法在分类的依据和认识论方面有了重要的进展。第三版分类与第二版分类的重要区别是在组织学类型出现重要进展的基础上,进入了遗传学领域,并突出了遗传学分型。近年来认为,大多数肿瘤存在各种染色体异常。这些染色体变异的发生、发展大多经过两个过程:其一,异常的体细胞变异,产生一个无限制生长并具有浸润性的细胞;其二,病理性增生,从单细胞发展到多细胞肿瘤。第三版中增加了许多遗传学方面的认识和研究成果,因此这个分类已经超越了肿瘤细胞形态和来源的分类,一个立体的多元佐证的分类被展现。由于认知领域的拓展和传统的组织学领域的研究成果,对一些肿瘤的传统认识也出现了重要的修正。

第三版将骨肿瘤分为九大类,其中除了软骨肿瘤、成骨性肿瘤、骨巨细胞瘤和血管肿瘤保持第二版的类目之外,其余内容被详细拆分。表现最明显的是其他结缔组织肿瘤类和其他肿瘤类。2002年WHO关于骨肿瘤的分类如下所述

1. 软骨肿瘤

(1) 骨软骨瘤(osteoehondroma)。

(2) 软骨瘤(Chondroma):①内生软骨瘤(enchondroma);②骨膜软骨(Periosteslchondroma);③多发性软骨瘤病(multipleehondromatosis)。

(3) 成软骨细胞瘤或软骨母细胞瘤(chondroblastoma)。

(4) 软骨黏液样纤维瘤(chondromyxoid fibroma)。

(5) 软骨肉瘤(chondrosareoma):①中心型、原发型、继发型、(central, primary, secondary);②周围型(peripheral)③反分化型或逆分化型(dedifferentiated);④间叶型(mesenchymal);⑤透明细胞型(clear cell)。

2. 成骨性肿瘤

(1) 骨样骨瘤(osteoidosteoma)。

(2) 成骨细胞瘤或骨母细胞瘤(osteoblastoma)。

(3) 成骨肉瘤(osteosarcoma)。

1) 常规型或传统型(conventional):①成软骨细胞型或软骨母细胞瘤(chondroblastic);②成纤维细胞型或纤维母细胞瘤(fibroblastic);③成骨细胞型或骨母细胞(osteoblastic)。

2) 毛细血管扩张型(telangiectatic)。

3) 小细胞型(small cell)。

4) 低分型、中央型(low grade,central)。

5) 继发型(secondary)。

6) 骨旁型(parosteal)。

7) 骨膜型(periosteal)。

8) 高分型表面型(highgrade,surface)。

3. 成纤维性肿瘤

(1) 结缔组织增生性纤维瘤(desmoplastiefibroma)。

(2) 纤维肉瘤(fibrosarcoma)。

4. 纤维组织细胞瘤

(1) 良性纤维组织细胞瘤(benign fibroushistioeytoma)。

(2) 恶性纤维组织细胞瘤(malignent fibroushistioeytoma)。

5. 尤文肉瘤/原始神经外胚层瘤(Ewing sareoma)

6. 造血系统肿瘤

(1) 浆细胞骨髓瘤(plasma cell myeloma)。

(2) 恶性淋巴瘤(malignant lymphoma,NOS)。

7. 巨细胞瘤

(1) 巨细胞瘤(giant cell tumour)。

(2) 恶性巨细胞瘤(malignant giant cell tumour)。

8. 脊索组织肿瘤(chordoma)

9. 血管肿瘤

(1) 血管瘤(haemangioma)。

(2) 血管肉瘤(angiosareoma)。

10. 平滑肌肿瘤

（1）平滑肌瘤（leiomyoma）。

（2）平滑肌肉瘤（leiomyosarcoma）。

11. 成脂肪性肿瘤

（1）脂肪瘤（lipoma）。

（2）脂肪肉瘤（liposarcoma）。

12. 神经肿瘤（neurilemmoma）

13. 混合细胞肿瘤

（1）釉质（上皮）瘤（adamantinoma）。

（2）转移性恶性肿瘤（metastatie malignancy）。

14. 混合细胞性病变

（1）动脉瘤样骨囊肿（aneurysmal bone cyst）。

（2）单纯囊肿（simpleeyst）。

（3）纤维结构不良（fibrous dysplasia）。

（4）骨纤维结构不良（osteofibrousdysplasia）。

（5）朗格汉细胞组织细胞病（Langerhans cell histioeytosis）。

（6）脂质肉芽肿病（erdheim-chester disease）。

（7）胸壁错构瘤（chest wall hamartoma）。

15. 关节病变滑膜软骨瘤病（synocial chondromatosis）

二、国内骨肿瘤的分类

1956 年方先之提出的分类可能是国内最早的骨肿瘤分类标准。这个分类将骨肿瘤分为原发性和继发性两大类，原发者再分为骨组织肿瘤和骨附属组织肿瘤。后来又出现了天津医院修订的骨肿瘤分类标准。1983 年，长春骨肿瘤专题座谈会上通过了中国的分类标准。从这个分类的内容来看，似乎介于 WHO 1972 年和 1993 年分类的中间状态，更接近于第二版的分类。其中也不乏第三版的思想，基本上是按组织来源和细胞形态分类的，然后再按肿瘤的生物学行为定性。中国版分类共 14 类，其中纤维来源、组织细胞或纤维组织来源、神经来源、脂肪来源和脊索来源的肿瘤已独立成类，与 WHO 第三版类似。

第二节　肿瘤相关基因与骨科肿瘤

一、致癌基因

（一）HER2/neu 基因

致癌基因 HER2/neu 最初是在化学物质诱发的大鼠神经母细胞瘤的 DNA 中发现的一种转化基因，主要在胚胎发生时开始表达，成年后，用免疫组织化学方法在正常上皮细胞中仅可检测到少量的 HER2/neu 蛋白，并且在正常组织中，该基因常以单拷贝的形式出现。该基因位于染色体 17q21，编码分子质量为 185kDa 的 p185 跨膜蛋白，后者是一种类似于表皮生长因子受体的膜蛋白，可与表皮生长因子样物质结合，促进细胞分裂、增生和转化。该基因可通过扩增和蛋白质产物的过表达参与肿瘤的发生、发展，并与预后有关，在多种肿瘤细胞中可以发现 HER2/neu 基因的扩展和/或蛋白质的过表达，且往往都伴随着患者生存期缩短，提前复发，是预后不佳的表现。40%～44% 的成骨肉瘤及 58% 的成骨肉瘤肺转移癌均有 HER2/neu 基因的扩增和过表达。Gorlick 等通过免疫组织化学的方法检测了 47 例活检骨肉瘤标本，发现其中 20 例(43.6%)有 HER2/neu 高表达，而且在转移和复发的患者中该基因有更高的表达，阳性率分别为 50% 和 76.9%。

(二) mdm2 基因

mdm2 基因是最近获得克隆的一种癌基因，该基因定位于染色体 12q12—q14。mdm2 基因最初是从一个含有双微体(murine double mimut，DM)的自发转化的 BALB/3T3DM 细胞中克隆出来的一个高度扩增的基因，在多种肿瘤中发现其突变与扩增，mdm2 基因的功能是调节 p53 基因。已发现骨肉瘤组织中有 mdm2 基因扩增，并且与 p53 基因失活同时存在。mdm2 基因产物既可与野生型 p53 蛋白结合，又可与突变型 p53 蛋白结合，并抑制其转录活性，因此，mdm2 基因扩增构成了 p53 基因失活的另一种机制，即在没有 p53 基因异常情况下骨肉瘤的遗传机制。mdm2 基因扩增多见于有复发和转移的骨肉瘤，提示 mdm2 基因扩增预示骨肉瘤进展快、预后差。Yokoyama 等的研究表明，mdm2 基因扩增或过表达与骨肉瘤侵袭和转移存在相关性。

(三) SAS 基因

SAS 基因位于 12 号染色体的 q13—q15 区，该区基因经常发生改变。Noble-Topham 等运用 Southern blotting 分析和定量 PCR 发现，28 例骨肉瘤中 10 例(36%)SAS 扩增，7 例表面骨肉瘤中都有 SAS 扩增，而髓内骨肉瘤中仅 2 例(13%)有 SAS 扩增，研究提示，SAS 基因扩增在骨肉瘤亚型——表面骨肉瘤发病机制中起着重要作用，并且是表面骨肉瘤和高度恶性髓内骨肉瘤在遗传学上的不同点。

(四) c-fos 基因和 c-myc 基因

c-fos 原癌基因是即刻早期基因家族成员，其表达产物 Fos 可作为转录因子参与对目的基因表达的调控，发挥第三信使作用，同时它又作为转录调节因子对其他数个基因产生作用，对细胞的生长、代谢起调控作用。Wu 等用免疫组织化学方法检测 35 例骨肉瘤 c-Fos 蛋白的表达情况，发现 c-Fos 蛋白表达增加与大部分骨肉瘤的浸润性生长有关，表明 Fos 过表达导致细胞生长增快和丧失接触抑制而无控增殖。人 c-myc 由 3 个外显子和 2 个内含子组成，编码两种蛋白质，含 439 个氨基酸的 myc-1 蛋白和含 453 个氨基酸的 myc-2 蛋白。myc 在细胞 $G_0 \rightarrow G_1$ 期时表达量大增，Myc 蛋白对促进细胞进入 S 期并完成 DNA 复制具有关键性作用，能调节细胞的增殖、分化和死亡。在肿瘤的形成过程中，c-myc 的激活主要是通过扩增而实现的，同时对肿瘤的转移也起很大作用。而 c-myc 的失活可因不同的组织而产生不同的作用，在骨肉瘤的研究中，通过 c-myc 高表达的鼠模型诱导产生了骨肉瘤，并通过降低 c-myc 的表达在体内可诱导骨肉瘤细胞向成熟骨细胞的分化，在体外则明显抑制了瘤细胞的生长。而且 c-myc 的高表达也造成肿瘤细胞的低免疫原性，逃避机体的免疫作用。Gamberi 等分析了 38 例原发性骨肉瘤，其中 10 例有肺转移，发现 c-myc 和 c-fos 基因参与骨肉瘤的生长和转移,两者同时过表达提示原发肿瘤具有较强的转移可能性。抑癌基因是正常细胞增殖的重要稳定因素,其失活是导致肿瘤发生的原因之一。

二、抑癌基因

(一) p53 基因

人 p53 基因(含 20kb)位于 17 号染色体的 p13.1,该基因含 11 个外显子,这些外显子可产生 2.2 ~2.5kb 的 mRNA,并分布于人体所有组织和细胞中。p53 基因是细胞生长周期的副调节因子,与细胞周期的调控、DNA 修复、细胞分化、细胞凋亡等重要的生物学功能有关。p53 分野生型和突变型两种,都具抑癌作用,但其野生型 p53 蛋白极不稳定,因而免疫组织化学和原位杂交检测到的实际应是突变型 p53 蛋白。突变 p53 蛋白的功能目前有两种解释:一是功能获得机制,即 p53 蛋白突变体失去负调控能力,并获得转化能力,具癌蛋白的功能;二是显性失活机制,当 p53 等位基因位点有一个发生突变时,p53 蛋白突变体可通过干扰野生型 p53 蛋白的功能而影响细胞的生长,但不直接致癌。

p53 基因突变和缺失是人类多种肿瘤发生的原因之一。在骨肉瘤中 p53 基因结构的改变,主要包括缺失、重排和点突变等。p53 基因丢失多引起软组织肉瘤和淋巴瘤,若同时伴随印记基因 HICI 启动子的高甲基化,则与骨肉瘤的发生相关联。p53 基因在基因组水平的调控大多是基因突变。p53 基因突变和过表达也是患者预后不良的一个显著性因素。Terieb 研究组发现 5 例 p53 强阳性表达的骨肉瘤患者均在一年内死亡,而阴性表达者(11 例)均存活,平均随访年限为 3.5 年,提示 p53 高表达可能是骨肉瘤预后中十分重要的因素,可能成为评价骨肉瘤预后的一项有价值指标。p53 蛋白及基因阳性表达随着病理分级增高阳性表达水平逐渐升高。组织浸润和转移 p53 蛋白及基因阳性表达率明显高于非浸润和非转移组。由此可见 p53 基因异常表达参与骨肉瘤的发生、发展、浸润及转移,与临床预后有密切关系。

(二) RB 基因

RB 基因是一个比较大而且复杂的基因,长约 180kb,由 27 个外显子组成,外显子长度为 31 ~1873bp。自 1986 年后,RB 基因相继被克隆,并定位于 13q14.2—q14.3。Rb 基因在人类所有的组织中广泛表达,编码的蛋白质产物由 928 个氨基酸组成,为 110kDa 的核磷酸蛋白。RB 基因的蛋白质产物(pRB)能抑制细胞生长,因而缺乏这种正常的活性产物,与肿瘤形成有关。将活性 pRB 引入缺乏 RB 基因的细胞系,能抑制免疫抑制鼠的肿瘤发生。将 RB 基因的 cDNA 或 13 号染色体导入 RB 缺失的细胞内,可抑制细胞的转化活性。大量实验证明,RB 蛋白在细胞生长和分化中发挥着重要作用,并是细胞凋亡和增殖途径中的一个环节。余墨声等的研究结果显示,转染 pRB 质粒的骨肉瘤细胞系与未转染 pRB 质粒者相比增殖明显受到抑制。

(三) p16 基因

p16 是最近发现的抑癌基因,定位于人 9 号染色体的 9p21 区位,分布在全长为 8.5kb 的 DNA 区段内,由 3 个外显子和其间的 2 个内含子组成,3 个外显子的长度分别为 126bp、

307bp、11bp。编码蛋白质的分子质量为 15.845kDa,含有一个由 148 个氨基酸残基组成的开放阅读框架的单链多肽,具有 4 个沟回状重叠的空间构型,该结构特别是第 4 个重叠是保持 p16 基因活性所必需的。p16 基因的功能主要通过其产物 p16 蛋白实现,该区域在许多原发肿瘤和细胞株中表现为缺失或突变,是一个很有竞争力的肿瘤抑制基因。

研究表明,细胞癌变与细胞周期失控密切相关。细胞周期运行的关键在于 CDK 的活化,而 CDK 受细胞周期素(Cyclin)及其抑制蛋白的正、负调节,尤其以 Cyclin D 家族对细胞增殖具有最重要的意义。p16 蛋白通过竞争性地与 CDK4、CDK6 结合,抑制后者的激酶活性,是细胞 G_1/S 期转换的关键调控基因,它的失活引起 G_1 期缩短,细胞周期加速,特别是 DNA 在没有修复前过早地进入 S 期,可能是细胞恶性转化的关键。因此,当 p16 基因发生改变,在肿瘤组织中表达异常时,则有可能导致肿瘤发生、进展。且 p16 被认为与肿瘤细胞分化及预后有关。随着病理分级增高、p16 蛋白及基因阳性表达水平逐渐下降。p16 蛋白及基因阳性表达,有软组织浸润及转移者与无软组织浸润和转移者有显著性差异,呈负相关。结果表明,p16 在骨肉瘤的发生、发展中起着重要作用。p16 基因的缺失和突变率,超过了 p53 基因的突变率。p16 基因翻译产物与 p53 蛋白不同,p16 基因是直接作用于细胞周期的抑癌因子,将细胞周期控制和癌基因两个曾经独立的研究领域连接在一起,有可能成为癌症基因治疗的新的目的基因。采用 Southern blotting 观察了 52 例骨肉瘤中 p16 基因的改变,发现有 2 例 p16 基因缺失,且骨肉瘤细胞系中基因缺失为 5/8。

三、转移抑制基因

转移抑制基因依据其功能和转移机制,目前可初步分为 3 种类型,第一类是转移抑制基因增加癌细胞在宿主中的免疫原性;第二类是转移抑制基因编码的蛋白质直接抑制另一个促进转移基因的产物;第三类是转移抑制基因抑制其转移特性蛋白,或直接与转移有关基因相互作用。

(一) CD44 基因

人类 CD44 基因位于 11 号染色体短臂,全长约 50kb,共由 20 个高度保守的外显子组成,每个外显子长度为 70 ~ 210bp,中间由长短不一的内含子分隔。CD44 基因的 20 个外显子按照转录方式不同可分为组成型外显子(C)和变异型拼接外显子(V)两大类。仅含组成外显子的 CD44 转录子称为标准 CD44(CD44S),其编码产物由 361 个氨基酸组成,该蛋白质有 4 个功能区。含有变异性拼接外显子的 CD44 转录子称为 CD44V。CD44V 转录方式十分复杂,可连续性转录,也可跳跃性转录。CD44 与肿瘤浸润转移关系的研究已有大量报道。Shiratori 等对骨肉瘤细胞株(POS-1)转染的 20 只鼠肺转移情况的研究证实 CD44V6 的上调能促进肺转移。在人类各种恶性肿瘤的研究中发现 CD44S 普遍存在,CD44V 在恶性肿瘤组织中阳性表达率高低不一,但阳性表达者较易发生脉管浸润和远处转移,阳性表达者无瘤生存期短,生存率低,预后差。有 72% 胃癌表达 CD44S,并与肿瘤的侵袭显著相关;39% 的卵巢上皮性癌表达 CD44S,且其表达与患者的生存期有着显著的负相关性;彭挺生等在实验中也证实,CD44S 在骨肉瘤组织中表达率较高,且在伴有肺转移的骨肉瘤中 CD44S 的阳性表达率高达 88.9%。

（二）MMP-9

肿瘤细胞在穿越组织自然屏障，向身体各部位移动的过程中，需产生或诱导产生蛋白酶类以降解细胞外基质。细胞外基质的降解主要由蛋白水解酶完成，金属基质蛋白酶（MMP）是蛋白水解酶中较为重要的一类。MMP是一组结构中含有Zn^{2+}和Ca^{2+}的蛋白水解酶家族，根据作用的特异性底物不同，可分为四大类：①间质胶原酶（MMP-1、MMP-8、MMP-13）；②明胶酶（MMP-2、MMP-9）；③基质溶解酶（MMP-3、MMP-7、MMP-10、MMP-11）；④膜型金属蛋白酶类（MMP-14、MMP-15、MMP-16、MMP-17）。MMP-9是MMP中分子质量最大的酶，其主要功能是降解细胞外基质和基底膜Ⅳ型胶原和明胶。近年来Uchibori等发现，MMP-9的过表达与骨肉瘤患者的预后不良有关。Perissinotto等发现，骨肉瘤经化疗及手术后30%的患者易发生骨和肺转移，当骨肉瘤细胞系暴露于间质细胞衍生因子-1（SDF-1）时MMP-9含量增多，说明MMP-9可能参与这种优先转移的机制。

（三）nm23

nm23是首先作为肿瘤转移抑制基因而被发现的，现在已成为肿瘤转移的研究热点之一。nm23基因存在nm23-H1和nm23-H2两种类型，均定位于人17号染色体的着丝点附近，即17q21.3—q22，分别编码18.5kDa和17kDa两种蛋白质，其所编码的蛋白质为核苷二磷酸激酶（NDPK）。nm23基因具有多种生物学功能，它可抑制肿瘤转移，调节肿瘤细胞与微环境的反应，参与细胞分化和发育，并具有细胞因子样功能。Leone等通过实验证实了nm23对肿瘤细胞转移的抑制作用。Honoki等应用Northern blotting检测nm23/NDPK在移植性鼠骨肉瘤中的转录水平，发现nm23/NDPK在高转移能力骨肉瘤中的转录水平明显高于低转移能力的骨肉瘤，而且随着肺转移灶数目的增加，nm23的表达水平也升高；未发现原发灶与肺转移灶之间NDPK的表达水平存有差异。

（张 强 权学民）

参考文献

Baxevanis CN, Sotiropoulou PA, Sotiriadou NN, et al. 2004. Lmmunnbiology of HER2/neu. Lmmunother, 53: 166-l75.

Chen W, Cooper TK, Zahnow CA, et al. 2004. Epigenetic and genetic lossof HICI function accentuates the role of p53 in tumongenesis. Cancer Cell, 6: 387-398.

Dorfman HD, Czerniak B, Kotz R. 2002. WHO Classification of Tumours of Bone. In: Fletcher CDM, Unni KK, Mertens F(eds). World Health Organization Classification of Tumours. Pathology and Genetics of Tumours of Soft Tissue and Bone. Lyon: IARC Press, 227-232.

Gamberi G, Benassi MS, Bohling T, et al. 1998. C-myc and C-fos in humanosteosarcoma: prognostic value of mRNA and protein expression. Onco, 55: 556-563.

Gibson SL, Dai CY, Lee HW, et al. 2003. Inhibition of colon tumur prosressionand angiogenesis by the INK4a/Arf locus. Cancer Res, 63: 742-746.

GorlickR, Huvos AG, Heller G, et al. 1999. Expression of HER2/eRBB-2correlates with survival in osteosarcoma. J of Clin Onco, 17: 2781-2788.

Hirsch FR, Langer CJ. 2004. Tile role of HER2/neu expression and trastuzumab in non-small cell lung cancer. Semin Oncol, 31(1 suppl 1): 75-82.

Honoki K, Tsutsumi M, Mivauchi Y, et al. 1993. Increased expression ofnucleoside diphoaphale kinase/nm23 and c-Ha-ras mRNA is associatedwith spontaneous lung metastasis in rat-transplantable osteosarcomas. Cancer Res, 53 : 5038-5042.

Jain M, Arvanitis C, Chu K, et al. 2002. Sustained loss of a neoplassticphenotype by brief inactivation of MYC. Science, 297 : 102-104.

Kayastha S, Freed man AN, Piver MS, et al. 1999. Expression of the hyalumnanreceptor, CD44S, in epithelial ovarian cancer is an independentpredictor of survival. Clin Cancer Res, 5 : 1073-1076.

Leone A, Flatow L, King CR, et al. 1991. Reduced tumor incidence, metaslaticpotential, and cytokine responsiveness of nm23-transfected melanomacells. Cell, 65 : 25-35.

Li DM, Sun H. 1997. TEP1, encoded by a candidate tumor suppressor locus, is a novel protein tyrosine phosphatase regulated by transforminggrowth actor-β. Cancer Res, (11) : 2124-2129.

Miller CW, Aslo A, Vampbell MJ, et al. 1996. Alterations of the p15, p16and p18 gengs in osteosarcoma. Cancer Genet Cytogenet, 86 : 136-142.

Morris CD, Gorlick R, Hhvos C, et al. 2001. Human epidermal growthfactor receptor 2 as aprognostic indicator in Osteogenic Sarcoma. Clin Orthop Relat Res, (382) : 59-65.

Noble-Topham SE, Burow SR, Eppe K, et al. 1996. SAS in amplified predominantlyin surface osteosarcoma. J Orthop Res, 14 : 700-705.

Perissinotto E, Cavalloni G, Leone F, et al. 2005. Involvement of chemokinereceptor 4/stromal cell-derived factor I system during osteosarcomatumor progression. Clin Cancer Res, 11 : 490-497.

Setala L, Lipponen P, Tanuni R, et al. 2001. Expression of CD44 and itsvariant isoform v3 has no prognosis value in gastric cancer. Histopathology, 38 : 13-20.

Shiratori H, Kashino T, Uesngi M, et al. 2001. Acceleration of lung metastasisby up-regulation of CD44 expression in osteosarcoma-derived celltransplanted mice. Cancer Cell, 170 : 177-182.

Takamizawa S, Okamoto S, Wen J, et al. 2000. Overexpression of Fasl igand by neuroblastoma a novel mechanism of tumor-cell killing. J Pediatr Surg, 35 : 375-379.

Tutor O, Diaz MA, Ramirez M, et al. 2002. Loss of heterozygosity of p16correlates with minimal residual disease at the end of the inductiontherapy in non-high risk childhood B-cell precursor acute lymphoblasticleukemia. Leuk Res, 26 : 817-820.

Uchibori M, Nishida Y, Nagasaka T, et al. 2006. Increased expression ofmembrane-type matrix metalloproteinase-1 is correlated with poorprognosis in patients with osteosarcoma. Int J Oncol, 1 : 33-42.

Wu JX, Carpernter PM, Gresens C, et al. 1990. The protooncogene c-fos isover expressed the majority of human osteosarcomas. J Oncogene, 5 : 989-1000.

Yokoyama R, Schreider-stock R, Radig K, et al. 1998. Clinicopathologicimplications of mdm2、P53 and K-ras gene alterations in osteosarcomas : mdm2 amplification and P53 mutations found in progressic tumor. Pathol Res pract, 194 : 615-621.

Zhou H, Randall RL, Brothman AR, et al. 2003. HER2/neu expression inosteosarcoma increases risk of lung metastasis and can be associatedwith gene amplification. J Pediatr Hematol Oncol, 25 : 27-32.

第四十八章　黑色素瘤相关肿瘤基因

黑色素瘤(malignant melanoma,MM)又称为恶性黑素瘤,是一种黑素细胞来源的高度恶性肿瘤。年轻成年人中,黑色素瘤是最常见的癌肿之一。其发病率和致死率逐年增加。文献显示,20 世纪 60 年代中期以来,黑色素瘤的发病率以每年 3%~8% 的速率增长。超过 1/5 的黑色素瘤患者发生肿瘤转移,与致死相关。这也表明其成为了一个越来越受重视的公众健康问题。

虽然目前对黑色素瘤的外科手术治疗、化学治疗、放射治疗、生物治疗等日趋成熟,但其易扩散、复发率高、疗效差等特点,使得越来越多的专家认为早期诊断的创新、诊断工具的改善以及针对患者的免疫学及分子生物学靶向治疗可以很大程度地影响这一疾病的预后。黑色素瘤相关基因的研究就是其中一个热点。对其研究不仅可以有助于阐明黑色素瘤细胞如何发生恶性转化,肿瘤发生、发展及转归等分子生物学机制,而且可以为早期诊断提供理论和技术基础,更重要的是肿瘤相关基因的研究为探索抗肿瘤分子生物学治疗手段指明了研究方向。

第一节　黑色素瘤的概况

根据世界范围内可靠的肿瘤相关数据显示,黑色素瘤的发病率及致死率近数十年增加明显。而且在不同种族人群中,黑色素瘤的发病率也不相同。白种人黑色素瘤的平均年发病率为 18.4/100 000。有研究显示,高加索人群中,近 50 年其发病率增长了十多倍,超过了任何一种恶性肿瘤,原因可能与这些国家日光浴受到热捧有关。新西兰和澳大利亚(尤其是昆士兰地区)是黑色素瘤患病率最高的两个地区。2000 年,其年发病率已经高达(40~60)/10 万人。在美国,黑色素瘤的发病率 40 年中也增长了 15 倍,增长速率仅次于肺癌,位居第二。并且,在所有癌症死亡病例中,黑色素瘤约占 1%。有人保守估计,美国每年新增的黑色素瘤患者超过 41 000 例。据统计,2005 年,有 59 000 人被诊断为黑色素瘤,并有 7700 人因该病死亡,也就是几乎每一个小时就有一名美国人死于该病。据 2001 年相关数据统计,与美国类似,英国的黑色素瘤年发病率也高达到 12.4/100 000(7321 人),病死率为 3/100 000(1766 人)。相比之下,亚洲人年发病率较低,只有 1/100 000。但据日本近年来的统计数据,也有上升趋势。值得欣慰的是,澳大利亚受到近 20 年来公众健康计划的影响,青年人中发病率和致死率均有所降低。但和女性相比,男性黑色素瘤的致死率仍在升高。值得特别提出的是,黑色素瘤在年轻人中的致死率比大多数其他恶性肿瘤的发生率高,并且黑色素瘤是年轻人中最为常见的肿瘤之一。因此,黑色素瘤已经成为影响公众健康的重要问题。

影响黑色素瘤发生、发展的危险因素可以分为如下三类:基因因素、环境因素及基因/环境的相互作用(表 48-1)。如上所述,黑色素瘤的发病率在不同人种之间存在差别,可能与其基因的易感性如日光敏感基因或特异性黑色素瘤易感基因的遗传相关。何为日光敏感的基因？简单地讲，可以通过评价皮肤颜色及皮肤种类而确定，如被晒黑的能力、对日晒伤的防御能力等。特异性黑色素瘤也可以在家族性黑色素瘤中反映出来，在这其中就包括两种不同的观点，一派学者认为只要家系中有 2 个或更多血缘关系的亲属发病即可，不考虑亲缘关系；而另一派学者则认为必须具备两个受累的一级亲属。不论怎么说，只要有单一的一级亲属及多个更远的亲属罹患黑色素瘤，均可能为高危基因易感性的标志，就应该考虑家族基因的易感性。在环境因素方面，主要的危险因素为日光中的紫外线。所以，在一定意义上讲，纬度也成了黑色素瘤的一个危险因素，越靠近赤道危险性越高。虽然诱发黑色素瘤的确切波长和暴露模式目前仍然没有明确，但有研究表明，未适应气候的浅色皮肤间断暴露于高强度紫外线比慢性日光暴露更容易患病。因为有观察表明，同一纬度的户外工人黑色素瘤的发病率要比室内工人发病率低，尤其与躯干及下肢的黑色素瘤关系更加密切，而这种情况多为浅表扩散型黑色素瘤及倾向于发生不典型和/或数目较多的色素痣。儿童时期日晒伤和黑色素瘤相关性的流行病学研究结果与基因工程小鼠的试验结果一致：对基因工程新生小鼠单次剂量照射足以导致皮肤日晒伤的紫外线后，均诱导出类似人类黑色素瘤表现的体征，而成年小鼠则无类似表现。黑色素瘤的最强危险因素是同时反映基因易感性和环境暴露因素的相关表型因素，即二者的相互作用。例如，家族性黑色素瘤/发育不良痣综合征（家族性不典型痣及黑色素瘤综合征）的家系中具有发育不良痣，或其具有血缘关系的两个或更多的成员患有黑色素瘤的背景下，经受紫外线暴露越多，家族中相应基因改变的成员发生黑色素瘤的外显率也越高。在易感人群中，雀斑也是另外一个日光暴露的表型。在整个人群中，雀斑患者患黑色素瘤的危险性可以升高 2～3 倍，着色性干皮病患者就是一个很好的例证。在此类患者中，紫外线导致突变的 DNA 修复的缺陷与日光性雀斑样痣的数目及黑色素瘤的高危险性相关。

表 48-1　黑色素瘤发生、发展的危险因素

基本因素
• 不典型（发育不良）痣或黑色素瘤的家族史
• 紫外线导致的色素沉着
• 容易/不容易晒伤的特质
• 红色头发
• DNA 修复缺陷相关的疾病（如着色性干皮病）
环境因素
• 强烈而间断的日光暴露
• 日晒伤
• 居住于赤道附近
基因/环境相互作用的表型表现
• 色素细胞痣
总数增多
多发不典型表现/发育不良表现
黑色素细胞痣周围有卫星灶表现
• 雀斑
• 个人黑色素瘤病史

恶性黑色素瘤一般男性较女性好发，男女比例为 3∶2，而且男性病死率更高。一般女性患者肿瘤的厚度通常小于男性，而且好发部位两者也有所不同，男性好发于后背部及头颈部，而女性多发生于双下肢。恶性黑素瘤好发于 30 岁以上的成人和老年人，青年发病者较少，儿童较为罕见。据统计，12 岁以下的儿童发病率仅为 4.2%。预后在一定程度上与发生部位相关，一般发生于躯干、头面的患者预后较发生于四肢的患者差。大部分黑色素瘤是新发生的，在其原位放射生长期，临床通常表现为扁平的皮损。识别最近发生的早期黑色素瘤的重要征象一般认为有以下几点：A（asymmetry），皮损不对称；B（border），边界不规则；C（color），颜色不均匀；D（diameter），直径 5mm 以上；E（elivation），扩大或结节状生长，皮损退行性改变。在上述指标中，D 较为容易客观判断，A、B、C 必要时需要借助一些辅助器械（如

皮肤镜等)辅助诊断,E 则要通过病史确认。此外,目前共识认为直径大于 20cm 的先天性色素痣恶变率很高;后天获得性色素痣直径大于 5mm(甲下黑斑宽于 3mm)者要提高警惕,而且发生时患者年龄越大恶变可能性越大;亚洲人群发生于指远端、趾跖关节处、足跟等部位的较大黑斑需要排查肢端型黑色素瘤;如果色素痣发生大小、色泽、症状及状态(发生结节或溃疡)的变化,提示有恶变发生的可能。

根据黑色素瘤的发病方式、起源、病程及预后不同,将其分为两大类或两个阶段,即原位性恶性黑素瘤和侵袭性恶性黑素瘤。从组织学特点的不同,黑色素瘤可以分为 4 种亚型:①浅表扩散型黑色素瘤;②结节型黑色素瘤;③恶性雀斑样痣黑色素瘤;④肢端雀斑样黑色素瘤。

浅表扩散型黑色素瘤(superficial spreading melanoma,SSM)一般多见于肤色较浅的人群,通常发病的年龄为 30～50 岁。这一类型的黑色素瘤最为常见,占全部受累人群的 70% 左右。最常见的发生部位为男性的后背部和女性的下肢,尤其是小腿最为多见,但也可以发生在任何部位。最开始时,皮损可能表现为棕褐色至黑褐色的斑片,无任何不适,颜色不均匀,边界不清楚,欠规则,部分可见明显的凹痕。之后可以逐渐发展为侵袭性生长的蓝色或蓝黑色结节。色素较少或无色素的肿瘤呈肤色或表现为红斑,常常容易漏诊和误诊。典型的皮损边缘为扇形,2/3 的肿瘤可见色素减退的自行消退期(看上去发灰或色素减少或色素脱失斑),这一现象反映了宿主的免疫系统与进展期肿瘤的相互作用。SSM 可以直接发生,也可以在之前就存在的色素痣基础上形成。在原位黑素瘤阶段,损害通常较恶性雀斑样痣小,直径很少超过 2.5cm,早期容易误诊为细胞痣。如果发生侵袭性生长时,其速率较恶性雀斑样痣迅速得多,往往在 1～2 年即出现浸润、结节、溃疡或出血等表现。病理表现开始为局限于表皮或真皮乳头的缓慢水平状(放射状)增长,随后出现快速垂直增长,与临床上向丘疹或结节方向发展阶段一致。

结节型黑色素瘤(nodular melanoma,NM)同样是浅肤色人群较为常见的黑色素瘤,占所有黑色素瘤的 15%～30%,为第二常见的黑色素瘤。这类患者大部分较晚发病,一般为 60 岁以后,以躯干、头部和颈部最为多见,但也可以发生在身体的任何部位。NM 同样是男性多见,男女发病率之比为 2∶1。该型皮损一般表现为蓝色至黑色的结节,或隆起如蕈样或菜花样,可以伴发溃疡或出血,一般进展很快。少见情况也可以为粉红色至暗红色,或无色素性,很容易被误诊。NM 被一般认为是自然发生的处于垂直生长阶段的肿瘤,而其他组织学亚型中出现的水平生长在此型中很少见到。一般较早就发生转移,5 年存活率小于 50%。血液循环扩散出现较晚,但一旦发生,则容易发生广泛的转移,最常见的为肝脏、肺脏及临近皮肤的转移。少数患者发生转移以后,全身皮肤可以出现黑色或灰蓝色,这是因为表皮基底层黑素增加以及真皮出现黑色细胞所致,均为晚期患者的表现。这一型患者的预后与肿瘤的分型、分期、发病部位及病变深度等有关。另外,一些特殊的临床表现也属于不良预后的提示,如肿瘤很大、生长迅速、发生破溃等。

恶性雀斑样痣黑色素瘤(lentigo maligna melanoma)是由恶性雀斑样痣(lentigo maligna,又称为恶性雀斑)发生侵袭性改变而来的。恶性雀斑样痣是一种较为少见的原位恶性黑色素瘤。在美国,其发病率仅为 4%,且患病率与年龄增长呈正相关。几乎均见于光暴露部位,其中鼻部、面颊最为常见。皮损通常表现为慢性增生性、不对称的、灰色或黑色的不均匀斑疹,多数可见不规则锯齿边界。之后皮损逐渐向周围扩展,直径可达数厘米,往往一边扩大,而另一边自行消退。恶性雀斑在数月至数年内,约有 5% 发展为恶性雀斑样痣黑色素瘤,即侵袭性恶黑。据统计,一般恶性雀斑存在 10~15 年,面积达 4~6cm^2 后才发生侵袭性生长。因此很多病例,尤其是面部损害者出现侵袭性生长者往往很慢。同时也因为面部的日光性损害也可以造成黑色素细胞不典型增生,故恶性雀斑样痣黑色素瘤有时很难与这种情况相鉴别。

肢端雀斑样黑色素瘤(acral lentiginous melanoma,ALM)是一种相对不多见的皮肤黑色素瘤,但在中国的发病率较高。一般是由肢端原位黑色素瘤(acral melanoma *in situ*)垂直生长,突破基底层时发生。ALM 诊断时年龄多在 70 岁以上,通常发生在手掌和足掌或指甲周围。肢端恶性黑素瘤发生率也存在人种差异。白种人该型的发病率仅占全部黑色素瘤的 8%~10%,而非洲加勒比族人(发生率高达 70%)与亚洲人(发生率高达 45%)该型为主要类型,可能与亚洲人日光照射相关的黑色素瘤发生率很低有关。ALM 通常表现为不对称、灰色或黑色不均匀斑疹,具有不规则的花瓣状边界。由于临床上区分 ALM 与良性损害及损伤性皮肤改变之间存在困难,而且由于肢端位置手术经常会引起残毁性损伤而使得活检不易被患者接受,故肢端恶性黑色素瘤发现时多数为晚期。甲母痣黑色素瘤的表现为长轴走向的黑甲,而且多数黑色延伸至甲小皮或近端甲皱襞。值得注意的是,所有临床中所见到的甲色素沉着带应该考虑到黑色素瘤的可能,特别是颜色特别深或宽度≥3mm 的色素带应列入警戒。在黑种人中,甲色素沉着带的发病率随着年龄的增加而增加,多数在 30 岁以后可以超过 75%。所以,对于宽度大于 3mm、不规则的色素沉着的、不规则形状的甲黑线,建议及早做甲母痣的活检来明确。

除上述经典的黑色素瘤分型,还有其他几种黑色素瘤的变型:无色素的黑色素瘤(amelanotic melanomas)、痣样黑色素瘤(nevoid melanomas)、恶性蓝痣(malignant blue nevus)、结缔组织增生/梭形/嗜神经的黑色素瘤、透明细胞肉瘤(clear cell sarcoma)、动物型黑色素瘤(animal-type melanoma)、眼黑色素瘤(ocular melanoma)、黏膜黑色素瘤(mucosal melanoma)等。在中国,黏膜黑色素瘤的发病率是仅次于皮肤黑色素瘤发病率的类型,逐渐受到人们的重视。郭军等统计,黏膜黑色素瘤所占的比例高达 22.6%(118/522),其中女性最为多见,而且多见于老年患者。但美国两项大型黑色素瘤流行病学研究 National Cancer Data Base(NCDB)与 Surveillance,Epidemiology and End Results(SEER)中,黏膜黑色素瘤只占所有黑色素瘤患者的 1.3%~1.4%,非常罕见。故黏膜黑色素瘤也存在种族间的差异,更常见于非洲裔、亚裔和西班牙裔。头颈部是黏膜黑色素瘤最常发生的部位,其次是肛管直肠和泌尿生殖道,这一分布趋势亚洲与美欧国家之间的报道是一致的,即倾向于发生在皮肤黏膜交界区鳞状上皮交界区鳞状上皮及柱状上皮的移行部位。黏膜黑色素瘤的发病部位相对隐匿,常常伴有症状时才被发现,而且有 35% 的病例报道是无色素的,就诊时往往疾病已经处于进展期。有报道,超过 1/3 的患者(35.6%)就诊时已经达到Ⅲ期或Ⅳ期,明显高于皮肤黑色素瘤,故预后较差。国内迟志宏等报道,黏膜黑色素瘤与非黏膜黑色素瘤相比较,中位生存时间分别为 3.58 年和 4.67 年,黏膜黑色素瘤与肢端黑色素瘤的 5 年生存率为 26.8% 和 53.9%,与患者就诊时分期较晚有关。因此,此种肿瘤常在局部侵袭阶段才被诊断出来已不足为奇,一般预后不良。

所以早发现、早诊断是提高黑色素瘤生存率的关键所在。如上所述,黑色素瘤的临床诊断要注意平时对色素性皮损的观察,包括其颜色、形状、大小、卫星灶等变化,这些都是黑色素瘤最敏感的一些体征,即黑色素瘤的 ABCDE 原则。也就是说,如果原发色素痣出现短期内迅速扩大、颜色加深发亮、周围皮肤发红、表面出血渗出、近卫淋巴结增大及出现卫星灶等,应警惕,必须切除行皮肤活检明确。大多数黑色素细胞皮肤损害可以通过临床观察正确诊断,但也有些黑色素细胞及非黑色素细胞肿瘤在诊断上具有挑战性。皮肤镜技术(dermoscopy),又称为皮肤表面显微技术(surface microscopy)、表皮透光显微技术(epiluminescent microscopy),是一种非常有效的、在体的、非侵入性检查工具。能够在体观察皮肤的微细结构和色素,能观察自表皮至真皮浅层的色素和血管分布,获得很多肉眼无法看到的形态特征,是联系临床和病理的桥梁。该技术在国外已经有数十年的历史,随着皮肤黑色素瘤发病率的迅速增加,国外以诊断皮肤黑色素瘤为中心的皮肤镜技术发展十分迅猛,最初主要用来对黑色素细胞性皮损的鉴别诊断,近年来研究表明其在非黑色素细胞性皮损的鉴别诊断中应用价值更大。已有大量研究证实,该技术可以提高皮肤黑色素瘤和其他色素性皮损的临床诊断准确性,可以减少盲目活检或直接手术带来的不必要创伤。经典的皮肤镜检查是通过一个液体界面(矿物油、乙醇或水)并手持透镜、立体显微镜及相机或数码摄像系统等直接与皮肤接触来完成检测的。这一程序消除了皮肤表面的反射,使角质层表现为透明状或半透明状,以达到很好地观察表皮、真皮浅层及表皮-真皮交界区域的细胞形态学特征。色素性皮损的皮肤镜检测需要通过两个步骤进行判断。首先,观察者要确定所观察的皮损是否为黑色素细胞来源的。这一步中,如果一个损害是黑色素细胞来源的,它至少必须有一项如下的皮肤镜结构/特征:色素网、群集的色素球、分支的条纹、蓝色结构。如果损害不具有任何一个这样的黑色素细胞特征,需要进一步观察是否具有与其他疾病一致的皮肤镜特征。但如果一个损害既没有黑色素细胞损害的特征,也没有任何一个非黑色素细胞肿瘤的特征,则这一损害默认为是黑色素细胞来源的。若通过第一步考虑皮损为黑色素细胞性,第二步要进行良性黑色素细胞性皮损与黑色素瘤的鉴别。在这个过程中有半定量的方法,如(ABCD法、七点法和三点法)和定性的方法(Menzies法和模式分析法)。这些方法都可以辅助临床医生决定哪个损害需要活检。主要的黑色素瘤的皮肤镜诊断标准分为整体特征、模式及局部特征(表48-2)。黑色素瘤的整体特征包括皮肤镜表现的不对称性,并存在着多种颜色。皮肤镜下观察到的模式包括网状、网-球状、小球状、网状均匀状及星爆(staRBurst)状。在黑色素瘤中最常见的模式为多成分模式(三种或更多的皮肤镜下结构呈不对称分布)、不对称星爆模式及非特异性模式(任何一个已知的良性模式无法囊括)。另外,还需要注意是否存在任何一个局部的异常特征:不典型网状、条纹状、不典型点状及小球状、不规则血管、退行性结构及蓝白幕。而且,对于高危患者而言,特别是那些有复杂的色素性损害的患者,在确认新的及变化性损害时,皮肤镜甚至可以将基线图像作为对照,动态观察皮损来作出连续性评价。

表48-2 皮肤镜标准及其对应的组织病理学特征

分类	形态学定义	相关组织病理改变	诊断
色素网	在较黑的背景下褐色的网状线条	色素网状脊	黑色素细胞损害
典型网	褐色、规则筛网状及窄小的网	规则伸长的网状脊	良性黑色素细胞
不典型网	黑色、褐色及灰色的网,有不规则筛网状或粗线条	不规则的网状脊,较宽	黑色素瘤

续表

分类	形态学定义	相关组织病理改变	诊断
点/小球	黑色、褐色或灰色,大小不一的圆形或卵圆形结构,规则或不规则地散布于损害当中	角质层、表皮、表皮-真皮交界处或真皮浅层的色素聚集	如规则:良性黑色细胞性损害如不规则:黑色素瘤
条纹状	在边缘与色素网线有不明确融合的不规则线状结构	融合的黑色素细胞结合集	黑色素瘤
蓝白幕	不规则融合的蓝灰色至蓝白色弥漫性色素沉着	棘层肥厚伴点状颗粒层增厚的表皮,在真皮色素较重的黑色素细胞束之上	黑色素瘤
斑点	黑色、褐色或灰色区域,有规则或不规则的形状或分布	整个表皮或真皮浅层的色素增加	如规则:良性黑色素细胞损害;如不规则:黑色素瘤
退行性结构	白区域(瘢痕样),蓝区域(胡椒样)或两者并存	增厚的真皮乳头伴有纤维化,或数目不定的嗜黑色素细胞	黑色素瘤
粟丘疹样囊肿	黄白色圆点	表皮内角质小球/假性角质囊肿	脂溢性角化症,偶可见于乳头瘤状黑色素细胞痣
粉刺样开口	黄褐色、圆形或卵圆形甚至不规则形状,有明显的环状结构	位于扩张毛囊开口的角质栓	脂溢性角化症
叶状区域	灰褐色至黑灰色斑,似叶子	位于真皮乳头的色素沉着的基底样细胞实体聚集	基底细胞癌
蓝红色裂隙	边界清晰的圆形至卵圆形区域,呈红色、淡蓝色或红黑色	真皮上部扩张的血管空间	血管性损害
血管结构	逗号样血管 分支状血管 发卡样血管 点状或不规则血管		良性黑色素细胞损害 基底细胞癌 脂溢性角化症 黑色素瘤

黑色素瘤的诊断金标准是组织病理检查。虽然目前免疫组织化学和分子生物学的进展迅速,绝大部分的黑色素瘤可以根据表48-3中列出的规则与黑色素细胞痣相鉴别,但也有很多黑色素细胞损害在诊断上存在一定的争议。而且,病理学家们对早期及原位的黑色素瘤在诊断标准方面也不尽统一。一般认为,黑色素瘤的生长分为两个阶段:第一阶段是肿瘤的水平型生长(radial growth phase,RGP),又称为辐射状生长,表现为黑色素细胞在表皮或表皮和真皮的交界处离心性扩展,仅有单个或小的细胞巢可以浸润至真皮乳头层。第二阶段是肿瘤的垂直生长(vertical growth phase,VGP),表现为黑色素细胞在真皮内浸润性生长或成巢生长,呈现不典型性,细胞核大而深染,大小不均匀,核形不规则,嗜碱性变或染色加深,甚至出现核仁或核丝分裂象。典型的黑色素瘤细胞团块表现为不对称性,边界不清。一般表皮内黑色素细胞很少成巢,而是单个分布,大小、形态等各不相同;单个的黑色细胞不固定在表皮-真皮交界,而是出现上移,甚至可以延伸至角质层。当恶性程度增高时,可以在附属器中发现黑色素细胞的浸润,如毛囊皮脂腺单位、汗腺导管等。在真皮内,黑色素细胞的成熟现象消失,而且经常可以观察到淋巴细胞浸润。间变的黑色素细胞表现出一个谱系的

细胞形态学特征，包括梭形、paget样、过小或过大的圆形、多角形、多核和树突状特征。在特定解剖部位的黑色素细胞的细胞学特征也不尽相同，如表皮-真皮交界以上出现不典型的黑色素细胞并且数目增多，甚至出现细长的树枝状突起，都是对掌跖部位黑色素瘤早期诊断很有帮助的特异性指征。

在原发性黑色素瘤的病理学特征中，Breslow肿瘤厚度是患者存活时间长短最有价值的预后指标。测量时应从颗粒层的顶部算起，直至肿瘤的最深部。如果有溃疡形成，则应从溃疡底部算起。息肉状恶性黑素瘤应在最厚的区域进行测量。肿瘤的体积是影响垂直生长期黑色素瘤预后的重要因素。仔细测评肿瘤的最大厚度对预后判断非常重要。根据Clark分级，将黑色素瘤分为5级：Ⅰ级局限于表皮（原位黑色素瘤）；Ⅱ级瘤细胞侵入真皮乳头层，单个分布或少数聚集成巢；Ⅲ级侵入的肿瘤细胞扩大呈结节状，位于真皮网状层界面上方；Ⅳ级肿瘤细胞侵入真皮网状层；Ⅴ级肿瘤细胞侵入皮下脂肪层。美国癌症协会（AJCC）新修订的肿瘤-淋巴结-转移（tumor-node-metastases，TNM）分期体系（表48-4）根据Clark分级将MM分期如下：0期，黑色素细胞具有重度不典型性增生，但无浸润病灶；Ⅰa期，肿瘤厚度≤1.00mm，无溃疡；Ⅰb期，肿瘤厚度≤1.00mm，有溃疡，或肿瘤厚度1.01～2.00mm；Ⅱa期，肿瘤厚度1.01～2.00mm，有溃疡，或肿瘤厚度2.01～4.00mm，无溃疡；Ⅱb期，肿瘤厚度2.01～4.00mm，有溃疡，或肿瘤厚度>4mm，无溃疡；Ⅱc期，肿瘤厚度>4mm，有溃疡；Ⅲa期，任何肿瘤厚度，有1个区域淋巴结出现微转移灶；Ⅲb期，任何肿瘤厚度，有1个区域淋巴结转移，或有2～3个区域淋巴结出现微转移灶；Ⅲc期，任何肿瘤厚度，有2个或3个区域淋巴结转移，或区域淋巴结引流范围内有皮肤及皮下组织浸润，或出现卫星灶结节；Ⅳ期，任何肿瘤厚度，出现包括远处皮肤或皮下、超越区域淋巴结引流范围内的淋巴结转移，肺转移，所有其他脏器或远距离转移。总体来说，0期就是原位MM；Ⅰ期、Ⅱ期病变局限于原发灶；Ⅲ期有局部转移（局部淋巴结侵犯和深部组织浸润）；Ⅳ期有远位转移。如上所述，大部分黑色素瘤通过常规病理即可诊断，但有时一些诊断困难的黑色素瘤或来源不清的转移性肿瘤怀疑是黑色素瘤时，可以通过免疫组织化学进行确诊。常用标记有黑色素细胞分化抗原gp100/HMB45、酪氨酸酶、Melan-A/MART-1、S-100等。

表48-3　黑色素瘤组织病理学诊断标准

生长模式
• 不对称性
• 表皮内黑色素细胞边界不清
• 表皮内黑色素细胞或黑色素细胞巢之间距离不等
• 黑素细胞缺乏成熟现象
• 黑色素细胞向上位于表皮甚至角质层
• 黑色素细胞向下突破基底层进入真皮
• 黑色素细胞巢大小及形态不同
• 黑色素细胞巢融合
• 一些巢中的黑色素细胞不聚集
• 黑色素细胞侵犯附属器上皮，如毛囊皮脂腺单位、汗腺导管等
细胞学形态
• 黑色素细胞多形性及不规则
• 黑色素细胞核大而深染，呈多形性
• 出现核丝分裂象
• 坏死的黑色素细胞
其他特征
• 早期退行性改变
• 肿瘤细胞内黑色素呈“灰尘”状
• 黑色素的分布为非统一模式
• 肿瘤向下侵犯时有浸润的淋巴细胞、浆细胞等

表 48-4 黑色素瘤 TNM 分期

T 分期	厚度	溃疡位置
T1	≤1.0mm	A. 没有溃疡,且级别为Ⅱ/Ⅲ B. 有溃疡或级别Ⅳ/Ⅴ
T2	1.01~2.0mm	A. 没有溃疡;B. 有溃疡
T3	2.01~4.0mm	A. 没有溃疡;B. 有溃疡
T4	>4.0mm	A. 没有溃疡;B. 有溃疡
N 分期	转移淋巴结数目	淋巴结转移群
N1	1个	A. 微小转移灶①;B. 巨大转移灶②
N2	2个或3个	A. 微小转移灶①;B. 巨大转移灶②; C. 转移途中/卫星灶③/无转移淋巴结
N3	4个或4个以上转移淋巴结,连接在一起的淋巴结,或转移途中/卫星灶③/无转移淋巴结	
M 分期	位置	血清乳酸脱氢酶(LDH)
M1a	远端皮肤、皮下或淋巴结转移	正常
M1b	肺转移	
M1c	其他任意内脏转移 任何远处转移	正常 升高

①前哨淋巴结或选择性淋巴结切除后诊断。

②可触及的淋巴结转移,被治疗性的淋巴结切除所证实,或淋巴结转移表现出肉眼可见的节外扩展。

③距离原发肿瘤>2cm,卫星灶在原发损害2cm范围之内。

黑色素瘤患者的预后依赖于诊断时的分期。一般情况下,皮损局限于基底层、没有淋巴结及没有远处转移的黑色素瘤患者预后一般较好。除了镜下分期是预后决定性因素外,性别、年龄和解剖部位也是Ⅰ期/Ⅱ期临床变异型预后的预后相关性因素。例如,女性存活率高于男性;位于躯干、头部及颈部的黑色素瘤预后较四肢差;年龄越大存活率越低。而Ⅲ期黑色素瘤患者的预后与有无溃疡、有无淋巴结转移有着明显的相关性。Balch 等的研究表明,没有溃疡但仅有单一隐蔽淋巴结转移的黑色素瘤患者5年生存率为69%,但如果出现溃疡,并且出现4个或4个以上淋巴结转移的患者,5年生存率仅为13%。在后者预后中起决定性的因素为淋巴结的数目及黑色素瘤的瘤负荷。这一点可以通过前哨淋巴结或选择性淋巴结的活检来反映。在大多数情况下,内脏转移比非内脏(如皮肤、皮下组织、远端淋巴结等)转移预后差。有皮肤、淋巴结及胃肠道转移的患者,中位生存时间为12.5个月(相应的5年生存率为14%);有肺转移的患者中位生存时间为8.3个月(相应的5年生存率为4%);而肝、脑及骨转移的患者的中位生存时间为4.4个月(相应的5年生存率仅为3%)。在这其中,超过9%的黑色素瘤患者不能确定原发肿瘤。近年来,人们一直在寻找能决定黑色素瘤预后的特异性肿瘤标志物。其中,反转录酪氨酸激酶 mRNA 进行特异性 cDNA 扩增手段,曾被认为是可以辅助进行黑色素瘤患者体内循环肿瘤细胞的早期检测。但后来的检测中发现,只在一小部分的Ⅳ期黑色素瘤患者中发现少量的该产物,提示该方法的局限性。血清 S100、黑色素瘤抑制活性因子(melanoma-inhibiting activity,MIA)、5-硫-半胱氨酰多巴及 LDH 的水平等,认为可以用来分析和检测进展期黑色素瘤。其中的 S100 和 MIA 在黑色素瘤转移的检测中,敏感性分别高达91%和88%,而 LDH 的特异性最高,达92%,这被认为是判定进展期黑色素瘤唯一有统计学意义的有效因子。

黑色素瘤的治疗原则是手术切除原发病灶,早期完整的手术切除是恶性黑色素瘤的首选治疗方案,手术的方式也依照病变分期而有所不同。对于Ⅰ期/Ⅱ期黑色素瘤,可以先进行完整皮损切除(将病灶连同其周围0.5～1cm的正常皮肤及皮下脂肪整块切除)进行组织学诊断(尽管有证据表明局部活检不会降低存活率,但除肿瘤太大而无法全部切除的情况外,都建议完整切除皮损),根据组织学回报结果,必要时进行二次手术。根据肿瘤的厚度(Breslow深度)进行切除范围的确定。一般主张,肿瘤厚度<1mm的切除肿瘤及周围1cm组织;肿瘤厚度1～4mm的切除肿瘤及周围2cm组织;若厚度>4mm的切除肿瘤及肿瘤周围3～5cm的组织。对手术困难的位置,如肢端的皮肤型黑色素瘤或黏膜和面部的黑色素瘤,需要切除多少应该根据具体情况而定。有人建议切除深度应该达到筋膜层,甚至提出要进行截指(趾)术,这些都没有确切的随机对照研究的支持。局部复发是指原发肿瘤手术后周围2cm出现新发肿瘤。以前认为局部复发对生存率没有显著的不良影响,但近期的一项研究结果却与此不同,认为局部复发与高的致死率相关。如果出现局部复发,建议采取更加积极的手段,如手术边缘至少扩展至3cm才有效。如果发生淋巴结的转移,即为区域转移性黑色素瘤Ⅲ期,可以进行选择性淋巴结切除(elective lymph node dissection,ELND)。但也有多中心回顾性的研究表明,接受ELND的患者较单独扩大切除的患者相比并没有表现明显的存活率优势。另外,前哨淋巴结活检(sentinel lymph node biopsy,SLNB)是目前损伤较小的可以确定局部淋巴结转移灶的一项技术,这一概念和其应用,首先要明确目标淋巴结的位置。一般来说,在黑色素瘤手术前,可以通过药物淋巴闪烁造影术来确认和标记目标淋巴结,之后使用手持γ计数器和视觉检查来确认“热、蓝”的前哨淋巴结,然后将其取出进行连续切片,并采用苏木精-伊红(HE)和免疫组织化学染色判断有无肿瘤细胞。如果发现转移性黑色素瘤,则对此区域的淋巴结进行清扫术。Ⅳ期的外科切除应包括皮肤、中枢神经、肺脏和消化道等部位的病灶,姑息性切除不仅可以减少痛苦,对单纯的远处肺转移或皮下复发灶的切除,在提高患者生存质量和存活率方面也可以获得意想不到的疗效。遇到中晚期或具有高危因素的早期病变,通常会给予全身性化疗方案。目前,氮烯咪胺(dacaRBazine,DTIC)是公认的最有效的药物,反应率接近20%。另外,顺铂(cisplatin,DDP)、长春新碱(vin-blastine,VLB)等也有一定的疗效。替莫唑胺(TMZ)可以用来治疗并预防脑转移。部分学者提出,多种联合化疗方案的反应率稍优于单一药物,但缺乏大样本随机研究的证实。黑色素瘤对放射治疗的抵抗,也许是基于皮肤正常黑色素细胞反复受到DNA损伤,故而产生有效的DNA修复机制造成的。但手术后的放射治疗对黑色素瘤的复发有重要作用。Lee等对338例黑色素瘤患者进行回顾性分析后指出,黑色素瘤患者在淋巴结切除术后应考虑放射治疗,且放射治疗的总剂量>40Gy对患者预后有积极作用。放射治疗对症状进展的黑色素瘤患者提供了有效的预防作用,特别是在减轻疼痛、缓解梗阻症状及治疗脑、脊髓、骨等转移灶方面起到了积极的作用。事实证明,黑色素瘤是一种典型的免疫源性的肿瘤,故而使用一些免疫效应因子,如细胞因子、杀伤细胞或抗体等可以获得治疗的效果。现在多采用白细胞介素-2(interleukin-2,IL-2)/LAK或IL-2/TIL疗法的继承性细胞免疫和/或大剂量干扰素(interferon,IFN)化学治疗联合应用治疗黑色素瘤。相关回顾性研究表明,大剂量IL-2单独或与IFN-α联合应用治疗黑色素瘤的疗效显著,患者缓解期、中位无瘤生存期显著延长。但与之相应的,其毒副作用也较为常见,如低血压、心律失常、肺水肿、高热、毛细血管渗透压升高等发生率增高。尽管多种方法综合治疗后黑色素瘤的存活率有所升高,但效果却仍然差强人意。黑色素瘤的基因治疗为这一领域带来了曙光。具体来说，即通过诱导宿主对肿瘤相关抗原的免疫反应来发挥作用的，包括同种异体或自体的肿瘤细胞疫苗、同种异体或自体肿瘤细胞病毒裂解物、肿瘤细胞裂解物、抗独特型疫苗、纯化或重组抗原及其表位多肽/DNA 疫苗等。具体详解可见本系列丛书《现代基因治疗分子生物学（第 2 版）》中黑色素瘤的基因治疗。总之，结合各项治疗方法的优点，制订个体化治疗方案，最终可以为延长黑色素瘤患者的生存时间、提高生活质量提供新的途径。

第二节　肿瘤相关基因与黑色素瘤

黑色素瘤致病的危险因素有很多，包括遗传、环境、社会经济和职业因素以及外伤、年龄等。外伤包括创伤、不当手术、腐蚀、烧灼、激光、摩擦、反复搔抓等。长时间紫外线过度照射被认为是重要的致病因素。皮肤曾有长时间紫外线照射灼伤或水疱史，特别是儿童或青春期有类似明显损伤史的患者容易患黑色素瘤。临床中还常看到一些黑色素瘤完全或不完全消退、晕痣及白癜风样色素脱失，以及使用免疫抑制剂的患者黑色素瘤发生率更高，这些现象都揭示了黑色素瘤是一种免疫源性肿瘤的事实。有关黑色素瘤的研究对理解宿主免疫系统对肿瘤的识别和排斥起到了重要的作用。黑色素瘤研究的一个重要进展是认识了被自体 T 细胞和抗体所识别的黑色素瘤抗原的分子生物学特征。突变的肿瘤抗原、癌/睾丸家族所共有的肿瘤特异性抗原（MAGE-1、MAGE-3、NY-ESO-1）、细胞分型特异性抗原（酪氨酸激酶、gp100、Melan-A/MART-1）等是常见的黑色素瘤抗原。这些抗原的主要表达模式可以利用单克隆抗体在蛋白质水平做原位检测。一项研究中提出，44% 的原发性黑色素瘤表达 MAGE-3，但 88% 及 94% 分别表达 Melan-A/MART-1 及酪氨酸激酶，之后在细胞内加工，在黑色素细胞表面成为 MHC/肽复合物。当 $CD8^+$ 细胞毒性 T 细胞识别这些抗原后，可以释放穿孔素或颗粒酶等细胞毒性颗粒或激活 Fas/TNF 途径来杀伤肿瘤细胞。当肿瘤特异性抗原 MHC Ⅰ类分子丢失、免疫抑制性细胞因子（如 IL-1、TGF-β 等）分泌丧失、自然发生的 $CD4^+CD25^+$ 调节 T 细胞、可诱导 IL-10 产生的调节 T 细胞或通过细胞表面 CTLA-4 传递的阴性信号等时，导致了进展期黑色素瘤发生了数种免疫逃避机制。

除上述致病原因之外，近年来对黑色素瘤肿瘤相关基因的研究成为热点。迄今为止，文献中已报道的与黑色素瘤发病机制相关的肿瘤基因包括两大类：一类是种系性突变肿瘤基因。这类基因是在南美洲、澳洲及欧洲等黑色素瘤高发地区，一些具有家族聚集倾向性的患者中发现的，如细胞周期素依赖性激酶抑制剂 2A（CDKN2A）、细胞周期依赖性激酶 4（CDK4）和黑皮质素受体-1（MTR-1）的突变。另一类是在散发病例中常被提及的突变肿瘤基因，包括 NARS、BRAF 及 PTEN 等。

种系基因的突变性和多态性使个体容易罹患黑色素瘤，这些基因包括了一些导致家族性黑色素瘤高发病率的外显基因和常见的色素沉着基因。与家族黑色素瘤相关的重要高外显率黑色素瘤易感基因是 CDKN2A 和 CDK4，其中以 CDKN2A 更为多见。在南美、欧洲、澳大利亚等地区，有 10%～25% 的家族性黑色素瘤患者的 CDKN2A 基因发生了种系性突变。但遗憾的是，目前 CDKN2A 突变在普通人群中的患病率还是一个未知数。但根据数据统计分析得出，该基因突变一般在低纬度地区的人群中发病率较高。这个现象也间接暗示了黑色素瘤发病机制中易感基因与紫外线照射是密切相关的。目前为止，已经报道的仅有 7 个家族存在 CDK4 的种系突变性，而且该基因与紫外线照射致病的相关性尚不清楚。携带有 MTR-1 等位基因变异的人群被认为有较低的黑色素瘤的发生风险。

CDKN2A 位于人类 9 号染色体短臂 2 区 1 带(9p21)，1993 年首次被克隆并于翌年被确认为是黑色素瘤的易感基因。该基因曾被命名为多发性肿瘤抑制因子 1(MTS-1)，共包含 3 个外显子：外显子 1 由 125 个碱基组成，外显子 2 包含有 307 个碱基，外显子 3 则仅有 12 个碱基。大多数突变是位于外显子 1a 和 2 的密码子发生错义突变，导致其序列发生改变。已发现的 CDKN2A 突变类型包括由两种以上突变类型构成的复合型突变：一种是由位于 CDKN2A 5′端的非编码区(UTR)产生的一个异常的起始密码子，以及深入性的内含子突变(IVS2-105A/G)，导致 mRNA 发生异常而间接所致；另一种是 CDKN2A 5′端的 24 个碱基复制所致。CDKN2A 可以编码两种低分子质量的蛋白质：p16 和 p14ARF(相当于小鼠 p19ARF)。p16 是外显子 1a、2 和 3 剪接的产物，p14ARF 则是位于选择性读码框的外显子 1b 和 2 剪接的产物。当 CDKN2A 发生突变时，p16 的功能缺失，不能抑制 CDK4 和 CDK6，使视网膜母细胞瘤蛋白(RB)发生磷酸化，从而释放转录因子 E2F，导致 G_1 检验点的缺失，细胞异常增殖，不受限制地进入 S 期。p14ARF 附着于 MDM2，通过作用于 p53 通路而调控细胞增长。具体地讲，当 p14ARF 发生突变时，通过释放 MDM2，降低了 p53 的功能，进而导致了抗凋亡分子 Bcl-2 和 Bcl-x 高水平的表达(图 48-1)。25% 的家族性黑色素瘤中存在胚系基因 CDKN2A 突变，尽管 CDKN2A 突变的检测国外已经商业化，而且也有众多学者们支持，但国际黑色素瘤基因协会认为 CDKN2A 突变的检测在目前应该仅仅作为科学研究的一部分。

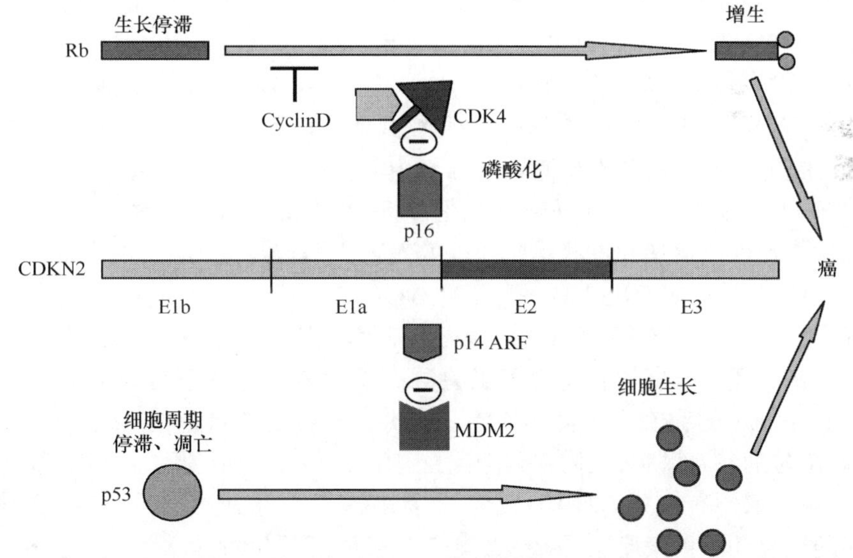

图 48-1　黑色素瘤发生的分子生物学机制

CDKN2A(INK4α)编码两个不同的蛋白质产物，即 p16 和 p14ARF，它们都是细胞周期阴性调控因子。第一个基因产物 p16 蛋白通过竞争性抑制细胞周期蛋白依赖激酶 4(CDK4)而发挥作用。CDK4 和细胞周期蛋白 D 相互作用，磷酸化视网膜母细胞瘤蛋白(RB)。RB 的磷酸化导致细胞 S 期进展，最终导致了细胞的分裂和分化。完整的 p16 蛋白对细胞周期的停止非常重要。CDKN2A 的突变丢失了 p16 的功能，其后续效应升高了突变 DNA 在细胞分裂之前逃避修复的可能性。第二个基因产物 p14ARF 附着于 MDM2，通过作用于 p53 的通络而调控黑色素细胞的生长。MDM2 加速了 p53 的破坏。CDKN2A 的突变丢失了 p14ARF 功能，其后续效应就是降低了 p53 的功能，增强了改变后细胞的生长和存活

CDK4 基因是一种位于 12q13 的癌基因,该基因可以编码细胞周期依赖性激酶 4 蛋白(CDK4),目前已经将其确认为家族性黑色素瘤的易感基因之一。到目前为止,已经发现的所有病例中,CDK4 基因突变的类型是位于外显子 2 区段的第 24 位密码子发生的错义突变,常见的为精氨酸(Arg)突变为半胱氨酸(Cys),CDK4 基因突变后可以直接累及与其相连的 p16,使 p16 和 CDK4 之间的相互作用丧失,导致 RB 磷酸化,进而驱使突变细胞进行无限制的分裂增殖。有研究表明,CDK4 基因的一个新型错义突变是位于外显子 2 区的第 41 位密码子发生的错义突变,直接导致将天冬酰胺(Asn)突变为丝氨酸(Ser),但在无黑色素瘤家族史的患者中也可以检测到此种突变。故这种突变是否为黑色素瘤的致病基因尚不完全确定。有类似的实验数据,Guldberg 等不能排除天冬酰胺(Asn)突变为丝氨酸(Ser)是一种与黑色素瘤发病机制相关的新型突变,或者是具有较低发病风险的致病性突变的可能。

MCH-1 基因是可以决定皮肤中黑色素产生的基因类型,但是其致癌作用远远超过它的色素形成作用。MCH-1 基因的变型主要有 R151C、R160W 和 D294H,与皮肤黑色素瘤发生、发展相关的皮肤表型(如红发、浅色皮肤、雀斑等)相关。在这些变异的类型中,已知的是 RHC(红色头发)的变型,可以增加皮肤黑色素瘤的发病风险,而这与其所决定的皮肤表型无关。有研究认为,MCH-1 的变型可以充当 CDKN2A 突变携带者发生黑色素瘤的修饰因子。MCH-1 受体(MC-1R)多型性,在那些没有携带黑色素瘤易感基因突变的患者中也起着关键性的作用。日光照射也可以促进促黑激素(MSH)的生成,作为 MC-1R 的配体,两者结合后激活腺苷环化酶,使环磷酸腺苷(cAMP)水平升高,进而增强酪氨酸酶活性,使日光保护性色素的合成增加。如果 MC-1R 发生突变,可使日光保护性色素合成缺乏,不具有日光保护性的褐黑素合成增加,而且可以导致红色头发的生长。在色素沉着基因中,MC-1R 基因与黑色素瘤相关,其相关性超过了临床皮肤表型。

Ras 蛋白属于 p21GTPase 蛋白超家族,其中包括 Ras、Rho、Rac 和 Cdc42 子家族。这类蛋白质的作用是参与一类复杂的信号转导通路,最终可以通过释放多种核转录因子,致使有丝分裂发生、细胞骨架形成,并有代谢调节和细胞凋亡相关基因的表达。3 个密切相关的原癌基因,即编码 H-Ras、K-Ras 和 N-Ras 蛋白的基因,在人类肿瘤中常常发现它们突变的癌基因形式。通常在髓性白血病和皮肤黑色素瘤的患者中可以出现 N-ras 的突变。在与黑色素瘤相关散发肿瘤基因的研究中,Stuart 等报道,5%~30% 的患者存在 N-ras 的突变。而进一步的研究证实,有 CDKN2A 种系突变的患者,此基因的突变率更高,考虑到其与基因的不稳定性相关。一部分黑色素瘤的患者中可以检测到 BRAF(Ras 的下游)的突变,突变率高达 20%~80%,而 PTEN 的突变率也高达 40%。N-Ras 的突变热点包括 12 位的甘氨酸、18 位的丙氨酸和 61 位的谷氨酰胺,它们在黑色素瘤中的突变率分别为 12%、5% 和 70%。大量文献报道,黑色素瘤中有 N-ras 基因的突变,甚至在一些学术研究中均一致性的提出,迄今为止在原发的散发性黑色素瘤中 ras 基因突变频率最高的位点是 N-ras 的第 61 位密码子,突变率高达 4%~50%,并且紫外线照射后,该区域易形成环丁烷嘧啶二聚体,间接证明了 N-ras 突变与紫外线照射强度有关。除此之外,常见的突变形式还有 Q61R(CAA/CGA)、Q61K(CAA/AAA)等,使原有谷氨酰胺被精氨酸或赖氨酸所替代。Ras 相当于信号转导通路的一个分子开关,与 GTP 结合时,此通路可以被激活,而其与 GDP 结合时,此通路即可被抑制。配体与细胞膜上的受体型酪氨酸酶蛋白激酶(TPK)结合,可以促使单跨膜受体二聚化,TPK 二聚化的结果则使受体发生自身磷酸化,从而与生长因子受体结合蛋白 2(GRB2)

结合，作为接头分子，与激活的受体结合，再与 SOS(son of seven-less)的 C 端富于脯氨酸的序列相互作用形成受体-GRB-SOS 复合物。SOS 与受体或受体底物蛋白上的酪氨酸磷酸化位点相结合，导致胞质蛋白 SOS 向膜内转位，并在 Ras 附近形成高浓度的 SOS，增多的 SOS 与 Ras-GDP 结合，促使 Ras-GDP 转变为 Ras-GTP，从而激活 Ras 蛋白，启动 Ras 通路。Raf 蛋白是 40～75kDa 的丝氨酸/苏氨酸蛋白激酶，Ras 是其上游激活蛋白。利用高亲和力与 Raf-1 N 端的两个区域(RBD 和 CRD)结合后，将 Raf 从细胞质转移至细胞膜，在细胞膜上 Raf 被激活。Ras-GTP 可以使 3 个紧密联系的 Raf 蛋白(a-Raf、b-Raf、c-Raf)活化，使其发生磷酸化，从而使 MAP-激酶 Mek1 和 Mek2 磷酸化，进一步激活细胞分裂素活化激酶 Erk1 和 Erk2，最终导致 ETS 蛋白磷酸化。另外一些细胞质相关蛋白也可以通过核膜激活转录因子 Fos 和 Jun 等。这些转录激活途径的最终结果都是使细胞周期调控因子(如细胞周期调节蛋白 D 等)表达，促进细胞周期进展。而 N-ras 基因热点区发生突变时，可以降低 Ras 蛋白 GTPase 活性，并且可以使 Ras 对 GTPase 活化蛋白的敏感性降低，最终突变的 Ras 被禁闭于 GTP 结合状态，不断激活下游的作用靶点，细胞周而复始的繁殖，发生黑色素瘤。Ras 也通过几条额外的效应基因途径起作用。例如，可以通过磷脂酰肌醇-3-激酶(phosphatidylinositol 3-kinase，PI3K)，Ras 磷酸化产物可以又可以激活 Rac 蛋白(另外一种小 G 蛋白)，Rac 再连接和激活 PAK(p21Cdc42/rac1 激活的丝氨酸/苏氨酸激酶)，PAK-3 使 Raf-1 上第 338 位的丝氨酸磷酸化，而这个位点的丝氨酸磷酸化是 Raf-1 活化所必需的。同样 Ras 与 PI3K 相互作用，通过 AKT 通路也可以导致抗凋亡效应，或经由 Rac 和 Rho 蛋白家族调控肌动蛋白细胞骨架和核转录因子途径而发挥作用。也有研究表明，Ras 也可以经由 RAL 鸟嘌呤核苷酸游离刺激因子(RALGDS)途径起作用。另外，Ras 还可以与磷脂酶 C (PLC)结合，使蛋白激酶 C(PKC)活化，后者可以导致靶蛋白的磷酸化，从而发挥相似的生物学效应。

BRAF 基因位于人类 7 号染色体的长臂，其编码了丝氨酸/苏氨酸激酶的 Raf 家族的 BRAF 蛋白。Demierrea 等报道，在 60%～66% 的黑色素瘤患者中发现了体细胞中 BRAF 的错义突变，在一定意义上暗示了 Raf 蛋白家族与人类黑色素瘤相关。BRAF 突变可以发生在多个位点，而在此基因外显子 11 区和 15 区的位点突变率最高。值得注意的是，高达 92% 的 BRAF 基因突变同样与日光照射相关。在此之中，最常见的是位于外显子 15 区域的第 600 位密码子本身或周围密码子的突变，并且多种实验研究证实，该位点的突变与紫外线照射后诱发的 DNA 损伤性突变是相似的。其中 V600 位点的突变包括 V600E：1799 位(T>A)或 1799～1800 位(TG>AA)的缬氨酸(V)突变为谷氨酸(E)；V600D：1799～1800 位(TG>AT)的缬氨酸(V)突变为天冬氨酸(D)；V600K：1798～1799 位(GT>AG)的缬氨酸(V)突变为精氨酸(R)。BRAF 是一种主要激活 RAF/MEK/ERK 信号转导级联途径的激酶，而该途径的激活可以阻止细胞凋亡的发生，从而诱导细胞不断的增殖，导致黑色素瘤的发生。

PTEN 基因位于 10q23，有研究证实黑色素瘤患者中该基因经常发生杂合性缺失。PTEN 是一种抑癌基因，可以编码一个大小为 55kDa 的具有酪氨酸磷酸酶活性的蛋白质。众所周知，神经胶质细胞和黑色素细胞都起源于神经嵴，故神经胶质瘤的患者病损中同样可以检测到 PTEN 基因的缺失。PTEN 基因编码的蛋白质具有双重特性：具有脂质磷酸酶活性时，可以下调 PI3K/AKT 信号转导通路，调控 G_1 期细胞的增殖和凋亡；具有蛋白磷酸酶活性时，可以抑制促分裂原活化蛋白激酶(MAPK)信号转导途径。MAPK 信号通路经典活化途径是,配体附着于酪氨酸激酶受体,但它也能被升高的细胞内 cAMP 所刺激,这些 cAMP 升高是由于配体附着于 G 蛋白偶联受体,如上述的 MC-1R。Ras 通过磷酸化 BRAF 激发了 MAPK 的级联放大效应。大部分黑色素细胞痣和黑色素瘤均能使体细胞活化的 BRAF 或 N-Ras 突变。可以提高 PI3K/AKT 级联放大效应,被 PTEN 肿瘤抑制蛋白阴性调控,也可以被 Ras 所刺激(通过与 MAPK 通路交联)。有研究发现,在 PTEN 基因突变类型中,也具有紫外线诱发基因突变的类型,又一次说明紫外线与人类黑色素瘤的发生相关。有趣的是,N-Ras 突变与 PTEN 缺失突变是相互排斥的,但却常常同时存在 BRAF 基因突变和 PTEN 缺失突变,这一点暗示在许多黑色素瘤致病机制中,MAP 激酶和 PI3 激酶信号转导途径对致病的重要性。

最近一些研究发现,在一部分黑色素瘤患者中发现 KIT 基因突变。Beading 等的研究结果显示,这种癌基因在黏膜黑色素瘤和皮肤黑色素瘤的偶发病例中可能起着重要的作用。同时他们还证实,肢端黑色素瘤和黏膜黑色素瘤患者最有可能存在 KIT 基因的突变或 KIT 基因的复制,而最常见的突变形式是位于该基因外显子 11(W557R、K558N、V559A、V559D、L576P)或外显子 17(Y823D)的点突变。但因为 KIT 基因突变与黑色素瘤的相关报道较少,故该基因的详细致病机制还有待进一步研究和证实。

综上所述,黑色素瘤不同的亚型具有不同的临床和组织病理学特点,而且各个亚型与皮肤表型(如颜色、日光暴露及解剖位点等)的流行病学相关性也不同。在黑色素瘤相关肿瘤基因研究中,确认了对黑色素瘤的形成及恶性转化的关键性信号转导通路,如上所述的 RB 通路(如 CDKN2A、CDK4 等)、p53 通路(如 p53、p14ARF 等)、PI3K/AKT 通路以及更重要的 Ras/MAPK 通路等,在此过程中,研究者也逐渐发现及明确了一些黑色素瘤相关的肿瘤基因,虽有所成绩,但相关研究却任重而道远。目前,许多学者仍致力于恶性黑色素瘤的研究,他们拟通过流行病学调查和分子生物学技术等,试图更进一步阐明除环境等因素外,肿瘤相关基因在黑色素瘤发生、发展过程中的致病机制。虽然,一些确切的机制仍不是很清楚,但这些研究使得临床医生对黑色素瘤的预防、危险因素的评估、诊断等方面有了更加深刻的理解,同时也为以发病机制为基础制订靶向基因治疗方案提供了理论依据。

(张　斌)

参考文献

Antony PA, Restifo NP. 2005. CD4$^+$CD25$^+$ T regulatory cells, immunotherapy of cancer, and interleukin-2. J Immunother, 28(2): 120-128.

Argenziano G, Soyer HP, Chimenti S, et al. 2003. Dermoscopy of pigmented skin lesions: resultsof a consensus meeting via the Internet. J Am Acad Dermatol, 48(5): 679-693.

Argenziano G, Soyer HP. 2001. Dermoscopy of pigmented skin lesions--a valuable tool for earlydiagnosis of melanoma. Lancet Oncol, 2(7): 443-449.

Asagoshi K, Terato H, Ohyama Y, et al. 2002. Effects of a guanine-derived formamidopyrimidine lesion on DNA replication: translesion DNA synthesis, nucleotide insertion, and extension kinetics. J Biol Chem, 277(17): 14589145-97.

Bafounta ML, Beauchet A, Aegerter P, et al. 2001. Is dermoscopy (epiluminescence microscopy) useful for the diagnosis of melanoma? Results of a meta-analysis using techniques adapted tothe evaluation of diagnostic tests. Arch Dermatol, 137(10): 1343-1350.

Balch CM, Soong SJ, Bartolucci AA, et al. 1996. Efficacy of an elective regional lymph node dissection of 1 to 4 mm thick melanomas for patients 60 years of age and younger. Ann Surg,224(3):255-263.

Balch CM,Soong SJ,Gershenwald JE,et al. 2001. Prognostic factors analysis of 17,600 melanoma patients:validation of the American Joint Committee on Cancer melanoma staging system. J Clin Oncol,19(16):3622-3634.

Balch CM,Soong SJ,Smith T,et al. 2001. Long-term results of a prospective surgical trial comparing 2cm vs. 4cm excision margins for 740 patients with 1-4 mm melanomas. Ann Surg Oncol,8(2):101-108.

Bataille V. 2003. Genetic epidemiology of melanoma. Eur J Cancer,39(10):1341-1347.

Beadling C,Jacobson-Dunlop E,Hodi FS,et al. 2008. KIT gene mutations and copy number in melanoma subtypes. Clin Cancer Res,14(21):6821-6828.

Beddingfield FC. 2003. The melanoma epidemic:resipsa loquitur. Oncologist,8(5):459-465.

Berwick M,Orlow I,Hummer AJ,et al. 2006. The prevalence of CDKN2A germ-line mutations and relative risk for cutaneous malignant melanoma:an international population-based study. Cancer Epidemiol Biomarkers Prev,15(8):1520-1525.

Besaratinia A,Pfeifer GP. 2008. Sunlight ultraviolet irradiation and BRAF V600 mutagenesis in human melanoma. Hum Mutat,29(8):983-991.

Bishop DT,Demenais F,Goldstein AM,et al. 2002. Geographical variation in the penetrance of CDKN2A mutations for melanoma. J Natl Cancer Inst,94(12):894-903.

Bressac-de-Paillerets B, Avril MF, Chompret A, et al. 2002. Genetic and environmental factors in cutaneous malignant melanoma. Biochimie,84(1):67-74.

Brochez L,Naeyaert JM. 2000. Serological markers for melanoma. Br J Dermatol,143(2):256-268.

Cao H,Wang Y. 2007. Quantification of oxidative single-base and intrastrand cross-link lesions in unmethylated and CpG-methylated DNA induced by Fenton-type reagents. Nucleic Acids Res,35(14):4833-4844.

Chang AE,Karnell LH,Menck HR. 1998. The National Cancer Data Base report on cutaneous and noncutaneous melanoma:a summary of 84,836 cases from the past decade. The American College of Surgeons Commission on Cancer and the American Cancer Society. Cancer,83(8):1664-1678.

Chi Z,Li S,Sheng X,et al. 2011. Clinical presentation,histology,and prognoses of malignant melanoma in ethnic Chinese:a study of 522 consecutive cases. BMC Cancer,11:85.

Cormier JN,Xing Y,Ding M,et al. 2006. Ethnic differences among patients with cutaneous melanoma. Arch Intern Med,166(17):1907-1914.

CRC Melanoma Pathology Panel. 1997. A nationwide survey of observer variation in the diagnosis of thin cutaneous malignant melanoma including the MIN terminology. CRC Melanoma Pathology Panel. J Clin Pathol,50(3):202-205.

Cress RD, Holly EA. 1997. Incidence of cutaneous melanoma among non-Hispanic whites, Hispanics, Asians, and blacks: an analysis of california cancer registry data,1988-93. Cancer Causes Control,8(2):246-252.

CuiC,Li Z,Lian B,et al. 2012. Clinical presentation,histology,and prognoses of malignant melanoma in ethnic Chinese:a study of 212 consecutive cases. Chinese Clinical Oncolog,17(7):626-633.

Davies H,Bignell GR,Cox C,et al. 2002. Mutations of the BRAF gene in human cancer. Nature,417(6892):949-954.

De Snoo FA,Hayward NK. 2005. Cutaneous melanoma susceptibility and progression genes. Cancer Lett,30(2):153-186.

Deichmann M,Benner A,Bock M,et al. 1999. S100-Beta,melanoma-inhibiting activity,and lactate dehydrogenase discriminate progressive from nonprogressive American Joint Committee on Cancer stage IV melanoma. J Clin Oncol,17(6):1891-1896.

DeMatos P,Tyler DS,Seigler HF. 1998. Malignant melanoma of the mucous membranes:a review of 119 cases. Ann Surg Oncol,5(8):733-742.

Demierre MF,Sondak VK. 2005. Cutaneous melanoma:pathogenesis and rationale for chemoprevention. Crit Rev Oncol Hematol,53(3):225-239.

Dhomen N,Marais R. 2007. New insight into BRAF mutations in cancer. Curr Opin Genet Dev,17(1):31-39.

Enk AH,Nashan D,Rübben A,et al. 2000. High dose inhalation interleukin-2 therapy for lung metastases in patients with malignant melanoma. Cancer,88(9):2042-2046.

Evans RD,Kopf AW,Lew RA,et al. 1988. Risk factors for the development of malignant melanoma--I:Review of case-control studies. J Dermatol Surg Oncol,14(4):393-408.

Furukawa H, Tsutsumida A, Yamamoto Y, et al. 2007. Melanoma of thumb: retrospective study for amputation levels, surgical margin and reconstruction. J Plast Reconstr Aesthet Surg, 60(1): 24-31.

Gallagher SJ, Thompson JF, Indsto J, et al. 2008. p16INK4a expression and absence of activated B-RAF are independent predictors of chemosensitivity in melanoma tumors. Neoplasia, 10(11): 1231-1239.

Gandini S, Sera F, Cattaruzza MS, et al. 2005. Meta-analysis of risk factors for cutaneous melanoma: III. Family history, actinic damage and phenotypic factors. Eur J Cancer, 41(14): 2040-2059.

Garbe C, Eigentler TK. 2007. Diagnosis and treatment of cutaneous melanoma: state of the art 2006. Melanoma Res, 17(2): 117-127.

Ghiorzo P, Villaggio B, Sementa AR, et al. 2004. Expression and localization of mutant p16 proteins in melanocytic lesions from familial melanoma patients. Hum Pathol, 35(1): 25-33.

Gillgren P, Månsson-Brahme E, Frisell J, et al. 2000. A prospective population-based study of cutaneous malignant melanoma of the head and neck. Laryngoscope, 110(9): 1498-1504.

Goldstein AM, Fraser MC, Clark WH Jr, et al. 1994. Age at diagnosis and transmission of invasive melanoma in 23 families with cutaneous malignant melanoma/dysplastic nevi. J Natl Cancer Inst, 86(18): 1385-1390.

Goldstein AM, Tucker MA. 1995. Genetic epidemiology of familial melanoma. Dermatol Clin, 13(3): 605-612.

Guldberg P, Kirkin AF, Gronbaek K, et al. 1997. Complete scanning of the CDK4 gene by denaturing gradient gel electrophoresis: a novel missense mutation but low overall frequency of mutations in sporadic metastatic malignant melanoma. Int J Cancer, 72(5): 780-783.

Hansen CB, Wadge LM, Lowstuter K, et al. 2004. Clinical germline genetic testing for melanoma. Lancet Oncol, 5(5): 314-319.

Ishihara K, Saida T, Yamamoto A. 2001. Updated statistical data for malignant melanoma in Japan. Int J Clin Oncol, 6(3): 109-116.

Jemal A, Murray T, Ward E, et al. 2005. Cancer statistics. CA Cancer J Clin, 55(1): 10-30.

Jemal A, Thomas A, Murray T, et al. 2002. Cancer statistics. CA Cancer J Clin, 52(1): 23-47.

Johr R, Soyer HP, Argenziano G, et al. 2004 Dermoscopy-The Essentials. St. Louis, MO: Mosby,

Jovanovic B, Egyhazi S, Eskandarpour M, et al. 2010. Coexisting NRAS and BRAF mutations in primary familial melanomas with specific CDKN2A germline alterations. J Invest Dermatol, 130(2): 618-620.

Kalam MA, Haraguchi K, Chandani S, et al. 2006. Genetic effects of oxidative DNA damages: comparative mutagenesis of the imidazole ring-opened formamidopyrimidines(Fapy lesions) and 8-oxo-purines in simian kidney cells. Nucleic Acids Res, 34(8): 2305-2315.

Kanzler MH, Mraz-Gernhard S. 2001. Primary cutaneous malignant melanoma and its precursor lesions: diagnostic and therapeutic overview. J Am Acad Dermatol, 45(2): 260-276.

Kefford R, Bishop JN, Tucker M, et al. 2002. Genetic testing for melanoma. Lancet Oncol, 3(11): 653-654.

Landi MT, Kanetsky PA, Tsang S, et al. 2005. MC1R, ASIP, and DNA repair in sporadic and familial melanoma in a Mediterranean population. J Natl Cancer Inst, 97(13): 998-1007.

Lee RJ, Gibbs JF, Proulx GM, et al. 2000. Nodal basin recurrence following lymph node dissection for melanoma: implications for adjuvant radiotherapy. Int J Radiat Oncol Biol Phys, 46(2): 467-474.

Lens MB, Dawes M. 2004. Global perspectives of contemporary epidemiological trends of cutaneous malignant melanoma. Br J Dermatol, 150(2): 179-185.

Lesueur F, de Lichy M, Barrois M, et al. 2008. The contribution of large genomic deletions at the CDKN2A locus to the burden of familial melanoma. Br J Cancer, 9(2): 364-370.

Leyden JJ, Spott DA, Goldschmidt H. 1972. Diffuse and banded melanin pigmentation in nails. Arch Dermatol, 105(4): 548-550.

Malaponte G, Libra M, Gangemi P, et al. 2006. Detection of BRAF gene mutation in primary choroidal melanoma tissue. Cancer Biol Ther, 5(2): 225-227.

Marincola FM, Jaffee EM, Hicklin DJ, et al. 2000. Escape of human solid tumors from T-cell recognition: molecular mechanisms and functional significance. Adv Immunol, 74: 181-273.

Marks R. 2002. The changing incidence and mortality of melanoma in Australia. Recent Results Cancer Res, 160: 113-121.

Marquette A, Bagot M, Bensussan A, et al. 2007. Recent discoveries in the genetics of melanoma and their therapeutic implications. Arch Immunol Ther Exp(Warsz),55(6):363-372.

Mayer J. 1997. Systematic review of the diagnostic accuracy of dermatoscopy in detectingmalignant melanoma. Med J Aust,167(4):206-210.

Menzies SW. 1997. Surface microscopy of pigmented skin tumours. Australas J Dermatol,38 Suppl 1:S40-S43.

Merlino G, Noonan FP. 2003. Modeling gene-environment interactions in malignant melanoma. Trends Mol Med,9(3):102-108.

Moozar KL, Wong CS, Couture J. 2003. Anorectal malignant melanoma: treatment with surgery or radiation therapy, or both. Can J Surg,46(5):345-349.

National Cancer Institute. 2003. SEER Stat database: populations-total U. S. (1969-2000) [EB/OL]. (2003) [2011-05-04] http://www. seer. cancer. gov.

Noonan FP, Recio JA, Takayama H, et al. 2001. Neonatal sunburn and melanoma in mice. Nature,413(6853):271-272.

Omholt K, Karsberg S, Platz A, et al. 2002. Screening of N-ras codon 61 mutations in paired primary and metastatic cutaneous melanomas: mutations occur early and persist throughout tumor progression. Clin Cancer Res,8(11):3468-3474.

Orlow I, Begg CB, Cotignola J, et al. 2007. CDKN2A germline mutations in individuals with cutaneous malignant melanoma. J Invest Dermatol,127(5):1234-1243.

Pehamberger H, Steiner A, Wolff K. 1987. In vivo epiluminescence microscopy of pigmentedskin lesions. I. Pattern analysis of pigmented skin lesions. J Am AcadDermatol,17(4):571-583.

Peric B, Cerkovnik P, Novakovic S, et al. 2008. Prevalence of variations in melanoma susceptibility genes among Slovenian melanoma families. BMC Med Genet,19(9):86.

Platz A, Egyhazi S, Ringborg U, et al. 2008. Human cutaneous melanoma; a review of NRAS and BRAF mutation frequencies in relation to histogenetic subclass and body site. Mol Oncol,1(4):395-405.

Platz A, Egyhazi S, Ringborg U, et al. 2008. Human cutaneous melanoma; a review of NRAS and BRAF mutation frequencies in relation to histogenetic subclass and body site. Mol Oncol,1(4):395-405.

Polsky D, Bastian BC, Hazan C, et al. 2001. HDM2 protein overexpression, but not gene amplification, is related to tumorigenesis of cutaneous melanoma. Cancer Res,61(20):7642-7646.

Rager EL, Bridgeford EP, Ollila DW. 2005. Cutaneous melanoma: update on prevention, screening, diagnosis, and treatment. Am Fam Physician,72(2):269-276.

Rodolfo M, Daniotti M, Vallacchi V. 2004. Genetic progression of metastatic melanoma. Cancer Lett,214(2):133-147.

Rosendahl C, Tschandl P, Cameron A, et al. 2011. Diagnostic accuracy of dermatoscopy formelanocytic and nonmelanocytic pigmented lesions. J Am Acad Dermatol,64(6):1068-1073.

Saida T. 2001. Recent advances in melanoma research. J Dermatol Sci,26(1):1-13.

Seiter S, Rappl G, Tilgen W, et al. 2001. Facts and pitfalls in the detection of tyrosinase mRNA in the blood of melanoma patients by RT-PCR. Recent Results Cancer Res,158:105-112.

Shinozaki M, O'Day SJ, Kitago M, et al. 2007. Utility of circulating B-RAF DNA mutation in serum for monitoring melanoma patients receiving biochemotherapy. Clin Cancer Res,13(7):2068-2074.

Shull AY, Latham-Schwark A, Ramasamy P, et al. 2012. Novel somatic mutations to PI3K pathway genes in metastatic melanoma. PLoS One,7(8):e43369.

Sim FH, TaylorWF, Pritchard DJ, et al. 1986. Lymphadenectomy in the management of stage I malignant melanoma: a prospective randomized study. Mayo Clin Proc,61(9):697-705.

Skender-Kalnenas TM, English DR, Heenan PJ. 1995. Benign melanocytic lesions: risk markers or precursors of cutaneous melanoma? J Am Acad Dermatol,33(6):1000-1007.

Soyer HP, Argenziano G, Talamini R, et al. 2001. Is dermoscopy useful for the diagnosis ofmelanoma? Arch Dermatol,137(10):1361-1363.

Tannous ZS, Lerner LH, Duncan LM, et al. 2000. Progression to invasive melanoma from malignant melanoma in situ, lentigo maligna type. Hum Pathol,31(6):705-708.

Thompson JF, Scolyer RA, Kefford RF. 2005. Cutaneous melanoma. Lancet,365(9460):687-701.

Veronesi U, Adamus J, Bandiera DC, et al. 1977. Inefficacy of immediate node dissection in stage 1 melanoma of the limbs. N Engl J Med, 297(12): 627-630.

Veronesi U, Adamus J, Bandiera DC, et al. 1982. Delayed regional lymph node dissection in stage I melanoma of the skin of the lower extremities. Cancer, 49(11): 2420-2430.

Wang Y, Digiovanna JJ, Stern JB, et al. 2009. Evidence of ultraviolet type mutations in xeroderma pigmentosum melanomas. Proc Natl Acad Sci USA, 106(15): 6279-6284.

Weinstock MA, Sober AJ. 1987. The risk of progression of lentigo maligna to lentigo maligna melanoma. Br J Dermatol, 116(3): 303-310.

Weinstock MA. 2001. Epidemiology, etiology, and control of melanoma. Med Health R I, 84(7): 234-236.

Weyandt GH, Eggert AO, Houf M, et al. 2003. Anorectal melanoma: surgical management guidelines according to tumour thickness. Br J Cancer, 89(11): 2019-2022.

Wong SL, Coit DG. 2004. Role of surgery in patients with stage IV melanoma. Curr Opin Oncol, 16(2): 155-160.

第四十九章　肿瘤相关基因与基因治疗

肿瘤是严重危害人类健康的一大类疾病。人们在长期与肿瘤斗争的实践中，积累了丰富的知识和经验。抗肿瘤治疗的措施包括外科手术、化学治疗、放射治疗和生物疗法四大类。尽管有这么多抗肿瘤治疗的措施，但肿瘤治疗的技术却远没有达到根本解决问题的水平。有许多肿瘤由于难以早期发现，失去了外科手术根治的机会。化学治疗和放射治疗目前仍然是临床上广为应用的抗肿瘤治疗方法，但同时对正常细胞也具有很强的杀伤力，在杀伤肿瘤细胞的同时，对于正常细胞也具有很大的危害。对肿瘤分子生物学进一步的深入研究，认识到肿瘤细胞中的癌基因(oncogpne)、原癌基因(proto-oncogene)、抗癌基因(anti-oncogene)、肿瘤抗药基因(drug-resistancegene)及肿瘤转移相关基因(metastasis-relatedgene)等肿瘤相关基因在肿瘤的发生、发展、治疗及预后等方面具有十分重要的意义，同时为抗肿瘤基因治疗指明了一个非常重要的方向。基因治疗(gene therapy)是近年发展起来的一种抗肿瘤治疗技术。目前已有上千个项目已经完成或正在进行，已设计出针对多个肿瘤相关基因的载体。涉及黑色素瘤、乳腺癌、前列腺癌、胰腺癌、卵巢癌、鼻咽癌、胶质瘤、非小细胞肺癌、头颈癌、膀胱癌、皮肤癌、结肠癌、直肠癌、淋巴肿瘤、宫颈癌、肝癌、肾细胞癌和白血病等绝大多数常见恶性肿瘤。

肿瘤基因治疗的原理是将目的基因用基因转移技术导入靶细胞，使其获得特定的功能，继续执行或介导对肿瘤的杀伤和抑制作用，或保护正常细胞免受化学治疗与放射治疗的严重伤害。肿瘤基因治疗具有有效性、安全性和特异性的特点。随着人们对肿瘤免疫、肿瘤病因及分子机制的研究深入，目前肿瘤的基因治疗逐渐成熟。肿瘤基因治疗的主要策略包括原癌基因与癌基因的沉默治疗、抑癌基因治疗、免疫基因治疗、自杀基因疗法、抑制肿瘤血管生成基因治疗、肿瘤多药耐药基因治疗、抗端粒酶疗法和多基因联合疗法等。

第一节　癌基因和原癌基因的沉默治疗

癌基因、原癌基因的激活是研究肿瘤发生、发展分子生物学机制的关键环节。因此，可通过对突变激活的癌基因、原癌基因的抑制而达到抗肿瘤基因治疗的目的。其中 RNA 干扰(RNA interference，RNAi)技术作为一种经济、高效、快捷的抑制基因表达的技术手段，为人类肿瘤的基因治疗提供一条新的思路。

RNAi 是最初在秀丽线虫中发现的双链 RNA 介导下特异性降解相应 mRNA 的现象，该现象广泛存在于真菌、植物、无脊椎动物和哺乳动物中。1995 年美国康奈尔大学的学者应用反义 RNA 技术特异性阻断秀丽线虫中的 par-1 基因表达以研究其功能，在实验过程中，他们发现在给线虫注射正义 RNA 时同样可以抑制 par-1 基因表达。直至 1998 年 Andrew Fire 与 Craig C. Mello 发表于 *Nature* 杂志的研究阐述了由正义链与反义链混合而得到的双链 RNA 注射给线虫可产生更高效的特异性基因抑制效应，很少几个 dsRNA 分子就足以使每个细胞实现同源基因表达的完全沉默。不仅如此,在子代线虫中叶发现了相应基因的表达沉默,他们将这种现象称为 RNAi。最初在哺乳动物 RNAi 研究中发现,转染长链 dsRNA 可在哺乳动物中引起非特异性的蛋白质合成抑制和 mRNA 降解,无法得到特异性基因表达抑制。直至 2001 年,Elbashir 发现人工合成的、模拟小干扰 RNA 的长 21nt 的 dsRNA 可以使培养的哺乳动物细胞产生特异性的 RNAi,这一发现大大促进了哺乳动物细胞中 RNAi 技术的应用。2002 年,Brummelkamp 等首次使用小鼠 H1 启动子构建了小发卡 RNA(small hairpin RNA,shRNA)表达载体 pSUPER,并证实转染该载体可有效、特异性地剔除哺乳动物细胞内目的基因的表达,为利用 RNAi 技术进行基因治疗研究奠定了基础。2006 年,Andrew Fire 与 Craig C. Mello 由于在 RNAi 机制研究中的贡献获得诺贝尔生理学或医学奖。

RNAi 属于转录后基因沉默(PTGS)机制,与 RNAi 相关的被抑制基因可正常转录,但转录后的 mRNA 产物会被迅速降解。迄今为止的研究表明,RNAi 对染色体 DNA 序列的复制和转录不产生任何影响。RNA 与传统的反义基因技术相比具有更为显著的优势。RANi 具有高度的序列特异性,只引起与 dsRNA 同源的 mRNA 降解;抑制基因表达具有高效性,无论是体内还是体外研究,少量的 dsRNA 就能显著抑制靶基因的表达;RNAi 具有极高的稳定性,在植物、果蝇体内引起的 RNAi 能够稳定维持并传给下一代。因此 RNAi 一经发现立即被用于基因功能研究、病毒性疾病研究和肿瘤基因治疗等多个领域。

就肿瘤基因治疗而言,白血病癌基因多因染色体异位产生,如 bcr/abl 融合基因。研究表明,转录后 mRNA 上游的融合区段就是理想的 RNAi 靶点。Scherr 等以引起慢性髓性白血和 bcr/abl 融合基因阳性急性成淋巴细胞白血病的 bcr/abl 癌基因作为靶基因,设计了对应的 siRNA,可获得 87% 的有效控制率。癌基因 K-ras(V12)及其产物 K-Ras 蛋白为多种人类肿瘤发生所必需,Brummelkamp 等用反转录病毒载体将 siRNA 导入肿瘤细胞中,特异性抑制了癌基因 K-ras(V12)的表达,从而抑制了肿瘤的发生。Chen 等通过 RNAi 干扰骨髓瘤细胞系 RPMI 8226 的 TRAF6 表达,阻断了 NF-κB 和 AP-l 信号通路的激活,抑制了骨髓瘤细胞的生长。Huang 等通过 RNAi 特异下调 HeLa 细胞 β-catenin 的表达后,阻断了 Wnt/β-catenin 通路的转录激活,许多促凋亡基因包括 PTEN、PI3K、AKT、NF-κB 和 p53 等被活化,促进了细胞的凋亡。Shin 等和 Pang 等利用 RNAi 技术先后在胃癌、大肠癌和肝细胞癌治疗的实验研究中敲除 Caveolin-1 或 PIN1,取得了明显的效果。Zhang 等对子宫内膜癌荷瘤裸鼠模型应用 RNAi 研究,将 pax2 的 siRNA 注入荷瘤裸鼠体内,证实其在体内具有抑制肿瘤生长的作用。Xu 等利用 RNAi 技术在肺细胞癌的治疗研究中也取得了明显效果,RNAi 使肺癌细胞引发因子表达沉默,对肺癌荷瘤裸鼠模型注入引发因子 siRNA,结果显示,其在体内有抑制肿瘤生长的作用。以上事实说明 RNAi 的可行性和有效性。

第二节　肿瘤抑制基因表达的重建

抑癌基因(tumorsuppress gene)在被激活的情况下具有抑制细胞增殖的作用,但在一定情况下被抑制或丢失后可减弱甚至消除抑癌作用。正常情况下它们对细胞的发育、生长和分化起重要的调节作用。目前已分离克隆出 20 余种抑癌基因,其产物包括转录调节因子,如 RB、p53;负调控转录因子,如 WT;周期蛋白依赖性激酶抑制因子(CKI),如 p15、p16、p21;信号通路的抑制因子,如 ras GTP 酶活化蛋白(NF-1)、磷脂酶(PTEN);DNA 修复因子,如 BRCA1、BRCA2；与发育和干细胞增殖相关的信号途径组分，如 APC、Axin 等。其中 BRCA1 和 BRCA2 与乳腺癌发生有密切关系、DPC4 与胰腺癌有关、VHL 与肾细胞癌有关、M6P/IGF2r 基因有与肝癌有关。

在众多抑癌基因中，p53 基因是与人类肿瘤相关性最高的抑癌基因，因编码一种分子质量为 53kDa 的蛋白质而得名，其表达产物为基因调节蛋白（p53 蛋白），当 DNA 受到损伤时 p53 蛋白表达急剧增加，可抑制细胞周期进一步运转。一旦 p53 基因发生突变，p53 蛋白失活。细胞分裂失去节制，就可能发生癌变。人类癌症中约有一半发现了 p53 基因的突变失活，例如，研究发现人黑色素瘤 p53 基因异常表达不仅能调控细胞凋亡和细胞周期，并且能导致黑色素瘤细胞的增殖。相应地，利用 p53 基因治疗肿瘤已成为研究热点。对 p53 基因在肿瘤基因治疗中的研究，最多的是利用野生型 p53 基因的替代疗法，野生型 p53 对细胞周期和凋亡起着关键性作用，尤其是对受照射、细胞毒制剂、热疗打击的癌细胞有更大的杀伤作用。Carroll 等采用腺病毒载体介导的 p53 基因治疗鼠卵巢癌取得了显著效果，并发现该治疗在产生旁观者效应的同时也诱导包括 NK 细胞在内的免疫机制参与对肿瘤细胞的杀伤作用。有研究表明，淋巴瘤细胞感染野生型 p53 基因腺病毒载体后，野生型 p53 基因表达，从而抑制肿瘤细胞增殖和促进肿瘤细胞凋亡。Senatus 等发现了一种 p53 羧基末端肽，它可重新恢复 p53 的瘤细胞吞噬作用，而对其他良性肿瘤及人外周骨髓瘤细胞的作用较小。p16 基因是另一个重要的抑癌基因，动物实验发现在消化道肿瘤中导入 p16 基因，肿瘤抑制率达到 59. 14% 。

第三节　肿瘤的免疫基因治疗

免疫基因治疗（immunegene therapy）是指通过基因重组技术增强机体的抗肿瘤免疫功能，达到治疗肿瘤的目的。主要包括增强免疫效应细胞功能的、调节增强抗原识别能力的主要组织相容性复合物（MHC）的基因疗法和共刺激分子基因疗法等。

迄今最常用的肿瘤免疫基因治疗的方法是将细胞因子导入体细胞，提供一个合适的微环境，以利于提高机体的抗肿瘤免疫应答。Hillman 等用腺病毒（Ad）载体将 IL-2 的 cDNA 和 IFN-γ 基因感染鼠的肾癌细胞，结果表明荷瘤鼠在照射之后，用 Ad-IL-2 和 Ad-IFN-γ 治疗的效果更加有效，所有鼠的肿瘤停止生长且产生炎性免疫反应。Henson 等同时用微球包被的自体免疫原、IL-2 和 GM-CSF 治疗狗自发性 B 细胞淋巴瘤，结果显示迟发型过敏反应，暗示细胞介导免疫。

肿瘤疫苗的研究也一直是肿瘤基因治疗的热点。树突状细胞（dendritic cell，DC）是人体内最强的抗原提呈细胞。将肿瘤的抗原信息传递给初始型 T 淋巴细胞，促使 T 淋巴细胞增殖、分化并激活成为能识别和杀伤肿瘤细胞的细胞，这类细胞称为细胞毒性 T 淋巴细胞（CTL）。CTL 具有“特异性”，只针对某种特定的肿瘤细胞进行杀伤。DC 能刺激 CTL 产生特异性抗瘤效应，因此 DC 可作为一种特定的肿瘤疫苗治疗某一类型的肿瘤。关心等以 PKH67-GL（红色）和 PKH26-GL（绿色）荧光染料为标记，构建了便于识别和筛选的人源 DC 和肝癌细胞的融合 DC 疫苗，有效诱导产生了特异性 T 淋巴细胞免疫杀伤肝癌细胞。Park 等用人乳腺癌细胞株 MCF-7 制备同源抗原，载入从乳腺癌患者获得的 DC。诱发 DC 刺激 CTL 产生了有效的特异性抗乳腺癌效应。

第四节　自杀基因疗法

自杀基因(suicide gene)是指将某些病毒或细菌的基因导人靶细胞中,其表达的酶可催化无毒的药物前体转变为细胞毒物质,从而导致携带该基因的受体细胞被杀死,此类基因称为自杀基因。这种基因不仅对转染的肿瘤细胞有作用,还可对肿瘤细胞邻近的未转染分裂细胞通过旁观者效应(bystander effect)起作用,这种通过转入自杀基因而赋予肿瘤细胞新的表型而引起药物对肿瘤细胞直接或间接杀伤作用的疗法称为自杀基因疗法(suicide gene therapy)。

自杀基因治疗系统的种类很多,主要包括单纯疱疹病毒胸苷激酶/丙氧鸟苷(HSV-tk/GCV)系统、胞嘧啶脱氨酶/5-氟胞嘧啶(CD/5-FC)系统、带状疱疹病毒胸腺嘧啶激酶/阿糖甲氧基嘌呤(VZV2tk/Ara2M)系统、硝基还原酶/CBl954(NTR/CBl954)系统、ICE 基因等。目前基因治疗中研究较多的系统为 HSV-tk/GCV 系统和 CD/5-FC 系统。

Wang 等用 GHT 载体将 HSV-tk 突变体 SR39 转染人卵巢癌细胞 SKOV-3,在 GCV 存在下,对肿瘤细胞的杀伤率达到 80%。体内实验在将此 GHT/SR39 复合体注射荷瘤裸鼠模型,同时腹腔注射 GCV 的条件下,可显著抑制肿瘤生长。Mori 等同样利用 HSV-tk/GCV 系统治疗恶性神经胶质瘤时,发现在转染 HSV-tk 基因的癌细胞周围,未转染的癌细胞大量死亡,起到了明显的旁观者杀伤效应。CD/5-FC 系统能将无毒的 5-FC 脱氨酶转变为 5-氟尿嘧啶(5-FU),5-FU 再转化为 5-氟尿嘧啶-5′-三磷酸(5-FUTP)或 5-氟尿嘧啶脱氧核苷酸(5-FdUMP),发挥细胞毒性作用,利用 CD/5-FC 系统的治疗也取得了明显效果。单自杀基因治疗系统杀伤肿瘤细胞效力不足,也易使肿瘤产生耐受,同时利用两种系统进行治疗的双自杀基因治疗效果更好。但也有文献报道联合自杀基因的治疗效果不及单个基因,可能与不同的肿瘤类型有关。

第五节　抗肿瘤血管生成基因治疗

肿瘤的发生、生长和转移与肿瘤的新生血管的形成密切相关,由于肿瘤的血管生成受到血管生长因子、血管生长抑制因子及其他因子的共同调控,因此通过阻断促血管生长因子作用或强化血管生长抑制因子的表达均可达到治疗的目的。

血管内皮生长因子(VEGF)被认为是一个关键性的促血管生成因子。Wang 等利用 RNAi 技术将 VEGF siRNA 转染结肠癌细胞株,显著抑制了 VEGF 蛋白的表达和血管生成,抗肿瘤细胞增殖作用明显。以转染 VEGF siRNA 的肿瘤细胞接种裸鼠,发现肿瘤生长迟缓,肿瘤体积明显小于对照组。Jia 等发现,感染血管生成抑制因子的腺病毒载体可抑制人卵巢癌血管生成和肿瘤生长。

第六节　肿瘤多药耐药基因治疗

多药耐药性(multiple drug resistance,MDR)是指一些癌细胞对一种抗肿瘤药物产生耐药性,同时对其他非同类药物也产生抗药性,是造成肿瘤化疗失败的主要原因。与多药耐药有关的分子是P-糖蛋白(P-gp),这是一种能量依赖性药物排出泵,也就是说它可以与一些抗肿瘤药物结合,也有ATP结合位点。P-gp一旦与抗肿瘤药物结合,通过ATP提供能量,就可将药物从细胞内泵出细胞外,使药物在细胞内的浓度不断下降,并使其细胞毒作用减弱直至散失,出现耐药现象。

由于P-gp由MDR1基因编码,因此MDR相关的基因治疗一般集中在抑制肿瘤细胞的MDR1基因表达,从而增强常规化疗效果。Pan等建立了HepG2肝癌细胞MDR1表型细胞株,构建靶向编码P-gp的MDR1的短发夹小干扰基因(pSUPER-shRNA)并转染到HepG2/MDR1细胞株中,细胞中MDR1 mRNA水平明显下降,P-gp的表达也减少,细胞存活率明显下降;用HepG2/MDRl细胞建立荷瘤裸鼠模型,经注射pSUPER-shRNA后,再用多柔比星进行治疗,结果肿瘤明显减小,注射pSUPER-shRNA的裸鼠对多柔比星的治疗更加敏感。以上事实说明pSUPER-shR-NA有逆转MDR的作用。

第七节　抗端粒酶疗法

端粒酶(telomerase)是由端粒酶RNA和蛋白质组成的核糖核蛋白酶,通过识别并结合于富含G的端粒末端,以自身为模板,反转录合成端粒。人类的端粒酶亚单位基因已被克隆,分别是端粒酶RNA(hTR)、端粒酶结合蛋白(hTP1)、端粒酶活性催化单位(hTERT)。

由于端粒酶在正常体细胞中几乎不表达,而在肿瘤细胞中表达量较高,故将其作为肿瘤治疗的靶点,直接抑制其活性或从基因层面进行操作来抑制癌细胞分化,治疗癌症。Yang等用反义核酸技术将反义hTERT表达质粒转染胃癌细胞SGC-7901,使胃癌细胞端粒酶活性降低了75%,并使该细胞的端粒在60个细胞周期后从4.08kb缩短到3.35kb,该转染细胞异型减少,接触抑制恢复,密度抑制恢复,体外入侵能力下降,G_0/G_1期细胞和细胞凋亡增加,更重要的是在软琼脂中无克隆形成,裸鼠体内成瘤性消失。刘祥厦等构建靶向hTERT基因的表达载体转染人乳腺癌细胞株MCF7和MDA-MB-231。结果显示,转染后细胞端粒酶的活性下调,并且抑制肿瘤细胞增殖。

第八节　多基因联合治疗

肿瘤是一个多因素、多环节、多阶段的复杂疾病。一种抗肿瘤基因作用不够强大,往往无法抑制肿瘤细胞增殖,达不到理想的治疗效果。因此。根据肿瘤的不同特性,使用两种或多种基因联合治疗肿瘤,可提高治疗的有效性。自从1986年Seno等成功在大肠杆菌上联合表达IFN-γ/IL-2后,已有越来越多的基因联合治疗肿瘤的实验报道出现。

多基因联合治疗可以是同一策略的两种不同目的基因之间的联合,也可以是不同策略基因之间的联合。当然,基因治疗也可与其他治疗手段,如放疗和化疗的联合应用。抑癌基因联合,如p53和p21、p53和p16,甚至p53、p16、p21三种联合治疗都已经有报道。针对两个突变的原癌基因,如myc和K-ras的治疗也比单独针对这两个基因的治疗具有更好的疗效。两个自杀基因联合应用最多的是中HSV-TK/GCV-CD/5-FC融合自杀基因体系。研究表明,GCV和5-FC联合给药治疗肺癌能产生叠加效应。两种不同策略的联合则是为了更大限度的发挥各自的优点。例如,自杀基因联合免疫基因治疗会刺激宿主产生抗肿瘤免疫,可能产生排斥肿瘤和控制肿瘤转移的作用。免疫基因的联合应用,不但可增强机体抗肿瘤免疫应答反应,更主要的是可以增强旁观者效应。目前与自杀基因联合应用的免疫基因有IL-2、IFN-α 和 GM-CSF 等。选择多基因联合治疗的实验研究已有不少报道,而在临床上的应用研究还没有大规模的展开。多基因治疗要求对各个基因的疗效、作用机制非常明确。因此,如何选择两个甚至多个具有协同作用的治疗基因是接下来研究的重点方向之一。

最近有研究表明,某些癌基因之间、抑癌基因之间、癌基因与抑癌基因之间的突变可能同时存在拮抗和协同两种关系。例如,EGFR 和 K-ras 突变,在肺腺癌中各自的突变频率都非常高,但是却没有一例患者同时具有两个突变。EGFR 突变与非吸烟患者的病情相关,而K-ras 突变与吸烟肺癌患者的状态相关。具 K-ras 突变的肺癌患者并不能从 EGFR 抑制剂治疗中获益。EGFR 基因突变似乎与其他基因突变很少存在协同性,其不但与其他癌基因的突变具有拮抗性,与抑癌基因的突变也具有拮抗性,如 EGFR 与 LRP1B、PTPRD、STK 11、TP53、NF1 等。抑癌基因之间也同样存在协同突变和拮抗突变现象,如 TP53 和 ATM、TP53 和 APC、CDKN 2A 和 STK 11、LRP 1B 和 STK 11、NF1 和 STK 11、TP53 和 STK 11 相互之间具有拮抗现象,而 APC 和 LRP1B、LRP1B 和 TP53、NF1 和 PTPRD 的突变之间却具有协同性。肿瘤基因突变的复杂性要求在开展临床治疗时对肿瘤的突变非常清楚,才能有针对性的展开多基因治疗。因此,在选择多基因联合治疗时,采用 2 个具有拮抗突变的基因恐怕不会收到令人满意的效果。应该采用具有协同突变的两个甚至多个基因才较为可行。例如,选择 TP53 的联合基因时不应选择 APC、ATM 而应选择 LRP 1B。针对 K-ras 突变的 siRNA 可以与 ATM 联合治疗,而不是与 NF1、STK 11、TP53 联合应用。

第九节 小　　结

尽管目前肿瘤的基因治疗大多数还停留在实验研究阶段,但是作为一种高效低毒的治疗方法,还是给人们带来了希望。世界各国在肿瘤基因治疗领域投入了大量的人力、物力,相关基因治疗实验研究也占到了基因治疗总数的 60% 以上,但能真正用于临床的药物还很少,主要原因是实验研究的效果和临床疗效之间往往存在很大的差异。因此,进一步研究肿瘤发生、发展的分子机制,以及肿瘤细胞对基因治疗的疗效显得尤为重要。

(杨　松)

参考文献

关心,彭吉润,冷希圣. 2005. 人树突状细胞与肝癌细胞系 HLE 融合细胞的构建. 中华肿瘤杂志,27(8):465-467.

贾长茹,Shu-yan Y,韩世愈,等. 2008. 重组腺病毒载体介导血管抑素基因治疗裸鼠卵巢癌的实验研究. 中华医学杂志,88(31):2204-2208.

梁迎春,程龙,叶棋浓. 2012. 肿瘤基因治疗的研究进展. 生物技术通讯,23(3):436-439,460.

刘祥厦,姚陈,张辉,等. 2009. 靶向 hTERT 基因表达载体的构建和其对人乳腺癌细胞端粒酶活性及细胞增殖的影响. 南方医科大学学报,29(11):2187-2190.

王启钊,吕颖慧,费凌娜. 2010. 肿瘤基因治疗的研究进展与思考. 中国肿瘤临床,37(15):893-896.

薛祥云,尤永平,刘宁. 2005. RNA 干扰与肿瘤的基因治疗. 中华神经医学杂志,4(3):317-319.

Avery-Kiejda KA, Bowden NA, Croft AJ, et al. 2011. P53 in human melanoma fails to regulate target genes associated with apoptosis and the cell cycle and may contribute to proliferation. BMC Cancer,11:203.

Buttgereit P,Schakowski F,Marten A,et al. 2001. Effects of adenoviral wild-type p53 gene transfer in p53-mutated lymphoma cells. Cancer Gene Ther,8(6):430-439.

Carroll JL,Nielsen LL,Pruett SB,et al. 2001. The role of natural killer cells in adenovirus-mediated p53 gene therapy. Mol Cancer Ther,1(1):49-60.

Chen H,Li M,Campbell RA,et al. 2006. Interference with nuclear factor kappa B and c-Jun NH2-terminal kinase signaling by TRAF6C small interfering RNA inhibits myeloma cell proliferation and enhances apoptosis. Oncogene,25(49):6520-6527.

Fire A,Xu S,Montgomery M K,et al. 1998. Potent and specific genetic interference by double-stranded RNA in Caenorhabditis elegans. Nature,391(6669):806-811.

Henson MS,Curtsinger JM,Larson VS,et al. 2011. Immunotherapy with autologous tumour antigen-coated microbeads(large multivalent immunogen),IL-2 and GM-CSF in dogs with spontaneous B-cell lymphoma. Vet Comp Oncol,9(2):95-105.

Hillman GG,Slos P,Wang Y,et al. 2004. Tumor irradiation followed by intratumoral cytokine gene therapy for murine renal adenocarcinoma. Cancer Gene Ther,11(1):61-72.

Huang M,Wang Y,Sun D,et al. 2006. Identification of genes regulated by Wnt/beta-catenin pathway and involved in apoptosis via microarray analysis. BMC Cancer,6:221.

Huang Q,Pu P,Xia Z,et al. 2007. Exogenous wt-p53 enhances the antitumor effect of HSV-TK/GCV on C6 glioma cells. J Neurooncol,82(3):239-248.

Lui Z,Ma Q,Wang X,et al. 2010. Inhibiting tumor growth of colorectal cancer by blocking the expression of vascular endothelial growth factor receptor 3 using interference vector-based RNA interference. Int J Mol Med,25(1):59-64.

Lv SQ,Zhang KB,Zhang EE,et al. 2009. Antitumor efficiency of the cytosine deaminase/5-fluorocytosine suicide gene therapy system on malignant gliomas:an in vivo study. Med Sci Monit,15(1):BR13-20.

Mori K,Iwata J,Miyazaki M,et al. 2010. Bystander killing effect of tymidine kinase gene-transduced adult bone marrow stromal cells with ganciclovir on malignant glioma cells. Neurol Med Chir(Tokyo),50(7):545-553.

Pan GD,Yang JQ,Yan LN,et al. 2009. Reversal of multi-drug resistance by pSUPER-shRNA-mdrl in vivo and in vitro. World J Gastroenterol,15(4):431-440.

Pang RW,Lee TK,Man K,et al. 2006. PIN1 expression contributes to hepatic carcinogenesis. J Pathol,210(1):19-25.

Park MH,Yang DH,Kim MH,et al. 2011. Alpha-type 1 polarized dendritic cells loaded with apoptotic allogeneic breast cancer cells can induce potent cytotoxic T lymphocytes against breast cancer. Cancer Res Treat,43(1):56-66.

Senatus PB,Li Y,Mandigo C,et al. 2006. Restoration of p53 function for selective Fas-mediated apoptosis in human and rat glioma cells in vitro and in vivo by a p53 COOH-terminal peptide. Mol Cancer Ther,5(1):20-28.

Shin J,Kim J,Ryu B,et al. 2006. Caveolin-1 is associated with VCAM-1 dependent adhesion of gastric cancer cells to endothelial cells. Cell Physiol Biochem,17(5-6):211-220.

Terao S,Shirakawa T,Goda K,et al. 2005. Recombinant interleukin-2 enhanced the antitumor effect of ADV/RSV-HSV-tk/ACV therapy in a murine bladder cancer model. Anticancer Res,25(4):2757-2260.

Wang Y, Canine BF, Hatefi A. 2011. HSV-TK/GCV cancer suicide gene therapy by a designed recombinant multifunctional vector. Nanomedicine,7(2):193-200.

Xu B,Liu ZZ,Zhu GY,et al. 2008. Efficacy of recombinant adenovirus-mediated double suicide gene therapy in human keloid fibroblasts. Clin Exp Dermatol,33(3):322-328.

Xu C,Gui Q,Chen W,et al. 2011. Small interference RNA targeting tissue factor inhibits human lung adenocarcinoma growth *in vitro* and *in vivo*. J Exp Clin Cancer Res,30:63.

Yang SM,Fang DC,Yang JL,et al. 2002. Effect of antisense human telomerase RNA on malignant phenotypes of gastric carcinoma. J Gastroenterol Hepatol,17(11):1144-1152.

Zhang LP,Shi XY,Zhao CY,et al. 2011. RNA interference of pax2 inhibits growth of transplanted human endometrial cancer cells in nude mice. Chin J Cancer,30(6):400-406.

索　引

W